Ansgar Jüngel
Hans G. Zachmann

Mathematik für Chemiker

Beachten Sie bitte auch weitere interessante Titel zu diesem Thema

Ansorge, R., Oberle, H.J., Rothe, K., Sonar, T.

Mathematik Deluxe 1

Lehrbuch Mathematik für Ingenieure 1 inkl. Aufgaben und Lösungen 1, 4. Auflage

2010

Print ISBN: 978-3-527-41061-3

Ansorge, R., Oberle, H.J., Rothe, K., Sonar, T.

Mathematik Deluxe 2

Lehrbuch Mathematik für Ingenieure 2 inkl. Aufgaben und Lösungen 2, 4. Auflage

2011

Print ISBN: 978-3-527-41062-0

Räsch, T.

Mathematik für Naturwissenschaftler für Dummies

2009

Print ISBN: 978-3-527-70419-4,
ePub ISBN: 978-3-527-65789-6,
Adobe PDF ISBN: 978-3-527-65790-2,
eMobi ISBN: 978-3-527-65791-9

Ansgar Jüngel
Hans G. Zachmann

Mathematik für Chemiker

7. aktualisierte und erweiterte Auflage

Verlag GmbH & Co. KGaA

Autoren

Ansgar Jüngel
Technische Universität Wien
Institut für Analysis und
Scientific Computing
Wiedner Hauptstr. 8–10
1040 Wien
Austria

7. Auflage 2014

Bibliografische Information der Deutschen Nationalbibliothek
Die Deutsche Nationalbibliothek verzeichnet diese Publikation in der Deutschen Nationalbibliografie; detaillierte bibliografische Daten sind im Internet über http://dnb.d-nb.de abrufbar.

Umschlaggestaltung Grafik-Design Schulz, Fußgönheim, Deutschland
Typesetting le-tex publishing services GmbH, Leipzig, Deutschland
Druck und Bindung Markono Print Media Pte Ltd, Singapore

Print ISBN 978-3-527-33622-7
ePDF ISBN 978-3-527-67551-7
ePub ISBN 978-3-527-67552-4
Mobi ISBN 978-3-527-67553-1

Gedruckt auf säurefreiem Papier

Inhaltsverzeichnis

Vorwort zur siebten Auflage

Methoden der Computerchemie (Computational Chemistry) sind in den letzten Jahren infolge der enormen Leistungsfähigkeit moderner Computer zunehmend wichtiger geworden. Dieser Entwicklung habe ich Rechnung getragen, indem ich dieser Auflage ein Kapitel über ausgewählte numerische Verfahren hinzugefügt habe. Insbesondere werden Methoden vorgestellt, die in den chemischen Anwendungen von Bedeutung sind, wie numerische Verfahren zur Lösung von linearen und nichtlinearen Gleichungssystemen, Eigenwertproblemen und Anfangswertproblemen von Differenzialgleichungen. Insbesondere werden das Newton-Verfahren, die QR-Methode zur Berechnung von Eigenwerten und das Runge-Kutta-Verfahren behandelt. Auch die Approximation steifer Differenzialgleichungen wird angesprochen. Aus Platzgründen können viele Techniken nur angerissen werden, vermitteln aber einige grundlegende Ideen. Alle Algorithmen sind in der Skriptsprache MATLAB[1] implementiert und durch Beispiele illustriert.

Die bewährte Struktur des Buches ist unverändert geblieben. Das Erscheinungsbild wurde behutsam modernisiert: Beispiele sind nun durch einen grauen Balken am Rand hervorgehoben, wichtige Sätze wurden eingerahmt. Außerdem wurden einige Tippfehler korrigiert und kleinere Textkürzungen vorgenommen.

Wien, Juni 2013 *A. Jüngel*

1) Matlab® ist ein eingetragenes Warenzeichen von The MathWorks, Inc.

Vorwort zur sechsten Auflage

Das Lehrbuch von Prof. Zachmann ist seit seiner Ersterscheinung vor genau 35 Jahren zu einem Klassiker geworden. Umso mehr ist es mir eine Ehre, dass ich die Überarbeitung des Buches übernehmen durfte, nachdem Prof. Zachmann bedauerlicherweise verschieden ist.

Eine Überarbeitung war mittlerweile notwendig geworden, um den geänderten Erfordernissen in der Chemie Rechnung zu tragen. Hier spielen quantenmechanische Fragestellungen und Computersimulationen eine immer größer werdende Rolle, etwa um die Struktur großer Atome mit Näherungsmethoden zu berechnen. Diese Tatsache hat sich in der Themenauswahl dieser Neuauflage niedergeschlagen.

Eine ausführliche Darstellung der in der Chemie notwendigen numerischen Algorithmen hätte den Rahmen eines einführenden Lehrbuches gesprengt. Dennoch wurde ein gewisses Augenmerk auf algorithmische Techniken gelegt. So können viele Fragestellungen der linearen Algebra mithilfe des Gauß-Algorithmus bzw. dem Gauß'schen Eliminationsverfahren in bequemer Weise gelöst werden. Auch das wichtige Newton-Verfahren für die numerische Lösung nichtlinearer Gleichungen und die Methode der kleinsten Quadrate werden ausführlicher als bisher dargestellt.

Neu hinzugekommen sind mathematische Fragestellungen aus der Quantenmechanik. Dies schließt eine gründliche mathematische Behandlung bestimmter gewöhnlicher Differenzialgleichungen, die bei der Separation der Schrödinger-Gleichung auftreten, ein. Die Lösung der Schrödinger-Gleichung für das Coulomb-Potenzial ist ausführlich dargestellt. Neu ist weiterhin ein Kapitel über mathematische Methoden der Quantenmechanik (unbeschränkte Operatoren, Spektraltheorie). Die dort vorgestellten Fragestellungen sind mathematisch verhältnismäßig anspruchsvoll und werden sicherlich erst im letzten Studienabschnitt relevant. Ich habe versucht zu begründen, warum die dort definierten Begriffe notwendig sind und welche mathematischen Schwierigkeiten auftreten können. Das Hauptaugenmerk habe ich auf das Verständnis gelegt und habe dabei die eine oder andere mathematische Feinheit nicht in Betracht gezogen. Es ist meine Hoffnung, damit klarzumachen, dass quantenmechanische Probleme nur mit anspruchsvollen mathematischen Techniken zufriedenstellend gelöst werden können.

Einen größeren Raum haben auch die gewöhnlichen und partiellen Differenzialgleichungen erhalten, die in den chemischen Anwendungen von elementarer Bedeutung sind. Großer Wert wurde auf die Motivation der Gleichungen gelegt und viele Beispiele aus der Chemie (z. B. Belousov-Zhabotinsky-Reaktion) sind hinzugefügt worden.

Um den Umfang des Buches nicht zu vergrößern, musste an anderer Stelle gekürzt oder gestrichen werden. So sind im Vergleich zur letzten Auflage die Kapitel über Gleichungen höheren Grades, Funktionentheorie und Gruppentheorie gestrichen worden. Da die Quantenmechanik ohne komplexe Zahlen und komplexwertige Funktionen nicht denkbar ist, sind diese Themen in den entsprechenden Kapiteln über Zahlen und Funktionen erläutert; für den Residuensatz, der nur an einer Stelle benötigt wird, muss auf die Fachliteratur verwiesen werden. Gruppentheoretische Fragestellungen spielen zwar gleichfalls eine wichtige Rolle in der Chemie, doch muss auch hier auf die mathematische Literatur verwiesen werden.

Den heutigen Lesegewohnheiten entsprechend, wurden die Abschnitte neu sortiert und nummeriert, ohne zu stark die Struktur des bewährten Buches zu ändern. Insbesondere wurde die bewährte Regel eingehalten, dass die Ergebnisse längerer Überlegungen in *Kursivdruck* zusammengefasst werden, während Beispiele, die nach jeder allgemeinen Betrachtung folgen, in kleinerer Schrift und mit Einzug gesetzt sind. Um die Lesbarkeit zu erhöhen, werden bedeutende Sätze durch **Fettdruck** hervorgehoben. Besonders wichtige Definitionen und Aussagen sind am Textrand mit dem Symbol ✎ markiert.

Auch dieses Buch wäre ohne die Mithilfe anderer nicht entstanden. Insbesondere danke ich Frau Jutta Gonska für die unermüdliche Erstellung der LaTeX-Vorlagen einiger Kapitel und vieler Abbildungen, Herrn Albrecht Seelmann für das sehr gründliche Korrekturlesen des Buches, Herrn Dr. Daniel Matthes für das Korrekturlesen von Kapitel 13, Herrn Udo Mattray für die Erstellung einiger Abbildungen, und nicht zuletzt den Herren Dr. Frank Weinreich und Dr. Andreas Sendtko vom Verlag Wiley-VCH für die stets angenehme und unkomplizierte Zusammenarbeit.

Wien, Juni 2007 *A. Jüngel*

Vorwort zur ersten Auflage

Die mathematischen Methoden, die in der Chemie angewendet werden, sind äußerst vielfältig: Die Behandlung reaktionskinetischer Fragen ist nur mithilfe von Differenzialgleichungen möglich. Verschiedene Probleme der makromolekularen Chemie gehören in das Gebiet der Wahrscheinlichkeitsrechnung. Bei der Aufklärung von Molekülstrukturen muss man über Fouriertransformationen, Tensorrechnung und Gruppentheorie Bescheid wissen. Zur Erforschung der chemischen Bindung braucht man partielle Differenzialgleichungen und lineare Algebra. Bei der Auswertung von Versuchsergebnissen spielt die Statistik und Fehlerrechnung eine wichtige Rolle.

Vom einzelnen Chemiker kann man im Allgemeinen nicht eine vollkommene Beherrschung all dieser Gebiete verlangen. Er muss aber von jedem Bereich der Mathematik soviel wissen, dass er den mathematischen Ableitungen in chemischen Vorlesungen und Lehrbüchern folgen kann und darüber hinaus jederzeit in der Lage ist, seine Kenntnisse in irgendeinem speziellen Gebiet der Mathematik weiter zu vertiefen. Das vorliegende Buch versucht dieses Wissen zu vermitteln. Die grundlegenden mathematischen Betrachtungen und Gedankengänge sowie einige spezielle, besonders für die Chemie wichtige mathematische Methoden sind sehr ausführlich dargestellt. Zahlreiche weitere Ergebnisse der Mathematik sind in knapper Form mitgeteilt. An manchen Stellen fehlen die Beweise; um nicht zu unsauberem Schließen zu verleiten, wurde dies jedes Mal ausdrücklich vermerkt.

Um das Lesen des Buches und das Erlernen des Inhalts zu erleichtern, wurden folgende Regeln eingehalten: Die Ergebnisse längerer Überlegungen sind jeweils in einem Satz zusammengefasst, der durch Kursivdruck hervorgehoben wird. Jeder allgemeinen Betrachtung folgt ein konkretes, möglichst einfaches Beispiel, das in Petit gesetzt wurde. Am Ende eines jeden Abschnittes sind jeweils Kontrollfragen und leichte Aufgaben angegeben, deren Lösungen am Schluss des Buches zu finden sind. Wenn der Leser im Verlauf längerer Ausführungen das Ziel der Überlegungen aus den Augen verloren hat, so kann er dieses dem nächstfolgenden kursiv gedruckten Satz entnehmen. Wird es zu schwierig, den Überlegungen in allgemeiner Form zu folgen, so wird es eine Hilfe sein, das nachfolgende konkrete Beispiel (erkenntlich am Petit-Druck) zu studieren. Anhand der Kontrollfragen und Aufgaben kann man erkennen, ob der Stoff verstanden worden ist. Die Auswahl der Kontrollfragen zeigt auch, welche Ergebnisse im betreffenden Abschnitt besonders wichtig sind.

Zur Anordnung des Stoffes ist zu sagen, dass die einzelnen Gebiete der Mathematik soweit wie möglich geschlossen dargestellt wurden; das Buch ist somit auch als übersichtliches Nachschlagewerk verwendbar. Nach einer Einführung der Zahlen kommt die Kombinatorik, da diese bei der Definition von Determinanten benötigt wird, Übung im Rechnen mit Summenzeichen vermittelt, das abstrakte Denken schult und auch in der Chemie eine nicht unerhebliche Rolle spielt. Auf die Kombinatorik folgt die elementare lineare Algebra. Als Erstes werden dabei in unmittelbarem Anschluss an den Schulstoff Matrizen, Determinanten und Gleichungen behandelt, danach die Vektorrechnung und die analytische Geometrie. Dabei wird das Eigenwertproblem anhand der Abbildung, die die Richtung von Vektoren unverändert lässt, anschaulich eingeführt. Nach einigen Abschnitten über Differenzial- und Integralrechnung, elementare Funktionentheorie und Vektoranalysis wird auf die höhere lineare Algebra, d. h. den Hilbertraum, die Entwicklung nach Eigenfunktionen usw. eingegangen. Der Versuchung, die gesamte lineare Algebra geschlossen in axiomatischer Weise darzustellen, habe ich aus didaktischen Gründen widerstanden. Eine axiomatische Darstellung eignet sich vorzüglich für eine Rückschau, aber keineswegs für einen Einstieg. Am Ende des Buches stehen die Abschnitte über Gruppentheorie, Wahrscheinlichkeitsrechnung und Fehlerrechnung. Der Wahrscheinlichkeitsrechnung wurde relativ viel Raum gewidmet, da sie in der modernen Chemie eine immer größere Bedeutung gewinnt.

Bei den Vorlesungen, aus denen dieses Buch entstanden ist, habe ich die einzelnen Kapitel nicht in der gleichen Reihenfolge wie im Buch behandelt. Die analytische Geometrie z. B. wurde zunächst vollständig ausgelassen; die Polarkoordinaten und die Darstellung von Kurven in Parameterform wurden im Rahmen der Integralrechnung an den Stellen, wo dies erforderlich war, eingeführt. Das Kapitel über Wahrscheinlichkeitsrechnung folgte unmittelbar hinter der Integralrechnung, damit die Hörer den Stoff der Differenzial- und Integralrechnung verarbeiten konnten, bevor dieser weiter angewendet wurde. Einige Gebiete, wie die Funktionentheorie und die partiellen Differenzialgleichungen, konnten im Rahmen der zweisemestrigen, vierstündigen Vorlesung nur in stark gekürztem Umfang behandelt werden.

Das Buch wäre nicht ohne die Hilfe zahlreicher Mitarbeiter zustandegekommen. Den Herren Diplomphysikern A. Brather, P. Schmedding, K. Slusallek und K. Wangermann habe ich herzlich zu danken für die Korrektur je eines Teiles des Buches. Sie haben dabei nicht nur zahlreiche Druckfehler ausgemerzt, sondern auch verschiedene Unklarheiten bemerkt, die ich dann beseitigen konnte. Mein besonderer Dank gilt Herrn Dipl.-Ing. H.J. Biangardi, der das gesamte Manuskript einer kritischen Prüfung unterzog und es durch viele wertvolle Ratschläge verbesserte. Dem Verlag Chemie bin ich für seine Bereitschaft, meinen zahlreichen Wünschen hinsichtlich der Ausstattung des Buches nachzukommen, sehr verbunden.

Mainz, Juli 1972 *H.G. Zachmann*

1
Mathematische Grundlagen

1.1
Die Sprache der Mathematik

Die Aussagen der Umgangssprache sind häufig nicht eindeutig. So wird beispielsweise das Wort „oder" in sehr unterschiedlichem Sinne gebraucht. Im Satz „Schwimm, oder Du ertrinkst" verbindet es zwei alternative Möglichkeiten, von denen nur eine zutreffen kann. Wenn dagegen auf einem Schild in einem Büro zu lesen ist: „Wer stiehlt oder betrügt, wird entlassen", so wird hier das Wort „oder" nicht im Sinne des Ausschließens gebraucht; wenn jemand stiehlt *und* betrügt, so wird er natürlich auch entlassen.

Für die Mathematik sind derartige Unsicherheiten untragbar und müssen daher vermieden werden. Am konsequentesten lässt sich das mithilfe der *Aussagenlogik* erreichen. In dieser werden den grundlegenden Verknüpfungen bestimmte Symbole zugeordnet. Beispielsweise steht das Symbol „$\wedge$" für die Verknüpfung „und" im Sinne von „sowohl als auch" und das Zeichen „$\vee$" für die Verknüpfung „oder" im oben als zweites genannten Sinne. Auf diese Art erhält man eine sehr kompakte, völlig eindeutige Zeichensprache. Da aber diese Sprache nur mit erheblicher Mühe gelesen werden kann und sich nicht allgemein eingebürgert hat, soll sie im vorliegenden Buch nicht verwendet werden. Wir wollen uns vielmehr bemühen, die gewöhnliche Sprache in möglichst eindeutiger Weise zu benutzen.

Um das zu erreichen, müssen wir vor allem auf die Formulierung mathematischer Sätze eingehen. Sie wird gewöhnlich nach dem folgenden Schema vorgenommen: Man legt zunächst die *Voraussetzungen* dar, unter denen der Satz gilt, und gibt dann den Satz in Form einer *Behauptung* an. Natürlich muss die Richtigkeit der Behauptung mit einem *Beweis* sichergestellt werden, doch in diesem Buch verzichten wir weitestgehend auf Beweise und verweisen hierfür auf die mathematische Literatur.

Mathematik für Chemiker, 7. Auflage. Ansgar Jüngel und Hans G. Zachmann.

Beispiel 1.1
Betrachten wir als Beispiel den Satz: Wenn a und b ungerade Zahlen sind, so ist die Summe $a + b$ immer eine gerade Zahl. Im angegebenen Schema lautet dieser Satz wie folgt:

Voraussetzung: a und b sind ungerade Zahlen.
Behauptung: $a + b$ ist eine gerade Zahl.

Von besonderem Interesse ist die Frage, ob die Umkehrung eines gegebenen Satzes, die man durch eine Vertauschung der Behauptung und Voraussetzung erhält, richtig ist. Damit dies der Fall ist, muss im ursprünglichen Satz aus dem Zutreffen der Behauptung das Zutreffen der Voraussetzung folgen. Mathematische Sätze, für die das gilt, nennt man *umkehrbar*. Nicht alle mathematischen Aussagen sind umkehrbar.

Beispiel 1.2
Betrachten wir als Beispiel den eben angeführten Satz:

„Wenn a und b ungerade Zahlen sind, dann ist $a + b$ eine gerade Zahl."

Wir sagen auch: Die Aussage „a und b sind ungerade Zahlen" *impliziert* die Aussage „$a + b$ ist eine ungerade Zahl". Die Umkehrung würde lauten:

„Wenn $a + b$ eine gerade Zahl ist, dann sind a und b ungerade Zahlen."

Diese Aussage gilt nicht, da beispielsweise die Summe aus 2 und 4, nämlich 6, eine gerade Zahl ist, obwohl 2 und 4 keine ungeraden Zahlen sind. Anders liegen die Verhältnisse beim folgenden Satz:

„Wenn in einem Dreieck die Winkel gleich sind, so sind auch die Seiten gleich."

Die Umkehrung lautet hier:

„Wenn in einem Dreieck die Seiten gleich sind, so sind auch die Winkel gleich."

Diese Aussage ist ebenfalls richtig, sodass der Satz über die Winkel und Seiten im Dreieck umkehrbar ist.

Wenn auch die Umkehrung eines Satzes richtig ist, so nennt man dessen Voraussetzung eine *hinreichende und notwendige* Bedingung für die Behauptung. Man sagt z. B.: „Die Bedingung, dass die Winkel in einem Dreieck gleich sind, ist hinreichend und notwendig dafür, dass auch die Seiten gleich sind." Kürzer kann man das auch in folgender Weise formulieren: „Die Seiten eines Dreiecks sind *genau dann* gleich, *wenn* die Winkel gleich sind." Ist ein Satz nicht umkehrbar, so nennt man die Voraussetzung nur eine *hinreichende* Bedingung. Man sagt z. B.: „Die Bedingung, dass a und b ungerade sind, ist hinreichend dafür, dass $a + b$ gerade ist." (Sie ist nicht notwendig, denn auch bei geraden Zahlen a und b ist die Summe geradzahlig.) Schließlich gibt es auch Bedingungen, die nur *notwendig* sind.

Man sieht daraus: Aus dem zu Beginn dieses Abschnitts angegebenen Schema „Voraussetzung und Behauptung“ kann man jeweils nur entnehmen, dass die Voraussetzung hinreichend ist. Will man angeben, ob die Voraussetzung auch eine notwendige Bedingung ist, muss man den Satz ausführlicher formulieren, so wie das eben angedeutet wurde.

Beispiel 1.3
Anschließend wollen wir noch einige weitere Beispiele für die verschiedenen Arten von Bedingungen angeben. Im Satz „Wenn Eis unter Atmosphärendruck über 0 °C erhitzt wird, so schmilzt es“ ist die Bedingung „erhitzen“ notwendig und hinreichend für das Schmelzen. In der Aussage „Wenn die Sonne scheint, so ist es hell“ ist die angeführte Bedingung nur hinreichend, aber nicht notwendig, denn es kann auch hell aufgrund von künstlichem Licht sein. Im Satz „Wenn es kalt ist, schneit es“ handelt es sich demgegenüber nur um eine notwendige Bedingung; Kälte allein reicht noch nicht für den Schneefall aus, es muss auch noch zu einem Niederschlag kommen.

1.2 Mengenlehre

Was ist eine Menge? *Eine Menge erhält man durch die Zusammenfassung von irgendwelchen Objekten unserer Anschauung*. Die entsprechenden Objekte nennt man *Elemente der Menge*. Die Objekte „Haus, Katze und Schornstein“ z. B. bilden eine Menge von drei Elementen. Ebenso bilden die ganzen Zahlen oder die Gesamtheit aller chemischen Reaktionen, bei denen Sauerstoff frei wird, jeweils eine Menge. Die Elemente einer bestimmten Menge kann man entweder durch Aufzählung angeben, wie das im ersten Beispiel getan wurde, oder durch Angabe irgendwelcher Merkmale, an denen man die Zugehörigkeit eines Elementes zur Menge erkennen kann, wie beim zweiten und dritten Beispiel. Bei der Aufzählung pflegt man die Elemente zwischen geschweifte Klammern zu setzen. Wenn zum Beispiel die Menge M aus den Elementen a und b besteht, so schreibt man:

$$M = \{a, b\} .$$

Enthält die Menge kein einziges Element, so spricht man von einer *leeren Menge* und bezeichnet diese mit dem Symbol $\emptyset$. Elemente einer Menge werden nur einmal aufgelistet, d. h., es gibt keine Mengen der Form $\{a, a, b\}$. Außerdem spielt die Reihenfolge der Elemente keine Rolle, d. h., die Menge $\{a, b\}$ kann auch als $\{b, a\}$ geschrieben werden.

Mengen von Zahlen, die bestimmten Eigenschaften genügen, schreibt man in der Form $\{x : x \ \ldots\}$, wobei die Punkte die Eigenschaften angeben. So lautet beispielsweise die Menge aller Zahlen $1, 2, 3, \ldots$, die gerade sind, $\{x : x \text{ ist eine gerade Zahl}\}$; diese Menge kann natürlich auch als $\{2, 4, 6, \ldots\}$ geschrieben werden.

Wir betrachten nun zwei Mengen M_1 und M_2. Unter der *Vereinigung* von M_1 und M_2 versteht man diejenige Menge, die durch Vereinigung aller Elemente aus

M_1 und M_2 entsteht. Man bezeichnet die Vereinigung mit $M_1 \cup M_2$. Die Elemente aus $M_1 \cup M_2$ sind also Elemente aus M_1 oder aus M_2:

$$M_1 \cup M_2 = \{x : x \in M_1 \quad \text{oder} \quad x \in M_2\} .$$

Der *Durchschnitt* von M_1 und M_2 wird durch diejenigen Elemente gebildet, die beiden Mengen gemeinsam angehören. Man bezeichnet ihn mit $M_1 \cap M_2$. Es gilt also:

$$M_1 \cap M_2 = \{x : x \in M_1 \quad \text{und} \quad x \in M_2\} .$$

Die *Restmenge* $M_1 \backslash M_2$ (gelesen: „M_1 ohne M_2") enthält alle Elemente aus der Menge M_1, die nicht Element aus M_2 sind:

$$M_1 \backslash M_2 = \{x : x \in M_1 \quad \text{und} \quad x \notin M_2\} .$$

Das *kartesische Produkt* der beiden Mengen wird durch alle Elemente gebildet, die man durch Zusammenfassung je eines Elementes aus M_1 mit einem Element aus M_2 erhält. Man bezeichnet es mit $M_1 \times M_2$:

$$M_1 \times M_2 = \{(x, y) : x \in M_1, \ y \in M_2\} .$$

Beispiel 1.4

Betrachte beispielsweise die Mengen $M_1 = \{1, 2, 3\}$ und $M_2 = \{3, 4\}$. Dann ist der Durchschnitt $M_1 \cap M_2 = \{3\}$, die Vereinigung $M_1 \cup M_2 = \{1, 2, 3, 4\}$ (beachte, dass die Elemente einer Menge nicht mehrfach aufgelistet werden), die Restmenge $M_1 \backslash M_2 = \{1, 2\}$ und das kartesische Produkt

$$M_1 \times M_2 = \{(1, 3), (1, 4), (2, 3), (2, 4), (3, 3), (3, 4)\} .$$

Die Elemente der letzten Menge sind geordnete Paare, und es kommt hier auf die Reihenfolge an: Die Elemente $(1, 2)$ und $(2, 1)$ sind verschieden.

Sind alle Elemente der Menge M_1 in M_2 enthalten, so sagt man, dass M_1 eine *Teilmenge* von M_2 sei und schreibt $M_1 \subset M_2$. Besitzen zwei Mengen die gleichen Elemente, so sagt man, die Mengen seien *gleich*, in Zeichen $M_1 = M_2$. Dies ist genau dann der Fall, wenn sowohl $M_1 \subset M_2$ als auch $M_2 \subset M_1$ gelten. Eine Menge heißt *endlich*, wenn sie endlich viele (und nicht unendlich viele) Elemente enthält.

Ein wichtiger Begriff bei der Betrachtung zweier Mengen ist der der *Abbildung*. Gegeben seien z. B. die zwei in Abb. 1.1 angegebenen Mengen M_1 und M_2. Wir wollen jedem Element der Menge M_1 genau eines aus der Menge M_2 zuordnen, wie das in Abb. 1.1 durch die Pfeile geschehen ist. Eine solche Zuordnung bezeichnet man als Abbildung der Elemente aus M_1 auf die Elemente aus M_2. Wenn nun bei der Abbildung jedem Element der Menge M_1 ein anderes Element der Menge M_2 zugeordnet wird und wenn dabei alle Elemente der Menge M_2 erfasst werden, so nennt man die beiden Mengen *gleichmächtig*. Dies ist in Abb. 1.1b der Fall.

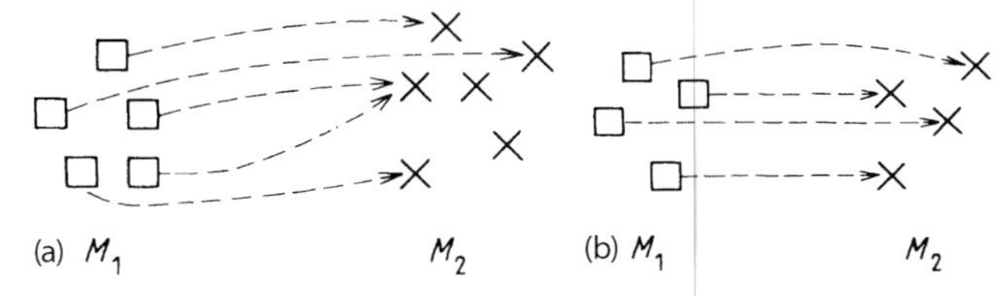

Abb. 1.1 (a) Beispiel für eine Abbildung der Elemente der Menge M_1 auf die Elemente der Menge M_2. (b) Beispiel für zwei gleichmächtige Mengen M_1 und M_2.

Wir wollen nun die Elemente einer einzigen Menge betrachten. Zwischen diesen Elementen können bestimmte Beziehungen oder, wie man auch sagt, Relationen bestehen. Eine wichtige Relation ist die *Gleichheitsbeziehung*, für die man das Zeichen „=“ verwendet. Man sagt, dass zwei Elemente a und b gleich sind, wenn sie hinsichtlich eines bestimmten Gesichtspunktes übereinstimmen. So gilt beispielsweise innerhalb der Menge der natürlichen Zahlen $2 = 2$, weil mit jeder Zwei die gleiche Anzahl von Dingen gemeint ist. Innerhalb der Menge der Brüche ist $\frac{2}{3} = \frac{4}{6}$, weil beide Symbole die gleiche Quantität eines Stoffes darstellen. Zu einer Gleichheit, die sich nicht auf Zahlen bezieht, kommt man, wenn man die Menge aller Menschen auf der Erde betrachtet. Man kann dann definieren: „Zwei Menschen a und b sollen gleich sein, wenn eines der beiden Elternteile von a die gleiche Muttersprache wie eines der beiden Elternteile von b spricht.“ Der Begriff der Gleichheit drückt nicht notwendig eine *Identität* aus, sondern allgemeiner eine Beziehung, die man als *Äquivalenz* bezeichnet.

Weitere wichtige Relationen stellen die *Ordnungsbeziehungen* „größer“ und „kleiner“ dar. Diese Beziehungen lassen sich immer dann einführen, wenn die Elemente einer Menge in einer bestimmten Reihenfolge angeordnet sind. Sie sind wie folgt definiert: *Wenn von zwei Elementen a und b einer geordneten Menge das Element b in einer festgelegten Reihenfolge hinter a steht, so sagen wir, dass b größer ist als a, und schreiben dafür* $b > a$. *Steht umgekehrt b vor a, so sagen wir, dass b kleiner ist als a, und schreiben* $b < a$. Wenn wir also z. B. schreiben $2 < 5$, was sich in die Worte „zwei ist kleiner als fünf“ kleiden lässt, so meinen wir damit, dass in der Zahlenreihenfolge zwei vor fünf steht.

Man kann verschiedene Relationszeichen auch gleichzeitig verwenden. Die Aussage $x \geq 2$ z. B. bedeutet, dass x größer oder gleich 2 sein soll.

Die Zeichen „$\ll$“ bzw. „$\gg$“ werden angewendet, um anzudeuten, dass eine Zahl „sehr viel kleiner“ bzw. „sehr viel größer“ als eine andere sein soll. Beispielsweise ist $1 \ll 100$ und $1 \gg 0{,}001$. Diese Schreibweise ist nicht ganz eindeutig, denn ob z. B. $1 \gg 0{,}2$ gilt, hängt sehr von der physikalischen oder chemischen Fragestellung ab.

Fragen und Aufgaben

Aufgabe 1.1 Zähle diejenigen Elemente der Menge auf, die von den geraden Zahlen zwischen 15 und 25 gebildet werden. Welche Elemente dieser Mengen enthalten mindestens eine Ziffer „2“, welche genau eine Ziffer „2“?

Aufgabe 1.2 Bestimme für $M_1 = \{2, 4, 6\}$, $M_2 = \{1, 3, 5\}$ und $M_3 = \{1, 2, 3\}$ die folgenden Mengen: $M_1 \cap M_2$, $M_1 \cap M_3$, $M_1 \cup M_3$.

Aufgabe 1.3 Die Menge M_1 wird aus den einzelnen chemischen Reaktionen, bei denen Wasserstoff abgegeben wird, gebildet. Die Menge M_2 besteht aus den chemischen Reaktionen, bei denen in einem Kohlenwasserstoff ein H-Atom durch ein Cl-Atom ersetzt wird. Gib einige Beispiele für die Elemente dieser Mengen an. Sind die beiden Mengen gleichmächtig?

1.3 Zahlen

Natürliche Zahlen Die Anzahl von Elementen einer endlichen Menge wird durch die Zahlen 0, 1, 2 usw. repräsentiert. Genau genommen werden alle natürlichen Zahlen durch die Ziffern 0, 1, 2 usw. bis 9 symbolisiert und im *Dezimalsystem* dargestellt. Zum Beispiel lässt sich die Anzahl 365 der Tage eines Jahres schreiben als $3 \cdot 10^2 + 6 \cdot 10^1 + 5 \cdot 10^0$. In der Informatik wird auch ein anderes Zahlensystem verwendet, nämlich das *Dualsystem*. Dieses Zahlensystem besteht aus den Ziffern 0 und 1, und alle Zahlen werden nur mit diesen Ziffern dargestellt. Zum Beispiel bedeutet die Dualzahl 10011 in diesem System $1 \cdot 2^4 + 0 \cdot 2^3 + 0 \cdot 2^2 + 1 \cdot 2^1 + 1 \cdot 2^0$, und das ergibt $16 + 2 + 1 = 19$.

Die Menge aller *natürlichen Zahlen* wird mit dem Symbol

$$\mathbb{N} = \{1, 2, 3, \dots\}$$

bezeichnet. Soll die Null enthalten sein, schreiben wir $\mathbb{N}_0 = \{0, 1, 2, 3, \dots\} = \mathbb{N} \cup \{0\}$. Auf dieser Menge sind die bekannten Operationen der Addition „+“, Subtraktion oder Differenz „−“, Multiplikation „·“ und Division „:“ bzw. „/“ definiert. Die Menge der natürlichen Zahlen enthält *abzählbar unendlich* viele Elemente. Dies bedeutet einfach, dass es *unendlich* viele natürliche Zahlen gibt und dass sie *abgezählt* werden können.

Ganze Zahlen Die Rechenoperationen können aus der Menge der natürlichen Zahlen hinausführen: Das Ergebnis der Rechenoperation $2 - 4$ ist *keine* natürliche Zahl mehr. Daher wird der Zahlenbereich auf die negativen Zahlen erweitert. Die Menge aller *ganzen Zahlen* wird mit dem Symbol

$$\mathbb{Z} = \{0, \pm 1, \pm 2, \pm 3, \dots\}$$

bezeichnet. Sie enthält also alle natürlichen Zahlen, alle entsprechenden negativen Zahlen und die Null. Ein wichtiger Begriff ist der *Betrag* $|a|$ einer Zahl a, definiert durch $|a| = a$, falls $a \geq 0$, und $|a| = -a$, falls $a < 0$. Der Betrag definiert hier eine Abbildung von der Menge der ganzen Zahlen $\mathbb{Z}$ auf die Menge der natürlichen Zahlen einschließlich Null $\mathbb{N}_0$.

Rationale Zahlen Die Division zweier ganzer Zahlen kann wieder aus dem Zahlenbereich hinausführen, z. B. ist $2/3$ keine ganze Zahl mehr. Dies führt auf die Definition der *Brüche*. Die Menge aller Brüche wird als die Menge der *rationalen Zahlen* bezeichnet und mit

$$\mathbb{Q} = \left\{ \frac{p}{q} : p \in \mathbb{Z} \,, \quad q \in \mathbb{N} \right\}$$

bezeichnet. Für einen Bruch sind die Schreibweisen $\frac{p}{q}$, p/q und $p : q$ gleichbedeutend. Man nennt p den *Zähler* des Bruches und q den *Nenner*. Die Brüche $p/0$ und $0/0$ sind nicht definiert.

Brüche können verschieden dargestellt werden: Die Brüche $2/3$, $4/6$, $6/9$ usw. bedeuten ein und dieselbe Zahl. Der Übergang von $4/6$ zu $2/3$ wird *Kürzen* des Bruches genannt, der Übergang von $2/3$ zu $(2 \cdot 2)/(2 \cdot 3) = 4/6$ *Erweitern* des Bruches.

Wir benötigen noch Rechengesetze für die Addition, Subtraktion, Multiplikation und Division von Brüchen:

1. Addition bzw. Subtraktion:

$$\frac{a}{b} \pm \frac{c}{d} = \frac{ad \pm bc}{bd};$$

2. Multiplikation:

$$\frac{a}{b} \cdot \frac{c}{d} = \frac{ac}{bd};$$

3. Division:

$$\frac{a}{b} : \frac{c}{d} = \frac{a}{b} \cdot \frac{d}{c} = \frac{ad}{bc} \,.$$

Wir unterscheiden zwischen den Notationen $1/ab$ und $1/a \cdot b$. Ersteres bedeutet $1/(ab)$, letzteres $(1/a)b = b/a$. Zum Beispiel ist $1/2a^2b = 1/(2a^2b)$ und *nicht* $0{,}5 \cdot a^2b$.

Eine besondere Bedeutung haben Brüche mit den Nennern 10, 100, 1000 usw. Man bezeichnet sie als *Dezimalbrüche*. Im Dezimalsystem hat man dafür eine besondere Schreibweise vereinbart: Man setzt fest, dass die erste Ziffer hinter dem Komma innerhalb einer Zahl der Zähler eines Bruches mit dem Nenner 10 ist, die zweite Ziffer der eines Bruches mit dem Nenner 100 usw. Es gilt daher z. B.:

$$2{,}438 = 2 + \frac{4}{10} + \frac{3}{100} + \frac{8}{1000} \,.$$

Eine solche aus Dezimalbrüchen zusammengesetzte Zahl nennt man *Dezimalzahl*. Eine Dezimalzahl kann endlich viele Stellen oder unendlich viele besitzen.

Eine Dezimalzahl heißt periodisch, wenn sich eine gewisse Zahlenfolge immer wieder ohne Ende wiederholt. Beispiele für periodische Dezimalzahlen sind die Zahlen 2,737 373 737 3 … oder 35,366 666 666 6 … Es lässt sich zeigen, dass sich jeder Bruch in eine endliche oder in eine periodisch unendliche Dezimalzahl umwandeln lässt und dass umgekehrt jede endliche oder periodisch unendliche Dezimalzahl einem Bruch entspricht. Beispielsweise gilt für die beiden obigen Zahlen:

$$2{,}737\,373\,737\,3\ldots = \frac{271}{99} \quad \text{und} \quad 35{,}366\,666\,666\,6\ldots = \frac{1061}{30} \; .$$

Unendliche *nicht* periodische Dezimalzahlen gehören daher nicht mehr in den Bereich der rationalen Zahlen.

Reelle Zahlen Man kann beweisen, dass die Lösung der quadratischen Gleichung $x^2 = 2$ keine rationale Zahl ist, d. h., sie kann nicht durch eine periodisch unendliche Dezimalzahl geschrieben werden. Das Lösen der Gleichung führt also aus dem Zahlensystem hinaus. Wir erweitern das Zahlensystem, indem wir alle unendlichen nicht periodischen Dezimalzahlen zu den Brüchen hinzufügen. Dies führt auf die *reellen Zahlen*

$$\mathbb{R} = \left\{ g + r : g \in \mathbb{Z} \, , \quad r = \frac{a_1}{10} + \frac{a_2}{100} + \cdots \, , \quad a_i \in \{0, 1, 2, \ldots, 9\} \right\} \; .$$

Die reellen Zahlen umfassen alle bekannten Zahlen des Zahlenstrahls. Beispielsweise sind auch die Zahlen π und e (Euler'sche Zahl) reelle Zahlen. Reelle Zahlen können stets durch rationale Zahlen bzw. durch Dezimalbrüche approximiert werden. So ist etwa

$$\pi \approx 3{,}141\,59 \quad \text{und} \quad \mathrm{e} \approx 2{,}718\,28 \; .$$

Das Zeichen „≈" bedeutet, dass die rechte Seite eine Approximation der linken Seite darstellt. Reelle Zahlen, die keine rationalen Zahlen sind, werden auch als *irrationale Zahlen* bezeichnet. Die Zahlen $\sqrt{2}$, π und e sind irrational. Eine reelle Zahl ist entweder rational oder irrational.

Ein wichtiger Begriff ist das *Intervall* zwischen zwei Zahlen a und b. Man versteht darunter alle reellen Zahlen, die zwischen a und b liegen. Je nachdem, ob die Zahlen a und b zum Intervall dazuzählen, spricht man von *abgeschlossenen* oder *offenen* Intervallen. Genauer führt man die folgenden Begriffe ein:

- abgeschlossenes Intervall: $[a, b] = \{x \in \mathbb{R} : a \le x \le b\}$;
- rechts halboffenes Intervall: $[a, b) = \{x \in \mathbb{R} : a \le x < b\}$;
- links halboffenes Intervall: $(a, b] = \{x \in \mathbb{R} : a < x \le b\}$;
- offenes Intervall: $(a, b) = \{x \in \mathbb{R} : a < x < b\}$.

Man schreibt auch:

$$\begin{aligned} [a, \infty) &= \{x \in \mathbb{R} : a \le x < \infty\}, \\ (-\infty, b) &= \{x \in \mathbb{R} : -\infty < x < b\}, \\ (-\infty, \infty) &= \{x \in \mathbb{R} : -\infty < x < \infty\} = \mathbb{R}. \end{aligned}$$

Die Menge der reellen Zahlen ist im Gegensatz zu den Mengen der natürlichen, ganzen oder rationalen Zahlen nicht abzählbar unendlich, sondern *überabzählbar unendlich*. Dies bedeutet, dass es unendlich viele reellen Zahlen gibt, diese aber nicht mehr abgezählt werden können.

Komplexe Zahlen Beim Lösen quadratischer Gleichungen stellt es sich heraus, dass nicht jede Gleichung eine Lösung im Bereich der reellen Zahlen besitzt. Die Gleichung $x^2 = -2$ kann keine reelle Lösung besitzen, da die linke Seite eine nicht negative Zahl ist, während die rechte Seite negativ ist. Um derartige Gleichungen dennoch lösen zu können, wird wiederum der Zahlenbereich erweitert.

Zieht man formal die Wurzel aus der Gleichung $x^2 = -2$, so würde man die beiden Lösungen $x = \pm\sqrt{-2}$ erhalten. Das Symbol „$\sqrt{-2}$" macht keinen Sinn als reelle Zahl, daher definiert man eine neue Zahl, die die reellen Zahlen erweitert, nämlich $\mathrm{i} = \sqrt{-1}$. Streng genommen ist diese Definition nicht ganz korrekt, denn wir haben die Abbildung $\sqrt{\cdot}$ für negative Zahlen nicht definiert, sodass das Symbol „$\sqrt{-1}$" keinen Sinn macht. Anstelle dessen definiert man die *komplexe Einheit* als diejenige Zahl, für die

$$\mathrm{i}^2 = -1$$

gilt. Die Lösungen von $x^2 = -2$ lauten in dieser Notation $x = \pm\sqrt{2}\mathrm{i}$, denn $x^2 = (\pm\sqrt{2}\mathrm{i})^2 = (\sqrt{2})^2 \cdot \mathrm{i}^2 = -2$. Allgemein können wir Zahlen der Form $a + \mathrm{i}b$ mit reellen Zahlen a und b definieren. Wir nennen die Gesamtheit solcher Zahlen die Menge der *komplexen Zahlen*

$$\mathbb{C} = \{a + \mathrm{i}b : a\,, \quad b \in \mathbb{R}\}\ .$$

Ist eine komplexe Zahl $z = a + \mathrm{i}b$ gegeben, so nennen wir a den *Realteil* und b den *Imaginärteil*, geschrieben als $a = \mathrm{Re}(z)$ und $b = \mathrm{Im}(z)$. Eine komplexe Zahl z, deren Realteil gleich null ist ($\mathrm{Re}(z) = 0$), nennen wir *rein imaginär*. Die Zahl $\bar{z} = a - \mathrm{i}b$ heißt die zu z *konjugiert komplexe* Zahl, und $|z| = \sqrt{a^2 + b^2}$ ist der *Betrag* von z.

Komplexe Zahlen können nicht mehr auf der reellen Zahlenachse untergebracht werden. Repräsentieren wir jedoch die Zahl $z = a + \mathrm{i}b$ durch das Paar (a, b), so ist eine Darstellung in der *Gauß'schen Zahlenebene* möglich. Hierbei stellt die x-Achse (oder Abszisse) die Realteilachse dar und die y-Achse (oder Ordinate) die Imaginärteilachse. Die Zahl z wird dabei als Ortsvektor eingezeichnet (siehe Abb. 1.2). Insbesondere ist $|z|$ die Länge des Ortsvektors, gegeben durch (a, b), und $\bar{z}$ ist der an der Realteilachse gespiegelte Vektor z.

Für die komplexen Zahlen müssen wir nun Rechenregeln einführen. Wir nennen zwei komplexe Zahlen $z_1 = a_1 + \mathrm{i}b_1$ und $z_2 = a_2 + \mathrm{i}b_2$ *gleich*, wenn die Real- und Imaginärteile übereinstimmen: $z_1 = z_2$ genau dann, wenn $a_1 = a_2$ und $b_1 = b_2$. Die *Summe* zweier komplexer Zahlen wird durch die getrennte Summe der Real- und Imaginärteile definiert:

$$z_1 + z_2 = (a_1 + a_2) + \mathrm{i}(b_1 + b_2)\ .$$

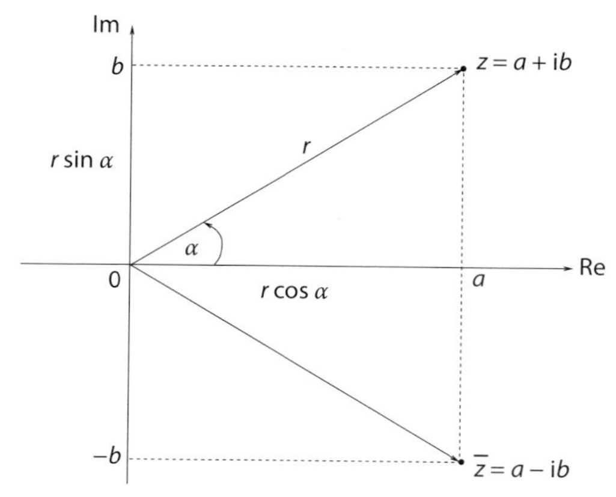

Abb. 1.2 Die Gauß'sche Zahlenebene.

Analog wird die Subtraktion erklärt.

Wir können komplexe Zahlen mit den gewohnten Rechenregeln *multiplizieren*, wenn wir die Definition $\mathrm{i}^2 = -1$ beachten:

$$z_1 \cdot z_2 = (a_1 + \mathrm{i}b_1)(a_2 + \mathrm{i}b_2) = a_1 a_2 - b_1 b_2 + \mathrm{i}(a_1 b_2 + a_2 b_1) .$$

Ein bemerkenswertes Ergebnis folgt aus der Multiplikation einer komplexen Zahl z mit ihrer konjugiert komplexen Zahl $\bar{z}$:

$$z \cdot \bar{z} = (a + \mathrm{i}b)(a - \mathrm{i}b) = a^2 + b^2 + \mathrm{i}(ab - ab) = a^2 + b^2 = |z|^2 .$$

Der Betrag einer komplexen Zahl z ist also gleich der Wurzel aus dem Produkt $z \cdot \bar{z}$.

Die *Division* zweier komplexer Zahlen führen wir durch, indem wir zunächst den vorliegenden Bruch mit dem konjugiert komplexen Nenner erweitern. Dadurch wird der Nenner reell, und wir können den ganzen Ausdruck in einen Realteil und einen Imaginärteil aufspalten:

$$\begin{aligned}\frac{a_1 + \mathrm{i}b_1}{a_2 + \mathrm{i}b_2} &= \frac{(a_1 + \mathrm{i}b_1)(a_2 - \mathrm{i}b_2)}{(a_2 + \mathrm{i}b_2)(a_2 - \mathrm{i}b_2)} = \frac{a_1 a_2 + b_1 b_2 + \mathrm{i}(a_2 b_1 - a_1 b_2)}{a_2^2 + b_2^2} \\ &= \frac{a_1 a_2 + b_1 b_2}{a_2^2 + b_2^2} + \mathrm{i}\frac{a_2 b_1 - a_1 b_2}{a_2^2 + b_2^2} .\end{aligned}$$

Beispiel 1.5

Betrachte als Beispiel die komplexen Zahlen $z_1 = 2 + 3\mathrm{i}$ und $z_2 = 1 - 2\mathrm{i}$. Dann lautet die Summe $z_1 + z_2 = 3 + \mathrm{i}$, die Differenz $z_1 - z_2 = 1 + 5\mathrm{i}$, das Produkt $z_1 z_2 = 2 + 3\mathrm{i} - 4\mathrm{i} - 6\mathrm{i}^2 = 8 - \mathrm{i}$ und der Quotient

$$\frac{z_1}{z_2} = \frac{(2 + 3\mathrm{i})(1 + 2\mathrm{i})}{(1 - 2\mathrm{i})(1 + 2\mathrm{i})} = \frac{-4 + 7\mathrm{i}}{1 + 4} = -\frac{4}{5} + \frac{7}{5}\mathrm{i} .$$

Die Lage eines Ortsvektors in der Gauß'schen Zahlenebene ist durch die Abschnitte auf der x- und y-Achse definiert. Ein Ortsvektor kann auch eindeutig durch seine Länge und dem Winkel zwischen x-Achse und Vektor beschrieben werden. Eine derartige Darstellung in *Polarkoordinaten* ist auch für komplexe Zahlen möglich. Mit der Notation in Abb. 1.2 folgen die Beziehungen $a = r\cos\alpha$ und $b = r\sin\alpha$,[1] wobei $r = |z| = \sqrt{a^2 + b^2}$, also

$$z = a + \mathrm{i}b = r(\cos\alpha + \mathrm{i}\sin\alpha)\ .$$

Eine dritte Darstellungsform erhalten wir durch die *Euler'sche Formel*

$$\mathrm{e}^{\mathrm{i}\alpha} = \cos\alpha + \mathrm{i}\sin\alpha\ . \tag{1.1}$$

Dann kann eine komplexe Zahl geschrieben werden als

$$z = r\mathrm{e}^{\mathrm{i}\alpha}\ .$$

Der Vorteil dieser Formulierung ist, dass komplexe Zahlen damit einfach potenziert werden können:

$$z^n = (r\mathrm{e}^{\mathrm{i}\alpha})^n = r^n\mathrm{e}^{\mathrm{i}n\alpha} = r^n(\cos(n\alpha) + \mathrm{i}\sin(n\alpha))\ .$$

Insbesondere können wir einfach *Wurzeln ziehen*, denn es folgt

$$w_1 = \sqrt{z} = (r\mathrm{e}^{\mathrm{i}\alpha})^{1/2} = \sqrt{r}\mathrm{e}^{\mathrm{i}\alpha/2}\ .$$

Allerdings gibt es noch eine zweite Wurzel. Um dies einzusehen, bemerken wir zunächst, dass sich aus der Periodizität der trigonometrischen Funktionen die Formel

$$1 = \mathrm{e}^{\mathrm{i}\cdot 0} = \cos 0 + \mathrm{i}\sin 0 = \cos 2\pi + \mathrm{i}\sin 2\pi = \mathrm{e}^{2\pi\mathrm{i}}$$

ergibt. Dann ist

$$w_2 = \sqrt{r}\,\mathrm{e}^{\mathrm{i}(\alpha/2+\pi)}$$

eine zweite Wurzel, denn $w_2^2 = r\mathrm{e}^{\mathrm{i}(\alpha+2\pi)} = r\mathrm{e}^{\mathrm{i}\alpha}\mathrm{e}^{2\pi\mathrm{i}} = r\mathrm{e}^{\mathrm{i}\alpha}$. Allgemein gilt: *Sei $z = r\mathrm{e}^{\mathrm{i}\alpha} \in \mathbb{C}$. Dann gibt es genau n verschiedene komplexe Zahlen $w_0, \dots, w_{n-1}$, die die Gleichung $w^n = z$ lösen. Sie lauten:*

$$w_k = \sqrt[n]{r}\,\mathrm{e}^{\mathrm{i}(\alpha+2\pi k)/n}\ , \qquad k = 0, \dots, n-1\ .$$

Beispiel 1.6
Als Beispiel berechnen wir die komplexen Lösungen der Gleichung $w^3 = -1$. Diese lauten wegen $-1 = \mathrm{e}^{\mathrm{i}\pi}$ gemäß der obigen Formel $w_0 = \mathrm{e}^{\pi\mathrm{i}/3}$, $w_1 = \mathrm{e}^{3\pi\mathrm{i}/3}$ und $w_2 = \mathrm{e}^{5\pi\mathrm{i}/3}$.

1) Die trigonometrischen Funktionen werden in Abschnitt 4.2.4 genauer untersucht.

Die Erweiterung der reellen zu den komplexen Zahlen wirkt wie ein mathematischer Kunstgriff. Tatsächlich erlauben komplexe Zahlen eine bequeme Darstellung verschiedener Naturvorgänge (z. B. Schwingungen; siehe Abschnitt 11.3). Komplexe Zahlen spielen allerdings auch eine entscheidende Rolle in der Quantenmechanik, in der Zustände eines physikalischen oder chemischen Systems durch komplexwertige Abbildungen repräsentiert werden (siehe Kapitel 13).

Fragen und Aufgaben

Aufgabe 1.4 Stelle die Zahl Vierundzwanzig im Dezimalsystem und im Dualsystem dar.

Aufgabe 1.5 Zu welchem Zweck werden die negativen Zahlen, die Brüche, die irrationalen Zahlen und die komplexen Zahlen eingeführt?

Aufgabe 1.6 Was ist ein offenes, ein halboffenes und ein geschlossenes Intervall?

Aufgabe 1.7 Bilde Summe, Differenz, Produkt und Quotient der Zahlen x und y für: (i) $x = 2 + 4\mathrm{i}$, $y = 3 - \mathrm{i}$; (ii) $x = -2\mathrm{i}$, $y = -5$.

Aufgabe 1.8 Bestimme den Betrag, den Realteil, den Imaginärteil, das Quadrat und die fünfte Potenz der folgenden Zahlen: (i) $2 + 4\mathrm{i}$, (ii) -5, (iii) 5, (iv) $-\mathrm{i}$.

Aufgabe 1.9 Stelle die folgenden Zahlen in der Form $a + ib$ dar: (i) $5/(1+2\mathrm{i})$, (ii) $(1+\mathrm{i})/(1-\mathrm{i})$.

Aufgabe 1.10 Bestimme alle Lösungen der Gleichung $w^4 = -16$.

1.4 Einige Rechenregeln

Summen- und Produktzeichen Um eine Summe über eine größere Anzahl von Summanden in abgekürzter Form schreiben zu können, hat man das *Summenzeichen* $\sum$ eingeführt. Für die Summe aus n Summanden schreibt man abkürzend

$$\sum_{k=1}^{n} a_k = a_1 + a_2 + a_3 + \cdots + a_{n-1} + a_n \ ,$$

wobei die linke Seite der Gleichung gelesen wird als „Summe über alle a_k von k gleich 1 bis n". Die Zahl k nennt man den *Summationsindex*. Die Summanden a_k können beliebige Ausdrücke sein, die irgendwie von k abhängen. Es gilt z. B.:

$$\sum_{k=2}^{4}(k^2 + 7) = (4 + 7) + (9 + 7) + (16 + 7) = 50 \ .$$

Kommt der Summationsindex im Ausdruck hinter dem Summenzeichen nicht vor, so muss man für jeden Wert von k jeweils den gleichen Ausdruck als Summand schreiben. Es gilt z. B.:

$$\sum_{k=2}^{4} a^2 = a^2 + a^2 + a^2 = 3a^2 \ .$$

Für das Rechnen mit Summenzeichen gelten eine Reihe von Regeln, deren Richtigkeit sich einfach dadurch einsehen lässt, dass man den Ausdruck mit dem Summenzeichen durch die Summe, die er darstellt, ersetzt. Sie lauten: Man kann jederzeit den Buchstaben für den Summationsindex austauschen. Darüber hinaus darf man den Index k etwa durch $k + 3$ ersetzen, wenn man die Summationsgrenzen entsprechend abändert. Wir können also z. B. schreiben:

$$\sum_{j=2}^{5} a_j = \sum_{k=2}^{5} a_k = \sum_{k=-1}^{2} a_{k+3} \ ,$$

da jeder der drei Ausdrücke die Summe $a_2 + a_3 + a_4 + a_5$ darstellt. Des Weiteren gilt, wie man sich leicht überzeugen kann,

$$\sum_{k=n_0}^{n} a_k + \sum_{j=n_0}^{n} b_j = \sum_{k=n_0}^{n} (a_k + b_k) \quad \text{und} \quad c \cdot \sum_{k=n_0}^{n} a_k = \sum_{k=n_0}^{n} c a_k \ .$$

Außer der einfachen Summe ist es bisweilen auch von Vorteil, mehrfache Summen zu verwenden. Der Ausdruck

$$\sum_{k=1}^{2} \sum_{j=1}^{3} a_k b_j$$

z. B. bedeutet: Durchlaufe zunächst mit dem Index j alle Werte von 1 bis 3 und schreibe die Summanden hin. Anschließend durchlaufe mit dem Index k alle Werte von 1 bis 2 und vervielfache so die Anzahl der Summanden. Ausgeführt ergibt das

$$\begin{aligned} \sum_{k=1}^{2} \sum_{j=1}^{3} a_k b_j &= \sum_{k=1}^{2} (a_k b_1 + a_k b_2 + a_k b_3) \\ &= a_1 b_1 + a_1 b_2 + a_1 b_3 + a_2 b_1 + a_2 b_2 + a_2 b_3 \ . \end{aligned}$$

Mithilfe einer solchen Doppelsumme lässt sich auch das Produkt zweier Summen umformen. Es gilt:

$$\sum_{k=n_0}^{n} x_k \sum_{j=m_0}^{m} y_j = \sum_{k=n_0}^{n} \sum_{j=m_0}^{m} x_k y_j \ .$$

Sollte das Produkt in der Form $\sum_{k=n_0}^{n} x_k \sum_{k=m_0}^{m} y_k$ gegeben sein, bei der in beiden Summen der gleiche Summationsindex auftritt, so muss man vor Bildung der Doppelsumme einen der beiden Summationsindizes umbenennen. Das angegebene Produkt ist *nicht* gleich $\sum_{k=n_0}^{n} \sum_{k=m_0}^{m} x_k y_k$, wie man sich leicht durch ein spezielles Beispiel überzeugen kann. Die gleichen Rechengesetze gelten auch für Ausdrücke mit mehr als zwei Einzelsummen.

Ebenso wie eine Summe kann man auch ein Produkt über mehrere Faktoren in abgekürzter Weise formulieren. Man verwendet hierzu das *Produktzeichen* $\prod$, definiert durch:

$$\prod_{k=1}^{n} a_k = a_1 a_2 a_3 \cdots a_{n-1} a_n \ .$$

So ist beispielsweise

$$\prod_{k=1}^{5} k = 1 \cdot 2 \cdot 3 \cdot 4 \cdot 5 = 120 \ .$$

Das Rechnen mit Ungleichungen In Abschnitt 1.2 haben wir das „größer"- und „kleiner"-Zeichen eingeführt. Diese Zeichen lassen sich dazu verwenden, Relationen zwischen verschiedenen Ausdrücken anzugeben. Es gilt beispielsweise, wie wir hier ohne Beweis anführen wollen, für alle ganzen Zahlen a und b, die größer als 2 sind, die Beziehung $a \cdot b > a + b$. Man kann auch Relationen aufstellen, bei denen gleichzeitig ein Gleichheitszeichen und ein Ungleichheitszeichen auftritt. Die Relation $a \geq b$ besagt, dass a entweder größer oder gleich b ist. Entsprechend definiert man die Relation $a \leq b$. Die obigen Ausdrücke bezeichnet man als *Ungleichungen*.

Es gelten die folgenden Eigenschaften:

1. Ist $a > b$, so folgt auch $a + c > b + c$ für jede reelle Zahl c sowie

   $$ac > bc \ , \quad \text{falls} \quad c > 0 \ , \quad \text{und} \quad ac < bc \ , \quad \text{falls} \quad c < 0 \ .$$

   Aus $a > b$ folgt insbesondere (wähle $c = -1$) $-b > -a$. Wenn man bei einer Ungleichung die Seiten vertauscht, muss man daher im Unterschied zu einer Gleichung auch die Vorzeichen vertauschen! Was hier für das „größer"-Zeichen angegeben wurde, gilt in analoger Weise auch für das „kleiner"-Zeichen.
2. Gilt außer der Ungleichung $a > b$ noch eine zweite Ungleichung $x > y$, so kann man daraus schließen, dass $a + x > b + y$ gilt, *nicht* aber, dass $a - x > b - y$ gilt.
3. Eine wichtige Beziehung stellt die *Bernoulli-Ungleichung* dar. Sie besagt, dass für alle $x > 0$ und alle natürlichen Zahlen $n > 1$ gilt:

   $$(1 + x)^n > 1 + nx \ . \tag{1.2}$$

Einige bemerkenswerte Formeln erhält man, wenn man Ungleichungen betrachtet, in denen die Beträge von Zahlen vorkommen. Aus $|x| \leq a$ folgt, falls x eine reelle Zahl ist, $-a \leq x \leq a$. Ferner gilt noch für reelle und komplexe Zahlen x die sogenannte *Dreiecksungleichung*

$$|x + y| \leq |x| + |y| \ .$$

Sie beruht darauf, dass eine Seite eines Dreiecks immer kleiner als die Summe der beiden anderen ist.

Fragen und Aufgaben

Aufgabe 1.11 Berechne:

$$\text{(i)} \sum_{n=2}^{4}(n^2+1)\,, \quad \text{(ii)} \sum_{n=1}^{2}(n+1)(n-1)\,, \quad \text{(iii)} \sum_{n=1}^{3}(n+1)\sum_{n=1}^{3}(n-1)\,,$$

$$\text{(iv)} \prod_{k=1}^{3}(a+k)\,, \quad \text{(v)} \sum_{k=1}^{3}k\sum_{k=1}^{3}k\,, \quad \text{(vi)} \sum_{j=0}^{4}(-1)^j(j+1)\,.$$

Aufgabe 1.12 Vereinfache:

$$\text{(i)} \sum_{k=1}^{5}a_k+\sum_{i=3}^{7}a_{i-2}\,, \quad \text{(ii)} \sum_{i=1}^{3}(a_i+1)\sum_{i=1}^{3}(a_i+1)\,.$$

Aufgabe 1.13 Für welche x gilt:
(i) $(x-1)(x+1) > 1$, (ii) $|x-1| > 1$, (iii) $|(x-1)/(x+1)| > 1$?

1.5 Kombinatorik

In der Kombinatorik wird die Anzahl der Anordnungen bestimmt, die eine Reihe von Elementen unter bestimmten Gesichtspunkten einnehmen kann. Aufgaben dieser Art treten in verschiedenen Zweigen der Chemie häufig auf. Je nach der Art der Anordnungen unterscheiden wir zwischen *Permutationen*, *Variationen* und *Kombinationen*, die wir im Folgenden vorstellen.

Permutationen Als Erstes betrachten wir das folgende Problem: Gegeben sind n verschiedene Elemente. Auf wie viele Arten kann man diese Elemente in einer Reihe anordnen? Eine Umstellung der Elemente, die zu einer neuen Anordnung führt, bezeichnet man als *Permutation*. Gefragt ist also nach der Anzahl P_n der Permutationen von n Elementen.

Beispielsweise können wir die drei Elemente a, b und c auf sechs verschiedene Arten anordnen (siehe Tab. 1.1). Diese Zahl lässt sich durch die folgende Überlegung erhalten: Wir haben drei Plätze, die wir durch drei Elemente besetzen müssen. Wenn wir den ersten Platz besetzen, so stehen uns hierfür drei Elemente zur Verfügung, nämlich a, b oder c. Es gibt also drei Möglichkeiten. Zur Besetzung des zweiten Platzes gibt es jeweils nur noch zwei Möglichkeiten, da ein Element bereits platziert ist. Für den dritten Platz gibt es schließlich nur noch eine Möglichkeit. Insgesamt erhält man somit $3 \cdot 2 \cdot 1 = 6$ Möglichkeiten.

Liegen allgemein n Elemente zur Verteilung auf n Plätze vor, so können auf den ersten Platz n verschiedene Elemente kommen, auf den zweiten Platz jeweils $n-1$ Elemente, auf den dritten Platz jeweils $n-2$ Elemente usw., bis für den n-ten Platz genau ein Element übrig bleibt. Die Zahl der Permutationen ist daher durch $n \cdot (n-1) \cdot (n-2) \cdots 2 \cdot 1$ gegeben. Hierfür führt man die *Fakultät* als Abkürzung ein:

$$n! = n \cdot (n-1) \cdot (n-2) \cdots 2 \cdot 1 \quad \text{für} \quad n \in \mathbb{N} \,.$$

Man liest $n!$ als „n Fakultät". Für $n = 0$ definiert man $0! = 1$. Wir erhalten das Resultat: *Die Zahl P_n der Permutationen von n Elementen lautet*

$$P_n = n! \;.$$

Sind einige Elemente gleich, so wird die Anzahl der Permutationen kleiner als bei ausschließlich verschiedenen Elementen. Nehmen wir beispielsweise an, dass die zu permutierenden Elemente a, b, b lauten, dann sind drei verschiedene Permutationen möglich (siehe Tab. 1.2).

Sind allgemein von n Elementen n_1 Elemente gleich, so fallen alle diejenigen Permutationen zusammen, die sich durch Vertauschung der n_1 gleichen Elemente untereinander ergeben. Dies sind genau $n_1!$ Permutationen, die aus der Anzahl der Permutationen $n!$ herausdividiert werden müssen. Die Anzahl der Permutationen von n Elementen, von denen n_1 Elemente gleich sind, ist also gegeben durch $P_{n,n_1} = n!/n_1!$. In unserem Beispiel erhalten wir $3!/2! = 6/2 = 3$ Permutationen. *Allgemein lautet die Anzahl der Permutationen von n Elementen, von denen jeweils $n_1, n_2, \ldots, n_k$ gleich sind:*

$$P_{n,n_1,\ldots,n_k} = \frac{n!}{n_1! \cdot n_2! \cdots n_k!} \,. \tag{1.3}$$

Beispiel 1.7

Wir wollen diese Ausführungen durch ein Beispiel aus der Chemie ergänzen. Betrachten wir einen linearen Kohlenwasserstoff aus acht Kohlenstoffatomen, bei dem an einem Ende ein Chloratom und am anderen Ende ein Iodatom substituiert ist. Es sollen in der Kohlenstoffkette drei Doppelbindungen auftreten, während die restlichen vier Bindungen Einfachbindungen sind (siehe Abb. 1.3). Wir

Tab. 1.1 Permutationen von drei Elementen a, b und c.

a	b	c
a	c	b
b	a	c
b	c	a
c	a	b
c	b	a

Tab. 1.2 Permutationen von drei Elementen *a*, *b* und *b*.

a	b	b
b	a	b
b	b	a

fragen, wie viele verschiedene Isomere es hinsichtlich der Anordnungen der Doppelbindungen gibt ohne Rücksicht darauf, ob diese Isomere chemisch stabil sind. Um das Problem zu lösen, betrachten wir die insgesamt auftretenden sieben Bindungen, von denen je drei und je vier gleich sind. Die Anzahl der Isomere ist dann durch die Zahl der Permutationen von sieben Elementen, von denen drei und vier jeweils gleich sind, gegeben. Wir erhalten dafür mithilfe von (1.3):

$$P_{7,3,4} = \frac{7!}{3! \cdot 4!} = \frac{7 \cdot 6 \cdot 5 \cdot 4 \cdot 3 \cdot 2 \cdot 1}{1 \cdot 2 \cdot 3 \cdot 1 \cdot 2 \cdot 3 \cdot 4} = 35 \ .$$

```
   H   H           H   H   H   H
   |   |           |   |   |   |
Cl-C - C = C = C = C - C - C - C - I
   |                   |   |   |
   H                   H   H   H
```

Abb. 1.3 Beispiel für ein Isomer des betrachteten Moleküls.

Variationen Das zweite Problem, das wir im Rahmen der Kombinatorik behandeln, lässt sich in folgender Weise formulieren: Wie viele Möglichkeiten gibt es, aus n gegebenen Elementen k Elemente herauszugreifen und in verschiedener Weise anzuordnen? Wir bilden also geordnete Gruppen von k Elementen. Die verschiedenen Möglichkeiten bezeichnet man als *Variationen k-ter Ordnung.* Zu unterscheiden ist, ob die k Elemente beliebig häufig verwendet werden dürfen oder nicht, und man spricht hier von Variationen *ohne* oder *mit Wiederholung.* Im ersten Fall verwenden wir das Symbol $V_{n,k}$, im zweiten Fall $V^{w}_{n,k}$.

Betrachten wir zunächst als Beispiel den Fall von $n = 4$ Elementen a, b, c, d, aus denen wir $k = 2$ Elemente ohne Wiederholung herausgreifen. Die verschiedenen Variationen sind für diesen Fall in Tab. 1.3 angegeben. Man sieht, dass es zwölf verschiedene Variationen gibt, dass also $V_{4,2} = 12$ ist.

Tab. 1.3 Variationen zweiter Ordnung von vier Elementen *a*, *b*, *c*, *d* ohne Wiederholung.

a	b	b	a
a	c	c	a
a	d	d	a
b	c	c	b
b	d	d	b
c	d	d	c

Eine allgemeine Formel für $V_{n,k}$ erhalten wir mithilfe der folgenden Überlegung: Wir haben n verschiedene Elemente und sollen diese auf k Plätze verteilen. Zur Besetzung des ersten Platzes gibt es n Möglichkeiten. Zur Besetzung des zweiten Platzes gibt es jeweils noch $n-1$ Möglichkeiten, für den dritten Platz $n-2$ Möglichkeiten usw., bis schließlich der k-te Platz auf $n-k+1$ Arten besetzt werden kann. Dadurch erhalten wir insgesamt $n\cdot(n-1)\cdot(n-2)\cdots(n-k+1)$ Möglichkeiten:

$$V_{n,k} = n \cdot (n-1) \cdot (n-2) \cdots (n-k+1) = \frac{n!}{(n-k)!} \ .$$

In unserem Beispiel gilt $V_{4,2} = 4!/(4-2)! = 24/2 = 12$.

Falls Wiederholungen möglich sind, kommen in dem obigen Beispiel die Variationen aa, bb, cc und dd hinzu, sodass wir insgesamt 16 Möglichkeiten erhalten. Allgemein gibt es für jeden Platz n Möglichkeiten, die n Elemente zu verteilen, da jedes Element beliebig oft vorkommen kann. Die Anzahl der Variationen $V^w_{n,k}$ mit Wiederholung ist also das k-fache Produkt mit der Anzahl der n Elemente:

$$V^w_{n,k} = n^k \ .$$

Tatsächlich erhalten wir für das obige Beispiel $V^w_{4,2} = 4^2 = 16$.

Beispiel 1.8
Wie viele dreistellige Zahlen lassen sich aus den Ziffern eins bis neun schreiben, wenn jede Ziffer nur einmal vorkommen soll? Es handelt sich hier um Variationen dritter Ordnung ohne Wiederholung mit $V_{9,3} = 9!/(9-3)! = 9!/6! = 9 \cdot 8 \cdot 7 = 504$. Falls jede Ziffer beliebig häufig vorkommen darf, liegen Variationen dritter Ordnung mit Wiederholung vor, und ihre Anzahl lautet $V^w_{9,3} = 9^3 = 729$.

Kombinationen Das dritte und letzte Problem ist das Folgende: Auf wie viele Arten lassen sich aus n gegebenen Elementen k Elemente herausgreifen, wenn es auf die Reihenfolge der herausgegriffenen Elemente nicht ankommt? Wir bilden also ungeordnete Gruppen von k Elementen. Man nennt solche Gruppen *Kombinationen k-ter Ordnung.* Darf jedes Element nur einmal oder beliebig häufig verwendet werden, so sprechen wir wie bei den Variationen von Kombinationen *ohne* bzw. *mit Wiederholung* und bezeichnen ihre Anzahl mit $C_{n,k}$ bzw. $C^w_{n,k}$.

Betrachten wir wieder den Fall von vier Elementen a, b, c und d. Gesucht ist die Anzahl der Kombinationen zweiter Ordnung ohne Wiederholung. Es gibt genau sechs Möglichkeiten, die durch die linke Spalte von Tab. 1.3 gegeben sind. Seien nun allgemein n Elemente gegeben, aus denen k Elemente herausgegriffen werden. Dann ist die Anzahl der Kombinationen gleich der Anzahl der Variationen $V_{n,k}$, aber dividiert durch die Anzahl $P_k = k!$ der Permutationen, da es auf ihre Reihenfolge ja nicht ankommt:

$$C_{n,k} = \frac{V_{n,k}}{P_k} = \frac{n!}{k!(n-k)!} \ .$$

Tab. 1.4 Kombinationen zweiter Ordnung von vier Elementen *a, b, c, d* mit Wiederholung.

a	a	b	c
a	b	b	d
a	c	c	c
a	d	c	d
b	b	d	d

Für diesen Quotienten schreibt man gewöhnlich

$$\binom{n}{k} := \frac{n!}{k!(n-k)!} , \tag{1.4}$$

gelesen als „n über k" und bezeichnet ihn als *Binomialkoeffizient*. Das Zeichen „:=" ist ein Gleichheitszeichen, das den auf der linken Seite der Gleichung stehenden Ausdruck definiert. Wir sagen: „nach Definition gleich".

Beispiel 1.9
Im Zahlenlotto „6 aus 49" werden sechs nummerierte Kugeln aus einer Menge von 49 nummerierten Kugeln ohne Beachtung der Reihenfolge gezogen. Wie viele Möglichkeiten gibt es, die Kugeln zu ziehen? Es handelt sich um Kombinationen ohne Wiederholung mit

$$V_{49,6} = \binom{49}{6} = \frac{49!}{6!43!} = \frac{49 \cdot 48 \cdot 47 \cdot 46 \cdot 45 \cdot 44}{6 \cdot 5 \cdot 4 \cdot 3 \cdot 2 \cdot 1} = 13\,983\,816 .$$

Sind nun Wiederholungen zugelassen, so ergeben sich in unserem Beispiel die in Tab. 1.4 angegebenen zehn Kombinationen. Es lässt sich zeigen, dass die allgemeine Formel für Kombinationen k-ter Ordnung aus n Elementen mit Wiederholung lautet:

$$C^w_{n,k} = \binom{n+k-1}{k} .$$

Beispiel 1.10
Wie viele verschiedene Augenzahlen kann man beim Würfeln mit drei Würfeln erhalten? Wir greifen aus der Menge von sechs Augenzahlen drei Augenzahlen mit Wiederholung heraus, wobei die Reihenfolge keine Rolle spielt. Damit handelt es sich um Kombinationen mit Wiederholung, und wir erhalten

$$C^w_{6,3} = \binom{6+3-1}{3} = \binom{8}{3} = \frac{8!}{3!5!} = \frac{8 \cdot 7 \cdot 6}{3 \cdot 2 \cdot 1} = 56 .$$

Wir fassen die Formeln in Tab. 1.5 zusammen.

 **Tab. 1.5** Formeln für Variationen und Kombinationen.

	Variationen k-ter Ordnung (Reihenfolge wesentlich)	**Kombinationen k-ter Ordnung (Reihenfolge unwesentlich)**
ohne Wiederholung	$V_{n,k} = \frac{n!}{(n-k)!}$	$C_{n,k} = \binom{n}{k}$
mit Wiederholung	$V^w_{n,k} = n^k$	$C^w_{n,k} = \binom{n+k-1}{k}$

Binomialkoeffizient Abschließend wollen wir uns eingehender mit dem in (1.4) definierten Binomialkoeffizienten befassen. Es gibt ein wichtiges Additionstheorem:

$$\binom{n}{k-1} + \binom{n}{k} = \binom{n+1}{k} .$$

Dies können wir direkt mit der Definition einsehen:

$$\begin{aligned}\binom{n}{k-1} + \binom{n}{k} &= \frac{k \cdot n!}{k \cdot (k-1)!(n-k+1)!} + \frac{(n-k+1) \cdot n!}{(n-k+1) \cdot k!(n-k)!} \\ &= \frac{k \cdot n! + (n-k+1) \cdot n!}{k!(n-k+1)!} = \frac{(n+1)!}{k!(n-k+1)!} = \binom{n+1}{k} .\end{aligned}$$

Die Berechnung der Binomialkoeffizienten aus der Definition (1.4) ist für größere Werte von n umständlich. Das obige Additionstheorem erlaubt eine bequeme, rekursive Berechnung mithilfe des *Pascal'schen Dreiecks*:

$$\begin{array}{ccccccccccc} & & & & & 1 & & & & & \\ & & & & 1 & & 1 & & & & \\ & & & 1 & & 2 & & 1 & & & \\ & & 1 & & 3 & & 3 & & 1 & & \\ & 1 & & 4 & & 6 & & 4 & & 1 & \\ 1 & & 5 & & 10 & & 10 & & 5 & & 1 \end{array}$$

Die erste und letzte Zahl einer Reihe des Dreiecks ist gleich eins, und die restlichen Zahlen sind jeweils die Summe der direkt links und rechts darüberliegenden Werte. Beispielsweise ist die Zahl 10 in der sechsten Reihe und dritten Stelle die Summe der Zahlen 4 und 6 in der darüberliegenden Reihe. Interessanterweise sind diese Zahlen gerade die Binomialkoeffizienten: *Der Wert in der* $(n+1)$*-ten Reihe und* $(k+1)$*-ten Stelle ist gleich dem Binomialkoeffizient* $\binom{n}{k}$. Zum Beispiel ist $\binom{5}{2} = 5!/(2!\,3!) = 10$.

Die Binomialkoeffizienten treten auch beim Ausmultiplizieren des Produktes $(a+b)^n$ auf. Es gilt etwa:

$$\begin{aligned}(a+b)^1 &= 1 \cdot a + 1 \cdot b , \\ (a+b)^2 &= 1 \cdot a^2 + 2 \cdot ab + 1 \cdot b^2 , \\ (a+b)^3 &= 1 \cdot a^3 + 3 \cdot a^2 b + 3 \cdot ab^2 + 1 \cdot b^3 ;\end{aligned}$$

vergleiche die Koeffizienten mit der zweiten bis vierten Reihe des Pascal'schen Dreiecks. Dies motiviert den *Binomialsatz* oder *Binomischen Lehrsatz*: Für $a, b \in \mathbb{R}$ und $n \in \mathbb{N}$ gilt

$$(a+b)^n = \sum_{k=0}^{n} \binom{n}{k} a^{n-k} b^k \, . \tag{1.5}$$

Beispiel 1.11
Der Binomialsatz ergibt beispielsweise für $n = 4$:

$$\begin{aligned}(a+b)^4 &= \binom{4}{0} a^4 + \binom{4}{1} a^3 b + \binom{4}{2} a^2 b^2 + (4)\, ab^3 + \binom{4}{4} b^4 \\ &= a^4 + 4a^3 b + 6a^2 b^2 + 4ab^3 + b^4 .\end{aligned}$$

Die Koeffizienten 1, 4, 6, 4, 1 hätten wir natürlich auch direkt am Pascal'schen Dreieck ablesen können.

Fragen und Aufgaben

Aufgabe 1.14 Wird die Anzahl der möglichen Permutationen größer oder kleiner, wenn einige der permutierten Elemente gleich werden?

Aufgabe 1.15 Erläutere den Unterschied zwischen Kombinationen und Variationen sowie den zwischen Kombinationen mit Wiederholung und Kombinationen ohne Wiederholung.

Aufgabe 1.16 Was versteht man unter einem Binomialkoeffizienten und wie ist er definiert?

Aufgabe 1.17 Wie viele verschiedene zweiziffrige Zahlen lassen sich aus den Ziffern 3, 4 und 7 bilden, wenn man (i) jede Ziffer nur einmal, (ii) jede Ziffer auch mehrmals verwenden darf?

Aufgabe 1.18 Wie viele Anordnungsmöglichkeiten gibt es für die Elemente $abdf$ sowie für die Elemente $abdd$?

Aufgabe 1.19 Teile ein Rechteck durch r senkrechte und s waagrechte Geraden in kleinere, jeweils gleiche Rechtecke. Auf wie viele Arten kann man von einer Ecke zur diagonal gegenüberliegenden Ecke gelangen, wenn man sich ohne Umweg immer auf Rechteckseiten bewegt?

Aufgabe 1.20 Gegeben sei ein linearer Kohlenwasserstoff aus neun Kohlenstoffatomen, an dessen Ende sich eine OH-Gruppe befindet. (i) Wie viele verschiedene Isomere kann man durch Substitution von zwei Chloratomen erhalten, wenn an jedes Kohlenstoffatom nur ein Chloratom gesetzt werden darf? (ii) Wie viele Isomere erhält man, wenn man statt der zwei Chloratome ein Chloratom und ein Bromatom verwendet? (Bei der Lösung der Aufgabe soll keine Rücksicht auf die chemische Stabilität der betrachteten Verbindungen genommen werden.)

Aufgabe 1.21 Gegeben sind N Atome, von denen n_1 die Energie ε_1, n_2 die Energie ε_2 usw. und n_s die Energie ε_s besitzen sollen. Wie viele Möglichkeiten gibt es, die Atome auf die einzelnen Energiewerte zu verteilen, wenn die Atome (i) unterscheidbar bzw. (ii) ununterscheidbar sind?

Aufgabe 1.22 Berechne: (i) $\binom{5}{3}$, (ii) $\binom{7}{4}$.

2 Lineare Algebra

2.1 Matrizen

Als Motivation betrachten wir folgendes Beispiel [8]. Wird Kaliumdichromat ($K_2Cr_2O_7$) auf über 500 °C erhitzt, zerfällt es in Kaliumchromat (K_2CrO_4), Chromoxid (Cr_2O_3) und Sauerstoff (O_2). Die Reaktionsgleichung lautet mit unbekannten Molekülzahlen:

$$x_1 K_2Cr_2O_7 \to x_2 K_2CrO_4 + x_3 Cr_2O_3 + x_4 O_2 \tag{2.1}$$

Welche Zahlen x_1, x_2, x_3 und x_4 erfüllen diese Gleichung? Natürlich sollte die Lösung ganzzahlig und positiv sein. Die linke Seite benötigt $2x_1$ Kaliumatome für die Reaktion, die rechte Seite $2x_2$ Kaliumatome. Dies führt auf die Gleichung $2x_1 = 2x_2$. Für die Chromatome gilt eine ähnliche Beziehung: Auf der linken Seite werden $2x_1$ Chromatome benötigt, auf der rechten Seite $x_2 + 2x_3$, sodass $2x_1 = x_2 + 2x_3$. Analog erhalten wir die Bilanz $7x_1 = 4x_2 + 3x_3 + 2x_4$. Die Zahlen x_1, x_2, x_3 und x_4 müssen also das Gleichungssystem

$$\begin{aligned} 2x_1 - 2x_2 &= 0 \\ 2x_1 - x_2 - 2x_3 &= 0 \\ 7x_1 - 4x_2 - 3x_3 - 2x_4 &= 0 \end{aligned}$$

erfüllen. Es ist üblich, dieses System abkürzend nur durch die Angabe der Koeffizienten und der rechten Seiten durch die mathematischen Objekte

$$\boldsymbol{A} = \begin{pmatrix} 2 & -2 & 0 & 0 \\ 2 & -1 & -2 & 0 \\ 7 & -4 & -3 & -2 \end{pmatrix} \quad \text{und} \quad \boldsymbol{a} = \begin{pmatrix} 0 \\ 0 \\ 0 \end{pmatrix} \tag{2.2}$$

Mathematik für Chemiker, 7. Auflage. Ansgar Jüngel und Hans G. Zachmann.

zu formulieren. Diese Objekte werden *Matrizen* genannt. *Unter einer Matrix verstehen wir allgemein ein rechteckiges Zahlenschema der Form*

$$A = \begin{pmatrix} a_{11} & a_{12} & \cdots & a_{1n} \\ a_{21} & a_{22} & \cdots & a_{2n} \\ \vdots & \vdots & & \vdots \\ a_{m1} & a_{m2} & \cdots & a_{mn} \end{pmatrix}$$

mit m Zeilen und n Spalten und mit Elementen $a_{ij} \in \mathbb{R}$ *(oder* $a_{ij} \in \mathbb{C}$*). Wir schreiben hierfür* $\boldsymbol{A} \in \mathbb{R}^{m\times n}$. Die erste Matrix in (2.2) hat drei Zeilen und vier Spalten und ist daher ein Element von $\mathbb{R}^{3\times 4}$. Die zweite Matrix in (2.2) besitzt drei Zeilen und nur eine Spalte; es gilt $\boldsymbol{a} \in \mathbb{R}^{3\times 1}$. Hierfür schreiben wir auch $\boldsymbol{a} \in \mathbb{R}^3$. Wir verwenden fett gedruckte Buchstaben, um Matrizen zu kennzeichnen, und zwar Großbuchstaben, wenn die Matrix mehr als eine Spalte hat und Kleinbuchstaben, wenn sie nur einspaltig ist.

Eine Matrix $\boldsymbol{A} = (a_{ij}) \in \mathbb{R}^{m\times n}$ heißt *quadratisch*, wenn ihre Zeilen- und Spaltenzahl gleich ist, d. h. $m = n$. Die Elemente $a_{11}, \ldots, a_{nn}$ einer quadratischen Matrix heißen die *Hauptdiagonalelemente* und bilden die *Hauptdiagonale* der Matrix. Die Summe der Hauptdiagonalelemente einer Matrix $\boldsymbol{A}$ nennen wir die *Spur*, $\mathrm{Spur}\boldsymbol{A} = \sum_{i=1}^{n} a_{ii}$.

Wir nennen zwei Matrizen $\boldsymbol{A} = (a_{ij})$ und $\boldsymbol{B} = (b_{ij})$ *gleich*, wenn die Zeilen- und Spaltenzahl gleich ist und wenn einander entsprechende Koeffizienten jeweils gleich sind, d. h. $a_{ij} = b_{ij}$ für alle Indizes i und j.

Es gibt einige spezielle Matrizen, die wir im Folgenden definieren.

1. Eine Matrix, bei der alle Elemente bis auf die Hauptdiagonalelemente gleich null sind, heißt *Diagonalmatrix*. Sie ist von der Form

$$\begin{pmatrix} a_{11} & 0 & \cdots & 0 \\ 0 & a_{22} & & 0 \\ \vdots & & \ddots & \\ 0 & 0 & & a_{nn} \end{pmatrix} .$$

2. Sind bei einer Diagonalmatrix alle Elemente gleich eins, so sprechen wir von einer *Einheitsmatrix* und bezeichnen sie mit $\boldsymbol{E}$ (für Einheitsmatrix) oder mit $\boldsymbol{I}$ (für Identität). Eine Einheitsmatrix ist von der Form

$$\boldsymbol{E} = \begin{pmatrix} 1 & 0 & \cdots & 0 \\ 0 & 1 & & 0 \\ \vdots & & \ddots & \\ 0 & 0 & & 1 \end{pmatrix} . \tag{2.3}$$

Mithilfe des *Kronecker-Symbols* δ_{ij}, definiert durch

$$\delta_{ij} = 1 \,, \quad \text{wenn} \quad i = j \,, \quad \text{und} \quad \delta_{ij} = 0 \,, \quad \text{wenn} \quad i \neq j \,, \tag{2.4}$$

kann eine Einheitsmatrix bequem als $\boldsymbol{E} = (\delta_{ij})$ geschrieben werden.

3. Eine Matrix, bei der alle Elemente gleich null sind, heißt *Nullmatrix*. Wir bezeichnen sie mit dem Symbol **0**.

Die Matrix, die man aus einer Matrix $\boldsymbol{A} = (a_{ij}) \in \mathbb{R}^{m \times n}$ durch Vertauschung der Zeilen und Spalten erhält, heißt die zu $\boldsymbol{A}$ *transponierte Matrix* oder einfacher die zu $\boldsymbol{A}$ *Transponierte* und wird mit $\boldsymbol{A}^{\mathrm{T}}$ bezeichnet. Hat die Matrix $\boldsymbol{A}$ m Zeilen und n Spalten, so hat $\boldsymbol{A}^{\mathrm{T}}$ n Zeilen und m Spalten. Werden nicht nur die Zeilen und Spalten vertauscht, sondern auch alle Koeffizienten komplex konjugiert, so wird die resultierende Matrix die *transponiert-konjugierte* Matrix zu $\boldsymbol{A}$ genannt und mit $\boldsymbol{A}^*$ bezeichnet. Transponiert-konjugierte Matrizen spielen beispielsweise in der Quantenmechanik eine Rolle (siehe Kapitel 13).

Die Transposition ist auch nützlich, um einspaltige Matrizen bequem zu formulieren. So schreiben wir für eine einspaltige Matrix $\boldsymbol{a} \in \mathbb{R}^{3\times 1}$ bzw. $\boldsymbol{a} \in \mathbb{R}^3$ häufig $\boldsymbol{a} = (a_1, a_2, a_3)^{\mathrm{T}}$.

Erfüllen die Elemente einer quadratischen Matrix $\boldsymbol{A} = (a_{ij}) \in \mathbb{R}^{n \times n}$ die Eigenschaft $a_{ij} = a_{ji}$ für alle i und j, so heißt die Matrix *symmetrisch*. Mithilfe der transponierten Matrix können wir auch formulieren: Die Matrix $\boldsymbol{A}$ ist symmetrisch genau dann, wenn $\boldsymbol{A} = \boldsymbol{A}^{\mathrm{T}}$.

Beispiel 2.1
Betrachte die Matrizen

$$\boldsymbol{A} = \begin{pmatrix} \mathrm{i} & 2\mathrm{i} & 0 \\ 0 & 1 & 0 \\ 0 & 0 & 1 \end{pmatrix}, \quad \boldsymbol{B} = \begin{pmatrix} \mathrm{i} & 2\mathrm{i} & 0 \\ 2\mathrm{i} & 1 & 0 \\ 0 & 0 & 1 \end{pmatrix}, \quad \boldsymbol{C} = \begin{pmatrix} \mathrm{i} & 0 & 0 \\ 2\mathrm{i} & 1 & 0 \\ 0 & 0 & 1 \end{pmatrix}.$$

Alle drei Matrizen sind komplexwertig, quadratisch und jeweils voneinander verschieden. Die Matrix $\boldsymbol{B}$ ist symmetrisch, da eine Vertauschung der Zeilen und Spalten wieder auf dieselbe Matrix führt. Dies bedeutet $\boldsymbol{B}^{\mathrm{T}} = \boldsymbol{B}$. Die Transponierte von $\boldsymbol{A}$ ist gleich der Matrix $\boldsymbol{C}$ und umgekehrt. Die transponiert-konjugierte Matrix von $\boldsymbol{A}$ lautet

$$\boldsymbol{A}^* = \begin{pmatrix} -\mathrm{i} & 0 & 0 \\ -2\mathrm{i} & 1 & 0 \\ 0 & 0 & 1 \end{pmatrix}.$$

Wir benötigen einige Rechenregeln für Matrizen. Am einfachsten ist die Addition bzw. Subtraktion von Matrizen. Sie ist nur dann definiert, wenn die Zeilen- und Spaltenzahl beider Matrizen miteinander übereinstimmen. Die Addition besteht dann darin, dass die einzelnen, einander entsprechenden Elemente der beiden Matrizen addiert werden. Sind $\boldsymbol{A} = (a_{ij})$, $\boldsymbol{B} = (b_{ij}) \in \mathbb{R}^{m \times n}$ zwei Matrizen, dann lautet die *Summe*

$$\boldsymbol{A} + \boldsymbol{B} = (a_{ij} + b_{ij}) .$$

Die *Differenz* zweier Matrizen wird analog definiert.

Beispiel 2.2

Betrachte die Matrizen $\boldsymbol{A}$ und $\boldsymbol{B}$ aus dem obigen Beispiel. Die Summe bzw. Differenz der beiden Matrizen lautet

$$\boldsymbol{A}+\boldsymbol{B}=\begin{pmatrix} 2\mathrm{i} & 4\mathrm{i} & 0 \\ 2\mathrm{i} & 2 & 0 \\ 0 & 0 & 2 \end{pmatrix}, \quad \boldsymbol{A}-\boldsymbol{B}=\begin{pmatrix} 0 & 0 & 0 \\ -2\mathrm{i} & 0 & 0 \\ 0 & 0 & 0 \end{pmatrix}.$$

Die *Multiplikation* zweier Matrizen ist dagegen etwas aufwendiger. Das Produkt zweier Matrizen $\boldsymbol{A}=(a_{ij})\in\mathbb{R}^{m\times n}$ und $\boldsymbol{B}=(b_{ij})\in\mathbb{R}^{p\times q}$ kann nur gebildet werden, wenn die Zahl der Spalten n von $\boldsymbol{A}$ mit der Zahl der Zeilen p von $\boldsymbol{B}$ übereinstimmt. Die Elemente c_{ik} des Produktes $\boldsymbol{C}=\boldsymbol{AB}$ sind definiert durch

$$c_{ik}=\sum_{j=1}^{n} a_{ij}b_{jk}, \quad i=1,\ldots,m,\ k=1,\ldots,q.$$

Die Produktmatrix $\boldsymbol{C}$ besitzt also m Zeilen und q Spalten.

Beispiel 2.3

1. Betrachte die beiden Matrizen

$$\boldsymbol{A}=\begin{pmatrix} 1 & 2 \\ 3 & 0 \end{pmatrix}, \quad \boldsymbol{B}=\begin{pmatrix} 3 & 2 \\ 0 & 1 \end{pmatrix}.$$

Die Multiplikation von Matrizen kann durch das *Falk-Schema* vereinfacht werden. Hierbei schreibt man die beiden Matrizen $\boldsymbol{A}$ und $\boldsymbol{B}$ in eine Tabelle und berechnet die Produktmatrix durch die abkürzende Formel „Zeile mal Spalte", d. h., die Elemente der i-ten Zeile der ersten Matrix werden mit den entsprechenden Elementen der j-ten Spalte der zweiten Matrix multipliziert und aufaddiert; das entsprechende Resultat wird in der i-ten Zeile und j-ten Spalte der Produktmatrix aufgeschrieben:

		3	2
$\boldsymbol{AB}$		0	1
1	2	$1\cdot3+2\cdot0=3$	$1\cdot2+2\cdot1=4$
3	0	$3\cdot3+0\cdot0=9$	$3\cdot2+0\cdot1=6$

		1	2
$\boldsymbol{BA}$		3	0
3	2	9	6
0	1	3	0

Insbesondere ist

$$\boldsymbol{AB}=\begin{pmatrix} 3 & 4 \\ 9 & 6 \end{pmatrix}\neq\begin{pmatrix} 9 & 6 \\ 3 & 0 \end{pmatrix}=\boldsymbol{BA}.$$

2. Seien die Matrizen

$$\boldsymbol{A}=\begin{pmatrix} 2 & -1 & 2 \\ 4 & -2 & 4 \end{pmatrix}, \quad \boldsymbol{B}=\begin{pmatrix} -1 & 0 \\ 2 & 2 \\ 2 & 1 \end{pmatrix}, \quad \boldsymbol{C}=\begin{pmatrix} -1 & 2 & 2 \\ 0 & 2 & 1 \end{pmatrix}$$

gegeben. Die Produkte $\boldsymbol{AC}$ und $\boldsymbol{CA}$ sind nicht definiert. Das Produkt $\boldsymbol{AB}$ kann allerdings gebildet werden. Mit dem Falk-Schema folgt:

$\boldsymbol{AB}$			-1	0
			2	2
			2	1
2	-1	2	0	0
4	-2	4	0	0

Das Produkt $\boldsymbol{AB}$ ist also gleich der Nullmatrix im $\mathbb{R}^{2\times 2}$.

Die obigen Beispiele zeigen zwei Besonderheiten der Matrizenmultiplikation, die es bei der Multiplikation reeller Zahlen nicht gibt:

1. Falls $\boldsymbol{AB}$ und $\boldsymbol{BA}$ definiert sind, gilt im Allgemeinen $\boldsymbol{AB} \neq \boldsymbol{BA}$.
2. Falls $\boldsymbol{AB} = \boldsymbol{0}$, so bedeutet dies *nicht* notwendigerweise, dass eine der beiden Matrizen $\boldsymbol{A}$ oder $\boldsymbol{B}$ die Nullmatrix ist.

Die beiden Eigenschaften „$ab = ba$" und „Falls $ab = 0$, dann $a = 0$ oder $b = 0$" gelten für alle (reellen oder komplexen) Zahlen a und b, aber im Allgemeinen *nicht* für Matrizen.

Potenzen von Matrizen definieren wir wie bei reellen Zahlen, d. h., das Produkt $\boldsymbol{A}^n$ einer quadratischen Matrix $\boldsymbol{A}$ ist gleich dem n-fachen Produkt von $\boldsymbol{A}$. Beispielsweise ist $\boldsymbol{A}^2 = \boldsymbol{A} \cdot \boldsymbol{A}$, $\boldsymbol{A}^3 = \boldsymbol{A} \cdot \boldsymbol{A} \cdot \boldsymbol{A}$ usw. Für nicht quadratische Matrizen $\boldsymbol{A}$ sind die Potenzen nicht definiert, da hier nicht einmal $\boldsymbol{A}^2$ berechnet werden kann.

Beispiel 2.4
Wir berechnen die ersten Potenzen der Matrix

$$\boldsymbol{A} = \begin{pmatrix} 1 & 1 & 1 \\ 0 & 1 & 1 \\ 0 & 0 & 1 \end{pmatrix}.$$

Nach dem Falk-Schema erhalten wir

$\boldsymbol{A}\cdot\boldsymbol{A}$			1	1	1
			0	1	1
			0	0	1
1	1	1	1	2	3
0	1	1	0	1	2
0	0	1	0	0	1

$\boldsymbol{A}\cdot\boldsymbol{A}^2$			1	2	3
			0	1	2
			0	0	1
1	1	1	1	3	6
0	1	1	0	1	3
0	0	1	0	0	1

Also lauten die ersten Potenzen der Matrix

$$\boldsymbol{A}^2 = \begin{pmatrix} 1 & 2 & 3 \\ 0 & 1 & 2 \\ 0 & 0 & 1 \end{pmatrix}, \quad \boldsymbol{A}^3 = \begin{pmatrix} 1 & 3 & 6 \\ 0 & 1 & 3 \\ 0 & 0 & 1 \end{pmatrix}.$$

Die Gleichung $ab = 1$ für eine gegebene reelle Zahl $a \in \mathbb{R}$, $a \neq 0$, besitzt die eindeutige Lösung $b = 1/a = a^{-1}$, und man nennt b die Inverse von a. Wir wollen dieses Konzept auf Matrizen erweitern. Eine quadratische Matrix heißt *invertierbar*, wenn es eine Matrix $\boldsymbol{B}$ gibt, sodass

$$\boldsymbol{AB} = \boldsymbol{E} \quad \text{oder} \quad \boldsymbol{BA} = \boldsymbol{E},$$

wobei $\boldsymbol{E}$ die in (2.3) definierte Einheitsmatrix ist. Es genügt, entweder $\boldsymbol{AB} = \boldsymbol{E}$ oder $\boldsymbol{BA} = \boldsymbol{E}$ nachzuprüfen. Wir schreiben $\boldsymbol{B} = \boldsymbol{A}^{-1}$ und nennen $\boldsymbol{A}^{-1}$ die *Inverse* von $\boldsymbol{A}$.

Beispiel 2.5

1. Die Matrix

$$\boldsymbol{A} = \begin{pmatrix} 1 & 2 \\ 3 & 4 \end{pmatrix}$$

ist invertierbar, und ihre Inverse lautet

$$\boldsymbol{A}^{-1} = \begin{pmatrix} -2 & 1 \\ 3/2 & -1/2 \end{pmatrix}, \tag{2.5}$$

denn nach dem Falk-Schema erhalten wir

$\boldsymbol{AB}$		-2 / $3/2$	1 / $-1/2$
1	2	1	0
3	4	0	1

2. Die Matrix

$$\boldsymbol{A} = \begin{pmatrix} 1 & 1 \\ 2 & 2 \end{pmatrix}$$

dagegen ist nicht invertierbar. Anderenfalls muss es eine Matrix

$$\boldsymbol{B} = \begin{pmatrix} a & b \\ c & d \end{pmatrix}$$

geben, sodass $\boldsymbol{AB} = \boldsymbol{E}$. Aus der Beziehung

$$\begin{pmatrix} 1 & 0 \\ 0 & 1 \end{pmatrix} = \boldsymbol{AB} = \begin{pmatrix} 1 & 1 \\ 2 & 2 \end{pmatrix} \begin{pmatrix} a & b \\ c & d \end{pmatrix} = \begin{pmatrix} a+c & b+d \\ 2(a+c) & 2(b+d) \end{pmatrix}$$

folgen dann die beiden Gleichungen $1 = a + c$ und $0 = 2(a + c)$, also $1 = a + c = 0$. Diese Folgerung ist unsinnig, also kann es keine Matrix $\boldsymbol{B}$ geben, sodass $\boldsymbol{AB} = \boldsymbol{E}$. Die Matrix $\boldsymbol{A}$ ist nicht invertierbar.

Für Matrizen mit zwei Zeilen und zwei Spalten gibt es eine Formel für die Inverse. Für allgemeine Matrizen ist die Invertierung komplizierter und wird erst in Abschnitt 2.5.2 behandelt.

Satz 2.1 Cramer'sche Regel

Die Matrix

$$A = \begin{pmatrix} a & b \\ c & d \end{pmatrix}$$

ist genau dann invertierbar, wenn $ad - bc \neq 0$, und in diesem Fall lautet die Inverse

$$A^{-1} = \frac{1}{ad - bc} \begin{pmatrix} d & -b \\ -c & a \end{pmatrix} .$$

Wozu wird die Inverse einer Matrix benötigt? Dazu betrachten wir das lineare Gleichungssystem

$$\begin{aligned} x_1 + 2x_2 &= -1 \\ 3x_1 + 4x_2 &= 3 . \end{aligned}$$

Schreiben wir

$$A = \begin{pmatrix} 1 & 2 \\ 3 & 4 \end{pmatrix} , \quad x = \begin{pmatrix} x_1 \\ x_2 \end{pmatrix} , \quad b = \begin{pmatrix} -1 \\ 3 \end{pmatrix} ,$$

so können wir das obige Gleichungssystem kompakt formulieren als die Matrizenmultiplikation

$$Ax = b .$$

Multiplizieren wir A^{-1} von links auf beiden Seiten, so folgt $x = Ex = A^{-1}Ax = A^{-1}b$ und daher wegen (2.5)

$$x = \begin{pmatrix} x_1 \\ x_2 \end{pmatrix} = A^{-1}b = \begin{pmatrix} -2 & 1 \\ 3/2 & -1/2 \end{pmatrix} \begin{pmatrix} -1 \\ 3 \end{pmatrix} = \begin{pmatrix} 5 \\ -3 \end{pmatrix} .$$

Die Lösung des Gleichungssystems lautet also $x_1 = 5$ und $x_2 = -3$. *Mittels der Inversen kann also ein lineares Gleichungssystem bequem gelöst werden, sofern die Koeffizientenmatrix A invertierbar ist.* Für größere Gleichungssysteme ist es allerdings im Allgemeinen günstiger, das Gleichungssystem direkt zu lösen (siehe Abschnitt 2.2), als zuerst die Inverse zu berechnen.

Wir weisen schließlich noch auf zwei häufig benutzte Eigenschaften der Matrizenmultiplikation hin. Sind A und B quadratische Matrizen, so folgt

$$(AB)^{\mathrm{T}} = B^{\mathrm{T}} A^{\mathrm{T}} , \quad (AB)^{-1} = B^{-1} A^{-1},$$

d. h., bei Anwendung der Transposition $(\cdots)^{\mathrm{T}}$ oder der Invertierung $(\cdots)^{-1}$ ist die Reihenfolge des Produktes zu vertauschen.

Fragen und Aufgaben

Aufgabe 2.1 Was ist eine Diagonalmatrix?

Aufgabe 2.2 Wie lautet die Einheitsmatrix des $\mathbb{R}^{n\times n}$?

Aufgabe 2.3 Was ist eine symmetrische Matrix?

Aufgabe 2.4 Welche der folgenden Aussagen sind richtig? (i) Eine Nullmatrix ist eine Diagonalmatrix. (ii) Die Einheitsmatrix ist immer symmetrisch. (iii) Eine quadratische Matrix ist immer symmetrisch. (iv) Eine symmetrische Matrix ist immer quadratisch.

Aufgabe 2.5 Berechne die Spur der Einheitsmatrix des $\mathbb{R}^{n\times n}$.

Aufgabe 2.6 Welche Bedingungen müssen zwei Matrizen erfüllen, damit sie miteinander (i) addiert, (ii) multipliziert werden können?

Aufgabe 2.7 Bestimme die folgenden Summen, sofern möglich:

$$\text{(i)}\quad \begin{pmatrix} 1 & 2 & 3 \\ 4 & 5 & 6 \end{pmatrix} + \begin{pmatrix} 3 & 2 & 1 \\ 6 & 5 & 4 \end{pmatrix}, \quad \text{(ii)}\quad \begin{pmatrix} 1 & 2 \\ 3 & 4 \\ 5 & 6 \end{pmatrix} + \begin{pmatrix} 2 & 0 \\ 0 & 3 \end{pmatrix}.$$

Aufgabe 2.8 Berechne, sofern dies möglich ist, die Produkte $\boldsymbol{AB}$, $\boldsymbol{AC}$ und $\boldsymbol{BC}$:

$$\boldsymbol{A} = \begin{pmatrix} 1 & 2 & 0 \\ 3 & -2 & 1 \\ 2 & 1 & -1 \end{pmatrix}, \quad \boldsymbol{B} = \begin{pmatrix} 2 & 3 \\ 4 & -2 \\ 0 & 1 \end{pmatrix}, \quad \boldsymbol{C} = \begin{pmatrix} -3 & 2 & 3 \\ 0 & 1 & 0 \end{pmatrix}.$$

Aufgabe 2.9 Berechne $\boldsymbol{A}^2$, $\boldsymbol{A}^3$ und allgemein $\boldsymbol{A}^n$ $(n \in \mathbb{N})$ für die Matrix

$$\boldsymbol{A} = \begin{pmatrix} \alpha & 0 \\ 0 & \beta \end{pmatrix} \quad \text{für } \alpha, \beta \in \mathbb{R}.$$

Aufgabe 2.10 Berechne die Inverse der folgenden Matrizen, sofern möglich:

$$\boldsymbol{A} = \begin{pmatrix} 0 & 1 \\ 1 & 0 \end{pmatrix}, \quad \boldsymbol{B} = \begin{pmatrix} -2 & 1 \\ 2 & 1 \end{pmatrix}.$$

Aufgabe 2.11 Welche der folgenden Rechenregeln sind für alle (quadratischen, invertierbaren) Matrizen gültig, welche nicht? (i) $(\boldsymbol{AB})^{-1} = \boldsymbol{B}^{-1}\boldsymbol{A}^{-1}$; (ii) $\boldsymbol{AB} = \boldsymbol{BA}$; (iii) $\boldsymbol{A} = \boldsymbol{A}^{\mathrm{T}}$; (iv) $(\boldsymbol{AB})^{\mathrm{T}} = \boldsymbol{A}^{\mathrm{T}}\boldsymbol{B}^{\mathrm{T}}$.

2.2 Lineare Gleichungssysteme und Gauß-Algorithmus

In der Chemie tritt vielfach das Problem auf, unbekannte Größen $x_1, x_2, \ldots, x_n$ aus einem System linearer Gleichungen zu bestimmen. Zu Beginn von Abschnitt 2.1 haben wir gezeigt, dass die Bestimmung der Reaktionsgleichung für den Zerfall von Kaliumdichromat auf das lineare Gleichungssystem

$$\begin{aligned} 2x_1 - 2x_2 &= 0 \\ 2x_1 - x_2 - 2x_3 &= 0 \\ 7x_1 - 4x_2 - 3x_3 - 2x_4 &= 0 \end{aligned} \tag{2.6}$$

führt. Um dieses System von Gleichungen zu lösen, könnte man zuerst die erste Gleichung nach x_2 auflösen; dies führt auf $x_2 = x_1$. Setzen wir dieses Ergebnis in die zweite Gleichung ein, erhalten wir die Gleichung $x_1 - 2x_3 = 0$, also $x_3 = x_1/2$. Dies können wir in die letzte Gleichung einsetzen usw. Obwohl diese Einsetzmethode zum Ziel führt, wird sie bei *großen* Gleichungssystemen mit zehn oder mehr Gleichungen sehr umständlich. Es ist zweckmäßiger, einen Algorithmus zu entwickeln, mit dem Gleichungssysteme allgemein aufgelöst werden können. Der Vorteil eines Algorithmus ist, dass die Lösung von Gleichungssystemen mithilfe eines Computers ermöglicht wird. Ein solches Verfahren ist der *Gauß-Algorithmus* (auch Gauß'sches Eliminationsverfahren genannt), den wir in diesem Abschnitt betrachten wollen. In Abschnitt 16.1 werden wir den Algorithmus in der Skriptsprache MATLAB implementieren.

Allgemein schreiben wir ein lineares Gleichungssystem mit n Variablen $x_1, x_2, \ldots, x_n$ und m Gleichungen als

$$\begin{aligned} a_{11}x_1 + a_{12}x_2 + \cdots + a_{1n}x_n &= b_1 \\ a_{21}x_1 + a_{22}x_2 + \cdots + a_{2n}x_n &= b_2 \\ &\vdots \\ a_{m1}x_1 + a_{m2}x_2 + \cdots + a_{mn}x_n &= b_m \,. \end{aligned} \tag{2.7}$$

Die Zahlen a_{ij} sind gegeben und werden die *Koeffizienten* des Gleichungssystems genannt. Die Zahlen b_i sind ebenfalls gegeben. Die obige Schreibweise kann vereinfacht werden. Dazu schreiben wir die Koeffizienten als die *Koeffizientenmatrix*

$$\boldsymbol{A} = \begin{pmatrix} a_{11} & a_{12} & \cdots & a_{1n} \\ a_{21} & a_{22} & \cdots & a_{2n} \\ \vdots & \vdots & & \vdots \\ a_{m1} & a_{m2} & \cdots & a_{mn} \end{pmatrix}$$

und die Variablen $x_1, \ldots, x_n$ und die Werte $b_1, \ldots, b_m$ auf den rechten Seiten von (2.7) als

$$\boldsymbol{x} = \begin{pmatrix} x_1 \\ x_2 \\ \vdots \\ x_n \end{pmatrix} \quad \text{und} \quad \boldsymbol{b} = \begin{pmatrix} b_1 \\ b_2 \\ \vdots \\ b_m \end{pmatrix} .$$

Die Matrix, die dadurch entsteht, wenn zur Matrix $\boldsymbol{A}$ die Spalte $\boldsymbol{b}$ hinzugefügt wird, nennen wir die *erweiterte Koeffizientenmatrix* und bezeichnen sie mit $(\boldsymbol{A}|\boldsymbol{b})$. Sie besitzt m Zeilen und $n+1$ Spalten. Die linken Seiten von (2.7) erhält man durch die Multiplikation der Matrix $\boldsymbol{A}$ mit $\boldsymbol{x}$, sodass wir (2.7) kompakt als

$$\boldsymbol{A}\boldsymbol{x} = \boldsymbol{b} \tag{2.8}$$

formulieren können.

Wir nennen das lineare Gleichungssystem (2.8) *homogen*, wenn alle b_i gleich null sind, d. h. $\boldsymbol{b} = \boldsymbol{0}$. Anderenfalls sprechen wir von einem *inhomogenen* Gleichungssystem.

Der Gauß-Algorithmus besteht darin, zunächst in den letzten $m-1$ Gleichungen von (2.7) die Terme $a_{i1}x_1$ zu eliminieren, indem wir zu jeder dieser Gleichungen das (a_{i1}/a_{11})-fache der ersten Gleichung abziehen. Beispielsweise ziehen wir von der zweiten Gleichung das (a_{21}/a_{11})-fache der ersten Gleichung ab:

$$\begin{aligned}&\left(a_{21} - \frac{a_{21}}{a_{11}}a_{11}\right)x_1 + \left(a_{22} - \frac{a_{21}}{a_{11}}a_{12}\right)x_2 + \cdots + \left(a_{2n} - \frac{a_{21}}{a_{11}}a_{1n}\right)x_n \\ &\quad = b_2 - \frac{a_{21}}{a_{11}}b_1 \,,\end{aligned}$$

also

$$0 \cdot x_1 + a_{22}^{(1)}x_2 + \cdots + a_{2n}^{(1)}x_n = b_2^{(1)}$$

mit

$$a_{2j}^{(1)} = a_{2j} - \frac{a_{21}}{a_{11}}a_{1j}\,, \quad b_2^{(1)} = b_2 - \frac{a_{21}}{a_{11}}b_1 \,.$$

Wir führen diese Rechenoperation in allen Gleichungen (außer der ersten) durch und erhalten dann das Gleichungssystem

$$\begin{aligned}a_{11}x_1 + a_{12}x_2 + \cdots + a_{1n}x_n &= b_1 \,,\\ 0 \cdot x_1 + a_{22}^{(1)}x_2 + \cdots + a_{2n}^{(1)}x_n &= b_2^{(1)} \,,\\ 0 \cdot x_1 + a_{32}^{(1)}x_2 + \cdots + a_{3n}^{(1)}x_n &= b_3^{(1)} \,,\\ &\vdots\\ 0 \cdot x_1 + a_{m2}^{(1)}x_2 + \cdots + a_{mn}^{(1)}x_n &= b_m^{(1)} \,,\end{aligned}$$

oder mittels der erweiterten Koeffizientenmatrix

$$\left(\begin{array}{cccc|c} a_{11} & a_{12} & \cdots & a_{1n} & b_1 \\ 0 & a_{22}^{(1)} & \cdots & a_{2n}^{(1)} & b_2^{(1)} \\ 0 & a_{32}^{(1)} & \cdots & a_{3n}^{(1)} & b_3^{(1)} \\ \vdots & \vdots & & \vdots & \vdots \\ 0 & a_{m2}^{(1)} & \cdots & a_{mn}^{(1)} & b_m^{(1)} \end{array}\right) .$$

Als nächsten Schritt eliminieren wir alle Koeffizienten $a_{i2}^{(1)}$, indem wir zu jeder der letzten $m-2$ Gleichungen das $(a_{i2}^{(1)}/a_{22}^{(1)})$-fache der zweiten Gleichung abziehen. Damit werden die Koeffizienten unterhalb des Koeffizienten $a_{22}^{(1)}$ alle gleich null:

$$\left(\begin{array}{cccc|c} a_{11} & a_{12} & \cdots & a_{1n} & b_1 \\ 0 & a_{22}^{(1)} & \cdots & a_{2n}^{(1)} & b_2^{(1)} \\ 0 & 0 & & a_{3n}^{(2)} & b_3^{(2)} \\ \vdots & \vdots & & \vdots & \vdots \\ 0 & 0 & & a_{mn}^{(2)} & b_m^{(2)} \end{array}\right),$$

wobei die Koeffizienten $a_{ij}^{(2)}$ und $b_i^{(2)}$ ähnlich wie oben berechnet werden. Beachte, dass wir die ersten beiden Gleichungen unverändert lassen, da wir nur Nullen ab der dritten Zeile erzeugen wollen. Dies setzen wir so lange fort, bis alle Koeffizienten unterhalb der Hauptdiagonalelemente gleich null sind. Anschließend wird zuerst die letzte Gleichung, sofern möglich, nach x_n aufgelöst. Das Ergebnis wird in die vorletzte Gleichung eingesetzt, um x_{n-1} zu berechnen usw., bis schließlich x_1 bestimmt werden kann.

Bei dem obigen Eliminationsverfahren können verschiedene Fälle auftreten, je nachdem, welche Eigenschaften das Gleichungssystem besitzt. Außerdem kann es passieren, dass eines der Hauptdiagonalelemente, durch das dividiert werden soll, gleich null ist. Wir betrachten die verschiedenen Fälle anhand der folgenden Beispiele.

Beispiel 2.6

1. Wir lösen das lineare Gleichungssystem $\boldsymbol{Ax} = \boldsymbol{b}$ mit

$$\boldsymbol{A} = \begin{pmatrix} 2 & 1 & -4 \\ 6 & 0 & 2 \\ -2 & 3 & 4 \end{pmatrix}, \quad \boldsymbol{b} = \begin{pmatrix} 7 \\ 0 \\ -7 \end{pmatrix}.$$

Wir nummerieren die Zeilen der Koeffizientenmatrix und erzeugen zunächst Nullen unterhalb des ersten Hauptdiagonalelements, indem wir geeignete Vielfache der ersten Zeile von der zweiten und dritten Zeile abziehen:

$$\begin{array}{l} \text{I} \\ \text{II} \\ \text{III} \end{array} \left(\begin{array}{ccc|c} 2 & 1 & -4 & 7 \\ 6 & 0 & 2 & 0 \\ -2 & 3 & 4 & -7 \end{array}\right) \begin{array}{l} \\ -\frac{6}{2}\cdot \;\text{I} \\ +\frac{2}{2}\cdot \;\text{I} \end{array}$$

Dies führt auf die modifizierte erweiterte Koeffizientenmatrix

$$\begin{array}{l} \text{I} \\ \text{II} \\ \text{III} \end{array} \left(\begin{array}{ccc|c} 2 & 1 & -4 & 7 \\ 0 & -3 & 14 & -21 \\ 0 & 4 & 0 & 0 \end{array}\right).$$

Aus der letzten Zeile folgt sofort $x_2 = 0$. Um den Algorithmus zu illustrieren, erzeugen wir jedoch eine Null unterhalb des zweiten Hauptdiagonalelements, indem wir zur dritten Zeile das $\frac{3}{4}$-fache der zweiten Zeile addieren. Damit folgt

$$\begin{matrix}\text{I}\\ \text{II}\\ \text{III}\end{matrix}\left(\begin{array}{ccc|c} 2 & 1 & -4 & 7 \\ 0 & -3 & 14 & -21 \\ 0 & 0 & 56/3 & -28 \end{array}\right) .$$

Das zu dieser Matrix gehörende Gleichungssystem

$$\begin{aligned} 2x_1 + x_2 - 4x_3 &= 7 \\ -3x_2 + 14x_3 &= -21 \\ \frac{56}{3}x_3 &= -28 \end{aligned}$$

können wir rekursiv auflösen. Aus der letzten Gleichung folgt

$$x_3 = -28 \cdot \frac{3}{56} = -\frac{3}{2} .$$

Setzen wir dies in die zweite Gleichung ein, so folgt

$$-3x_2 = -21 - 14x_3 = -21 + 14 \cdot \frac{3}{2} = 0 , \quad \text{also} \quad x_2 = 0 .$$

Damit kann die erste Gleichung geschrieben werden als

$$2x_1 = 7 - x_2 + 4x_3 = 7 - 4 \cdot \frac{3}{2} = 1 , \quad \text{also} \quad x_1 = \frac{1}{2} .$$

Das Gleichungssystem besitzt also die Lösung $\boldsymbol{x} = (1/2, 0, -3/2)^{\mathrm{T}}$.

2. Wir lösen das Gleichungssystem $\boldsymbol{Ax} = \boldsymbol{b}$ mit

$$\boldsymbol{A} = \begin{pmatrix} 3 & -2 & 4 & 2 \\ 3 & -2 & 2 & 3 \\ 6 & -2 & 5 & 1 \\ -3 & 0 & 1 & 2 \end{pmatrix} , \quad \boldsymbol{b} = \begin{pmatrix} 0 \\ 1 \\ 2 \\ -1 \end{pmatrix} .$$

Wir eliminieren zuerst die Koeffizienten unterhalb des Hauptdiagonalelements in der ersten Spalte:

$$\begin{matrix}\text{I}\\ \text{II}\\ \text{III}\\ \text{IV}\end{matrix}\left(\begin{array}{cccc|c} 3 & -2 & 4 & 2 & 0 \\ 3 & -2 & 2 & 3 & 1 \\ 6 & -2 & 5 & 1 & 2 \\ -3 & 0 & 1 & 2 & -1 \end{array}\right) \begin{matrix} \\ -\text{I} \\ -2\cdot\text{I} \\ +\text{I} \end{matrix} \qquad \begin{matrix}\text{I}\\ \text{II}\\ \text{III}\\ \text{IV}\end{matrix}\left(\begin{array}{cccc|c} 3 & -2 & 4 & 2 & 0 \\ 0 & 0 & -2 & 1 & 1 \\ 0 & 2 & -3 & -3 & 2 \\ 0 & -2 & 5 & 4 & -1 \end{array}\right) .$$

Da das zweite Hauptdiagonalelement gleich null ist, können wir nicht durch dieses Element dividieren und damit keine Nullen unterhalb dieses Elements erzeugen. Ein einfacher Ausweg ist, die zweite und dritte Zeile zu vertauschen:

$$\begin{matrix}\text{I}\\ \text{III}\\ \text{II}\\ \text{IV}\end{matrix}\left(\begin{array}{cccc|c} 3 & -2 & 4 & 2 & 0 \\ 0 & 2 & -3 & -3 & 2 \\ 0 & 0 & -2 & 1 & 1 \\ 0 & -2 & 5 & 4 & -1 \end{array}\right) \begin{matrix} \\ \\ \\ +\text{III} \end{matrix} \qquad \begin{matrix}\text{I}\\ \text{III}\\ \text{II}\\ \text{IV}\end{matrix}\left(\begin{array}{cccc|c} 3 & -2 & 4 & 2 & 0 \\ 0 & 2 & -3 & -3 & 2 \\ 0 & 0 & -2 & 1 & 1 \\ 0 & 0 & 2 & 1 & 1 \end{array}\right) .$$

Schließlich addieren wir zur Zeile IV die Zeile II, um unterhalb des dritten Hauptdiagonalelements eine Null zu erzeugen:

$$\begin{matrix} \text{I} \\ \text{III} \\ \text{II} \\ \text{IV} \end{matrix} \left(\begin{array}{cccc|c} 3 & -2 & 4 & 2 & 0 \\ 0 & 2 & -3 & -3 & 2 \\ 0 & 0 & -2 & 1 & 1 \\ 0 & 0 & 0 & 2 & 2 \end{array}\right) .$$

Damit erhalten wir aus der vierten Zeile $2x_4 = 2$ oder $x_4 = 1$, aus der dritten Zeile $-2x_3 = 1 - x_4 = 0$ oder $x_3 = 0$, aus der zweiten Zeile

$$2x_2 = 2 + 3x_3 + 3x_4 = 5 \quad \text{oder} \quad x_2 = \frac{5}{2}$$

und schließlich aus der ersten Zeile

$$3x_1 = 2x_2 - 4x_3 - 2x_4 = 3 \quad \text{oder} \quad x_1 = 1 .$$

Die Lösung lautet also $\boldsymbol{x} = (1, 5/2, 0, 1)^{\mathrm{T}}$.

Die linearen Gleichungssysteme der beiden obigen Beispiele besitzen jeweils genau eine Lösung. Allerdings sind noch andere Situationen möglich, wie die folgenden Beispiele zeigen.

Beispiel 2.7

1. Wir betrachten das lineare Gleichungssystem (2.6), das im Zusammenhang mit der Reaktion mit Kaliumdichromat zu Beginn von Abschnitt 2.1 aufgestellt wurde. Wir schreiben (2.6) als $\boldsymbol{Ax} = \boldsymbol{b}$ mit

$$\boldsymbol{A} = \begin{pmatrix} 2 & -2 & 0 & 0 \\ 2 & -1 & -2 & 0 \\ 7 & -4 & -3 & -2 \end{pmatrix} , \quad \boldsymbol{b} = \begin{pmatrix} 0 \\ 0 \\ 0 \end{pmatrix} .$$

Der Gauß-Algorithmus liefert

$$\begin{matrix} \text{I} \\ \text{II} \\ \text{III} \end{matrix} \left(\begin{array}{cccc|c} 2 & -2 & 0 & 0 & 0 \\ 2 & -1 & -2 & 0 & 0 \\ 7 & -4 & -3 & -2 & 0 \end{array}\right) \begin{matrix} \\ -\text{I} \\ -\frac{7}{2}\cdot\text{I} \end{matrix} \quad \begin{matrix} \text{I} \\ \text{II} \\ \text{III} \end{matrix} \left(\begin{array}{cccc|c} 2 & -2 & 0 & 0 & 0 \\ 0 & 1 & -2 & 0 & 0 \\ 0 & 3 & -3 & -2 & 0 \end{array}\right) \begin{matrix} \\ \\ -3\cdot\text{II} \end{matrix}$$

und damit

$$\begin{matrix} \text{I} \\ \text{II} \\ \text{III} \end{matrix} \left(\begin{array}{cccc|c} 2 & -2 & 0 & 0 & 0 \\ 0 & 1 & -2 & 0 & 0 \\ 0 & 0 & 3 & -2 & 0 \end{array}\right) .$$

Die letzte Gleichung erlaubt es nicht, einen eindeutigen Wert für die Lösung zu berechnen. Wir haben eine Variable mehr als Anzahl der Gleichungen, sodass wir eine Variable als freien Parameter setzen können. Wir schreiben

$x_4 = \lambda$ für ein beliebiges $\lambda \in \mathbb{R}$. Damit wird die dritte Gleichung zu $x_3 = 2\lambda/3$, die zweite Gleichung lautet $x_2 = 2x_3 = 4\lambda/3$ und die erste Gleichung ist $x_1 = x_2 = 4\lambda/3$. Wir erhalten die unendlich vielen Lösungen

$$\boldsymbol{x} = \begin{pmatrix} x_1 \\ x_2 \\ x_3 \\ x_4 \end{pmatrix} = \lambda \begin{pmatrix} 4/3 \\ 4/3 \\ 2/3 \\ 1 \end{pmatrix}, \quad \lambda \in \mathbb{R} .$$

Wir suchen für die chemische Reaktionsgleichung nur ganzzahlige Lösungen (da diese der Anzahl der Moleküle entsprechen) und wählen daher z. B. $\lambda = 3$. Damit lautet die Reaktionsgleichung (2.1):

$$4K_2Cr_2O_7 \rightarrow 4K_2CrO_4 + 2Cr_2O_3 + 3O_2$$

Übrigens können wir bei *homogenen* Gleichungssystemen, also solchen, bei denen die Elemente der rechten Seite gleich null sind, die letzte Spalte der erweiterten Koeffizientenmatrix weglassen, da sich diese bei den Rechenoperationen nie ändert.

2. Löse das lineare Gleichungssystem $\boldsymbol{A}\boldsymbol{x} = \boldsymbol{b}$ mit

$$\boldsymbol{A} = \begin{pmatrix} 1 & 2 & 3 & 4 \\ 2 & 2 & 1 & 1 \\ -1 & -2 & -3 & -4 \end{pmatrix}, \quad \boldsymbol{b} = \begin{pmatrix} 1 \\ 1 \\ 1 \end{pmatrix} .$$

Wir wenden den Gauß-Algorithmus an:

$$\begin{matrix} \mathrm{I} \\ \mathrm{II} \\ \mathrm{III} \end{matrix} \left(\begin{array}{cccc|c} 1 & 2 & 3 & 4 & 1 \\ 2 & 2 & 1 & 1 & 1 \\ -1 & -2 & -3 & -4 & 1 \end{array}\right) \begin{matrix} \\ -2\cdot\mathrm{I} \\ +\mathrm{I} \end{matrix} \quad \begin{matrix} \mathrm{I} \\ \mathrm{II} \\ \mathrm{III} \end{matrix} \left(\begin{array}{cccc|c} 1 & 2 & 3 & 4 & 1 \\ 0 & -2 & -5 & -7 & -1 \\ 0 & 0 & 0 & 0 & 2 \end{array}\right) .$$

Die letzte Gleichung lautet $0 \cdot x_1 + 0 \cdot x_2 + 0 \cdot x_3 + 0 \cdot x_4 = 2$ bzw. $0 = 2$. Diese Gleichung ist sinnlos. Was ist schiefgegangen? Das Resultat zeigt, dass das lineare Gleichungssystem keine Lösung besitzt, da die Umformungen des Gauß-Algorithmus auf eine unsinnige Gleichung führen.

Wir erkennen: *Ein lineares Gleichungssystem besitzt entweder keine, genau eine oder unendlich viele Lösungen*. Wie viele Lösungen ein Gleichungssystem besitzt, ist im Allgemeinen *nicht* an der Anzahl der Unbekannten und Gleichungen feststellbar. So haben die beiden obigen Beispiele drei Gleichungen mit vier Unbekannten. Im ersten Beispiel erhalten wir unendlich viele Lösungen, im zweiten Beispiel keine Lösung. Wenn die Anzahl der Gleichungen und Variablen keine erkennbare Rolle spielt, welche Eigenschaften legen dann fest, ob ein Gleichungssystem keine, genau eine oder unendlich viele Lösungen besitzt? Um diese Frage zu beantworten, benötigen wir den Begriff der Determinante und des Rangs einer Matrix. Wir beantworten die Frage dann in Abschnitt 2.5.

Fragen und Aufgaben

Aufgabe 2.12 Was ist eine erweiterte Koeffizientenmatrix?

Aufgabe 2.13 Was ist ein homogenes lineares Gleichungssystem?

Aufgabe 2.14 Gibt es lineare Gleichungssysteme, für die (i) genau zwei, (ii) genau drei Lösungen existieren?

Aufgabe 2.15 Wie viele Lösungen hat ein lineares Gleichungssystem höchstens?

Aufgabe 2.16 Wie viele Lösungen hat das Gleichungssystem $\boldsymbol{Ax} = \boldsymbol{0}$ mindestens?

Aufgabe 2.17 Löse das folgende lineare Gleichungssystem:

$$\begin{pmatrix} 1 & 2 & 0 \\ 3 & -2 & 1 \\ 2 & 1 & -1 \end{pmatrix} \begin{pmatrix} x_1 \\ x_2 \\ x_3 \end{pmatrix} = \begin{pmatrix} 1 \\ 0 \\ 1 \end{pmatrix} .$$

Wie lautet die Lösung, wenn die Elemente der rechten Seite gleich null sind (überlegen, nicht rechnen)?

Aufgabe 2.18 Bestimme alle Lösungen der linearen Gleichungssysteme $\boldsymbol{Ax} = \boldsymbol{b}$ mit

$$\text{(i)} \quad \boldsymbol{A} = \begin{pmatrix} 1 & 2 & -1 \\ 1 & 2 & 1 \end{pmatrix} , \quad \boldsymbol{b} = \begin{pmatrix} 1 \\ 0 \end{pmatrix} ;$$

$$\text{(ii)} \quad \boldsymbol{A} = \begin{pmatrix} 1 & 2 & -1 \\ 1 & 2 & -1 \end{pmatrix} , \quad \boldsymbol{b} = \begin{pmatrix} 1 \\ 0 \end{pmatrix} .$$

Aufgabe 2.19 Bestimme alle Lösungen von $\boldsymbol{Ax} = \boldsymbol{0}$, wobei

$$\boldsymbol{A} = \begin{pmatrix} 1 & 1 & 1 & 1 \\ 1 & -2 & -2 & 2 \\ 2 & -1 & -1 & 3 \\ 4 & -5 & -5 & 7 \end{pmatrix} .$$

Aufgabe 2.20 Bestimme alle Lösungen von $\boldsymbol{Ax} = \boldsymbol{b}$, wobei

$$\boldsymbol{A} = \begin{pmatrix} 1 & 2 \\ 1 & -2 \\ 3 & 2 \\ 3 & -2 \end{pmatrix} , \quad \boldsymbol{b} = \begin{pmatrix} 7 \\ 9 \\ 23 \\ 25 \end{pmatrix} .$$

Aufgabe 2.21 Bestimme alle Lösungen von

$$\begin{pmatrix} 0 & 1 & 0 & 0 & 0 \\ 0 & 0 & 1 & 0 & 0 \\ 1 & 0 & 0 & 0 & 0 \\ 0 & 0 & 0 & 0 & 1 \\ 0 & 0 & 0 & 1 & 0 \end{pmatrix} \begin{pmatrix} x_1 \\ x_2 \\ x_3 \\ x_4 \\ x_5 \end{pmatrix} = \begin{pmatrix} -2 \\ 3 \\ 0 \\ 0 \\ 1 \end{pmatrix} .$$

2.3 Determinanten

2.3.1 Definition

Wenn die quadratische Matrix $\boldsymbol{A}$ eines linearen Gleichungssystems $\boldsymbol{A}\boldsymbol{x} = \boldsymbol{b}$ invertierbar ist, haben wir bereits in Abschnitt 2.1 gesehen, dass es dann genau eine Lösung des Gleichungssystems gibt, nämlich $\boldsymbol{x} = \boldsymbol{A}^{-1}\boldsymbol{b}$, wobei $\boldsymbol{A}^{-1}$ die Inverse von $\boldsymbol{A}$ ist. Nun besagt die Cramer'sche Regel (siehe Satz 2.1), dass die Matrix

$$\boldsymbol{A} = \begin{pmatrix} a & b \\ c & d \end{pmatrix} \tag{2.9}$$

genau dann invertierbar ist, falls $ad - bc \neq 0$. Gibt es ein ähnliches Kriterium für allgemeine Matrizen aus $\mathbb{R}^{n\times n}$? Dies würde eine Antwort erlauben, ob das lineare Gleichungssystem genau eine Lösung besitzt. Es gibt in der Tat ein vergleichbares Kriterium, das auf den Begriff der Determinante einer Matrix führt.

✎ Wir definieren die *Determinante* einer quadratischen Matrix $\boldsymbol{A} = (a_{ij}) \in \mathbb{R}^{n\times n}$ rekursiv durch

$$\begin{aligned} n = 1: &\quad \det \boldsymbol{A} = a_{11}\,, \\ n > 1: &\quad \det \boldsymbol{A} = \sum_{i=1}^{n} (-1)^{i+j} a_{ij} \det \boldsymbol{A}^{(ij)}\,, \end{aligned}$$

wobei $j \in \{1, \dots, n\}$ beliebig gewählt werden kann, und $\boldsymbol{A}^{(ij)}$ ist diejenige Matrix, die aus $\boldsymbol{A}$ durch Streichen der i-ten Zeile und j-ten Spalte entsteht. Wir sagen, dass die Matrix $\boldsymbol{A}$ *nach der j-ten Spalte entwickelt* wird. Daher wird die obige Definition als der *Entwicklungssatz von Laplace* bezeichnet. Die Determinante $\det \boldsymbol{A}^{(ij)}$ nennt man auch eine *Unterdeterminante* von $\boldsymbol{A}$. In der obigen Formel können wir auch über die Spalten summieren:

$$\det \boldsymbol{A} = \sum_{j=1}^{n} (-1)^{i+j} a_{ij} \det \boldsymbol{A}^{(ij)}\,. \tag{2.10}$$

Dann sagen wir, die Matrix ist *nach der i-ten Zeile entwickelt* worden. Die Determinante wird in der Literatur auch mit $|\boldsymbol{A}|$ bzw.

$$\begin{vmatrix} a_{11} & a_{12} & \cdots & a_{1n} \\ a_{21} & a_{22} & \cdots & a_{2n} \\ \vdots & \vdots & & \vdots \\ a_{m1} & a_{m2} & \cdots & a_{mn} \end{vmatrix}$$

bezeichnet.

Beispiel 2.8

1. Die Determinante von Matrizen der Form (2.9) ist einfach zu berechnen. Wir entwickeln sie nach der ersten Zeile. Die Summe in der obigen Definition besteht hier aus zwei Summanden. Die Matrix, die aus $\boldsymbol{A}$ durch Streichen der ersten Zeile und ersten Spalte entsteht, lautet $\boldsymbol{A}^{(11)} = (d)$, und es folgt $\det \boldsymbol{A}^{(11)} = \det(d) = d$. Entsprechend lautet die Matrix, die wir nach Streichen der ersten Zeile und zweiten Spalte erhalten, $\boldsymbol{A}^{(12)} = (c)$ mit $\det A^{(12)} = c$. Daher ist

$$\begin{aligned}\det \boldsymbol{A} &= (-1)^{1+1} \cdot a \cdot \det \boldsymbol{A}^{(11)} + (-1)^{1+2} \cdot b \cdot \det \boldsymbol{A}^{(12)} \\ &= (-1)^2 \cdot a \cdot d + (-1)^3 \cdot b \cdot c \\ &= ad - bc \,. \end{aligned} \tag{2.11}$$

   Damit können wir die Cramer'sche Regel für Matrizen der Form (2.9) umformulieren: Die Matrix (2.9) ist genau dann invertierbar, wenn ihre Determinante ungleich null ist. Beispielsweise lautet die Determinante der Matrix

$$\boldsymbol{A} = \begin{pmatrix} 1 & 1 \\ 2 & 2 \end{pmatrix}$$

   nach der obigen Formel $\det \boldsymbol{A} = 1 \cdot 2 - 1 \cdot 2 = 0$, d. h., diese Matrix ist nicht invertierbar. Dies wissen wir übrigens bereits aus Beispiel 2.5.
2. Wir wollen die Determinante der Matrix

$$\boldsymbol{A} = \begin{pmatrix} 3 & 0 & 2 \\ 1 & -1 & 3 \\ 2 & 4 & -2 \end{pmatrix} \tag{2.12}$$

   berechnen. Wir verwenden die Definition (2.10) für $i = 1$, d. h., wir entwickeln nach der ersten Zeile. Dann lauten die Matrizen, die durch Streichen der ersten Zeile und der j-ten Spalte entstehen:

$$\boldsymbol{A}^{(11)} = \begin{pmatrix} -1 & 3 \\ 4 & -2 \end{pmatrix}, \quad \boldsymbol{A}^{(12)} = \begin{pmatrix} 1 & 3 \\ 2 & -2 \end{pmatrix}, \quad \boldsymbol{A}^{(13)} = \begin{pmatrix} 1 & -1 \\ 2 & 4 \end{pmatrix}.$$

   Nach der obigen Definition und der Formel (2.11) folgt

$$\begin{aligned}\det \boldsymbol{A} &= (-1)^{1+1} \cdot 3 \cdot \det \boldsymbol{A}^{(11)} + (-1)^{1+2} \cdot 0 \cdot \det \boldsymbol{A}^{(12)} + (-1)^{1+3} \cdot 2 \cdot \det \boldsymbol{A}^{(13)} \\ &= 3(2 - 12) + 2(4 + 2) = -18 \,. \end{aligned}$$

Die Definition (2.10) erlaubt eine einfache Berechnung der Determinante von Matrizen, deren Elemente unterhalb der Hauptdiagonale alle gleich null sind:

$$\det\begin{pmatrix} a_{11} & a_{12} & \cdots & a_{1n} \\ 0 & a_{22} & \cdots & a_{2n} \\ \vdots & 0 & \ddots & \vdots \\ 0 & 0 & & a_{nn} \end{pmatrix} = a_{11}a_{22}\cdots a_{nn} \;. \tag{2.13}$$

Entwickeln wir nämlich diese Matrix nach der ersten Spalte, so folgt, da in der ersten Spalte $n-1$ Elemente gleich null sind,

$$\det\begin{pmatrix} a_{11} & a_{12} & \cdots & a_{1n} \\ 0 & a_{22} & \cdots & a_{2n} \\ \vdots & 0 & \ddots & \vdots \\ 0 & 0 & & a_{nn} \end{pmatrix} = a_{11}\det\begin{pmatrix} a_{22} & \cdots & a_{2n} \\ 0 & \ddots & \vdots \\ 0 & & a_{nn} \end{pmatrix} .$$

Die auf der rechten Seite stehende Matrix können wir wiederum nach der ersten Spalte entwickeln, und wir erhalten das Produkt von $a_{11}a_{22}$ mit der entsprechenden Unterdeterminante. Verfahren wir so immer weiter, erhalten wir schließlich (2.13).

Die Determinante von (3×3)-Matrizen kann übersichtlich mithilfe der *Regel von Sarrus* berechnet werden. Dazu fügen wir an die rechte Seite der Matrix nochmals die erste und zweite Spalte an und multiplizieren dann jeweils diejenigen Elemente miteinander, die durch die unten angegebenen Striche verbunden sind. Die mit durchgezogenen Linien angedeuteten Produkte erhalten dabei ein positives Vorzeichen, die durch gestrichelte Linien angedeuteten Produkte ein negatives Vorzeichen:

$$\left|\begin{matrix} a_{11} & a_{12} & a_{13} \\ a_{21} & a_{22} & a_{23} \\ a_{31} & a_{32} & a_{33} \end{matrix}\right| \begin{matrix} a_{11} & a_{12} \\ a_{21} & a_{22} \\ a_{31} & a_{32} \end{matrix} \begin{aligned} &= a_{11}a_{22}a_{33} + a_{12}a_{23}a_{31} + a_{13}a_{21}a_{32} \\ &\quad - a_{12}a_{21}a_{33} - a_{11}a_{23}a_{32} - a_{13}a_{22}a_{31} \;. \end{aligned} \tag{2.14}$$

Beispiel 2.9

Wir berechnen als Beispiel die Determinante der Matrix (2.12) mit der Regel von Sarrus:

$$\det \boldsymbol{A} = 3\cdot(-1)\cdot(-2)+0\cdot3\cdot2+2\cdot1\cdot4-0\cdot1\cdot(-2)-3\cdot3\cdot4-2\cdot(-1)\cdot2 = -18 \;.$$

Dies stimmt mit dem oben erhaltenen Ergebnis überein.

Für $(n \times n)$-Matrizen mit $n \geq 4$ gibt es leider keine einfachen Rechenformeln wie für (2×2)- und (3×3)-Matrizen. Insbesondere kann die Regel von Sarrus *nicht* auf (4×4)-Matrizen angewandt werden.

Die Formel (2.11) für (2×2)-Matrizen besitzt zwei Summanden der Form $a_{1j_1}a_{2j_2}$, die Regel von Sarrus sechs Summanden von der Form $a_{1j_1}a_{2j_2}a_{3j_3}$. Die Summanden können auch dadurch bestimmt werden, dass alle Permutationen $j_1, j_2, \ldots, j_n$ der Zahlen $1, 2, \ldots, n$ durchlaufen werden. Die Anzahl der Permutationen lautet nach Abschnitt 1.5 gerade $n!$. Dies führt auf die folgende Definition der Determinante einer quadratischen Matrix:

$$\det \boldsymbol{A} = |\boldsymbol{A}| = \sum_{(j_1, j_2, \ldots, j_n)} \operatorname{sgn}(j_1, j_2, \ldots, j_n) a_{1j_1} a_{2j_2} \cdots a_{nj_n} \,. \tag{2.15}$$

Die Summe wird über alle $n!$ Permutationen der Zahlen $(j_1, j_2, \ldots, j_n)$ durchgeführt. Die Zahl $\operatorname{sgn}(j_1, j_2, \ldots, j_n)$ bedeutet das *Vorzeichen* der Permutation und wird folgendermaßen bestimmt: Die Zahlen $(j_1, j_2, \ldots, j_n)$ werden paarweise so lange vertauscht, bis die Folge $(1, 2, \ldots, n)$ entsteht. Ist die Anzahl der Vertauschungen gerade, so definieren wir $\operatorname{sgn}(j_1, j_2, \ldots, j_n) = 1$; ist die Anzahl ungerade, setzen wir $\operatorname{sgn}(j_1, j_2, \ldots, j_n) = -1$.

Beispiel 2.10
Die Permutation $(3, 1, 4, 2)$ ist ungerade, denn wir erhalten eine ungerade Anzahl von Vertauschungen: $(3, 1, 4, 2) \to (1, 3, 4, 2) \to (1, 3, 2, 4) \to (1, 2, 3, 4)$. Es gilt also $\operatorname{sgn}(3, 1, 4, 2) = -1$. Dagegen ist die Permutation $(2, 3, 1)$ gerade, denn $(2, 3, 1) \to (2, 1, 3) \to (1, 2, 3)$, und es folgt $\operatorname{sgn}(2, 3, 1) = 1$.

Es ist möglich, sich davon zu überzeugen, dass die beiden Definitionen (2.10) und (2.15) der Determinante zu demselben Ergebnis führen. Die zweite Definition hat den Vorteil, dass sie den Aufwand, die Determinante einer Matrix zu bestimmen, deutlich macht. Um beispielsweise die Determinante einer (6×6)-Matrix zu bestimmen, müssen $6! = 720$ Produkte addiert werden. Wir werden in Abschnitt 2.3.3 zeigen, dass der Gauß-Algorithmus in etwas bequemerer Form die Bestimmung der Determinante erlaubt. Bevor wir dies erklären können, benötigen wir allerdings einige Rechenregeln für Determinanten.

2.3.2 Rechenregeln

1. *Eine Determinante ändert ihren Wert nicht, wenn man Zeilen und Spalten miteinander vertauscht.* Dies bedeutet, dass die Determinante einer Matrix $\boldsymbol{A}$ und ihrer Transponierten $\boldsymbol{A}^{\mathrm{T}}$ gleich sind:

   $$\det \boldsymbol{A} = \det \boldsymbol{A}^{\mathrm{T}} \,.$$

   Insbesondere gelten dank dieser Tatsache alle nachfolgenden für Zeilen hergeleiteten Resultate auch für Spalten und umgekehrt.

2. *Vertauscht man zwei Zeilen einer Matrix, so wechselt die Determinante ihr Vorzeichen:*

$$\det\begin{pmatrix} \vdots & \vdots & & \vdots \\ a_{j1} & a_{j2} & \cdots & a_{jn} \\ \vdots & \vdots & & \vdots \\ a_{k1} & a_{k2} & \cdots & a_{kn} \\ \vdots & \vdots & & \vdots \end{pmatrix} = -\det\begin{pmatrix} \vdots & \vdots & & \vdots \\ a_{k1} & a_{k2} & \cdots & a_{kn} \\ \vdots & \vdots & & \vdots \\ a_{j1} & a_{j2} & \cdots & a_{jn} \\ \vdots & \vdots & & \vdots \end{pmatrix} .$$

Dies ist eine Folge davon, dass die Vertauschung zweier Zeilen (oder auch Spalten) die Zahl der Vertauschungen, um von $(j_1, j_2, \ldots, j_n)$ zur Anordnung $(1, 2, \ldots, n)$ zu kommen, um eins verändert.

3. *Eine Determinante mit zwei gleichen Zeilen hat den Wert null:*

$$\det\begin{pmatrix} \vdots & \vdots & & \vdots \\ a_{j1} & a_{j2} & \cdots & a_{jn} \\ \vdots & \vdots & & \vdots \\ a_{j1} & a_{j2} & \cdots & a_{jn} \\ \vdots & \vdots & & \vdots \end{pmatrix} = 0 .$$

Dies folgt aus der Tatsache, dass die Determinante beim Vertauschen dieser Zeilen aufgrund des obigen Satzes das Vorzeichen ändern müsste, andererseits aber, da es sich um gleiche Zeilen handelt, ihren Wert nicht verändern darf. Beides zusammen ist nur erfüllbar, wenn der Wert der Determinante gleich null ist.

4. *Wenn alle Elemente einer Zeile gleich null sind, so hat die Determinante den Wert null:*

$$\det\begin{pmatrix} \vdots & \vdots & & \vdots \\ 0 & 0 & \cdots & 0 \\ \vdots & \vdots & & \vdots \end{pmatrix} = 0 .$$

Entwickeln wir nach dieser Zeile gemäß Definition (2.10), so sind alle Faktoren a_{ij} in (2.10) gleich null, und damit ist auch die Determinante gleich null.

5. *Eine Determinante wird mit einem Faktor λ multipliziert, indem man alle Elemente einer beliebigen Zeile mit diesem Faktor multipliziert:*

$$\lambda \det\begin{pmatrix} \vdots & \vdots & & \vdots \\ a_{j1} & a_{j2} & \cdots & a_{jn} \\ \vdots & \vdots & & \vdots \end{pmatrix} = \det\begin{pmatrix} \vdots & \vdots & & \vdots \\ \lambda a_{j1} & \lambda a_{j2} & \cdots & \lambda a_{jn} \\ \vdots & \vdots & & \vdots \end{pmatrix} .$$

Diese Aussage wird durch Entwicklung der rechten Seite nach der Zeile, die den Faktor λ aufweist, nachgewiesen.

6. *Die Determinante eines Produkts zweier Matrizen ist gleich dem Produkt der Determinanten der Matrizen:*

$$\det(\boldsymbol{AB}) = \det \boldsymbol{A} \cdot \det \boldsymbol{B} .$$

Diese Aussage gilt *nicht* für die Summe von Matrizen, d. h., im Allgemeinen ist $\det(\boldsymbol{A} + \boldsymbol{B}) \neq \det \boldsymbol{A} + \det \boldsymbol{B}$.

7. *Eine Determinante verändert ihren Wert nicht, wenn man zu den Elementen einer Zeile die mit einem konstanten Faktor λ multiplizierten Elemente einer anderen Zeile addiert:*

$$\det\begin{pmatrix} \vdots & \vdots & & \vdots \\ a_{j1} & a_{j2} & \cdots & a_{jn} \\ \vdots & \vdots & & \vdots \\ a_{k1} & a_{k2} & \cdots & a_{kn} \\ \vdots & \vdots & & \vdots \end{pmatrix}$$

$$= \det\begin{pmatrix} \vdots & \vdots & & \vdots \\ a_{j1}+\lambda a_{k1} & a_{j2}+\lambda a_{k2} & \cdots & a_{jn}+\lambda a_{kn} \\ \vdots & \vdots & & \vdots \\ a_{k1} & a_{k2} & \cdots & a_{kn} \\ \vdots & \vdots & & \vdots \end{pmatrix} .$$

8. *Die Determinante einer Matrix ist genau dann ungleich null, wenn die Matrix invertierbar ist. In diesem Fall ist die Determinante der Inversen gleich dem Kehrwert der Determinante:*

$$\det(\boldsymbol{A}^{-1}) = \frac{1}{\det \boldsymbol{A}} .$$

Beispiel 2.11
Wir illustrieren einige der obigen Aussagen mit einem Beispiel. Seien dafür die Matrizen

$$\boldsymbol{A} = \begin{pmatrix} 2 & 3 \\ -1 & 2 \end{pmatrix} , \quad \boldsymbol{B} = \begin{pmatrix} 1 & -2 \\ 3 & 4 \end{pmatrix}$$

gegeben. Dann ist

$$\det \boldsymbol{A} = 2\cdot 2 - 3\cdot(-1) = 7 , \quad \det \boldsymbol{B} = 1\cdot 4 - (-2)\cdot 3 = 10$$

und

$$\det(\boldsymbol{AB}) = \det\begin{pmatrix} 11 & 8 \\ 5 & 10 \end{pmatrix} = 70 .$$

Dies zeigt, dass $\det(\boldsymbol{AB}) = \det\boldsymbol{A}\cdot\det\boldsymbol{B} = 7\cdot 10 = 70$ (Regel 6). Andererseits ist

$$\det(\boldsymbol{A}+\boldsymbol{B}) = \begin{pmatrix} 3 & 1 \\ 2 & 6 \end{pmatrix} = 16 , \quad \text{aber} \quad \det\boldsymbol{A} + \det\boldsymbol{B} = 7 + 10 = 17$$

und damit $\det(\boldsymbol{A}+\boldsymbol{B}) \neq \det\boldsymbol{A} + \det\boldsymbol{B}$. Weiterhin gilt (Regel 5)

$$\det\begin{pmatrix} 2 & 3 \\ 4\cdot(-1) & 4\cdot 2 \end{pmatrix} = \det\begin{pmatrix} 2 & 3 \\ -4 & 8 \end{pmatrix} = 28 = 4\det\boldsymbol{A} .$$

Wir addieren zur zweiten Zeile das Vierfache der ersten Zeile von $\boldsymbol{A}$ und erhalten

$$\det\begin{pmatrix} 2 & 3 \\ -1+4\cdot 2 & 2+4\cdot 3 \end{pmatrix} = \det\begin{pmatrix} 2 & 3 \\ 7 & 14 \end{pmatrix} = 7 = \det\boldsymbol{A},$$

d. h., das Hinzuaddieren eines Vielfachen einer Zeile ändert die Determinante nicht (Regel 7). Schließlich ist nach der Cramer'schen Regel

$$\det(\boldsymbol{A}^{-1}) = \det\begin{pmatrix} 2/7 & -3/7 \\ 1/7 & 2/7 \end{pmatrix} = \frac{1}{7} = \frac{1}{\det \boldsymbol{A}} ,$$

was Regel 8 bestätigt.

2.3.3
Berechnung von Determinanten

Die Berechnung von Determinanten beliebig großer Matrizen kann prinzipiell mithilfe des Entwicklungssatzes von Laplace (2.10) erfolgen. Allerdings ist die Berechnung der entsprechenden Unterdeterminanten sowie deren Unterdeterminanten usw. recht umständlich. Nun sind Determinanten von Matrizen, deren Elemente unterhalb der Hauptdiagonalen gleich null sind, (2.13) zufolge sehr einfach zu berechnen. Diese Tatsache erlaubt, zusammen mit Regel 7 aus dem vorigen Abschnitt, eine systematische Berechnung. Die Rechenoperation von Regel 7 entspricht nämlich gerade einer Operation des Gauß-Algorithmus. Der Gauß-Algorithmus hat zum Ziel, eine Matrix zu erhalten, deren Elemente unterhalb der Hauptdiagonalen alle gleich null sind. Regel 7 besagt, dass die entsprechenden Rechenoperationen die Determinante der Matrix nicht ändern. Es gilt also für Matrizen $\boldsymbol{A} = (a_{ij}) \in \mathbb{R}^{n\times n}$ (mit der Notation aus Abschnitt 2.2):

$$\det \boldsymbol{A} = \det\begin{pmatrix} a_{11} & a_{12} & \cdots & a_{1n} \\ 0 & a_{22}^{(1)} & \cdots & a_{2n}^{(1)} \\ 0 & 0 & & a_{3n}^{(2)} \\ \vdots & \vdots & & \vdots \\ 0 & 0 & \cdots & a_{nn}^{(n-1)} \end{pmatrix} = a_{11}a_{22}^{(1)}a_{33}^{(2)} \cdots a_{nn}^{(n-1)} .$$

Sollte ein Diagonalelement gleich null sein, so muss eine geeignete Zeilen- oder Spaltenvertauschung durchgeführt werden. Ist dies nicht möglich, so ist die Determinante gleich null. Gemäß Regel 2 ist hierbei zu beachten, dass bei einer Zeilen- oder Spaltenvertauschung die Determinante ihr Vorzeichen ändert.

Beispiel 2.12

1. Wir berechnen die Determinante der Matrix

$$\boldsymbol{A} = \begin{pmatrix} 1 & 1 & -1 & 3 \\ 1 & 1 & 1 & 4 \\ 2 & 2 & 1 & 3 \\ 0 & -1 & 1 & -1 \end{pmatrix} \tag{2.16}$$

mithilfe des Gauß-Algorithmus. Wir rechnen:

$$\begin{matrix} \text{I} \\ \text{II} \\ \text{III} \\ \text{IV} \end{matrix} \begin{pmatrix} 1 & 1 & -1 & 3 \\ 1 & 1 & 1 & 4 \\ 2 & 2 & 1 & 3 \\ 0 & -1 & 1 & -1 \end{pmatrix} \begin{matrix} \\ -\text{I} \\ -2\cdot\text{I} \\ \\ \end{matrix} \qquad \begin{matrix} \text{I} \\ \text{II} \\ \text{III} \\ \text{IV} \end{matrix} \begin{pmatrix} 1 & 1 & -1 & 3 \\ 0 & 0 & 2 & 1 \\ 0 & 0 & 3 & -3 \\ 0 & -1 & 1 & -1 \end{pmatrix} .$$

Da das zweite Diagonalelement gleich null ist, vertauschen wir die zweite und vierte Zeile:

$$\begin{matrix} \text{I} \\ \text{IV} \\ \text{III} \\ \text{II} \end{matrix} \begin{pmatrix} 1 & 1 & -1 & 3 \\ 0 & -1 & 1 & -1 \\ 0 & 0 & 3 & -3 \\ 0 & 0 & 2 & 1 \end{pmatrix} \begin{matrix} \\ \\ \\ -\frac{2}{3}\cdot\text{III} \end{matrix} \qquad \begin{matrix} \text{I} \\ \text{IV} \\ \text{III} \\ \text{II} \end{matrix} \begin{pmatrix} 1 & 1 & -1 & 3 \\ 0 & -1 & 1 & -1 \\ 0 & 0 & 3 & -3 \\ 0 & 0 & 0 & 3 \end{pmatrix} .$$

Wir erhalten gemäß Regel 2 und (2.13), da wir eine Zeilenvertauschung durchgeführt haben, $\det \boldsymbol{A} = -(1 \cdot (-1) \cdot 3 \cdot 3) = 9$.

2. Betrachte die Matrix

$$\boldsymbol{A} = \begin{pmatrix} 2 & 1 & -1 \\ 4 & 2 & 2 \\ 6 & 3 & 1 \end{pmatrix} . \tag{2.17}$$

Wir erhalten mit dem Gauß-Algorithmus:

$$\begin{matrix} \text{I} \\ \text{II} \\ \text{III} \end{matrix} \begin{pmatrix} 2 & 1 & -1 \\ 4 & 2 & 2 \\ 6 & 3 & 1 \end{pmatrix} \begin{matrix} \\ -2\cdot\text{I} \\ -3\cdot\text{I} \end{matrix} \qquad \begin{matrix} \text{I} \\ \text{II} \\ \text{III} \end{matrix} \begin{pmatrix} 2 & 1 & -1 \\ 0 & 0 & 4 \\ 0 & 0 & 4 \end{pmatrix} . \tag{2.18}$$

Da das zweite und dritte Diagonalelement gleich null ist, vertauschen wir die zweite und dritte Spalte:

$$\begin{matrix} \text{I} \\ \text{II} \\ \text{III} \end{matrix} \begin{pmatrix} 2 & -1 & 1 \\ 0 & 4 & 0 \\ 0 & 4 & 0 \end{pmatrix} \qquad \begin{matrix} \text{I} \\ \text{II} \\ \text{III} \end{matrix} \begin{pmatrix} 2 & -1 & 1 \\ 0 & 4 & 0 \\ 0 & 0 & 0 \end{pmatrix} .$$

Das dritte Hauptdiagonalelement ist gleich null, sodass wir nach (2.13) $\det \boldsymbol{A} = 0$ erhalten.

Fragen und Aufgaben

Aufgabe 2.22 Nenne die verschiedenen Methoden zur Berechnung von Determinanten.

Aufgabe 2.23 Welchen Zusammenhang gibt es zwischen der Determinante einer Matrix und deren Invertierbarkeit?

Aufgabe 2.24 Macht es einen Unterschied, ob eine Matrix nach einer Zeile oder nach einer Spalte entwickelt wird, um deren Determinante zu berechnen?

Aufgabe 2.25 Entscheide, ob die folgenden Aussagen für alle quadratischen Matrizen gelten: (i) $\det \boldsymbol{A} = -\det \boldsymbol{A}^{\mathrm{T}}$; (ii) $\det \boldsymbol{A} > 0$, wenn alle Elemente von $\boldsymbol{A}$ größer als null sind; (iii) vertauscht man zwei Spalten einer Matrix, so wechselt ihre Determinante das Vorzeichen; (iv) $\det(\boldsymbol{A} + \boldsymbol{B}) = \det \boldsymbol{A} + \boldsymbol{B}$.

Aufgabe 2.26 Wie lautet die Determinante einer Matrix, deren Elemente unterhalb der Hauptdiagonalen alle gleich null sind?

Aufgabe 2.27 Bestimme die Determinante von

$$\boldsymbol{A} = \begin{pmatrix} 0 & 1 & 0 & 0 & 0 \\ 0 & 0 & 1 & 0 & 0 \\ 1 & 0 & 0 & 0 & 0 \\ 0 & 0 & 0 & 0 & 1 \\ 0 & 0 & 0 & 1 & 0 \end{pmatrix} .$$

Aufgabe 2.28 Bestimme die Determinante der folgenden Matrizen:

$$\boldsymbol{A} = \begin{pmatrix} 1 & 2 & 3 \\ 4 & 5 & 6 \\ 7 & 8 & 9 \end{pmatrix} , \quad \boldsymbol{B} = \begin{pmatrix} -1 & 2 & 3 \\ 4 & 5 & 6 \\ 7 & 8 & 9 \end{pmatrix} , \quad \boldsymbol{C} = \begin{pmatrix} 1 & 2 \\ 3 & 4 \end{pmatrix} .$$

Aufgabe 2.29 Berechne die Determinante von

$$\boldsymbol{A} = \begin{pmatrix} \alpha & \alpha & 0 \\ \alpha & 0 & \alpha \\ 0 & \alpha & \alpha \end{pmatrix} , \quad \alpha \in \mathbb{R} .$$

Aufgabe 2.30 Berechne die Determinante von

$$\boldsymbol{A} = \begin{pmatrix} \alpha & 0 & \alpha \\ 0 & \alpha & 0 \\ \alpha & 0 & \alpha \end{pmatrix} , \quad \alpha \in \mathbb{R} .$$

Aufgabe 2.31 Berechne die Determinante von $\boldsymbol{A}^{99}$, wobei

$$\boldsymbol{A} = \begin{pmatrix} 1 & 3 \\ 1 & 2 \end{pmatrix} .$$

2.4 Lineare Unabhängigkeit und Rang einer Matrix

2.4.1 Lineare Unabhängigkeit

Können wir einer Matrix „ansehen", ob sie invertierbar ist oder gemäß Regel 8 aus Abschnitt 2.3.2 eine Determinante ungleich null hat? In einem gewissen Sinn gibt das Konzept der linearen Unabhängigkeit eine Antwort. Betrachte etwa die Matrix (2.17) aus dem Beispiel des vorherigen Abschnittes. Wir wissen bereits, dass die Determinante dieser Matrix gleich null ist. Andererseits erkennen wir, dass die dritte Zeile die Summe der ersten beiden Zeilen ist. Wir können die Vermutung aufstellen, dass es zwischen beiden Feststellungen einen Zusammenhang gibt. Dies ist tatsächlich der Fall und führt auf den Begriff der linearen Unabhängigkeit: Die Spalten einer Matrix $\boldsymbol{A} = (a_{ij}) \in \mathbb{R}^{m\times n}$ heißen *linear abhängig*, wenn es Zahlen $\lambda_1, \dots, \lambda_n$ gibt, die nicht alle gleich null sind, sodass die m Gleichungen

$$\lambda_1 a_{i1} + \lambda_2 a_{i2} + \cdots + \lambda_n a_{in} = 0\,, \quad i = 1, \dots, m\,,$$

erfüllt sind. Lassen sich solche Zahlen nicht finden, nennen wir die Spalten *linear unabhängig*. Wir können die obigen Gleichungen auch als ein lineares Gleichungssystem der Form

$$\boldsymbol{A\lambda} = \boldsymbol{0}$$

mit $\boldsymbol{\lambda} = (\lambda_1, \dots, \lambda_n)^{\mathrm{T}} \in \mathbb{R}^n$ und dem Nullvektor $\boldsymbol{0} \in \mathbb{R}^m$ schreiben. Dann bedeutet lineare Abhängigkeit, dass eine Lösung $\boldsymbol{\lambda} \neq \boldsymbol{0}$ existiert. Lineare Unabhängigkeit ist dann gleichbedeutend damit, dass das Gleichungssystem $\boldsymbol{A\lambda} = \boldsymbol{0}$ nur die Lösung $\boldsymbol{\lambda} = \boldsymbol{0}$ besitzt.

Beispiel 2.13

1. Wir betrachten die Matrix (2.16). Es ist zu untersuchen, ob das homogene lineare Gleichungssystem

$$\begin{pmatrix} 1 & 1 & -1 & 3 \\ 1 & 1 & 1 & 4 \\ 2 & 2 & 1 & 3 \\ 0 & -1 & 1 & -1 \end{pmatrix} \begin{pmatrix} \lambda_1 \\ \lambda_2 \\ \lambda_3 \\ \lambda_4 \end{pmatrix} = \begin{pmatrix} 0 \\ 0 \\ 0 \\ 0 \end{pmatrix}$$

nur die Lösung $\lambda_1 = \lambda_2 = \lambda_3 = \lambda_4 = 0$ besitzt oder nicht. Wenden wir hierauf den Gauß-Algorithmus an, so erhalten wir (siehe Beispiel 2.12)

$$\begin{pmatrix} 1 & 1 & -1 & 3 \\ 0 & -1 & 1 & -1 \\ 0 & 0 & 3 & -3 \\ 0 & 0 & 0 & 3 \end{pmatrix}.$$

Aus der letzten Gleichung folgt $\lambda_4 = 0$; aus der dritten Gleichung ergibt sich damit $\lambda_3 = \lambda_4 = 0$; aus der zweiten und ersten Gleichung schließen wir schließlich $\lambda_2 = 0$ und $\lambda_1 = 0$. Die Spalten der Matrix sind also linear unabhängig. Beachte, dass die Determinante der Matrix ungleich null ist.

2. Wir betrachten als zweites Beispiel die Matrix (2.17). Der Gauß-Algorithmus ergibt (siehe Beispiel 2.12)

$$\begin{pmatrix} 2 & -1 & 1 \\ 0 & 4 & 0 \\ 0 & 0 & 0 \end{pmatrix}.$$

Beachte, dass wir die zweite und dritte Spalte vertauscht haben. Wir schließen $\lambda_3 = 0$ und $2\lambda_1 - \lambda_3 + \lambda_2 = 0$, sodass $\lambda_1 = -\lambda_2/2$, und λ_2 ist ein freier Parameter. Es gibt unendlich viele Lösungen; sie lauten $(-\lambda_2/2, \lambda_2, 0)^{\mathrm{T}} = \lambda_2(-1/2, 1, 0)^{\mathrm{T}}$ mit beliebigem $\lambda_2 \in \mathbb{R}$. Also sind die Spalten der Matrix linear abhängig. Die Determinante der Matrix ist übrigens gleich null.

Die beiden obigen Beispiele motivieren das folgende Ergebnis: *Die Spalten einer quadratischen Matrix sind genau dann linear unabhängig, wenn die Determinante der Matrix ungleich null ist.* Bei einer nicht quadratischen Matrix ist die Determinante nicht definiert, aber die Spalten können dennoch auf lineare Unabhängigkeit geprüft werden.

Beispiel 2.14
Wir untersuchen die Spalten der Matrix

$$A = \begin{pmatrix} 1 & 1 \\ 2 & 1 \\ 0 & 2 \end{pmatrix}$$

auf lineare Unabhängigkeit. Mit dem Gauß-Algorithmus folgt

$$\begin{matrix} \mathrm{I} \\ \mathrm{II} \\ \mathrm{III} \end{matrix}\begin{pmatrix} 1 & 1 \\ 2 & 1 \\ 0 & 2 \end{pmatrix}\begin{matrix} \\ -\frac{1}{2}\cdot \mathrm{I} \\ \\ \end{matrix} \qquad \begin{matrix} \mathrm{I} \\ \mathrm{II} \\ \mathrm{III} \end{matrix}\begin{pmatrix} 1 & 1 \\ 0 & 1/2 \\ 0 & 2 \end{pmatrix}\begin{matrix} \\ \\ -4\cdot \mathrm{II} \end{matrix} \qquad \begin{matrix} \mathrm{I} \\ \mathrm{II} \\ \mathrm{III} \end{matrix}\begin{pmatrix} 1 & 1 \\ 0 & 1/2 \\ 0 & 0 \end{pmatrix}.$$

Die dritte Gleichung ergibt nur die triviale Aussage $0 \cdot \lambda_1 + 0 \cdot \lambda_2 = 0$. Aus der zweiten Gleichung folgt $\lambda_2 = 0$ und aus der ersten $\lambda_1 = -\lambda_2 = 0$. Die Spalten von A sind also linear unabhängig.

Wir können auch die lineare Abhängigkeit bzw. Unabhängigkeit der *Zeilen* einer Matrix definieren. Wir sagen, die Zeilen einer Matrix $A \in \mathbb{R}^{m\times n}$ sind *linear abhängig*, wenn die Spalten von A^{T} linear abhängig sind. Analog definieren wir die lineare Unabhängigkeit der Zeilen von A.

2.4.2
Rang einer Matrix

✎ Die maximale Anzahl der linear unabhängigen Spalten einer beliebigen Matrix A nennen wir den *Rang* von A und schreiben $\operatorname{rg} A$. Interessanterweise ist die maximale Anzahl der linear unabhängigen Spalten gleich der maximalen Anzahl der linear unabhängigen Zeilen. Wir sagen: *Der Spaltenrang ist gleich dem Zeilenrang.*

Beispiel 2.15
Wir haben in Abschnitt 2.4.1 gezeigt, dass die Spalten der Matrix

$$A = \begin{pmatrix} 1 & 1 \\ 2 & 1 \\ 0 & 2 \end{pmatrix}$$

linear unabhängig sind. Da die Matrix zwei Spalten hat, folgt $\operatorname{rg} A = 2$. Die Anzahl der linear unabhängigen Zeilen können wir durch Anwendung des Gauß-Algorithmus auf die Transponierte A^{T} bestimmen:

$$\begin{matrix} \mathrm{I} \\ \mathrm{II} \end{matrix} \begin{pmatrix} 1 & 2 & 0 \\ 1 & 1 & 2 \end{pmatrix} \begin{matrix} \\ -\mathrm{I} \end{matrix} \qquad \begin{matrix} \mathrm{I} \\ \mathrm{II} \end{matrix} \begin{pmatrix} 1 & 2 & 0 \\ 0 & -1 & 2 \end{pmatrix} .$$

Dies impliziert, dass eine Lösung $(\lambda_1, \lambda_2, \lambda_3)^{\mathrm{T}} \neq (0,0,0)^{\mathrm{T}}$ existiert (z. B. $\lambda_1 = 4$, $\lambda_2 = -2, \lambda_3 = -1$), d. h., die drei Spalten sind linear abhängig. Der Zeilenrang von A beträgt $\operatorname{rg} A = 2$.

Zwischen der Invertierbarkeit, der Determinante und dem Rang einer Matrix besteht der folgende Zusammenhang. *Eine quadratische Matrix* $A \in \mathbb{R}^{n \times n}$ *ist invertierbar genau dann, wenn* $\det A \neq 0$ *bzw.* $\operatorname{rg} A = n$. Sie ist also nicht invertierbar, falls $\det A = 0$ bzw. $\operatorname{rg} A < n$.

Beispiel 2.16

1. Wir haben die Matrix

$$A = \begin{pmatrix} 1 & 1 & -1 & 3 \\ 1 & 1 & 1 & 4 \\ 2 & 2 & 1 & 3 \\ 0 & -1 & 1 & -1 \end{pmatrix} \tag{2.19}$$

   bereits in Beispiel 2.13 untersucht und festgestellt, dass ihre Determinante ungleich null ist. Dies impliziert, dass A invertierbar ist und dass $\operatorname{rg} A = 4$ gilt.
2. Anwendung des Gauß-Algorithmus auf die Matrix

$$A = \begin{pmatrix} 1 & 1 & 1 & 1 \\ 1 & 1 & 1 & 1 \\ 2 & 2 & 2 & 2 \end{pmatrix} \tag{2.20}$$

   führt auf die umgeformte Matrix

$$A = \begin{pmatrix} 1 & 1 & 1 & 1 \\ 0 & 0 & 0 & 0 \\ 0 & 0 & 0 & 0 \end{pmatrix} .$$

   Die Matrix ist nicht invertierbar, ihre Determinante ist gleich null und der Rang lautet $\operatorname{rg} A = 1$. Die Anzahl der linear unabhängigen Zeilen oder Spalten beträgt eins.

Der Begriff des Ranges erlaubt die Bestimmung der Anzahl der freien Parameter eines linearen Gleichungssystems. Dies erläutern wir genauer im folgenden Abschnitt.

Fragen und Aufgaben

Aufgabe 2.32 Wie lautet die Definition der linearen Unabhängigkeit der Spalten einer Matrix?

Aufgabe 2.33 Wie lautet der Zusammenhang der linearen Unabhängigkeit der Spalten einer quadratischen Matrix und der Determinante dieser Matrix?

Aufgabe 2.34 Was ist der Rang einer Matrix?

Aufgabe 2.35 Wie lautet der Zusammenhang zwischen dem Rang einer Matrix $\boldsymbol{A} \in \mathbb{R}^{n\times n}$ und deren Invertierbarkeit?

Aufgabe 2.36 Untersuche, ob die Spalten der folgenden Matrizen linear unabhängig sind:

$$\text{(i)} \quad \boldsymbol{A} = \begin{pmatrix} 4 & 3 & 0 & -1 \\ 4 & -2 & 1 & 2 \end{pmatrix}, \quad \text{(ii)} \quad \boldsymbol{B} = \begin{pmatrix} 0 & 1 & 0 \\ 1 & 0 & 0 \\ 0 & 0 & 1 \end{pmatrix},$$

$$\text{(iii)} \quad \boldsymbol{C} = \begin{pmatrix} 2 & 2 & 2 \\ 2 & 2 & 2 \\ 0 & 1 & 2 \end{pmatrix}.$$

Aufgabe 2.37 Bestimme den Rang der Matrizen aus der vorherigen Aufgabe.

Aufgabe 2.38 Berechne den Rang der Einheitsmatrix im $\mathbb{R}^{4\times 4}$.

Aufgabe 2.39 Bestimme den Rang der folgenden Matrix:

$$\begin{pmatrix} 3 & -2 & 1 & 0 \\ 4 & 1 & -3 & 1 \\ 6 & -4 & 2 & 0 \\ 1 & 3 & -4 & 1 \end{pmatrix}.$$

2.5 Lösungstheorie linearer Gleichungssysteme

2.5.1 Lösbarkeit linearer Gleichungssysteme

In diesem Abschnitt wollen wir mittels des Rangbegriffes die Lösbarkeit linearer Gleichungssysteme

$$\boldsymbol{A}\boldsymbol{x} = \boldsymbol{b} \tag{2.21}$$

genauer charakterisieren. In Abschnitt 2.4.2 haben wir gesehen, dass die quadratische Koeffizientenmatrix $\boldsymbol{A} \in \mathbb{R}^{n\times n}$ invertierbar ist, falls $\operatorname{rg} \boldsymbol{A} = n$ gilt. In diesem Fall können wir $\boldsymbol{x} = \boldsymbol{A}^{-1}\boldsymbol{b}$ schreiben, d. h., wir erhalten genau eine Lösung. Ist die Matrix $\boldsymbol{A}$ nicht quadratisch, so macht der Begriff der Invertierbarkeit keinen Sinn und das obige Argument ist nicht anwendbar. Allerdings gilt eine ähnliche Aussage. Dazu betrachten wir die linearen Gleichungssysteme $\boldsymbol{Ax} = \boldsymbol{b}_i$ $(i = 1, 2)$ mit

$$\boldsymbol{A} = \begin{pmatrix} 1 & 0 \\ 1 & 1 \\ 0 & 1 \end{pmatrix}, \quad \boldsymbol{b}_1 = \begin{pmatrix} 1 \\ 1 \\ 0 \end{pmatrix}, \quad \boldsymbol{b}_2 = \begin{pmatrix} 1 \\ 0 \\ 0 \end{pmatrix}. \tag{2.22}$$

Der Rang von $\boldsymbol{A}$ ist maximal mit $\operatorname{rg} \boldsymbol{A} = 2$, denn $\boldsymbol{A}$ besitzt zwei linear unabhängige Spalten. Eine Anwendung des Gauß-Algorithmus auf $\boldsymbol{Ax} = \boldsymbol{b}_1$ (ziehe die erste von der zweiten Zeile ab) führt auf die erweiterte Koeffizientenmatrix

$$\begin{pmatrix} 1 & 0 & 1 \\ 0 & 1 & 0 \\ 0 & 1 & 0 \end{pmatrix}.$$

Dies zeigt, dass es genau eine Lösung gibt (nämlich $x_1 = 1$ und $x_2 = 0$). Andererseits erhalten wir mit der rechten Seite $\boldsymbol{b}_2$ (ziehe wieder die erste von der zweiten Zeile ab)

$$\begin{pmatrix} 1 & 0 & 1 \\ 0 & 1 & -1 \\ 0 & 1 & 0 \end{pmatrix}.$$

Die letzten beiden Gleichungen ergeben wegen $0 = x_2 = -1$ einen Widerspruch, d. h., das Gleichungssystem besitzt keine Lösung.

Wir benötigen also neben dem Rang von $\boldsymbol{A}$ ein zweites Kriterium für die Lösbarkeit des Gleichungssystems. Dazu betrachten wir den Rang der erweiterten Koeffizientenmatrix $(\boldsymbol{A}|\boldsymbol{b})$. Im ersten Beispiel ist $\operatorname{rg}(\boldsymbol{A}|\boldsymbol{b}) = 2 = \operatorname{rg} \boldsymbol{A}$, im zweiten Beispiel dagegen $\operatorname{rg}(\boldsymbol{A}|\boldsymbol{b}) = 3 > 2 = \operatorname{rg} \boldsymbol{A}$. Sei zunächst der Rang von $\boldsymbol{A}$ maximal. Dann ist das Gleichungssystem (2.21) eindeutig lösbar, wenn $\operatorname{rg} \boldsymbol{A} = \operatorname{rg}(\boldsymbol{A}|\boldsymbol{b})$ gilt, und nicht lösbar, sofern $\operatorname{rg} \boldsymbol{A} < \operatorname{rg}(\boldsymbol{A}|\boldsymbol{b})$ erfüllt ist.

Was geschieht, wenn der Rang von $\boldsymbol{A}$ nicht maximal ist? Dies bedeutet, dass die Anzahl der linear unabhängigen Spalten von $\boldsymbol{A}$ kleiner als die Anzahl der Spalten ist. Mit anderen Worten: Die Spalten von $\boldsymbol{A}$ sind linear abhängig. Nach der Definition der linearen Abhängigkeit heißt dies wiederum, dass das Gleichungssystem (2.21) mit $\boldsymbol{b} = \boldsymbol{0}$ unendlich viele Lösungen hat. Im Falle inhomogener Gleichungssysteme muss zusätzlich die Eigenschaft $\operatorname{rg} \boldsymbol{A} = \operatorname{rg}(\boldsymbol{A}|\boldsymbol{b})$ gelten, da es ansonsten passieren kann (wie im obigen Beispiel), dass keine Lösung existiert.

Wir fassen die obigen Resultate zusammen:

Satz 2.2

Seien $\boldsymbol{A} \in \mathbb{R}^{m \times n}$ und $\boldsymbol{b} \in \mathbb{R}^m$, dann gilt:

- $\operatorname{rg} \boldsymbol{A} \neq \operatorname{rg}(\boldsymbol{A}|\boldsymbol{b})$: Das Gleichungssystem (2.21) hat keine Lösung.
- $\operatorname{rg} \boldsymbol{A} = \operatorname{rg}(\boldsymbol{A}|\boldsymbol{b})$ und $\operatorname{rg} \boldsymbol{A} = n$: Das Gleichungssystem (2.21) besitzt genau eine Lösung.
- $\operatorname{rg} \boldsymbol{A} = \operatorname{rg}(\boldsymbol{A}|\boldsymbol{b})$ und $\operatorname{rg} \boldsymbol{A} < n$: Das Gleichungssystem (2.21) hat unendlich viele Lösungen, und zwar $n - \operatorname{rg} \boldsymbol{A}$ linear unabhängige.

Beispiel 2.17

1. Betrachte die Koeffizientenmatrix (2.20) mit rechter Seite $\boldsymbol{b} = (1, 1, 0)^{\mathrm{T}}$. Der Gauß-Algorithmus liefert

$$\begin{array}{l} \text{I} \\ \text{II} \\ \text{III} \end{array} \left(\begin{array}{cccc|c} 1 & 1 & 1 & 1 & 1 \\ 1 & 1 & 1 & 1 & 1 \\ 2 & 2 & 2 & 2 & 0 \end{array}\right) \begin{array}{l} \\ -\text{I} \\ -2 \cdot \text{I} \end{array} \qquad \left(\begin{array}{cccc|c} 1 & 1 & 1 & 1 & 1 \\ 0 & 0 & 0 & 0 & 0 \\ 0 & 0 & 0 & 0 & -2 \end{array}\right).$$

Damit ist $\operatorname{rg} \boldsymbol{A} = 1 < 2 = \operatorname{rg}(\boldsymbol{A}|\boldsymbol{b})$. Das Gleichungssystem besitzt keine Lösung. Verwenden wir dagegen die rechte Seite $\boldsymbol{b} = (1, 1, 2)^{\mathrm{T}}$, so führt die Gauß-Elimination auf

$$\begin{array}{l} \text{I} \\ \text{II} \\ \text{III} \end{array} \left(\begin{array}{cccc|c} 1 & 1 & 1 & 1 & 1 \\ 1 & 1 & 1 & 1 & 1 \\ 2 & 2 & 2 & 2 & 2 \end{array}\right) \begin{array}{l} \\ -\text{I} \\ -2 \cdot \text{I} \end{array} \qquad \left(\begin{array}{cccc|c} 1 & 1 & 1 & 1 & 1 \\ 0 & 0 & 0 & 0 & 0 \\ 0 & 0 & 0 & 0 & 0 \end{array}\right),$$

also $\operatorname{rg} \boldsymbol{A} = 1 = \operatorname{rg}(\boldsymbol{A}|\boldsymbol{b}) < n = 4$. Es gibt also $n - \operatorname{rg} \boldsymbol{A} = 3$ linear unabhängige Lösungen. Dies bedeutet, dass wir drei freie Parameter wählen können, z. B. $\lambda_1 = x_2$, $\lambda_2 = x_3$ und $\lambda_3 = x_4$. Dann folgt aus der ersten Gleichung $x_1 = 1 - x_2 - x_3 - x_4 = 1 - \lambda_1 - \lambda_2 - \lambda_3$, und wir erhalten die Lösungen

$$\begin{pmatrix} x_1 \\ x_2 \\ x_3 \\ x_4 \end{pmatrix} = \begin{pmatrix} 1 - \lambda_1 - \lambda_2 - \lambda_3 \\ \lambda_1 \\ \lambda_2 \\ \lambda_3 \end{pmatrix} = \begin{pmatrix} 1 \\ 0 \\ 0 \\ 0 \end{pmatrix} + \lambda_1 \begin{pmatrix} -1 \\ 1 \\ 0 \\ 0 \end{pmatrix} + \lambda_2 \begin{pmatrix} -1 \\ 0 \\ 1 \\ 0 \end{pmatrix} + \lambda_3 \begin{pmatrix} -1 \\ 0 \\ 0 \\ 1 \end{pmatrix}, \quad (2.23)$$

wobei wir beliebige Werte für λ_i wählen können. Wählen wir etwa $\lambda_1 = 1$ (und $\lambda_i = 0$ sonst), so erhalten wir $\boldsymbol{x} = (0, 1, 0, 0)^{\mathrm{T}}$; wählen wir $\lambda_2 = 1$ (und $\lambda_i = 0$ sonst), so ist $\boldsymbol{x} = (0, 0, 1, 0)^{\mathrm{T}}$; mit $\lambda_3 = 1$ (und $\lambda_i = 0$ sonst) folgt schließlich $\boldsymbol{x} = (0, 0, 0, 1)^{\mathrm{T}}$. Wir erhalten die drei linear unabhängigen Lösungen

$$\begin{pmatrix} 0 \\ 1 \\ 0 \\ 0 \end{pmatrix}, \quad \begin{pmatrix} 0 \\ 0 \\ 1 \\ 0 \end{pmatrix} \quad \text{und} \quad \begin{pmatrix} 0 \\ 0 \\ 0 \\ 1 \end{pmatrix}.$$

Hätten wir andere Werte für λ_i gewählt, so würden wir andere linear unabhängige Lösungen erhalten.

2. Als zweites Beispiel verwenden wir die Koeffizientenmatrix und die rechte Seite

$$A = \begin{pmatrix} 1 & 1 & 0 \\ 0 & 1 & 1 \end{pmatrix}, \quad b = \begin{pmatrix} 0 \\ 1 \end{pmatrix}.$$

Dann ist $\operatorname{rg} A = 2 = \operatorname{rg}(A|b) < 3$, d. h., es gibt eine linear unabhängige Lösung. Dazu definieren wir den Parameter $\lambda = x_3$ und schreiben $x_2 = 1 - x_3 = 1 - \lambda$ und $x_1 = -x_2 = \lambda - 1$. Die Lösungen lauten also:

$$\begin{pmatrix} x_1 \\ x_2 \\ x_3 \end{pmatrix} = \begin{pmatrix} \lambda - 1 \\ 1 - \lambda \\ \lambda \end{pmatrix} = \begin{pmatrix} -1 \\ 1 \\ 0 \end{pmatrix} + \lambda \begin{pmatrix} 1 \\ -1 \\ 1 \end{pmatrix}, \quad \lambda \in \mathbb{R}.$$

Setzen wir dagegen $\mu = x_2$, so ergibt sich $x_1 = -x_2 = -\mu$ und $x_3 = 1 - x_2 = 1 - \mu$, und die Lösungen lauten:

$$\begin{pmatrix} x_1 \\ x_2 \\ x_3 \end{pmatrix} = \begin{pmatrix} -\mu \\ \mu \\ 1 - \mu \end{pmatrix} = \begin{pmatrix} 0 \\ 0 \\ 1 \end{pmatrix} + \mu \begin{pmatrix} -1 \\ 1 \\ -1 \end{pmatrix}, \quad \mu \in \mathbb{R}.$$

Auf den ersten Blick sehen die Lösungsmengen verschieden aus; setzen wir jedoch $\mu = 1 - \lambda$, so erkennen wir, dass sie tatsächlich gleich sind.

Die Menge mit maximaler Anzahl linear unabhängiger Lösungen eines *homogenen* linearen Gleichungssystems nennen wir ein *Fundamentalsystem*. Sind $x^{(1)}, x^{(2)}, \ldots, x^{(s)}$ diese linear unabhängigen Lösungen von $Ax = 0$, so ist jede Kombination

$$x = \lambda_1 x^{(1)} + \lambda_2 x^{(2)} + \cdots + \lambda_s x^{(s)} \tag{2.24}$$

ebenfalls eine Lösung von $Ax = 0$, denn

$$Ax = A(\lambda_1 x^{(1)} + \cdots + \lambda_s x^{(s)}) = \lambda_1 A x^{(1)} + \cdots + \lambda_s A x^{(s)} = 0,$$

da $x^{(i)}$ eine Lösung des homogenen Gleichungssystems $Ax^{(i)} = 0$ ist. Dies sind alle Lösungen des Gleichungssystems. Wir nennen (2.24) auch die *allgemeine Lösung des homogenen Systems.*

Ist das Gleichungssystem inhomogen, ist die obige Argumentation nicht anwendbar. Allerdings gilt das folgende Resultat:

Satz 2.3

Die allgemeine Lösung x_{allg} eines inhomogenen Gleichungssystems ist gleich der Summe der allgemeinen Lösung des homogenen Systems $x_{\text{hom}} = \lambda_1 x^{(1)} + \cdots + \lambda_s x^{(s)}$ und einer speziellen Lösung x_{inhom} des inhomogenen Systems:

$$x_{\text{allg}} = x_{\text{hom}} + x_{\text{inhom}}. \tag{2.25}$$

Setzen wir nämlich $\boldsymbol{x}_{\text{allg}}$ in das Gleichungssystem ein, so erhalten wir:

$$\boldsymbol{A}\boldsymbol{x}_{\text{allg}} = \boldsymbol{A}\boldsymbol{x}_{\text{hom}} + \boldsymbol{A}\boldsymbol{x}_{\text{inhom}} = \boldsymbol{0} + \boldsymbol{b} = \boldsymbol{b} \ .$$

Man kann zeigen, dass sich jede Lösung in der Form (2.25) schreiben lässt.

Beispiel 2.18

1. Wir betrachten das Gleichungssystem $\boldsymbol{A}\boldsymbol{x} = \boldsymbol{b}$ mit

$$\boldsymbol{A} = \begin{pmatrix} 1 & 1 & 1 & 1 \\ 1 & 1 & 1 & 1 \\ 2 & 2 & 2 & 2 \end{pmatrix} , \qquad \boldsymbol{b} = \begin{pmatrix} 1 \\ 1 \\ 2 \end{pmatrix}$$

(siehe Beispiel 2.17, Punkt 1). Wählen wir zunächst $\boldsymbol{b} = \boldsymbol{0}$, so erhalten wir mit dem Gauß-Algorithmus die folgende erweiterte Koeffizientenmatrix:

$$\left(\begin{array}{cccc|c} 1 & 1 & 1 & 1 & 0 \\ 0 & 0 & 0 & 0 & 0 \\ 0 & 0 & 0 & 0 & 0 \end{array}\right) .$$

Daraus folgt die Gleichung $x_1 = -(x_2 + x_3 + x_4)$, und wir können $x_2 = \lambda_1$, $x_3 = \lambda_2$ und $x_4 = \lambda_3$ als freie Parameter verwenden. Wir erhalten folgende Lösungen des homogenen Systems:

$$\boldsymbol{x}_{\text{hom}} = \begin{pmatrix} x_1 \\ x_2 \\ x_3 \end{pmatrix} = \begin{pmatrix} -\lambda_1 - \lambda_2 - \lambda_3 \\ \lambda_1 \\ \lambda_2 \\ \lambda_3 \end{pmatrix} = \lambda_1 \begin{pmatrix} -1 \\ 1 \\ 0 \\ 0 \end{pmatrix} + \lambda_2 \begin{pmatrix} -1 \\ 0 \\ 1 \\ 0 \end{pmatrix} + \lambda_3 \begin{pmatrix} -1 \\ 0 \\ 0 \\ 1 \end{pmatrix} .$$

Das Fundamentalsystem lautet also

$$\begin{pmatrix} -1 \\ 1 \\ 0 \\ 0 \end{pmatrix} , \quad \begin{pmatrix} -1 \\ 0 \\ 1 \\ 0 \end{pmatrix} \quad \text{und} \quad \begin{pmatrix} -1 \\ 0 \\ 0 \\ 1 \end{pmatrix} .$$

Beispiel 2.17, Punkt 1 zeigt, dass $\boldsymbol{x}_{\text{inhom}} = (1, 0, 0, 0)^{\mathrm{T}}$ eine spezielle Lösung des inhomogenen Systems ist. Die allgemeine Lösung des Gleichungssystems ist folglich gegeben durch

$$\boldsymbol{x}_{\text{allg}} = \boldsymbol{x}_{\text{inhom}} + \boldsymbol{x}_{\text{hom}} = \begin{pmatrix} 1 \\ 0 \\ 0 \\ 0 \end{pmatrix} + \lambda_1 \begin{pmatrix} -1 \\ 1 \\ 0 \\ 0 \end{pmatrix} + \lambda_2 \begin{pmatrix} -1 \\ 0 \\ 1 \\ 0 \end{pmatrix} + \lambda_3 \begin{pmatrix} -1 \\ 0 \\ 0 \\ 1 \end{pmatrix} ,$$

wobei $\lambda_1, \lambda_2, \lambda_3 \in \mathbb{R}$ beliebig gewählt werden können. Dieses Ergebnis stimmt mit (2.23) überein.

2. Wir untersuchen das Gleichungssystem $\boldsymbol{A}\boldsymbol{x} = \boldsymbol{b}$ mit

$$\boldsymbol{A} = \begin{pmatrix} -1 & 2 & 2 \\ 2 & -1 & 0 \\ 3 & 0 & 2 \end{pmatrix}, \quad \boldsymbol{b} = \begin{pmatrix} 3 \\ 0 \\ 3 \end{pmatrix}.$$

Wir führen den Gauß-Algorithmus für das homogene System durch:

$$\begin{matrix} \text{I} \\ \text{II} \\ \text{III} \end{matrix} \begin{pmatrix} -1 & 2 & 2 \\ 2 & -1 & 0 \\ 3 & 0 & 2 \end{pmatrix} \begin{matrix} \\ +2 \cdot \text{I} \\ +3 \cdot \text{I} \end{matrix} \quad \begin{pmatrix} -1 & 2 & 2 \\ 0 & 3 & 4 \\ 0 & 6 & 8 \end{pmatrix} \begin{matrix} \\ \\ -2 \cdot \text{II} \end{matrix} \quad \begin{pmatrix} -1 & 2 & 2 \\ 0 & 3 & 4 \\ 0 & 0 & 0 \end{pmatrix}.$$

Daher ist $x_3 = \lambda$, $x_2 = -4x_3/3 = -4\lambda/3$, $x_1 = 2x_2 + 2x_3 = -2\lambda/3$, und die allgemeine Lösung des homogenen Systems ist gegeben durch

$$x_{\text{hom}} = \lambda \begin{pmatrix} -2/3 \\ -4/3 \\ 1 \end{pmatrix}.$$

Eine spezielle Lösung ist gegeben durch $\boldsymbol{x}_{\text{inhom}} = (1, 2, 0)^{\text{T}}$. Die allgemeine Lösung des inhomogenen Systems ist also

$$\boldsymbol{x}_{\text{allg}} = \begin{pmatrix} 1 \\ 2 \\ 0 \end{pmatrix} + \lambda \begin{pmatrix} -2/3 \\ -4/3 \\ 1 \end{pmatrix}.$$

Eine andere spezielle Lösung des inhomogenen Systems lautet $\boldsymbol{x}_{\text{inhom}} = (-1, -2, 3)^{\text{T}}$. In diesem Fall ist die allgemeine Lösung

$$\boldsymbol{x}_{\text{allg}} = \begin{pmatrix} -1 \\ -2 \\ 3 \end{pmatrix} + \lambda' \begin{pmatrix} -2/3 \\ -4/3 \\ 1 \end{pmatrix}.$$

Obwohl $\boldsymbol{x}_{\text{inhom}}$ verschieden aussieht, ist die Menge aller Lösungen für $\lambda' \in \mathbb{R}$ dieselbe. Wählen wir nämlich in der zweiten Gleichung $\lambda' = -3 + \lambda$, so erhalten wir die erste Gleichung für $\boldsymbol{x}_{\text{allg}}$.

2.5.2
Berechnung der Inversen einer Matrix

Lineare Gleichungssysteme $\boldsymbol{A}\boldsymbol{x} = \boldsymbol{b}$ mit quadratischer Koeffizientenmatrix $\boldsymbol{A} \in \mathbb{R}^{n \times n}$ besitzen genau eine Lösung, falls der Rang von $\boldsymbol{A}$ maximal ist (nämlich gleich n) bzw. wenn $\boldsymbol{A}$ invertierbar ist, denn in diesem Fall lautet die Lösung $\boldsymbol{x} = \boldsymbol{A}^{-1}\boldsymbol{b}$. Obwohl es im Allgemeinen sinnvoller ist, den Gauß-Algorithmus zur Bestimmung der Lösung $\boldsymbol{x}$ durchzuführen, ist es manchmal notwendig, die Inverse der Koeffizientenmatrix zu bestimmen. Lösen wir beispielsweise das Gleichungssystem $\boldsymbol{Ax} = \boldsymbol{e}_i$, wobei $\boldsymbol{e}_i$ diejenige einspaltige Matrix ist, deren i-tes Element gleich eins und alle anderen Elemente gleich null sind, dann ist die Lösung $\boldsymbol{x} = \boldsymbol{A}^{-1}\boldsymbol{e}_i$ gerade die i-te Spalte der Inverse. Lösen wir diese Gleichungssysteme für alle $i = 1, \dots, n$, so erhalten wir auf diese Weise alle Spalten von $\boldsymbol{A}^{-1}$. Dies bedeutet, dass wir die Inverse einer Matrix ebenfalls mit dem Gauß-Algorithmus berechnen können. Anstatt nun n verschiedene Gleichungssysteme zu lösen (nämlich mit den rechten Seiten $\boldsymbol{e}_1, \dots, \boldsymbol{e}_n$), lösen wir alle Systeme simultan. Dies erreichen wir, indem wir beim Gauß-Algorithmus die rechten Seiten hintereinander in der Form

$$(\boldsymbol{A}|\boldsymbol{e}_1 \cdots \boldsymbol{e}_n) = (\boldsymbol{A}|\boldsymbol{E})$$

schreiben, wobei $\boldsymbol{E}$ die Einheitsmatrix im $\mathbb{R}^{n\times n}$ ist. Führen wir die Gauß-Elimination so durch, dass die Matrix $\boldsymbol{A}$ in die Einheitsmatrix überführt wird, so stehen auf der rechten Seite die Spalten von $\boldsymbol{A}^{-1}$. Das obige Schema wird also zu

$$(\boldsymbol{E}|\boldsymbol{A}^{-1}) .$$

Im Gegensatz zum Gauß-Algorithmus aus Abschnitt 2.2 müssen nicht nur die Elemente unterhalb der Hauptdiagonalen so umgeformt werden, dass sie gleich null werden, sondern auch die Elemente oberhalb der Hauptdiagonalen, und die Hauptdiagonalelemente werden mit geeigneten Faktoren auf eins gebracht. Wir erläutern diese Vorgehensweise anhand von zwei Beispielen.

Beispiel 2.19

1. Wir wollen die Matrix

$$\boldsymbol{A} = \begin{pmatrix} 1 & -2 & 2 \\ 1 & 1 & -1 \\ 2 & 3 & 1 \end{pmatrix}$$

invertieren. Dazu schreiben wir die erweiterte Koeffizientenmatrix mit der Einheitsmatrix auf der rechten Seite und führen den Gauß-Algorithmus so durch, dass unter- und oberhalb der Hauptdiagonalen die Elemente gleich null werden:

$$\begin{array}{l} \text{I} \\ \text{II} \\ \text{III} \end{array} \left(\begin{array}{rrr|rrr} 1 & -2 & 2 & 1 & 0 & 0 \\ 1 & 1 & -1 & 0 & 1 & 0 \\ 2 & 3 & 1 & 0 & 0 & 1 \end{array}\right) \begin{array}{l} \\ -\text{I} \\ -2\cdot\text{I} \end{array}$$

$$\begin{array}{l} \text{I} \\ \text{II} \\ \text{III} \end{array} \left(\begin{array}{rrr|rrr} 1 & -2 & 2 & 1 & 0 & 0 \\ 0 & 3 & -3 & -1 & 1 & 0 \\ 0 & 7 & -3 & -2 & 0 & 1 \end{array}\right) \begin{array}{l} +\frac{2}{3}\cdot\text{II} \\ :3 \\ -\frac{7}{3}\cdot\text{II} \end{array}$$

$$\begin{array}{l} \text{I} \\ \text{II} \\ \text{III} \end{array} \left(\begin{array}{rrr|rrr} 1 & 0 & 0 & 1/3 & 2/3 & 0 \\ 0 & 1 & -1 & -1/3 & 1/3 & 0 \\ 0 & 0 & 4 & 1/3 & -7/3 & 1 \end{array}\right) \begin{array}{l} \\ +\frac{1}{4}\cdot\text{III} \\ :4 \end{array}$$

$$\begin{array}{l} \text{I} \\ \text{II} \\ \text{III} \end{array} \left(\begin{array}{rrr|rrr} 1 & 0 & 0 & 1/3 & 2/3 & 0 \\ 0 & 1 & 0 & -1/4 & -1/4 & 1/4 \\ 0 & 0 & 1 & 1/12 & -7/12 & 1/4 \end{array}\right) .$$

Die Inverse lautet also

$$A^{-1} = \begin{pmatrix} 1/3 & 2/3 & 0 \\ -1/4 & -1/4 & 1/4 \\ 1/12 & -7/12 & 1/4 \end{pmatrix} .$$

2. Betrachte die Matrix

$$A = \begin{pmatrix} 2 & 3 \\ -4 & -6 \end{pmatrix} .$$

Der Gauß-Algorithmus führt auf

$$\begin{matrix} \text{I} \\ \text{II} \end{matrix} \left(\begin{array}{cc|cc} 2 & 3 & 1 & 0 \\ -4 & -6 & 0 & 1 \end{array}\right) \begin{matrix} :2 \\ +2\cdot\text{I} \end{matrix} \qquad \begin{matrix} \text{I} \\ \text{II} \end{matrix} \left(\begin{array}{cc|cc} 1 & 3/2 & 1/2 & 0 \\ 0 & 0 & 2 & 1 \end{array}\right) .$$

Da die zweite Zeile der linken Seite nur Nullen enthält, ist es nicht möglich, eine Zeilenumformung so durchzuführen, dass das zweite Hauptdiagonalelement gleich eins wird. Es scheint unmöglich, den Gauß-Algorithmus erfolgreich zu Ende zu führen. Dies ist nicht erstaunlich, da die umgeformte linke Seite zeigt, dass die Determinante von A gemäß den Regeln 4 und 7 aus Abschnitt 2.3.2 gleich null sein muss. Folglich ist die Matrix nicht invertierbar.

Fragen und Aufgaben

Aufgabe 2.40 Wie lautet der Zusammenhang zwischen dem Rang einer Matrix und der Lösbarkeit des entsprechenden linearen Gleichungssystems?

Aufgabe 2.41 Wie viel linear unabhängige Lösungen kann ein lineares Gleichungssystem mit einer Matrix $A \in \mathbb{R}^{n\times n}$ maximal besitzen?

Aufgabe 2.42 Was ist ein Fundamentalsystem?

Aufgabe 2.43 Wie viel linear unabhängige Lösungen besitzen die folgenden Gleichungssysteme $Ax = 0$?

$$\text{(i) } A = \begin{pmatrix} 5 & 0 & 3 \\ 10 & 2 & 7 \\ 0 & 2 & 1 \end{pmatrix} ; \quad \text{(ii) } A = \begin{pmatrix} 5 & 0 & 3 \\ 10 & 2 & 7 \\ 0 & 2 & 2 \end{pmatrix} .$$

Aufgabe 2.44 Bestimme alle Lösungen der folgenden linearen Gleichungssysteme $Ax = b$ mit

$$\text{(i) } A = \begin{pmatrix} 1 & 0 & 0 & 0 \\ 0 & 0 & 0 & 0 \\ 0 & 0 & 0 & 0 \end{pmatrix} , \quad b = \begin{pmatrix} 2 \\ 0 \\ 0 \end{pmatrix} ; \quad \text{(ii) } A = \begin{pmatrix} -2 & 2 \\ -1 & 1 \\ 1 & 3 \end{pmatrix} , \quad b = \begin{pmatrix} 2 \\ 2 \\ 1 \end{pmatrix} .$$

Aufgabe 2.45 Bestimme alle Lösungen von $\boldsymbol{Ax} = \boldsymbol{0}$, wobei

$$\boldsymbol{A} = \begin{pmatrix} 2 & 1 & 0 & -1 & 1 \\ 0 & 1 & -2 & 1 & 0 \\ 1 & 1 & 0 & 0 & 1 \\ -1 & 0 & 1 & 0 & -2 \end{pmatrix} .$$

Welchen Rang hat die Matrix?

Aufgabe 2.46 Invertiere die folgenden Matrizen, falls möglich:

$$\boldsymbol{A} = \begin{pmatrix} 1 & 2 & -2 \\ 0 & -1 & 1 \\ 2 & 3 & 0 \end{pmatrix} , \quad \boldsymbol{B} = \begin{pmatrix} 0 & 2 \\ 2 & 0 \end{pmatrix} , \quad \boldsymbol{C} = \begin{pmatrix} 1 & 2 & 2 \\ 0 & 2 & -1 \\ -1 & 0 & -3 \end{pmatrix} .$$

Aufgabe 2.47 Bestimme die Inverse von

$$\begin{pmatrix} \alpha & \beta \\ \beta & \alpha \end{pmatrix}$$

für $\alpha \neq \beta$. Was geschieht für $\alpha = \beta$?

3
Unendliche Zahlenfolgen und Reihen

3.1
Unendliche Zahlenfolgen

3.1.1
Definitionen und Beispiele

Ordnet man den natürlichen Zahlen 1, 2, 3, … nach irgendeiner Vorschrift der Reihe nach reelle Zahlen $a_1, a_2, a_3, \ldots$ zu, so entsteht eine reelle *unendliche Zahlenfolge*. Die Größen $a_1, a_2, \ldots$ nennt man *Glieder* der Folge. Wir schreiben auch (a_n) für die (geordnete) Menge aller Folgenglieder. Der Ausdruck „unendlich" besagt, dass die Anzahl der Folgenglieder über alle Grenzen wächst und somit durch keine natürliche Zahl angegeben werden kann. Für „unendlich" verwendet man bisweilen das Zeichen ∞. Dieses stellt keine Zahl dar, mit der man nach den üblichen Gesetzen rechnen kann, sondern ist lediglich eine Abkürzung für die oben gemachte Aussage.

Eine Zahlenfolge heißt *beschränkt*, wenn alle ihre Glieder innerhalb eines abgeschlossenen Zahlenintervalls $[x, y]$ liegen. Gibt es kein solches Intervall, so heißt die Folge *unbeschränkt*. Eine Zahl, die gleich oder größer als jedes Glied der Folge ist, heißt *obere Schranke* der Folge. Entsprechend heißt eine Zahl, die gleich oder kleiner als jedes Glied ist, *untere Schranke*. Bei manchen Folgen kommt es vor, dass die einzelnen Glieder der Bedingung $a_1 < a_2 < a_3 < \cdots$ genügen. Das folgende Glied ist dann immer größer als das vorhergehende. Man spricht dann von einer *streng monoton wachsenden Folge*. Entsprechend nennt man eine Folge, für die $a_1 > a_2 > a_3 > \cdots$ ist, *streng monoton fallend*. Wenn jeweils auch das Gleichheitszeichen gelten kann, lässt man den Zusatz „streng" weg und spricht dann von einer monoton wachsenden bzw. monoton fallenden Folge.

Mathematik für Chemiker, 7. Auflage. Ansgar Jüngel und Hans G. Zachmann.

Beispiel 3.1

Wir wollen diese Begriffe an einigen Beispielen näher erläutern.

1. Die Zahlenfolge

$$1, \frac{1}{2}, \frac{1}{3}, \frac{1}{4}, \ldots$$

gehorcht dem Bildungsgesetz $a_n = 1/n$ für $n \in \mathbb{N}$. Sie ist streng monoton fallend, da jedes folgende Glied immer kleiner als das vorhergehende ist. Die Folge ist beschränkt, da alle Glieder im Intervall $[0, 1]$ liegen.

2. Die Zahlenfolge

$$1, 4, 9, 16, 25, \ldots$$

gehorcht dem Bildungsgesetz $a_n = n^2$ für $n \in \mathbb{N}$. Sie ist eine unbeschränkte, streng monoton wachsende Folge, da zwar die Zahl Eins eine untere Schranke ist, es aber keine obere Schranke gibt.

3. Die Zahlenfolge

$$-1, \frac{1}{2}, -\frac{1}{3}, \frac{1}{4}, -\frac{1}{5}, \frac{1}{6}, \ldots$$

gehorcht dem Bildungsgesetz $a_n = (-1)^n/n$. Sie ist beschränkt und nicht monoton.

4. Das Bildungsgesetz $a_{2n-1} = n/(n+1)$ und $a_{2n} = 1/(n+2)$ für $n \in \mathbb{N}$ führt zur Folge

$$\frac{1}{2}, \frac{1}{3}, \frac{2}{3}, \frac{1}{4}, \frac{3}{4}, \frac{1}{5}, \frac{4}{5}, \frac{1}{6}, \ldots$$

Das ist wiederum eine beschränkte, nicht monotone Folge.

5. Die ersten Glieder der Zahlenfolge $a_n = n^2/(n+1)$, $n \in \mathbb{N}$, lauten

$$\frac{1}{2}, \frac{4}{3}, \frac{9}{4}, \frac{16}{5}, \frac{25}{6}, \frac{36}{7}, \frac{49}{8}, \ldots$$

Die Folgenglieder sind streng monoton wachsend und wachsen über alle Grenzen. Die Folge ist also unbeschränkt.

Unendliche Folgen treten in den Anwendungen häufig auf. Betrachte etwa den Zerfall einer radioaktiven Substanz. Sei a_n die Menge der radioaktiven Substanz zur Zeit n. Aus der Physik ist bekannt, dass die Änderung Δa_n der Stoffmenge proportional zur Stoffmenge a_n und zur Zeitspanne ist. Ist die Zeitspanne gleich eins und nennen wir die Proportionalitätskonstante $-\alpha < 0$ (sie ist negativ, da die Substanz zerfällt), so folgt $\Delta a_n = -\alpha a_n$. Schreiben wir $\Delta a_n = a_{n+1} - a_n$, erhalten wir nach einer kleinen Umformung

$$a_{n+1} = (1-\alpha)a_n\,, \qquad n \in \mathbb{N}\,.$$

Dies ist eine *rekursiv* definierte Zahlenfolge. Die Stoffmenge a_1 zur Zeit $n = 1$ sei bekannt. Dann lautet sie zur Zeit $n = 2$ gerade $a_2 = (1-\alpha)a_1$, zur Zeit $n = 3$ dann $a_3 = (1 - \alpha)a_2 = (1 - \alpha)^2 a_1$ usw. Für allgemeine n ist die explizite Darstellung dieser Folge gegeben durch

$$a_n = (1 - \alpha)^{n-1} a_1 \,, \quad n \in \mathbb{N} \,.$$

Wir interessieren uns für die Frage, welche Stoffmenge für große Werte von n vorhanden ist. Ist beispielsweise $\alpha = 1/2$, so erhalten wir

$$a_2 = \frac{a_1}{2} \,, \quad a_3 = \left(\frac{1}{2}\right)^2 a_1 = \frac{a_1}{4} \,, \quad a_4 = \left(\frac{1}{2}\right)^3 a_1 = \frac{a_1}{8}, \ldots$$

Für immer größer werdende Werte von n werden die Werte der Folgenglieder a_n immer kleiner und nähern sich der Null. Dies ist aus physikalischer Sicht sinnvoll, da die radioaktive Substanz im Laufe der Zeit vollständig zerfällt. Allerdings müssen wir die Redewendung „die Folgenglieder nähern sich der Null" mathematisch präzisieren. Dies ist das Ziel des folgenden Abschnitts.

3.1.2 Konvergenz einer Zahlenfolge

Um zu präzisieren, in welchem Sinne sich die Werte einer Zahlenfolge einer Zahl „annähern", benötigen wir den Begriff des Grenzwerts und der Konvergenz einer Folge (a_n). Ein Grenzwert a soll hier diejenige Zahl sein, der sich die Glieder der Folge annähern. „Annähern" soll bedeuten, dass für große Werte von n die Glieder a_n stets in der Nähe von a sein sollen bzw. dass die Differenz $|a_n - a|$ für große n immer kleiner wird. *Mathematisch sagen wir, dass eine reelle Zahlenfolge* (a_n) *den Grenzwert* $a \in \mathbb{R}$ *besitzt bzw. gegen* a *konvergiert, wenn es für alle* $\varepsilon > 0$ *eine Zahl* $N \in \mathbb{N}$ *gibt, sodass für alle* $n \geq N$ *gilt* (siehe Abb. 3.1):

$$|a_n - a| < \varepsilon \,.$$

In diesem Fall schreiben wir:

$$a_n \to a \quad (n \to \infty) \quad \text{oder} \quad \lim_{n\to\infty} a_n = a \,.$$

Hierbei nennt man „lim" den Limes der Folge (a_n).

Ist der Grenzwert gleich null, so nennen wir die Folge eine *Nullfolge*. Für eine konvergente Folge sagen wir auch, dass die Ungleichung $|a_n - a| < \varepsilon$ für *fast alle* Indizes n gilt. „Fast alle" bedeutet einfach, dass die Ungleichung bis auf endlich viele Ausnahmen gilt. Die Ausnahmen sind gerade die Indizes $1, 2, \ldots, N - 1$.

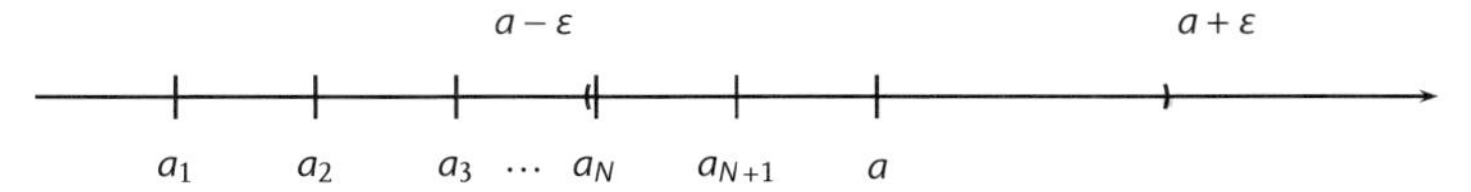

Abb. 3.1 Zur Definition der Konvergenz einer Zahlenfolge (a_n).

Ist die Folge nicht konvergent, so nennen wir sie *divergent*. Divergente Folgen sind etwa solche, deren Folgenglieder zwischen verschiedenen Zahlen alternieren, wie dies etwa bei der Folge $a_n = (-1)^n$ der Fall ist, oder deren Folgenglieder über alle Maßen wachsen, wie z. B. bei der Folge $a_n = n^2$. Zuweilen wird für den Fall, bei dem die Folgenglieder über alle Maßen wachsen, auch die Notation $a_n \to \infty$ $(n \to \infty)$ verwendet, obwohl sie etwas missverständlich ist, da wir das Symbol „$a_n \to a$" nur für reelle Zahlen a definiert haben.

Beispiel 3.2
Die obige Definition ist recht formal; wir erläutern anhand eines Beispiels, wie sie verwendet werden kann. Allerdings werden wir diese Definition später nicht mehr benötigen, da wir in Abschnitt 3.1.3 einige Regeln für das Rechnen mit Grenzwerten angeben, die es uns ermöglichen, bequem auf die Konvergenz oder Divergenz einer Zahlenfolge zu schließen. Betrachte die Folge $a_n = 1/n$ (siehe Abb. 3.2). Wir behaupten, dass diese Folge konvergent mit Grenzwert $a = 0$ ist. Sei dazu $\varepsilon > 0$ ein beliebiger, kleiner Wert. Zu diesem Wert wählen wir ein $N \in \mathbb{N}$ mit $N > 1/\varepsilon$. Dann gilt für alle $n \geq N$ zum einen $1/n \leq 1/N$, zum anderen

$$|a_n - a| = |a_n - 0| = |a_n| = \frac{1}{n} \leq \frac{1}{N} < \varepsilon ,$$

da wir $N > 1/\varepsilon$ gewählt haben. Dies ist gerade die Definition der Konvergenz von (a_n), und es folgt $\lim_{n\to\infty} a_n = 0$. Insbesondere ist (a_n) eine Nullfolge.

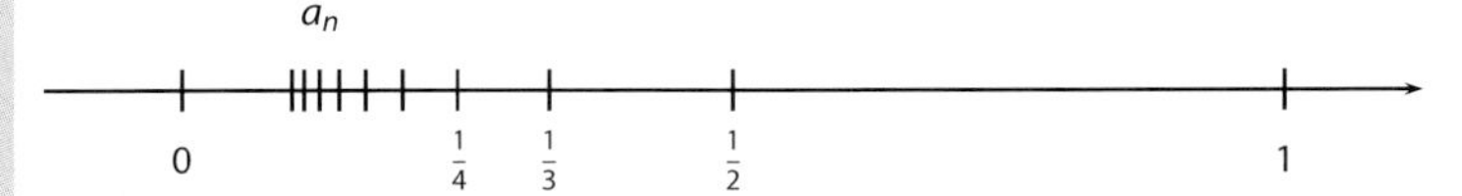

Abb. 3.2 Illustration der Zahlenfolge $a_n = 1/n$.

Die Definition der Konvergenz besagt, dass ab dem Folgenindex N alle weiteren Folgenglieder um höchstens ε vom Grenzwert a entfernt sind. Da ε beliebig klein gewählt werden kann, bedeutet dies, dass die Glieder ab dem Index N sehr nahe am Grenzwert liegen. Beachte allerdings, dass der Index N im Allgemeinen von ε abhängt: Für kleineres ε werden wir meistens einen größeren Index N wählen müssen, damit die Glieder näher am Grenzwert liegen.

Ist eine Folge konvergent, so erwarten wir, dass die Folgenglieder nicht beliebig groß werden können, denn die Glieder $a_N, a_{N+1}, a_{N+2}, \ldots$ sind ja in der Nähe von a oder, mathematischer ausgedrückt, $|a_n|$ ist höchstens so groß wie $|a| + \varepsilon$, falls $n \geq N$. Andererseits ist das größte aller Folgenglieder $a_1, \ldots, a_{N-1}$ eine obere Schranke für die ersten N Folgenglieder. Also ist die Folge beschränkt durch das Maximum dieser oberen Schranke und $|a| + \varepsilon$. Wir haben gezeigt: *Konvergente Folgen sind beschränkt.* Umgekehrt müssen beschränkte Folgen nicht unbedingt konvergent sein.

Beispiel 3.3
Wir haben oben bewiesen, dass die Folge $a_n = 1/n$ konvergent ist. Folglich ist sie auch beschränkt. Dies wissen wir allerdings bereits aus Abschnitt 3.1.1.
Die Folge $a_n = (-1)^n$ alterniert zwischen den beiden Zahlen -1 und 1 und ist damit beschränkt. Allerdings ist sie nicht konvergent, denn es gibt keine Zahl, für die alle Folgenglieder ab einem bestimmten Index in der Nähe dieser Zahl liegen.

Das Beispiel der Zahlenfolge $a_n = (-1)^n$ zeigt, dass beschränkte Folgen nicht notwendigerweise konvergent sind. Damit eine beschränkte Zahlenfolge konvergent ist, muss sie eine zusätzliche Eigenschaft besitzen. Es gilt nämlich das folgende Resultat:

Satz 3.1 Monotoniesatz:

Jede beschränkte und monotone Folge ist konvergent.

Unter „monoton" verstehen wir hier eine entweder monoton wachsende oder monoton fallende Folge. Auch für diesen Satz gilt die Umkehrung nicht: Konvergente Folgen sind zwar immer beschränkt, aber sie müssen nicht monoton sein. Die Zusammenhänge zwischen den Begriffen „Konvergenz", „Monotonie" und „Beschränktheit" haben wir in Abb. 3.3 veranschaulicht.

Beispiel 3.4

1. Die Zahlenfolge $a_n = 1/2^n$ ist streng monoton fallend. Die Glieder der Folge liegen im Intervall $[0, 1]$, d. h., die Folge ist beschränkt. Nach dem Monotoniesatz ist sie konvergent. Der Monotoniesatz gibt keine Auskunft über den Grenzwert, aber in diesem einfachen Fall können wir ihn erraten: $\lim_{n\to\infty}(1/2^n) = 0$.
2. Die rekursiv definierte Folge

$$a_{n+1} = \frac{1}{2}\left(a_n + \frac{2}{a_n}\right) , \quad a_1 = 1 , \tag{3.1}$$

   besitzt die Glieder $a_2 = 1,5$; $a_3 = 1,416666\ldots$; $a_4 = 1,414215\ldots$; $a_5 = 1,414213\ldots$ Die Glieder scheinen im Intervall $[0, 3/2]$ zu liegen und sind ab dem zweiten Index monoton fallend. Nach dem Monotoniesatz ist die Folge konvergent. Allerdings ist nicht klar, wie der Grenzwert genau lautet. Wir werden im nächsten Abschnitt zeigen, dass er gleich $\sqrt{2}$ ist.
3. Die Zahlenfolge $a_n = (-1)^n/n$ konvergiert für $n \to \infty$ gegen null, da die Glieder immer kleiner werden. Allerdings ist die Folge nicht monoton. Dies ist ein Beispiel einer konvergenten (und damit beschränkten), aber nicht monotonen Folge.

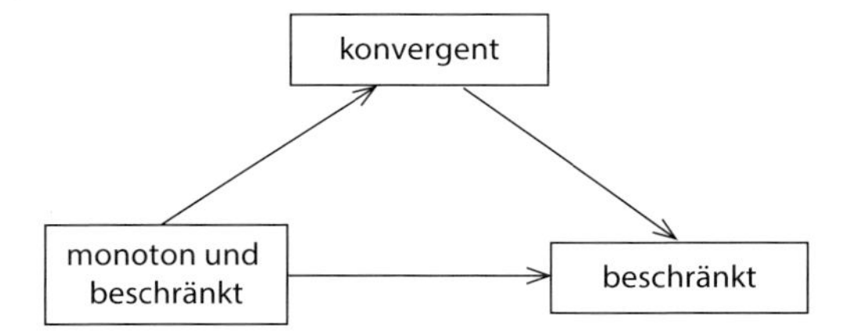

Abb. 3.3 Zusammenhang zwischen Konvergenz, Beschränktheit und Monotonie einer Zahlenfolge. Die Pfeile geben die gültigen Folgerungen an.

3.1.3
Das Rechnen mit Grenzwerten

Im Folgenden stellen wir einige Rechenregeln mit Grenzwerten vor, die auch *Grenzwertsatz* genannt werden.

Satz 3.2 Grenzwertsatz:

Wenn zwei beschränkte Folgen (a_n) und (b_n) konvergent sind, so konvergieren auch die Folge der Summen $(a_n + b_n)$, die der Produkte $(a_n \cdot b_n)$, die der Differenzen $(a_n - b_n)$ und, falls (b_n) mit $b_n \neq 0$ keine Nullfolge ist, die der Quotienten (a_n / b_n). Für die Grenzwerte der zusammengesetzten Folgen gilt:

$$\begin{aligned} \lim_{n\to\infty}(a_n + b_n) &= \lim_{n\to\infty} a_n + \lim_{n\to\infty} b_n \,, \\ \lim_{n\to\infty}(a_n - b_n) &= \lim_{n\to\infty} a_n - \lim_{n\to\infty} b_n \,, \\ \lim_{n\to\infty} a_n \cdot b_n &= \lim_{n\to\infty} a_n \cdot \lim_{n\to\infty} b_n \,, \\ \lim_{n\to\infty} \frac{a_n}{b_n} &= \frac{\lim_{n\to\infty} a_n}{\lim_{n\to\infty} b_n} \,, \quad \text{falls} \quad \lim_{n\to\infty} b_n \neq 0 \,. \end{aligned} \tag{3.2}$$

Bei der Durchführung einer arithmetischen Operation mit den einzelnen Gliedern zweier Folgen muss man also die gleiche Operation auch mit den Grenzwerten dieser Folgen durchführen.

Die genannten Regeln sind von Bedeutung für das Ausrechnen des Grenzwertes von komplizierteren mathematischen Ausdrücken. Man muss diese Ausdrücke so umformen, dass man sie als Summe, Differenz, Produkt oder Quotient von Folgen erhält, deren Grenzwerte bekannt sind. Anschließend bestimmt man den Grenzwert des gesamten Ausdruckes durch entsprechende arithmetische Operationen mit den Grenzwerten der einzelnen Teilausdrücke.

Beispiel 3.5

1. Als erstes Beispiel berechnen wir den Grenzwert der Zahlenfolge

$$a_n = \frac{n^2 - 1}{n^2 + n + 1} .$$

Zuerst formen wir den allgemeinen Ausdruck etwas um, indem wir Zähler und Nenner durch n^2 dividieren:

$$a_n = \frac{1 - \frac{1}{n^2}}{1 + \frac{1}{n} + \frac{1}{n^2}} .$$

Nun wenden wir bei der Berechnung von $\lim_{n\to\infty} a_n$ die Grenzwertsätze (3.2) an und erhalten

$$\lim_{n\to\infty} a_n = \lim_{n\to\infty} \frac{1 - \frac{1}{n^2}}{1 + \frac{1}{n} + \frac{1}{n^2}} = \frac{\lim_{n\to\infty}\left(1 - \frac{1}{n^2}\right)}{\lim_{n\to\infty}\left(1 + \frac{1}{n} + \frac{1}{n^2}\right)}$$

$$= \frac{\lim_{n\to\infty} 1 - \lim_{n\to\infty} \frac{1}{n^2}}{\lim_{n\to\infty} 1 + \lim_{n\to\infty} \frac{1}{n} + \lim_{n\to\infty} \frac{1}{n^2}} .$$

Da $\lim_{n\to\infty} 1 = 1$, $\lim_{n\to\infty} 1/n = 0$ und $\lim_{n\to\infty} 1/n^2 = 0$ ist, ergibt sich

$$\lim_{n\to\infty} a_n = \frac{1 - 0}{1 + 0 + 0} = 1 .$$

2. Als weiteres Beispiel bestimmen wir den Grenzwert der Folge

$$a_n = q^n .$$

Für $q > 1$ und $q < -1$ ist diese Folge, wie man sofort sieht, divergent, da die Potenzen q^n betragsmäßig immer größer werden. Für $q = 1$ lauten alle Folgenglieder $a_n = 1$, und die Folge ist somit konvergent. Für $q = -1$ stellt sie die oszillierende Folge $-1, +1, -1, +1, \ldots$ dar, die divergent ist. Es muss daher nur noch das Verhalten für $|q| < 1$ untersucht werden, d. h. für Werte von q, die zwischen -1 und 1 liegen. Wir nehmen zuerst an, q sei positiv. Wir setzen dann $q = 1/(1 + x)$ für ein $x > 0$ (diese Darstellung ist stets möglich) und erhalten mithilfe der Bernoulli-Ungleichung (1.2), derzufolge $(1+x)^n > 1+nx$ ist,

$$q^n = \frac{1}{(1 + x)^n} < \frac{1}{1 + nx} .$$

Daraus folgt

$$\lim_{n\to\infty} q^n \le \lim_{n\to\infty} \frac{1}{1 + nx} = \lim_{n\to\infty} \frac{\frac{1}{n}}{\frac{1}{n} + x} = \frac{\lim_{n\to\infty} \frac{1}{n}}{\lim_{n\to\infty}\left(\frac{1}{n} + x\right)} = \frac{0}{0 + x} = 0 .$$

Da der zu berechnende Grenzwert $\lim_{n\to\infty} q^n$ voraussetzungsgemäß gleich oder größer als null sein soll und andererseits wegen der obigen Ungleichung gleich oder kleiner als null sein muss, ist er gleich null.
Wir betrachten nun den Fall, dass q negativ ist. Die Folgenglieder haben dann die gleichen absoluten Werte wie bei entsprechenden positiven Werten von q, die Vorzeichen oszillieren jedoch. Wenn aber die Folge mit ausschließlich positiven Vorzeichen gegen null konvergiert, so tut sie das auch bei oszillierenden Vorzeichen. Es gilt somit:

$$\lim_{n\to\infty} q^n = 0 \quad \text{für alle} \quad |q| < 1 \,. \tag{3.3}$$

3. Die Folge $a_n = \sqrt[n]{2} = 2^{1/n}$ ist monoton fallend und durch null nach unten beschränkt. Nach dem Monotoniesatz aus Abschnitt 3.1.2 ist sie also konvergent. Einige Folgenglieder sind $a_1 = 2$, $a_{10} = 1{,}0718\ldots$, $a_{100} = 1{,}0070\ldots$; dies lässt vermuten, dass der Grenzwert eins lautet. Dies kann auch bewiesen werden. Eine ähnliche Aussage gilt übrigens auch für die Folgen $a_n = \sqrt[n]{b}$, wobei b eine beliebige positive Zahl ist, und $a_n = \sqrt[n]{n}$. Es gilt also:

$$\lim_{n\to\infty} \sqrt[n]{n} = 1 \,, \qquad \lim_{n\to\infty} \sqrt[n]{b} = 1 \quad \text{für alle} \quad b > 0 \,. \tag{3.4}$$

4. Als letztes Beispiel betrachten wir die Folge $a_n = (1 + 1/n)^n$. Man könnte zunächst denken, dass die Folge gegen eins konvergiert, da $\lim_{n\to\infty}(1+1/n) = 1$. Allerdings erlauben die obigen Grenzwertsätze nicht, den Grenzwert mit der Potenz zu vertauschen. Einige Folgenglieder lauten:

$$a_1 = 1 \,, \quad a_2 = 2{,}25 \,, \quad a_{10} = 2{,}5937\ldots \,, \quad a_{100} = 2{,}7048\ldots \,,$$
$$a_{1000} = 2{,}7179\ldots$$

Die Folge ist insbesondere monoton wachsend. Es ist möglich zu zeigen, dass die Folgenglieder beschränkt sind (z. B. $a_n \leq 3$ für alle $n \in \mathbb{N}$). Nach dem Monotoniesatz aus Abschnitt 3.1.2 ist also (a_n) konvergent. Man kann nachweisen, dass der Grenzwert

$$\lim_{n\to\infty} \left(1 + \frac{1}{n}\right)^n = 2{,}718\,281\,828\,459\ldots \tag{3.5}$$

lautet und nennt ihn die *Euler'sche Zahl* e.

Mithilfe der Grenzwertsätze kann auch der Grenzwert rekursiver Folgen berechnet werden. Im vorherigen Abschnitt hatten wir bereits die Vermutung aufgestellt, dass die Folge (3.1) gegen $\sqrt{2}$ konvergiert. Sei a der Grenzwert der Folge (a_n). Wenden wir den Grenzwert $n \to \infty$ auf beiden Seiten von (3.1) an, so erhalten wir wegen $\lim_{n\to\infty} a_{n+1} = \lim_{n\to\infty} a_n = a$:

$$a = \frac{1}{2}\left(a + \frac{2}{a}\right) \,.$$

Wir multiplizieren diese Gleichung mit $2a$ und erhalten $2a^2 = a^2 + 2$ oder $a^2 = 2$ und damit $a = \sqrt{2}$ (die zweite Wurzel $a = -\sqrt{2}$ können wir ausschließen, da alle Folgenglieder und damit auch der Grenzwert nicht negativ sind).

Wenden wir diese Vorgehensweise auf die Folge

$$a_{n+1} = \frac{1}{4} + a_n^2 \,, \quad a_1 = 1 \,,$$

an, so folgt nach Durchführung des Grenzwertes $n \to \infty$ die quadratische Gleichung $a = 1/4 + a^2$ und mit der entsprechenden Lösungsformel $a = 1/2$. Diesem Ergebnis zufolge konvergiert die Folge (a_n) gegen den Wert $1/2$. Die ersten Folgenglieder lauten jedoch:

$$a_1 = 1 \,, \quad a_2 = \frac{5}{4} \,, \quad a_3 = \frac{29}{16} \,, \quad a_4 = \frac{905}{256} \,;$$

sie sind alle größer als eins. Man kann zeigen, dass diese Eigenschaft für alle Folgenglieder gilt. Dann sollte der Grenzwert a ebenfalls eine Zahl größer als eins sein. Wir haben jedoch herausgefunden, dass $a = 1/2 < 1$. Was ist schiefgegangen? Die Folge (a_n) wächst über alle Maßen; sie ist also divergent. Die Grenzwertsätze können folglich nicht angewendet werden, und die obige Rechnung ist sinnlos. Dieses Beispiel zeigt, dass vor der Anwendung der Grenzwertsätze überprüft werden muss, ob die entsprechenden Folgen überhaupt konvergieren.

Fragen und Aufgaben

Aufgabe 3.1 Nenne ein Beispiel für eine streng monoton wachsende Folge, die (i) unbeschränkt ist, (ii) die obere Schranke 5 besitzt.

Aufgabe 3.2 Bestimme eine untere Schranke für die Folge $a_n = 2 + 1/n$ $(n \in \mathbb{N})$.

Aufgabe 3.3 Kann eine Folge mehrere Grenzwerte haben?

Aufgabe 3.4 Ist eine beschränkte und monoton wachsende Folge konvergent?

Aufgabe 3.5 Ist eine konvergente Folge auch beschränkt?

Aufgabe 3.6 Bestimme den jeweiligen Grenzwert der folgenden Folgen (falls existent): (i) $a_n = (n^3+2n-1)/(2n^3+n^2+1)$; (ii) $a_n = (2n)^n/n^{2n}$; (iii) $a_n = (n/(n+1))^n$ $(n \in \mathbb{N})$.

Aufgabe 3.7 Bestimme den Grenzwert der rekursiv definierten Folge $a_{n+1} = 1 + 1/a_n$ $(n \in \mathbb{N})$, $a_1 = 1$. Es kann vorausgesetzt werden, dass (a_n) konvergent ist.

3.2
Unendliche Reihen

3.2.1
Definitionen und Beispiele

Als unendliche Reihe bezeichnet man eine Summe aus unendlich vielen Summanden, also einen Ausdruck der Form

$$\sum_{i=1}^{\infty} u_i = u_1 + u_2 + u_3 + u_4 + \cdots$$

Der obere Index ∞ beim Summenzeichen besagt entsprechend der früher gegebenen Definition, dass der Index i bei einer Summation über alle Grenzen wachsen soll. Die Zahl u_i nennt man das *allgemeine Glied* der Reihe.

Welchen Summenwert kann man einer unendlichen Reihe zuordnen? Aufgrund der bisher eingeführten Rechenregeln können nur endlich viele Summanden addiert werden. Bei einer unendlichen Reihe kann man aber nun die folgenden Definitionen vornehmen: Man lässt die Anzahl der Summanden allmählich größer werden. Wenn die Summe dabei einem bestimmten Grenzwert S zustrebt, so ordnet man diesen Grenzwert der Reihe zu und nennt die Reihe konvergent. Erhält man dagegen keinen Grenzwert, so spricht man von einer divergenten Reihe.

Diese Übereinkunft lässt sich wie folgt in Form von Gleichungen ausdrücken:
Man bildet die einzelnen Teilsummen

$$\begin{aligned}
s_1 &= u_1 ,\\
s_2 &= u_1 + u_2 ,\\
s_3 &= u_1 + u_2 + u_3 ,\\
&\vdots\\
s_n &= u_1 + u_2 + u_3 + \cdots + u_n
\end{aligned}$$

und betrachtet die Folge dieser Teilsummen, also die Folge der Zahlen s_1, s_2, s_3, ... Wenn diese Folge gegen einen Grenzwert S konvergiert, so bezeichnet man die Reihe als konvergent und schreibt

$$S = u_1 + u_2 + u_3 + \cdots = \sum_{i=1}^{\infty} u_i \ .$$

Ist dagegen die Folge der Teilsummen divergent, so sagt man, dass die Reihe divergiert. Damit ist die Untersuchung der unendlichen Reihen auf die der unendlichen Folgen zurückgeführt.

Beispiel 3.6
Wir erläutern die gegebenen Definitionen anhand einiger Beispiele. Als Erstes betrachten wir die unendliche Reihe

$$\sum_{i=0}^{\infty}\left(\frac{1}{2}\right)^i = 1+\frac{1}{2}+\left(\frac{1}{2}\right)^2+\left(\frac{1}{2}\right)^3+\left(\frac{1}{2}\right)^4+\cdots \tag{3.6}$$

Die einzelnen Teilsummen dieser Reihe lauten, wie man leicht nachrechnen kann, $s_1 = 1$; $s_2 = 1{,}5$; $s_3 = 1{,}75$; $s_4 = 1{,}875$; $s_5 = 1{,}9375$; $s_6 = 1{,}968\,75$ usw. Wenn man die Folge dieser Teilsummen betrachtet, so hat man den Eindruck, dass sie gegen einen Grenzwert konvergiert, der in der Nähe der Zahl Zwei liegt. Wir wollen nachweisen, dass das wirklich der Fall ist.
Betrachten wir den etwas allgemeineren Fall der Reihe

$$\sum_{i=0}^{\infty} q^i = 1+q+q^2+q^3+\cdots\ , \tag{3.7}$$

die *geometrische Reihe* genannt wird und die in die obige Reihe übergeht, wenn wir $q = 1/2$ setzen. Wir fragen, für welche Werte von q diese Reihe konvergiert. Die Teilsummen s_n sind für diese Reihe durch

$$s_n = \sum_{i=0}^{n} q^i$$

gegeben. Um zu sehen, ob die Folge (s_n) konvergiert, wenden wir einen Kunstgriff an. Wir bilden

$$\begin{aligned} s_n - qs_n = \sum_{i=0}^{n} q^i - \sum_{i=0}^{n} q^{i+1} &= q^0+q^1+\cdots+q^n-(q^1+q^2+\cdots+q^n+q^{n+1}) \\ &= 1-q^{n+1}\ . \end{aligned}$$

Anschließend klammern wir auf der linken Seite s_n aus, sodass in der Klammer $1-q$ übrig bleibt, und bringen diesen Ausdruck auf die rechte Seite. Die obige Gleichung geht dann über in:

$$s_n = \frac{1-q^{n+1}}{1-q} = \frac{1}{1-q} - \frac{q^{n+1}}{1-q}\ .$$

Wenn wir n gegen unendlich gehen lassen und dabei die Rechenregeln aus Abschnitt 3.1.3 beachten, so erhalten wir:

$$\lim_{n\to\infty} s_n = \frac{1}{1-q} - \frac{\lim_{n\to\infty} q^{n+1}}{1-q}\ .$$

Für $|q| > 1$ wächst die Folge (q^n) über alle Grenzen, und die Reihe ist divergent. Ist dagegen $|q|$ kleiner als 1, so ist gemäß (3.3) $\lim_{n\to\infty} q^n = 0$, und die Reihe konvergiert gegen $1/(1-q)$. Wir können also schreiben:

$$S = \sum_{i=0}^{\infty} q^i = \frac{1}{1-q} \quad \text{für alle} \quad |q| < 1\ . \tag{3.8}$$

Für die eingangs betrachtete spezielle Reihe (3.6), bei der $q = 1/2$ ist, erhält man mit dieser Gleichung den Summenwert 2. Durch einen Vergleich mit den oben ausgerechneten Teilsummen sieht man, dass der Summenwert 2 durch diese bereits sehr gut angenähert wird.
Des Weiteren betrachten wir noch die Reihe

$$\sum_{i=1}^{\infty} \frac{1}{i} = 1 + \frac{1}{2} + \frac{1}{3} + \frac{1}{4} + \frac{1}{5} + \cdots \; . \tag{3.9}$$

Diese Reihe, die man als *harmonische Reihe* bezeichnet, konvergiert *nicht*. Der Nachweis dafür lässt sich wie folgt erbringen: Wir fassen jeweils diejenigen Glieder ins Auge, deren Nenner eine Potenz von 2 ist, also die Glieder $1/2$, $1/4$, $1/8$, $1/16$ usw., und ersetzen nun die Summanden, die zwischen diesen Gliedern liegen, jeweils durch das nächstfolgende Potenzglied. Es wird also $1/3$ durch $1/4$ ersetzt, dann $1/5$, $1/6$ und $1/7$ jeweils durch $1/8$ usw. Um diese Änderungen zu verdeutlichen, schreiben wir im Folgenden die Reihe (3.9) und die neu entstandene Reihe untereinander:

$$\begin{array}{c}
1 + \frac{1}{2} + \frac{1}{3} + \frac{1}{4} + \frac{1}{5} + \frac{1}{6} + \frac{1}{7} + \frac{1}{8} + \frac{1}{9} + \frac{1}{10} + \frac{1}{11} + \frac{1}{12} + \frac{1}{13} + \frac{1}{14} + \frac{1}{15} + \frac{1}{16} + \frac{1}{17} + \cdots \\
\updownarrow \quad \updownarrow \quad \updownarrow \quad \updownarrow \quad \updownarrow \quad \updownarrow \quad \updownarrow \quad \updownarrow \quad \updownarrow \quad \updownarrow \quad \updownarrow \quad \updownarrow \quad \updownarrow \quad \updownarrow \quad \updownarrow \quad \updownarrow \quad \updownarrow \\
1 + \frac{1}{2} + \frac{1}{4} + \frac{1}{4} + \frac{1}{8} + \frac{1}{8} + \frac{1}{8} + \frac{1}{8} + \frac{1}{16} + \frac{1}{16} + \frac{1}{16} + \frac{1}{16} + \frac{1}{16} + \frac{1}{16} + \frac{1}{16} + \frac{1}{16} + \frac{1}{32} + \cdots
\end{array} \tag{3.10}$$

Wir sehen, dass die Summanden der harmonischen Reihe entweder größer sind als die der neu entstandenen Reihe oder bestenfalls gleich groß. Wir zeigen nun, dass die neue Reihe divergiert, und schließen daraus, dass die harmonische Reihe, bei der keines der Glieder kleiner ist als bei der neuen Reihe, auch divergent sein muss. Die Divergenz der neuen Reihe kann man dadurch erkennen, dass man in ihr die Glieder mit jeweils gleichem Nenner zusammenfasst. Man erhält dann:

$$1 + \frac{1}{2} + 2 \cdot \frac{1}{4} + 4 \cdot \frac{1}{8} + 8 \cdot \frac{1}{16} + \cdots + 2^{i-1} \frac{1}{2^i} + \cdots \; .$$

Dass in dieser Gleichung allgemein der Faktor 2^{i-1} vor dem Glied $1/2^i$ steht, ergibt sich dadurch, dass es zwischen den Summanden $1/2^{i-1}$ und $1/2^i$ genau $2^i - 2^{i-1} = 2^{i-1} \cdot (2-1) = 2^{i-1}$ Glieder gibt, die ersetzt werden müssen. Wenn wir in dieser Gleichung die Faktoren ausmultiplizieren, so erhalten wir für jeden Summanden den Wert $1/2$. Da wir dann aber unendlich oft den Wert $1/2$ addieren, muss die obige Reihe divergieren. Damit divergiert dann auch die Reihe (3.9).

Bei den Reihen müssen nicht alle Glieder das positive Vorzeichen haben. Wenn nun insbesondere das Vorzeichen von Folgenglied zu Folgenglied wechselt, so spricht man von einer *alternierenden Reihe*. Ein Beispiel hierfür ist die Reihe

$$\sum_{n=1}^{\infty} (-1)^{n+1} \frac{1}{n} = 1 - \frac{1}{2} + \frac{1}{3} - \frac{1}{4} + \frac{1}{5} - \frac{1}{6} \pm \cdots \; . \tag{3.11}$$

Es gilt der folgende wichtige Satz: *Die Konvergenz einer Reihe aus lauter positiven Gliedern bleibt erhalten, wenn man die Vorzeichen der Glieder beliebig verändert*. Durch solche Veränderungen kann man nämlich die Teilsummen höchstens verkleinern. Hat man dagegen umgekehrt eine konvergente Reihe $\sum_i u_i$ aus Gliedern mit verschiedenen Vorzeichen und bildet daraus die entsprechende Reihe aus den absoluten Gliedern $\sum_i |u_i|$, so muss diese Reihe nicht konvergent sein. In Sonderfällen, in denen auch $\sum_i |u_i|$ konvergent ist, sagt man, dass $\sum_i u_i$ *absolut konvergent* sei. Eine absolut konvergente Reihe ist also auch konvergent, aber nicht umgekehrt.

Beispiel 3.7
Betrachten wir als Beispiel die durch (3.11) gegebene Reihe mit alternierenden Vorzeichen. Man kann zeigen, dass diese Reihe konvergent ist (siehe den folgenden Abschnitt). Die entsprechende Reihe aus den absoluten Gliedern, nämlich die harmonische Reihe (3.9), divergiert, wie wir oben gezeigt haben. Die durch (3.11) gegebene Reihe ist daher zwar konvergent, aber nicht absolut konvergent.

3.2.2 Konvergenzkriterien

Wir stellen im Folgenden einige einfache Kriterien vor, mit deren Hilfe auf die Konvergenz oder Divergenz einer unendlichen Reihe geschlossen werden kann.

Notwendiges Kriterium *Bei einer konvergenten Reihe $\sum_i u_i$ müssen die einzelnen Summanden u_n gegen null streben.* Diese Bedingung ist nur notwendig und nicht hinreichend für die Konvergenz. Allein aus der Tatsache, dass (u_n) gegen null strebt, folgt im Allgemeinen noch nicht die Konvergenz der Reihe. Ein Beispiel ist die harmonische Reihe (3.9). Die Folge $(1/n)$ konvergiert zwar gegen null, aber die Summe $\sum_i 1/i$ ist divergent.

Beispiel 3.8
Wir wissen bereits, dass die geometrische Folge $\sum_n q^n$ für alle $|q| < 1$ konvergent ist. Nach dem obigen Kriterium folgt daraus automatisch, dass die Folge (q^n) eine Nullfolge ist. Dies haben wir in (3.3) auf eine andere Weise eingesehen.

Ein sehr einfach anzuwendendes Kriterium, das jedoch nur für alternierende Reihen gilt, ist das Konvergenzkriterium von Leibniz.

Konvergenzkriterium von Leibniz *Eine alternierende Reihe $\sum_i (-1)^i a_i$ ist konvergent, wenn die Folge (a_n) monoton fallend ist und $\lim_{n\to\infty} a_n = 0$ gilt.*

Beispiel 3.9
Als Beispiel betrachten wir die durch (3.11) gegebene Reihe. Da die Folge $(1/n)$ gegen null strebt, monoton fallend ist und die Folge $(-1)^n(1/n)$ das Vorzeichen alterniert, konvergiert diese Reihe. Auch die Reihe $\sum_i (-1)^i(1/\sqrt{i})$ ist konvergent,

da die entsprechende Folge alterniert und die Folge $(1/\sqrt{n})$ eine monoton fallende Nullfolge ist.

Eine weitere häufig verwendete Methode zur Bestimmung der Konvergenz einer Reihe beruht auf einem Vergleich der gegebenen Reihe mit einer zweiten Reihe, deren Konvergenzeigenschaften bekannt sind. Wir bezeichnen die gegebene Reihe mit $\sum_i u_i$ und die Vergleichsreihe mit $\sum_i v_i$. Wenn nun für alle Indizes i die Ungleichung $|u_i| \leq v_i$ gilt, so bezeichnet man die Reihe $\sum_i v_i$ als *Majorante* der Reihe $\sum_i u_i$. Gilt dagegen für alle i, dass $|u_i| \geq v_i$ und $v_i \geq 0$, so nennt man $\sum_i v_i$ eine *Minorante* der Reihe $\sum_i u_i$. Es gelten nun die folgenden hinreichenden Bedingungen.

Majoranten- bzw. Minorantenkriterium *Wenn sich zu einer Reihe $\sum_i u_i$ eine konvergente Majorante finden lässt, so ist die gegebene Reihe absolut konvergent. Wenn man andererseits zu einer Reihe aus lauter positiven Gliedern eine divergente Minorante findet, so ist die Reihe divergent.* Durch eine derartige Betrachtung haben wir bereits die Divergenz der harmonischen Reihe (3.9) bewiesen.

Von besonderem praktischen Wert sind schließlich noch die beiden folgenden Kriterien.

Quotientenkriterium *Gilt für eine Reihe $\sum_i u_i$*

$$\lim_{n\to\infty} \left| \frac{u_{n+1}}{u_n} \right| = k \,, \tag{3.12}$$

so ist die Reihe konvergent, falls $k < 1$, und divergent, falls $k > 1$. Für $k = 1$ kann man keine Aussage machen.

Wurzelkriterium *Gilt für eine Reihe $\sum_i u_i$*

$$\lim_{n\to\infty} \sqrt[n]{|u_n|} = k \,, \tag{3.13}$$

so ist die Reihe konvergent, falls $k < 1$, und divergent, falls $k > 1$. Für $k = 1$ kann man wiederum keine Aussage machen.

Welches der beiden Kriterien man in einem konkreten Fall anwendet, hängt davon ab, welchen Grenzwert man leichter berechnen kann. Besonders betonen wollen wir, dass man in gewissen Fällen, z. B. wenn der Grenzwert k gleich eins ist, *keine Auskunft* über die Konvergenz erhält. Ist das bei Anwendung einer der beiden Kriterien der Fall, so empfiehlt es sich, das andere Kriterium zu versuchen.

Beispiel 3.10

1. Als erstes Beispiel betrachten wir die Reihe

$$\sum_{n=0}^{\infty} \frac{q^n}{n!} = 1 + q + \frac{q^2}{2!} + \frac{q^3}{3!} + \cdots \,.$$

Wir versuchen, das Konvergenzverhalten mithilfe des Quotientenkriteriums zu bestimmen. Der Grenzwert $\lim_{n\to\infty} |u_{n+1}/u_n|$ existiert. Er ist für alle reellen Werte von q gegeben durch

$$\lim_{n\to\infty}\left|\frac{u_{n+1}}{u_n}\right| = \lim_{n\to\infty}\left|\frac{q^{n+1}n!}{(n+1)!q^n}\right| = \lim_{n\to\infty}\left|\frac{q}{n+1}\right| = 0\,.$$

Da der berechnete Grenzwert kleiner als eins ist, konvergiert die Reihe für alle $q \in \mathbb{R}$.

2. Als zweites Beispiel untersuchen wir die Folge

$$\sum_{n=1}^{\infty}\frac{n!}{n^n} = 1 + \frac{1}{2} + \frac{2}{9} + \frac{6}{64} + \frac{24}{625} + \cdots$$

auf Konvergenz oder Divergenz. Wir wenden das Quotientenkriterium auf die Folge $u_n = n!/n^n$ an:

$$\begin{aligned}\lim_{n\to\infty}\left|\frac{u_{n+1}}{u_n}\right| &= \lim_{n\to\infty}\frac{(n+1)!n^n}{(n+1)^{n+1}n!} = \lim_{n\to\infty}\frac{(n+1)n!n^n}{(n+1)(n+1)^n n!} = \lim_{n\to\infty}\frac{n^n}{(n+1)^n}\\ &= \lim_{n\to\infty}\frac{1}{(1+1/n)^n} = \frac{1}{\lim_{n\to\infty}(1+1/n)^n} = \frac{1}{\mathrm{e}}\,,\end{aligned}$$

wobei e die in (3.5) definierte Euler'sche Zahl ist. Wegen $1/\mathrm{e} = 1/2{,}718\,281\,8\ldots < 1$ ist die obige Reihe folglich konvergent.

3. Des Weiteren betrachten wir noch die Reihe

$$\sum_{n=0}^{\infty}\frac{1}{2}(3-(-1)^n)q^n = 1 + 2q + q^2 + 2q^3 + q^4 + 2q^5 + q^6 + \cdots$$

Für welche Werte von $q \neq 0$ konvergiert diese Reihe? Wir wenden zunächst das Quotientenkriterium an. Für geradzahlige Werte von n gilt:

$$\lim_{n\to\infty,\ n\ \text{gerade}}\left|\frac{u_{n+1}}{u_n}\right| = \lim_{n\to\infty,\ n\ \text{gerade}}\left|\frac{2q^{n+1}}{q^n}\right| = 2|q|\,.$$

Für ungeradzahlige Werte von n ergibt sich dagegen:

$$\lim_{n\to\infty,\ n\ \text{ungerade}}\left|\frac{u_{n+1}}{u_n}\right| = \lim_{n\to\infty,\ n\ \text{ungerade}}\left|\frac{q^{n+1}}{2q^n}\right| = \frac{|q|}{2}\,.$$

Die Folge $(|u_{n+1}/u_n|)$ besitzt also keinen Grenzwert, sodass wir das Quotientenkriterium nicht anwenden können.

Wir versuchen als nächstes, ob man mithilfe des Wurzelkriteriums zu einer Aussage kommt. Der Grenzwert $\lim_{n\to\infty}\sqrt[n]{|u_n|}$ existiert, denn man erhält für geradzahlige Werte von n

$$\lim_{n\to\infty,\ n\ \text{gerade}}\sqrt[n]{|u_n|} = \lim_{n\to\infty,\ n\ \text{gerade}}\sqrt[n]{|q|^n} = |q|$$

und für ungeradzahlige Werte von n

$$\lim_{n\to\infty,\ n\ \text{ungerade}} \sqrt[n]{|u_n|} = \lim_{n\to\infty,\ n\ \text{ungerade}} \sqrt[n]{2|q|^n}$$
$$= |q| \lim_{n\to\infty,\ n\ \text{ungerade}} \sqrt[n]{2} = |q| ,$$

also den gleichen Wert. Hierbei haben wir die Konvergenz (3.4) verwendet. Wir können daraus schließen, dass die Reihe für $|q| < 1$ konvergiert und für $|q| > 1$ divergiert.

3.2.3
Das Rechnen mit unendlichen Reihen

Rechenregeln für Summen aus endlich vielen Summanden wurden in Abschnitt 1.4 abgeleitet. Nicht alle dieser Regeln lassen sich unverändert auf unendliche Reihen übertragen.

Als Beispiel betrachten wir die unendliche Reihe $\sum_{i=0}^{\infty}(-1)^i = 1 - 1 + 1 - 1 + 1 - 1 \pm \cdots$. Wir bezeichnen ihren Summenwert mit S. Schreiben wir

$$S = 1 - 1 + 1 - 1 + 1 - 1 \pm \cdots = 1 - (1 - 1 + 1 - 1 + 1 \mp \cdots) = 1 - S ,$$

so folgt $2S = 1$ oder $S = 1/2$. Andererseits können wir die Summe auch wie folgt formulieren:

$$S = (1 - 1) + (1 - 1) + (1 - 1) + \cdots = 0 + 0 + 0 + \cdots = 0 .$$

Welcher der beiden Werte $S = 1/2$ bzw. $S = 0$ ist der richtige? Die Antwort lautet: Keiner der beiden, denn die obige unendliche Reihe ist nicht konvergent. Dies können wir beispielsweise einsehen, indem wir die Teilsummen untersuchen:

$$s_1 = 1 , \quad s_2 = 1 - 1 = 0 , \quad s_3 = 1 - 1 + 1 = 1 , \quad s_4 = 1 - 1 + 1 - 1 = 0 .$$

Die Teilsummen alternieren zwischen den Werten 1 und 0; die Folge der Teilsummen ist folglich divergent. Insbesondere gilt: *Bei einer konvergenten Reihe darf man die Glieder beliebig durch Klammern zusammenfassen, ohne den Summenwert zu verändern; das Weglassen von Klammern ist dagegen nur dann zulässig, wenn die dadurch entstehende Reihe konvergiert. Eine Vertauschung der Reihenfolge der Glieder ist im Allgemeinen nicht gestattet. Nur wenn die Reihe absolut konvergent ist, ist ihr Summenwert unabhängig von der Reihenfolge der Glieder.* Hängt der Summenwert von der Reihenfolge der Glieder nicht ab, so nennt man die Reihe *unbedingt konvergent*, im anderen Fall spricht man dagegen von *bedingter Konvergenz*. Aufgrund der obigen Aussage ist „absolut konvergent" gleichbedeutend mit „unbedingt konvergent" und „nicht absolut konvergent" gleichbedeutend mit „bedingt konvergent".

Beispiel 3.11
Die Nichtvertauschbarkeit der Summanden bei einer Reihe, die nicht absolut konvergent ist, soll am Beispiel der Reihe

$$S = \sum_{n=0}^{\infty} (-1)^n \frac{1}{n+1} = 1 - \frac{1}{2} + \frac{1}{3} - \frac{1}{4} + \frac{1}{5} - \frac{1}{6} + \frac{1}{7} - \frac{1}{8} + \frac{1}{9} \mp \cdots \quad (3.14)$$

gezeigt werden. Diese Reihe ist aufgrund des Kriteriums von Leibniz konvergent. Ihren Summenwert bezeichnen wir mit S. Sie ist aber nicht absolut konvergent, da bei lauter positiven Vorzeichen daraus die harmonische Reihe (3.9) entsteht, die, wie gezeigt wurde, divergiert. Wir stellen nun die Summanden der obigen Reihe so um, dass immer zwei positive Glieder auf je ein negatives Glied folgen und erhalten

$$1 + \frac{1}{3} - \frac{1}{2} + \frac{1}{5} + \frac{1}{7} - \frac{1}{4} + \frac{1}{9} \mp \cdots . \quad (3.15)$$

Da die Reihe unendlich viele Glieder hat, treten in der neuen Reihe genau die gleichen Summanden wie in der alten auf, nur in einer anderen Reihenfolge. Wir behaupten nun, dass der Summenwert der umgeordneten Reihe $3S/2$ beträgt, also von S verschieden ist. Um das zu beweisen, multiplizieren wir zunächst die Reihe (3.14) mit $1/2$ und erhalten

$$\frac{S}{2} = \frac{1}{2} - \frac{1}{4} + \frac{1}{6} - \frac{1}{8} + \frac{1}{10} - \frac{1}{12} + \frac{1}{14} - \frac{1}{16} + \frac{1}{18} \mp \cdots .$$

Wenn wir nun diese Reihe zur Reihe (3.14) addieren, so erhalten wir auf der linken Seite $3S/2$ und, entsprechend unserer Behauptung, auf der rechten Seite genau die Reihe (3.15).

Als Nächstes führen wir noch einige Gesetze über Addition und Multiplikation von Reihen an.

Satz 3.3

1. Wenn man die Glieder einer konvergenten Reihe $\sum_i u_i$ mit einer Konstanten c multipliziert, so vergrößert sich auch der Summenwert um den Faktor c

$$\sum_{i=1}^{\infty} c u_i = c \cdot \sum_{i=1}^{\infty} u_i .$$

2. Sind $\sum_i u_i$ und $\sum_i v_i$ zwei konvergente Reihen, so konvergiert auch die durch gliedweise Addition entstandene Reihe $\sum_i (u_i + v_i)$, und es gilt:

$$\sum_{i=1}^{\infty} (u_i + v_i) = \sum_{i=1}^{\infty} u_i + \sum_{i=1}^{\infty} v_i .$$

3. Zwei Reihen, die absolut konvergent sind, kann man gliedweise multiplizieren, wie man das bei Summen aus endlich vielen Summanden macht:

$$\sum_{i=1}^{\infty} u_i \cdot \sum_{i=1}^{\infty} v_i = \sum_{i=1}^{\infty} \sum_{j=1}^{\infty} u_i v_j \,.$$

Sind die Reihen nicht absolut konvergent, so ist die gliedweise Multiplikation nicht gestattet.

3.2.4
Potenzreihen

Von besonderem Interesse in der Mathematik sind die Reihen, die die Form

$$\sum_{i=1}^{\infty} a_i x^i = a_0 + a_1 x + a_2 x^2 + a_3 x^3 + \cdots$$

besitzen, wobei die Koeffizienten a_i beliebige gegebene reelle Zahlen sind und x eine reelle Zahl darstellt. Eine solche Reihe bezeichnet man als *Potenzreihe*. Man fragt sich, wie man aus den vorgegebenen Koeffizienten a_i diejenigen x-Werte bestimmt, für die diese Reihe absolut konvergiert.

Es ist unmittelbar zu erkennen, dass bei absoluter Konvergenz der Reihe für einen bestimmten x-Wert, den wir mit x_0 bezeichnen wollen, die Reihe auch für alle jene x-Werte absolut konvergiert, die der Bedingung $|x| < |x_0|$ genügen. Wenn man nämlich den Betrag von x verkleinert, vermindert man die einzelnen Glieder, sodass eine Reihe entsteht, die eine absolut konvergente Majorante besitzt. Divergiert die Reihe andererseits für einen bestimmten Wert von x, so gilt das auch für alle dem Betrag nach größeren Werte. Man kann daher zu jeder Potenzreihe eine positive Zahl r angeben, sodass die Reihe für $|x| < r$ konvergiert und für $|x| > r$ divergiert. Diese Zahl r nennt man den *Konvergenzradius* der Reihe.

Den Konvergenzradius einer Reihe kann man mithilfe des Wurzelkriteriums bestimmen. Wir nehmen zunächst an, dass die Folge $\sqrt[n]{|a_n|}$ einen Grenzwert besitzt, den wir mit A bezeichnen, sodass gilt:

$$\lim_{n\to\infty} \sqrt[n]{|a_n|} = A \,.$$

Nach dem Wurzelkriterium aus Abschnitt 3.2.2 ist die Reihe dann absolut konvergent, wenn gilt

$$\lim_{n\to\infty} \sqrt[n]{|a_n x^n|} = \lim_{n\to\infty} \sqrt[n]{|a_n|}|x| = A|x| < 1 \,,$$

und divergent, wenn

$$\lim_{n\to\infty} \sqrt[n]{|a_n x^n|} = \lim_{n\to\infty} \sqrt[n]{|a_n|}|x| = A|x| > 1 \, .$$

Daraus folgt, dass der Konvergenzradius gegeben ist durch

$$r = \frac{1}{A} = \frac{1}{\lim_{n\to\infty} \sqrt[n]{|a_n|}} \, .$$

Wenn der Grenzwert A gleich unendlich ist, so schrumpft der Konvergenzradius auf null zusammen. Ist dagegen $A = 0$, so ist der Konvergenzradius unendlich.

In ähnlicher Weise wie mit dem Wurzelkriterium kann man den Konvergenzradius auch mithilfe des Quotientenkriteriums bestimmen. Existiert der Grenzwert $\lim_{n\to\infty} |a_{n+1}/a_n|$, so gilt:

$$r = \frac{1}{\lim_{n\to\infty} |a_{n+1}/a_n|} \, .$$

Beispiel 3.12
Ein Beispiel für eine Potenzreihe ist die durch (3.7) gegebene geometrische Reihe, die wir jetzt in der Form $\sum_i x^i = 1 + x + x^2 + x^3 + \cdots$ schreiben. Die einzelnen Koeffizienten a_n sind alle gleich eins, $\lim_{n\to\infty} \sqrt[n]{|a_n|}$ ist daher ebenfalls gleich eins, und wir erhalten für den Konvergenzradius $r = 1$ in Übereinstimmung mit dem bereits früher auf andere Art erhaltenen Ergebnis.

Fragen und Aufgaben

Aufgabe 3.8 Welcher Zusammenhang besteht zwischen Folgen und Reihen?

Aufgabe 3.9 Was kann man mithilfe eines hinreichenden Konvergenzkriteriums feststellen, was mithilfe eines notwendigen?

Aufgabe 3.10 Welche Schlüsse kann man aus der Tatsache ziehen, dass die Glieder einer Reihe (i) gegen null streben, (ii) nicht gegen null streben?

Aufgabe 3.11 Was versteht man unter absoluter Konvergenz einer Reihe?

Aufgabe 3.12 In welchen Fällen darf man die Reihenfolge der Glieder einer unendlichen Reihe vertauschen?

Aufgabe 3.13 Was versteht man unter dem Konvergenzradius einer Potenzreihe?

Aufgabe 3.14 Zeige, dass die folgenden Reihen konvergent sind:

$$\text{(i)} \quad \sum_{n=1}^{\infty} (-1)^{n+1} \frac{1}{\sqrt{n}} \; ; \quad \text{(ii)} \quad \sum_{n=0}^{\infty} \frac{1}{2^n} \sin(2^n) \; ; \quad \text{(iii)} \quad \sum_{n=1}^{\infty} n \left(\frac{1}{4}\right)^n .$$

(Hinweis für (ii): Majorantenkriterium.)

Aufgabe 3.15 Untersuche die folgenden unendlichen Reihen auf Konvergenz oder Divergenz:

$$\text{(i)} \quad \sum_{n=1}^{\infty} \frac{n^2 - 1}{n^2 + 1} \; ; \quad \text{(ii)} \quad \sum_{n=1}^{\infty} \frac{2^{2n}}{(2n)!} \; ; \quad \text{(iii)} \quad \sum_{n=1}^{\infty} \frac{1}{\sqrt{n}} .$$

Aufgabe 3.16 Bestimme den Konvergenzradius der folgenden Potenzreihen:

$$\text{(i)} \quad \sum_{n=0}^{\infty} \frac{x^n}{2^n} \; ; \quad \text{(ii)} \quad \sum_{n=2}^{\infty} \left(\frac{n-2}{n^2 - 1}\right)^n x^n \; ; \quad \text{(iii)} \quad \sum_{n=0}^{\infty} \frac{x^n}{n!} .$$

4
Funktionen

4.1
Erläuterung des Funktionsbegriffes

Häufig besteht zwischen zwei Größen x und y ein Zusammenhang in der Weise, dass bestimmten Werten von x jeweils bestimmte Werte von y zugeordnet sind. Man sagt dann, y sei eine *Funktion* von x, und schreibt:

$$y = f(x) .$$

Die Größe x nennt man die *unabhängige Variable* oder auch das *Argument der Funktion*, y die *abhängige Variable*. Anstelle von *Variable* sagt man auch *Veränderliche*. Die Menge aller Zahlen x, für die die Funktion definiert ist, nennt man den *Definitionsbereich* der Funktion; die Menge der Werte, die die Größe y annehmen kann, bezeichnet man als *Wertebereich*. Statt f kann man auch andere Buchstaben verwenden wie F, φ, ψ oder die Bezeichnung für die abhängige Variable y. Im letzten Fall schreibt man $y = y(x)$. Ebenso kann man für x und y andere Buchstaben setzen.

Beispiel 4.1

1. Als erstes Beispiel betrachten wir das Boyle'sche Gesetz, das den Zusammenhang zwischen dem Druck p und dem Volumen V eines Gases angibt. Es gilt $V = C/p$, wobei C eine von der Temperatur und der Molzahl des Gases abhängige Konstante ist. Zu bestimmten vorgegebenen Werten des Druckes gehören dieser Gleichung zufolge bestimmte Werte des Volumens. Das Volumen ist daher eine Funktion des Druckes, $V = f(p)$.
2. Zu einem weiteren Beispiel kommen wir, wenn wir nach der Anzahl π der Primzahlen fragen, die kleiner als eine vorgegebene Zahl n ist. Die Zahl π hängt davon ab, wie groß n ist, und ist daher eine Funktion von n, $\pi = f(n)$. Diese Funktion lässt sich aber nicht in Form einer Gleichung schreiben, sondern muss beispielsweise in Tabellenform angegeben werden (siehe Tab. 4.1). Der Definitions- und Wertebereich dieser Funktion ist jeweils die Menge der natürlichen Zahlen.

Mathematik für Chemiker, 7. Auflage. Ansgar Jüngel und Hans G. Zachmann.

Tab. 4.1 Anzahl π der Primzahlen, die kleiner als n sind.

n	1	2	3	4	5	6	7	8	9
π	0	0	1	2	2	3	3	4	4

In der eben beschriebenen Weise stellt der Funktionsbegriff einen Zusammenhang zwischen Zahlen dar. Man kann den Funktionsbegriff auch viel allgemeiner fassen, indem man definiert: *Eine Funktion stellt eine Vorschrift dar, die jedem Element einer Menge M_1 genau ein Element einer Menge M_2 zuordnet*. Eine Funktion vermittelt also eine *Abbildung* der Menge M_1 auf die Menge M_2. Im Folgenden beschäftigen wir uns ausschließlich mit solchen Funktionen, bei denen die Mengen M_1 und M_2, wie bei den oben betrachteten Beispielen, Zahlen sind.

Häufig tritt auch der Fall auf, dass eine Größe y von mehreren Variablen abhängt. Bei n Variablen $x_1, x_2, \ldots, x_n$ spricht man dann von einer *Funktion von n Variablen* und schreibt:

$$y = f(x_1, x_2, \ldots, x_n) .$$

Beispiel 4.2
Wenn man z. B. die Konstante C im Boyle'schen Gesetz (siehe oben) näher untersucht, so stellt man fest, dass diese durch die Temperatur T und die Anzahl der Mole n des Gases bestimmt wird. Es gilt $C = nRT$, wobei R die Gaskonstante ist. Die Größe V wird damit zu einer Funktion in den drei Variablen n, T und p, $V = f(n, T, p) = nRT/p$.

4.2 Funktionen einer Variablen

4.2.1 Darstellung

Wir wollen uns nun der Frage zuwenden, in welcher Weise man einen funktionalen Zusammenhang zwischen zwei Größen x und y angeben kann. Hierfür gibt es eine Reihe von Möglichkeiten.

Der Zusammenhang zwischen x und y kann durch eine Gleichung ausgedrückt werden. Man spricht dann von einer *analytischen Darstellung*. So kann man beispielsweise mithilfe der Gleichung

$$y = 2x^2 + 3 \quad \text{für} \quad x \in [-3, 5]$$

zu jedem Wert von x im Intervall $[-3, 5]$ einen Wert von y ausrechnen.

Eine andere Art der Darstellung ist die über eine *Tabelle* (siehe Tab. 4.1). In diesem Fall ist die Funktion immer nur für endlich viele x-Werte definiert.

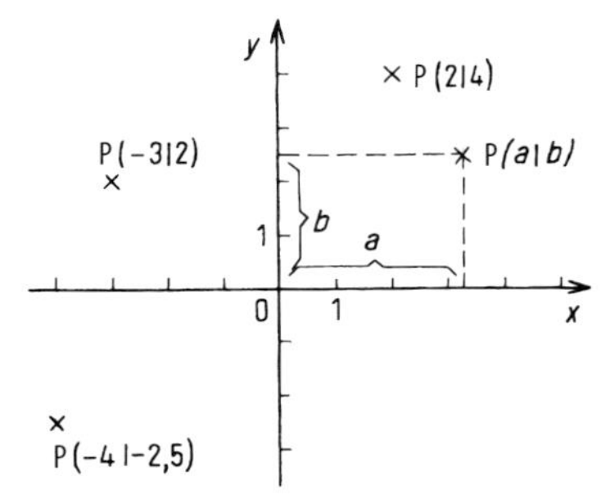

Abb. 4.1 Kartesisches Koordinatensystem.

Als drittes ist die *grafische Darstellung* in einem *rechtwinkligen* oder, wie man auch sagt, *kartesischen Koordinatensystem* zu nennen. Man führt hierzu ein rechtwinkliges Achsenkreuz ein und bezeichnet die horizontale Achse als *x-Achse* oder *Abszisse* und die vertikale Achse als *y-Achse* oder *Ordinate*. Den Schnittpunkt der Achsen nennt man den *Ursprung*. Jede Achse weist eine Einteilung auf und wird als Zahlengerade angesehen. Man kann dann jedem reellen Zahlenpaar $x = a$ und $y = b$ genau einen Punkt der Ebene zuweisen, den man mit $\mathrm{P}(a|b)$ oder (a, b) bezeichnet. Man erhält ihn, indem man im Punkt a der Abszisse eine Parallele zur Ordinate und im Punkt b der Ordinate eine Parallele zur Abszisse einzeichnet. Der Schnittpunkt der beiden Geraden ist dann der gesuchte Punkt (siehe Abb. 4.1). Als Beispiel sind in Abb. 4.1 die Punkte $\mathrm{P}(2|4)$, $\mathrm{P}(-4|-2,5)$ und $\mathrm{P}(-3|2)$ eingezeichnet.

Liegt nun eine Funktion $y = f(x)$ vor, so gibt es zu jedem Wert von x aus dem Definitionsbereich der Funktion genau einen Wert für y und damit einen Punkt im Koordinatensystem. Kann das Argument $x = p$ unendlich viele kontinuierliche Werte annehmen, wie z. B. im Boyle'schen Gesetz $V = C/p$, so verschmelzen die Punkte zu einer Kurve, wie sie in Abb. 4.2a angegeben ist. Nimmt $x = n$ dagegen nur diskrete Werte an, wie z. B. in Tab. 4.1, so wird die Funktion durch einzelne getrennte Punkte dargestellt (siehe Abb. 4.2b).

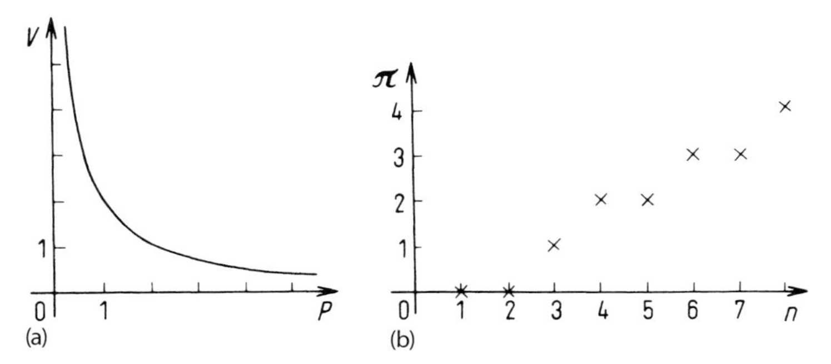

Abb. 4.2 (a) Grafische Darstellung der Funktion $V = C/p$ mit $C = 2$. (b) Grafische Darstellung der Funktion „Anzahl π der Primzahlen, die kleiner als n sind".

Durch eine grafische Darstellung wird der Funktionsverlauf besonders übersichtlich wiedergegeben. Die Genauigkeit der Wiedergabe ist jedoch durch die Zeichengenauigkeit begrenzt.

Wir wollen noch erwähnen, dass man die Größe der Einheiten auf der Abszisse und der Ordinate verschieden wählen kann und dass die Nullpunkte der Achsen nicht mit deren Schnittpunkt zusammenfallen müssen. Ferner gibt es neben den kartesischen Koordinaten noch andere, wie z. B. die Polar-, Kugel- und Zylinderkoordinaten, auf die in Abschnitt 6.3.2 eingegangen wird.

4.2.2
Umkehrung und implizite Darstellung einer Funktion

Wir betrachten zunächst als Beispiel die Funktion $y = x^3$. Jedem Wert von x ist ein Wert von y zugeordnet. Der angegebenen Gleichung zufolge entspricht aber auch umgekehrt jedem Wert von y ein Wert von x. Man erkennt das, indem man diese Gleichung nach x auflöst: $x = \sqrt[3]{y}$. Da letztere Gleichung durch Umkehrung der ersteren entsteht, sagt man, dass die „dritte Wurzel" die Umkehrfunktion der „dritten Potenz" ist. Allgemein definiert man: *Erhält man durch Auflösung der Gleichung $y = f(x)$ nach x die Beziehung*

$$x = \varphi(y) ,$$

so nennt man φ die Umkehrfunktion oder inverse Funktion von f. Wir schreiben auch $f^{-1} = \varphi$. Im obigen Beispiel steht für f die „dritte Potenz" und für φ die „dritte Wurzel". Die Umkehrfunktion lässt sich nicht immer durch ein bereits bekanntes Symbol ausdrücken. Daher muss man z. B. zur Umkehrung der noch zu besprechenden Sinusfunktion ein neues Zeichen einführen (siehe Abschnitt 4.2.4).

Bei Angabe eines funktionellen Zusammenhanges ist es für gewöhnlich unwesentlich, welche der beiden Größen als unabhängige Variable angesehen wird. Man bringt daher vielfach alle Glieder der Gleichung $y = f(x)$ bzw. $x = \varphi(y)$ auf die linke Seite, sodass rechts vom Gleichheitszeichen nur noch null steht. Dadurch ergibt sich eine Beziehung der Form

$$F(x, y) = 0 .$$

Man sagt, dass diese Gleichung die Funktionen f und φ in *impliziter Weise* angibt. Demgegenüber bezeichnet man die Gleichungen $y = f(x)$ bzw. $x = \varphi(y)$ als *explizite Darstellung* der Funktion f bzw. φ.

Beispiel 4.3
Die Funktion $y = x^3$ lautet in impliziter Form $y - x^3 = 0$, d. h., die Funktion $F(x, y)$ ist in diesem Fall durch $F(x, y) = y - x^3$ gegeben.
Die Gleichung $2y + 3x = 0$ enthält in impliziter Form die Funktionen $y = -3x/2$ bzw. $x = -2y/3$.

Wenn φ die Umkehrfunktion von f ist, so werden die Gleichungen $y = f(x)$ bzw. $x = \varphi(y)$ durch dieselbe Kurve dargestellt. Wir fragen nun, wie man die Kurve findet, die die Funktion

$$y = \varphi(x) \tag{4.1}$$

wiedergibt, also die Umkehrfunktion von $y = f(x)$. Gleichung (4.1) geht aus $x = \varphi(y)$ hervor, indem man x und y vertauscht. Einer Vertauschung von x und y entspricht grafisch eine Spiegelung an der Winkelhalbierenden des Koordinatensystems. Wir erhalten daher die gesuchte Kurve, indem wir diejenige, die die Funktion $x = \varphi(y)$, d. h. $y = f(x)$, repräsentiert, an der Winkelhalbierenden spiegeln. Es gilt also: *Ist φ die Umkehrfunktion von f, so erhält man die Kurve, die die Funktion $y = \varphi(x)$ darstellt, durch Spiegelung der zur Funktion $y = f(x)$ gehörenden Kurve an der Winkelhalbierenden des Koordinatensystems.*

Beispiel 4.4
Die Funktion $y = x^3$ bzw. $x = \sqrt[3]{y}$ wird durch die durchgezogene Kurve in Abb. 4.3 dargestellt. Die Funktion $y = \sqrt[3]{x}$ wird durch die strichpunktierte Kurve wiedergegeben, die man durch Spiegelung der erstgenannten Kurve an der Winkelhalbierenden w erhält.

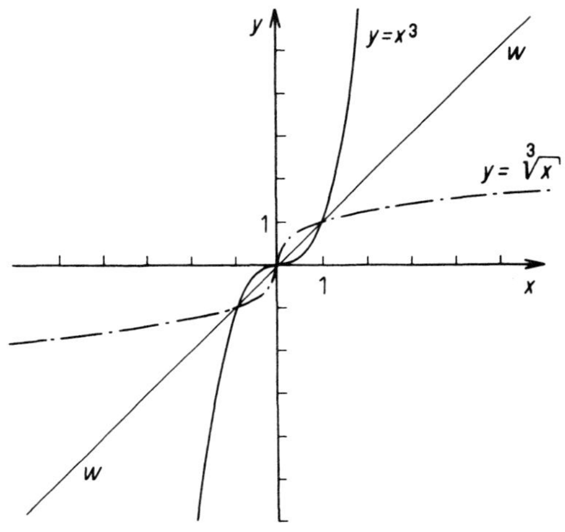

Abb. 4.3 Grafische Darstellung der Funktion $y = x^3$ und ihrer Umkehrfunktion $y = \sqrt[3]{x}$.

Bei der Umkehrung von Funktionen können wir auf Schwierigkeiten stoßen, z. B. bei $y = x^2$. Vertauschen wir nämlich x und y und lösen die resultierende Gleichung nach y auf, so folgt $y = \pm\sqrt{x}$. Wir erhalten also zwei Umkehrfunktionen, $y = \sqrt{x}$ und $y = -\sqrt{x}$. Üblicherweise verwenden wir die Funktion $y = \sqrt{x}$ als die Inverse von $y = x^2$ für $x \geq 0$.

4.2.3
Wichtige Begriffe zur Charakterisierung von Funktionen

Unter den *Nullstellen* einer Funktion $y = f(x)$ versteht man diejenigen Werte der unabhängigen Variablen x, für die $y = 0$ ist. Sie sind durch die Schnittpunkte der Kurve $y = f(x)$ mit der x-Achse gegeben, falls diese die y-Achse im Nullpunkt schneidet.

Eine Funktion heißt *streng monoton wachsend*, wenn zu zunehmenden x-Werten wachsende y-Werte gehören (siehe Abb. 4.4, Kurve 1). Wenn die y-Werte mit zunehmendem x größer werden *oder* gleich bleiben, so heißt die Funktion *monoton wachsend* ohne den Zusatz „streng" (siehe Abb. 4.4, Kurve 2). In analoger Weise definiert man die Ausdrücke *streng monoton fallend* und *monoton fallend* (siehe Abb. 4.4, Kurven 3 bzw. 4).

Eine Funktion $y = f(x)$ heißt *gerade*, wenn ihre Bildkurve symmetrisch zur y-Achse ist, wenn also $f(-x) = f(x)$ für alle x gilt. Sie heißt *ungerade*, wenn sie symmetrisch zum Ursprung ist, wenn also $f(-x) = -f(x)$ für alle x gilt.

Beispiel 4.5
Die Funktion $y = x^2$ ist in Abb. 4.4b durch die gestrichelte Kurve dargestellt. Da $(-x)^2 = x^2$ ist, genügt diese Funktion der Gleichung $f(-x) = f(x)$. Sie ist somit gerade; ihre Bildkurve ist symmetrisch zur y-Achse. Die Funktion $y = x^3$ ist in Abb. 4.4b durch die durchgezogene Kurve wiedergegeben. Es gilt $(-x)^3 = -x^3$, die Funktion ist also ungerade.

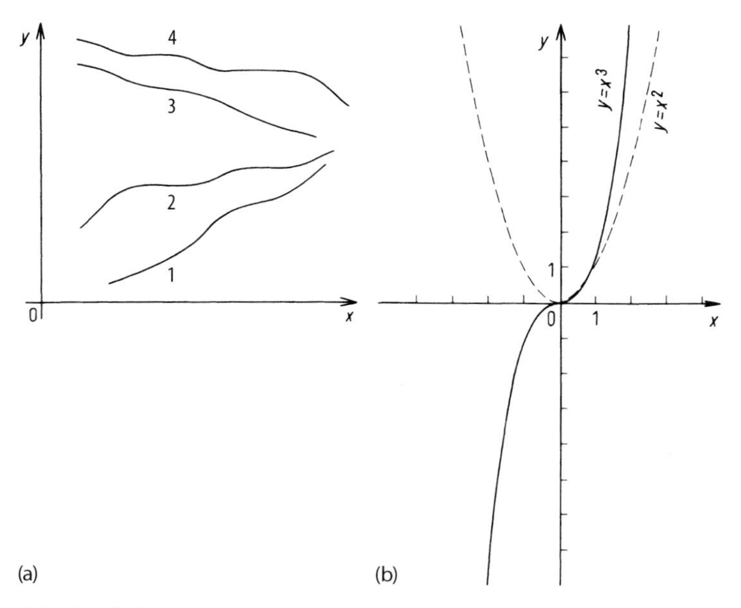

Abb. 4.4 (a) Streng monoton wachsende Funktion (1), monoton wachsende Funktion (2), streng monoton fallende Funktion (3), monoton fallende Funktion (4). (b) Grafische Darstellung der Funktionen $y = x^2$ und $y = x^3$.

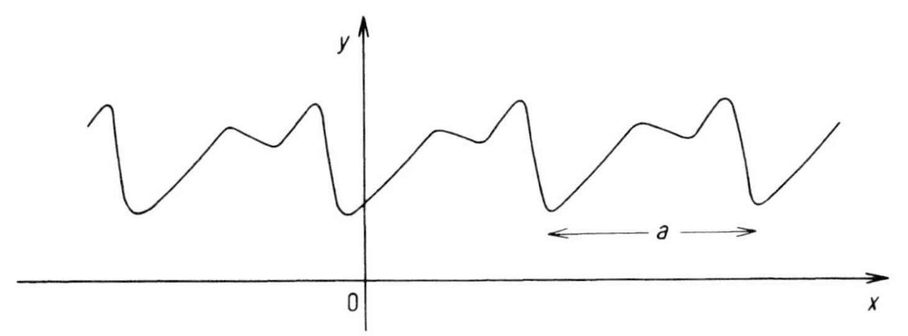

Abb. 4.5 Grafische Darstellung einer periodischen Funktion mit der Periode a.

Eine Funktion $y = f(x)$ heißt *periodisch mit der Periode a*, wenn $f(x+a) = f(x)$ für alle x gilt. In diesem Fall durchläuft die Variable y mit wachsendem x immer wieder die gleichen Werte (siehe Abb. 4.5). Ein Beispiel für eine periodische Funktion stellt die im folgenden Abschnitt besprochene Sinusfunktion dar.

4.2.4 Einige spezielle Funktionen

Algebraische Funktionen Eine Funktion der Form $y = f(x) = ax + b$, in der a und b beliebige reelle Zahlen sind und x die unabhängige Variable ist, bezeichnet man als *lineare Funktion*. Sie wird grafisch durch eine Gerade dargestellt, die die Steigung[1] a besitzt und die auf der y-Achse das Stück b abschneidet (siehe Abb. 4.6). Die Funktion ist bei positivem a streng monoton wachsend und bei negativem a streng monoton fallend. Man erkennt ferner, dass es für $a \neq 0$ zu jedem x-Wert nur einen y-Wert gibt und umgekehrt. Falls $a = 0$, so ist die Funktion konstant, $y = b$.

Beispiel 4.6
Ein Beispiel für eine lineare Funktion ist die thermische Ausdehnung eines Stabes. Hat ein Stab bei einer Temperatur von 0 °C die Länge L_0 und erhöht man die Temperatur um den Wert ΔT, so ist die Länge des Stabes bei der höheren Temperatur (näherungsweise) durch

$$L = L_0 + \alpha \cdot \Delta T \cdot L_0$$

gegeben, wobei α eine Konstante ist, die man den linearen Ausdehnungskoeffizienten nennt. Die Größe L als Funktion von ΔT ist durch eine Gerade mit dem y-Achsenabschnitt L_0 und der Steigung $\alpha \cdot L_0$ gegeben.

Eine Funktion der Form

$$y = f(x) = a_0 + a_1 x + a_2 x^2 + \cdots + a_n x^n \ , \tag{4.2}$$

1) Steigung = Tangens des Winkels, den die Gerade mit der positiven x-Achse einschließt.

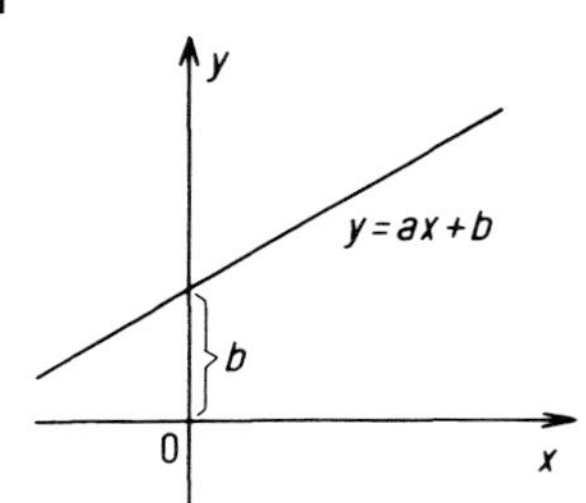

Abb. 4.6 Grafische Darstellung der linearen Funktion $y = ax + b$.

in der x nur mit positiven, ganzzahligen Potenzen auftritt, bezeichnet man als *ganzrationale Funktion*. Sie ist für alle reellen Zahlen $x \in \mathbb{R}$ definiert. Sie zeigt im Allgemeinen einen komplizierten Verlauf. Wir wollen lediglich einige wichtige Spezialfälle als Beispiele besprechen.

Beispiel 4.7
Die spezielle Funktion $y = x^2$, die aus (4.2) hervorgeht, wenn man $a_2 = 1$ und alle übrigen $a_i = 0$ setzt, ist in Abb. 4.4b als Kurve dargestellt. Sie ist im Bereich $x > 0$ streng monoton steigend und im Bereich $x < 0$ streng monoton fallend. Sie ist symmetrisch zur y-Achse. Zu jedem y-Wert (ohne null) gehören zwei x-Werte, z. B. zu $y = 4$ die Werte $x = 2$ und $x = -2$. Das gleiche gilt für alle Funktionen, die durch irgendeine geradzahlige Potenz von x gegeben sind, also für $y = x^4$, $y = x^6$ usw.
Ein anderes Verhalten zeigt die in der gleichen Abbildung dargestellte Funktion $y = x^3$. Sie ist symmetrisch zum Ursprung und monoton steigend im ganzen Definitionsbereich $\mathbb{R}$. Zu jedem y-Wert gibt es genau einen x-Wert, nämlich $x = \sqrt[3]{y}$. Das gleiche gilt für alle Funktionen, die durch eine beliebige ungerade Potenz von x gegeben sind, also $y = x^5$, $y = x^7$ usw.

Der Bruch zweier ganzrationaler Funktionen stellt eine *gebrochenrationale Funktion* dar:

$$y = \frac{a_0 + a_1 x + a_2 x^2 + \cdots + a_n x^n}{b_0 + b_1 x + b_2 x^2 + \cdots + b_m x^m} .$$

Eine solche Funktion ist im Allgemeinen nicht im gesamten Zahlenintervall von $-\infty$ bis $+\infty$ definiert; man muss vielmehr aus dem Definitionsbereich die Nullstellen des Polynoms im Nenner herausnehmen, da die Division durch null nicht durchführbar ist.

Beispiel 4.8
Die einfachste gebrochenrationale Funktion ist durch die Gleichung $y = 1/x$ gegeben. Sie ist für alle x außer für $x = 0$ definiert und wird grafisch durch die beiden Äste einer Hyperbel dargestellt (Abb. 4.7).
In der Chemie treten gebrochenrationale Funktionen z. B. bei Van-der-Waals-Gasen auf. Betrachte hierzu die *Van-der-Waals-Gleichung*

$$\left(p + \frac{a}{V^2}\right)(V - b) = nRT ,$$

wobei p den Druck des Gases, V dessen Volumen, T seine Temperatur und n die Molzahl darstellt. Die Konstante a modelliert die intermolekularen Kräfte, b ist ein Maß für die Größe der Moleküle, und R ist die universelle Gaskonstante. Im Spezialfall $a = b = 0$ erhalten wir das Boyle'sche Gesetz. Bei konstanter Temperatur ist der Druck nur eine Funktion des Volumens, und wir erhalten nach einer kleinen Umformung:

$$p(V) = p = \frac{RT}{V-b} - \frac{a}{V^2} = \frac{RTV^2 - aV + ab}{V^2(V-b)} .$$

Dies ist eine gebrochenrationale Funktion in der Variablen V. Sie ist definiert für alle $V > 0$ mit $V \neq b$.

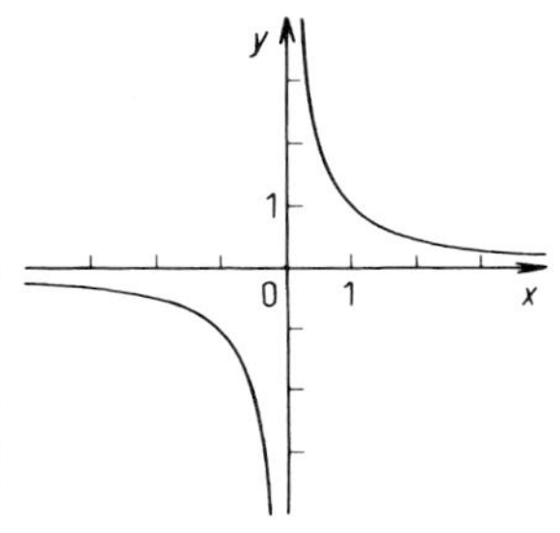

Abb. 4.7 Grafische Darstellung der Funktion $y = 1/x$.

Eine Funktion, die sich implizit in der Form $P(x, y) = 0$ darstellen lässt, wobei $P(x, y)$ ein beliebiges Polynom in x und y ist, nennt man eine *algebraische Funktion*. Ein Beispiel stellt die Beziehung $y^2 - x^2 + 2xy + 3 = 0$ dar, wobei $P(x, y) = y^2 - x^2 + 2xy + 3$. Löst man eine solche Gleichung nach y auf, so erhält man eine Funktion, die im Unterschied zu den oben betrachteten Funktionen auch Wurzeln von x aufweist.

Beispiel 4.9
Die Gleichung $y^3 - x = 0$ definiert die algebraische Funktion $y = \sqrt[3]{x}$, die man durch Auflösen der gegebenen Gleichung nach y erhält. In gleicher Weise definiert die Gleichung $y^2 + 2xy - 3 = 0$ die algebraischen Funktionen $y = -x \pm \sqrt{x^2 + 3}$.

Die algebraischen Funktionen enthalten als Sonderfall die gebrochenrationalen Funktionen, diese wiederum die ganzrationalen Funktionen und diese die linearen Funktionen. Der Begriff „algebraische Funktion" ist also der übergeordnete Begriff für alle hier behandelten Funktionen.

Alle Funktionen, die nicht algebraisch sind, nennt man *transzendent*. Einige transzendente Funktionen sind in den Naturwissenschaften von großer Bedeutung, sodass wir sie im Folgenden besprechen wollen.

Exponentialfunktionen Zu Beginn führen wir als Erstes die Exponentialfunktion

$$y = a^x \tag{4.3}$$

an, in der a eine beliebige positive Zahl sein soll. Wir nennen a die *Basiszahl* und x den *Exponenten* von a. Für welche Werte von x ist die Funktion (4.3) definiert? Zunächst einmal für ganze Zahlen; a^{-3} bedeutet beispielsweise, dass man a dreimal als Faktor nehmen und anschließend das Reziproke davon bilden soll. Des Weiteren ist sie auch für beliebige Brüche und damit für alle rationalen Zahlen definiert; gemäß den bekannten Regeln für das Potenzrechnen ist nämlich z. B. $a^{5/3} = \sqrt[3]{a^5}$. Unter Zuhilfenahme der Brüche kann man schließlich die Funktion auch für nicht rationale Werte von x definieren, da man alle nicht rationalen Zahlen durch rationale Zahlen annähern und den Funktionswert für ein nicht rationales x dann durch den entsprechend angenäherten Funktionswert in beliebiger Genauigkeit angeben kann. *Die Funktion $y = a^x$ ist also für alle reellen Zahlen x definiert.*

Als Beispiel gibt Abb. 4.8b die Funktion $y = \mathrm{e}^x$ wieder, wobei e die in (3.5) eingeführte Euler'sche Zahl $\mathrm{e} = 2{,}718\,281\,8\ldots$ ist. Sie steigt, von null kommend, streng monoton an und wächst über alle Grenzen, wenn x gegen ∞ geht. Von besonderem Interesse ist auch die Funktion $y = \mathrm{e}^{-x}$, die ebenfalls in Abb. 4.8a grafisch dargestellt ist. Das Ersetzen von x und $-x$ äußert sich in einer Spiegelung der Kurve an der y-Achse.

Beispiel 4.10

Die Funktion $y = \mathrm{e}^{-x}$ kommt sehr häufig in der Physik und Chemie vor, z. B. beim radioaktiven Zerfall. Ist N_0 die Anzahl der Teilchen eines radioaktiv zerfallenden Produktes zum Zeitpunkt $t = 0$, so ist die Zahl der Teilchen N zu einem späteren Zeitpunkt t gegeben durch

$$N = N_0 \mathrm{e}^{-kt} , \tag{4.4}$$

wobei k eine Stoffkonstante ist. Die Zahl der Teilchen fällt aufgrund dieser Gleichung mit zunehmender Zeit immer langsamer auf null ab. Nach der Zeit $t = 1/k$ ist der Exponent gerade -1, sodass sie auf den e-ten Teil abgenommen hat, also auf nicht ganz ein Drittel. Häufig fragt man, nach welcher Zeit die Zahl der Teilchen auf die Hälfte gesunken ist. Diese Zeit nennt man die *Halbwertszeit* τ. Wir können sie leicht ausrechnen, indem wir in (4.4) $t = \tau$ und $N = N_0/2$ setzen:

$$\frac{N_0}{2} = N_0 \mathrm{e}^{-k\tau} .$$

Daraus folgt nach Logarithmieren

$$\tau = \frac{\ln 2}{k} ,$$

wobei das Symbol „ln" die weiter unten definierte Logarithmusfunktion ist, die Umkehrfunktion zur Exponentialfunktion.

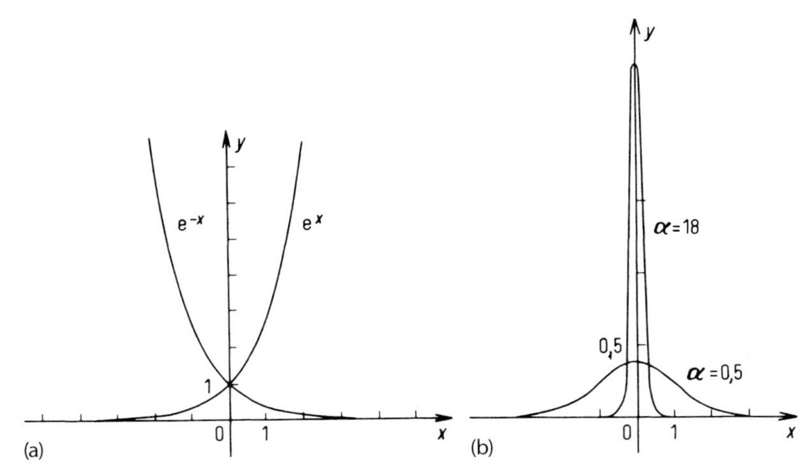

Abb. 4.8 (a) Grafische Darstellung der Funktionen $y = e^x$ und $y = e^{-x}$. (b) Grafische Darstellung der Funktion $y = \sqrt{\alpha/\pi}\, e^{-\alpha x^2}$.

Eine weitere wichtige Funktion ist durch die Gleichung

$$y = \sqrt{\frac{\alpha}{\pi}} e^{-\alpha x^2} \tag{4.5}$$

gegeben. Sie ist in Abb. 4.8b grafisch dargestellt. Man erkennt leicht, dass die Funktion ihren größten Wert $y = \sqrt{\alpha/\pi}$ bei $x = 0$ hat und dass sie symmetrisch zur y-Achse verläuft. Man nennt diese Funktion die *Gauß'sche Glockenkurve*. Bei welchem x-Wert ist der y-Wert vom Maximum auf die Hälfte abgesunken? Indem wir in (4.5) $y = (1/2)\sqrt{\alpha/\pi}$ setzen, erhalten wir für diesen x-Wert

$$x = \pm\sqrt{\frac{\ln 2}{\alpha}} \ .$$

Je größer α ist, desto rascher fällt die Kurve ab und desto größer wird der maximale y-Wert (siehe Abb. 4.8b). Es lässt sich berechnen, dass die Fläche unter der Kurve für alle $\alpha > 0$ gleich eins ist. Im Grenzfall, wenn α unendlich wird, wird die Kurve unendlich hoch und unendlich schmal, die „Fläche" unter ihr bleibt dabei gleich eins. Manchmal wird der Grenzwert $\alpha \to \infty$ als das *Dirac'sche Delta-Funktional* $\delta_0(x)$ bezeichnet; eine präzisere Definition geben wir in Abschnitt 13.2.4.

Häufig tritt auch eine Gauß'sche Glockenkurve auf, die gegenüber der entsprechenden Kurve in Abb. 4.8b um ein Stück b längs der x-Achse verschoben ist (siehe Abb. 4.9). Man erhält die Gleichung dieser Kurve, indem man in (4.5) die Größe x durch $x - b$ ersetzt:

$$y = \sqrt{\frac{\alpha}{\pi}} e^{-\alpha(x-b)^2} \ .$$

Abschließend ist noch zu erwähnen, dass man an Stelle von e^x häufig auch $\exp x$ schreibt. Diese Schreibweise ist besonders bei komplizierter gebauten Ex-

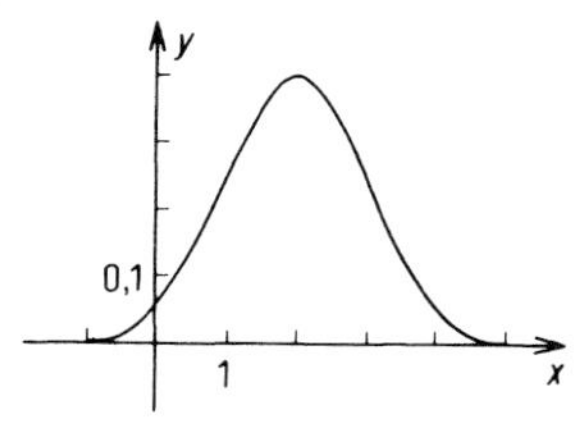

Abb. 4.9 Grafische Darstellung der Funktion $y = \sqrt{a/\pi}\, \mathrm{e}^{-a(x-b)^2}$ mit $a = 1/2$ und $b = 2$.

ponenten übersichtlicher. Die obige Gleichung z. B. lautet in dieser Schreibweise $y = \sqrt{\alpha/\pi}\exp(-\alpha(x-b)^2)$.

Logarithmusfunktionen Wir fragen nun nach der Umkehrfunktion der im vorangegangenen Abschnitt besprochenen Exponentialfunktion $y = a^x$. Das ist diejenige Funktion, die zu einem vorgegebenen y-Wert den dazugehörigen x-Wert liefert. Die Umkehrung der Exponentialfunktion lässt sich nicht durch bereits bekannte Funktionen ausdrücken, wie das bei algebraischen Funktionen der Fall war. Man muss ihr vielmehr einen neuen Namen und ein neues Symbol zuordnen. Wir führen hierfür das Symbol $\log_a y$ ein und nennen diese Funktion den *Logarithmus zur Basis a von y. Die Zahl* $\log_a y$ *ist also derjenige Wert, zu dem man a erheben muss, um y zu erhalten, d. h.* $\log_a y = x$, *wobei* $y = a^x$.

Wenn im Speziellen $a = 10$ ist, sodass man die Funktion $y = 10^x$ umkehrt, so erhält man als Umkehrfunktion den Logarithmus zur Basis 10, den man als *dekadischen Logarithmus* bezeichnet. Für $\log_{10}$ schreibt man gewöhnlich als Abkürzung lg. Ist andererseits $a = \mathrm{e}$, so spricht man vom *natürlichen Logarithmus,* den man häufig mit ln bezeichnet. Es gilt somit $\lg 100 = 2$, weil $10^2 = 100$ ist, und $\ln 100 = 4{,}6052\ldots$, weil $\mathrm{e}^{4{,}6052\ldots} = 100$ ist.

Wir wollen die Logarithmusfunktion etwas eingehender besprechen und schreiben sie daher in der Form

$$y = \log_a x \,,$$

in der zum Unterschied zur bisherigen Schreibweise die Größe x die unabhängige Variable ist. In Abb. 4.10 ist als Beispiel der Logarithmus zur Basis $a = \mathrm{e}$ angegeben, also die Funktion $y = \ln x$. Man erhält diese Kurve gemäß den Ausführungen in Abschnitt 4.2.2 durch Spiegelung der in Abb. 4.8a gegebenen Kurve von $y = \mathrm{e}^x$ an der Winkelhalbierenden des Koordinatensystems. Man sieht, dass $\ln x$ eine streng monoton wachsende Funktion ist, die im Bereich $(0, \infty)$ definiert ist.

Für das Rechnen mit Logarithmen kann man einige wichtige Regeln ableiten. Aufgrund der Definition der Logarithmusfunktion gilt:

$$a^{\log_a u} = u \,. \tag{4.6}$$

Aus der Tatsache, dass man Potenzen mit gleicher Basiszahl dadurch multipliziert, dass man die Exponenten addiert, folgt:

$$\log_a(u \cdot v) = \log_a u + \log_a v \,.$$

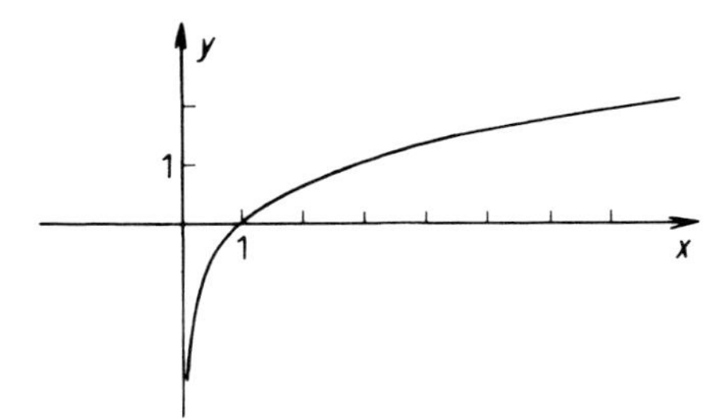

Abb. 4.10 Grafische Darstellung der Funktion $y = \ln x$.

Da bei der Division zweier Potenzen die Exponenten subtrahiert werden, gilt:

$$\log_a \frac{u}{v} = \log_a u - \log_a v \,. \tag{4.7}$$

Indem wir auf das Rechnen mit Potenzen zurückführen, folgt ferner:

$$\log_a u^v = v \cdot \log_a u \,. \tag{4.8}$$

Für die Umrechnung des Logarithmus einer Zahl u von der Basis a zur Basis b gilt:

$$\log_a u = \log_a b \cdot \log_b u \,. \tag{4.9}$$

Man erhält diese Beziehung, indem man mithilfe von (4.6) die Beziehung $\log_a u = \log_a b^{\log_b u}$ verwendet und anschließend den auf der rechten Seite stehenden Ausdruck mithilfe von (4.8) umformt.

Wir wenden die zuletzt abgeleitete Gleichung (4.9) an, um aus dem dekadischen Logarithmus den natürlichen Logarithmus auszurechnen. Wegen dieser Gleichung gilt $\ln u = \ln 10 \cdot \lg u$. Aus $\ln 10 = 2{,}3025\ldots$ ergibt sich die Umrechnung

$$\ln u = 2{,}3025\ldots \cdot \lg u \,.$$

Wenn wir z. B. in dieser Gleichung $u = 100$ setzen, so ergibt sich $\ln 100 = 2{,}3025\ldots \cdot \lg 100 = 2{,}3025\ldots \cdot 2 = 4{,}6051\ldots$

Trigonometrische Funktionen Wir definieren nun die Funktionen $\sin x$, $\cos x$, $\tan x$ und $\cot x$, die einem Winkel x jeweils eine Zahl zuordnen.

Zunächst müssen wir einige Erläuterungen zum Argument der Funktion, dem Winkel x, geben. Dieser Winkel soll nicht in Grad, sondern im Bogenmaß gemessen werden, das wie folgt definiert ist: Man zeichnet einen Einheitskreis, also einen Kreis mit dem Radius eins, und trägt zwei Mittelpunktsstrahlen ein (siehe Abb. 4.11). *Der Winkel, den diese Strahlen einschließen, wird dann durch die Länge des Bogens x gemessen, den die Strahlen am Kreis ausschneiden.* Einem Winkel von 360° im Gradmaß entspricht im Bogenmaß der Wert 2π. Allgemein entspricht einem Winkel x_{gr} im Gradmaß der Bogen

$$x = \frac{2\pi}{360°} x_{gr} = \frac{\pi}{180°} x_{gr} \,.$$

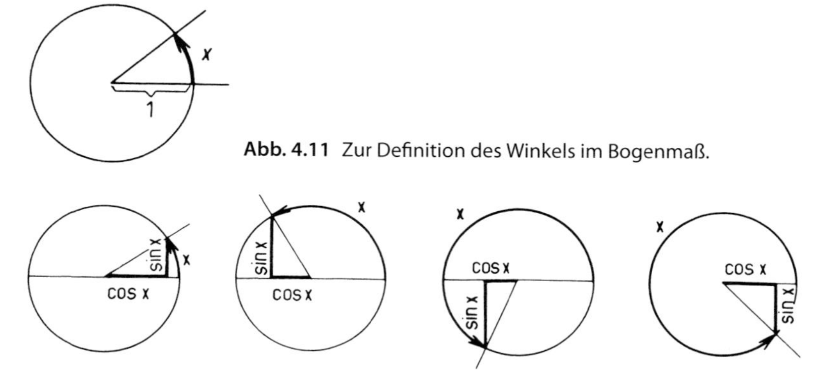

Abb. 4.11 Zur Definition des Winkels im Bogenmaß.

Abb. 4.12 Darstellung zur Definition von $\sin x$ und $\cos x$.

Außerdem setzt man fest, dass ein Winkel das positive Vorzeichen erhält, wenn er gegen den Uhrzeigersinn gemessen wird, und ein negatives, wenn wir ihn im Uhrzeigersinn messen.

Wir definieren nun die *Sinusfunktion*

$$y = \sin x$$

durch die Länge der in Abb. 4.12 mit $\sin x$ bezeichneten Strecke, die positiv gezählt wird, wenn sie in der oberen Halbebene liegt, und negativ, wenn sie in der unteren liegt. Nach dieser Definition ist $\sin 0 = 0$. Wenn x bis auf $\pi/2$ anwächst, so wächst $\sin x$ bis auf 1 an. Mit größer werdendem x fällt $\sin x$ wieder ab, wird gleich null bei $x = \pi$ und negativ für noch größere Werte von x. Überschreitet der Winkel x den Wert 2π, so wiederholt sich der Verlauf der Funktion, sodass wir schreiben können: $\sin(x + 2\pi n) = \sin x$, wobei $n \in \mathbb{N}$. Die Funktion $\sin x$ ist also periodisch mit der Periode 2π. Wir erkennen ferner aus der Darstellung am Einheitskreis, dass $\sin(-x) = -\sin x$, d. h., sin ist eine ungerade Funktion. Eine grafische Darstellung von sin ist in Abb. 4.13 gegeben. Der Definitionsbereich der Funktion besteht aus allen reellen Zahlen $\mathbb{R}$, der Wertebereich ist das Intervall $[-1, 1]$.

Als nächstes definieren wir die *Kosinusfunktion*

$$y = \cos x$$

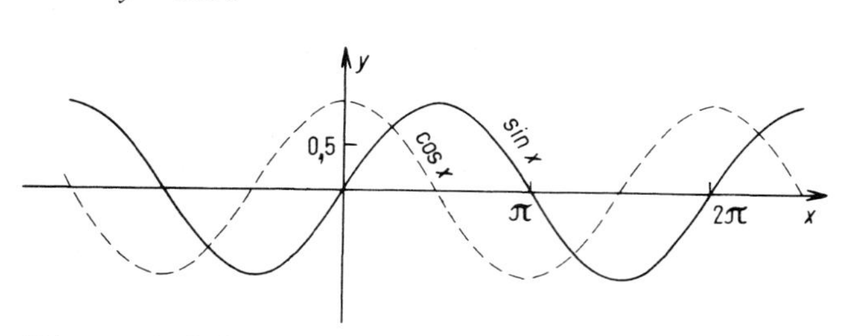

Abb. 4.13 Grafische Darstellung der Funktionen $y = \sin x$ und $y = \cos x$.

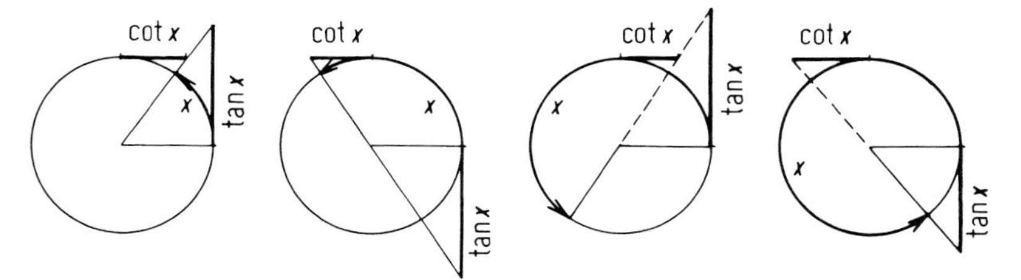

Abb. 4.14 Zur Definition von tan *x* und cot *x*.

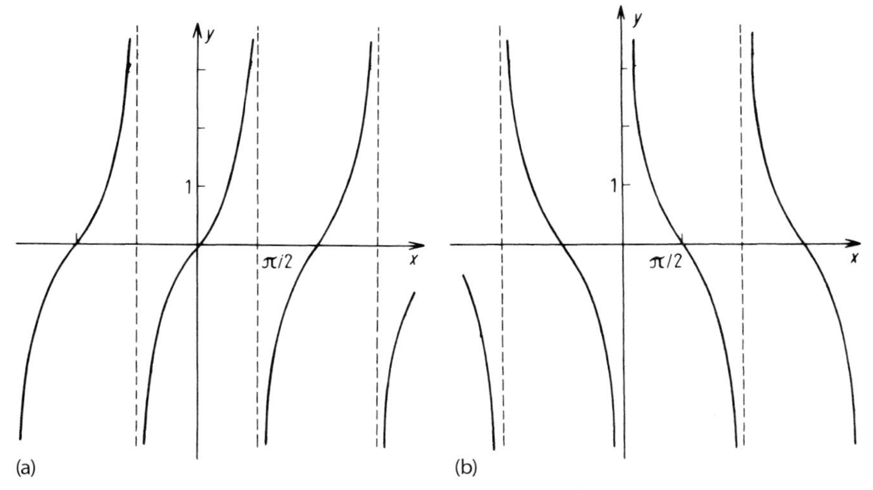

Abb. 4.15 Grafische Darstellung der Funktion $y = \tan x$ (a) und $y = \cot x$ (b).

durch die Längen der in Abb. 4.12 mit $\cos x$ bezeichneten Strecken. Der Funktionsverlauf ist in Abb. 4.13 dargestellt. Auch der Kosinus ist wie die Sinusfunktion periodisch mit der Periode 2π; im Unterschied zum Sinus gilt aber $\cos(-x) = \cos x$, d. h., die Funktion ist gerade.

Ferner definieren wir die *Tangens-* bzw. *Kotangensfunktion*

$$y = \tan x \quad \text{bzw.} \quad y = \cot x$$

durch die in Abb. 4.14 eingezeichneten Strecken auf den Tangenten an den Einheitskreis. Die Strecken erhalten ein positives Vorzeichen, wenn sie vom Berührungspunkt der Tangente in positiver y-Richtung bzw. nach rechts verlaufen, ein negatives, wenn sie nach in negativer y-Richtung bzw. nach links weisen. Die grafischen Darstellungen der Funktionen sind in Abb. 4.15 wiedergegeben.

Betrachten wir die Tangensfunktion näher: Bei Annäherung des Winkels x an $\pi/2$ wächst der $\tan x$ immer weiter an und strebt für $x \to \pi/2$ gegen unendlich. Wenn x den Wert $\pi/2$ überschreitet, so schneidet in Abb. 4.14 der entsprechende Strahl die Tangente im negativen Abschnitt, und der Tangens kommt dann aus dem negativ Unendlichen allmählich wieder auf null zurück. Bei $x = \pi/2$ zeigt die Funktion daher einen Sprung von $+\infty$ auf $-\infty$. Aus Abb. 4.15a sieht man ferner, dass der Tangens eine periodische Funktion mit der Periode π ist. Ein ähnliches Verhalten zeigt auch der Kotangens.

Zwischen den einzelnen Kreisfunktionen gibt es verschiedene Zusammenhänge, die aus der Elementarmathematik bekannt sind und die wir im Folgenden zusammenstellen:

$$\cos x = \sin(\pi/2 - x) , \qquad \cot x = \tan(\pi/2 - x) ,$$
$$\tan x = \frac{\sin x}{\cos x} , \qquad \cot x = \frac{\cos x}{\sin x} = \frac{1}{\tan x} ,$$
$$\sin^2 x + \cos^2 x = 1 .$$

Diese Beziehungen gelten für alle x, für die die Funktionen definiert sind. Des Weiteren gibt es noch die *Additionstheoreme*, von denen wir nur einige anführen:

$$\sin(x + y) = \sin x \cdot \cos y + \cos x \cdot \sin y ,$$
$$\cos(x + y) = \cos x \cdot \cos y - \sin x \cdot \sin y ,$$
$$\sin x - \sin y = 2\cos\frac{x+y}{2}\sin\frac{x-y}{2} . \tag{4.10}$$

Weitere Zusammenhänge können aus den allgemein bekannten Formelsammlungen entnommen werden.

Arkusfunktionen Die Umkehrfunktionen der oben eingeführten trigonometrischen Funktionen kann man nicht durch bereits bekannte mathematische Ausdrücke darstellen. Man muss daher für sie neue Namen einführen. Betrachten wir als Erstes die Funktion $y = \sin x$. Wir bezeichnen denjenigen Winkel x im Bogenmaß, dessen Sinus gleich y ist, als *Arkussinus* von y und schreiben dafür $\arcsin y$. Die Umkehrung der Gleichung $y = \sin x$ lautet dann:

$$x = \arcsin y .$$

Der Verlauf von $\arcsin y$ kann aus Abb. 4.13 entnommen werden, indem man dort y als die unabhängige Variable auffasst. Man sieht, dass der Arkussinus nur für Werte im Intervall $[-1, 1]$ definiert ist und dass er alle reellen Werte annehmen kann. Für $y = 0$ ist der Arkussinus nicht eindeutig definiert, da er die Werte 0, π, 2π usw. annehmen kann; analog sind für $y = 1$ die Werte $\pi/2$, $5\pi/2$ usw. möglich. Der Arkussinus ist sogar für alle $y \in [-1, 1]$ nicht eindeutig definiert. Um diese Mehrdeutigkeit zu beseitigen, hat man die *Hauptwerte* von $\arcsin y$ eingeführt. Man versteht darunter jeweils allein denjenigen Wert von x, der zwischen $-\pi/2$ und $\pi/2$ liegt. Durch die Beschränkung auf diese Werte wird der Arkussinus eindeutig definiert.

Unter Verwendung der eben eingeführten Funktion kann man eine Gleichung auflösen, in der x hinter dem Sinus steht. Aus $\sin x - a = 0$ folgt $\sin x = a$ und damit $x = \arcsin a$. Da der Arkussinus nicht eindeutig definiert ist, schreibt man auch:

$$x = \arcsin a + 2\pi n , \quad \text{wobei} \quad n \in \mathbb{Z} .$$

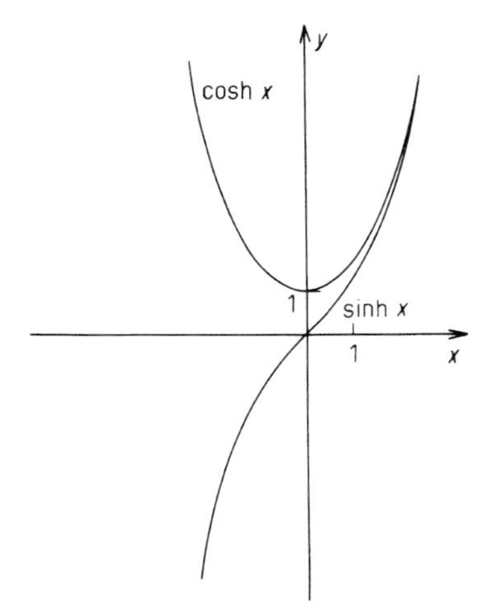

Abb. 4.16 Grafische Darstellung der Funktionen $y = \cosh x$ und $y = \sinh x$.

Der Hauptwert entspricht dem Wert x, für den $n = 0$ gewählt wurde. Ferner wollen wir noch anführen, dass für alle $-\pi/2 \leq x \leq \pi/2$ definitionsgemäß gilt:

$$\arcsin(\sin x) = x \ .$$

Ebenso wie zum Sinus kann man auch zu den drei anderen trigonometrischen Funktionen die Umkehrfunktionen bilden. Man kommt so zu den Funktionen arccos y, arctan y und arccot y. Die vier angeführten Arkusfunktionen bezeichnet man auch als *zyklometrische Funktionen.*

Hyperbel- und Areafunktionen Wir führen nun noch vier weitere Funktionen ein, die man als Hyperbelfunktionen bezeichnet: den *Sinus hyperbolicus,* den man durch das Zeichen sinh symbolisiert und der definiert ist durch

$$\sinh x = \frac{1}{2}(e^x - e^{-x}) \ ; \tag{4.11}$$

den *Cosinus hyperbolicus,* der mit cosh bezeichnet wird und der gegeben ist durch

$$\cosh x = \frac{1}{2}(e^x + e^{-x}); \tag{4.12}$$

und schließlich noch den *Tangens hyperbolicus* und den *Cotangens hyperbolicus* mit den Bezeichnungen tanh bzw. coth, die durch die Beziehungen

$$\tanh x = \frac{\sinh x}{\cosh x} \quad \text{und} \quad \coth x = \frac{\cosh x}{\sinh x} \tag{4.13}$$

definiert sind. Der Verlauf von $\sinh x$ und $\cosh x$ ist in Abb. 4.16 dargestellt.

Warum werden die Hyperbelfunktionen ähnlich wie die trigonometrischen Funktionen benannt? Zum einen gilt eine zu den trigonometrischen Funktionen analoge Beziehung

$$\cosh^2 x - \sinh^2 = \frac{1}{4}(e^{2x} + e^{-2x} + 2) - \frac{1}{4}(e^{2x} + e^{-2x} - 2) = 1 \ .$$

Zum anderen erhalten wir aus den trigonometrischen Funktionen gerade die Hyperbelfunktionen, wenn wir komplexe Werte wie folgt einsetzen: Benutzen wir nämlich die Eigenschaften $\sin(-x) = -\sin x$, $\cos(-x) = \cos x$ und die Euler'sche Formel $e^{iz} = \cos z + i \sin z$ für $z \in \mathbb{C}$ (siehe (1.1)), so erhalten wir, indem wir zuerst $z = -ix$ und dann $z = ix$ einsetzen,

$$e^x = \cos(ix) - i\sin(ix) \quad \text{und} \quad e^{-x} = \cos(ix) + i\sin(ix) .$$

Addition und Subtraktion beider Gleichungen führt auf

$$\cosh x = \frac{1}{2}(e^x + e^{-x}) = \cos(ix) \quad \text{und} \quad \sinh x = \frac{1}{2}(e^x - e^{-x}) = -\sin(ix) .$$

Die Umkehrfunktionen zu den Hyperbelfunktionen nennt man *Areasinus hyperbolicus, Areacosinus hyperbolicus* usw. und bezeichnet sie mit arsinh, arcosh, artanh und arcoth. Sie werden auch als *Areafunktionen* bezeichnet. Sie können mithilfe der Logarithmusfunktion wie folgt dargestellt werden (siehe Übungsaufgaben):

$$\begin{aligned}
\operatorname{arsinh} x &= \ln\left(x + \sqrt{x^2+1}\right) , \quad x \in \mathbb{R} ,\\
\operatorname{arcosh} x &= \ln\left(x + \sqrt{x^2-1}\right) , \quad x \in [-1, \infty) ,\\
\operatorname{artanh} x &= \frac{1}{2}\ln\left(\frac{1+x}{1-x}\right) , \quad |x| < 1 ,\\
\operatorname{arcoth} x &= \frac{1}{2}\ln\left(\frac{x+1}{x-1}\right) , \quad |x| > 1 .
\end{aligned}$$

Die Hyperbelfunktionen spielen bei verschiedenen Naturgesetzen eine Rolle, so z. B. bei der Abhängigkeit der Magnetisierung eines Stoffes von der magnetischen Feldstärke (siehe Übungsaufgaben zu Abschnitt 7.4). Die Kurve, die das Durchhängen einer an ihren Enden aufgehängten Kette unter Einfluss der Schwerkraft beschreibt, wird durch den Cosinus hyperbolicus dargestellt. Diese Kurve wird auch *Kettenlinie* genannt.

4.2.5
Stetigkeit

Wir wollen den Begriff der Stetigkeit einer Funktion einführen und diesen zunächst in nicht ganz strenger Form an Beispielen erläutern. Betrachten wir hierzu die Funktion $y = x^2$, die durch eine Parabel dargestellt wird (siehe Abb. 4.4b). Wenn wir das Argument x verändern, so ist damit jedes Mal auch eine Änderung des y-Wertes verbunden. *Diese Änderung lässt sich beliebig vermindern, wenn die Änderungen von x genügend klein gewählt werden.* Eine Funktion, die diese Eigenschaft besitzt, bezeichnet man als *stetig*. Ein anderes Verhalten zeigt die Funktion, die in Abb. 4.17 wiedergegeben ist. Bei einem Anwachsen der Abszisse x von einem Wert unter eins auf einen Wert über eins beträgt die Änderung der Ordinate immer mehr als 4, ganz gleich, wie klein die Änderung von x gewählt wird. Das

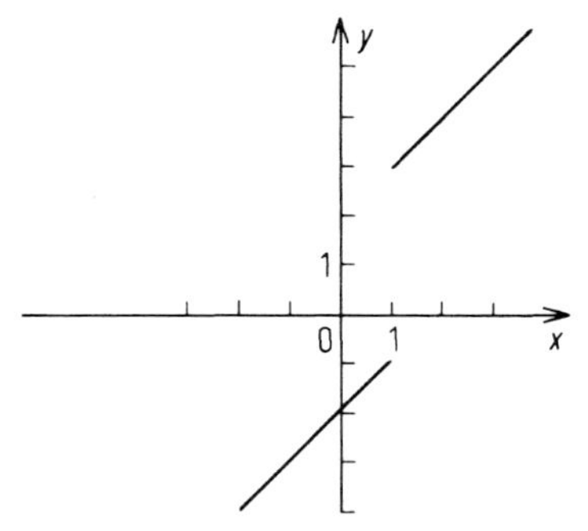

Abb. 4.17 Grafische Darstellung der Funktion $y = x + 2$ für $x > 1$ und $y = x - 2$ für $x \leq 1$.

rührt daher, dass die Funktion an der Stelle $x = 1$ einen *Sprung* macht. Wir sagen, dass sie an dieser Stelle *unstetig* ist. Als Unstetigkeitsstellen bezeichnet man außerdem auch solche Stellen innerhalb des Definitionsbereichs, an denen eine Funktion unendlich wird, wie z. B. bei der Funktion $f(x)$ an der Stelle $x = 0$, definiert durch $y = f(x) = 1/x$ für $x \neq 0$ und $y = f(x) = 0$ für $x = 0$.

Diese anschauliche Definition des Begriffes Stetigkeit lässt sich wie folgt definieren: *Eine Funktion $y = f(x)$ ist an der Stelle $x = x_0$ des Definitionsbereichs genau dann stetig, wenn es zu jeder noch so kleinen Größe $\varepsilon > 0$ eine Zahl $\delta > 0$ gibt, sodass kleine Änderungen der x-Werte nur kleine Änderungen der y-Werte implizieren, d. h., wenn aus*

$$|x - x_0| < \delta \quad \text{stets} \quad |f(x) - f(x_0)| < \varepsilon \quad \textit{folgt} \; .$$

Die Größe δ hängt im Allgemeinen von ε und x_0 ab.

Diese Definition der Stetigkeit ist äquivalent zu folgender Aussage: *Eine Funktion $y = f(x)$ ist an der Stelle $x = x_0$ des Definitionsbereichs genau dann stetig, wenn für alle Folgen (x_n) mit Werten aus dem Definitionsbereich und der Eigenschaft $\lim_{n\to\infty} x_n = x_0$ folgt*

$$\lim_{n\to\infty} f(x_n) = f(x_0) \; .$$

Eine Funktion, die an jedem Punkt ihres Definitionsbereichs stetig ist, nennen wir einfach *stetig* (ohne Zusatz „an der Stelle x_0"). Die Stetigkeit einer Funktion bedeutet, dass wir den Grenzwert und das Funktionszeichen vertauschen dürfen:

$$\lim_{n\to\infty} f(x_n) = f(\lim_{n\to\infty} x_n) \; .$$

Beispiel 4.11

1. Sei $y = f(x) = x^3 + 2x^2$ für $x \in \mathbb{R}$. Um zu überprüfen, ob die Funktion stetig ist, wählen wir ein beliebiges $x_0 \in \mathbb{R}$ und eine Folge (x_n), die gegen x_0 konvergiert. Aus den Grenzwertsätzen (3.2) folgt:

$$\lim_{x_n\to x_0} f(x_n) = \lim_{n\to\infty} x_n^3 + \lim_{n\to\infty} 2x_n^2 = x_0^3 + 2x_0^2 = f(x_0) \; .$$

Also ist die Funktion stetig an der Stelle x_0 und, da der Wert x_0 beliebig war, stetig.

2. Betrachte als nächstes die Funktion aus Abb. 4.17, d. h. $f(x) = x + 2$ für $x > 1$ und $f(x) = x - 2$ für $x \leq 1$. Wir wählen $x_0 = 1$. Sei weiter (x_n) ein Folge, die gegen $x_0 = 1$ konvergiert, etwa $x_n = 1 + 1/n$. Dann erhalten wir wegen $x_n > 1$

$$\lim_{n \to \infty} f(x_n) = \lim_{n \to \infty} (x_n + 2) = x_0 + 2 = 3 \neq -1 = f(x_0) .$$

Es genügt, eine Folge zu finden, für die die Definition der Stetigkeit nicht erfüllt ist, um schließen zu können, dass die Funktion *unstetig* an der Stelle $x_0 = 1$ ist.

3. Die Funktion $f(x) = 1/x$ für $x \in \mathbb{R}\backslash\{0\}$ und $f(x) = 0$ für $x = 0$ ist an der Stelle $x = 0$ unstetig, da dort der Funktionswert „springt". Die Funktion $f(x) = 1/x$, nur für $x > 0$ definiert, ist jedoch stetig für alle $x > 0$. Zwar wächst die Funktion in der Nähe von $x = 0$ über alle Maßen, sie ist allerdings an der Stelle $x = 0$ nicht definiert, sodass diese Stelle nicht betrachtet werden muss.

Man kann nachweisen, dass z. B. alle rationalen Funktionen, alle Exponentialfunktionen und alle trigonometrischen Funktionen jeweils im gesamten Definitionsbereich stetig sind. Der Nachweis der Stetigkeit von Funktionen, die durch kompliziertere mathematische Ausdrücke gegeben sind, kann häufig mithilfe des folgenden Satzes erbracht werden:

Satz 4.1

1. Die Summe, die Differenz und das Produkt von stetigen Funktionen ist jeweils wieder eine stetige Funktion. Das gleiche gilt auch für den Quotienten, sofern nur der Nenner nicht null wird.
2. Hat man zwei stetige Funktionen $y = f(t)$ und $t = \varphi(x)$ und setzt man sie in der Weise zusammen, dass man die Funktion $y = f(\varphi(x)) = F(x)$ erhält, so ist diese Funktion ebenfalls stetig.

Beispiel 4.12

1. Die Funktionen $y = \mathrm{e}^x$ und $y = \mathrm{e}^{-x}$ sind für alle $x \in \mathbb{R}$ stetig. Daher sind auch die Funktionen $\sinh x = (\mathrm{e}^x - \mathrm{e}^{-x})/2$ und $\cosh x = (\mathrm{e}^x + \mathrm{e}^{-x})/2$ stetig.
2. Die Funktionen $y = \sin t$ und $t = x^2$ sind stetig. Folglich ist auch die durch Zusammensetzung erhaltene Funktion $y = \sin x^2$ stetig.

Wenn eine Funktion nicht stetig ist, aber nur *endlich viele* Unstetigkeitsstellen aufweist, so bezeichnet man sie als *stückweise stetig*. Eine Funktion, die in keinem Punkt ihres Definitionsbereichs stetig ist, nennt man *total unstetig*. Ein Beispiel für eine solche Funktion ist gegeben durch $f(x) = 1$ für rationale Zahlen x und $f(x) = 0$ für irrationale Zahlen x.

4.2.6
Funktionenfolgen

Abschließend wollen wir noch anführen, dass Funktionen auch durch konvergente unendliche Reihen definiert werden können. In den Summanden der Reihe muss hierzu die unabhängige Variable x auftreten. Es gilt: *Eine unendliche Summe von beliebigen Funktionen $\varphi_1(x)$, $\varphi_2(x)$, $\varphi_3(x), \ldots$ definiert für diejenigen Werte von x, für die sie konvergiert, eine Funktion*

$$f(x) = \sum_{i=0}^{\infty} \varphi_i(x) .$$

Wir nennen $f(x)$ eine *Funktionenreihe*. Wir führen nun, wie bei gewöhnlichen Reihen, den Begriff der Teilsumme

$$f_n(x) = \sum_{i=0}^{n} \varphi_i(x)$$

ein und können dann schreiben:

$$f(x) = \lim_{n\to\infty} f_n(x) .$$

Die neue Funktion ist jetzt als Grenzwert einer Folge von bekannten Funktionen definiert. Wir nennen $f_n(x)$ eine *Funktionenfolge* und $f(x)$ ist ihre Grenzfunktion.

Beispiel 4.13
Als Beispiel betrachten wir die in (3.7) angeführte geometrische Reihe, für die wir unter Verwendung des Buchstabens x statt q schreiben:

$$y = \sum_{i=0}^{\infty} x^i . \tag{4.14}$$

Die Reihe konvergiert, wie bereits ausgeführt wurde, für $|x| < 1$. Daher können wir jedem Wert von x mit $|x| < 1$ einen y-Wert zuordnen. Die geometrische Reihe definiert also eine Funktion mit dem Definitionsbereich $(-1, 1)$. Sie ist in Abb. 4.18 illustriert.

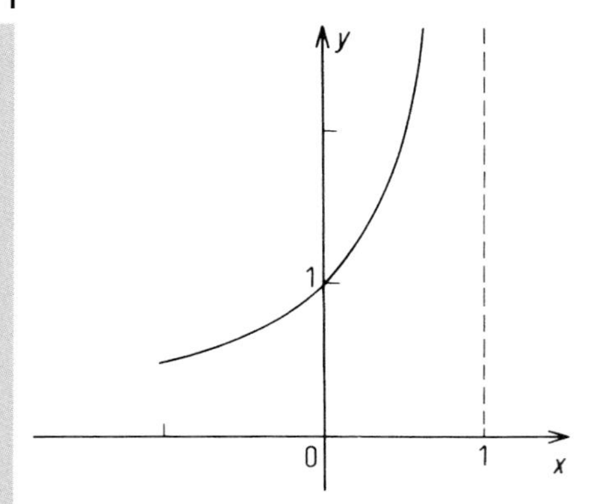

Abb. 4.18 Grafische Darstellung der Funktion (4.14).

Bei der Berechnung der Funktionswerte wurde die Tatsache ausgenutzt, dass der Summenwert der Reihe durch $1/(1-x)$ gegeben ist, dass also die Funktion (4.14) für $|x| < 1$ mit der Funktion $1/(1-x)$ identisch ist. Für $|x| > 1$ divergiert die in (4.14) auftretende Reihe, so dass diese Gleichung dort keine Funktion definiert.

Von besonderem Interesse im hier betrachteten Zusammenhang sind solche Reihen, deren Summe sich nicht wie im obigen Beispiel durch eine geschlossene Formel darstellen lässt. Durch solche Reihen werden nämlich neue Funktionen definiert, die verschiedentlich, besonders beim Lösen von Differenzialgleichungen, eine wesentliche Rolle spielen (siehe Abschnitt 11.4). Des Weiteren wird aber auch gezeigt werden (siehe Abschnitt 10.1), dass man bekannte Funktionen in Reihen entwickeln kann, was für verschiedene Betrachtungen vorteilhaft ist.

Betrachte nun die folgende Funktionenfolge

$$f_n(x) = x^n \,, \quad x \in [0, 1] \,.$$

Insbesondere gilt $f_n(1) = 1$ für alle $n \in \mathbb{N}$. Jede der Funktionen f_n ist stetig. Außerdem konvergiert $f_n(x)$ für alle $x \in [0, 1)$ gegen null. Daher existiert die Grenzfunktion $f(x) = \lim_{n\to\infty} f_n(x)$, wobei

$$f(x) = 0 \quad \text{für alle} \quad x \in [0, 1) \quad \text{und} \quad f(x) = 1 \quad \text{für} \quad x = 1 \,.$$

Die Grenzfunktion besitzt an der Stelle $x = 1$ einen endlichen Sprung und ist daher unstetig, obwohl alle Folgenglieder $f_n(x)$ stetig sind. Die Stetigkeit ist während des Grenzüberganges $n \to \infty$ verloren gegangen.

Damit die Stetigkeit im Grenzübergang erhalten bleibt, ist eine stärkere Forderung als die bloße Konvergenz von $f_n(x)$ notwendig. Wir sagen, dass die Funktionenfolge f_n gleichmäßig konvergiert, wenn die Konvergenz in gewisser Weise nicht vom Argument x abhängt. Die präzise Definition lautet: Die Funktionenfolge f_n ist *gleichmäßig konvergiert*, wenn es zu jedem noch so kleinen $\varepsilon > 0$ ein $N \in \mathbb{N}$ gibt, sodass für alle $n \geq N$ und für alle x gilt:

$$|f_n(x) - f(x)| < \varepsilon \,.$$

Der Unterschied zur normalen Konvergenz ist, dass die Zahl N *nicht* von x abhängen darf.

Wir fassen zusammen: *Die Grenzfunktion $f(x)$ einer Funktionenfolge $f_n(x)$ ist stetig, wenn die Funktionen $f_n(x)$ stetig sind und wenn die Folge gleichmäßig gegen $f(x)$ konvergiert.*

Fragen und Aufgaben

Aufgabe 4.1 Nenne verschiedene Möglichkeiten der Darstellung einer Funktion $y = f(x)$.

Aufgabe 4.2 Bestimme jeweils den größtmöglichen Definitionsbereich D und den Wertebereich W der Funktionen (i) $y = \cos x$; (ii) $y = \ln x$; (iii) $y = 1/(x^2 - 1)$.

Aufgabe 4.3 Bestimme die Umkehrfunktion von (i) $y = (\ln x)/2$ und (ii) $y = \arcsin x$.

Aufgabe 4.4 Bestimme, in welchen Intervallen die Funktion $y = 1/(x^2 - 1)$ streng monoton wachsend und in welchen sie streng monoton fallend ist.

Aufgabe 4.5 Wie sind die Begriffe „gerade Funktion" und „ungerade Funktion" definiert?

Aufgabe 4.6 Was ist eine gebrochenrationale Funktion?

Aufgabe 4.7 Bestimme die folgenden Funktionswerte: (i) $\arcsin 1$ (Hauptwert); (ii) $\arctan 1$ (Hauptwert); (iii) $\sinh(\ln 2)$; (iv) $\lg 10$.

Aufgabe 4.8 Die Anzahl der Atome N eines radioaktiven Präparats nehme gemäß dem Gesetz $10^{12} \cdot \mathrm{e}^{-t/5}$ mit der in Tagen gemessenen Zeit t ab. Berechne die Zeit, nach der die Hälfte des Präparats zerfallen ist.

Aufgabe 4.9 Zeige, dass die Umkehrfunktion des Sinus hyperbolicus (Areasinus hyperbolicus) als $y = \ln(x + \sqrt{x^2 + 1})$ geschrieben werden kann. Für welche Werte von x ist sie definiert? (Hinweis: Formuliere die Definition von $\sinh x$ in der Variablen $z = \mathrm{e}^x$ und löse zuerst nach z auf.)

Aufgabe 4.10 Untersuche die folgenden Funktionen auf Stetigkeit an der Stelle $x_0 = 0$: (i) $y = |x|$; (ii) $y = 2x$ für $x < 0$ und $y = x$ für $x \geq 0$; (iii) $y = 2x + 1$ für $x < 0$ und $y = 2x$ für $x \geq 0$.

Aufgabe 4.11 Für welche Werte von x ist die Funktionenreihe $f(x) = \sum_{i=1}^{\infty} x^i/i$ konvergent?

4.3
Funktionen mehrerer Variablen

4.3.1
Darstellung

Wir wollen nun zu Funktionen von mehreren Variablen übergehen. Als Erstes besprechen wir die verschiedenen Möglichkeiten, solche Funktionen darzustellen.

Besonders wichtig ist die *analytische Darstellung*, d. h. die Wiedergabe durch eine Gleichung. Sie ist für beliebig viele unabhängige Variable möglich. Ein Beispiel ist die durch das Boyle'sche Gesetz angegebene Abhängigkeit des Volumens V eines idealen Gases von der Molzahl n, dem Druck p und der Temperatur T:

$$V = V(n, T, p) = \frac{nRT}{p} \; .$$

Hier ist V eine Funktion von n, T und p, also von drei unabhängigen Variablen.

Die Angabe der Funktion in einer *Tabelle* ist nur bei höchstens zwei unabhängigen Variablen möglich. Man benötigt hierfür eine rechteckige Tabelle aus mehreren Zeilen und Spalten. Die Werte der einen unabhängigen Variablen werden in die oberste Zeile, die der anderen in die erste Spalte eingetragen. Die jeweils zugehörigen Funktionswerte kommen in das Mittelfeld. Bei mehr als zwei unabhängigen Variablen muss man für einzelne bestimmte Werte der weiteren Variablen jeweils eine neue derartige Tabelle anfertigen; man erhält so eine Vielzahl von Tabellen.

Beispiel 4.14
Als Beispiel setzen wir in der obigen Gleichung $n = 1$ und erhalten dadurch eine Funktion $V(T, p)$ von zwei Variablen p und T. Diese ist in Tab. 4.2 dargestellt. In der obersten Zeile sind einige Werte des Druckes, in der ersten Spalte einige Temperaturwerte und im Mittelfeld die zugehörigen Volumenwerte angegeben. Zu einem Druck von beispielsweise 150 kPa und einer Temperatur von 200 K gehört der Tabelle zufolge ein Volumen von 24,6 l. Um zusätzlich noch die Abhängigkeit des Volumens von n darzustellen, muss man für jeden n-Wert eine weitere Tabelle anfertigen.

Von großer Bedeutung ist schließlich auch die *grafische Darstellung*. Betrachten wir zuerst den Fall einer Funktion von zwei Variablen, die wir in der Form $z = f(x, y)$ schreiben. Um diese Funktion darzustellen, führen wir ein rechtwinkliges räumliches Koordinatensystem ein, das aus drei senkrecht zueinander stehenden Achsen besteht, die, wie in Abb. 4.19a angegeben, mit x, y und z bezeichnet werden. Einem Wertetripel $x = a$, $y = b$ und $z = c$ ordnen wir nun einen Punkt im Raum zu, den wir in der Weise erhalten, dass wir zunächst die Strecke a auf der x-Achse, vom Endpunkt dieser Strecke die Strecke b auf einer Parallelen zur y-Achse und vom so erhaltenen Punkt wiederum die Strecke c par-

Tab. 4.2 Volumen eines idealen Gases (in Liter) als Funktion des Druckes p und der Temperatur T mit Molzahl $n = 1$.

	p [kPa]			
T [K]	50	100	150	200
100	4,1	8,2	12,3	16,4
200	8,2	16,4	24,6	32,8
300	12,3	24,6	36,9	49,2

allel zur z-Achse auftragen. Dabei werden jeweils positive Werte in Pfeilrichtung und negative Werte entgegengesetzt zur Pfeilrichtung aufgetragen.

Durch welches Gebilde wird der Definitionsbereich einer Funktion, also die Gesamtheit der x- und y-Werte, für die die Funktion definiert ist, in diesem Koordinatensystem dargestellt? Jedem Wertepaar (x, y) entspricht ein Punkt der (x, y)-Ebene des räumlichen Koordinatensystems. Die Gesamtheit der (x, y)-Paare erfüllt daher einen bestimmten *Bereich* (man sagt auch *Gebiet)* der (x, y)-Ebene. Wenn die Funktion beispielsweise für alle x-Werte aus dem Intervall $[a, b]$ und alle y-Werte aus dem Intervall $[c, d]$ definiert ist, so ist der Definitionsbereich das in Abb. 4.19b schraffierte Rechteck.

Die Funktion $z = f(x, y)$ ordnet jedem Wertepaar (x, y) einen z-Wert zu, also jedem Punkt des Definitionsbereiches in der (x, y)-Ebene eine z-Koordinate und somit einen Punkt im Raum. Die Gesamtheit dieser Punkte im Raum stellt eine irgendwie geartete Fläche dar (siehe Abb. 4.20). Diese Fläche muss so begrenzt sein, dass ihre Projektion auf die (x, y)-Ebene den Definitionsbereich der Funktion ergibt. Wir sehen also: *Während eine Funktion einer Variablen durch die Kurve*

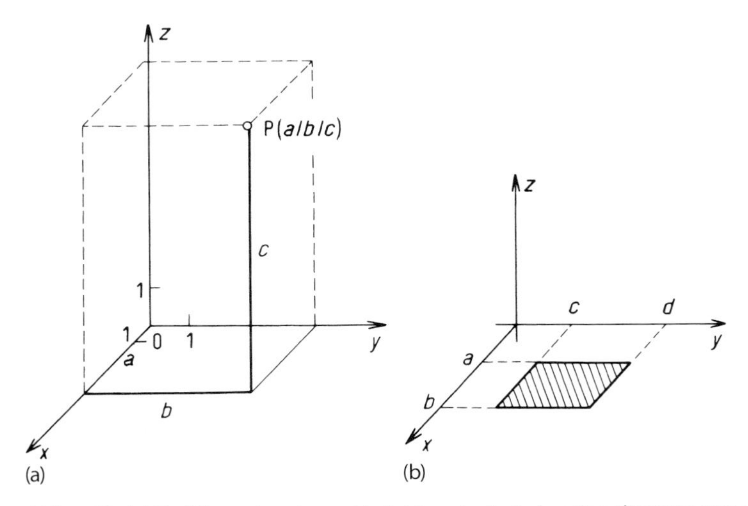

Abb. 4.19 (a) Dreidimensionales rechtwinkliges kartesisches Koordinatensystem. (b) Beispiel für einen rechteckförmigen Bereich der (x, y)-Ebene.

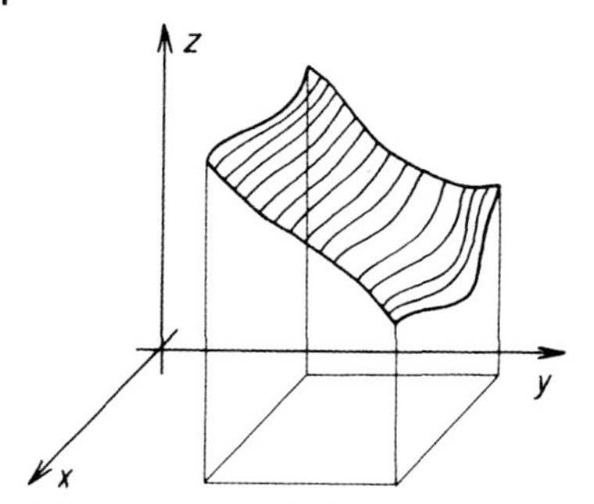

Abb. 4.20 Zur grafischen Darstellung einer Funktion von zwei Variablen.

in einer Ebene dargestellt wird, wird eine Funktion von zwei Variablen durch eine Fläche im dreidimensionalen Raum wiedergegeben.

Beispiel 4.15
Wir wollen als Beispiel die Funktion

$$V = \frac{nRT}{p}$$

betrachten und dabei die Molzahl n gleich eins setzen, sodass wir eine Funktion von zwei Variablen, nämlich p und T, vor uns haben. Der Definitionsbereich dieser Funktion umfasst alle positiven Werte von p und T. Die Darstellung ergibt die in Abb. 4.21a angegebene Fläche. Bei konstantem T-Wert, d. h. in Ebenen, die parallel zur (p, V)-Ebene liegen, müssen jeweils Hyperbeln auftreten.

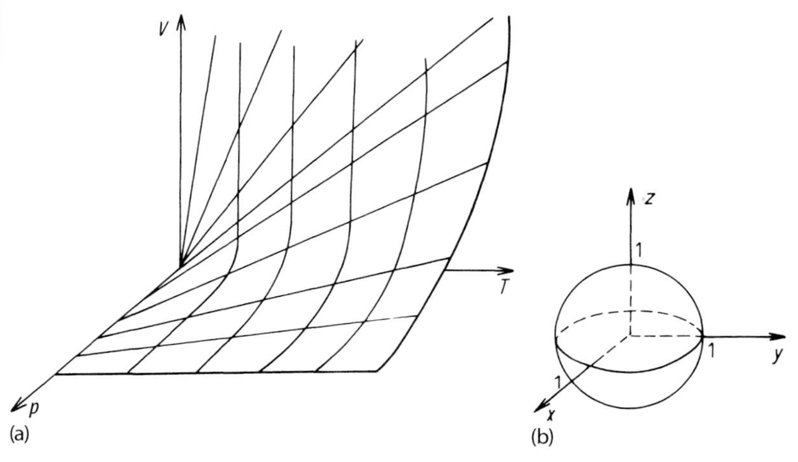

Abb. 4.21 (a) Grafische Darstellung der Funktion $V(T, p) = RT/p$. (b) Grafische Darstellung der beiden Funktionen $z = \pm\sqrt{1 - x^2 - y^2}$.

Als zweites Beispiel betrachten wir die Gleichung $x^2 + y^2 + z^2 = 1$, aus der folgt:

$$z = \pm\sqrt{1 - x^2 - y^2}\ .$$

Tatsächlich liegen hier *zwei* Funktionen vor, nämlich eine mit dem Pluszeichen und eine zweite mit dem Minuszeichen. Die Funktionen sind nur für solche x- und y-Werte definiert, für die $x^2 + y^2 \leq 1$ ist, da andernfalls der Ausdruck unter der Wurzel negativ wird. Dieser Bedingung genügen, wie sich leicht überlegen lässt, alle Punkte innerhalb und am Rande eines Kreises um den Ursprung mit dem Radius eins. Auf der Kreislinie, auf der $x^2 + y^2 = 1$ ist, wird $z = 0$. Zu jedem Punkt innerhalb des Kreises gehören zwei Werte von z, die sich nur durch das Vorzeichen unterscheiden. Die Auftragung dieser Werte zeigt, dass man eine Kugel erhält (siehe Abb. 4.21b).

Bei der Darstellung einer Funktion von zwei Variablen durch eine Fläche in einem räumlichen Koordinatensystem erhält man für gewöhnlich einen guten Überblick über den Funktionsverlauf. Sie eignet sich aber nicht zum Ablesen genauer Zahlenwerte. Bedeutend besser ist das bei sogenannten *Netztafeln* möglich, bei denen die Funktion durch eine Kurvenschar in der Ebene dargestellt wird. Man erhält diese Kurvenschar, indem man einer Variablen einen konstanten Wert zuweist und dann durch eine Kurve den Zusammenhang zwischen den beiden anderen Variablen darstellt. Anschließend weist man der ersten Variablen einen zweiten konstanten Wert zu und erhält wieder eine Kurve usw.

Beispiel 4.16

In Abb. 4.22 ist schematisch die Netztafel für die Funktion $V(T, p) = RT/p$ angegeben, wobei jeweils der Zusammenhang zwischen p und V für konstante Temperaturen T_1, T_2, T_3 usw. illustriert ist. Ein ähnliches Verfahren wendet man auch bei der Herstellung von Landkarten an, wenn man Linien konstanter Höhe einzeichnet.

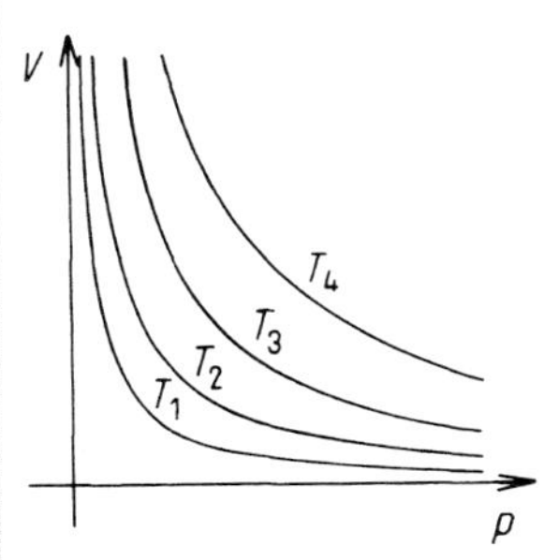

Abb. 4.22 Netztafel der Funktion $V(T, p) = RT/p$.

Eine weitere Möglichkeit der Darstellung ergibt sich dadurch, dass man in der (x, y)-Ebene Kurven konstanten Wertes von z einzeichnet. Eine solche Darstellung findet man beispielsweise auf Landkarten, wo Kurven konstanter Höhe, sogenannte Höhenlinien, eingezeichnet sind. Diese sollen die Höhe als Funktion der beiden Ortskoordinaten wiedergeben.

Beispiel 4.17

Abbildung 4.23a zeigt das fotografisch aufgenommene Röntgenstreubild einer Faser aus Polyethylenterephthalat. Man erkennt hier deutlich eine Reihe von Kristallreflexen. Der Teil (b) dieser Abbildung gibt die Intensitätsverteilung in einem Konturdiagramm wieder, welches Linien konstanter Streuintensität in der (x, y)-Ebene aufweist. Im Teil (c) der Abbildung ist schließlich die Streuintensität als Funktion der beiden Koordinaten x und y dargestellt. Man sieht, dass einer zunehmenden Schwärzung des Films eine zunehmende Streuintensität entspricht, sodass die Kristallreflexe als deutliche Maxima der Funktion in Erscheinung treten.

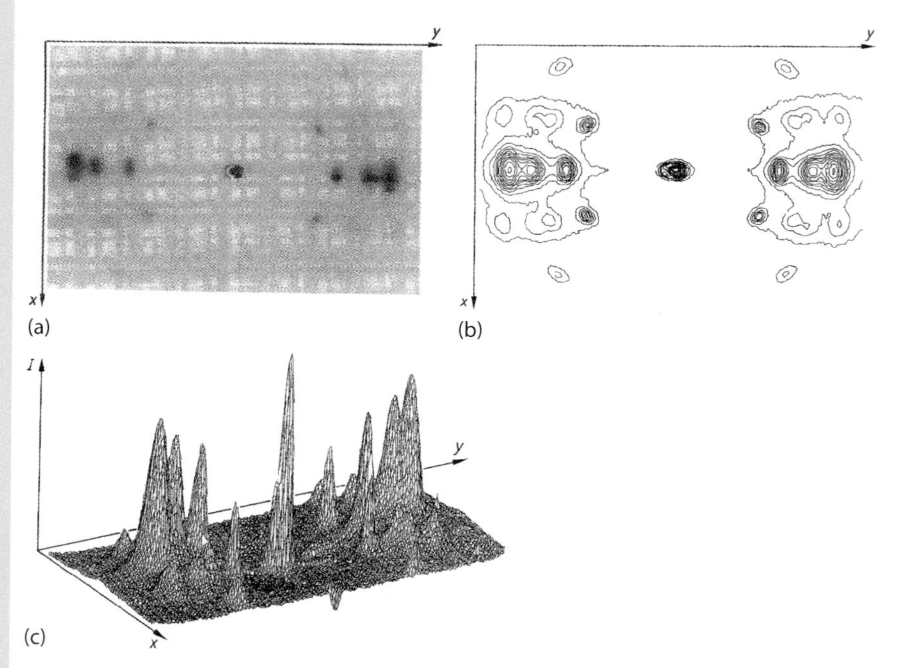

Abb. 4.23 Verschiedene Darstellungen der Intensität I der Röntgenstreuung einer Faser aus Polyethylenterephthalat als Funktion der zwei Ortskoordinaten x und y auf dem Film mit der fotografisch registrierten Streuung. (a) Kopie des fotografisch aufgenommenen Streubildes. Die Schwärzung ist proportional zur Intensität I der gestreuten Röntgenstrahlung. (b) Darstellung der Verteilung der Streuintensität in der (x, y)-Ebene mithilfe von Linien konstanter Streuintensität (Konturdiagramm). (c) Perspektivische Darstellung von I als Funktion von x und y in einem dreidimensionalen Koordinatensystem. Die steilen Maxima entsprechen Bereichen größter Schwärzung (Kristallreflexe).

Bei Funktionen von mehr als zwei unabhängigen Variablen ist eine grafische Darstellung ebenfalls mithilfe von Netzdiagrammen möglich. Es treten dann entsprechend mehr Parameter bei den Kurven auf.

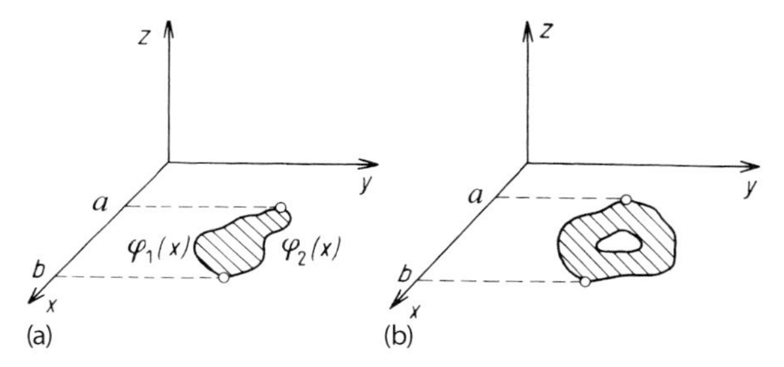

Abb. 4.24 (a) Beispiel für einen Bereich der (x, y)-Ebene mit nicht konstanten Grenzen für y. (b) Beispiel für einen mehrfach zusammenhängenden Bereich der (x, y)-Ebene.

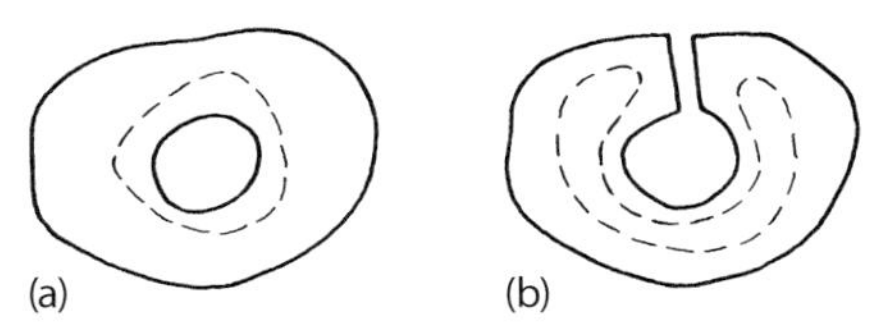

Abb. 4.25 Zur Erklärung des Begriffs „mehrfach zusammenhängender Bereich".

4.3.2
Definitionsbereiche

Wir wollen nun etwas intensiver auf die verschiedenen Arten des Definitionsbereichs einer Funktion eingehen. Wir erwähnten bereits den rechteckförmigen Bereich (siehe Abb. 4.19b), bei dem x alle Werte in $[a, b]$ und y alle Werte in $[c, d]$ annehmen kann. Ein anders gearteter Bereich ist in Abb. 4.24a angegeben. Die Größe x kann hier wieder alle Werte in $[a, b]$ annehmen. Die Grenzen, innerhalb derer sich y bewegen kann, sind aber nicht zwei konstante Zahlen, sondern hängen von x ab. Die untere Grenze ist durch die Funktion $\varphi_1(x)$, die obere durch $\varphi_2(x)$ gegeben. Der schraffierte Bereich kann mathematisch durch die Formel

$$B = \{(x, y) \in \mathbb{R} : x \in [a, b] \ , \ y \in [\varphi_1(x), \varphi_2(x)]\}$$

beschrieben werden. Schließlich kann der Definitionsbereich aus einer Fläche mit Löchern (siehe Abb. 4.24b) oder aus isolierten Punkten bestehen.

Die Bereiche in Abb. 4.19b und Abb. 4.24a nennt man *einfach zusammenhängend*, weil jede geschlossene Kurve im Bereich zu einem Punkt zusammengezogen werden kann, ohne dass sie den Bereich verlässt. Der Bereich in Abb. 4.24b heißt dagegen *mehrfach zusammenhängend*, weil es eine Kurve gibt, nämlich die, die das Loch umschließt und die innerhalb des Bereiches nicht beliebig zusammengezogen werden kann (siehe Abb. 4.25a). Der Bereich in Abb. 4.25b dagegen ist wieder einfach zusammenhängend, da jede Kurve zu einem Punkt zusammengezogen werden kann, ohne dass die Kurve den Bereich verlässt.

4.3.3
Stetigkeit

In Analogie zu Funktionen von einer Variablen definiert man die Stetigkeit folgendermaßen: *Eine Funktion von n Variablen* $f(x_1, \ldots, x_n)$ *heißt stetig an der Stelle* $\boldsymbol{x}^0 = (x_1^0, \ldots, x_n^0)^{\mathrm{T}} \in \mathbb{R}^n$ *genau dann, wenn für alle Folgen* $(\boldsymbol{x}^m)$ *mit* $\boldsymbol{x}^m = (x_1^m, \ldots, x_n^m)^{\mathrm{T}} \in \mathbb{R}^n$ *und den Eigenschaften* $\lim_{m\to\infty} x_i^m = x_i^0$ *für* $i = 1, \ldots, n$ *folgt:*

$$\lim_{m\to\infty} f(\boldsymbol{x}^m) = f(\boldsymbol{x}^0) .$$

Wie bei Funktionen einer Variablen ist die Summe, die Differenz, das Produkt bzw. der Quotient (falls er existiert) zweier stetiger Funktionen wieder stetig. Insbesondere sind Funktionen wie

$$f(x, y) = \sin(x \cdot y) , \quad g(x, y, z) = \mathrm{e}^{2x+3y} \ln(y^2 + z^2 + 1) \quad \text{usw.}$$

in ihren jeweiligen Definitionsbereichen stetig. Im Folgenden geben wir ein Beispiel für eine unstetige Funktion an.

Beispiel 4.18
Wir betrachten die Funktion $f(x, y) = xy/(x^2 + y^2)$, definiert für $(x, y) \neq (0, 0)$, und $f(0, 0) = 0$. Was passiert im Punkt $(0, 0)$? Die Funktion ist in Abb. 4.26 repräsentiert. Wir erkennen, dass die Fläche, die die Funktion darstellt, in der Nähe des Nullpunktes Unregelmäßigkeiten und sogar „Zacken“ aufweist. Die Funktion sollte aber als gebrochenrationale Funktion (siehe Abschnitt 4.2.4) „glatt“ sein. Die Unregelmäßigkeiten liegen an einer ungenauen Darstellung der Funktion durch die verwendete grafische Software. Der Grund hierfür ist, dass die Funktion unstetig ist und die Software daher Schwierigkeiten mit der Darstellung hat. Um einzusehen, dass die Funktion wirklich unstetig im Nullpunkt ist, betrachten wir die Folge $\boldsymbol{u}^m = (1/m, 1/m)^{\mathrm{T}}$. Sie konvergiert für $m \to \infty$ gegen den Nullpunkt $(0, 0)$. Außerdem ist

$$f(\boldsymbol{u}^m) = \frac{(1/m)(1/m)}{1/m^2 + 1/m^2} = \frac{1}{2} .$$

Es folgt $\lim_{m\to\infty} f(\boldsymbol{u}^m) = 1/2 \neq 0 = f(0, 0)$. Also ist f unstetig.

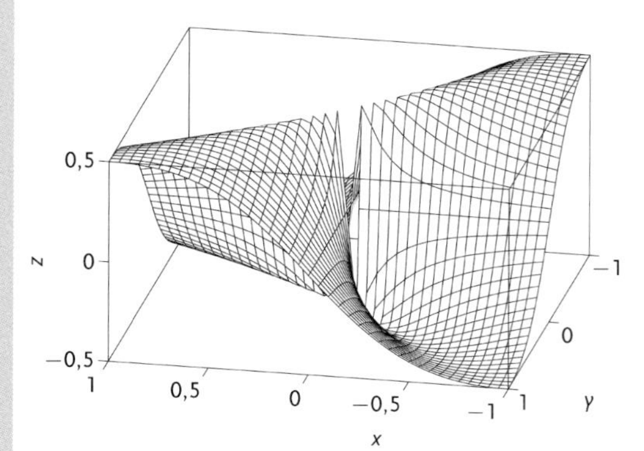

Abb. 4.26 Illustration der im Ursprung unstetigen Funktion $f(x, y) = xy/(x^2 + y^2)$.

Fragen und Aufgaben

Aufgabe 4.12 Wie können Funktionen mit zwei Variablen dargestellt werden?

Aufgabe 4.13 Was ist eine Netztafel?

Aufgabe 4.14 Ist die Menge $\{(x, y) \in \mathbb{R}^2 : x^2 + y^2 \leq 1\}$ einfach zusammenhängend?

Aufgabe 4.15 Ist die Menge $\{(x, y, z) \in \mathbb{R}^3 : (x, y, z) \neq (0, 0, 0)\}$ einfach zusammenhängend?

Aufgabe 4.16 Welche der folgenden Funktionen sind stetig: (i) $f(x, y) = (x + y)/(x - y)$ für $x, y \in \mathbb{R}, x \neq y$ und $f(x, x) = 0$, (ii) $f(x, y) = \ln(x^2 + y^2)$ für $x, y \in (0, \infty)$, (iii) $f(x, y, z) = \cos(xyz)$ für $x, y, z \in \mathbb{R}$?

Aufgabe 4.17 Zeige, dass die Funktion $f(x, y) = xy^2/(x^2 + y^4)$ im Nullpunkt nicht stetig ist. (Hinweis: Verwende z. B. die Folge $(1/m^2, 1/m)$.)

5
Vektoralgebra

5.1
Rechnen mit Vektoren

5.1.1
Definition eines Vektors

Einige physikalische Größen, wie z. B. die Temperatur, sind bereits vollständig beschrieben, wenn man lediglich eine Maßzahl angibt. Solche Größen bezeichnet man als *Skalare.* Bei anderen Größen, wie z. B. der Kraft oder der Geschwindigkeit, muss man außer der Maßzahl auch noch die Richtung angeben. Derartige Größen nennt man *Vektoren*. Die entsprechende Maßzahl heißt dann der *Betrag* des Vektors. Ein Vektor wird grafisch durch einen Pfeil dargestellt, dessen Länge seinen Betrag angibt.

Beispiel 5.1
Wenn z. B. ein Flugzeug mit 750 km/h nach Nordwesten fliegt, so ist seine Geschwindigkeit ein Vektor mit dem Betrag 750 km/h und der Richtung „Nordwesten". Dieser Vektor kann durch den in Abb. 5.1a gezeigten Pfeil wiedergegeben werden.

Führt man ein rechtwinkliges Koordinatensystem ein, so sind der Betrag und die Richtung eines Vektors eindeutig durch dessen Projektionen auf die Koordinatenachsen bestimmt. Diese Projektionen nennt man die Komponenten des Vektors. Abb. 5.1b zeigt einen Vektor $\boldsymbol{a}$ im dreidimensionalen Raum mit seinen Komponenten a_1, a_2 und a_3. Der betrachtete Vektor greift am Koordinatenursprung an. Bei einer Parallelverschiebung des Vektors ändern sich dessen Komponenten nicht, was man für den zweidimensionalen Fall mithilfe von Abb. 5.1c erkennen kann. Dadurch unterscheiden sich die Komponenten eines Vektors wesentlich von den Koordinaten eines Raumpunktes. Beginnt ein Vektor am Koordinatenursprung, so nennen wir ihn einen *Ortsvektor*.

Mathematik für Chemiker, 7. Auflage. Ansgar Jüngel und Hans G. Zachmann.

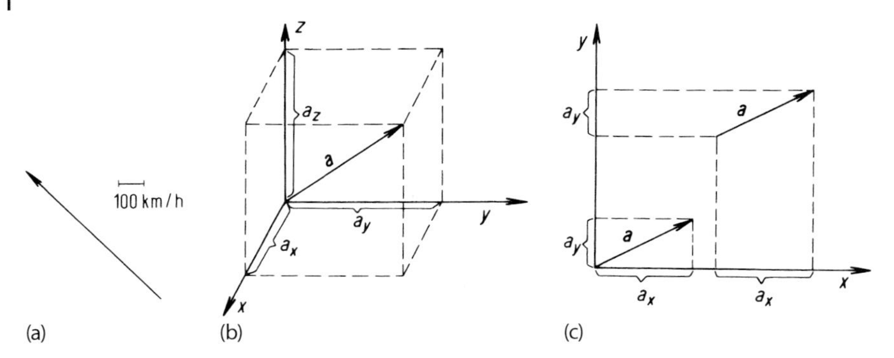

Abb. 5.1 (a) Beispiel für einen Vektor. (b) Darstellung der Komponenten eines Vektors. (c) Unabhängigkeit der Komponenten eines Vektors von dessen Ansatzpunkt.

Für das Folgende setzen wir fest, *dass wir Vektoren mit gleichen Komponenten als gleich ansehen wollen.* Da sich bei einer Parallelverschiebung eines Vektors seine Komponenten nicht ändern, sind somit alle Vektoren gleicher Länge und Richtung unabhängig von ihrem Ansatzpunkt gleich. Das ist eine wesentliche, keineswegs selbstverständliche Definition. Ihr zufolge ist ein Vektor durch seine Komponenten vollständig definiert. Man kann diese in Form einer einspaltigen Matrix schreiben:

$$\boldsymbol{a} = \begin{pmatrix} a_1 \\ a_2 \\ \vdots \\ a_n \end{pmatrix} \in \mathbb{R}^n \,. \tag{5.1}$$

Wir bezeichnen Vektoren mit kleinen Buchstaben im Fettdruck, z. B. $\boldsymbol{a}$. Für die Komponenten eines Vektors verwenden wir jeweils den gleichen Buchstaben wie für den Vektor selbst, jedoch im Normaldruck und mit einem Index versehen. Für zwei- bzw. dreidimensionale Vektoren wird manchmal auch die Schreibweise $(a_x, a_y)^\mathrm{T}$ bzw. $(a_x, a_y, a_z)^\mathrm{T}$ verwendet. Für den Betrag eines Vektors $\boldsymbol{a}$ schreiben wir $|\boldsymbol{a}|$. Bisweilen werden Vektoren auch durch Buchstaben im Normaldruck mit darübergeschriebenem Pfeil, z. B. $\vec{a}$, dargestellt.

Wir bezeichnen den Vektor (5.1) auch als *Spaltenvektor,* um ihn von dem *Zeilenvektor* $(a_1, a_2, \ldots, a_n)$ zu unterscheiden. Zeilenvektoren sind also Matrizen mit einer Zeile. Transponieren wir einen Zeilenvektor, so erhalten wir einen Spaltenvektor:

$$(a_1, a_2, \ldots, a_n)^\mathrm{T} = \begin{pmatrix} a_1 \\ a_2 \\ \vdots \\ a_n \end{pmatrix} \,.$$

Um Platz zu sparen, schreiben wir daher gelegentlich einen Spaltenvektor als die Transponierte eines Zeilenvektors, wie wir dies schon in den vorherigen Kapiteln gemacht haben.

Einen Vektor vom Betrag eins nennen wir *Einheitsvektor*. Einheitsvektoren können verschiedene Richtungen haben. Von besonderer Bedeutung sind diejenigen Einheitsvektoren, die in Richtung der Koordinatenachsen liegen. *Wir bezeichnen die Vektoren*

$$\boldsymbol{e}_1 = \begin{pmatrix} 1 \\ 0 \\ 0 \\ \vdots \\ 0 \end{pmatrix}, \quad \boldsymbol{e}_2 = \begin{pmatrix} 0 \\ 1 \\ 0 \\ \vdots \\ 0 \end{pmatrix}, \quad \boldsymbol{e}_3 = \begin{pmatrix} 0 \\ 0 \\ 1 \\ \vdots \\ 0 \end{pmatrix}, \quad \dots, \quad \boldsymbol{e}_n = \begin{pmatrix} 0 \\ 0 \\ 0 \\ \vdots \\ 1 \end{pmatrix} \in \mathbb{R}^n$$

als die kanonischen Einheitsvektoren des $\mathbb{R}^n$. Wir können jeden Vektor in eine Summe der obigen Einheitsvektoren, jeweils multipliziert mit der zugehörigen Komponente des Vektors, darstellen:

$$\boldsymbol{a} = \begin{pmatrix} a_1 \\ a_2 \\ \vdots \\ a_n \end{pmatrix} = a_1\boldsymbol{e}_1 + a_2\boldsymbol{e}_2 + \dots + a_n\boldsymbol{e}_n \ .$$

Mithilfe des Satzes von Pythagoras erkennt man anhand von Abb. 5.1b, dass das Quadrat des Betrages des Vektors $\boldsymbol{a} = (a_1, \dots, a_n)^{\mathrm{T}}$ gleich der Summe der Quadrate der Komponenten ist:

$$|\boldsymbol{a}|^2 = \sum_{i=1}^{n} a_i^2 \ .$$

Die Winkel, die der Vektor mit den Koordinatenachsen einschließt, lassen sich mithilfe trigonometrischer Gleichungen ausrechnen.

Von besonderem Interesse ist das Verhalten von Skalaren und Vektoren bei einer *Drehung des Koordinatensystems*. Während der Wert eines Skalars dabei unverändert bleibt, ändern sich die Komponenten eines Vektors, wie man leicht einsieht, in gleicher Weise wie die Ortskoordinaten eines Raumpunktes. Diese Tatsache kann man dazu benutzen, eine alternative Definition von Skalaren und Vektoren zu geben.

Beispiel 5.2

Wir betrachten als Beispiel für Vektoren mit mehr als drei Komponenten die Schwingungen eines Moleküls mit N Atomen. Die Lage eines jeden Atoms kann man durch drei Koordinaten angeben, die jeweils die Auslenkung aus der Ruhelage in die x-, y- bzw. z-Richtung eines vorgegebenen Koordinatensystems angeben. Wir bezeichnen die drei Koordinaten für das erste Atom mit x_1, x_2, x_3, die für das zweite Atom mit x_4, x_5, x_6 usw. bis zu den Koordinaten $x_{3N-2}, x_{3N-1}, x_{3N}$ für das N-te Atom. Die $3N$ Zahlen werden zu einem Vektor mit $3N$ Komponenten zusammengefasst. Dieser Vektor ist dann ein Element des $\mathbb{R}^{3N}$.

Im Falle eines Wassermoleküls H_2O ist $N = 3$, sodass die einzelnen Lagen der Atome im neundimensionalen Raum $\mathbb{R}^9$ angegeben werden.

5.1.2
Rechenregeln für Vektoren

Vektoren stellen neuartige mathematische Größen dar. Um mit ihnen rechnen zu können, muss man zunächst Rechenoperationen definieren. Man wählt die Definitionen so, dass man das Rechnen mit Vektoren möglichst vielseitig anwenden kann.

Addition von Vektoren Als Erstes definieren wir die Addition. *Unter der Summe zweier Vektoren* $\boldsymbol{a}$ *und* $\boldsymbol{b}$ *versteht man den Vektor* $\boldsymbol{c}$*, dessen Komponenten durch die Summe der Komponenten von* $\boldsymbol{a}$ *und* $\boldsymbol{b}$ *gegeben sind:*

$$\boldsymbol{c} = \boldsymbol{a} + \boldsymbol{b} = \begin{pmatrix} a_1 \\ \vdots \\ a_n \end{pmatrix} + \begin{pmatrix} b_1 \\ \vdots \\ b_n \end{pmatrix} = \begin{pmatrix} a_1 + b_1 \\ \vdots \\ a_n + b_n \end{pmatrix} .$$

Grafisch führt man die Summation so durch, dass man den Vektor $\boldsymbol{b}$ parallel verschiebt, bis sein Ansatzpunkt am Pfeilende von $\boldsymbol{a}$ liegt. Der Summenvektor $\boldsymbol{c}$ ist dann durch den Pfeil gegeben, der vom Anfangspunkt von $\boldsymbol{a}$ zum Endpunkt von $\boldsymbol{b}$ führt (siehe Abb. 5.2a). Dass diese Konstruktion richtig ist, erkennt man unmittelbar aus Abb. 5.2b, wo sie noch einmal im Rahmen eines Koordinatensystems durchgeführt wurde. Statt mit der angegebenen Dreieckskonstruktion kann man den Summenvektor auch über ein Parallelogramm finden, wie aus Abb. 5.2c hervorgeht.

Beispiel 5.3
Mithilfe der angegebenen Definition der Vektoraddition lassen sich viele physikalische Probleme lösen. Wenn auf einen Körper zwei Kräfte $\boldsymbol{a}$ und $\boldsymbol{b}$ mit gleichem Ansatzpunkt wirken, so kann man diese durch eine einzige Kraft ersetzen, die gemäß der Definition bzw. Abb. 5.2c gebildet wird. Bewegt sich in einem Kasten ein Molekül mit der Geschwindigkeit $\boldsymbol{u}$ und bewegt sich der Kasten relativ zum Laboratorium mit einer Geschwindigkeit $\boldsymbol{v}$, so ist die Geschwindigkeit des Moleküls relativ zum Laboratorium durch $\boldsymbol{u} + \boldsymbol{v}$ gegeben.
Als Beispiel addieren wir noch die zwei Vektoren des $\mathbb{R}^3$ $\boldsymbol{a} = (-1, 3, 2)^{\mathrm{T}}$ und $\boldsymbol{b} = (-3, 2, -5)^{\mathrm{T}}$. Gemäß der Definition erhalten wir:

$$\boldsymbol{a} + \boldsymbol{b} = \begin{pmatrix} -1 \\ 3 \\ 2 \end{pmatrix} + \begin{pmatrix} -3 \\ 2 \\ -5 \end{pmatrix} = \begin{pmatrix} -1-3 \\ 3+2 \\ 2-5 \end{pmatrix} = \begin{pmatrix} -4 \\ 5 \\ -3 \end{pmatrix} .$$

Als zweites Beispiel addieren wir die zweidimensionalen Vektoren $\boldsymbol{a} = (3, 2)^{\mathrm{T}}$ und $\boldsymbol{b} = (-2, 1)^{\mathrm{T}}$. Dies ergibt $\boldsymbol{a} + \boldsymbol{b} = (1, 3)^{\mathrm{T}}$ (siehe Abb. 5.3a).

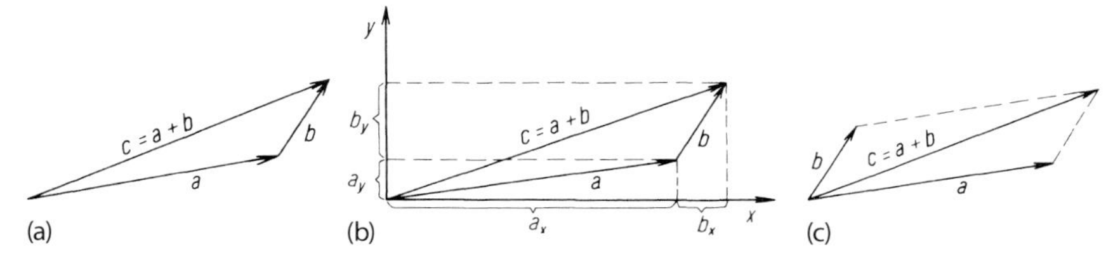

Abb. 5.2 (a,c) Konstruktion der Summe zweier Vektoren $\boldsymbol{a}$ und $\boldsymbol{b}$. (b) Zum Nachweis der Richtigkeit der Konstruktionsvorschrift für die Summation zweier Vektoren $\boldsymbol{a}$ und $\boldsymbol{b}$.

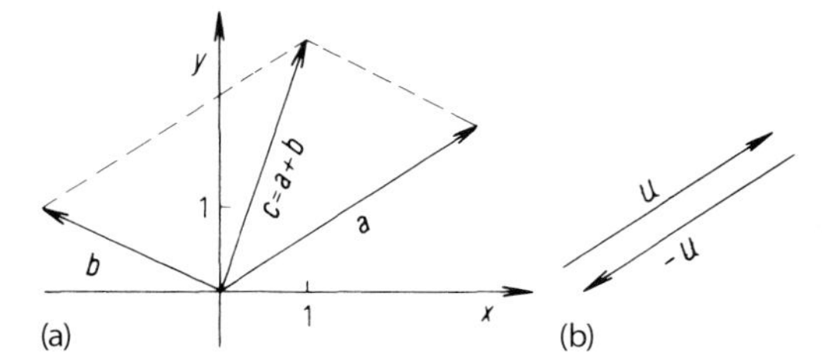

Abb. 5.3 (a) Summation der Vektoren $\boldsymbol{a} = (3,2)^{\mathrm{T}}$ und $\boldsymbol{b} = (-2,1)^{\mathrm{T}}$. (b) Zur Definition des Vektors $-\boldsymbol{u}$.

Sind $\boldsymbol{a}_1, \dots, \boldsymbol{a}_n$ beliebige Vektoren und $\lambda_1, \dots, \lambda_n$ beliebige (reelle oder komplexe) Zahlen, so nennen wir die Summe

$$\sum_{i=1}^{n} \lambda_i \boldsymbol{a}_i = \lambda_1 \boldsymbol{a}_1 + \lambda_2 \boldsymbol{a}_2 + \cdots + \lambda_n \boldsymbol{a}_n$$

eine *Linearkombination* der Vektoren $\boldsymbol{a}_1, \dots, \boldsymbol{a}_n$.

Differenz von Vektoren Als Nächstes legen wir folgendes fest: *Unter dem Vektor $-\boldsymbol{u}$ versteht man den Vektor, der den gleichen Betrag wie $\boldsymbol{u}$ hat, der aber in die entgegengesetzte Richtung weist* (siehe Abb. 5.3b). Die Komponenten von $-\boldsymbol{u}$ sind dann dem Betrage nach gleich denen von $\boldsymbol{u}$, sie besitzen aber das entgegengesetzte Vorzeichen.

Mithilfe dieser Festlegung können wir auch die Differenz zweier Vektoren definieren: *Unter der Differenz $\boldsymbol{a} - \boldsymbol{b}$ versteht man die Summe aus $\boldsymbol{a}$ und $-\boldsymbol{b}$. Wir können auch schreiben:*

$$\boldsymbol{a} - \boldsymbol{b} = \begin{pmatrix} a_1 \\ \vdots \\ a_n \end{pmatrix} - \begin{pmatrix} b_1 \\ \vdots \\ b_n \end{pmatrix} = \begin{pmatrix} a_1 - b_1 \\ \vdots \\ a_n - b_n \end{pmatrix} .$$

Beispiel 5.4
Als Beispiel berechnen wir die Differenz der beiden Vektoren $\boldsymbol{a} = (-1,3,2)^{\mathrm{T}}$ und $\boldsymbol{b} = (-3,2,-5)^{\mathrm{T}}$. Dies ergibt $\boldsymbol{a} - \boldsymbol{b} = (-1+3, 3-2, 2+5)^{\mathrm{T}} = (2,1,7)^{\mathrm{T}}$.

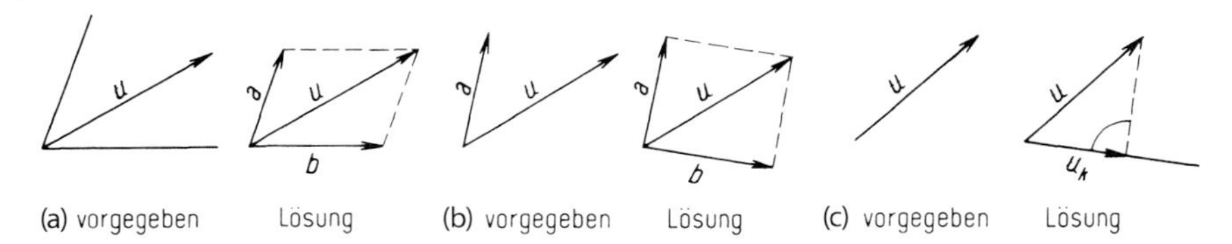

Abb. 5.4 (a) Zerlegung eines Vektors in zwei Vektoren vorgegebener Richtung. (b) Zerlegung eines Vektors bei einem vorgegebenen Vektor. (c) Bestimmung der Komponente eines Vektors in einer vorgegebenen Richtung.

Zieht man einen Vektor $\boldsymbol{a}$ von sich selbst ab, bildet man also die Differenz $\boldsymbol{a}-\boldsymbol{a}$, so erhält man einen Vektor, dessen Komponenten alle gleich null sind. Einen solchen Vektor bezeichnet man als *Nullvektor*.

Zerlegung eines Vektors Von Bedeutung ist auch die Zerlegung eines Vektors $\boldsymbol{u}$ in zwei andere Vektoren $\boldsymbol{a}$ und $\boldsymbol{b}$, die mit dem Vektor $\boldsymbol{u}$ in der gleichen Ebene liegen. Die Zerlegung ist nur dann in eindeutiger Weise durchführbar, wenn noch zusätzliche Forderungen gestellt werden. Man kann z. B. die beiden Richtungen vorgeben, in denen die zwei Vektoren weisen sollen (siehe Abb. 5.4a, links); die vollständige Bestimmung der Vektoren erfolgt dann durch Ergänzung der gegebenen Größen zu einem Parallelogramm (Abb. 5.4a, rechts). Statt der beiden Richtungen kann man auch nur die Länge und die Richtung eines Vektors vorgeben (Abb. 5.4b, links). Entsprechendes gilt auch für die Zerlegung eines Vektors in drei Vektoren, die nicht in einer Ebene liegen.

Wenn man allgemein nur von der Komponente eines Vektors in einer bestimmten Richtung spricht, ohne irgendwelche Angaben über die Richtung der anderen Komponente zu machen, so setzt man immer eine Zerlegung in zwei zueinander senkrechte Richtungen voraus. Man erhält dann die gesuchte Komponente $|\boldsymbol{u}_k|$, indem man das Lot auf die vorgegebene Richtung fällt (Abb. 5.4c). Bezeichnet man den Winkel zwischen $\boldsymbol{u}$ und $\boldsymbol{u}_k$ mit φ, so gilt:

$$|\boldsymbol{u}_k| = |\boldsymbol{u}| \cos\varphi \,.$$

Multiplikation eines Vektors mit einem Skalar Schließlich definieren wir noch: *Die Multiplikation eines Vektors* $\boldsymbol{a}$ *mit einem Skalar* $\lambda \in \mathbb{R}$ *ergibt einen Vektor* $\boldsymbol{c}$ *mit den Komponenten*

$$\boldsymbol{c} = \lambda \boldsymbol{a} = \lambda \begin{pmatrix} a_1 \\ \vdots \\ a_n \end{pmatrix} = \begin{pmatrix} \lambda a_1 \\ \vdots \\ \lambda a_n \end{pmatrix} .$$

Man kann sich leicht überlegen, dass $\boldsymbol{c}$ parallel zu $\boldsymbol{a}$ ist, sich aber dem Betrage nach von $\boldsymbol{a}$ um den Faktor $|\lambda|$ unterscheidet.

Beispiel 5.5
Abbildung 5.5 zeigt als Beispiel die beiden Vektoren $\boldsymbol{a} = (2,1)^{\mathrm{T}}$ und $\boldsymbol{c} = 3\boldsymbol{a} = (6,3)^{\mathrm{T}}$.

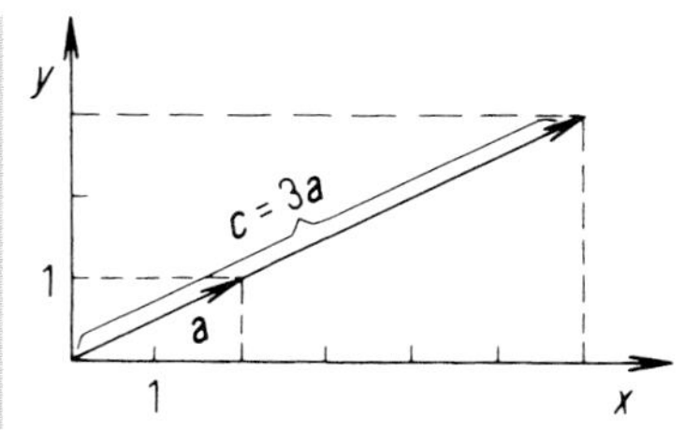

Abb. 5.5 Multiplikation eines Vektors mit einem Skalar.

5.1.3 Skalarprodukt

Unter einem Skalarprodukt zweier Vektoren $\boldsymbol{a}$ *und* $\boldsymbol{b}$ *verstehen wir die Summe der Produkte der Komponenten* a_i *und* b_i*:*

$$\boldsymbol{a} \cdot \boldsymbol{b} = \begin{pmatrix} a_1 \\ \vdots \\ a_n \end{pmatrix} \cdot \begin{pmatrix} b_1 \\ \vdots \\ b_n \end{pmatrix} = \sum_{i=1}^{n} a_i b_i \,. \tag{5.2}$$

Wir schreiben das Skalarprodukt mit einem Punkt zwischen den beiden Vektoren. Mithilfe des Falk-Schemas (siehe Abschnitt 2.1) können wir das Skalarprodukt auch als $\boldsymbol{a}^{\mathrm{T}}\boldsymbol{b}$ darstellen, wobei $\boldsymbol{a}^{\mathrm{T}}$ die zu $\boldsymbol{a}$ transponierte Matrix ist:

$$\begin{array}{ccc|c} & & & b_1 \\ & & & \vdots \\ & & & b_n \\ \hline a_1 & \cdots & a_n & a_1 b_1 + \cdots + a_n b_n \end{array}$$

Das Skalarprodukt eines Vektors mit sich selbst ergibt das Quadrat seines Betrags, denn:

$$\boldsymbol{a} \cdot \boldsymbol{a} = \sum_{i=1}^{n} a_i^2 = |\boldsymbol{a}|^2 \,.$$

Beispiel 5.6
Das Skalarprodukt der beiden Vektoren $\boldsymbol{a} = (-1, 3, 2)^{\mathrm{T}}$ und $\boldsymbol{b} = (-3, 2, -5)^{\mathrm{T}}$ lautet:

$$\begin{pmatrix} -1 \\ 3 \\ 2 \end{pmatrix} \cdot \begin{pmatrix} -3 \\ 2 \\ -5 \end{pmatrix} = (-1) \cdot (-3) + 3 \cdot 2 + 2 \cdot (-5) = 3 + 6 - 10 = -1 \,.$$

Das Skalarprodukt von $\boldsymbol{a}$ mit sich selbst berechnet sich zu $\boldsymbol{a} \cdot \boldsymbol{a} = (-1) \cdot (-1) + 3 \cdot 3 + 2 \cdot 2 = 14$.

Wir können das Skalarprodukt zweier Vektoren $\boldsymbol{a}, \boldsymbol{b} \in \mathbb{R}^n$ auch als das Produkt ihrer Beträge mit dem Kosinus des von den Vektoren eingeschlossenen Winkels

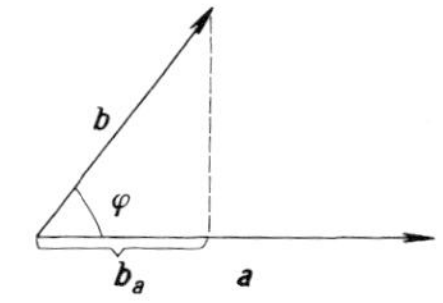

Abb. 5.6 Zum Skalarprodukt zweier Vektoren.

φ definieren (siehe Abb. 5.6):

$$\boldsymbol{a} \cdot \boldsymbol{b} = |\boldsymbol{a}|\,|\boldsymbol{b}| \cos\varphi\,. \tag{5.3}$$

Dies können wir etwa einsehen, indem wir das Koordinatensystem so legen, dass der Vektor $\boldsymbol{a}$ in Richtung der positiven x_1-Achse zeigt, d. h. $\boldsymbol{a} = (a_1, 0, \ldots, 0)^{\mathrm{T}}$ mit $a_1 = |\boldsymbol{a}| \geq 0$. Schreiben wir $\boldsymbol{b} = (b_1, \ldots, b_n)^{\mathrm{T}}$ (mit $b_1 = b_a$ in Abb. 5.6), so ist der Kosinus des von $\boldsymbol{a}$ und $\boldsymbol{b}$ eingeschlossenen Winkels φ der Quotient aus Ankathete b_1 und Hypotenuse $|\boldsymbol{b}|$

$$\cos\varphi = \frac{b_1}{|\boldsymbol{b}|}$$

und daher

$$|\boldsymbol{a}|\,|\boldsymbol{b}| \cos\varphi = |\boldsymbol{a}| \cdot b_1 = a_1 \cdot b_1 = \boldsymbol{a} \cdot \boldsymbol{b}\,,$$

denn alle Komponenten von $\boldsymbol{a}$ bis auf die erste sind gleich null. Dies zeigt, dass die Definitionen (5.2) und (5.3) gleich sind.

Mithilfe der Charakterisierung (5.3) sehen wir, dass $|\boldsymbol{b}| \cos\varphi$ die Projektion des Vektors $\boldsymbol{b}$ auf den Vektor $\boldsymbol{a}$ ist, die dadurch entsteht, dass wir von der Pfeilspitze des Vektors $\boldsymbol{b}$ das Lot auf den Vektor $\boldsymbol{a}$ fällen; wir bezeichnen diese Länge mit b_a (siehe Abb. 5.6). Aus (5.3) folgt, dass

$$b_a = |\boldsymbol{b}| \cos\varphi = |\boldsymbol{b}| \frac{\boldsymbol{a} \cdot \boldsymbol{b}}{|\boldsymbol{a}|\,|\boldsymbol{b}|} = \frac{\boldsymbol{a}}{|\boldsymbol{a}|} \cdot \boldsymbol{b}\,. \tag{5.4}$$

Stehen zwei Vektoren $\boldsymbol{a}$ und $\boldsymbol{b}$ senkrecht aufeinander, so ist der Kosinus des von ihnen eingeschlossenen Winkels gleich null. Daher ist (5.3) zufolge auch das Skalarprodukt $\boldsymbol{a} \cdot \boldsymbol{b}$ gleich null. Diese Eigenschaft kann auch als Definition verwendet werden, da sie keinen Bezug auf die geometrische Darstellung nimmt: *Wir sagen, dass zwei Vektoren des $\mathbb{R}^n$ senkrecht aufeinanderstehen oder zueinander orthogonal sind, wenn ihr Skalarprodukt $\boldsymbol{a} \cdot \boldsymbol{b}$ gleich null ist.* Wir schreiben hierfür auch $\boldsymbol{a} \perp \boldsymbol{b}$.

Eine mögliche Anwendung des Skalarprodukts stellt die Berechnung der Arbeit dar. Die Arbeit, die eine konstante Kraft $\boldsymbol{F}$ längs eines Weges $\boldsymbol{x}$ leistet, ist gegeben durch das Produkt aus der Komponente der Kraft in Richtung des Weges und der Länge des Weges, also durch $A = \boldsymbol{F} \cdot \boldsymbol{x}$. Ist die Kraft eine Funktion des zurückgelegten Weges, so ist die Arbeit durch ein entsprechendes Integral gegeben.

Beispiel 5.7
Wie groß ist die Arbeit beim Ziehen eines Handwagens über eine Entfernung von 200 m, wenn die Deichsel um 30° nach oben gerichtet ist und längs der Deichsel eine Kraft von 15 N wirkt? Es ist

$$\begin{aligned} A &= \boldsymbol{F} \cdot \boldsymbol{x} = |\boldsymbol{F}|\,|\boldsymbol{x}| \cos\varphi = 15\,\mathrm{N} \cdot 200\,\mathrm{m} \cdot \cos 30^\circ \\ &= 1500\sqrt{3}\,\mathrm{N\,m} \approx 2598\,\mathrm{N\,m}\,. \end{aligned}$$

Die geleistete Arbeit beträgt daher ungefähr 2598 N m.

5.1.4
Vektorprodukt

Im dreidimensionalen Raum $\mathbb{R}^3$ gibt es neben dem Skalarprodukt ein zweites Produkt, das *Vektorprodukt*. Während das Skalarprodukt eine reelle Zahl ergibt, liefert das Vektorprodukt wieder einen Vektor. Es ist folgendermaßen definiert:

$$\boldsymbol{a} \times \boldsymbol{b} = \begin{pmatrix} a_1 \\ a_2 \\ a_3 \end{pmatrix} \times \begin{pmatrix} b_1 \\ b_2 \\ b_3 \end{pmatrix} = \begin{pmatrix} a_2 b_3 - a_3 b_2 \\ a_3 b_1 - a_1 b_3 \\ a_1 b_2 - a_2 b_1 \end{pmatrix}\,. \tag{5.5}$$

Das Vektorprodukt wird zuweilen auch *Kreuzprodukt* genannt. Die Reihenfolge der Indizes lässt sich wie folgt merken. In der *ersten* Komponente des Produktvektors ist zuerst die *zweite* Komponente von $\boldsymbol{a}$ mit der *dritten* Komponente von $\boldsymbol{b}$ zu multiplizieren (und dann das Produkt $a_3 b_2$ abzuziehen). Dies ergibt die Reihenfolge $(1, 2, 3)$. Für die zweite Komponente ist zunächst das Produkt $a_3 b_1$ zu bilden; dies entspricht der Reihenfolge $(2, 3, 1)$. Für die dritte Komponente erhalten wir schließlich $(3, 1, 2)$. Diese drei Reihenfolgen sind zyklische Permutationen von $(1, 2, 3)$. Eine andere Möglichkeit, sich die Definition des Vektorprodukts zu merken, ist die symbolische Schreibweise

$$\boldsymbol{a} \times \boldsymbol{b} = \begin{vmatrix} \boldsymbol{e}_1 & \boldsymbol{e}_2 & \boldsymbol{e}_3 \\ a_1 & a_2 & a_3 \\ b_1 & b_2 & b_3 \end{vmatrix}\,,$$

wobei $\boldsymbol{e}_i$ die kanonischen Einheitsvektoren des $\mathbb{R}^3$ sind (siehe Abschnitt 5.1.1) und mit den senkrechten Linien die Determinante dieser „(3×3)-Matrix" gemeint ist (siehe Abschnitt 2.3). Tatsächlich handelt es sich um keine Matrix, wie wir sie in Abschnitt 2.1 definiert haben, da die erste Zeile keine reellen Zahlen, sondern die dreidimensionalen Vektoren $\boldsymbol{e}_i$ enthält. Allerdings können wir formal die Regel von Sarrus auf die obige „Matrix“ anwenden und erhalten:

$$\begin{aligned}\boldsymbol{a}\times\boldsymbol{b} &= \boldsymbol{e}_1 a_2 b_3 + \boldsymbol{e}_2 a_3 b_1 + \boldsymbol{e}_3 a_1 b_2 - \boldsymbol{e}_3 a_2 b_1 - \boldsymbol{e}_2 a_1 b_3 - \boldsymbol{e}_1 a_3 b_2 \\ &= a_2 b_3 \begin{pmatrix}1\\0\\0\end{pmatrix} + a_3 b_1 \begin{pmatrix}0\\1\\0\end{pmatrix} + a_1 b_2 \begin{pmatrix}0\\0\\1\end{pmatrix} \\ &\quad - a_2 b_1 \begin{pmatrix}0\\0\\1\end{pmatrix} - a_1 b_3 \begin{pmatrix}0\\1\\0\end{pmatrix} - a_3 b_2 \begin{pmatrix}1\\0\\0\end{pmatrix} = \begin{pmatrix}a_2 b_3 - a_3 b_2\\ a_3 b_1 - a_1 b_3\\ a_1 b_2 - a_2 b_1\end{pmatrix} .\end{aligned}$$

Dies entspricht gerade der Definition (5.5).

Beispiel 5.8
Als Beispiel berechnen wir das Vektorprodukt der Vektoren $\boldsymbol{a} = (-1, 3, 2)^{\mathrm{T}}$ und $\boldsymbol{b} = (-3, 2, -5)^{\mathrm{T}}$. Wir erhalten nach der obigen Definition:

$$\begin{pmatrix}-1\\3\\2\end{pmatrix} \times \begin{pmatrix}-3\\2\\-5\end{pmatrix} = \begin{pmatrix}3\cdot(-5) - 2\cdot 2\\ 2\cdot(-3) - (-1)\cdot(-5)\\ (-1)\cdot 2 - 3\cdot(-3)\end{pmatrix} = \begin{pmatrix}-19\\-11\\7\end{pmatrix} .$$

Das Vektorprodukt des Vektors $\boldsymbol{a}$ mit sich selbst ergibt den Nullvektor, denn

$$\begin{pmatrix}-1\\3\\2\end{pmatrix} \times \begin{pmatrix}-1\\3\\2\end{pmatrix} = \begin{pmatrix}3\cdot 2 - 3\cdot 2\\ 2\cdot(-1) - (-1)\cdot 2\\ (-1)\cdot 3 - 3\cdot(-1)\end{pmatrix} = \begin{pmatrix}0\\0\\0\end{pmatrix} .$$

Wir können das Vektorprodukt $\boldsymbol{c} = \boldsymbol{a} \times \boldsymbol{b}$ auch dadurch definieren, dass wir darunter einen Vektor verstehen, der senkrecht auf $\boldsymbol{a}$ und $\boldsymbol{b}$ steht und dessen Länge durch

$$|\boldsymbol{c}| = |\boldsymbol{a}|\,|\boldsymbol{b}| \sin\varphi \tag{5.6}$$

bestimmt wird, wobei φ der von den beiden Vektoren eingeschlossene Winkel ist. Das Vektorprodukt ist so orientiert, dass man, von seiner Pfeilspitze aus betrachtet, den Vektor $\boldsymbol{a}$ gegen den Uhrzeigersinn drehen muss, um ihn in Richtung des Vektors $\boldsymbol{b}$ zeigen zu lassen (siehe Abb. 5.7). Wir sagen, dass die drei Vektoren $\boldsymbol{a}$, $\boldsymbol{b}$ und $\boldsymbol{c}$ ein *Rechtssystem* bilden. Müssen wir den Vektor $\boldsymbol{a}$ dagegen im Uhrzeigersinn drehen, um ihn in Richtung des Vektors $\boldsymbol{b}$ zeigen zu lassen, so nennen wir die drei Vektoren $\boldsymbol{a}$, $\boldsymbol{b}$ und $\boldsymbol{c}$ ein *Linkssystem.* Die beiden Definitionen (5.5) und (5.6) sind gleichbedeutend.

Der Betrag des Vektorprodukts zweier Vektoren ist der Flächeninhalt des von den beiden Vektoren definierten Parallelogramms. Stehen beispielsweise beide Vektoren senkrecht aufeinander, so ist der von ihnen eingeschlossene Winkel gleich 90° und damit der Sinus des Winkels gleich eins. Das Parallelogramm ist ein Rechteck und dessen Flächeninhalt das Produkt der Seitenlängen. Sind die

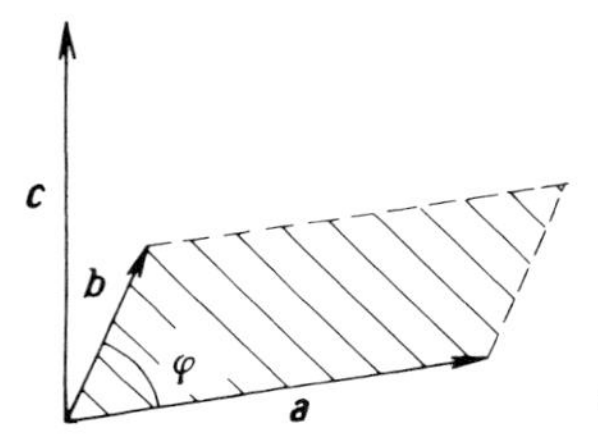

Abb. 5.7 Zur Definition des Vektorprodukts.

beiden Vektoren dagegen parallel, so ist der Winkel und somit auch der Sinus des Winkels gleich null. Das Parallelogramm degeneriert zu einer Linie, deren Flächeninhalt natürlich ebenfalls gleich null ist.

Während wir beim Skalarprodukt die Reihenfolge der Vektoren vertauschen dürfen, $\boldsymbol{a} \cdot \boldsymbol{b} = \boldsymbol{b} \cdot \boldsymbol{a}$, gilt diese Eigenschaft beim Vektorprodukt *nicht*. Vielmehr müssen wir das Vorzeichen des Produktes vertauschen:

$$\boldsymbol{a} \times \boldsymbol{b} = -\boldsymbol{b} \times \boldsymbol{a} \; .$$

Diese Eigenschaft ist unmittelbar aus der Definition (5.5) ersichtlich.

Beispiel 5.9
Das Vektorprodukt wird unter anderem bei der Beschreibung einer Drehbewegung verwendet. Betrachten wir einen Massenpunkt, der in der (x, y)-Ebene um die z-Achse rotiert (siehe Abb. 5.8). Zur Beschreibung der Drehbewegung führt man gewöhnlich die *Winkelgeschwindigkeit* $\boldsymbol{\omega}$ ein. Diese ist ein Vektor, der in Richtung der Drehachse liegt und so orientiert ist, dass von dessen Pfeilspitze aus gesehen die Bewegung gegen den Uhrzeigersinn erfolgt. Der Betrag von $\boldsymbol{\omega}$ ist der je Zeiteinheit zurückgelegte Winkel im Bogenmaß. Wenn man die jeweilige Lage des Massenpunktes durch den Ortsvektor $\boldsymbol{x}$ beschreibt, der vom Zentrum der Drehung zum Massenpunkt weist, so ist die jeweilige Geschwindigkeit $\boldsymbol{u}$ des Massenpunktes durch $\boldsymbol{u} = \boldsymbol{\omega} \times \boldsymbol{x}$ gegeben.

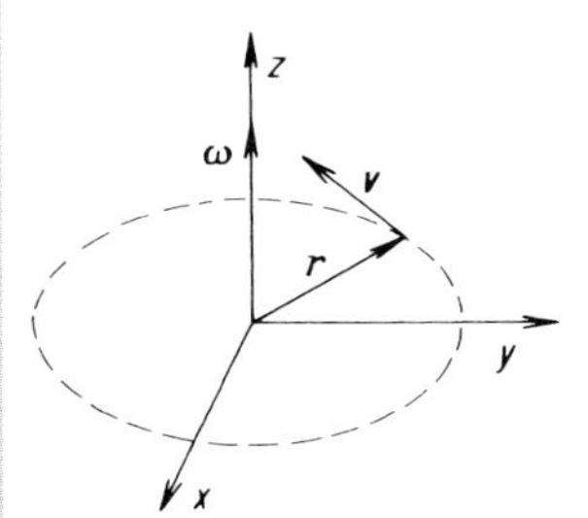

Abb. 5.8 Zur Definition der Winkelgeschwindigkeit.

Ein interessantes Verhalten des Vektorproduktes ist bei der Spiegelung des Koordinatensystems zu beobachten. Ein Vektor, der sich wie eine orientierte Strecke transformiert – wie etwa die Geschwindigkeit oder die Kraft –, ändert dabei die Vorzeichen seiner Komponenten (denn aus $\boldsymbol{a}$ wird nach der Spiegelung $-\boldsymbol{a}$). Man spricht daher in diesem Fall von *polaren Vektoren*. Die Komponenten des Vektors, der ein Vektorprodukt darstellt, bleiben dagegen unverändert (denn aus

$\boldsymbol{a} \times \boldsymbol{b}$ wird nach der Spiegelung $(-\boldsymbol{a}) \times (-\boldsymbol{b}) = \boldsymbol{a} \times \boldsymbol{b}$). Man bezeichnet diesen daher als *axialen Vektor*. Solange man nur Drehungen des Koordinatensystems betrachtet, gibt es keinen Unterschied zwischen axialen und polaren Vektoren, bei Spiegelungen ist aber der angeführte Unterschied bei der Transformation der Komponenten zu beachten.

Die Besonderheit des Vektorproduktes äußert sich noch in anderer Weise: Während das Skalarprodukt im n-dimensionalen Raum definiert werden kann, ist das Vektorprodukt nur im $\mathbb{R}^3$ erklärt.

5.1.5
Spatprodukt

Von Interesse sind auch Produkte von mehr als zwei Vektoren. Wir betrachten im besonderen das Skalarprodukt eines Vektors $\boldsymbol{a}$ mit demVektorprodukt zweier Vektoren $\boldsymbol{b}$ und $\boldsymbol{c}$:

$$\boldsymbol{a} \cdot (\boldsymbol{b} \times \boldsymbol{c}) \ .$$

✎ Man bezeichnet diesen Ausdruck als *Spatprodukt*.

Das Spatprodukt ist ein Skalar mit der folgenden geometrischen Bedeutung. Die Vektoren $\boldsymbol{a}$, $\boldsymbol{b}$ und $\boldsymbol{c}$ definieren als Kanten einen Körper, der durch drei Paare paralleler Ebenen begrenzt wird und den man als *Parallelepiped* oder *Spat* bezeichnet (siehe Abb. 5.9). *Das Spatprodukt gibt das Volumen V dieses Parallelepipeds an, und zwar mit einem positiven oder negativen Vorzeichen versehen, je nachdem, ob die Vektoren* $\boldsymbol{a}$*,* $\boldsymbol{b}$*,* $\boldsymbol{c}$ *ein Rechtssystem oder ein Linkssystem bilden:*

$$V = \boldsymbol{a} \cdot (\boldsymbol{b} \times \boldsymbol{c}) \ , \qquad \text{wenn} \quad \boldsymbol{a}, \boldsymbol{b}, \boldsymbol{c} \quad \text{ein Rechtssystem bildet} \ ;$$
$$V = -\boldsymbol{a} \cdot (\boldsymbol{b} \times \boldsymbol{c}) \ , \qquad \text{wenn} \quad \boldsymbol{a}, \boldsymbol{b}, \boldsymbol{c} \quad \text{ein Linkssystem bildet} \ .$$

Man kann diese Aussage leicht einsehen: Das Produkt $\boldsymbol{b} \times \boldsymbol{c}$ ist ein Vektor $\boldsymbol{f}$, der senkrecht auf das Parallelogramm mit den Seiten $\boldsymbol{b}$ und $\boldsymbol{c}$ steht und dessen Betrag gleich dem Flächeninhalt dieses Parallelogramms ist. Das Skalarprodukt aus $\boldsymbol{a}$ und $\boldsymbol{f}$ ist das Produkt aus $|\boldsymbol{f}|$ und der Komponente von $\boldsymbol{a}$ in Richtung

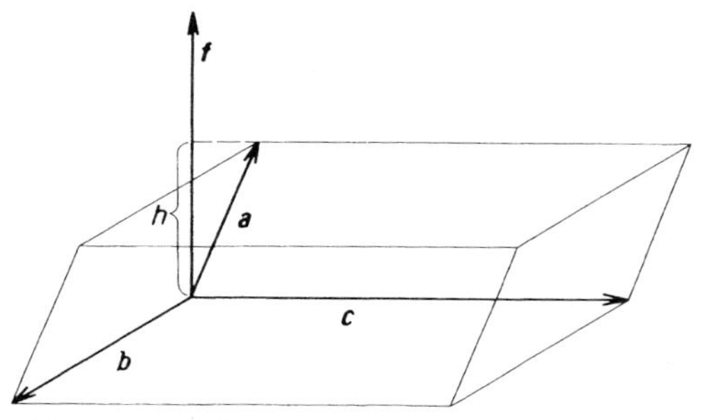

Abb. 5.9 Zur Definition des Spatproduktes dreier Vektoren $\boldsymbol{a}$, $\boldsymbol{b}$ und $\boldsymbol{c}$.

von $\boldsymbol{f}$. Diese Komponente ist dem Betrage nach gleich der Höhe des Parallelepipeds (siehe Abb. 5.9). Wenn die Vektoren $\boldsymbol{a}, \boldsymbol{b}, \boldsymbol{c}$ ein Rechtssystem bilden, so ist die Komponente von $\boldsymbol{a}$ positiv. Die Zahl $\boldsymbol{a} \cdot \boldsymbol{f} = \boldsymbol{a} \cdot (\boldsymbol{b} \times \boldsymbol{c})$ stellt dann das Produkt aus Höhe und Grundfläche dar, was bekanntlich das Volumen ergibt. Bilden die Vektoren $\boldsymbol{a}, \boldsymbol{b}, \boldsymbol{c}$ dagegen ein Linkssystem, so ist die betrachtete Komponente von $\boldsymbol{a}$ negativ und das Spatprodukt ergibt das Volumen V mit einem negativen Vorzeichen.

Es ist ferner leicht einzusehen, dass

$$\boldsymbol{a} \cdot (\boldsymbol{b} \times \boldsymbol{c}) = \boldsymbol{c} \cdot (\boldsymbol{a} \times \boldsymbol{b}) = \boldsymbol{b} \cdot (\boldsymbol{c} \times \boldsymbol{a})$$

gilt, denn jedes dieser Spatprodukte gibt das Volumen des Parallelepipeds an, wobei lediglich beim ersten das Parallelogramm mit den Seiten $\boldsymbol{b}$ und $\boldsymbol{c}$ die Grundfläche ist, beim zweiten das mit den Seiten $\boldsymbol{a}$ und $\boldsymbol{b}$ und beim dritten das mit den Seiten $\boldsymbol{a}$ und $\boldsymbol{c}$. Die Reihenfolge der Vektoren ist dabei immer die gleiche. Vertauscht man dagegen zwei Vektoren miteinander, so ändert man die Reihenfolge und kommt von einem Rechtssystem in ein Linkssystem bzw. umgekehrt. Das Spatprodukt ändert dann sein Vorzeichen. Daher gilt z. B.:

$$\boldsymbol{a} \cdot (\boldsymbol{b} \times \boldsymbol{c}) = -\boldsymbol{a} \cdot (\boldsymbol{c} \times \boldsymbol{b}) \; .$$

Taucht einer der Vektoren im Spatprodukt doppelt auf, so ist das Produkt gleich null, denn die verbleibenden zwei Vektoren des Spatproduktes spannen nur ein Parallelogramm auf, das wir als Parallelepiped mit Volumen null interpretieren können:

$$\boldsymbol{a} \cdot (\boldsymbol{a} \times \boldsymbol{b}) = \boldsymbol{a} \cdot (\boldsymbol{b} \times \boldsymbol{a}) = \boldsymbol{b} \cdot (\boldsymbol{a} \times \boldsymbol{a}) = \boldsymbol{0} \; . \tag{5.7}$$

Um das Spatprodukt zu berechnen, gibt es eine einfach zu merkende Formel. Nach den Definitionen des Skalar- und Vektorproduktes gilt nämlich

$$\begin{aligned} \boldsymbol{a} \cdot (\boldsymbol{b} \times \boldsymbol{c}) &= \begin{pmatrix} a_1 \\ a_2 \\ a_3 \end{pmatrix} \cdot \begin{pmatrix} b_2c_3 - b_3c_2 \\ b_3c_1 - b_1c_3 \\ b_1c_2 - b_2c_1 \end{pmatrix} \\ &= a_1(b_2c_3 - b_3c_2) + a_2(b_3c_1 - b_1c_3) + a_3(b_1c_2 - b_2c_1) \; , \end{aligned}$$

und die rechte Seite ist gerade die Determinante der (3×3)-Matrix, die aus den Komponenten der drei Vektoren $\boldsymbol{a}, \boldsymbol{b}$ und $\boldsymbol{c}$ besteht:

$$\boldsymbol{a} \cdot (\boldsymbol{b} \times \boldsymbol{c}) = \begin{vmatrix} a_1 & a_2 & a_3 \\ b_1 & b_2 & b_3 \\ c_1 & c_2 & c_3 \end{vmatrix} \; .$$

Da bei der Determinante die Zeilen und Spalten vertauscht werden dürfen (siehe Abschnitt 2.3.2), gilt ebenso:

$$\boldsymbol{a} \cdot (\boldsymbol{b} \times \boldsymbol{c}) = \begin{vmatrix} a_1 & b_1 & c_1 \\ a_2 & b_2 & c_2 \\ a_3 & b_3 & c_3 \end{vmatrix} \; . \tag{5.8}$$

Wir haben gezeigt: *Das Spatprodukt ist durch die in obiger Weise aus den Komponenten der Vektoren gebildete Determinante gegeben.*

Beispiel 5.10
Als erstes Beispiel betrachten wir das Parallelepiped, das durch die Vektoren

$$\boldsymbol{a} = \begin{pmatrix} 1 \\ 1 \\ 1 \end{pmatrix}, \quad \boldsymbol{b} = \begin{pmatrix} 2 \\ 0 \\ 0 \end{pmatrix}, \quad \boldsymbol{c} = \begin{pmatrix} 1 \\ 1 \\ 0 \end{pmatrix}$$

gebildet wird. Die Vektoren bilden in der angegebenen Reihenfolge ein Rechtssystem. Mithilfe von (5.8) erhalten wir:

$$\begin{aligned} V = \boldsymbol{a} \cdot (\boldsymbol{b} \times \boldsymbol{c}) &= \begin{vmatrix} 1 & 2 & 1 \\ 1 & 0 & 1 \\ 1 & 0 & 0 \end{vmatrix} \\ &= 1 \cdot 0 \cdot 0 + 2 \cdot 1 \cdot 1 + 1 \cdot 1 \cdot 0 - 1 \cdot 0 \cdot 1 - 1 \cdot 1 \cdot 0 - 2 \cdot 1 \cdot 0 = 2\,. \end{aligned}$$

Das Volumen des Parallelepipeds beträgt also $V = 2$.
Als zweites Beispiel bestimmen wir das Volumen des Parallelepipeds, definiert durch die Vektoren

$$\boldsymbol{a} = \begin{pmatrix} 1 \\ 1 \\ 1 \end{pmatrix}, \quad \boldsymbol{b} = \begin{pmatrix} 2 \\ 0 \\ 0 \end{pmatrix}, \quad \boldsymbol{c} = \begin{pmatrix} -1 \\ 1 \\ 1 \end{pmatrix}.$$

Das Volumen ist gegeben durch die Determinante

$$V = \begin{vmatrix} 1 & 2 & -1 \\ 1 & 0 & 1 \\ 1 & 0 & 1 \end{vmatrix}.$$

Die zweite und dritte Zeile der obigen Matrix sind gleich, also ist nach den Rechenregeln aus Abschnitt 2.3.2 die Determinante gleich null. Dies bedeutet, dass auch das Volumen des Parallelepipeds gleich null ist. Was heißt dies? Die drei obigen Vektoren liegen in einer Ebene, denn der dritte Vektor ist die Differenz des ersten und zweiten Vektors. Also ist das Parallelepiped in Wirklichkeit ein Parallelogramm, das zwar einen positiven Flächeninhalt, aber das Raumvolumen null besitzt.

Fragen und Aufgaben

Aufgabe 5.1 Wie ist die Summe, die Differenz, das Skalarprodukt und das Vektorprodukt von Vektoren definiert? Wie führt man die Multiplikation eines Vektors mit einem Skalar aus?

Aufgabe 5.2 Welche Produkte zweier Vektoren können definiert werden?

Aufgabe 5.3 Was ist ein Einheitsvektor?

Aufgabe 5.4 Gegeben sind zwei Vektoren $\boldsymbol{a} = (3, -1, 2)^{\mathrm{T}}$ und $\boldsymbol{b} = (2, 5, 0)^{\mathrm{T}}$. Bestimme $\boldsymbol{a} + \boldsymbol{b}$, $\boldsymbol{a} - \boldsymbol{b}$, $\boldsymbol{a} \cdot \boldsymbol{b}$, $\boldsymbol{a} \times \boldsymbol{b}$, $-\boldsymbol{a}$, $6\boldsymbol{b}$.

Aufgabe 5.5 Bestimme den Betrag des Vektors $\boldsymbol{a} = (3, -1, 2)^{\mathrm{T}}$ in Richtung des Vektors $\boldsymbol{b} = (2, 5, 0)^{\mathrm{T}}$.

Aufgabe 5.6 In welchem Winkel schneiden sich die beiden Vektoren $\boldsymbol{a} = (1, 2)^{\mathrm{T}}$ und $\boldsymbol{b} = (2, 1)^{\mathrm{T}}$?

Aufgabe 5.7 Der Drehimpuls $\boldsymbol{\ell}$ eines Elektrons der Masse m, das mit der Geschwindigkeit $\boldsymbol{u} = (u_1, u_2, u_3)^{\mathrm{T}}$ in der (x_1, x_2)-Ebene um den Koordinatenursprung kreist, ist durch $\boldsymbol{\ell} = m(\boldsymbol{x} \times \boldsymbol{u})$ gegeben, wobei $\boldsymbol{x} = (x_1, x_2, x_3)^{\mathrm{T}}$ der Vektor ist, der vom Koordinatenursprung zum Elektron führt. Bestimme mithilfe von (5.5) die Komponenten des Drehimpulses.

Aufgabe 5.8 Bestimme das Volumen des Parallelepipeds, das durch die folgenden drei Vektoren bestimmt ist:

$$\boldsymbol{a} = \begin{pmatrix} 1 \\ 0 \\ 0 \end{pmatrix}, \quad \boldsymbol{b} = \begin{pmatrix} -1 \\ -2 \\ -1 \end{pmatrix}, \quad \boldsymbol{c} = \begin{pmatrix} 2 \\ 2 \\ 3 \end{pmatrix}.$$

Aufgabe 5.9 Welche der folgenden Eigenschaften des Spatproduktes gelten für alle Vektoren, welche nicht: (i) $\boldsymbol{a} \cdot (\boldsymbol{b} \times \boldsymbol{c}) = -\boldsymbol{a} \cdot (\boldsymbol{c} \times \boldsymbol{b})$; (ii) $\boldsymbol{a} \cdot (\boldsymbol{a} \times \boldsymbol{a}) = 1$; (iii) $\boldsymbol{a} \cdot (\boldsymbol{b} \times \boldsymbol{c}) = \boldsymbol{c} \cdot (\boldsymbol{a} \times \boldsymbol{b})$.

5.2 Darstellung von Vektoren in verschiedenen Basen

5.2.1 Lineare Unabhängigkeit von Vektoren

Wir haben in Abschnitt 2.4.1 bereits die lineare Abhängigkeit bzw. Unabhängigkeit der Spalten einer Matrix definiert. Wir können diese Begriffe genauso auf Vektoren anwenden, da wir diese ja als einspaltige Matrizen definiert haben. *Wir nennen die Vektoren $\boldsymbol{a}_1, \boldsymbol{a}_2, \ldots, \boldsymbol{a}_m \in \mathbb{R}^n$ linear abhängig, wenn es m Zahlen $\lambda_1, \lambda_2, \ldots, \lambda_m \in \mathbb{R}$ gibt, die nicht alle gleich null sind, sodass*

$$\lambda_1 \boldsymbol{a}_1 + \lambda_2 \boldsymbol{a}_2 + \cdots + \lambda_m \boldsymbol{a}_m = \boldsymbol{0}$$

erfüllt ist. Ist diese vektorwertige Gleichung nur für $\lambda_1 = \lambda_2 = \cdots = \lambda_m = 0$ erfüllbar, so nennen wir die m Vektoren linear unabhängig.

Ausführlich geschrieben besteht die obige Vektorgleichung aus n Gleichungen für die Komponenten der Vektoren $\boldsymbol{a}_i = (a_{1i}, a_{2i}, \dots, a_{ni})^{\mathrm{T}}$:

$$\begin{aligned}
a_{11}\lambda_1 + a_{12}\lambda_2 + \cdots + a_{1m}\lambda_m &= 0\,,\\
a_{21}\lambda_1 + a_{22}\lambda_2 + \cdots + a_{2m}\lambda_m &= 0\,,\\
&\vdots\\
a_{n1}\lambda_1 + a_{n2}\lambda_2 + \cdots + a_{nm}\lambda_m &= 0\,.
\end{aligned}$$

Dies ist ein lineares Gleichungssystem mit den Koeffizienten a_{ij} für die m Unbekannten λ_i. Fassen wir die Koeffizienten zur Matrix $\boldsymbol{A}$ zusammen, so können wir das lineare Gleichungssystem als Matrizengleichung

$$\boldsymbol{A\lambda} = \boldsymbol{0} \tag{5.9}$$

formulieren, wobei $\boldsymbol{\lambda} = (\lambda_1, \dots, \lambda_m)^{\mathrm{T}}$.

In Abschnitt 2.4.1 haben wir *algebraische* Bedingungen angegeben, unter denen die Vektoren $\boldsymbol{a}_1, \dots, \boldsymbol{a}_m$ (oder die Spalten der Matrix $\boldsymbol{A}$) linear unabhängig oder abhängig sind. Sie sind nämlich genau dann linear unabhängig, wenn das lineare Gleichungssystem (5.9) genau eine Lösung (die Nulllösung) besitzt, bzw. sie sind linear abhängig genau dann, wenn (5.9) unendlich viele Lösungen besitzt. Dies ist genau dann der Fall, wenn der Rang von $\boldsymbol{A}$ kleiner als n ist.

In diesem Abschnitt wollen wir den Begriff der linearen Abhängigkeit *geometrisch* interpretieren. Dazu betrachten wir zunächst zwei Vektoren $\boldsymbol{a}_1$ und $\boldsymbol{a}_2$. Wenn diese Vektoren linear abhängig sind, so gibt es zwei Zahlen λ_1 und λ_2, für die gilt:

$$\lambda_1\boldsymbol{a}_1 + \lambda_2\boldsymbol{a}_2 = \boldsymbol{0}\,.$$

Mindestens eine der beiden Zahlen λ_1 und λ_2 ist voraussetzungsgemäß ungleich null, z. B. $\lambda_2 \neq 0$. Dann folgt aus der obigen Gleichung, wenn wir nach $\boldsymbol{a}_2$ auflösen:

$$\boldsymbol{a}_2 = -\frac{\lambda_1}{\lambda_2}\boldsymbol{a}_1\,.$$

Die beiden Vektoren unterscheiden sich also nur um einen Zahlenfaktor, weisen aber in dieselbe oder in die entgegengesetzte Richtung. Diese Eigenschaft nennen wir *kollinear*. Sind die beiden Vektoren linear unabhängig, so weisen sie nicht in dieselbe Richtung. Sie liegen allerdings in einer Ebene (siehe Abb. 5.10). Wir sagen auch, dass zwei linear unabhängige Vektoren *eine Ebene aufspannen*. Dies bedeutet, dass jeder Vektor $\boldsymbol{b}$ in dieser Ebene in der Form $\boldsymbol{b} = \mu_1\boldsymbol{a}_1 + \mu_2\boldsymbol{a}_2$ geschrieben werden kann. Wir fassen zusammen: *Zwei linear abhängige Vektoren sind kollinear; zwei linear unabhängige Vektoren spannen eine Ebene auf*.

Drei Vektoren $\boldsymbol{a}_1$, $\boldsymbol{a}_2$, $\boldsymbol{a}_3$ aus dem $\mathbb{R}^2$ sind immer linear abhängig, denn anderenfalls sind die Vektoren $\boldsymbol{a}_1$ und $\boldsymbol{a}_2$ linear unabhängig und spannen die gesamte Ebene $\mathbb{R}^2$ auf. Da auch $\boldsymbol{a}_3$ in dieser Ebene liegt, kann er durch die anderen beiden Vektoren in der Form $\boldsymbol{a}_3 = \lambda_1\boldsymbol{a}_1 + \lambda_2\boldsymbol{a}_2$ geschrieben werden. Diese Gleichung

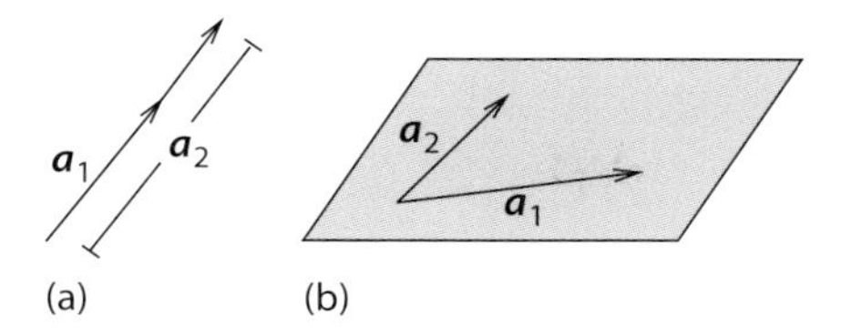

Abb. 5.10 Zur linearen Abhängigkeit von zwei Vektoren: (a) linear abhängig; (b) nicht linear abhängig.

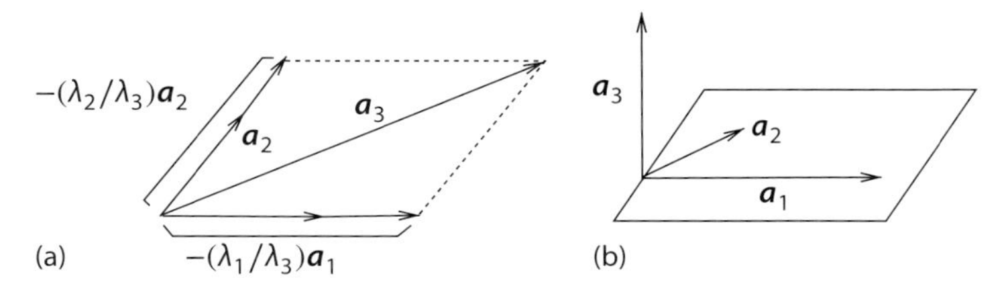

Abb. 5.11 Zur linearen Abhängigkeit von drei Vektoren: (a) linear abhängig; (b) nicht linear abhängig.

kann formuliert werden als $\lambda_1 \boldsymbol{a}_1 + \lambda_2 \boldsymbol{a}_2 + (-1) \cdot \boldsymbol{a}_3 = \boldsymbol{0}$. Dieses lineare Gleichungssystem besitzt also eine Lösung, die von der Nulllösung verschieden ist, d. h., die drei Vektoren müssen linear abhängig sein.

Im Falle von drei linear abhängigen Vektoren gilt

$$\lambda_1 \boldsymbol{a}_1 + \lambda_2 \boldsymbol{a}_2 + \lambda_3 \boldsymbol{a}_3 = \boldsymbol{0} \, ,$$

wobei mindestens eine der Zahlen λ_i ungleich null ist, z. B. $\lambda_3 \neq 0$. Lösen wir die obige Gleichung nach $\boldsymbol{a}_3$ auf, erhalten wir

$$\boldsymbol{a}_3 = -\frac{\lambda_1}{\lambda_3} \boldsymbol{a}_1 - \frac{\lambda_2}{\lambda_3} \boldsymbol{a}_2 \, .$$

Den Vektor $\boldsymbol{a}_3$ erhält man also, indem man die Vektoren $\boldsymbol{a}_1$ und $\boldsymbol{a}_2$ mit gewissen Zahlen multipliziert und anschließend addiert. Folglich muss $\boldsymbol{a}_3$ in der gleichen Ebene wie die Vektoren $\boldsymbol{a}_1$ und $\boldsymbol{a}_2$ liegen; siehe Abb. 5.11a.[1] Sind die drei Vektoren linear unabhängig, so liegen sie nicht alle in einer Ebene, sondern spannen einen dreidimensionalen Raum auf (siehe Abb. 5.11b). Wir sehen also: *Drei linear abhängige Vektoren liegen in einer Ebene; drei linear unabhängige Vektoren spannen einen dreidimensionalen Raum auf.*

Vier Vektoren $\boldsymbol{a}_1, \ldots, \boldsymbol{a}_4$ im $\mathbb{R}^3$ sind immer linear abhängig, denn anderenfalls spannen die ersten drei Vektoren den dreidimensionalen Raum $\mathbb{R}^3$ auf. Der vierte Vektor ist aber Element dieses Raumes und lässt sich daher durch die ersten drei Vektoren darstellen. Dies bedeutet aber, dass die Vektoren linear abhängig sein müssen. Um also vier linear unabhängige Vektoren zu erhalten, müssen wir mindestens im Raum $\mathbb{R}^4$ arbeiten.

1) Spannen $\boldsymbol{a}_1$ und $\boldsymbol{a}_2$ keine Ebene auf, so liegt $\boldsymbol{a}_3$ in der durch $\boldsymbol{a}_1$ bzw. $\boldsymbol{a}_2$ definierten Gerade.

Beispiel 5.11

1. Wir untersuchen die drei Vektoren

$$\boldsymbol{a} = \begin{pmatrix} 1 \\ 1 \\ 1 \end{pmatrix}, \quad \boldsymbol{b} = \begin{pmatrix} 1 \\ 2 \\ 0 \end{pmatrix}, \quad \boldsymbol{c} = \begin{pmatrix} 1 \\ 0 \\ 2 \end{pmatrix}$$

auf lineare Abhängigkeit bzw. Unabhängigkeit. Dazu bilden wir die Matrix

$$\boldsymbol{A} = \begin{pmatrix} 1 & 1 & 1 \\ 1 & 2 & 0 \\ 1 & 0 & 2 \end{pmatrix}$$

und bestimmen gemäß Abschnitt 2.4.2 den Rang dieser Matrix. Da es sich um eine quadratische Matrix handelt, können wir ebenso ihre Determinante bestimmen. Sie lautet nach der Regel von Sarrus (2.14) $\det \boldsymbol{A} = 0$. Der Rang der Matrix ist also kleiner als 3; die drei Vektoren sind linear abhängig.

2. Als zweites Beispiel betrachten wir die Vektoren

$$\boldsymbol{a} = \begin{pmatrix} 1 \\ 2 \\ -1 \\ 3 \end{pmatrix}, \quad \boldsymbol{b} = \begin{pmatrix} 1 \\ -2 \\ 1 \\ 2 \end{pmatrix}, \quad \boldsymbol{c} = \begin{pmatrix} 0 \\ 1 \\ 1 \\ 2 \end{pmatrix}.$$

Wenden wir den Gauß-Algorithmus aus Abschnitt 2.2 auf die Matrizengleichung (5.9) mit $m = 3$ an, so folgt:

$$\begin{matrix} \text{I} \\ \text{II} \\ \text{III} \\ \text{IV} \end{matrix} \begin{pmatrix} 1 & 1 & 0 \\ 2 & -2 & 1 \\ -1 & 1 & 1 \\ 3 & 2 & 2 \end{pmatrix} \begin{matrix} \\ -2\text{I} \\ +\text{I} \\ -3\text{I} \end{matrix} \quad \begin{pmatrix} 1 & 1 & 0 \\ 0 & -4 & 1 \\ 0 & 2 & 1 \\ 0 & -1 & 2 \end{pmatrix} \begin{matrix} \\ \\ +\frac{1}{2} \ \text{II} \\ -\frac{1}{4} \ \text{II} \end{matrix} \quad \begin{pmatrix} 1 & 1 & 0 \\ 0 & -4 & 1 \\ 0 & 0 & 3/2 \\ 0 & 0 & 7/4 \end{pmatrix}.$$

Die Matrix besitzt folglich den Rang drei, d. h., die drei obigen Vektoren sind linear unabhängig.

5.2.2
Basis im $\mathbb{R}^3$ und Basiswechsel

Spannen drei Vektoren $\boldsymbol{a}_1$, $\boldsymbol{a}_2$ und $\boldsymbol{a}_3$ aus dem $\mathbb{R}^3$ den dreidimensionalen Raum auf, so nennen wir sie eine *Basis* des $\mathbb{R}^3$. Gelegentlich wird eine Basis im $\mathbb{R}^3$ auch *Dreibein* genannt. *Allgemein nennen wir die Vektoren* $(\boldsymbol{a}_1, \ldots, \boldsymbol{a}_m)$ *eine Basis des* $\mathbb{R}^n$, *wenn* $m = n$ *und wenn sie linear unabhängig sind.* Die Zahl n heißt die *Dimension* des Raumes $\mathbb{R}^n$. Sie ist gerade die Anzahl der Basisvektoren. Im Folgenden betrachten wir nur Basen im $\mathbb{R}^3$.

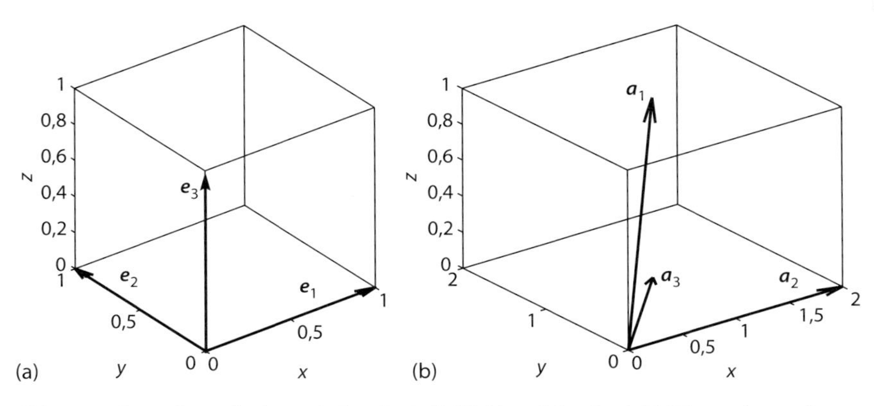

Abb. 5.12 Darstellung der kanonischen Basis (5.10) (a) und der durch (5.17) gegebenen Basis (b).

Beispiel 5.12
Die kanonischen Einheitsvektoren

$$e_1 = \begin{pmatrix} 1 \\ 0 \\ 0 \end{pmatrix} , \quad e_2 = \begin{pmatrix} 0 \\ 1 \\ 0 \end{pmatrix} , \quad e_3 = \begin{pmatrix} 0 \\ 0 \\ 1 \end{pmatrix} \tag{5.10}$$

sind linear unabhängig und daher eine Basis des $\mathbb{R}^3$ (siehe Abb. 5.12a). Wir nennen sie die *kanonische Basis* des $\mathbb{R}^3$. Der Raum $\mathbb{R}^3$ ist also dreidimensional, was mit der Anschauung übereinstimmt. Nehmen wir noch den Vektor $\boldsymbol{a} = (1, 1, 1)^{\mathrm{T}}$ hinzu, so bilden die vier Vektoren $\boldsymbol{e}_1$, $\boldsymbol{e}_2$, $\boldsymbol{e}_3$ und $\boldsymbol{a}$ *keine* Basis des $\mathbb{R}^3$, denn $\boldsymbol{a}$ ist die Summe der drei Einheitsvektoren, und damit sind die vier Vektoren linear abhängig.
Die drei Vektoren

$$\boldsymbol{a}_1 = \begin{pmatrix} 1 \\ 1 \\ 1 \end{pmatrix} , \quad \boldsymbol{a}_2 = \begin{pmatrix} 0 \\ 0 \\ 1 \end{pmatrix} , \quad \boldsymbol{a}_3 = \begin{pmatrix} -1 \\ 0 \\ 1 \end{pmatrix}$$

sind ebenfalls eine Basis des $\mathbb{R}^3$, denn die Determinante der Matrix, deren Spalten gerade die Vektoren sind, ist gleich -1 und damit ungleich null, d. h., die Vektoren sind linear unabhängig.

Jeder Vektor des $\mathbb{R}^3$ kann auf eindeutige Weise in die drei kanonischen Einheitsvektoren zerlegt werden, denn es gilt:

$$\boldsymbol{a} = \begin{pmatrix} a_1 \\ a_2 \\ a_3 \end{pmatrix} = a_1 \begin{pmatrix} 1 \\ 0 \\ 0 \end{pmatrix} + a_2 \begin{pmatrix} 0 \\ 1 \\ 0 \end{pmatrix} + a_3 \begin{pmatrix} 0 \\ 0 \\ 1 \end{pmatrix} = a_1 \boldsymbol{e}_1 + a_2 \boldsymbol{e}_2 + a_3 \boldsymbol{e}_3 \; .$$

Eine analoge Aussage gilt für jede Basis des $\mathbb{R}^3$. Um dies einzusehen, sei $(\boldsymbol{a}_1, \boldsymbol{a}_2, \boldsymbol{a}_3)$ eine Basis des $\mathbb{R}^3$ und $\boldsymbol{b} = (b_1, b_2, b_3)^{\mathrm{T}}$ ein Vektor. Wir behaupten, dass es drei Zahlen $\beta_1, \beta_2, \beta_3 \in \mathbb{R}$ gibt, sodass

$$\boldsymbol{b} = \beta_1 \boldsymbol{a}_1 + \beta_2 \boldsymbol{a}_2 + \beta_3 \boldsymbol{a}_3 \tag{5.11}$$

erfüllt ist. Diese Gleichung können wir als ein inhomogenes lineares Gleichungssystem für die Unbekannten β_1, β_2 und β_3 schreiben. Die Koeffizientenmatrix wird durch die drei Vektoren $\boldsymbol{a}_i$ gebildet. Ihre Determinante ist ungleich null, da die Vektoren $\boldsymbol{a}_i$ als linear unabhängig vorausgesetzt wurden. Daher ist das inhomogene Gleichungssystem (5.11) eindeutig lösbar, und die Existenz der drei Zahlen β_1, β_2 und β_3, sodass die Zerlegung (5.11) gilt, ist sichergestellt.

Übrigens können wir die Zahlen β_i mit einer einfachen Formel berechnen. Dazu multiplizieren wir (5.11) zunächst mit dem Vektorprodukt $\boldsymbol{a}_2 \times \boldsymbol{a}_3$:

$$\boldsymbol{b} \cdot (\boldsymbol{a}_2 \times \boldsymbol{a}_3) = \beta_1 \boldsymbol{a}_1 \cdot (\boldsymbol{a}_2 \times \boldsymbol{a}_3) + \beta_2 \boldsymbol{a}_2 \cdot (\boldsymbol{a}_2 \times \boldsymbol{a}_3) + \beta_3 \boldsymbol{a}_3 \cdot (\boldsymbol{a}_2 \times \boldsymbol{a}_3) \ .$$

Das Spatprodukt verschwindet, wenn zwei Vektoren gleich sind (siehe (5.7)), sodass die letzten beiden Summanden gleich null sind. Lösen wir die verbleibende Gleichung nach β_1 auf, erhalten wir

$$\beta_1 = \frac{\boldsymbol{b} \cdot (\boldsymbol{a}_2 \times \boldsymbol{a}_3)}{\boldsymbol{a}_1 \cdot (\boldsymbol{a}_2 \times \boldsymbol{a}_3)} \ . \tag{5.12}$$

In ähnlicher Weise können wir Formeln für β_2 und β_3 bestimmen, indem wir (5.11) mit $\boldsymbol{a}_3 \times \boldsymbol{a}_1$ bzw. $\boldsymbol{a}_1 \times \boldsymbol{a}_2$ multiplizieren. Das Ergebnis ist

$$\beta_2 = \frac{\boldsymbol{b} \cdot (\boldsymbol{a}_3 \times \boldsymbol{a}_1)}{\boldsymbol{a}_2 \cdot (\boldsymbol{a}_3 \times \boldsymbol{a}_1)} \ , \quad \beta_3 = \frac{\boldsymbol{b} \cdot (\boldsymbol{a}_1 \times \boldsymbol{a}_2)}{\boldsymbol{a}_3 \cdot (\boldsymbol{a}_1 \times \boldsymbol{a}_2)} \ . \tag{5.13}$$

Zur besseren Veranschaulichung können wir die sogenannte *reziproke Basis* $(\boldsymbol{a}_1^*, \boldsymbol{a}_2^*, \boldsymbol{a}_3^*)$ einführen, nämlich durch

$$\boldsymbol{a}_1^* = \frac{\boldsymbol{a}_2 \times \boldsymbol{a}_3}{\boldsymbol{a}_1 \cdot (\boldsymbol{a}_2 \times \boldsymbol{a}_3)} \ , \quad \boldsymbol{a}_2^* = \frac{\boldsymbol{a}_3 \times \boldsymbol{a}_1}{\boldsymbol{a}_2 \cdot (\boldsymbol{a}_3 \times \boldsymbol{a}_1)} \ , \quad \boldsymbol{a}_3^* = \frac{\boldsymbol{a}_1 \times \boldsymbol{a}_2}{\boldsymbol{a}_3 \cdot (\boldsymbol{a}_1 \times \boldsymbol{a}_2)} \ . \tag{5.14}$$

Beachte, dass die Indizes der linken Seiten und des Zählers der rechten Seiten zyklisch sind; sie lauten $(1, 2, 3)$, $(2, 3, 1)$, $(3, 1, 2)$. Dies erleichtert, sich die Formeln zu merken. Die reziproke Basis hat die Eigenschaft, dass das Skalarprodukt eines reziproken Basisvektors mit dem entsprechenden ursprünglichen Basisvektor gleich eins ist, d. h. $\boldsymbol{a}_i^* \cdot \boldsymbol{a}_i = 1$, und dass er senkrecht auf die anderen Basisvektoren $\boldsymbol{a}_j$ steht, d. h. $\boldsymbol{a}_i^* \cdot \boldsymbol{a}_j = 0$ für $i \neq j$. Diese beiden Eigenschaften können wir mithilfe des in Abschnitt 2.1 eingeführten Kronecker-Symbols einfach formulieren als

$$\boldsymbol{a}_i^* \cdot \boldsymbol{a}_j = \delta_{ij} \ , \quad i, j = 1, 2, 3 \ . \tag{5.15}$$

Die Eigenschaft für $i = j$ ist einfach einzusehen, denn z. B. für $i = 2$ folgt:

$$\boldsymbol{a}_2^* \cdot \boldsymbol{a}_2 = \boldsymbol{a}_2 \cdot \boldsymbol{a}_2^* = \frac{\boldsymbol{a}_2 \cdot (\boldsymbol{a}_3 \times \boldsymbol{a}_1)}{\boldsymbol{a}_2 \cdot (\boldsymbol{a}_3 \times \boldsymbol{a}_1)} = 1 \ .$$

Die Eigenschaft für $i \neq j$ folgt daraus, dass das Spatprodukt gleich null ist, wenn zwei der drei Vektoren gleich sind.

Mithilfe der reziproken Basis können wir die Formeln (5.12) und (5.13) schreiben als

$$\beta_i = \boldsymbol{b} \cdot \boldsymbol{a}_i^* , \quad i = 1, 2, 3 . \tag{5.16}$$

Beispiel 5.13

Als Beispiel betrachten wir die Basis

$$\boldsymbol{a}_1 = \begin{pmatrix} 1 \\ 1 \\ 1 \end{pmatrix} , \quad \boldsymbol{a}_2 = \begin{pmatrix} 2 \\ 0 \\ 0 \end{pmatrix} , \quad \boldsymbol{a}_3 = \begin{pmatrix} 1 \\ 1 \\ 0 \end{pmatrix} \tag{5.17}$$

(siehe Abb. 5.12b). Wir wollen den Vektor $\boldsymbol{b} = (1, 0, 0)^{\mathrm{T}}$ in dieser Basis darstellen, und berechnen dafür zunächst die reziproke Basis. Es gilt $\boldsymbol{a}_1 \cdot (\boldsymbol{a}_2 \times \boldsymbol{a}_3) = 2$ und

$$\boldsymbol{a}_1^* = \frac{\boldsymbol{a}_2 \times \boldsymbol{a}_3}{\boldsymbol{a}_1 \cdot (\boldsymbol{a}_2 \times \boldsymbol{a}_3)} = \frac{1}{2} \begin{pmatrix} 0 \\ 0 \\ 2 \end{pmatrix} = \begin{pmatrix} 0 \\ 0 \\ 1 \end{pmatrix} ,$$

$$\boldsymbol{a}_2^* = \frac{\boldsymbol{a}_3 \times \boldsymbol{a}_1}{\boldsymbol{a}_2 \cdot (\boldsymbol{a}_3 \times \boldsymbol{a}_1)} = \frac{1}{2} \begin{pmatrix} 1 \\ -1 \\ 0 \end{pmatrix} = \begin{pmatrix} 1/2 \\ -1/2 \\ 0 \end{pmatrix} ,$$

$$\boldsymbol{a}_3^* = \frac{\boldsymbol{a}_1 \times \boldsymbol{a}_2}{\boldsymbol{a}_3 \cdot (\boldsymbol{a}_1 \times \boldsymbol{a}_2)} = \frac{1}{2} \begin{pmatrix} 0 \\ 2 \\ -2 \end{pmatrix} = \begin{pmatrix} 0 \\ 1 \\ -1 \end{pmatrix} .$$

Damit erhalten wir

$$\beta_1 = \boldsymbol{b} \cdot \boldsymbol{a}_1^* = \begin{pmatrix} 1 \\ 0 \\ 0 \end{pmatrix} \cdot \begin{pmatrix} 0 \\ 0 \\ 1 \end{pmatrix} = 0$$

und nach analoger Rechnung $\beta_2 = \boldsymbol{b} \cdot \boldsymbol{a}_2^* = 1/2$ und $\beta_3 = \boldsymbol{b} \cdot \boldsymbol{a}_3^* = 0$. Der Vektor $\boldsymbol{b}$ hat also bezüglich der Basis $(\boldsymbol{a}_1, \boldsymbol{a}_2, \boldsymbol{a}_3)$ die Zerlegung

$$\boldsymbol{b} = 0 \cdot \boldsymbol{a}_1 + \frac{1}{2} \boldsymbol{a}_2 + 0 \cdot \boldsymbol{a}_3 .$$

Dies hätten wir natürlich auch direkt sehen können, aber die obigen Formeln erlauben die Berechnung beliebiger Vektoren nach der Basis $(\boldsymbol{a}_1, \boldsymbol{a}_2, \boldsymbol{a}_3)$. So besitzt beispielsweise $\boldsymbol{c} = (1, 2, 1)^{\mathrm{T}}$ die Zerlegung

$$\beta_1 = \boldsymbol{c} \cdot \boldsymbol{a}_1^* = 1 , \quad \beta_2 = \boldsymbol{c} \cdot \boldsymbol{a}_2^* = -\frac{1}{2} , \quad \beta_3 = \boldsymbol{c} \cdot \boldsymbol{a}_3^* = 1 ,$$

also ist

$$\boldsymbol{c} = 1 \cdot \boldsymbol{a}_1 - \frac{1}{2} \cdot \boldsymbol{a}_2 + 1 \cdot \boldsymbol{a}_3 .$$

Reziproke Basen spielen in der Chemie eine wichtige Rolle. Ein Beispiel hierfür ist die Berechnung der Streuung von Röntgenstrahlen durch ein Kristallgitter. Wir wollen die entsprechenden Zusammenhänge im Folgenden kurz andeuten.

Beispiel 5.14
Das Kristallgitter beschreibt man durch eine Basis $\boldsymbol{a}_1, \boldsymbol{a}_2, \boldsymbol{a}_3$, die durch die Kanten der Elementarzelle gegeben ist. Die hierzu reziproke Basis $\boldsymbol{a}_1^*, \boldsymbol{a}_2^*, \boldsymbol{a}_3^*$ fasst man nun als Kanten der Elementarzelle des sogenannten *reziproken Gitters* auf. Zu einer Streuung kommt es nur dann, wenn die Differenz $\Delta\boldsymbol{s}$ des Wellenvektors[2] der gestreuten Welle und desjenigen der einfallenden Welle gleich dem 2π-fachen eines Vektors im reziproken Gitter ist. Diese Aussage folgt in einfacher Weise aus den von Laue'schen Interferenzbedingungen. Diese Bedingungen lauten

$$\Delta\boldsymbol{s} \cdot \boldsymbol{a}_1 = 2\pi k_1 \ , \quad \Delta\boldsymbol{s} \cdot \boldsymbol{a}_2 = 2\pi k_2 \ , \quad \Delta\boldsymbol{s} \cdot \boldsymbol{a}_3 = 2\pi k_3 \ ,$$

wobei k_2, k_2 und k_3 ganze Zahlen sind. Lösen wir diese Gleichungen nach $\Delta\boldsymbol{s}$ auf, so erhalten wir

$$\Delta\boldsymbol{s} = 2\pi(k_1\boldsymbol{a}_1^* + k_2\boldsymbol{a}_2^* + k_3\boldsymbol{a}_3^*) \ ,$$

denn Multiplikation dieser Gleichung mit $\boldsymbol{a}_i$ ergibt wegen (5.15) $\Delta\boldsymbol{s} \cdot \boldsymbol{a}_i = 2\pi k_i$.

Wir haben bereits weiter oben eingesehen, dass jeder Vektor $\boldsymbol{b}$ in die Basisvektoren zerlegt werden kann. Ist etwa eine Basis $\boldsymbol{a}_1, \boldsymbol{a}_2, \boldsymbol{a}_3$ gegeben, so erhalten wir gemäß (5.11):

$$\boldsymbol{b} = \beta_1\boldsymbol{a}_1 + \beta_2\boldsymbol{a}_2 + \beta_3\boldsymbol{a}_3 \ .$$

Die Komponenten β_i werden *kovariant* genannt. Ist $\boldsymbol{a}_1^*, \boldsymbol{a}_2^*, \boldsymbol{a}_3^*$ die entsprechende reziproke Basis, so können wir natürlich den Vektor $\boldsymbol{b}$ auch in dieser Basis zerlegen:

$$\boldsymbol{b} = \beta_1^*\boldsymbol{a}_1^* + \beta_2^*\boldsymbol{a}_2^* + \beta_3^*\boldsymbol{a}_3^* \ .$$

Die Komponenten β_i^* werden zur Unterscheidung der obigen Komponenten als *kontravariant* bezeichnet.

5.2.3 Orthonormalbasis

Wir betrachten nun einige spezielle Basen im $\mathbb{R}^3$. Stehen drei linear unabhängige Vektoren $\boldsymbol{a}_1$, $\boldsymbol{a}_2$ und $\boldsymbol{a}_3$ senkrecht aufeinander, so sprechen wir von einer *orthogonalen Basis*. Wenn jeder der drei linear unabhängigen Vektoren auf eins normiert ist, so spricht man von einer *normierten Basis* und bezeichnet die entsprechenden Vektoren mit $\boldsymbol{e}_1, \boldsymbol{e}_2, \boldsymbol{e}_3$. *Eine normierte Basis, die gleichzeitig orthogonal ist,*

2) Unter dem Wellenvektor versteht man einen Vektor in Richtung der Fortpflanzungsrichtung der Welle mit dem Betrag $2\pi/\lambda$, wobei λ die Wellenlänge ist.

bezeichnet man als Orthonormalbasis. Eine derartige Basis besteht also aus drei aufeinander senkrecht stehenden Vektoren der Länge eins. Für die Vektoren einer Orthonormalbasis gilt also:

$$\boldsymbol{e}_i \cdot \boldsymbol{e}_j = \delta_{ij} \,, \quad i, j = 1, 2, 3 \,.$$

Die angegebenen Bedingungen sind sowohl notwendig als auch hinreichend. Es gilt daher der Satz: *Erfüllen drei Vektoren* $\boldsymbol{e}_1$, $\boldsymbol{e}_2$, $\boldsymbol{e}_3$ *die obige Gleichung, so bilden sie eine orthonormale Basis.*

Aus drei linear unabhängigen Vektoren $\boldsymbol{a}_1$, $\boldsymbol{a}_2$ und $\boldsymbol{a}_3$ kann man immer eine normierte Basis $\boldsymbol{e}_1$, $\boldsymbol{e}_2$, $\boldsymbol{e}_3$ bilden, indem man jeden Vektor durch seinen Betrag dividiert:

$$\boldsymbol{e}_1 = \frac{\boldsymbol{a}_1}{|\boldsymbol{a}_1|} \,, \quad \boldsymbol{e}_2 = \frac{\boldsymbol{a}_2}{|\boldsymbol{a}_2|} \,, \quad \boldsymbol{e}_3 = \frac{\boldsymbol{a}_3}{|\boldsymbol{a}_3|} \,.$$

Man kann sogar aus jeder Basis eine Orthonormalbasis konstruieren. Das Verfahren hierzu bezeichnet man als das *Gram-Schmidt'sche Orthogonalisierungsverfahren.* Dieses funktioniert wie folgt: Man bildet als Erstes aus dem Vektor $\boldsymbol{a}_1$ einen normierten Vektor

$$\boldsymbol{e}_1 = \frac{\boldsymbol{a}_1}{|\boldsymbol{a}_1|} \,.$$

Anschließend bildet man aus $\boldsymbol{a}_2$ einen zu $\boldsymbol{a}_1$ orthogonalen Vektor $\boldsymbol{b}_2$, indem man vom Vektor $\boldsymbol{a}_2$ dessen Komponente in Richtung von $\boldsymbol{e}_1$ abzieht, nämlich $\boldsymbol{a}_2 \cdot \boldsymbol{e}_1$. Dies ergibt

$$\boldsymbol{b}_2 = \boldsymbol{a}_2 - (\boldsymbol{a}_2 \cdot \boldsymbol{e}_1)\boldsymbol{e}_1 \,.$$

Der Vektor

$$\boldsymbol{e}_2 = \frac{\boldsymbol{b}_2}{|\boldsymbol{b}_2|}$$

ist somit orthogonal zu $\boldsymbol{e}_1$ und normiert. Nun bildet man noch aus $\boldsymbol{a}_3$ einen zu $\boldsymbol{a}_1$ und $\boldsymbol{a}_2$ senkrecht stehenden Vektor $\boldsymbol{b}_3$, indem man von $\boldsymbol{a}_3$ dessen Komponenten in Richtung von $\boldsymbol{e}_1$ und $\boldsymbol{e}_2$ abzieht,

$$\boldsymbol{b}_3 = \boldsymbol{a}_3 - (\boldsymbol{a}_3 \cdot \boldsymbol{e}_1)\boldsymbol{e}_1 - (\boldsymbol{a}_3 \cdot \boldsymbol{e}_2)\boldsymbol{e}_2 \,,$$

und diesen Vektor durch seinen Betrag dividiert:

$$\boldsymbol{e}_3 = \frac{\boldsymbol{b}_3}{|\boldsymbol{b}_3|} \,.$$

Die drei Vektoren $\boldsymbol{e}_1$, $\boldsymbol{e}_2$, $\boldsymbol{e}_3$ bilden dann eine Orthonormalbasis.

Wir behaupten nun, dass die reziproke Basis $\boldsymbol{e}_1^*$, $\boldsymbol{e}_2^*$, $\boldsymbol{e}_3^*$, konstruiert aus einer beliebigen Orthonormalbasis $\boldsymbol{e}_1$, $\boldsymbol{e}_2$, $\boldsymbol{e}_3$, das ein Rechtssystem ist, gleich dieser Orthonormalbasis ist. Um dies einzusehen, bemerken wir zunächst, dass das Spatprodukt $\boldsymbol{e}_1 \cdot (\boldsymbol{e}_2 \times \boldsymbol{e}_3)$ gleich eins ist, da es das Volumen eines Würfels der Kantenlänge eins ergibt. Außerdem steht das Vektorprodukt $\boldsymbol{e}_2 \times \boldsymbol{e}_3$ senkrecht zu $\boldsymbol{e}_2$

und $\boldsymbol{e}_3$ und zeigt folglich in die Richtung von $\boldsymbol{e}_1$. Da der Betrag von $\boldsymbol{e}_2 \times \boldsymbol{e}_3$ gleich eins ist, folgt aus (5.14), dass $\boldsymbol{e}_1^* = \boldsymbol{e}_2 \times \boldsymbol{e}_3 = \boldsymbol{e}_1$. Analoge Überlegungen zeigen, dass $\boldsymbol{e}_2^* = \boldsymbol{e}_2$ und $\boldsymbol{e}_3^* = \boldsymbol{e}_3$. *Eine Orthonormalbasis ist daher mit der entsprechenden reziproken Basis identisch.* Die Gleichung (5.16) für die Transformation der Komponenten eines Vektors gehen über in

$$\beta_1 = \boldsymbol{b} \cdot \boldsymbol{e}_1 \, , \quad \beta_2 = \boldsymbol{b} \cdot \boldsymbol{e}_2 \, , \quad \beta_3 = \boldsymbol{b} \cdot \boldsymbol{e}_3 \, . \tag{5.18}$$

Diese Gleichungen kann man auch anschaulich gut verstehen: Wenn ein Vektor in Komponenten in drei aufeinander senkrecht stehenden Richtungen zerlegt wird, ergibt sich jede Komponente aus dem Skalarprodukt des Vektors und des Einheitsvektors in der entsprechenden Richtung.

Beispiel 5.15

Als Beispiel betrachten wir eine Orthonormalbasis im $\mathbb{R}^3$, gegeben durch (siehe Abb. 5.13)

$$\boldsymbol{e}_1 = \begin{pmatrix} 1/\sqrt{2} \\ 1/\sqrt{2} \\ 0 \end{pmatrix} , \quad \boldsymbol{e}_2 = \begin{pmatrix} -1/2 \\ 1/2 \\ 1/\sqrt{2} \end{pmatrix} , \quad \boldsymbol{e}_3 = \begin{pmatrix} 1/2 \\ -1/2 \\ 1/\sqrt{2} \end{pmatrix} . \tag{5.19}$$

Eine Rechnung zeigt, dass die drei Vektoren auf eins normiert und paarweise orthogonal sind, also tatsächlich eine Orthonormalbasis bilden. Wir wollen die Komponenten des Vektors $\boldsymbol{b} = (1, 1, 0)^{\mathrm{T}}$ in der obigen Orthonormalbasis berechnen. Gemäß (5.18) erhalten wir

$$\beta_1 = \boldsymbol{b} \cdot \boldsymbol{e}_1 = \frac{2}{\sqrt{2}} = \sqrt{2} \, , \quad \beta_2 = \boldsymbol{b} \cdot \boldsymbol{e}_2 = -\frac{1}{2} + \frac{1}{2} = 0 \, , \quad \beta_3 = \boldsymbol{b} \cdot \boldsymbol{e}_3 = 0 \, ,$$

also $\boldsymbol{b} = \sqrt{2} \cdot \boldsymbol{e}_1 + 0 \cdot \boldsymbol{e}_2 + 0 \cdot \boldsymbol{e}_3 = \sqrt{2}\boldsymbol{e}_1$. Der Vektor $\boldsymbol{b}$ weist also in die Richtung von $\boldsymbol{e}_1$.

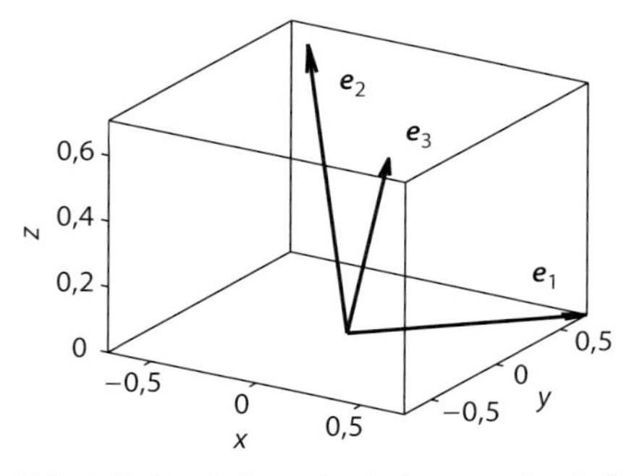

Abb. 5.13 Darstellung der Orthonormalbasis (5.19).

Wir können den Zusammenhang zwischen den Komponenten eines Vektors $\boldsymbol{b}$ und den Komponenten β_i bezüglich der Basis $\boldsymbol{a}_1, \boldsymbol{a}_2, \boldsymbol{a}_3$ in Matrixform schreiben. Definieren wir nämlich die (3×3)-Matrix $\boldsymbol{A}$, deren Spalten gerade die Basisvektoren sind, $\boldsymbol{A} = (\boldsymbol{a}_1, \boldsymbol{a}_2, \boldsymbol{a}_3)$, so lautet die Gleichung (5.11):

$$\boldsymbol{b} = \boldsymbol{A}\boldsymbol{\beta} \,, \quad \text{wobei} \quad \boldsymbol{\beta} = (\beta_1, \beta_2, \beta_3)^{\mathrm{T}} \,.$$

Schreiben wir die reziproken Basisvektoren $\boldsymbol{a}_1^*, \boldsymbol{a}_2^*, \boldsymbol{a}_3^*$ als eine (3×3)-Matrix $\boldsymbol{A}^*$, so lautet (5.16) in Gleichungsform:

$$\boldsymbol{\beta} = \boldsymbol{A}^* \boldsymbol{b} \,.$$

Auch die Beziehung (5.15) kann in Matrixform geschrieben werden, nämlich als $\boldsymbol{A}^* \boldsymbol{A}^{\mathrm{T}} = \boldsymbol{E}$, wobei $\boldsymbol{E}$ die Einheitsmatrix ist. Folglich ist die Matrix $\boldsymbol{A}^{\mathrm{T}}$ gleich der Inversen von $\boldsymbol{A}^*$, $(\boldsymbol{A}^*)^{-1} = \boldsymbol{A}^{\mathrm{T}}$. Wird die Matrix aus einer Orthonormalbasis gebildet, so ist die Basis gleich der reziproken Basis, also $\boldsymbol{A} = \boldsymbol{A}^*$. Daher ist

$$\boldsymbol{A}^{-1} = \boldsymbol{A}^{\mathrm{T}} \,.$$

Die Inverse von $\boldsymbol{A}$ wird also gebildet, indem man die Zeilen und Spalten von $\boldsymbol{A}$ vertauscht. Wir nennen eine Matrix, die diese Eigenschaft besitzt, eine *orthogonale Matrix.*

Fragen und Aufgaben

Aufgabe 5.10 Wie erkennt man, ob m Vektoren linear abhängig sind?

Aufgabe 5.11 Welche anschauliche Bedeutung hat die lineare Abhängigkeit von Vektoren, insbesondere im zwei- und dreidimensionalen Raum?

Aufgabe 5.12 Unter welcher Bedingung lässt sich ein Vektor in einem dreidimensionalen Raum eindeutig in Komponenten zu gegebenen Vektoren zerlegen?

Aufgabe 5.13 Was ist eine Basis, eine normierte Basis und eine Orthonormalbasis im $\mathbb{R}^3$?

Aufgabe 5.14 Untersuche, ob die folgenden Vektoren in einer Ebene liegen:

$$\boldsymbol{a} = \begin{pmatrix} 2 \\ 1 \\ 0 \end{pmatrix} , \quad \boldsymbol{b} = \begin{pmatrix} -1 \\ -1 \\ -1 \end{pmatrix} , \quad \boldsymbol{c} = \begin{pmatrix} 1 \\ 0 \\ 0 \end{pmatrix} .$$

Aufgabe 5.15 Bilden die drei Vektoren in der vorherigen Aufgabe eine Orthonormalbasis?

Aufgabe 5.16 Bestimme, ob die folgenden Vektoren linear unabhängig oder linear abhängig sind:

$$\boldsymbol{a} = \begin{pmatrix} 3 \\ 0 \\ -2 \\ 1 \end{pmatrix} , \quad \boldsymbol{b} = \begin{pmatrix} -1 \\ 1 \\ 0 \\ -2 \end{pmatrix} , \quad \boldsymbol{c} = \begin{pmatrix} 1 \\ 2 \\ -2 \\ -3 \end{pmatrix} .$$

Aufgabe 5.17 Bestimme die reziproke Basis von

$$\boldsymbol{a}_1 = \begin{pmatrix} 2 \\ -1 \\ 2 \end{pmatrix}, \quad \boldsymbol{a}_2 = \begin{pmatrix} 0 \\ 1 \\ -1 \end{pmatrix}, \quad \boldsymbol{a}_3 = \begin{pmatrix} 1 \\ 0 \\ 1 \end{pmatrix}.$$

Aufgabe 5.18 Zeige, dass durch

$$\boldsymbol{e}_1 = \begin{pmatrix} 1/\sqrt{2} \\ 1/\sqrt{2} \\ 0 \end{pmatrix}, \quad \boldsymbol{e}_2 = \begin{pmatrix} -1/\sqrt{3} \\ 1/\sqrt{3} \\ 1/\sqrt{3} \end{pmatrix}, \quad \boldsymbol{e}_3 = \begin{pmatrix} 1/\sqrt{6} \\ -1/\sqrt{6} \\ 2/\sqrt{6} \end{pmatrix}$$

eine Orthonormalbasis im $\mathbb{R}^3$ gegeben ist.

Aufgabe 5.19 Wie lautet die Darstellung des Vektors $\boldsymbol{b} = (2, -2, 1)^{\mathrm{T}}$ bezüglich der Orthonormalbasis aus der vorherigen Aufgabe?

6
Analytische Geometrie

Im vorangegangenen Kapitel wurde gezeigt, dass man bei Einführung eines Koordinatensystems die Lage von Punkten eindeutig durch Zahlen sowie die Form von Kurven bzw. Flächen durch Gleichungen angeben kann. Die Einführung des Koordinatensystems eröffnet also die Möglichkeit, geometrische Probleme rechnerisch zu behandeln sowie umgekehrt rechnerische Fragen geometrisch zu interpretieren. Der Zweig der Mathematik, der sich mit diesen Aufgaben befasst, wird *Analytische Geometrie* genannt.

Im Folgenden besprechen wir zunächst einige Beispiele für den Zusammenhang zwischen Gleichungen und geometrischen Figuren wie Kreise, Ellipsen, Kegel usw. Im Anschluss daran gehen wir auf lineare Abbildungen und Koordinatentransformationen ein. Diese sind von wesentlicher Bedeutung in der Differenzial- und Integralrechnung, bei der Lösung von Differenzialgleichungen sowie in der Vektor- und Tensorrechnung.

6.1
Analytische Darstellung von Kurven und Flächen

6.1.1
Darstellung durch Gleichungen in *x*, *y* und *z*

Ebenes Koordinatensystem Wir beschränken uns zunächst auf zweidimensionale Probleme und betrachten hierzu eine Ebene, in der ein rechtwinkliges Koordinatensystem mit den Achsen x und y eingezeichnet ist. Da ebene Probleme im Schulunterricht ausgiebig behandelt werden, besprechen wir nur einige wenige Gleichungen von grundlegender Bedeutung.

Für den *Abstand d* zweier Punkte P_1 und P_2 mit den Koordinaten (x_1, y_1) bzw. (x_2, y_2) ergibt sich mithilfe des Satzes von Pythagoras (siehe Abb. 6.1a):

$$d = \sqrt{(x_2 - x_1)^2 + (y_2 - y_1)^2} \,. \tag{6.1}$$

Mathematik für Chemiker, 7. Auflage. Ansgar Jüngel und Hans G. Zachmann.

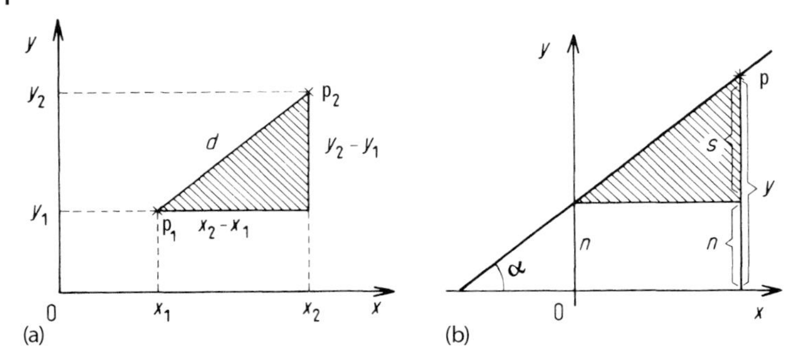

Abb. 6.1 (a) Zur Berechnung des Abstandes zweier Punkte in einer Ebene. (b) Illustration einer Geraden.

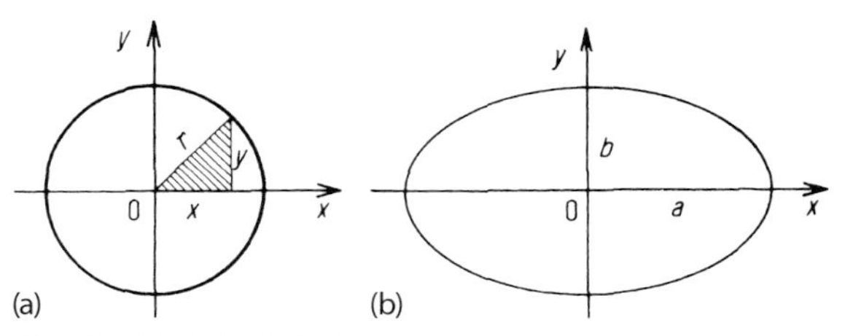

Abb. 6.2 (a) Kreis; (b) Ellipse.

Für eine *Gerade*, die die y-Achse bei $y = n$ schneidet und die mit der positiven x-Achse den Winkel α einschließt, erhält man die Gleichung:

$$y = mx + n \ .$$

Die Zahl m, die die *Steigung* der Geraden genannt wird, kann mithilfe der Tangensfunktion berechnet werden. Der Tangens des Winkels α ist nämlich gleich dem Quotienten aus Gegenkathete s und Ankathete x des in Abb. 6.1b schraffierten Dreiecks. Dies ergibt $\tan \alpha = s/x = (y - n)/x = mx/x = m$. Wir können also sagen: *Jede Gerade wird durch eine lineare Gleichung zwischen x und y dargestellt. Umgekehrt entspricht jeder linearen Gleichung zwischen x und y eine Gerade.*

Die Gleichung eines *Kreises* mit dem Radius r, dessen Mittelpunkt mit dem Ursprung des Koordinatensystems zusammenfällt (siehe Abb. 6.2a), lautet:

$$x^2 + y^2 = r^2 \ . \tag{6.2}$$

Der genannte Kreis ist nämlich definitionsgemäß der Ort aller Punkte, die vom Koordinatenursprung den Abstand r haben. Der Abstand eines Punktes mit den Koordinaten (x, y) vom Ursprung, dessen Koordinaten $(0, 0)$ lauten, ist (6.1) zufolge durch $\sqrt{x^2 + y^2}$ gegeben. Alle Punkte, die der Gleichung $\sqrt{x^2 + y^2} = r$ bzw. $x^2 + y^2 = r^2$ gehorchen, haben daher den Abstand r vom Ursprung und liegen somit auf dem betrachteten Kreis.

Die Kurve, die durch die Gleichung

$$\frac{x^2}{a^2} + \frac{y^2}{b^2} = 1 \tag{6.3}$$

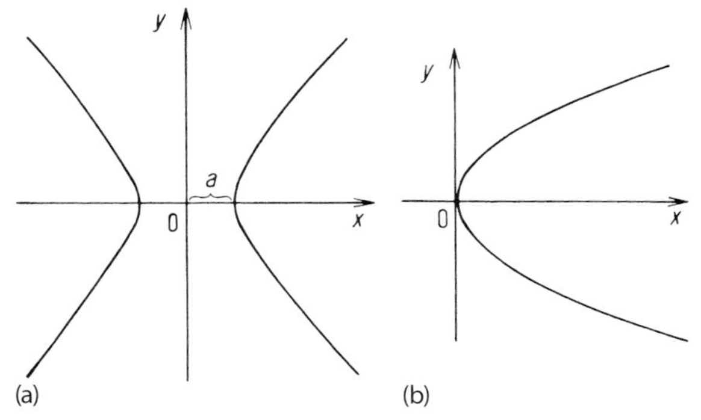

Abb. 6.3 (a) Hyperbel; (b) Parabel.

gegeben ist, bezeichnet man als *Ellipse* (siehe Abb. 6.2b). Die Größen a und b sind die sogenannten *Halbachsen* der Ellipse. Die Kurve, die der Gleichung

$$\frac{x^2}{a^2} - \frac{y^2}{b^2} = 1$$

entspricht (siehe Abb. 6.3a), heißt *Hyperbel*. Die zur Gleichung

$$y^2 = 2px$$

gehörende Kurve (siehe Abb. 6.3b) nennt man schließlich eine *Parabel*. Die Parameter a, b und p können beliebige reelle Zahlen sein.

Kreis, Ellipse, Hyperbel und Parabel bilden sogenannte *Kegelschnitte*. Man kann sie nämlich, wie sich zeigen lässt, als Schnitt eines Kegels mit einer Ebene erhalten. Die angegebenen Gleichungen entsprechen allerdings Kegelschnitten in einer ganz speziellen Lage relativ zum Koordinatensystem; die Symmetrieachsen der jeweiligen Kurve fallen mit den Koordinatenachsen zusammen. Wenn man die Kurven aus dieser Lage verdreht oder verschiebt, so werden die Gleichungen entsprechend komplizierter.

Räumliches Koordinatensystem Wir gehen nun auf dreidimensionale Probleme über und führen hierzu ein räumliches, rechtwinkliges Koordinatensystem mit den Achsen x, y und z ein.

Als Erstes fragen wir wieder nach dem *Abstand d* zweier Punkte P_1 und P_2 mit den Koordinaten (x_1, y_1, z_1) und (x_2, y_2, z_2). Nach dem Satz von Pythagoras erhalten wir (siehe Abb. 6.4a)

$$\begin{aligned} d &= \sqrt{(\overline{P_1C})^2 + (\overline{CP_2})^2} = \sqrt{(\overline{P_1B})^2 + (\overline{BC})^2 + (\overline{CP_2})^2} \\ &= \sqrt{(x_2 - x_1)^2 + (y_2 - y_1)^2 + (z_2 - z_1)^2}, \end{aligned}$$

wobei $\overline{P_1C}$ die Länge der durch die Punkte P_1 und C definierten Strecke bezeichnet; analoge Bedeutungen haben die anderen Notationen.

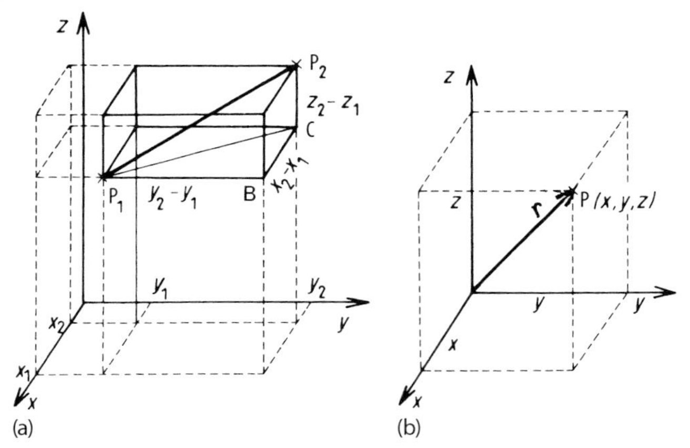

Abb. 6.4 (a) Zur Berechnung des Abstandes zweier Punkte im Raum. (b) Ortsvektor.

Als Nächstes führen wir an, dass *eine Ebene im Raum allgemein durch eine lineare Gleichung in den Koordinaten x, y und z gegeben ist und dass umgekehrt jeder linearen Gleichung eine Ebene im Raum entspricht*. Dies lässt sich besonders übersichtlich mithilfe der Vektorrechnung einsehen: Die Lage eines Punktes P im Raum mit den Koordinaten (x, y, z) kann man auch durch einen Vektor $\boldsymbol{r}$ festlegen, der vom Koordinatenursprung zum Punkt P geht. Einen solchen Vektor haben wir in Abschnitt 5.1.1 als *Ortsvektor* bezeichnet. Insbesondere gilt $\boldsymbol{r} = (x, y, z)^{\mathrm{T}}$ (siehe Abb. 6.4b).

Um nun die Gleichung einer gegebenen Fläche zu finden, fällt man vom Koordinatenursprung die Normale $\boldsymbol{\ell}$ auf die Ebene (siehe Abb. 6.5) und bezeichnet den Einheitsvektor in Richtung der Normalen mit $\boldsymbol{n}$ und den Abstand der Ebene vom Koordinatenursprung mit d. Die Projektion eines Vektors $\boldsymbol{r}$, der zu einem beliebigen Punkt P der Ebene führt, auf die Normale $\boldsymbol{\ell}$ muss dann immer die Länge d haben. Diese Projektion ist durch das Skalarprodukt der beiden Vektoren $\boldsymbol{r} = (x, y, z)^{\mathrm{T}}$ und $\boldsymbol{n} = (n_1, n_2, n_3)^{\mathrm{T}}$ gegeben (siehe Abschnitt 5.1.3). Es gilt also:

$$d = \boldsymbol{r} \cdot \boldsymbol{n} = \begin{pmatrix} x \\ y \\ z \end{pmatrix} \cdot \begin{pmatrix} n_1 \\ n_2 \\ n_3 \end{pmatrix} = n_1 x + n_2 y + n_3 z \;.$$

Das ist eine lineare Gleichung in x, y und z, wie wir behauptet haben. Übrigens nennt man die Darstellung $\boldsymbol{r} \cdot \boldsymbol{n} = d$ einer Ebene die *Hesse'sche Normalenform*.

Um die Lage der Ebene im Raum anschaulich anzugeben, muss man versuchen, deren Gleichung auf die Form

$$\frac{x}{a} + \frac{y}{b} + \frac{z}{c} = 1 \tag{6.4}$$

zu bringen. Die Größe a ist dann der Wert, den x annimmt, wenn man y und z gleich null setzt. Das bedeutet, dass a die Strecke angibt, die die Ebene auf der x-Achse abschneidet. Entsprechend gibt b den Abschnitt auf der y-Achse und c

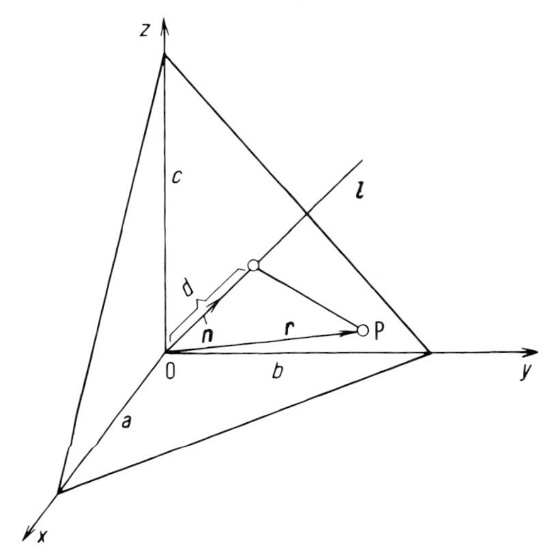

Abb. 6.5 Ebene mit den Achsenabschnitten *a*, *b* und *c*.

den auf der z-Achse an (siehe Abb. 6.5). Steht auf der rechten Seite der obigen Ebenengleichung anstelle der Zahl Eins die Zahl Null,

$$\frac{x}{a} + \frac{y}{b} + \frac{z}{c} = 0 ,$$

so geht die Ebene durch den Koordinatenursprung (0, 0, 0). Man erkennt dies daran, dass $x = y = z = 0$ eine Lösung der Gleichung ist.

Wir wollen noch erwähnen, dass eine lineare Gleichung auch dann eine Ebene darstellt, wenn nicht alle drei Variablen x, y und z in der Gleichung vorkommen. Das Fehlen einer Variablen bedeutet (6.4) zufolge, dass der Abschnitt auf der betreffenden Achse unendlich wird, die Ebene also parallel zu dieser Achse verläuft.

Beispiel 6.1

1. Die Gleichung $2x + y - 4z = 5$ entspricht, da sie linear in x, y und z ist, einer Ebene. Um die Lage dieser Ebene im Koordinatensystem zu bestimmen, dividieren wir die ganze Gleichung durch 5 und erhalten

$$\frac{x}{5/2} + \frac{y}{5} + \frac{z}{-5/4} = 1 .$$

Die Ebene hat also auf der x-Achse den Achsenabschnitt $5/2$, auf der y-Achse den Achsenabschnitt 5 und auf der z-Achse den Achsenabschnitt $-5/4$.

2. Die Gleichung $z = 2$, die sich auf die Form

$$\frac{z}{2} = 1$$

bringen lässt, stellt eine Ebene dar, deren Abschnitte auf der x- und y-Achse unendlich sind. Der Abschnitt auf der z-Achse beträgt 2. Die Ebene verläuft also im Abstand 2 parallel zur (x, y)-Ebene (siehe Abb. 6.6a). Dass alle Punkte, deren z-Koordinate unabhängig von x und y gleich zwei ist, auf dieser Ebene liegen, ist auch anschaulich leicht einzusehen.

3. Die Gleichung $2x - y = 0$ stellt eine Ebene dar, die durch den Ursprung geht (weil auf der rechten Seite null steht) und die parallel zur z-Achse liegt (weil z in der Gleichung nicht vorkommt). Die Schnittkurve zwischen dieser Ebene und der (x, y)-Ebene ist durch $2x - y = 0$ gegeben. Sie ist eine Gerade g, die durch den Ursprung geht und die Steigung 2 aufweist. Damit ergibt sich die in Abb. 6.6b angegebene Lage für die Ebene.
   Wir wollen hier noch betonen, dass die Gleichung $2x - y = 0$ auf zwei verschiedene Arten interpretiert werden kann. In einem zweidimensionalen Koordinatensystem mit den Achsen x und y stellt sie eine Gerade dar. In einem dreidimensionalen System repräsentiert sie dagegen die in Abb. 6.6b angegebene Ebene. Die Gleichung sagt nämlich aus, dass im dreidimensionalen Raum lediglich zwischen x und y eine Beziehung besteht, der z-Wert kann für jedes Paar von x und y beliebige Werte annehmen. Das Analoge gilt für alle Fälle, bei denen in der Gleichung weniger Variable auftreten als Koordinatenachsen vorhanden sind.

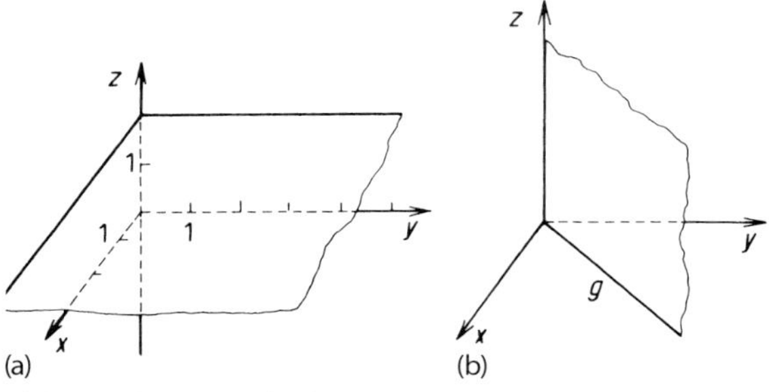

Abb. 6.6 Ebene zur Gleichung $z = 2$ (a) und zur Gleichung $2x - y = 0$ (b).

Eine *Kugel* um den Ursprung mit dem Radius r wird durch die Gleichung

$$x^2 + y^2 + z^2 = r^2 \tag{6.5}$$

wiedergegeben. Die Punkte der Kugel unterliegen nämlich alle der Bedingung, dass sie vom Koordinatenursprung den Abstand r besitzen sollen.

Die Gleichung

$$\frac{x^2}{a^2} + \frac{y^2}{b^2} + \frac{z^2}{c^2} = 1 \tag{6.6}$$

stellt ein sogenanntes *Ellipsoid* dar. Angaben über die Form dieser Fläche erhält man, wenn man sie mit Ebenen, die parallel zur (x, y)-Ebene liegen, zum Schnitt bringt. Solche Ebenen sind durch die Gleichung $z = \alpha$ gegeben, wobei α eine beliebige reelle Zahl mit $\alpha^2 < c^2$ ist. Für die Schnittkurve, die definitionsgemäß

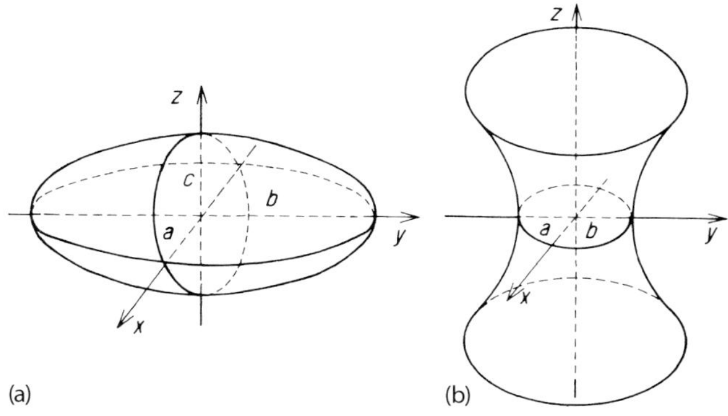

Abb. 6.7 (a) Ellipsoid; (b) einschaliges Hyperboloid.

beiden Flächen angehört, gelten die beiden Gleichungen $z = \alpha$ und (6.6). Durch Elimination von z aus diesen beiden Gleichungen erhält man

$$\frac{x^2}{a^2} + \frac{y^2}{b^2} + \frac{\alpha^2}{c^2} = 1 \quad \text{bzw.} \quad \frac{x^2}{a^2} + \frac{y^2}{b^2} = 1 - \frac{\alpha^2}{c^2}$$

und, nach Division durch $1 - \alpha^2/c^2$,

$$\frac{x^2}{a^2(1 - \alpha^2/c^2)} + \frac{y^2}{b^2(1 - \alpha^2/c^2)} = 1 \, .$$

Dies ist jedoch die Gleichung einer Ellipse (siehe (6.3)). Das Ellipsoid ergibt also beim Schnitt mit Flächen, die parallel zur (x, y)-Ebene liegen, Ellipsen. Das gleiche gilt auch für den Schnitt mit Flächen, die parallel zur (y, z)-Ebene bzw. zur (x, z)-Ebene liegen. Durch Weiterführung dieser Betrachtung erkennt man, dass die gegebene Fläche die in Abb. 6.7a angegebene Form besitzt.

Die Gleichung

$$\frac{x^2}{a^2} + \frac{y^2}{b^2} - \frac{z^2}{c^2} = 1$$

stellt ein sogenanntes *einschaliges Hyperboloid* dar. Der Schnitt mit der (x, y)-Ebene liefert eine Ellipse, der Schnitt mit der (x, z)-Ebene oder der (y, z)-Ebene liefert eine Hyperbel. Man kommt so auf die in Abb. 6.7b dargestellte Fläche. Die Gleichung

$$\frac{x^2}{a^2} + \frac{y^2}{b^2} - \frac{z^2}{c^2} = -1$$

stellt ein sogenanntes *zweischaliges Hyperboloid* dar, dessen Form in Abb. 6.8a angegeben ist. Die Beziehung

$$\frac{x^2}{a^2} + \frac{y^2}{b^2} = 2z$$

ergibt ein *elliptisches Paraboloid* (siehe Abb. 6.8b).

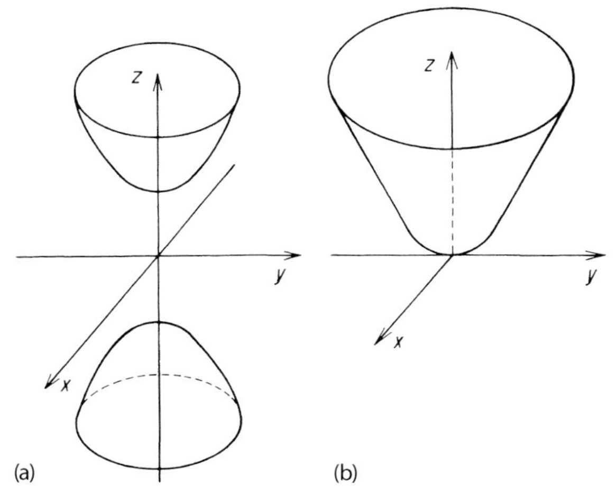

Abb. 6.8 (a) Zweischaliges Hyperboloid; (b) elliptisches Paraboloid.

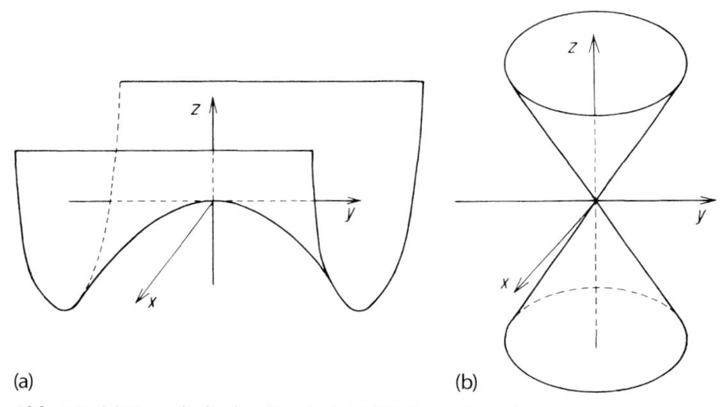

Abb. 6.9 (a) Hyperbolisches Paraboloid; (b) Doppelkegel.

Die Gleichung

$$\frac{x^2}{a^2} - \frac{y^2}{b^2} = 2z$$

stellt ein *hyperbolisches Paraboloid* dar, das die Form einer Sattelfläche hat (siehe Abb. 6.9a). Schließlich führt die Gleichung

$$\frac{x^2}{a^2} + \frac{y^2}{b^2} - \frac{z^2}{c^2} = 0$$

zu einem *Doppelkegel* mit elliptischer Grundfläche (siehe Abb. 6.9b).

Ein besonderes Problem stellt die Darstellung von *Kurven* im dreidimensionalen Raum dar. Einer Gleichung entspricht, wie wir gesehen haben, in einem räumlichen Koordinatensystem immer eine Fläche. Geometrisch ergibt sich eine Kurve durch den Schnitt zweier Flächen. So erhält man beispielsweise als Schnitt einer Kugel mit einer Ebene einen Kreis und als Schnitt zweier Ebenen eine Gerade. Die Schnittfigur ist durch diejenigen Koordinatenwerte x, y und z gegeben, die den Gleichungen *beider* Flächen genügen. *Eine Kurve ist daher durch die beiden Gleichungen der Flächen gegeben, durch deren Schnitt sie zustande kommt.*

Beispiel 6.2
Beispielsweise stellen die beiden Gleichungen

$$x^2 + y^2 + z^2 = 49 \,, \quad z = 5$$

die Schnittkurve der durch die erste Gleichung gegebenen Kugel mit der Ebene $z = 5$ dar. Diese Schnittkurve ist der Kreis Kr in einer Ebene parallel zur (x, y)-Ebene (siehe Abb. 6.10a). Der Kreis ist gegeben durch die Gleichung $x^2 + y^2 + 5^2 = 49$ bzw. $x^2 + y^2 = 24$.
Der Schnitt der beiden Ebenen

$$x + y + z = 1 \,, \quad x - y = 0$$

ergibt die in Abb. 6.10b gezeichnete Gerade g. Wir erhalten die Geradengleichung, indem wir die Gleichung $x - y = 0$ bzw. $x = y$ in die Beziehung $x + y + z = 1$ einsetzen. Dies ergibt $2x + z = 1$.

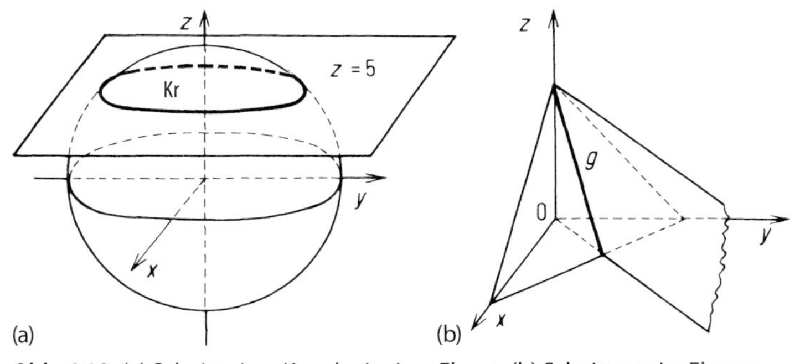

Abb. 6.10 (a) Schnitt einer Kugel mit einer Ebene. (b) Schnitt zweier Ebenen.

Wir fragen nun noch, wie man die Richtung einer Geraden in einem räumlichen Koordinatensystem angeben kann. Im ebenen Koordinatensystem ist sie durch eine einzige Maßzahl charakterisiert, dem Tangens des Winkels, den sie mit der positiven x-Achse einschließt. Im räumlichen Koordinatensystem dagegen charakterisiert man die Richtung einer Geraden durch den Kosinus der drei Winkel α, β und γ, die die Gerade mit den Koordinatenachsen x, y und z einschließt (siehe Abb. 6.11). Man nennt $\cos\alpha$, $\cos\beta$ und $\cos\gamma$ jeweils *Richtungskosinus* der Geraden. Von den drei Werten des Richtungskosinus braucht man nur zwei zu kennen. Der dritte kann unmittelbar berechnet werden. Es gilt nämlich, wie man mithilfe elementarer trigonometrischer Betrachtungen zeigen kann:

$$\cos^2\alpha + \cos^2\beta + \cos^2\gamma = 1 \,.$$

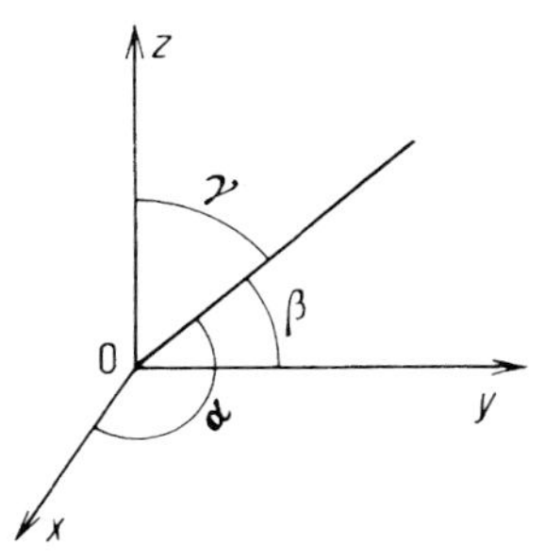

Abb. 6.11 Zur Definition des Richtungskosinus.

6.1.2 Parameterdarstellung

Wir haben bisher Kurven und Flächen durch Gleichungen dargestellt, bei denen alle auftretenden Variablen auch Koordinaten der Punkte waren. Eine in verschiedener Hinsicht vorteilhaftere Darstellung erhält man, wenn man in den Gleichungen zusätzliche Parameter verwendet.

Nehmen wir an, dass x und y Funktionen einer als *Parameter* bezeichneten weiteren Variablen t sind, d. h. $x = x(t)$ und $y = y(t)$. Zu jedem Wert von t gehört dann auch je ein Wert der Größen x und y, also ein Punkt in der (x, y)-Ebene. Wenn $x(t)$ und $y(t)$ stetige Funktionen von t sind, so entspricht einem Intervall von t eine Kurve in der (x, y)-Ebene. Sind nicht nur zwei, sondern drei Koordinaten x, y und z als Funktion von t gegeben, d. h. $x = x(t)$, $y = y(t)$ und $z = z(t)$, so ist jedem Wert von t ein Wertetripel (x, y, z), also ein Punkt im Raum, zugeordnet. Einem Intervall von t entspricht dann eine Kurve im Raum. Wir sehen also: *Unter Verwendung eines Parameters t werden durch zwei Gleichungen der Form*

$$x = x(t) \,, \quad y = y(t)$$

eine Kurve in der Ebene und durch drei Gleichungen der Form

$$x = x(t) \,, \quad y = y(t) \,, \quad z = z(t) \tag{6.7}$$

eine Kurve im Raum dargestellt.

Beispiel 6.3
Wir betrachten zuerst die Gleichungen $x = x(t) = \cos t$ und $y = y(t) = \sin t$. Durchläuft t das Intervall von 0 bis 2π, so durchlaufen die entsprechenden Punkte einen Kreis. Dies können wir etwa dadurch einsehen, indem wir berechnen:

$$x^2 + y^2 = x(t)^2 + y(t)^2 = \cos^2 t + \sin^2 t = 1 \,,$$

und dies ist gerade die Kreisgleichung (6.2). Die Beziehungen

$$x = a\cos t \,, \quad y = a\sin t \,, \quad z = kt \tag{6.8}$$

mit reellen Zahlen a und k führen zu einer wendeltreppenförmigen Kurve, die man *Helix* nennt (siehe Abb. 6.12a). Mit wachsendem t muss sich nämlich der Raumpunkt hinsichtlich der (x, y)-Ebene auf einem Kreis mit dem Radius a bewegen, während seine z-Koordinate gleichmäßig ansteigt. Den Abstand zweier übereinanderliegender Punkte bezeichnet man als Ganghöhe d. Es gilt, wie man leicht einsieht, $d = 2\pi k$. Schließlich ergeben die Gleichungen

$$x = t\ , \quad y = t\ , \quad z = t \tag{6.9}$$

die in Abb. 6.12b gegebene, durch den Ursprung gehende Gerade.

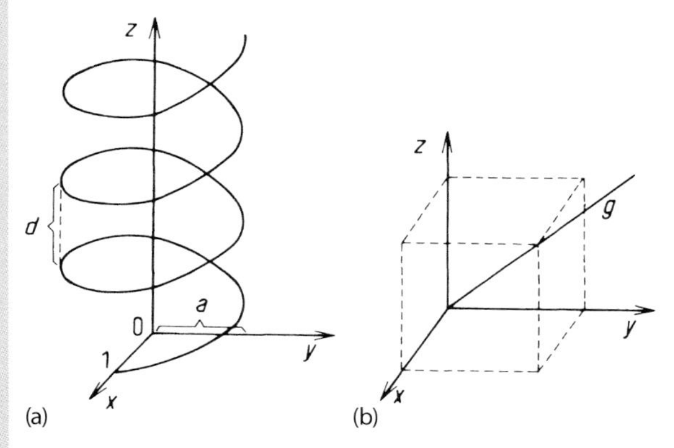

Abb. 6.12 (a) Durch die Gleichungen (6.8) gegebene Helix. (b) Durch die Gleichungen (6.9) gegebene Gerade.

In ähnlicher Weise wie bei der Kurve erkennt man: *Eine Fläche im Raum wird durch drei Gleichungen mit zwei Parametern u und v dargestellt:*

$$x = x(u, v)\ , \quad y = y(u, v)\ , \quad z = z(u, v)\ .$$

Beispiel 6.4
Die Gleichungen $x = u\cos v$, $y = u\sin v$ und $z = u$ stellen einen Doppelkegel dar, wie in Abb. 6.9b dargestellt, jedoch mit kreisförmiger Querschnittsfläche. Für $u =$ const. durchlaufen nämlich die x- und y-Koordinaten einen Kreis (siehe (6.2)), während $z = u =$ const. ist. Der Kreis befindet sich also in einer Ebene, die parallel zur (x, y)-Ebene im Abstand u von dieser liegt. Wenn nun u anwächst, wird der Radius des Kreises immer größer, und der Kreis entfernt sich immer weiter von der (x, y)-Ebene. Wegen der linearen Beziehung zwischen z und u entsteht so der Mantel eines Kegels.

Wenn man von der Parameterdarstellung einer Kurve bzw. Fläche zu der im vorigen Abschnitt besprochenen parameterfreien Darstellung übergehen will, muss man die Parameter aus den entsprechenden Gleichungen eliminieren. Will man umgekehrt von der Darstellung durch Koordinaten zu einer Parameterdarstellung kommen, so muss man im Falle einer Geraden eine der Variablen gleich irgendeiner Funktion von t setzen und diese Funktion dann in die ursprüngliche Gleichung einsetzen. Analog hierzu verfährt man auch im Falle einer Fläche.

Beispiel 6.5
Um beispielsweise aus den Gleichungen $x = \cos t$ und $y = \sin t$ die gewohnte Kreisgleichung zu erhalten, muss man daraus die Größe t eliminieren. Hierzu quadriert man die Gleichungen und addiert sie anschließend. Es ergibt sich $x^2 + y^2 = 1$. Will man dagegen die Funktion $y = x^2$ in Parameterform darstellen, so muss man als Erstes die Größe x irgendeiner Funktion von t gleichsetzen. Schreibt man daher z. B. $x = \sin t$, so ergibt sich durch Einsetzen $y = \sin^2 t$. Die Parameterform von $y = x^2$ lautet also

$$x = \sin t\,, \quad y = \sin^2 t\,.$$

Zu einer anderen Parameterform kommen wir, indem wir z. B. $x = 2t$ setzen:

$$x = 2t\,, \quad y = 4t^2\,.$$

Die beiden obigen Parameterformen stellen jeweils dieselbe Kurve für $-1 \leq x \leq 1$ dar.

Fragen und Aufgaben

Aufgabe 6.1 Wie lauten die Gleichungen einer Ellipse bzw. eines Ellipsoides?

Aufgabe 6.2 Was für eine Kurve erhält man beim Schnitt eines Ellipsoides mit einer seiner Symmetrieebenen?

Aufgabe 6.3 Wie kann man eine Kurve im Raum analytisch darstellen?

Aufgabe 6.4 Beschreibe die Flächen, die durch die folgenden Gleichungen gegeben sind:

$$\text{(i)}\quad 2x + 3y - z = 2\,, \qquad \text{(iv)}\quad 3x^2 + y^2 + z^2 = 9\,,$$
$$\text{(ii)}\quad 2x + 3y = 2\,, \qquad \text{(v)}\quad z = x^2 + y^2\,.$$
$$\text{(iii)}\quad 2x + 3y - z = 0\,,$$

Aufgabe 6.5 Eliminiere die Parameter u, v bzw. t und bestimme die geometrischen Figuren im $\mathbb{R}^3$, die durch die folgenden Gleichungen gegeben sind:

$$\text{(i)}\quad x = r \sin u \cos v\,, \quad y = r \sin u \sin v\,, \quad z = r \cos u\,;$$
$$\text{(ii)}\quad x = at\,, \quad y = bt + c\,.$$

Aufgabe 6.6 Gib Parameterformen der Gleichung eines Kreises um den Ursprung mit dem Radius r sowie einer Ellipse um den Ursprung mit den Halbachsen a und b an.

Aufgabe 6.7 Wie lautet die Gleichung einer Ellipse mit den Halbachsen a und b, die sich in einer Ebene befindet, die parallel zur (x, z)-Ebene im Abstand d von dieser liegt? Der Mittelpunkt der Ellipse soll auf der y-Achse liegen.

Aufgabe 6.8 Ein Polypropylenmolekül besteht aus einer großen Anzahl von aneinandergeketteten $CH_2CH(CH_3)$-Einheiten. Die Kohlenstoffatome der CH_3-Gruppen liegen auf einer Helix mit der Ganghöhe 6,5 Å und dem Durchmesser 4,5 Å (siehe Abb. 6.12a). Wie lautet die Gleichung dieser Helix, wenn ihre Achse mit der z-Achse zusammenfällt und eines der C-Atome unmittelbar auf der x-Achse liegt?

6.2 Lineare Abbildungen

6.2.1 Definitionen

Wir betrachten in diesem Abschnitt Abbildungen, die allgemein durch das lineare Gleichungssystem

$$\begin{aligned} y_1 &= a_{11}x_1 + a_{12}x_2 + \cdots + a_{1n}x_n \,, \\ y_2 &= a_{21}x_1 + a_{22}x_2 + \cdots + a_{2n}x_n \,, \\ &\vdots \\ y_m &= a_{m1}x_1 + a_{m2}x_2 + \cdots + a_{mn}x_n \end{aligned} \tag{6.10}$$

vermittelt werden. Man bezeichnet diese als *lineare Abbildungen*. Führt man die Vektoren sowie die Matrix

$$\boldsymbol{y} = \begin{pmatrix} y_1 \\ y_2 \\ \vdots \\ y_m \end{pmatrix}, \quad \boldsymbol{x} = \begin{pmatrix} x_1 \\ x_2 \\ \vdots \\ x_n \end{pmatrix}, \quad \boldsymbol{A} = \begin{pmatrix} a_{11} & a_{12} & \cdots & a_{1n} \\ a_{21} & a_{22} & \cdots & a_{2n} \\ \vdots & \vdots & & \vdots \\ a_{m1} & a_{m2} & \cdots & a_{mn} \end{pmatrix},$$

ein, so kann man (6.10) auch in der Form

$$\boldsymbol{y} = \boldsymbol{A}\boldsymbol{x}$$

schreiben. Dies definiert eine Abbildung $f(\boldsymbol{x}) = \boldsymbol{y} = \boldsymbol{A}\boldsymbol{x}$ für $\boldsymbol{x} \in \mathbb{R}^n$.

Welche Eigenschaften weisen die hier betrachteten Abbildungen im Falle $n = m = 3$ auf? Als Erstes ist anzuführen, dass *der Ursprung des alten Koordinatensystems auf den Ursprung des neuen Koordinatensystems abgebildet wird*. Setzt man nämlich in (6.10) $x_1 = x_2 = x_3 = 0$, so erhält man $y_1 = y_2 = y_3 = 0$. Des Weiteren erkennt man leicht, dass *eine Ebene in eine Ebene und eine Gerade in eine Gerade übergeführt wird*. Die angegebenen Gebilde werden nämlich durch lineare Gleichungen dargestellt, und die Linearität dieser Gleichungen kann nicht verloren gehen, wenn man die Variablen gemäß (6.10) durch lineare Funktionen anderer Variablen substituiert.

Beispiel 6.6
Als Beispiel betrachten wir die Abbildung, die durch die Gleichungen

$$y_1 = x_1 + 3x_2 , \quad y_2 = 2x_1 - x_2 \tag{6.11}$$

vermittelt wird. Durch Auflösen der Gleichungen nach x_1 und x_2 erhält man die Umkehrformeln

$$x_1 = \frac{1}{7}y_1 + \frac{3}{7}y_2 , \quad x_2 = \frac{2}{7}y_1 - \frac{1}{7}y_2 .$$

Wir suchen die Bilder der Geraden g_1, die durch die Gleichung $x_2 = x_1$, sowie der Geraden g_2, die durch die Gleichung $x_2 = -x_1$ gegeben sind (siehe Abb. 6.13). Die Gleichung der Bildkurve von g_1 erhalten wir, indem wir die durch die obigen Umkehrformeln gegebenen Ausdrücke für x_1 und x_2 in die Gleichung $x_2 = x_1$ einsetzen. Es ergibt sich:

$$y_2 = \frac{1}{4}y_1 .$$

In entsprechender Weise leitet man für die Bildkurve von g_2 die Gleichung

$$y_2 = -\frac{3}{2}y_1$$

her. Man sieht, dass die Bildkurven wieder Geraden sind, dass aber der Schnittwinkel der Geraden, der ursprünglich $\pi/2$ betrug, durch die Abbildung vergrößert wurde (siehe Abb. 6.13).

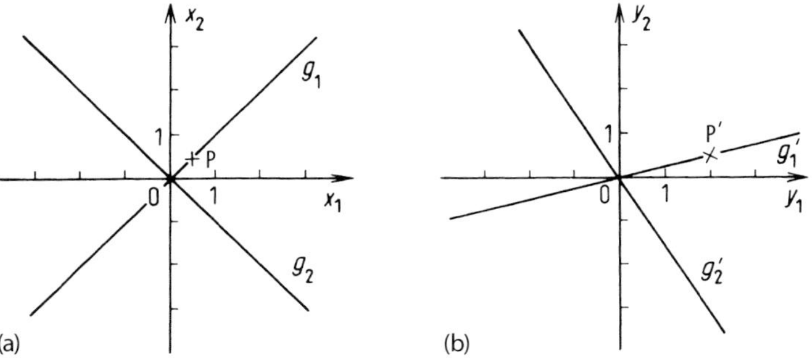

Abb. 6.13 Die durch (6.11) vermittelte Abbildung zweier Geraden.

Des Weiteren suchen wir noch das Bild des Punktes P mit den Koordinaten $x_1 = 1/2$, $x_2 = 1/2$. Mithilfe von (6.11) erkennen wir, dass der Bildpunkt P′ die Koordinaten $y_1 = 2$ und $y_2 = 1/2$ besitzt. Die Strecke 0P ist von der Strecke 0′P′ verschieden.

Wir betrachten nun den Fall, dass man zunächst eine lineare Abbildung des x-Raumes auf den y-Raum anwendet, $\boldsymbol{y} = \boldsymbol{A}\boldsymbol{x}$, und anschließend eine weitere Abbildung auf den z-Raum, die durch die Gleichung $\boldsymbol{z} = \boldsymbol{B}\boldsymbol{y}$ vermittelt werden soll. Wir fragen nach dem Zusammenhang zwischen $\boldsymbol{z}$ und $\boldsymbol{x}$. Indem wir die erste in die zweite Gleichung einsetzen, sehen wir, dass $\boldsymbol{z} = \boldsymbol{B}\boldsymbol{A}\boldsymbol{x}$ gilt. Das Produkt der beiden Matrizen $\boldsymbol{B}$ und $\boldsymbol{A}$ ist wieder eine Matrix, die wir $\boldsymbol{C}$ nennen. Die Abbildung des x-Raumes auf den z-Raum wird also durch eine Matrix $\boldsymbol{C}$ vermittelt, $\boldsymbol{z} = \boldsymbol{C}\boldsymbol{x}$, die durch das Produkt der Matrizen der einzelnen Abbildungen $\boldsymbol{A}$ und $\boldsymbol{B}$ gegeben ist, $\boldsymbol{C} = \boldsymbol{B}\boldsymbol{A}$. Wir sehen also: *Die Komposition zweier linearer Abbildungen kann durch ein Matrizenprodukt ausgedrückt werden.*

Wir suchen eine allgemeine Formel für die Umkehrung der durch (6.10) bzw. durch $\boldsymbol{y} = \boldsymbol{A}\boldsymbol{x}$ vermittelten Abbildung. Um diese zu finden, müssen wir voraussetzen, dass $n = m$ gilt und dass die Matrix $\boldsymbol{A}$ invertierbar ist. Durch Anwendung der Inversen $\boldsymbol{A}^{-1}$ auf die Gleichung $\boldsymbol{y} = \boldsymbol{A}\boldsymbol{x}$ erhalten wir $\boldsymbol{A}^{-1}\boldsymbol{y} = \boldsymbol{A}^{-1}\boldsymbol{A}\boldsymbol{x} = \boldsymbol{E}\boldsymbol{x} = \boldsymbol{x}$, wobei $\boldsymbol{E}$ die Einheitsmatrix ist. Die Umkehrformel ist also durch $\boldsymbol{x} = \boldsymbol{A}^{-1}\boldsymbol{y}$ gegeben.

Beispiel 6.7

Die durch (6.11) dargestellte Abbildung wird durch die Matrix

$$\boldsymbol{A} = \begin{pmatrix} 1 & 3 \\ 2 & -1 \end{pmatrix}$$

vermittelt. Um die inverse Matrix $\boldsymbol{A}^{-1}$ zu bestimmen, wenden wir die Cramer'sche Regel (siehe Satz 2.1) an. Dies ergibt

$$\boldsymbol{A}^{-1} = \begin{pmatrix} 1/7 & 3/7 \\ 2/7 & -1/7 \end{pmatrix} ,$$

also $\boldsymbol{x} = \boldsymbol{A}^{-1}\boldsymbol{y}$. Damit erhalten wir die Umkehrformeln

$$x_1 = \frac{1}{7}y_1 + \frac{3}{7}y_2 , \quad x_2 = \frac{2}{7}y_1 - \frac{1}{7}y_2$$

in Übereinstimmung mit den obigen Resultaten.

6.2.2 Eigenwerte und Eigenvektoren

Gemäß der im vorigen Abschnitt gegebenen Deutung ordnet eine Abbildung jedem Punkt im x-Raum $\mathbb{R}^n$ mit den Koordinaten $x_1, x_2, \dots, x_n$ einen Punkt im y-Raum $\mathbb{R}^m$ mit den Koordinaten $y_1, y_2, \dots, y_m$ zu. Wir können die einspaltigen Matrizen $\boldsymbol{x} = (x_1, \dots, x_n)^{\mathrm{T}}$ bzw. $\boldsymbol{y} = (y_1, \dots, y_m)^{\mathrm{T}}$ auch als Ortsvektoren im $\mathbb{R}^n$ bzw. $\mathbb{R}^m$ auffassen. *Man kann daher die Abbildungsgleichungen auch dahingehend interpretieren, dass sie Ortsvektoren aus dem x-Raum auf solche im y-Raum abbilden.*

Beispiel 6.8
Durch die Gleichungen $y_1 = x_1/2$ und $y_2 = x_2$ wird beispielsweise der Punkt P mit den Koordinaten $x_1 = 2, x_2 = 2$ in den Punkt P′ mit den Koordinaten $y_1 = 1$, $y_2 = 2$ übergeführt bzw. der Ortsvektor $(2,2)^{\mathrm{T}}$ im x-Raum in den Ortsvektor $(1,2)^{\mathrm{T}}$ im y-Raum (Abb. 6.14).

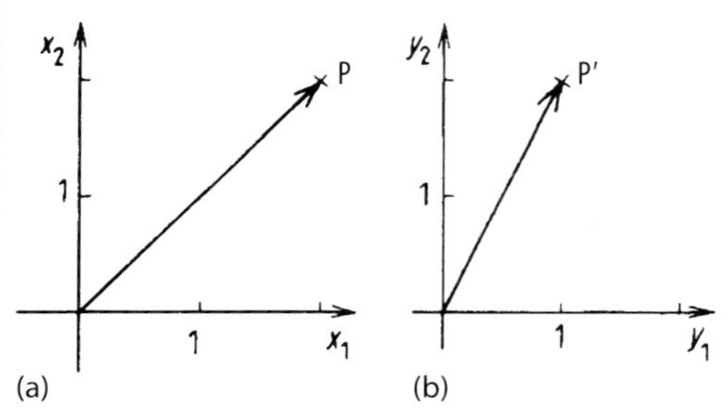

Abb. 6.14 Beispiel für die Abbildung eines Ortsvektors.

Da eine lineare Abbildung im Allgemeinen nicht längen- und winkeltreu ist, verändert sie gewöhnlich sowohl die Länge als auch die Richtung eines Ortsvektors. Im Folgenden wollen wir nun die Frage untersuchen, ob es zu einer vorgegebenen Abbildung einzelne Vektoren gibt, die nur ihre Länge, aber nicht ihre Richtung verändern. Solche Vektoren spielen beispielsweise in der Quantenmechanik in einem abstrakteren Zusammenhang eine große Rolle (siehe Kapitel 13).

Allein eine Längenänderung liegt dann vor, wenn die Komponenten des Vektors $\boldsymbol{y}$ durch Multiplikation der entsprechenden Komponenten von $\boldsymbol{x}$ mit einem konstanten Faktor λ entstehen, wenn also gilt $\boldsymbol{y} = \lambda\boldsymbol{x}$, wobei λ eine beliebige Zahl ist. Unter Berücksichtigung der Abbildungsgleichung $\boldsymbol{y} = \boldsymbol{A}\boldsymbol{x}$ folgt daraus:

$$\boldsymbol{A}\boldsymbol{x} = \lambda\boldsymbol{x} . \tag{6.12}$$

✎ *Wir nennen die Zahl λ, für die ein Vektor $\boldsymbol{x} \neq \boldsymbol{0}$ existiert, der der Gleichung* (6.12) *genügt, einen Eigenwert von $\boldsymbol{A}$ und $\boldsymbol{x}$ einen dazugehörigen Eigenvektor.* Da der Nullvektor die Gleichung (6.12) ohnehin für alle λ erfüllt, haben wir ihn in der Definition ausgeschlossen.

Bringen wir alle Glieder von (6.12) auf die linke Seite, so ergibt sich:

$$\boldsymbol{0} = \boldsymbol{A}\boldsymbol{x} - \lambda\boldsymbol{x} = (\boldsymbol{A} - \lambda\boldsymbol{E})\boldsymbol{x} .$$

Dies ist ein homogenes lineares Gleichungssystem für die Unbekannten $x_1, \ldots, x_n$, wobei es noch offen ist, für welche Werte λ es eine von der Nulllösung verschiedene Lösung gibt. Gemäß den Ausführungen von Abschnitt 2.5.1 besitzt das lineare Gleichungssystem genau dann nur die Nulllösung, wenn die Determinante von $\boldsymbol{A} - \lambda\boldsymbol{E}$ ungleich null ist, denn in diesem Fall können wir die Matrix invertieren. Da wir an der Nulllösung nicht interessiert sind, müssen wir fordern, dass die Determinante von $\boldsymbol{A} - \lambda\boldsymbol{E}$ gleich null ist. Dies ergibt dann eine Gleichung für die Eigenwerte. Wir sehen also: *Die Eigenwerte einer Matrix $\boldsymbol{A}$ sind die Lösungen* *der Gleichung*

$$\det(\boldsymbol{A} - \lambda\boldsymbol{E}) = 0\ ,$$

die wir die charakteristische Gleichung nennen.

Für jeden Eigenwert λ besitzt das lineare Gleichungssystem

$$(\boldsymbol{A} - \lambda\boldsymbol{E})\boldsymbol{x} = \boldsymbol{0}$$

unendlich viele Lösungen. Die von der Nulllösung verschiedenen Lösungen bilden gerade die Gesamtheit der Eigenvektoren zu diesem Eigenwert. Da auch die Summe zweier Eigenvektoren wieder ein Eigenvektor ist, sind Linearkombinationen von Eigenvektoren zu einem Eigenwert wieder Eigenvektoren zu diesem Eigenwert. Zuweilen sind normierte Eigenvektoren von Interesse, also solche Vektoren, die die Länge eins haben.

Beispiel 6.9

1. Wir wollen die Eigenwerte und Eigenvektoren der Matrix

$$\boldsymbol{A} = \begin{pmatrix} 1 & 0 & 0 \\ 0 & 1 & \sqrt{6} \\ 0 & \sqrt{6} & 2 \end{pmatrix}$$

bestimmen. Die Eigenwerte berechnen wir aus der charakteristischen Gleichung

$$0 = \det(\boldsymbol{A} - \lambda\boldsymbol{E}) = \det\begin{pmatrix} 1-\lambda & 0 & 0 \\ 0 & 1-\lambda & \sqrt{6} \\ 0 & \sqrt{6} & 2-\lambda \end{pmatrix} = (1-\lambda)[(1-\lambda)(2-\lambda)-6]\ .$$

Die rechte Seite stellt ein Polynom dritter Ordnung in λ dar. Die erste Nullstelle lautet $\lambda_1 = 1$. Die Nullstellen des Polynoms $(1-\lambda)(2-\lambda)-6 = \lambda^2 - 3\lambda - 4 = (\lambda - 4)(\lambda + 1)$ sind $\lambda_2 = 4$ und $\lambda_3 = -1$. Zu jedem dieser Werte sind die entsprechenden Eigenvektoren zu bestimmen.

Für $\lambda_1 = 1$ ist das lineare Gleichungssystem $(\boldsymbol{A} - \boldsymbol{E})\boldsymbol{x} = \boldsymbol{0}$ bzw.

$$\begin{pmatrix} 0 & 0 & 0 \\ 0 & 0 & \sqrt{6} \\ 0 & \sqrt{6} & 1 \end{pmatrix}\begin{pmatrix} x_1 \\ x_2 \\ x_3 \end{pmatrix} = \begin{pmatrix} 0 \\ 0 \\ 0 \end{pmatrix}$$

zu lösen. Dies ergibt $x_2 = 0$, $x_3 = 0$, und x_1 kann beliebige reelle Werte annehmen. Alle Vektoren von der Form $\boldsymbol{x} = (x_1, 0, 0)^{\mathrm{T}}$ mit $x_1 \in \mathbb{R}$, $x_1 \neq 0$ sind Eigenvektoren von $\boldsymbol{A}$ zum Eigenwert $\lambda = 1$. Ein normierter Eigenvektor ist etwa durch $\boldsymbol{x} = (1, 0, 0)^{\mathrm{T}}$ gegeben.

Für den zweiten bzw. dritten Eigenwert $\lambda_2 = 4$ bzw. $\lambda_3 = -1$ sind die Lösungen der linearen Gleichungssysteme

$$\begin{pmatrix} -3 & 0 & 0 \\ 0 & -3 & \sqrt{6} \\ 0 & \sqrt{6} & -2 \end{pmatrix} \begin{pmatrix} x_1 \\ x_2 \\ x_3 \end{pmatrix} = \begin{pmatrix} 0 \\ 0 \\ 0 \end{pmatrix} \quad \text{bzw.} \quad \begin{pmatrix} 2 & 0 & 0 \\ 0 & 2 & \sqrt{6} \\ 0 & \sqrt{6} & 3 \end{pmatrix} \begin{pmatrix} x_1 \\ x_2 \\ x_3 \end{pmatrix} = \begin{pmatrix} 0 \\ 0 \\ 0 \end{pmatrix}$$

zu bestimmen. Das erste Gleichungssystem besitzt die Lösungen $x_1 = 0$, $x_2 = (\sqrt{6}/3)x_3 = \sqrt{2/3}\,x_3$, $x_3 \in \mathbb{R}$, das zweite die Lösungen $x_1 = 0$, $x_2 = -(\sqrt{6}/2)x_3 = -\sqrt{3/2}\,x_3$, $x_3 \in \mathbb{R}$. Ein normierter Eigenvektor zum Eigenwert $\lambda_2 = 4$ lautet also $(0, \sqrt{2/5}, \sqrt{3/5})^{\mathrm{T}}$; ein entsprechender normierter Eigenvektor zum Eigenwert $\lambda_1 = -1$ ist gegeben durch $(0, -\sqrt{3/5}, \sqrt{2/5})^{\mathrm{T}}$.

2. Als Nächstes betrachten wir die Matrix

$$\boldsymbol{A} = \begin{pmatrix} 0 & 1 \\ -1 & 0 \end{pmatrix} .$$

Die charakteristische Gleichung

$$0 = \det(\boldsymbol{A} - \lambda \boldsymbol{E}) = \det \begin{pmatrix} -\lambda & 1 \\ -1 & -\lambda \end{pmatrix} = \lambda^2 + 1$$

besitzt die beiden komplexen Lösungen $\lambda_1 = \mathrm{i}$ und $\lambda_2 = -\mathrm{i}$. Die komplexen Eigenvektoren zum ersten Eigenwert sind die Lösungen von

$$\begin{pmatrix} -\mathrm{i} & 1 \\ -1 & -\mathrm{i} \end{pmatrix} \begin{pmatrix} x_1 \\ x_2 \end{pmatrix} = \begin{pmatrix} 0 \\ 0 \end{pmatrix} ,$$

also $x_1 = -\mathrm{i}x_2$ und x_2 beliebig. Ein normierter Eigenvektor lautet $(-\mathrm{i}/\sqrt{2}, 1/\sqrt{2})^{\mathrm{T}}$. Da die Matrix reell und der zweite Eigenwert λ_2 konjugiert komplex zu λ_1 ist, sind auch die Eigenvektoren konjugiert komplex, sodass der normierte Eigenvektor zu λ_2 dann $(\mathrm{i}/\sqrt{2}, 1/\sqrt{2})^{\mathrm{T}}$ lautet.

3. Die Matrix

$$\boldsymbol{A} = \begin{pmatrix} 2 & 0 \\ 0 & 2 \end{pmatrix}$$

besitzt die charakteristische Gleichung $(2 - \lambda)^2 = 0$, sodass wir nur den Eigenwert $\lambda = 2$ erhalten. Die Eigenvektoren werden aus

$$\begin{pmatrix} 0 & 0 \\ 0 & 0 \end{pmatrix} \begin{pmatrix} x_1 \\ x_2 \end{pmatrix} = \begin{pmatrix} 0 \\ 0 \end{pmatrix}$$

berechnet. Hier sind alle $x_1, x_2 \in \mathbb{R}$ Lösungen. Zwei linear unabhängige normierte Eigenvektoren sind z. B. $(1, 0)^{\mathrm{T}}$ und $(0, 1)^{\mathrm{T}}$. Allerdings ist auch die Wahl $(1/\sqrt{2}, 1/\sqrt{2})^{\mathrm{T}}$ und $(-1/\sqrt{2}, 1/\sqrt{2})^{\mathrm{T}}$ möglich, da diese Vektoren ebenfalls linear unabhängig und normiert sind.

Im Allgemeinen sind die Eigenwerte einer Matrix $\boldsymbol{A}$ komplex, selbst wenn alle Elemente von $\boldsymbol{A}$ reell sind. Ist die Matrix $\boldsymbol{A} \in \mathbb{R}^{n\times n}$ allerdings symmetrisch, so sind die Eigenwerte reelle Zahlen. Diese Eigenschaft, die wir in Abschnitt 13.3.3 beweisen (siehe Text nach Beispiel 13.14), spielt eine große Rolle in der Quantenmechanik, da dort die Eigenwerte Messwerte repräsentieren, die nur reell sein können. Ferner gilt für symmetrische Matrizen, dass Eigenvektoren, die zu verschiedenen Eigenwerten gehören, senkrecht aufeinanderstehen (siehe Text nach Axiom (A3′)). Ein System von Vektoren, die paarweise senkrecht aufeinanderstehen, nennen wir ein *orthogonales Vektorsystem* bzw. *orthogonales System*. Sind die Vektoren zusätzlich normiert, so heißt das Vektorsystem *orthonormiert*. Mit anderen Worten: *Ein orthogonales System aus normierten Vektoren wird als orthonormales System bezeichnet.* Besteht ein orthonormiertes System im $\mathbb{R}^n$ aus n Vektoren, so nennen wir es auch eine Orthonormalbasis (siehe Abschnitt 5.2.1).

6.2.3 Drehungen und Spiegelungen

Wie wir gesehen haben, verändert sich bei einer linearen Abbildung im Allgemeinen die Länge einer Strecke. Wir fragen nun danach, ob bei speziellen linearen Abbildungen vom $\mathbb{R}^n$ in den $\mathbb{R}^n$ die Länge von Strecken konstant bleibt. Um diese Frage zu untersuchen, schreiben wir zunächst die Abbildungsgleichungen in allgemeiner Form. Sie lauten in Matrixform $\boldsymbol{y} = \boldsymbol{A}\boldsymbol{x}$ bzw. ausgeschrieben:

$$y_i = \sum_{j=1}^{n} a_{ij} x_j \quad \text{für} \quad i = 1, \dots, n\,. \tag{6.13}$$

Das Längenquadrat eines Ortsvektors im x-Raum ist durch $\sum_{j=1}^{n} x_j^2$ gegeben, das eines Vektors im y-Raum durch $\sum_{i=1}^{n} y_i^2$. Die Bedingung, dass die Länge eines Vektors bei der Abbildung unverändert bleiben soll, lautet daher

$$\sum_{i=1}^{n} y_i^2 = \sum_{j=1}^{n} x_j^2$$

oder, wenn man die Komponenten y_i durch (6.13) ersetzt,

$$\sum_{i=1}^{n} \left(\sum_{j=1}^{n} a_{ij} x_j \right)^2 = \sum_{j=1}^{n} x_j^2\,.$$

Wegen

$$\left(\sum_{j=1}^{n} a_{ij} x_j \right)^2 = \sum_{k=1}^{n} a_{ik} x_k \cdot \sum_{\ell=1}^{n} a_{i\ell} x_\ell = \sum_{k=1}^{n} \sum_{\ell=1}^{n} a_{ik} a_{i\ell} x_k x_\ell$$

folgt dann nach einer Vertauschung der Reihenfolge der Summationen

$$\sum_{k=1}^{n}\sum_{\ell=1}^{n}\left(\sum_{i=1}^{n} a_{ik}a_{i\ell}\right)x_k x_\ell = \sum_{j=1}^{n} x_j^2 \,. \tag{6.14}$$

Daraus kann man unmittelbar die Bedingungen ablesen, denen die Koeffizienten a_{ij} unterliegen müssen, damit die Längen der Vektoren bei der Abbildung konstant bleiben: Wenn k und ℓ verschiedene Werte annehmen, so führt das auf der linken Seite von (6.14) zu einem Summanden, der ein gemischtes Produkt $x_k x_\ell$ aufweist. Auf der rechten Seite kommen aber keine gemischten Produkte vor. Daher muss der Koeffizient vor $x_k x_\ell$ für $k \neq \ell$ gleich null sein:

$$\sum_{i=1}^{n} a_{ik}a_{i\ell} = 0 \quad \text{für alle } k \neq \ell \,.$$

Für $k = \ell$ erhält man auf der linken Seite rein quadratische Summanden. Da rechts die Koeffizienten vor den rein quadratischen Gliedern gleich eins sind, muss daher gelten:

$$\sum_{i=1}^{n} a_{ik}a_{ik} = 1 \quad \text{für alle } k \,.$$

Beide Gleichungen lassen sich mithilfe des in Abschnitt 2.1 eingeführten Kroneckersymbols in der Form

$$\sum_{i=1}^{n} a_{ik}a_{i\ell} = \delta_{k\ell} \tag{6.15}$$

schreiben.

Fasst man die Spalten der Matrix $\boldsymbol{A}$ als Vektoren auf, so besagt die obige Gleichung, dass das in Abschnitt 5.1.3 definierte Skalarprodukt zweier verschiedener Spaltenvektoren gleich null ist, während das Betragsquadrat eines jeden Spaltenvektors gleich eins ist. Die Spaltenvektoren bilden also ein orthonormales System. Wir können sagen: *Wenn bei einer Matrix $\boldsymbol{A}$ die Spaltenvektoren ein orthonormales System bilden, so bleiben bei der durch diese Matrix vermittelten Abbildung die Längen der Ortsvektoren unverändert.* Eine Matrix, die diese Bedingung erfüllt, heißt *orthogonal* (siehe auch Abschnitt 5.2.3). Ebenso heißen auch die dazugehörigen Abbildungen orthogonal. Sie stellen einen Spezialfall der linearen Abbildungen dar. Wir werden weiter unten zeigen, dass diese Abbildungen Drehungen bzw. Spiegelungen darstellen.

Beispiel 6.10
Beispiele für orthogonale Matrizen sind

$$A = (a_{ij}) = \begin{pmatrix} 1/2 & -\sqrt{3}/2 \\ \sqrt{3}/2 & 1/2 \end{pmatrix} \quad \text{und} \quad B = (b_{ij}) = \begin{pmatrix} 0 & 1 \\ -1 & 0 \end{pmatrix} , \tag{6.16}$$

denn zum einen gilt

$$\sum_{i=1}^{2} a_{i1} a_{i1} = \frac{1}{2} \cdot \frac{1}{2} + \frac{\sqrt{3}}{2} \cdot \frac{\sqrt{3}}{2} = 1 ,$$

$$\sum_{i=1}^{2} a_{i1} a_{i2} = \frac{1}{2} \cdot \left(-\frac{\sqrt{3}}{2} \right) + \frac{\sqrt{3}}{2} \cdot \frac{1}{2} = 0 ,$$

$$\sum_{i=1}^{2} a_{i2} a_{i2} = \left(-\frac{\sqrt{3}}{2} \right) \cdot \left(-\frac{\sqrt{3}}{2} \right) + \frac{1}{2} \cdot \frac{1}{2} = 1 ;$$

zum anderen erhalten wir für die Matrix $\boldsymbol{B}$:

$$\sum_{i=1}^{2} b_{i1} b_{i1} = 0 + 1 = 1 , \quad \sum_{i=1}^{2} b_{i1} b_{i2} = 0 + 0 = 0 , \quad \sum_{i=1}^{2} b_{i2} b_{i2} = 1 + 0 = 1 .$$

Orthogonale Matrizen zeigen einige interessante Eigenschaften. Gleichung (6.15) lautet in Matrixform

$$\boldsymbol{A}^{\mathrm{T}} \boldsymbol{A} = \boldsymbol{E} ,$$

wobei $\boldsymbol{A}^{\mathrm{T}}$ die zu $\boldsymbol{A}$ transponierte Matrix ist, die man aus $\boldsymbol{A}$ durch Vertauschen der Zeilen und Spalten erhält (siehe Abschnitt 2.1). Wegen der Eigenschaft $\boldsymbol{A}^{-1}\boldsymbol{A} = \boldsymbol{E}$ für die Inverse $\boldsymbol{A}^{-1}$ folgt also, *dass bei orthogonalen Matrizen die inverse Matrix gleich der transponierten ist*:

$$\boldsymbol{A}^{-1} = \boldsymbol{A}^{\mathrm{T}} .$$

Dies haben wir auch bereits im Rahmen der Vektorrechnung nachgewiesen (siehe das Ende von Abschnitt 5.2.3).

Die Matrix $\boldsymbol{A}^{-1}$ vermittelt als die Inverse von $\boldsymbol{A}$ ebenfalls eine orthogonale Abbildung. Die Spalten von $\boldsymbol{A}^{-1}$ müssen daher ebenfalls ein orthonormiertes Vektorsystem darstellen. Da die Spalten von $\boldsymbol{A}^{-1}$ aufgrund von $\boldsymbol{A}^{-1} = \boldsymbol{A}^{\mathrm{T}}$ mit den Zeilen der Matrix $\boldsymbol{A}$ übereinstimmen, folgt daraus, *dass auch die Zeilen einer orthogonalen Matrix* $\boldsymbol{A}$ *ein orthonormiertes Vektorsystem bilden, dass also gilt:*

$$\sum_{j=1}^{n} a_{ij} a_{kj} = \delta_{ik} . \tag{6.17}$$

Beispiel 6.11

Als Beispiel weisen wir die Gültigkeit von (6.17) für die orthogonale Matrix $\boldsymbol{A}$ in (6.16) nach. Es ist

$$\sum_{j=1} a_{1j}a_{1j} = \frac{1}{2} \cdot \frac{1}{2} + \left(-\frac{\sqrt{3}}{2}\right) \cdot \left(-\frac{\sqrt{3}}{2}\right) = 1 \,,$$

$$\sum_{j=1} a_{1j}a_{2j} = \frac{1}{2} \cdot \frac{\sqrt{3}}{2} + \left(-\frac{\sqrt{3}}{2}\right) \cdot \frac{1}{2} = 0 \,,$$

$$\sum_{j=1} a_{2j}a_{2j} = \frac{\sqrt{3}}{2} \cdot \frac{\sqrt{3}}{2} + \frac{1}{2} \cdot \frac{1}{2} = 1 \,.$$

Wir wollen nun für den Fall $n = 2$ die verschiedenen orthogonalen Matrizen explizit bestimmen und untersuchen, welche Abbildungen sie vermitteln. Für eine orthogonale Matrix $\boldsymbol{A} = (a_{ij}) \in \mathbb{R}^{2\times 2}$ müssen gemäß (6.15) die folgenden Gleichungen erfüllt sein:

$$a_{11}^2 + a_{21}^2 = 1 \,, \quad a_{12}^2 + a_{22}^2 = 1 \quad \text{und} \quad a_{11}a_{12} + a_{21}a_{22} = 0 \,.$$

Die vier unbekannten Koeffizienten a_{ij} müssen so bestimmt werden, dass diese (nichtlinearen) Gleichungen erfüllt sind.

Die ersten beiden Gleichungen sind erfüllt, wenn man zwei Größen φ und ψ einführt und setzt

$$a_{11} = \cos\varphi \,, \quad a_{21} = \sin\varphi \,,$$
$$a_{12} = \sin\psi \,, \quad a_{22} = \cos\psi \,,$$

da wegen der trigonometrischen Beziehungen bekanntlich $\sin^2\varphi + \cos^2\varphi = 1$ gilt. Damit auch die dritte Gleichung erfüllt ist, muss gelten

$$\cos\varphi \sin\psi + \sin\varphi \cos\psi = 0 \,,$$

also, gemäß dem ersten Additionstheorem in (4.10), $\sin(\varphi + \psi) = 0$. Aus dieser Gleichung folgt $\varphi + \psi = n\pi$ für $n \in \mathbb{N}_0$ bzw. $\psi = n\pi - \varphi$. Für alle geradzahligen Werte von n ist $\cos\psi = \cos(n\pi - \varphi) = \cos\varphi$ und $\sin\psi = \sin(n\pi - \varphi) = -\sin\varphi$, und man erhält die Matrix:

$$\boldsymbol{A}_D = \begin{pmatrix} \cos\varphi & -\sin\varphi \\ \sin\varphi & \cos\varphi \end{pmatrix} \,. \tag{6.18}$$

Für alle ungeradzahligen Werte von n ist $\cos\psi = -\cos\varphi$ und $\sin\psi = \sin\varphi$, und wir folgern:

$$\boldsymbol{A}_S = \begin{pmatrix} \cos\varphi & \sin\varphi \\ \sin\varphi & -\cos\varphi \end{pmatrix} \,. \tag{6.19}$$

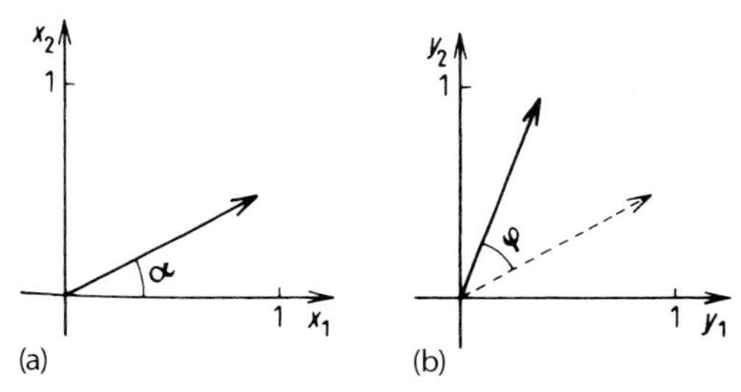

Abb. 6.15 Drehung um den Winkel φ als Sonderfall einer linearen Abbildung.

Man kann zeigen, *dass* $\boldsymbol{A}_\mathrm{D}$ *eine Drehung um den Winkel* φ *vermittelt, während* $\boldsymbol{A}_\mathrm{S}$ *eine Spiegelung an der Geraden darstellt, die mit der x-Achse den Winkel* $\varphi/2$ *einschließt.* Wir wollen nur die erste Aussage begründen und betrachten hierzu einen normierten Vektor, der mit der x-Achse den Winkel α einschließt. Der Punkt, den dieser Vektor repräsentiert (siehe Abb. 6.15), hat dann die Koordinaten $x_1 = \cos\alpha$ und $x_2 = \sin\alpha$, also:

$$\boldsymbol{x} = \begin{pmatrix} x_1 \\ x_2 \end{pmatrix} = \begin{pmatrix} \cos\alpha \\ \sin\alpha \end{pmatrix} .$$

Durch die Matrix $\boldsymbol{A}_\mathrm{D}$ wird dieser Punkt überführt in einen Punkt $\boldsymbol{y}$,

$$\begin{aligned} \boldsymbol{y} = \boldsymbol{A}_D\boldsymbol{x} &= \begin{pmatrix} \cos\varphi & -\sin\varphi \\ \sin\varphi & \cos\varphi \end{pmatrix} \begin{pmatrix} \cos\alpha \\ \sin\alpha \end{pmatrix} \\ &= \begin{pmatrix} \cos\varphi\cos\alpha - \sin\varphi\sin\alpha \\ \sin\varphi\cos\alpha + \cos\varphi\sin\alpha \end{pmatrix} = \begin{pmatrix} \cos(\alpha+\varphi) \\ \sin(\alpha+\varphi) \end{pmatrix} , \end{aligned}$$

wobei bei der letzten Umformung die trigonometrischen Additionstheoreme in (4.10) verwendet wurden. Die Zahlen $\cos(\alpha+\varphi)$ und $\sin(\alpha+\varphi)$ sind die Koordinaten eines Einheitsvektors, der gegenüber dem gegebenen Vektor $\boldsymbol{x}$ um den Winkel φ gedreht ist. In gleicher Weise weist man auch die Spiegeleigenschaften von $\boldsymbol{A}_\mathrm{S}$ nach.

Bei der grafischen Darstellung der besprochenen Abbildungen lässt man vielfach die beiden Koordinatensysteme (x_1, x_2) und (y_1, y_2) zusammenfallen, sodass die Drehung bzw. Spiegelung deutlicher erkannt werden kann. Die Koordinaten (y_1, y_2) stellen dann die Koordinaten eines neuen Punktes im alten System dar.

Beispiel 6.12
Als Beispiel betrachten wir die Spiegelung an der Geraden, die mit der x-Achse den Winkel $\varphi/2 = \pi/6$ einschließt. Es ist dann $\sin\varphi = \sqrt{3}/2$ und $\cos\varphi = 1/2$. Die durch (6.19) gegebene Abbildungsmatrix lautet also:

$$\boldsymbol{A}_\mathrm{S} = \begin{pmatrix} 1/2 & \sqrt{3}/2 \\ \sqrt{3}/2 & -1/2 \end{pmatrix} . \tag{6.20}$$

Dies führt zu den Transformationsgleichungen $\boldsymbol{A}_S\boldsymbol{x} = \boldsymbol{y}$ bzw.

$$y_1 = \frac{1}{2}x_1 + \frac{\sqrt{3}}{2}x_2 , \quad y_2 = \frac{\sqrt{3}}{2}x_1 - \frac{1}{2}x_2 .$$

Der Punkt P mit den Koordinaten $x_1 = 2$, $x_2 = 2$ bzw. der entsprechende Ortsvektor (siehe Abb. 6.16a) wird durch diese Abbildungsgleichungen in einen Punkt P′ mit den Koordinaten $y_1 = \sqrt{3} + 1$, $y_2 = \sqrt{3} - 1$ überführt. Man sieht deutlich, dass dies einer Spiegelung an der gestrichelt eingezeichneten Geraden entspricht. In Abb. 6.16c ist diese Spiegelung für den Fall angegeben, dass die beiden Koordinatensysteme zusammenfallen und damit y_1 und y_2 die Koordinaten eines gespiegelten Punktes im alten System sind.

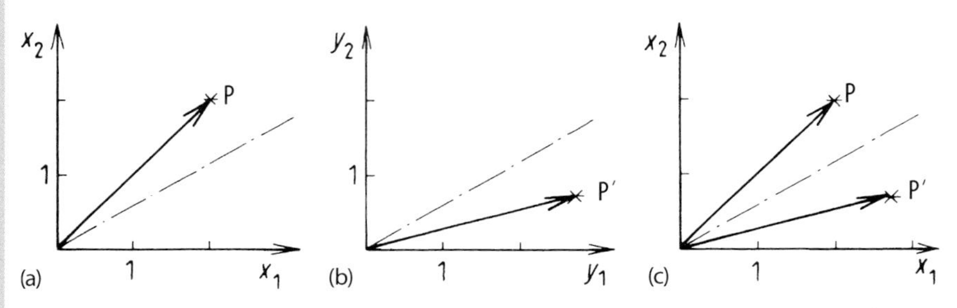

Abb. 6.16 Die durch die Matrix (6.20) vermittelte Spiegelung eines Vektors an der Geraden s im (x_1, x_2)- bzw. (y_1, y_2)-Koordinatensystem (a bzw. b) sowie beim Zusammenfallen beider Koordinatensysteme (c).

Beispiel 6.13

Als weiteres Beispiel betrachten wir das in Abb. 6.17 angegebene Benzolmolekül. Es weist eine sechszahlige Symmetrieachse auf. Das bedeutet, dass der Punkt B aus dem Punkt A durch eine Drehung $\varphi = \pi/3$ um den Ursprung des Koordinatensystems hervorgeht. In gleicher Weise geht der Punkt C aus dem Punkt B durch eine solche Drehung hervor usw. Man kann daher die Koordinaten der Punkte B, C, D, E und F aus denen des Punktes A mithilfe einer linearen Abbildung gewinnen. Da $\varphi = \pi/3$ ist, gilt $\sin\varphi = \sqrt{3}/2$ und $\cos\varphi = 1/2$. Die in (6.18) gegebene Matrix, die eine Drehung vermittelt, lautet daher:

$$\boldsymbol{A}_D = \begin{pmatrix} 1/2 & -\sqrt{3}/2 \\ \sqrt{3}/2 & 1/2 \end{pmatrix} .$$

Der Punkt A in Abb. 6.17 hat die Koordinaten $x_1^{\mathrm{A}} = 1$ und $x_2^{\mathrm{A}} = 0$. Für die Koordinaten des Punktes B erhält man daraus

$$\boldsymbol{A}_D \begin{pmatrix} 1 \\ 0 \end{pmatrix} = \begin{pmatrix} 1/2 & -\sqrt{3}/2 \\ \sqrt{3}/2 & 1/2 \end{pmatrix} \begin{pmatrix} 1 \\ 0 \end{pmatrix} = \begin{pmatrix} 1/2 \\ \sqrt{3}/2 \end{pmatrix} ,$$

also $x_1^B = 1/2$ und $x_2^B = \sqrt{3}/2$. Für den dritten Punkt erhält man nach zweimaliger Drehung um den Winkel $\varphi = \pi/3$

$$\boldsymbol{A}_D^2 \begin{pmatrix} 1 \\ 0 \end{pmatrix} = \boldsymbol{A}_D \begin{pmatrix} 1/2 \\ \sqrt{3}/2 \end{pmatrix} = \begin{pmatrix} 1/2 & -\sqrt{3}/2 \\ \sqrt{3}/2 & 1/2 \end{pmatrix} \begin{pmatrix} 1/2 \\ \sqrt{3}/2 \end{pmatrix} = \begin{pmatrix} -1/2 \\ \sqrt{3}/2 \end{pmatrix},$$

also $x_1^C = -1/2$ und $x_2^C = \sqrt{3}/2$. In gleicher Weise erhält man auch die Koordinaten der übrigen Punkte.

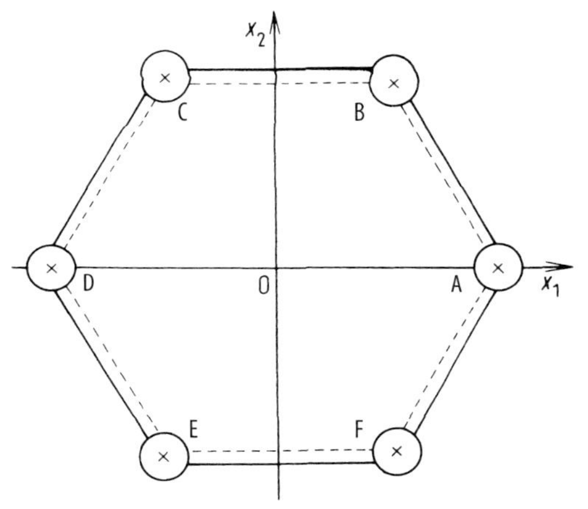

Abb. 6.17 Benzolmolekül in einem Koordinatensystem.

Die Matrizen, die eine Drehung bzw. Spiegelung im dreidimensionalen Raum vermitteln, wollen wir hier nicht herleiten. Wir erhalten sie in Abschnitt 6.3.1 aus den entsprechenden Gleichungen für eine Koordinatentransformation.

Fragen und Aufgaben

Aufgabe 6.9 Was ist eine lineare Abbildung?

Aufgabe 6.10 Wie wird die Komposition zweier linearer Abbildungen analytisch ausgedrückt?

Aufgabe 6.11 Welche linearen Abbildungen sind längentreu?

Aufgabe 6.12 Was sind Eigenwerte und Eigenvektoren einer Matrix?

Aufgabe 6.13 Wie viele Eigenwerte kann eine $(n \times n)$-Matrix höchstens besitzen?

Aufgabe 6.14 Bestimme die Eigenwerte der Matrix

$$A = \begin{pmatrix} 0 & 1 & 1 \\ 1 & 0 & 1 \\ 1 & 1 & 0 \end{pmatrix} .$$

Aufgabe 6.15 Bestimme die Eigenwerte und Eigenvektoren der Matrix

$$A = \begin{pmatrix} 2 & 2 \\ 2 & 2 \end{pmatrix} .$$

Aufgabe 6.16 Welche Eigenschaften besitzen die Eigenwerte und Eigenvektoren symmetrischer Matrizen?

Aufgabe 6.17 Was versteht man unter einer orthogonalen Matrix? Welche Abbildungen werden durch solche Matrizen vermittelt?

Aufgabe 6.18 Wie kann die Inverse einer orthogonalen Matrix bestimmt werden?

Aufgabe 6.19 Gegeben sind ein Punkt P mit den Koordinaten $(2, 2)$, eine Gerade $x_2 = 3x_1$, ein Kreis $x_1^2 + x_2^2 = 1$ und ein Rechteck, dessen Eckpunkte die Koordinaten $(0, 0)$, $(3, 0)$, $(3, 2)$ und $(0, 2)$ besitzen. Bestimme die Bilder dieser Objekte bei folgenden Abbildungen: (i) $y_1 = 2x_1$, $y_2 = 4x_2$; (ii) $y_1 = x_1 + x_2$, $y_2 = x_2$.

Aufgabe 6.20 Wie lautet die Matrix, die eine Drehung um $\varphi = \pi/6$ vermittelt?

6.3 Koordinatentransformationen

6.3.1 Lineare Transformationen

Im vorigen Abschnitt wurde gezeigt, dass durch ein Gleichungspaar der Form

$$y_1 = \varphi_1(x_1, x_2) , \quad y_2 = \varphi_2(x_1, x_2)$$

eine Abbildung von Punkten der (x_1, x_2)-Ebene auf Punkte der (y_1, y_2)-Ebene vermittelt wird. Ein solches Gleichungssystem lässt sich auch in anderer Weise interpretieren. Man kann festlegen, dass die einzelnen Punkte im Raum unverändert bleiben sollen und dass stattdessen *durch die Gleichungen ein neues Koordinatensystem eingeführt wird,* das relativ zum alten System entsprechend verschoben, gedreht oder gekrümmt ist. Man spricht in diesem Fall von einer *Koordinatentransformation.*

Beispiel 6.14
Betrachten wir beispielsweise die Gleichungen

$$y_1 = x_1 + b_1 , \quad y_2 = x_2 + b_2 . \tag{6.21}$$

Als Abbildung gedeutet, bewirken diese Gleichungen eine Verschiebung der Raumpunkte um b_1 bzw. b_2 in die beiden Raumrichtungen (siehe Abb. 6.18a). Als Koordinatentransformation aufgefasst, bewirken sie eine Verschiebung des Koordinatensystems um $-b_1$ bzw. $-b_2$ (siehe Abb. 6.18b).
Die mithilfe der Matrix (6.18) erhaltenen Gleichungen vermitteln, wenn man sie als Abbildung auffasst, eine Drehung der Raumpunkte um den Koordinatenursprung um den Winkel φ. Bei der Deutung als Koordinatentransformation stellen sie eine entsprechende Drehung des Koordinatensystems um den Winkel $-\varphi$ dar.

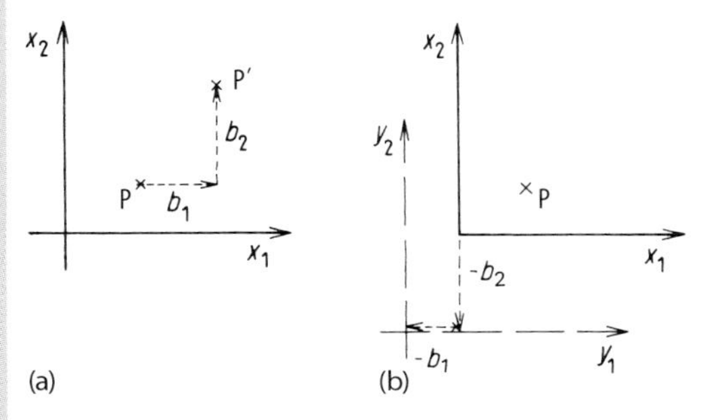

Abb. 6.18 Interpretation der Gleichungen (6.21) als Abbildung (a) und als Koordinatentransformation (b).

Wir können allgemein feststellen: *Wenn ein Gleichungssystem als Abbildung gedeutet eine Bewegung (Parallelverschiebung oder Drehung) der Raumpunkte vermittelt, so bewirkt es als Koordinatentransformation die entsprechend umgekehrte Bewegung für die Koordinatenachsen.* Bei Abbildungen, die keine Bewegungen darstellen, ist der Zusammenhang mit der jeweiligen Koordinatentransformation nicht so leicht überschaubar. Im Folgenden wollen wir einige wichtige Koordinatentransformationen eingehender besprechen.

Bei den bisherigen Betrachtungen wurde immer ein kartesisches Koordinatensystem zugrunde gelegt. Das ist ein System, bei dem die Koordinatenachsen einen rechten Winkel einschließen. Bei der Untersuchung von Koordinatentransformationen erweist es sich nun als zweckmäßig, auch Systeme in die Betrachtungen einzuschließen, bei denen die Achsen andere Winkel einschließen. Solche Systeme bezeichnet man als *schiefwinklig*. Abb. 6.19a zeigt ein schiefwinkliges Koordinatensystem, in welches ein Punkt mit seinen Koordinaten eingezeichnet wurde.

Wir untersuchen nun die Transformation von einem schiefwinkligen System mit den Koordinaten x_1, x_2 und x_3 auf ein zweites mit den Koordinaten y_1, y_2 und y_3 (siehe Abb. 6.19b). Beide Systeme sollen den gleichen Ursprung haben. Die Winkel zwischen den Koordinatenachsen sowie die Einheitsstrecken auf den Achsen können aber verschieden sein. Wir bezeichnen die Koordinaten, die der Einheitspunkt auf der x_1-Achse im neuen System hat, mit y_{11}, y_{12}, y_{13}, die des Einheitspunktes auf der x_2-Achse mit y_{21}, y_{22}, y_{23}, und die des Einheitspunktes auf der x_3-Achse mit y_{31}, y_{32}, y_{33}. Als Beispiel sind in Abb. 6.19b die Koordinaten y_{21}, y_{22}, y_{23} eingezeichnet.

Die Koordinaten eines Punktes transformieren sich nun bei einer linearen Transformation in gleicher Weise wie die Komponenten eines Vektors. Wir können daher einfach die Beziehungen, die für die Transformation eines Vektors gelten (siehe Abschnitt 5.2.2), auf unser Problem übertragen. Die Transformationsformeln lauten daher:

$$\begin{aligned} y_1 &= x_1 y_{11} + x_2 y_{21} + x_3 y_{31} \,, \\ y_2 &= x_1 y_{12} + x_2 y_{22} + x_3 y_{32} \,, \\ y_3 &= x_1 y_{13} + x_2 y_{23} + x_3 y_{33} \,. \end{aligned}$$

Die Transformationsgleichungen kann man besonders übersichtlich in Matrixform schreiben. Bildet man aus den Koordinaten jeweils eine einspaltige Matrix und aus den Komponenten y_{ij} eine (3×3)-Matrix

$$\boldsymbol{x} = \begin{pmatrix} x_1 \\ x_2 \\ x_3 \end{pmatrix}, \quad \boldsymbol{y} = \begin{pmatrix} y_1 \\ y_2 \\ y_3 \end{pmatrix}, \quad \boldsymbol{S} = \begin{pmatrix} y_{11} & y_{21} & y_{31} \\ y_{12} & y_{22} & y_{32} \\ y_{13} & y_{23} & y_{33} \end{pmatrix},$$

so lassen sich die obigen Transformationsgleichungen in der Form

$$\boldsymbol{y} = \boldsymbol{S}\boldsymbol{x} \tag{6.22}$$

schreiben. Zur Auflösung dieses Gleichungssystems nach den Variablen x_i muss man die Inverse $\boldsymbol{S}^{-1}$ bestimmen. Es gilt dann:

$$\boldsymbol{x} = \boldsymbol{S}^{-1}\boldsymbol{y} \,.$$

Eine Koordinatentransformation von einem schiefwinkligen Koordinatensystem auf ein anderes mit gleichem Ursprung entspricht also dieser linearen Abbildung. Man nennt sie daher eine *lineare Transformation.*

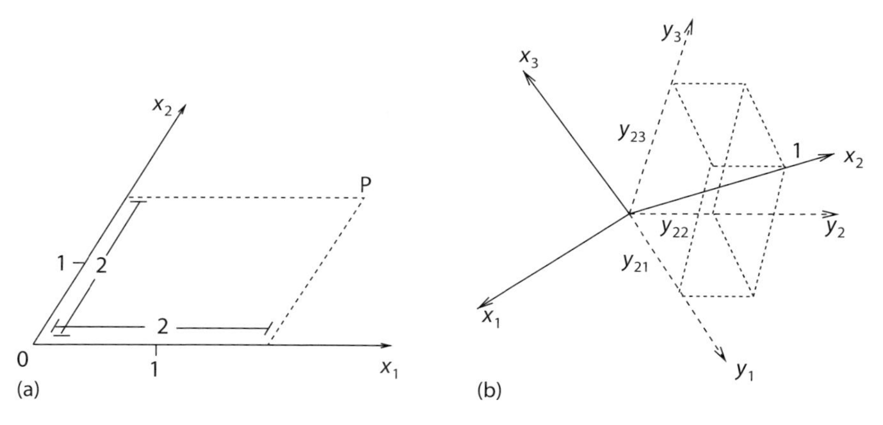

Abb. 6.19 (a) Beispiel für ein schiefwinkliges Koordinatensystem. (b) Zur Transformation von einem schiefwinkligen Koordinatensystem auf ein anderes solches System.

Zusammenfassend kann man sagen: *Die Transformation von einem schiefwinkligen Koordinatensystem auf ein anderes mit gleichem Ursprung, aber im Allgemeinen anderen Achsenrichtungen und Einheitsstrecken, wird durch ein lineares Gleichungssystem der Form* (6.22) *vermittelt. Die Transformationsmatrix* ***S*** *wird aus den Koordinaten der Einheitspunkte auf den Achsen des alten Systems im neuen System gebildet.*

Im zweidimensionalen Fall geht die Matrix $\boldsymbol{S}$ über in

$$\boldsymbol{S} = \begin{pmatrix} y_{11} & y_{21} \\ y_{12} & y_{22} \end{pmatrix} ,$$

und die Transformationsgleichungen lauten:

$$y_1 = x_1 y_{11} + x_2 y_{21} , \quad y_2 = x_1 y_{12} + x_2 y_{22} .$$

In Abb. 6.20 sind die entsprechenden Koordinaten eingezeichnet.

Beispiel 6.15
Als Beispiel betrachten wir die Transformation von einem Koordinatensystem, dessen Achsen x_1 und x_2 einen Winkel von $\pi/3$ einschließen, auf ein rechtwinkliges System mit den Achsen y_1 und y_2, wobei die y_1-Achse mit der x_1-Achse einen Winkel von $\pi/6$ einschließt (siehe Abb. 6.21). Man sieht anhand der Abbildung, dass die Koordinaten des Einheitspunktes auf der x_1-Achse die Werte $y_{11} = \cos\pi/6 = \sqrt{3}/2$ und $y_{12} = -\sin\pi/6 = -1/2$ sind. Durch eine analoge geometrische Betrachtung erhält man für die Koordinaten des Einheitspunktes auf der x_2-Achse $y_{21} = \cos\pi/6 = \sqrt{3}/2$ und $y_{22} = \sin\pi/6 = 1/2$. Die Transformationsmatrix lautet somit:

$$\boldsymbol{S} = \begin{pmatrix} \sqrt{3}/2 & \sqrt{3}/2 \\ -1/2 & 1/2 \end{pmatrix} . \tag{6.23}$$

Für die Transformationsgleichungen ergibt sich mithilfe dieser Matrix:

$$y_1 = \frac{\sqrt{3}}{2} x_1 + \frac{\sqrt{3}}{2} x_2 , \quad y_2 = -\frac{1}{2} x_1 + \frac{1}{2} x_2 .$$

Wenn das neue System nicht rechtwinklig ist, so wird die Berechnung der Transformationsmatrix etwas schwieriger. Man muss dann schiefwinklige Dreiecke berechnen und den bekannten Sinussatz anwenden.

Wir untersuchen nun noch als Sonderfall einer linearen Transformation die *Drehung* eines kartesischen Koordinatensystems. Als Erstes betrachten wir dabei die Drehung eines zweidimensionalen Systems um den Winkel φ. Aus Abb. 6.22a kann man entnehmen, dass die Koordinaten des Einheitspunktes auf der x_1-Achse im neuen System die Werte $y_{11} = \cos\varphi$, $y_{12} = -\sin\varphi$ haben und die des Einheitspunktes auf der x_2-Achse die Werte $y_{21} = \sin\varphi$, $y_{22} = \cos\varphi$. Die Transformati-

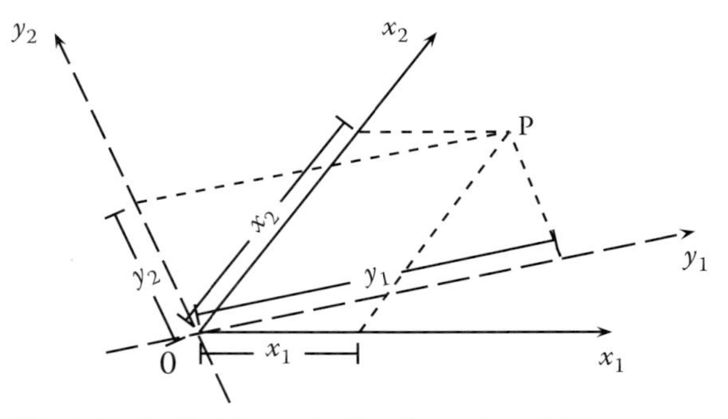

Abb. 6.20 Zur Herleitung der Transformationsgleichungen.

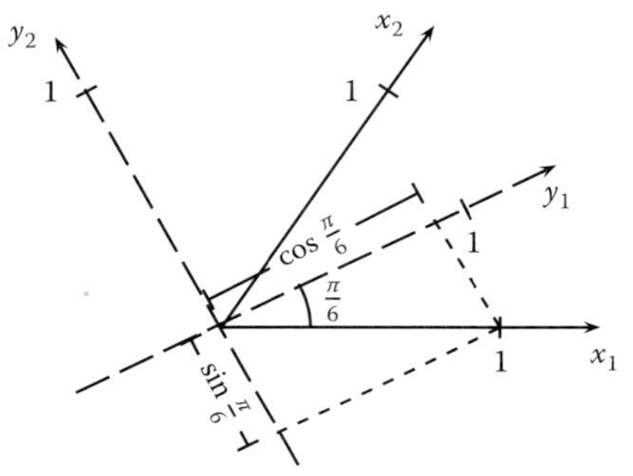

Abb. 6.21 Die durch die in (6.23) gegebene Matrix ***S*** bewirkte Koordinatentransformation.

onsmatrix lautet somit:

$$\boldsymbol{S} = \begin{pmatrix} \cos\varphi & \sin\varphi \\ -\sin\varphi & \cos\varphi \end{pmatrix} . \tag{6.24}$$

Diese Matrix geht aus der Abbildungsmatrix (6.18) hervor, wenn man dort den Winkel φ durch $-\varphi$ ersetzt. Dies ist einsichtig, denn eine Drehung des Koordinatensystems um den Winkel φ muss sich auf die Koordinaten eines Punktes ebenso auswirken wie eine Drehung des Raumes um $-\varphi$. Die Matrix (6.24) ist daher orthogonal. Eine Drehung des Koordinatensystems bezeichnet man als orthogonale Transformation.

Als Nächstes betrachten wir eine Drehung im dreidimensionalen Raum. Die Koordinatenachsen des ursprünglich gegebenen Systems bezeichnen wir wieder mit (x_1, x_2, x_3) und die des daraus durch Drehung hervorgegangenen Systems mit (y_1, y_2, y_3). Die Richtungskosinusse der x_1-Achse im neuen System nennen wir $\cos\alpha_{11}$, $\cos\alpha_{12}$ und $\cos\alpha_{13}$ (siehe Abb. 6.22b), die der x_2-Achse $\cos\alpha_{21}$, $\cos\alpha_{22}$ und $\cos\alpha_{23}$ und die der x_3-Achse $\cos\alpha_{31}$, $\cos\alpha_{32}$ und $\cos\alpha_{33}$. Da die Richtungskosinusse die Koordinaten des jeweiligen Einheitspunktes angeben, erhält man

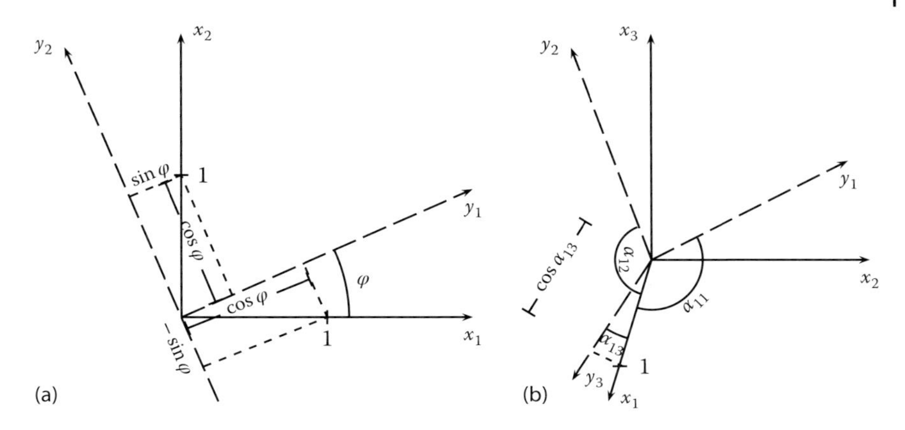

Abb. 6.22 (a) Drehung eines zweidimensionalen Koordinatensystems um den Winkel φ. (b) Drehung eines dreidimensionalen Koordinatensystems.

damit als Transformationsmatrix:

$$S = \begin{pmatrix} \cos\alpha_{11} & \cos\alpha_{21} & \cos\alpha_{31} \\ \cos\alpha_{12} & \cos\alpha_{22} & \cos\alpha_{32} \\ \cos\alpha_{13} & \cos\alpha_{23} & \cos\alpha_{33} \end{pmatrix} . \tag{6.25}$$

Die erhaltene Matrix ist wieder orthogonal. Zwischen ihren Elementen gelten daher die in (6.15) bzw. (6.17) angegebenen Beziehungen. Das sind insgesamt sechs Gleichungen. Von den neun Elementen der Matrix sind also nur drei frei wählbar. Man kann daher die Matrix in (6.25) auch in einer solchen Form schreiben, dass sie nur drei Variablen enthält. Ein Beispiel für drei derartige Variablen stellen die sogenannten *Euler'schen Winkel* φ, ψ und ϑ dar.

Um das System (x_1, x_2, x_3) in das System (y_1, y_2, y_3) zu überführen, dreht man zunächst das erstgenannte System um die x_3-Achse, bis x_1 mit der Schnittlinie η der (y_1, y_2)-Ebene und der (x_1, x_2)-Ebene zusammenfällt (siehe Abb. 6.23a). Den dadurch entstehenden Drehwinkel nennt man φ. Anschließend dreht man das System um η, bis x_3 mit y_3 zusammenfällt (Abb. 6.23b). Den entsprechenden Drehwinkel nennt man ϑ. Schließlich dreht man das System um die neue x_3- bzw. y_3-Achse, bis x_1 mit y_1 und dadurch auch x_2 mit y_2 zusammenfällt (Abb. 6.23c). Den dabei auftretenden Winkel nennt man ψ. Jede dieser drei Drehungen lässt jeweils eine Koordinatenachse konstant und verändert nur die zwei übrigen wie bei einer Drehung in der Ebene. Demgemäß kann man sie durch eine Matrix der Form (6.24) darstellen, die durch eine Eins zu einer (3×3)-Matrix erweitert wird.

Zur ersten Drehung gehört die Matrix

$$S_\varphi = \begin{pmatrix} \cos\varphi & \sin\varphi & 0 \\ -\sin\varphi & \cos\varphi & 0 \\ 0 & 0 & 1 \end{pmatrix} ,$$

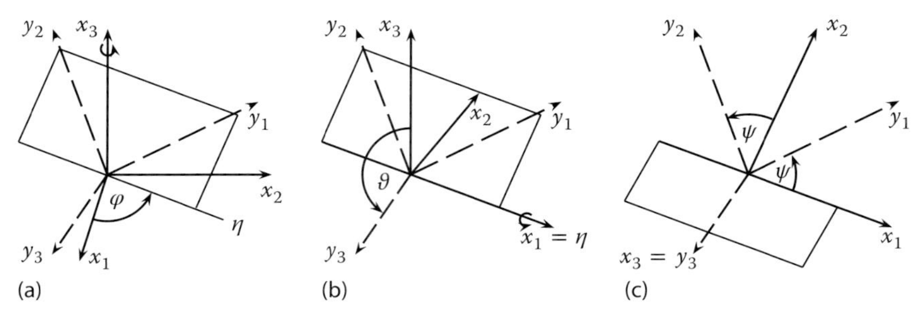

Abb. 6.23 Zur Definition der Euler'schen Winkel φ (a), ϑ (b) und ψ (c).

zur zweiten die Matrix

$$S_\vartheta = \begin{pmatrix} 1 & 0 & 0 \\ 0 & \cos\vartheta & \sin\vartheta \\ 0 & -\sin\vartheta & \cos\vartheta \end{pmatrix}$$

und zur dritten die Matrix

$$S_\psi = \begin{pmatrix} \cos\psi & \sin\psi & 0 \\ -\sin\psi & \cos\psi & 0 \\ 0 & 0 & 1 \end{pmatrix} .$$

Die gesamte Drehung ist durch das Produkt dieser Matrizen gegeben, also:

$$S = S_\psi S_\vartheta S_\varphi . \tag{6.26}$$

Beispiel 6.16
Als Beispiel fragen wir nach der Matrix, die eine Drehung des Koordinatensystems um die x_3-Achse um 30° gegen die Uhrzeigerrichtung beschreibt (siehe Abb. 6.24). Wir lösen die Aufgabe zuerst mithilfe der Euler'schen Winkel. Es ist $\varphi = \pi/6$, $\vartheta = 0$ und $\psi = 0$. Die Drehmatrix (6.26) lautet dann:

$$\begin{aligned} S &= \begin{pmatrix} 1 & 0 & 0 \\ 0 & 1 & 0 \\ 0 & 0 & 1 \end{pmatrix} \begin{pmatrix} 1 & 0 & 0 \\ 0 & 1 & 0 \\ 0 & 0 & 1 \end{pmatrix} \begin{pmatrix} \sqrt{3}/2 & 1/2 & 0 \\ -1/2 & \sqrt{3}/2 & 0 \\ 0 & 0 & 1 \end{pmatrix} \\ &= \begin{pmatrix} \sqrt{3}/2 & 1/2 & 0 \\ -1/2 & \sqrt{3}/2 & 0 \\ 0 & 0 & 1 \end{pmatrix} . \end{aligned} \tag{6.27}$$

Man kann in diesem Fall S ebenso gut über (6.25) mithilfe der Richtungskosinusse der neuen Achsen bestimmen. Die Richtungskosinusse der y_1-Achse betragen $\sqrt{3}/2, -1/2, 0$, die der y_2-Achse $1/2, \sqrt{3}/2, 0$ und die der y_3-Achse 0, 0, 1. Setzt man dies in (6.25) ein, so erhält man die oben angegebene Matrix.

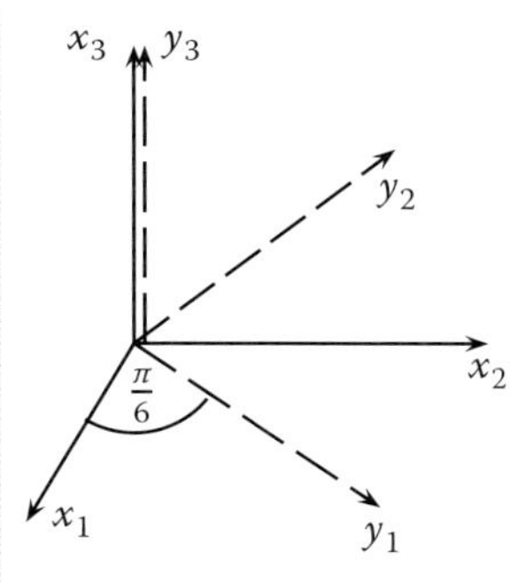

Abb. 6.24 Die durch (6.27) gegebene Matrix bewirkte Koordinatentransformation.

6.3.2
Transformation auf krummlinige Koordinaten

Anstatt durch die kartesischen Koordinaten x und y kann man die Lage eines Punktes P in einer Ebene auch durch die beiden folgenden Größen angeben: den Abstand r des Punktes vom Koordinatenursprung und den Winkel φ, den die Verbindungsgerade zwischen Ursprung und Punkt mit der positiven x-Achse einschließt (siehe Abb. 6.25a). Es gilt dann, wie man aus dem Dreieck in Abb. 6.25a erkennt,

$$x = r\cos\varphi\,, \qquad y = r\sin\varphi \tag{6.28}$$

bzw. die Umkehrung

$$r = \sqrt{x^2 + y^2}\,, \qquad \varphi = \arctan\frac{y}{x}\,,$$

falls $x \neq 0$. Da die Arcustangensfunktion mehrdeutig ist, muss man bei der Bestimmung von φ jeweils dem Vorzeichen von x und y entnehmen, in welchem Quadranten der Punkt liegt, und dann den entsprechenden Wert von φ wählen. Anstelle des Arcustangens kann man auch eine der folgenden Beziehungen benutzen

$$\varphi = \arccos\frac{x}{\sqrt{x^2 + y^2}} \qquad \text{oder} \qquad \varphi = \arcsin\frac{y}{\sqrt{x^2 + y^2}}\,,$$

falls $x^2 + y^2 \neq 0$, die mithilfe von Abb. 6.25a leicht abzuleiten sind. Der Radius r kann beliebige positive Werte annehmen, der Winkel φ beliebige Werte aus dem Intervall $[0, 2\pi)$. Man nennt r und φ die *Polarkoordinaten* des Punktes P.

Während bei den bisher betrachteten Koordinatensystemen ein konstanter Koordinatenwert jeweils durch eine Gerade wiedergegeben wurde, sind jetzt nur noch Kurven mit konstanten φ-Werten Geraden, während solche mit konstanten r-Werten Kreise sind (siehe Abb. 6.25b). Man bezeichnet daher die Polarkoordinaten als krummliniges Koordinatensystem. Eine Transformation von einem kartesischen System auf ein krummliniges System wird nur durch nichtlineare Gleichungen bewirkt.

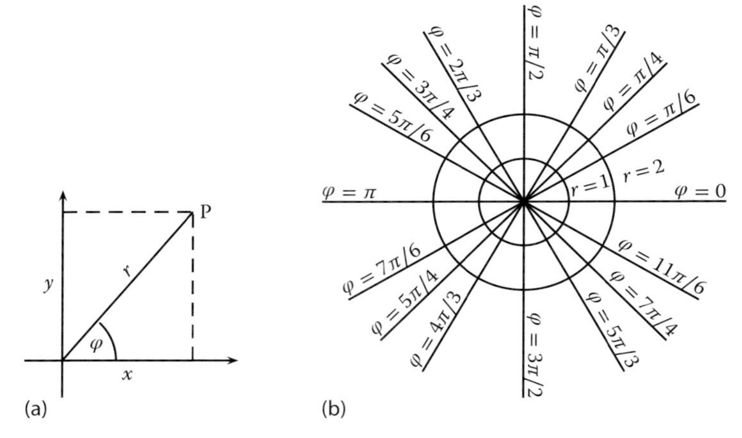

Abb. 6.25 (a) Zur Definition der ebenen Polarkoordinaten (r, φ). (b) Kurven mit konstanten r- bzw. konstanten φ-Werten.

Beispiel 6.17
In vielen Fällen ist es vorteilhaft, eine Funktion in Polarkoordinaten statt in rechtwinkligen Koordinaten anzugeben. Betrachten wir als Beispiel die Streuung von unpolarisiertem Licht durch Elektronen. Die Abhängigkeit der gesamten Intensität I vom Streuwinkel ϑ ist durch den sogenannten *Polarisationsfaktor* $C(1 + \cos^2 \vartheta)$ gegeben, wobei C eine Konstante ist. Abbildung 6.26a zeigt I als Funktion von ϑ in einem kartesischen Koordinatensystem und Abb. 6.26b in Polarkoordinaten, wobei ϑ als Koordinate φ gewählt und I gleich r gesetzt wurde. Abbildung 6.26b vermittelt einen unmittelbareren Eindruck der Abhängigkeit der Streuung von ϑ als Abb. 6.26a.

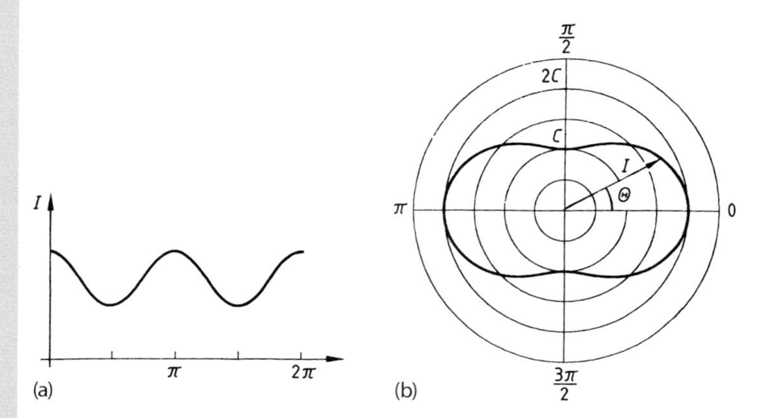

Abb. 6.26 Streuung von unpolarisiertem Licht durch Elektronen. Gestreute Intensität I als Funktion des Streuwinkels in kartesischen Koordinaten (a) und in Polarkoordinaten (b).

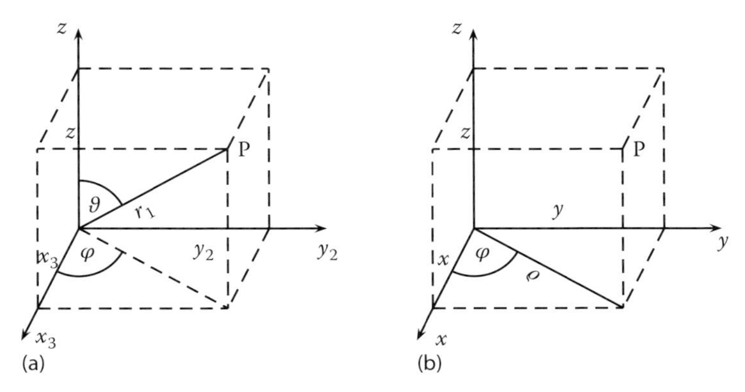

Abb. 6.27 Zur Definition von Kugelkoordinaten (r, ϑ, φ) (a) und von Zylinderkoordinaten (ϱ, φ, z) (b).

Im räumlichen Fall kann ein Punkt statt durch (x, y, z) durch seinen Abstand r vom Ursprung, dem Winkel ϑ zwischen Ortsvektor und z-Achse und einem sogenannten Azimutwinkel φ, der aus Abb. 6.27a entnommen werden kann, charakterisiert werden. Es gilt

$$\begin{aligned} x &= r \sin \vartheta \cos \varphi \,, \\ y &= r \sin \vartheta \sin \varphi \,, \\ z &= r \cos \vartheta \end{aligned} \tag{6.29}$$

bzw. die Umkehrung

$$r = \sqrt{x^2 + y^2 + z^2} \,, \quad \varphi = \arctan \frac{y}{x} \,, \quad \vartheta = \arctan \frac{\sqrt{x^2 + y^2}}{z} \,, \tag{6.30}$$

falls $x \neq 0$ bzw. $z \neq 0$. Die Größen r, ϑ und φ nennt man die *räumlichen Polarkoordinaten* oder *Kugelkoordinaten* des Punktes P. Die Werte, die sie annehmen können, sind durch $r > 0$, $0 \leq \vartheta \leq \pi$ und $0 \leq \varphi < 2\pi$ gegeben. Hinsichtlich der Mehrdeutigkeit bei der Berechnung von φ gilt das gleiche wie bei Polarkoordinaten.

Des Weiteren kann man die Lage eines Punktes im Raum auch durch die in Abb. 6.27b eingezeichneten Größen ϱ, φ und die alte Koordinate z angeben. Man erhält dann die Transformationsgleichungen:

$$x = \varrho \cos \varphi \,, \quad y = \varrho \sin \varphi \,, \quad z = z \,. \tag{6.31}$$

Die Umkehrungen ergeben sich analog zu denen bei Polarkoordinaten. Die so definierten Koordinaten bezeichnet man als *Zylinderkoordinaten*.

Die hier eingeführten krummlinigen Koordinatensysteme sind z. B. von besonderer Bedeutung bei der Berechnung von Bereichsintegralen (siehe Abschnitt 8.3). Wenn beispielsweise eine Funktion des Ortes kugelsymmetrisch ist, d. h., wenn der Funktionswert nur vom Abstand vom Koordinatenursprung abhängt, werden die Darstellung der Funktion und die oben genannten Rechnungen bedeutend einfacher, wenn man Kugelkoordinaten anstelle von kartesischen Koordinaten verwendet.

Wir fassen im Folgenden die diskutierten krummlinigen Koordinatentransformationen zusammen:

$$
\begin{aligned}
&\text{Polarkoordinaten:} && x = r\cos\varphi\,,\\
& && y = r\sin\varphi\,;\\
&\text{Kugelkoordinaten:} && x = r\sin\vartheta\cos\varphi\,,\\
& && y = r\sin\vartheta\sin\varphi\,,\\
& && z = r\cos\vartheta\,;\\
&\text{Zylinderkoordinaten:} && x = \varrho\cos\varphi\,,\\
& && y = \varrho\sin\varphi\,,\\
& && z = z\,.
\end{aligned}
$$

Beispiel 6.18

1. Wie lauten die Kugelkoordinaten des Punktes P mit den kartesischen Koordinaten $x = 1$, $y = 1$, $z = 1$? Gleichung (6.30) zufolge gilt:

$$r = \sqrt{3}\,,\quad \varphi = \arctan 1 = \frac{\pi}{4}\,,\quad \vartheta = \arctan\sqrt{2} = 0{,}9553\ldots$$

2. Wie lautet die Gleichung der Kugel $x^2 + y^2 + z^2 = 4$ in Kugelkoordinaten? Indem wir die durch (6.29) gegebenen Ausdrücke für x, y und z in die gegebene Kugelgleichung einsetzen, ergibt sich:

$$
\begin{aligned}
4 &= r^2\sin^2\vartheta\cos^2\varphi + r^2\sin^2\vartheta\sin^2\varphi + r^2\cos^2\vartheta\\
&= r^2(\sin^2\vartheta(\cos^2\varphi + \sin^2\varphi) + \cos^2\vartheta)\,.
\end{aligned}
$$

Wegen $\cos^2\varphi + \sin^2\varphi = 1$ und $\sin^2\vartheta + \cos^2\vartheta = 1$ folgt $r^2 = 4$, also $r = 2$. Die Gleichung $r = 2$ ist die Gleichung einer Kugel in Kugelkoordinaten und damit bedeutend einfacher als in kartesischen Koordinaten.

3. Wie lautet die Gleichung der Parabel $y = x^2$ in Polarkoordinaten? Indem wir x und y in der Parabelgleichung gemäß (6.28) ersetzen, erhalten wir $r\sin\varphi = r^2\cos^2\varphi$ oder

$$r = \frac{\sin\varphi}{\cos^2\varphi}\,.$$

Fragen und Aufgaben

Aufgabe 6.21 Was ist der Unterschied zwischen einer Abbildung und einer Koordinatentransformation?

Aufgabe 6.22 Durch welche Gleichungstypen werden die folgenden Koordinatentransformationen bewirkt: (i) Parallelverschiebung, (ii) Drehung, (iii) Übergang von rechtwinkligen zu schiefwinkligen Koordinaten, (iv) Übergang von kartesischen zu krummlinigen Koordinaten?

Aufgabe 6.23 Wie lautet die Drehmatrix, die einen Ortsvektor um 90° dreht?

Aufgabe 6.24 Wie lautet die Drehmatrix, die einen Vektor um die x_3-Achse entgegen dem Uhrzeigersinn um 45° dreht? Wie lauten die Koordinaten des entsprechend gedrehten Vektors $\boldsymbol{x} = (1, 0, 1)^{\mathrm{T}}$?

Aufgabe 6.25 Wie sind die Polarkoordinaten definiert?

Aufgabe 6.26 Wie lautet der Vektor $(1, 1, 2)^{\mathrm{T}}$ (i) in Kugelkoordinaten und (ii) in Zylinderkoordinaten?

Aufgabe 6.27 Wie lauten die Gleichungen des Doppelkegels $x^2 + y^2 - z^2 = 0$ und des hyperbolischen Paraboloids $x^2 - y^2 = 2z$ in Zylinderkoordinaten?

7
Differenziation und Integration einer Funktion einer Variablen

7.1
Differenziation

7.1.1
Die erste Ableitung einer Funktion

Gegeben sei eine Kurve $y = f(x)$ in einem rechtwinkligen Koordinatensystem. Wir stellen uns die Aufgabe, die Steigung der Tangente im Kurvenpunkt P mit den Koordinaten x und y zu berechnen. Unter der Steigung verstehen wir dabei den Tangens des Winkels α, den die Tangente mit der positiven x-Achse bzw. einer Parallelen zu dieser Achse einschließt (siehe Abb. 7.1a).

Um die gestellte Aufgabe zu lösen, betrachten wir zunächst noch einen zweiten Kurvenpunkt P_1 mit den Koordinaten x_1 und y_1 (siehe Abb. 7.1b) und legen durch die Punkte P und P_1 eine Gerade. Eine solche Gerade, die die gegebene Kurve in zwei Punkten schneidet, bezeichnet man als Sekante. Wir führen nun die Größen

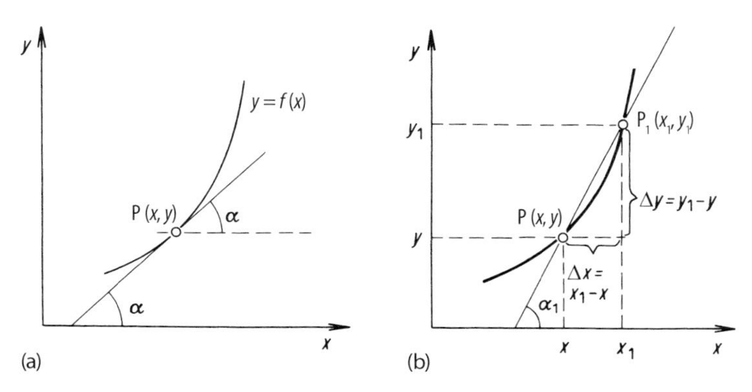

Abb. 7.1 (a) Kurve mit Tangente im Punkt P. (b) Zur Definition des Differenzen- und Differenzialquotienten.

Mathematik für Chemiker, 7. Auflage. Ansgar Jüngel und Hans G. Zachmann.

Δx und Δy ein über die Beziehungen

$$\Delta x = x_1 - x \, , \quad \Delta y = y_1 - y = f(x + \Delta x) - f(x) \, .$$

Die Steigung der Sekante, d. h. der Tangens des Winkels α_1, den diese mit der positiven x-Achse einschließt, ist dann, wie Abb. 7.1b zeigt, gegeben durch:

$$\tan \alpha_1 = \frac{\Delta y}{\Delta x} = \frac{f(x + \Delta x) - f(x)}{\Delta x} \, . \tag{7.1}$$

Von der Steigung der Sekante kommt man nun zu der Tangentensteigung, indem man den Punkt P_1 immer näher an P heranrückt, bis schließlich beide Punkte zusammenfallen. Mathematisch ausgedrückt heißt das, dass man einen Grenzübergang ausführt, bei dem x_1 gegen x strebt bzw. Δx gegen null. Mithilfe des in Abschnitt 3.1.2 eingeführten Limeszeichens können wir somit schreiben

$$\tan \alpha = \lim_{\Delta x \to 0} \frac{\Delta y}{\Delta x} = \lim_{\Delta x \to 0} \frac{f(x + \Delta x) - f(x)}{\Delta x} \, , \tag{7.2}$$

wobei der Grenzwert „$\Delta x \to 0$“ eine Abkürzung ist für den Grenzwert aller Folgen (Δx_n), die gegen null konvergieren. Damit ist eine Beziehung für die gesuchte Steigung der Tangente hergeleitet.

Die in (7.1) auftretende Größe $\Delta y / \Delta x$ nennt man den *Differenzenquotient*. Den Ausdruck $\lim_{\Delta x \to 0} \Delta y / \Delta x$, der in (7.2) auftritt, bezeichnet man dagegen als *Differenzialquotient*. Der Differenzialquotient, der, wie bereits ausgeführt, die Steigung der Tangente angibt, ist im Allgemeinen von Kurvenpunkt zu Kurvenpunkt verschieden; er ist also eine Funktion des Abszissenwertes x. Man bezeichnet diese Funktion als die *erste Ableitung* von f und schreibt für sie f' oder y'. Eine Funktion $f(x)$ heißt *differenzierbar* an der Stelle x, wenn die erste Ableitung $f'(x)$ existiert. Bisweilen bezeichnet man den Differenzialquotient auch mit $\mathrm{d}y/\mathrm{d}x$ oder $\mathrm{d}f/\mathrm{d}x$, um die enge Anlehnung an den Differenzenquotienten zu betonen. Wir können also schreiben:

$$y' = f'(x) = \lim_{\Delta x \to 0} \frac{f(x + \Delta x) - f(x)}{\Delta x} \tag{7.3}$$

oder

$$\frac{\mathrm{d}y}{\mathrm{d}x} = \frac{\mathrm{d}f}{\mathrm{d}x}(x) = \lim_{\Delta x \to 0} \frac{f(x + \Delta x) - f(x)}{\Delta x} \, .$$

✎ Damit ergibt sich zusammenfassend: *Die Steigung der Tangente an einem Punkt der Kurve $y = f(x)$ ist durch die erste Ableitung der Funktion $f(x)$ gegeben. Diese ist eine Funktion von x, die man mit $f'(x)$, $y'(x)$, y', $\mathrm{d}f/\mathrm{d}x$ oder $\mathrm{d}y/\mathrm{d}x$ bezeichnet. Sie kann über* (7.3) *berechnet werden.*

Das Aufsuchen der Ableitung einer Funktion stellt eine wichtige mathematische Operation dar, die man als *Differenzieren* oder *Differenziation* bezeichnet. Bei dieser Operation muss immer der Grenzwert in (7.3) ausgerechnet werden. Häufig geht man hierbei so vor, dass man den Bruch kürzt, bevor man den Grenzübergang vornimmt. Andernfalls erhält man den nicht definierten Ausdruck „0/0“.

Ist eine Funktion differenzierbar und ihre Ableitung stetig, so nennen wir die Funktion *stetig differenzierbar*.

Beispiel 7.1
Als Beispiel differenzieren wir die Funktion $y = x^2$. Mithilfe von (7.3) erhalten wir, da jetzt $f(x) = x^2$ ist:

$$y' = \lim_{\Delta x \to 0} \frac{(x + \Delta x)^2 - x^2}{\Delta x} = \lim_{\Delta x \to 0} \frac{x^2 + 2x\Delta x + (\Delta x)^2 - x^2}{\Delta x} = \lim_{\Delta x \to 0} (2x + \Delta x) \,. \tag{7.4}$$

Wenn man nun den Grenzübergang $\Delta x \to 0$ durchführt, erhält man:

$$y' = 2x \,. \tag{7.5}$$

Wir sehen daraus, dass die Tangente im Ursprung $x = 0$ die Steigung null besitzt. Mit wachsendem x nimmt die Steigung immer stärker zu. Für negative x-Werte wird $\tan \alpha$ negativ; α ist hier größer als $\pi/2$. Das entspricht genau dem Verhalten, das wir auch anschaulich erkennen (siehe Abb. 7.2).
Wären wir in (7.4) bereits vor der Kürzung des Bruches zum (nicht erlaubten) Grenzübergang $\Delta x \to 0$ übergegangen, so hätten wir dagegen den sinnlosen Ausdruck „0/0“ erhalten.

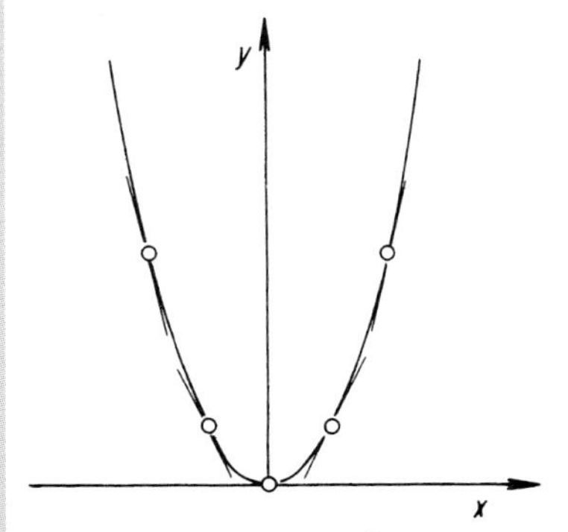

Abb. 7.2 Die Kurve $y = x^2$ mit einigen Tangenten.

Man pflegt für die Ableitung einer Funktion f vielfach auch $\mathrm{D}f$ zu schreiben und nennt dann D einen *Differenzialoperator*. Anstelle von „Differenzieren“ sagt man dann auch, dass man „den Differenzialoperator D auf die Funktion f anwendet“. Bei einer Differenziation nach der Variablen x ist also D gleichbedeutend mit $\mathrm{d}/\mathrm{d}x$.

Besonders wichtig ist es, darauf hinzuweisen, dass *nicht alle stetigen Funktionen eine Ableitung besitzen.* Stetigkeit ist eine notwendige, aber keine hinreichende Voraussetzung hierfür. Eine Funktion, die in einem gewissen Bereich eine Ableitung besitzt, nennt man dort *differenzierbar*. Eine wichtige Eigenschaft von Funktionen ist, dass *differenzierbare Funktionen stetig sind.* Die gewöhnlich auftretenden Funktionen sind differenzierbar, es gibt aber auch Ausnahmen, wie das folgende Beispiel zeigt.

Beispiel 7.2
Die Funktion $y = |x|$ ist an der Stelle $x = 0$ zwar stetig, aber nicht differenzierbar. Wählen wir nämlich $\Delta x > 0$, so folgt für den Differenzialquotienten (7.3):

$$\lim_{\Delta x \to 0, \Delta x > 0} \frac{|0 + \Delta x| - |0|}{\Delta x} = \lim_{\Delta x \to 0,\, \Delta x > 0} \frac{|\Delta x|}{\Delta x} = \frac{\Delta x}{\Delta x} = 1 \; .$$

Wählen wir dagegen $\Delta x < 0$, erhalten wir:

$$\lim_{\Delta x \to 0, \Delta x < 0} \frac{|0 + \Delta x| - |0|}{\Delta x} = \lim_{\Delta x \to 0,\, \Delta x < 0} \frac{|\Delta x|}{\Delta x} = \lim_{\Delta x \to 0,\, \Delta x < 0} \frac{-\Delta x}{\Delta x} = -1 \; .$$

Es lässt sich also kein eindeutiger Wert für die Tangente an der Stelle $x = 0$ angeben. Dies ist auch anschaulich einsichtig.

Wir wollen nun zeigen, wie man die Ableitung einiger einfacher spezieller Funktionen bildet. Als Erstes betrachten wir die Funktion $y = f(x) = c$, wobei c eine Konstante ist. Die Funktion ist unabhängig von x, sodass $f(x + \Delta x) = f(x) = c$ ist und man mithilfe von (7.3) erhält:

$$y' = \lim_{\Delta x \to 0} \frac{c - c}{\Delta x} = \lim_{\Delta x \to 0} 0 = 0 \; .$$

Die Ableitung einer konstanten Funktion ist gleich null. Das ist auch vom anschaulichen Standpunkt aus klar, da eine konstante Funktion durch eine Parallele zur x-Achse grafisch dargestellt wird, die offensichtlich überall die Steigung null besitzt.

Als Nächstes betrachten wir die Funktion $y = f(x) = x^n$, wobei n eine positive ganze Zahl ist. Mithilfe des binomischen Lehrsatzes (1.5) ergibt sich:

$$\begin{aligned} y' &= \lim_{\Delta x \to 0} \frac{(x + \Delta x)^n - x^n}{\Delta x} \\ &= \lim_{\Delta x \to 0} \frac{1}{\Delta x} \left(\binom{n}{1} x^{n-1} \Delta x + \binom{n}{2} x^{n-2} (\Delta x)^2 + \cdots + \binom{n}{n} x^0 (\Delta x)^n \right) \\ &= \lim_{\Delta x \to 0} \left(\binom{n}{1} x^{n-1} + \binom{n}{2} x^{n-2} \Delta x + \cdots + \binom{n}{n} x^0 (\Delta x)^{n-1} \right) \; . \end{aligned}$$

Wenn wir nun zum Grenzwert übergehen, werden alle Summanden außer dem ersten gleich null. Unter Berücksichtigung, dass $\binom{n}{1} = n$ ist, folgt daher:

$$y' = n x^{n-1} \; .$$

Im Falle $n = 2$ erhalten wir $y' = 2x$, was mit (7.5) identisch ist.

Für die Funktion $y = \log_a x$ ergibt sich mithilfe der Logarithmusgesetze (4.7) und (4.8):

$$\begin{aligned} y' &= \lim_{\Delta x \to 0} \frac{\log_a(x + \Delta x) - \log_a x}{\Delta x} = \lim_{\Delta x \to 0} \frac{1}{\Delta x} \log_a \frac{x + \Delta x}{x} \\ &= \lim_{\Delta x \to 0} \left(\log_a \left(1 + \frac{\Delta x}{x}\right)^{1/\Delta x} \right) = \lim_{\Delta x \to 0} \frac{1}{x} \left(\log_a \left(1 + \frac{\Delta x}{x}\right)^{x/\Delta x} \right) \\ &= \frac{1}{x} \log_a \left(\lim_{\Delta x \to 0} \left(1 + \frac{\Delta x}{x}\right)^{x/\Delta x} \right) . \end{aligned}$$

Wegen der Stetigkeit der Logarithmusfunktion konnten in dieser Gleichungskette die Zeichen lim und $\log_a$ in der Reihenfolge vertauscht werden. Man kann nun schreiben

$$\lim_{\Delta x \to 0} \left(1 + \frac{\Delta x}{x}\right)^{x/\Delta x} = \lim_{n \to \infty} \left(1 + \frac{1}{n}\right)^n ,$$

da in beiden Fällen der Exponent das Reziproke des zu eins addierten Gliedes ist, das jeweils gegen null geht. Wegen (3.5) ist die rechte Seite gleich der Euler'schen Zahl e. Wir erhalten somit $y' = (\log_a \mathrm{e})/x$. Aufgrund von (4.9) gilt ferner $\log_a b = \log_a \mathrm{e} \cdot \ln b$, woraus für $a = b$ dann $\log_a \mathrm{e} = \log_a a / \ln a = 1/\ln a$ folgt. Die Ableitung nimmt daher die Form

$$y' = \frac{1}{x \ln a} \tag{7.6}$$

an. Handelt es sich speziell um den natürlichen Logarithmus, so erhalten wir $y' = 1/x$.

7.1.2 Rechenregeln für das Differenzieren

Es seien $u(x)$ und $v(x)$ zwei Funktionen, die in einem bestimmten Intervall definiert und differenzierbar sind. Wir wollen zeigen, dass dann auch die Summe, das Produkt und der Quotient dieser Funktionen differenzierbar sind, und Formeln zur Berechnung der Ableitungen durch die Ableitungen von u und v suchen.

Als Erstes betrachten wir die Summe $y(x) = u(x) + v(x)$. Für deren Ableitung erhalten wir:

$$\begin{aligned} y'(x) &= \lim_{\Delta x \to 0} \frac{y(x + \Delta x) - y(x)}{\Delta x} \\ &= \lim_{\Delta x \to 0} \frac{u(x + \Delta x) + v(x + \Delta x) - u(x) - v(x)}{\Delta x} \\ &= \lim_{\Delta x \to 0} \frac{u(x + \Delta x) - u(x)}{\Delta x} + \lim_{\Delta x \to 0} \frac{v(x + \Delta x) - v(x)}{\Delta x} \\ &= u'(x) + v'(x) . \end{aligned}$$

Indem wir $(u + v)'$ für y' schreiben, gilt somit:

$$(u + v)' = u' + v' . \tag{7.7}$$

Das Analoge gilt auch für mehr als zwei Funktionen. *Eine Summe von Funktionen kann also gliedweise differenziert werden.* Ein besonderer Fall ist der, dass die Funktion $v(x)$ eine Konstante ist. Es ist dann $v' = 0$ und somit $y' = u'$. Eine additive Konstante verschwindet also bei der Differenziation.

Beispiel 7.3
Als Beispiel bilden wir die Ableitung der Funktion $y = x^2 + x^3 + 3$. Durch gliedweise Differenziation erhalten wir mithilfe von (7.7) $y' = 2x + 3x^2$.

Wir betrachten nun das Produkt $y(x) = u(x) \cdot v(x)$. Für dessen Ableitung ergibt sich:

$$\begin{aligned} y'(x) &= \lim_{\Delta x \to 0} \frac{y(x+\Delta x) - y(x)}{\Delta x} = \lim_{\Delta x \to 0} \frac{u(x+\Delta x)v(x+\Delta x) - u(x)v(x)}{\Delta x} \\ &= \lim_{\Delta x \to 0} \frac{1}{\Delta x}(u(x+\Delta x)v(x+\Delta x) - u(x)v(x+\Delta x) \\ &\quad + u(x)v(x+\Delta x) - u(x)v(x)) \\ &= \lim_{\Delta x \to 0} \left(v(x+\Delta x)\frac{u(x+\Delta x) - u(x)}{\Delta x} \right) \\ &\quad + \lim_{\Delta x \to 0} \left(u(x)\frac{v(x+\Delta x) - v(x)}{\Delta x} \right) \\ &= u'(x)v(x) + v'(x)u(x) \;. \end{aligned}$$

Die letzte Gleichheit folgt aus der Differenzierbarkeit und damit insbesondere Stetigkeit von v (und u). Wenn wir $(uv)'$ für y' schreiben, erhalten wir somit:

$$(uv)' = u'v + v'u \;. \tag{7.8}$$

Hat man allgemein ein Produkt von n Funktionen $u_1, u_2, \dots, u_n$, so erhält man durch entsprechende Erweiterung:

$$(u_1u_2u_3 \cdots u_n)' = u_1'u_2u_3 \cdots u_n + u_1u_2'u_3 \cdots u_n + \cdots + u_1u_2u_3 \cdots u_n' \;. \tag{7.9}$$

Ein Produkt von Funktionen wird also gemäß (7.9) *differenziert.* Die in diesen Gleichungen zum Ausdruck kommende Regel heißt *Produktregel.* Ist insbesondere in (7.8) u eine Konstante, $y = c \cdot v$, so ergibt sich $y' = cv'$. *Eine multiplikative Konstante bleibt also bei der Differenziation unverändert erhalten.*

Beispiel 7.4
Als Beispiel bilden wir die Ableitung der Funktion $y = x \sin x$. Indem wir $x = u$ und $\sin x = v$ setzen, erhalten wir mithilfe von (7.8) $y' = \sin x + x \cos x$.
Ferner leiten wir die Funktion $y = 5x^2 \ln x \sin x$ ab. Die Konstante bleibt dabei unverändert, der Rest wird gemäß (7.9) differenziert. Es ergibt sich:

$$\begin{aligned} y' &= 5\left(2x \ln x \sin x + x^2 \frac{1}{x} \sin x + x^2 \ln x \cos x\right) \\ &= 5x(2 \ln x \sin x + \sin x + x \ln x \cos x) \;. \end{aligned}$$

Als Drittes betrachten wir den Quotienten $y(x) = u(x)/v(x)$ und schließen diejenigen x-Werte, für die $v(x) = 0$ ist, aus dem Definitionsbereich von y aus. Für die Ableitung erhalten wir dann:

$$\begin{aligned} y' &= \lim_{\Delta x \to 0} \frac{y(x+\Delta x) - y(x)}{\Delta x} = \lim_{\Delta x \to 0} \frac{1}{\Delta x} \left(\frac{u(x+\Delta x)}{v(x+\Delta x)} - \frac{u(x)}{v(x)} \right) \\ &= \lim_{\Delta x \to 0} \frac{1}{\Delta x} \frac{u(x+\Delta x)v(x) - v(x+\Delta x)u(x)}{v(x)v(x+\Delta x)} \\ &= \lim_{\Delta x \to 0} \frac{1}{v(x)v(x+\Delta x)} \lim_{\Delta x \to 0} \frac{u(x+\Delta x)v(x) - v(x+\Delta x)u(x)}{\Delta x} . \end{aligned}$$

Der erste Grenzwert ergibt $1/(v(x))^2$. Der zweite Grenzwert wird durch Umformungen analog zu denen bei der Herleitung der Produktregel gleich $u'(x)\,v(x) - v'(x)u(x)$. Wenn wir $(u/v)'$ statt y' schreiben, gilt also:

$$\left(\frac{u}{v}\right)' = \frac{u'v - v'u}{v^2} . \tag{7.10}$$

Der Quotient zweier Funktionen wird also gemäß (7.10) *differenziert*. Man bezeichnet diese Gleichung als die *Quotientenregel*. Im Spezialfall, dass $u(x) = 1$ ist, also für die Funktion $y(x) = 1/v(x)$, erhält man:

$$y' = -\frac{v'}{v^2} .$$

Beispiel 7.5
Als Beispiel bilden wir die Ableitung von $y = x/\cos x$. Wir notieren, dass die Sinus- und Kosinusfunktion die Ableitungen $\sin' x = \cos x$ und $\cos' x = -\sin x$ besitzen. Mit $u = x$ und $v = \cos x$ ergibt sich:

$$y' = \frac{1 \cdot \cos x - x(-\sin x)}{\cos^2 x} = \frac{\cos x + x \sin x}{\cos^2 x} .$$

Des Weiteren fragen wir nach der Ableitung einer *zusammengesetzten Funktion* $y(x) = f(\varphi(x))$, die wir auch in der Form $y = f(u)$ mit $u = \varphi(x)$ schreiben können. Ein Beispiel hierfür ist $y = \log \sin x$, wobei log für f und sin für φ steht. Wir erhalten für den Differenzenquotienten, wenn wir die durch Δx hervorgerufene Änderung von u mit Δu bezeichnen (d. h. $\Delta u = \varphi(x+\Delta x) - \varphi(x)$):

$$\begin{aligned} \frac{\Delta y}{\Delta x} &= \frac{f(\varphi(x+\Delta x)) - f(\varphi(x))}{\Delta x} = \frac{f(u+\Delta u) - f(u)}{\Delta x} \\ &= \frac{f(u+\Delta u) - f(u)}{\varphi(x+\Delta x) - \varphi(x)} \frac{\varphi(x+\Delta x) - \varphi(x)}{\Delta x} \\ &= \frac{f(u+\Delta u) - f(u)}{\Delta u} \frac{\varphi(x+\Delta x) - \varphi(x)}{\Delta x} . \end{aligned}$$

Wenn wir zum Grenzübergang $\Delta x \to 0$ übergehen, so geht wegen der Stetigkeit von $\varphi(x)$ auch Δu gegen null, und es ergibt sich:

$$\frac{\mathrm{d}y}{\mathrm{d}x} = \frac{\mathrm{d}y}{\mathrm{d}u}\frac{\mathrm{d}u}{\mathrm{d}x} . \tag{7.11}$$

Wir haben hier die Ableitungen in Form von Differenzialquotienten geschrieben, um jeweils deutlich zu machen, nach welcher Veränderlichen differenziert wird. Es gilt also: *Wenn man eine zusammengesetzte Funktion $y(x) = f(\varphi(x))$ differenzieren soll, so muss man dieser Regel zufolge zunächst eine neue Variable $u = \varphi(x)$ einführen, nach u differenzieren und anschließend das Resultat mit $\mathrm{d}u/\mathrm{d}x$ multiplizieren.* Man bezeichnet dies als die *Kettenregel.* Nennt man die Ableitungen $\mathrm{d}y/\mathrm{d}u$ die *äußere Ableitung* und $\mathrm{d}u/\mathrm{d}x$ die *innere Ableitung*, so können wir die Kettenregel auch einprägsam durch die Merkregel „äußere Ableitung mal innere Ableitung" ausdrücken.

Gleichung (7.11) scheint übrigens unmittelbar erfüllt zu sein, wenn man auf der rechten Seite durch $\mathrm{d}u$ „kürzt". Dies ist aber *kein Beweis für die Richtigkeit*, da die Differenzialquotienten keine Quotienten, sondern untrennbare Symbole sind, von denen nicht ohne Weiteres ein Teil weggekürzt werden darf.

Beispiel 7.6

Als Beispiel für die Anwendung der Kettenregel differenzieren wir die Funktion $y = \sin t^2$. Wir führen für t^2 die Variable u ein, sodass in der obigen Schreibweise gilt: $y = \sin u$ und $u = t^2$. Mithilfe von (7.11) ergibt sich dann:

$$\frac{\mathrm{d}y}{\mathrm{d}t} = \frac{\mathrm{d}}{\mathrm{d}u}\sin u \cdot \frac{\mathrm{d}}{\mathrm{d}t}t^2 = \cos u \cdot 2t = \cos t^2 \cdot 2t = 2t\cos t^2 .$$

Wir wollen nun noch auf die *Umkehrfunktion* einer gegebenen Funktion $y = f(x)$ eingehen. Wie in Abschnitt 4.2.2 ausgeführt wurde, besitzt eine Funktion $y = f(x)$, die im Intervall $[a, b]$ stetig und streng monoton ist, eine Umkehrfunktion $x = f^{-1}(y)$, die ebenfalls stetig und streng monoton ist. Die Forderung der Stetigkeit von $f(x)$ ist erfüllt, wenn die Ableitung f' existiert. Die strenge Monotonie ist gewährleistet, wenn entweder im gesamten Intervall $f'(x) > 0$ ist (die Funktion ist dann streng monoton wachsend) oder überall $f'(x) < 0$ gilt (die Funktion ist dann streng monoton fallend). Wir kommen daher zu dem Satz: *Ist die Funktion $y = f(x)$ im Intervall $[a, b]$ differenzierbar und gilt dort entweder überall $f'(x) < 0$ oder überall $f'(x) > 0$, so besitzt sie eine stetige und streng monotone Umkehrfunktion $x = f^{-1}(y)$.* Wir wollen nun zeigen: *Die Umkehrfunktion ist unter den genannten Voraussetzungen auch differenzierbar, und es gilt:*

$$(f^{-1})'(y) = \frac{1}{f'(x)} , \quad \text{wobei} \quad y = f(x) . \tag{7.12}$$

Um diese Rechenregel einzusehen, schreiben wir $f^{-1}(y) = x$ und $f^{-1}(y + \Delta y) = x + \Delta x$. Dies impliziert $\Delta y = f(x + \Delta x) - f(x)$. Gemäß der Definition der ersten Ableitung folgt:

$$(f^{-1})'(y) = \lim_{\Delta y \to 0} \frac{f^{-1}(y + \Delta y) - f^{-1}(y)}{\Delta y} = \lim_{\Delta y \to 0} \frac{\Delta x}{\Delta y}$$
$$= \lim_{\Delta y \to 0} \left(\frac{\Delta y}{\Delta x} \right)^{-1} = \lim_{\Delta y \to 0} \left(\frac{f(x + \Delta x) - f(x)}{\Delta x} \right)^{-1} .$$

Wegen der Stetigkeit und strengen Monotonie der Funktion f geht Δx gegen null genau dann, wenn $\Delta y = f(x+\Delta x) - f(x)$ gegen null konvergiert. Daher erhalten wir:

$$(f^{-1})'(y) = \lim_{\Delta x \to 0} \left(\frac{f(x + \Delta x) - f(x)}{\Delta x} \right)^{-1}$$
$$= \left(\lim_{\Delta x \to 0} \frac{f(x + \Delta x) - f(x)}{\Delta x} \right)^{-1} = (f'(x))^{-1} = \frac{1}{f'(x)} .$$

Dies zeigt (7.12). Wenn man (7.12) in Form eines Differenzialquotienten schreibt, so ergibt sich:

$$\frac{dx}{dy} = \frac{1}{dy/dx} .$$

Diese Gleichung ist eine Identität, wenn man dx/dy als gewöhnlichen „Bruch" auffasst. Trotzdem darf man das *nicht als Beweis für die Richtigkeit* der obigen Gleichung ansehen, da, wie bereits bemerkt wurde, der Differenzialquotient ein zunächst untrennbares Symbol ist. Dass die obige Gleichung nicht ohne Einschränkung gültig ist, erkennt man daran, dass man zu ihrer Ableitung eine Reihe von Voraussetzungen für f treffen muss (z. B. die Invertierbarkeit von f).

Wir fassen im Folgenden die fünf Rechenregeln für die Ableitungen zusammen. *Unter den oben gemachten Voraussetzungen an die Funktionen gilt:*

Summenregel:	$(u \pm v)' = u' \pm v'$,
Produktregel:	$(u \cdot v)' = u'v + v'u$,
Quotientenregel:	$\left(\frac{u}{v}\right)' = \frac{u'v - uv'}{v^2}$,
Kettenregel:	$\frac{d}{dx} f(\varphi(x)) = \frac{df}{du}(\varphi(x)) \frac{d\varphi}{dx}(x)$,
Ableitung der Inversen:	$(f^{-1})'(y) = \frac{1}{f'(x)}$ mit $y = f(x)$.

7.1.3
Differenziation einiger Funktionen

Durch Anwendung der im vorigen Abschnitt angegebenen allgemeinen Regeln können wir die Ableitungen einiger weiterer Funktionen bestimmen, die im Abschnitt 7.1.1 nicht untersucht werden konnten.

Wir beginnen mit der Funktion $y = a^x$, wobei a eine positive reelle Zahl ist. Um diese Funktion zu differenzieren, betrachten wir die Umkehrfunktion $x = \log_a y$. Für die Ableitung dieser Funktion gilt nach (7.6):

$$x'(y) = \frac{1}{y \ln a} \ .$$

Mithilfe von (7.12) erhält man daraus $y'(x) = 1/x'(y) = y \ln a$. Wegen $y = a^x$ folgt:

$$y' = a^x \ln a \ .$$

Im Spezialfall $y = \mathrm{e}^x$ ergibt sich $y' = \mathrm{e}^x$.

Als Nächstes differenzieren wir die Potenzfunktion $y = x^n$ unter der Annahme, dass n eine beliebige reelle Zahl ist. In Abschnitt 7.1.1 haben wir diese Funktion nur unter der Voraussetzung abgeleitet, dass n eine natürliche Zahl ist. Um die gestellte Aufgabe zu lösen, schreiben wir den Ausdruck x^n gemäß (4.6) in der Form:

$$y = \mathrm{e}^{n \ln x} \ .$$

Diesen Ausdruck differenzieren wir nun mithilfe der im vorigen Abschnitt abgeleiteten Kettenregel (7.11). Indem wir $y = \mathrm{e}^u$ und $u = n \ln x$ setzen, erhalten wir:

$$y' = \frac{\mathrm{d}y}{\mathrm{d}x} = \frac{\mathrm{d}y}{\mathrm{d}u}\frac{\mathrm{d}u}{\mathrm{d}x} = \mathrm{e}^u \cdot \frac{n}{x} = \mathrm{e}^{n \ln x} \cdot \frac{n}{x} = x^n \cdot \frac{n}{x} = n x^{n-1} \ .$$

Es ergibt sich also das gleiche Resultat wie für natürliche Zahlen n.

Wir haben bereits weiter oben bemerkt, dass die Sinus- und Kosinusfunktion die Ableitungen

$$\sin' x = \cos x \quad \text{und} \quad \cos' x = -\sin x$$

besitzen. Um die Funktion $y = \tan x$ zu differenzieren, machen wir von der Tatsache Gebrauch, dass $\tan x = \sin x / \cos x$ ist, und erhalten mithilfe der Quotientenregel (7.10):

$$y' = \left(\frac{\sin x}{\cos x}\right)' = \frac{\sin' x \cos x - \sin x \cos' x}{\cos^2 x} = \frac{\cos^2 x + \sin^2 x}{\cos^2 x} = \frac{1}{\cos^2 x} \ .$$

In gleicher Weise kann man auch die Funktion $y = \cot x$ ableiten.

Von Interesse ist auch die Ableitung der zyklometrischen Funktionen. Man nimmt hier wieder den Satz über die Umkehrfunktion zu Hilfe. Wir erläutern das am Beispiel der Funktion $y = \arcsin x$. Auflösen der Gleichung nach x ergibt $x = \sin y$ und damit $x'(y) = \cos y$ sowie

$$y' = \frac{1}{x'} = \frac{1}{\cos y} = \frac{1}{\sqrt{1 - \sin^2 y}} = \frac{1}{\sqrt{1 - x^2}} \ .$$

Die hyperbolischen Funktionen lassen sich leicht differenzieren, wenn man auf ihre Definition durch die Exponentialfunktion zurückgreift. Um z. B. die Funktion $y = \sinh x$ abzuleiten, macht man davon Gebrauch, dass $\sinh x = (\mathrm{e}^x - \mathrm{e}^{-x})/2$ ist. Es ergibt sich dann:

$$y' = \frac{1}{2}(\mathrm{e}^x - \mathrm{e}^{-x})' = \frac{1}{2}(\mathrm{e}^x + \mathrm{e}^{-x}) = \cosh x \; .$$

Dabei wurde berücksichtigt, dass die Ableitung der Summe zweier Funktionen gleich der Summe der Ableitungen dieser Funktionen ist und dass man den Ausdruck e^{-x} mithilfe der Kettenregel ableiten muss; man setzt $-x = u$ und erhält $(\mathrm{e}^{-x})' = -\mathrm{e}^{-x}$.

Die durch Umkehrung der hyperbolischen Funktionen erhaltenen Ausdrücke kann man wieder wie bei den zyklometrischen Funktionen durch Anwendung der für die Umkehrfunktionen geltenden Beziehung (7.12) ableiten (siehe Tab. 7.1).

Schließlich wollen wir noch die Funktion $y = x^x$ differenzieren. Hierzu logarithmieren wir zunächst die Gleichung

$$\ln y = x \ln x \; ,$$

und differenzieren die logarithmierte Gleichung auf beiden Seiten nach x. Auf der linken Seite müssen wir hierzu die Kettenregel, auf der rechten die Produktregel anwenden. Es ergibt sich

$$\frac{y'}{y} = \ln x + \frac{x}{x} = \ln x + 1$$

oder mithilfe von $y = x^x$

$$y' = y(\ln x + 1) = x^x(\ln x + 1) \; .$$

Man bezeichnet die Differenziation des Logarithmus einer Funktion als *logarithmisches Differenzieren.*

In Tab. 7.1 sind eine Reihe von wichtigen Funktionen mit ihren Ableitungen zusammengestellt. Mithilfe dieser Tabelle und den allgemeinen Regeln aus dem vorigen Abschnitt kann man auch recht kompliziert erscheinende Funktionen, die man durch irgendwelche Kombinationen und Zusammensetzungen der in der Tabelle angegebenen Grundfunktionen erhält, ableiten.

Beispiel 7.7

Wir berechnen als Beispiel die Ableitung der Funktion

$$y = \sqrt{1 + x^2} \ln x + \arcsin x \; .$$

Aus Tab. 7.1 folgt (setze $n = 1/2$ in der ersten Zeile), dass die Ableitung von $\sqrt{x}$ durch $1/2\sqrt{x}$ gegeben ist. Durch Anwendung der Summenregel (7.7) und der Produktregel (7.8) ergibt sich:

$$y' = (\sqrt{1 + x^2})' \ln x + \sqrt{1 + x^2}(\ln x)' + (\arcsin x)' \; .$$

Tab. 7.1 Die erste Ableitung verschiedener Funktionen. Die Notation $D(f)$ bezeichnet den Definitionsbereich der Funktion $y = f(x)$.

$y = f(x)$	$y' = f'(x)$	$D(f)$
x^n	nx^{n-1}	$x \in \mathbb{R}$
a^x	$a^x \ln a$	$x \in \mathbb{R}$
e^x	e^x	$x \in \mathbb{R}$
$\log_a x$	$\frac{1}{x \ln a}$	$x > 0$
$\ln x$	$\frac{1}{x}$	$x > 0$
$\sin x$	$\cos x$	$x \in \mathbb{R}$
$\cos x$	$-\sin x$	$x \in \mathbb{R}$
$\tan x$	$\frac{1}{\cos^2 x}$	$x \in \mathbb{R}$
$\cot x$	$-\frac{1}{\sin^2 x}$	$x \in \mathbb{R}$
$\arcsin x$	$\frac{1}{\sqrt{1-x^2}}$	$x \in [-1, 1]$
$\arccos x$	$-\frac{1}{\sqrt{1-x^2}}$	$x \in [-1, 1]$
$\arctan x$	$\frac{1}{1+x^2}$	$x \in \mathbb{R}$
$\operatorname{arccot} x$	$-\frac{1}{1+x^2}$	$x \in \mathbb{R}$
$\sinh x$	$\cosh x$	$x \in \mathbb{R}$
$\cosh x$	$\sinh x$	$x \in \mathbb{R}$
$\tanh x$	$\frac{1}{\cosh^2 x}$	$x \in \mathbb{R}$
$\coth x$	$-\frac{1}{\sinh^2 x}$	$x \in \mathbb{R}$
$\operatorname{arsinh} x$	$\frac{1}{\sqrt{1+x^2}}$	$x \in \mathbb{R}$
$\operatorname{arcosh} x$	$\frac{1}{\sqrt{x^2-1}}$	$x > 1$
$\operatorname{artanh} x$	$\frac{1}{1-x^2}$	$x \in (-1, 1)$
$\operatorname{arcoth} x$	$-\frac{1}{x^2-1}$	$\lvert x \rvert > 1$

Um die Ableitung von $\sqrt{1+x^2}$ zu bestimmen, wenden wir die Kettenregel (7.11) mit $u = 1 + x^2$ an. Dies liefert:

$$(\sqrt{1+x^2})' = \frac{\mathrm{d}}{\mathrm{d}u}(\sqrt{u}) \cdot \frac{\mathrm{d}u}{\mathrm{d}x} = \frac{1}{2\sqrt{u}} \cdot 2x = \frac{x}{\sqrt{1+x^2}} .$$

Daher erhalten wir für die Ableitung von y:

$$y' = \frac{x}{\sqrt{1+x^2}} \cdot \ln x + \sqrt{1+x^2} \cdot \frac{1}{x} + \frac{1}{\sqrt{1-x^2}}$$
$$= \frac{x \ln x}{\sqrt{1+x^2}} + \frac{\sqrt{1+x^2}}{x} + \frac{1}{\sqrt{1-x^2}} .$$

7.1.4 Differenziation komplexwertiger Funktionen

Analog zu Funktionen einer reellen Veränderlichen können wir Funktionen einer komplexen Variablen definieren. Wir bezeichnen die komplexe Variable mit $z = x + \mathrm{i}y$, wobei $x \in \mathbb{R}$ der Realteil und $y \in \mathbb{R}$ der Imaginärteil von z seien (siehe Abschnitt 1.3), und betrachten Funktionen der Form $w = f(z)$, deren Wertebereich ebenfalls eine Teilmenge der komplexen Zahlen ist. Wir nennen solche Funktionen *komplexwertig*. Beispiele für komplexwertige Funktionen sind etwa $f(z) = 3z - 2$ oder $f(z) = \mathrm{e}^z$. Die komplexwertige Exponentialfunktion kann mittels der Euler'schen Formel $\mathrm{e}^{\mathrm{i}y} = \cos y + \mathrm{i} \sin y$ auch geschrieben werden als:

$$\mathrm{e}^z = \mathrm{e}^{x+\mathrm{i}y} = \mathrm{e}^x \mathrm{e}^{\mathrm{i}y} = \mathrm{e}^x(\cos y + \mathrm{i} \sin y) . \qquad (7.13)$$

Zerlegen wir die rechte Seite in den Realteil $u = \mathrm{e}^x \cos y$ und den Imaginärteil $v = \mathrm{e}^x \sin y$, so können wir $w = f(z)$ schreiben als $w = u + \mathrm{i}v$. *Eine komplexwertige Funktion ist durch eine Beziehung der Form $w = f(z)$ mit $w = u + \mathrm{i}v$ gegeben, durch die jeder Zahl z aus einem Gebiet $G \subset \mathbb{C}$ eine Zahl w des Gebiets $G' \subset \mathbb{C}$ zugeordnet wird.*

Zur grafischen Darstellung einer komplexwertigen Funktion denkt man sich den Definitionsbereich und Wertebereich nebeneinandergestellt. Man nennt die Ebene, in der das Gebiet G enthalten ist, die *z-Ebene* und die Ebene, in der der Wertebereich G' enthalten ist, die *w-Ebene*. Die Koordinatenachsen der z-Ebene bezeichnet man mit x und y, die der w-Ebene mit u und v. Durch die Funktion $f(z)$ wird jedem Punkt des Gebiets G der z-Ebene ein Punkt aus dem Gebiet G' der w-Ebene zugeordnet.

Beispiel 7.8

1. Als erstes Beispiel betrachten wir die Funktion $f(z) = 3z + 4 - \mathrm{i}$. Dem Wert $z_1 = 2 + 3\mathrm{i}$ entspricht beispielsweise der Funktionswert $w_1 = 3(2+3\mathrm{i}) + 4 - \mathrm{i} = 10 + 8\mathrm{i}$ (siehe Abb. 7.3). Man erhält grafisch zu jedem Punkt z den dazugehörigen Punkt w, indem man die Länge des Vektors, der die komplexe Zahl z repräsentiert, um den Faktor 3 vergrößert und danach den Vektor, der die Zahl $4 - \mathrm{i}$ repräsentiert, addiert. Um den Realteil der Funktion zu bestimmen, setzen wir $z = x + \mathrm{i}y$. Es ergibt sich:

$$w = 3(x + \mathrm{i}y) + 4 - \mathrm{i} = (3x + 4) + \mathrm{i}(3y - 1) .$$

Daher ist $u = 3x + 4$ und $v = 3y - 1$.

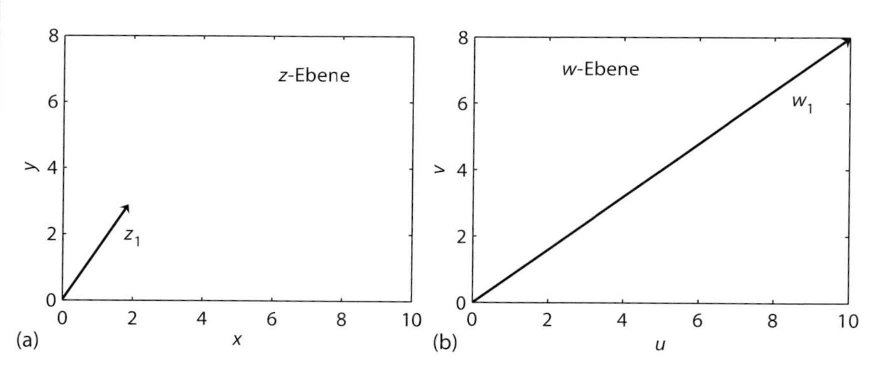

Abb. 7.3 Veranschaulichung der Funktion $w = 3z + 4 - \mathrm{i}$ in der z-Ebene (a) und der w-Ebene (b).

2. Wir wollen den Wertebereich der Funktion $f(z) = \mathrm{e}^z$ für $z \in G$ bestimmen, wobei G durch das Rechteck $[0, 1] \times [0, \pi]$ repräsentiert wird. Wegen (7.13) können wir das Bild G' darstellen durch einen Halbkreis in der oberen Halbebene mit Radius e^1 (denn $x \leq 1$), aus dem ein Halbkreis mit Radius $\mathrm{e}^0 = 1$ (wegen $x \geq 0$) herausgeschnitten ist (siehe Abb. 7.4).

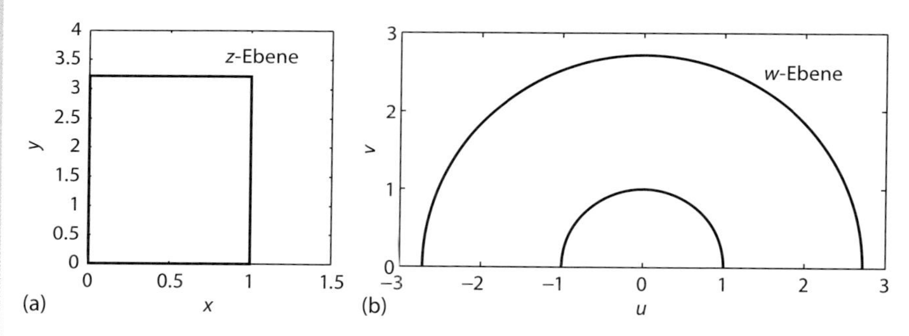

Abb. 7.4 Veranschaulichung der Funktion $w = \mathrm{e}^z$ für das Gebiet $G = \{z = x + \mathrm{i}y \in \mathbb{C} : x \in [0, 1],\ y \in [0, \pi]\}$ in der z-Ebene (a) und der w-Ebene (b).

Wir können Funktionen einer komplexen Variablen wie reelle Funktionen differenzieren. Betrachte als Beispiel die komplexwertige Funktion $w = f(z)$. Um die Ableitung von $f(z)$ an der Stelle z zu definieren, bilden wir zuerst den Differenzenquotienten

$$\frac{f(z + \Delta z) - f(z)}{\Delta z}$$

und lassen dann Δz gegen null streben. Wenn der Grenzwert existiert und er für alle Annäherungen $\Delta z \to 0$ derselbe ist, so nennen wir ihn die *Ableitung der*

Funktion $f(z)$ an der Stelle z und bezeichnen ihn mit $f'(z)$. Es ist also:

$$f'(z) = \lim_{\Delta z \to 0} \frac{f(z + \Delta z) - f(z)}{\Delta z} .$$

Besitzt eine Funktion an der Stelle z eine Ableitung, so sagt man, dass sie in z *differenzierbar* sei. Funktionen, die für alle Punkte aus einem Bereich G differenzierbar sind, heißen *holomorph* oder *komplex-analytisch* in G.

Die hier angegebene Definition der Ableitung stimmt mit derjenigen für reelle Funktionen formal überein. Man muss aber beachten, dass man bei komplexen Variablen dem Wert z im Zweidimensionalen zustreben kann, während dies für reelle Funktionen nur auf der reellen Zahlenachse im Eindimensionalen möglich ist. Dies hat einige wichtige Konsequenzen, die im Folgenden vorgestellt werden sollen.

Sei $u(x, y)$ der Realteil der Funktion $f(z)$ mit $z = x + \mathrm{i}y$ und $v(x, y)$ dessen Imaginärteil. Dann gilt: *Ist die Funktion $f(z)$ an der Stelle z differenzierbar, so genügt der Real- und Imaginärteil dieser Funktion den Cauchy-Riemann'schen Differenzialgleichungen*

$$\frac{\partial u}{\partial x} = \frac{\partial v}{\partial y} \quad \text{und} \quad \frac{\partial u}{\partial y} = -\frac{\partial v}{\partial x} . \tag{7.14}$$

Für die Ableitung gilt:

$$f'(z) = \frac{\partial u}{\partial x} + \mathrm{i}\frac{\partial v}{\partial x} = -\mathrm{i}\frac{\partial u}{\partial y} + \frac{\partial v}{\partial y} .$$

Das Symbol $\partial u/\partial x$, das wir erst in Abschnitt 8.1.1 einführen, bedeutet die Ableitung der Funktion $u(x, y)$ nach der Variablen x, wenn man die Variable y konstant hält.

Beispiel 7.9

1. Sei $f(z) = 3z + 4 - \mathrm{i}$. Mit $z = x + \mathrm{i}y$ folgt $u(x, y) = 3x + 4$ und $v(x, y) = 3y - 1$. Die Funktion u hängt nicht von y ab, sodass $\partial u/\partial x = 3$ und $\partial u/\partial y = 0$. Andererseits hängt die Funktion v nicht von x ab, und es folgt $\partial v/\partial x = 0$ und $\partial v/\partial y = 3$. Die Cauchy-Riemann'schen Differenzialgleichungen (7.14) sind erfüllt:

   $$\frac{\partial u}{\partial x} = 3 = \frac{\partial v}{\partial y} , \quad \frac{\partial u}{\partial y} = 0 = -\frac{\partial v}{\partial x} .$$

   Die Ableitung lautet $f'(z) = 3$.
2. Die Funktion $f(z) = \mathrm{e}^z$ ist analytisch und ihre Ableitung ist $f'(z) = \mathrm{e}^z$, denn mit $u(x, y) = \mathrm{e}^x \cos y$ und $v(x, y) = \mathrm{e}^x \sin y$ (siehe (7.13)) folgt:

   $$f'(z) = \frac{\partial u}{\partial x} + \mathrm{i}\frac{\partial v}{\partial x} = \mathrm{e}^x \cos y + \mathrm{i}\mathrm{e}^x \sin y = \mathrm{e}^z = f(z) .$$

   Die Cauchy-Riemann'schen Differenzialgleichungen gelten ebenfalls:

   $$\frac{\partial u}{\partial x} = \mathrm{e}^x \cos y = \frac{\partial v}{\partial y} , \quad \frac{\partial u}{\partial y} = -\mathrm{e}^x \sin y = -\frac{\partial v}{\partial x} .$$

Als Nächstes stellt sich die Frage, woran man in einfacher Weise erkennt, ob eine bestimmte Funktion holomorph ist. Die Cauchy-Riemann'schen Differenzialgleichungen sind eine notwendige Bedingung der Differenzierbarkeit. Sind sie auch hinreichend? Wir können diese Frage bejahen, denn es gilt: *Ist eine Funktion $f(z) = u(x, y) + \mathrm{i}v(x, y)$ in einem Bereich G definiert, existieren die Ableitungen $\partial u/\partial x$, $\partial u/\partial y$, $\partial v/\partial x$ und $\partial v/\partial y$ und gelten die Cauchy-Riemann'schen Differenzialgleichungen* (7.14) *für alle Punkte aus G, so ist $f(z)$ in G holomorph.*

Beispiel 7.10

1. Als Beispiel für die Anwendung dieses Satzes prüfen wir, ob die Funktion $f(z) = z^2$, $z \in \mathbb{C}$, differenzierbar ist. Es ist

$$w = z^2 = (x + \mathrm{i}y)^2 = x^2 + 2\mathrm{i}xy - y^2 = (x^2 - y^2) + 2\mathrm{i}xy \ .$$

Daher können wir $u(x, y) = x^2 - y^2$ und $v(x, y) = 2xy$ setzen und erhalten

$$\frac{\partial u}{\partial x} = 2x = \frac{\partial v}{\partial y} \ , \quad \frac{\partial u}{\partial y} = -2y = -\frac{\partial v}{\partial x} \ .$$

Die Gleichungen (7.14) sind also erfüllt, und die Funktion $f(z)$ ist differenzierbar. Für die Ableitung folgt:

$$f'(z) = \frac{\partial u}{\partial x} + \mathrm{i}\frac{\partial v}{\partial x} = 2x + \mathrm{i}2y = 2(x + \mathrm{i}y) = 2z \ .$$

Das ist das gleiche Resultat wie bei einer Funktion einer reellen Veränderlichen.

2. Für die Funktion $f(z) = \bar{z} = x - \mathrm{i}y$, $z \in \mathbb{C}$, mit der konjugiert komplexen Zahl $\bar{z}$ gilt $u(x, y) = x$ und $v(x, y) = -y$. In diesem Fall sind die Cauchy-Riemann'schen Differenzialgleichungen nicht erfüllt, denn für die erste Gleichung gilt:

$$\frac{\partial u}{\partial x} = 1 \neq -1 = \frac{\partial v}{\partial y} \ .$$

Nach dem obigen Satz ist diese Funktion *nicht* differenzierbar.

3. Die quantenmechanische Zustandsfunktion der K-Schale des Wasserstoffatoms lautet

$$f(z) = \frac{1}{\sqrt{\pi a^3}} \mathrm{e}^{-|z|/a} \ , \quad z \in \mathbb{C} \ ,$$

wobei a der Bohr'sche Radius ist (siehe Abschnitt 12.5.3). Diese Funktion ist nicht holomorph. Um dies einzusehen, schreiben wir mit $|z| = \sqrt{x^2 + y^2}$:

$$\mathrm{e}^{-|z|/a} = \exp\left(-\frac{\sqrt{x^2 + y^2}}{a}\right) \ .$$

Daher ist $u(x, y) = \exp(-\sqrt{x^2 + y^2}/a)$ und $v(x, y) = 0$. Die Cauchy-Riemann'schen Gleichungen sind nicht erfüllt, denn die Ableitungen $\partial v/\partial x$ und

$\partial v/\partial y$ sind gleich null, während die entsprechenden Ableitungen von u im Allgemeinen ungleich null sind. Allerdings ist f, betrachtet als Funktion in den Variablen x und y, im reellen Sinn differenzierbar (außer an $x = 0$ und $y = 0$).

Man kann zeigen, dass die für Funktionen einer reellen Variablen abgeleiteten Rechenregeln für die Differenziation – wie die Produkt- und Kettenregel – auch für Funktionen einer komplexen Variablen gültig sind. Insbesondere sind die elementaren Funktionen e^z, $\ln z$, $\sin z$ usw. differenzierbar, und ihre Ableitungen entsprechen denen der Funktionen mit reellen Veränderlichen. Beispielsweise ist

$$(z^n)' = nz^{n-1}\,, \quad (\ln z)' = \frac{1}{z}\,, \quad (\sin z)' = \cos z\,, \quad (\cos z)' = -\sin z \quad \text{usw.}$$

Beispiel 7.11
Die Ableitung der Funktion $f(z) = \sin(\sqrt{1+z^2})$ lautet nach der Kettenregel:

$$f'(z) = \cos(\sqrt{1+z^2}) \cdot \frac{1}{2\sqrt{1+z^2}} \cdot 2z = \frac{z\cos(\sqrt{1+z^2})}{\sqrt{1+z^2}}\,.$$

Ferner ist die Funktion $f(z) = z^3 \ln z$ nach der Produktregel differenzierbar, und wir erhalten:

$$f'(z) = 3z^2 \cdot \ln z + z^3 \cdot \frac{1}{z} = z^2(3\ln z + 1)\,.$$

7.1.5
Höhere Ableitungen

Im Abschnitt 7.1.1 wurde gezeigt, dass man beim Differenzieren einer Funktion $y = f(x)$ wieder eine Funktion von x erhält, die man mit f' bezeichnet und die erste Ableitung von f nennt. Wenn man nun f' differenziert, erhält man erneut eine Funktion von x, die man die zweite Ableitung von f nennt und mit f'' bezeichnet. Entsprechend kommt man auch zu einer dritten Ableitung f''' usw. Für die n-te Ableitung schreibt man allgemein $f^{(n)}$. Statt $f'', f''', \ldots, f^{(n)}$ kann man auch die Symbole $y'', y''', \ldots, y^{(n)}$ oder

$$\frac{d^2y}{dx^2}\,, \quad \frac{d^3y}{dx^3}\,, \ldots\,, \quad \frac{d^ny}{dx^n}$$

verwenden. Die zuletzt angeführten Symbole bezeichnet man auch als die höheren Differenzialquotienten.

Die Schreibweise der höheren Differenzialquotienten lässt sich wie folgt begründen: Der erste Differenzialquotient lautet, wie in Abschnitt 7.1.1 ausgeführt wurde:

$$y' = \frac{dy}{dx}\,.$$

Für den zweiten Differenzialquotienten ergibt sich durch konsequente Anwendung der Symbole:

$$y'' = \frac{dy'}{dx} = \frac{d}{dx}\left(\frac{dy}{dx}\right) = \frac{d}{dx}\frac{dy}{dx} \, .$$

Man zieht nun im Zähler die Symbole und dy zu d^2y und im Nenner die Symbole dx und dx zu $(dx)^2 = dx^2$ zusammen und kommt so auf die oben angegebene Bezeichnung. In gleicher Weise kommt man auch zu den höheren Ableitungen.

Unter Verwendung der Operatorschreibweise (siehe Abschnitt 7.1.1) bezeichnet man die n-te Ableitung der Funktion f mit $D^n f$. Diese Schreibweise lässt sich leicht deuten: Die dritte Ableitung z. B. bedeutet ein dreimaliges Anwenden des Operators D auf die Funktion f, also $DDDf = D^3 f$. Bei einer Differenziation nach der Variablen x ist also D^n gleichbedeutend mit d^n/dx^n.

Beispiel 7.12

1. Die Funktion $y = \sin x$ hat die Ableitungen $y' = \cos x$, $y'' = -\sin x$, $y''' = -\cos x$, $y^{(4)} = \sin x$, wonach sich die Funktionen immer in der gleichen Reihenfolge wiederholen. Wir können daher allgemein für $n \in \mathbb{N}_0$ schreiben:

$$y^{(4n)} = \sin x \, , \quad y^{(4n+1)} = \cos x \, , \quad y^{(4n+2)} = -\sin x \, , \quad y^{(4n+3)} = -\cos x \, .$$

2. Die Funktion $y = ax^2 + bx + c$ hat die Ableitungen $y' = 2ax + b$, $y'' = 2a$, $y''' = 0$, und alle weiteren Ableitungen sind gleich null.

7.1.6
Mittelwertsatz der Differenzialrechnung

Wir führen im Weiteren einen wichtigen Satz an, den man den *Mittelwertsatz der Differenzialrechnung* nennt: *Ist f eine in einem Intervall (a, b) differenzierbare und für $x = a$ und $x = b$ stetige Funktion, so gibt es im Inneren des Intervalls mindestens eine Stelle $\xi \in (a, b)$, für die gilt:*

$$f'(\xi) = \frac{f(b) - f(a)}{b - a} \, . \tag{7.15}$$

An der Stelle ξ hat also, anschaulich gesprochen, die Tangente die gleiche Steigung wie die Sekante (siehe Abb. 7.5a).

Im Spezialfall, dass $f(a) = f(b) = 0$ ist, gilt auch $f'(\xi) = 0$, und der Satz nimmt die folgende Form an (siehe Abb. 7.5b): *Zwischen zwei Nullstellen einer Funktion, die die oben genannten Bedingungen erfüllt, liegt mindestens eine Stelle, bei der auch die Ableitung null ist, also die Tangente horizontal liegt.* Diese Aussage bezeichnet man als den *Satz von Rolle.*

Die Richtigkeit des Mittelwertsatzes einschließlich des spezielleren Satzes von Rolle ist ohne Weiteres anschaulich aus Abb. 7.5a, b erkennbar. Man sieht auch, dass die Voraussetzung der Differenzierbarkeit erfüllt sein muss, da anderenfalls die Funktion den in Abb. 7.5c angegebenen Verlauf zeigen könnte.

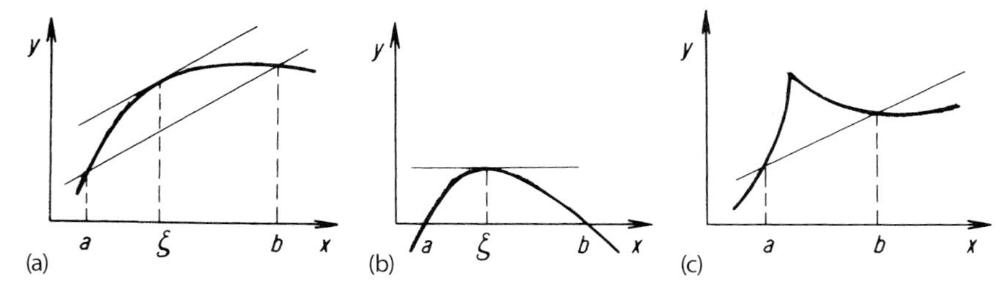

Abb. 7.5 Zum Mittelwertsatz der Differenzialrechnung. (a) Die Tangente hat die gleiche Steigung wie die Sekante. (b) Die Tangente liegt horizontal. (c) Der Mittelwertsatz kann nicht angewendet werden, da die Funktion in einem Punkt nicht differenzierbar ist.

Wir wollen nun noch den Mittelwertsatz in einer etwas anderen Form schreiben. Aus (7.15) erhalten wir durch eine einfache Umstellung:

$$f(b) = f(a) + (b - a) f'(\xi) .$$

Wir setzen $a = x$ und $b = x + \Delta x$. Die Größe ξ ist dann durch den Ausdruck $\xi = x + \vartheta \Delta x$ gegeben, wobei ϑ eine bestimmte Zahl zwischen 0 und 1 ist. Unsere Gleichung nimmt dann die Form an:

$$f(x + \Delta x) = f(x) + \Delta x f'(x + \vartheta \Delta x) . \tag{7.16}$$

Diese Schreibweise erlaubt es, den Funktionswert $f(x + \Delta x)$ zu schätzen, sofern man Informationen über den Wert $f(x)$ und über die erste Ableitung f' besitzt.

7.1.7 Anwendungen

Geschwindigkeit Eine wichtige Anwendung des Differenzierens erfolgt bei der Definition der Geschwindigkeit einer ungleichförmigen Bewegung. Stellen wir uns einen Zug vor, der sich auf einer geraden Strecke bewegt und der im Verlauf der Zeit jeweils verschieden stark gebremst und beschleunigt wird. Wenn man den zurückgelegten Weg $s = s(t)$ des Zuges als Funktion der Zeit t grafisch darstellt, erhält man eine irgendwie gekrümmte Kurve (siehe Abb. 7.6). Man kann nun die *mittlere Geschwindigkeit* $\bar{v}$ des Zuges auf einer Wegstrecke Δs dadurch bestimmen, dass man die Zeit Δt misst, die er zum Zurücklegen dieser Strecke benötigt. Die Größe $\bar{v}$ ist dann gegeben durch:

$$\bar{v} = \frac{\Delta s}{\Delta t} .$$

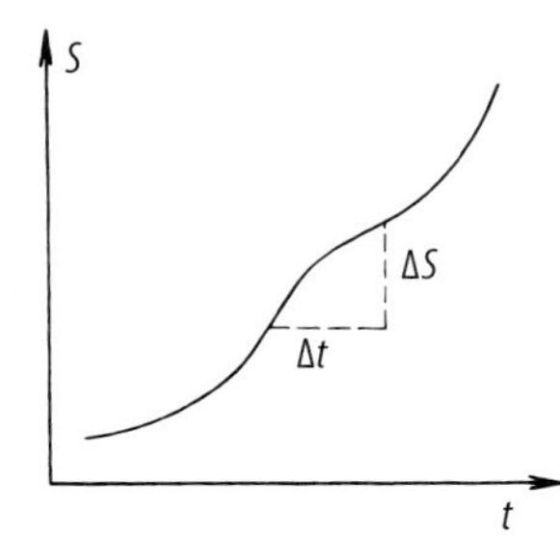

Abb. 7.6 Zur Berechnung der mittleren Geschwindigkeit.

Diese mittlere Geschwindigkeit wird im Allgemeinen davon abhängen, wie groß man Δs wählt und an welcher Stelle des Weges man die Messung vornimmt.

Will man die Geschwindigkeit an einer ganz bestimmten Stelle bzw. zu einem genau bestimmten Zeitpunkt t ermitteln, so muss man Δs bzw. Δt möglichst klein machen. Der Idealfall ist erreicht, wenn man den Grenzübergang

$$\lim_{\Delta t \to 0} \frac{\Delta s}{\Delta t}$$

durchführt, also zum Differenzialquotienten ds/dt kommt. Diese durch den Differenzialquotienten gegebene Geschwindigkeit bezeichnet man als die *momentane Geschwindigkeit* v zum Zeitpunkt t. Es gilt also:

$$v(t) = \lim_{\Delta t \to 0} \frac{\Delta s}{\Delta t} = s'(t) . \tag{7.17}$$

Sie stellt selbstverständlich wieder eine Funktion der Zeit dar, die durch die Ableitung der Funktion $s(t)$ gegeben ist. Im Sonderfall, dass die Geschwindigkeit des Zuges konstant gleich c ist, gilt $s = c \cdot t$, und es ist $v = s' = c$. Die momentane Geschwindigkeit stimmt in diesem Fall mit der mittleren überein.

Beispiel 7.13
Als Beispiel für eine ungleichförmige Bewegung betrachten wir den freien Fall. Es gilt hier $s = gt^2/2$ mit der Erdbeschleunigung $g = 9,81\ \text{m/s}^2$. Für die Geschwindigkeit folgt mithilfe von (7.17) $v = \text{d}s/\text{d}t = gt$. Sie nimmt also mit der Zeit linear zu.

Die Ableitung einer Funktion nach der Zeit bezeichnet man auch dadurch, dass man einen Punkt über die sich ändernde Größe setzt. In diesem Sinne kann man schreiben:

$$v = \dot{s} .$$

Der Begriff der Geschwindigkeit wird nicht nur bei Bewegungen verwendet, sondern allgemein bei Funktionen, die sich zeitlich ändern. Wenn z. B. bei einer chemischen Reaktion aus zwei Stoffen A und B ein dritter Stoff C entsteht,

$$\text{A} + \text{B} \rightarrow \text{C}$$

so ist die Menge des entstandenen Stoffes M_C eine Funktion der Zeit t, $M_\text{C} = M_\text{C}(t)$. Die *mittlere Reaktionsgeschwindigkeit* kann man als den Quotienten aus der Änderung der Stoffmenge ΔM_C und der hierfür benötigten Zeit Δt definieren:

$$\bar{v} = \frac{\Delta M_\text{C}}{\Delta t} .$$

Die *momentane Reaktionsgeschwindigkeit* ist durch die zeitliche Ableitung der Funktion $M_\text{C}(t)$ gegeben:

$$v = \frac{\text{d}M_\text{C}}{\text{d}t} = \dot{M}_\text{C} .$$

Näherungsweise Berechnung von Funktionsänderungen Eine weitere Anwendungsmöglichkeit des Differenzierens ergibt sich aus der Beziehung

$$dy = f'(x)\,dx\ , \tag{7.18}$$

die man formal dadurch erhält, indem man die Gleichung $f'(x) = dy/dx$ mit dx multipliziert. Dieses Argument ist nur formal, da der Differenzialquotient keinen Bruch darstellt. Interpretieren wir dy und dx jedoch als endliche Werte Δy und Δx, so kann man der obigen Beziehung einen Sinn verleihen.

Vielfach tritt das Problem auf, die Änderung Δy zu berechnen, die eine von x abhängige Größe $y = f(x)$ erfährt, wenn sich x um $dx = \Delta x$ verändert. Man setzt in einem solchen Fall gewöhnlich $\Delta y \approx dy$ und erhält dann mithilfe von (7.18):

$$\Delta y \approx f'(x)\Delta x\ . \tag{7.19}$$

Man nähert also bei diesem Vorgehen die tatsächliche Änderung Δy der Größe y durch die entsprechende Änderung dy auf der Tangente an. Je kleiner Δx ist, desto besser wird die Näherung.[1]

Fragen und Aufgaben

Aufgabe 7.1 Wie sind die folgenden Begriffe definiert und welche anschauliche Bedeutung haben sie: Differenzenquotient, Differenzialquotient und erste Ableitung?

Aufgabe 7.2 Differenziere mithilfe der Definitionsgleichung für den Differenzialquotienten die Funktion $y = x^3$.

Aufgabe 7.3 Gib die folgenden Regeln für das Differenzieren an: Summenregel, Produktregel, Quotientenregel, Kettenregel.

Aufgabe 7.4 Bestimme die erste Ableitung der folgenden Funktionen:
(i) $y = x^n e^x$, (ii) $y = x \sin x \cos x$, (iii) $y = \exp(-x^2/2)$.

Aufgabe 7.5 Bestimme die erste, zweite und dritte Ableitung der Funktion $y = \arcsin x$.

Aufgabe 7.6 Bestimme die erste Ableitung der Funktionen $y = \cosh x$ und $y = \tanh x$ unter Zugrundelegung der Definitionen (4.12) und (4.13).

Aufgabe 7.7 Bestimme die n-te Ableitung der Funktion $y = x^n$.

Aufgabe 7.8 Wie lauten die Cauchy-Riemann'schen Differenzialgleichungen?

Aufgabe 7.9 Welche der folgenden Funktionen einer komplexen Variablen sind holomorph?

$$\text{(i) } f(z) = e^{z^2}\ , \quad \text{(ii) } f(z) = z^2\bar{z}\ , \quad \text{(iii) } f(z) = (z+1)^2\ .$$

1) Der Fehler der Näherung kann mithilfe des Restterms (7.52) aus Abschnitt 7.4 abgeschätzt werden.

Aufgabe 7.10 Was besagt der Mittelwertsatz der Differenzialrechnung?

Aufgabe 7.11 Bestimme von der Funktion $y = \sin x$ an der Stelle $x = \pi/2$ den Differenzialquotienten sowie den Differenzenquotienten mit $\Delta x = 1; 0{,}1; 0{,}01$.

Aufgabe 7.12 Beim radioaktiven Zerfall nimmt die Zahl der Teilchen N nach dem Gesetz $N = N_0 \mathrm{e}^{-t/\tau}$ ab. Bestimme die Zerfallsgeschwindigkeit (i) als Funktion der Zeit t, (ii) als Funktion der jeweiligen Teilchenzahl N.

7.2 Integration von Funktionen

7.2.1 Das bestimmte Integral

Gegeben sei eine Funktion $y = f(x)$, die in einem Intervall $[a, b]$ stetig ist, nur positive Werte annimmt und die durch die in Abb. 7.7a eingezeichnete Kurve grafisch dargestellt sei. Wir stellen uns die Aufgabe, den Inhalt der Fläche zu berechnen, die zwischen dieser Kurve und der x-Achse im Intervall $[a, b]$ liegt. Diese Fläche ist in Abb. 7.7a durch Schraffierung gekennzeichnet.

Die Berechnung der Fläche soll zunächst näherungsweise durchgeführt werden. Wir unterteilen sie hierzu in eine Anzahl von n Streifen, die wir dadurch erhalten, dass wir das Intervall $[a, b]$ in n Teilintervalle zerlegen und an jedem Teilpunkt die Ordinate bestimmen (siehe Abb. 7.7b). Die Abszissenwerte der Teilpunkte bezeichnen wir mit $x_1, x_2, \ldots, x_{n-1}$, den Abszissenwert a mit x_0 und den Abszissenwert b mit x_n. Den Flächeninhalt der einzelnen Streifen ersetzen wir nun näherungsweise durch den Flächeninhalt der Rechtecke, deren Höhe jeweils durch den Ordinatenwert an der rechtsseitigen Begrenzung des Intervalls gegeben ist. Das i-te Rechteck hat somit die Grundlinie $x_i - x_{i-1}$, die wir auch mit Δx_i bezeichnen wollen, und die Höhe $f(x_i)$. Der Flächeninhalt F unter der Kurve ist nun näherungsweise durch die Summe der Flächeninhalte der Rechtecke

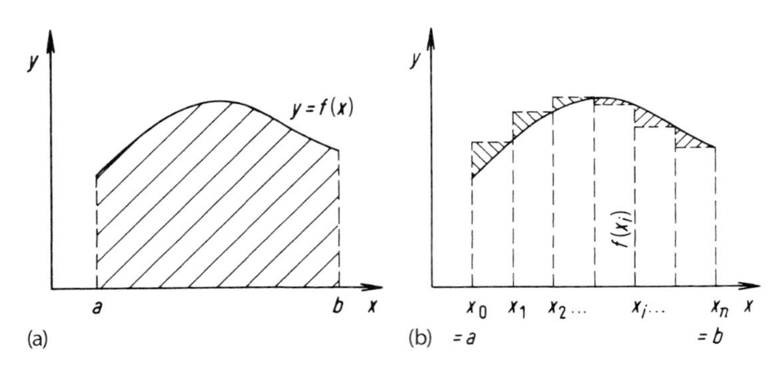

Abb. 7.7 (a) Zur Definition des bestimmten Integrals. (b) Zur Annäherung der Fläche durch eine Summe von Rechtecken.

gegeben:

$$F \approx \sum_{i=1}^{n} f(x_i)(x_i - x_{i-1}) \ .$$

Wenn wir ferner die Intervalle $[x_{i-1}, x_i]$ alle gleich groß wählen und deren Länge mit Δx bezeichnen, so ergibt sich daraus:

$$F \approx \sum_{i=1}^{n} f(x_i)\Delta x \ ,$$

wobei $\Delta x = x_i - x_{i-1} = (b-a)/n$ und $x_i = a + i\Delta x$, $i = 1, \ldots, n$.

Der gesuchte Flächeninhalt unter der Kurve unterscheidet sich von der tatsächlich berechneten Summe der Flächen der Rechtecke durch die in Abb. 7.7b schraffierten Flächenstücke. Je feiner die Unterteilung gemacht wird, d. h., je größer die Zahl der Streifen bzw. je kleiner Δx wird, desto kleiner werden diese Flächenstücke. Wenn n über alle Grenzen wächst und daher Δx gegen null geht, so verschwinden sie vollständig. Im Grenzwert stimmt die obige Summe mit der gesuchten Fläche überein. Wir können daher schreiben:

$$F = \lim_{n\to\infty} \sum_{i=1}^{n} f(x_i)\Delta x = \lim_{n\to\infty} \sum_{i=1}^{n} f(x_i)\frac{b-a}{n} \ . \tag{7.20}$$

Den auf der rechten Seite der obigen Gleichung stehenden Ausdruck bezeichnet man als das *bestimmte Integral* der Funktion $f(x)$ zwischen den Grenzen a und b. Man verwendet hierfür das Symbol

$$\int_a^b f(x)\,\mathrm{d}x \ , \tag{7.21}$$

wobei das Integralzeichen „$\int$" durch Stilisierung des Summenzeichens „$\sum$" in (7.20) entstand und $\mathrm{d}x$ die im Grenzwert auf null zusammengeschrumpfte Differenz Δx symbolisch darstellt. Wir können also sagen: *Ist f eine im Intervall $[a, b]$ stetige und positive Funktion, so wird die Fläche zwischen der Kurve, die diese Funktion repräsentiert, und der x-Achse in den Grenzen $x = a$ und $x = b$ durch das bestimmte Integral* (7.21) *wiedergegeben. Dieses ist definiert durch:*

$$\int_a^b f(x)\,\mathrm{d}x = \lim_{n\to\infty} \sum_{i=1}^{n} f(x_i)\Delta x \ . \tag{7.22}$$

Die Funktion $f(x)$, über die integriert wird, nennt man den *Integranden*, die Größe x die *Integrationsvariable*. Selbstverständlich ist der Wert des Integrals unabhängig davon, welche Bezeichnung man für die Integrationsvariable wählt. Es ist z. B.

$$\int_a^b f(x)\,\mathrm{d}x = \int_a^b f(u)\,\mathrm{d}u = \int_a^b f(z)\,\mathrm{d}z \ .$$

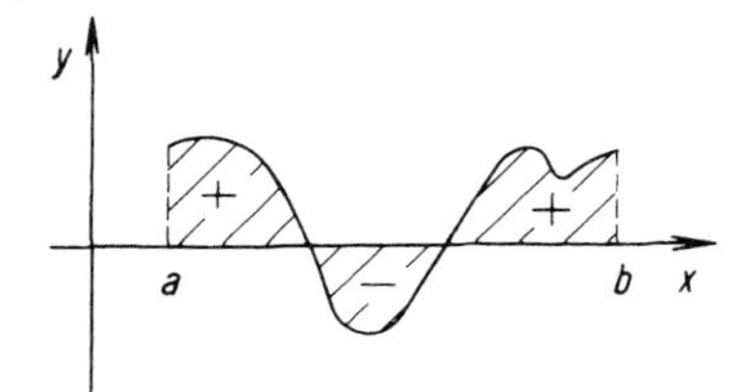

Abb. 7.8 Positive und negative Beiträge zum bestimmten Integral.

Wir haben bisher vorausgesetzt, dass $f(x)$ positiv ist. Diese Voraussetzung wollen wir nun fallen lassen und auch Funktionen betrachten, für die $f(x) < 0$ für alle x ist, für die die Kurve also unterhalb der x-Achse liegt. Wir setzen fest, dass auch für diesen Fall das bestimmte Integral durch (7.20) definiert sein soll. Es stellt dann wieder die Fläche zwischen der Kurve und der x-Achse dar, aber diesmal mit einem negativen Vorzeichen versehen. Daraus folgt: *Wenn die Funktion f im Intervall $[a, b]$ zum Teil positiv und zum Teil negativ ist, so gibt das bestimmte Integral dieser Funktion in den Grenzen a und b die Summe der einzelnen Flächenstücke zwischen der Kurve und der x-Achse wieder, wobei Flächeninhalte oberhalb der x-Achse positiv und solche unterhalb dieser Achse negativ gezählt werden* (siehe Abb. 7.8). Im Sonderfall, dass die beiden Flächenanteile gleich groß sind, wird das Integral gleich null (siehe z. B. die Integration über die Funktion $y = \sin x$ im Intervall $[0, 2\pi]$ im nächsten Abschnitt).

Wir wollen nun noch die Grenzen a und b vertauschen und festlegen, dass auch in diesem Fall, wo dann die obere Grenze kleiner als die untere ist, das bestimmte Integral durch (7.20) definiert sein soll. Als Folge dieser Vertauschung wird jetzt x_i jeweils kleiner als x_{i-1}, sodass die Differenz $\Delta x = x_i - x_{i-1}$ in (7.22) negativ wird. Alles andere bleibt unverändert. *Eine Vertauschung der Grenzen hat somit zur Folge, dass das Integral sein Vorzeichen wechselt:*

$$\int_a^b f(x)\,\mathrm{d}x = -\int_b^a f(x)\,\mathrm{d}x\ .$$

Wir haben hier den Begriff des bestimmten Integrals einer stetigen Funktion $f(x)$ anschaulich eingeführt und auf die Existenz des Grenzwertes in (7.22) aus der Existenz eines Flächeninhaltes geschlossen. Man kann nun auch unabhängig von irgendwelchen geometrischen Betrachtungen durch rein rechnerische Überlegungen zeigen, dass der in (7.22) angeführte Grenzwert existiert und dass er unabhängig ist von der Art der Einteilung in die Teilintervalle $[x_{i-1}, x_i]$ sowie davon, durch welchen Ordinatenwert in jedem Teilintervall die Höhe des Rechtecks bestimmt wird.

Wir wollen nun für einige spezielle Funktionen zeigen, wie man das bestimmte Integral über den in (7.22) angegebenen Grenzwert einer Summe berechnet. Bei solchen Berechnungen ist zu beachten, dass man die Summation jeweils vor der Grenzwertbildung in geeigneter Weise durchführen muss, da man anderenfalls eine sinnlose Summe aus unendlich vielen unendlich kleinen Summanden erhält.

Als Erstes stellen wir uns die Aufgabe, die Funktion $y = mx$ im Intervall $[0, b]$ mit einer beliebigen Zahl $b > 0$ zu integrieren, also das bestimmte Integral

$$\int_0^b mx \, dx$$

zu berechnen. Wir teilen hierzu das Intervall in n gleiche Teile der Größe $\Delta x = b/n$. Es ist dann

$$x_i = i\frac{b}{n} \quad \text{und} \quad f(x_i) = mi\frac{b}{n}, \quad i = 1, 2, \ldots, n .$$

Für die Summe in (7.22) erhält man dann mithilfe der beiden obigen Gleichungen

$$\sum_{i=1}^{n} f(x_i)\Delta x = \sum_{i=1}^{n} mi\frac{b}{n}\frac{b}{n} = \frac{mb^2}{n^2}\sum_{i=1}^{n} i = \frac{mb^2}{n^2}\frac{n(n+1)}{2} = \frac{mb^2}{2}\frac{n+1}{n} .$$

Dabei wurde davon Gebrauch gemacht, dass die Summe der ersten n natürlichen Zahlen gleich $n(n+1)/2$ ist:

$$\sum_{i=1}^{n} i = 1 + 2 + \cdots + n = \frac{n(n+1)}{2} .$$

Wenn wir zum Grenzwert übergehen, ergibt sich:

$$\lim_{n\to\infty} \sum_{i=1}^{n} f(x_i)\Delta x = \lim_{n\to\infty} \frac{mb^2}{2}\frac{n+1}{n} = \frac{mb^2}{2} \lim_{n\to\infty}\left(1 + \frac{1}{n}\right) = \frac{mb^2}{2} .$$

Es gilt somit:

$$\int_0^b mx \, dx = \frac{mb^2}{2} . \tag{7.23}$$

Dass dieses Resultat richtig ist, kann man auch leicht auf andere Art zeigen. Die Funktion $y = mx$ wird grafisch durch eine Gerade dargestellt. Das gesuchte

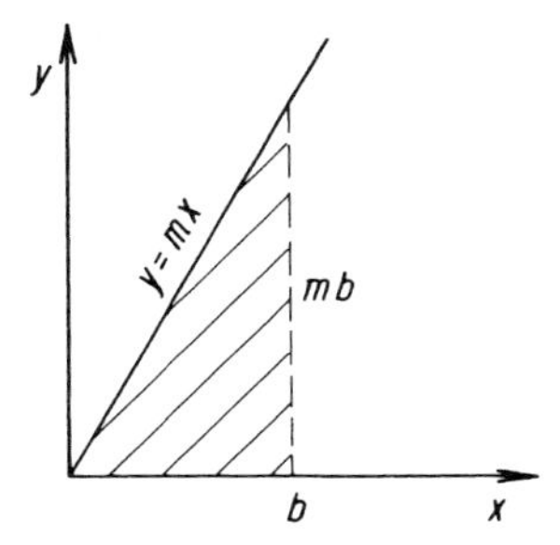

Abb. 7.9 Zur Berechnung des bestimmten Integrals $\int_0^b mx \, dx$.

Integral ist durch den Flächeninhalt zwischen dieser Geraden und der x-Achse im Intervall $[0, b]$ gegeben (siehe Abb. 7.9). Diese Fläche ist ein Dreieck mit der Grundlinie b und der Höhe mb. Die Fläche dieses Dreiecks ist nach den Regeln der Geometrie durch das halbe Produkt aus Grundlinie und Höhe gegeben, also $mb^2/2$ in Übereinstimmung mit dem Resultat der Integration.

Beispiel 7.14

Als weiteres Beispiel betrachten wir das Integral

$$\int_a^b \sin x \, \mathrm{d}x \, .$$

Es gilt $\Delta x = (b - a)/n$ und

$$x_i = a + i\frac{b-a}{n} = a + i\Delta x \, , \qquad i = 1, 2, \ldots, n \, .$$

Damit ergibt sich $f(x_i) = \sin(a + i\Delta x)$, und für die Summe in (7.22) erhält man

$$\begin{aligned}\sum_{i=1}^{n} f(x_i)\Delta x &= \sum_{i=1}^{n} \sin(a + i\Delta x)\Delta x = \Delta x \sum_{i=1}^{n} \sin(a + i\Delta x) \\ &= \frac{\Delta x}{2\sin(\Delta x/2)} \sum_{i=1}^{n} 2\sin\frac{\Delta x}{2} \sin(a + i\Delta x) \, , \end{aligned} \tag{7.24}$$

wobei wir bei der letzten Umformung mit $2\sin(\Delta x/2)$ erweitert haben. Indem wir nun das Additionstheorem (4.10) für den Kosinus einmal für das positive, einmal für das negative Vorzeichen anwenden und dann beide Gleichungen kombinieren, erhalten wir die allgemein gültige Beziehung

$$2\sin u \sin v = \cos(u - v) - \cos(u + v) \, . \tag{7.25}$$

Wenn wir diese Beziehung auf (7.24) anwenden, ergibt sich:

$$\begin{aligned} &\frac{\Delta x}{2\sin(\Delta x/2)} \sum_{i=1}^{n} 2\sin\frac{\Delta x}{2} \sin(a + i\Delta x) \\ &= \frac{\Delta x}{2\sin(\Delta x/2)} \sum_{i=1}^{n} \left[\cos\left(a + i\Delta x - \frac{\Delta x}{2}\right) - \cos\left(a + i\Delta x + \frac{\Delta x}{2}\right)\right] \\ &= \frac{\Delta x}{2\sin(\Delta x/2)} \left[\cos\left(a + \frac{\Delta x}{2}\right) - \cos\left(a + \frac{3\Delta x}{2}\right) + \cos\left(a + \frac{3\Delta x}{2}\right)\right. \\ &\qquad \left. - \cos\left(a + \frac{5\Delta x}{2}\right) + \cdots - \cos\left(a + \frac{(2n+1)\Delta x}{2}\right)\right] \\ &= \frac{\Delta x}{2\sin(\Delta x/2)} \left[\cos\left(a + \frac{\Delta x}{2}\right) - \cos\left(a + \frac{2n+1}{2}\Delta x\right)\right] \, . \end{aligned}$$

Wir gehen nun zum Grenzwert $n \to \infty$ bzw. $\Delta x \to 0$ über und berücksichtigen, dass $a + (2n + 1)\Delta x/2 = a + n\Delta x + \Delta x/2 = b + \Delta x/2$ ist:

$$\lim_{n\to\infty} \sum_{i=1}^{n} f(x_i)\Delta x = \lim_{\Delta x \to 0} \frac{\Delta x/2}{\sin(\Delta x/2)} \lim_{\Delta x\to 0} \left(\cos\left(a + \frac{\Delta x}{2}\right) - \cos\left(b + \frac{\Delta x}{2}\right)\right) .$$

Nach dem Mittelwertsatz (7.16) existiert ein $\vartheta \in (0, 1)$, sodass

$$\begin{aligned}\lim_{\Delta x \to 0} \frac{\Delta x/2}{\sin(\Delta x/2)} &= \lim_{\Delta x \to 0} \frac{\Delta x/2}{\sin 0 + \cos(\vartheta \Delta x)\Delta x/2} \\ &= \lim_{\Delta x \to 0} \frac{1}{\cos(\vartheta \Delta x)} = \frac{1}{\cos 0} = 1 \,.\end{aligned}$$

Der zweite Grenzwert lautet $\cos a - \cos b$. Damit folgt:

$$\int_a^b \sin x \, \mathrm{d}x = \cos a - \cos b \,. \tag{7.26}$$

Wir sehen, dass das Integral immer dann gleich null wird, wenn $b = a \pm 2n\pi$ für $n \in \mathbb{N}_0$ ist, da dann wegen der Periodizität der Kosinusfunktion $\cos a = \cos b$ ist. In Übereinstimmung mit diesem Resultat stellen wir anhand von Abb. 4.13 fest, dass sich dann die Flächenanteile oberhalb und unterhalb der x-Achse kompensieren.

Schließlich wollen wir noch das Integral über eine konstante Funktion $y = c$ ermitteln. Hier ist $f(x_i) = c$, und wir erhalten:

$$\int_a^b c \, \mathrm{d}x = \lim_{n \to \infty} \sum_{i=1}^{n} c \, \frac{b-a}{n} = c \lim_{n \to \infty} \sum_{i=1}^{n} \frac{b-a}{n} = c \lim_{n \to \infty} \left(n \, \frac{b-a}{n} \right) = c(b-a) \,.$$

Wir können uns hier auf diese wenigen Beispiele zur Ermittlung des bestimmten Integrals durch den Grenzwert der Summenformel beschränken. In den Abschnitten 7.2.2 und 7.2.3 zeigen wir nämlich, dass man das bestimmte Integral im Allgemeinen nicht in dieser Weise ausrechnen muss, sondern dass man es mithilfe von Tab. 7.1 einfacher ermitteln kann.

Für bestimmte Integrale gelten einige einfache Sätze, die im Folgenden angeführt werden sollen.

Satz 7.1

Bei der Unterteilung eines Intervalls $[a, c]$ in zwei Teilintervalle $[a, b]$ und $[b, c]$ ist das Integral über das gesamte Intervall gleich der Summe der Integrale über die Teilintervalle:

$$\int_a^c f(x) \, \mathrm{d}x = \int_a^b f(x) \, \mathrm{d}x + \int_b^c f(x) \, \mathrm{d}x \,.$$

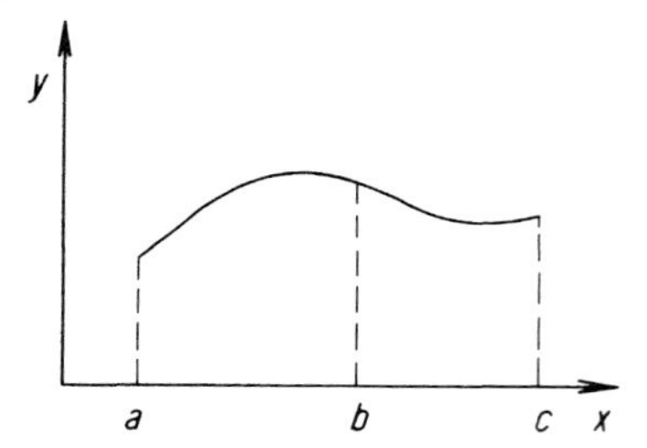

Abb. 7.10 Zur Unterteilung des Integrationsbereiches.

Diese Aussage folgt aus der Tatsache, dass das Integral die Fläche unter der entsprechenden Kurve darstellt und dass diese Fläche in zwei Flächen aufgespalten werden kann (siehe Abb. 7.10).

Satz 7.2

Ein konstanter Faktor des Integranden kann vor das Integralzeichen geschrieben werden:

$$\int_a^b c \cdot f(x)\,\mathrm{d}x = c \cdot \int_a^b f(x)\,\mathrm{d}x\ . \tag{7.27}$$

Diesen Satz sieht man am einfachsten ein mithilfe der in (7.22) gegebenen Definition des Integrals durch den Grenzwert einer Summe. Ein konstanter Faktor kann dort vor das Summenzeichen und vor das Limeszeichen gezogen werden.

Satz 7.3

Das Integral über die Summe bzw. Differenz zweier Funktionen ist gleich der Summe bzw. Differenz der Integrale über die einzelnen Funktionen:

$$\int_a^b (f_1(x) \pm f_2(x))\,\mathrm{d}x = \int_a^b f_1(x)\,\mathrm{d}x \pm \int_a^b f_2(x)\,\mathrm{d}x\ . \tag{7.28}$$

Auch dieser Satz lässt sich in sehr einfacher Weise über die Definition des Integrals als Grenzwert einer Summe einsehen.

7.2.2
Das unbestimmte Integral

Wir wollen eine Funktion $F(x)$ Stammfunktion der Funktion $f(x)$ nennen, wenn für alle x aus dem Definitionsbereich von f gilt:

$$F'(x) = f(x) .$$

So ist z. B. die Funktion $\sin x$ eine Stammfunktion zu $\cos x$, weil $(\sin x)' = \cos x$ ist. Ebenso sind auch die Funktionen $\sin x + c$ mit einer beliebigen Konstante $c \in \mathbb{R}$ Stammfunktionen zu $\cos x$, weil die additive Konstante c bei der Differenziation verschwindet. Eine Funktion kann also viele verschiedene Stammfunktionen besitzen.

Es fragt sich nun, wie sich die verschiedenen Stammfunktionen voneinander unterscheiden können. Hierzu gilt der folgende Satz: *Die Differenz zweier verschiedener Stammfunktionen $F_1(x)$ und $F_2(x)$ von $f(x)$ ist stets eine Konstante:*

$$F_1(x) - F_2(x) = c .$$

Darüber hinaus gilt: *Ist $F(x)$ eine Stammfunktion zu $f(x)$, so ist auch die Funktion $F(x) + c$ mit einer beliebigen Konstanten c eine Stammfunktion.* Man findet also alle möglichen Stammfunktionen, indem man zu einer beliebigen Stammfunktion $F(x)$ alle möglichen Konstanten addiert.

Dass mit jeder Funktion $F(x)$ auch $F(x)+c$ eine Stammfunktion ist, folgt daraus, dass die additive Konstante beim Differenzieren wegfällt. Dass sich weiterhin die Stammfunktionen einer gegebenen Funktion $f(x)$ nur durch additive Konstanten unterscheiden können, zeigt man wie folgt: Wir bezeichnen zwei verschiedene Stammfunktionen mit $F_1(x)$ und $F_2(x)$ und die Differenz dieser beiden Funktionen mit $G(x) = F_1(x) - F_2(x)$. Bildet man nun die Ableitung, so erhält man:

$$G'(x) = F_1'(x) - F_2'(x) = f(x) - f(x) = 0 .$$

Eine Funktion, deren Ableitung für alle x gleich null ist, muss aber eine Konstante sein, da nach dem Mittelwertsatz der Differenzialrechnung (7.16) für beliebige Werte x_1 und Δx gelten muss

$$G(x_1 + \Delta x) = G(x_1) + \Delta x G'(x + \vartheta \Delta x) = G(x_1)$$

mit $0 \leq \vartheta \leq 1$. Also ist, wie behauptet, $G(x)$ konstant.

Wir können feststellen: *Das Aufsuchen der Stammfunktion stellt die Umkehrung des Differenziationsprozesses dar.* Die Tab. 7.1, die die Funktionen und ihre Ableitungen darstellt, gibt daher in der linken Spalte jeweils die Stammfunktion der Funktion in der mittleren Spalte an.

Wir kehren nun wieder zum bestimmten Integral $\int_a^b f(x)\,\mathrm{d}x$ zurück und stellen fest, dass dieses Integral unter anderem auch von der oberen Grenze abhängt. Wir können also sagen, dass es eine Funktion von b ist, und schreiben:

$$\varphi(b) = \int_a^b f(x)\,\mathrm{d}x .$$

Wir wollen die Integrationsvariable x durch u ersetzen und den Buchstaben x stattdessen als Bezeichnung für die obere Grenze des Integrals verwenden. Wir erhalten dann:

$$\varphi(x) = \int_a^x f(u)\,du \ . \tag{7.29}$$

Über die Funktion $\varphi(x)$ lässt sich eine Aussage machen, die wohl die wichtigste in der Differenzial- und Integralrechnung ist. Sie lautet:

Satz 7.4 Hauptsatz der Differenzial- und Integralrechnung (Teil 1):

Die Funktion $\varphi(x)$, definiert in (7.29), ist eine differenzierbare und insbesondere stetige Funktion. Sie besitzt die Ableitung

$$\varphi'(x) = f(x) \ . \tag{7.30}$$

Die Funktion $\varphi(x)$ ist also eine spezielle Stammfunktion von $f(x)$.

Die Gesamtheit aller Stammfunktionen von $f(x)$, die sich in der Form $\varphi(x) + c$ mit $c \in \mathbb{R}$ schreiben lassen, nennt man das *unbestimmte Integral* von $f(x)$. Man bezeichnet es mit $\int f(x)\,\mathrm{d}x$ ohne Anführung von Integrationsgrenzen. Es gilt daher:

$$\int f(x)\,\mathrm{d}x = \varphi(x) + c \ .$$

Statt $\varphi(x)$ kann man auch eine beliebige andere Stammfunktion $F(x)$ von $f(x)$ nehmen. Es gilt allgemein

$$\int f(x)\,\mathrm{d}x = F(x) + c$$

mit einer Konstanten c. Wir stellen somit fest: *Man erhält das unbestimmte Integral einer Funktion $f(x)$, indem man irgendeine Stammfunktion von $f(x)$ nimmt und eine beliebige additive Konstante hinzufügt.*

Da das Aufsuchen der Stammfunktion die Umkehrung der Differenziation darstellt, kann man für viele Funktionen $f(x)$ eine Stammfunktion mithilfe der Tab. 7.1 finden.

Beispiel 7.15
Eine Stammfunktion von $\cos x$ lautet $\sin x$. Es gilt daher:

$$\int \cos x\,\mathrm{d}x = \sin x + c \ , \quad c \in \mathbb{R} \ .$$

Eine Stammfunktion von x ist die Funktion $x^2/2$, sodass wir erhalten:

$$\int x\,\mathrm{d}x = \frac{x^2}{2} + c \ , \quad c \in \mathbb{R} \ .$$

Das bestimmte Integral einer stetigen Funktion $f(x)$ lässt sich in sehr einfacher Weise berechnen, wenn man eine Stammfunktion von $f(x)$ kennt. Wie oben ausgeführt wurde, gilt

$$\int_a^x f(u)\,\mathrm{d}u = \varphi(x) \,,$$

wobei $\varphi(x)$ eine *spezielle* Stammfunktion von $f(x)$ ist (vgl. (7.29)). Nehmen wir nun an, wir kennen *irgendeine* Stammfunktion von $f(x)$, beispielsweise eine, die aus Tab. 7.1 entnommen werden kann und die wir mit $F(x)$ bezeichnen. Wir wissen dann, dass sich $\varphi(x)$ nur um eine additive Konstante von $F(x)$ unterscheidet, sodass wir $\varphi(x) = F(x) + c$ oder

$$\int_a^x f(u)\,\mathrm{d}u = F(x) + c$$

schreiben können. Wenn wir schließlich c ermitteln, so haben wir damit das bestimmte Integral allein über die Stammfunktion ohne Durchführung der in (7.22) angegebenen Summation berechnet.

Um die Konstante c zu bestimmen berücksichtigen wir, dass das bestimmte Integral gleich null wird, wenn die Größe des Integrationsbereiches gleich null ist, wenn also $x = a$ wird. Es muss daher gelten:

$$\int_a^a f(u)\,\mathrm{d}u = F(a) + c = 0 \,.$$

Daraus ergibt sich $c = -F(a)$ und

$$\int_a^x f(u)\,\mathrm{d}u = F(x) - F(a) \,.$$

Wir ersetzen nun noch x durch b und erhalten das folgende Resultat.

Satz 7.5 Hauptsatz der Differenzial- und Integralrechnung (Teil 2):

Ist $F(x)$ eine Stammfunktion der auf dem Intervall $[a, b]$ stetigen Funktion $f(x)$, so folgt:

$$\int_a^b f(x)\,\mathrm{d}x = F(b) - F(a) \,. \tag{7.31}$$

Dies ist eine der wichtigsten Formeln der Integralrechnung, da wir mit ihrer Hilfe das bestimmte Integral aller Funktionen ermitteln können, die in der zweiten Spalte von Tab. 7.1 auftreten. Sie besagt in Worten: *Um das bestimmte Integral einer Funktion $f(x)$ in den Grenzen a und b zu bestimmen, sucht man zunächst deren Stammfunktion $F(x)$ und bildet dann gemäß* (7.31) *die Differenz $F(b)-F(a)$.*

Wir wollen die Integration mithilfe von (7.31) anhand von einigen Beispielen vorführen. Bei diesen Rechnungen werden wir als Abkürzung das Symbol $F(x)|_a^b$ einführen, das die Bedeutung

$$F(x)|_a^b = F(b) - F(a)$$

besitzen soll. Anstelle des senkrechten Striches verwendet man bisweilen auch zwei eckige Klammern, $[F]_a^b = F(b) - F(a)$.

Beispiel 7.16

Als Erstes berechnen wir das bereits weiter oben untersuchte Integral $\int_0^b mx\,\mathrm{d}x = m\int_0^b x\,\mathrm{d}x$. Aus Tab. 7.1 entnehmen wir, dass eine Stammfunktion von x die Funktion $x^2/2$ ist. So erhalten wir mithilfe von (7.31):

$$\int\limits_0^b x\,\mathrm{d}x = \frac{x^2}{2}\bigg|_0^b = \frac{b^2}{2} - \frac{0^2}{2} = \frac{b^2}{2} \,.$$

Es gilt daher:

$$\int\limits_0^b mx\,\mathrm{d}x = m\int\limits_0^b x\,\mathrm{d}x = \frac{mb^2}{2} \,.$$

Das Ergebnis stimmt mit (7.23) überein.

Als Nächstes bestimmen wir das Integral $\int_a^b \sin x\,\mathrm{d}x$. Mithilfe von (7.31) und Tab. 7.1 erhalten wir

$$\int\limits_0^b \sin x\,\mathrm{d}x = -\cos x\bigg|_a^b = -(\cos b - \cos a) = \cos a - \cos b \,,$$

was wieder mit dem früher erhaltenen Resultat (7.26) übereinstimmt.

Schließlich wollen wir noch das Integral $\int_0^{1/2} 1/\sqrt{1-x^2}\,\mathrm{d}x$ berechnen. Wir erhalten

$$\int\limits_0^{1/2} \frac{1}{\sqrt{1-x^2}}\,\mathrm{d}x = \arcsin x\bigg|_0^{1/2} = \frac{\pi}{6} - 0 = \frac{\pi}{6} \,.$$

Dabei wurde berücksichtigt, dass $\arcsin(1/2) = \pi/6$ ist, was aus der Beziehung $\sin(\pi/6) = 1/2$ folgt.

7.2.3 Integrationsmethoden

Im vorigen Abschnitt wurde gezeigt, dass man das bestimmte Integral einer Funktion, deren Stammfunktion bekannt ist, mithilfe von (7.31) ausrechnen kann. Auf diese Art erfasst man alle in der zweiten Spalte von Tab. 7.1 angegebenen Funktionen. Ist die Stammfunktion der zu integrierenden Funktion nicht bekannt, so kann man versuchen, durch gewisse Integralumformungen auf Integranden mit bekannter Stammfunktion zu kommen. Einige Verfahren hierfür sollen im Folgenden besprochen werden. Die dabei behandelten Beispiele umfassen nur einen kleinen Teil der Funktionen, deren Integrale in mathematisch geschlossener Weise darstellbar sind. Wegen eines vollständigen Verzeichnisses aller Funktionen mit bekannten Integralen muss auf ein mathematisches Nachschlagewerk verwiesen werden (siehe z. B. das Handbuch [14]).

Einfache Umformungen Besteht der Integrand aus einer Summe von Funktionen mit jeweils bekannten Stammfunktionen, so zerlegt man das Integral gemäß (7.28) in eine entsprechende Summe von Integralen, die man dann einzeln über die jeweiligen Stammfunktionen berechnet. Das Analoge gilt für Differenzen.

Beispiel 7.17
Als Beispiel berechnen wir $\int_0^\pi (x + x^2 + \sin x)\,\mathrm{d}x$. Es ergibt sich:

$$\int\limits_0^\pi (x + x^2 + \sin x)\,\mathrm{d}x = \int\limits_0^\pi x\,\mathrm{d}x + \int\limits_0^\pi x^2\,\mathrm{d}x + \int\limits_0^\pi \sin x\,\mathrm{d}x$$
$$= \frac{x^2}{2}\bigg|_0^\pi + \frac{x^3}{3}\bigg|_0^\pi - \cos x|_0^\pi = \frac{\pi^2}{2} + \frac{\pi^3}{3} + 2\,.$$

Besteht der Integrand aus einem konstanten Faktor und einer Funktion mit bekannter Stammfunktion, so kann man den Faktor gemäß (7.27) vor das Integralzeichen ziehen und die Integration anschließend über die Stammfunktion vornehmen.

Beispiel 7.18
Es gilt beispielsweise:

$$\int\limits_a^b \frac{3}{x^2}\,\mathrm{d}x = 3\int\limits_a^b \frac{1}{x^2}\,\mathrm{d}x = 3\left[-\frac{1}{x}\right]_a^b = -\frac{3}{b} + \frac{3}{a}\,.$$

Durch Kombination der Zerlegung in Summanden und Abspaltung von Faktoren kann man auch die folgende Integration durchführen:

$$\begin{aligned}\int_1^2 \left(2x^2 + \frac{4}{x} - \mathrm{e}^x\right) \mathrm{d}x &= 2\int_1^2 x^2 \,\mathrm{d}x + 4\int_1^2 \frac{\mathrm{d}x}{x} - \int_1^2 \mathrm{e}^x \,\mathrm{d}x \\ &= \left.\frac{2x^3}{3}\right|_1^2 + 4\ln x|_1^2 - \mathrm{e}^x|_1^2 \\ &= \frac{16}{3} - \frac{2}{3} + 4(\ln 2 - \ln 1) - \mathrm{e}^2 + \mathrm{e}^1 \\ &= \frac{14}{3} - 4\ln 2 - \mathrm{e}^2 + \mathrm{e}\,.\end{aligned}$$

Substitutionsregel Häufig tritt das Problem auf, ein Integral der Form

$$\int h(\psi(x))\,\mathrm{d}x$$

zu berechnen, in dem der Integrand eine zusammengesetzte Funktion ist. Ein Beispiel hierfür stellt das Integral $\int \cos 2x \,\mathrm{d}x$ dar. Hier ist $\psi(x) = 2x$, und die Funktion h ist der Kosinus. Ein solches Integral kann man in vielen Fällen mithilfe des folgenden Satzes berechnen: *Führt man in ein unbestimmtes Integral der Form* $\int h(\psi(x))\,\mathrm{d}x$ *die neue Variable* $u = \psi(x)$ *ein, so gilt unter der Voraussetzung, dass zu* $u = \psi(x)$ *eine eindeutige Umkehrfunktion* $x = \psi^{-1}(u) = \varphi(u)$ *gehört,*

$$\int h(\psi(x))\,\mathrm{d}x = \int h(u)\varphi'(u)\,\mathrm{d}u\,. \tag{7.32}$$

Wenn dann der auf der rechten Seite dieser Gleichung stehende Integrand eine bekannte Stammfunktion besitzt, so ist das Problem der Integration gelöst. Bei einem bestimmten Integral muss man darauf achten, dass man bei der Transformation der Variablen auch die Grenzen entsprechend transformiert. Es ergibt sich:

$$\int_a^b h(\psi(x))\,\mathrm{d}x = \int_{\psi(a)}^{\psi(b)} h(u)\varphi'(u)\,\mathrm{d}u\,. \tag{7.33}$$

Die Formeln (7.32) bzw. (7.33) werden *Substitutionsregel* genannt.

Man kann sich die Substitutionsregel folgendermaßen merken: Schreiben wir nämlich $u = \psi(x)$ oder $x = \varphi(u)$, so folgt $\mathrm{d}x/\mathrm{d}u = \varphi'(u)$ oder *symbolisch* $\mathrm{d}x = \varphi'(u)\,\mathrm{d}u$. Ersetzen wir also $h(\psi(x))$ durch $h(u)$ und $\mathrm{d}x$ durch $\varphi'(u)\,\mathrm{d}u$, so erhalten wir die rechte Seite von (7.32). Diese Argumentation ist mathematisch nicht ganz einwandfrei, da wir den Differenzialquotienten $\mathrm{d}x/\mathrm{d}u$ nicht wie einen Bruch behandeln dürfen, sie lässt sich aber leicht merken.

Beispiel 7.19

1. Als Erstes berechnen wir das Integral $\int \sin 2x\,\mathrm{d}x$. Wir setzen $u = 2x$ und erhalten durch Differenziation $\mathrm{d}x/\mathrm{d}u = 1/2$ oder $\mathrm{d}x = \mathrm{d}u/2$. Wir können also nach der Substitutionsregel schreiben:

$$\int \sin 2x\,\mathrm{d}x = \int \sin u \frac{\mathrm{d}u}{2} = -\frac{1}{2}\cos u = -\frac{\cos 2x}{2} .$$

Im Falle eines bestimmten Integrals mit den Grenzen 0 und $\pi/2$ ergibt sich wegen $u = 2x$:

$$\int_0^{\pi/2} \sin 2x\,\mathrm{d}x = \int_{2\cdot 0}^{2\cdot\pi/2} \sin u \frac{\mathrm{d}u}{2} = \frac{1}{2}\int_0^{\pi} \sin u\,\mathrm{d}u = -\left.\frac{\cos u}{2}\right|_0^{\pi}$$
$$= -\frac{1}{2}(\cos\pi - \cos 0) = 1 .$$

2. Um das Integral $\int \mathrm{d}x/(a^2 + x^2)$ zu bestimmen, setzt man $u = x/a$ mit $\mathrm{d}x = a\,\mathrm{d}u$ und erhält mithilfe der in Tab. 7.1 angegebenen Stammfunktion von $1/(1 + x^2)$:

$$\int \frac{\mathrm{d}x}{a^2 + x^2} = \int \frac{a\,\mathrm{d}u}{a^2(1 + u^2)} = \frac{1}{a}\int \frac{\mathrm{d}u}{1 + u^2} = \frac{1}{a}\arctan u = \frac{1}{a}\arctan\frac{x}{a} .$$

3. Zur Berechnung des Integrals $\int \sin mx \cdot \sin nx\,\mathrm{d}x$ muss man berücksichtigen, dass aufgrund von (7.25) mit $u = mx$ und $v = nx$ gilt:

$$\sin mx \sin nx = \frac{1}{2}(\cos((m - n)x) - \cos((m + n)x)) .$$

Wenn wir diese Beziehung in das Integral einsetzen und anschließend $(m - n)x = u$ und $(m + n)x = v$ setzen, so erhalten wir für $m \neq n$:

$$\begin{aligned}\int \sin mx \sin nx\,\mathrm{d}x &= \frac{1}{2}\int \cos((m - n)x)\,\mathrm{d}x - \frac{1}{2}\int \cos((m + n)x)\,\mathrm{d}x\\ &= \frac{1}{2}\int \cos(u)\frac{1}{m - n}\,\mathrm{d}u - \frac{1}{2}\int \cos(v)\frac{1}{m + n}\,\mathrm{d}v\\ &= \frac{\sin u}{2(m - n)} - \frac{\sin v}{2(m + n)}\\ &= \frac{\sin((m - n)x)}{2(m - n)} - \frac{\sin((m + n)x)}{2(m + n)} .\end{aligned}$$

Wenn $m = n$ ist, folgt:

$$\int \sin nx \sin nx\,\mathrm{d}x = \frac{1}{2}\int \cos 0\,\mathrm{d}x - \frac{1}{2}\int \cos 2nx\,\mathrm{d}x = \frac{x}{2} - \frac{\sin 2nx}{4n} .$$

Partielle Integration Zu einem weiteren Integrationsverfahren kommt man, wenn man von der Produktregel (7.8) $(uv)' = u'v + uv'$ ausgeht. Indem man beide Seiten integriert und beachtet, dass $\int (uv)' \, \mathrm{d}x = uv$ ist, erhält man

$$uv = \int u'v \, \mathrm{d}x + \int uv' \, \mathrm{d}x \,.$$

Durch Umstellung der Gleichung ergibt sich die für das folgende wichtige Beziehung

$$\int uv' \, \mathrm{d}x = uv - \int u'v \, \mathrm{d}x \,. \tag{7.34}$$

Wenn man statt des unbestimmten Integrals das bestimmte Integral zwischen den Grenzen a und b bildet, so leitet man in der gleichen Weise die Beziehung

$$\int_a^b uv' \, \mathrm{d}x = uv|_a^b - \int_a^b u'v \, \mathrm{d}x \tag{7.35}$$

her. Die beiden obigen Gleichungen lassen sich mit Erfolg zur Integration verschiedener Funktionen verwenden. *Die Anwendung dieser Gleichungen* (7.34) *oder* (7.35) *bezeichnet man als partielle Integration.*

Beispiel 7.20

1. Betrachten wir als erstes Beispiel das Integral $\int x \sin x \, \mathrm{d}x$. Indem wir $x = u$ und $\sin x = v'$ setzen und beachten, dass dann $u' = 1$ und $v = -\cos x$ ist, ergibt sich mithilfe von (7.34):

$$\begin{aligned}\int x \sin x \, \mathrm{d}x &= -x \cos x - \int 1 \cdot (-\cos x) \, \mathrm{d}x \\ &= -x \cos x + \int \cos x \, \mathrm{d}x = -x \cos x + \sin x \,.\end{aligned}$$

2. In ähnlicher Weise berechnet man das Integral $\int x^a \ln x$ für $a \neq -1$, indem man $\ln x = u$ und $x^a = v'$ setzt. Es ergibt sich:

$$\begin{aligned}\int x^a \ln x \, \mathrm{d}x &= \frac{x^{a+1}}{a+1} \ln x - \int \frac{x^{a+1}}{a+1} \frac{1}{x} \, \mathrm{d}x = \frac{x^{a+1}}{a+1} \ln x - \frac{1}{a+1} \int x^a \, \mathrm{d}x \\ &= \frac{x^{a+1}}{a+1} \ln x - \frac{x^{a+1}}{(a+1)^2} \,.\end{aligned}$$

Bisweilen kommt man nach mehrfacher Durchführung der partiellen Integration wieder zum Ausgangsintegral selbst. In diesem Fall kann man die erhaltene Beziehung als Bestimmungsgleichung für das Integral benutzen. Wir illustrieren dies anhand des folgenden Beispiels.

Beispiel 7.21
Wir betrachten das Integral $\int e^{ax} \sin bx \, dx$. Wenn man in diesem Integral $e^{ax} = u$ und $\sin bx = v'$ setzt, so wird $u' = ae^{ax}$ (Kettenregel) und $v = -(\cos bx)/b$ (Substitution $z = bx$). Durch partielle Integration erhält man daher

$$\int e^{ax} \sin bx \, dx = -\frac{1}{b} e^{ax} \cos bx + \frac{a}{b} \int e^{ax} \cos bx \, dx \; .$$

Wenn man nun das auf der rechten Seite stehende Integral nochmals partiell integriert, geht die Gleichung über in

$$\int e^{ax} \sin bx \, dx = -\frac{1}{b} e^{ax} \cos bx + \frac{a}{b^2} e^{ax} \sin bx - \frac{a^2}{b^2} \int e^{ax} \sin bx \, dx \; .$$

Auf der rechten Seite steht nun wieder das Ausgangsintegral. Man erhält einen Ausdruck für das Ausgangsintegral, indem man den letzten Summanden der rechten Seite auf die linke Seite bringt. Dies ergibt nach einer kleinen Umformung

$$\int e^{ax} \sin bx \, dx = \frac{e^{ax}}{a^2 + b^2} (a \sin bx - b \cos bx) \; .$$

Rekursion Durch partielle Integration kann man die Potenz einer Funktion im Integranden sukzessive herabsetzen. Dann kann man das entsprechende Integral rekursiv berechnen.

Als Beispiel betrachten wir das Integral $\int \cos^n x \, dx$. Wir schreiben es in der Form $\int \cos^{n-1} x \cdot \cos x \, dx$ und setzen $\cos^{n-1} x = u$ und $\cos x = v'$. Durch partielle Integration erhalten wir dann:

$$\begin{aligned} \int \cos^n x \, dx &= \int \cos^{n-1} x \cdot \cos x \, dx \\ &= \cos^{n-1} x \sin x + \int (n-1) \cos^{n-2} x \sin^2 x \, dx \; . \end{aligned}$$

Indem wir $\sin^2 x$ durch $1 - \cos^2 x$ ersetzen, ergibt sich:

$$\int \cos^n x \, dx = \cos^{n-1} x \sin x + (n-1) \int \cos^{n-2} x \, dx - (n-1) \int \cos^n x \, dx \; .$$

Bringt man den Ausdruck $(n-1) \int \cos^n x \, dx$ auf die linke Seite, so erhält man

$$\int \cos^n x \, dx + (n-1) \int \cos^n x \, dx = \cos^{n-1} x \sin x + (n-1) \int \cos^{n-2} x \, dx \; ,$$

woraus folgt:

$$\int \cos^n x \, dx = \frac{1}{n} \sin x \cos^{n-1} x + \frac{n-1}{n} \int \cos^{n-2} x \, dx \; . \tag{7.36}$$

Mit dieser rekursiven Gleichung ist das Integrationsproblem prinzipiell gelöst. Für $n = 2$ erhalten wir nämlich

$$\int \cos^2 x \, \mathrm{d}x = \frac{1}{2} \sin x \cos x + \frac{1}{2} \int \cos^0 x \, \mathrm{d}x = \frac{1}{2}(\sin x \cos x + x) \; .$$

Für $n = 4$ ergibt sich eine Gleichung für $\int \cos^4 x \, \mathrm{d}x$, die das Integral $\int \cos^2 x \, \mathrm{d}x$ enthält, das wir gerade berechnet haben:

$$\begin{aligned} \int \cos^4 x \, \mathrm{d}x &= \frac{1}{4} \sin x \cos^3 x + \frac{3}{4} \int \cos^2 x \, \mathrm{d}x \\ &= \frac{1}{4} \sin x \cos^3 x + \frac{3}{8}(\sin x \cos x + x) \; . \end{aligned}$$

Um das Integral $\int \cos^6 x \, \mathrm{d}x$ zu berechnen, benötigen wir einen Ausdruck für $\int \cos^4 x \, \mathrm{d}x$ usw.

Partialbruchzerlegung Wir wollen uns nun mit der Integration einer gebrochenrationalen Funktion beschäftigen, bei der das Polynom im Zähler einen kleineren Grad als das im Nenner hat. Es gilt der folgende Satz:

Jede gebrochenrationale Funktion

$$\frac{h(x)}{g(x)} = \frac{a_0 + a_1 x + \cdots + a_n x^n}{b_0 + b_1 x + \cdots + b_m x^m}$$

mit $n < m$ kann man in eine Summe von Brüchen zerlegen, die sich elementar integrieren lassen. Um die Zerlegung vorzunehmen, muss man die Nullstellen von $g(x)$ bestimmen. Hat $g(x)$ m verschiedene reelle Nullstellen $\alpha_1, \alpha_2, \ldots, \alpha_m$, so kann man schreiben

$$\frac{h(x)}{g(x)} = \frac{A_1}{x - \alpha_1} + \frac{A_2}{x - \alpha_2} + \cdots + \frac{A_m}{x - \alpha_m} \; , \tag{7.37}$$

wobei $A_1, A_2, \ldots, A_m$ eindeutig bestimmte reelle Zahlen sind. Kommt eine der Nullstellen mehrfach vor, z. B. die Nullstelle α_k g-mal, so muss man in obiger Summe statt

$$\frac{A_k}{x - \alpha_k}$$

den Ausdruck

$$\frac{A_{k,1}}{(x - \alpha_k)} + \frac{A_{k,2}}{(x - \alpha_k)^2} + \cdots + \frac{A_{k,g}}{(x - \alpha_k)^g} \tag{7.38}$$

schreiben. Kommen schließlich auch konjugiert komplexe Lösungen vor, so entspricht z. B. dem Lösungspaar $\alpha_\ell + \mathrm{i}\beta_\ell$ und $\alpha_\ell - \mathrm{i}\beta_\ell$, das g-fach auftreten möge, ein Beitrag

$$\frac{B_{\ell,1} x + C_{\ell,1}}{(x - \alpha_\ell)^2 + \beta_\ell^2} + \frac{B_{\ell,2} x + C_{\ell,2}}{((x - \alpha_\ell)^2 + \beta_\ell^2)^2} + \cdots + \frac{B_{\ell,g} x + C_{\ell,g}}{((x - \alpha_\ell)^2 + \beta_\ell^2)^g} \; , \tag{7.39}$$

wobei die Konstanten $B_{\ell,i}$ und $C_{\ell,i}$ wieder eindeutig durch das Problem bestimmt sind. Die so vorgenommene Umformung der gebrochenrationalen Funktion bezeichnet man als *Partialbruchzerlegung*.

Die Zahlen $A_{k,i}$, $B_{\ell,i}$, $C_{\ell,i}$ usw. können folgendermaßen bestimmt werden. Man schreibt eine Gleichung, bei der auf der linken Seite die gegebene gebrochenrationale Funktion steht und auf der rechten Seite die einzelnen Partialbrüche gemäß dem obigen Ansatz mit unbestimmt gelassenen Zahlen $A_{k,i}$, $B_{\ell,i}$, $C_{\ell,i}$ usw. Anschließend bringt man die Gleichung auf den gleichen Nenner, lässt diesen dann weg und bestimmt die gesuchten Zahlen durch Koeffizientenvergleich auf beiden Seiten, d. h. aus der Bedingung, dass die Koeffizienten von x, x^2, x^3 usw. sowie die absoluten Glieder auf beiden Seiten der Gleichung jeweils gleich sein müssen.

Beispiel 7.22

Als erstes Beispiel erläutern wir die Partialbruchzerlegung der Funktion

$$\frac{2x}{x^2-1} \; .$$

Der Nenner besitzt zwei verschiedene Nullstellen, nämlich $x = 1$ und $x = -1$. Gemäß dem Ansatz (7.37) setzen wir

$$\frac{2x}{x^2-1} = \frac{A_1}{x-1} + \frac{A_2}{x+1} \; .$$

Indem wir die Gleichungen auf den gemeinsamen Nenner $x^2 - 1$ bringen und diesen dann weglassen, erhalten wir

$$2x = A_1(x+1) + A_2(x-1) = (A_1 - A_2) + (A_1 + A_2)x \; .$$

Durch Koeffizientenvergleich erhält man die Gleichungen

$$A_1 + A_2 = 2 \quad \text{und} \quad A_1 - A_2 = 0 \; ,$$

aus denen dann für die Unbekannten $A_1 = 1$ und $A_2 = 1$ folgt. Die gesuchte Partialbruchzerlegung lautet somit:

$$\frac{2x}{x^2-1} = \frac{1}{x-1} + \frac{1}{x+1} \; .$$

Im zweiten Beispiel wollen wir die Funktion

$$\frac{x}{x^4 - 2x^3 + 2x^2 - 2x + 1}$$

in Partialbrüche zerlegen. Der Nenner hat die Nullstellen und −i sowie die zweifache Nullstelle eins. Gemäß dem Ansatz (7.38) und (7.39) setzen wir daher

$$\frac{x}{x^4 - 2x^3 + 2x^2 - 2x + 1} = \frac{A_{11}}{x-1} + \frac{A_{12}}{(x-1)^2} + \frac{Bx + C}{x^2+1} \; .$$

Indem wir die Gleichung auf den gemeinsamen Nenner $(x-1)^2(x^2+1)$ bringen, diesen weglassen und auf der rechten Seite jeweils Glieder mit gleichen Potenzen von x zusammenfassen, erhalten wir:

$$x = (-A_{11}+A_{12}+C)+(A_{11}+B-2C)x+(-A_{11}+A_{12}-2B+C)x^2+(A_{11}+B)x^3 \; .$$

Durch Vergleich der Koeffizienten vor x^3, x^2, x und x^0 erhalten wir die Bedingungen

$$\begin{aligned} -A_{11} + A_{12} + C &= 0 \,, \\ A_{11} + B - 2C &= 1 \,, \\ -A_{11} + A_{12} - 2B + C &= 0 \,, \\ A_{11} + B &= 0 \,. \end{aligned}$$

Dies ist ein lineares Gleichungssystem für die Unbekannten A_{11}, A_{12}, B und C, das mit dem Gauß-Algorithmus aus Abschnitt 2.2 gelöst werden kann. Die eindeutig bestimmte Lösung lautet:

$$A_{11} = 0 \,, \quad A_{12} = \frac{1}{2} \,, \quad B = 0 \,, \quad C = -\frac{1}{2} \,.$$

Die Partialbruchzerlegung lautet daher:

$$\frac{x}{x^4 - 2x^3 + 2x^2 - 2x + 1} = \frac{1}{2(x-1)^2} - \frac{1}{2(x^2+1)} \,.$$

Wir müssen nun auf die Integration der auftretenden Partialbrüche eingehen. In (7.37) und (7.38) treten Brüche vom Typ $A/(x-\alpha)^k$ auf. Diese lassen sich durch eine Substitution $z = x - \alpha$ leicht berechnen. Es ergibt sich

$$\int \frac{A \, dx}{(x-\alpha)^k} = \frac{A}{(1-k)(x-\alpha)^{k-1}} \qquad \text{für} \quad k > 1$$

und, für $k = 1$,

$$\int \frac{A \, dx}{x - \alpha} = A \ln |x - \alpha| \,.$$

In (7.39) treten Brüche des Typs $(Bx + C)/((x-\alpha)^2 - \beta^2)^k$ auf. Diese kann man durch quadratische Ergänzung, Substitution und partielle Integration ebenfalls berechnen. Durch die Substitution $z = (x - \alpha)/\beta$ geht das Integral über in

$$\begin{aligned} \int \frac{Bx + C}{((x-\alpha)^2 + \beta^2)^k} \, dx &= \int \frac{B\beta z + B\alpha + C}{(\beta^2 z^2 + \beta^2)^k} \cdot \beta \, dz \\ &= \frac{B}{\beta^{2k-2}} \int \frac{z \, dz}{(z^2+1)^k} + \frac{1}{\beta^{2k-1}} \int \frac{B\alpha + C}{(z^2+1)^k} \, dz \,. \end{aligned}$$

Das erste der beiden Integrale auf der rechten Seite berechnet man mithilfe der Substitution $y = z^2 + 1$:

$$\int \frac{z \, dz}{(z^2+1)^k} = \int \frac{z}{y^k} \cdot \frac{dy}{2z} = \frac{1}{2} \int \frac{dy}{y^k} = \begin{cases} \frac{1}{2} \ln(z^2+1) & \text{für} \quad k = 1 \\ \frac{1}{2(1-k)} (z^2+1)^{1-k} & \text{für} \quad k \neq 1 \,. \end{cases}$$

Beim zweiten Integral führt die Substitution $z = \tan t$ wegen $\mathrm{d}z/\mathrm{d}t = 1/\cos^2 t$ zu

$$\begin{aligned}\int \frac{B\alpha + C}{(z^2+1)^k}\,\mathrm{d}z &= \int \frac{B\alpha + C}{(\tan^2 t + 1)^k}\frac{\mathrm{d}t}{\cos^2 t}\\ &= \int \frac{(B\alpha + C)\,\mathrm{d}t}{(\tan^2 t\cos^2 t + \cos^2 t)^k \cos^{2-2k} t}\\ &= (B\alpha + C)\int \frac{\mathrm{d}t}{(\sin^2 t + \cos^2 t)^k \cos^{2-2k} t}\\ &= (B\alpha + C)\int \cos^{2k-2} t\,\mathrm{d}t\,.\end{aligned}$$

Das zuletzt erhaltene Integral kann man durch eine Rekursionsformel ähnlich wie bei dem oben vorgestellten Integral $\int \cos^n x\,\mathrm{d}x$ (siehe (7.36)) bestimmen bzw. in einer Integrationstabelle nachschlagen. In ausführlicheren Tabellen sind auch unmittelbar die Integrale über die Ausdrücke in (7.39) nachzuschlagen, sodass man sich die oben angeführten umständlichen Umformungen ersparen kann.

Von Interesse ist auch noch der Fall einer gebrochenrationalen Funktion, falls der Grad n des Zählerpolynoms größer als der Grad m des Nennerpolynoms ist. Eine solche Funktion kann man durch eine *Polynomdivision* in eine Summe aus einer ganzrationalen Funktion und einer gebrochenrationalen Funktion zerlegen, bei der der Zähler einen geringeren Grad als der Nenner hat. Diese kann man dann getrennt integrieren.

Beispiel 7.23

Wir betrachten die rationale Funktion

$$y = \frac{x^3 + x^2 + x - 1}{x^2 - 1}\,.$$

Wir führen eine Division wie im Falle reeller Zahlen durch:

$$\begin{array}{l}(x^3 + x^2 + x - 1) : (x^2 - 1) = x + 1\,.\\ \underline{-(x^3 - x)}\\ \qquad x^2 + 2x\\ \quad \underline{-\,(x^2 - 1)}\\ \qquad\quad 2x + 1 - 1\end{array}$$

Die Division ergibt also $x + 1$ mit dem Rest $2x$, sodass wir schreiben können:

$$\frac{x^3 + x^2 + x - 1}{x^2 - 1} = x + 1 + \frac{2x}{x^2 - 1}\,.$$

Definition von Funktionen durch Integrale Es gibt eine beträchtliche Anzahl von Funktionen, deren Integrale nicht durch irgendwelche bekannten analytisch gegebenen Funktionen ausgedrückt werden können. Ein Beispiel ist das in der Wahrscheinlichkeitstheorie eine große Rolle spielende Integral

$$\int_a^x e^{-z^2/2}\, dz \,.$$

Es gibt keine Kombination elementarer Funktionen (wie exponentielle, trigonometrische, zyklometrische Funktionen usw.), mit deren Hilfe dieses Integral ausgedrückt werden kann. Daher definiert man das Integral als eine neue Funktion, die von der oberen Integrationsgrenze x abhängt. Genauer definiert man in der Wahrscheinlichkeitstheorie die *Gauß'sche Funktion*

$$\int_{-\infty}^x e^{-z^2/2}\, dz$$

(siehe Kapitel 14). Bei der unteren Integrationsgrenze steht das Symbol $-\infty$. Wir haben jedoch das bestimmte Integral nur für den Fall definiert, dass die Integrationsgrenzen reelle Zahlen sind. Im folgenden Abschnitt erklären wir, wie wir Integrale definieren können, deren Integrationsgrenzen z. B. $\pm\infty$ lauten.

7.2.4
Uneigentliche Integrale

Bei den bisherigen Betrachtungen haben wir vorausgesetzt, dass die zu integrierende Funktion innerhalb der Integrationsgrenzen keine Unendlichkeitsstellen aufweist und dass der Integrationsbereich endlich ist. Wir wollen nun untersuchen, inwieweit man eine Integration sinnvoll definieren kann, wenn man diese Voraussetzungen fallen lässt.

Wir betrachten als Erstes eine Funktion $f(x)$, die für $x \to y$ unendlich wird (siehe Abb. 7.11). Man kann dann die Funktion nicht bis zu dieser Stelle integrieren,

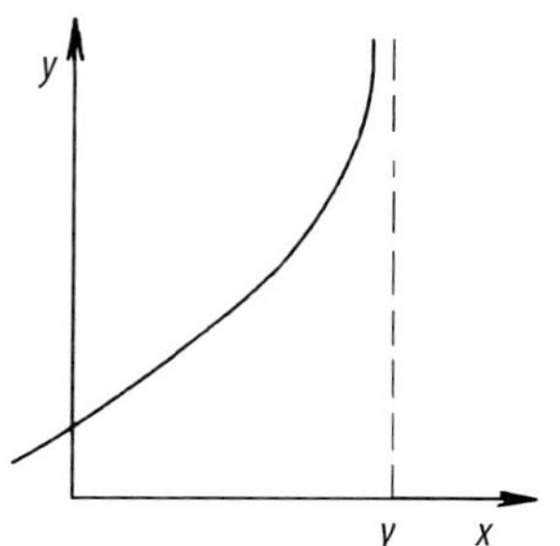

Abb. 7.11 Zur Definition des uneigentlichen Integrals.

darf sich aber dieser Stelle beliebig nähern. Untersuchen wir nun das Integral

$$\int_a^{\gamma-\varepsilon} f(x)\,\mathrm{d}x \,.$$

Wenn wir $\varepsilon > 0$ immer weiter verkleinern, gibt es zwei Möglichkeiten für das Verhalten dieses Integrals. Entweder wird dessen Wert immer größer und wächst schließlich wie der Funktionswert über alle Grenzen; man sagt dann, dass das Integral *divergiert*. Oder der Wert des Integrals bleibt endlich; man sagt dann, dass das Integral *konvergiert*. In diesem Fall definiert man das zunächst nicht existierende Integral $\int_a^{\gamma} f(x)\,\mathrm{d}x$ durch diesen Grenzwert. Es gilt also: *Wird $f(x)$ für $x \to \gamma$ unendlich und existiert der Grenzwert*

$$\lim_{\varepsilon\to 0} \int_a^{\gamma-\varepsilon} f(x)\,\mathrm{d}x \,,$$

so setzt man

$$\int_a^{\gamma} f(x)\,\mathrm{d}x = \lim_{\varepsilon\to 0} \int_a^{\gamma-\varepsilon} f(x)\,\mathrm{d}x \tag{7.40}$$

und nennt $\int_a^{\gamma} f(x)\,\mathrm{d}x$ ein konvergentes uneigentliches Integral. Man sagt auch einfach, dass dieses Integral existiert. In analoger Weise kann man ein uneigentliches Integral für den Fall, dass die untere Grenze eine Unendlichkeitsstelle ist, definieren:

$$\int_{\gamma}^{b} f(x)\,\mathrm{d}x = \lim_{\varepsilon\to 0} \int_{\gamma+\varepsilon}^{b} f(x)\,\mathrm{d}x \,.$$

Dass das Integral $\int_a^{\gamma-\varepsilon} f(x)\,\mathrm{d}x$ mit immer weiterer Annäherung an eine Unendlichkeitsstelle endlich bleiben kann, mag vielleicht zunächst verwunderlich erscheinen. Man kann dies damit erklären, dass der Bereich, innerhalb dessen $f(x)$ anwächst, genügend schmal ist. Bei der Unterteilung der Fläche unter der Kurve in Rechtecke heißt das, dass zwar die Höhe der Rechtecke unendlich wird, die Breite aber dafür hinreichend rasch gegen null geht. Der Inhalt der Fläche zwischen der x-Achse und der Funktionskurve bleibt also endlich.

Beispiel 7.24
Wir betrachten als Beispiel das Integral

$$\int_a^{1} \frac{1}{\sqrt{x}}\,\mathrm{d}x \,.$$

Wenn $x = a$ gegen null geht, wird die Funktion $1/\sqrt{x}$ unendlich. Aufgrund der ursprünglich gegebenen Definition dürfen wir also die untere Grenze nicht auf null absinken lassen. Daher bilden wir den Grenzwert

$$\lim_{\varepsilon\to 0}\int_{\varepsilon}^{1}\frac{1}{\sqrt{x}}\,\mathrm{d}x=\lim_{\varepsilon\to 0}2\sqrt{x}\big|_{\varepsilon}^{1}=\lim_{\varepsilon\to 0}(2-2\sqrt{\varepsilon})=2\,.$$

Wir können also aufgrund der eben getroffenen Erweiterung des Integralbegriffs sagen, dass das Integral $\int_0^1 \mathrm{d}x/\sqrt{x}$ existiert und gleich zwei ist.
Wenn wir dagegen das Integral

$$\int_{a}^{1}\frac{1}{x^2}\,\mathrm{d}x$$

betrachten, so stellen wir fest, dass

$$\int_{\varepsilon}^{1}\frac{1}{x^2}\,\mathrm{d}x=\left[-\frac{1}{x}\right]_{\varepsilon}^{1}=\left(-1+\frac{1}{\varepsilon}\right)$$

ist, und da der Grenzwert $\lim_{\varepsilon\to 0}(1/\varepsilon)$ nicht existiert, kann auch das Integral $\int_0^1 \mathrm{d}x/x^2$ nicht existieren. Allgemein lässt sich zeigen, dass das Integral

$$\int_{0}^{1}\frac{1}{x^{\alpha}}\,\mathrm{d}x$$

genau dann existiert, wenn $\alpha < 1$ ist.

Als Nächstes wollen wir nun den Integrationsbereich bis in das Unendliche erstrecken. Man definiert: *Existiert der Grenzwert* $\lim_{b\to\infty}\int_a^b f(x)\,\mathrm{d}x$, *so schreibt man*

$$\int_{a}^{\infty} f(x)\,\mathrm{d}x=\lim_{b\to\infty}\int_{a}^{b} f(x)\,\mathrm{d}x \tag{7.41}$$

und nennt $\int_a^\infty f(x)\,\mathrm{d}x$ *das bis in das Unendliche erstreckte uneigentliche Integral der Funktion* $f(x)$. In entsprechender Weise definiert man ein uneigentliches Integral, wenn die untere Grenze $-\infty$ ist.

Beispiel 7.25

1. Wir betrachten als Beispiel das Integral $\int_0^\infty \mathrm{e}^{-x}\,\mathrm{d}x$. Es gilt:

$$\int_{0}^{b}\mathrm{e}^{-x}\,\mathrm{d}x=-\mathrm{e}^{-x}\big|_0^b=-\mathrm{e}^{-b}+\mathrm{e}^{0}=1-\mathrm{e}^{-b}\,.$$

Daher ist:

$$\int_0^\infty e^{-x}\,dx = \lim_{b\to\infty}\int_0^b e^{-x}\,dx = \lim_{b\to\infty}(1-e^{-b}) = 1\ .$$

2. Ein weiteres Beispiel ist die am Ende von Abschnitt 7.2.3 erwähnte Gauß'sche Funktion

$$\int_{-\infty}^{x} e^{-z^2/2}\,dz = \lim_{A\to-\infty}\int_A^x e^{-z^2/2}\,dz\ ,$$

die über den Grenzwert auf der rechten Seite definiert ist. Dieser Grenzwert, der von x abhängt, kann nur numerisch berechnet und in einer Tabelle notiert werden. Man kann auch das uneigentliche Integral $\int_{-\infty}^{\infty} e^{-z^2/2}\,dz$ als Grenzwert definieren, in diesem Fall durch

$$\int_{-\infty}^{\infty} e^{-z^2/2}\,dz = \lim_{B\to\infty}\int_{-B}^{B} e^{-z^2/2}\,dz\ ;$$

der Grenzwert beträgt 2π, d. h., die Fläche unter der Gauß'schen Glockenkurve von $-\infty$ bis ∞ beträgt 2π (siehe das Ende von Abschnitt 8.3.5 für die Berechnung des Grenzwertes).

3. Die mittlere Geschwindigkeit der Moleküle eines Gases kann über das Integral

$$\bar{v} = \int_0^\infty v f(v)\,dv$$

berechnet werden, wobei v die Geschwindigkeiten der einzelnen Gasmoleküle sind, und $f(v)$ ist die Maxwell-Boltzmann-Verteilungsfunktion:

$$f(v) = 4\pi\left(\frac{m}{2\pi k_B T}\right)^{3/2} v^2 e^{-mv^2/(2k_B T)}\ .$$

Die physikalischen Konstanten sind die Masse m eines Moleküls, die Boltzmann-Konstante k_B und die Temperatur T des Gases. Da alle möglichen Molekülgeschwindigkeiten vorkommen können, müssen wir von 0 bis ∞ integrieren. Setzen wir die Verteilungsfunktion in das Integral ein und setzen wir $\alpha = 4\pi(m/(2\pi k_B T))^{3/2}$, so folgt:

$$\bar{v} = \alpha\int_0^\infty v^3 e^{-mv^2/(2k_B T)}\,dv\ .$$

Mit der Substitution $x = mv^2/(2k_B T)$ (also $dx/dv = mv/(k_B T)$) ergibt sich

$$\bar{v} = \alpha\int_0^\infty \frac{2k_B T}{m}x\cdot e^{-x}\cdot\frac{k_B T}{m}\,dx = \frac{2\alpha k_B^2 T^2}{m^2}\int_0^\infty x e^{-x}\,dx\ . \qquad (7.42)$$

Das uneigentliche Integral lösen wir mit partieller Integration. Dafür setzen wir $u = x$ und $v' = \mathrm{e}^{-x}$. Dann ist $u' = 1$, $v = -\mathrm{e}^{-x}$ und

$$\int_0^\infty x\mathrm{e}^{-x}\,\mathrm{d}x = [-x\mathrm{e}^{-x}]_0^\infty + \int_0^\infty 1\cdot \mathrm{e}^{-x}\,\mathrm{d}x = 0 + [-\mathrm{e}^{-x}]_0^\infty = 1\ .$$

Hier haben wir ausgenutzt, dass e^{-x} und $x\mathrm{e}^{-x}$ für $x \to \infty$ gegen null konvergiert (siehe Abschnitt 7.5). Es folgt also aus (7.42)

$$\bar{v} = \frac{2\alpha k_\mathrm{B}^2 T^2}{m^2} = \sqrt{\frac{8k_\mathrm{B}T}{\pi m}}\ ,$$

d. h., die mittlere Gasgeschwindigkeit ist proportional zur Wurzel aus der Temperatur.

7.2.5 Anwendungen

Flächenberechnungen Wir stellen uns nun die Aufgabe, die Fläche zu berechnen, die zwischen einer durch die Gleichung $y = f(x)$ gegebenen Kurve und der x-Achse des Koordinatensystems liegt und die sich von $x = a$ bis $x = b$ erstreckt. Wenn die Kurve ausschließlich oberhalb der x-Achse verläuft, ist der gesuchte Flächeninhalt definitionsgemäß durch $\int_a^b f(x)\,\mathrm{d}x$ gegeben. Bei einer Kurve, die zum Teil auch unterhalb dieser Achse liegt, stellt dieses Integral aber nur Flächendifferenzen dar, da die Flächenanteile unterhalb der x-Achse negativ werden. Um auch im allgemeinen Fall den richtigen Flächeninhalt zu erhalten, muss man daher wie folgt vorgehen: Man zerlegt den Integrationsbereich in Teilbereiche, in denen die Kurve entweder ausschließlich über oder ausschließlich unter der x-Achse liegt. Anschließend versieht man die Integrale über die unterhalb der x-Achse liegenden Kurventeile mit einem negativen Vorzeichen und addiert dann sämtliche Integrale. Die so erhaltene Summe stellt die gesamte Fläche dar.

Beispiel 7.26
Wenn z. B. die Funktion $y = f(x)$ die in Abb. 7.12a angegebene Kurve mit Nullstellen bei c_1 und c_2 darstellt, so ist der Inhalt der gesuchten Fläche, die in der Abbildung schraffiert wurde, gegeben durch:

$$F = \int_a^{c_1} f(x)\,\mathrm{d}x - \int_{c_1}^{c_2} f(x)\,\mathrm{d}x + \int_{c_2}^{b} f(x)\,\mathrm{d}x\ .$$

Des Weiteren wollen wir noch nach dem Inhalt eines Flächenstückes fragen, das durch zwei verschiedene, sich nicht schneidende Kurven begrenzt ist. Die Glei-

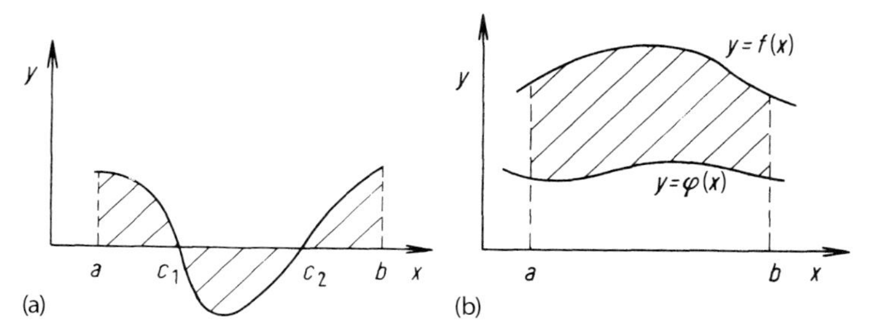

Abb. 7.12 Berechnung der Fläche zwischen einer Kurve und der x-Achse (a) und zwischen zwei Kurven (b).

chung der oberen Kurve möge $y = f(x)$ lauten, die der unteren Kurve $y = \varphi(x)$ (siehe Abb. 7.12b). Der gesuchte Flächeninhalt ist dann durch die Differenz der Inhalte der Flächen unter den einzelnen Kurven gegeben, also durch:

$$F = \int_a^b f(x)\,\mathrm{d}x - \int_a^b \varphi(x)\,\mathrm{d}x = \int_a^b \big(f(x) - \varphi(x)\big)\,\mathrm{d}x\ .$$

Diese Formel gilt auch für den Fall, dass die Kurven $f(x)$ und $\varphi(x)$ teilweise oder ganz unterhalb der x-Achse liegen.

Berechnung der Arbeit Wir betrachten einen Körper, der mit einer konstanten Kraft $F = F_0$ längs eines Weges x_0 bewegt wird. Nach den Gesetzen der Physik leistet man dabei die Arbeit $A = F_0 x_0$. Trägt man die Kraft als Funktion des Weges grafisch auf, so erhält man, da die Kraft konstant ist, eine Parallele zur x-Achse (siehe Abb. 7.13a). Die Arbeit ist in diesem sogenannten *Kraft-Weg-Diagramm* offensichtlich durch die Fläche zwischen der Kraftkurve und der x-Achse gegeben.

Ist die Kraft nicht konstant, sondern hängt sie vom zurückgelegten Weg ab, $F = F(x)$, so erhält man bei der grafischen Darstellung keine Parallele, sondern irgendeine andere Kurve (siehe Abb. 7.13b). Die Arbeit, die beim Zurücklegen des Weges x_0 geleistet wird, lässt sich dann nicht mithilfe der Beziehung $F = F_0 x_0$ berechnen. Man muss vielmehr den Weg in n gleich große Wegstrecken Δx unterteilen, in denen die Kraft annähernd konstant ist, dann für jede dieser Wegstrecken

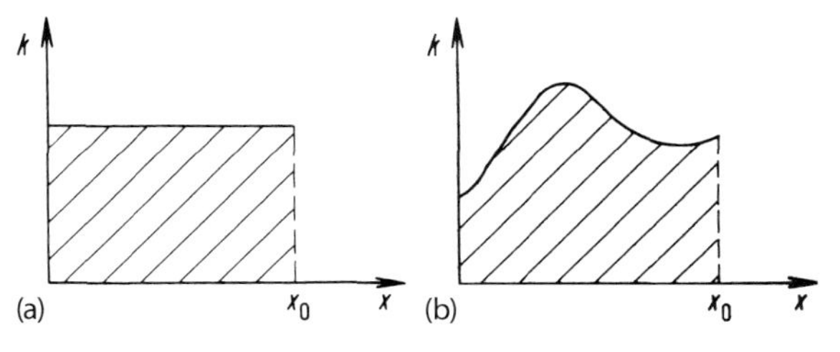

Abb. 7.13 Grafische Darstellung einer konstanten Kraft (a) und einer vom Weg abhängigen Kraft (b).

die Arbeit $\Delta A_i = F(x_i)\Delta x$ ausrechnen und anschließend über alle Wegstrecken summieren:

$$\sum_{i=1}^{n} \Delta A_i = \sum_{i=1}^{n} F(x_i)\Delta x \,. \tag{7.43}$$

Wenn man dann zum Grenzwert $n \to \infty$ übergeht, so erhält man den exakten Wert für die Arbeit. Der Grenzwert der angegebenen Summe stellt aber das bestimmte Integral $\int_0^{x_0} F(x)\,\mathrm{d}x$ dar, sodass wir schreiben können:

$$A = \int_0^{x_0} F(x)\,\mathrm{d}x \,. \tag{7.44}$$

Die Arbeit ist also durch das bestimmte Integral der Kraft über den Weg gegeben. Bei einer konstanten Kraft ist $F(x) = F_0$, und man erhält

$$\int_0^{x_0} F_0\,\mathrm{d}x = F_0 x\Big|_0^{x_0} = F_0 x_0$$

in Übereinstimmung mit der obigen Überlegung.

Beispiel 7.27
Betrachten wir als Beispiel eine Feder. Wenn man diese Feder um ein Stück x von der Gleichgewichtslage kommend dehnt, so muss hierzu eine Kraft F aufgewendet werden, die der Dehnung proportional ist, $F = Dx$. Hierbei ist D eine Konstante, die von der Natur der Feder abhängt. Wenn man nun die Feder bis auf die Strecke $x = x_0$ dehnt, so wird aufgrund von (7.44) die Arbeit

$$A = \int_0^{x_0} Dx\,\mathrm{d}x = \frac{Dx^2}{2}\Big|_0^{x_0} = \frac{Dx_0^2}{2}$$

geleistet. Die Arbeit nimmt also mit dem Quadrat der Entfernung aus der Gleichgewichtslage zu.

Von besonderem Interesse in der Chemie ist die Berechnung der Arbeit, die ein Gas bei der Ausdehnung verrichtet. Betrachten wir einen Behälter, an den ein Kolben mit einem beweglichen Stempel S der Fläche B angeschlossen ist (siehe Abb. 7.14). Das Gas möge den Druck p ausüben. Auf den Stempel wirkt dann eine Kraft $F = p \cdot B$. Wenn nun der Stempel um ein kleines Stück Δx bewegt wird,

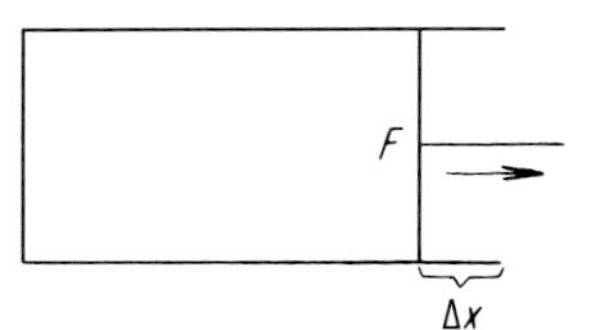

Abb. 7.14 Zur Berechnung der Arbeit bei der Expansion eines Gases.

indem man z. B. die Kraft, die den Stempel festhält, etwas kleiner als F macht, so wird von dem Gas eine Arbeit

$$\Delta A = F \cdot \Delta x = p \cdot B \cdot \Delta x = p \cdot \Delta V$$

geleistet. Dabei wurde berücksichtigt, dass $\Delta V = B \cdot \Delta x$ die Änderung des Volumens darstellt. Bewegt sich der Stempel um ein größeres Stück, ist die betrachtete Volumenänderung also nicht mehr klein im Vergleich zum Gesamtvolumen, so muss man berücksichtigen, dass sich der Druck während der Volumenvergrößerung ändert. Die Abhängigkeit des Druckes vom Volumen sei durch die Funktion $p = p(V)$ gegeben. Zur Berechnung der Arbeit muss man dann analog zu (7.43) die Summe $\sum_{i=1}^{n} p(V_i)\Delta V$ bilden und anschließend zum Grenzwert $n \to \infty$ bzw. $\Delta V \to 0$ übergehen. Man erhält so:

$$A = \int_{V_1}^{V_2} p(V)\,\mathrm{d}V\,. \tag{7.45}$$

Beispiel 7.28
Als Beispiel berechnen wir die Arbeit, die ein ideales Gas bei der Ausdehnung von einem Volumen V_1 auf V_2 leistet. Nach dem Boyle'schen Gesetz gilt $p = nRT/V$, wobei n die Anzahl der Mole des Gases, R die Gaskonstante und T die Temperatur bezeichnet. Mithilfe von (7.45) folgt daher:

$$\begin{aligned} A &= \int_{V_1}^{V_2} \frac{nRT}{V}\,\mathrm{d}V = nRT \int_{V_1}^{V_2} \frac{1}{V}\,\mathrm{d}V \\ &= nRT \ln V\big|_{V_1}^{V_2} = nRT(\ln V_2 - \ln V_1) = nRT \ln \frac{V_2}{V_1}\,. \end{aligned}$$

Angenäherte Berechnung von Summen durch Integration In Abschnitt 7.2.1 haben wir das bestimmte Integral als Grenzwert einer Summe definiert. Die Summe allein ohne Grenzübergang gibt das Integral nur näherungsweise wieder, und zwar in desto besserer Näherung, je größer die Anzahl der Intervalle n ist. Wir können also schreiben

$$\int_a^b f(x)\,\mathrm{d}x \approx \sum_{i=1}^{n} f(x_i)\Delta x\,,$$

wobei Δx die Länge der Intervalle $[x_{i-1}, x_i]$ mit $x_i = a + i\Delta x$ ist. Ersetzt man in der obigen Summe x_i durch $a + i\Delta x$, so erhält man daraus nach Division durch Δx

$$\sum_{i=1}^{n} f(a + i\Delta x) \approx \frac{1}{\Delta x} \int_a^b f(x)\,\mathrm{d}x \tag{7.46}$$

mit $b = a + n\Delta x$. *Diese Gleichung kann man dazu benutzen, eine Summe näherungsweise durch ein bestimmtes Integral zu berechnen.*

Beispiel 7.29
Als Beispiel betrachten wir den Ausdruck $\ln N!$. Es gilt wegen $\ln 1 = 0$:

$$\ln N! = \ln(1 \cdot 2 \cdots N) = \ln 1 + \ln 2 + \cdots + \ln N = \sum_{i=1}^{N-1} \ln(1+i) .$$

Die auf der rechten Seite auftretende Summe ist mit derjenigen auf der linken Seite von (7.46) identisch, wenn man $f(x) = \ln x$, $a = 1$, $\Delta x = 1$ und $n = N - 1$ setzt. Mithilfe von (7.46) erhalten wir daher:

$$\begin{aligned} \ln N! &= \sum_{i=1}^{N-1} \ln(1+i) \\ &\approx \frac{1}{1} \int_1^N \ln x \, \mathrm{d}x = [x \ln x - x]_1^N = N \ln N - N + 1 \approx N \ln N - N . \end{aligned}$$

Dabei wurde berücksichtigt, dass $\ln x$ die Stammfunktion $x \ln x - x$ besitzt, was man leicht nachrechnen kann, indem man die Funktion $x \ln x - x$ ableitet. Wir können also $\ln N! \approx N \ln N - N$ schreiben oder, wenn wir auf beide Seiten die Exponentialfunktion anwenden, $\mathrm{e}^{\ln N!} \approx \mathrm{e}^{N \ln N - N}$ und damit wegen $\mathrm{e}^{N \ln N} = \exp(\ln N^N) = N^N$:

$$N! \approx N^N \mathrm{e}^{-N} = \left(\frac{N}{\mathrm{e}}\right)^N . \tag{7.47}$$

Man bezeichnet diese Gleichung als die *Stirling'sche Formel*. Mithilfe anderer Verfahren lässt sich zeigen, dass in besserer Näherung gilt

$$N! \approx \sqrt{2\pi N} \left(\frac{N}{\mathrm{e}}\right)^N .$$

Diese Approximation kann genauer geschrieben werden als:

$$\lim_{N \to \infty} \frac{N!}{\sqrt{2\pi N}(N/\mathrm{e})^N} = 1 .$$

Der Fehler dieser Näherung kann aus der Beziehung

$$\sqrt{2\pi N} \left(\frac{N}{\mathrm{e}}\right)^N \mathrm{e}^{1/(12N+1)} < N! < \sqrt{2\pi N} \left(\frac{N}{\mathrm{e}}\right)^N \mathrm{e}^{1/(12N)}$$

berechnet werden.

Fragen und Aufgaben

Aufgabe 7.13 Wie ist das bestimmte Integral (i) anschaulich und (ii) analytisch als Grenzwert einer Summe definiert?

Aufgabe 7.14 Was versteht man unter einer Stammfunktion?

Aufgabe 7.15 Wie wird das bestimmte Integral mithilfe der Stammfunktion berechnet?

Aufgabe 7.16 Was versteht man unter dem unbestimmten Integral?

Aufgabe 7.17 Inwieweit stellen Integration und Differenziation entgegengesetzte mathematische Operationen dar?

Aufgabe 7.18 Was sind uneigentliche Integrale?

Aufgabe 7.19 Was ist eine Rekursionsformel für Integrale?

Aufgabe 7.20 Wie integriert man (i) die Summe zweier Funktionen, wie (ii) das Produkt?

Aufgabe 7.21 Kann man zu jeder gebrochenrationalen Funktion das Integral in mathematisch geschlossener Weise angeben?

Aufgabe 7.22 Unter welchen Voraussetzungen ist eine Funktion integrierbar? Lässt sich das Integral einer integrierbaren Funktion immer durch bereits bekannte Funktionen ausdrücken?

Aufgabe 7.23 Wann erhält man welches Vorzeichen für den mithilfe des bestimmten Integrals berechneten Flächeninhalt zwischen einer Kurve und der x-Achse?

Aufgabe 7.24 Berechne das bestimmte Integral $\int_a^b x^2\,\mathrm{d}x$ mithilfe der Summenformel. Beachte bei der Rechnung, dass $\sum_{i=1}^n i = n(n+1)/2$ und $\sum_{i=1}^n i^2 = n(n+1)(2n+1)/6$ ist.

Aufgabe 7.25 Berechne die folgenden bestimmten Integrale:

$$\text{(i)} \int_1^2 \frac{\mathrm{d}x}{\sqrt[3]{x^2}}\,, \quad \text{(ii)} \int_0^\pi \cos 2y\,\mathrm{d}y\,,$$

$$\text{(iii)} \int_0^2 (x+a)^3\,\mathrm{d}x \quad (a \in \mathbb{R})\,\mathrm{d}x\,, \quad \text{(iv)} \int_0^\pi x^2 \sin 2x\,\mathrm{d}x\,.$$

Aufgabe 7.26 Berechne die folgenden unbestimmten Integrale:

$$\text{(i)} \int x^2 \cos x\,\mathrm{d}x\,, \quad \text{(ii)} \int x^\alpha\,\mathrm{d}x \quad (\alpha \in \mathbb{R})\,,$$

$$\text{(iii)} \int x\mathrm{e}^{-x^2/2}\,\mathrm{d}x\,, \quad \text{(iv)} \int x \sinh x\,\mathrm{d}x\,.$$

Aufgabe 7.27 Berechne die folgenden unbestimmten Integrale:

$$\text{(i)} \int \frac{x^3 + 5x^2 - 4}{x^2}\,\mathrm{d}x\,, \quad \text{(ii)} \int \frac{x^2 + x + 1}{x + 1}\,\mathrm{d}x\,,$$

$$\text{(iii)} \int \frac{1}{(x+1)(x+2)}\,\mathrm{d}x\,, \quad \text{(iv)} \int \frac{1}{x^2 + 10x + 30}\,\mathrm{d}x\,.$$

Aufgabe 7.28 Nenne aus dem Gedächtnis die Stammfunktionen der folgenden Funktionen: x^n ($n \in \mathbb{N}$), e^x, $1/x$, $\sin x$, $\cos x$.

Aufgabe 7.29 Wie groß ist die Fläche zwischen den folgenden Kurven und der x-Achse: (i) $y = \sin x$ für $-\pi \le x \le 2\pi$, (ii) $y = \sqrt{x}$ für $0 \le x \le 2\pi$?

Aufgabe 7.30 Berechne mithilfe des bestimmten Integrals angenähert $\sum_{i=1}^{N}(1/i)$. Wie groß ist der Fehler bei $N = 5$ und bei $N = 10$?

7.3 Differenziation und Integration von Funktionenfolgen

In diesem Abschnitt wollen wir untersuchen, unter welchen Voraussetzungen wir die Differenziation oder Integration mit einer Grenzwertbildung vertauschen dürfen. Wir zeigen zunächst, dass dies nicht immer möglich ist.

Betrachte die Funktionenfolge $f_n(x) = \sqrt{n^2 + x^2}$ ($n \in \mathbb{N}$). Diese Folge wächst für jedes x über alle Maßen, wenn $n \to \infty$, und ist daher divergent. Die Ableitung

$$f_n'(x) = \frac{x}{\sqrt{n^2 + x^2}}$$

konvergiert für $n \to \infty$ gegen null, sodass wir schreiben können:

$$\lim_{n\to\infty} f_n'(x) = 0 \quad \text{für alle } x\,.$$

Dieses Beispiel zeigt, dass die Beziehung

$$\frac{\mathrm{d}}{\mathrm{d}x} \lim_{n\to\infty} f_n(x) = \lim_{n\to\infty} \frac{\mathrm{d}f_n}{\mathrm{d}x}(x) \tag{7.48}$$

nicht stets gelten kann, da hier auf der linken Seite nicht differenziert werden kann (der Grenzwert $\lim_{n\to\infty} f_n(x)$ existiert nicht) und die rechte Seite gleich null ist. Wir können die Differenziation und die Grenzwertbildung hier *nicht* vertauschen. In ähnlicher Weise lässt sich zeigen, dass es Funktionenfolgen gibt, bei denen die Integration und Grenzwertbildung nicht vertauscht werden dürfen, d. h., im Allgemeinen gilt *nicht*:

$$\int_a^b \lim_{n\to\infty} f_n(x)\,\mathrm{d}x = \lim_{n\to\infty} \int_a^b f_n(x)\,\mathrm{d}x\,.$$

Für Funktionenreihen gilt das Folgende. Ist die Summe endlich, so dürfen die Differenziation bzw. Integration mit dem Summenzeichen vertauscht werden:

$$\frac{\mathrm{d}}{\mathrm{d}x}\sum_{i=1}^{n} f_i(x) = \sum_{i=1}^{n} \frac{\mathrm{d}f_i}{\mathrm{d}x}(x)\,, \qquad \int\limits_a^b \sum_{i=1}^{n} f_i(x)\,\mathrm{d}x = \sum_{i=1}^{n} \int\limits_a^b f_i(x)\,\mathrm{d}x\,.$$

Dies gilt allerdings im Allgemeinen nicht, wenn wir die obere Summationsgrenze n durch ∞ ersetzen.

Die mathematische Ursache dafür, dass die Vertauschung zu falschen Ergebnissen führen kann, liegt daran, dass die gewöhnliche Konvergenz der Funktionenfolge bzw. -reihe nicht „stark" genug ist. Wir benötigen einen stärkeren Konvergenzbegriff, nämlich die *gleichmäßige Konvergenz*. Vereinfacht gesagt bedeutet dies, dass die Konvergenz in geeigneter Weise unabhängig von der Variablen x sein muss. Da wir eine genaue Definition im Folgenden nicht benötigen, verweisen wir auf die mathematische Literatur; siehe z. B. [6].

Im Falle der Differenziation ist sogar gleichmäßige Konvergenz alleine nicht ausreichend. Dazu betrachten wir die Funktionenfolge

$$f_n(x) = \frac{\sin(n^2 x)}{n}\,, \qquad x \in \mathbb{R}\,.$$

Der Quotient ist betragsmäßig eine Zahl, die unabhängig von x höchstens eins ist, $|\sin(n^2x)/n| \leq 1/n$ für $n \in \mathbb{N}$. Da die Folge $1/n$ für $n \to \infty$ gegen null konvergiert, kann man einsehen, dass die Funktionenfolge „unabhängig von x", also gleichmäßig konvergiert. Dies bedeutet, dass

$$f(x) = \lim_{n\to\infty} f_n(x) = 0 \quad \text{für alle} \quad x \in \mathbb{R}\,.$$

Damit ist auch $f'(x) = 0$ für alle x. Differenzieren wir die Folgenglieder einzeln, erhalten wir allerdings

$$f_n'(x) = \frac{n^2\cos(n^2x)}{n} = n\cos(nx)\,.$$

Die Folge $(f_n'(x))$ konvergiert nicht gegen $f'(x) = 0$, sondern strebt betragsmäßig mit wachsendem n gegen unendlich (außer x ist so gewählt, dass $\cos(n^2x) = 0$). Die Beziehung (7.48) gilt also hier *nicht*.

Der Grund, dass (7.48) in dem obigen Beispiel nicht gilt, ist, dass nicht nur die Funktionenfolge $(f_n(x))$ gleichmäßig konvergieren muss, sondern auch die Folge $(f_n'(x))$. Dies ist in dem obigen Beispiel nicht erfüllt; die Folge $(f_n'(x)) = (n\cos(n^2x))$ ist ja im Allgemeinen nicht einmal konvergent.

Wir fassen zusammen: *Sind die Funktionen $f_n(x)$ in $[a, b]$ stetig und konvergieren sie in diesem Intervall gleichmäßig gegen eine Grenzfunktion $f(x)$, so gilt:*

$$\lim_{n\to\infty}\int\limits_a^b f_n(x)\,\mathrm{d}x = \int\limits_a^b \lim_{n\to\infty} f_n(x)\,\mathrm{d}x\,.$$

Sind die Funktionen $f_n(x)$ stetig differenzierbar, konvergieren sie gleichmäßig gegen die Grenzfunktion $f(x)$ und konvergiert die Folge der Ableitungen $(f_n'(x))$ gleichmäßig, so gilt:

$$\lim_{n\to\infty} \frac{\mathrm{d} f_n}{\mathrm{d}x}(x) = \frac{\mathrm{d}}{\mathrm{d}x} \lim_{n\to\infty} f_n(x) .$$

Wir sagen auch, dass die Funktionenfolge $(f_n(x))$ unter den genannten Voraussetzungen gliedweise integriert bzw. differenziert werden darf. Ähnliche Aussagen gelten für Funktionenreihen.

Fragen und Aufgaben

Aufgabe 7.31 Unter welchen Voraussetzungen darf man eine konvergente unendliche Reihe von Funktionen gliedweise integrieren bzw. differenzieren?

Aufgabe 7.32 Konvergiert die Funktionenfolge $(f_n(x))$ mit $f_n(x) = \mathrm{e}^{-nx^2}$, $n \in \mathbb{N}$, gleichmäßig?

Aufgabe 7.33 Berechne eine explizite Darstellung der unendlichen Reihen

$$\text{(i)} \sum_{n=0}^{\infty} n x^{n-1} , \quad \text{(ii)} \sum_{n=0}^{\infty} \frac{x^{n+1}}{n+1} ,$$

wobei $|x| < 1$. (Hinweis: Differenziere bzw. integriere die geometrische Reihe (3.8). Die gleichmäßige Konvergenz der obigen Reihen darf vorausgesetzt werden.)

7.4
Die Taylor-Formel

Differenzierbare Funktionen können häufig durch Polynome angenähert werden. Dies erlaubt z. B. eine approximative Berechnung von e^x, $\sin x$ usw. Dazu betrachten wir eine Funktion $y = f(x)$, die im Intervall (a, b) definiert ist. Wir nehmen an, dass wir den Funktionswert von $f(x)$ und die Ableitungen von f in einem Punkt x_0 kennen. Dies ist etwa der Fall für $f(x) = \mathrm{e}^x$ im Punkt $x_0 = 0$ (denn $f^{(k)}(0) = 1$ für alle $k \in \mathbb{N}$) oder für $f(x) = \sin x$ im Punkt $x_0 = \pi/2$ (denn $f(\pi/2) = \sin(\pi/2) = 1$, $f'(\pi/2) = \cos(\pi/2) = 0$ usw.). Wir stellen uns die Aufgabe, den Funktionswert $f(x_0 + h)$ für ein $h > 0$ zu berechnen. Hierzu betrachten wir zunächst (7.19). Diese Gleichung besagt, dass eine Änderung des Arguments um Δx näherungsweise eine Änderung des Funktionswertes Δy zur Folge hat, der durch

$$\Delta y \approx f'(x)\Delta x$$

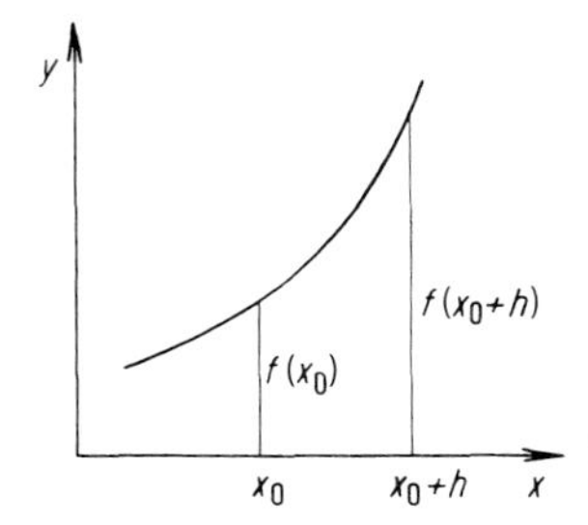

Abb. 7.15 Zur Berechnung der Änderung von Funktionswerten.

gegeben ist. Wählen wir speziell $\Delta x = h$, also $\Delta y = f(x_0 + h) - f(x_0)$, so folgt aus der obigen Gleichung

$$f(x_0 + h) \approx f(x_0) + f'(x)h \ . \tag{7.49}$$

Damit haben wir eine erste Approximation von $f(x_0+h)$ erhalten (siehe Abb. 7.15).

In (7.49) tritt h nur in der ersten Potenz auf. Es ist durchaus denkbar, dass die Näherung verbessert wird, wenn man höhere Potenzen von h hinzufügt, die mit geeigneten Faktoren multipliziert werden. Um zu prüfen, ob das der Fall ist, setzen wir für $f(x_0 + h)$ eine unendliche Potenzreihe in h mit zunächst noch unbekannten Koeffizienten a_k an:

$$f(x_0 + h) = \sum_{k=0}^{\infty} a_k h^k \ . \tag{7.50}$$

Als Erstes fragen wir danach, welchen Bedingungen die Koeffizienten a_k genügen müssen, falls $f(x_0 + h)$ tatsächlich als eine Potenzreihe in h geschrieben werden kann. Indem man die obige Gleichung einmal, zweimal usw. nach h differenziert und annimmt, dass die Differenziation und Summation vertauscht werden dürfen, ergibt sich:

$$f'(x_0 + h) = \sum_{k=1}^{\infty} k a_k h^{k-1} \ , \quad f''(x_0 + h) = \sum_{k=2}^{\infty} k(k-1) a_k h^{k-2} \quad \text{usw.}$$

Setzt man in (7.50) $h = 0$, so folgt $f(x_0) = a_0$. Setzt man dann in der Gleichung für $f'(x_0 + h)$ den Wert $h = 0$, so erhalten wir $f'(x_0) = a_1$. Die Gleichung für $f''(x_0 + h)$ liefert für $h = 0$ die Beziehung $f''(x_0) = 2a_2$ usw. Allgemein folgt für einen beliebigen Index $k \in \mathbb{N}$:

$$a_k = \frac{f^{(k)}(x_0)}{k!} \ .$$

Damit ist eine Beziehung zur Berechnung der a_k gefunden. Wir wissen aber noch nicht, ob eine Darstellung von $f(x_0 + h)$ durch eine unendliche Reihe der Form (7.50) überhaupt möglich ist, denn die erhaltene Beziehung wurde ja aus sehr speziellen Bedingungen abgeleitet.

Dazu definieren wir zunächst das *Taylor-Polynom* n-ten Grades einer Funktion $f(x)$ um x_0:

$$T_n(x) = \sum_{k=0}^{n} \frac{f^{(k)}(x_0)}{k!}(x - x_0)^k \,, \qquad x \in (a, b) \,.$$

Für gegebenes x_0 ist dies ein Polynom n-ten Grades in x. Wir können unsere Ausgangsfrage also dahingehend präzisieren, dass wir fragen, inwieweit die Funktion $f(x)$ durch das Taylor-Polynom $T_n(x)$ angenähert werden kann. Dies wird in dem folgenden wichtigen Satz beantwortet.

Satz 7.6 Satz von Taylor:

Sei $f(x)$ eine auf dem Intervall (a, b) $(n+1)$-mal stetig differenzierbare Funktion und sei $x_0 \in (a, b)$. Dann ist die Funktion die Summe aus dem Taylor-Polynom um x_0 und einem Restglied,

$$f(x) = T_n(x) + R_{n+1}(x) \,, \qquad x \in (a, b) \,, \tag{7.51}$$

wobei das Restglied die Gestalt

$$R_{n+1}(x) = \frac{1}{(n+1)!} f^{(n+1)}(\xi)(x - x_0)^{n+1} \tag{7.52}$$

besitzt. Die Zahl ξ hängt sowohl von x als auch von x_0 ab und liegt zwischen x und x_0.

Eine Funktion heißt *k-mal stetig differenzierbar*, wenn sie k-mal differenzierbar ist und wenn die k-te Ableitung stetig ist. Der Satz sagt nur aus, dass es eine Zahl ξ zwischen x und x_0 gibt, so dass (7.51) gilt, aber er macht keine Aussage darüber, welchen Wert ξ besitzt. Weil ξ insbesondere von x abhängt, ist das Restglied *kein* Polynom. Das ist auch einsichtig, denn anderenfalls wäre die Summe aus dem Taylor-Polynom und dem Restglied wieder ein Polynom, d. h., alle $(n + 1)$-mal stetig differenzierbaren Funktionen wären Polynome. Dies kann natürlich nicht stimmen.

Man nennt (7.51) die *Taylor-Formel* und (7.52) das *Lagrange-Restglied*. Der Punkt x_0 wird auch *Entwicklungspunkt* genannt.

Wir können die Taylor-Formel (7.51) auch folgendermaßen formulieren, indem wir x durch $x + \Delta x$, x_0 durch x und schließlich ξ durch $x + \vartheta\Delta x$ mit $\vartheta \in (0, 1)$ ersetzen:

$$\begin{aligned} f(x + \Delta x) = f(x) &+ \frac{\Delta x}{1!} f'(x) + \frac{(\Delta x)^2}{2!} f''(x) + \cdots + \frac{(\Delta x)^n}{n!} f^{(n)}(x) \\ &+ \frac{(\Delta x)^{n+1}}{(n+1)!} f^{(n+1)}(\xi) \,. \end{aligned} \tag{7.53}$$

Diese Formulierung ist für die Anwendungen der Taylor-Formel zuweilen bequemer.

Im Falle $n = 0$ erhalten wir:

$$f(x) = T_0(x) + R_1(x) = f(x_0) + f'(\xi)(x - x_0) . \tag{7.54}$$

Setzen wir $b = x$ und $a = x_0$, so folgt nach Division durch $b - a = x - x_0$:

$$\frac{f(b) - f(a)}{b - a} = f'(\xi) .$$

Dies ist gerade der Mittelwertsatz (7.15). In diesem Sinne ist der Satz von Taylor eine Verallgemeinerung des Mittelwertsatzes.

Beispiel 7.30

1. Sei $f(x) = e^x$. Wir wählen den Entwicklungspunkt $x_0 = 0$. Die Funktion $f(x)$ ist unendlich oft differenzierbar mit $f(0) = e^0 = 1$, $f'(0) = e^0 = 1$, $f''(0) = e^0 = 1$ usw. Aus dem Satz von Taylor folgt, dass es zu $x \in \mathbb{R}$ ein ξ zwischen 0 und x gibt, sodass:

$$f(x) = e^x = \sum_{k=0}^{n} \frac{1}{k!} x^k + \frac{e^\xi}{(n+1)!} x^{n+1} .$$

Die Exponentialfunktion wird also durch das Polynom

$$\sum_{k=0}^{n} \frac{1}{k!} x^k = 1 + x + \frac{1}{2} x^2 + \frac{1}{6} x^3 + \cdots + \frac{1}{n!} x^n$$

approximiert. Je höher der Polynomgrad n ist, desto besser wird die Approximation in diesem Fall. In Abb. 7.16 sind die ersten Approximationen

$$T_0(x) = 1 , \quad T_1(x) = 1+x , \quad T_2(x) = 1+x+\frac{x^2}{2} , \quad T_3(x) = 1+x+\frac{x^2}{2}+\frac{x^3}{6}$$

illustriert.

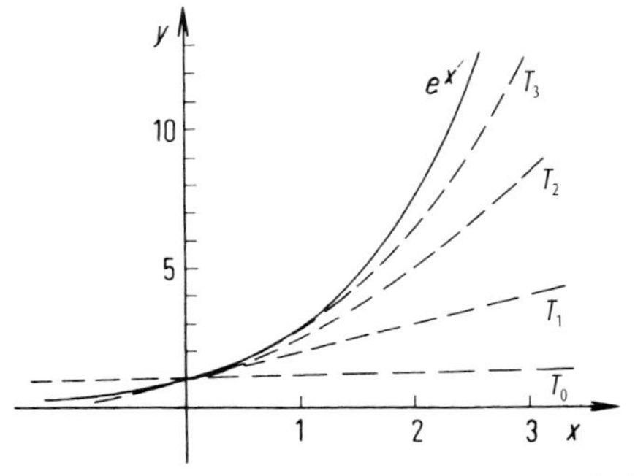

Abb. 7.16 Annäherung der Funktion e^x durch die ersten Taylor-Polynome $T_0, \ldots, T_3$.

Der Fehler der Approximation ist durch das Lagrange-Restglied gegeben. Für $|x| < 1$ erhalten wir wegen $|\xi| \leq |x| < 1$:

$$|R_{n+1}(x)| = \frac{e^{\xi}}{(n+1)!}|x|^{n+1} \leq \frac{e}{(n+1)!} .$$

Wollen wir e^x auf dem Intervall $[-1, 1]$ durch das Polynom bis auf einen Fehler von 10^{-3} approximieren, so muss $n \in \mathbb{N}$ so groß gewählt werden, dass

$$\frac{e}{(n+1)!} \leq 10^{-3} .$$

Wir erhalten $n = 6$, denn $e/7! \approx 5 \cdot 10^{-4}$, aber $e/6! \approx 4 \cdot 10^{-3}$. Wir haben gezeigt:

$$\left| e^x - \sum_{k=0}^{6} \frac{1}{k!}x^k \right| \leq 10^{-3} \quad \text{für alle} \quad |x| < 1 .$$

2. Die Funktion $f(x) = \sin x$, $x \in \mathbb{R}$, ist ebenfalls unendlich oft differenzierbar. Wir wählen den Entwicklungspunkt $x = 0$. Die entsprechenden ersten Taylor-Polynome lauten:

$$\begin{aligned}
T_0(x) &= f(0) = \sin(0) = 0 , \\
T_1(x) &= f(0) + f'(0)(x-0) = \sin 0 + \cos 0 \cdot x = x , \\
T_2(x) &= f(0) + f'(0)(x-0) + \frac{1}{2}f''(0)(x-0)^2 \\
&= \sin 0 + \cos 0 \cdot x - \frac{1}{2}\sin 0 \cdot x^2 = x , \\
T_3(x) &= f(0) + f'(0)x + \frac{1}{2}f''(0)x^2 + \frac{1}{6}f'''(0)x^3 = x - \frac{x^3}{6} .
\end{aligned}$$

Die Sinusfunktion wird also in der Nähe des Nullpunktes durch das Polynom $x - x^3/6$ angenähert. Der Fehler ergibt sich wegen $|\cos(\xi)| \leq 1$ für alle ξ zu:

$$|R_4(x)| = \frac{|\sin^{(5)}(\xi)|}{5!}|x|^5 = \frac{|\cos\xi|}{120}|x|^5 \leq \frac{|x|^5}{120} .$$

Auf dem Intervall $(-1, 1)$ beträgt der Fehler also höchstens $1/120$.

Die obigen Beispiele legen nahe, zum Grenzwert $n \to \infty$ überzugehen und die Gleichung

$$f(x) = \sum_{k=0}^{\infty} \frac{f^{(k)}(x_0)}{k!}(x - x_0)^k \tag{7.55}$$

für eine unendlich oft differenzierbare Funktion zu folgern. Lässt sich eine solche Funktion f stets als eine derartige unendliche Reihe darstellen? Wir müssen die Antwort leider verneinen. Um dies einzusehen, betrachten wir die Funktion

$f(x) = e^{-1/x^2}$ für $x \neq 0$ und $f(x) = 0$ für $x = 0$. Die Funktion f ist für $x \neq 0$ unendlich oft differenzierbar:

$$f'(x) = \frac{2}{x^3} e^{-1/x^2} ,$$
$$f''(x) = \left(-\frac{6}{x^4} + \frac{4}{x^6} \right) e^{-1/x^2}$$
$$f'''(x) = \left(\frac{24}{x^5} - \frac{36}{x^7} + \frac{8}{x^9} \right) e^{-1/x^2} \quad \text{usw.}$$

Man kann allgemein zeigen, dass die k-te Ableitung von f als das Produkt von e^{-1/x^2} und einer Funktion $P(1/x)$ dargestellt werden kann, wobei P ein Polynom ist:

$$f^{(k)}(x) = P\left(\frac{1}{x}\right) e^{-1/x^2} .$$

Für $x \to 0$ strebt der Ausdruck e^{-1/x^2} gegen null, der Ausdruck $|P(1/x)|$ jedoch gegen unendlich. Im Grenzwert ist daher das Produkt „null mal unendlich“ unbestimmt. Wir setzen daher in die erste Ableitung einige Zahlenwerte ein:

$$f'(0{,}5) = 0{,}2930\ldots ,$$
$$f'(0{,}2) = 3{,}4719\ldots \cdot 10^{-9} ,$$
$$f'(0{,}1) = 7{,}4401\ldots \cdot 10^{-41} .$$

Diese Werte legen die Vermutung nahe, dass $f'(x)$ für $x \to 0$ gegen null konvergiert. Ein ähnliches Resultat legen die Funktionswerte der zweiten Ableitung nahe:

$$f''(0{,}5) = 2{,}9305\ldots ,$$
$$f''(0{,}2) = 8{,}1591\ldots \cdot 10^{-7} ,$$
$$f''(0{,}1) = 1{,}4657\ldots \cdot 10^{-37} .$$

Wir vermuten allgemein, dass $f^{(k)}(x)$ für alle k-ten Ableitungen gegen null konvergiert, sofern $x \to 0$. Im nächsten Abschnitt stellen wir eine Methode vor, mit der wir diese Vermutung mathematisch begründen können; hier wollen wir auf einen Nachweis verzichten. Wir können also die k-te Ableitung von f in $x = 0$ durch den Wert null fortsetzen,

$$f^{(k)}(0) = \lim_{x \to 0} f^{(k)}(x) = 0 ,$$

und man kann zeigen, dass $f^{(k)}$ dann für alle reellen Zahlen stetig ist. Lässt sich die Funktion $f(x)$ als die unendliche Reihe (7.55) mit $x_0 = 0$ darstellen, so erhalten wir:

$$f(x) = e^{-1/x^2} = \sum_{n=0}^{\infty} \frac{f^{(k)}(0)}{k!} x^k = \sum_{n=0}^{\infty} \frac{0}{k!} x^k = 0 \quad \text{für alle } x .$$

Dies ergibt einen Widerspruch, d. h., die Beziehung (7.55) kann nicht für alle (unendlich oft differenzierbaren) Funktionen gelten.

Unter welchen Bedingungen gilt nun die Formel (7.55) dennoch? Die Taylor-Formel (7.51) legt die Vermutung nahe, dass $T_n(x)$ für $n \to \infty$ gegen $f(x)$ konvergiert, sofern das Restglied gegen null strebt. Diese Vermutung ist richtig: *Sei $f(x)$ eine unendlich oft differenzierbare Funktion im Intervall (a, b) und sei $x_0 \in (a, b)$. Falls $\lim_{n\to\infty} R_{n+1}(x) = 0$, dann gilt:*

$$f(x) = \sum_{k=0}^{\infty} \frac{f^{(k)}(x_0)}{k!}(x - x_0)^k \,. \tag{7.56}$$

Dies ist beispielsweise der Fall, wenn es positive Zahlen α und C gibt, sodass für alle $x \in (a, b)$ und $k \in \mathbb{N}$ die Abschätzung

$$|f^{(k)}(x)| \le \alpha C^k \tag{7.57}$$

✎ *erfüllt ist.* Man nennt die unendliche Reihe in (7.56) die *Taylor-Reihe* von f. Wird der Entwicklungspunkt $x_0 = 0$ gewählt, so wird die resultierende Reihe

$$f(x) = f(0) + \frac{f'(0)}{1!}x + \frac{f''(0)}{2!}x^2 + \frac{f'''(0)}{3!}x^3 + \cdots$$

McLaurin-Reihe genannt.

Beispiel 7.31

1. Betrachte wieder die Funktion $f(x) = \mathrm{e}^x$ und den Entwicklungspunkt $x_0 = 0$. Dann gilt für festes x

   $$|R_{n+1}(x)| = \frac{\mathrm{e}^{\xi}}{(n+1)!}|x|^{n+1} \to 0 \,,$$

   falls $n \to \infty$, denn es lässt sich zeigen, dass $|x|^{n+1}/(n+1)!$ gegen null strebt, selbst für „großes" x. Nach dem obigen Resultat können wir folglich die Exponentialfunktion als die Taylor-Reihe (7.56) schreiben. Wegen $f'(0) = 1$, $f''(0) = 1$ usw. erhalten wir also die Darstellung

   $$\mathrm{e}^x = \sum_{n=0}^{\infty} \frac{x^k}{k!} \,.$$

   Insbesondere ergibt sich für $x = 1$ die Formel

   $$\mathrm{e} = \sum_{k=0}^{\infty} \frac{1}{k!} \,.$$

   Dies ist eine andere Darstellung der Euler'schen Zahl , die wir in (3.5) durch den Grenzwert

   $$\mathrm{e} = \lim_{n\to\infty}\left(1 + \frac{1}{n}\right)^n$$

   definiert haben.

2. Als Nächstes betrachten wir $f(x) = \sin x$ mit $x_0 = 0$. Die k-te Ableitung von $\sin x$ an der Stelle $x = \xi$ lautet entweder $\pm \sin \xi$ oder $\pm \cos \xi$. Diese Zahlen sind betragsmäßig nicht größer als eins, sodass $|f^{(k)}(\xi)| \leq 1$. Es gilt also die Ungleichung (7.57) mit $\alpha = 1$ und $C = 1$. Daher kann der Sinus durch die unendliche Reihe (7.56) dargestellt werden. Wegen $\sin^{(2k+1)}(0) = (-1)^k$ und $\sin^{(2k)}(0) = 0$ für $k \in \mathbb{N}_0$ folgt:

$$\sin x = \sum_{k=0}^{\infty} \frac{(-1)^k}{(2k+1)!} x^{2k+1} \, .$$

Diese Beziehung können wir auch als eine Definition der Sinusfunktion betrachten. Eine verblüffende Folgerung aus der Reihendarstellung ist:

$$0 = \sin \pi = \sum_{k=0}^{\infty} \frac{(-1)^k}{(2k+1)!} \pi^{2k+1} = \pi - \frac{\pi^3}{3!} + \frac{\pi^5}{5!} - \frac{\pi^7}{7!} \pm \dots$$

In ähnlicher Weise wie im obigen Beispiel können wir auch die Funktionen cos, sinh und cosh in unendliche Reihen entwickeln. Das Ergebnis ist:

$$\cos x = 1 - \frac{x^2}{2!} + \frac{x^4}{4!} \mp \cdots = \sum_{k=0}^{\infty} \frac{(-1)^k}{(2k)!} x^{2k} \, ,$$

$$\sinh x = x + \frac{x^3}{3!} + \frac{x^5}{5!} + \cdots = \sum_{k=0}^{\infty} \frac{x^{2k+1}}{(2k+1)!} \, ,$$

$$\cosh x = 1 + \frac{x^2}{2!} + \frac{x^4}{4!} + \cdots = \sum_{k=0}^{\infty} \frac{x^{2k}}{(2k)!} \, .$$

Wir entwickeln nun noch die Logarithmusfunktion in eine Taylor-Reihe. Für $x \to 0$ strebt $\ln x$ gegen $-\infty$. Man kann daher die Logarithmusfunktion nicht um den Nullpunkt entwickeln. Eine Entwicklung ist aber ohne Weiteres um die Stelle $x_0 = 1$ möglich. Wir erhalten nach einer kleinen Rechnung:

$$\ln(1 + x) = x - \frac{x^2}{2} + \frac{x^3}{3} - \frac{x^4}{4} \pm \cdots \tag{7.58}$$

Diese Reihenentwicklung ist nur gültig, solange $-1 < x \leq 1$ (denn ansonsten konvergiert die obige Reihe nicht).

Fragen und Aufgaben

Aufgabe 7.34 Wie unterscheidet sich die McLaurin-Reihe von der Taylor-Reihe?

Aufgabe 7.35 Wie lauten die Koeffizienten einer Taylor-Reihe?

Aufgabe 7.36 Wie erkennt man, ob eine Taylor-Reihe die gegebene Funktion tatsächlich darstellt?

Aufgabe 7.37 Entwickle die folgenden Funktionen jeweils in eine Reihe um $x = 0$: (i) $y = \sinh x$, (ii) $y = \sqrt[3]{1+x}$, (iii) $y = 1/(1+x)^2$.

Aufgabe 7.38 Zeige mithilfe der Reihendarstellung von $\ln(1+x)$, dass die unendliche Reihe

$$\sum_{n=1}^{\infty} \frac{(-1)^{n-1}}{n}$$

den Wert ln 2 besitzt.

Aufgabe 7.39 Bestimme die Taylor-Reihe für $f(x) = \sqrt{1+x}$ mit Entwicklungspunkt $x_0 = 0$.

Aufgabe 7.40 Das durch ein magnetisches Feld H induzierte magnetische Moment M ist gegeben durch:

$$M = \coth x - \frac{1}{x} \quad \text{mit} \quad x = \frac{m^2 NH}{3k_\text{B} T} \ .$$

Hierbei ist N die Anzahl der Moleküle, m das Dipolmoment eines Moleküls, k_B die Boltzmann-Konstante und T die absolute Temperatur. Bestimme durch eine Reihenentwicklung einen Ausdruck für M für kleine Werte von H. Anleitung: Da $\coth x$ für $x = 0$ unendlich wird, muss man von der Definition von $\coth x$ durch Exponentialfunktionen ausgehen (siehe (4.11)–(4.13)), Zähler und Nenner der entsprechenden Funktion getrennt entwickeln und aus dem Nenner x ausklammern.

7.5 Unbestimmte Ausdrücke: Regel von de l'Hospital

Wir betrachten eine Funktion $\varphi(x)$, die durch den Quotienten zweier Funktionen $f(x)$ und $g(x)$ gegeben ist:

$$\varphi(x) = \frac{f(x)}{g(x)} \ .$$

Für einen bestimmten Wert von x, den wir mit a bezeichnen, soll der Nenner gleich null werden, d. h. $g(a) = 0$. Wir wollen der Funktion $\varphi(x)$ an dieser Stelle den Grenzwert zuordnen, dem sie zustrebt, wenn x gegen a geht. Man kann dann schreiben:

$$\varphi(a) = \lim_{x\to a} \varphi(x) = \lim_{x\to a} \frac{f(x)}{g(x)} \ . \tag{7.59}$$

Wie bestimmt man diesen Grenzwert? Das hängt wesentlich vom Verhalten der Funktion $f(x)$ an der Stelle a ab. Ist $f(a) \neq 0$, so bleibt bei Annäherung von x

an a der Zähler im Bruch von (7.59) endlich, während der Nenner immer kleiner wird. Der Bruch wächst daher über alle Grenzen, und wir können schreiben:

$$\varphi(a) = \lim_{x\to a} \frac{f(x)}{g(x)} = \infty \quad \text{oder} \quad \varphi(a) = \lim_{x\to a} \frac{f(x)}{g(x)} = -\infty \,.$$

Ist dagegen $f(a) = 0$, so strebt gleichzeitig mit dem Nenner auch der Zähler gegen null, und die Berechnung des Grenzwertes wird komplizierter. Wir wenden in diesem Fall auf $f(x)$ und $g(x)$ den Mittelwertsatz der Differenzialrechnung in der Form (7.16) an, wobei wir natürlich voraussetzen müssen, dass beide Funktionen differenzierbar sind. Da $f(a) = g(a) = 0$ ist, ergibt sich dann für zwei Zahlen ϑ_1, $\vartheta_2 \in (0, 1)$:

$$\begin{aligned} \lim_{x\to a} \frac{f(x)}{g(x)} &= \lim_{x\to a} \frac{f(a) + (x-a)f'(a + \vartheta_1(x-a))}{g(a) + (x-a)g'(a + \vartheta_2(x-a))} \\ &= \lim_{x\to a} \frac{f'(a + \vartheta_1(x-a))}{g'(a + \vartheta_2(x-a))} = \lim_{x\to a} \frac{f'(x)}{g'(x)} \,. \end{aligned}$$

Sollten nun sowohl $f'(a)$ als auch $g'(a)$ wieder gleich null sein, so lässt sich der Grenzwert $\lim_{x\to a} f'(x)/g'(x)$ ebenfalls nicht unmittelbar bestimmen, und wir wenden den Mittelwertsatz ein zweites Mal an. Das wird so oft getan, bis zumindest eine der beiden abgeleiteten Funktionen an der Stelle $x = a$ von null verschieden ist. Bezeichnen wir die Ableitung, bei der das zum ersten Mal der Fall ist, mit n, so erhalten wir bei diesem Vorgehen die Gleichungskette

$$\varphi(a) = \lim_{x\to a} \frac{f(x)}{g(x)} = \lim_{x\to a} \frac{f'(x)}{g'(x)} = \cdots = \lim_{x\to a} \frac{f^{(n)}(x)}{g^{(n)}(x)} \,.$$

Ist $f^{(n)}(a) \neq 0$ und $g^{(n)}(a) = 0$, so ergibt sich für den zuletzt aufgeführten Grenzwert unendlich oder minus unendlich. Ist $f^{(n)}(a) = 0$ und $g^{(n)}(a) \neq 0$, so ist der Grenzwert gleich null. Sind sowohl $f^{(n)}(a)$ als auch $g^{(n)}(a)$ von null verschieden, so führt der Grenzübergang zum endlichen Wert $f^{(n)}(a)/\, g^{(n)}(a)$. Des Weiteren ist es schließlich auch möglich, dass eine der beiden abgeleiteten Funktionen keinem eindeutigen Grenzwert zustrebt. Der Wert $\varphi(a)$ ist dann durch den Grenzübergang grundsätzlich nicht definierbar.

Damit ist gezeigt, dass im Fall, dass $\varphi(a)$ zu einem Ausdruck der Form „0/0" wird, der Grenzwert $\lim_{x\to a} \varphi(x)$ sehr verschiedene Werte annehmen kann. Man nennt daher „0/0" einen *unbestimmten Ausdruck*. Bei dieser Bezeichnungsweise muss man beachten, dass „0/0" selbst ein nicht definierter Ausdruck ist, weshalb wir ihn in Anführungszeichen schreiben. Zum unbestimmten Ausdruck wird er erst, wenn man ihn in der beschriebenen Weise durch den Grenzübergang definiert.

Satz 7.7 Regel von de l'Hospital:

Gilt für zwei Funktionen $f(x)$ und $g(x)$, dass $f(a) = 0$ und $g(a) = 0$, so ist

$$\lim_{x \to a} \frac{f(x)}{g(x)} = \lim_{x \to a} \frac{f^{(n)}(x)}{g^{(n)}(x)} , \qquad (7.60)$$

wobei $n \in \mathbb{N}$ die niedrigste Ordnung der Ableitung ist, bei der der auf der rechten Seite dieser Gleichung auftretende Grenzwert nicht mehr unbestimmt ist (falls n existiert).

Dabei wird natürlich vorausgesetzt, dass $f(x)$ und $g(x)$ n-mal differenzierbar sind.

Beispiel 7.32

1. Betrachten wir als Beispiel die Funktion

$$\varphi(x) = \frac{e^{2x} - 1}{\ln(1 + x)} ,$$

die für $x = 0$ in den Ausdruck „0/0" übergeht. Wir erhalten mithilfe der Regel von de l'Hospital:

$$\varphi(0) = \lim_{x \to 0} \frac{e^{2x} - 1}{\ln(1 + x)} = \lim_{x \to 0} \frac{(e^{2x} - 1)'}{(\ln(1 + x))'} = \lim_{x \to 0} \frac{2e^{2x}}{1/(1 + x)} = \frac{2 \cdot 1}{1} = 2 .$$

Der unbestimmte Ausdruck hat also bereits nach der ersten Differenziation einen eindeutigen Wert, nämlich zwei, ergeben.

2. Ein weiteres Beispiel stellt die Funktion

$$\varphi(x) = x \frac{x^n - 1}{x^{n+1} - 1} , \qquad n \in \mathbb{N} ,$$

dar, die in der Chemie bei der Berechnung der Adsorption und Destillation eine wichtige Rolle spielt. Für $x = 1$ geht sie in „0/0" über. Indem wir den Grenzprozess in zwei Prozesse zerlegen und anschließend die Regel von de l'Hospital anwenden, erhalten wir:

$$\varphi(1) = \lim_{x \to 1} x \lim_{x \to 1} \frac{x^n - 1}{x^{n+1} - 1} = 1 \cdot \lim_{x \to 1} \frac{x^n - 1}{x^{n+1} - 1} = \lim_{x \to 1} \frac{n x^{n-1}}{(n + 1) x^n} = \frac{n}{n + 1} .$$

3. Die Funktion

$$\varphi(x) = \frac{\sin x - x}{x^3}$$

geht für $x = 0$ wieder in den Ausdruck „0/0" über. Mit der Regel von de l'Hospital erhalten wir:

$$\varphi(0) = \lim_{x \to 0} \frac{(\sin x - x)'}{(x^3)'} = \lim_{x \to 0} \frac{\cos x - 1}{3x^2} .$$

Der rechte Grenzwert ergibt wieder den Ausdruck „0/0". Wir wenden daher die Regel von de l'Hospital an, indem wir den Zähler und Nenner zweimal differenzieren:

$$\varphi(0) = \lim_{x\to 0} \frac{(\sin x - x)''}{(x^3)''} = \lim_{x\to 0} \frac{-\sin x}{6x} \;.$$

Da auch dies zu dem Ausdruck „0/0" führt, leiten wir ein weiteres Mal ab:

$$\varphi(0) = \lim_{x\to 0} \frac{(\sin x - x)'''}{(x^3)'''} = \lim_{x\to 0} \frac{-\cos x}{6} = -\frac{1}{6} \;.$$

Wir bemerken, dass man ähnlich wie beim Ausdruck „0/0" auch beim Ausdruck „∞/∞" verfahren kann: *Sind $f(x)$ und $g(x)$ zwei Funktionen, für die $f(a) = \lim_{n\to\infty} f(x) = \infty$ und $g(a) = \lim_{n\to\infty} g(x) = \infty$ gilt, so ist*

$$\lim_{x\to a} \frac{f(x)}{g(x)} = \lim_{x\to a} \frac{f^{(n)}(x)}{g^{(n)}(x)} \;, \tag{7.61}$$

wobei n die niedrigste Ordnung ist, bei der der auf der rechten Seite auftretende Grenzwert nicht mehr unbestimmt ist (falls n existiert). Dies ist eine Variante der Regel von de l'Hospital für Ausdrücke der Form „∞/∞".

Schließlich wollen wir noch erwähnen, dass man bisweilen bei einem Ausdruck der Form „0/0" auch durch mehrfaches Differenzieren nicht zum Ziel kommt. In einem solchen Fall empfiehlt es sich, den Bruch gemäß der Formel

$$\lim_{x\to a} \frac{f(x)}{g(x)} = \lim_{x\to a} \frac{1/g(x)}{1/f(x)}$$

umzuschreiben, sodass man auf einen Ausdruck der Form „∞/∞" kommt. Dieser lässt sich dann gewöhnlich über (7.61) bestimmen. In analoger Weise empfiehlt es sich bisweilen auch, einen Ausdruck der Form „∞/∞" mithilfe der obigen Gleichung auf die Gestalt „0/0" zu bringen.

Beispiel 7.33
Der Grenzwert

$$\lim_{x\to\infty} \tanh x = \lim_{x\to\infty} \frac{e^x - e^{-x}}{e^x + e^{-x}}$$

ist von der Form „∞/∞". Wir wenden daher die Regel von de l'Hospital an:

$$\lim_{x\to\infty} \tanh x = \lim_{x\to\infty} \frac{(e^x - e^{-x})'}{(e^x + e^{-x})'} = \lim_{x\to\infty} \frac{e^x + e^{-x}}{e^x - e^{-x}} \;.$$

Der Ausdruck auf der rechten Seite ist wieder von der Form „∞/∞"; wir wenden daher die Regel von de l'Hospital ein zweites Mal an:

$$\lim_{x\to\infty} \tanh x = \lim_{x\to\infty} \frac{(e^x - e^{-x})''}{(e^x + e^{-x})''} = \lim_{x\to\infty} \frac{e^x - e^{-x}}{e^x + e^{-x}} \;.$$

Dies führt wieder auf den ursprünglichen Grenzwert. Wir sehen, dass die Regel von de l'Hospital nicht direkt angewendet kann. Wir erweitern daher den Zähler und Nenner des Bruches mit e^{-x} und führen dann den Grenzwert $x \to \infty$ in direkter Weise durch:

$$\lim_{x\to\infty} \tanh x = \lim_{x\to\infty} \frac{1-e^{-2x}}{1+e^{-2x}} = 1 \ .$$

Die Regel von de l'Hospital musste also nicht angewendet werden. In einigen Fällen kann es also zweckmäßig sein, den Bruch erst umzuformen und dann den Grenzwert durchzuführen.

Bei der Berechnung von Funktionswerten kann man außer den Ausdrücken „$0/0$" und „∞/∞" noch eine Reihe von Weiteren nicht definierten Ausdrücken erhalten, nämlich „$\infty - \infty$", „$0 \cdot \infty$", „∞^0", „0^0" und „1^∞". Durch entsprechende Umformungen kann man diese Ausdrücke, wie im Folgenden gezeigt wird, auf die Form „$0/0$" oder „∞/∞" bringen und danach über (7.60) bzw. (7.61) berechnen.

Den Ausdruck „$\infty - \infty$" erhalten wir bei einer Funktion der Form $\varphi(x) = F(x) - G(x)$ mit $\lim_{x\to a} F(x) = \lim_{x\to a} G(x) = \infty$. In diesem Fall führen wir die Umformung

$$\varphi(a) = \lim_{x\to a} \varphi(x) = \lim_{x\to a}(F(x) - G(x)) = \lim_{x\to a} \frac{1/G(x) - 1/F(x)}{1/F(x)G(x)} \tag{7.62}$$

durch. Bei dem so erhaltenen Bruch gehen Zähler und Nenner gegen null, wenn x gegen a geht, so dass wir hier die Regel von de l'Hospital anwenden können.

Beispiel 7.34

Als Beispiel betrachten wir die Funktion

$$\varphi(x) = \frac{1}{x \sin x} - \frac{1}{x^2}$$

an der Stelle $x = 0$. Wir schreiben gemäß (7.62)

$$\varphi(0) = \lim_{x\to 0} \varphi(x) = \lim_{x\to 0}\left(\frac{1}{x\sin x} - \frac{1}{x^2}\right) = \lim_{x\to 0} \frac{x - \sin x}{x^2 \sin x} \ .$$

Da dieser Bruch in „$0/0$" übergeht, können wir die Regel von de l'Hospital anwenden und erhalten nach dreimaliger Anwendung dieser Regel:

$$\begin{aligned}\lim_{x\to 0} \frac{x-\sin x}{x^2 \sin x} &= \lim_{x\to 0} \frac{1-\cos x}{2x\sin x + x^2\cos x} = \lim_{x\to 0} \frac{\sin x}{2\sin x + 4x\cos x - x^2 \sin x} \\ &= \lim_{x\to 0} \frac{\cos x}{6\cos x - 6x\sin x - x^2\cos x} = \frac{1}{6} \ .\end{aligned}$$

Der Ausdruck „$0 \cdot \infty$" ergibt sich bei $\varphi(x) = F(x) \cdot G(x)$ mit $F(a) = 0$ und $\lim_{x\to a} G(x) = \infty$. Wir nehmen hier folgende Umformung vor:

$$\varphi(a) = \lim_{x\to a} \varphi(x) = \lim_{x\to a}(F(x) \cdot G(x)) = \lim_{x\to a} \frac{F(x)}{1/G(x)} .$$

Dies führt auf einen Ausdruck der Form „0/0", den wir wie oben beschrieben behandeln können.

Beispiel 7.35
Die Funktion $\varphi(x) = x \ln x$ ergibt für $x = 0$ den Ausdruck „$0 \cdot \infty$". Wir formen das Produkt mit $G(x) = x$ und $F(x) = \ln x$ um und wenden anschließend die Regel von de l'Hospital an:

$$\varphi(0) = \lim_{x\to 0} x \ln x = \lim_{x\to 0} \frac{\ln x}{1/x} = \lim_{x\to 0} \frac{(\ln x)'}{(1/x)'} = \lim_{x\to 0} \frac{1/x}{-1/x^2} = \lim_{x\to 0}(-x) = 0 .$$

Auf die Ausdrücke „∞^0", „0^0" und „1^∞" kommen wir bei Funktionen der Form $\varphi(x) = F(x)^{G(x)}$ mit $F(x) \geq 0$. In allen drei Fällen schreiben wir:

$$\varphi(a) = \lim_{x\to a} F(x)^{G(x)} = \lim_{x\to a} \mathrm{e}^{G(x)\ln F(x)} = \exp\left(\lim_{x\to a} G(x) \ln F(x)\right) .$$

Wir haben den Limes mit der Exponentialfunktion vertauschen dürfen, da diese stetig ist. Der Exponent geht dann beim Grenzübergang in „$0 \cdot \infty$" über und kann nach dem oben beschriebenen Verfahren berechnet werden.

Beispiel 7.36
Als Beispiel betrachten wir die Funktion $\varphi(x) = (\sin x)^{\tan x}$, die für $x = \pi/2$ in „1^∞" übergeht. Um den Grenzübergang $x \to \pi/2$ zu berechnen, schreiben wir:

$$\begin{aligned}\varphi\left(\frac{\pi}{2}\right) &= \lim_{x\to\pi/2} (\sin x)^{\tan x} = \lim_{x\to\pi/2} \mathrm{e}^{\tan x \ln \sin x} \\ &= \exp\left(\lim_{x\to\pi/2} (\tan x \ln \sin x)\right) .\end{aligned}$$

Es ist nun:

$$\begin{aligned}\lim_{x\to\pi/2} (\tan x \ln \sin x) &= \lim_{x\to\pi/2} \frac{\ln \sin x}{\cot x} = \lim_{x\to\pi/2} \frac{\cos x/\sin x}{-1/\sin^2 x} \\ &= -\lim_{x\to\pi/2} \cos x \sin x = 0 .\end{aligned}$$

Daher erhalten wir:

$$\varphi\left(\frac{\pi}{2}\right) = \lim_{x\to\pi/2} (\sin x)^{\tan x} = \mathrm{e}^0 = 1 .$$

Fragen und Aufgaben

Aufgabe 7.41 Wie lautet die Regel von de l'Hospital?

Aufgabe 7.42 Berechne die folgenden Grenzwerte:

$$\text{(i)}\ \lim_{x\to 0}\frac{x}{x+\sin x}\,,\quad \text{(ii)}\ \lim_{x\to\infty}\frac{x}{x+\sin x}\,,\quad \text{(iii)}\ \lim_{x\to 0}\left(\frac{1}{\sin x}-\cot x\right)\,.$$

Aufgabe 7.43 Berechne die folgenden Grenzwerte:

$$\text{(i)}\ \lim_{x\to\infty}(1+x+x^2)\mathrm{e}^{-x^2}\,,\quad \text{(ii)}\ \lim_{x\to\pi/2}\frac{\tan x}{\tan 3x}\,,\quad \text{(iii)}\ \lim_{x\to 0}(\sin x)^{\sin x}\,.$$

Aufgabe 7.44 Berechnet man den Grenzwert $a = \lim_{x\to 0}(\cos x)/x$ mit der Regel von de l'Hospital, so erhält man

$$\lim_{x\to 0}\frac{-\sin x}{1} = \frac{-\sin 0}{1} = 0\,,$$

und wir schließen $a = 0$. Setzt man jedoch kleine Werte für x ein, so wird der Bruch $(\cos x)/x$ entweder sehr groß positiv (wenn $x > 0$) oder sehr groß negativ (wenn $x < 0$) und der Grenzwert a existiert nicht. Welche der Aussagen „$a = 0$" bzw. „a existiert nicht" ist nun richtig?

Aufgabe 7.45 Aus der Debye'schen Theorie der spezifischen Wärmen folgt für die Molwärme c_v eines Kristalls als Funktion der Temperatur

$$c_v = 3R\left(12\left(\frac{T}{\vartheta}\right)^3\int_0^{\vartheta/T}\frac{y^3\,\mathrm{d}y}{\mathrm{e}^{y-1}} - \frac{3\vartheta/T}{\mathrm{e}^{\vartheta/T}-1}\right)\,,$$

wobei ϑ die sogenannte charakteristische Temperatur ist. Entwickle den Integranden in eine unendliche Reihe und führe die Integration durch. Entwickle ebenfalls den zweiten Ausdruck in eine Reihe. (Hinweis: Mehrfache Anwendung der Regel von de l'Hospital ist erforderlich.)

7.6 Kurvendiskussion

7.6.1 Definitionen

Um den Verlauf einer Funktion zu ermitteln, bestimmt man zunächst einige charakteristische Kurvenpunkte, nämlich Nullstellen, Maxima und Minima sowie Wendepunkte. Sie sind in folgender Weise definiert: Unter den *Nullstellen* einer Funktion $y = f(x)$ versteht man diejenigen Werte von x, für die $f(x) = 0$ ist. Ein

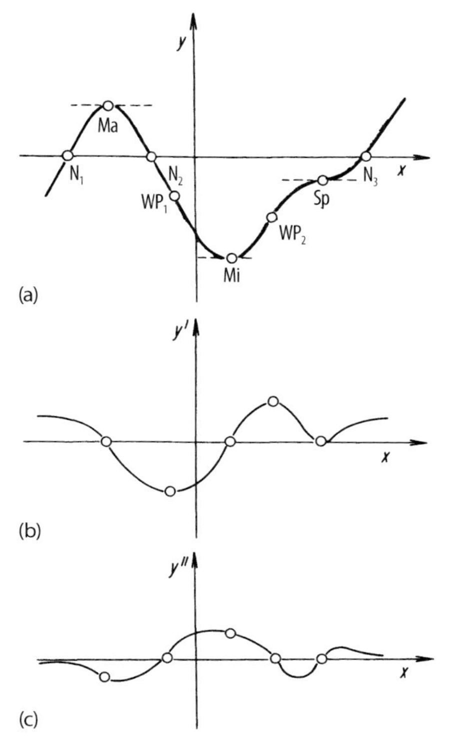

Abb. 7.17 Verlauf einer Funktion (a) sowie derer Ableitungen (b,c) in der Umgebung von charakteristischen Kurvenpunkten.

(lokales) Maximum liegt jeweils dort vor, wo der y-Wert relativ zu den Werten in der Umgebung am größten ist. Entsprechend ist in einem *(lokalen) Minimum* der y-Wert im Vergleich zu den Werten in der Umgebung am kleinsten. Ein *(lokales) Extremum* ist ein (lokales) Maximum oder ein (lokales) Minimum. Ein *Wendepunkt* schließlich trennt einen Kurventeil, bei dem die Steigung mit wachsendem x abnimmt (Kurve konkav), von einem, bei dem die Steigung zunimmt (Kurve konvex) oder umgekehrt. Die Steigung einer Kurve in einem Wendepunkt besitzt also ein Extremum. Ein Wendepunkt mit einer Tangente, die parallel zur x-Achse liegt, heißt *Sattelpunkt*.

Beispiel 7.37
Als Beispiel ist in Abb. 7.17a eine Funktion grafisch wiedergegeben, die drei Nullstellen N_1, N_2, N_3, ein lokales Maximum Ma, ein lokales Minimum Mi, zwei Wendepunkte WP_1 und WP_2 sowie einen Sattelpunkt Sp besitzt. In Abb. 7.17b und c ist der Verlauf der ersten bzw. zweiten Ableitung der Funktion dargestellt.

Die Ermittlung der angegebenen Kurvenpunkte und die dadurch ermöglichten Aussagen über den Funktionsverlauf bezeichnet man als *Kurvendiskussion.* Diese ist für die Physik und Chemie von großer Bedeutung, da man sich mit ihrer Hilfe einen Überblick über den Zusammenhang zweier durch eine Gleichung verknüpfter Messgrößen verschaffen kann.

Beispiel 7.38
In Abb. 7.18a ist die Funktion $y = \sin(50\pi x)$ im Intervall $[0, 1]$ dargestellt. Die Funktion besitzt an den Stellen $x = 1/50, 2/50, 3/50$ usw. Nullstellen und an den Stellen $x = 1/100, 3/100, 5/100$ usw. Extrema. In Abb. 7.18b ist die Funktion $y = \sin(80\pi x)$ illustriert. Hier gilt eine ähnliche Aussage bezüglich der Nullstellen und Extrema. Allerdings tritt ein ungewöhnliches Phänomen auf. Wir erwarten, dass die Funktion an den Extremstellen gleich $y = 1$ oder $y = -1$ ist. Die Abbildung zeigt jedoch ein anderes Verhalten. Der Grund hierfür liegt an der grafischen Software, die bei der hier gewählten Auflösung fehlerhafte Resultate bei trigonometrischen Funktionen mit hohen Frequenzen liefert. Daher kommt der Kurvendiskussion eine besondere Funktion zu: Sie verhilft dazu, falsche grafische Darstellungen zu erkennen.

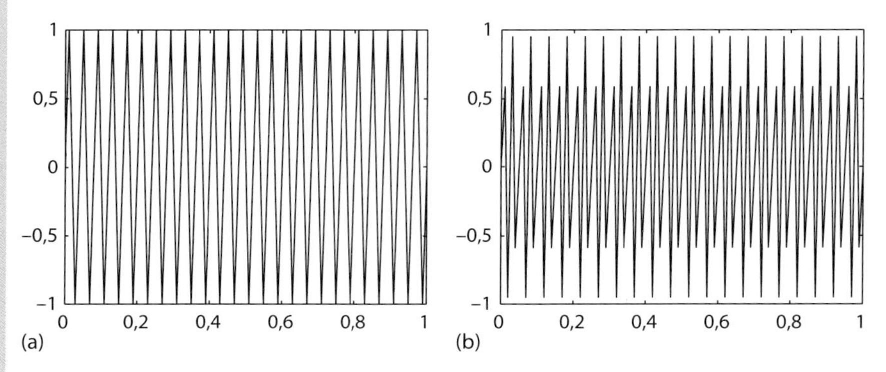

Abb. 7.18 Darstellung der Funktionen $y = \sin(50\pi x)$ (a) und $y = \sin(80\pi x)$ (b) im Intervall $[0, 1]$. Die grafische Darstellung in (b) ist nicht korrekt.

7.6.2 Bestimmung von Nullstellen

Zur Bestimmung der Nullstellen der Funktion $y = f(x)$ muss man diejenigen Werte von x ermitteln, die der Gleichung $f(x) = 0$ genügen. Lässt sich diese Gleichung nach x auflösen, so kann man die Nullstellen unmittelbar ausrechnen. Ist eine Auflösung nicht möglich, so muss man ein Näherungsverfahren anwenden. In diesem Abschnitt stellen wir das *Newton-Verfahren* vor, mit dem Nullstellen numerisch bestimmt werden können.

Die Idee des Verfahrens ist wie folgt. Sei $f(x)$ eine zweimal stetig differenzierbare Funktion mit einer Nullstelle x^* und sei der „Startwert" x_n gegeben. Nach

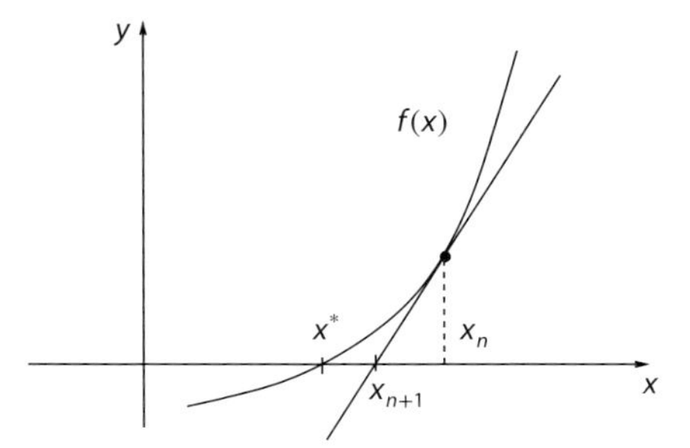

Abb. 7.19 Geometrische Interpretation des Newton-Verfahrens.

dem Satz von Taylor (siehe (7.51)) existiert eine Zwischenstelle ξ, sodass

$$f(x) = f(x_n) + f'(x_n)(x - x_n) + \frac{1}{2} f''(\xi)(x - x_n)^2 .$$

Die ersten beiden Summanden stellen das Taylor-Polynom erster Ordnung dar, der letzte Summand das Restglied. Wir nehmen an, dass der Wert x_n bereits eine gute Näherung der Nullstelle x^* ist. Dann ist das Quadrat $|x^* - x_n|^2$ sehr viel kleiner als $|x^* - x_n|$, und die obige Beziehung ergibt für $x = x^*$

$$0 = f(x^*) \approx f(x_n) + f'(x_n)(x^* - x_n)$$

oder

$$x^* \approx x_n - \frac{f(x_n)}{f'(x_n)} ,$$

falls $f'(x_n) \neq 0$. Wir erwarten also, dass die rechte Seite dieser Gleichung eine bessere Näherung an x^* liefert als x_n und definieren den neuen Wert:

$$x_{n+1} = x_n - \frac{f(x_n)}{f'(x_n)} . \tag{7.63}$$

Geometrisch ist x_{n+1} die Nullstelle der Tangente an x_n (siehe Abb. 7.19), denn die Tangentengleichung lautet $t(x) = f(x_n) + f'(x_n)(x - x_n)$, und $t(x_{n+1}) = 0$ ist äquivalent zu (7.63).

Wir erhalten damit eine rekursiv definierte Folge. Die Rekursionsvorschrift (7.63) wird das *Newton-Verfahren* genannt. Konvergiert die Folge (x_n) gegen die Nullstelle x^*? Eine positive Antwort liefert die folgende Aussage: *Sei $y = f(x)$ zweimal stetig differenzierbar. Es sei f konvex (d. h. $f''(x) \geq 0$ für alle x) und es gelte $f(a) < 0$ und $f(b) > 0$. Dann gibt es genau eine Nullstelle $x^* \in (a, b)$. Außerdem konvergiert die in* (7.63) *rekursiv definierte Folge gegen diese Nullstelle,*

$$\lim_{n \to \infty} x_n = x^* ,$$

sofern der Startwert x_0 so gewählt wurde, dass $f(x_0) \geq 0$. Die Aussage des Satzes ist hinreichend, aber nicht notwendig, d. h., die Folge kann womöglich gegen x^* konvergieren, ohne dass f die obigen Voraussetzungen erfüllt. Das Newton-Verfahren wird in Abschnitt 16.2 in der Skriptsprache MATLAB implementiert.

Beispiel 7.39

1. Wir wollen alle Nullstellen der Gleichung dritter Ordnung

$$x^3 + 2x^2 - x - 1 = 0$$

bestimmen. Dazu setzen wir $f(x) = x^3 + 2x^2 - x - 1$. Wir erhalten alle drei Nullstellen, indem wir verschiedene Startwerte x_0 wählen und die Folge (x_n) gemäß (7.63) bestimmen. Wir erhalten die folgende Folge:

$$x_{n+1} = x_n - \frac{x_n^3 + 2x_n^2 - x_n - 1}{3x_n^2 + 4x_n - 1}\,, \qquad n \in \mathbb{N}\,. \tag{7.64}$$

In Tab. 7.2 sind die ersten Folgenglieder aufgeführt. Wir sehen, dass die Newton-Folge schnell konvergiert; schon nach fünf Schritten sind die Nullstellen auf jeweils sechs Nachkommastellen genau berechnet. Die Nullstellen lauten also:

$$x_1^* \approx 0{,}801\,938\,, \qquad x_2^* \approx -0{,}554\,958\,, \qquad x_3^* \approx -2{,}246\,980\,.$$

2. Die Funktion

$$f(x) = \frac{11}{91}x^5 - \frac{38}{91}x^3 + x \tag{7.65}$$

besitzt die einzige Nullstelle $x^* = 0$. Wählen wir den Startwert $x_0 = 1{,}01$, so erhalten wir gemäß der rekursiven Vorschrift

$$x_{n+1} = x_n - \frac{11x_n^5/91 - 38x_n^3/91 + x_n}{55x_n^4/91 - 114x_n^2/91 + 1} \tag{7.66}$$

die Folgenglieder x_n, die in Tab. 7.3 aufgeführt sind. Wir erkennen, dass die Newton-Folge offensichtlich nicht konvergiert. Mit dem Startwert $x_0 = 0{,}9$ erhalten wir die ebenfalls in Tab. 7.3 präsentierten Werte. Wir vermuten, dass die Folge mit diesem Startwert gegen null konvergiert. Dies ist tatsächlich der Fall. Dieses Beispiel zeigt, dass der Startwert geeignet gewählt werden muss.

Tab. 7.2 Die ersten Glieder der Folge (7.64) bei verschiedenen Startwerten.

x_0	x_1	x_2	x_3	x_4	x_5
1	0,833333	0,802935	0,801939	0,801938	0,801938
0	−1	−0,5	−0,555555	−0,554958	−0,554958
−3	−2	−2,290323	−2,248606	−2,246982	−2,246980

Tab. 7.3 Die ersten Glieder der Folge (7.66) bei verschiedenen Startwerten.

x_0	x_1	x_2	x_3	x_4	x_5
1,01	−1,003651	1,001648	−1,000788	1,000386	−1,000191
0,9	−0,846799	0,719071	−0,423409	0,071480	−0,000306

7.6.3 Bestimmung von Extrema

Aus Abb. 7.17 kann man unmittelbar entnehmen, dass bei einer differenzierbaren Funktion am Ort eines Extremums die Tangente parallel zur x-Achse verläuft, dass also dort immer

$$f'(x) = 0$$

erfüllt sein muss. Diese Bedingung ist aber nur notwendig und nicht gleichzeitig hinreichend, da auch ein Sattelpunkt eine solche Tangente besitzt. Wir nennen daher die Nullstellen der ersten Ableitung $f'(x)$ *kritische Punkte*, die noch näher zu untersuchen sind.

Um zu einer hinreichenden Bedingung zu kommen, überlegen wir, wie sich ein Extremum in analytischer Weise, also formelmäßig, äußert. Man kann folgendes sagen: An der Stelle x_0 liegt ein lokales Maximum vor, wenn für betragsmäßig genügend kleine, aber sonst beliebige, positive oder negative Δx gilt:

$$f(x_0 + \Delta x) - f(x_0) \leq 0 \,. \tag{7.67}$$

Entsprechend liegt ein lokales Minimum vor, wenn für alle betragsmäßig kleinen Δx gilt:

$$f(x_0 + \Delta x) - f(x_0) \geq 0 \,. \tag{7.68}$$

Ist $f(x)$ n-mal stetig differenzierbar, so erhält man mithilfe der Taylor-Formel (7.53):

$$\begin{aligned} f(x_0 + \Delta x) - f(x_0) = {} & \frac{\Delta x}{1!} f'(x_0) + \frac{(\Delta x)^2}{2!} f''(x_0) + \cdots + \frac{(\Delta x)^n}{n!} f^{(n)}(x_0) \\ & + \frac{(\Delta x)^{n+1}}{(n+1)!} f^{(n+1)}(x_0 + \vartheta \Delta x) \,, \end{aligned}$$

wobei $\vartheta \in (0, 1)$. Wir bezeichnen nun das erste Glied in der Folge der Ableitungen $f'(x)$, $f''(x)$ usw., das für $x = x_0$ *nicht* verschwindet, mit $f^{(\mu)}(x)$. Indem wir in der obigen Gleichung die Ableitungen genau so weit führen, dass $n + 1 = \mu$ wird, das Restglied also gerade dieses nicht verschwindende Glied ist, ergibt sich:

$$f(x_0 + \Delta x) - f(x_0) = \frac{(\Delta x)^\mu}{\mu!} f^{(\mu)}(x_0 + \vartheta \Delta x) \,. \tag{7.69}$$

Das Verhalten der Funktion an der Stelle x_0 hängt nun wesentlich davon ab, welchen Wert μ besitzt.

Nehmen wir zunächst an, bereits die erste Ableitung sei von null verschieden, also $f'(x_0) \neq 0$. Es ist dann $\mu = 1$, und (7.69) geht über in

$$f(x_0 + \Delta x) - f(x_0) = \frac{\Delta x}{1!} f'(x_0 + \vartheta \Delta x) \ .$$

Indem wir Δx dem Betrag nach genügend klein wählen, erreichen wir wegen der Stetigkeit von f, dass $f'(x_0 + \vartheta \Delta x)$ für positive und negative Werte von Δx das gleiche Vorzeichen besitzt. Der vor diesem Ausdruck stehende Faktor Δx dagegen kann positive oder negative Werte annehmen. Daher kann auch der gesamte Ausdruck $f(x_0 + \Delta x) - f(x_0)$ verschiedene Vorzeichen annehmen, sodass weder (7.67) noch (7.68) für alle Δx erfüllt sein kann. Wenn $f'(x_0) \neq 0$ ist, liegt also mit Sicherheit kein Extremum vor, was mit dem bereits oben in anschaulicher Weise abgeleiteten Ergebnis übereinstimmt.

Nehmen wir als Nächstes an, es gelte $f'(x_0) = 0$ und $f''(x_0) \neq 0$. Es ist dann $\mu = 2$, und (7.69) geht über in

$$f(x_0 + \Delta x) - f(x_0) = \frac{(\Delta x)^2}{2!} f''(x_0 + \vartheta \Delta x) \ .$$

Man kann nun wieder Δx dem Betrag nach so klein machen, dass $f''(x_0 + \vartheta \Delta x)$ für positive und negative Werte von Δx das gleiche Vorzeichen besitzt. Der Faktor $(\Delta x)^2$ ist immer positiv. Der Ausdruck $f(x_0{+}\Delta x){-}f(x_0)$ besitzt daher für positive und negative Werte von Δx dasselbe Vorzeichen, und zwar das positive, wenn $f''(x_0) > 0$ ist, und das negative, wenn $f''(x_0) < 0$ gilt. Mithilfe von (7.68) und der Taylor-Formel folgt daraus: *Wenn gilt*

$$f'(x_0) = 0 \quad \text{und} \quad f''(x_0) < 0 \ , \tag{7.70}$$

so besitzt die Funktion $f(x)$ an der Stelle x_0 ein lokales Maximum. Gilt dagegen

$$f'(x_0) = 0 \quad \text{und} \quad f''(x_0) > 0 \ , \tag{7.71}$$

so besitzt $f(x)$ an der Stelle x_0 ein lokales Minimum. Dies sind, wie man aus der Herleitung ersieht, hinreichende, aber keine notwendigen Bedingungen. Wenn $f'(x_0) = 0$ und $f''(x_0) = 0$ ist, so darf man nicht schließen, dass hier kein Extremum vorliegt, sondern muss weitergehende Untersuchungen vornehmen.

Wir setzen daher als Nächstes voraus, dass $f'(x_0) = 0$, $f''(x_0) = 0$ und $f'''(x_0) \neq 0$ ist. In diesem Fall ist $\mu = 3$, und (7.69) lautet:

$$f(x_0 + \Delta x) - f(x_0) = \frac{(\Delta x)^3}{3!} f'''(x_0 + \vartheta \Delta x) \ .$$

Die Größe Δx kann positive oder negative Werte annehmen, sodass aus den gleichen Gründen wie im Fall $\mu = 1$ kein Extremum vorliegen kann.

Des Weiteren nehmen wir noch an, dass $f'(x_0) = 0$, $f''(x_0) = 0$, $f'''(x_0) = 0$ und $f^{(4)}(x_0) \neq 0$ sind. In diesem Fall ist $\mu = 4$, und (7.69) geht über in:

$$f(x_0 + \Delta x) - f(x_0) = \frac{(\Delta x)^4}{4!} f^{(4)}(x_0 + \vartheta \Delta x) \ .$$

Da $(\Delta x)^4$ immer positiv ist, liegt aus den gleichen Gründen wie bei $\mu = 2$ ein Extremum vor, und zwar ein Maximum, falls $f^{(4)}(x_0) < 0$, und ein Minimum, falls $f^{(4)}(x_0) > 0$.

Indem wir die Überlegungen in dieser Weise bis zu beliebig hohen Werten von μ, der niedrigsten Ordnung der nicht verschwindenden Ableitung (d. h. derjenigen Ableitung, die im Punkt $x = x_0$ ungleich null ist), fortsetzen, kommen wir zu folgendem Resultat:

Wenn an der Stelle $x = x_0$ die Ordnung μ der niedrigsten, für $x = x_0$ nicht verschwindenden Ableitung von $f(x)$ geradzahlig ist, so liegt ein Extremum vor, und zwar im Falle $f^{(\mu)}(x_0) > 0$ ein lokales Minimum und im Falle $f^{(\mu)}(x_0) < 0$ ein lokales Maximum. Ist dagegen μ eine ungerade Zahl, so liegt mit Sicherheit kein Extremum vor.

Beispiel 7.40

Die Funktion $f(x) = x^4$ besitzt die Ableitung $f'(x) = 4x^3$. Die Gleichung $f'(x) = 0$ hat nur eine Nullstelle, nämlich $x_0 = 0$. Um zu untersuchen, ob die Funktion an der Stelle des kritischen Punktes $x_0 = 0$ ein Extremum besitzt, setzen wir ihn in die weiteren Ableitungen ein. Wegen

$$f''(x_0) = 12x_0^2 = 0\,, \quad f'''(x_0) = 24x_0 = 0\,, \quad f^{(4)}(x_0) = 24 > 0$$

gilt $\mu = 4$, und nach dem obigen Resultat liegt ein Minimum vor.

Im nächsten Abschnitt untersuchen wir weiter, welche charakteristischen Punkte die Funktion besitzt, falls die im obigen Satz erwähnte Zahl μ ungerade ist. Dies führt auf Wende- und Sattelpunkte.

7.6.4
Bestimmung von Wendepunkten und Sattelpunkten

Definitionsgemäß besitzt die Steigung der Kurve in einem Wendepunkt ein Maximum oder Minimum. Eine hinreichende Bedingung zur Bestimmung der Wendepunkte ergibt sich daher durch Anwendung der bereits abgeleiteten Bedingungen für Maxima und Minima auf die Funktion, die die Steigung der Tangente angibt, also auf $f'(x)$. Aus (7.70) und (7.71) folgt: *Ist an einer Stelle x_0*

$$f''(x_0) = 0 \quad \text{und} \quad f'''(x_0) \neq 0\,,$$

so liegt dort ein Wendepunkt vor. Ist sowohl die zweite als auch die dritte Ableitung gleich null, so liegt ein Wendepunkt dann vor, wenn die nächsthöhere nicht verschwindende Ableitung ungeradzahlig ist.

Bei einem *Sattelpunkt* muss zusätzlich zu den Bedingungen für den Wendepunkt noch die erste Ableitung null sein. Ein Sattelpunkt liegt also z. B. dann vor, wenn gilt:

$$f'(x_0) = 0\,, \quad f''(x_0) = 0 \quad \text{und} \quad f'''(x_0) \neq 0\,.$$

Durch Hinzuziehen der Sätze für das Vorliegen eines Extremums erhält man das folgende Resultat: *Ist an einer Stelle x_0 die erste Ableitung $f'(x_0) = 0$, so liegt dort ein Extremum vor, wenn die Ordnung der nächsten nicht verschwindenden Ableitung geradzahlig ist, bzw. ein Sattelpunkt, wenn diese Ordnung ungeradzahlig ist.*

Beispiel 7.41
Wir betrachten als Beispiel die Funktion $f(x) = x^3$. An der Stelle $x_0 = 0$ liegt ein kritischer Punkt vor, denn $f'(x_0) = 3x_0^2 = 0$. Die zweite Ableitung an dieser Stelle ist gleich null; für die dritte Ableitung gilt dagegen $f'''(x_0) = 6 \neq 0$. Es liegt also ein Sattelpunkt vor, da die Zahl drei ungerade ist.
Die Funktion $f(x) = x^3 - x$ besitzt wegen $f'(x) = 3x^2 - 1 = 0$ die beiden kritischen Punkte $x_{1/2} = \pm 1/\sqrt{3}$. Die einzige Nullstelle der zweiten Ableitung $f''(x) = 6x$ lautet $x_0 = 0$, sodass keine Sattelpunkte vorliegen können. An der Stelle $x_0 = 0$ ist die dritte Ableitung $f'''(x_0) = 6$ ungleich null, d. h., die Funktion besitzt an dieser Stelle einen Wendepunkt. Insbesondere hat die Funktion an der Stelle $x = 1/\sqrt{3}$ ein lokales Minimum und an $x = -1/\sqrt{3}$ ein lokales Maximum.

Fragen und Aufgaben

Aufgabe 7.46 Was versteht man unter einem (lokalen) Maximum, einem (lokalen) Minimum, einem Wendepunkt und einem Sattelpunkt? Nenne hinreichende Bedingungen für die Funktion an diesen Punkten.

Aufgabe 7.47 Das Legendre-Polynom $f(x) = (35x^4 - 30x^2 + 3)/8$ spielt eine Rolle bei der Untersuchung der Quantenzustände des Wasserstoffatoms (siehe Abschnitt 11.4.2). Diskutiere den Verlauf von $f(x)$.

Aufgabe 7.48 Diskutiere den Verlauf der Funktionen
(i) $y = x^3$ und (ii) $y = \mathrm{e}^{-1/x^2}$.

Aufgabe 7.49 Bestimme alle Nullstellen, kritischen Punkte, Extrema und Sattelpunkte der Funktion $f(x) = x^5 + x^4$.

Aufgabe 7.50 Die Frequenzabhängigkeit des Brechungsindexes n eines Stoffes, in dem nur eine einzige sogenannte Normalschwingung der Bausteine auftritt, ist durch die Beziehung

$$\frac{n^2 - 1}{n^2 + 2} = \frac{A}{\sqrt{(\nu^2 - \nu_0^2)^2 + a\nu^2}}$$

gegeben. Hierbei ist ν_0 die Frequenz der Normalschwingung, ν die Messfrequenz und A und a sind zwei Konstanten. Bestimme die lokalen Extrema des Ausdruckes $z = (n^2 - 1)/(n^2 + 2)$ als Funktion von $\nu > 0$.

8
Differenziation und Integration von Funktionen mehrerer Variablen

8.1
Differenziation

8.1.1
Die partielle Ableitung

Gegeben sei eine Funktion in zwei Variablen $z = f(x, y)$. Die Größe y sei vorübergehend konstant gehalten, sodass $f(x, y)$ nur eine Variable, nämlich x, besitzt. Wir bilden nun den Grenzwert

$$\frac{\partial f}{\partial x}(x, y) = \lim_{\Delta x \to 0} \frac{f(x + \Delta x, y) - f(x, y)}{\Delta x} .$$

Falls dieser Grenzwert existiert, stellt er, wie ein Vergleich mit (7.3) zeigt, die Ableitung der Funktion $f(x, y)$ nach x bei konstant gehaltenem Parameter y dar. Man nennt ihn die *partielle Ableitung* nach x. Statt $\partial f / \partial x$ sind auch die Bezeichnungen f_x, z_x oder $\partial z / \partial x$ gebräuchlich. Der Ausdruck $\partial f / \partial x$ wird auch als *partieller Differenzialquotient* bezeichnet.

Die partielle Ableitung f_x ist eine Funktion von x und y, sodass man bisweilen auch schreibt $f_x(x, y)$. Sie hat eine einfache anschauliche Bedeutung: Die Funktion $z = f(x, y)$ wird im Allgemeinen durch eine Fläche dargestellt (siehe Abb. 8.1a). Setzt man y gleich einer Konstanten y_0, so werden die Funktionswerte durch eine Kurve auf dieser Fläche wiedergegeben, die man als deren Schnitt mit der Ebene $y = y_0$ erhält (Kurve k_1 in Abb. 8.1b). An jeden Punkt dieser Kurve kann man nun eine Tangente t_1 legen, die parallel zur (x, z)-Ebene liegt. Ein Vergleich mit den anhand von Abb. 7.1c angestellten Betrachtungen zeigt nun: Die partielle Ableitung $f_x(x_0, y_0)$ gibt die Steigung dieser Tangente am Punkt $P(x_0, y_0)$ gegen eine Parallele zur x-Achse an. Man sagt auch kürzer: *Die Zahl $f_x(x_0, y_0)$ gibt die Steigung der Fläche, die durch die Funktion beschrieben wird, an der Stelle (x_0, y_0) in Richtung der x-Achse an.*

Mathematik für Chemiker, 7. Auflage. Ansgar Jüngel und Hans G. Zachmann.

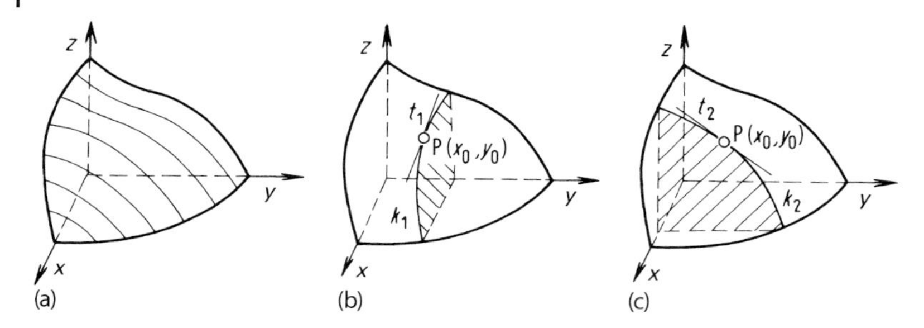

Abb. 8.1 Zur Definition der partiellen Ableitung. (a) Darstellung der Funktion $z = f(x, y)$ durch eine Fläche. (b) Die Steigung der Tangente t_1 ist gleich $f_x(x_0, y_0)$. (c) Die Steigung der Tangente t_2 ist gleich $f_y(x_0, y_0)$.

In gleicher Weise kann man die partielle Ableitung nach y definieren:

$$\frac{\partial f}{\partial y}(x, y) = \lim_{\Delta y \to 0} \frac{f(x, y + \Delta y) - f(x, y)}{\Delta y} ,$$

für die man auch die Symbole f_y, z_y oder $\partial z / \partial y$ verwendet. *Die Zahl* $f_y(x_0, y_0)$ *gibt die Steigung der Fläche* $z = f(x, y)$ *an der Stelle* (x_0, y_0) *in Richtung der* y-*Achse an* (siehe Abb. 8.1c).

Wir nennen $f(x, y)$ *partiell differenzierbar*, wenn die partiellen Ableitungen nach x und y existieren. Die Funktion heißt weiterhin *stetig partiell differenzierbar*, wenn die partiellen Ableitungen existieren und stetig sind.

Die partiellen Ableitungen werden aufgrund der obigen Ausführungen nach den gleichen Regeln wie die Ableitungen von Funktionen einer Variablen gebildet; diejenige Variable, nach der nicht abgeleitet wird, betrachtet man jeweils als konstant. Bei der Bildung der partiellen Ableitung können wir uns daher auf alle im vorigen Kapitel angegebenen Regeln und Gesetze des Differenzierens stützen.

Beispiel 8.1

1. Als erstes Beispiel betrachten wir die Funktion $z = x^2 + y^2$, die durch ein Rotationsparaboloid dargestellt wird (siehe Abb. 8.2). Wir fassen den Punkt mit den Koordinaten $x = 1$, $y = 0$ ins Auge und fragen nach den Steigungen des Rotationsparaboloids an dieser Stelle in Richtung der x- und y-Achse. Indem man die Funktion nach x ableitet und dabei y als Konstante ansieht, erhält man $f_x(x, y) = 2x$. Setzt man noch die angegebenen Werte für x und y ein, so ergibt sich $f_x(1, 0) = 2$. Dies ist die Steigung der Fläche in Richtung der x-Achse, also die Steigung der in der Abbildung eingezeichneten Tangente t_2. Wir leiten nun noch die gegebene Funktion bei konstant gehaltenem x nach y ab und erhalten $f_y(x, y) = 2y$ bzw. $f_y(1, 0) = 0$. Dies ist die Steigung der Fläche in Richtung der y-Achse, also die Steigung der in der Abbildung mit t_1 bezeichneten Tangente, die parallel zur y-Achse liegt.

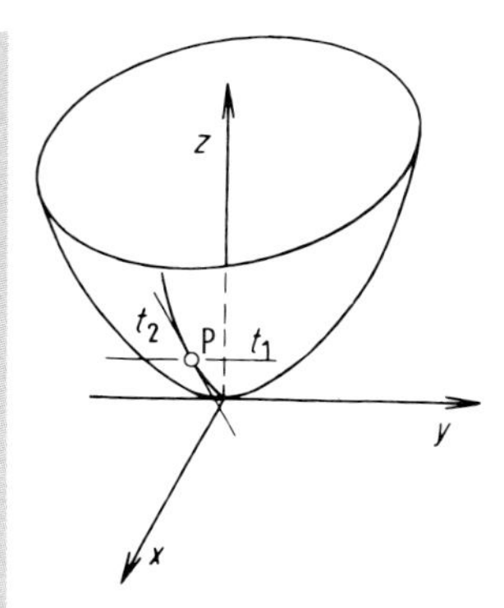

Abb. 8.2 Die durch die Funktion $z = x^2 + y^2$ gegebene Fläche mit zwei Tangenten im Punkt P.

2. Als Nächstes suchen wir die partiellen Ableitungen der Funktion $z = x \sin y + y\mathrm{e}^x$. Indem wir y wie eine Konstante behandeln, erhalten wir für die Ableitung nach x:

$$z_x = \sin y + y\mathrm{e}^x \ .$$

Für die Ableitung nach y bei konstant gehaltenem x folgt:

$$z_y = x \cos y + \mathrm{e}^x \ .$$

3. Die Funktion $z = \ln(xy) + x\sqrt{xy + y}$ ergibt in gleicher Weise, unter Verwendung der Kettenregel sowie der Regel für die Differenziation von Produkten, die Ableitungen:

$$\begin{aligned} z_x &= \frac{1}{xy} \cdot y + \sqrt{xy + y} + x \cdot \frac{1}{2\sqrt{xy + y}} \cdot y \\ &= \frac{1}{x} + \sqrt{xy + y} + \frac{xy}{2\sqrt{xy + y}} , \\ z_y &= \frac{1}{xy} \cdot x + \frac{x + 1}{2\sqrt{xy + y}} \cdot x = \frac{1}{y} + \frac{x(x + 1)}{2\sqrt{xy + y}} . \end{aligned}$$

4. Die Van-der-Waals-Gleichung beschreibt den Druck p eines einmolaren Gases in Abhängigkeit von seinem Volumen V und seiner Temperatur T:

$$p = p(V, T) = \frac{RT}{V - b} - \frac{a}{V^2} ,$$

wobei R die ideale Gaskonstante und a und b positive Konstanten seien. Die partiellen Ableitungen von p lauten:

$$\frac{\partial p}{\partial V} = -\frac{RT}{(V - b)^2} + \frac{2a}{V^3} , \quad \frac{\partial p}{\partial T} = \frac{R}{V - b} .$$

In analoger Weise wie bei zwei unabhängigen Variablen kann man auch die partiellen Ableitungen von Funktionen in mehr als zwei Variablen definieren. Die Funktion $z = f(x_1, x_2, \ldots, x_n)$ besitzt die n partiellen Ableitungen f_{x_1}, $f_{x_2}, \ldots, f_{x_n}$. Wir können diese partiellen Ableitungen zu einem Spaltenvektor zusammenfassen, den wir den *Gradienten* von f nennen und mit dem Symbol ∇f bezeichnen:

$$\nabla f = \begin{pmatrix} f_{x_1} \\ f_{x_2} \\ \vdots \\ f_{x_n} \end{pmatrix} .$$

Das Symbol „∇" ist der sogenannte *Nabla-Operator.*

Beispiel 8.2
Die partiellen Ableitungen der Funktion

$$f(x, y, z) = \sqrt{1 - x^2 - y^2 - z^2} ,$$

definiert für alle $x^2 + y^2 + z^2 \leq 1$, lauten:

$$f_x = \frac{-x}{\sqrt{1 - x^2 - y^2 - z^2}} , \quad f_y = \frac{-y}{\sqrt{1 - x^2 - y^2 - z^2}} ,$$
$$f_z = \frac{-z}{\sqrt{1 - x^2 - y^2 - z^2}} .$$

Damit können wir den Gradienten schreiben als:

$$\nabla f = -\frac{1}{\sqrt{1 - x^2 - y^2 - z^2}}(x, y, z)^{\mathrm{T}} .$$

Eine vektorwertige Funktion $f = (f_1, \ldots, f_m)^{\mathrm{T}}$ kann man folgendermaßen partiell differenzieren. Dazu nehmen wir an, dass f in jeder Komponente partiell differenzierbar ist. Wir bilden alle partiellen Ableitungen von jeder der Komponenten von f, d. h., wir bilden zunächst die Ableitungen $\partial f_1/\partial x_1, \ldots, \partial f_1/\partial x_n$, dann die Ableitungen der zweiten Komponente $\partial f_2/\partial x_1, \ldots, \partial f_2/\partial x_n$ usw. bis zu den Ableitungen der m-ten Komponente $\partial f_m/\partial x_1, \ldots, \partial f_m/\partial x_n$. Dies ergibt insgesamt $m \times n$ partielle Ableitungen, die wir kompakt in Matrixform schreiben können:

$$f' = \frac{\mathrm{d} f}{\mathrm{d}\boldsymbol{x}} = \begin{pmatrix} \frac{\partial f_1}{\partial x_1} & \frac{\partial f_1}{\partial x_2} & \cdots & \frac{\partial f_1}{\partial x_n} \\ \frac{\partial f_2}{\partial x_1} & \frac{\partial f_2}{\partial x_2} & \cdots & \frac{\partial f_2}{\partial x_n} \\ \vdots & \vdots & & \vdots \\ \frac{\partial f_m}{\partial x_1} & \frac{\partial f_m}{\partial x_2} & \cdots & \frac{\partial f_m}{\partial x_n} \end{pmatrix} .$$

Wir nennen diese Matrix die *Ableitung* oder auch die *Jacobi-Matrix* von f.

Beispiel 8.3
Die Funktion

$$f(r,\varphi) = \begin{pmatrix} f_1(r,\varphi) \\ f_2(r,\varphi) \end{pmatrix} = \begin{pmatrix} r\cos\varphi \\ r\sin\varphi \end{pmatrix} ,$$

die die Transformation in Polarkoordinaten beschreibt (siehe Abschnitt 6.3.2), besitzt vier partielle Ableitungen:

$$\frac{\partial f_1}{\partial r} = \cos\varphi \,, \quad \frac{\partial f_1}{\partial \varphi} = -r\sin\varphi \,, \quad \frac{\partial f_2}{\partial r} = \sin\varphi \,, \quad \frac{\partial f_2}{\partial \varphi} = r\cos\varphi \,.$$

Die Jacobi-Matrix von f lautet also:

$$f' = \begin{pmatrix} \cos\varphi & -r\sin\varphi \\ \sin\varphi & r\cos\varphi \end{pmatrix} .$$

Ist die Funktion $f(x_1,\dots,x_n)$ skalarwertig, so können wir ebenfalls die Jacobi-Matrix berechnen. Wir erhalten:

$$\frac{\mathrm{d}f}{\mathrm{d}\boldsymbol{x}} = \left(\frac{\partial f}{\partial x_1}, \frac{\partial f}{\partial x_2}, \dots, \frac{\partial f}{\partial x_n} \right) .$$

In dieser Notation ist der Gradient ∇f gerade die Transponierte der Jacobi-Matrix $\mathrm{d}f/\mathrm{d}\boldsymbol{x}$.

8.1.2
Höhere Ableitungen und der Satz von Schwarz

Die partiellen Ableitungen f_x und f_y einer Funktion $f(x,y)$ sind selbst wieder Funktionen von x und y. Wenn man diese Funktionen noch einmal nach x bzw. y partiell ableitet, so erhält man die sogenannten *partiellen Ableitungen zweiter Ordnung*, die man mit f_{xx}, f_{xy}, f_{yx} und f_{yy} bezeichnet. *Die Indizes geben die vorgenommenen Ableitungen in der entsprechenden Reihenfolge an.* Nach dem gleichen Prinzip bezeichnet man auch die partiellen Ableitungen dritter Ordnung usw. Beispielsweise bedeutet der Ausdruck f_{xyy}, dass die Funktion f zunächst partiell nach x und dann zweimal hintereinander partiell nach y abgeleitet wurde. Statt des Zeichens f kann man auch den Buchstaben z mit den entsprechenden Indizes schreiben, im vorgegebenen Beispiel also z_{xyy}. Ferner kann man die höheren partiellen Ableitungen auch in Form von partiellen Differenzialquotienten angeben. Es ist z. B.

$$f_{xx} = \frac{\partial^2 f}{\partial x^2} \,, \quad f_{xy} = \frac{\partial^2 f}{\partial y \partial x} \,, \quad f_{xyy} = \frac{\partial^3 f}{\partial y^2 \partial x} \,.$$

Treten bei einer Ableitung höherer Ordnung sowohl Ableitungen nach x als auch nach y auf, so spricht man von einer *gemischten Ableitung*. Wird dagegen ausschließlich nach der gleichen Variablen mehrfach abgeleitet, so spricht man von einer *reinen Ableitung*.

Analoge Bezeichnungen gelten für Funktionen in mehr als zwei Variablen. Ist $z = f(x_1, x_2, \dots, x_n)$ eine zweimal stetig differenzierbare Funktion in n Variablen, so besitzt sie die partiellen Ableitungen zweiter Ordnung

$$\begin{gathered} f_{x_1x_1}, f_{x_1x_2}, \dots, f_{x_1x_n}, \\ f_{x_2x_1}, f_{x_2x_2}, \dots, f_{x_2x_n}, \\ \vdots \\ f_{x_nx_1}, f_{x_nx_2}, \dots, f_{x_nx_n}. \end{gathered}$$

Diese n^2 Ableitungen können wir auch in Matrixform schreiben:

$$f'' = \begin{pmatrix} f_{x_1x_1} & f_{x_1x_2} & \dots & f_{x_1x_n} \\ f_{x_2x_1} & f_{x_2x_2} & \dots & f_{x_2x_n} \\ \vdots & \vdots & & \vdots \\ f_{x_nx_1} & f_{x_nx_2} & \dots & f_{x_nx_n} \end{pmatrix}.$$

Wir nennen diese Matrix die *zweite Ableitung* oder auch die *Hesse-Matrix* von f.

Wie in Abschnitt 8.1.1 nennen wir eine Funktion f *k-mal partiell differenzierbar*, wenn alle partiellen Ableitungen bis zur k-ten Ordnung existieren. Die Funktion heißt *k-mal stetig partiell differenzierbar*, wenn alle partiellen Ableitungen bis zur k-ten Ordnung existieren und stetig sind.

Beispiel 8.4

Betrachte die Funktion $f(x_1, x_2, x_3) = x_1^4 + x_2x_3^4$. Die ersten Ableitungen lauten:

$$f_{x_1} = 4x_1^3, \quad f_{x_2} = x_3^4, \quad f_{x_3} = 4x_2x_3^3.$$

Jede der drei Ableitungen können wir jeweils nach x_1, x_2 oder x_3 differenzieren. Damit erhalten wir insgesamt neun partielle Ableitungen zweiter Ordnung:

$$f'' = \begin{pmatrix} 12x_1^2 & 0 & 0 \\ 0 & 0 & 4x_3^3 \\ 0 & 4x_3^3 & 12x_2x_3^2 \end{pmatrix}.$$

Es fällt auf, dass die Hesse-Matrix symmetrisch ist, dass also gilt $f_{x_1x_2} = f_{x_2x_1}$, $f_{x_2x_3} = f_{x_3x_2}$ usw. Dies legt die Vermutung nahe, dass die Reihenfolge der partiellen Ableitungen keine Rolle spielt. Dies ist in der Tat der Fall, sofern f zweimal stetig partiell differenzierbar ist.

Bei der Bildung der gemischten Ableitungen gilt das folgende Resultat:

Satz 8.1 Satz von Schwarz

Sind in einem gewissen Bereich G die Ableitungen f_{xy} und f_{yx} stetige Funktionen von x und y, so ist:

$$f_{xy} = f_{yx} \,.$$

Ein analoges Resultat gilt für Funktionen mit n Variablen, wenn die Funktion zweimal stetig partiell differenzierbar ist:

$$f_{x_i x_j} = f_{x_j x_i} \quad \text{für alle} \quad i, j \,.$$

Es kommt also nicht auf die Reihenfolge der Ableitungen an. Mit anderen Worten: Die Hesse-Matrix ist unter den genannten Voraussetzungen symmetrisch.

Beispiel 8.5

1. Die Funktion $z = xy^2 + \sin y \cos xy$ besitzt die Ableitungen:

$$\begin{aligned} z_x &= y^2 - y \sin y \sin xy \,, \\ z_y &= 2xy + \cos y \cos xy - x \sin y \sin xy \,, \\ z_{xy} &= 2y - \sin y \sin xy - y \cos y \sin xy - xy \sin y \cos xy \,, \\ z_{yx} &= 2y - y \cos y \sin xy - \sin y \sin xy - xy \sin y \cos xy \,. \end{aligned}$$

   Es gilt insbesondere $z_{xy} = z_{yx}$.
2. Wir berechnen als zweites Beispiel die Hesse-Matrix der Funktion $f(x, y, z) = ye^{x^2 z}$. Die ersten Ableitungen sind:

$$f_x = 2xyze^{x^2 z} \,, \quad f_y = e^{x^2 z} \,, \quad f_z = x^2 ye^{x^2 z} \,.$$

   Die Hesse-Matrix lautet also:

$$f'' = e^{x^2 z} \begin{pmatrix} 2yz(1 + 2x^2 z) & 2xz & 2xy(1 + x^2 z) \\ 2xz & 0 & x^2 \\ 2xy(1 + x^2 z) & x^2 & x^4 y \end{pmatrix} .$$

   Wir sehen, dass die Hesse-Matrix wie erwartet symmetrisch ist.

Der Satz von Schwarz gilt auch für höhere Ableitungen: *Ist eine Funktion $f(x, y)$ k-mal stetig differenzierbar, so sind die gemischten Ableitungen bis zur k-ten Ordnung von der Reihenfolge der Differenziation unabhängig. Diese Aussage gilt auch für Funktionen $f(x_1, \ldots, x_n)$ in mehr als zwei Variablen.* Beispielsweise gilt für eine dreimal stetig differenzierbare Funktion $f(x_1, x_2, x_3, x_4, x_5)$, dass

$$f_{x_1 x_4 x_5} = f_{x_1 x_5 x_4} = f_{x_5 x_1 x_4} = f_{x_5 x_4 x_1} \,.$$

8.1.3 Existenz einer Tangentialebene

Nachdem wir die partielle Differenziation definiert und durch Rechenbeispiele erläutert haben, müssen wir noch einige grundsätzliche Betrachtungen anstellen.

Als Erstes erhebt sich die Frage, ob man allgemeine Bedingungen angeben kann, unter denen die partiellen Ableitungen einer Funktion, also die in Abschnitt 8.1.1 angegebenen Grenzwerte, existieren. Die Antwort ist nein. Man kann zwar z. B. beweisen, dass Funktionen, die differenzierbar sind und damit partielle Ableitungen besitzen, stetig sind; die Umkehrung dieser Aussage, wonach stetige Funktionen immer partielle Ableitungen besitzen, gilt dagegen nicht. Die meisten der von uns betrachteten und in der Chemie auftretenden Funktionen (aber nicht alle!) sind allerdings partiell differenzierbar.

Eine weitere wichtige Frage ist die Folgende: Unter welchen Bedingungen liegen alle Tangenten, die man an den Punkt einer Fläche anlegen kann, in einer Ebene, die man dann als *Tangentialebene* bezeichnet? Als Erstes muss festgestellt werden: *Aus der Tatsache, dass $f_x(x_0, y_0)$ und $f_y(x_0, y_0)$ existieren, folgt noch nicht die Existenz einer Tangentialebene im entsprechenden Flächenpunkt.*

Beispiel 8.6
Betrachten wir hierzu die folgende Funktion: Durch die Gleichungen

$$f(x, y) = 0 \quad \text{für} \quad x = 0\,, \quad y = 0 \quad \text{und} \quad f(x, y) = |x|$$
$$\text{für} \quad x - y = 0 \quad \text{oder} \quad x + y = 0$$

werden zunächst vier Geraden im Raum gegeben. Zwischen den Geraden ist die Funktion so definiert, dass sie durch Ebenen dargestellt wird, die durch die angegebenen Geraden begrenzt werden. Man erhält dann die in Abb 8.3 dargestellte Fläche, die aus acht dreieckigen Ebenenstücken besteht. An der Stelle $x = 0$, $y = 0$ existieren die partiellen Ableitungen. Sie lauten $f_x(0, 0) = 0$ und $f_y(0, 0) = 0$. Dennoch gibt es an dieser Stelle keine Tangentialebene.

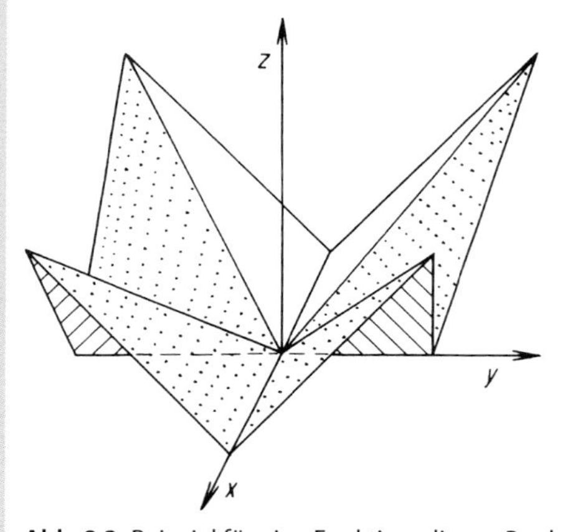

Abb. 8.3 Beispiel für eine Funktion, die am Punkt (0, 0) keine Tangentialebene besitzt.

Es gilt nun der folgende Satz: *Hinreichend für die Existenz einer Tangentialebene in einem Punkt P ist, dass die partiellen Ableitungen in P existieren und stetig sind.* Wenn an einem Punkt eine Tangentialebene existiert, so sagt man, die Funktion sei an der entsprechenden Stelle *differenzierbar*. Die Differenzierbarkeit ist von größter Wichtigkeit für das im folgenden Abschnitt eingeführte totale Differenzial. Wieder können wir anführen, dass die von uns behandelten Funktionen für gewöhnlich stetige Ableitungen und damit Tangentialebenen im gesamten Definitionsbereich besitzen.

Beispiel 8.7
Als Beispiel betrachten wir die Funktion $z = x^2 + y^2$. Die partiellen Ableitungen $z_x = 2x$ und $z_y = 2y$ sind überall stetig. Man kann also an die Fläche, die die gegebene Funktion darstellt, überall eine Tangentialebene anlegen. Dies ist auch anschaulich erkennbar, wenn man bedenkt, dass die gegebene Funktion durch das in Abb. 8.2 dargestellte Rotationsparaboloid dargestellt wird.

8.1.4
Das totale Differenzial

Wir betrachten die Fläche, die durch die Funktion $z = f(x, y)$ dargestellt wird, und nehmen an, dass im Punkt $\mathrm{P}(x, y, z)$ auf dieser Fläche eine Tangentialebene T angelegt werden kann. Es soll sich nun x um einen „kleinen" Betrag $\mathrm{d}x$, y um $\mathrm{d}y$ und z um $\mathrm{d}z$ ändern. Dadurch kommt man auf der Tangentialebene zu einem Punkt P′ (siehe Abb. 8.4). Den Unterschied der z-Koordinaten der Punkte P′ und P bezeichnet man mit $\mathrm{d}z$ und nennt ihn das *totale Differenzial* von z. Da die Tangentialebene in x-Richtung die Steigung f_x und in y-Richtung die Steigung f_y

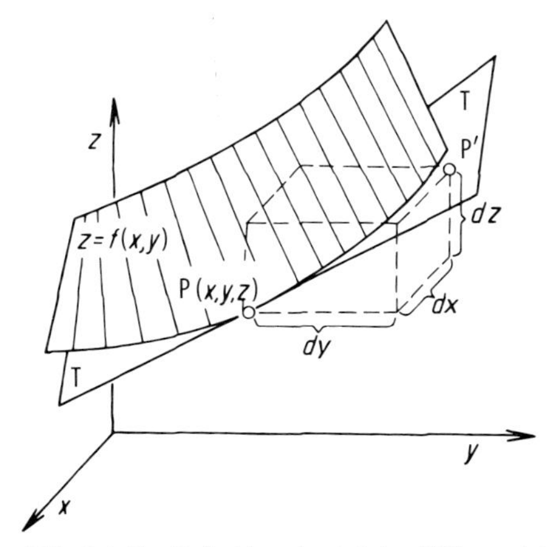

Abb. 8.4 Zur Definition des totalen Differenzials.

hat, gilt *in symbolischer Schreibweise*

$$dz = f_x \, dx + f_y \, dy$$

oder, in anderer Bezeichnungsweise,

$$dz = \frac{\partial z}{\partial x} dx + \frac{\partial z}{\partial y} dy \,.$$

Wie schon bei den Funktionen in einer Variablen können auch hier die Differenziale dx, dy und dz beliebig groß sein. Je kleiner dx und dy gemacht werden, desto genauer stimmt die Änderung dz auf der Tangentialebene mit der Änderung auf der Fläche selbst, die wir mit Δz bezeichnen, überein. Indem wir, in Analogie zu den Verhältnissen im eindimensionalen Fall (siehe Abschnitt 7.1.7, Absatz *Näherungsweise Berechnung von Funktionsänderungen*), statt dx und dy die Symbole Δx und Δy verwenden, erhalten wir dann:

$$\Delta z = f(x + \Delta x, y + \Delta y) - f(x, y) \approx f_x \Delta x + f_y \Delta y \,.$$

Es soll ausdrücklich darauf hingewiesen werden, dass die obigen Gleichungen nur sinnvoll sind, wenn eine Tangentialebene existiert. Das ist gemäß den Ausführungen des vorangegangenen Abschnitts der Fall, wenn die Ableitungen f_x und f_y stetige Funktionen in x und y sind.

Wenn die Funktion auch stetige Ableitungen höherer Ordnung hat, so kann man *totale Differenziale höherer Ordnung* bilden. Es gilt z. B. in symbolischer Schreibweise

$$\begin{aligned} d^2 z = d(dz) &= d\left(\frac{\partial z}{\partial x} dx + \frac{\partial z}{\partial y} dy\right) \\ &= \frac{\partial}{\partial x}\left(\frac{\partial z}{\partial x} dx + \frac{\partial z}{\partial y} dy\right) dx + \frac{\partial}{\partial y}\left(\frac{\partial z}{\partial x} dx + \frac{\partial z}{\partial y} dy\right) dy \\ &= \frac{\partial^2 z}{\partial x^2} dx^2 + \frac{\partial^2 z}{\partial x \partial y} dy\, dx + \frac{\partial^2 z}{\partial y \partial x} dx\, dy + \frac{\partial^2 z}{\partial y^2} dy^2 \,. \end{aligned}$$

Mithilfe des Satzes von Schwarz (siehe Abschnitt 8.1.2) ergibt sich daraus:

$$d^2 z = \frac{\partial^2 z}{\partial x^2} dx^2 + 2\frac{\partial^2 z}{\partial x \partial y} dx\, dy + \frac{\partial^2 z}{\partial y^2} dy^2 \,. \tag{8.1}$$

Die Betrachtungen über Differenzierbarkeit und Differenziale lassen sich auch auf Funktionen in mehreren Variablen $z = f(x_1, x_2, \ldots, x_n)$ übertragen. Es gilt z. B.:

$$dz = \frac{\partial z}{\partial x_1} dx_1 + \frac{\partial z}{\partial x_2} dx_2 + \cdots + \frac{\partial z}{\partial x_n} dx_n = \sum_{i=1}^{n} \frac{\partial z}{\partial x_i} dx_i \,. \tag{8.2}$$

Der Ausdruck, der ein totales Differenzial beliebig hoher Ordnung wiedergibt, lässt sich in übersichtlicher Weise schreiben, wenn man die Ausdrücke $\partial/\partial x$,

$\partial/\partial y$ usw. als Operatoren interpretiert. Dies erlaubt es beispielsweise, die Gleichung (8.1) als das Quadrat

$$\mathrm{d}^2 z = \left(\mathrm{d}x\frac{\partial}{\partial x} + \mathrm{d}y\frac{\partial}{\partial y}\right)^2 z$$

zu schreiben. Ausmultiplizieren ergibt dann

$$\mathrm{d}^2 z = \left(\mathrm{d}x^2\frac{\partial^2}{\partial x^2} + 2\,\mathrm{d}x\,\mathrm{d}y\frac{\partial^2}{\partial x\partial y} + \mathrm{d}y^2\frac{\partial^2}{\partial y^2}\right) z\,,$$

was gleichbedeutend mit (8.1) ist. Entsprechend können wir (8.2) formulieren als:

$$\mathrm{d}z = \left(\sum_{i=1}^{n} \mathrm{d}x_i \frac{\partial}{\partial x_i}\right) z\,.$$

Es gilt dann allgemein, wie man leicht mithilfe der bereits angegebenen Gleichungen nachprüfen kann:

$$\mathrm{d}^n z = \left(\sum_{i=1}^{n} \mathrm{d}x_i \frac{\partial}{\partial x_i}\right)^n z\,. \tag{8.3}$$

Man muss bei der Schreibweise mit Operatoren die Größen $\mathrm{d}x_i$ jeweils vor den Operator setzen, da z. B. $(\partial/\partial x_i)\,\mathrm{d}x_i$ bedeuten würde, dass man $\mathrm{d}x_i$ differenzieren soll, was ja nicht der Fall ist. Im Spezialfall, dass nur zwei Variablen vorliegen, folgt aus (8.3):

$$\mathrm{d}^n z = \left(\mathrm{d}x\frac{\partial}{\partial x} + \mathrm{d}y\frac{\partial}{\partial y}\right)^n z = \sum_{i=0}^{n}\binom{n}{i}\frac{\partial^n z}{\partial x^i\partial y^{n-i}}\,\mathrm{d}x^i\,\mathrm{d}y^{n-i}\,.$$

Für manche Fälle ist es zweckmäßig, statt $\mathrm{d}z$ das Symbol $\mathrm{d}f$ zu verwenden und entsprechend statt $\partial z/\partial x$ das Symbol f_x usw. Die obige Gleichung geht dann über in:

$$\mathrm{d}^n f = \sum_{i=0}^{n}\binom{n}{i} f_{x^i y^{n-i}}\,\mathrm{d}x^i\,\mathrm{d}y^{n-i}\,.$$

Beispiel 8.8

Als Beispiel berechnen wir das totale Differenzial erster und zweiter Ordnung der Funktion $z = xy + y\sin x$. Es ergibt sich:

$$\mathrm{d}z = \frac{\partial z}{\partial x}\,\mathrm{d}x + \frac{\partial z}{\partial y}\,\mathrm{d}y = (y + y\cos x)\,\mathrm{d}x + (x + \sin x)\,\mathrm{d}y\,,$$

$$\begin{aligned}\mathrm{d}^2 z &= \frac{\partial^2 z}{\partial x^2}\,\mathrm{d}x^2 + 2\frac{\partial^2 z}{\partial x\partial y}\,\mathrm{d}x\,\mathrm{d}y + \frac{\partial^2 z}{\partial y^2}\,\mathrm{d}y^2\\ &= -y\sin x\,\mathrm{d}x^2 + 2(1+\cos x)\,\mathrm{d}x\,\mathrm{d}y\,.\end{aligned}$$

8.1.5 Die Kettenregel

Wir betrachten den Fall, dass die Größe z eine Funktion zweier Variablen u und v ist, $z = f(u, v)$, wobei nun u und v selbst wieder Funktionen von zwei weiteren Größen x und y sind, $u = \varphi(x, y)$ und $v = \psi(x, y)$. Für jedes Wertepaar von x und y erhält man bestimmte Werte für u und v und dann einen bestimmten Wert für z. Man sagt daher, dass z im vorliegenden Fall eine *zusammengesetzte Funktion* von x und y sei. Setzen wir die Gleichungen für u und v in die für z ein, so erhalten wir z als Funktion von x und y:

$$z = f(u, v) = f(\varphi(x, y), \psi(x, y)) = F(x, y) .$$

Beispiel 8.9
Ein Beispiel für eine zusammengesetzte Funktion ist durch $z = \mathrm{e}^u \sin v$ mit $u = x^2 + y$ und $v = x - y^2$ gegeben. Durch Einsetzen der Ausdrücke für u und v ergibt sich:

$$z = \mathrm{e}^{x^2+y} \sin(x - y^2) .$$

Es stellt sich nun die Frage, wie man eine zusammengesetzte Funktion differenziert. Hierzu gilt der folgende Satz: Betrachte $z = f(u, v)$ mit $u = \varphi(x, y)$ und $v = \psi(x, y)$. Wenn die Funktionen f, φ und ψ differenzierbar sind, so gilt:

$$\frac{\partial z}{\partial x} = \frac{\partial z}{\partial u}\frac{\partial u}{\partial x} + \frac{\partial z}{\partial v}\frac{\partial v}{\partial x} , \quad \frac{\partial z}{\partial y} = \frac{\partial z}{\partial u}\frac{\partial u}{\partial y} + \frac{\partial z}{\partial v}\frac{\partial v}{\partial y} . \tag{8.4}$$

Man bezeichnet diese Gleichungen als die *Kettenregel* für Funktionen in zwei Variablen.

Beispiel 8.10
Als Beispiel differenzieren wir die durch $z = \mathrm{e}^u \sin v$ mit $u = x^2 + y$ und $v = x - y^2$ gegebene zusammengesetzte Funktion. Mit der Kettenregel (8.4) ergibt sich in diesem Fall:

$$\frac{\partial z}{\partial x} = \mathrm{e}^u \sin v \cdot 2x + \mathrm{e}^u \cos v \cdot 1 = 2x\mathrm{e}^{x^2+y} \sin(x - y^2) + \mathrm{e}^{x^2+y} \cos(x - y^2) ,$$

$$\frac{\partial z}{\partial y} = \mathrm{e}^u \sin v \cdot 1 + \mathrm{e}^u \cos v \cdot (-2y)$$

$$= \mathrm{e}^{x^2+y} \sin(x - y^2) - 2y\mathrm{e}^{x^2+y} \cos(x - y^2) .$$

Man kann sich leicht davon überzeugen, dass man das gleiche Resultat erhält, wenn man unmittelbar die Gleichung $z = \mathrm{e}^{x^2+y} \sin(x - y^2)$ partiell nach x und y ableitet.

Die Kettenregel gilt nicht nur bei zwei Variablen, sondern auch für Funktionen in beliebig vielen Variablen. In ihrer allgemeinen Form lautet sie: *Ist* $z =$

$f(u_1, u_2, \dots, u_m)$ eine Funktion mit

$$\begin{aligned} u_1 &= \varphi_1(x_1, x_2, \dots, x_n) , \\ u_2 &= \varphi_2(x_1, x_2, \dots, x_n) , \\ &\vdots \\ u_m &= \varphi_m(x_1, x_2, \dots, x_n) \end{aligned}$$

und sind f, φ_1, $\varphi_2, \dots, \varphi_m$ differenzierbare Funktionen, so gilt für die partiellen Ableitungen von z nach x_k:

$$\frac{\partial z}{\partial x_k} = \sum_{i=1}^{m} \frac{\partial z}{\partial u_i} \frac{\partial u_i}{\partial x_k} , \quad k = 1, 2, \dots, n . \tag{8.5}$$

Im Sonderfall, dass $n = 1$ ist, schreibt man statt x_k einfach x und anstelle der partiellen Ableitungen nach x die gewöhnliche Ableitung. Man erhält:

$$\frac{\mathrm{d}z}{\mathrm{d}x} = \sum_{i=1}^{m} \frac{\partial z}{\partial u_i} \frac{\mathrm{d}u_i}{\mathrm{d}x} .$$

Mithilfe der in Abschnitt 8.1.1 eingeführten Jacobi-Matrix können wir die Kettenregel elegant wie folgt formulieren: Die Jacobi-Matrizen von z und $u = (u_1, u_2, \dots, u_m)$ sind gegeben durch

$$\frac{\mathrm{d}z}{\mathrm{d}u} = \left(\frac{\partial z}{\partial u_1}, \frac{\partial z}{\partial u_2}, \dots, \frac{\partial z}{\partial u_m} \right)$$

und

$$\frac{\mathrm{d}u}{\mathrm{d}x} = \begin{pmatrix} \frac{\partial u_1}{\partial x_1} & \dots & \frac{\partial u_1}{\partial x_n} \\ \vdots & & \vdots \\ \frac{\partial u_m}{\partial x_1} & \dots & \frac{\partial u_m}{\partial x_n} \end{pmatrix} .$$

Wir erkennen dann, dass es sich bei der Summe in (8.5) um ein Produkt der einzeiligen Matrix $\mathrm{d}z/\mathrm{d}u$ mit der Matrix $\mathrm{d}u/\mathrm{d}x$ handelt. Damit lautet die Kettenregel wie folgt:

Satz 8.2 Kettenregel

Ist $z = f(u_1, u_2, \dots, u_m)$ mit $u_k = \varphi_k(x_1, x_2, \dots, x_n)$ für $k = 1, 2, \dots, m$ und sind f, φ_1, $\varphi_2, \dots, \varphi_m$ differenzierbare Funktionen, so gilt

$$\frac{\mathrm{d}z}{\mathrm{d}x} = \frac{\mathrm{d}z}{\mathrm{d}u} \frac{\mathrm{d}u}{\mathrm{d}x} , \tag{8.6}$$

wobei $u = (u_1, u_2, \dots, u_m)$.

Diese Formulierung hat den Vorteil, dass sie der Kettenregel für Funktionen in einer Variablen entspricht (siehe (7.11)). Allerdings ist zu beachten, dass im Gegensatz zu der Kettenregel für Funktionen $y = f(x)$ die Symbole $\mathrm{d}u/\mathrm{d}x$ und $\mathrm{d}z/\mathrm{d}u$ keine Zahlen mehr sind. Vielmehr ist $\mathrm{d}z/\mathrm{d}u$ eine Matrix mit einer Zeile und m Spalten, die mit einer Matrix $\mathrm{d}u/\mathrm{d}x$ mit m Zeilen und n Spalten multipliziert wird. Zuweilen wird anstelle von $\mathrm{d}z/\mathrm{d}u$ auch die Schreibweise

$$\frac{\mathrm{d}z}{\mathrm{d}(u_1, u_2, \ldots, u_m)}$$

verwendet (analog für die anderen Ausdrücke).

Die Kettenregel ist von großem Vorteil, wenn man komplizierter aufgebaute Ausdrücke ableitet. Wir erläutern das im Folgenden anhand einiger Beispiele.

Beispiel 8.11

1. Um die Funktion $z = \sin(x^2 + y^2)$ abzuleiten, setzen wir $u = x^2 + y^2$. Wir führen also nur eine einzige Zwischenvariable ein. Unter Berücksichtigung, dass $m = 1$ ist, ergibt (8.5):

$$\frac{\mathrm{d}z}{\mathrm{d}x} = \frac{\mathrm{d}z}{\mathrm{d}u}\frac{\partial u}{\partial x} = \cos u \cdot 2x = 2x\cos(x^2 + y^2) ,$$
$$\frac{\mathrm{d}z}{\mathrm{d}y} = \frac{\mathrm{d}z}{\mathrm{d}u}\frac{\partial u}{\partial y} = \cos u \cdot 2y = 2y\cos(x^2 + y^2) .$$

Mit der Schreibweise (8.6) erhalten wir:

$$\frac{\mathrm{d}z}{\mathrm{d}u} = z'(u) = \cos u \quad \text{und} \quad u' = \frac{\mathrm{d}u}{\mathrm{d}(x, y)} = (2x, 2y) ,$$

also

$$\frac{\mathrm{d}z}{\mathrm{d}(x, y)} = \frac{\mathrm{d}z}{\mathrm{d}u}\frac{\mathrm{d}u}{\mathrm{d}(x, y)} = \cos u(2x, 2y) = (2x\cos(x^2+y^2), 2y\cos(x^2+y^2)) .$$

Die Ableitung ist also ein Zeilenvektor mit zwei Komponenten.

2. Wir betrachten als Nächstes die Funktion $z = \ln(x^2 + y)\mathrm{e}^{\sin x + y^2}$. Wir setzen $u_1 = x^2 + y$ und $u_2 = \sin x + y^2$. Damit wird $z = \ln(u_1)\mathrm{e}^{u_2}$. Die Ableitungen von z nach x bzw. y lauten dann gemäß (8.5):

$$\begin{aligned}\frac{\partial z}{\partial x} &= \frac{\partial z}{\partial u_1}\frac{\partial u_1}{\partial x} + \frac{\partial z}{\partial u_2}\frac{\partial u_2}{\partial x} = \frac{\mathrm{e}^{u_2}}{u_1} \cdot 2x + \ln u_1 \mathrm{e}^{u_2} \cdot \cos x \\ &= \left(\frac{2x}{x^2 + y} + \cos x \ln(x^2 + y)\right)\mathrm{e}^{\sin x + y^2} , \\ \frac{\partial z}{\partial y} &= \frac{\partial z}{\partial u_1}\frac{\partial u_1}{\partial y} + \frac{\partial z}{\partial u_2}\frac{\partial u_2}{\partial y} \\ &= \frac{\mathrm{e}^{u_2}}{u_1} \cdot 1 + \ln u_1 \mathrm{e}^{u_2} \cdot 2y = \left(\frac{1}{x^2 + y} + 2y\ln(x^2 + y)\right)\mathrm{e}^{\sin x + y^2} .\end{aligned}$$

3. Die Kettenregel wird auch verwendet, wenn man neue unabhängige Variablen einführt und dann nach diesen differenzieren möchte. Nehmen wir an, es ist eine Funktion $z = f(x, y)$ gegeben. Wir führen nun Polarkoordinaten r und φ über die Gleichungen $x = r\cos\varphi$ und $y = r\sin\varphi$ ein (siehe Abschnitt 6.3.2). Die Variablen x und y übernehmen die Rolle von u und v in (8.4) und r und φ die von x und y in diesen Gleichungen. Wir erhalten dann:

$$\frac{\partial z}{\partial r} = \frac{\partial z}{\partial x}\frac{\partial x}{\partial r} + \frac{\partial z}{\partial y}\frac{\partial y}{\partial r} = \frac{\partial z}{\partial x}\cos\varphi + \frac{\partial z}{\partial y}\sin\varphi\ ,$$

$$\frac{\partial z}{\partial \varphi} = \frac{\partial z}{\partial x}\frac{\partial x}{\partial \varphi} + \frac{\partial z}{\partial y}\frac{\partial y}{\partial \varphi} = -\frac{\partial z}{\partial x}r\sin\varphi + \frac{\partial z}{\partial y}r\cos\varphi\ .$$

In Matrixform lauten diese Gleichungen:

$$\frac{\mathrm{d}z}{\mathrm{d}(r,\varphi)} = \begin{pmatrix} \cos\varphi & \sin\varphi \\ -r\sin\varphi & r\cos\varphi \end{pmatrix} .$$

8.1.6
Differenziation impliziter Funktionen

Wir betrachten eine Gleichung der Form

$$F(x, y) = 0\ . \tag{8.7}$$

In vielen Fällen kann man eine solche Gleichung nach y auflösen, sodass man $y = f(x)$ erhält. Man nennt $F(x, y)$ die *implizite Darstellung* der Funktion $y = f(x)$ und $y = f(x)$ die *explizite Darstellung* dieser Funktion. Setzt man $f(x)$ in $F(x, y)$ für y ein, so ergibt sich:

$$F(x, f(x)) = 0\ .$$

Beispiel 8.12
Beispielsweise ergibt die implizite Darstellung $F(x, y) = y^2 - x = 0$ bei Auflösung nach y die explizite Gleichung $y = \pm\sqrt{x}$. Setzt man dies in die ursprüngliche Gleichung $y^2 - x = 0$ ein, so erhält man $(\pm\sqrt{x})^2 - x = 0$.

Von besonderem Interesse ist der Fall, dass die Beziehung $F(x, y) = 0$ nicht in expliziter Form nach y auflösbar ist. Ein Beispiel hierfür stellt die Gleichung $\sin y + x\ln x + y = 0$ dar. Auch in einem solchen Fall ist es möglich, dass $F(x, y) = 0$ eine Funktion $y = f(x)$ definiert. Man erhält dann die zusammengehörigen Werte von x und y dadurch, dass man in die Beziehung $F(x, y) = 0$ für x der Reihe nach verschiedene Werte einsetzt und dann y jeweils durch numerische Methoden, z. B. mit dem Newton-Verfahren aus Abschnitt 7.6.2, berechnet. Aus $F(x, y) = 0$ folgt aber nicht immer eine explizit darstellbare Funktion $y = f(x)$.

Beispiel 8.13

Nach der Van-der-Waals-Gleichung lautet der Druck eines einmolaren Gases in Abhängigkeit von seinem Volumen und seiner Temperatur

$$p(V, T) = \frac{RT}{V - b} - \frac{a}{V^2} ,$$

wobei R die ideale Gaskonstante und a und b positive Konstanten seien. Um die Extrema dieser Funktion bei festgehaltener Temperatur zu bestimmen, müssen wir die Gleichung

$$0 = \frac{\partial p}{\partial V}(V, T) = -\frac{RT}{(V - b)^2} + \frac{2a}{V^3}$$

lösen. Multiplizieren wir diese Gleichung mit $V^3(V - b)^2$, erhalten wir:

$$-RTV^3 + 2a(V - b)^2 = 0 . \qquad (8.8)$$

Die linke Seite definiert eine Funktion $F(T, V)$, die nicht einfach in expliziter Form nach V aufgelöst werden kann, da es sich um ein Polynom dritter Ordnung in V handelt. Wir können die Gleichung jedoch numerisch lösen. Dazu geben wir ein T vor und berechnen alle Nullstellen der Funktion $g(V) = -RTV^3 + 2a(V - b)^2$. Es zeigt sich, dass die Existenz von Nullstellen V von dem Wert der Temperatur abhängt. Es gibt einen Temperaturwert T^*, sodass die Gleichung $g(V) = 0$ keine Lösung V besitzt, falls $T > T^*$, und zwei Lösungen, falls $T < T^*$. Ist die Temperatur also hinreichend klein, so gibt es zwei kritische Punkte und (in dieser Situation) zwei Extrema des Druckes.

Wie kann man nun allgemein erkennen, ob eine Gleichung der Form $F(x, y) = 0$ eine Funktion $y = f(x)$ definiert? Dies ergibt sich besonders leicht mithilfe einer grafischen Darstellung. Man führt hierzu die Funktion $z = F(x, y)$ ein, die grafisch durch eine Fläche im Raum dargestellt wird. Die x- und y-Werte, die die Beziehung $F(x, y) = 0$ erfüllen, liegen dann alle auf derjenigen Kurve, die sich als Schnitt der betrachteten Fläche mit der Ebene $z = 0$, also der (x, y)-Ebene, ergibt. Liegt nun die betrachtete Fläche $z = F(x, y)$ vollständig im oberen Halbraum, ist also für alle reellen Werte von x und y die Größe z größer als null, so gibt es keine solche Schnittkurve und somit keine Wertepaare von x und y, die (8.7) erfüllen. Das Gleiche ist der Fall, wenn die Fläche vollständig im unteren Halbraum liegt. Nur wenn z in $z = F(x, y)$ in geeigneter Weise zum Teil positive und zum Teil negative Werte annimmt, wird durch $F(x, y) = 0$ eine Funktion $y = f(x)$ definiert.

Beispiel 8.14

Als Beispiel betrachten wir die Gleichung $x^2 + y^2 + 2 = 0$. Die gemäß $z = F(x, y)$ gebildete Funktion lautet $z = x^2 + y^2 + 2$. Man sieht, dass für alle reellen Werte von x und y gilt, dass $z > 0$. Durch die obige Gleichung ist also kein echter funktioneller Zusammenhang zwischen x und y definiert.

Von großer Bedeutung für Funktionen in impliziter Darstellung ist das folgende Resultat:

Satz 8.3 Satz über implizite Funktionen

Sei $F(x, y)$ eine stetig differenzierbare Funktion. Hat man einen Punkt (x_0, y_0) gefunden, für den $F(x_0, y_0) = 0$ gilt, und ist außerdem die Bedingung

$$F_y(x_0, y_0) \neq 0$$

erfüllt, so definiert die Gleichung $F(x, y) = 0$ mindestens in einer kleinen Kreisscheibe mit Mittelpunkt (x_0, y_0) eine stetig differenzierbare Funktion $y = f(x)$. Für die Ableitung dieser Funktion gilt:

$$y' = -\frac{F_x(x, y)}{F_y(x, y)} . \tag{8.9}$$

Die Gleichung (8.9) lässt sich übrigens leicht herleiten. Dazu setzen wir $y = f(x)$ in $F(x, y) = 0$ ein und erhalten $F(x, f(x)) = 0$. Daher ist auch $\mathrm{d}F/\mathrm{d}x = 0$. Unter Anwendung der Kettenregel (8.5) ergibt sich daraus:

$$0 = \frac{\mathrm{d}F}{\mathrm{d}x} = \frac{\partial F}{\partial x}\frac{\partial x}{\partial x} + \frac{\partial F}{\partial y}\frac{\partial y}{\partial x} .$$

Wegen $\partial x/\partial x = 1$ folgt daraus $0 = F_x \cdot 1 + F_y \cdot y'$ und damit (8.9).

Der oben angeführte Satz lässt sich auch auf Funktionen in mehr als zwei Variablen mit $F(x_1, x_2, \ldots, x_n, y) = 0$ übertragen. Insbesondere erhält man dann für die partielle Ableitung von y:

$$\frac{\partial y}{\partial x_i} = -\frac{F_{x_i}}{F_y} .$$

Die angegebenen Gleichungen kann man unter anderem dazu verwenden, um Funktionen in impliziter Darstellung zu differenzieren. Bei Gleichungen, die sich nicht explizit nach y auflösen lassen, ist das der einzige Weg der Differenziation. Bei auflösbaren Gleichungen ist die Differenziation der implizit gegebenen Funktion oft einfacher als bei expliziter Darstellung. Bei der Differenziation der impliziten Funktion erhält man allerdings y' als Funktion von x und y, also nicht von x allein.

Beispiel 8.15

1. Nehmen wir als Beispiel die Funktion $x^2 + y^2 - r^2 = 0$, wobei $r > 0$ eine Konstante sei. Mithilfe von (8.9) erhalten wir für $F(x, y) = x^2 + y^2 - r^2$ wegen $F_x = 2x$, $F_y = 2y$:

$$y' = -\frac{2x}{2y} = -\frac{x}{y} .$$

Ohne Zuhilfenahme dieses Satzes müssen wir die gegebene Funktion erst nach y auflösen, $y = \pm\sqrt{r^2 - x^2}$, und dann differenzieren, was komplizierter als im ersten Fall ist, weil jetzt eine Wurzel differenziert werden muss. Es ergibt sich:

$$y' = \mp\frac{2x}{2\sqrt{r^2 - x^2}} = \mp\frac{x}{\sqrt{r^2 - x^2}} \ .$$

Dieses Ergebnis stimmt mit dem obigen Resultat überein, wenn man dort y durch $\pm\sqrt{r^2 - x^2}$ ersetzt.

2. Ein Beispiel aus der Chemie stellt die bereits weiter oben betrachtete Van-der-Waals-Gleichung

$$\left(p + \frac{a}{V^2}\right)(V - b) - RT = 0 \tag{8.10}$$

dar, die das Molvolumen V eines reellen Gases mit dem Druck p und der Temperatur T verknüpft. Will man $\partial V/\partial p$ direkt ausrechnen, so muss man diese Gleichung zunächst nach V auflösen. Das bedeutet, wie wir weiter oben verdeutlicht haben, das Auflösen einer Gleichung dritten Grades, was mit beträchtlichen Schwierigkeiten verbunden ist. Durch implizite Differenziation ergibt sich dagegen in einfacherer Weise für $F(p, V) = (p + a/V^2)(V - b) - RT$:

$$\begin{aligned}\frac{\partial V}{\partial p} &= -\frac{F_p}{F_V} = -\frac{V - b}{p + a/V^2 + (V - b)(-2a/V^3)} \\ &= -\frac{V - b}{p - a/V^2 + 2ab/V^3} \ .\end{aligned}$$

8.1.7
Partielle Ableitungen in der Thermodynamik

Wir wollen nun auf eine Schreibweise der partiellen Ableitung eingehen, die besonders in der Thermodynamik üblich ist. Man pflegt dort den partiellen Differenzialquotienten in eine Klammer zu setzen und außerdem die bei der Differenziation konstant gehaltenen Variablen als Index anzuführen. Betrachten wir z. B. die Funktion $z = z(u, v, w)$. Für die partielle Ableitung dieser Funktion nach v würde man gemäß dieser Vereinbarung schreiben

$$\left(\frac{\partial z}{\partial v}\right)_{u,w}$$

anstelle von $\partial z/\partial v$.

Die Angabe der konstant gehaltenen Variablen ist überflüssig, solange feststeht, welche Größen jeweils insgesamt als Variablen auftreten. Führt man aber z. B. Variablentransformationen durch und geht nicht auf andere Art hervor, welche jeweils die konstant gehaltenen Variablen sind, so muss man diese, wie oben angedeutet, angeben. Dies ist vor allem in der Thermodynamik notwendig. Man kann z. B. die Entropie S eines Systems als Funktion der Temperatur T, des Volumens V und der Anzahl der Mole n angeben, $S = f(T, V, n)$. Für die Ableitung der Entropie S nach T bei konstant gehaltenem V und n schreibt man dann:

$$\left(\frac{\partial S}{\partial T}\right)_{V,n} . \tag{8.11}$$

Das Volumen V ist nun eine Funktion von T, n und dem Druck p. Man kann daher V in der obigen Gleichung durch diese Funktion ersetzen und erhält dann die Entropie S als eine neue Funktion φ von T, p und n, $S = \varphi(T, p, n)$. Für die Ableitung dieser Funktion nach T, d. h. für die Ableitung der Entropie nach T bei konstant gehaltenem Druck p und konstant gehaltener Molzahl n, schreibt man nun

$$\left(\frac{\partial S}{\partial T}\right)_{p,n} . \tag{8.12}$$

Da die Funktion in (8.12) von der in (8.11) verschieden ist, ist auch die eben erhaltene Ableitung von der vorher angegebenen verschieden, sodass man die entsprechenden Indizes zur Unterscheidung anbringen muss.

Beispiel 8.16
Wir wollen die entsprechenden partiellen Ableitungen für den Fall eines idealen Gases explizit ausrechnen. Die Entropie eines idealen Gases ist als Funktion von T, V und n gegeben durch

$$S = nc_v \ln T + nR \ln V - nR \ln n + a_1 , \tag{8.13}$$

wobei c_v die Molwärme, R die Gaskonstante und a_1 eine Konstante sind. Daher erhält man:

$$\left(\frac{\partial S}{\partial T}\right)_{V,n} = \frac{nc_v}{T} .$$

Andererseits gilt für ein ideales Gas $V = nRT/p$. Setzt man dies in die obige Gleichung für die Entropie ein, so erhält man die Entropie als Funktion von T, p und n:

$$S = nc_v \ln T + nR \ln T - nR \ln p + nR \ln R + a_1 . \tag{8.14}$$

Daraus ergibt sich

$$\left(\frac{\partial S}{\partial T}\right)_{p,n} = \frac{n(c_v + R)}{T} ,$$

also eine von $(\partial S/\partial T)_{V,n}$ verschiedene Funktion.

Würde man die partiellen Ableitungen $(\partial S/\partial T)_{V,n}$ und $(\partial S/\partial T)_{p,n}$ in der Form

$$\frac{\partial f}{\partial T} \quad \text{bzw.} \quad \frac{\partial \varphi}{\partial T}$$

schreiben, so würde sich die Angabe der Indizes erübrigen. Eine solche Schreibweise ist aber nicht üblich. Im Gegenteil, man pflegt als Funktionszeichen gewöhnlich das Symbol für die abhängige Variable, im vorliegenden Beispiel also S anstelle von f oder φ, zu verwenden. Anstelle der Schreibweise $S = f(T, V, n)$ beispielsweise schreibt man $S = S(T, V, n)$. Das Symbol S steht hier als Funktionszeichen für jeweils verschiedene Funktionen. Beispielsweise ist S in (8.13) eine Funktion von T, V, n, während sie in (8.14) eine Funktion der Variablen T, p, n ist.

Von besonderem Interesse ist auch die Frage, wie die partiellen Ableitungen für jeweils verschiedene konstant gehaltene Variablen miteinander zusammenhängen. Man kann dies leicht mithilfe der Kettenregel (8.5) feststellen. Gegeben sei wieder eine Funktion $z = f(u, v, w)$. Die Größe w selbst sei eine Funktion von u, v und einer neuen Variablen x, $w = w(u, v, x)$. Setzt man dies in die obige Gleichung ein, so ergibt sich:

$$z = f(u, v, w(u, v, x)) = \varphi(u, v, x) \; .$$

Betrachtet man die zuletzt geschriebene Beziehung, so erhält man mithilfe von (8.5):

$$\frac{\partial \varphi}{\partial u} = \frac{\partial f}{\partial u} + \frac{\partial f}{\partial w}\frac{\partial w}{\partial u} \; .$$

Dafür kann man auch unter Verwendung der hier angegebenen Schreibweise schreiben:

$$\left(\frac{\partial z}{\partial u}\right)_{v,x} = \left(\frac{\partial z}{\partial u}\right)_{v,w} + \left(\frac{\partial z}{\partial w}\right)_{u,v}\left(\frac{\partial w}{\partial u}\right)_{v,x} \; . \tag{8.15}$$

Beispiel 8.17
Für die beiden Funktionen (8.13) und (8.14) ergibt sich, wenn man $z = S$, $u = T$, $v = n$, $w = V$ und $x = p$ setzt:

$$\begin{aligned}\left(\frac{\partial S}{\partial T}\right)_{n,p} &= \left(\frac{\partial S}{\partial T}\right)_{n,V} + \left(\frac{\partial S}{\partial V}\right)_{T,n}\left(\frac{\partial V}{\partial T}\right)_{n,p} \\ &= \left(\frac{\partial S}{\partial T}\right)_{n,V} + \frac{nR}{V}\frac{nR}{p} = \left(\frac{\partial S}{\partial T}\right)_{n,V} + \frac{nR}{T} \; .\end{aligned}$$

Dies stimmt mit dem Resultat aus dem obigen Beispiel überein.

Fragen und Aufgaben

Aufgabe 8.1 Wie viele verschiedene partielle Ableitungen erster Ordnung besitzt eine Funktion in zwei Variablen? Welche anschauliche Bedeutung haben diese Ableitungen?

Aufgabe 8.2 Wie viele erste partielle Ableitungen besitzt eine Funktion $f = (f_1, f_2, f_3, f_4)$, die aus vier Komponenten besteht und von den drei Variablen x_1, x_2 und x_3 abhängt? Wie viele zweite partielle Ableitungen besitzt sie?

Aufgabe 8.3 Unter welcher Voraussetzung ist es möglich, an einer bestimmten Stelle das totale Differenzial einer Funktion $f(x, y)$ zu bilden?

Aufgabe 8.4 Was besagt der Satz von Schwarz?

Aufgabe 8.5 Wie lautet die Kettenregel in allgemeiner Form?

Aufgabe 8.6 Wie differenziert man eine Funktion, die in impliziter Form gegeben ist?

Aufgabe 8.7 Berechne alle ersten und zweiten partiellen Ableitungen von
(i) $z = x^2 \sin y$, (ii) $z = x \cos y + y \cos x + x^3 y$.

Aufgabe 8.8 Bestimme den Gradienten und die Hesse-Matrix der Funktion
$f(x, y, z) = x^2 z \mathrm{e}^{-y}$.

Aufgabe 8.9 Bilde die ersten partiellen Ableitungen mithilfe der Kettenregel:

$$\text{(i) } z = \ln(x + y) \sin(x^2 y) \cos \sqrt{1 + y^2} \,, \qquad \text{(ii) } z = \ln(x^2 y^2 \cos xy + 1) \,.$$

Aufgabe 8.10 Ermittle y' durch implizite Differenziation: (i) $x^3 + y^3 + 2 = 0$, (ii) $yx + y^2 + \ln y = 0$.

Aufgabe 8.11 Bestimme die Determinante der Jacobi-Matrix für die folgende Koordinatentransformation:

$$x = r \sin\varphi \cos\vartheta \,, \qquad y = r \sin\varphi \sin\vartheta \,, \qquad z = r \cos\vartheta \,.$$

Aufgabe 8.12 Die Energie eines idealen Gases ist gegeben durch $E = nRT$. Stelle mithilfe dieser Beziehung sowie mithilfe von (8.13) die Entropie S als Funktion von E, V und n dar. Berechne $(\partial S/\partial n)_{T,p}$ und $(\partial S/\partial n)_{E,p}$.

Aufgabe 8.13 Berechne $\partial V/\partial T$ für ein reales Gas unter Zugrundelegung der Van-der-Waals-Gleichung (8.10).

8.2 Einfache Integrale

Gegeben sei eine Funktion $f(x, y)$, die innerhalb der Grenzen $y = a$ und $y = b$ bezüglich y integrierbar sei. Wir führen diese Integration aus und betrachten dabei x als einen konstanten Parameter. Der Wert des Integrals hängt dann selbstverständlich von x ab. Wir können schreiben:

$$g(x) = \int_a^b f(x, y) \,\mathrm{d}y \,. \tag{8.16}$$

Beispiel 8.18
Wenn z. B. $f(x, y)$ gegeben ist durch $f(x, y) = x^2 + 2y$ und die Integration in den Grenzen $a = 2$ bis $b = 4$ durchgeführt wird, so ergibt sich:

$$g(x) = \int_a^b f(x, y)\,\mathrm{d}y = \int_2^4 (x^2 + 2y)\,\mathrm{d}y = 2x^2 + 12\,.$$

Die resultierende Funktion $g(x)$ hängt also noch von x ab.

Es gilt der folgende wichtige Satz: *Wenn $f(x, y)$ eine im abgeschlossenen Rechteck $[c, d] \times [a, b]$ stetige Funktion von x und y ist, so ist die in* (8.16) *definierte Funktion stetig bezüglich x.*

Wir können nun danach fragen, ob die obige Funktion $g(x)$ differenzierbar ist. Dies ist unter geeigneten Voraussetzungen der Fall: *Wenn $f(x, y)$ und $f_x(x, y)$ im abgeschlossenen Rechteck $[c, d] \times [a, b]$ existieren und stetig sind, so ist die Funktion* (8.16) *im Intervall $[c, d]$ bezüglich x differenzierbar, und es gilt:*

$$g'(x) = \frac{\mathrm{d}}{\mathrm{d}x} \int_a^b f(x, y)\,\mathrm{d}y = \int_a^b \frac{\partial f}{\partial x}(x, y)\,\mathrm{d}y\,.$$

Differenziation bezüglich x und Integration bezüglich y können also miteinander vertauscht werden. Dies ist insofern einsichtig, als die Grenzwertprozesse, durch die die Differenziation bzw. die Integration definiert sind, bezüglich verschiedener Variablen durchgeführt werden und sich gegenseitig nicht „beeinflussen".

Beispiel 8.19
Als Beispiel betrachten wir wieder die Funktion $f(x, y) = x^2 + 2y$. Durch Integration in den Grenzen $a = 0$ bis $b = 2$ erhalten wir:

$$g(x) = \int_0^2 (x^2 + 2y)\,\mathrm{d}y = 2x^2 + 4\,.$$

Die Differenziation nach x ergibt $g'(x) = 4x$. Dasselbe Ergebnis erhalten wir, wenn wir $f(x, y)$ zunächst differenzieren und erst anschließend integrieren:

$$\frac{\mathrm{d}}{\mathrm{d}x} \int_0^2 f(x, y)\,\mathrm{d}y = \int_0^2 \frac{\partial f}{\partial x}(x, y)\,\mathrm{d}y = \int_0^2 2x\,\mathrm{d}y = 4x\,.$$

Von besonderem Interesse ist der Fall, dass die Grenzen a und b in (8.16) Funktionen von x sind:

$$g(x) = \int_{\psi_1(x)}^{\psi_2(x)} f(x, y)\,\mathrm{d}y\,.$$

Es gilt dann unter der Voraussetzung, dass $f(x, y)$, $\psi_1(x)$ und $\psi_2(x)$ stetige Ableitungen nach x besitzen:

$$g'(x) = \int_{\psi_1(x)}^{\psi_2(x)} f_x(x, y)\,\mathrm{d}y - f(x, \psi_1(x))\psi_1'(x) + f(x, \psi_2(x))\psi_2'(x)\,. \qquad (8.17)$$

Diese Beziehung können wir folgendermaßen einsehen: Zunächst beachten wir, dass $g(x)$ nicht nur unmittelbar von x abhängt, sondern auch über $\psi_1(x)$ und $\psi_2(x)$. Man kann daher schreiben $g(x) = \varphi(x, \psi_1(x), \psi_2(x))$, wobei φ eine geeignete Funktion ist. Unter Anwendung der Kettenregel (8.5) erhalten wir daraus:

$$g'(x) = \frac{\partial\varphi}{\partial x} + \frac{\partial\varphi}{\partial\psi_1}\frac{\partial\psi_1}{\partial x} + \frac{\partial\varphi}{\partial\psi_2}\frac{\partial\psi_2}{\partial x}\,.$$

Hierbei stellt $\partial\varphi/\partial x$ die Ableitung des Integrals bei konstanten Grenzen $\psi_1(x)$ und $\psi_2(x)$ dar und ist somit gleich $\int_{\psi_1(x)}^{\psi_2(x)} f_x(x, y)\,\mathrm{d}y$. Die Ableitung $\partial\varphi/\partial\psi_2$ des Integrals nach der oberen Grenze bei konstanter unterer Grenze und konstantem x ist nach dem Hauptsatz der Differenzial- und Integralrechnung (7.30) gleich $f(x, \psi_2(x))$. Entsprechend ist $\partial\varphi/\partial\psi_1$ gleich $-f(x, \psi_1(x))$. Addieren wir diese Größen, erhalten wir schließlich (8.17).

Beispiel 8.20

Als Beispiel differenzieren wir die Funktion

$$g(x) = \int_{x^2}^{\sin x} xy\,\mathrm{d}y\,.$$

Es ergibt sich über (8.17):

$$g'(x) = \int_{x^2}^{\sin x} y\,\mathrm{d}y - x^3 \cdot 2x + x\sin x\cos x = \int_{x^2}^{\sin x} y\,\mathrm{d}y - 2x^4 + x\sin x\cos x\,.$$

Ist $f(x, y)$ eine in x und y stetige Funktion, so ist die Funktion $g(x) = \int_a^b f(x, y)\,\mathrm{d}y$ stetig und insbesondere integrierbar. Man kann also das Integral

$$\int_c^d g(x)\,\mathrm{d}x = \int_c^d \left(\int_a^b f(x, y)\,\mathrm{d}y \right) \mathrm{d}x$$

bestimmen. Die angegebene Schreibweise mit den zwei Klammern ist etwas schwerfällig, und man schreibt statt dessen für gewöhnlich:

$$\int_c^d \int_a^b f(x, y)\,\mathrm{d}y\,\mathrm{d}x\,.$$

Bei dieser Schreibweise muss man beachten, dass das innere Differenzial dy zum inneren Integralzeichen $\int_a^b$ gehört. In der Physik ist auch die Schreibweise

$$\int_c^d \mathrm{d}x \int_a^b \mathrm{d}y\, f(x,y)$$

gebräuchlich. Man schreibt hier jeweils das Differenzial unmittelbar hinter das Integralzeichen, so dass jeweils eindeutig ist, auf welche Integrationsvariable sich das Integralzeichen bezieht.

Bei einer zweifachen Integration, wie sie hier beschrieben wurde, spricht man für gewöhnlich von einem *Doppelintegral* oder einem *iterierten Integral*. Es gilt nun das folgende wichtige Resultat:

Satz 8.4 Satz von Fubini

Das Doppelintegral der im abgeschlossenen Rechteck $[c,d] \times [a,b]$ stetigen Funktion $f(x,y)$ ist unabhängig von der Reihenfolge der Integrationen, d. h., es gilt:

$$\int_c^d \int_a^b f(x,y)\,\mathrm{d}y\,\mathrm{d}x = \int_a^b \int_c^d f(x,y)\,\mathrm{d}x\,\mathrm{d}y\,. \tag{8.18}$$

Beispiel 8.21

Wir betrachten als Beispiel die Funktion $f(x,y) = x^2 + 2y$, die im abgeschlossenen Rechteck $[0,1] \times [0,2]$ stetig ist. Wenn wir als Erstes über y und danach über x integrieren, erhalten wir:

$$\int_0^1 \int_0^2 f(x,y)\,\mathrm{d}y\,\mathrm{d}x = \int_0^1 \int_0^2 (x^2 + 2y)\,\mathrm{d}y\,\mathrm{d}x = \int_0^1 (2x^2 + 4)\,\mathrm{d}x = \frac{2}{3} + 4 = \frac{14}{3}\,.$$

Bei umgekehrter Reihenfolge der Integration ergibt sich dasselbe Ergebnis:

$$\int_0^2 \int_0^1 f(x,y)\,\mathrm{d}x\,\mathrm{d}y = \int_0^2 \int_0^1 (x^2 + 2y)\,\mathrm{d}x\,\mathrm{d}y = \int_0^2 \left(\frac{1}{3} + 2y\right)\mathrm{d}y = \frac{2}{3} + 4 = \frac{14}{3}\,.$$

Fragen und Aufgaben

Aufgabe 8.14 Unter welchen Voraussetzungen darf man im Ausdruck

$$\frac{\mathrm{d}}{\mathrm{d}x}\int f(x,y)\,\mathrm{d}y$$

die Differenziation und die Integration miteinander vertauschen?

Aufgabe 8.15 Auf welche Arten kann man eine zweifach hintereinander auszuführende Integration über zwei verschiedene Variablen schreiben? Unter welchen Bedingungen darf man die Reihenfolge der Integrationen vertauschen?

Aufgabe 8.16 Gegeben ist die Funktion $f(x,y) = xy^2 + y\sin x$. Zeige durch explizites Ausrechnen der linken und rechten Seite, dass gilt:

$$\int_0^2\int_0^\pi f(x,y)\,\mathrm{d}x\,\mathrm{d}y = \int_0^\pi\int_0^2 f(x,y)\,\mathrm{d}y\,\mathrm{d}x\ .$$

Aufgabe 8.17 Zeige durch explizites Ausrechnen, dass

$$\frac{\mathrm{d}}{\mathrm{d}y}\int_0^\pi f(x,y)\,\mathrm{d}x = \int_0^\pi \frac{\partial f}{\partial y}(x,y)\,\mathrm{d}x$$

für (i) $f(x,y) = x\sin y + \cos y$, (ii) $f(x,y) = x\mathrm{e}^{xy} + x\ln y$ gilt.

Aufgabe 8.18 Das durch ein elektrisches Feld E induzierte Dipolmoment M ist gegeben durch

$$M = \frac{N\int_0^\pi m\mathrm{e}^{mE\cos\vartheta/(k_\mathrm{B}T)}\cos\vartheta\sin\vartheta\,\mathrm{d}\vartheta}{\int_0^\pi \mathrm{e}^{mE\cos\vartheta/(k_\mathrm{B}T)}\sin\vartheta\,\mathrm{d}\vartheta}\ ,$$

wobei m das Dipolmoment eines Moleküls, N die Anzahl der Moleküle je Volumeneinheit, k_B die Boltzmann-Konstante und T die Temperatur seien. Berechne M durch Berechnung der Integrale. Anleitung: Substituiere $x = \cos\vartheta$ und führe eine partielle Integration durch.

8.3 Bereichsintegrale

8.3.1 Definition des zweidimensionalen Bereichsintegrals

Das bestimmte Integral einer Funktion einer Variablen $f(x)$ in den Grenzen a und b wurde in Abschnitt 7.2 als Grenzwert der Summe $\sum_{i=1}^n f(x_i)\Delta x$ mit $n \to \infty$ definiert. Anschaulich gedeutet stellt dieses Integral die Fläche zwischen der

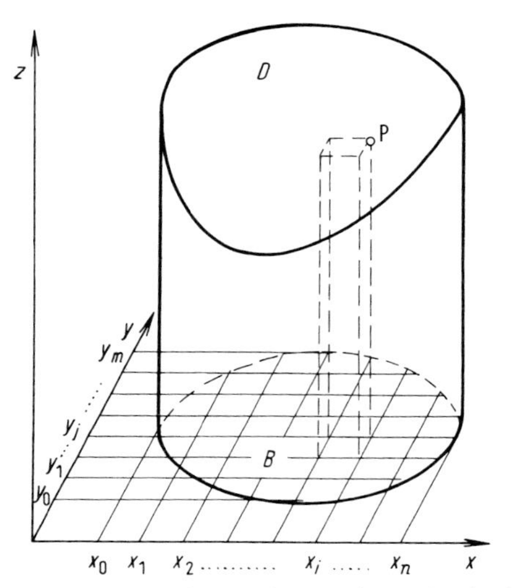

Abb. 8.5 Zur Definition des zweidimensionalen Bereichsintegrals.

durch die Funktion $f(x)$ dargestellten Kurve und der x-Achse dar. In gleicher Weise kann man nun bei einer Funktion in zwei Variablen durch den Grenzwert einer Doppelsumme ein sogenanntes *Bereichsintegral* definieren, das anschaulich ein Volumen darstellt.

Wir betrachten einen einfach zusammenhängenden Bereich B in der (x, y)-Ebene und eine auf B definierte nicht negative stetige Funktion $f(x, y)$, die durch das Flächenstück D dargestellt sei (siehe Abb. 8.5). Wir erinnern, dass wir einen Bereich als einfach zusammenhängend bezeichnet haben, wenn jede geschlossene Kurve im Bereich zu einem Punkt zusammengezogen werden kann, ohne dass sie den Bereich verlässt (siehe Abschnitt 4.3.2). Durch den Bereich B als Grundfläche und D als Deckfläche ist ein zylindrischer Körper bestimmt. Das Volumen dieses Körpers soll berechnet werden.

Wir legen hierzu durch den vorgegebenen Bereich eine Schar von Geraden, die parallel zur y-Achse liegen und die die x-Werte $x_0, x_1, x_2, \dots, x_n$ besitzen. Die Abstände benachbarter Geraden bezeichnen wir mit $\Delta x_i = x_i - x_{i-1}$. Analog legen wir durch den Bereich noch eine entsprechende Schar von Geraden, die parallel zur x-Achse liegen, mit den y-Werten $y_0, y_1, y_2, \dots, y_m$. Die Abstände zwischen ihnen bezeichnen wir mit $\Delta y_j = y_j - y_{j-1}$. Durch die Geradenscharen werden $n \cdot m$ Rechtecke mit dem jeweiligen Flächeninhalt $\Delta x_i \cdot \Delta y_j$ geschaffen. Wenn wir nun den Flächeninhalt $\Delta x_i \Delta y_j$ eines Rechteckes mit dem dazugehörigen Funktionswert $f(x_i, y_j)$ multiplizieren, so erhalten wir das Volumen eines schmalen Quaders, der auf dem Rechteck als Grundfläche aufgebaut wird und der einen Punkt mit der Fläche D gemeinsam hat (siehe Abb. 8.5). Die Deckfläche des Quaders ist parallel zur (x, y)-Ebene und daher im Allgemeinen nicht identisch mit der Fläche D. Je kleiner Δx_i und Δy_j jedoch sind, desto geringer wird die Abweichung von dieser Fläche. Wenn man nun die Volumina der Quader über sämtliche Rechtecke, die im Bereich B liegen, summiert, so erhält man daher angenähert das gesuchte Volumen V:

$$V \approx \sum_{j=1}^{m} \sum_{i=1}^{n} f(x_i, y_j) \Delta x_i \Delta y_j \; .$$

Wir wählen nun die Einteilung so, dass alle Werte Δx_i und alle Werte Δy_i jeweils gleich sind, und setzen dementsprechend $\Delta x = \Delta x_i$ und $\Delta y = \Delta y_j$ für alle i und j. Geht man dann zum Grenzwert $n \to \infty$ und $m \to \infty$ über, so gehen die Intervalllängen Δx und Δy gegen null, und man erhält den exakten Wert für das Volumen:

$$V = \lim_{m\to\infty} \lim_{n\to\infty} \sum_{j=1}^{m} \sum_{i=1}^{n} f(x_i, y_j) \Delta x \Delta y \; .$$

Die Verhältnisse liegen hier ähnlich wie bei der Definition des bestimmten Integrals einer Funktion durch die Summe der Flächeninhalte der Rechtecke (siehe Abb. 7.7b). Den erhaltenen Ausdruck für V bezeichnet man auch als das *Bereichsintegral* der Funktion $f(x, y)$ über den Bereich B und schreibt dafür:

$$\iint\limits_B f(x, y) \,\mathrm{d}x \,\mathrm{d}y \; .$$

Die gleiche Überlegung lässt sich auch für den Fall durchführen, dass $f(x, y)$ negativ wird, nur ist dann der entsprechende Beitrag zum Bereichsintegral ebenfalls negativ.

Wir können also zusammenfassend sagen: *Ist $f(x, y)$ eine im Bereich B der (x, y)-Ebene stetige Funktion, so ist das Volumen zwischen der Fläche, die durch diese Funktion gegeben ist, und der (x, y)-Ebene durch das Bereichsintegral*

$$\iint\limits_B f(x, y) \,\mathrm{d}x \,\mathrm{d}y = \lim_{m\to\infty} \lim_{n\to\infty} \sum_{j=1}^{m} \sum_{i=1}^{n} f(x_i, y_j) \Delta x \Delta y \tag{8.19}$$

gegeben. Dabei werden Volumenanteile oberhalb der (x, y)-Ebene positiv, solche unterhalb dieser Ebene negativ gezählt.

Anstelle der Bezeichnung (8.19) kann das Bereichsintegral auch als

$$\int\limits_B f(x, y) \,\mathrm{d}y \,\mathrm{d}x \quad \text{oder} \quad \int\limits_B f(x, y) \,\mathrm{d}(x, y)$$

formuliert werden. Fasst man die Koordinaten x und y zum Vektor $\boldsymbol{u} = (x, y)^{\mathrm{T}}$ zusammen, so ist auch die Schreibweise

$$\int\limits_B f(\boldsymbol{u}) \,\mathrm{d}\boldsymbol{u}$$

gebräuchlich.

8.3.2 Berechnung des zweidimensionalen Bereichsintegrals

Es stellt sich nun die Frage, ob es einfache Methoden zur Berechnung eines Bereichsintegrals gibt. Wir werden im Folgenden zeigen, dass sich das Bereichsintegral auf zwei einfache Integrale zurückführen lässt. Wir zerlegen hierzu den Körper in n Scheiben der Breite Δx, die parallel zur (y, z)-Ebene liegen. Eine solche Scheibe ist in Abb. 8.6 durch Schraffierung gekennzeichnet. Das Volumen des betrachteten Körpers ist durch die Summe der Volumina dieser Scheiben gegeben, wenn gleichzeitig mit der Summenbildung n gegen unendlich und die Breite Δx der Scheiben gegen null geht.

Wir berechnen nun zunächst das Volumen einer einzigen Scheibe. Der Bereich B in der (x, y)-Ebene sei in y-Richtung durch die Kurven $\psi_1(x)$ und $\psi_2(x)$ begrenzt (siehe die durchgezogene Linie bzw. die gestrichelte Linie in Abb. 8.6). Die Angabe der Grenzen durch je eine Funktion $\psi_1(x)$ und $\psi_2(x)$ ist immer dann möglich, wenn jede Parallele zur y-Achse den Bereich nur höchstens zweimal schneidet, was hier zunächst vorausgesetzt werden soll. Die Seitenfläche der i-ten Scheibe hat als Grundlinie eine Gerade, die im Abstand x_{i-1} parallel zur y-Achse liegt und die die Länge $\psi_2(x_i) - \psi_1(x_i)$ besitzt.

Nach oben hin ist diese Fläche durch die Kurve $z = f(x_i, y)$ begrenzt, wobei x_i ein konstanter Wert ist und y variabel mit Werten im Intervall $[\psi_1(x), \psi_2(x)]$ gewählt wird. Der Inhalt dieser Fläche hängt von x_i ab und wird daher mit $g(x_i)$ bezeichnet. Er kann (7.20) zufolge dem bestimmten Integral

$$g(x_i) = \int\limits_{\psi_1(x_i)}^{\psi_2(x_i)} f(x_i, y)\,\mathrm{d}y \tag{8.20}$$

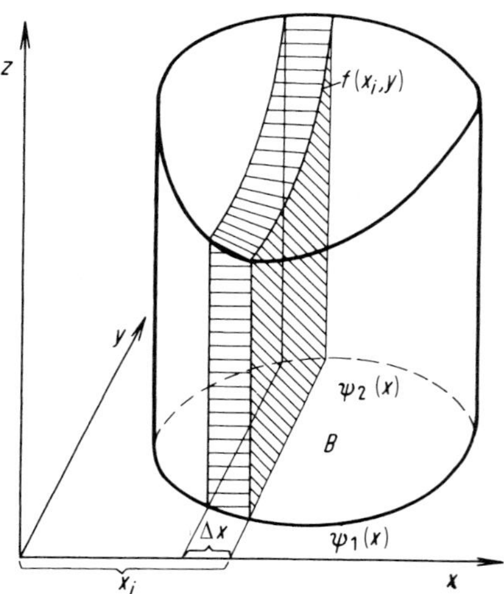

Abb. 8.6 Einteilung des zu berechnenden Volumens in Scheiben.

gleichgesetzt werden. Der Rauminhalt der betrachteten i-ten Scheibe beträgt daher:

$$\Delta x \cdot g(x_i) = \Delta x \int\limits_{\psi_1(x_i)}^{\psi_2(x_i)} f(x_i, y)\,\mathrm{d}y\ .$$

Das Volumen des gesamten Körpers ist durch die Summe der Volumina der Scheiben gegeben:

$$V = \lim_{n\to\infty} \sum_{i=1}^{n} g(x_i)\Delta x\ .$$

Da der Grenzwert in dieser Gleichung definitionsgemäß das bestimmte Integral über die Funktion $g(x)$ in den Grenzen a bis b darstellt, können wir mithilfe von (8.20) schreiben:

$$V = \int\limits_a^b g(x)\,\mathrm{d}x = \int\limits_a^b \left(\int\limits_{\psi_1(x)}^{\psi_2(x)} f(x, y)\,\mathrm{d}y \right) \mathrm{d} = \int\limits_a^b \int\limits_{\psi_1(x)}^{\psi_2(x)} f(x, y)\,\mathrm{d}y\,\mathrm{d}x\ .$$

Man sieht also: *Die Berechnung eines Bereichsintegrals lässt sich auf zwei gewöhnliche Integrationen zurückführen, wobei gilt*

$$\iint\limits_B f(x, y)\,\mathrm{d}x\,\mathrm{d}y = \int\limits_a^b \int\limits_{\psi_1(x)}^{\psi_2(x)} f(x, y)\,\mathrm{d}y\,\mathrm{d}x\ . \tag{8.21}$$

Beispiel 8.22

Als erstes Beispiel wollen wir das Integral der Funktion $z = xy$ über den in Abb. 8.7a angegebenen Bereich B berechnen. Der Bereich ist ein Viertelkreis mit dem Radius zwei. Seine untere Begrenzungskurve ist durch die Gleichung $y = 0$ gegeben, sodass $\psi_1(x) = 0$ ist, seine obere Begrenzungskurve durch die Gleichung $y = \sqrt{4 - x^2}$, sodass $\psi_2(x) = \sqrt{4 - x^2}$ gilt. Die Integration über x muss sich von 0 bis 2 erstrecken. Wir erhalten somit:

$$\iint\limits_B f(x, y)\,\mathrm{d}x\,\mathrm{d}y = \int\limits_0^2 \int\limits_0^{\sqrt{4-x^2}} xy\,\mathrm{d}y\,\mathrm{d}x = \int\limits_0^2 \left[\frac{x}{2}y^2\right]_0^{\sqrt{4-x^2}} \mathrm{d}x = \int\limits_0^2 \frac{x}{2}(4 - x^2)\,\mathrm{d}x$$
$$= \int\limits_0^2 \left(2x - \frac{x^3}{2}\right) \mathrm{d}x = \left[x^2 - \frac{x^4}{8}\right]_0^2 = 4 - 2 = 2\ .$$

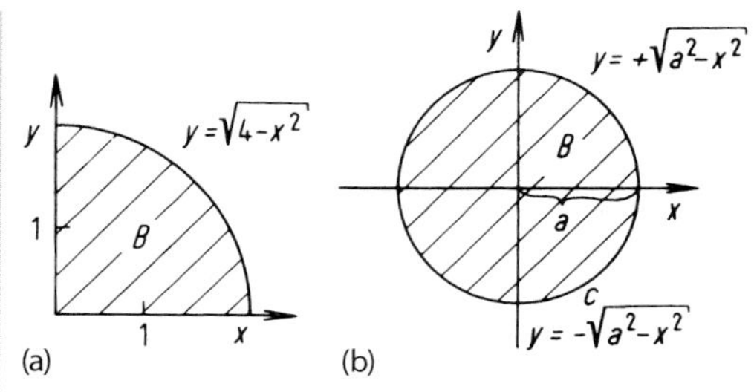

Abb. 8.7 Integrationsbereich zum ersten Beispiel (a) und zum zweiten Beispiel (b).

Als zweites Beispiel berechnen wir das Volumen eines Zylinders, dessen Basis ein Kreis in der (x, y)-Ebene um den Koordinatenursprung mit dem Radius a und dessen Höhe gleich H ist. Die Deckfläche liegt dann parallel zur (x, y)-Ebene im Abstand H und ist somit durch die Gleichung $z = H$ gegeben. Die Funktion $f(x, y)$, über die integriert wird, ist daher die Konstante H. Der Integrationsbereich ist ein Kreis. Er wird in y-Richtung nach oben hin durch die Kurve $\sqrt{a^2 - x^2}$ und nach unten hin durch die Kurve $-\sqrt{a^2 - x^2}$ begrenzt, sodass $\psi_1(x) = -\sqrt{a^2 - x^2}$ und $\psi_2(x) = \sqrt{a^2 - x^2}$ ist (siehe Abb. 8.7b). Die Variable x liegt im Intervall $[-a, a]$. Wir erhalten somit mit der Substitution $u = x/a$ (also $\mathrm{d}u = \mathrm{d}x/a$):

$$
\begin{aligned}
V &= \iint\limits_B f(x, y)\,\mathrm{d}x\,\mathrm{d}y = \int\limits_{-a}^{a} \int\limits_{-\sqrt{a^2-x^2}}^{\sqrt{a^2-x^2}} H\,\mathrm{d}y\,\mathrm{d}x = \int\limits_{-a}^{a} Hy\Big|_{y=-\sqrt{a^2-x^2}}^{y=\sqrt{a^2-x^2}}\,\mathrm{d}x \\
&= 2H \int\limits_{-a}^{a} \sqrt{a^2 - x^2}\,\mathrm{d}x = 2Ha \int\limits_{-a}^{a} \sqrt{1 - \frac{x^2}{a^2}}\,\mathrm{d}x \\
&= 2Ha^2 \int\limits_{-1}^{1} \sqrt{1 - u^2}\,\mathrm{d}u = 2Ha^2 \left[\frac{1}{2}\arcsin u + \frac{u}{2}\sqrt{1 - u^2}\right]_{-1}^{1} \\
&= 2Ha^2 \left(\frac{1}{2}\frac{\pi}{2} + \frac{1}{2}\frac{\pi}{2}\right) = Ha^2\pi \,. \qquad (8.22)
\end{aligned}
$$

Das ist selbstverständlich das gleiche Ergebnis, wie es aus der elementaren Geometrie bekannt ist.

Wir müssen die allgemeinen Ausführungen noch in einigen Punkten ergänzen. Bei der Berechnung des Bereichsintegrals hätte man den in Frage kommenden Körper selbstverständlich auch in Scheiben zerlegen können, die parallel zur (x, z)-Ebene liegen. Man muss in diesem Fall den Bereich, über den integriert wird, durch zwei Kurven charakterisieren, die die obere und untere Grenze der x-Werte angeben und die wir mit $x = \varphi_1(y)$ und $x = \varphi_2(y)$ bezeichnen (siehe

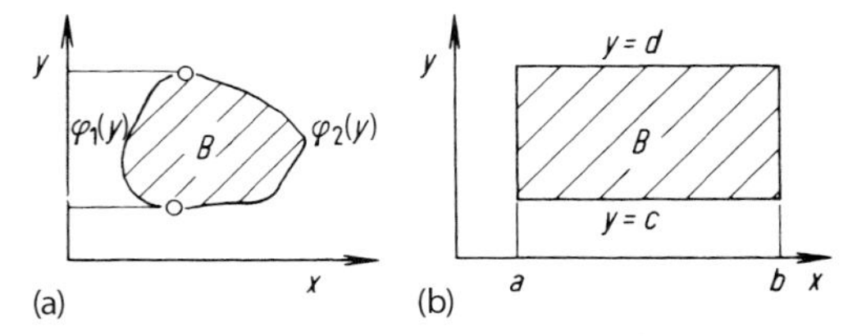

Abb. 8.8 (a) Zur Beschreibung eines Bereiches durch zwei Funktionen $\varphi_1(y)$ und $\varphi_2(y)$. (b) Beispiel für einen rechteckförmigen Bereich.

Abb. 8.8a). Die Integrationsgrenzen von y nennen wir jetzt c und d. In gleicher Weise wie vorher erhalten wir dann für das Bereichsintegral:

$$\iint_B f(x, y)\,\mathrm{d}x\,\mathrm{d}y = \int_c^d \int_{\varphi_1(y)}^{\varphi_2(y)} f(x, y)\,\mathrm{d}x\,\mathrm{d}y \,. \tag{8.23}$$

Beide Arten der Berechnung (8.21) und (8.23) sind gleichwertig.

Des Weiteren wollen wir noch den Sonderfall betrachten, dass der Integrationsbereich ein Rechteck ist, dessen Seiten parallel zur x- bzw. y-Achse liegen. In x-Richtung soll es durch die Geraden $y = c$ und $y = d$ begrenzt werden (siehe Abb. 8.8b). Wenn man dann das Bereichsintegral mithilfe von (8.21) berechnet, so ist $\psi_1(x) = c$ und $\psi_2(x) = d$, und man erhält:

$$\iint_B f(x, y)\,\mathrm{d}x\,\mathrm{d}y = \int_a^b \int_c^d f(x, y)\,\mathrm{d}y\,\mathrm{d}x \,.$$

Berechnet man das Bereichsintegral mithilfe von (8.23), so ist $\varphi_1(y) = a$ und $\varphi_2(y) = b$, und es ergibt sich:

$$\iint_B f(x, y)\,\mathrm{d}x\,\mathrm{d}y = \int_c^d \int_a^b f(x, y)\,\mathrm{d}x\,\mathrm{d}y \,.$$

Man kommt also in beiden Fällen auf das im Abschnitt 8.2 eingeführte Doppelintegral und erkennt durch Vergleich der beiden soeben hergeleiteten Gleichungen mit (8.18) erneut, dass das Ergebnis der Integration unabhängig von der Reihenfolge ist.

Als Letztes schließlich müssen wir noch den Fall betrachten, dass die Randkurve des Bereiches B durch Parallelen zur y-Achse zum Teil auch mehr als zweimal geschnitten wird. Man muss in einem solchen Fall den Bereich in geeigneter Weise in kleinere Integrationsbereiche aufteilen. Bei dem in Abb. 8.9a eingezeichneten Gebiet muss man z. B. unter Benutzung der in dieser Abbildung angegebenen

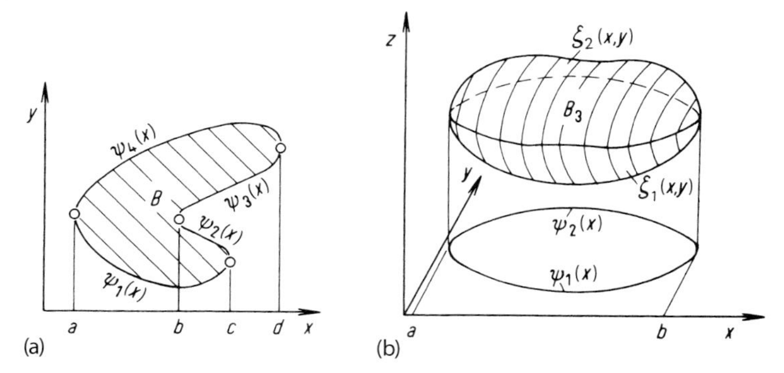

Abb. 8.9 (a) Beispiel für einen Bereich, dessen Randkurve von Parallelen zur y-Achse zum Teil mehr als zweimal geschnitten wird. (b) Beispiel für einen dreidimensionalen Integrationsbereich B_3.

Bezeichnungen schreiben:

$$\iint\limits_B f(x,y)\,\mathrm{d}x\,\mathrm{d}y = \int\limits_a^b \int\limits_{\psi_1(x)}^{\psi_4(x)} f(x,y)\,\mathrm{d}y\,\mathrm{d}x + \int\limits_b^c \int\limits_{\psi_1(x)}^{\psi_2(x)} f(x,y)\,\mathrm{d}y\,\mathrm{d}x$$
$$+ \int\limits_b^d \int\limits_{\psi_3(x)}^{\psi_4(x)} f(x,y)\,\mathrm{d}y\,\mathrm{d}x\;.$$

8.3.3 Allgemeine Bereichsintegrale

Die angeführten Definitionen und Betrachtungen für Integrale über zweidimensionale Bereiche lassen sich auch auf Bereiche in mehr als zwei Dimensionen übertragen.

Gegeben sei eine Funktion in drei Variablen, $u = f(x, y, z)$, die auf einem dreidimensionalen Bereich B_3, wie er etwa in Abb. 8.9b dargestellt ist, definiert und dort stetig sein soll. Wir zerlegen diesen Bereich in eine Anzahl von kleinen Quadern mit den Volumina $\Delta x_i \cdot \Delta y_j \cdot \Delta z_k$ und definieren das dreifache Integral über diesen Bereich in folgender Weise:

$$\iiint\limits_{B_3} f(x,y,z)\,\mathrm{d}x\,\mathrm{d}y\,\mathrm{d}z = \lim_{n\to\infty}\lim_{m\to\infty}\lim_{p\to\infty}\sum_{k=1}^{n}\sum_{j=1}^{m}\sum_{i=1}^{p} f(x_i, y_j, z_k)\Delta x_i \Delta y_j \Delta z_k\;.$$

Man kann dieses Integral in drei gewöhnliche Integrale aufspalten, indem man zuerst bei konstanten Werten von x und y über z integriert, dann bei festem x über y und schließlich über x integriert. Bei der Integration über z hängen die obere und untere Grenze sowohl von x als auch von y ab. Die obere Grenze ist durch die Funktion $z = \xi_2(x, y)$ gegeben, die die Gleichung der oberen Begrenzungsfläche des Bereiches ist (siehe Abb. 8.9b). Entsprechend ist die untere Grenze durch die Gleichung der unteren Begrenzungsfläche $z = \xi_1(x, y)$ gegeben. Bei der Integration über y hängen die Grenzen nur noch von x ab. Sie sind durch die beiden Gleichungen $y = \psi_2(x)$ und $y = \psi_1(x)$ der Kurven, die man durch eine Projektion des Körpers auf die (x, y)-Ebene erhält, gegeben. Die Integration über x geht schließlich von den Grenzen a bis b, die die äußersten Begrenzungspunkte des Körpers in x-Richtung darstellen. Man erhält somit:

$$\iiint\limits_{B_3} f(x, y, z)\,\mathrm{d}x\,\mathrm{d}y\,\mathrm{d}z = \int\limits_a^b \int\limits_{\psi_1(x)}^{\psi_2(x)} \int\limits_{\xi_1(x,y)}^{\xi_2(x,y)} f(x, y, z)\,\mathrm{d}z\,\mathrm{d}y\,\mathrm{d}x\ .$$

Die angestellten Betrachtungen lassen sich in entsprechender Weise auf Bereichsintegrale von beliebig hoher Dimension erweitern.

Beispiel 8.23
Wenn man z. B. das Bereichsintegral über eine Kugel vom Radius b um den Ursprung bildet, so ergibt sich:

$$\iiint\limits_{B_3} f(x, y, z)\,\mathrm{d}x\,\mathrm{d}y\,\mathrm{d}z = \int\limits_{-b}^{b} \int\limits_{-\sqrt{b^2-x^2}}^{\sqrt{b^2-x^2}} \int\limits_{-\sqrt{b^2-x^2-y^2}}^{\sqrt{b^2-x^2-y^2}} f(x, y, z)\,\mathrm{d}z\,\mathrm{d}y\,\mathrm{d}x\ .$$

Selbst für einfache Funktionen $f(x, y, z)$ wird das obige Integral recht kompliziert. Im folgenden Abschnitt erläutern wir, wie wir derartige Integrale mithilfe von Variablentransformationen vereinfachen können.

8.3.4
Transformationsformel

Beim Zurückführen der Bereichsintegrale auf einfache Integrationen werden die Integranden häufig so kompliziert, dass diese Integrationen nicht mehr ohne Weiteres durchführbar sind. Man kann dann in vielen Fällen die Rechnung dadurch vereinfachen, dass man eine Transformation der Variablen vornimmt. Dadurch werden insbesondere die Bereichsgrenzen einfacher. Wenn der Bereich in kartesischen Koordinaten beispielsweise ein Kreis ist, so wird er in Polarkoordinaten ein Rechteck. Das Verfahren entspricht demjenigen einer Substitution einer neuen Variablen bei einfachen Integralen, doch sind hier die Verhältnisse etwas komplizierter.

Wir stellen uns die Aufgabe, im Bereichsintegral

$$\iint\limits_{B} f(x, y)\,\mathrm{d}x\,\mathrm{d}y$$

die durch die Gleichungen

$$x = G(u, v)\ , \qquad y = H(u, v)$$

gegebene Transformation vorzunehmen. Die Abbildung $(x, y) = (G(u, v), H(u, v))$ vermittelt eine vektorwertige Funktion in zwei Variablen, die den Bereich $A \subset \mathbb{R}^2$ auf den Bereich $B \subset \mathbb{R}^2$ abbilden soll. Wir setzen voraus, dass die Determinante der Jacobi-Matrix von (x, y) in A von null verschieden ist:

$$\det \frac{\mathrm{d}(x, y)}{\mathrm{d}(u, v)} = \det \begin{pmatrix} \frac{\partial G}{\partial u} & \frac{\partial G}{\partial v} \\ \frac{\partial H}{\partial u} & \frac{\partial H}{\partial v} \end{pmatrix} \neq 0 \quad \text{für alle} \quad (u, v) \in A\ .$$

Um zu erkennen, wie wir dabei vorgehen müssen, gehen wir auf die Definition des Bereichsintegrals durch eine Doppelsumme gemäß (8.19) zurück. Um in dieser Doppelsumme die einzelnen Rechtecke vom Inhalt $\Delta x\, \Delta y$ ihrer Lage nach zu unterscheiden, benutzen wir anstelle von Δx das Symbol $\Delta x_i = x_i - x_{i-1}$ und statt Δy das Symbol $\Delta y_j = y_j - y_{j-1}$. Wenn wir in der Doppelsumme noch die angegebene Substitution vornehmen, ergibt sich

$$\sum_{j=1}^{m} \sum_{i=1}^{n} f(G(u_i, v_j), H(u_i, v_j))\Delta x_i \Delta y_j\ ,$$

wobei wir die zu x_i und y_j gehörenden (u, v)-Werte mit (u_i, v_j) bezeichnet haben. Um den Ausdruck $\Delta u_i\, \Delta v_j$ in die Gleichung zu bekommen, erweitern wir die Doppelsumme mit $\Delta u_i \Delta v_j$:

$$\sum_{j=1}^{m} \sum_{i=1}^{n} f(G(u_i, v_j), H(u_i, v_j)) \frac{\Delta x_i \Delta y_j}{\Delta u_i \Delta v_j} \Delta u_i \Delta v_j\ . \tag{8.24}$$

Der Quotient $\Delta x_i \Delta y_j / (\Delta u_i \Delta v_j)$ ist nun das Verhältnis des Flächeninhaltes eines Flächenelementes in der (x, y)-Ebene zum Inhalt des dazugehörigen Elementes in der (u, v)-Ebene. Man kann zeigen, dass im Grenzfall unendlich kleiner Flächenelemente dieser Quotient gegen den Betrag der Determinante von $d(x, y)/d(u, v)$ konvergiert. Daher erhalten wir aus (8.24) im Grenzwert für $n \to \infty$ und $m \to \infty$ die *Transformationsformel* in zweidimensionalen Gebieten:

$$\iint_B f(x, y)\,\mathrm{d}x\,\mathrm{d}y = \iint_A f(G(u, v), H(u, v)) \left| \det \frac{\mathrm{d}(x, y)}{\mathrm{d}(u, v)} \right| \mathrm{d}u\,\mathrm{d}v\ . \tag{8.25}$$

Auf der rechten Seite müssen wir über den Bereich A integrieren, da die Funktion $(x, y) = (G(u, v), H(u, v))$ den Bereich A auf B abbildet.

Beispiel 8.24

Wir wollen eine solche Transformation an einem Beispiel erläutern. Zu berechnen sei das Integral

$$\iint_B (x^2 + y^2)\,\mathrm{d}x\,\mathrm{d}y\ ,$$

wobei der Bereich B ein Kreis um den Nullpunkt mit dem Radius a ist. Wir versuchen als Erstes die Berechnung in kartesischen Koordinaten. Es wird dann ähnlich wie bei (8.22):

$$\iint\limits_B (x^2+y^2)\,\mathrm{d}x\,\mathrm{d}y = \int\limits_{-a}^{a}\int\limits_{-\sqrt{a^2-x^2}}^{\sqrt{a^2-x^2}} (x^2+y^2)\,\mathrm{d}y\,\mathrm{d}x = \int\limits_{-a}^{a}\left[x^2 y + \frac{y^3}{3}\right]_{y=-\sqrt{a^2-x^2}}^{y=\sqrt{a^2-x^2}}\mathrm{d}x$$

$$= 2\int\limits_{-a}^{a}\left(x^2\sqrt{a^2-x^2} + \frac{1}{3}\left(\sqrt{a^2-x^2}\right)^3\right)\mathrm{d}x\,.$$

Die Berechnung dieses Integrals ist nicht ohne Weiteres möglich. Es ist sinnvoller, vor der Integration eine Transformation in Polarkoordinaten vorzunehmen, um der Geometrie des zu integrierenden Gebiets Rechnung zu tragen. Transformieren wir also $x = r\cos\varphi$, $y = r\sin\varphi$, so erhalten wir wegen $x^2 + y^2 = r^2$ und

$$\det\frac{\mathrm{d}(x,y)}{\mathrm{d}(r,\varphi)} = \det\begin{pmatrix}\cos\varphi & -r\sin\varphi\\ \sin\varphi & r\cos\varphi\end{pmatrix} = r(\cos^2\varphi + \sin^2\varphi) = r \tag{8.26}$$

mithilfe der Transformationsformel (8.25):

$$\iint\limits_B (x^2+y^2)\,\mathrm{d}x\,\mathrm{d}y = \iint\limits_A r^2\cdot r\,\mathrm{d}\varphi\,\mathrm{d}r\,.$$

Dem Kreis in der (x, y)-Ebene entspricht in der (r, φ)-Ebene das Rechteck $[0, a)\times[0, 2\pi)$. Wir erhalten somit $A = [0, a)\times[0, 2\pi)$ und

$$\iint\limits_B (x^2+y^2)\,\mathrm{d}x\,\mathrm{d}y = \int\limits_0^a\int\limits_0^{2\pi} r^3\,\mathrm{d}\varphi\,\mathrm{d}r = \int\limits_0^a [r^3\varphi]_0^{2\pi}\,\mathrm{d}r = 2\pi\frac{r^4}{4}\bigg|_0^a = \frac{a^4\pi}{2}\,.$$

Die Transformationsformel lässt sich auch auf höherdimensionale Integrale übertragen. Sei dazu $f(x_1,\dots,x_n)$ eine Funktion in n Variablen. Wir nehmen an, dass die Größen x_i wiederum durch die Funktionen

$$x_i = G_i(u_1,\dots,u_n)\,,\quad i = 1,\dots,n\,,$$

gegeben sind. Setzen wir $\boldsymbol{x} = (x_1,\dots,x_n)$ und $\boldsymbol{u} = (u_1,\dots,u_n)$, so wird der Funktionalzusammenhang einfach $\boldsymbol{x} = G(\boldsymbol{u})$, wobei G eine vektorwertige Funktion mit den Komponenten $G_1,\dots,G_n$ ist. Das Ziel ist nun, das Integral

$$\int\limits_B f(\boldsymbol{x})\,\mathrm{d}\boldsymbol{x} = \int\cdots\int\limits_B f(x_1,\dots,x_n)\,\mathrm{d}x_1\cdots\mathrm{d}x_n$$

mittels der Variablen $\boldsymbol{u}$ umzuformulieren. Hierzu müssen wir wieder annehmen, dass die Determinante der Jacobi-Matrix

$$\det \frac{\mathrm{d}(x_1, \ldots, x_n)}{\mathrm{d}(u_1, \ldots, u_n)} = \det \frac{\mathrm{d}\boldsymbol{x}}{\mathrm{d}\boldsymbol{u}} = \det G'(\boldsymbol{u})$$

für alle $\boldsymbol{u}$ ungleich null ist. Die Funktion $G(\boldsymbol{u})$ bilde den Bereich A auf den Bereich B ab. *Die der Gleichung* (8.25) *entsprechende allgemeine Transformationsformel lautet:*

$$\begin{aligned} &\int_B \cdots \int f(x_1, \ldots, x_n)\,\mathrm{d}x_1 \cdots \mathrm{d}x_n \\ &= \int_A \cdots \int f(G_1(u_1, \ldots, u_n), \ldots, G_n(u_1, \ldots, u_n)) \left|\det \frac{\mathrm{d}\boldsymbol{x}}{\mathrm{d}\boldsymbol{u}}\right| \mathrm{d}u_1 \cdots \mathrm{d}u_n \end{aligned} \tag{8.27}$$

oder, mithilfe der oben oben eingeführten Abkürzungen:

$$\int_B f(\boldsymbol{x})\,\mathrm{d}\boldsymbol{x} = \int_A f(G(\boldsymbol{u}))|\det G'(\boldsymbol{u})|\,\mathrm{d}\boldsymbol{u}\ . \tag{8.28}$$

Diese Formulierung hat eine gewisse Ähnlichkeit mit der Substitutionsregel (7.32) aus Abschnitt 7.2.3; es ist allerdings zu beachten, dass dort die Ableitung ein Skalar ist, während hier $G'(\boldsymbol{u})$ eine Matrix ist und in (8.28) die entsprechende Determinante zu bestimmen ist.

Beispiel 8.25

Als erstes Beispiel berechnen wir das Integral

$$\iiint_B \sqrt{x^2 + y^2}\,\mathrm{d}x\,\mathrm{d}y\,\mathrm{d}z\ ,$$

wobei der Bereich B ein Zylinder mit einem Kreis vom Radius 3 um den Ursprung als Grundfläche und der Höhe 2 ist. Wir führen eine Transformation auf Zylinderkoordinaten (ϱ, φ, z) durch: $x = \varrho\cos\varphi$, $y = \varrho\sin\varphi$, $z = z$ (siehe (6.31)). Der Zylinder geht dann in einen quaderförmigen Bereich A über, wobei $\varrho \in [0, 3)$, $\varphi \in [0, 2\pi)$ und $z \in (0, 2)$. Daher ist $A = [0, 3) \times [0, 2\pi) \times (0, 2)$. Die Wurzel $\sqrt{x^2 + y^2}$ ist gleich ϱ. Die Determinante von $\mathrm{d}(x, y, z)/\mathrm{d}(\varrho, \varphi, z)$ lautet:

$$\det \frac{\mathrm{d}(x, y, z)}{\mathrm{d}(\varrho, \varphi, z)} = \det \begin{pmatrix} \cos\varphi & -\varrho\sin\varphi & 0 \\ \sin\varphi & \varrho\cos\varphi & 0 \\ 0 & 0 & 1 \end{pmatrix} = \varrho(\cos^2\varphi + \sin^2\varphi) = \varrho\ . \tag{8.29}$$

Wir erhalten somit:

$$\iiint_B \sqrt{x^2 + y^2}\,\mathrm{d}x\,\mathrm{d}y\,\mathrm{d}z = \int_0^3 \int_0^{2\pi} \int_0^2 \varrho\cdot\varrho\,\mathrm{d}z\,\mathrm{d}\varphi\,\mathrm{d}\varrho = 4\pi \int_0^3 \varrho^2\,\mathrm{d}\varrho = \left.\frac{4\pi\varrho^3}{3}\right|_0^3 = 36\pi\,.$$

Als zweites Beispiel berechnen wir den mittleren Abstand des Elektrons zum Atomkern eines Wasserstoffatoms im Grundzustand (s-Orbital). Der mittlere Abstand ist gleich dem Erwartungswert des quantenmechanischen Ortsvektors (siehe Abschnitt 12.5.3 und Kapitel 13):

$$A = \int_{\mathbb{R}^3} \overline{\psi(\boldsymbol{x})} |\boldsymbol{x}| \psi(\boldsymbol{x}) \, \mathrm{d}\boldsymbol{x} ,$$

wobei der Grundzustand durch die Wellenfunktion

$$\psi(\boldsymbol{x}) = \frac{1}{\sqrt{\pi a^3}} \mathrm{e}^{-|\boldsymbol{x}|/a}$$

gegeben ist und $\overline{\psi(\boldsymbol{x})}$ die konjugiert komplexe Wellenfunktion bezeichnet. Die Konstante a ist hier der erste Bohr'sche Radius. Es ist zweckmäßig, das obige Integral mittels Kugelkoordinaten (6.29) $x = r \sin\vartheta \cos\varphi$, $y = r \sin\vartheta \sin\varphi$, $z = r \cos\vartheta$ zu transformieren. Die Determinante der Jacobi-Matrix lautet:

$$\begin{aligned}
\det \frac{\mathrm{d}(x, y, z)}{\mathrm{d}(r, \vartheta, \varphi)} &= \det \begin{pmatrix} \sin\vartheta\cos\varphi & r\cos\vartheta\cos\varphi & -r\sin\vartheta\sin\varphi \\ \sin\vartheta\sin\varphi & r\cos\vartheta\sin\varphi & r\sin\vartheta\cos\varphi \\ \cos\vartheta & -r\sin\vartheta & 0 \end{pmatrix} \\
&= r^2 \sin\vartheta(\cos^2\vartheta\cos^2\varphi + \sin^2\vartheta\sin^2\varphi \\
&\qquad + \cos^2\vartheta\sin^2\varphi + \sin^2\vartheta\cos^2\varphi) \\
&= r^2 \sin\vartheta(\cos^2\vartheta(\cos^2\varphi + \sin^2\varphi) + \sin^2\vartheta(\sin^2\varphi + \cos^2\varphi)) \\
&= r^2 \sin\vartheta(\cos^2\vartheta + \sin^2\vartheta) = r^2 \sin\vartheta .
\end{aligned} \tag{8.30}$$

Mit $r = |\boldsymbol{x}|$ folgt:

$$A = \frac{1}{\pi a^3} \int_0^\infty \int_0^\pi \int_0^{2\pi} r\mathrm{e}^{-2r/a} \cdot r^2 \sin\vartheta \, \mathrm{d}\varphi \, \mathrm{d}\vartheta \, \mathrm{d}r = \frac{2\pi}{\pi a^3} \int_0^\pi \sin\vartheta \, \mathrm{d}\vartheta \int_0^\infty r^3 \mathrm{e}^{-2r/a} \, \mathrm{d}r . \tag{8.31}$$

Das Integral über ϑ berechnet sich zu:

$$\int_0^\pi \sin\vartheta \, \mathrm{d}\vartheta = -\cos\vartheta|_0^\pi = -(\cos\pi - \cos 0) = 2 .$$

Um das Integral über r zu bestimmen, integrieren wir mehrfach partiell:

$$\begin{aligned}\int_0^\infty r^3 e^{-2r/a}\,dr &= -\frac{a}{2}r^3 e^{-2r/a}\Big|_0^\infty + \frac{a}{2}\int_0^\infty 3r^2 e^{-2r/a}\,dr = 0 + \frac{a}{2}\int_0^\infty 3r^2 e^{-2r/a}\,dr \\ &= \frac{a}{2}\left(-\frac{a}{2}3r^2 e^{-2r/a}\Big|_0^\infty + \frac{a}{2}\int_0^\infty 6r e^{-2r/a}\,dr\right) \\ &= 0 + \left(\frac{a}{2}\right)^2 \int_0^\infty 6r e^{-2r/a}\,dr \\ &= \left(\frac{a}{2}\right)^2 \left(-\frac{a}{2}6r e^{-2r/a}\Big|_0^\infty + \frac{a}{2}\int_0^\infty 6 e^{-2r/a}\,dr\right) \\ &= \left(\frac{a}{2}\right)^3 \int_0^\infty 6 e^{-2r/a}\,dr = -6\left(\frac{a}{2}\right)^4 e^{-2r/a}\Big|_0^\infty = 6\left(\frac{a}{2}\right)^4 = \frac{3a^4}{8}\,.\end{aligned}$$

Daher erhalten wir aus (8.31):

$$A = \frac{2\pi}{\pi a^3}\cdot 2\cdot\frac{3a^4}{8} = \frac{3a}{2}\,.$$

Dieses Resultat bedeutet, dass der mittlere Abstand des Elektrons eines sich im Grundzustand befindlichen Wasserstoffatoms vom Atomkern das Anderthalbfache des ersten Bohr'schen Radius beträgt.

Die Transformationsformel (8.27) bedeutet grob gesprochen, dass wir in der Integration $dx_1 \cdots dx_n$ durch $|\det(d\boldsymbol{x}/d\boldsymbol{u})|du_1 \cdots u_n$ ersetzen können:

$$dx_1 \cdots dx_n = \left|\det \frac{d(x_1,\ldots,x_n)}{d(u_1,\ldots,u_n)}\right| du_1 \cdots u_n\,.$$

✎ Diese Formulierung ist *symbolisch zu verstehen*, aber sie ist bequem. Allerdings ist zu beachten, dass gleichzeitig das Integrationsgebiet zu ändern ist. *Insbesondere können wir die Transformation auf Polar-, Zylinder- und Kugelkoordinaten gemäß den Rechnungen* (8.26), (8.29) *bzw.* (8.30) *folgendermaßen ausdrücken:*

Polarkoordinaten:	$dx\,dy = r\,dr\,d\varphi$,
Zylinderkoordinaten:	$dx\,dy\,dz = \varrho\,d\varrho\,d\varphi\,dz$,
Kugelkoordinaten:	$dx\,dy\,dz = r^2 \sin\vartheta\,dr\,d\vartheta\,d\varphi$.

Besonders erwähnenswert ist noch der Fall, dass einige der neu eingeführten Koordinaten weder im Integranden noch in den Integrationsgrenzen vorkommen. Man kann dann über diese Variablen unmittelbar integrieren und erhält dadurch einen Faktor vor dem dann noch verbleibenden Integral, der nicht vom gegebenen Integranden abhängt.

Beispiel 8.26
Als Beispiel betrachten wir ein Integral der Form

$$\iint\limits_B f(x^2 + y^2)\,\mathrm{d}x\,\mathrm{d}y\ ,$$

wobei B ein Kreis um den Ursprung mit dem Radius R sei. Wenn wir Polarkoordinaten einführen, ergibt sich unter Beachtung, dass die Determinante der entsprechenden Jacobi-Matrix gleich r ist (siehe (8.26)):

$$\iint\limits_B f(x^2+y^2)\,\mathrm{d}x\,\mathrm{d}y = \iint\limits_A f(r^2)r\,\mathrm{d}r\,\mathrm{d}\varphi = \int\limits_0^{2\pi}\int\limits_0^R f(r^2)r\,\mathrm{d}r\,\mathrm{d}\varphi = 2\pi\int\limits_0^R f(r^2)r\,\mathrm{d}r.$$

Man hat jetzt nur noch eine Integration über r auszuführen. Der durch die Integration über $\mathrm{d}\varphi$ erhaltene Faktor 2π ist unabhängig vom Integranden.

Im oben erwähnten Fall, dass einige der neuen Koordinaten weder im Integranden noch in den Integrationsgrenzen auftreten, kann man sich – durch eine geschickte Wahl der Form der Bereichselemente – die Berechnung der Determinante der Jacobi-Matrix und die Integration über die im Integranden nicht auftretenden Koordinaten ersparen. Beim Integral

$$\iint\limits_B f(x^2 + y^2)\,\mathrm{d}x\,\mathrm{d}y$$

über einen Kreis mit dem Radius R wählt man beispielsweise als Flächenelemente Kreisringe der Dicke $\mathrm{d}r$, die (näherungsweise) den Flächeninhalt $2\pi r\,\mathrm{d}r$ besitzen (siehe Abb. 8.10). Man erhält dann unmittelbar

$$\iint\limits_B f(x^2 + y^2)\,\mathrm{d}x\,\mathrm{d}y = \int\limits_0^R f(r^2)2\pi r\,\mathrm{d}r = 2\pi\int\limits_0^R f(r^2)r\,\mathrm{d}r\ .$$

Ein solches Vorgehen ist unter anderem bei der für die Thermodynamik wichtigen Berechnung des Volumens der Kugel im n-dimensionalen Raum notwendig (siehe Abschnitt 8.3.5).

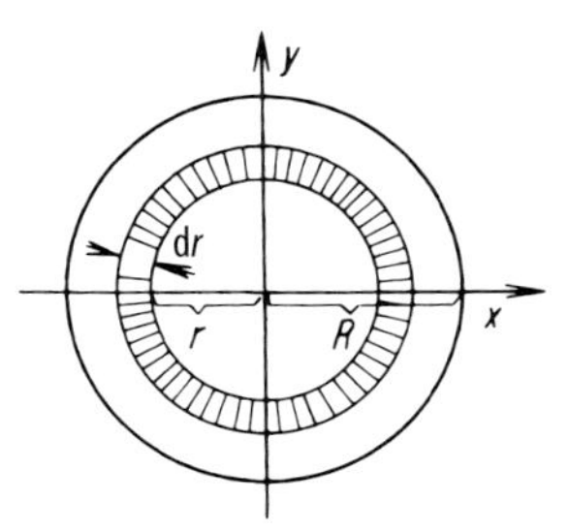

Abb. 8.10 Zur Zerlegung eines Kreises in Kreisringe der Dicke $\mathrm{d}r$.

Beispiel 8.27
Als Beispiel untersuchen wir das Integral

$$\iiint\limits_B f(x^2+y^2+z^2)\,\mathrm{d}x\,\mathrm{d}y\,\mathrm{d}z\;,$$

wobei der Bereich B eine Kugel mit dem Radius R um den Ursprung ist. Wenn wir gemäß (6.29) Kugelkoordinaten einführen, hängt der Integrand nur noch von r und nicht mehr von ϑ und φ ab. Wir können daher die Kugel, über die integriert wird, in Kugelschichten der Dicke $\mathrm{d}r$ und mit Volumen $4\pi r^2\,\mathrm{d}r$ unterteilen und erhalten:

$$\iiint\limits_B f(x^2+y^2+z^2)\,\mathrm{d}x\,\mathrm{d}y\,\mathrm{d}z = \int\limits_0^R f(r^2)4\pi r^2\,\mathrm{d}r = 4\pi\int\limits_0^R f(r^2)r^2\,\mathrm{d}r\;. \tag{8.32}$$

Das gleiche Ergebnis erhält man selbstverständlich auch dann, wenn man die Koordinatentransformation in üblicher Weise vornimmt.

8.3.5
Berechnung von Volumina und Oberflächen

Das Volumen zwischen der Fläche $z = f(x, y)$ und der (x, y)-Ebene innerhalb des Bereiches B ist gemäß den Ausführungen bei der Definition des Bereichsintegrals durch

$$\iint\limits_B f(x,y)\,\mathrm{d}x\,\mathrm{d}y$$

gegeben. Dabei werden Volumenanteile oberhalb der (x, y)-Ebene positiv gezählt, solche unterhalb dieser Ebene negativ.

Das Volumen des in Abb. 8.9b eingezeichneten Körpers, der nach oben durch die Fläche $\xi_2(x, y)$ und nach unten durch die Fläche $\xi_1(x, y)$ begrenzt ist, entspricht der Differenz der Volumina unter diesen Flächen:

$$V = \iint\limits_B \xi_2(x,y)\,\mathrm{d}x\,\mathrm{d}y - \iint\limits_B \xi_1(x,y)\,\mathrm{d}x\,\mathrm{d}y\;. \tag{8.33}$$

Allgemein kann man Volumina auch durch dreifache Integrale ausrechnen. Man fasst hierzu den Körper, dessen Volumen bestimmt werden soll, als dreidimensionalen Bereich auf, über den integriert wird. Wir bezeichnen diesen Bereich mit B_3 im Unterschied zum zweidimensionalen Bereich B, der durch die Projektion von B_3 auf die (x, y)-Ebene entsteht (siehe Abb. 8.9b). Es gilt dann:

$$V = \iiint\limits_{B_3} \mathrm{d}x\,\mathrm{d}y\,\mathrm{d}z\;. \tag{8.34}$$

Dies kann man folgendermaßen einsehen: Definitionsgemäß ist

$$\iiint\limits_{B_3} \mathrm{d}x\,\mathrm{d}y\,\mathrm{d}z = \lim_{n_1\to\infty}\lim_{n_2\to\infty}\lim_{n_3\to\infty}\sum_{k=1}^{n_1}\sum_{j=1}^{n_2}\sum_{i=1}^{n_3}\Delta x_i \Delta y_j \Delta z_k \ .$$

Das Produkt $\Delta x_i \Delta y_j \Delta z_k$ stellt das Volumen eines kleinen Quaders im betrachteten dreidimensionalen Bereich B_3 dar. Wenn man nun die Volumina aller Quader innerhalb von B_3 summiert und gleichzeitig die einzelnen Quader immer kleiner werden lässt, erhält man im Grenzwert das Volumen des dreidimensionalen Bereiches B_3.

Wenn man das Integral in (8.34) auf gewöhnliche Integrale reduziert (etwa wie in (8.23)), muss man beachten, dass laut Abb. 8.9b die Begrenzungsflächen des Bereiches B_3 durch die Gleichungen $\xi_1(x, y)$ und $\xi_2(x, y)$ gegeben sind und die Begrenzungskurven des Bereiches B durch $\psi_1(x)$ und $\psi_2(x)$. Man erhält dann:

$$\begin{aligned}\iiint\limits_{B_3} \mathrm{d}x\,\mathrm{d}y\,\mathrm{d}z &= \int\limits_a^b \int\limits_{\psi_1(x)}^{\psi_2(x)} \int\limits_{\xi_1(x,y)}^{\xi_2(x,y)} \mathrm{d}z\,\mathrm{d}y\,\mathrm{d}x \\ &= \int\limits_a^b \int\limits_{\psi_1(x)}^{\psi_2(x)} (\xi_2(x, y) - \xi_1(x, y))\,\mathrm{d}y\,\mathrm{d}x \\ &= \int\limits_a^b \int\limits_{\psi_1(x)}^{\psi_2(x)} \xi_2(x, y)\,\mathrm{d}y\,\mathrm{d}x - \int\limits_a^b \int\limits_{\psi_1(x)}^{\psi_2(x)} \xi_1(x, y)\,\mathrm{d}y\,\mathrm{d}x \ . \end{aligned} \tag{8.35}$$

Dieses Resultat stimmt mit (8.33) überein.

Ein Integral der Form (8.34) kann man selbstverständlich auch bei mehr als drei Integrationsvariablen bilden. *Hat man n Variablen* $x_1, x_2, \ldots, x_n$ *und einen n-dimensionalen Integrationsbereich* B_n, *so definiert man in Verallgemeinerung von* (8.34) *das Volumen V dieses Bereiches durch*

$$V = \int \cdots \int\limits_{B_n} \mathrm{d}x_1 \cdots \mathrm{d}x_n \ . \tag{8.36}$$

Bei $n = 1$ wird das Volumen eine Länge, bei $n = 2$ eine Fläche und bei $n = 3$ das Volumen eines dreidimensionalen Körpers. Für $n > 3$ erhalten wir das Volumen eines höherdimensionalen Körpers, den man nicht anschaulich wiedergeben kann. Integrale über Bereiche von sehr hoher Dimensionszahl spielen in der Thermodynamik eine wichtige Rolle. Man kann dort über derartige Integrale z. B. die Entropie eines Stoffes aus dessen molekularen Eigenschaften berechnen.

Beispiel 8.28

1. Als Beispiel berechnen wir das Volumen des Körpers, der nach oben durch das in Abb. 8.2 gegebene Paraboloid $z = x^2 + y^2$ begrenzt ist und nach unten

durch ein auf der (x, y)-Ebene liegendes Quadrat mit Seitenlänge a, dessen Mittelpunkt mit dem Koordinatenursprung zusammenfällt und dessen Seiten parallel zur x- bzw. y-Achse liegen. Als Schnitte der senkrecht auf den Seiten errichteten Ebenen mit dem Paraboloid ergeben sich Parabeln, wie in Abb. 8.11 angedeutet.

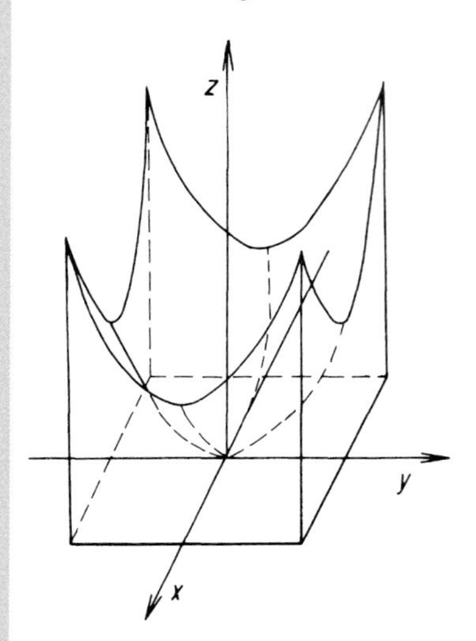

Abb. 8.11 Darstellung des nach oben durch ein Paraboloid begrenzten Körpers mit quadratischer Grundfläche.

Wir berechnen zunächst das Volumen mithilfe von (8.35). Die in Abb. 8.9b eingeführten Funktionen lauten im vorliegenden Fall $\xi_2(x, y) = x^2 + y^2$, $\xi_1(x, y) = 0$, $\psi_1(x) = -a/2$ und $\psi_2(x) = a/2$. Gleichung (8.35) ergibt daher:

$$V = \iiint\limits_{B_3} \mathrm{d}x\,\mathrm{d}y\,\mathrm{d}z = \int\limits_{-a/2}^{a/2} \int\limits_{-a/2}^{a/2} \int\limits_{0}^{x^2+y^2} \mathrm{d}z\,\mathrm{d}y\,\mathrm{d}x = \int\limits_{-a/2}^{a/2} \int\limits_{-a/2}^{a/2} (x^2 + y^2)\,\mathrm{d}y\,\mathrm{d}x$$

$$= \int\limits_{-a/2}^{a/2} \left(x^2 a + \frac{a^3}{12} \right) \mathrm{d}x = \frac{a^3}{12} a + \frac{a^3}{12} a = \frac{a^4}{6} \,.$$

Als Nächstes berechnen wir noch das Volumen mithilfe von (8.33). Man erhält

$$V = \iint\limits_{B_2} (x^2 + y^2)\,\mathrm{d}x\,\mathrm{d}y = \int\limits_{-a/2}^{a/2} \int\limits_{-a/2}^{a/2} (x^2 + y^2)\,\mathrm{d}y\,\mathrm{d}x$$

also das gleiche Ergebnis wie mit der anderen Formel.

2. Eine etwas schwierigere Aufgabe stellt die Berechnung des Volumens $V_n(R)$ der Kugel mit dem Radius R in einem n-dimensionalen Raum dar, wobei $n \geq 2$ ist. Dieses Volumen ist durch die Gleichung

$$V_n(R) = \int_{B_n} \cdots \int \mathrm{d}x_1 \cdots \mathrm{d}x_n$$

gegeben, wobei der Bereich B_n aus allen Punkten besteht, die der Bedingung $x_1^2+x_2^2+\cdots+x_n^2 \leq R^2$ genügen. Diese Bedingung ist leicht einzusehen: Würde in ihr das Gleichheitszeichen auftreten, so würden ihr lediglich alle Punkte genügen, die auf der Oberfläche der Kugel mit dem Radius R liegen. Da gleichzeitig das „kleiner"-Zeichen steht, genügen ihr auch die Punkte, die auf den Oberflächen aller Kugeln liegen, deren Radius kleiner als R ist. Alle diese Punkte bilden aber das Volumen der betrachteten Kugel.
Zur Berechnung des obigen Integrals muss man einen Kunstgriff anwenden. Man denkt sich die Kugel in Schichten der Dicke $\mathrm{d}r$ zerlegt. Ist $O(r)$ die Oberfläche einer Kugel vom Radius r, so ist das Volumen der an diese Fläche angrenzenden Schicht $O(r)\,\mathrm{d}r$ (siehe Abb. 8.10). Das Volumen der Kugel vom Radius R ist dann durch

$$V_n(R) = \int_0^R O(r)\,\mathrm{d}r \tag{8.37}$$

gegeben. Man berechnet nun zunächst $O(r)$ und anschließend über die obige Gleichung das gesuchte Volumen.
Der Umfang eines Kreises ist proportional zu r, die Oberfläche einer dreidimensionalen Kugel proportional zu r^2 und allgemein die Oberfläche einer Kugel im n-dimensionalen Raum proportional zu r^{n-1}. Wir können also ansetzen

$$O(r) = O(1)r^{n-1} \ ,$$

wobei $O(1)$ die Oberfläche der Kugel mit dem Radius eins ist. Um $O(1)$ zu erhalten, berechnen wir das Integral

$$\int_{-\infty}^{\infty} \cdots \int_{-\infty}^{\infty} \mathrm{e}^{-x_1^2-x_2^2-\cdots-x_n^2}\,\mathrm{d}x_1\,\mathrm{d}x_2 \cdots \mathrm{d}x_n \tag{8.38}$$

zunächst in einfacher Weise ohne Durchführung einer Koordinatentransformation. Wegen

$$\mathrm{e}^{-x_1^2-x_2^2-\cdots-x_n^2} = \mathrm{e}^{-x_1^2}\mathrm{e}^{-x_2^2}\cdots\mathrm{e}^{-x_n^2}$$

können wir das Integral in n Einzelintegrale zerlegen, da die Integranden jeweils nur von einer Variablen abhängen:

$$\int_{-\infty}^{\infty} \cdots \int_{-\infty}^{\infty} e^{-x_1^2-x_2^2-\cdots-x_n^2}\, dx_1\, dx_2 \cdots dx_n$$
$$= \int_{-\infty}^{\infty} e^{-x_1^2}\, dx_1 \int_{-\infty}^{\infty} e^{-x_2^2}\, dx_2 \cdots \int_{-\infty}^{\infty} e^{-x_n^2}\, dx_n$$
$$= \left(\int_{-\infty}^{\infty} e^{-y^2}\, dy \right)^n .$$

Weiter unten (siehe (8.40)) zeigen wir, dass

$$\int_{-\infty}^{\infty} e^{-y^2}\, dy = \sqrt{\pi}$$

gilt. Damit erhalten wir:

$$\int_{-\infty}^{\infty} \cdots \int_{-\infty}^{\infty} e^{-x_1^2-x_2^2-\cdots-x_n^2}\, dx_1 \cdots dx_n = (\sqrt{\pi})^n = \pi^{n/2} .$$

Des Weiteren berechnen wir das Integral noch nach einer Transformation auf Polarkoordinaten, wobei wir durch Integration über die Winkel gleich die Oberfläche $O(r)$ unter dem Integralzeichen erhalten. Es ergibt sich:

$$\int_{-\infty}^{\infty} \cdots \int_{-\infty}^{\infty} e^{-x_1^2-x_2^2-\cdots-x_n^2}\, dx_1\, dx_2 \cdots dx_n = \int_0^{\infty} e^{-r^2} O(r)\, dr = O(1) \int_0^{\infty} e^{-r^2} r^{n-1}\, dr .$$

Das zuletzt auftretende Integral können wir mit mehrfacher partieller Integration berechnen. Ist n geradzahlig, so gilt:

$$\int_0^{\infty} e^{-r^2} r^{n-1}\, dr = \frac{1}{2} \left(\frac{n}{2} - 1 \right)! .$$

Damit folgt, dass das Integral (8.38) einerseits gleich $\pi^{n/2}$, andererseits gleich $O(1)(n/2-1)!/2$ ist. Da beide Resultate gleich sein müssen, folgt

$$\frac{1}{2} O(1) \left(\frac{n}{2} - 1 \right)! = \pi^{n/2}$$

und damit

$$O(1) = \frac{2\pi^{n/2}}{(n/2-1)!} .$$

Gleichung (8.37) ergibt dann schließlich

$$V_n(R) = \int_0^R O(r)\,\mathrm{d}r = \frac{2\pi^{n/2}}{(n/2-1)!}\int_0^R r^{n-1}\,\mathrm{d}r = \frac{2\pi^{n/2}}{(n/2-1)!}\frac{R^n}{n}$$

$$= \frac{\pi^{n/2}R^n}{(n/2-1)!\cdot n/2} = \frac{\pi^{n/2}R^n}{(n/2)!}$$

für geradzahlige n. Das Volumen der n-dimensionalen Kugel mit Radius R, wobei n geradzahlig ist, beträgt also $V_n(R) = \pi^{n/2}R^n/(n/2)!$. Im speziellen Fall $n = 2$ erhalten wir die bereits bekannte Formel $V_2(R) = \pi R^2$ für den Flächeninhalt einer Kreisscheibe vom Radius R.

Im Folgenden untersuchen wir noch Integrale über Oberflächen. Wir betrachten eine Fläche, die über dem Bereich B liegt und die durch die Gleichung $z = f(x, y)$ gegeben ist. Die Funktion $f(x, y)$ möge in B stetige Ableitungen besitzen. Wir stellen uns die Aufgabe, den Inhalt dieser Fläche zu berechnen. Hierzu zerlegen wir den Bereich B in eine Vielzahl von Rechtecken mit den Seiten $\Delta x_i = x_i - x_{i-1}$ bzw. $\Delta y_j = y_j - y_{j-1}$. Das Rechteck, das an die Geraden $x = x_i$ und $y = y_j$ anschließt, besitzt dann den Flächeninhalt $\Delta x_i \cdot \Delta y_j$. Der über diesem Rechteck liegende Teil der durch $f(x, y)$ gegebenen Fläche (siehe Abb. 8.12) besitzt näherungsweise den Flächeninhalt

$$\frac{\Delta x_i \Delta y_j}{\cos\alpha_{ij}}\,, \tag{8.39}$$

wobei α_{ij} der Winkel zwischen der Tangentialebene im Punkt (x_i, y_j) an die gegebene Fläche und der (x, y)-Ebene ist. Dieser Winkel stimmt mit demjenigen zwischen der Normalen auf die Fläche im betrachteten Punkt und der Normalen auf die (x, y)-Ebene überein. Für den Kosinus dieses Winkels gilt, wie sich zeigen

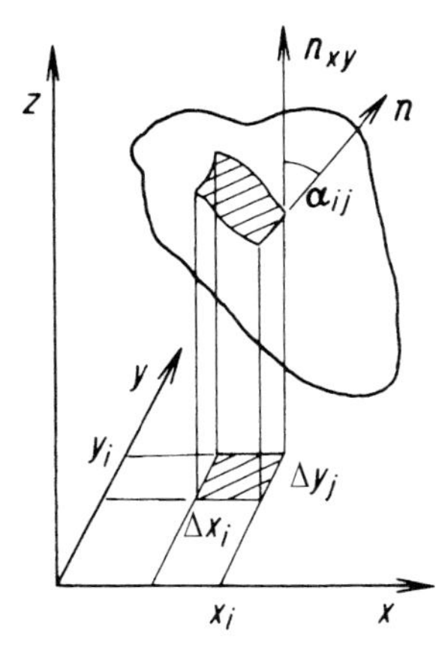

Abb. 8.12 Zur Berechnung der Oberfläche.

lässt:

$$\cos\alpha_{ij} = \frac{1}{\sqrt{1 + f_x^2(x_i, y_j) + f_y^2(x_i, y_j)}} .$$

Die gesamte Oberfläche ist die Summe der durch (8.39) gegebenen Teilflächen, wobei man die Größen Δx_i und Δy_j gegen null konvergieren lassen muss. Dies führt zu dem Integral zur Berechnung des Inhalts einer Fläche:

$$O = \iint_B \sqrt{1 + f_x^2 + f_y^2}\, \mathrm{d}x\, \mathrm{d}y .$$

Beispiel 8.29

Als Beispiel berechnen wir die Oberfläche der Halbkugel mit dem Radius a und dem Mittelpunkt im Koordinatenursprung. Der Bereich B ist der Kreis $x^2 + y^2 = a^2$. Die Gleichung der Halbkugel lautet $z = f(x, y) = \sqrt{a^2 - x^2 - y^2}$. Die partiellen Ableitungen sind

$$f_x = -\frac{x}{\sqrt{a^2 - x^2 - y^2}} , \quad f_y = -\frac{y}{\sqrt{a^2 - x^2 - y^2}} ,$$

woraus $1 + f_x^2 + f_y^2 = a^2/(a^2 - x^2 - y^2)$ folgt. Wir erhalten somit:

$$O = \iint_B \frac{a\, \mathrm{d}x\, \mathrm{d}y}{\sqrt{a^2 - x^2 - y^2}} .$$

Zur Berechnung dieses Integrals nehmen wir eine Transformation auf Polarkoordinaten (r, φ) vor. Es ergibt sich:

$$O = a \int_0^a \int_0^{2\pi} \frac{r\, \mathrm{d}\varphi\, \mathrm{d}r}{\sqrt{a^2 - r^2}} = 2\pi a \int_0^a \frac{r\, \mathrm{d}r}{\sqrt{a^2 - r^2}} .$$

Mithilfe der Substitution $u = a^2 - r^2$, $\mathrm{d}u = -2r\, \mathrm{d}r$ erhält man daraus schließlich

$$O = -2\pi a \int_{a^2}^{0} \frac{\mathrm{d}u}{2\sqrt{u}} = 2\pi a\, \sqrt{u}\Big|_0^{a^2} = 2\pi a^2 ,$$

in Übereinstimmung mit dem aus der elementaren Geometrie bekannten Resultat.

Interessanterweise können wir mithilfe des Bereichsintegrals gewisse gewöhnliche Integrale über eine einzige Variable berechnen. Als Beispiel soll das Integral

$$I = \int_{-\infty}^{\infty} \mathrm{e}^{-x^2}\, \mathrm{d}x$$

bestimmt werden. Da man die Integrationsvariable umbenennen kann, gilt auch

$$I = \int_{-\infty}^{\infty} \mathrm{e}^{-y^2}\, \mathrm{d}y \,.$$

Wir multiplizieren nun die beiden Gleichungen miteinander und erhalten

$$I^2 = \int_{-\infty}^{\infty} \mathrm{e}^{-x^2}\, \mathrm{d}x \int_{-\infty}^{\infty} \mathrm{e}^{-y^2}\, \mathrm{d}y \,.$$

Das Produkt der Integrale ziehen wir zu einem Doppelintegral zusammen, das wiederum als Bereichsintegral über die gesamte (x, y)-Ebene aufgefasst werden kann:

$$I^2 = \int_{-\infty}^{\infty} \int_{-\infty}^{\infty} \mathrm{e}^{-(x^2+y^2)}\, \mathrm{d}y\, \mathrm{d}x = \iint_{\mathbb{R}^2} \mathrm{e}^{-(x^2+y^2)}\, \mathrm{d}x\, \mathrm{d}y \,.$$

Um dieses Integral zu berechnen, führen wir Polarkoordinaten $x = r\cos\varphi$ und $y = r\sin\varphi$ ein. Der Betrag der Determinante der entsprechenden Jacobi-Matrix lautet dann (8.26) zufolge r, und $x^2 + y^2$ wird zu r^2. Die gesamte (x, y)-Ebene $\mathbb{R}^2$ wird überstrichen, wenn φ von 0 bis 2π und r von null bis unendlich geht. Es ergibt sich somit:

$$I^2 = \int_{0}^{\infty} \int_{0}^{2\pi} \mathrm{e}^{-r^2} r\, \mathrm{d}\varphi\, \mathrm{d}r = 2\pi \int_{0}^{\infty} r\mathrm{e}^{-r^2}\, \mathrm{d}r \,.$$

Die Integration über r kann man durchführen, indem man $u = -r^2$ substituiert. Es ist dann $\mathrm{d}u = -2r\,\mathrm{d}r$, sodass

$$I^2 = -2\pi \int_{0}^{-\infty} r\mathrm{e}^{u} \frac{\mathrm{d}u}{2r} = \pi \int_{-\infty}^{0} \mathrm{e}^{u}\, \mathrm{d}u = \pi\mathrm{e}^{u}\Big|_{-\infty}^{0} = \pi \,.$$

Daraus folgt schließlich:

$$\int_{-\infty}^{\infty} \mathrm{e}^{-x^2}\, \mathrm{d}x = I = \sqrt{\pi} \,. \tag{8.40}$$

Diese Formel hatten wir weiter oben zur Berechnung des Volumens einer n-dimensionalen Kugel verwendet.

Des Weiteren kann man noch berücksichtigen, dass

$$\int_{-\infty}^{\infty} \mathrm{e}^{-x^2}\, \mathrm{d}x = \int_{-\infty}^{0} \mathrm{e}^{-x^2}\, \mathrm{d}x + \int_{0}^{\infty} \mathrm{e}^{-x^2}\, \mathrm{d}x$$

ist. Da der Integrand e^{-x^2} für positive und negative x die gleichen Werte annimmt, sind die beiden auf der rechten Seite stehenden Integrale gleich, und es ergibt sich wegen (8.40):

$$\int_0^\infty e^{-x^2}\, dx = \int_{-\infty}^0 e^{-x^2}\, dx = \frac{\sqrt{\pi}}{2} .$$

Mithilfe von (8.40) kann man außerdem leicht das Integral $\int_{-\infty}^{\infty} e^{-\alpha x^2}\, dx$ berechnen. Wir setzen hierzu $u = \sqrt{\alpha}x$ und erhalten:

$$\int_{-\infty}^{\infty} e^{-\alpha x^2}\, dx = \int_{-\infty}^{\infty} e^{-u^2} \frac{du}{\sqrt{\alpha}} = \frac{1}{\sqrt{\alpha}} \int_{-\infty}^{\infty} e^{-u^2}\, du = \sqrt{\frac{\pi}{\alpha}} . \tag{8.41}$$

Entsprechend ist:

$$\int_0^\infty e^{-\alpha x^2}\, dx = \frac{1}{2}\sqrt{\frac{\pi}{\alpha}} .$$

Fragen und Aufgaben

Aufgabe 8.19 Wie kann man ein zweidimensionales Bereichsintegral auf einfache Integrationen zurückführen?

Aufgabe 8.20 Welche Vorteile kann eine Variablentransformation bei der Berechnung eines Bereichsintegrals bieten?

Aufgabe 8.21 Wie kann man das Volumen eines dreidimensionalen Körpers berechnen, wenn man die Gleichungen kennt, durch die seine Begrenzungsflächen gegeben sind?

Aufgabe 8.22 Es sei B ein Dreieck mit den Eckpunkten $(0, 0)$, $(1, 0)$ und $(0, 1)$. Berechne das Integral

$$\iint_B xy\, dx\, dy .$$

Aufgabe 8.23 Der Bereich B sei der Einheitskreis um den Ursprung. Berechne mithilfe einer Transformation auf Polarkoordinaten das folgende Integral:

$$\iint_B (x^2 + y^2)^2\, dx\, dy .$$

Aufgabe 8.24 Berechne das Volumen einer Kugel um den Ursprung mit dem Radius R mithilfe des Integrals $\iiint dx\, dy\, dz$. Transformiere hierzu das Integral auf Kugelkoordinaten.

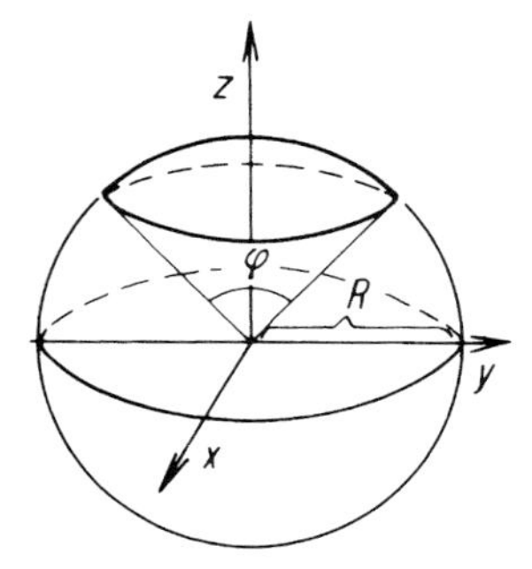

Abb. 8.13 Darstellung der in Aufgabe 8.25 erwähnten Kugelkappe.

Aufgabe 8.25 Berechne das Volumen der in Abb. 8.13 angegebenen Kugelkappe, die zum Winkel φ gehört.

Aufgabe 8.26 Gegeben sei das Integral

$$\iiint_{B_3} (x^2 + y^2 + z^2)\,\mathrm{d}x\,\mathrm{d}y\,\mathrm{d}z\ ,$$

wobei B_3 eine Kugel um den Ursprung mit dem Radius R sei. Transformiere das Integral auf Kugelkoordinaten, integriere über ϑ und φ und vergleiche das Resultat mit (8.32).

8.4 Kurvenintegrale

8.4.1 Definition und Berechnung

Wir betrachten eine Funktion $z = f(x, y)$, die in einem Bereich B der (x, y)-Ebene stetig sein soll. In diesem Bereich sei eine Kurve C gegeben, die einen Richtungssinn aufweist, der durch einen Pfeil auf der Kurve angedeutet wird (siehe Abb. 8.14). Wir unterteilen nun die Kurve durch die Punkte $P_0, P_1, \ldots, P_n$ in kleine Stücke. Die Indizes sind dabei so angeordnet, dass man mit wachsendem Index auf der Kurve in Richtung des Pfeiles fortschreitet. Die Unterschiede in den Abszissenwerten zweier benachbarter Punkte sollen alle gleich groß sein und mit $\Delta x = x_i - x_{i-1}$ bezeichnet werden. Wir bilden nun die Summe $\sum_{i=1}^{n} f(x_i, y_i)\Delta x$ und gehen zum Grenzwert $n \to \infty$ über. Diesen Grenzwert nennen wir das Kurvenintegral der Funktion $f(x, y)$ über der Kurve C und schreiben dafür $\int_C f(x, y)\,\mathrm{d}x$. Damit ergibt sich:

$$\int_C f(x, y)\,\mathrm{d}x = \lim_{n\to\infty} \sum_{i=1}^{n} f(x_i, y_i)\Delta x\ . \tag{8.42}$$

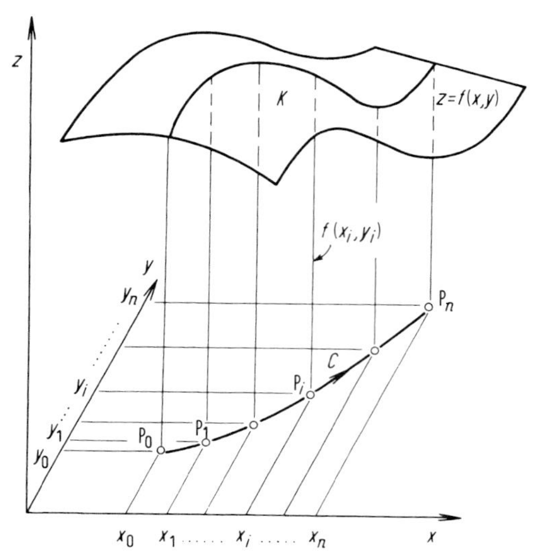

Abb. 8.14 Zur Definition des Kurvenintegrals.

Unter dem Kurvenintegral der Funktion $f(x, y)$ über der Kurve C versteht man also die in folgender Weise erhaltene Größe: Man multipliziert die Werte, die $f(x, y)$ längs einzelner Punkte der Kurve C in der (x, y)-Ebene annimmt, mit Δx, addiert anschließend die Produkte und geht dann zum Grenzwert unendlich vieler Punkte über.

Wie kann man dieses Kurvenintegral geometrisch deuten? Die Gleichung $z = f(x, y)$ stellt eine Fläche im Raum dar. Die Funktionswerte oberhalb der Kurve C sind durch eine Kurve in dieser Fläche, die in Abb. 8.14 mit K bezeichnet wurde, dargestellt. Das Kurvenintegral gibt nun, wie aus (8.42) unmittelbar folgt, den Inhalt der Fläche an, die entsteht, wenn man die Fläche zwischen C und K auf die (x, z)-Ebene projiziert.

Aus der Definitionsgleichung für das Kurvenintegral ergibt sich unmittelbar folgendes: *Ändert man die Pfeilrichtung von C und erhält dadurch eine Kurve $-C$, so dreht sich das Vorzeichen von Δx und damit auch das des Kurvenintegrals um:*

$$\int_{-C} f(x, y)\,\mathrm{d}x = -\int_{C} f(x, y)\,\mathrm{d}x\,.$$

Außerdem gilt: *Bei einer Zerlegung von C in zwei Teilkurven C_1 und C_2 kann das Integral entsprechend zerlegt werden:*

$$\int_{C} f(x, y)\,\mathrm{d}x = \int_{C_1} f(x, y)\,\mathrm{d}x + \int_{C_2} f(x, y)\,\mathrm{d}x\,.$$

Wie kann man das Kurvenintegral praktisch berechnen? Nehmen wir als Erstes an, die Kurve C sei so beschaffen, dass zu jedem x-Wert nur ein einziger y-Wert gehört. Die Gleichung, die zur Kurve C gehört, möge $y = \varphi(x)$ lauten. Den Abszissenwert x_0, bei dem die Kurve beginnt, wollen wir mit a bezeichnen, und den

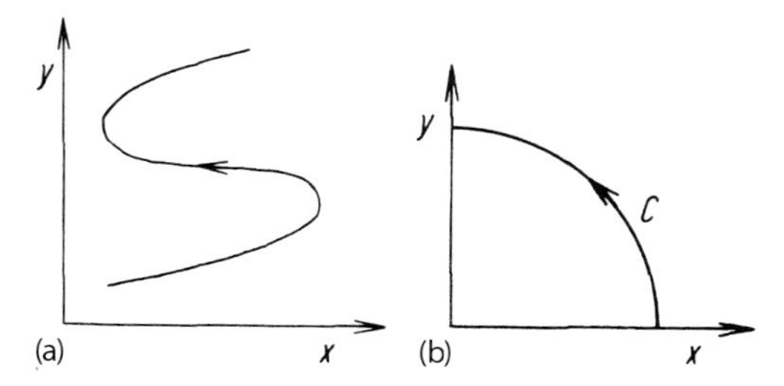

Abb. 8.15 (a) Beispiel einer Kurve, die einem x-Wert jeweils mehrere y-Werte zuordnet. (b) Darstellung der Kurve C in (8.45).

Wert x_n, bei dem sie endet, mit b. Es wird dann:

$$\int_C f(x, y)\,\mathrm{d}x = \int_a^b f(x, \varphi(x))\,\mathrm{d}x\,. \tag{8.43}$$

Indem wir nämlich die Größe y in der Funktion $f(x, y)$ durch $\varphi(x)$ ersetzen, haben wir erreicht, dass wir zu jedem x diejenigen Funktionswerte einsetzen, die genau oberhalb der Kurve C liegen. Die getroffene Wahl der Grenzen hat zur Folge, dass man bei der Integration die gesamte Kurve durchläuft. Durch die obige Gleichung ist das Kurvenintegral auf ein gewöhnliches Integral zurückgeführt, dessen Berechnung keine prinzipiellen Schwierigkeiten bereitet. Falls es x-Werte gibt, zu denen jeweils mehrere y-Werte der Kurve C gehören (siehe Abb. 8.15a), muss man die Kurve in einzelne Teile mit jeweils eindeutigem Zusammenhang zwischen x und y zerlegen.

Ein anderer Weg der Berechnung des Kurvenintegrals ist der, dass man die Kurve C in Parameterform darstellt, d. h., C wird dargestellt durch die Funktionen $x = x(t)$ und $y = y(t)$ mit dem Parameter t. Es ist dann in *symbolischer Schreibweise* $\mathrm{d}x = x'(t)\,\mathrm{d}t$. Wenn man den Wert von t, der zum Anfangspunkt gehört, mit t_A bezeichnet und den zum Endwert gehörigen mit t_B, so erhält man für das Kurvenintegral:

$$\int_C f(x, y)\,\mathrm{d}x = \int_{t_A}^{t_B} f(x(t), y(t))x'(t)\,\mathrm{d}t\,. \tag{8.44}$$

Man kann also sagen: *Zur Berechnung eines Kurvenintegrals führt man dieses in ein gewöhnliches Integral über, indem man die Gleichung der Kurve C in $f(x, y)$ einsetzt, wie in* (8.43) *bzw.* (8.44) *angegeben.*

Beispiel 8.30

Als Beispiel berechnen wir das Kurvenintegral der Funktion $f(x, y) = x + y^2$ über einen Viertelkreis mit dem Radius eins, den wir gegen den Uhrzeigersinn durchlaufen (siehe Abb. 8.15b). Die Gleichung der Kurve C lautet $y = \varphi(x) = \sqrt{1 - x^2}$. Setzen wir dies in (8.43) ein, so erhalten wir $f(x, \varphi(x)) = x + 1 - x^2$.

Zum Anfangspunkt der Kurve gehört der Wert $x = 1$, zum Endpunkt der Wert $x = 0$. Es ergibt sich somit:

$$\int_C f(x, y)\,\mathrm{d}x = \int_1^0 (x + 1 - x^2)\,\mathrm{d}x = \left[\frac{x^2}{2} + x - \frac{x^3}{3}\right]_1^0 = -\frac{7}{6}\,. \tag{8.45}$$

Wir berechnen noch das Kurvenintegral auf die zweite Art, indem wir von der Gleichung des Kreises in Parameterform ausgehen: $x = \cos t$ und $y = \sin t$. Es ist dann $x'(t) = -\sin t$. Im Anfangspunkt der Kurve ist $t = 0$, im Endpunkt $t = \pi/2$. Man erhält somit:

$$\int_C f(x, y)\,\mathrm{d}x = \int_0^{\pi/2} (\cos t + \sin^2 t)(-\sin t)\,\mathrm{d}t = -\int_0^{\pi/2} \cos t \sin t\,\mathrm{d}t - \int_0^{\pi/2} \sin^3 t\,\mathrm{d}t\,.$$

Durch partielle Integration findet man, dass die Stammfunktion des ersten Integranden $(\sin^2 t)/2$ lautet und die des zweiten Integranden $-\cos t + (\cos^3 t)/3$. Wir erhalten dann

$$\int_C f(x, y)\,\mathrm{d}x = -\left[\frac{\sin^2 t}{2}\right]_0^{\pi/2} + \left[\cos t - \frac{\cos^3 t}{3}\right]_0^{\pi/2} = -\frac{1}{2} - 1 + \frac{1}{3} = -\frac{7}{6}\,,$$

in Übereinstimmung mit dem obigen Resultat.

In gleicher Weise wie mit den Werten Δx kann man auch mithilfe der Werte Δy ein Kurvenintegral definieren:

$$\int_C f(x, y)\,\mathrm{d}y = \lim_{n\to\infty} \sum_{i=1}^{n} f(x_i, y_i)\Delta y\,. \tag{8.46}$$

Ist die Kurve C durch eine Gleichung der Form $x = \psi(y)$ gegeben, so ist:

$$\int_C f(x, y)\,\mathrm{d}y = \int_a^b f(\psi(y), y)\,\mathrm{d}y\,.$$

Liegt die Gleichung der Kurve dagegen in Parameterform vor, $x = x(t)$ und $y = y(t)$, so ist:

$$\int_C f(x, y)\,\mathrm{d}y = \int_{t_1}^{t_2} f(x(t), y(t))y'(t)\,\mathrm{d}t\,. \tag{8.47}$$

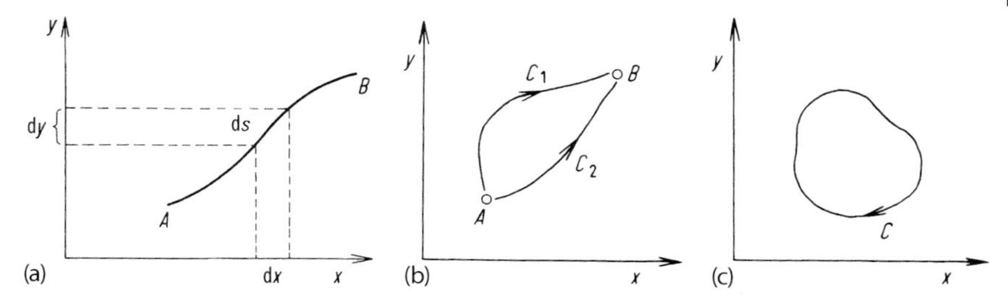

Abb. 8.16 (a) Zur Veranschaulichung des Vektors **ds** mit den Komponenten dx und dy. (b) Zur Wegunabhängigkeit des Kurvenintegrals. (c) Beispiel für eine geschlossene Kurve.

Sind schließlich zwei Funktionen $P(x, y)$ und $Q(x, y)$ vorgegeben, die beide in einem Bereich um die Kurve C stetig sind, so kann man ein allgemeines Kurvenintegral

$$\int_C (P(x, y)\,\mathrm{d}x + Q(x, y)\,\mathrm{d}y) \tag{8.48}$$

definieren. Bei Parameterdarstellung der Kurve C gilt:

$$\int_C (P(x, y)\,\mathrm{d}x + Q(x, y)\,\mathrm{d}y) = \int_{t_1}^{t_2} (P(x(t), y(t))x'(t) + Q(x(t), y(t))y'(t))\,\mathrm{d}t\ .$$

In analoger Weise führt man auch Kurvenintegrale bei Funktionen in mehr als zwei Variablen ein.

Das Kurvenintegral (8.48) kann man in etwas eleganterer Form schreiben, wenn man die Faktoren vor dx und dy als Komponenten eines Vektors auffasst. Nehmen wir an, es sei jedem Punkt der (x, y)-Ebene ein Vektor $\boldsymbol{a} = \boldsymbol{a}(x, y)$ zugeordnet. Die Komponenten dieses Vektors bezeichnen wir jeweils mit $a_1(x, y)$ und $a_2(x, y)$. Wir bilden nun das Kurvenintegral:

$$\int_C (a_1(x, y)\,\mathrm{d}x + a_2(x, y)\,\mathrm{d}y)\ .$$

Wenn wir nun auch dx und dy als Komponenten eines Vektors **d*s*** auffassen, wie in Abb. 8.16a angedeutet, so kann man das Kurvenintegral auch in der Form

$$\int_C \boldsymbol{a}(x, y) \cdot \mathbf{d}\boldsymbol{s} \tag{8.49}$$

schreiben.

Beispiel 8.31

Auf ein Kurvenintegral der Form (8.49) kommt man unter anderem bei der Berechnung der Arbeit, die eine ortsabhängige Kraft $\boldsymbol{F}(x, y)$ längs eines durch eine Kurve C angegebenen Weges leistet. Wir bezeichnen die Komponenten von

$\boldsymbol{F}(x, y)$ mit $F_1(x, y)$ und $F_2(x, y)$. Wir zerlegen außerdem die Kurve C in kurze Wegstücke $\mathbf{d}\boldsymbol{s}$. Die Arbeit längs eines solchen Wegstückes ist dann Abschnitt 5.1.3 zufolge gegeben durch das Skalarprodukt:

$$\boldsymbol{F}(x, y) \cdot \mathbf{d}\boldsymbol{s} = F_1(x, y)\,\mathrm{d}x + F_2(x, y)\,\mathrm{d}y \;.$$

Die Arbeit längs des gesamten Weges C erhält man durch Integration über die Kurve C, also:

$$A = \int_C (F_1(x, y)\,\mathrm{d}x + F_2(x, y)\,\mathrm{d}y) = \int_C \boldsymbol{F}(x, y) \cdot \mathbf{d}\boldsymbol{s} \;.$$

Neben dem Kurvenintegral (8.49) spielt auch das Integral

$$\int_C f(x, y)\,\mathrm{d}s = \lim_{n\to\infty} \sum_{i=1}^{n} f(x_i, y_i)\Delta s$$

eine wichtige Rolle. Im Unterschied zu (8.49) wird hier die zu integrierende Funktion jeweils mit dem Betrag des Vektors $\mathbf{d}\boldsymbol{s}$, dem sogenannten *Bogenelement* $\mathrm{d}s$ multipliziert (siehe Abb. 8.16a). Ist die Kurve C in Parameterform $x = x(t)$, $y = y(t)$ gegeben, so folgt wegen $\mathrm{d}s = \sqrt{\mathrm{d}x^2 + \mathrm{d}y^2}$ (Satz von Pythagoras) sowie $\mathrm{d}x = x'\,\mathrm{d}t$ und $\mathrm{d}y = y'\,\mathrm{d}t$:

$$\begin{aligned}\int_C f(x, y)\,\mathrm{d}s &= \int_{t_1}^{t_2} f(x(t), y(t))\sqrt{x'(t)^2\,\mathrm{d}t^2 + y'(t)^2\,\mathrm{d}t^2} \\ &= \int_{t_1}^{t_2} f(x(t), y(t))\sqrt{x'(t)^2 + y'(t)^2}\,\mathrm{d}t \;.\end{aligned}$$

Damit ist das Kurvenintegral auf ein gewöhnliches Integral zurückgeführt.

8.4.2 Wegunabhängigkeit des allgemeinen Kurvenintegrals

Das durch (8.48) gegebene Kurvenintegral in allgemeiner Form spielt in der Thermodynamik und in der Vektorrechnung eine wichtige Rolle. Wir wollen daher auf dieses Integral im Folgenden näher eingehen.

Wir betrachten zunächst den Fall, dass die Funktionen $P(x, y)$ und $Q(x, y)$ in einem einfach zusammenhängenden Bereich partielle Ableitungen einer einzigen Funktion $F(x, y)$ sind:

$$P(x, y) = F_x(x, y) \;, \quad Q(x, y) = F_y(x, y) \;. \tag{8.50}$$

Wenn die Kurve C, über die integriert wird, durch die Gleichungen $x = x(t)$ und $y = y(t)$ mit Anfangspunkt $A = (x_A, y_A)$ und Endpunkt $B = (x_B, y_B)$ gegeben ist, erhält man dann mithilfe der Kettenregel (8.5):

$$\int_C (P(x, y)\,\mathrm{d}x + Q(x, y)\,\mathrm{d}y) = \int_C (F_x(x, y)\,\mathrm{d}x + F_y(x, y)\,\mathrm{d}y)$$

$$= \int_{t_A}^{t_B} (F_x(x(t), y(t))x'(t) + F_y(x(t), y(t))y'(t))\,\mathrm{d}t$$

$$= \int_{t_A}^{t_B} \frac{\mathrm{d}F}{\mathrm{d}t}(x(t), y(t))\,\mathrm{d}t = F(x(t_B), y(t_B)) - F(x(t_A), y(t_A))$$

$$= F(x_B, y_B) - F(x_A, y_A)\,. \tag{8.51}$$

Beim vorletzten Schritt wurde beachtet, dass die Stammfunktion zu $\mathrm{d}F/\mathrm{d}t$ die Funktion $F(x(t), y(t))$ ist. Die erhaltene Gleichung sagt folgendes aus: *Bei Gültigkeit von* (8.50) *hängt das Kurvenintegral nur vom Wert der Funktion $F(x, y)$ am Anfangspunkt A und am Endpunkt B der Kurve ab und nicht vom Integrationsweg, also vom Verlauf der Kurve zwischen A und B.* Mit anderen Worten: Bildet man das Kurvenintegral zwischen den Punkten A und B einmal längs der Kurve C_1 und zum anderen längs einer Kurve C_2 (siehe Abb. 8.16b), so gilt:

$$\int_{C_1} (P(x, y)\,\mathrm{d}x + Q(x, y)\,\mathrm{d}y) = \int_{C_2} (P(x, y)\,\mathrm{d}x + Q(x, y)\,\mathrm{d}y)\,.$$

Das Kurvenintegral ist also *wegunabhängig.*

Hat man es insbesondere mit einer geschlossenen Kurve zu tun (siehe Abb. 8.16c), so fallen Anfangs- und Endpunkt der Kurve zusammen, und in (8.51) ist $F(x_B, y_B) = F(x_A, y_A)$. Das Kurvenintegral ist dann gleich null. Ein Integral über eine geschlossene Kurve bezeichnet man unabhängig von der Form der Kurve mit dem Zeichen $\oint$. Bei Gültigkeit von (8.50) erhalten wir daher:

$$\oint (P(x, y)\,\mathrm{d}x + Q(x, y)\,\mathrm{d}y) = 0\,.$$

Aus der Aussage, dass ein Kurvenintegral in einem einfach zusammenhängenden Bereich unabhängig vom Weg ist, folgt daher, dass es für eine geschlossene Kurve innerhalb dieses Bereichs verschwindet und umgekehrt.

Es stellt sich nun die Frage, woran man erkennt, dass zwei gegebene Funktionen P und Q partielle Ableitungen einer Funktion F sind, sodass das Kurvenintegral wegunabhängig ist. Es gilt hierzu der folgende Satz: *Das Kurvenintegral $\int_C (P\,\mathrm{d}x + Q\,\mathrm{d}y)$ über eine Kurve C im Bereich G zwischen den Punkten A und B ist genau dann unabhängig vom Weg, wenn im ganzen Bereich G gilt*

$$\frac{\partial P}{\partial y} = \frac{\partial Q}{\partial x} \tag{8.52}$$

und wenn G ein einfach zusammenhängender Bereich ist. Dass (8.52) erfüllt sein muss, folgt unmittelbar aus dem Satz von Schwarz (siehe Satz 8.1). Diesem Satz zufolge muss für die (zweimal stetig differenzierbare) Funktion F, durch deren partielle Ableitungen P und Q gegeben sein sollen, $F_{xy} = F_{yx}$ gelten. Mithilfe von (8.50) folgt daraus (8.52). Dass (8.52) eine hinreichende Bedingung ist, wenn G ein einfach zusammenhängender Bereich ist, ist schwieriger nachzuweisen.

Beispiel 8.32
Als Beispiel wollen wir das Kurvenintegral der Funktionen

$$P(x, y) = 2xy^2 \quad \text{und} \quad Q(x, y) = 2x^2 y \tag{8.53}$$

längs der in Abb. 8.17 eingezeichneten Kurven C_1 und C_2 zwischen den Punkten $A = (0, 0)$ und $B = (2, 4)$ berechnen. Es ist $P_y = 4xy = Q_x$ im gesamten Bereich der (x, y)-Ebene, das Kurvenintegral ist also wegunabhängig. Wir können es daher gemäß (8.51) über die Stammfunktion $F(x, y)$ von P und Q bestimmen. Durch Integration der Gleichung $P = 2xy^2$ folgt $F = \int P\,\mathrm{d}x = x^2y^2 + g(y)$. Die Integrationskonstante $g(y)$ kann von y abhängen. Integration von $Q = 2x^2y$ ergibt $F = \int Q\,\mathrm{d}y = x^2y^2 + h(x)$, wobei $h(x)$ von x abhängt. Daraus folgt:

$$F(x, y) = x^2y^2 + g(y) = x^2y^2 + h(x)\ .$$

Die letzte Gleichung ergibt $g(y) = h(x)$ für alle x und y. Eine derartige Gleichung kann nur erfüllt sein, wenn beide Seiten konstant bezüglich x und y sind, sodass man schreiben kann:

$$F(x, y) = x^2y^2 + \text{const.} \tag{8.54}$$

Mithilfe von (8.51) erhalten wir daher für das gesuchte Kurvenintegral:

$$\int_{C_1} (2xy^2\,\mathrm{d}x + 2x^2y\,\mathrm{d}y) = F(2, 4) - F(0, 0) = 64\ .$$

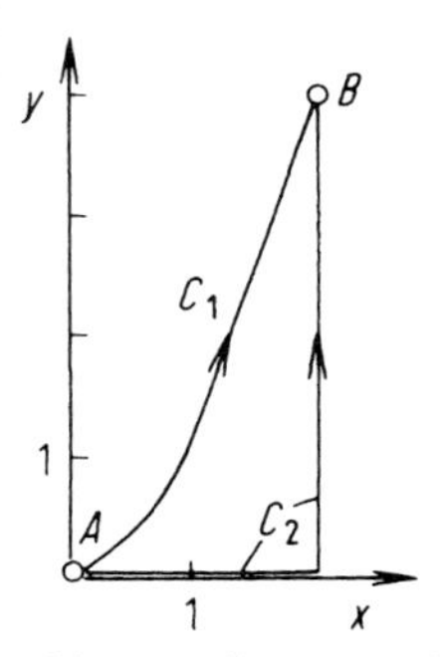

Abb. 8.17 Illustration der Kurven C_1 und C_2 im angeführten Beispiel.

Selbstverständlich erhalten wir das gleiche Ergebnis, wenn wir die Integration ausführlich längs der gegebenen Kurven durchführen. Nehmen wir als Erstes die

Kurve C_1, die die Parabel $y = x^2$ darstellt. Die Gleichung dieser Parabel in Parameterform lautet $x = t$, $y = t^2$. Es ist $P(x, y) = 2t^5$, $Q(x, y) = 2t^4$, $x'(t) = 1$ und $y'(t) = 2t$ mit $t \in [0, 2]$. Man erhält daher

$$\int_{C_1} (2xy^2\,\mathrm{d}x + 2x^2y\,\mathrm{d}y) = \int_0^2 (2t^5 \cdot 1 + 2t^4 \cdot 2t)\,\mathrm{d}t = \int_0^2 6t^5\,\mathrm{d}t = t^6|_0^2 = 64\,,$$

also dasselbe Resultat wie oben.

Schließlich wollen wir noch das Integral längs der Kurve C_2 berechnen, die sich aus der Strecke entlang der x-Achse von $x = 0$ bis $x = 2$ und einer Parallelen zur y-Achse zusammensetzt. Der mit der x-Achse zusammenfallende Kurventeil ist in Parameterform durch die Gleichungen $x = t$ und $y = 0$ gegeben, wobei $t \in [0, 2]$. Es ist hier $P(x, y) = 0$ und $Q(x, y) = 0$. Der zweite Kurventeil, die Parallele zur y-Achse, ist in Parameterform durch die Gleichungen $x = 2$ und $y = t$ mit $t \in [0, 4]$ gegeben. Es ist $P(x, y) = 4t^2$, $Q(x, y) = 8t$, $x'(t) = 0$ und $y'(t) = 1$. Durch Zusammensetzen der Kurvenintegrale über beide Kurventeile erhalten wir:

$$\int_{C_2} (2xy^2\,\mathrm{d}x + 2x^2y\,\mathrm{d}y) = \int_0^2 0 \cdot \mathrm{d}t + \int_0^4 (4t^2 \cdot 0 + 8t \cdot 1)\,\mathrm{d}t = 4t^2|_0^4 = 64\,.$$

Man findet also, wie erwartet, für beide Integrationswege den gleichen Wert 64, der sich auch unmittelbar über die Stammfunktion ergeben hat.

Die gemeinsame Stammfunktion $F(x, y)$ kann man auch allgemein dadurch ermitteln, dass man das Kurvenintegral $\int (P(x, y)\,\mathrm{d}x + Q(x, y)\,\mathrm{d}y)$ über einen „Haken" berechnet, der die Form der Kurve C_2 in Abb. 8.17 besitzt. Die Koordinaten des Anfangspunktes bezeichnet man mit (x_0, y_0), die des Endpunktes mit (x_1, y_1). Das Kurvenintegral ist daher durch $F(x_1, y_1) - F(x_0, y_0)$ gegeben. Da bei der Integration über das horizontale Geradenstück „$\mathrm{d}y$" gleich null ist, bei der Integration über das vertikale Geradenstück dagegen „$\mathrm{d}x$" verschwindet, ergibt sich:

$$F(x_1, y_1) - F(x_0, y_0) = \int_{x_0}^{x_1} P(x, y_0)\,\mathrm{d}x + \int_{y_0}^{y_1} Q(x_1, y)\,\mathrm{d}y\,.$$

Daraus folgt:

$$F(x_1, y_1) = \int_{x_0}^{x_1} P(x, y_0)\,\mathrm{d}x + \int_{y_0}^{y_1} Q(x_1, y)\,\mathrm{d}y + \text{const.} \tag{8.55}$$

Beispiel 8.33
Als Beispiel suchen wir nochmals die gemeinsame Stammfunktion der beiden durch (8.53) gegebenen Funktionen P und Q auf. Gleichung (8.55) zufolge ergibt sich

$$\begin{aligned}
F(x_1, y_1) &= \int_{x_0}^{x_1} P(x, y_0)\,\mathrm{d}x + \int_{y_0}^{y_1} Q(x_1, y)\,\mathrm{d}y + \text{const.} \\
&= \int_{x_0}^{x_1} 2x y_0^2\,\mathrm{d}x + \int_{y_0}^{y_1} 2x_1^2 y\,\mathrm{d}y + \text{const.} \\
&= x^2 y_0^2\Big|_{x=x_0}^{x=x_1} + x_1^2 y^2\Big|_{y=y_0}^{y=y_1} + \text{const.} \\
&= x_1^2 y_0^2 - x_0^2 y_0^2 + x_1^2 y_1^2 - x_1^2 y_0^2 + \text{const.} = x_1^2 y_1^2 + c\,,
\end{aligned}$$

wobei $c = -x_0^2 y_0^2 + \text{const.}$ eine Konstante ist. Dies stimmt mit dem in (8.54) gefundenen Resultat überein.

8.4.3
Vollständiges und unvollständiges Differenzial

Wie im vorigen Abschnitt gezeigt wurde, hängt das Kurvenintegral $\int_C (P\,\mathrm{d}x + Q\,\mathrm{d}y)$ in einem einfach zusammenhängenden Bereich nicht vom Integrationsweg C ab, wenn P und Q partielle Ableitungen einer Funktion $z = F(x, y)$ sind. Für eine solche Funktion haben wir in Abschnitt 8.1.4 das totale oder vollständige Differenzial $dz = F_x\,\mathrm{d}x + F_y\,\mathrm{d}y$ eingeführt. Wenn nun, wie vorausgesetzt wurde, $P = F_x$ und $Q = F_y$ ist, stellt der Ausdruck $P\,\mathrm{d}x + Q\,\mathrm{d}y$ das vollständige Differenzial $\mathrm{d}z$ dar, und wir können schreiben:

$$\int_C (P\,\mathrm{d}x + Q\,\mathrm{d}y) = \int_C \mathrm{d}z\,.$$

Insbesondere gilt:

$$\oint \mathrm{d}z = 0\,.$$

Das Resultat aus dem vorigen Abschnitt lässt sich dann in folgende Worte fassen: *Der Ausdruck*

$$\mathrm{d}z = P(x, y)\,\mathrm{d}x + Q(x, y)\,\mathrm{d}y \tag{8.56}$$

stellt ein vollständiges Differenzial dar, wenn gilt:

$$\frac{\partial P}{\partial y} = \frac{\partial Q}{\partial x}\,.$$

Das Kurvenintegral über ein vollständiges Differenzial hängt in einem einfach zusammenhängenden Bereich nur vom Anfangs- und Endpunkt der Kurve, nicht aber vom Integrationsweg ab. Statt des Ausdruckes *vollständiges* Differenzial verwendet man bisweilen auch die Ausdrücke *totales* oder *exaktes Differenzial.*

Hat man es mit Funktionen $\bar{P}(x, y)$ und $\bar{Q}(x, y)$ zu tun, die nicht Ableitungen einer gemeinsamen Stammfunktion sind, so stellt der Ausdruck $\bar{P}\,\mathrm{d}x + \bar{Q}\,\mathrm{d}y$ natürlich kein vollständiges Differenzial dar. Trotzdem definiert ein solcher Ausdruck die Änderung irgendeiner Größe z, die man mit δz bezeichnet:

$$\delta z = \bar{P}\,\mathrm{d}x + \bar{Q}\,\mathrm{d}y \; .$$

Wir nennen δz ein *unvollständiges* oder *nicht exaktes Differenzial.* Das Integral über ein solches Differenzial ist selbstverständlich vom Weg abhängig, und insbesondere ist das Integral über eine geschlossene Kurve im Allgemeinen von null verschieden:

$$\oint \delta z \neq 0 \; .$$

Beispiel 8.34

Die Unterscheidung von vollständigem Differenzial $\mathrm{d}z$ und unvollständigem Differenzial δz spielt in der Thermodynamik eine wesentliche Rolle. Betrachten wir z. B. ein ideales Gas aus n Molen. Der Zustand des Gases ist durch zwei Parameter, dem Volumen V und der Temperatur T, vollständig beschrieben. Sein Druck ist beispielsweise durch das ideale Gasgesetz

$$p = \frac{nRT}{V}$$

gegeben, wobei R die Gaskonstante ist. Wir wollen nun die Wärmezufuhr berechnen, die erforderlich ist, um bei konstantem Volumen die Temperaturänderung $\mathrm{d}T$ und anschließend bei konstanter Temperatur die Volumenänderung $\mathrm{d}V$ vorzunehmen. Für den ersten Prozess wird die Wärmemenge $nc_v\,\mathrm{d}T$ benötigt, wobei c_v die Molwärme bei konstantem Volumen ist. Beim zweiten Prozess leistet das Gas die Arbeit $p\,\mathrm{d}V = (nRT/V)\,\mathrm{d}V$. Der dadurch verursachte Energieverlust muss durch eine gleich große Wärmezufuhr kompensiert werden, sodass bei diesem Prozess die Wärme $(nRT/V)\,\mathrm{d}V$ zugeführt werden muss. Insgesamt tritt also folgende Wärmezufuhr auf:

$$\delta Q = nc_v\,\mathrm{d}T + \frac{nRT}{V}\,\mathrm{d}V \; . \tag{8.57}$$

Es stellt sich nun die Frage, ob dieser Ausdruck ein vollständiges Differenzial ist. Da $\partial(nc_v)/\partial V = 0$ (die Konstante c_v ist die Molwärme bei *konstantem* Volumen V) und

$$\frac{\partial}{\partial T}\left(\frac{nRT}{V}\right) = \frac{nR}{V}$$

gelten, ist das nicht der Fall. Wir dürfen daher nicht $\mathrm{d}Q$ statt δQ schreiben.

Anders verhält sich die Änderung $\mathrm{d}U$ der inneren Energie des Gases. Für diese Änderung gilt, da die innere Energie unabhängig von V ist:

$$\mathrm{d}U = nc_v\,\mathrm{d}T + 0\,\mathrm{d}V = nc_v\,\mathrm{d}T\ .$$

Differenziert man den ersten Koeffizienten nc_v nach V, so erhält man null. Das Gleiche ergibt die Differenziation des zweiten Koeffizienten (der gleich null ist) nach T. Es liegt also ein vollständiges Differenzial vor, d. h. $nc_v = \partial U/\partial T$ und $0 = \partial U/\partial V$. Es ist leicht festzustellen, dass die Stammfunktion die Form

$$U = nc_v T + \text{const.}$$

besitzt. Die Änderung der Energie bei einer Zustandsänderung hängt also nur vom Ausgangszustand und vom Endzustand ab.
Zu einem vollständigen Differenzial kommt man auch, wenn man den Ausdruck $\delta Q/T$ bildet. Mithilfe von (8.57) ergibt sich:

$$\frac{\delta Q}{T} = \frac{nc_v}{T}\,\mathrm{d}T + \frac{nR}{V}\,\mathrm{d}V\ .$$

Es ist

$$\frac{\partial}{\partial V}\left(\frac{nc_v}{T}\right) = 0 \quad \text{und} \quad \frac{\partial}{\partial T}\left(\frac{nR}{V}\right) = 0\ ,$$

woraus die Vollständigkeit des Differenzials $\delta Q/T$ folgt. Es ist das Differenzial einer neuen Zustandsgröße, die man *Entropie* nennt und die für die Thermodynamik von zentraler Bedeutung ist.

Die angeführten Betrachtungen lassen sich alle auch auf Funktionen in mehr als zwei Variablen sinngemäß übertragen. Es folgt beispielsweise: Der Ausdruck

$$\mathrm{d}z = \sum_{i=1}^{n} P_i(x_1, x_2, \ldots, x_n)\,\mathrm{d}x_i$$

ist ein vollständiges Differenzial, wenn gilt:

$$\frac{\partial P_i}{\partial x_j} = \frac{\partial P_j}{\partial x_i} \quad \text{für alle} \quad i, j = 1, 2, \ldots, n\ .$$

8.4.4 Satz von Gauß im $\mathbb{R}^2$

Zwischen Kurvenintegralen und Bereichsintegralen gibt es verschiedene Zusammenhänge, auf die wir im Folgenden kurz eingehen wollen. Als Erstes führen wir den Satz von Gauß ein.

Satz 8.5 Integralsatz von Gauß im $\mathbb{R}^2$

Sei G ein Bereich in der (x, y)-Ebene, der durch eine stückweise differenzierbare Randkurve R begrenzt ist. Weiter seien $f(x, y)$ und $g(x, y)$ zwei Funktionen, die in diesem Bereich stetig differenzierbar sind. Es gelten dann die folgenden Beziehungen:

$$\iint_G f_x(x, y)\,\mathrm{d}x\,\mathrm{d}y = \int_R f(x, y)\,\mathrm{d}y\,,$$

$$\iint_G g_y(x, y)\,\mathrm{d}x\,\mathrm{d}y = -\int_R g(x, y)\,\mathrm{d}x\,,$$

$$\iint_G (f_x(x, y) + g_y(x, y))\,\mathrm{d}x\,\mathrm{d}y = \int_R (f(x, y)\,\mathrm{d}y - g(x, y)\,\mathrm{d}x)\,. \tag{8.58}$$

Die Randkurve R werde hierbei in den Kurvenintegralen gegen den Uhrzeigersinn durchlaufen.

Beispiel 8.35

Als Beispiel berechnen wir das Integral von $f(x, y) = x$ in der Kreisscheibe G mit Radius eins um den Ursprung. Hierfür verwenden wir die Polarkoordinaten $x = r\cos\varphi$, $y = r\sin\varphi$, wobei $r \in [0, 1)$ und $\varphi \in [0, 2\pi)$:

$$\iint_G f_x(x, y)\,\mathrm{d}x\,\mathrm{d}y = \int_0^1 \int_0^{2\pi} 1 \cdot r\,\mathrm{d}\varphi\,\mathrm{d}r = \int_0^1 r\,\mathrm{d}r \int_0^{2\pi} \mathrm{d}\varphi = \frac{1}{2} \cdot 2\pi = \pi\,.$$

Die Randkurve R von G ist ein Kreis mit Radius eins, der sich mittels $x(t) = \cos t$, $y(t) = \sin t$, $t \in [0, 2\pi)$, parametrisieren lässt. Daher folgt für das Kurvenintegral gemäß (8.47)

$$\begin{aligned}\int_R f(x, y)\,\mathrm{d}y &= \int_0^{2\pi} f(x(t), y(t)) \cdot y'(t)\,\mathrm{d}t \\ &= \int_0^{2\pi} \cos t \cdot \cos t\,\mathrm{d}t = \left[\frac{1}{2}(t + \sin t \cos t)\right]_0^{2\pi} = \pi\,,\end{aligned}$$

in Übereinstimmung mit dem Satz von Gauß.

Zu weiteren wichtigen Formeln gelangt man, wenn man in (8.58) im besonderen $f(x, y) = u(x, y)v_x(x, y)$ und $g(x, y) = u(x, y)v_y(x, y)$ mit zwei beliebigen Funktionen $u(x, y)$ und $v(x, y)$ setzt. Führt man noch den *Laplace-Operator* Δ durch

$$\Delta v(x, y) = v_{xx}(x, y) + v_{yy}(x, y)$$

ein, so erhält man aus (8.58):

$$\iint_G (u_x v_x + u_y v_y)\,dx\,dy = -\iint_G u\Delta v\,dx\,dy + \int_R (-uv_y\,dx + uv_x\,dy)\,. \quad (8.59)$$

Man bezeichnet diese Gleichung als die *erste Green'sche Integralformel*. In analoger Weise, durch Vertauschen der Rollen von u und v, kommt man zur Gleichung

$$\iint_G (u_x v_x + u_y v_y)\,dx\,dy = -\iint_G v\Delta u\,dx\,dy + \int_R (-vu_y\,dx + vu_x\,dy)\,.$$

Durch Subtraktion dieser Gleichung von (8.59) ergibt sich die *zweite Green'sche Integralformel:*

$$\iint_G (u\Delta v - v\Delta u)\,dx\,dy = \int_R ((vu_y - uv_y)\,dx - (vu_x - uv_x)\,dy)\,.$$

Dafür kann man auch schreiben

$$\iint_G (u\Delta v - v\Delta u)\,dx\,dy = \int_R \left(u\frac{\partial v}{\partial \boldsymbol{n}} - v\frac{\partial u}{\partial \boldsymbol{n}}\right)\cdot \mathbf{d}\boldsymbol{s}\,,$$

wobei man unter $\partial/\partial \boldsymbol{n}$ die Differenziation nach der äußeren Normalen der Kurve und unter $\mathbf{d}\boldsymbol{s}$ das Bogenelement der Kurve R versteht, d. h.:

$$\frac{\partial v}{\partial \boldsymbol{n}} = \begin{pmatrix} -v_y \\ v_x \end{pmatrix}, \quad \frac{\partial u}{\partial \boldsymbol{n}} = \begin{pmatrix} -u_y \\ u_x \end{pmatrix}, \quad \mathbf{d}\boldsymbol{s} = \begin{pmatrix} dx \\ dy \end{pmatrix}.$$

Alle diese Sätze werden in der Vektoranalysis und der Theorie der Differenzialgleichungen benötigt.

Fragen und Aufgaben

Aufgabe 8.27 Was versteht man unter einem Kurvenintegral?

Aufgabe 8.28 Welcher Unterschied besteht zwischen dem Kurvenintegral $\int_C f(x, y)\,dx$ und dem gewöhnlichen Integral $\int_a^b f(x, y)\,dx$, wenn a und b die Abszissenwerte des Anfangs- bzw. Endpunktes der Kurve C sind?

Aufgabe 8.29 Unter welcher Bedingung ist das Kurvenintegral $\int_C (P(x, y)\,dx + Q(x, y)\,dy)$ wegunabhängig?

Aufgabe 8.30 Welchen Schluss über die Funktionen P und Q kann man aus der Gültigkeit der Beziehung $\oint (P(x, y)\,dx + Q(x, y)\,dy) = 0$ ziehen?

Aufgabe 8.31 Was ist ein unvollständiges Differenzial?

Aufgabe 8.32 Welche der folgenden Kurvenintegrale sind wegunabhängig?

$$\text{(i)} \int (\sin x \, dx + \cos y \, dy) \,, \quad \text{(ii)} \int (y e^x \, dx + x e^y \, dy) \,,$$

$$\text{(iii)} \int ((y e^x + x e^x) \, dx + x e^x \, dy) \,.$$

Aufgabe 8.33 Berechne die folgenden Kurvenintegrale, wobei C ein Dreieck mit den Punkten $(0, 0)$, $(1, 0)$ und $(0, 1)$ (orientiert gegen den Uhrzeigersinn) ist: (i) $\int_C (x \, dx + y \, dy)$; (ii) $\int_C (x y \, dx + x \, dy)$; (iii) $\int_C (dx + dy)$.

Aufgabe 8.34 Berechne die in der vorigen Aufgabe gegebenen Kurvenintegrale, wenn C durch die Gleichung $y = x^2$ in den Grenzen $x = 2$ bis $x = 3$ definiert ist.

Aufgabe 8.35 Betrachte das Kurvenintegral

$$\int_C \left(-\frac{y}{x^2 + y^2} \, dx + \frac{x}{x^2 + y^2} \, dy \right) \,.$$

Ist der Integrand ein vollständiges Differenzial? Berechne dieses Integral für den Fall, dass C der Einheitskreis um den Ursprung ist; parametrisiere hierzu den Einheitskreis durch die Gleichungen $x(t) = \cos t$ und $y(t) = \sin t$. Warum ist das Resultat von null verschieden?

Aufgabe 8.36 Bei einem idealen Gas ist die Wärmezufuhr bei einer Volumen- und Temperaturänderung durch (8.57) gegeben. Das Gas möge nun von einem Zustand mit der Temperatur T_A und dem Volumen V_A in einen mit der Temperatur T_B und dem Volumen V_B überführt werden. Die Überführung soll auf zwei verschiedene Arten vorgenommen werden: (i) indem zunächst bei konstantem Volumen V_A die Temperatur auf den neuen Wert T_B gebracht wird und anschließend bei konstanter Temperatur das Volumen verändert wird; (ii) indem zunächst bei konstanter Temperatur T_A das Volumen auf V_B gebracht wird und danach bei konstantem Volumen die Temperatur verändert wird. Zeichne die beiden Wege in ein (V, T)-Diagramm ein und berechne die erforderliche Wärmezufuhr für jeden dieser Wege.

Aufgabe 8.37 Zeige, dass das Kurvenintegral $\int_R x \, dy$ über eine geschlossene Kurve R gleich dem Inhalt der von R eingeschlossenen Fläche ist. Anleitung: Setze im Integralsatz von Gauß (8.58) $f(x, y) = x$.

8.5 Oberflächenintegrale

In Abschnitt 8.3.5 haben wir bereits Oberflächenintegrale kennengelernt, um den Inhalt einer Fläche, die durch eine Funktion $z = f(x, y)$ gegeben ist, bestimmen zu können. In diesem Abschnitt wollen wir den Fluss eines Vektorfeldes durch eine Oberfläche berechnen. Physikalisch entspricht dies z. B. der Menge einer Flüssigkeit, die pro Zeiteinheit durch eine gegebene Fläche fließt. Um diese Menge bestimmen zu können, müssen wir festlegen, aus welcher Richtung die Flüssigkeit die Fläche durchströmt. Es ist daher sinnvoll, eine *äußere Normale* $\boldsymbol{n}$ an die Fläche zu definieren. Der Vektor $\boldsymbol{n}(x, y, z)$ hat die Länge eins, steht im Punkt (x, y, z) senkrecht zu der Fläche und gibt die Richtung an, in der die Strömung betrachtet werden soll. Bei einer Kugeloberfläche beispielsweise trennt der nach außen weisende Normalenvektor $\boldsymbol{n}$ das Innere der Kugel vom Außenraum. Mithilfe des äußeren Normalenvektors können wir die Oberfläche *orientieren*. Wir nehmen insbesondere an, dass die betrachteten Flächen orientierbar sind, dass also ein eindeutig bestimmter Normalenvektor in jedem Punkt der Fläche existiert.

Wir nehmen zunächst an, dass die Flüssigkeit durch das Geschwindigkeitsfeld $\boldsymbol{v}(x, y, z)$ beschrieben werde und dass sie senkrecht durch ein Element ΔF der Fläche strömt. Dann ist die Menge der durchströmenden Flüssigkeit näherungsweise durch $|\boldsymbol{v}(x, y, z)|\Delta F$ gegeben, wobei (x, y, z) ein Punkt auf dem Flächenstück ΔF ist. Da die Vektoren $\boldsymbol{v}$ und $\boldsymbol{n}$ parallel zueinander sind, können wir diese Größe auch als $\boldsymbol{v} \cdot \boldsymbol{n}\Delta F$ formulieren, wobei $\boldsymbol{v} \cdot \boldsymbol{n}$ das Skalarprodukt der beiden Vektoren $\boldsymbol{v}$ und $\boldsymbol{n}$ bedeutet (siehe Abschnitt 5.1.3), denn

$$\boldsymbol{v} \cdot \boldsymbol{n}\Delta F = |\boldsymbol{v}| \cdot |\boldsymbol{n}| \cos\alpha \cdot \Delta F = |\boldsymbol{v}|\Delta F ,$$

wobei der Winkel α zwischen den Vektoren $\boldsymbol{v}$ und $\boldsymbol{n}$ gleich null ist.

Steht das Flächenelement nicht senkrecht zur Strömung, sondern bildet der Normalenvektor mit der Strömungsgeschwindigkeit den Winkel α, so ist zum Fluss durch das Flächenelement nur die Normalkomponente $\boldsymbol{v} \cdot \boldsymbol{n}\Delta F = |\boldsymbol{v}| \cos\alpha \cdot \Delta F$ zu berücksichtigen. Strömt z. B. die Flüssigkeit tangential zu ΔF, so ist der Winkel zwischen dem Geschwindigkeitsvektor und der Normalen $\alpha = \pi/2$, also $\cos\alpha = 0$ und $\boldsymbol{v} \cdot \boldsymbol{n}\Delta F = 0$. Dies ist einsichtig, da eine tangential zu einer Oberfläche strömende Flüssigkeit nicht durch die Fläche fließen kann.

Wollen wir nun den Gesamtfluss durch die Fläche bestimmen, so müssen wir die Beiträge $\boldsymbol{v} \cdot \boldsymbol{n}\Delta F$ aller Flächenelemente ΔF aufsummieren und zum Grenzwert unendlich kleiner Flächenstücke übergehen. Hierfür denken wir uns die Oberfläche F in N kleine Flächenelemente $\Delta F_1, \Delta F_2, \ldots, \Delta F_N$ zerlegt und wählen aus jedem der Elemente ΔF_k einen Punkt (x_k, y_k, z_k). Der Fluss durch ΔF_k ist gemäß den obigen Ausführungen näherungsweise gegeben durch $\boldsymbol{v}(x_k, y_k, z_k) \cdot \boldsymbol{n}(x_k, y_k, z_k)\Delta F_k$. Der Gesamtfluss ist dann näherungsweise die Summe

$$\sum_{k=1}^{N} \boldsymbol{v}(x_k, y_k, z_k) \cdot \boldsymbol{n}(x_k, y_k, z_k)\Delta F_k .$$

Existiert der Grenzwert $N \to \infty$, so nennen wir ihn das *Oberflächenintegral* des Vektorfeldes $\boldsymbol{v}$ durch die orientierte Fläche F:

$$\iint_F \boldsymbol{v} \cdot \boldsymbol{n}\, \mathrm{d}F = \lim_{N\to\infty} \sum_{k=1}^{N} \boldsymbol{v}(x_k, y_k, z_k) \cdot \boldsymbol{n}(x_k, y_k, z_k)\Delta F_k . \tag{8.60}$$

Wie kann ein Oberflächenintegral konkret ausgerechnet werden? Zunächst ist die Geometrie der Oberfläche zu berücksichtigen. Handelt es sich beispielsweise um einen Teil einer Kugeloberfläche, so ist es zweckmäßig, das Vektorfeld $\boldsymbol{v}$ und das Flächenelement $\mathrm{d}F$ in Kugelkoordinaten zu formulieren. Als zweiter Schritt ist der äußere Normalenvektor auf die Oberfläche zu bestimmen. Setzt man dies in das Oberflächenintegral ein und bestimmt die Integrationsgrenzen, so bleibt als letzter Schritt lediglich ein Bereichsintegral zu lösen. Wir illustrieren diese Vorgehensweise anhand einiger Beispiele.

Beispiel 8.36

1. Wir berechnen zuerst den Fluss des Vektorfeldes $\boldsymbol{v} = (z, x^2, y)^{\mathrm{T}}$ durch den Mantel eines Zylinders, dessen Rotationsachse gleich der z-Achse ist, mit Radius $\varrho = 4$ und der Höhe $H = 2$. Wir nehmen an, dass sich der Boden des Zylinders bei $z = 0$ und der Deckel bei $z = 2$ befindet. Es ist zweckmäßig, das Oberflächenintegral in Zylinderkoordinaten zu lösen:

$$x = \varrho \cos\varphi = 4\cos\varphi\,, \qquad y = \varrho \sin\varphi = 4\sin\varphi\,, \qquad z = z\,.$$

Das Volumenelement in Zylinderkoordinaten ist Abschnitt 8.3.4 zufolge gegeben durch $\varrho\,\mathrm{d}\varrho\,\mathrm{d}\varphi\,\mathrm{d}z$. Wir erhalten das Flächenelement, indem wir berücksichtigen, dass alle Punkte auf dem Zylindermantel gleich weit von der z-Achse entfernt sind, nämlich $\varrho = 4$. Also ist $\mathrm{d}F = 4\,\mathrm{d}\varphi\,\mathrm{d}z$. Der äußere Normalenvektor $\boldsymbol{n}$ ist schließlich durch die Zylinderkoordinaten gegeben, $\boldsymbol{n} = (\cos\varphi, \sin\varphi, 0)^{\mathrm{T}}$. Da das Vektorfeld in Zylinderkoordinaten

$$\boldsymbol{v} = \begin{pmatrix} z \\ 16\cos^2\varphi \\ 4\sin\varphi \end{pmatrix}$$

lautet, erhalten wir für das Oberflächenintegral:

$$\begin{aligned}
\iint_F \boldsymbol{v}\cdot\boldsymbol{n}\,\mathrm{d}F &= \int_0^2\int_0^{2\pi} \boldsymbol{v}\cdot\boldsymbol{n}4\,\mathrm{d}\varphi\,\mathrm{d}z = 4\int_0^2\int_0^{2\pi} \begin{pmatrix} z \\ 16\cos^2\varphi \\ 4\sin\varphi \end{pmatrix}\cdot\begin{pmatrix} \cos\varphi \\ \sin\varphi \\ 0 \end{pmatrix}\mathrm{d}\varphi\,\mathrm{d}z \\
&= 4\int_0^2\int_0^{2\pi} (z\cos\varphi + 16\cos^2\varphi\sin\varphi)\,\mathrm{d}\varphi\,\mathrm{d}z \\
&= 4\int_0^2 z\,\mathrm{d}z\int_0^{2\pi}\cos\varphi\,\mathrm{d}\varphi + 64\int_0^2\mathrm{d}z\int_0^{2\pi}\cos^2\varphi\sin\varphi\,\mathrm{d}\varphi \\
&= 0 + 64\cdot 2\cdot\left[-\frac{1}{3}\cos^3\varphi\right]_0^{2\pi} = 64\cdot 2\cdot\left(-\frac{1}{3}+\frac{1}{3}\right) = 0\,.
\end{aligned}$$

Das Ergebnis bedeutet, dass genauso viel in den Zylindermantel hinein wie hinaus fließt.

2. Wir suchen den Fluss des Vektorfeldes $\boldsymbol{v} = (1, x, y^2)^T$ durch die Kreisscheibe mit Radius eins, die sich in der (x, y)-Ebene befindet und deren Mittelpunkt mit dem Ursprung des Koordinatensystems übereinstimmt. Die Kreisscheibe wird also durch die Menge $x^2 + y^2 \leq 1$, $z = 0$ beschrieben. Wir nehmen an, dass wir den Fluss bestimmen wollen, der in Richtung der positiven z-Achse durch die Kreisscheibe fließt. Die Fläche sei also so orientiert, dass der Normalenvektor in Richtung der positiven z-Achse weist. Dies führt auf $\boldsymbol{n} = (0, 0, 1)^T$. Es bietet sich an, das Oberflächenintegral in Polarkoordinaten $x = r\cos\varphi$, $y = r\sin\varphi$ zu berechnen. Das Flächenelement ist dann Abschnitt 8.3.4 zufolge gegeben durch $dF = r\,\mathrm{d}r\,\mathrm{d}\varphi$. Damit erhalten wir:

$$\begin{aligned}
\iint_F \boldsymbol{v}\cdot\boldsymbol{n}\,\mathrm{d}F &= \int_0^1\int_0^{2\pi} \begin{pmatrix} 1 \\ r\cos\varphi \\ r^2\sin^2\varphi \end{pmatrix} \cdot \begin{pmatrix} 0 \\ 0 \\ 1 \end{pmatrix} r\,\mathrm{d}\varphi\,\mathrm{d}r = \int_0^1\int_0^{2\pi} r^3\sin^2\varphi\,\mathrm{d}\varphi\,\mathrm{d}r \\
&= \int_0^1 r^3\,\mathrm{d}r \int_0^{2\pi} \sin^2\varphi\,\mathrm{d}\varphi = \left[\frac{r^4}{4}\right]_0^1 \left[\frac{\varphi}{2} - \frac{1}{2}\sin\varphi\cos\varphi\right]_0^{2\pi} \\
&= \frac{1}{4}\frac{2\pi}{2} = \frac{\pi}{4}\,.
\end{aligned}$$

Fragen und Aufgaben

Aufgabe 8.38 Was versteht man unter einem Oberflächenintegral?

Aufgabe 8.39 Wie lautet der Normalenvektor in Richtung der positiven z-Achse auf der Ebene $x + 2y + z = 1$?

Aufgabe 8.40 Bestimme den Fluss des Vektorfeldes $\boldsymbol{v} = (y, x, z^2)^T$ durch die Oberfläche der Einheitskugel mit Mittelpunkt im Ursprung.

Aufgabe 8.41 Bestimme den Fluss des elektrischen Feldes einer Punktladung in $(0, 0, 1)^T$ durch die Oberfläche einer Kugel mit Radius zwei um den Ursprung. Anleitung: Das elektrische Feld einer Punktladung in $(0, 0, 1)^T$ lautet

$$\boldsymbol{E}(x, y, z) = \frac{Q}{4\pi\varepsilon_0(x^2 + y^2 + (z-1)^2)^{3/2}} \begin{pmatrix} x \\ y \\ z-1 \end{pmatrix},$$

wobei Q die Ladung und ε_0 die Dielektrizitätskonstante seien. Um das Oberflächenintegral zu lösen, ist im Laufe der Integrationen zuerst die Substitution $u = \cos\vartheta$ und später die Substitution $w = 5 - 4u$ durchzuführen.

8.6 Die Taylor-Formel

Bei Funktionen in einer Variablen kann man, wie im Abschnitt 7.4 ausgeführt wurde, den Funktionswert $f(x+h)$ mithilfe der Taylor-Formel berechnen, sofern der Funktionswert $f(x)$ und die entsprechenden Ableitungen bekannt sind. Eine ähnliche Formel gilt auch bei Funktionen mehrerer Variablen.

Dazu betrachten wir zunächst eine hinreichend oft stetig differenzierbare Funktion $f(x, y)$ in zwei Variablen. Um $f(x+h, y+k)$ zu bestimmen, führen wir einen Parameter t ein und betrachten $f(x+th, y+tk)$. Dieser Ausdruck geht für $t = 1$ in $f(x+h, y+k)$ über. Er ist eine Funktion von t,

$$F(t) = f(x+th, y+tk) , \quad t \in [0, 1] ,$$

wobei $F(1) = f(x+h, y+k)$ und $F(0) = f(x, y)$. Da die Funktion $F(t)$ von nur einer Variablen abhängt, können wir die Rechenregeln aus Kapitel 7 verwenden. Beispielsweise ergibt die Kettenregel (7.11) die Ableitungen

$$F'(t) = f_x h + f_y k , \quad F''(t) = f_{xx} h^2 + 2 f_{xy} hk + f_{yy} k^2 \quad \text{usw.} ,$$

wobei das Argument der Funktionen f_x, f_y, f_{xx} usw. jeweils $(x+th, y+tk)$ lautet. Auf die Funktion $F(t)$ kann man nun die Taylor-Formel (7.51) an der Stelle $t = 0$ anwenden, wobei sich

$$F(t) = F(0) + \frac{t}{1!}F'(0) + \frac{t^2}{2!}F''(0) + \cdots + \frac{t^n}{n!}F^{(n)}(0) + \frac{t^{n+1}}{(n+1)!}F^{(n+1)}(\vartheta t)$$

mit $\vartheta \in (0, 1)$ ergibt. Setzen wir die Ableitungen von F in diese Gleichung ein und setzen $t = 1$, so folgt beispielsweise im Falle $n = 0$

$$f(x+h, y+k) = f(x, y) + \frac{1}{1!}(f_x(x+\vartheta h, y+\vartheta k)h + f_y(x+\vartheta h, y+\vartheta k)k) \tag{8.61}$$

und im Falle $n = 1$

$$\begin{aligned} f(x+h, y+k) = f(x, y) &+ \frac{1}{1!}(f_x(x, y)h + f_y(x, y)k) \\ &+ \frac{1}{2!}(f_{xx}(x+\vartheta h, y+\vartheta k)h^2 + 2 f_{xy}(x+\vartheta h, y+\vartheta k)hk \\ &+ f_{yy}(x+\vartheta h, y+\vartheta k)k^2) . \end{aligned} \tag{8.62}$$

Diese Formeln können wir kompakter schreiben, wenn wir den Vektor $\boldsymbol{h} = (h, k)^{\mathrm{T}}$, die erste Ableitung $f' = (f_x, f_y)$ und die Hesse-Matrix

$$f'' = \begin{pmatrix} f_{xx} & f_{xy} \\ f_{yx} & f_{yy} \end{pmatrix}$$

verwenden. Wir erhalten aus (8.61) bzw. (8.62):

$$f(x+h, y+k) = f(x, y) + f'(x+\vartheta h, y+\vartheta k)\boldsymbol{h} ,$$

$$f(x+h, y+k) = f(x, y) + f'(x, y)\boldsymbol{h} + \frac{1}{2}\boldsymbol{h}^{\mathrm{T}} f''(x+\vartheta h, y+\vartheta k)\boldsymbol{h} .$$

In der zweiten Formel ist $f'(x, y)\boldsymbol{h}$ das Produkt aus einer Matrix mit einer Zeile und zwei Spalten (Zeilenvektor) und einer Matrix aus zwei Zeilen und einer Spalte (Spaltenvektor), und $\boldsymbol{h}^{\mathrm{T}} f''(x+\vartheta, y+\vartheta)\boldsymbol{h}$ ist das Produkt eines Zeilenvektors mit einer (2×2)-Matrix, die mit einem Spaltenvektor multipliziert wird.

Die obige Schreibweise hat den Vorteil, dass sie der Taylor-Formel aus Abschnitt 7.4 ähnlich sieht. Allerdings ist zu beachten, dass die Ableitungen von f komplizierter werden: Die erste Ableitung ist ein Zeilenvektor, die zweite Ableitung ist eine Matrix, die dritte Ableitung ist ein Tensor dritter Stufe (siehe Abschnitt 9.2.2) usw. Daher ist es manchmal bequemer, die partiellen Ableitungen direkt hinzuschreiben. Dies ergibt in den Fällen $n = 0$ und $n = 1$, wie man leicht nachrechnen kann:

$$\begin{aligned} f(x+h, y+k) &= \frac{1}{0!}\sum_{i=0}^{0}\binom{0}{i} h^i k^{0-i} \frac{\partial f}{\partial x^i \partial y^{0-i}}(x, y) \\ &\quad + \frac{1}{1!}\sum_{i=0}^{1}\binom{1}{i} h^i k^{1-i} \frac{\partial f}{\partial x^i \partial y^{1-i}}(x+\vartheta h, y+\vartheta k) , \\ f(x+h, y+k) &= \frac{1}{0!}\sum_{i=0}^{0}\binom{0}{i} h^i k^{0-i} \frac{\partial f}{\partial x^i \partial y^{0-i}}(x, y) \\ &\quad + \frac{1}{1!}\sum_{i=0}^{1}\binom{1}{i} h^i k^{1-i} \frac{\partial f}{\partial x^i \partial y^{1-i}}(x, y) \\ &\quad + \frac{1}{2!}\sum_{i=0}^{2}\binom{2}{i} h^i k^{2-i} \frac{\partial f}{\partial x^i \partial y^{2-i}}(x+\vartheta h, y+\vartheta k) . \end{aligned}$$

Wir erhalten also das folgende Resultat:

Satz 8.6 Satz von Taylor

Sei $f(x, y)$ eine $(n+1)$-mal stetig differenzierbare Funktion. Dann ist die Funktion die Summe aus dem Taylor-Polynom n-ter Ordnung und einem Restglied,

$$f(x+h, y+k) = T_n(h, k) + R_{n+1}(h, k) ,$$

wobei das Taylor-Polynom die Gestalt

$$T_n(h, k) = \sum_{j=0}^{n} t_j(h, k)$$

mit den Polynomen t_j in den Variablen (h, k),

$$t_j(h,k) = \frac{1}{j!}\sum_{i=0}^{j}\binom{j}{i}h^i k^{j-i}\frac{\partial f}{\partial x^i \partial y^{j-i}}(x,y)\ ,$$

hat und das Restglied folgendermaßen definiert ist:

$$R_{n+1}(h,k) = \frac{1}{(n+1)!}\sum_{i=0}^{n+1}\binom{n+1}{i}h^i k^{n+1-i}\frac{\partial f}{\partial x^i \partial y^{n+1-i}}(x+\vartheta h,\, y+\vartheta k)$$

mit $\vartheta \in (0,1)$.

Ein vergleichbares Resultat gilt auch für Funktionen in mehr als zwei Variablen, aber die Taylor-Formel wird komplizierter. Schreiben wir dagegen $\boldsymbol{x} = (x_1, x_2, \ldots, x_m)^{\mathrm{T}}$ für eine $(n+1)$-mal stetig differenzierbare Funktion $f(x_1, x_2, \ldots, x_m)$ und $\boldsymbol{h} = (h_1, h_2, \ldots, h_m)^{\mathrm{T}}$, so lautet die Taylor-Formel:

$$f(\boldsymbol{x}+\boldsymbol{h}) = \sum_{i=0}^{n}\frac{1}{i!}f^{(i)}(\boldsymbol{x})\boldsymbol{h}^i + \frac{1}{(n+1)!}f^{(n+1)}(\boldsymbol{x}+\vartheta\boldsymbol{h})\boldsymbol{h}^{n+1}\ . \tag{8.63}$$

Allerdings ist bei dieser Formulierung zu beachten, dass die Produkte $f^{(i)}(\boldsymbol{x})\boldsymbol{h}^i$ in Sinne der Tensorrechnung zu interpretieren sind (siehe Abschnitt 9.2). Im Falle $m = 3$ mit $\boldsymbol{x} = (x_1, x_2, x_3)^{\mathrm{T}}$ beispielsweise erhalten wir

$$\begin{aligned} f(x_1+h_1, x_2+h_2, x_3+h_3) &= f(x_1,x_2,x_3) + \frac{\partial f}{\partial x_1}(x_1,x_2,x_3)h_1 \\ &\quad + \frac{\partial f}{\partial x_2}(x_1,x_2,x_3)h_2 + \frac{\partial f}{\partial x_3}(x_1,x_2,x_3)h_3 + R_2 \end{aligned} \tag{8.64}$$

mit dem Restglied R_2, das die zweiten Ableitungen von f enthält. Dies bedeutet, dass $f'(\boldsymbol{x})\boldsymbol{h}$ gleich dem Produkt des Zeilenvektors $f'(\boldsymbol{x})$ und dem Zeilenvektor $\boldsymbol{h}$ ist. Der Ausdruck $f''(\boldsymbol{x})\boldsymbol{h}^2$ ist gleich dem Matrizenprodukt $\boldsymbol{h}^{\mathrm{T}} f''(\boldsymbol{x})\boldsymbol{h}$ mit der Matrix $f''(\boldsymbol{x})$. Die höheren Ableitungen sind entsprechend zu interpretieren.

Beispiel 8.37
Wir entwickeln die Funktion $f(x,y) = x^2 + x\cos y$ gemäß der Taylor-Formel bis zur zweiten Ableitung. Wegen

$$f_x = 2x + \cos y\ , \quad f_y = -x\sin y\ , \quad f_{xx} = 2\ ,$$
$$f_{xy} = -\sin y\ , \quad f_{yy} = -x\cos y$$

erhalten wir

$$\begin{aligned} f(x+h, y+k) &= x^2 + x\cos y + h(2x+\cos y) + k(-x\sin y) \\ &\quad + \frac{1}{2}(h^2 \cdot 2 + 2hk(-\sin y) + k^2(-x\cos y)) + R_3 \\ &= x^2 + x\cos y + h(2x+\cos y) - \\ &\quad kx\sin y + h^2 - hk\sin y - \frac{1}{2}k^2 x\cos y + R_3 \,. \end{aligned}$$

Wollen wir zusätzlich das Restglied bestimmen, müssen wir die dritten Ableitungen von f bestimmen:

$$f_{xxx} = 0\,, \quad f_{xxy} = 0\,, \quad f_{xyy} = -\cos y\,, \quad f_{yyy} = x\sin y\,.$$

Damit folgt:

$$\begin{aligned} R_3 &= \frac{1}{6}\big(1 \cdot h^3 \cdot 0 + 3 \cdot h^2 k \cdot 0 + 3 \cdot hk^2 \cdot (-\cos(y+\vartheta k)) \\ &\quad + 1 \cdot k^3 \cdot (x+\vartheta h)\sin(y+\vartheta k)\big) \\ &= \frac{k^2}{6}(-3h\cos(y+\vartheta k) + k(x+\vartheta h)\sin(y+\vartheta k)) \,. \end{aligned}$$

Fragen und Aufgaben

Aufgabe 8.42 Bestimme das Taylor-Polynom zweiter Ordnung einer Funktion in drei Variablen $f(x_1, x_2, x_3)$.

Aufgabe 8.43 Bestimme das Taylor-Polynom zweiter Ordnung der Funktion $z = 1/(1+xy)$ um $x = y = 0$.

8.7 Extremwerte

8.7.1 Definitionen

Wie bei Funktionen in einer Variablen kann man auch bei solchen in mehreren Variablen (lokale) Maxima und (lokale) Minima definieren als Stellen, an denen der Funktionswert relativ zu den Werten der Umgebung am größten bzw. am kleinsten ist. Wir beschränken unsere Ausführungen im Folgenden auf Funktionen in zwei Variablen; sie lassen sich aber auch allgemein auf n Variable erweitern. *Die Funktion $z = f(x, y)$ besitzt an der Stelle (x_0, y_0) ein lokales Maximum, wenn für alle dem Betrag nach genügend kleine, aber sonst beliebige Werte von Δx und Δy*

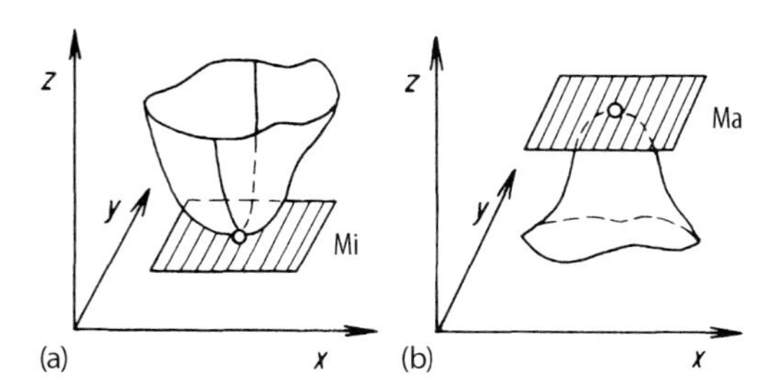

Abb. 8.18 Grafische Darstellung eines Minimums (a) und eines Maximums (b) einer Funktion in zwei Variablen.

gilt:

$$f(x_0 + \Delta x, y_0 + \Delta y) - f(x_0, y_0) < 0 \,. \tag{8.65}$$

Sie besitzt dagegen an der betrachteten Stelle ein lokales Minimum, wenn gilt:

$$f(x_0 + \Delta x, y_0 + \Delta y) - f(x_0, y_0) > 0 \,. \tag{8.66}$$

Ein *Extremum* ist ein Maximum oder ein Minimum. In Abb. 8.18 ist der Funktionsverlauf in der Umgebung eines (lokalen) Maximums bzw. eines (lokalen) Minimums grafisch dargestellt.

Man erkennt, dass an beiden Punkten die Tangentialebene parallel zur (x, y)-Ebene verläuft. Extrema sind aber nicht die einzigen Punkte mit Tangentialebenen, die parallel zur (x, y)-Ebene liegen. Eine solche Tangentialebene zeigt auch die in Abb. 8.19a dargestellte Fläche im Punkt Sp. Dieser Punkt ist dadurch ausgezeichnet, dass der Funktionsverlauf beim Fortschreiten in einer bestimmten ausgezeichneten Richtung (im vorliegenden Fall der x-Richtung) ein Minimum zeigt, beim Fortschreiten beispielsweise in der dazu senkrecht stehenden Richtung dagegen ein Maximum. Einen solchen Punkt bezeichnet man als *Sattelpunkt*.

Schließlich besitzen auch noch die in Abb. 8.19b,c angegebenen Flächen Punkte mit horizontalen Tangentialebenen. In Abb. 8.19b ist das für alle Punkte längs

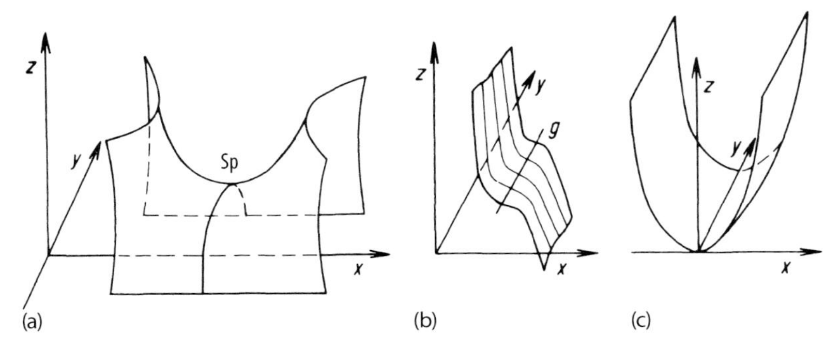

Abb. 8.19 (a) Grafische Darstellung einer Fläche mit einem Sattelpunkt. (b, c) Weitere Flächen mit Tangentialebenen, die parallel zur (x, y)-Ebene sind.

der Geraden g der Fall, in Abb. 8.19c für alle Punkte längs der y-Achse. Auch bei diesen Punkten handelt es sich nicht um Extrema gemäß unserer Definition, weil unter anderem der Funktionswert beim Fortschreiten in y-Richtung jeweils konstant bleibt.

Die Bestimmung der Extrema von Funktionen in mehreren Variablen spielt in der physikalischen Chemie – z. B. bei der Untersuchung der thermischen Stabilität von Phasen sowie bei der Berechnung von Zustandssummen – eine wichtige Rolle. Wir gehen daher im Folgenden etwas ausführlicher darauf ein.

8.7.2
Bestimmung von Extremwerten und Sattelpunkten

Wie anhand von Abb. 8.19a gezeigt wurde, liegt am Ort eines Maximums, Minimums oder Sattelpunktes eine Tangentialebene vor, die parallel zur (x, y)-Ebene verläuft. Als *notwendige* Bedingung für derartige Punkte gilt daher:

$$f_x(x, y) = 0 \quad \text{und} \quad f_y(x, y) = 0 \,. \tag{8.67}$$

Punkte (x_0, y_0), die dieser Bedingung genügen, nennen wir *kritische Punkte*. Zu *hinreichenden* Bedingungen für diese Punkte kommt man, wenn man den Ausdruck

$$f(x_0 + \Delta x, y_0 + \Delta y) - f(x_0, y_0) \tag{8.68}$$

betrachtet. Ist dieser Ausdruck für alle, dem Betrag nach hinreichend kleinen Werte von Δx und Δy negativ, so liegt (8.65) zufolge ein Maximum vor, ist er positiv, so liegt gemäß (8.66) ein Minimum vor. Wenn er schließlich für einige Werte von Δx und Δy positiv, für andere dagegen negativ ist, so hat man es mit einem Sattelpunkt zu tun.

Um nun den Ausdruck (8.68) zu berechnen, entwickeln wir die (als hinreichend oft stetig differenzierbar vorausgesetzte) Funktion $f(x, y)$ gemäß der Taylor-Formel um den Punkt (x_0, y_0), an dem ein Extremum vorliegen soll. Die Größen Δx und Δy sollen so klein sein, dass die Reihe nach dem zweiten Glied mit hinreichender Genauigkeit abgebrochen werden darf. Man kann dann schreiben:

$$\begin{aligned} f(x_0+\Delta x, y_0 + \Delta y) &\approx f(x_0, y_0) + \Delta x f_x(x_0, y_0) + \Delta y f_y(x_0, y_0) \\ &+ \frac{1}{2!}\left((\Delta x)^2 f_{xx}(x_0, y_0) + 2\Delta x \Delta y f_{xy}(x_0, y_0) + (\Delta y)^2 f_{yy}(x_0, y_0)\right) \,. \end{aligned}$$

Wegen (8.67) sind die Terme mit $f_x(x_0, y_0)$ und $f_y(x_0, y_0)$ gleich null. Subtrahieren wir $f(x_0, y_0)$, so erhalten wir:

$$\begin{aligned} f(x_0 + \Delta x, y_0 + \Delta y) - f(x_0, y_0) \approx \frac{1}{2!}&\left((\Delta x)^2 f_{xx}(x_0, y_0)\right. \\ &+ 2\Delta x \Delta y f_{xy}(x_0, y_0) \\ &\left.+(\Delta y)^2 f_{yy}(x_0, y_0)\right) \,. \end{aligned} \tag{8.69}$$

Auf der linken Seite steht der von uns zu untersuchende Ausdruck, auf der rechten Seite eine quadratische Form in Δx und Δy.

Um das Verhalten dieses quadratischen Ausdrucks zu untersuchen, schreiben wir ihn in der Form

$$(\Delta x)^2 f_{xx} + 2\Delta x \Delta y f_{xy} + (\Delta y)^2 f_{yy}$$
$$= f_{xx} \left[\left(\Delta x + \frac{f_{xy}}{f_{xx}} \Delta y \right)^2 + \frac{f_{xx} f_{yy} - f_{xy}^2}{f_{xx}^2} (\Delta y)^2 \right] ,$$

wobei wir das Argument (x_0, y_0) weggelassen haben. Gilt nun

$$D = f_{xx} f_{yy} - f_{xy}^2 > 0 , \tag{8.70}$$

so ist der obige Ausdruck positiv, falls $f_{xx} > 0$, und negativ, falls $f_{xx} < 0$. Im ersteren Fall folgt aus (8.69) $f(x_0 + \Delta x, y_0 + \Delta y) - f(x_0, y_0) > 0$, d. h., es liegt ein lokales Minimum vor. Im zweiten Fall erhalten wir das umgekehrte Vorzeichen, und es liegt ein lokales Maximum vor. Gilt dagegen $D < 0$, so kann der Ausdruck sowohl positiv als auch negativ werden, und es liegt ein Sattelpunkt vor. Wir fassen zusammen: *Es sei (x_0, y_0) ein kritischer Punkt der zweimal stetig differenzierbaren Funktion $f(x, y)$. Falls gilt*

$$f_{xx}(x_0, y_0) f_{yy}(x_0, y_0) - f_{xy}^2(x_0, y_0) > 0 \quad \text{und} \quad f_{xx}(x_0, y_0) < 0 ,$$

so liegt an der Stelle (x_0, y_0) ein lokales Maximum vor; falls

$$f_{xx}(x_0, y_0) f_{yy}(x_0, y_0) - f_{xy}^2(x_0, y_0) > 0 \quad \text{und} \quad f_{xx}(x_0, y_0) > 0 ,$$

so liegt an der Stelle (x_0, y_0) ein lokales Minimum vor; falls schließlich

$$f_{xx}(x_0, y_0) f_{yy}(x_0, y_0) - f_{xy}^2(x_0, y_0) < 0$$

erfüllt ist, so liegt ein Sattelpunkt vor. Im Falle von

$$f_{xx}(x_0, y_0) f_{yy}(x_0, y_0) - f_{xy}^2(x_0, y_0) = 0$$

kann nicht entschieden werden, ob ein Extremum oder Sattelpunkt vorliegt, und es müssen andere Methoden herangezogen werden.

Die Bedingung (8.70) kann mit der Hesse-Matrix von $f(x, y)$ in Zusammenhang gebracht werden. Bilden wir die Determinante der Hesse-Matrix an der Stelle (x_0, y_0),

$$\det f'' = \det \begin{pmatrix} f_{xx} & f_{xy} \\ f_{yx} & f_{yy} \end{pmatrix} = f_{xx} f_{yy} - f_{xy}^2 ,$$

so erkennen wir, dass die Bedingung (8.70) genau dann erfüllt ist, wenn die obige Determinante positiv ist.

Beispiel 8.38
Als erstes Beispiel untersuchen wir die Funktion $f(x, y) = x^2/a^2 - y^2/b^2$, wobei a und b positive Konstanten seien. Es ist $f_x = 2x/a^2$ und $f_y = -2y/b^2$. Die kritischen Punkte erhalten wir aus den Gleichungen

$$\frac{2x}{a^2} = 0 \quad \text{und} \quad -\frac{2y}{b^2} = 0\,.$$

Daraus folgt, dass allein der Punkt mit den Koordinaten $x = 0$ und $y = 0$ ein kritischer Punkt ist. Um festzustellen, welcher Art dieser Punkt ist, bilden wir die Determinante $f_{xx}f_{yy} - f_{xy}^2$. Es ist $f_{xx} = 2/a^2$, $f_{yy} = -2/b^2$ und $f_{xy} = 0$. Wir haben also:

$$f_{xx}f_{yy} - f_{xy}^2 = \frac{2}{a^2} \cdot \left(-\frac{2}{b^2}\right) - 0 = -\frac{4}{a^2b^2}\,.$$

Dieser Ausdruck ist für alle x, y, also auch für den in Frage kommenden Punkt $(0, 0)$, kleiner als null. Es liegt also ein Sattelpunkt vor.
Als Nächstes untersuchen wir die Funktion $f(x, y) = \sqrt{1 - x^2 - y^2}$. Es ist:

$$f_x = -\frac{x}{\sqrt{1 - x^2 - y^2}}\,, \qquad f_y = -\frac{y}{\sqrt{1 - x^2 - y^2}}\,.$$

Aus $f_x = 0$ und $f_y = 0$ folgt $x = 0$, $y = 0$. Um die Determinante $f_{xx}f_{yy} - f_{xy}^2$ zu bestimmen, berechnen wir:

$$f_{xx} = \frac{-1 \cdot \sqrt{1 - x^2 - y^2} - x^2/\sqrt{1 - x^2 - y^2}}{1 - x^2 - y^2} = -\frac{1 - y^2}{(1 - x^2 - y^2)^{3/2}}\,,$$

$$f_{yy} = -\frac{1 - x^2}{(1 - x^2 - y^2)^{3/2}}\,,$$

$$f_{xy} = \frac{-xy}{(1 - x^2 - y^2)^{3/2}}\,.$$

Es folgt für $x = 0$ und $y = 0$:

$$f_{xx}f_{yy} - f_{xy}^2 = (-1)(-1) - 0 = 2 > 0;$$

daher liegt ein Extremum vor. Die zweite Ableitung f_{xx} ist an der Stelle $(0, 0)$ gleich -1, daher handelt es sich um ein Maximum. Dieses Ergebnis ist nicht überraschend, da es sich bei der vorgegebenen Funktion um die Gleichung einer Halbkugel handelt.
Als letztes Beispiel betrachten wir noch die Funktion $f(x, y) = ax^2$, wobei $a \in \mathbb{R}$. Aus den Gleichungen $0 = f_x = 2ax$ und $0 = f_y$ folgt, dass die kritischen Punkte durch $x = 0$ und $y \in \mathbb{R}$ gegeben sind. Die Tangentialebene liegt also horizontal in allen Punkten mit $x = 0$ und beliebigen y-Werten. Es ist weiterhin $f_{xx} = 2a$, $f_{xy} = 0$ und $f_{yy} = 0$, so dass

$$f_{xx}f_{yy} - f_{xy}^2 = 0$$

ist. Es lässt sich also nicht entscheiden, welcher Art diese Punkte sind. Wenn wir die gegebene Gleichung $z = ax^2$ näher betrachten, sehen wir, dass sie eine Parabel darstellt, unabhängig davon, welchen Wert y besitzt. Man erhält daher die gesuchte Fläche durch Parallelverschiebung der Parabel aus der (x, z)-Ebene längs der y-Achse. Das ergibt die Fläche in Abb. 8.19c.

Die genannten Überlegungen lassen sich auch auf Funktionen in mehr als zwei Variablen übertragen. Gegeben sei eine Funktion in n Variablen $f(x_1, x_2, \dots, x_n)$. *Eine notwendige Bedingung für das Auftreten eines lokalen Maximums oder Minimums an einer bestimmten Stelle ist, dass alle partiellen Ableitungen der Funktion an dieser Stelle verschwinden:*

$$f_{x_1} = 0\,, \quad f_{x_2} = 0, \dots\,, \quad f_{x_n} = 0\,.$$

Um auch eine hinreichende Bedingung zu erhalten, muss man in der Taylor-Entwicklung dieser Funktion den quadratischen Ausdruck der n Variablen Δx_1, $\Delta x_2, \dots, \Delta x_n$ untersuchen, der (8.69) entspricht. Dies führt auf eine Bedingung an die Determinante der Hesse-Matrix von f und weiteren Bedingungen, auf die wir allerdings hier nicht näher eingehen wollen.

8.7.3
Bestimmung von Extremwerten unter Nebenbedingungen

Vielfach tritt das Problem auf, das Extremum einer Funktion $z = f(x, y)$ zu bestimmen, wenn x und y gleichzeitig noch irgendeiner Nebenbedingung unterliegen, d. h. einer Gleichung $\varphi(x, y) = 0$ genügen. Man spricht dann von der Bestimmung eines *Extremums mit Nebenbedingungen.*

Beispiel 8.39
Ein Beispiel hierfür stellt die folgende Aufgabe dar: Gegeben sei eine Ebene, auf der ein kartesisches Koordinatensystem eingezeichnet ist. Welcher Punkt der Ebene hat vom Koordinatenursprung das kleinstmögliche Abstandsquadrat und liegt gleichzeitig auf der Geraden, die durch die Gleichung $3x - y - 1 = 0$ gegeben ist?
Das Quadrat des Abstandes eines Punktes vom Koordinatenursprung ist aufgrund des Satzes von Pythagoras durch $d^2 = x^2 + y^2$ gegeben. Die Funktion $z = f(x, y)$, die ein Minimum annehmen soll, lautet also $f(x, y) = x^2 + y^2$. Die Nebenbedingung $\varphi(x, y) = 0$ ist die Gleichung der Geraden $3x - y - 1 = 0$. Müsste die Nebenbedingung nicht erfüllt werden, so wäre die Lösung des Problems trivial: Der Punkt mit dem geringsten Abstand vom Koordinatenursprung ist derjenige mit den Koordinaten $(0, 0)$, also der Ursprung selbst, was man auch aus den Bedingungen $f_x = 2x = 0$ und $f_y = 2y = 0$ erhält. Da aber gleichzeitig gefordert ist, dass der Punkt auch auf der gegebenen Geraden liegen soll, ist das Problem komplizierter.
Wir können die Verhältnisse am besten überblicken, wenn wir die Funktion, deren Minimum gesucht wird, grafisch darstellen. Der Funktion $f(x, y) = x^2 + y^2$

entspricht der in Abb. 8.20 angegebene Rotationsparaboloid. Man erkennt sofort, dass dieses Paraboloid ein Minimum im Ursprung hat. Der Nebenbedingung $3x - y - 1 = 0$ entspricht die in der (x, y)-Ebene eingezeichnete Gerade g. Wenn die x-Werte die Geradengleichung erfüllen sollen, so kommen nur solche durch das Paraboloid gegebene Abstandsquadrate in Frage, die genau oberhalb der Geraden liegen. Alle diese Werte z sind durch die Schnittpunktkurve s des Paraboloids mit einer Ebene, die durch die Gerade g geht und die senkrecht auf der (x, y)-Ebene steht, gegeben. Das Minimum dieser Schnittkurve stellt die gesuchte Lösung des Problems dar.

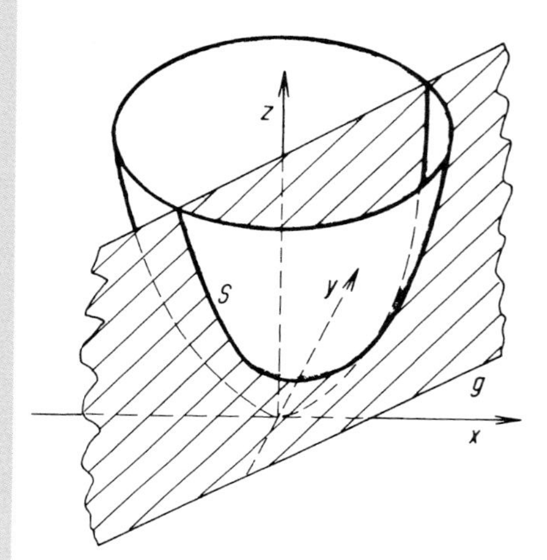

Abb. 8.20 Zur Erläuterung des Beispiels für ein Minimum mit Nebenbedingung.

Zur allgemeinen Lösung des Problems der Bestimmung des Extremums der Funktion $z = f(x, y)$ bei Gültigkeit der Nebenbedingung $\varphi(x, y) = 0$ gibt es nun verschiedene Wege. Wir wollen voraussetzen, dass $\varphi_y(x, y) \neq 0$ ist. Man kann dann die Nebenbedingung nach y auflösen, $y = \psi(x)$, und den so erhaltenen Ausdruck für y in die Funktion $f(x, y)$ einsetzen. Die Größe z wird dann eine Funktion von einer einzigen Variablen:

$$z = f(x, \psi(x)) = F(x) .$$

Die (x, y)-Werte des Extremums sind mithilfe der Bedingungen

$$\frac{dz}{dx} = \frac{dF(x)}{dx} = 0 \quad \text{und} \quad \varphi(x, y) = 0 \tag{8.71}$$

zu bestimmen.

Die obige Methode funktioniert natürlich nur, wenn die Nebenbedingung nach y aufgelöst werden kann. Meistens ist dies nicht ohne Weiteres möglich. Eine andere Art, die Extremwerte unter Nebenbedingungen zu berechnen, ist die *Methode der Lagrange'schen Multiplikatoren*, die wir im Folgenden erläutern.

Das Ziel ist die Bestimmung der Extremwerte einer Funktion $f(x, y)$ auf der Kurve $K = \{(x, y) : \varphi(x, y) = 0\}$. Der Gradient von φ an der Stelle (x, y) gibt an, wie sich die Funktionswerte um diesen Punkt ändern. Entlang der Kurve K ändern sich die Funktionswerte nicht (sie ist dort gleich null), also sind auch die partiellen Ableitungen in der Richtung der Kurve gleich null. Die größten Änderungen sind senkrecht zu der Kurve K zu erwarten. Wir können daher sagen: *Der Gradient $\nabla\varphi$ steht senkrecht auf der Kurve* $\{(x, y) : \varphi(x, y) = 0\}$. Ein Beispiel ist der durch $\varphi(x, y) = x^2 + y^2 - 1 = 0$ definierte Kreis mit Mittelpunkt $(0, 0)$ und Radius eins, auf dem der Gradient $\nabla\varphi(x, y) = (2x, 2y)^{\mathrm{T}}$ senkrecht steht.

Besitzt nun die Funktion $f(x, y)$, eingeschränkt auf die Kurve K, ein Extremum, so variieren die Funktionswerte von f dort nur wenig, wenn wir uns in Richtung der Kurve bzw. senkrecht zu $\nabla\varphi$ bewegen.[1] Dies bedeutet, dass das Produkt des Gradienten von f und allen Vektoren, die senkrecht auf $\nabla\varphi$ stehen, gleich null sein muss oder: $\nabla f(x, y) \cdot (\Delta x, \Delta y)^{\mathrm{T}} = 0$ für alle $(\Delta x, \Delta y)$, die senkrecht auf $\nabla\varphi$ stehen. Der Gradient von f muss also parallel zu $\nabla\varphi$ sein, d. h., es gibt eine reelle Zahl λ, sodass

$$\nabla f(x, y) = \lambda \nabla\varphi(x, y) .$$

Schreiben wir die Komponenten dieser Gleichung,

$$f_x(x, y) = \lambda\varphi_x(x, y) , \quad f_y(x, y) = \lambda\varphi_y(x, y) , \tag{8.72}$$

so erhalten wir zwei Gleichungen für drei Unbekannte x, y und λ. Die dritte Gleichung erhalten wir aus der Forderung, dass $\varphi(x, y) = 0$ gelten muss. Dies ergibt ein im Allgemeinen nichtlineares System von drei Gleichungen für drei Unbekannte. Im Falle $\nabla\varphi(x, y) = 0$ ist übrigens die obige Argumentation nicht gültig; bei der Extremwertbestimmung sind die Punkte (x, y), die $\nabla\varphi(x, y) = 0$ erfüllen, dann gesondert zu untersuchen.

Das Ergebnis erscheint von dem Verfahren verschieden, das zu (8.71) geführt hat. Tatsächlich stimmen beide Ergebnisse überein. Um dies einzusehen, differenzieren wir die erste Gleichung in (8.71) mithilfe der Kettenregel:

$$\frac{\mathrm{d}F}{\mathrm{d}x} = \frac{\mathrm{d}}{\mathrm{d}x} f(x, \psi(x)) = f_x + f_y \psi'(x) = 0 .$$

Nach der Regel für das Differenzieren impliziter Funktionen, nämlich von $\varphi(x, \psi(x)) = 0$, ergibt sich $\psi'(x) = -\varphi_x(x)/\varphi_y(x)$. Setzen wir dies in die obige Gleichung ein, so folgt:

$$f_x - \frac{\varphi_x}{\varphi_y} f_y = 0 \quad \text{oder, falls auch} \quad \varphi_x \neq 0 , \quad \frac{f_x}{\varphi_x} - \frac{f_y}{\varphi_y} = 0 .$$

Diese Gleichung erhalten wir auch aus (8.72), wenn wir die Unbekannte λ eliminieren:

$$\frac{f_x}{\varphi_x} = \lambda = \frac{f_y}{\varphi_y} .$$

1) Wir argumentieren ähnlich wie [1].

Das zweite Verfahren wird für gewöhnlich nicht in der angegebenen Weise angewendet, sondern noch etwas abgewandelt. Dazu definieren wir eine Funktion

$$F(x, y, \lambda) = f(x, y) + \lambda\varphi(x, y) \; .$$

Die kritischen Punkte von F werden über die folgenden Gleichungen bestimmt, die jeweils an der Stelle (x, y) zu betrachten sind:

$$0 = F_x = f_x + \lambda\varphi_x \; , \quad 0 = F_y = f_y + \lambda\varphi_y \; , \quad 0 = F_\lambda = \varphi \; . \tag{8.73}$$

Sie entsprechen gerade den Gleichungen aus (8.72) sowie der Nebenbedingung.

Wir fassen zusammen: *Die einzig möglichen Kandidaten für Extremwerte der Funktion* $f(x, y)$ *unter der Nebenbedingung* $\varphi(x, y) = 0$ *sind die Lösungen des Gleichungssystems* (8.73) *oder des Gleichungssystems* $\nabla\varphi(x, y) = (0, 0)^{\mathrm{T}}$, $\varphi(x, y) = 0$. Wir betonen, dass dies nur eine notwendige Bedingung zum Auffinden der Extremwerte ist. Die Unbekannte λ wird der *Lagrange-Multiplikator* genannt. Die Werte dieser Variablen spielen für die Extremwertbestimmung keine Rolle; nur die Lösungen x und y sind von Bedeutung.

Beispiel 8.40

Wir wollen nun die beiden Verfahren an dem eingangs angegebenen Beispiel der Bestimmung des Minimums der Funktion $f(x, y) = x^2 + y^2$ mit der Nebenbedingung $\varphi(x, y) = 3x - y - 1 = 0$ erläutern. Um das erste Verfahren anzuwenden, lösen wir die Nebenbedingung nach y auf, $y = 3x - 1$, und setzen das Resultat in die Funktionsdefinition ein:

$$f(x, 3x - 1) = x^2 + (3x - 1)^2 = 10x^2 - 6x + 1 \; .$$

Die Bedingung $\mathrm{d}f/\mathrm{d}x = 0$ ergibt dann $20x - 6 = 0$, also $x = 3/10$. Wegen $y = 3x - 1$ erhält man daraus $y = 9/10 - 1 = -1/10$. Das kritische Punkt der Funktion $f(x, y)$ unter der Nebenbedingung $3x - y - 1 = 0$ lautet also $f(3/10, -1/10) = 1/10$.

Wir wollen die Methode der Lagrange-Multiplikatoren anwenden, um dasselbe Problem zum Vergleich zu lösen. Dazu definieren wir die Funktion $F(x, y, \lambda) = x^2 + y^2 + \lambda(3x - y - 1)$ und bilden die partiellen Ableitungen von F:

$$0 = F_x = 2x + 3\lambda \; , \quad 0 = F_y = 2y - \lambda \; , \quad 0 = F_\lambda = 3x - y - 1 \; .$$

Dies ist ein lineares Gleichungssystem, das wir etwa mit dem Gauß-Algorithmus lösen können (siehe Abschnitt 2.2). Die Lösung lautet $x = 3/10$, $y = -1/10$ und $\lambda = -1/5$. Das Gleichungssystem $\nabla\varphi(x, y) = (0, 0)^{\mathrm{T}}$ und $\varphi(x, y) = 0$ ergibt keine weiteren Lösungen, da $\nabla\varphi(x, y) = (3, -1)^{\mathrm{T}}$. Damit sind die *notwendigen* Bedingungen erfüllt.

Die Methode der Lagrange'schen Multiplikatoren kann man allgemein auf Funktionen in mehr als zwei Variablen und auf den Fall von mehr als einer Nebenbedingung anwenden. Gegeben sei eine Funktion in n Variablen $z = f(x_1, \ldots, x_n)$

und s Nebenbedingungen:

$$\begin{aligned}\varphi_1(x_1, \ldots, x_n) &= 0\,,\\ \varphi_2(x_1, \ldots, x_n) &= 0\,,\\ &\vdots\\ \varphi_s(x_1, \ldots, x_n) &= 0\,.\end{aligned}$$

Wir definieren die Funktion:

$$F(x_1, \ldots, x_n, \lambda_1, \ldots, \lambda_s) = f(x_1, \ldots, x_n) + \sum_{i=1}^{s} \lambda_i \varphi_i(x_1, \ldots, x_n)\,.$$

Die Unbekannten $x_1, \ldots, x_n$ und $\lambda_1, \ldots, \lambda_s$ können dann aus den $n + s$ (im Allgemeinen nichtlinearen) Gleichungen

$$0 = \frac{\partial F}{\partial x_i} = \frac{\partial f}{\partial x_i} + \sum_{i=1}^{s} \lambda_i \frac{\partial \varphi}{\partial x_i}\,, \qquad i = 1, \ldots, n\,,$$

$$0 = \frac{\partial F}{\partial \lambda_j} = \varphi_j\,, \qquad j = 1, \ldots, s\,,$$

berechnet werden. Auch hier ist zu beachten, dass der Fall $\varphi'(x_1, \ldots, x_n) = 0$ gesondert zu betrachten ist.

Beispiel 8.41
Wir betrachten ein Beispiel aus der Chemie. Es seien N Moleküle gegeben, wobei jedes Molekül einen der q verschiedenen Energiezustände $\varepsilon_1, \varepsilon_2, \ldots, \varepsilon_q$ einnehmen kann. Die Summe der Energien sämtlicher Moleküle sei fest vorgegeben und betrage E. Die Anzahl der Moleküle, die jeweils die Energie ε_i besitzen, möge mit n_i bezeichnet werden. Es gilt dann:

$$\sum_{i=1}^{q} n_i = N \quad \text{und} \quad \sum_{i=1}^{q} n_i \varepsilon_i = E\,. \tag{8.74}$$

Für welche Werte der n_i, d. h. für welche Verteilung der Moleküle auf die verschiedenen Energiezustände, ist die Anzahl der Realisierungsmöglichkeiten am größten?
Die Anzahl der Realisierungsmöglichkeiten ist die Zahl, die angibt, auf wie viele verschiedene Arten sich die Moleküle jeweils auf die verschiedenen Energieniveaus bei Berücksichtigung der Gleichungen (8.74) anordnen lassen. Immer dann, wenn man zwei Moleküle miteinander vertauscht, die nicht die gleiche Energie besitzen, erhält man eine neue Anordnung. Die Anzahl der Realisierungsmöglichkeiten Z ist daher durch die Anzahl der Permutationen von N Elementen gegeben, von denen jeweils $n_1, n_2, \ldots, n_q$ gleich sind. Aufgrund von (1.3) können wir daher schreiben:

$$Z = \frac{N!}{\prod_{i=1}^{q} n_i!}\,.$$

Hierbei ist Z eine Funktion in den q Variablen $n_1, n_2, \dots, n_q$. Das Maximum dieser Funktion unter den Nebenbedingungen (8.74) ist zu bestimmen.
Zur Lösung dieses Problems suchen wir nicht unmittelbar das Maximum dieser Funktion Z, sondern das des Logarithmus der Funktion. Dies ist erlaubt, weil der Logarithmus eine streng monotone Funktion ist, sodass $\ln Z$ an der gleichen Stelle wie Z ein Maximum besitzt. Diese Vorgehensweise erleichtert sehr die Berechnungen. Des Weiteren wenden wir bei der Berechnung von $\ln Z$ die Stirling'sche Formel (7.47) $\ln N! \approx N \ln N - N$ an. Wir erhalten dann:

$$\ln Z \approx N \ln N - N - \sum_{i=1}^{q} n_i \ln n_i + \sum_{i=1}^{q} n_i \; .$$

Im Folgenden ignorieren wir das Zeichen „≈" und schreiben anstelle dessen ein Gleichheitszeichen. Natürlich gelten dann die folgenden Rechnungen streng genommen nur näherungsweise.
Um nun das gesuchte Maximum zu finden, definieren wir die Funktion:

$$\begin{aligned} F(n_1, \dots, n_q, \lambda_1, \lambda_2) = N \ln N - N - \sum_{i=1}^{q} n_i \ln n_i + \sum_{i=1}^{q} n_i \\ + \lambda_1 \left(\sum_{i=1}^{q} n_i - N \right) \\ + \lambda_2 \left(\sum_{i=1}^{q} n_i \varepsilon_i - E \right) . \end{aligned}$$

Nullsetzen der partiellen Ableitungen liefert:

$$\begin{aligned} 0 &= \frac{\partial F}{\partial n_j} = -\ln n_j + \lambda_1 + \lambda_2 \varepsilon_j \, , \quad j = 1, \dots, q \, , \\ 0 &= \frac{\partial F}{\partial \lambda_1} = \sum_{i=1}^{q} n_i - N \, , \\ 0 &= \frac{\partial F}{\partial \lambda_2} = \sum_{i=1}^{q} n_i \varepsilon_i - E \, . \end{aligned}$$

Die letzten beiden Gleichungen entsprechen den Nebenbedingungen. Die erste Gleichung ergibt:

$$n_j = \mathrm{e}^{\lambda_1 + \lambda_2 \varepsilon_j} \, . \tag{8.75}$$

Setzen wir dieses Ergebnis in die Nebenbedingungen ein, erhalten wir:

$$\sum_{i=1}^{q} \mathrm{e}^{\lambda_1 + \lambda_2 \varepsilon_i} = N \, , \quad \sum_{j=1}^{q} \mathrm{e}^{\lambda_1 + \lambda_2 \varepsilon_j} \varepsilon_j = E \, .$$

Wir lösen die erste Gleichung nach e^{λ_1} auf,

$$\mathrm{e}^{\lambda_1} = N \left(\sum_{i=1}^{q} \mathrm{e}^{\lambda_2 \varepsilon_i} \right)^{-1} , \tag{8.76}$$

und setzen die resultierende Gleichung in die zweite Gleichung ein:

$$N \sum_{j=1}^{q} \frac{e^{\lambda_2 \varepsilon_j} \varepsilon_j}{\sum_{i=1}^{q} e^{\lambda_2 \varepsilon_i}} = E \, .$$

Dies ist eine nichtlineare Gleichung für λ_2, die nur numerisch (z. B. mit dem in Abschnitt 7.6.2 vorgestellten Newton-Verfahren) nach λ_2 aufgelöst werden kann. Ist der Wert für λ_2 bestimmt, so kann mittels (8.76) der Wert für λ_1 berechnet werden. Damit sind die notwendigen Bedingungen erfüllt. Man kann zeigen, dass die Anzahl der Moleküle mit Energie ε_j tatsächlich durch (8.75) gegeben ist.

Fragen und Aufgaben

Aufgabe 8.44 Für einen Punkt der Fläche $z = f(x, y)$ einer stetig differenzierbaren Funktion gilt $f_x = 0$ und $f_y = 0$. Was kann man über diesen Punkt aussagen?

Aufgabe 8.45 Nenne hinreichende Bedingungen dafür, dass eine Funktion $z = f(x, y)$ an einer Stelle (i) ein (lokales) Maximum, (ii) ein (lokales) Minimum, (iii) einen Sattelpunkt aufweist.

Aufgabe 8.46 Wie kann man die Extrema einer Funktion in zwei Variablen mit einer Nebenbedingung bestimmen?

Aufgabe 8.47 Was versteht man unter der Methode der Lagrange'schen Multiplikatoren?

Aufgabe 8.48 Bestimme die Extrema und Sattelpunkte folgender Funktionen: (i) $z = 2xy$, (ii) $z = x^2 - 2x + y^2 + 1$.

Aufgabe 8.49 Bestimme die Extrema der Funktion $z = 2xy$ unter der Nebenbedingung $y - x - 3 = 0$ (i) durch Elimination der Variablen sowie (ii) mithilfe der Methode der Lagrange'schen Multiplikatoren.

Aufgabe 8.50 Es werden N Moleküle auf s Zellen eines Volumens V verteilt, sodass n_i Moleküle in der Zelle i liegen. Für welchen Zahlensatz $n_1, n_2, \ldots, n_s$ gibt es die größte Anzahl von Anordnungsmöglichkeiten? Anleitung: Die Anzahl der verschiedenen Anordnungen, die sich durch Vertauschung von Molekülen ergeben, ist gegeben durch $N!/\prod_{i=1}^{s} n_i!$. Das Maximum dieses Ausdruckes bezüglich der Werte n_i unter der Nebenbedingung $\sum_{i=1}^{s} n_i = N$ ist zu bestimmen. Zweckmäßigerweise bestimmt man das Maximum des Logarithmus dieses Ausdrucks und wendet die Stirling'sche Formel (7.47) an.

9
Vektoranalysis und Tensorrechnung

9.1
Vektoranalysis

9.1.1
Vektor- und Skalarfelder

In Kapitel 5 haben wir den Begriff des Vektors eingeführt und Rechenoperationen für Vektoren definiert. Im Folgenden wollen wir nun auf Vektor*felder* eingehen. *Ein Vektorfeld liegt dann vor, wenn jedem Punkt eines Raumes ein Vektor zugeordnet ist.*

Beispiel 9.1
Auf ein Vektorfeld kommt man beispielsweise, wenn man eine in einem Rohr strömende Flüssigkeit betrachtet. Jedem Punkt im Rohr kann man einen Vektor zuordnen, der die dort herrschende Strömungsgeschwindigkeit angibt. Ebenso bilden bei einer Diffusion die Vektoren, die an jeder Stelle des Raumes den Materialtransport je Zeit- und Flächeneinheit angeben, ein Vektorfeld. Ein weiteres Beispiel stellt das Feld einer elektrischen Ladung dar; jedem Raumpunkt ist ein bestimmtes elektrisches Feld zugeordnet.

Um ein Vektorfeld zu beschreiben, muss man die Größe und Richtung des entsprechenden Vektors als Funktion der Ortskoordinaten $x_1, x_2, \ldots, x_n$ angeben. Da ein Vektor $\boldsymbol{a}$ durch seine Komponenten $a_1, a_2, \ldots, a_m$ eindeutig bestimmt ist, reicht es, wenn man diese in Abhängigkeit von $x_1, x_2, \ldots, x_n$ kennt. *Das Feld, das der Vektor* $\boldsymbol{a}$ *bildet, ist daher eindeutig beschrieben durch die Gleichung*

$$\boldsymbol{a} = \begin{pmatrix} a_1 \\ a_2 \\ \vdots \\ a_m \end{pmatrix} = \begin{pmatrix} a_1(x_1, x_2, \ldots, x_n) \\ a_2(x_1, x_2, \ldots, x_n) \\ \vdots \\ a_m(x_1, x_2, \ldots, x_n) \end{pmatrix} ,$$

Mathematik für Chemiker, 7. Auflage. Ansgar Jüngel und Hans G. Zachmann.

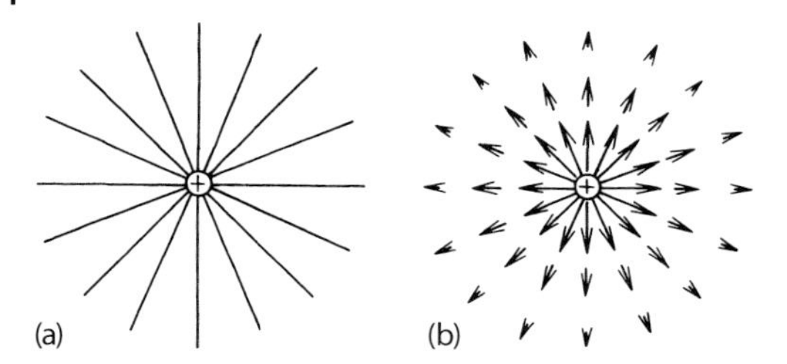

Abb. 9.1 Darstellung eines Vektorfeldes (a) durch Feldlinien und (b) durch Vektoren (im inneren Ring muss man sich die Länge der Vektoren um den Faktor 10 vergrößert denken).

die die Komponenten von $\boldsymbol{a}$ *in Abhängigkeit von* $x_1, x_2, \dots, x_n$ *angibt.* Anstelle der obigen Gleichung kann man abgekürzt $\boldsymbol{a} = \boldsymbol{a}(x_1, x_2, \dots, x_n)$ schreiben. Mathematisch gesehen ist ein Vektorfeld also eine Abbildung eines Bereichs des $\mathbb{R}^n$ in den $\mathbb{R}^m$. In der Physik und Chemie kommen häufig Vektorfelder $\boldsymbol{a}$ mit den drei Komponenten a_1, a_2 und a_3 vor, die jeweils von in den Variablen x, y und z abhängen. Beispiele sind die Strömungsgeschwindigkeit eines Gases oder das elektrische Feld.

Von praktischem Interesse ist auch die grafische Darstellung eines Vektorfeldes. Interessiert man sich nur für die Richtung des Vektors an den einzelnen Stellen im Raum, so kann man diese grafisch sehr übersichtlich durch *Feldlinien* zum Ausdruck bringen (siehe z. B. die Feldlinien einer positiven elektrischen Ladung, Abb. 9.1a). Will man dagegen jeweils den Betrag und die Richtung des Vektors angeben, so muss man jedem Raumpunkt einen kleinen Pfeil zuordnen, wie in Abb. 9.1b für das elektrische Feld angedeutet ist.

Neben den Vektorfeldern spielen bei verschiedenen Problemen der Physik und Chemie auch *Skalarfelder* eine wichtige Rolle. Ein Skalarfeld liegt vor, wenn eine skalare Größe u als Funktion der Variablen $x_1, x_2, \dots, x_n$ gegeben ist, $u = u(x_1, x_2, \dots, x_n)$. In der Praxis treten häufig Skalarfelder auf, die eine Funktion der Ortsvariablen x, y und z sind, $u = u(x, y, z)$. Punkte, die zum gleichen Wert von u gehören, liegen bei einem räumlichen Feld jeweils auf einer Fläche. Diese Flächen werden *Niveauflächen* genannt und sind mathematisch als die Mengen $\{(x, y, z) \in \mathbb{R}^3 : u(x, y, z) = c\}$ in Abhängigkeit von der Konstante $c \in \mathbb{R}$ definiert. Im Sonderfall eines zweidimensionalen Skalarfeldes werden diese Flächen zu *Niveaulinien*.

Beispiel 9.2
Ein Beispiel für ein zweidimensionales Skalarfeld stellt die Temperaturverteilung $T = T(x, y)$ auf einer kreisförmigen Platte dar, die in der Mitte erhitzt wird. Die Niveaulinien sind in diesem Fall durch konzentrische Kreise gegeben (siehe Abb. 9.2).

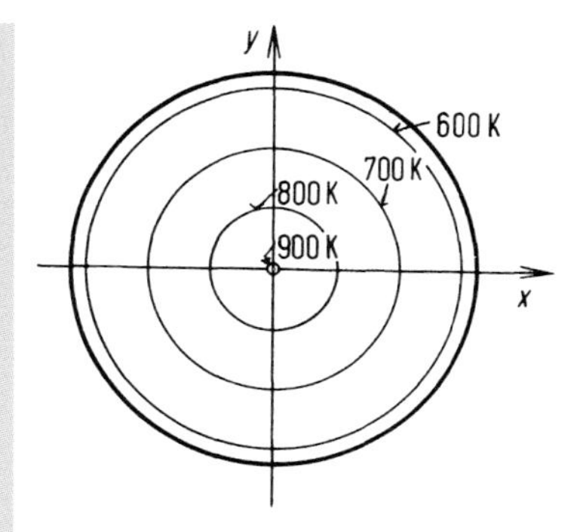

Abb. 9.2 Linien konstanter Temperatur auf einer im Mittelpunkt erhitzten kreisförmigen Platte.

Bei Vektorfeldern interessiert man sich vor allem für die örtliche Änderung der Vektoren, was zwangsläufig auf Ableitungen führt. Man bezeichnet daher die Untersuchung der Vektorfelder als *Vektoranalysis*. Auch die Betrachtung der Skalarfelder gehört zur Vektoranalysis, da einem Skalarfeld entsprechend den Ausführungen im nächsten Abschnitt für gewöhnlich ein bestimmtes Vektorfeld (nämlich das Gradientenfeld) zugeordnet werden kann.

9.1.2
Der Gradient

Wir haben den Gradienten bereits in Abschnitt 8.1.1 als eine abkürzende Schreibweise für partielle Ableitungen eingeführt. In diesem Abschnitt geben wir dem Gradienten insbesondere eine grafische Interpretation.

Um die für Skalarfelder eingeführten Begriffe und Rechenoperationen zu erläutern, gehen wir vom Beispiel eines Temperaturfeldes aus. Als Erstes betrachten wir dabei den eindimensionalen Fall. Gegeben sei ein Metallstab, der in Richtung der x-Achse eines Koordinatensystems weist (siehe Abb. 9.3a) und dessen Enden auf zwei verschiedenen Temperaturwerten gehalten werden. Längs des Stabes herrscht dann ein Temperaturgefälle. Wir setzen voraus, dass die Temperatur innerhalb eines Querschnittes konstant ist, sodass sie nur von der Koordinate x abhängt, also $T = T(x)$. Wir haben es dann mit einem eindimensionalen Skalarfeld zu tun, weil die skalare Größe nur von einer Ortskoordinate abhängt. Wir interessieren uns dafür, wie stark sich die Temperatur ändert, wenn wir von einer Stelle x zur Stelle $x + \Delta x$ fortschreiten. Wenn Δx genügend klein ist, so können wir diese Änderung annähernd mithilfe der Taylor-Formel berechnen, die wir nach dem Glied mit der ersten Ableitung abbrechen. Wir erhalten mithilfe von (7.53)

$$T(x + \Delta x) \approx T(x) + \Delta x \frac{\mathrm{d}T}{\mathrm{d}x}(x)$$

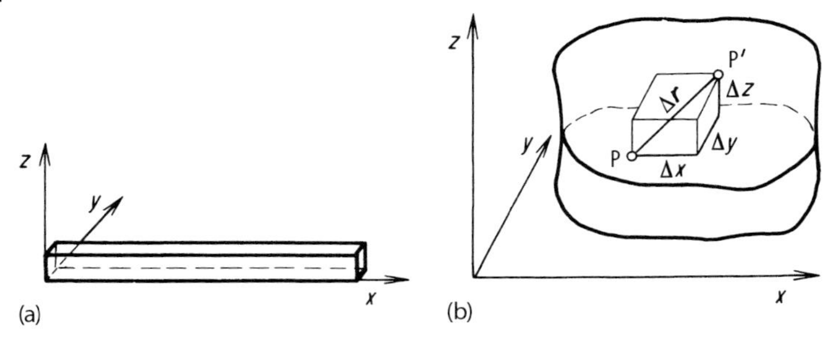

Abb. 9.3 (a) Metallstab in Richtung der x-Achse eines Koordinatensystems. (b) Zur Berechnung der Ortsänderung der Temperatur in einem dreidimensionalen Körper.

bzw., indem wir $\Delta T = T(x + \Delta x) - T(x)$ setzen,

$$\Delta T \approx \Delta x \frac{\mathrm{d}T}{\mathrm{d}x}(x) \; . \tag{9.1}$$

Die Ableitung $\mathrm{d}T/\mathrm{d}x$ ist eine Funktion von x, die die Änderung von T mit x an jeder Stelle des Stabes vollständig beschreibt.

Betrachten wir nun als Nächstes einen beliebig geformten Körper (siehe Abb. 9.3b), in dem die Temperatur T von Ort zu Ort verschieden ist, $T = T(x, y, z)$. Es liegt dann ein dreidimensionales Skalarfeld vor. Wir betrachten einen bestimmten Punkt P mit den Koordinaten (x, y, z) und fragen nach der Änderung der Temperatur, wenn wir von diesem Punkt aus in die drei Raumrichtungen um Δx, Δy und Δz zum Punkt P′ fortschreiten. Unter der Annahme, dass Δx, Δy und Δz genügend klein sind, können wir die Temperatur an der Stelle $x + \Delta x$, $y + \Delta y$, $z + \Delta z$ mithilfe der Taylor-Formel (8.64) berechnen, die nach den Gliedern mit den ersten partiellen Ableitungen abgebrochen wird:

$$T(x + \Delta x, y + \Delta y, z + \Delta z) \approx T(x, y, z) + \frac{\partial T}{\partial x}\Delta x + \frac{\partial T}{\partial y}\Delta y + \frac{\partial T}{\partial z}\Delta z \; .$$

Die Änderung der Temperatur ist also näherungsweise durch

$$\Delta T \approx \frac{\partial T}{\partial x}\Delta x + \frac{\partial T}{\partial y}\Delta y + \frac{\partial T}{\partial z}\Delta z \tag{9.2}$$

gegeben. Die Zahlen Δx, Δy und Δz stellen die Komponenten des Vektors $\Delta \boldsymbol{r}$ dar, der die Verschiebung von P zu P′ beschreibt. Man kann ferner die partiellen Ableitungen $\partial T/\partial x$, $\partial T/\partial y$ und $\partial T/\partial z$ ebenfalls als Komponenten eines Vektors auffassen, den man den *Gradienten* von T nennt und mit ∇T bezeichnet:

$$\nabla T = \begin{pmatrix} \frac{\partial T}{\partial x} \\ \frac{\partial T}{\partial y} \\ \frac{\partial T}{\partial z} \end{pmatrix} .$$

Der in (9.2) angegebene Ausdruck stellt dann das Skalarprodukt von ∇T und $\Delta \boldsymbol{r}$ dar:

$$\Delta T \approx \nabla T \cdot \Delta \boldsymbol{r} \; . \tag{9.3}$$

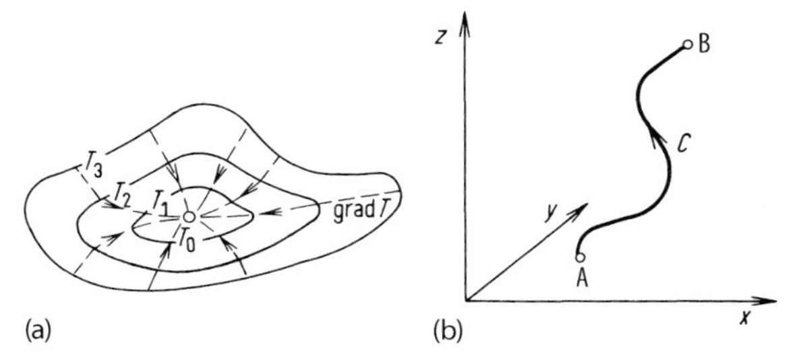

Abb. 9.4 (a) Zusammenhang zwischen Niveaulinien eines Skalarfeldes (durchgezogene Linien) und dem dazugehörigen Gradientenfeld (gestrichelte Linien mit Pfeil). (b) Zur Berechnung der Arbeit längs eines Weges C.

Das Symbol „∇" heißt der *Nabla-Operator.*

Um den Vektor ∇T der Temperatur anschaulich zu deuten, denken wir uns in dem betrachteten Körper die Punkte gleicher Temperatur durch Niveauflächen verbunden. Da sich längs dieser Flächen die Temperatur nicht ändert, ist (9.3) zufolge für alle $\Delta \boldsymbol{r}$, die auf einer solchen Fläche liegen, $\Delta \boldsymbol{r} \cdot \nabla T$ näherungsweise gleich null. Daraus folgt, da beide Vektoren im Allgemeinen von null verschieden sind, dass ∇T senkrecht auf $\Delta \boldsymbol{r}$, also senkrecht auf den Niveauflächen steht. Des Weiteren erkennt man aus (9.3), dass der Betrag des Gradienten die Temperaturänderung beim Fortschreiten um eine Längeneinheit in zu den Niveauflächen senkrechter Richtung angibt. Der Vektor ∇T ist daher das dreidimensionale Analogon zu der in (9.1) auftretenden Ableitung $\mathrm{d}T/\mathrm{d}x$.

Im zweidimensionalen Fall entarten die Niveauflächen zu Niveaulinien. Der Gradient kann in gleicher Weise wie im dreidimensionalen Fall eingeführt werden, besitzt aber jetzt nur zwei Komponenten, $\nabla T = (\partial T/\partial x, \partial T/\partial y)^{\mathrm{T}}$. Er steht senkrecht auf den Niveaulinien. Als Beispiel zeigt Abb. 9.4a die Temperaturverteilung auf einer Platte. Die durchgezogenen Linien geben die Niveaulinien an, die gestrichelten Linien die jeweilige Richtung des Gradienten.

Die angestellten Betrachtungen lassen sich in gleicher Weise auch auf beliebige andere Skalarfelder übertragen. Wir können zusammenfassend sagen: *Ist ein Skalarfeld $u = u(x_1, \ldots, x_n)$ gegeben und existieren alle ersten partiellen Ableitungen von u, so kann man an jeder Stelle des Feldes einen Vektor definieren, den man den Gradienten von u nennt und der gegeben ist durch den Spaltenvektor:*

$$\nabla u = \left(\frac{\partial u}{\partial x_1}, \frac{\partial u}{\partial x_2}, \ldots, q\frac{\partial u}{\partial x_n} \right)^{\mathrm{T}} . \tag{9.4}$$

Die Vektoren ∇u stehen jeweils senkrecht auf den Flächen konstanter Werte von u (Niveauflächen).

Beispiel 9.3

Wir wollen als Beispiel den Gradienten zu dem in Abb. 9.2 gegebenen Temperaturfeld berechnen. Die kreisförmigen Niveaulinien ergeben sich, wenn man für die Ortsabhängigkeit der Temperatur die Funktion

$$T = \frac{T_0}{1 + x^2 + y^2}$$

mit einer Konstante T_0 ansetzt. Mithilfe der Definition (9.4) ergibt sich daraus

$$\begin{aligned} \nabla T &= \left(\frac{\partial T}{\partial x}, \frac{\partial T}{\partial y}\right)^{\mathrm{T}} = \left(\frac{-2T_0 x}{(1 + x^2 + y^2)^2}, \frac{-2T_0 y}{(1 + x^2 + y^2)^2}\right)^{\mathrm{T}} \\ &= \frac{-2\,T_0}{(1 + x^2 + y^2)^2}(x, y)^{\mathrm{T}} = \frac{-2\,T_0}{(1 + x^2 + y^2)^2}\,\boldsymbol{r}\,, \end{aligned}$$

wobei $\boldsymbol{r} = (x, y)^{\mathrm{T}}$ ein zweidimensionaler Vektor ist. Man sieht, dass der gesuchte Gradient entgegengesetzt zum Ortsvektor $\boldsymbol{r}$ gerichtet ist und somit wie $\boldsymbol{r}$ senkrecht auf den Niveaulinien steht.
Ein weiteres aus dem Alltag bekanntes Beispiel für ein Skalarfeld stellt die Höhe der Erdoberfläche als Funktion der geografischen Breite und der geografischen Länge dar. Die Linien gleicher Höhe sind die auf vielen Landkarten eingezeichneten Höhenlinien, und der Gradient hat an jeder Stelle die Richtung der größten Steigung.

9.1.3
Konservative Vektorfelder

Wir wollen nun zur Untersuchung von Vektorfeldern übergehen und betrachten hierzu ein Kraftfeld $\boldsymbol{F}(x, y, z)$, in dem sich ein Körper bewegt (z. B. eine Masse in einem Schwerefeld oder ein Magnet in einem Magnetfeld). Wie groß ist die Arbeit, die bei einer Bewegung des Körpers längs eines Weges verrichtet wird, der z. B. durch eine Kurve C in Abb. 9.4b gegeben ist?

Bei einer Verschiebung des Körpers um ein kleines Stück $\mathbf{d}\boldsymbol{r}$ wird gemäß den Überlegungen des Abschnitts 5.1.3 eine Arbeit verrichtet, die durch das Skalarprodukt von $\boldsymbol{F} = (F_1, F_2, F_3)^{\mathrm{T}}$ und $\mathbf{d}\boldsymbol{r}$ gegeben ist, also in symbolischer Schreibweise:

$$\mathrm{d}A = \boldsymbol{F} \cdot \mathbf{d}\boldsymbol{r} = F_1\,\mathrm{d}x + F_2\,\mathrm{d}y + F_3\,\mathrm{d}z\,.$$

Wird der Körper längs des endlichen Weges C verschoben, so muss man über die einzelnen kleinen Wegstrecken längs C summieren. Man kommt dann auf das Integral:

$$A = \int_C (F_1\,\mathrm{d}x + F_2\,\mathrm{d}y + F_3\,\mathrm{d}z)\,. \tag{9.5}$$

Dies ist ein Kurvenintegral, wie es in (8.48) eingeführt wurde, mit dem einzigen Unterschied, dass man es jetzt mit drei statt mit zwei Variablen zu tun hat. Unter Verwendung der vektoriellen Schreibweise kann man für dieses Kurvenintegral auch abgekürzt schreiben:

$$A = \int_C \boldsymbol{F} \cdot \mathbf{d}\boldsymbol{r} \ .$$

Es gibt nun Kraftfelder, die sich als Gradient eines skalaren Feldes auffassen lassen. In diesem Fall kann man eine Funktion $u = u(x, y, z)$ finden, sodass gilt:

$$F_1 = \frac{\partial u}{\partial x} \ , \quad F_2 = \frac{\partial u}{\partial y} \quad \text{und} \quad F_3 = \frac{\partial u}{\partial z} \ .$$

Wenn das der Fall ist, so ist der Integrand in (9.5) das vollständige Differenzial der Größe u, und das Integral ist wegunabhängig. Bei einer Verschiebung des Körpers vom Punkt mit den Koordinaten $(x_\text{A}, y_\text{A}, z_\text{A})$ zum Punkt mit den Koordinaten $(x_\text{B}, y_\text{B}, z_\text{B})$ ist dann, unabhängig davon, welcher Weg gewählt wird, die Arbeit

$$A = u(x_\text{B}, y_\text{B}, z_\text{B}) - u(x_\text{A}, y_\text{A}, z_\text{A})$$

zu verrichten. Längs eines geschlossenen Weges wird insgesamt keine Arbeit geleistet, die einzelnen Beiträge heben sich auf. Solche Kraftfelder nennt man *konservativ*, die Größe u heißt das *Potenzial* des Kraftfeldes. Andererseits kennt man auch Kraftfelder, bei denen die Arbeit vom Weg abhängt, bei denen sich also kein Skalarfeld finden lässt, dessen Gradient die gegebene Kraft ist. Solche Felder nennt man *nicht konservativ* oder *turbulent* (siehe auch Abschnitt 9.1.5).

Diese Überlegungen sind nicht auf Kraftfelder beschränkt, sondern werden auf beliebige Vektorfelder übertragen: *Ein Vektorfeld* $\boldsymbol{a}(x, y, z)$ *heißt konservativ, wenn es sich als Gradient eines Skalarfeldes* $u(x, y, z)$ *auffassen lässt:*

$$\boldsymbol{a} = (a_1, a_2, a_3)^\text{T} = \nabla u \quad \text{bzw.} \quad a_1 = \frac{\partial u}{\partial x} \ , \quad a_2 = \frac{\partial u}{\partial y} \ , \quad a_3 = \frac{\partial u}{\partial z} \ . \tag{9.6}$$

Die Funktion u heißt das Potenzial des Vektorfeldes. In einem solchen Fall gilt

$$\int_C \boldsymbol{a} \cdot \mathbf{d}\boldsymbol{r} = u(x_\text{B}, y_\text{B}, z_\text{B}) - u(x_\text{A}, y_\text{A}, z_\text{A}) \ ,$$

wobei A *der Anfangs- und* B *der Endpunkt der Kurve C ist. Für eine geschlossene Kurve folgt daraus:*

$$\oint \boldsymbol{a} \cdot \mathbf{d}\boldsymbol{r} = 0 \ .$$

Beispiel 9.4
Ein Beispiel für ein konservatives Feld stellt das elektrische Feld innerhalb eines Plattenkondensators dar. Die Feldlinien stehen alle senkrecht auf den Platten. Unter Zugrundelegung des in Abb. 9.5a eingezeichneten Koordinatensystems lauten daher die drei Komponenten des elektrischen Feldes $\boldsymbol{E} = (E_1, E_2, E_3)^\text{T}$:

$$E_1 = b \ , \quad E_2 = 0 \quad \text{und} \quad E_3 = 0 \ .$$

Die Größe b ist eine Konstante. Man kann leicht feststellen, dass sich dieses Feld als Gradient des Potenzials $u(x, y, z) = bx$ ergibt. Es gilt daher für jeden beliebigen geschlossenen Weg zwischen den Platten $\oint \boldsymbol{E} \cdot \mathbf{d}\boldsymbol{r} = 0$. Da die Kraft auf eine Ladung proportional zum elektrischen Feld $\boldsymbol{E}$ ist, folgt daraus, dass die Arbeit bei der Bewegung einer Ladung längs eines geschlossenen Weges gleich null ist.
Ein anderes Beispiel für ein konservatives Feld ist das Schwerefeld der Erde.
Ein nicht konservatives Vektorfeld ist das Magnetfeld $\boldsymbol{H}$ in der Umgebung eines stromdurchflossenen Leiters L (siehe Abb. 9.5b). Das Integral $\oint \boldsymbol{H} \cdot \mathbf{d}\boldsymbol{r}$ längs eines Kreises um den Leiter ist von null verschieden. Man erkennt das daran, dass die Feldvektoren bei der Bildung dieses Integrals immer in Wegrichtung zeigen, sodass nur positive Beiträge zum Integral auftreten.

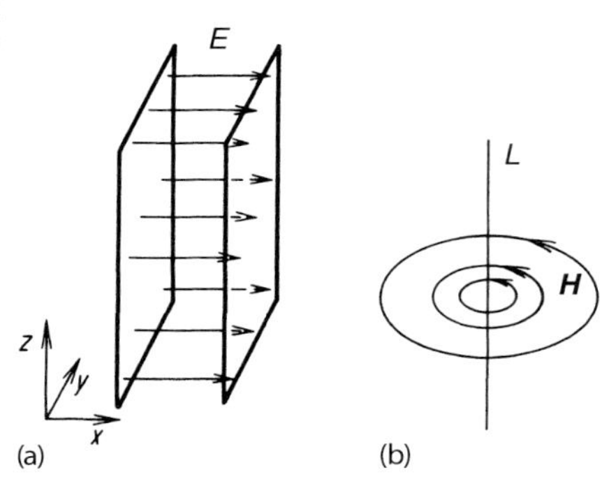

Abb. 9.5 (a) Elektrisches Feld innerhalb eines Plattenkondensators. (b) Magnetfeld ***H*** eines stromdurchflossenen Leiters *L*.

Es stellt sich nun die Frage, woran man erkennt, dass ein Vektorfeld konservativ ist, dass also die Vektorkoordinaten jeweils partielle Ableitungen einer gemeinsamen Funktion u sind, wie (9.6) fordert. Dies lässt sich leicht beantworten. Durch Verallgemeinerung von (8.52) auf drei Variablen folgt: *Ein Vektorfeld $\boldsymbol{a}(x, y, z)$ ist genau dann konservativ, wenn in einem einfach zusammenhängenden Gebiet gilt:*

$$\frac{\partial a_1}{\partial y} = \frac{\partial a_2}{\partial x}, \quad \frac{\partial a_1}{\partial z} = \frac{\partial a_3}{\partial x} \quad \text{und} \quad \frac{\partial a_2}{\partial z} = \frac{\partial a_3}{\partial y}. \tag{9.7}$$

Wie in Abschnitt 9.1.5 gezeigt wird, sind diese Gleichungen gleichbedeutend mit der Forderung, dass die in jenem Abschnitt eingeführte Größe rot $\boldsymbol{a}$ gleich null ist.

9.1.4
Die Divergenz und der Satz von Gauß im $\mathbb{R}^3$

Um eine weitere Größe zur Beschreibung von Vektorfeldern einzuführen, betrachten wir die Diffusion eines Stoffes A in einem Stoff B. Die Konzentrationsverteilung des Stoffes A zur Zeit t sei durch die Funktion $c(x, y, z, t)$ gegeben. Jedem

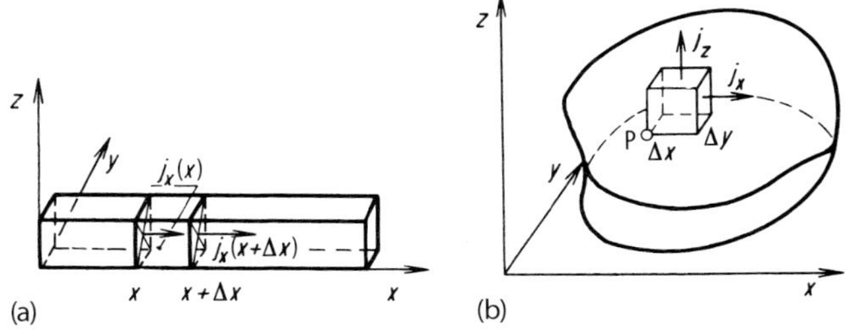

Abb. 9.6 Zur Untersuchung der Diffusion in einem Stab (a) und im dreidimensionalen Fall (b).

Raumpunkt kann man dann einen Stofftransportvektor $\boldsymbol{J}(x, y, z, t)$ zuordnen, der angibt, welche Menge des Stoffes A an dieser Stelle je Flächen- und Zeiteinheit hindurchfließt und in welche Richtung der Fluss erfolgt.

Nehmen wir als Erstes an, der Körper, in dem die Diffusion stattfindet, sei ein Stab vom Querschnitt F, der in Richtung der x-Achse eines Koordinatensystems liegt (siehe Abb. 9.6a). Die Konzentration von A und der Stofftransport mögen nicht von y und z, sondern nur von x abhängen, also längs einer Querschnittsfläche konstant sein. Der Vektor $\boldsymbol{J}$ des Stofftransportes liegt dann parallel zur x-Achse und hängt ebenfalls nur von x ab. Seine Komponenten lauten $J_2 = J_3 = 0$ und $J_1(x, t) \neq 0$. Es liegt ein eindimensionales Problem vor. Wir fragen nun nach der Zunahme der Konzentration in einem Volumenelement $F \cdot \Delta x$, das aus der Schicht der Dicke Δx gebildet wird. In das betrachtete Volumenelement fließt von links je Zeiteinheit die Menge $J_1(x, t) \cdot F$ ein, nach rechts strömt die Menge $J_1(x + \Delta x, t) \cdot F$ aus (Abb. 9.6a). Die Menge des Stoffes A nimmt daher innerhalb dieses Volumenelementes insgesamt um $(J_1(x, t) - J_1(x + \Delta x, t)) \cdot F$ zu. Die Konzentrationsänderung $\partial c/\partial t$ an der Stelle (x, t) ergibt sich (näherungsweise) durch Division dieser Zunahme durch das Volumen $F \cdot \Delta x$:

$$\frac{\partial c}{\partial t} = \frac{(J_1(x, t) - J_1(x + \Delta x, t)) \cdot F}{F \cdot \Delta x} = -\frac{J_1(x + \Delta x, t) - J_1(x, t)}{\Delta x} .$$

Indem wir zum Grenzwert unendlich kleiner Dicke $\Delta x \to 0$ übergehen, erhalten wir daraus:

$$\frac{\partial c}{\partial t} = -\frac{\partial J_1}{\partial x} .$$

Als Nächstes betrachten wir einen beliebig geformten Körper mit irgendeiner von x, y und z abhängigen Konzentrationsverteilung $c(x, y, z, t)$. Hier sind im Allgemeinen alle drei Komponenten des Stofftransportvektors $\boldsymbol{J}$ von null verschieden. Wir interessieren uns für die Erhöhung der Konzentration in einem quaderförmigen Volumenelement, dessen Kanten parallel zu den Achsen eines Koordinatensystems liegen. Der eine Eckpunkt P möge die Koordinaten (x, y, z) haben, die Kantenlängen mögen Δx, Δy und Δz betragen (siehe Abb. 9.6b). Ein Stofftransport findet durch alle sechs Begrenzungsflächen des Würfels statt. Betrachten wir zunächst die beiden Flächen, die parallel zur (y, z)-Ebene liegen und die jeweils den Flächeninhalt $\Delta y \cdot \Delta z$ besitzen. Durch die linke Fläche strömt die Stoffmenge $J_1(x, y, z, t)\Delta y \Delta z$ ein, durch die rechte die Stoffmenge $J_1(x + \Delta x, y, z, t)\Delta y \Delta z$ aus. Dadurch ergibt sich insgesamt je Zeiteinheit ein Mengenzuwachs von

$$\begin{aligned}(J_1(x, y, z, t) &- J_1(x + \Delta x, y, z, t))\Delta y \Delta z \\ &= -(J_1(x + \Delta x, y, z, t) - J_1(x, y, z, t))\Delta y \Delta z \ .\end{aligned}$$

Entsprechend führt der Transport durch die beiden Flächen parallel zur (x, z)-Ebene zu einem Mengenzuwachs $-(J_2(x, y+\Delta y, z, t) - J_2(x, y, z, t))\Delta x \Delta z$ und der Transport durch das dritte Flächenpaar zu einem Zuwachs $-(J_3(x, y, z + \Delta z, t) - J_3(x, y, z, t))\Delta x \Delta y$. Die Konzentrationsänderung $\partial c/\partial t$ innerhalb des betrachteten Volumenelementes ergibt sich (näherungsweise) durch Division der gesamten je Zeiteinheit zugeflossenen Stoffmenge durch den Rauminhalt $\Delta x \Delta y \Delta z$ des Volumenelementes. Das führt zu der Beziehung

$$\begin{aligned}\frac{\partial c}{\partial t} = &-\frac{J_1(x + \Delta x, y, z, t) - J_1(x, y, z, t)}{\Delta x} \\ &-\frac{J_2(x, y + \Delta y, z, t) - J_2(x, y, z, t)}{\Delta y} \\ &-\frac{J_3(x, y, z + \Delta z, t) - J_3(x, y, z, t)}{\Delta z} \ .\end{aligned}$$

Indem man Δx, Δy und Δz gegen null gehen lässt und das Minuszeichen ausklammert, ergibt sich daraus:

$$\frac{\partial c}{\partial t} = -\left(\frac{\partial J_1}{\partial x} + \frac{\partial J_2}{\partial y} + \frac{\partial J_3}{\partial z}\right) \ .$$

Den auf der rechten Seite in Klammern stehenden Ausdruck nennt man die Divergenz von $\boldsymbol{J}$ und schreibt dafür div $\boldsymbol{J}$. Wir können daher die obige Gleichung auch in der Form

$$\frac{\partial c}{\partial t} = -\operatorname{div} \boldsymbol{J}$$

angeben. Die Divergenz von $\boldsymbol{J}$ stellt ein Skalarfeld dar.

✎ Diese Überlegungen lassen sich auf beliebige Vektorfelder übertragen: *Einem Vektorfeld $\boldsymbol{a}(x, y, z)$ kann man ein Skalarfeld zuordnen, das man die Divergenz von $\boldsymbol{a}$ nennt und das durch*

$$\operatorname{div} \boldsymbol{a} = \frac{\partial a_1}{\partial x} + \frac{\partial a_2}{\partial y} + \frac{\partial a_3}{\partial z} \tag{9.8}$$

definiert ist. Stellt $\boldsymbol{a}$ den Fluss einer Größe dar, so gibt div $\boldsymbol{a}$ *die Konzentrationsänderung dieser Größe an.* Stellen des Vektorfeldes mit positiver Divergenz nennt man *Quellen,* solche mit negativer Divergenz *Senken.* Ist die Divergenz des Vektorfeldes überall gleich null, so bezeichnet man es als *quellenfrei.*

Das Integral der Divergenz eines Vektorfeldes über ein Volumen ist die Summe aller Quellen oder Senken in diesem Volumen. Anschaulich sollte dieser Wert gleich des aus der Oberfläche des Volumens hinein- oder hinausströmenden Flusses sein. Dies ist tatsächlich der Fall und wird in dem folgenden Satz von Gauß präzisiert:

Satz 9.1 Satz von Gauß im $\mathbb{R}^3$

Für einen Bereich V mit Oberfläche F und ein stetig differenzierbares Vektorfeld $\boldsymbol{a}(x, y, z)$ gilt:

$$\iiint_V \operatorname{div} \boldsymbol{a} \, \mathrm{d}x \, \mathrm{d}y \, \mathrm{d}z = \iint_F \boldsymbol{a} \cdot \boldsymbol{n} \, \mathrm{d}F \, .$$

Zu der Definition des Oberflächenintegrals auf der rechten Seite der Gleichung siehe Abschnitt 8.5. In der obigen Form lässt sich der Gauß'sche Integralsatz sehr leicht anschaulich deuten: Da $\operatorname{div} \boldsymbol{a} = -\partial c/\partial t$ ist, steht auf der linken Seite die Abnahme der Stoffmenge im Volumen V; auf der rechten Seite steht die insgesamt durch die Oberfläche dieses Volumens abgeflossene Stoffmenge. Wegen der Erhaltung der Materie müssen beide Mengen gleich sein.

Der Satz von Gauß erlaubt eine einfache Berechnung des Flusses eines Vektorfeldes $\boldsymbol{a}$ durch eine *geschlossene* Oberfläche, wenn die Divergenz des Vektorfeldes überall gleich null ist, denn in diesem Fall ist

$$\iint_F \boldsymbol{a} \cdot \boldsymbol{n} \, \mathrm{d}F = \iiint_V \operatorname{div} \boldsymbol{a} \, \mathrm{d}x \, \mathrm{d}y \, \mathrm{d}z = \iiint_V 0 \, \mathrm{d}x \, \mathrm{d}y \, \mathrm{d}z = 0 \, .$$

Beispiel 9.5

Bei einer Diffusion sei der Stofftransport durch den Vektor $\boldsymbol{J}$ mit den Komponenten $J_1 = x^3$, $J_2 = y^3$ und $J_3 = z^3$ gegeben. Welche Menge M_0 strömt je Zeiteinheit aus dem in Abb. 9.7 angegebenen Quader mit den Kanten der Länge a, b und c? Nach der Definition der Divergenz erhalten wir $\operatorname{div} \boldsymbol{J} = 3x^2 + 3y^2 + 3z^2$. Aufgrund des Gauß'schen Integralsatzes ist die aus dem Quader ausströmende Menge durch

$$\iiint_V \operatorname{div} \boldsymbol{J} \, \mathrm{d}x \, \mathrm{d}y \, \mathrm{d}z$$

gegeben, wobei V den angegebenen Quader bezeichnet. Es folgt daher:

$$\begin{aligned} M_0 = \iiint_V \operatorname{div} \boldsymbol{J} \, \mathrm{d}x \, \mathrm{d}y \, \mathrm{d}z &= \int_{-a/2}^{a/2} \int_{-b/2}^{b/2} \int_{-c/2}^{c/2} (3x^2 + 3y^2 + 3z^2) \, \mathrm{d}x \, \mathrm{d}y \, \mathrm{d}z \\ &= \frac{abc}{4}(a^2 + b^2 + c^2) \, . \end{aligned}$$

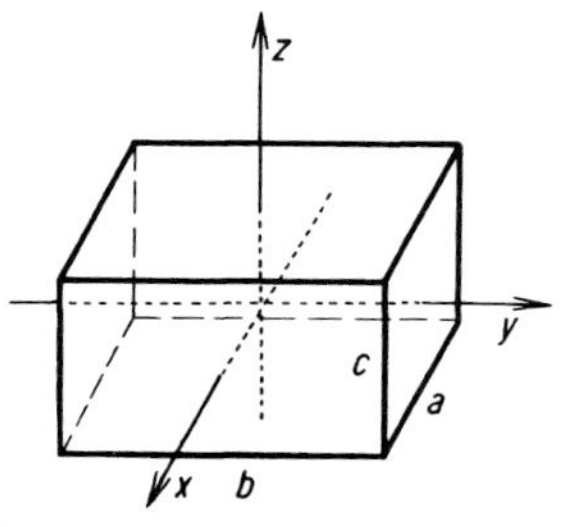

Abb. 9.7 Illustration des im Beispiel betrachteten Quaders.

9.1.5 Die Rotation und der Satz von Stokes

Eine weitere Größe, die man jedem Punkt eines Vektorfeldes $\boldsymbol{a}(x, y, z)$ mit den Komponenten a_1, a_2 und a_3 zuordnen kann, ist die *Rotation* des Vektorfeldes, die man mit rot $\boldsymbol{a}$ bezeichnet. In diesem Abschnitt schreiben wir x_1, x_2, x_3 anstatt x, y, z für die Koordinaten des dreidimensionalen Raumes und ∂_{x_i} für die partielle Ableitung $\partial/\partial x_i$. Die Rotation ist dann definiert durch:

$$\operatorname{rot} \boldsymbol{a} = \begin{pmatrix} \partial_{x_2} a_3 - \partial_{x_3} a_2 \\ \partial_{x_3} a_1 - \partial_{x_1} a_3 \\ \partial_{x_1} a_2 - \partial_{x_2} a_1 \end{pmatrix} . \tag{9.9}$$

Diese Definitionsgleichung lässt sich besonders übersichtlich in Form einer symbolischen Determinante schreiben

$$\operatorname{rot} \boldsymbol{a} = \det \begin{pmatrix} \boldsymbol{e}_1 & \boldsymbol{e}_2 & \boldsymbol{e}_3 \\ \partial_{x_1} & \partial_{x_2} & \partial_{x_3} \\ a_1 & a_2 & a_3 \end{pmatrix} ,$$

wobei $\boldsymbol{e}_i$ der i-te Einheitsvektor im $\mathbb{R}^3$ ist. Dabei muss man festlegen, dass man unter dem Produkt eines Differenzialoperators und irgendeiner Größe die entsprechende Ableitung dieser Größe versteht, d. h., das Produkt von ∂_{x_i} mit a_j ist die Ableitung $\partial a_j/\partial x_i$. Beachte, dass die obige Darstellung nur symbolisch ist, da die Determinante nur für Zahlen und nicht für Vektoren oder Differenzialoperatoren definiert ist. Wir nennen Vektorfelder, deren Rotation gleich null ist, *wirbelfrei*.

Beispiel 9.6
Die Rotation des Vektorfeldes $\boldsymbol{a} = (-x_2, x_1, x_3)^{\mathrm{T}}$ lautet:

$$\operatorname{rot} \boldsymbol{a} = \begin{pmatrix} \partial_{x_2} x_3 - \partial_{x_3} x_1 \\ \partial_{x_3}(-x_2) - \partial_{x_1} x_3 \\ \partial_{x_1} x_1 - \partial_{x_2}(-x_2) \end{pmatrix} = \begin{pmatrix} 0 \\ 0 \\ 2 \end{pmatrix} .$$

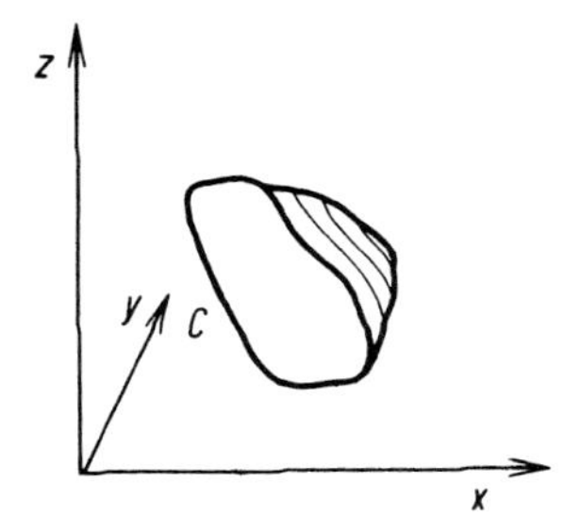

Abb. 9.8 Zur Erklärung des Satzes von Stokes.

Für das Vektorfeld $\boldsymbol{b} = (x_1, x_2, x_3)^{\mathrm{T}}$ dagegen ist die Rotation gleich null, denn:

$$\operatorname{rot} \boldsymbol{b} = \begin{pmatrix} \partial_{x_2} x_3 - \partial_{x_3} x_2 \\ \partial_{x_3} x_1 - \partial_{x_1} x_3 \\ \partial_{x_1} x_2 - \partial_{x_2} x_1 \end{pmatrix} = \begin{pmatrix} 0 \\ 0 \\ 0 \end{pmatrix} .$$

Das Vektorfeld $\boldsymbol{b}$ ist also wirbelfrei.

Wir betrachten nun eine beliebig geformte Fläche F, die von der Randkurve C begrenzt sei (siehe Abb. 9.8). Um ein Kurvenintegral über die Randkurve zu definieren, müssen wir festlegen, in welchem Sinne die Kurve zu durchlaufen ist, damit das Vorzeichen des nachfolgenden Satzes von Stokes festgelegt ist. Prinzipiell gibt es zwei Möglichkeiten, die Randkurve zu durchlaufen, entgegen oder mit dem Uhrzeigersinn bzw. – anders ausgedrückt – so, dass das Gebiet zur Linken oder zur Rechten liegt. Allerdings hängt dies davon ab, von welcher Seite die Fläche im Raum betrachtet wird. Wir legen daher eine Oberseite der Fläche dadurch fest, dass wir einen Normalenvektor definieren, der von der Oberseite weg zeigt und der an jedem Punkt senkrecht auf der Fläche steht. Wir durchlaufen nun die Randkurve so, dass die Fläche, gesehen von der Oberseite aus, zur Linken liegt.

Es lässt sich zeigen, dass das Kurvenintegral $\oint \boldsymbol{a} \cdot \mathbf{d}\boldsymbol{r} = \oint (a_1 \, \mathrm{d}x + a_2 \, \mathrm{d}y + a_3 \, \mathrm{d}z)$ gleich dem Flächenintegral der Normalkomponente der Rotation $\operatorname{rot} \boldsymbol{a} \cdot \boldsymbol{n}$ über die Fläche ist, die von der entsprechenden Kurve begrenzt ist. Hierbei ist $\boldsymbol{n}$ der oben definierte Normalenvektor an die Fläche.

Satz 9.2 Satz von Stokes

Sei F eine Fläche im $\mathbb{R}^3$ mit Randkurve C. Die Randkurve werde so durchlaufen, dass die Fläche zur Linken liegt (gesehen von der Oberseite der Fläche, von der der Normalenvektor $\boldsymbol{n}$ weg zeigt). Dann gilt für ein stetig differenzierbares Vektorfeld $\boldsymbol{a}(x_1, x_2, x_3)$

$$\oint_C \boldsymbol{a} \cdot \mathbf{d}\boldsymbol{r} = \iint_F \operatorname{rot} \boldsymbol{a} \cdot \boldsymbol{n} \, \mathrm{d}F ,$$

wobei $\mathrm{d}F$ die Integration über die Fläche bezeichnet.

Zur Definition des Kurvenintegrals siehe Abschnitt 8.4, zur Definition des Oberflächenintegrals siehe Abschnitt 8.5. Ist insbesondere die Rotation auf der ganzen Fläche F gleich null, so ist auch das Kurvenintegral über die Begrenzungslinie dieser Fläche gleich null. Der Integralsatz von Stokes hängt von der Orientierung der Fläche (definiert durch den Normalenvektor) und der Orientierung der Randkurve ab. Ändert man eine der beiden Orientierungen, so ändert sich das Vorzeichen des entsprechenden Integrals.

Ein Vergleich der Definition der Rotation mit (9.7) zeigt, dass die Bedingung $\operatorname{rot} \boldsymbol{a} = 0$ gleichbedeutend mit der Forderung ist, dass das Vektorfeld konservativ ist, also als Gradient eines Skalarfeldes geschrieben werden kann. Falls $\operatorname{rot} \boldsymbol{a} = 0$ ist, folgt $\oint \boldsymbol{a} \cdot \mathbf{d}\boldsymbol{r} = 0$. Ein Feld, bei dem die Rotation nicht überall gleich null ist, ist dagegen gemäß den Ausführungen in Abschnitt 9.1.3 turbulent. *Ein gegebenes Vektorfeld ist also entweder turbulent oder konservativ.*

Beispiel 9.7

Wir betrachten das Vektorfeld $\boldsymbol{a} = (x_2, x_1^2, x_3)^{\mathrm{T}}$ und die obere Halbkugel F mit Radius eins und Mittelpunkt im Koordinatenursprung. Um den Satz von Stokes anhand dieses Beispiels zu überprüfen, berechnen wir zunächst das Kurvenintegral über die Randkurve C. Diese Kurve ist ein Kreis mit Radius eins in der (x_1, x_2)-Ebene, parametrisiert durch $x_1(t) = \cos t$, $x_2(t) = \sin t$, $x_3(t) = 0$ mit $t \in [0, 2\pi)$. Beachte, dass die Kurve so parametrisiert ist, dass der Kreis entgegen dem Uhrzeigersinn durchlaufen wird, wenn wir von der Halbebene $x_3 \geq 0$ auf die (x_1, x_2)-Ebene schauen. Der Normalenvektor auf die Halbkugel sollte also in Richtung der oberen Halbebene $x_3 \geq 0$ weisen, damit die Orientierungen mit den oben gegebenen Definitionen übereinstimmen. Wir erhalten für das Kurvenintegral:

$$
\begin{aligned}
\oint_C \boldsymbol{a} \cdot \mathbf{d}\boldsymbol{r} &= \int_0^{2\pi} \boldsymbol{a}(x_1(t), x_2(t), x_3(t)) \cdot (x_1'(t), x_2'(t), x_3'(t))^{\mathrm{T}}\, \mathrm{d}t \\
&= \int_0^{2\pi} \begin{pmatrix} \sin t \\ \cos^2 t \\ 0 \end{pmatrix} \cdot \begin{pmatrix} -\sin t \\ \cos t \\ 0 \end{pmatrix} \mathrm{d}t \\
&= \int_0^{2\pi} (-\sin^2 t + \cos^3 t)\, dt = -\int_0^{2\pi} \sin^2 t\, \mathrm{d}t \\
&= -\left[\frac{1}{2}(t - \sin t \cos t)\right]_0^{2\pi} = -\pi\,.
\end{aligned} \tag{9.10}
$$

Bei dieser Berechnung haben wir ausgenutzt, dass das Integral der ungeraden Funktion $\cos^3 t$ von 0 bis 2π gleich null ist.

Um das Flächenintegral zu bestimmen, berechnen wir zuerst die Rotation des Vektorfeldes:

$$
\operatorname{rot} \boldsymbol{a} = \begin{pmatrix} \partial_{x_2} x_3 - \partial_{x_3}(x_1^2) \\ \partial_{x_3} x_2 - \partial_{x_1} x_3 \\ \partial_{x_1}(x_1^2) - \partial_{x_2} x_2 \end{pmatrix} = \begin{pmatrix} 0 \\ 0 \\ 2x_1 - 1 \end{pmatrix}.
$$

Das Volumenelement in Kugelkoordinaten ist (8.30) zufolge gegeben durch $r^2 \sin \vartheta \, \mathrm{d}r \, \mathrm{d}\vartheta \, \mathrm{d}\varphi$. Wir erhalten das Oberflächenelement $\mathrm{d}F$, wenn wir berücksichtigen, dass die Punkte der Oberfläche stets gleich entfernt vom Kugelmittelpunkt sind, nämlich bei der obigen Kugel um $r = 1$, sodass $\mathrm{d}F = \sin \vartheta \, \mathrm{d}\vartheta \, \mathrm{d}\varphi$. Die Kugeloberfläche wird also in Kugelkoordinaten parametrisiert durch $x_1 = \sin \vartheta \cos \varphi$, $x_2 = \sin \vartheta \sin \varphi$, $x_3 = \cos \vartheta$, wobei $\vartheta \in [0, \pi/2]$ (obere Kugelhälfte) und $\varphi \in [0, 2\pi)$. Der Normalenvektor ist in diesem Fall gegeben durch $\boldsymbol{n} = (x_1, x_2, x_3)$, und x_1, x_2 und x_3 sind die oben angegebenen Kugelkoordinaten. Damit lautet das Flächenintegral:

$$\begin{aligned}
\iint_F \operatorname{rot} \boldsymbol{a} \cdot \boldsymbol{n} \, \mathrm{d}F &= \int_0^{2\pi} \int_0^{\pi/2} \begin{pmatrix} 0 \\ 0 \\ 2 \sin \vartheta \cos \varphi - 1 \end{pmatrix} \cdot \begin{pmatrix} \sin \vartheta \cos \varphi \\ \sin \vartheta \sin \varphi \\ \cos \vartheta \end{pmatrix} \sin \vartheta \, \mathrm{d}\vartheta \, \mathrm{d}\varphi \\
&= \int_0^{2\pi} \int_0^{\pi/2} (2 \sin \vartheta \cos \varphi - 1) \cos \vartheta \sin \vartheta \, \mathrm{d}\vartheta \, \mathrm{d}\varphi \\
&= 2 \int_0^{2\pi} \cos \varphi \, \mathrm{d}\varphi \int_0^{\pi/2} \sin^2 \vartheta \cos \vartheta \, \mathrm{d}\vartheta - \int_0^{2\pi} d\varphi \int_0^{\pi/2} \cos \vartheta \sin \vartheta \, \mathrm{d}\vartheta \\
&= -2\pi \int_0^{\pi/2} \cos \vartheta \sin \vartheta \, \mathrm{d}\vartheta = 2\pi \left[\frac{1}{2} \cos^2 \vartheta \right]_0^{\pi/2} = -\pi \, .
\end{aligned}$$

Nach dem Satz von Stokes war zu erwarten, dass dieses Integral gleich dem Wert aus (9.10) ist.

9.1.6
Rechenregeln

Wir haben bereits den Gradienten mithilfe des Nabla-Operators ∇ eingeführt. Interessanterweise lassen sich auch die Divergenz und die Rotation mithilfe dieses Symbols definieren. Wir erinnern, dass der Gradient eines Skalarfeldes $u(x_1, \ldots, x_n)$ definiert ist als der Spaltenvektor aller partiellen Ableitungen:

$$\nabla u = \left(\frac{\partial u}{\partial x_1}, \frac{\partial u}{\partial x_2}, \ldots, \frac{\partial u}{\partial x_n} \right)^{\mathrm{T}} . \tag{9.11}$$

Vereinbaren wir, dass das „Produkt“ des Nabla-Operators mit einer Funktion jeweils die Ableitung der Funktion darstellen soll, so können wir die Divergenz eines allgemeinen Vektorfeldes $\boldsymbol{a}(x_1, \ldots, x_n)$ mit Komponenten $a_1, \ldots, a_n$ definieren durch:

$$\nabla \cdot \boldsymbol{a} = \operatorname{div} \boldsymbol{a} = \frac{\partial a_1}{\partial x_1} + \frac{\partial a_2}{\partial x_2} + \cdots + \frac{\partial a_n}{\partial x_n} = \sum_{i=1}^{n} \frac{\partial a_i}{\partial x_i} . \tag{9.12}$$

Diese Definition erweitert die in Abschnitt 9.1.4 gegebene auf Vektorfelder in n Variablen. Im Falle $n = 3$ stimmt sie mit (9.8) überein. Die Definition (9.12) kann symbolisch als das „Skalarprodukt" des Nabla-Operators mit dem Vektorfeld $\boldsymbol{a}$ interpretiert werden.

Die Rotation eines Vektorfeldes $\boldsymbol{a}$ ist nur im dreidimensionalen Raum definiert, ähnlich wie das Vektorprodukt (siehe Abschnitt 5.1.4). Die Ähnlichkeit mit dem Vektorprodukt geht sogar weiter: Besitzt das Vektorfeld $\boldsymbol{a}$ die Komponenten a_1, a_2, a_3, so gilt:

$$\nabla \times \boldsymbol{a} = \operatorname{rot} \boldsymbol{a} = \begin{pmatrix} \partial_{x_2} a_3 - \partial_{x_3} a_2 \\ \partial_{x_3} a_1 - \partial_{x_1} a_3 \\ \partial_{x_1} a_2 - \partial_{x_2} a_1 \end{pmatrix} . \tag{9.13}$$

Diese Definition stimmt formal mit der Definition des Vektorprodukts (5.5) überein.

Die Divergenz und Rotation eines Vektorfeldes im $\mathbb{R}^3$ treten beispielsweise in der Elektrostatik auf. Die Grundgleichungen der Elektrostatik für ein stationäres elektrisches Feld $\boldsymbol{E}$ sind gegeben durch

$$\varepsilon_0 \operatorname{div} \boldsymbol{E} = \varrho , \qquad \operatorname{rot} \boldsymbol{E} = 0 ,$$

wobei ε_0 die Dielektrizitätskonstante des Mediums und ϱ die Ladungsdichte sind. Die zweite Gleichung besagt gemäß (9.7), dass das elektrische Feld konservativ ist, also als der Gradient eines Potenzials $-\varphi$ geschrieben werden kann: $\boldsymbol{E} = -\nabla\varphi$. Das Minuszeichen wird wegen der negativen Ladung der Elektronen gesetzt, ist jedoch für die Rechnungen ohne Bedeutung. Setzen wir dies in die erste Gleichung der Elektrostatik ein, so erhalten wir die sogenannte *Poisson-Gleichung*:

$$\operatorname{div}(\nabla\varphi) = \frac{\varrho}{\varepsilon_0} .$$

Üblicherweise kürzt man den Ausdruck „div ∇" mit dem Symbol „Δ" ab und nennt es den Laplace-Operator. *Wir definieren den Laplace-Operator allgemein für ein Skalarfeld $u(x_1, \ldots, x_n)$ durch*

$$\Delta u = \frac{\partial^2 u}{\partial x_1^2} + \frac{\partial^2 u}{\partial x_2^2} + \cdots + \frac{\partial^2 u}{\partial x_n^2} = \sum_{i=1}^{n} \frac{\partial^2 u}{\partial x_i^2} . \tag{9.14}$$

Für den Gradienten, die Divergenz und die Rotation gelten nun die folgenden Rechenregeln, die aus der Produktregel und den jeweiligen Definitionen folgen. Seien hierfür u, v beliebige, stetig differenzierbare Skalarfelder und $\boldsymbol{a}$, $\boldsymbol{b}$ beliebige, stetig differenzierbare Vektorfelder. Dann gilt:

$$\begin{aligned} \nabla(uv) &= (\nabla u)v + u\nabla v , \\ \nabla \cdot (u\boldsymbol{a}) &= u\nabla \cdot \boldsymbol{a} + \nabla u \cdot \boldsymbol{a} , \\ \nabla \cdot (\boldsymbol{a} \times \boldsymbol{b}) &= -\boldsymbol{a} \cdot (\nabla \times \boldsymbol{b}) + (\nabla \times \boldsymbol{a}) \cdot \boldsymbol{b} . \end{aligned}$$

Für beliebige (zweimal stetig differenzierbare) dreidimensionale Vektorfelder gilt des Weiteren die Beziehung:

$$\nabla \times (\nabla \times \boldsymbol{a}) = \nabla(\nabla \cdot \boldsymbol{a}) - \Delta \boldsymbol{a} \ .$$

In der obigen Formel ist $\Delta \boldsymbol{a}$ ein Vektor mit den Komponenten Δa_1, Δa_2 und Δa_3.

Der Gradient, die Divergenz und die Rotation stehen über die folgenden beiden wichtigen Formeln zueinander in Beziehung:

$$\begin{aligned} \nabla \cdot (\nabla \times \boldsymbol{a}) = 0 \quad &\text{bzw.} \quad \operatorname{div} \operatorname{rot} \boldsymbol{a} = 0 \ , \\ \nabla \times \nabla u = 0 \quad &\text{bzw.} \quad \operatorname{rot} \nabla u = 0 \ . \end{aligned}$$

Die erste Zeile bedeutet, dass die Divergenz, die ein Maß für die Stärke einer Quelle ist, eines Feldes rot $\boldsymbol{a}$ gleich null sein muss. Die zweite Zeile drückt aus, dass die Rotation, die ein Maß für die Wirbelstärke eines Vektorfeldes ist, eines Gradientenfeldes gleich null ist.

9.1.7 Krummlinige Koordinaten

In bestimmten Anwendungen ist es zweckmäßig, in krummlinigen Koordinaten, z. B. in Kugelkoordinaten, zu arbeiten. Betrachte beispielsweise die stationäre Schrödinger-Gleichung für ein Elektron

$$-\frac{\hbar^2}{2m}\Delta\psi + V(\boldsymbol{x})\psi = E\psi \tag{9.15}$$

mit der (komplexwertigen) Wellenfunktion $\psi(\boldsymbol{x})$, wobei $\hbar = h/2\pi$ die reduzierte Planck-Konstante, m die Teilchenmasse, $V(\boldsymbol{x})$ das elektrische Potenzial und E die Energie seien. Bewegt sich das Elektron im Coulomb-Feld einer positiven Ladung q (z. B. in einem Wasserstoffatom), so ist das Potenzial gegeben durch $V(\boldsymbol{x}) = -q^2/(4\pi\varepsilon_0|\boldsymbol{x}|)$, wobei ε_0 die Dielektrizitätskonstante ist. Da das Potenzial nur vom Abstand zum Nullpunkt abhängt, bietet es sich an, die Schrödinger-Gleichung in Kugelkoordinaten zu untersuchen. Dies bedeutet, dass wir den Laplace-Operator in Kugelkoordinaten und nicht in den üblichen kartesischen Koordinaten formulieren müssen. Wir verfolgen in diesem Abschnitt ein größeres Ziel: Wir formulieren den Gradienten und den Laplace-Operator in Polar-, Kugel- und Zylinderkoordinaten.

Polarkoordinaten Sei $u(x, y)$ ein zweimal stetig differenzierbares Skalarfeld. Die Polarkoordinaten lauten:

$$x = r\cos\varphi \ , \quad y = r\sin\varphi \ .$$

Wir bestimmen die partiellen Ableitungen von u nach r und φ. Nach der Kettenregel (8.5) folgt:

$$\frac{\partial u}{\partial r} = \frac{\partial u}{\partial x}\frac{\partial x}{\partial r} + \frac{\partial u}{\partial y}\frac{\partial y}{\partial r} = \cos\varphi\frac{\partial u}{\partial x} + \sin\varphi\frac{\partial u}{\partial y} ,$$
$$\frac{\partial u}{\partial \varphi} = \frac{\partial u}{\partial x}\frac{\partial x}{\partial \varphi} + \frac{\partial u}{\partial y}\frac{\partial y}{\partial \varphi} = -r\sin\varphi\frac{\partial u}{\partial x} + r\cos\varphi\frac{\partial u}{\partial y} .$$

In Matrixschreibweise erhalten wir:

$$\begin{pmatrix} u_r \\ u_\varphi/r \end{pmatrix} = \begin{pmatrix} \cos\varphi & \sin\varphi \\ -\sin\varphi & \cos\varphi \end{pmatrix} \begin{pmatrix} u_x \\ u_y \end{pmatrix} .$$

Die obige Matrix ist invertierbar; ihre Inverse ist gerade die Transponierte. Daher ist

$$\nabla u = \begin{pmatrix} u_x \\ u_y \end{pmatrix} = \begin{pmatrix} \cos\varphi & -\sin\varphi \\ \sin\varphi & \cos\varphi \end{pmatrix} \begin{pmatrix} u_r \\ u_\varphi/r \end{pmatrix} .$$

Dies drückt den Gradienten in Polarkoordinaten aus. Ausgeschrieben bedeutet die obige Gleichung:

$$\frac{\partial u}{\partial x} = \cos\varphi\frac{\partial u}{\partial r} - \frac{\sin\varphi}{r}\frac{\partial u}{\partial \varphi} , \qquad \frac{\partial u}{\partial y} = \sin\varphi\frac{\partial u}{\partial r} + \frac{\cos\varphi}{r}\frac{\partial u}{\partial \varphi} . \tag{9.16}$$

Ersetzen wir u durch $\partial u/\partial x$ in der ersten Gleichung in (9.16), so ergibt sich

$$\frac{\partial^2 u}{\partial x^2} = \cos\varphi\frac{\partial}{\partial r}\left(\frac{\partial u}{\partial x}\right) - \frac{\sin\varphi}{r}\frac{\partial}{\partial \varphi}\left(\frac{\partial u}{\partial x}\right) ,$$

und Einsetzen der ersten Gleichung aus (9.16) führt auf

$$\begin{aligned}\frac{\partial^2 u}{\partial x^2} &= \cos\varphi\frac{\partial}{\partial r}\left(\cos\varphi\frac{\partial u}{\partial r} - \frac{\sin\varphi}{r}\frac{\partial u}{\partial \varphi}\right) \\ &\quad - \frac{\sin\varphi}{r}\frac{\partial}{\partial \varphi}\left(\cos\varphi\frac{\partial u}{\partial r} - \frac{\sin\varphi}{r}\frac{\partial u}{\partial \varphi}\right) \\ &= \cos^2\varphi\frac{\partial^2 u}{\partial r^2} + \frac{2}{r^2}\cos\varphi\sin\varphi\frac{\partial u}{\partial \varphi} - \frac{2}{r}\cos\varphi\sin\varphi\frac{\partial^2 u}{\partial r\partial \varphi} \\ &\quad + \frac{\sin^2\varphi}{r}\frac{\partial u}{\partial r} + \frac{\sin^2\varphi}{r^2}\frac{\partial^2 u}{\partial \varphi^2} .\end{aligned}$$

Eine ähnliche Rechnung ergibt

$$\begin{aligned}\frac{\partial^2 u}{\partial y^2} &= \sin^2\varphi\frac{\partial^2 u}{\partial r^2} - \frac{2}{r^2}\cos\varphi\sin\varphi\frac{\partial u}{\partial \varphi} + \frac{2}{r}\cos\varphi\sin\varphi\frac{\partial^2 u}{\partial \varphi\partial r} \\ &\quad + \frac{\cos^2\varphi}{r}\frac{\partial u}{\partial r} + \frac{\cos^2\varphi}{r^2}\frac{\partial^2 u}{\partial \varphi^2} .\end{aligned}$$

Die Addition der letzten beiden Gleichungen liefert schließlich wegen $\sin^2\varphi + \cos^2\varphi = 1$:

$$\Delta u = \frac{\partial^2 u}{\partial x^2} + \frac{\partial^2 u}{\partial y^2} = \frac{\partial^2 u}{\partial r^2} + \frac{1}{r}\frac{\partial u}{\partial r} + \frac{1}{r^2}\frac{\partial^2 u}{\partial \varphi^2} .$$

Diese Formel drückt den Laplace-Operator in Polarkoordinaten aus.

Kugelkoordinaten Wir können die partiellen Ableitungen eines Skalarfeldes $u(x, y, z)$ in Kugelkoordinaten (r, ϑ, φ) ähnlich wie oben mithilfe der Kettenregel berechnen. Mit den Kugelkoordinaten

$$x = r \sin\vartheta \cos\varphi\,, \qquad y = r \sin\vartheta \sin\varphi\,, \qquad z = r \cos\vartheta$$

folgt

$$\begin{aligned}
\frac{\partial u}{\partial r} &= \frac{\partial u}{\partial x}\frac{\partial x}{\partial r} + \frac{\partial u}{\partial y}\frac{\partial y}{\partial r} + \frac{\partial u}{\partial z}\frac{\partial z}{\partial r} \\
&= \sin\vartheta\cos\varphi\frac{\partial u}{\partial x} + \sin\vartheta\sin\varphi\frac{\partial u}{\partial y} + \cos\vartheta\frac{\partial u}{\partial z}\,, \\
\frac{\partial u}{\partial \vartheta} &= r\cos\vartheta\cos\varphi\frac{\partial u}{\partial x} + r\cos\vartheta\sin\varphi\frac{\partial u}{\partial y} - r\sin\vartheta\frac{\partial u}{\partial z}\,, \\
\frac{\partial u}{\partial \varphi} &= -r\sin\vartheta\sin\varphi\frac{\partial u}{\partial x} + r\sin\vartheta\cos\varphi\frac{\partial u}{\partial y}
\end{aligned}$$

oder, in Matrixschreibweise,

$$\begin{pmatrix} u_r \\ u_\vartheta/r \\ u_\varphi/r\sin\vartheta \end{pmatrix} = \begin{pmatrix} \sin\vartheta\cos\varphi & \sin\vartheta\sin\varphi & \cos\vartheta \\ \cos\vartheta\cos\varphi & \cos\vartheta\sin\varphi & -\sin\vartheta \\ -\sin\varphi & \cos\varphi & 0 \end{pmatrix} \begin{pmatrix} u_x \\ u_y \\ u_z \end{pmatrix}.$$

Die Inverse der obigen Matrix ist wieder gleich ihrer Transponierten, sodass

$$\nabla u = \begin{pmatrix} u_x \\ u_y \\ u_z \end{pmatrix} = \begin{pmatrix} \sin\vartheta\cos\varphi & \cos\vartheta\cos\varphi & -\sin\varphi \\ \sin\vartheta\sin\varphi & \cos\vartheta\sin\varphi & \cos\varphi \\ \cos\vartheta & -\sin\vartheta & 0 \end{pmatrix} \begin{pmatrix} u_r \\ u_\vartheta/r \\ u_\varphi/r\sin\vartheta \end{pmatrix}. \tag{9.17}$$

Ersetzen wir nun u durch $\partial u/\partial x$ in der ersten Komponente der obigen Vektorgleichung, erhalten wir

$$\frac{\partial^2 u}{\partial x^2} = \sin\vartheta\cos\varphi\frac{\partial}{\partial r}\left(\frac{\partial u}{\partial x}\right) + \frac{1}{r}\cos\vartheta\sin\varphi\frac{\partial}{\partial\vartheta}\left(\frac{\partial u}{\partial x}\right) - \frac{\sin\varphi}{r\sin\vartheta}\frac{\partial}{\partial\varphi}\left(\frac{\partial u}{\partial x}\right)\,,$$

und für $\partial u/\partial x$ können wir wieder die erste Komponente von (9.17) einsetzen. Gehen wir entsprechend in den anderen beiden Komponenten vor und addieren die drei resultierenden Gleichungen, so ergibt sich nach einer längeren Rechnung die Darstellung des Laplace-Operators in Kugelkoordinaten:

$$\begin{aligned}
\Delta u &= \frac{\partial^2 u}{\partial x^2} + \frac{\partial^2 u}{\partial y^2} + \frac{\partial^2 u}{\partial z^2} \\
&= \frac{\partial^2 u}{\partial r^2} + \frac{2}{r}\frac{\partial u}{\partial r} + \frac{1}{r^2\sin\vartheta}\frac{\partial}{\partial\vartheta}\left(\sin\vartheta\frac{\partial u}{\partial\vartheta}\right) + \frac{1}{r^2\sin^2\vartheta}\frac{\partial^2 u}{\partial\varphi^2}\,.
\end{aligned}$$

Zylinderkoordinaten Um den Gradienten und den Laplace-Operator in den Zylinderkoordinaten

$$x = \varrho\cos\varphi\,, \qquad y = \varrho\sin\varphi\,, \qquad z = z$$

auszudrücken, berechnen wir wie oben zunächst die partiellen Ableitungen eines Skalarfeldes $u(x, y, z)$ nach ϱ, φ und z:

$$\frac{\partial u}{\partial \varrho} = \cos\varphi \frac{\partial u}{\partial x} + \sin\varphi \frac{\partial u}{\partial y} , \qquad \frac{\partial u}{\partial \varphi} = -\varrho \sin\varphi \frac{\partial u}{\partial x} + \varrho \cos\varphi \frac{\partial u}{\partial y} ,$$
$$\frac{\partial u}{\partial z} = \frac{\partial u}{\partial z} .$$

In Matrixschreibweise folgt

$$\begin{pmatrix} u_\varrho \\ u_\varphi/\varrho \\ u_z \end{pmatrix} = \begin{pmatrix} \cos\varphi & \sin\varphi & 0 \\ -\sin\varphi & \cos\varphi & 0 \\ 0 & 0 & 1 \end{pmatrix} \begin{pmatrix} u_x \\ u_y \\ u_z \end{pmatrix} ,$$

und, nach Invertierung der Matrix,

$$\begin{pmatrix} u_x \\ u_y \\ u_z \end{pmatrix} = \begin{pmatrix} \cos\varphi & -\sin\varphi & 0 \\ \sin\varphi & \cos\varphi & 0 \\ 0 & 0 & 1 \end{pmatrix} \begin{pmatrix} u_\varrho \\ u_\varphi/\varrho \\ u_z \end{pmatrix} .$$

Damit ergibt sich für die zweiten Ableitungen:

$$\begin{aligned}
\frac{\partial^2 u}{\partial x^2} &= \cos\varphi \frac{\partial}{\partial \varrho}\left(\frac{\partial u}{\partial x}\right) - \frac{\sin\varphi}{\varrho}\frac{\partial}{\partial \varphi}\left(\frac{\partial u}{\partial x}\right) \\
&= \cos\varphi \frac{\partial}{\partial \varrho}\left(\cos\varphi \frac{\partial u}{\partial \varrho} - \frac{\sin\varphi}{\varrho}\frac{\partial u}{\partial \varphi}\right) \\
&\quad - \frac{\sin\varphi}{\varrho}\frac{\partial}{\partial \varphi}\left(\cos\varphi \frac{\partial u}{\partial \varrho} - \frac{\sin\varphi}{\varrho}\frac{\partial u}{\partial \varphi}\right) , \\
\frac{\partial^2 u}{\partial y^2} &= \sin\varphi \frac{\partial}{\partial \varrho}\left(\sin\varphi \frac{\partial u}{\partial \varrho} + \frac{\cos\varphi}{\varrho}\frac{\partial u}{\partial \varphi}\right) \\
&\quad + \frac{\cos\varphi}{\varrho}\frac{\partial}{\partial \varphi}\left(\sin\varphi \frac{\partial u}{\partial \varrho} + \frac{\cos\varphi}{\varrho}\frac{\partial u}{\partial \varphi}\right) .
\end{aligned}$$

Addieren wir die beiden Gleichungen zu $\partial^2 u/\partial z^2$ und beachten, dass $\sin^2\varphi + \cos^2\varphi = 1$ ist, so liefert eine kleine Rechnung den Laplace-Operator in Zylinderkoordinaten:

$$\Delta u = \frac{\partial^2 u}{\partial \varrho^2} + \frac{1}{\varrho}\frac{\partial u}{\partial \varrho} + \frac{1}{\varrho^2}\frac{\partial^2 u}{\partial \varphi^2} + \frac{\partial^2 u}{\partial z^2} .$$

✎ Wir fassen die obigen Ergebnisse zusammen: *Der Laplace-Operator eines Skalarfeldes $u(x, y, z)$ lautet in Polarkoordinaten*

$$\Delta u = \frac{\partial^2 u}{\partial r^2} + \frac{1}{r}\frac{\partial u}{\partial r} + \frac{1}{r^2}\frac{\partial^2 u}{\partial \varphi^2} , \tag{9.18}$$

in Kugelkoordinaten

$$\Delta u = \frac{\partial^2 u}{\partial r^2} + \frac{2}{r}\frac{\partial u}{\partial r} + \frac{1}{r^2 \sin\vartheta}\frac{\partial}{\partial \vartheta}\left(\sin\vartheta \frac{\partial u}{\partial \vartheta}\right) + \frac{1}{r^2 \sin^2\vartheta}\frac{\partial^2 u}{\partial \varphi^2} , \tag{9.19}$$

in Zylinderkoordinaten

$$\Delta u = \frac{\partial^2 u}{\partial \varrho^2} + \frac{1}{\varrho}\frac{\partial u}{\partial \varrho} + \frac{1}{\varrho^2}\frac{\partial^2 u}{\partial \varphi^2} + \frac{\partial^2 u}{\partial z^2} .$$

Beispiel 9.8

Wir weisen nach, dass die Wellenfunktion

$$\psi(x, y, z) = \frac{1}{4\sqrt{2\pi a^3}}\frac{z}{a}\exp\left(-\frac{1}{2a}\sqrt{x^2 + y^2 + z^2}\right)$$

die Schrödinger-Gleichung mit Potenzial $V(x, y, z) = -q^2/(4\pi\varepsilon_0\sqrt{x^2 + y^2 + z^2})$ erfüllt. Der Parameter $a = 4\pi\varepsilon_0\hbar^2/(mq^2)$ ist der erste Bohr'sche Radius. Die Wellenfunktion stellt den p_z-Zustand eines Wasserstoffatoms dar (siehe Abschnitt 12.5.3). Hierfür müssen wir die zweiten Ableitungen von ψ bezüglich x, y und z berechnen, was zu umständlichen Rechnungen führt. Die Rechnungen werden bedeutend einfacher, wenn wir die Wellenfunktion in Kugelkoordinaten ausdrücken:

$$\psi(r, \vartheta, \varphi) = \frac{1}{4\sqrt{2\pi a^3}}\frac{r}{a}\cos\vartheta e^{-r/(2a)} .$$

Die Ableitungen von ψ nach r berechnen sich zu

$$\begin{aligned}
\frac{\partial\psi}{\partial r} &= \frac{1}{4\sqrt{2\pi a^3}}\cos\vartheta\left[\left(\frac{1}{a} - \frac{r}{2a^2}\right)e^{-r/(2a)}\right] ,\\
\frac{\partial^2\psi}{\partial r^2} &= \frac{-1}{4\sqrt{2\pi a^3}}\cos\vartheta\left(\frac{1}{a^2} - \frac{r}{4a^3}\right)e^{-r/(2a)} .
\end{aligned}$$

Außerdem ist

$$\begin{aligned}
\frac{\partial}{\partial\vartheta}\left(\sin\vartheta\frac{\partial\psi}{\partial\vartheta}\right) &= \frac{1}{4\sqrt{2\pi a^3}}\frac{r}{a}e^{-r/(2a)}\frac{\partial}{\partial\vartheta}\left(\sin\vartheta\frac{\partial}{\partial\vartheta}\cos\vartheta\right)\\
&= \frac{1}{4\sqrt{2\pi a^3}}\frac{r}{a}e^{-r/(2a)}(-2\sin\vartheta\cos\vartheta) ,
\end{aligned}$$

sodass gemäß (9.19) wegen $\partial^2\psi/\partial\varphi^2 = 0$ folgt

$$\begin{aligned}
\Delta\psi &= \frac{e^{-r/(2a)}}{4\sqrt{2\pi a^3}}\cos\vartheta\left[-\left(\frac{1}{a^2} - \frac{r}{4a^3}\right) + \frac{2}{r}\left(\frac{1}{a} - \frac{r}{2a^2}\right) - \frac{1}{r^2\sin\vartheta}\frac{2r}{a}\sin\vartheta\right]\\
&= \frac{e^{-r/(2a)}}{4\sqrt{2\pi a^3}}\cos\vartheta\left(-\frac{2}{a^2} + \frac{r}{4a^3}\right) = \left(\frac{1}{4a^2} - \frac{2}{ar}\right)\psi .
\end{aligned}$$

Damit folgt aus der Definition des Bohr'schen Radius:

$$-\frac{\hbar^2}{2m}\Delta\psi - \frac{q^2}{4\pi\varepsilon_0 r}\psi = -\frac{\hbar^2}{2m}\left(\frac{1}{4a^2} - \frac{2}{ar}\right)\psi - \frac{\hbar^2}{mar}\psi = -\frac{\hbar^2}{8ma^2}\psi .$$

Die Energie des quantenmechanischen Zustands lautet folglich:

$$E = -\frac{\hbar^2}{8ma^2} \; .$$

Da die Energie negativ ist, deutet sie auf einen gebundenen Zustand hin. Das Elektron ist also wegen des Zentralpotenzials $V(r) = -q^2/(4\pi\varepsilon_0 r)$ an den positiv geladenen Atomkern gebunden.

Fragen und Aufgaben

Aufgabe 9.1 Wie sind die Ausdrücke ∇, div, rot und der Laplace-Operator definiert?

Aufgabe 9.2 Wie lauten die Ausdrücke ∇, div, und Δ im eindimensionalen Fall?

Aufgabe 9.3 Welche der folgenden Operationen sind nicht definiert, wenn $\boldsymbol{a}(x, y, z)$ ein Vektorfeld und $u(x, y, z)$ ein Skalarfeld ist? (i) $\operatorname{div} \boldsymbol{a}$; (ii) $\operatorname{rot} \boldsymbol{a}$; (iii) $\operatorname{rot} u$; (iv) $\operatorname{rot}(u\boldsymbol{a})$; (v) $\operatorname{rot} \operatorname{div}(u\boldsymbol{a})$.

Aufgabe 9.4 Welche anschauliche Bedeutung hat der Satz von Gauß?

Aufgabe 9.5 Welche Beziehung besteht zwischen den Niveauflächen eines Skalarfeldes und dem zum Skalarfeld gehörigen Gradientenfeld?

Aufgabe 9.6 Zeige unter Zugrundelegung der Definitionsgleichungen, dass für ein stetig differenzierbares Skalarfeld $u(x, y, z)$ und ein zweimal stetig differenzierbares Vektorfeld $\boldsymbol{a}(x, y, z)$ gilt: (i) $\operatorname{div}(u\boldsymbol{a}) = u \operatorname{div} \boldsymbol{a} + \nabla u \cdot \boldsymbol{a}$; (ii) $\operatorname{div} \operatorname{rot} \boldsymbol{a} = 0$.

Aufgabe 9.7 Gegeben sei ein Körper, in dem sich ein Fremdstoff befindet, dessen Konzentrationsverteilung zu einem bestimmten Zeitpunkt mit $c(x, y, z)$ bezeichnet sei. Berechne den Gradienten von $c(x, y, z)$, den Diffusionsstrom $\boldsymbol{J} = -\nabla c$ und die Divergenz des Diffusionsstromes für folgende Fälle: (i) $c(x, y, z) = 2x^2 + y + 4$; (ii) $c(x, y, z) = 30/(2 + x^2 + y^2 + z^2)$.

Aufgabe 9.8 Berechne Δu für $u(x, y, z) = z/\sqrt{x^2 + y^2}$ (i) in kartesischen Koordinaten und (ii) in Zylinderkoordinaten.

9.2 Tensorrechnung

9.2.1 Tensoren zweiter Stufe

Gegeben sei ein symmetrisches Molekül (z. B. CH_4), das sich in einem elektrischen Feld befindet. Jedes Atom im Molekül besteht bekanntlich aus einem positiv geladenen Kern und einer negativ geladenen Elektronenwolke. Solange kein elek-

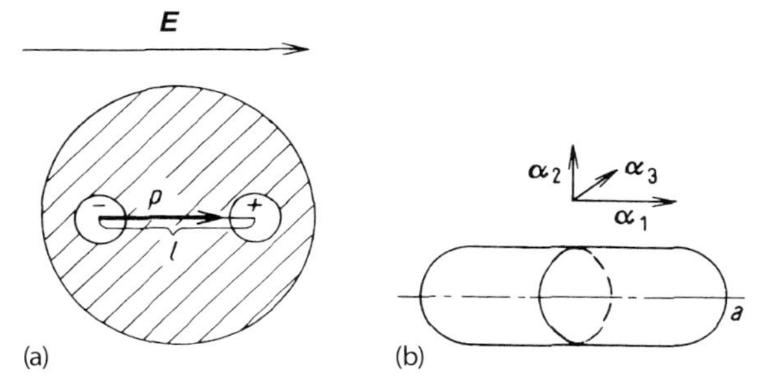

Abb. 9.9 (a) Verschiebung der Ladungsschwerpunkte eines Moleküls in einem elektrischen Feld ***E***. (b) Form eines CO_2-Moleküls.

trisches Feld einwirkt, fällt der Schwerpunkt aller positiven Ladungen mit dem aller negativen Ladungen zusammen. Unter dem Einfluss des Feldes werden jedoch die positiven Ladungen in Richtung des Feldes verschoben und die negativen Ladungen entgegengesetzt dazu; die beiden Schwerpunkte werden getrennt. Der elektrische Zustand des Moleküls wird dann durch zwei Ladungen $+q$ und $-q$ repräsentiert, die im Abstand L von einander entfernt sind (siehe Abb. 9.9a). Man kann diesen Zustand eindeutig durch einen Vektor $\boldsymbol{p}$ charakterisieren, der von der negativen zur positiven Ladung weist und dessen Betrag durch das Produkt aus Ladung und Abstand L gegeben ist, also $|\boldsymbol{p}| = |q|L$. Man nennt diesen Vektor das *Dipolmoment*. Experimente zeigen, dass der Betrag des Dipolmoments der Stärke des elektrischen Feldes proportional ist. Man sieht also: *Ein elektrisches Feld* $\boldsymbol{E}$ *induziert in einem kugelsymmetrischen Molekül ein Dipolmoment* $\boldsymbol{p}$, *das die gleiche Richtung wie* $\boldsymbol{E}$ *hat und dessen Betrag dem Betrag von* $\boldsymbol{E}$ *proportional ist:*

$$\boldsymbol{p} = \alpha \boldsymbol{E} \; .$$

Die Proportionalitätskonstante α nennt man die *Polarisierbarkeit*.

Wenn das Molekül nicht kugelsymmetrisch ist, so werden die Verhältnisse komplizierter, da die Polarisierbarkeit dann von der Richtung des Feldes abhängt. Bei einem CO_2-Molekül z. B. ist sie in Richtung der Molekülachse $\boldsymbol{a}$ doppelt so groß wie senkrecht dazu. Wir bezeichnen nun die Polarisierbarkeit in Richtung der Molekülachse mit α_1, die in die beiden Raumrichtungen senkrecht dazu mit α_2 bzw. α_3, wobei $\alpha_2 = \alpha_3$ ist (siehe Abb. 9.9b). Liegt nun das Feld $\boldsymbol{E}$ in Richtung von $\boldsymbol{a}$, so wird ein Dipolmoment der Größe $\alpha_1|\boldsymbol{E}|$ induziert, das parallel zu $\boldsymbol{E}$ liegt. Wenn $\boldsymbol{E}$ senkrecht auf $\boldsymbol{a}$ steht, so wird ein zu $\boldsymbol{E}$ paralleles Dipolmoment $\alpha_2|\boldsymbol{E}|$ induziert. Wenn aber das elektrische Feld in keine von diesen ausgezeichneten Richtungen fällt, so muss man zur Bestimmung des induzierten Dipolmomentes in folgender Weise vorgehen: Man zerlegt $\boldsymbol{E}$ in Komponenten, die in Richtung der Molekülachsen weisen, multipliziert diese Komponenten mit der jeweils entsprechenden Polarisierbarkeit und addiert sie anschließend wieder. Dies ist in Abb. 9.10 für den Fall des CO_2-Moleküls durchgeführt. Man sieht, dass das resultierende Dipolmoment $\boldsymbol{p}$ jetzt nicht mehr die gleiche Richtung wie $\boldsymbol{E}$ aufweist.

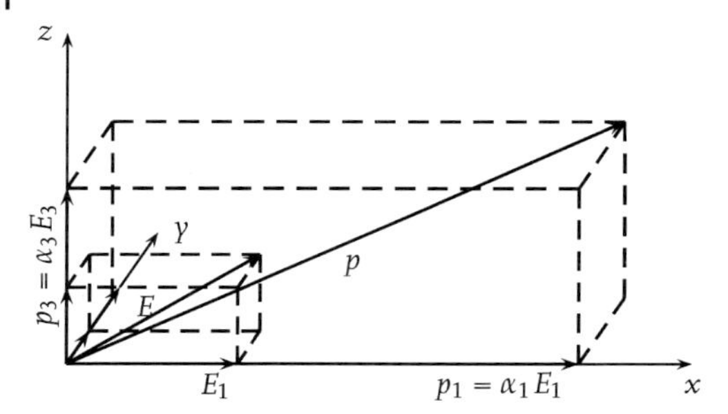

Abb. 9.10 Zur Bestimmung der Polarisation bei einem nicht kugelförmigen Molekül.

Zusammenfassend ergibt sich somit: *Bei Molekülen, die nicht kugelförmig sind, hängt die Polarisierbarkeit von der Richtung des elektrischen Feldes relativ zur Orientierung des Moleküls ab. Das induzierte Dipolmoment hat nicht dieselbe Richtung wie das Feld, es sei denn, dieses weist in eine von drei durch die Symmetrie des Moleküls bestimmten Richtungen.*

Wie kann man die Komponenten des Dipolmomentes aus denen des Feldes $\boldsymbol{E}$ sowie den Polarisierbarkeiten α_1, α_2 und α_3 berechnen? Mithilfe von Abb. 9.10 erkennt man, dass gilt:

$$p_1 = \alpha_1 E_1 \;, \qquad p_2 = \alpha_2 E_2 \;, \qquad p_3 = \alpha_3 E_3 \;.$$

Mithilfe von Matrizen lassen sich diese Gleichungen auch in der Form

$$\begin{pmatrix} p_1 \\ p_2 \\ p_3 \end{pmatrix} = \begin{pmatrix} \alpha_1 & 0 & 0 \\ 0 & \alpha_2 & 0 \\ 0 & 0 & \alpha_3 \end{pmatrix} \begin{pmatrix} E_1 \\ E_2 \\ E_3 \end{pmatrix} \tag{9.20}$$

schreiben. Die quadratische Matrix, die die Polarisierbarkeiten aufweist, ordnet jedem Vektor $\boldsymbol{E}$ einen Vektor $\boldsymbol{p} = (p_1, p_2, p_3)^{\mathrm{T}}$ zu. Eine solche Matrix ist ein Beispiel für einen Tensor zweiter Stufe.

Ein Tensor zweiter Stufe ist nun allgemein in folgender Weise definiert: *Eine Größe $\boldsymbol{T}$, die jedem Vektor $\boldsymbol{a} \in \mathbb{R}^n$ einen Vektor $\boldsymbol{b} \in \mathbb{R}^n$ zuordnet, bezeichnet man als Tensor zweiter Stufe. Stellt man die Vektoren durch einspaltige Matrizen dar, so kann man den Tensor in Form einer quadratischen Matrix*

$$\boldsymbol{T} = \begin{pmatrix} T_{11} & \cdots & T_{1n} \\ \vdots & & \vdots \\ T_{n1} & \cdots & T_{nn} \end{pmatrix}$$

angeben. Der Zusammenhang zwischen $\boldsymbol{a}$ und $\boldsymbol{b}$ ist dann durch das Matrizenprodukt

$$\boldsymbol{b} = \begin{pmatrix} b_1 \\ \vdots \\ b_n \end{pmatrix} = \boldsymbol{T} \begin{pmatrix} a_1 \\ \vdots \\ a_n \end{pmatrix} = \boldsymbol{T}\boldsymbol{a}$$

gegeben. Die Größen T_{ij} nennt man die Komponenten des Tensors. Einen Tensor zweiter Stufe bezeichnet man bisweilen auch als *Dyade.*

Beispiel 9.9
Gegeben sei der Tensor zweiter Stufe

$$\begin{pmatrix} 1 & 0 & 2 \\ -1 & 0 & 3 \\ 4 & 1 & 3 \end{pmatrix} .$$

Dieser ordnet jedem beliebigen Vektor $\boldsymbol{a}$ einen Vektor $\boldsymbol{b}$ zu. Besitzt z. B. $\boldsymbol{a}$ die Koordinaten (2, 0, 3), so besitzt der dazugehörige Vektor $\boldsymbol{b}$ nach der Definition der Matrizenmultiplikation die Koordinaten

$$\begin{pmatrix} b_1 \\ b_2 \\ b_3 \end{pmatrix} = \begin{pmatrix} 1 & 0 & 2 \\ -1 & 0 & 3 \\ 4 & 1 & 3 \end{pmatrix} \begin{pmatrix} 2 \\ 0 \\ 3 \end{pmatrix} = \begin{pmatrix} 8 \\ 7 \\ 17 \end{pmatrix} .$$

In der oben angegeben Definition wird ein Tensor zweiter Stufe mit einer quadratischen Matrix identifiziert. Mathematisch gesehen kann man Tensoren allgemein als Abbildungen betrachten, die invariant gegenüber Koordinatentransformationen sind und die in abstrakten linearen Räumen (siehe Abschnitt 13.2.1) definiert werden. Für Details verweisen wir auf die mathematische Literatur (siehe Kapitel 10.2 in [15]).

Ein Tensor, der durch eine symmetrische Matrix wiedergegeben wird, heißt *symmetrisch*, d. h., es gilt $T_{ij} = T_{ji}$ für alle $i, j = 1, \ldots, n$. Einen Tensor, der die Eigenschaft $T_{ij} = -T_{ji}$ für alle $i, j = 1, \ldots, n$ erfüllt, nennen wir *antisymmetrisch*. Für $i = j$ folgt $T_{ii} = -T_{ii}$, also $2T_{ii} = 0$. Bei einem antisymmetrischen Tensor sind also alle Elemente auf der Hauptdiagonalen gleich null.

Jeder Tensor zweiter Stufe kann als die Summe eines symmetrischen und eines antisymmetrischen Tensors zweiter Stufe dargestellt werden. Um dies einzusehen, definieren wir die Tensoren $\boldsymbol{S}$ durch die Komponenten $S_{ij} = (T_{ij} + T_{ji})/2$ und $\boldsymbol{A}$ durch $A_{ij} = (T_{ij} - T_{ji})/2$. Dann ist $\boldsymbol{S}$ symmetrisch und $\boldsymbol{A}$ antisymmetrisch. Außerdem ist

$$T_{ij} = \frac{1}{2}(T_{ij} + T_{ji}) + \frac{1}{2}(T_{ij} - T_{ji}) = S_{ij} + A_{ij} ,$$

d. h., $\boldsymbol{T} = \boldsymbol{S} + \boldsymbol{A}$.

Beispiel 9.10
Der Tensor

$$\boldsymbol{T} = \begin{pmatrix} 2 & 3 & 0 \\ 1 & 1 & 2 \\ 6 & 8 & 4 \end{pmatrix}$$

lässt sich z. B. mithilfe der obigen Definitionen in die beiden Tensoren

$$\boldsymbol{S} = \begin{pmatrix} 2 & 2 & 3 \\ 2 & 1 & 5 \\ 3 & 5 & 4 \end{pmatrix} \quad \text{und} \quad \boldsymbol{A} = \begin{pmatrix} 0 & 1 & -3 \\ -1 & 0 & -3 \\ 3 & 3 & 0 \end{pmatrix}$$

aufspalten.

Auf Tensoren zweiter Stufe kommt man auch bei der Einführung eines weiteren Produktes von Vektoren, dem sogenannten *dyadischen Produkt*. Wir definieren: *Unter dem dyadischen Produkt* $\boldsymbol{a}\boldsymbol{b}^{\mathrm{T}}$ *zweier Vektoren* $\boldsymbol{a} \in \mathbb{R}^n$ *und* $\boldsymbol{b} \in \mathbb{R}^n$ *versteht man den aus den Komponenten dieser Vektoren gebildeten Tensor* $T_{ik} = a_i b_k$, *also*

$$\boldsymbol{a}\boldsymbol{b}^{\mathrm{T}} = \begin{pmatrix} a_1 b_1 & a_1 b_2 & \dots & a_1 b_n \\ a_2 b_1 & a_2 b_2 & \dots & a_2 b_n \\ \vdots & \vdots & & \vdots \\ a_n b_1 & a_n b_2 & \dots & a_n b_n \end{pmatrix} .$$

Das Produkt $\boldsymbol{a}\boldsymbol{b}^{\mathrm{T}}$ können wir auch im Sinne der Matrizenrechnung interpretieren: Das Produkt des Spaltenvektors $\boldsymbol{a}$ mit dem Zeilenvektor $\boldsymbol{b}^{\mathrm{T}}$ ergibt eine Matrix mit n Zeilen und n Spalten. Dyadische Produkte werden bisweilen zum Bestimmen bestimmter Tensoren verwendet. Einer der Faktoren kann auch der in (9.11) definierte Nabla-Operator sein. Unter dem dyadischen Produkt $\nabla\boldsymbol{a}$ z. B. versteht man einen Tensor, der der *Vektorgradient* von $\boldsymbol{a}$ genannt wird und der in der Thermodynamik der irreversiblen Prozesse eine Rolle spielt. Der Vektorgradient enthält alle partiellen Ableitungen aller Komponenten von $\boldsymbol{a}$, $\partial a_i/\partial x_j$, sodass wir ihn auch mit der Jacobi-Matrix $D\boldsymbol{a}$ oder $\boldsymbol{a}'$ identifizieren können.

9.2.2 Tensoren höherer Stufe

Im vorangegangenen Abschnitt haben wir ausschließlich Tensoren zweiter Stufe betrachtet. Allgemein sind Tensoren Abbildungen, die invariant gegenüber Koordinatentransformationen sind. Tensoren können vereinfachend gesprochen durch Skalare, Vektoren, Matrizen und höherdimensionale Zahlenschemata dargestellt werden. Hierbei ist ein Tensor nullter Stufe eine Zahl, auch Skalar genannt. Ein Tensor erster Stufe (T_i) kann durch einen Spaltenvektor dargestellt werden und hat n Komponenten. Ein Tensor zweiter Stufe (T_{ij}) wird durch eine quadratische Matrix mit n^2 Koeffizienten dargestellt. Ein Tensor dritter Stufe (T_{ijk}) entspricht dann einem würfelförmigen Zahlenschema mit n^3 Koeffizienten. *Allgemein wird ein Tensor* k*-ter Stufe dargestellt durch ein Zahlenschema mit* n^k *Koeffizienten.* Der Tensor benötigt k Indizes für seine Darstellung.

Beispiel 9.11

Betrachte eine skalarwertige Funktion $f(\boldsymbol{x}) = f(x_1, x_2, \dots, x_n)$ in n Variablen. Die erste Ableitung $f'(\boldsymbol{x})$ ist ein Zeilenvektor, die zweite Ableitung $f''(\boldsymbol{x})$ eine quadratische Matrix. Um die dritte Ableitung darzustellen, benötigen wir drei Indizes, sodass $f'''(\boldsymbol{x}) = (T_{ijk})$ ist. Wir können (T_{ijk}) als einen Tensor dritter Stufe betrachten. Wir benötigen ihn, wenn wir die Taylor-Formel bis zur dritten Ableitung formulieren möchten. Gemäß (8.63) lautet der vierte Summand in der Taylor-Formel $f'''(\boldsymbol{x})\boldsymbol{h}^3/3!$. Mithilfe von Tensoren können wir nun dieser Darstellung einen Sinn verleihen:

$$f'''(\boldsymbol{x})\boldsymbol{h}^3 = \sum_{i=1}^{n} \sum_{j=1}^{n} \sum_{k=1}^{n} T_{ijk} h_i h_j h_k .$$

Die Koeffizienten T_{ijk} sind gerade die dritten partiellen Ableitungen von f. Tensoren höherer Stufe treten auch in der Kristallphysik auf. Ein Beispiel ist der Tensor der Piezoelektrizität. Piezoelektrizität bezeichnet ein Phänomen, dass eine mechanische Spannung in einem Kristall (ausgedrückt durch einen Tensor zweiter Stufe) ein elektrisches Feld (also einen Tensor erster Stufe) verursacht und umgekehrt. Es handelt sich also um einen Tensor dritter Stufe. Dieser Tensor enthält $3^3 = 27$ Komponenten. Ein Beispiel für einen Tensor vierter Stufe mit $3^4 = 81$ Komponenten ist der elastische Bitensor, der die lineare Beziehung zwischen einer mechanischen Spannung (Tensor zweiter Stufe) und einer Deformation (Tensor zweiter Stufe) beschreibt.

Es ist möglich, das Produkt zwischen einem Tensor k-ter Stufe und einem Tensor ℓ-ter Stufe zu definieren, wobei $\ell < k$ gilt. Das Ergebnis ist ein Tensor $(k-\ell)$-ter Stufe. Sei also $\boldsymbol{T} = (T_{i_1,\ldots,i_k})$ ein Tensor k-ter Stufe und $\boldsymbol{S} = (S_{j_1,\ldots,j_\ell})$ ein Tensor ℓ-ter Stufe. Dann lautet das Produkt:

$$U_{i_1,\ldots,i_{k-\ell}} = \sum_{i_{k-\ell+1}=1}^{n} \cdots \sum_{i_k=1}^{n} T_{i_1,\ldots,i_k} S_{i_{k-\ell+1},\ldots,i_k} \,.$$

Beispiele für derartige Produkte sind das Skalarprodukt (Produkt zweier Tensoren erster Stufe)

$$\boldsymbol{a} \cdot \boldsymbol{b} = \sum_{i=1}^{n} a_i b_i \,,$$

wobei das Produkt eine Zahl, also ein Tensor nullter Stufe ist, sowie das Produkt zwischen einer Matrix (Tensor zweiter Stufe) und einem Vektor (Tensor erster Stufe)

$$(\boldsymbol{A}\boldsymbol{x})_{i_1} = \sum_{i_2=1}^{n} A_{i_1,i_2} x_{i_2} \,,$$

das einen Tensor erster Stufe ergibt.

Fragen und Aufgaben

Aufgabe 9.9 Was ist ein Tensor zweiter Stufe? In welcher Form kann er angegeben werden?

Aufgabe 9.10 Wie viele Komponenten hat ein allgemeiner Tensor vierter Stufe?

Aufgabe 9.11 Die Hauptpolarisierbarkeiten des CO_2-Moleküls betragen $\alpha_1 = 40\,\text{cm}^3$ und $\alpha_2 = \alpha_3 = 19\,\text{cm}^3$. Das Molekül möge sich in einem elektrischen Feld befinden, dessen Richtung einen Winkel von 30° mit der Molekülachse bildet und das eine Stärke von 100 V/cm besitzt. Berechne die Größe und Richtung der Polarisation.

Aufgabe 9.12 Gegeben sei der Tensor

$$\boldsymbol{T} = \frac{1}{3}\begin{pmatrix} 7 & -2 & 0 \\ -2 & 6 & 2 \\ 0 & 2 & 5 \end{pmatrix} .$$

Um welchen Winkel muss man das Koordinatensystem drehen, damit er diagonalisiert wird? Wie lauten die Komponenten der Diagonalmatrix?

10
Fourier-Reihen und Fourier-Transformation

10.1
Fourier-Reihen

10.1.1
Reelle Fourier-Reihen

In der Spektroskopie werden chemische Stoffe, z. B. Gase, analysiert, indem elektromagnetische Strahlung, beispielsweise Licht, auf das Objekt gelenkt wird. Der Stoff absorbiert einige Frequenzen der Strahlung; es entstehen dunkle Absorptionslinien. Anhand dieser Linien können die in der Substanz enthaltenen Atomarten und deren Mengenanteile bestimmt werden. In diesem Abschnitt zeigen wir, wie die charakteristischen Frequenzen aus der durch die Substanz tretenden Strahlung, repräsentiert durch ein periodisches Signal, mathematisch bestimmt werden können.

Als Erstes nehmen wir an, dass die Funktion $f(x)$ periodisch mit der Periode $2L$ ist. Es gilt dann $f(x+2L) = f(x)$ für alle x. Wir versuchen, $f(x)$ durch eine Reihe aus Sinus- und Kosinusfunktionen darzustellen, indem wir ansetzen:

$$f(x) = \sum_{n=0}^{\infty} \left(a_n \sin \frac{n\pi x}{L} + b_n \cos \frac{n\pi x}{L} \right) .$$

Berücksichtigt man, dass in obiger Gleichung für $n = 0$ der Sinus gleich null und der Kosinus gleich eins ist, so kann man anstelle dieser Gleichung auch schreiben:

$$f(x) = b_0 + \sum_{n=1}^{\infty} \left(a_n \sin \frac{n\pi x}{L} + b_n \cos \frac{n\pi x}{L} \right) . \tag{10.1}$$

Die Größen a_n und b_n sind Koeffizienten, die noch bestimmt werden müssen. Sie geben an, welche Amplitude das Signal mit der Frequenz $n/2L$ besitzt. Die Funktionen $\sin(n\pi x/L)$ und $\cos(n\pi x/L)$ weisen wie $f(x)$ die Periode $2L$ auf. Wenn nämlich x um $2L$ anwächst, so nimmt $n\pi x/L$ um $2\pi n$ zu, was jeweils wieder zum gleichen Wert für den Sinus bzw. Kosinus führt. Es stellt sich nun die Frage: Ist

Mathematik für Chemiker, 7. Auflage. Ansgar Jüngel und Hans G. Zachmann.

eine Darstellung der Funktion $f(x)$ durch eine Reihe gemäß (10.1) möglich und, falls ja, wie bestimmt man die Koeffizienten a_n und b_n?

Wir leiten zunächst Gleichungen zur Bestimmung der Koeffizienten a_n und b_n her unter der Voraussetzung, dass die Entwicklung möglich ist. Wir integrieren hierzu (10.1) auf beiden Seiten in den Grenzen $-L$ bis L:

$$\int_{-L}^{L} f(x)\,\mathrm{d}x = \int_{-L}^{L} \left[b_0 + \sum_{n=1}^{\infty} \left(a_n \sin \frac{n\pi x}{L} + b_n \cos \frac{n\pi x}{L} x \right) \right] \mathrm{d}x \;.$$

Wir nehmen weiter an, dass wir die Summation mit der Integration vertauschen dürfen (dies ist erlaubt, wenn die Reihe gleichmäßig konvergiert; siehe Abschnitt 7.3). Dann folgt:

$$\int_{-L}^{L} f(x)\,\mathrm{d}x = \int_{-L}^{L} b_0\,\mathrm{d}x + \sum_{n=1}^{\infty} a_n \int_{-L}^{L} \sin \frac{n\pi x}{L}\,\mathrm{d}x + \sum_{n=1}^{\infty} b_n \int_{-L}^{L} \cos \frac{n\pi x}{L}\,\mathrm{d}x \;.$$

Da die Integration jeweils über eine volle Periode des Sinus bzw. Kosinus läuft, verschwinden auf der rechten Seite der obigen Gleichung alle Summanden außer demjenigen, der b_0 enthält, und es ergibt sich:

$$\int_{-L}^{L} f(x)\,\mathrm{d}x = 2Lb_0 \quad \text{bzw.} \quad b_0 = \frac{1}{2L} \int_{-L}^{L} f(x)\,\mathrm{d}x \;. \tag{10.2}$$

Damit ist b_0 bestimmt. Um die anderen Koeffizienten zu erhalten, multipliziert man (10.1) auf beiden Seiten mit $\sin(m\pi x/L)$, wobei m eine positive ganze Zahl sein soll. Anschließend integriert man gliedweise von $-L$ bis L. Es ergibt sich:

$$\begin{aligned} \int_{-L}^{L} f(x) \sin \frac{m\pi x}{L}\,\mathrm{d}x = \int_{-L}^{L} b_0 \sin \frac{m\pi x}{L}\,\mathrm{d}x &+ \sum_{n=1}^{\infty} a_n \int_{-L}^{L} \sin \frac{n\pi x}{L} \sin \frac{m\pi x}{L}\,\mathrm{d}x \\ &+ \sum_{n=1}^{\infty} b_n \int_{-L}^{L} \cos \frac{n\pi x}{L} \sin \frac{m\pi x}{L}\,\mathrm{d}x \;. \end{aligned} \tag{10.3}$$

Das erste Integral auf der rechten Seite dieser Gleichung ist gleich null, für die übrigen Integrale erhält man nach partieller Integration

$$\int_{-L}^{L} \cos \frac{n\pi x}{L} \sin \frac{m\pi x}{L}\,\mathrm{d}x = 0 \quad \text{für alle} \quad n, m \in \mathbb{N} \;,$$

$$\int_{-L}^{L} \sin \frac{n\pi x}{L} \sin \frac{m\pi x}{L}\,\mathrm{d}x = L\delta_{nm} \quad \text{für alle} \quad n, m \in \mathbb{N} \;,$$

wobei δ_{nm} das in (2.4) eingeführte Kronecker-Symbol mit $\delta_{nn} = 1$ für alle n und $\delta_{nm} = 0$ für alle $n \neq m$ ist. Es verschwinden somit alle Glieder auf der rechten Seite von (10.3) bis auf dasjenige, das den Koeffizienten a_m enthält. Gleichung (10.3) geht daher über in

$$\int_{-L}^{L} f(x) \sin \frac{m\pi x}{L} \, dx = L a_m .$$

Wenn man n statt m schreibt, folgt daraus

$$a_n = \frac{1}{L} \int_{-L}^{L} f(x) \sin \frac{n\pi x}{L} \, dx . \tag{10.4}$$

Mithilfe dieser Gleichung können alle Koeffizienten a_n berechnet werden. Indem man schließlich (10.1) mit $\cos(m\pi x/L)$ multipliziert und danach analog wie oben verfährt, ergibt sich:

$$b_n = \frac{1}{L} \int_{-L}^{L} f(x) \cos \frac{n\pi x}{L} \, dx . \tag{10.5}$$

Wir sehen also: *Falls sich $f(x)$ in eine gleichmäßig konvergente Reihe gemäß* (10.1) *entwickeln lässt, so sind die Koeffizienten a_n und b_n in dieser Reihe durch* (10.2), (10.4) *und* (10.5) *gegeben.* Die Zahlen a_n und b_n werden die *(reellen) Fourier-Koeffizienten* von $f(x)$ genannt.

Unter welchen Voraussetzungen ist nun die angegebene Entwicklung möglich? Es zeigt sich, dass eine hinreichende Bedingung hierfür die ist, dass es endlich viele Teilintervalle von $[-L, L]$ gibt, auf denen $f(x)$ stetig und monoton ist. Wir sagen auch: Die Funktion $f(x)$ ist auf $[-L, L]$ stückweise stetig und stückweise monoton. Diese Forderungen werden die *Dirichlet'schen Bedingungen* genannt. An den Sprungstellen gibt die Reihe dann jeweils den Mittelwert aus dem rechtsseitigen und dem linksseitigen Grenzwert an. Bezeichnet man diese Grenzwerte (siehe Abb. 10.1) mit $f(x_0 + 0)$ und $f(x_0 - 0)$, d. h.

$$f(x_0 + 0) = \lim_{h \to 0,\ h > 0} f(x_0 + h) , \quad f(x_0 - 0) = \lim_{h \to 0,\ h > 0} f(x_0 - h) ,$$

so ist dieser Mittelwert gegeben durch $m = (f(x_0 + 0) + f(x_0 - 0))/2$.

Zusammenfassend kann man also sagen: *Ist die Funktion $f(x)$ periodisch mit der Periode $2L$, stückweise stetig und stückweise monoton auf $[-L, L]$, so gilt für alle x-Werte, an denen $f(x)$ stetig ist,*

$$f(x) = b_0 + \sum_{n=1}^{\infty} \left(a_n \sin \frac{n\pi x}{L} + b_n \cos \frac{n\pi x}{L} \right) , \tag{10.6}$$

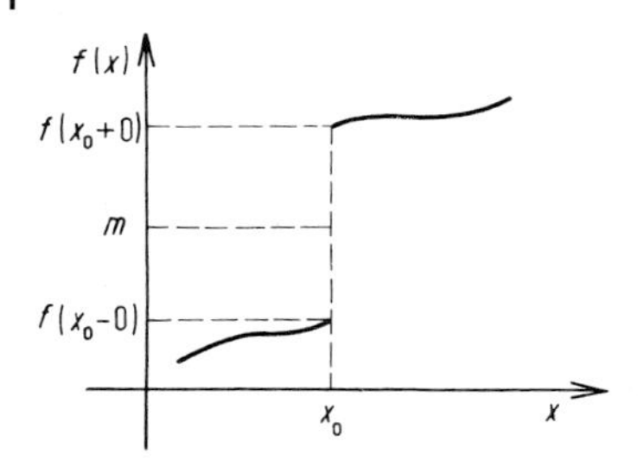

Abb. 10.1 Rechtsseitiger und linksseitiger Grenzwert an der Sprungstelle x_0 einer Funktion $f(x)$.

wobei die Koeffizienten a_n *und* b_n *durch* (10.2), (10.4) *und* (10.5) *gegeben sind. An den Sprungstellen von* $f(x)$ *dagegen gilt:*

$$\frac{1}{2}(f(x+0)+f(x-0)) = b_0 + \sum_{n=1}^{\infty}\left(a_n \sin\frac{n\pi x}{L} + b_n \cos\frac{n\pi x}{L}\right) . \qquad (10.7)$$

Man bezeichnet die Reihe in (10.6) bzw. (10.7) als *(reelle) Fourier-Reihe*. Wir wollen noch bemerken, dass (10.7) an allen Stellen, an denen $f(x)$ stetig ist, in (10.6) übergeht, da für solche Stellen natürlich $(f(x+0)+f(x-0))/2 = f(x)$ gilt.

Beispiel 10.1

Als Erstes entwickeln wir die in Abb. 10.2 durch die zickzackförmige Kurve angedeutete Funktion. Analytisch wird diese Funktion dadurch wiedergegeben, dass man setzt

$$f(x) = \begin{cases} x & \text{für } \; 0 \le x \le 1 \\ -x & \text{für } -1 \le x \le 0 \end{cases} \qquad (10.8)$$

und außerdem fordert, dass sie außerhalb des oben angegebenen Bereichs periodisch fortgesetzt wird. Die Funktion hat dann die Periode $2L = 2$, d. h., es ist $L = 1$. Die betrachtete Funktion ist stetig und stückweise monoton, man kann sie also gemäß (10.6) in eine Reihe entwickeln. Mithilfe von (10.2) ergibt sich:

$$b_0 = \frac{1}{2L}\int_{-L}^{L} f(x)\,\mathrm{d}x = \frac{1}{2}\left(\int_{-1}^{0}(-x)\,\mathrm{d}x + \int_{0}^{1} x\,\mathrm{d}x\right) = \frac{1}{2}\left(\frac{1}{2}+\frac{1}{2}\right) = \frac{1}{2} .$$

Für die Koeffizienten a_n folgt über die Beziehung (10.4):

$$a_n = \frac{1}{L}\int_{-L}^{L} f(x)\sin(n\pi x)\,\mathrm{d}x = \int_{-1}^{0}(-x)\sin(n\pi x)\,\mathrm{d}x + \int_{0}^{+1} x\sin(n\pi x)\,\mathrm{d}x . \qquad (10.9)$$

Die auftretenden Integrale muss man mithilfe einer partiellen Integration ausrechnen. Indem man im ersten Integral $-x = u$ und $\sin(n\pi x) = v'$ setzt, ergibt sich nach (7.35):

$$\int_{-1}^{0} (-x)\sin(n\pi x)\,\mathrm{d}x = \frac{x}{n\pi}\cos(n\pi x)\Big|_{-1}^{0} - \frac{1}{n\pi}\int_{-1}^{0}\cos(n\pi x)\,\mathrm{d}x$$
$$= \frac{\cos(n\pi)}{n\pi} - \frac{\sin(n\pi x)}{n^2\pi^2}\Big|_{-1}^{0}$$
$$= \begin{cases} -1/n\pi & \text{für ungerade } n \\ 1/n\pi & \text{für gerade } n\ . \end{cases}$$

Für das zweite Integral auf der rechten Seite von (10.9) ergibt sich in gleicher Weise der Wert $1/n\pi$ für ungerade n und $-1/n\pi$ für gerade n. Aus der Summation beider Resultate folgt daher $a_n = 0$ für alle $n \in \mathbb{N}$.

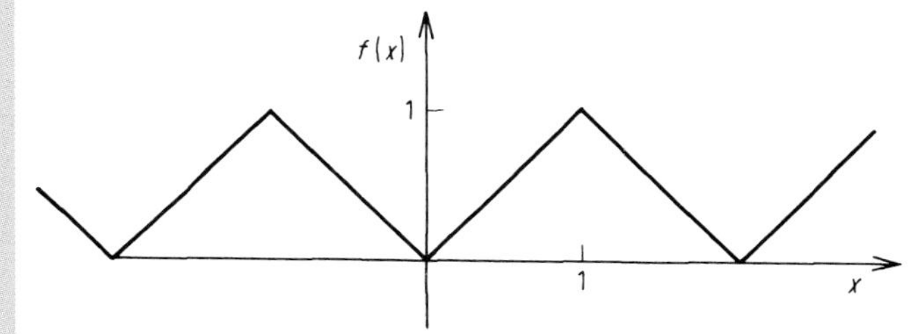

Abb. 10.2 Die durch (10.8) gegebene Funktion.

Für die Koeffizienten b_n erhält man über (10.5) ebenfalls mithilfe einer partiellen Integration

$$b_n = \frac{1}{L}\int_{-L}^{L} f(x)\cos(n\pi x)\,\mathrm{d}x = \int_{-1}^{0}(-x)\cos(n\pi x)\,\mathrm{d}x + \int_{0}^{1} x\cos(n\pi x)\,\mathrm{d}x$$
$$= \begin{cases} -4/n^2\pi^2 & \text{für ungerade } n \\ 0 & \text{für gerade } n\ . \end{cases}$$

Unter Berücksichtigung der obigen Resultate geht (10.6) über in

$$f(x) = \frac{1}{2} - \frac{4}{\pi^2}\left(\cos(\pi x) + \frac{1}{3^2}\cos(3\pi x) + \frac{1}{5^2}\cos(5\pi x) + \cdots\right)\ . \tag{10.10}$$

Damit ist die gesuchte Fourier-Entwicklung der gegebenen Funktion gefunden. Da die gegebene Funktion $f(x)$ gerade ist (d. h. $f(-x) = f(x)$ für alle x), ist es plausibel, dass in der Fourier-Entwicklung die Sinusterme verschwinden und die Fourier-Reihe nur die Kosinusterme enthält, denn die Sinusterme stellen ungerade Funktionen dar, während die Kosinusterme gerade Funktionen sind.

Wir wollen uns noch die Frage stellen, wie gut die Funktion bereits durch einige wenige Reihenglieder angenähert wird. In Abb. 10.3 gibt die durchgezogene Linie die gegebene Funktion an, während die gestrichelten Linien die Funktionen

$$\varphi_1(x) = \frac{1}{2} \quad \text{bzw.} \quad \varphi_2(x) = \frac{1}{2} - \frac{4}{\pi^2}\cos(\pi x)$$

darstellen, die man erhält, wenn man die Reihe in (10.10) jeweils nach dem ersten bzw. zweiten Glied abbricht. Man sieht, dass im vorliegenden Fall bereits durch einige wenige Reihenglieder der Funktionsverlauf in seinen wesentlichen Zügen wiedergegeben wird. Bei Hinzunahme von weiteren Gliedern wird die Approximation immer besser.

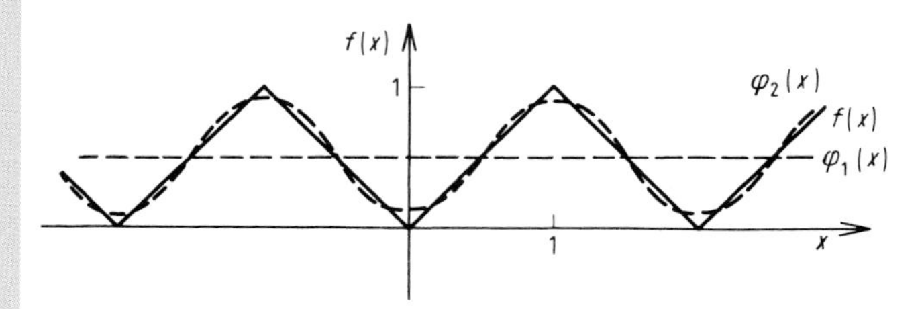

Abb. 10.3 Approximation der Funktion aus Abb. 10.2 durch die ersten Glieder der Fourier-Reihe.

Als zweites Beispiel betrachten wir die in Abb. 10.4 angegebene Funktion. Analytisch wird diese durch die Gleichung

$$f(x) = \begin{cases} 1 & \text{für} \quad 0 \le x \le 1 \\ -1 & \text{für} \; -1 \le x < 0 \end{cases} \tag{10.11}$$

sowie der Forderung der Periodizität ausgedrückt. Die Funktion ist stückweise stetig und stückweise monoton. Man kann sie also in eine Fourier-Reihe entwickeln. An den Stellen $x \in \{0, \pm 1, \pm 2, \dots\} = \mathbb{Z}$ ist sie allerdings unstetig. Hier wird durch die Fourier-Reihe gemäß den obigen Ausführungen jeweils der in Abb. 10.4 durch einen kleinen Kreis angedeutete Mittelwert ihres rechts- und linksseitigen Grenzwertes angegeben. Die Fourier-Koeffizienten ergeben sich in folgender Weise: Gemäß (10.2) gilt

$$b_0 = \frac{1}{2L}\int_{-L}^{L} f(x)\,\mathrm{d}x = -\frac{1}{2}\int_{-1}^{0}\mathrm{d}x + \frac{1}{2}\int_{0}^{1}\mathrm{d}x = 0\,.$$

Mithilfe von (10.4) erhält man

$$\begin{aligned} a_n &= \frac{1}{L}\int_{-L}^{L} f(x)\sin\left(\frac{n\pi}{L}x\right)\mathrm{d}x = -\int_{-1}^{0}\sin(n\pi x)\,\mathrm{d}x + \int_{0}^{1}\sin(n\pi x)\,\mathrm{d}x \\ &= \frac{1}{n\pi}\left(\cos(n\pi x)\big|_{-1}^{0} - \cos(n\pi x)\big|_{0}^{1}\right) = \begin{cases} 4/n\pi & \text{für ungerade } n \\ 0 & \text{für gerade } n\,. \end{cases} \end{aligned}$$

In gleicher Weise ergibt sich über (10.5) die Beziehung $b_n = 0$. Die gesuchte Reihenentwicklung lautet daher

$$f(x) = \frac{4}{\pi}\left(\sin(\pi x) + \frac{\sin(3\pi x)}{3} + \frac{\sin(5\pi x)}{5} + \cdots\right), \quad \text{falls} \quad x \notin \mathbb{Z},$$

und $f(x) = 0$, falls $x \in \mathbb{Z}$. Die Funktion $f(x)$ ist ungerade (d. h. $f(-x) = -f(x)$). Da die Kosinusterme gerade Funktionen darstellen, ist es plausibel, dass die Koeffizienten b_n gleich null sind und nur die Sinusterme Beiträge leisten.

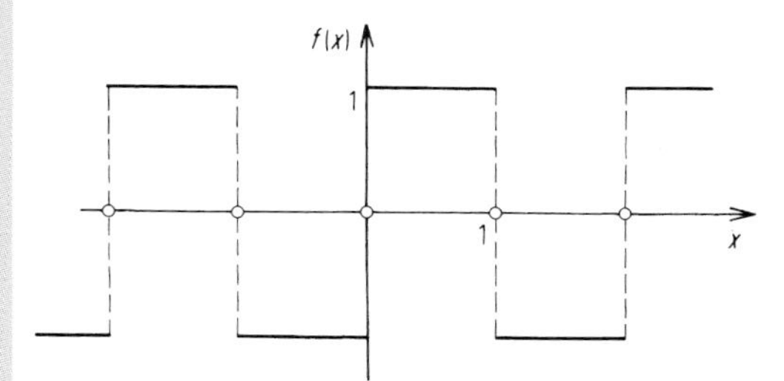

Abb. 10.4 Die durch (10.11) gegebene Funktion.

Die beiden obigen Beispiele haben gezeigt, dass eine allgemeine Aussage über die Fourier-Koeffizienten a_n und b_n möglich ist, sofern die Funktion $f(x)$ gerade oder ungerade ist: *Ist die Funktion $f(x)$ gerade, d. h. gilt $f(x) = f(-x)$ für alle x, so sind alle Koeffizienten a_n gleich null, und in der entsprechenden Fourier-Reihe treten keine Glieder auf, die die Sinusfunktion enthalten. Ist dagegen $f(x)$ ungerade, d. h. gilt $f(-x) = -f(x)$ für alle x, so sind alle Glieder mit b_n gleich null, und in der entsprechenden Fourier-Reihe treten keine Kosinusglieder und keine Konstante auf.* Man kann dies unmittelbar durch eine Betrachtung der Gleichungen (10.2), (10.4) und (10.5) einsehen. Wenn z. B. die Funktion $f(x)$ gerade ist, so ist der Integrand in (10.4) eine ungerade Funktion, und die Beiträge zum Integral im Intervall von $-L$ bis 0 und von 0 bis L heben sich gegenseitig auf. Entsprechendes gilt für ungerade Funktionen. Man nutzt dies natürlich beim Bestimmen der Fourier-Reihen aus, indem man die entsprechenden Koeffizienten direkt gleich null setzt und damit gegebenenfalls eine mühsame Rechnung umgeht.

Des Weiteren ist noch anzuführen, dass man die Integralgrenzen in allen auftretenden Integralen wegen der Periodizität der Integranden um einen beliebigen Wert verschieben kann. *Anstelle von $-L$ bis L kann man also auch von α bis $\alpha + 2L$ integrieren, wobei α eine beliebige reelle Zahl ist.*

Fourier-Reihen sind ein wertvolles Hilfsmittel in verschiedenen Gebieten der Mathematik und der Naturwissenschaften. Man verwendet sie z. B. bei der Lösung von Differenzialgleichungen sowie zur Analyse von Schwingungsvorgängen. Bei der Beschreibung von Schwingungen tritt als Variable x die Zeit t auf. Die Darstellung durch eine Fourier-Reihe bedeutet dann, dass eine periodische Funktion $f(t)$ mit der Periode $2L = \tau$ durch eine Summe von Schwingungen der Form

$\sin(2n\pi t/\tau)$ und $\cos(2n\pi t/\tau)$ wiedergegeben wird. Das sind Schwingungen, deren Frequenzen ganzzahlige Vielfache von $1/\tau$ sind.

10.1.2 Komplexe Fourier-Reihen

Die durch die Beziehungen (10.6) bzw. (10.7) gegebene Fourier-Reihe kann man in bedeutend einfacherer Weise schreiben, wenn man komplexe Zahlen zu Hilfe nimmt. Aufgrund der Euler'schen Formel (1.1) gilt

$$\begin{aligned}
&\frac{1}{2\mathrm{i}}(\mathrm{e}^{\mathrm{i}n\pi x/L} - \mathrm{e}^{-\mathrm{i}n\pi x/L}) \\
&\quad = \frac{1}{2\mathrm{i}}\left(\cos\frac{n\pi x}{L} + \mathrm{i}\sin\frac{n\pi x}{L} - \cos\frac{-n\pi x}{L} - \mathrm{i}\sin\frac{-n\pi x}{L}\right) = \sin\frac{n\pi x}{L}\,, \\
&\frac{1}{2}(\mathrm{e}^{\mathrm{i}n\pi x/L} + \mathrm{e}^{-\mathrm{i}n\pi x/L}) \\
&\quad = \frac{1}{2}\left(\cos\frac{n\pi x}{L} + \mathrm{i}\sin\frac{n\pi x}{L} + \cos\frac{-n\pi x}{L} + \mathrm{i}\sin\frac{-n\pi x}{L}\right) = \cos\frac{n\pi x}{L}\,,
\end{aligned}$$

sodass

$$\begin{aligned}
a_n\sin\frac{n\pi x}{L} + b_n\cos\frac{n\pi x}{L} &= \frac{a_n}{2\mathrm{i}}(\mathrm{e}^{\mathrm{i}n\pi x/L} - \mathrm{e}^{-\mathrm{i}n\pi x/L}) + \frac{b_n}{2}(\mathrm{e}^{\mathrm{i}n\pi x/L} + \mathrm{e}^{-\mathrm{i}n\pi x/L}) \\
&= \frac{b_n - \mathrm{i}a_n}{2}\mathrm{e}^{\mathrm{i}n\pi x/L} + \frac{b_n + \mathrm{i}a_n}{2}\mathrm{e}^{-\mathrm{i}n\pi x/L}\,.
\end{aligned}$$

Damit geht (10.6) über in

$$f(x) = \sum_{n=-\infty}^{\infty} c_n \mathrm{e}^{\mathrm{i}n\pi x/L} \tag{10.12}$$

mit den komplexen Koeffizienten

$$c_n = \begin{cases} (b_n - \mathrm{i}a_n)/2 & \text{für } n > 0 \\ b_0 & \text{für } n = 0 \\ (b_n + \mathrm{i}a_n)/2 & \text{für } n < 0\,. \end{cases}$$

Trotz der Tatsache, dass auf der rechten Seite von (10.12) die einzelnen Reihenglieder komplex sind, ist die Summe der Reihe reell. Das kommt daher, dass bei Zusammenfassung von je zwei Reihengliedern mit n-Werten, die dem Vorzeichen nach verschieden, dem Betrag nach aber gleich sind, sich die imaginären Anteile jeweils wegheben.

Man kann beim Versuch, die Funktion $f(x)$ in eine Reihe zu entwickeln, auch unmittelbar vom Ansatz (10.12) ausgehen und die Koeffizienten c_n dann wie folgt bestimmen: Man multipliziert (10.12) auf beiden Seiten mit $\mathrm{e}^{-\mathrm{i}m\pi x/L}$ und integriert danach in den Grenzen von $-L$ bis L:

$$\int_{-L}^{L} f(x)\mathrm{e}^{-\mathrm{i}m\pi x/L}\,\mathrm{d}x = \int_{-L}^{L}\sum_{n=-\infty}^{\infty} c_n\mathrm{e}^{\mathrm{i}n\pi x/L}\cdot\mathrm{e}^{-\mathrm{i}m\pi x/L}\,\mathrm{d}x\,.$$

Indem man die beiden Exponentialfunktionen auf der rechten Seite dieser Gleichung zusammenfasst und die Reihenfolge von Summation und Integration vertauscht, ergibt sich daraus:

$$\int_{-L}^{L} f(x)\mathrm{e}^{-\mathrm{i}m\pi x/L}\,\mathrm{d}x = \sum_{n=-\infty}^{\infty} c_n \int_{-L}^{L} \mathrm{e}^{\mathrm{i}\pi x(n-m)/L}\,\mathrm{d}x\,.$$

Eine kleine Rechnung zeigt, dass das Integral auf der rechten Seite der Gleichung für alle n außer für $n = m$ gleich null ist. Im Fall $n = m$ erhalten wir für den Wert des Integrals $2L$. Die obige Gleichung geht daher über in

$$\int_{-L}^{L} f(x)\mathrm{e}^{-\mathrm{i}m\pi x/L}\,\mathrm{d}x = 2Lc_m\,,$$

bzw., wenn man n statt m schreibt und in einfacher Weise umformt:

$$c_n = \frac{1}{2L}\int_{-L}^{L} f(x)\mathrm{e}^{-\mathrm{i}n\pi x/L}\,\mathrm{d}x\,,\qquad n \in \mathbb{N}_0\,. \tag{10.13}$$

Man sieht also: *Eine Funktion $f(x)$, die die Dirichlet'schen Bedingungen erfüllt, lässt sich gemäß* (10.12) *in eine Reihe von Exponentialfunktionen mit rein imaginären Exponenten entwickeln. Die Koeffizienten dieser Reihe sind durch* (10.13) *gegeben. Die Reihe ist mit der Fourier-Reihe* (10.6) *aus Sinus- und Kosinusgliedern identisch.* Die Reihe (10.12) wird die *komplexe Fourier-Reihe* von $f(x)$ genannt und die Koeffizienten c_n heißen *komplexe Fourier-Koeffizienten.* Da die Rechnung mit Exponentialfunktionen für gewöhnlich einfacher als die mit trigonometrischen Funktionen ist, zieht man es häufig vor, beim Bestimmen der Fourier-Reihe von (10.12) auszugehen.

Beispiel 10.2

Als Beispiel entwickeln wir noch einmal die in Abb. 10.2 bzw. durch (10.8) gegebene Funktion. Gleichung (10.13) zufolge gilt:

$$c_n = \frac{1}{2L}\int_{-L}^{L} f(x)\mathrm{e}^{-\mathrm{i}n\pi x/L}\,\mathrm{d}x = \frac{1}{2}\int_{-1}^{0}(-x)\mathrm{e}^{-\mathrm{i}n\pi x}\,\mathrm{d}x + \frac{1}{2}\int_{0}^{1} x\mathrm{e}^{-\mathrm{i}n\pi x}\,\mathrm{d}x\,.$$

Für $n = 0$ folgt daraus:

$$c_0 = \frac{1}{2}\int_{-1}^{0}(-x)\,\mathrm{d}x + \frac{1}{2}\int_{0}^{1} x\,\mathrm{d}x = \frac{1}{2}\,.$$

Für $n \neq 0$ erhält man mithilfe einer partiellen Integration gemäß (7.35):

$$\begin{aligned} c_n = &-\frac{1}{2\mathrm{i}n\pi}(-x)\,\mathrm{e}^{-\mathrm{i}n\pi x}\Big|_{-1}^{0} + \frac{1}{2\mathrm{i}n\pi}\int\limits_{-1}^{0}(-1)\mathrm{e}^{-\mathrm{i}n\pi x}\,\mathrm{d}x \\ &- \frac{1}{2\mathrm{i}n\pi}x\,\mathrm{e}^{-\mathrm{i}n\pi x}\Big|_{0}^{1} + \frac{1}{2\mathrm{i}n\pi}\int\limits_{0}^{1}1\cdot\mathrm{e}^{-\mathrm{i}n\pi x}\,\mathrm{d}x \\ = &\frac{1}{2\mathrm{i}n\pi}(\mathrm{e}^{\mathrm{i}n\pi} - \mathrm{e}^{-\mathrm{i}n\pi}) + \frac{1}{2n^2\pi^2}(\mathrm{e}^{\mathrm{i}n\pi} + \mathrm{e}^{-\mathrm{i}n\pi} - 2) \\ = &\frac{\sin(n\pi)}{n\pi} + \frac{\cos(n\pi) - 1}{n^2\pi^2} = \frac{\cos(n\pi) - 1}{n^2\pi^2}\ . \end{aligned}$$

Beim letzten Schritt wurde beachtet, dass $\sin(n\pi)$ für ganzzahlige Werte von n immer gleich null ist. Die gesuchte Reihe lautet also:

$$f(x) = \frac{1}{2} + \sum_{n\in\mathbb{Z},\,n\neq 0}\frac{\cos(n\pi) - 1}{n^2\pi^2}\mathrm{e}^{\mathrm{i}n\pi x}\ . \tag{10.14}$$

Um nachzuweisen, dass die obige Darstellung mit (10.10) identisch ist, muss man als Erstes beachten, dass in (10.14) das Glied für $n = 0$ den Wert $1/2$ annimmt. Ferner muss man je zwei Glieder dieser Reihe, für die n den gleichen Betrag, aber verschiedenes Vorzeichen hat, zusammenfassen. Da $\mathrm{e}^{\mathrm{i}n\pi x} + \mathrm{e}^{-\mathrm{i}n\pi x} = 2\cos(n\pi x)$ ist, geht (10.14) dann über in

$$f(x) = \frac{1}{2} + \sum_{n=1}^{\infty}\frac{2(\cos(n\pi) - 1)}{n^2\pi^2}\cos(n\pi x)\ .$$

Die Summanden für gerade Werte von n sind gleich null, denn $\cos(n\pi) - 1 = (-1)^n - 1 = 0$. Für ungerade Werte von n folgt $\cos(n\pi) - 1 = (-1)^n - 1 = -2$. Mit $n = 2k + 1$ für $k \in \mathbb{N}_0$ ergibt sich also

$$\begin{aligned} f(x) &= \frac{1}{2} + \sum_{k=0}^{\infty}\frac{-4}{(2k+1)^2\pi^2}\cos((2k+1)\pi x) \\ &= \frac{1}{2} - \frac{4}{\pi^2}\left(\cos(\pi x) + \frac{1}{3^2}\cos(3\pi x) + \cdots\right)\ , \end{aligned}$$

was mit (10.10) identisch ist.

10.1.3 Fourier-Reihe einer Funktion in mehreren Variablen

Gegeben sei eine stetige Funktion $f(x, y)$, die sowohl in x als auch in y periodisch ist. Die Periode hinsichtlich x erstrecke sich von $-L_x$ bis L_x, diejenige hinsichtlich y von $-L_y$ bis L_y. Wir fassen zunächst y als konstanten Parameter auf und entwickeln $f(x, y)$ in eine Fourier-Reihe nach der Variablen x. Den Gleichungen (10.12) und (10.13) zufolge ergibt sich dann:

$$f(x,y) = \sum_{n=-\infty}^{\infty} c_n(y) e^{in\pi x/L_x} , \quad c_n(y) = \frac{1}{2L_x} \int_{-L_x}^{L_x} f(x,y) e^{-in\pi x/L_x} \, dx . \tag{10.15}$$

Die Koeffizienten $c_n(y)$ müssen im vorliegenden Fall periodische Funktionen in y sein. Wir entwickeln nun auch diese Funktionen in eine Fourier-Reihe und erhalten:

$$c_n(y) = \sum_{m=-\infty}^{\infty} c_{nm} e^{im\pi y/L_y} \quad \text{mit} \quad c_{nm} = \frac{1}{2L_y} \int_{-L_y}^{L_y} c_n(y) e^{-im\pi y/L_y} \, dy .$$

Wenn man diese Gleichungen mit (10.15) kombiniert, so ergibt sich schließlich

$$f(x,y) = \sum_{n=-\infty}^{\infty} \sum_{m=-\infty}^{\infty} c_{nm} e^{i(n\pi x/L_x + m\pi y/L_y)}$$

mit den Fourier-Koeffizienten

$$c_{nm} = \frac{1}{4L_x L_y} \int_{-L_y}^{L_y} \int_{-L_x}^{L_x} f(x,y) e^{-i(n\pi x/L_x + m\pi y/L_y)} \, dx \, dy .$$

Die obige Reihe bezeichnet man als Fourier-Reihe der Funktion $f(x, y)$ in den beiden Variablen x und y.

In ähnlicher Weise kann man auch bei mehr als zwei Variablen vorgehen. Sei $f(x_1, x_2, \dots, x_n)$ eine in den n Variablen $x_1, x_2, \dots, x_n$ periodische Funktion. Die Periode in x_1 betrage $2L_1$, diejenige in x_2 sei $2L_2$ usw. Es gilt dann unter Voraussetzungen, die an die Funktion f gestellt werden und die ähnlich wie bei Funktionen mit einer Variablen formuliert werden können,

$$f(x_1, \dots, x_n) = \sum_{m_1=-\infty}^{\infty} \cdots \sum_{m_n=-\infty}^{\infty} c_{m_1 \dots m_n} e^{i(m_1 \pi x_1/L_1 + \cdots + m_n \pi x_n/L_n)} \tag{10.16}$$

mit den Fourier-Koeffizienten

$$c_{m_1 \dots m_n} = \frac{1}{2^n L_1 \cdots L_n} \int_{-L_1}^{L_1} \cdots \int_{-L_n}^{L_n} f(x_1, \dots, x_n) \times e^{-i(m_1 \pi x_1/L_1 + \cdots + m_n \pi x_n/L_n)} \, dx_n \cdots dx_1 . \tag{10.17}$$

Die angegebenen Gleichungen lassen sich in einfacherer Weise schreiben, wenn man die Größen $x_1, x_2, \dots, x_n$ als Komponenten eines Vektors $\boldsymbol{x}$ sowie die Größen $\pi m_1/L_1, \pi m_2/L_2, \dots, \pi m_n/L_n$ als Komponenten eines Vektors $\boldsymbol{k_m}$ auffasst:

$$\boldsymbol{x} = (x_1, x_2, \dots, x_n)^{\mathrm{T}} , \quad \boldsymbol{k_m} = \left(\frac{\pi m_1}{L_1}, \frac{\pi m_2}{L_2}, \dots, \frac{\pi m_n}{L_n} \right)^{\mathrm{T}} .$$

Die Exponenten in (10.16) und (10.17) sind dann durch das Skalarprodukt $\boldsymbol{k_m} \cdot \boldsymbol{x}$ gegeben, und indem wir $\boldsymbol{m} = (m_1, \dots, m_n) \in \mathbb{Z}^n$ und $V = (-L_1, L_1) \times \cdots \times (-L_n, L_n)$ setzen, erhalten wir

$$f(\boldsymbol{x}) = \sum_{\boldsymbol{m}\in\mathbb{Z}^n} c_{\boldsymbol{m}} \mathrm{e}^{\mathrm{i}\boldsymbol{k_m}\cdot\boldsymbol{x}} \quad \text{mit} \quad c_{\boldsymbol{m}} = \frac{1}{\mathrm{vol}\,(V)} \int \cdots \int_V f(\boldsymbol{x}) \mathrm{e}^{-\mathrm{i}\boldsymbol{k_m}\cdot\boldsymbol{x}} \, \mathrm{d}\boldsymbol{x} \, ,$$

wobei $\mathrm{vol}\,(V) = 2^n L_1 \cdots L_n$ das Volumen des n-dimensionalen Quaders V ist.

Fragen und Aufgaben

Aufgabe 10.1 Welche Voraussetzungen muss eine Funktion erfüllen, damit man sie in eine Fourier-Reihe entwickeln kann?

Aufgabe 10.2 Gib die allgemeine Form einer Fourier-Reihe sowie die Gleichungen zur Berechnung der Fourier-Koeffizienten (i) in reeller Schreibweise und (ii) in komplexer Schreibweise an.

Aufgabe 10.3 Welchen Wert hat die Fourier-Reihe an Stellen, an denen die entwickelte Funktion einen endlichen Sprung aufweist?

Aufgabe 10.4 Was kann man über die Koeffizienten einer Fourier-Reihe aussagen, (i) wenn die zu entwickelnde Funktion gerade ist, (ii) wenn sie ungerade ist?

Aufgabe 10.5 Darf man die Integrationsgrenzen bei der Integration einer periodischen Funktion verschieben, ohne dass sich der Wert des Integrals ändert?

Aufgabe 10.6 Kann man auch eine Funktion in mehreren Variablen in eine Fourier-Reihe entwickeln?

Aufgabe 10.7 Betrachte die Funktion $f(x) = x$ für $x \in [0, 2\pi]$ und 2π-periodisch sonst. (i) Entwickle $f(x)$ in eine Fourier-Reihe. (ii) Welchen Wert hat die Fourier-Reihe an der Stelle $x = 0$?

Aufgabe 10.8 Entwickle folgende periodische Funktionen mit der Periode 2π in Fourier-Reihen: (i) $f(x) = x$, (ii) $f(x) = x^2$, jeweils für $-\pi < x < \pi$.

Aufgabe 10.9 Bestimme die Fourier-Reihe der 2π-periodischen Funktion $f(x) = x(2\pi - x)$, $0 < x < 2\pi$. Folgere die Beziehung

$$\sum_{n=1}^{\infty} \frac{1}{n^2} = \frac{\pi^2}{6} \, .$$

(Hinweis: Setze $x = 0$ in die Fourier-Reihe ein.)

Aufgabe 10.10 Berechne die Fourier-Reihe von $f(x) = |x|$, $-\pi < x < \pi$, und 2π-periodisch sonst.

10.2 Fourier-Transformation

10.2.1 Definitionen

Gegeben sei eine Funktion $f(x)$, die beschränkt und stückweise monoton, aber nicht periodisch ist. Wir fragen, inwieweit man eine solche Funktion durch eine Art Fourier-„Reihe" darstellen kann. Eine nicht periodische Funktion kann man als eine periodische Funktion mit einer unendlich großen Periode ansehen. Wir wollen daher die gesuchte Darstellung in der Weise finden, dass wir von der Fourier-Reihe einer periodischen Funktion ausgehen und anschließend die Periode $2L$ gegen unendlich gehen lassen.

Für eine periodische Funktion $f(x)$ mit der Periode $2L$ erhält man durch Kombination der Gleichungen (10.12) und (10.13)

$$f(x) = \sum_{n=-\infty}^{\infty} \frac{1}{2L} \int_{-L}^{L} f(\xi)\mathrm{e}^{-\mathrm{i}n\pi\xi/L}\,\mathrm{d}\xi\,\mathrm{e}^{\mathrm{i}n\pi x/L} ,$$

wobei wir die Integrationsvariable in (10.13) mit ξ bezeichnet haben. Wir führen nun die Größen

$$k_n = \frac{n\pi}{L} \quad \text{und} \quad \Delta k = k_{n+1} - k_n = \frac{\pi}{L}$$

ein und können dann schreiben

$$f(x) = \sum_{n=-\infty}^{\infty} \left(\frac{1}{2\pi} \int_{-L}^{L} f(\xi)\mathrm{e}^{-\mathrm{i}k_n\xi}\,\mathrm{d}\xi\,\mathrm{e}^{\mathrm{i}k_n x} \right) \Delta k .$$

Um zum Fall der nicht periodischen Funktion überzugehen, lassen wir L über alle Grenzen wachsen. Die Größe Δk geht dann gegen null, und die obige Summe geht gemäß (7.22) formal in ein Integral über, sodass man erhält:

$$f(x) = \int_{-\infty}^{\infty} \left(\frac{1}{2\pi} \int_{-\infty}^{\infty} f(\xi)\mathrm{e}^{-\mathrm{i}k\xi}\,\mathrm{d}\xi \right) \mathrm{e}^{\mathrm{i}kx}\,\mathrm{d}k .$$

Dafür kann man auch schreiben:

$$f(x) = \frac{1}{\sqrt{2\pi}} \int_{-\infty}^{\infty} c(k)\mathrm{e}^{\mathrm{i}kx}\,\mathrm{d}k \quad \text{mit} \quad c(k) = \frac{1}{\sqrt{2\pi}} \int_{-\infty}^{\infty} f(\xi)\mathrm{e}^{-\mathrm{i}k\xi}\,\mathrm{d}\xi . \tag{10.18}$$

Man erkennt also: *Bei einer nicht periodischen Funktion geht die Fourier-Reihe formal in das Integral in* (10.18) *über*. Man bezeichnet dieses als *Fourier-Integral.* Die Funktion $c(k)$ wird als die *Fourier-Transformation* von $f(x)$ bezeichnet. Wir bemerken, dass die obigen Überlegungen nur formal sind, da eigentlich nachgewiesen werden müsste, dass die Darstellung der Fourier-Reihe auch im Grenzfall $L \to \infty$ gültig bleibt. *Jede nicht periodische Funktion $f(x)$, die den Dirichlet'schen Bedingungen genügt, kann man durch ein Fourier-Integral darstellen.*

Das erhaltene Resultat lässt sich auch in folgende Worte fassen: Eine periodische Funktion lässt sich als Summe von Exponentialfunktionen der Form $c(k)\mathrm{e}^{\mathrm{i}kx}$ darstellen, wobei k die diskreten Werte $k = n\pi/L$ mit $n \in \mathbb{Z}$ annehmen kann. Eine nicht periodische Funktion wird durch die gleichen Exponentialfunktionen wiedergegeben, wobei aber jetzt k kontinuierlich alle reellen Zahlen durchläuft und die Summe in ein Integral übergeht. Man sagt auch, dass zu periodischen Funktionen ein *diskretes Spektrum* von k-Werten, zu nicht periodischen Funktionen dagegen ein *kontinuierliches Spektrum* gehört.

Man kann das Fourier-Integral in (10.18) auch in reeller Form schreiben. Es ergibt sich dann

$$f(x) = \frac{1}{\sqrt{\pi}} \int_0^\infty (a(k)\sin(kx) + b(k)\cos(kx))\,\mathrm{d}k \tag{10.19}$$

mit

$$a(k) = \frac{1}{\sqrt{\pi}} \int_{-\infty}^{\infty} f(\xi)\sin(k\xi)\,\mathrm{d}\xi\,, \quad b(k) = \frac{1}{\sqrt{\pi}} \int_{-\infty}^{\infty} f(\xi)\cos(k\xi)\,\mathrm{d}\xi\,. \tag{10.20}$$

Diese Beziehungen sind die Analoga zu den Gleichungen (10.2), (10.4) und (10.5) für Fourier-Reihen. Auch hier gilt, dass beim Übergang von einer periodischen Funktion zu einer nicht periodischen Funktion das diskrete Spektrum von k-Werten in ein kontinuierliches übergeht.

Beispiel 10.3

Als Beispiel betrachten wir die in Abb. 10.5 angegebene Funktion, die analytisch durch

$$f(x) = \begin{cases} 0 & \text{für} \quad x < -1 \quad \text{und} \quad x > 1 \\ -1 & \text{für} \ -1 \le x < 0 \\ 1 & \text{für} \quad 0 \le x \le 1 \end{cases} \tag{10.21}$$

dargestellt wird. Sie unterscheidet sich von der in Abb. 10.4 angegebenen Funktion dadurch, dass sie außerhalb des Bereichs $-1 \le x \le 1$ überall gleich null ist,

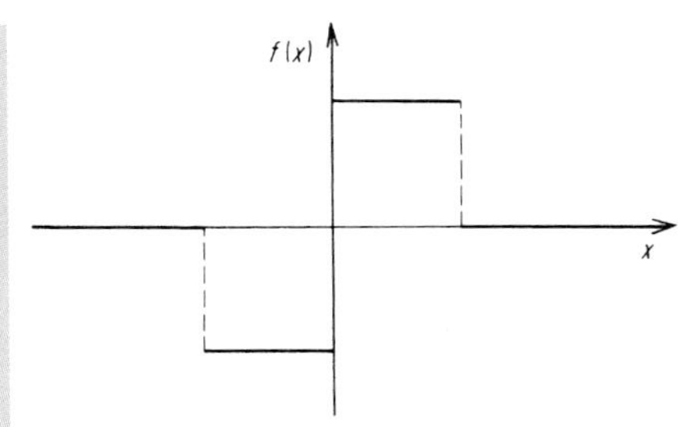

Abb. 10.5 Die durch (10.21) gegebene Funktion.

sodass sie nicht periodisch ist. Wir stellen sie durch ein Fourier-Integral dar. Gleichung (10.18) zufolge gilt:

$$
\begin{aligned}
c(k) &= \frac{1}{\sqrt{2\pi}} \int_{-\infty}^{\infty} f(\xi)\mathrm{e}^{-\mathrm{i}k\xi}\,\mathrm{d}\xi = \frac{1}{\sqrt{2\pi}}\left(-\int_{-1}^{0} \mathrm{e}^{-\mathrm{i}k\xi}\,\mathrm{d}\xi + \int_{0}^{1} \mathrm{e}^{-\mathrm{i}k\xi}\,\mathrm{d}\xi\right) \\
&= \frac{1}{\sqrt{2\pi}\mathrm{i}k}\left(\mathrm{e}^{-\mathrm{i}k\xi}\Big|_{-1}^{0} - \mathrm{e}^{-\mathrm{i}k\xi}\Big|_{0}^{1}\right) = \frac{1}{\sqrt{2\pi}\mathrm{i}k}(2 - \mathrm{e}^{\mathrm{i}k} - \mathrm{e}^{-\mathrm{i}k}) \\
&= \frac{1}{\sqrt{2\pi}\,\mathrm{i}k}(2 - \cos k - \mathrm{i}\sin k - \cos(-k) - \mathrm{i}\sin(-k)) \\
&= \frac{1}{\sqrt{2\pi}\mathrm{i}k}(2 - 2\cos k) = \sqrt{\frac{2}{\pi}}\frac{1}{\mathrm{i}k}(1 - \cos k)\ .
\end{aligned}
$$

Für das gesuchte Fourier-Integral erhält man daher:

$$
f(x) = \frac{1}{\sqrt{2\pi}} \int_{-\infty}^{\infty} \sqrt{\frac{2}{\pi}}\frac{1}{\mathrm{i}k}(1 - \cos k)\mathrm{e}^{\mathrm{i}kx}\,\mathrm{d}k = \int_{-\infty}^{\infty} \frac{1}{\pi\mathrm{i}k}(1 - \cos k)\mathrm{e}^{\mathrm{i}kx}\,\mathrm{d}k\ .
$$

Um das Integral in eine reelle Form zu bringen, spalten wir es in zwei Integrale auf, die von $-\infty$ bis 0 sowie von 0 bis ∞ gehen, und substituieren im ersten Integral k durch $-k$:

$$
\begin{aligned}
f(x) &= \int_{-\infty}^{0} \frac{1}{\pi\mathrm{i}k}(1 - \cos k)\mathrm{e}^{\mathrm{i}kx}\,\mathrm{d}k + \int_{0}^{\infty} \frac{1}{\pi\mathrm{i}k}(1 - \cos k)\mathrm{e}^{\mathrm{i}kx}\,\mathrm{d}k \\
&= -\int_{0}^{\infty} \frac{1}{\pi\mathrm{i}k}(1 - \cos k)\mathrm{e}^{-\mathrm{i}kx}\,\mathrm{d}k + \int_{0}^{\infty} \frac{1}{\pi\mathrm{i}k}(1 - \cos k)\mathrm{e}^{\mathrm{i}kx}\,\mathrm{d}k \\
&= \int_{0}^{\infty} \frac{1}{\pi\mathrm{i}k}(1 - \cos k)(\mathrm{e}^{\mathrm{i}kx} - \mathrm{e}^{-\mathrm{i}kx})\,\mathrm{d}k = \int_{0}^{\infty} \frac{2}{\pi k}(1 - \cos k)\sin(kx)\,\mathrm{d}k\ .
\end{aligned}
\tag{10.22}
$$

Das letzte Integral hätte man natürlich auch unmittelbar über (10.19) und (10.20) erhalten können, wobei dann $b(k)$ von Anfang an gleich null zu setzen ist, da $f(x)$ eine ungerade Funktion ist.
Gleichung (10.22) besagt, dass die gegebene Funktion $f(x)$ als Überlagerung unendlich vieler Funktionen der Form $\sin(kx)$ aufzufassen ist, wobei die Amplitude jeder dieser Funktionen durch $2(1 - \cos k)/\pi k$ gegeben ist.

Die angestellten Überlegungen lassen sich auch auf Funktionen in mehreren Variablen übertragen. Für eine Funktion in beispielsweise zwei Variablen $f(x, y)$ gilt

$$f(x, y) = \frac{1}{2\pi} \int_{-\infty}^{\infty} \int_{-\infty}^{\infty} c(k_1, k_2) e^{i(k_1 x + k_2 y)} \, dk_1 \, dk_2$$

mit

$$c(k_1, k_2) = \frac{1}{2\pi} \int_{-\infty}^{\infty} \int_{-\infty}^{\infty} f(x, y) e^{-i(k_1 x + k_2 y)} \, dx \, dy \,. \tag{10.23}$$

Bei mehreren Variablen lassen sich die Funktionen besonders übersichtlich mithilfe des Vektors $\boldsymbol{x} = (x_1, \ldots, x_n)^T$ und dem entsprechend definierten Vektor $\boldsymbol{k} = (k_1, \ldots, k_n)^T$ schreiben:

$$f(\boldsymbol{x}) = f(x_1, \ldots, x_n) = \frac{1}{(2\pi)^{n/2}} \int_{\mathbb{R}^n} c(\boldsymbol{k}) e^{i\boldsymbol{k}\cdot\boldsymbol{x}} \, d\boldsymbol{k} \,,$$

$$c(\boldsymbol{k}) = c(k_1, \ldots, k_n) = \frac{1}{(2\pi)^{n/2}} \int_{\mathbb{R}^n} f(\boldsymbol{x}) e^{-i\boldsymbol{k}\cdot\boldsymbol{x}} \, d\boldsymbol{x} \,.$$

Die durch das Fourier-Integral vermittelte Transformation der Funktion $c(k)$ bzw. $c(\boldsymbol{k})$ bezeichnet man, wie wir oben bereits notiert haben, als *Fourier-Transformation*. Da $c(k)$ von der Funktion $f(x)$ abhängt, wählt man auch die Bezeichnungen $\hat{f}(k)$ oder $\mathcal{F}[f](k)$ anstelle von $c(k)$. Wir können also schreiben: *Die Fourier-Transformierte einer Funktion $f(x)$ ist gegeben durch*

$$\hat{f}(k) = \frac{1}{\sqrt{2\pi}} \int_{-\infty}^{\infty} f(x) e^{-ikx} \, dx \,. \tag{10.24}$$

Umgekehrt ergibt sich die Funktion $f(x)$ aus $\hat{f}(k)$ über die Beziehung

$$f(x) = \frac{1}{\sqrt{2\pi}} \int_{-\infty}^{\infty} \hat{f}(k) e^{ikx} \, dk \,. \tag{10.25}$$

Man nennt $f(x)$ die Inverse der Fourier-Transformierten $g(k) = \hat{f}(k)$ und schreibt hierfür $f(x) = \check{g}(x) = \mathcal{F}^{-1}[g](x)$. *Wir können mithilfe des Symbols $\mathcal{F}$ also für die Fourier-Transformation und die inverse Fourier-Transformation schreiben:*

$$\mathcal{F}[f](k) = \frac{1}{\sqrt{2\pi}} \int_{-\infty}^{\infty} f(x) \mathrm{e}^{-\mathrm{i}kx} \, \mathrm{d}x \,,$$

$$\mathcal{F}^{-1}[g](x) = \frac{1}{\sqrt{2\pi}} \int_{-\infty}^{\infty} g(k) \mathrm{e}^{\mathrm{i}kx} \, \mathrm{d}k \,.$$

Das Symbol $\mathcal{F}[f]$ bezeichnet eine Funktion, die von der Variablen k abhängt, $\mathcal{F}[f](k)$. Manchmal schreiben wir auch $\mathcal{F}[f(x)]$ anstatt $\mathcal{F}[f]$, um die Abhängigkeit der Funktion f von der Variablen x zu verdeutlichen. Allerdings ist zu beachten, dass die Fourier-Transformierte $\mathcal{F}[f(x)]$ eine Funktion von k, nicht von x ist.

In ähnlicher Weise definieren wir die Fourier-Transformierte und deren Inverse für Funktionen in mehreren Variablen. Wir erhalten für $\boldsymbol{x} \in \mathbb{R}^n$ und $\boldsymbol{k} \in \mathbb{R}^n$ die Formeln

$$\hat{f}(\boldsymbol{k}) = \mathcal{F}[f](\boldsymbol{k}) = \frac{1}{(2\pi)^{n/2}} \int_{\mathbb{R}^n} f(\boldsymbol{x}) \mathrm{e}^{-\mathrm{i}\boldsymbol{k}\cdot\boldsymbol{x}} \, \mathrm{d}\boldsymbol{x} \,,$$

$$\check{g}(\boldsymbol{x}) = \mathcal{F}^{-1}[g](\boldsymbol{x}) = \frac{1}{(2\pi)^{n/2}} \int_{\mathbb{R}^n} g(\boldsymbol{k}) \mathrm{e}^{\mathrm{i}\boldsymbol{k}\cdot\boldsymbol{x}} \, \mathrm{d}\boldsymbol{k} \,.$$

Fourier-Transformationen werden in vielen Bereichen der Chemie angewandt. In der *optischen Spektroskopie* ersetzt man die Variable x durch die Zeit und die Variable k durch die Kreisfrequenz der Welle. Durch Fourier-Transformation eines zeitlich rechteckförmigen Impulses beispielsweise erhält man dann die Spektralverteilung der Wellen, die diesen Impuls aufbauen. In der *magnetischen Kernresonanz* berechnet man das Spektrum der untersuchten Probe durch eine Fourier-Transformation des gemessenen zeitlichen Abfalls der Quermagnetisierung; auch hier wird dann x durch die Zeit und k durch die Frequenz ersetzt. Bei der Untersuchung der Struktur der Materie mittels *Röntgenstreuung* bestimmt man das „Faltungsquadrat" der räumlichen Verteilung der Elektronendichte durch eine inverse dreidimensionale Fourier-Transformation der Röntgenstreukurve; x steht dabei für den sogenannten Streuvektor $\boldsymbol{s}$, der die Richtung der Streuung beschreibt, und k für den Ortsvektor $\boldsymbol{x}$.

In allen diesen Fällen benötigt man zur Berechnung der Fourier-Transformation eine Reihe von Hilfssätzen. Man muss beispielsweise wissen, welche Folgen eine Verschiebung der zu transformierenden Funktion auf der x-Achse hat, wie man ein Produkt von Funktionen Fourier transformiert und wie sich Symmetrieeigenschaften der Funktionen auf die Transformation auswirken. Außerdem verwendet man bisweilen eine Reihe von Definitionen der Fourier-Transformation, die sich von der oben gegebenen Definition im Faktor vor dem Integral, in einem Faktor im Exponenten oder im Vorzeichen des Exponenten unterscheiden.

Wir wollen daher im Folgenden zunächst einige einfache Beispiele betrachten, dann einige wichtige Sätze besprechen und abschließend auf die Anwendungen der Fourier-Transformation in der Chemie eingehen.

10.2.2 Beispiele

Als Beispiel berechnen wir die Fourier-Transformierte der in Abb. 10.6a angegebenen Rechteckfunktion $f(x)$. Betrachte

$$f(x) = \begin{cases} 1 & \text{für } -a \le x \le a \\ 0 & \text{für } x < -a \quad \text{und} \quad x > a \, , \end{cases}$$

wobei $a > 0$ eine Konstante sei. Für die Fourier-Transformierte $\hat{f}(k)$ ergibt sich gemäß (10.24):

$$\begin{aligned} \hat{f}(k) &= \frac{1}{\sqrt{2\pi}} \int_{-\infty}^{\infty} f(x) \mathrm{e}^{-\mathrm{i}kx} \, \mathrm{d}x = \frac{1}{\sqrt{2\pi}} \int_{-a}^{a} \mathrm{e}^{-\mathrm{i}kx} \, \mathrm{d}x \\ &= \frac{1}{\sqrt{2\pi}} \frac{1}{\mathrm{i}k} (\mathrm{e}^{\mathrm{i}ak} - \mathrm{e}^{-\mathrm{i}ak}) = \sqrt{\frac{2}{\pi}} \frac{\sin(ak)}{k} \, . \end{aligned} \tag{10.26}$$

Der Verlauf von $\hat{f}(k)$ ist ebenfalls in Abb. 10.6a angegeben.

Als zweites Beispiel berechnen wir die Fourier-Transformierte des sogenannten Dirac'schen Delta-Funktionals $\delta_{x_0}(x) = \delta(x - x_0)$. In gewisser Weise kann das Delta-Funktional als der „Grenzwert" der Funktionenfolge

$$\delta_\varepsilon(x) = \begin{cases} 1/\varepsilon & \text{für } -\varepsilon/2 \le x - x_0 \le \varepsilon/2 \\ 0 & \text{sonst} \end{cases}$$

aufgefasst werden. Die „Grenzfunktion" von $\delta_\varepsilon(x)$ lautet $\delta_{x_0}(x) = 0$ für alle $x \neq x_0$ und „$\delta_{x_0}(x) = \infty$" für $x = x_0$. Wegen dieser letzten Eigenschaft können wir streng genommen nicht von einem Grenzwert sprechen, denn die Funktionenfolge konvergiert für $x = x_0$ nicht. Nun gilt für stetige Funktionen $f(x)$

$$\lim_{\varepsilon \to 0} \int_{-\infty}^{\infty} \delta_\varepsilon(x) f(x) \, \mathrm{d}x = \lim_{\varepsilon \to 0} \frac{1}{\varepsilon} \int_{x_0-\varepsilon/2}^{x_0+\varepsilon/2} f(x) \, \mathrm{d}x = f(x_0) \, ,$$

sodass man versucht ist

$$\int_{-\infty}^{\infty} \delta_{x_0}(x) f(x) \, \mathrm{d}x = \int_{-\infty}^{\infty} \lim_{\varepsilon \to 0} \delta_\varepsilon(x) f(x) \, \mathrm{d}x = \lim_{\varepsilon \to 0} \int_{-\infty}^{\infty} \delta_\varepsilon(x) f(x) \, \mathrm{d}x = f(x_0)$$

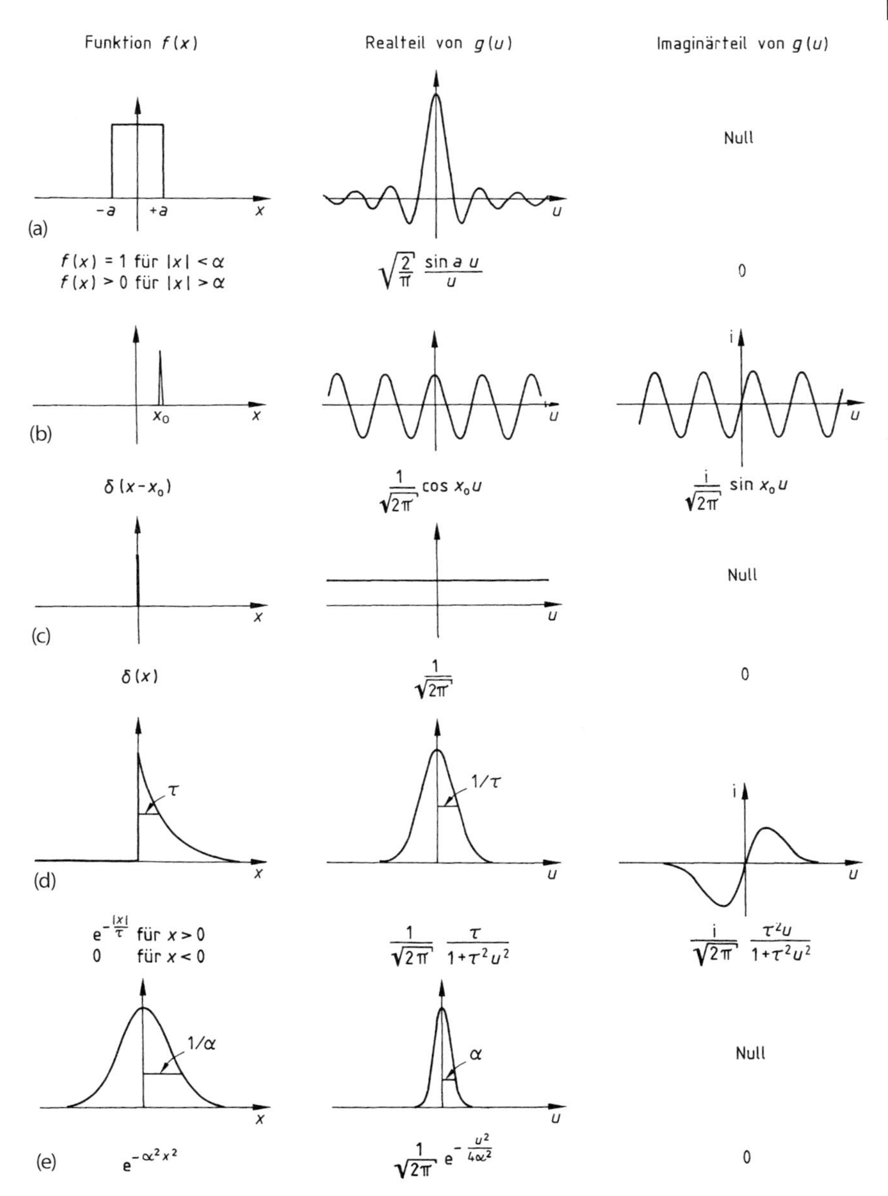

Abb. 10.6 Beispiele für einige Funktionen $f(x)$ und deren Fourier-Transformierte $g(u) = \hat{f}(u)$: (a) Rechteckfunktion; (b) Delta-Funktional an der Stelle x_0; (c) Delta-Funktional im Koordinatenursprung; (d) Exponentialfunktion für $x > 0$; (e) Gauß-Kurve.

zu schreiben. Da die Funktionenfolge gar nicht überall konvergiert, ist die obige Gleichungskette mathematisch nicht korrekt. Allerdings motiviert dies die *Definitionsgleichung* des Dirac'schen Delta-Funktionals

$$\int_{-\infty}^{\infty} \delta_{x_0}(x) f(x)\,\mathrm{d}x = f(x_0)\,. \tag{10.27}$$

In gewisser Weise erscheint δ_{x_0} als eine „Funktion", die die Eigenschaften

$$\delta_{x_0}(x) = 0 \text{ für } x \neq x_0 \quad \text{und} \quad „\delta_{x_0}(x) = \infty“\,, \quad \text{sodass} \quad \int_{\mathbb{R}} \delta_{x_0}(x)\,\mathrm{d}x = 1\,, \tag{10.28}$$

besitzt (setze $f(x) = 1$ in (10.27)). Tatsächlich ist das Delta-Funktional keine Funktion, sondern ein Funktional, d. h. eine Abbildung, deren Definitionsbereich Funktionen $f(x)$ sind; wir verweisen auf Abschnitt 13.2.4 für eine präzisere Definition. Die Beziehungen (10.28) sind zwar mathematisch nicht korrekt, helfen aber, sich ein Bild von δ_{x_0} zu machen. Man nennt das Delta-Funktional auch eine Delta-Distribution.

Für die Fourier-Transformierte des Delta-Funktionals erhalten wir wegen (10.27) (siehe Abb. 10.6b):

$$\hat{\delta}_{x_0}(k) = \frac{1}{\sqrt{2\pi}} \int_{-\infty}^{\infty} \delta_{x_0}(x) \mathrm{e}^{-\mathrm{i}kx}\,\mathrm{d}x = \frac{1}{\sqrt{2\pi}} \mathrm{e}^{-\mathrm{i}kx_0}\,. \tag{10.29}$$

Falls $x_0 = 0$, so ist $\hat{\delta}_0(k) = 1/\sqrt{2\pi}$ (siehe Abb. 10.6c). Aus dem Impuls $\delta_{x_0}(x)$ im x-Raum wird also eine ebene Welle $\mathrm{e}^{-\mathrm{i}kx_0}/\sqrt{2\pi}$ im k-Raum.

Betrachten wir als Nächstes die Exponentialfunktion aus Abb. 10.6d, die für positive x-Werte exponentiell abfällt, für negative dagegen gleich null ist. Sie ist gegeben durch:

$$f(x) = \begin{cases} \mathrm{e}^{-x/\tau} & \text{für } x \geq 0 \\ 0 & \text{für } x < 0\,. \end{cases}$$

Für die Fourier-Transformierte ergibt sich:

$$\begin{aligned} \hat{f}(k) &= \frac{1}{\sqrt{2\pi}} \int_{-\infty}^{\infty} f(x) \mathrm{e}^{-\mathrm{i}kx}\,\mathrm{d}x = \frac{1}{\sqrt{2\pi}} \int_{0}^{\infty} \mathrm{e}^{-x/\tau} \mathrm{e}^{-\mathrm{i}kx}\,\mathrm{d}x \\ &= \frac{1}{\sqrt{2\pi}} \int_{0}^{\infty} \mathrm{e}^{-x(\mathrm{i}k+1/\tau)}\,\mathrm{d}x = \frac{-1}{\sqrt{2\pi}(\mathrm{i}k + 1/\tau)} \left. \mathrm{e}^{-x(\mathrm{i}k+1/\tau)} \right|_0^{\infty}\,. \end{aligned}$$

Nun gilt für den Grenzwert

$$\lim_{x\to\infty} |\mathrm{e}^{-x(\mathrm{i}k+1/\tau)}| = \lim_{x\to\infty} |\mathrm{e}^{-\mathrm{i}kx}| \mathrm{e}^{-x/\tau} = \lim_{x\to\infty} \mathrm{e}^{-x/\tau} = 0\,,$$

sodass

$$\hat{f}(k) = \frac{1}{\sqrt{2\pi}(1/(\tau + \mathrm{i}k))} = \frac{1}{\sqrt{2\pi}} \frac{1/(\tau - \mathrm{i}k)}{1/(\tau^2 + k^2)}$$
$$= \frac{\tau}{\sqrt{2\pi}(1 + \tau^2 k^2)} - \mathrm{i}\frac{\tau^2 k}{\sqrt{2\pi}(1 + \tau^2 k^2)} . \tag{10.30}$$

Der Real- und Imaginärteil dieser transformierten Funktion sind in Abb. 10.6d illustriert. Den Realteil bezeichnet man als *Lorentz-Kurve*. Diese Kurve beschreibt in der Optik häufig die Form von Spektrallinien, während der Imaginärteil die zur Spektrallinie gehörige sogenannte *Dispersionskurve* wiedergibt.

Schließlich wollen wir noch die Fourier-Transformation der Gauß'schen Glockenkurve

$$f(x) = \mathrm{e}^{-\alpha^2 x^2}$$

berechnen, also die Transformation

$$\hat{f}(k) = \frac{1}{\sqrt{2\pi}} \int_{-\infty}^{\infty} \mathrm{e}^{-\alpha^2 x^2} \mathrm{e}^{-\mathrm{i}kx}\, \mathrm{d}x$$

durchführen. Durch Zusammenfassen der Exponentialfunktionen, Umformung des Exponenten und Substitution der Variablen $z = x + \mathrm{i}k/(2\alpha^2)$ ergibt sich:

$$\hat{f}(k) = \frac{1}{\sqrt{2\pi}} \int_{-\infty}^{\infty} \mathrm{e}^{-\alpha^2 x^2 - \mathrm{i}kx}\, \mathrm{d}x = \frac{1}{\sqrt{2\pi}} \int_{-\infty}^{\infty} \mathrm{e}^{-\alpha^2 (x + \mathrm{i}k/(2\alpha^2))^2 - k^2/(4\alpha^2)}\, \mathrm{d}x$$
$$= \frac{1}{\sqrt{2\pi}} \int_{-\infty - \mathrm{i}k/(2\alpha^2)}^{\infty - \mathrm{i}k/(2\alpha^2)} \mathrm{e}^{-\alpha^2 z^2 - k^2/(4\alpha^2)}\, \mathrm{d}z = \frac{\mathrm{e}^{-k^2/(4\alpha^2)}}{\sqrt{2\pi}} \int_{-\infty - \mathrm{i}k/(2\alpha^2)}^{\infty - \mathrm{i}k/(2\alpha^2)} \mathrm{e}^{-\alpha^2 z^2}\, \mathrm{d}z .$$

Man kann mithilfe des Residuensatzes der Funktionentheorie (siehe z. B. [5, 9]) zeigen, dass man bei dem zuletzt erhaltenen Integral für die Integrationsgrenzen auch $-\infty$ und ∞ schreiben kann. Dann folgt:

$$\hat{f}(k) = \frac{\mathrm{e}^{-k^2/(4\alpha^2)}}{\sqrt{2\pi}} \int_{-\infty}^{\infty} \mathrm{e}^{-\alpha^2 z^2}\, \mathrm{d}z .$$

Für dieses Integral erhält man laut (8.41) den Wert $\sqrt{\pi}/\alpha$. Es ergibt sich somit:

$$\hat{f}(k) = \frac{\mathrm{e}^{-k^2/(4\alpha^2)}}{\sqrt{2\pi}} \frac{\sqrt{\pi}}{\alpha} = \frac{\mathrm{e}^{-k^2/(4\alpha^2)}}{\sqrt{2\alpha^2}} . \tag{10.31}$$

Die Fourier-Transformierte einer Gauß'schen Glockenkurve ist also wieder eine Gauß'sche Glockenkurve, deren Halbwertsbreite in einem reziproken Verhältnis zu der der ursprünglichen Funktion steht. Je breiter die Kurve $f(x)$ ist, desto schmaler wird die Kurve $\hat{f}(k)$. Das entsprechende Funktionenpaar ist in Abb. 10.6e dargestellt. In diesem Fall ist der Imaginärteil der Fourier-Transformation gleich null.

10.2.3
Eigenschaften

Symmetrie Im Allgemeinen ist die Fourier-Transformierte einer reellen Funktion eine komplexwertige Funktion. Wie die Beispiele in Abb. 10.6 zeigen, gibt es aber Ausnahmen; der Imaginärteil der Fourier-Transformierten kann gleich null sein. Ebenso gibt es Fälle, wo der Realteil der Fourier-Transformierten gleich null und nur der Imaginärteil von null verschieden ist. Wie wir im Folgenden zeigen, hängt das Verschwinden eines der beiden Anteile der Transformierten mit der Symmetrie der zu transformierenden Funktion $f(x)$ zusammen.

Nehmen wir als Erstes an, $f(x)$ sei eine gerade Funktion, d. h., es möge $f(-x) = f(x)$ für alle x gelten. Es ergibt sich dann mithilfe der Euler'schen Formel (1.1), die den Zusammenhang zwischen der komplexen Exponentialfunktion und den trigonometrischen Funktionen angibt:

$$\begin{aligned}\hat{f}(k) &= \frac{1}{\sqrt{2\pi}} \int\limits_{-\infty}^{\infty} f(x)\mathrm{e}^{-\mathrm{i}kx}\,\mathrm{d}x = \frac{1}{\sqrt{2\pi}} \int\limits_{-\infty}^{\infty} f(x)(\cos(kx) - \mathrm{i}\sin(kx))\,\mathrm{d}x \\ &= \frac{1}{\sqrt{2\pi}} \int\limits_{-\infty}^{\infty} f(x)\cos(kx)\,\mathrm{d}x - \frac{\mathrm{i}}{\sqrt{2\pi}} \int\limits_{-\infty}^{\infty} f(x)\sin(kx)\,\mathrm{d}x\,.\end{aligned} \tag{10.32}$$

Im zweiten Integral heben sich die Beiträge für positive und negative x-Werte weg (weil $f(-x) = f(x)$ und $\sin(-kx) = -\sin(kx)$ ist), sodass man erhält:

$$\hat{f}(k) = \frac{1}{\sqrt{2\pi}} \int\limits_{-\infty}^{\infty} f(x)\cos(kx)\,\mathrm{d}x = \frac{2}{\sqrt{2\pi}} \int\limits_{0}^{\infty} f(x)\cos(kx)\,\mathrm{d}x\,. \tag{10.33}$$

Wir können also sagen: *Die Fourier-Transformierte einer geraden Funktion ist eine reelle Funktion. Diese ist ebenfalls gerade.* Man kann hier die Transformation unmittelbar mit der reellen Kosinusfunktion anstelle der komplexen Exponentialfunktion als Faktor durchführen.

Nehmen wir als Nächstes an, die Funktion $f(x)$ sei ungerade, d. h., es möge $f(-x) = -f(x)$ für alle x gelten. In diesem Fall heben sich im ersten der beiden Integrale in (10.32) die Beiträge für positive x-Werte und für negative x-Werte gegenseitig weg, und man erhält:

$$\hat{f}(k) = \frac{-\mathrm{i}}{\sqrt{2\pi}} \int\limits_{-\infty}^{\infty} f(x)\sin(kx)\,\mathrm{d}x = \frac{-2\mathrm{i}}{\sqrt{2\pi}} \int\limits_{0}^{\infty} f(x)\sin(kx)\,\mathrm{d}x\,.$$

Dies zeigt: *Die Fourier-Transformierte einer ungeraden Funktion ist eine rein imaginäre Funktion. Diese ist ebenfalls ungerade.* Man kann hier die Transformation unmittelbar mit der reellen Sinusfunktion anstelle der komplexen Exponentialfunktion als Faktor durchführen.

Diese Sätze sind nicht nur für die Sonderfälle von geraden und ungeraden Funktionen von Bedeutung, sondern auch für jede beliebige Funktion. Es gilt nämlich: Jede Funktion $f(x)$ setzt sich additiv aus einem geraden Anteil $f_g(x)$ und einem ungeraden Anteil $f_u(x)$ zusammen. Dies folgt aus der Tatsache, dass man

$$f(x) = \frac{1}{2}(f(x) + f(-x)) + \frac{1}{2}(f(x) - f(-x))$$

schreiben kann. Der erste Summand ändert sein Vorzeichen nicht, wenn man x durch $-x$ ersetzt; er ist also der gerade Anteil $f_g(x)$ der Funktion $f(x)$. Der zweite Summand ändert sein Vorzeichen, ist also der ungerade Anteil $f_u(x)$ von $f(x)$,

$$f_g(x) = \frac{1}{2}(f(x) + f(-x)) , \quad f_u(x) = \frac{1}{2}(f(x) - f(-x)) .$$

Wendet man nun die Fourier-Transformation auf die Summe $f_g(x) + f_u(x)$ an, so ergibt die Transformation von $f_g(x)$ eine reelle Funktion und die Transformation von $f_u(x)$ eine rein imaginäre Funktion. Man erkennt also: *Bei der Transformation einer beliebigen Funktion $f(x)$ ist der Realteil der erhaltenen Funktion die Fourier-Transformierte des geraden Anteils von $f(x)$, während der Imaginärteil die Fourier-Transformierte des ungeraden Anteils von $f(x)$ wiedergibt.*

Gleichung (10.32) zeigt, dass man den Realteil der Fourier-Transformierten erhält, indem man die Transformation mit $\cos(kx)$ ausführt, und den Imaginärteil, indem man sie mit $\sin(kx)$ vornimmt. Man spricht entsprechend auch von einer Kosinustransformierten und einer Sinustransformierten. Es gilt also: *Die Kosinustransformierte von $f(x)$ ist die Fourier-Transformierte des geraden Anteils $f_g(x)$ von $f(x)$, die mit der komplexen Einheit $-\mathrm{i}$ multiplizierte Sinustransformierte ist die Fourier-Transformierte des ungeraden Anteils $f_u(x)$ von $f(x)$.*

Beispiel 10.4
Betrachten wir als Beispiel die Exponentialfunktion in Abb. 10.6d, die gegeben ist durch

$$f(x) = \begin{cases} e^{-x/\tau} & \text{für } x \geq 0 \\ 0 & \text{für } x < 0 . \end{cases}$$

Man kann diese Funktion in den geraden Anteil

$$f_g(x) = \frac{1}{2}(f(x) + f(-x)) = \begin{cases} \frac{1}{2}e^{-x/\tau} & \text{für } x \geq 0 \\ \frac{1}{2}e^{x/\tau} & \text{für } x < 0 \end{cases} \tag{10.34}$$

und in den ungeraden Anteil

$$f_u(x) = \frac{1}{2}(f(x) - f(-x)) = \begin{cases} \frac{1}{2}e^{-x/\tau} & \text{für } x \geq 0 \\ -\frac{1}{2}e^{x/\tau} & \text{für } x < 0 \end{cases} \tag{10.35}$$

zerlegen. Die Summe $f_g(x) + f_u(x)$ ergibt natürlich wieder die Funktion $f(x)$. Diese Zerlegung ist in Abb. 10.7 grafisch dargestellt. Die Fourier-Transformierte des geraden Anteils $f_g(x)$ ist der Realteil der Fourier-Transformierten der gesamten Funktion, also die in Abb. 10.6d gegebene Lorentz-Kurve. Entsprechend ist die Fourier-Transformierte des ungeraden Anteils die in Abb. 10.6d gegebene Dispersionskurve. Die Fourier-Transformierten und die entsprechenden analytischen Ausdrücke der Kurven sind in Abb. 10.7 jeweils unter den beiden Anteilen der Funktion $f(x)$ angegeben. Man kann auch unmittelbar mit einer Rechnung zeigen, dass sich die beiden Fourier-Transformierten als Kosinustransformation der durch (10.34) bzw. als Sinustransformation der durch (10.35) gegebenen Funktion ergeben. Die Rechnung ist allerdings etwas umständlich und soll daher hier nicht gebracht werden.

Ein weiteres Beispiel stellt eine gegenüber dem Koordinatenursprung verschobene Delta-Distribution $\delta_a(x) = \delta(x-a)$ dar. Die Zerlegung in einen geraden und einen ungeraden Anteil ergibt:

$$\delta(x-a) = \frac{1}{2}(\delta(x-a) + \delta(-x-a)) + \frac{1}{2}(\delta(x-a) - \delta(-x-a)) \,.$$

Da $\delta(-x-a) = \delta(x+a)$ ist, folgt daraus für den geraden und den ungeraden Anteil:

$$f_{\mathrm{g}}(x) = \frac{1}{2}(\delta(x-a) + \delta(x+a)) \,, \quad f_{\mathrm{u}}(x) = \frac{1}{2}(\delta(x-a) - \delta(x+a)) \,.$$

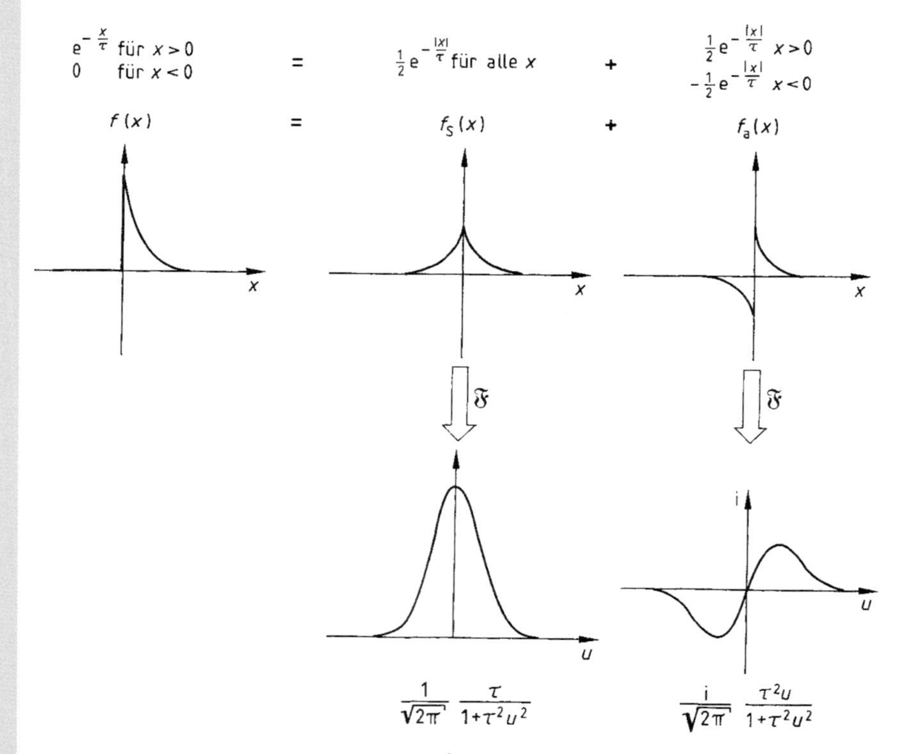

Abb. 10.7 Zerlegung der Funktion $f(x) = \mathrm{e}^{-x/\tau}$ für $x \geq 0$ und $f(x) = 0$ für $x < 0$ in einen geraden Anteil $f_{\mathrm{g}}(x)$ und einen ungeraden Anteil $f_{\mathrm{u}}(x)$ sowie die Fourier-Transformierten dieser Anteile.

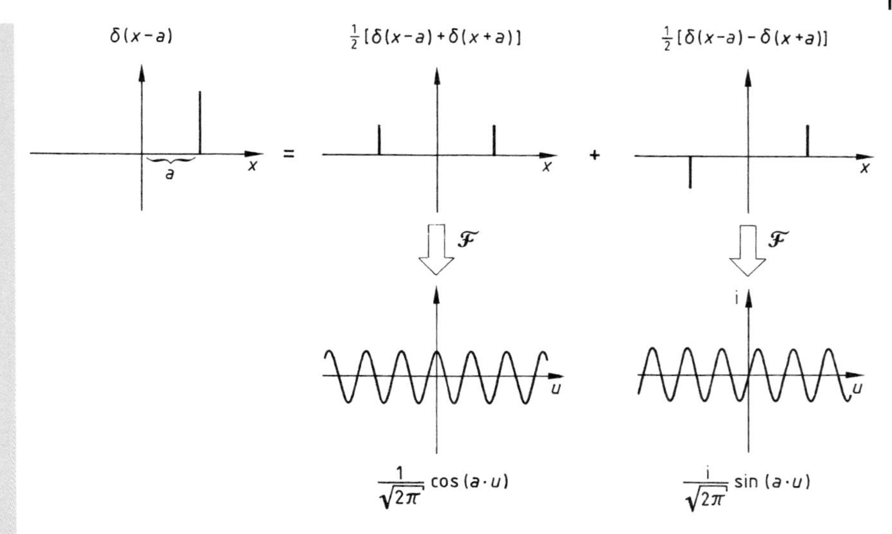

Abb. 10.8 Zerlegung des Delta-Funktionals $\delta(x - a)$ in einen geraden und einen ungeraden Anteil sowie die Fourier-Transformationen dieser Anteile.

Diese „Funktionen" sind in Abb. 10.8 angegeben. Da dem verschobenen Delta-Funktional $\delta(x-a) = \delta_a(x)$ Gleichung (10.29) zufolge die Fourier-Transformierte $\mathrm{e}^{-\mathrm{i}ak}/\sqrt{2\pi}$ zuzuweisen ist, gehört zum geraden Anteil die Fourier-Transformierte

$$\frac{1}{2}\left(\frac{\mathrm{e}^{-\mathrm{i}ak}}{\sqrt{2\pi}} + \frac{\mathrm{e}^{\mathrm{i}ak}}{\sqrt{2\pi}}\right) = \frac{\cos(ak)}{\sqrt{2\pi}}$$

und zum ungeraden Anteil die Fourier-Transformierte

$$\frac{1}{2}\left(\frac{\mathrm{e}^{-\mathrm{i}ak}}{\sqrt{2\pi}} - \frac{\mathrm{e}^{\mathrm{i}ak}}{\sqrt{2\pi}}\right) = -\frac{\mathrm{i}\sin(ak)}{\sqrt{2\pi}} \; .$$

Diese Funktionen sind ebenfalls in Abb. 10.8 wiedergegeben.

Verschiedene Definitionen der Fourier-Transformation Bei den zahlreichen Anwendungen der Fourier-Transformation wird diese häufig durch eine Gleichung definiert, die von (10.24) etwas abweicht. Die gebräuchlichen unterschiedlichen Definitionen für die Fourier-Transformation und deren Umkehrung sind in der Tab. 10.1 zusammengefasst. Sie sollen im Folgenden etwas eingehender besprochen werden.

In manchen Fällen wird die Fourier-Transformation nicht mit einem negativen, sondern mit einem positiven Vorzeichen im Exponenten definiert. Die inverse Fourier-Transformation erhält dann dementsprechend ein negatives Vorzeichen. Wenn man deutlich machen will, welche der beiden Transformationen man meint, spricht man auch von einer „+i"- bzw. von einer „−i"-Fourier-Trans-

Tab. 10.1 Die verschiedenen Definitionen der Fourier-Transformation $\mathcal{F}[f]$ und der inversen Transformation $\mathcal{F}^{-1}[f]$.

$\mathcal{F}[f]$	$\mathcal{F}^{-1}[f]$
$\hat{f}(k) = \frac{1}{\sqrt{2\pi}} \int_{-\infty}^{\infty} f(x)\mathrm{e}^{-\mathrm{i}kx}\,\mathrm{d}x$	$f(x) = \frac{1}{\sqrt{2\pi}} \int_{-\infty}^{\infty} \hat{f}(k)\mathrm{e}^{\mathrm{i}kx}\,\mathrm{d}k$
$\hat{f}(k) = \frac{1}{\sqrt{2\pi}} \int_{-\infty}^{\infty} f(x)\mathrm{e}^{\mathrm{i}kx}\,\mathrm{d}x$	$f(x) = \frac{1}{\sqrt{2\pi}} \int_{-\infty}^{\infty} \hat{f}(k)\mathrm{e}^{-\mathrm{i}kx}\,\mathrm{d}k$
$\hat{f}(k) = \int_{-\infty}^{\infty} f(x)\mathrm{e}^{\mathrm{i}kx}\,\mathrm{d}x$	$f(x) = \frac{1}{2\pi} \int_{-\infty}^{\infty} \hat{f}(k)\mathrm{e}^{-\mathrm{i}kx}\,\mathrm{d}u$
$\hat{f}(k) = \frac{1}{2\pi} \int_{-\infty}^{\infty} f(x)\mathrm{e}^{\mathrm{i}kx}\,\mathrm{d}x$	$f(x) = \int_{-\infty}^{\infty} \hat{f}(k)\mathrm{e}^{-\mathrm{i}kx}\,\mathrm{d}k$
$\hat{f}(k) = \int_{-\infty}^{\infty} f(x)\mathrm{e}^{-2\pi\mathrm{i}kx}\,\mathrm{d}x$	$f(x) = \int_{-\infty}^{\infty} \hat{f}(k)\mathrm{e}^{2\pi\mathrm{i}kx}\,\mathrm{d}k$

formation. Ist die Funktion gerade, so macht es keinen Unterschied, welche der beiden Definitionen man verwendet. Bei einer ungeraden Funktion dagegen ändert die Transformierte ihr Vorzeichen. Berücksichtigt man, dass sich, wie oben ausgeführt wurde, jede Funktion in einen geraden und einen ungeraden Anteil zerlegen lässt, so folgt daraus: Bei der Änderung des Vorzeichens im Exponenten bleibt der Realteil der transformierten Funktion unverändert, der Imaginärteil dagegen ändert sein Vorzeichen.

Eine weitere Variationsmöglichkeit bietet der Vorfaktor. Der Faktor $1/\sqrt{2\pi}$, der symmetrisch sowohl bei der Transformation selbst als auch bei deren Inversen auftritt, wird bisweilen weggelassen. Bei der Inversen tritt dann der Faktor $1/2\pi$ auf. Dies kann man wie folgt einsehen: Wir definieren als Fourier-Transformation der Funktion $f(x)$ die Funktion

$$g(k) = \int_{-\infty}^{\infty} f(x)\mathrm{e}^{-\mathrm{i}kx}\,\mathrm{d}x\ .$$

Es gilt dann $\hat{f}(k) = g(k)/\sqrt{2\pi}$, wobei $\hat{f}(k)$ die durch (10.24) definierte Fourier-Transformierte von $f(x)$ ist. Für diese gilt aber die durch (10.25) gegebene Umkehrformel, sodass wir schreiben können:

$$\begin{aligned} f(x) &= \frac{1}{\sqrt{2\pi}} \int_{-\infty}^{\infty} \hat{f}(k)\mathrm{e}^{\mathrm{i}kx}\,\mathrm{d}k = \frac{1}{\sqrt{2\pi}} \int_{-\infty}^{\infty} \frac{1}{\sqrt{2\pi}} g(k)\mathrm{e}^{\mathrm{i}kx}\,\mathrm{d}k \\ &= \frac{1}{2\pi} \int_{-\infty}^{\infty} g(k)\mathrm{e}^{\mathrm{i}kx}\,\mathrm{d}k\ . \end{aligned}$$

In ähnlicher Weise kann man bei der Fourier-Transformation auch den Vorfaktor $1/(2\pi)$ wählen und erhält dann bei der Umkehrformel den Faktor eins.

Um die Komplikationen mit dem Vorfaktor zu umgehen, führt man bisweilen im Exponenten einen Faktor 2π ein, definiert also die Fourier-Transformation von $f(x)$ als:

$$h(k) = \int_{-\infty}^{\infty} f(x) e^{-2\pi i k x} \, dx \, . \tag{10.36}$$

Die inverse Fourier-Transformation lautet dann:

$$f(x) = \int_{-\infty}^{\infty} h(k) e^{2\pi i k x} \, dk \, . \tag{10.37}$$

Wir prüfen diese Behauptung nach, indem wir in (10.36) $x = y/(2\pi)$ substituieren; wegen $dx/dy = 1/(2\pi)$ folgt:

$$h(k) = \frac{1}{2\pi} \int_{-\infty}^{\infty} f\left(\frac{y}{2\pi}\right) e^{-iky} \, dy \, .$$

Um auf die durch (10.24) definierte Fourier-Transformation zu kommen, deren Inverse wir kennen, multiplizieren wir die obige Gleichung mit $\sqrt{2\pi}$:

$$\sqrt{2\pi}\, h(k) = \frac{1}{\sqrt{2\pi}} \int_{-\infty}^{\infty} f\left(\frac{y}{2\pi}\right) e^{-iky} \, dy \, .$$

Durch Umkehrung dieser Transformation mittels (10.25) erhalten wir:

$$f\left(\frac{y}{2\pi}\right) = \frac{1}{\sqrt{2\pi}} \int_{-\infty}^{\infty} \sqrt{2\pi} h(k) e^{iky} \, dy = \int_{-\infty}^{\infty} h(k) e^{iky} \, dk \, .$$

Wenn wir hier noch y durch $2\pi x$ ersetzen, ergibt sich (10.37).

Natürlich kann man bei den Fourier-Transformationen mit den anderen Vorfaktoren (Zeilen 3–5 in Tab. 10.1) ebenfalls das Vorzeichen im Exponenten variieren, sodass man auch hier zwischen einer „+i"- und einer „−i"-Transformation unterscheidet.

Die Inverse der Fourier-Transformationen Die inverse Fourier-Transformation unterscheidet sich, wie (10.25) zeigt, von der Fourier-Transformation selbst nur durch das Vorzeichen im Exponenten. Nun wurde weiter oben ausgeführt, dass eine Änderung des Vorzeichens im Exponenten bei der Fourier-Transformierten einer geraden Funktion keine Änderung und bei der Fourier-Transformierten einer ungeraden Funktion lediglich eine Umkehrung des Vorzeichens zur Folge hat. Dementsprechend folgt: *Die Fourier-Transformierte einer geraden Funktion ist gleich der inversen Fourier-Transformierten dieser Funktion. Die Fourier-Transformierte einer ungeraden Funktion ist gleich der negativen inversen Fourier-Transformierten dieser Funktion:*

$$\mathcal{F}[f] = \mathcal{F}^{-1}[f]\,, \quad \text{wenn} \quad f(x) = f(-x) \quad \text{für alle} \quad x\,,$$
$$\mathcal{F}[f] = -\mathcal{F}^{-1}[f]\,, \quad \text{wenn} \quad f(x) = -f(-x) \quad \text{für alle} \quad x\,.$$

Beispiel 10.5
Wie in Abb. 10.7 dargestellt, ist die Lorentz-Kurve die Fourier-Transformierte der symmetrisch ergänzten Exponentialfunktion. Daher ist diese Exponentialfunktion die inverse Fourier-Transformierte der Lorentz-Kurve und, da beide Kurven gerade sind, auch die Fourier-Transformierte dieser Funktion. Dies ist in Abb. 10.9 veranschaulicht.

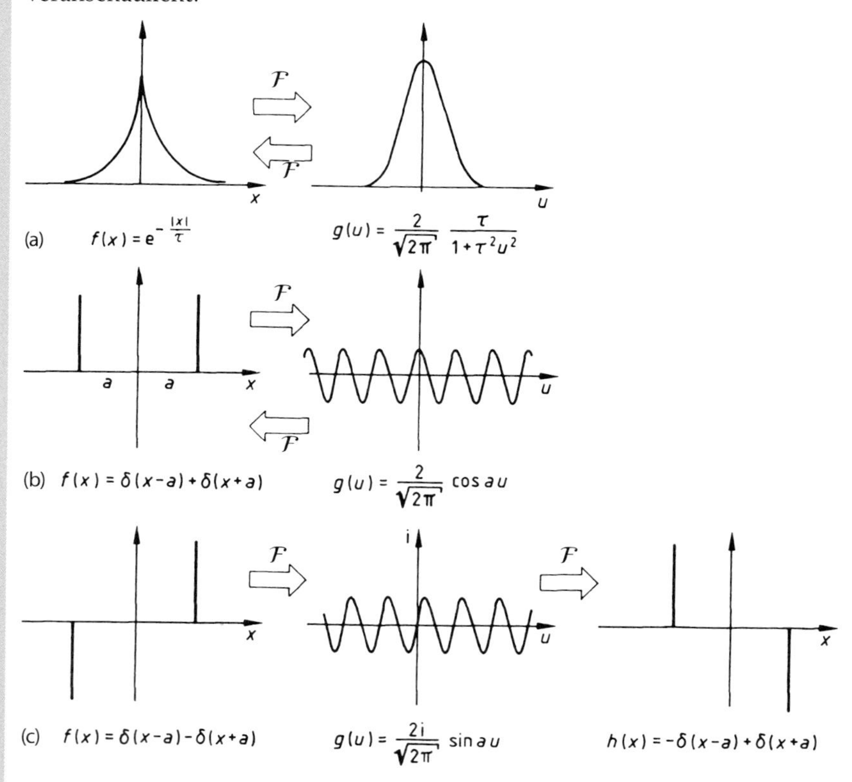

Abb. 10.9 Beziehung zwischen der Fourier-Transformation und der entsprechenden inversen Fourier-Transformation. (a,b) Die Fourier-Transformation und die inverse Fourier-Transformation sind identisch. (c) Fourier-Transformation eines ungeraden Paares von Delta-Funktionalen. Eine weitere Fourier-Transformation ergibt wieder ein ungerades Paar von Delta-Funktionalen, aber mit verschiedenen Vorzeichen.

Wie aus Abb. 10.6c hervorgeht, ist die Fourier-Transformierte eines Delta-Funktionals um den Ursprung, $\delta_0(x)$, die konstante Funktion $1/\sqrt{2\pi}$. Da die „Funktionen" gerade sind, kann man daraus schließen, dass die Fourier-Transformierte einer konstanten Funktion $f(x) = a$ mit einer beliebigen reellen Zahl a gegeben ist durch $(a/\sqrt{2\pi})\delta_0(x)$.
Die Fourier-Transformierte eines symmetrischen bzw. geraden Paares von Delta-Funktionalen mit dem Abstand $2a$ ist Abb. 10.8 zufolge gegeben durch $\cos(ak)/\sqrt{2\pi}$. Daraus folgt, dass die Fourier-Transformierte einer Kosinusfunktion ein symmetrisches Paar von Delta-Funktionalen ist.
Die Fourier-Transformierte eines ungeraden Paares von Delta-Funktionalen im Abstand $2a$ ist Abb. 10.8 zufolge die Sinusfunktion $\sin(ak)/\sqrt{2\pi}$. Daraus folgt, dass die Fourier-Transformierte einer Sinusfunktion ein ungerades Paar von Delta-Funktionalen ist.
Die beiden letzten Beispiele sind ebenfalls in Abb. 10.9 veranschaulicht.

Im Falle einer allgemeinen Funktion ist für deren geraden Anteil die Fourier-Transformierte und die inverse Fourier-Transformierte dieselbe, wohingegen sich die beiden Transformierten des ungeraden Anteils durch das Vorzeichen unterscheiden. Da der gerade Anteil durch den Realteil und der ungerade durch den Imaginärteil wiedergegeben werden, gilt: *Die Fourier-Transformation und die inverse Fourier-Transformation ergeben ein Paar von konjugiert komplexen Funktionen.*

Die Fourier-Transformation einer Translation Wir fragen, wie sich eine Verschiebung der zu transformierenden Funktion um einen Betrag a auf der x-Achse auf die Fourier-Transformation auswirkt. Ist $f(x)$ die ursprüngliche Funktion, so kann man für die verschobene Funktion $f(x-a)$ schreiben. Wir nennen $f(x-a)$ auch eine *Translation* von $f(x)$ um den Wert a. Für die Fourier-Transformation erhalten wir, indem wir $x - a = z$ setzen:

$$\frac{1}{\sqrt{2\pi}} \int_{-\infty}^{\infty} f(x-a)\mathrm{e}^{-\mathrm{i}kx}\,\mathrm{d}x = \frac{1}{\sqrt{2\pi}} \int_{-\infty}^{\infty} f(z)\mathrm{e}^{-\mathrm{i}k(z+a)}\,\mathrm{d}z = \mathrm{e}^{-\mathrm{i}ak} \frac{1}{\sqrt{2\pi}} \int_{-\infty}^{\infty} f(z)\mathrm{e}^{-\mathrm{i}kz}\,\mathrm{d}z \,.$$

Das letzte Integral ist die Fourier-Transformation von $f(z)$. Es gilt also: *Die Fourier-Transformation einer auf der x-Achse um a verschobenen Funktion $g(x) = f(x-a)$ ist die mit $\mathrm{e}^{-\mathrm{i}ak}$ multiplizierte Fourier-Transformierte von $f(x)$:*

$$\mathcal{F}[g](k) = \mathcal{F}[f(x-a)](k) = \mathrm{e}^{-\mathrm{i}ak}\mathcal{F}[f](k) \,.$$

In dieser Gleichung ist $x - a$ das Argument der Funktion f und k das Argument der Fourier-Transformierten. Wird die Fourier-Transformation entsprechend der abgewandelten Definition (10.36) mit dem zusätzlichen Faktor 2π im Exponenten vorgenommen, so tritt bei der Fourier-Transformierten in der obigen Gleichung der Faktor $\mathrm{e}^{-2\pi\mathrm{i}ak}$ anstelle von $\mathrm{e}^{-\mathrm{i}ak}$ auf.

Beispiel 10.6

Aufgrund von (10.29) ist die Fourier-Transformierte des Delta-Funktionals $\delta_0(x)$ um den Ursprung die konstante Funktion $1/\sqrt{2\pi}$. Verschiebt man das Funktional $\delta_0(x)$ um $a = x_0$, so ist die Fourier-Transformierte aufgrund des obigen Satzes gegeben durch $e^{-ikx_0}/\sqrt{2\pi}$, was mit dem Resultat in (10.29) übereinstimmt.

Wie aus (10.30) und Abb. 10.9 hervorgeht, ist die Fourier-Transformierte einer Lorentz-Kurve eine symmetrisch ergänzte Exponentialfunktion:

$$\mathcal{F}\left[\frac{\tau}{1+\tau^2x^2}\right](k) = \sqrt{2\pi}e^{-|k|/\tau} .$$

Verschiebt man die Lorentz-Kurve um den Wert a auf der x-Achse (siehe Abb. 10.10), so ist die Fourier-Transformierte eine komplexwertige Funktion, deren Realteil eine mit einer Kosinusfunktion modulierte symmetrisch ergänzte Exponentialfunktion und deren Imaginärteil eine mit einer Sinusfunktion modulierte symmetrisch ergänzte Exponentialfunktion ist:

$$\mathcal{F}\left[\frac{1}{1+\tau^2(x-a)^2}\right](k) = \sqrt{2\pi}e^{-iak}e^{-|k|/\tau} = \sqrt{2\pi}e^{-|k|/\tau}(\cos(ak) - i\sin(ak)) .$$

Zerlegt man die verschobene Lorentz-Kurve in einen geraden und einen ungeraden Anteil (siehe Abb. 10.10a), so ist der gerade Anteil allein durch den Realteil des in der obigen Gleichung rechts auftretenden Ausdrucks gegeben, also durch eine mit einer Kosinusfunktion modulierte, symmetrisch erweiterte Exponentialfunktion.

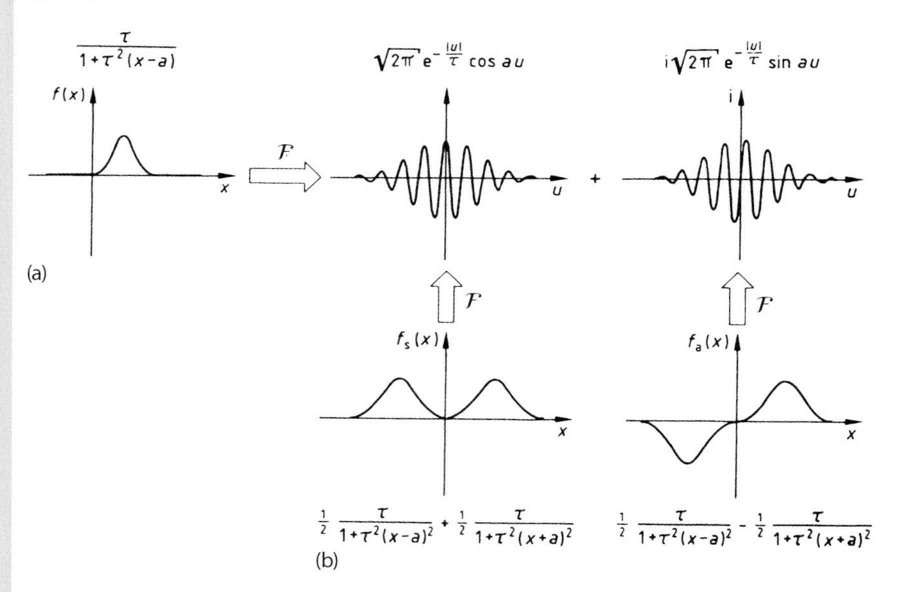

Abb. 10.10 Fourier-Transformation einer vom Ursprung um a auf der x-Achse verschobenen Lorentz-Kurve (a) sowie die Zerlegung dieser Funktion in einen geraden und einen ungeraden Anteil (b), die jeweils dem Realteil und dem Imaginärteil der Fourier-Transformation der ursprünglichen Funktion entsprechen.

Die Fourier-Transformation einer Faltung Wir fragen als Nächstes nach der Fourier-Transformation einer *Faltung* einer Funktion $f(x)$ mit $h(x)$, die durch

$$(f * h)(x) = \int_{-\infty}^{\infty} f(y)h(x-y)\,\mathrm{d}y$$

definiert ist. Man nennt dies auch ein *Faltungsprodukt*. Es ergibt sich, indem man $s = x - y$ setzt:

$$\begin{aligned}
\mathcal{F}[f * h](k) &= \frac{1}{\sqrt{2\pi}} \int_{-\infty}^{\infty} \left[\int_{-\infty}^{\infty} f(y)h(x-y)\,\mathrm{d}y \right] \mathrm{e}^{-\mathrm{i}kx}\,\mathrm{d}x \\
&= \frac{1}{\sqrt{2\pi}} \int_{-\infty}^{\infty} \int_{-\infty}^{\infty} f(y)h(s)\mathrm{e}^{-\mathrm{i}yk}\mathrm{e}^{-\mathrm{i}ks}\,\mathrm{d}y\,\mathrm{d}s \\
&= \frac{1}{\sqrt{2\pi}} \int_{-\infty}^{\infty} f(y)\mathrm{e}^{-\mathrm{i}yk}\,\mathrm{d}y \int_{-\infty}^{\infty} h(s)\mathrm{e}^{-\mathrm{i}ks}\,\mathrm{d}s \\
&= \sqrt{2\pi}\mathcal{F}[f](k) \cdot \mathcal{F}[h](k) \,. \qquad (10.38)
\end{aligned}$$

Daraus folgt: *Die Fourier-Transformierte der Faltung zweier Funktionen ist gleich dem gewöhnlichen Produkt der Fourier-Transformierten dieser Funktionen, multipliziert mit dem Faktor* $\sqrt{2\pi}$. Das gleiche gilt auch für die inverse Fourier-Transformation $\mathcal{F}^{-1}$:

$$\mathcal{F}^{-1}[f * h](x) = \frac{1}{\sqrt{2\pi}} \mathcal{F}^{-1}[f](x) \cdot \mathcal{F}^{-1}[h](x) \,. \qquad (10.39)$$

Um einen weiteren wichtigen Satz zu erhalten, ersetzen wir in (10.39) die Funktionen f und h durch deren Fourier-Transformierte und erhalten dann unter Beachtung von

$$\mathcal{F}^{-1}[\mathcal{F}[g]](x) = \mathcal{F}[\mathcal{F}^{-1}[g]](x) = g(x) \quad \text{für Funktionen} \quad g(x)$$

die Beziehung

$$\mathcal{F}^{-1}[\mathcal{F}[f] * \mathcal{F}[h]](x) = \frac{1}{\sqrt{2\pi}} f(x) \cdot h(x) \,.$$

Indem man noch auf beiden Seiten eine Fourier-Transformation durchführt, folgt daraus

$$(\mathcal{F}[f] * \mathcal{F}[h])(k) = \frac{1}{\sqrt{2\pi}} \mathcal{F}[f \cdot h](k) \,.$$

Dies besagt: *Die Fourier-Transformierte eines Produktes zweier Funktionen ist gleich der Faltung der Fourier-Transformierten dieser Funktionen, multipliziert mit* $\sqrt{2\pi}$.

Wenn man die Fourier-Transformation mit dem Faktor 2π im Exponenten entsprechend (10.36) definiert, so fällt in den obigen Gleichungen der Faktor $1/\sqrt{2\pi}$ weg.

Die Fourier-Transformierte der Ableitung Beim Lösen von Differenzialgleichungen tritt die Aufgabe auf, die Fourier-Transformierte der Ableitung einer Funktion $f(x)$ zu bestimmen. Durch partielle Integration erhalten wir für geeignete Funktionen $f(x)$:

$$\begin{aligned}\mathcal{F}[f'](k) &= \frac{1}{\sqrt{2\pi}}\int_{-\infty}^{\infty} f'(x)\mathrm{e}^{-\mathrm{i}kx}\,\mathrm{d}x = -\frac{1}{\sqrt{2\pi}}\int_{-\infty}^{\infty} f(x)\frac{\mathrm{d}}{\mathrm{d}x}\mathrm{e}^{-\mathrm{i}kx}\,\mathrm{d}x \\ &= \frac{\mathrm{i}k}{\sqrt{2\pi}}\int_{-\infty}^{\infty} f(x)\mathrm{e}^{-\mathrm{i}kx}\,\mathrm{d}x = \mathrm{i}k\mathcal{F}[f](k)\ .\end{aligned}$$

Es gilt also: *Die Fourier-Transformierte der Ableitung einer Funktion ist gleich der Fourier-Transformierten der Funktion, multipliziert mit* ik.

Beispiel 10.7
Mithilfe der obigen Rechenregel kann ohne umständliche Rechnung die Fourier-Transformierte der Funktion $x\mathrm{e}^{-x^2}$ berechnet werden. Es gilt nämlich $(\mathrm{e}^{-x^2}/2)' = -x\mathrm{e}^{-x^2}$ und nach (10.31) $\mathcal{F}[-\mathrm{e}^{-x^2}/2](k) = -\mathcal{F}[\mathrm{e}^{-x^2}](k)/2 = -\mathrm{e}^{-k^2/4}/2\sqrt{2}$, sodass folgt:

$$\mathcal{F}[x\mathrm{e}^{-x^2}](k) = \mathcal{F}\left[\left(-\frac{1}{2}\mathrm{e}^{-x^2}\right)'\right](k) = \mathrm{i}k\mathcal{F}\left[-\frac{1}{2}\mathrm{e}^{-x^2}\right](k) = -\frac{\mathrm{i}k}{2\sqrt{2}}\mathrm{e}^{-k^2/4}\ .$$

10.2.4
Anwendungen in der Chemie

Allgemeine Untersuchung von Schwingungen und Wellen Wir betrachten als Erstes eine Schwingung konstanter Frequenz ν_0, beschrieben durch die Gleichung $x(t) = x_0\cos(2\pi\nu_0 t)$. Abbildung 10.11a zeigt x als Funktion von t sowie die Amplitude x_0 als Funktion von ν. Die Amplitude wird durch zwei Linien bei $\nu = \nu_0$ und $\nu = -\nu_0$ wiedergegeben, weil die Schwingung mit einer einzigen Frequenz ν_0 erfolgt.

Als Nächstes betrachten wir eine im Intervall $t \in [-a, a]$ zeitlich begrenzte Schwingung (ähnlich wie in Abb. 10.11b). Sie ist durch die Gleichung

$$x(t) = \varphi(t)\cos(2\pi\nu_0 t) \tag{10.40}$$

gegeben, wobei $\varphi(t)$ eine Rechteckfunktion ist mit $\varphi(t) = x_0$ für $|t| \leq a$ und $\varphi(t) = 0$ für $|t| > a$. Mithilfe einer Fourier-Transformation kann man diese Schwingung als Überlagerung von Schwingungen im Zeitintervall $t \in (-\infty, \infty)$

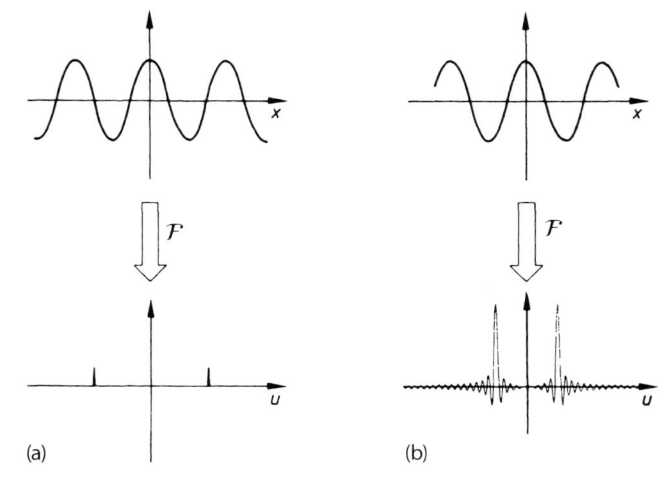

Abb. 10.11 Fourier-Transformation einer unendlich ausgedehnten Kosinusfunktion (a) und einer räumlich begrenzten Kosinusfunktion (b).

unterschiedlicher Frequenz darstellen. Es gilt aufgrund von (10.36), wenn man x durch t und k durch ν ersetzt:

$$g(\nu) = \int_{-\infty}^{\infty} \varphi(t)\cos(2\pi\nu_0 t)\mathrm{e}^{-2\pi\mathrm{i}\nu t}\,\mathrm{d}t = x_0 \int_{-a}^{a} \cos(2\pi\nu_0 t)\mathrm{e}^{-2\pi\mathrm{i}\nu t}\,\mathrm{d}t$$

$$= 2x_0 \int_{0}^{a} \cos(2\pi\nu_0 t)\cos(2\pi\nu t)\,\mathrm{d}t\;.$$

Im letzten Schritt in der obigen Gleichungskette wurde berücksichtigt, dass die zu transformierende Funktion gerade ist, sodass man (10.33) zufolge $\mathrm{e}^{-2\pi\mathrm{i}\nu t}$ durch $\cos(2\pi\nu t)$ und das Integral von $-a$ bis a durch das doppelte Integral von 0 bis a ersetzen kann. Das obige Integral lässt sich analytisch auswerten. Mithilfe von Tabellen für Integrale erhält man nach einer kleinen Rechnung für $\nu \neq \nu_0$ und $\nu \neq -\nu_0$

$$g(\nu) = x_0 \left[\frac{\sin(2\pi a(\nu - \nu_0))}{2\pi(\nu - \nu_0)} + \frac{\sin(2\pi a(\nu + \nu_0))}{2\pi(\nu + \nu_0)}\right] \tag{10.41}$$

und für $\nu = \nu_0$ oder $\nu = -\nu_0$

$$g(\nu_0) = x_0 \left[\frac{\sin(4\pi\nu_0 a)}{4\pi\nu_0} + a\right]\;. \tag{10.42}$$

Die Funktion $g(\nu)$ ist eine periodisch schwankende Funktion in der Variablen ν, die ihr Maximum bei ν_0 hat und deren Amplitude mit wachsendem Abstand von ν_0 abfällt (siehe Abb. 10.11b). Man sagt, *dass die Schwingungen durch die Gleichung* (10.40) *im Zeitraum und durch* (10.41) *und* (10.42) *im Frequenzraum wiedergegeben werden.* Gleichung (10.41) stellt die sogenannte spektrale Verteilung der Schwingung dar.

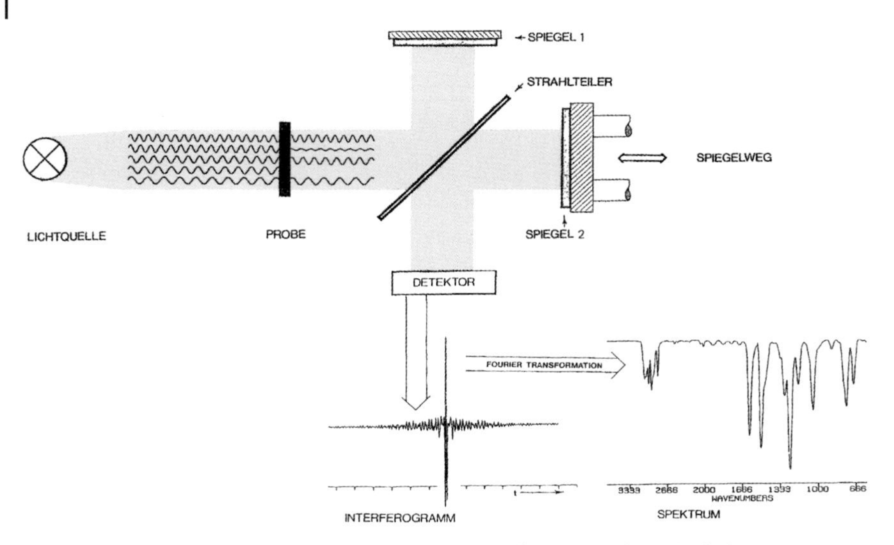

Abb. 10.12 Prinzip der Messung der Absorption von infrarotem Licht mithilfe der Fourier-Transformation-Infrarotspektroskopie. (Aus [10].)

Man kann zeigen, dass der Ausdruck in (10.41) für $a \to \infty$ in die Summe zweier Delta-Funktionale $x_0 \pi \delta(\nu - \nu_0) + x_0 \pi \delta(\nu + \nu_0)$ übergeht. Die „Funktion" ist also überall gleich null außer an den Stellen $\nu = \nu_0$ und $\nu = -\nu_0$. Für diese Werte gilt aber nicht (10.41), sondern die Gleichung (10.42), der zufolge g bei unendlich großen Werten von a unendlich wird.

Von Interesse ist auch die Darstellung eines kurzen rechteckförmigen Impulses, wie er auf der linken Seite von Abb. 10.6a gezeigt ist. Mithilfe von (10.36) erhält man analog zur Rechnung in (10.26) für die 2πi-Fourier-Transformierte eines rechteckförmigen Impulses der Breite $2a$ das Spektrum $\sin(2\pi\, \nu a)/\pi \nu$.

Infrarotspektroskopie In der Infrarotspektroskopie misst man die Durchlässigkeit einer Probe für infrarotes Licht als Funktion der Wellenlänge λ bzw. der Wellenzahl $\bar{\nu} = 1/\lambda$. Es gibt grundsätzlich zwei Messmethoden: Man kann entweder die Durchlässigkeit für die verschiedenen Wellenlängen nacheinander bestimmen oder gleichzeitig mit allen Wellenlängen messen. Im zweiten Fall tritt eine Fourier-Transformation vom Ortsraum in den Raum der Wellenzahlen $\bar{\nu}$ auf. Wie wollen diesen zweiten Fall etwas eingehender beschreiben.

Der durch die Probe bei verschiedenen Wellenzahlen unterschiedlich stark absorbierte Strahl (siehe Abb. 10.12) trifft auf einen halbdurchlässigen Spiegel (Strahlteiler) und wird in zwei Strahlen geteilt. Einer der Strahlen fällt auf einen feststehenden Spiegel (1) und wird von diesem in Richtung Detektor reflektiert. Der andere fällt auf einen zweiten Spiegel (2), der mit konstanter Geschwindigkeit w_s auf die Probe zu bewegt wird. Er wird dann von diesem und vom Strahlteiler reflektiert und interferiert mit dem ersten Strahl. Die beiden interferierenden Strahlen fallen auf den Detektor. Durch die Bewegung des Spiegels (2) ändert sich ständig der Wegunterschied zwischen den beiden Strahlen. Das hat zur Folge, dass sich die Intensität $I = I(t)$ des auf den Detektor fallenden Lichtes mit der Zeit ändert, also eine Funktion der Zeit ist.

Wenn die Probe nur Wellen einer einzigen Wellenlänge λ_1 durchlässt, so schwankt $I(t)$ kosinusförmig mit einer Frequenz, die sich wie folgt berechnet: Bewegt sich der Spiegel mit der Geschwindigkeit w_s, so wird die Strecke einer vollen Wellenlänge in der Zeit $T = \lambda / w_s$ zurückgelegt. In dieser Zeit schwankt I mit einer vollen Periode. Die Frequenz f_s dieser durch die Bewegung des Spiegels bedingten Schwankung ist daher gegeben durch

$$f_s = \frac{1}{T} = \frac{w_s}{\lambda} = w_s \cdot \bar{\nu} \,, \tag{10.43}$$

wobei $\bar{\nu} = 1/\lambda$. Werden genau zwei Wellenlängen durchgelassen, so erhält man eine Schwankung, die sich als Überlagerung zweier Kosinuswellen mit verschiedenen Frequenzen darstellen lässt. Wenn nun, wie es tatsächlich der Fall ist, alle Frequenzen durchgelassen werden, aber jeweils mit unterschiedlichen Intensitäten, bekommt man eine Überlagerung von Kosinuswellen aller Frequenzen mit der jeweils durchgelassenen Intensität. Bezeichnet man die Durchlässigkeit, die zur Frequenz f_s gehört, mit $D_0(f_s)$, so ergibt sich demgemäß:

$$I(t) = \int_0^\infty D_0(f_s) \cos(2\pi f_s t)\, \mathrm{d} f_s = \operatorname{Re} \mathcal{F}[D_0(f_s)] \,.$$

Da $D_0(f_s)$ symmetrisch in f_s ist (denn es spielt keine Rolle, ob man den Spiegel mit der Geschwindigkeit w_s in Vorwärtsrichtung oder mit $-w_s$ rückwärts bewegt), kann man dafür auch schreiben:

$$I(t) = \int_{-\infty}^\infty D_0(f_s) \mathrm{e}^{-2\pi \mathrm{i} f_s t}\, \mathrm{d} f_s \,.$$

Die Funktion $I(t)$ ist also die Fourier-Transformierte der Durchlässigkeit $D_0(f_s)$. Damit ergibt sich, dass $D_0(f_s)$ als inverse Fourier-Transformation von $I(t)$ erhalten werden kann:

$$D_0(f_s) = \int_{-\infty}^\infty I(t) \mathrm{e}^{2\pi \mathrm{i} f_s t}\, \mathrm{d} t \,.$$

Mithilfe von (10.43) kann man leicht aus $D_0(f_s)$ die eigentlich interessierende Abhängigkeit der Durchlässigkeit von der Wellenzahl, $D(\bar{\nu})$, ausrechnen. Es gilt $D_0(f_s)\, \mathrm{d} f_s = D(\bar{\nu})\, \mathrm{d}\bar{\nu}$, woraus mithilfe von (10.43) folgt:

$$D(\bar{\nu}) = D_0(f_s) \cdot w_s \,.$$

Die Darstellung von $I(t)$ bezeichnet man als *Interferogramm. Mithilfe der Fourier-Transformation hat man die Auflösung im Raum der Wellenzahlen in eine Auflösung im Zeitraum umgewandelt.* Man bezeichnet diese Methode der Aufnahme

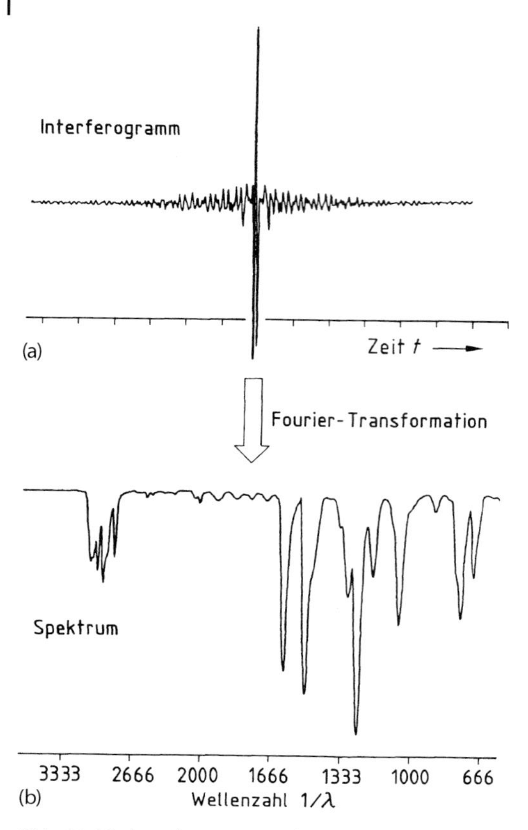

Abb. 10.13 Interferogramm (a) sowie das mittels Fourier-Transformation daraus erhaltene Absorptionsspektrum (b). (Aus [10].)

eines Infrarotspektrums als *Fourier-Transformation-Infrarotspektroskopie* (FTIR-Spektroskopie).

Als Beispiel zeigt Abb. 10.13 ein Interferogramm und das dazugehörige Absorptionsspektrum, in welchem die Durchlässigkeit als Funktion der Wellenzahl $1/\lambda$ wiedergegeben ist.

Magnetische Kernresonanz Die magnetische Kernresonanz ist eine der wichtigsten Methoden zur Aufklärung der chemischen Struktur von Molekülen. Sie beruht darauf, dass Wasserstoffkerne (im Falle der Protonenresonanz) bzw. Kohlenstoffatome (im Falle der ^{13}C-Resonanz), die sich in einem starken Magnetfeld befinden, von einem eingestrahlten magnetischen Wechselfeld der Frequenz ν Energie absorbieren.

Unterschiedlich gebundene Atome nehmen diese Energien bei verschiedenen Frequenzen ν auf. Trägt man die aufgenommene Energie als Funktion der Frequenz ν auf, so erhält man daher eine Reihe von Absorptionslinien, die jeweils unterschiedlich gebundenen Atomen zugeordnet werden können. Aus messtechnischen Gründen misst man in modernen Spektrometern jedoch nicht die Absorption als Funktion $g(\nu)$ der Frequenz. Man strahlt vielmehr einen kurzen sogenannten 90°-Puls ein und misst dann den Abfall der „Quermagnetisierung“ $M(t)$ als Funktion der Zeit t. *Die spektrale Absorption $g(\nu)$ ist, wie man zeigen kann, der Realteil der $-2\pi i$-Fourier-Transformierten der Funktion $M(t)$:*

$$g(\nu) = \operatorname{Re} \int_{-\infty}^{\infty} M(t) e^{-2\pi i \nu t} \, dt = \int_{-\infty}^{\infty} M(t) \cos(2\pi \nu t) \, dt \, .$$

Da für $t < 0$ die Quermagnetisierung $M(t)$ gleich null ist, erstrecken sich die Integrale nur über positive Werte von t. Die Funktion $g(\nu)$ ist sowohl für positive als auch negative Werte von ν definiert und ist symmetrisch in ν, d. h. eine gerade Funktion in ν. Für die Kernresonanz von Bedeutung ist nur der Bereich $\nu > 0$.

Die Funktion $g(\nu)$ ist in vielen Fällen eine Summe von lorentzförmigen Kurven mit verschiedenen Resonanzfrequenzen ν_k. Man kann daher schreiben

$$g(\nu) = \sum_k A_k \frac{\tau_k}{1 + 4\pi^2 \tau_k^2 (\nu - \nu_k)^2} \, , \tag{10.44}$$

wobei A_k und τ_k geeignete Zahlen sind. Wie lautet der zugehörige Abfall der Quermagnetisierung $M(t)$? Eine Lorentz-Kurve mit $\nu_k = 0$ stellt Abb. 10.6a zufolge die Fourier-Transformation der Exponentialfunktion $e^{-|t|/\tau_k}$ dar. Eine um ν_k verschobene Lorentz-Kurve, zusammen mit ihrem Spiegelbild, ist die Fourier-Transformierte der mit dem Faktor $\cos(2\pi \nu_k t)$ multiplizierten Funktion $e^{-|t|/\tau_k}$. Damit erkennt man, dass eine Überlagerung von Lorentz-Kurven gemäß (10.44) gegeben ist durch die Fourier-Transformation der Funktion $\sum_k A_k e^{-|t|/\tau_k} \cos(2\pi \nu_k t)$.

Tatsächlich ist das gemessene Signal $M(t)$ für $t > 0$ durch eine solche Überlagerung gegeben, für $t < 0$ ist jedoch $M(t) = 0$, d. h.:

$$M(t) = \begin{cases} \sum_k A_k e^{-t/\tau_k} \cos(2\pi \nu_k t) & \text{für} \quad t \geq 0 \\ 0 & \text{für} \quad t < 0 . \end{cases} \tag{10.45}$$

Daher hat die Fourier-Transformierte von $M(t)$ neben dem Realteil, der eine Summe von Lorentz-Funktionen ist, noch einen Imaginärteil, der durch eine Summe von unterschiedlich verschobenen Dispersionskurven gegeben ist, wie sie in Abb. 10.6d angegeben sind. Das gemessene Signal $M(t)$ ist der obigen Gleichung zufolge eine Überlagerung von Exponentialfunktionen mit unterschiedlichen Abfallszeiten τ_k, die jeweils mit einer Kosinusfunktion moduliert sind. Die Überlagerung dieser verschiedenen Kosinusfunktionen mit zum Teil nahe beieinanderliegenden Frequenzen ν_k führt zu Maxima und Minima in der Abfallkurve, ähnlich wie bei den „Schwebungen“ von gekoppelten Pendeln. Ein Beispiel einer solchen Funktion ist in Abb. 10.14 gegeben, zusammen mit dem durch Fourier-Transformation erhaltenen Spektrum im Teil b dieser Abbildung.

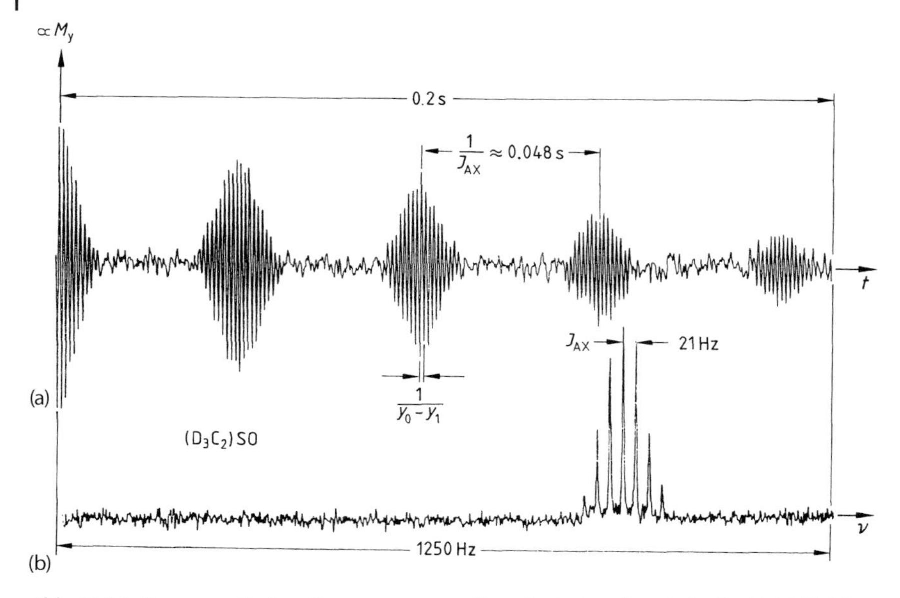

Abb. 10.14 Zur magnetischen Kernresonanz von Hexadeuteriumdimethylsulfoxid. (a) Abfall der Quermagnetisierung $M(t)$ mit der Zeit t; (b) das daraus mithilfe der Fourier-Transformation berechnete Spektrum. (Aus [11].)

Neben der chemischen Struktur kann man mithilfe der magnetischen Kernresonanz auch die Beweglichkeit von Molekülen in festen Polymeren untersuchen. Dabei erhält man eine einzige Linie, die um Größenordnungen breiter ist als die Linien bei Untersuchungen der chemischen Struktur der Moleküle in Lösung und die sehr unterschiedliche Gestalt haben kann. Ein einfaches Beispiel ist eine gaußförmige Absorptionslinie $g(\nu)$, die man beispielsweise bei der Untersuchung der Protonenresonanz in festen Stoffen findet. Ihr entspricht eine mit einer Kosinusfunktion modulierte gaußförmige Kurve $M(t)$.

Fragen und Aufgaben

Aufgabe 10.11 Was versteht man unter einem Fourier-Integral?

Aufgabe 10.12 Wie lautet die Fourier-Transformierte einer Funktion und die Inverse der Fourier-Transformation?

Aufgabe 10.13 Stelle die folgende Funktion durch ein Fourier-Integral dar: $f(t) = \mathrm{e}^{-t}\sin(\omega t)$ für $t > 0$ und $f(t) = 0$ für $t \leq 0$, wobei $\omega \in \mathbb{R}$.

Aufgabe 10.14 Berechne die folgenden Integrale:

$$\text{(i)} \int_{-\infty}^{\infty} \sin x\, \delta(x - x_0)\, \mathrm{d}x\ , \quad \text{(ii)} \int_{-\infty}^{\infty} x^2 \delta_0(x)\, \mathrm{d}x\ .$$

Aufgabe 10.15 Welchen Schluss kann man aus der Tatsache ziehen, dass die Fourier-Transformation einer Funktion (i) reell, (ii) rein imaginär, (iii) komplex ist?

Aufgabe 10.16 Welche Beziehung besteht zwischen der Fourier-Transformation einer Funktion $f(x)$ und der Kosinustransformierten dieser Funktion, wenn $f(x)$ (i) gerade, (ii) ungerade, (iii) keines von beiden ist?

Aufgabe 10.17 Bestimme den geraden Anteil $f_g(x)$ und den ungeraden Anteil $f_u(x)$ folgender Funktionen: (i) e^{-x^2}, (ii) $e^{(x-5)^2}$, (iii) $x^2 + 3x$.

Aufgabe 10.18 Welche Beziehung besteht zwischen der Fourier-Transformation von $f(x)$ und der inversen Fourier-Transformation dieser Funktion, wenn $f(x)$ (i) gerade, (ii) ungerade, (iii) keines von beiden ist?

Aufgabe 10.19 Wenn bei Messungen der magnetischen Kernresonanz die C^2–H-Bindungen alle in die gleiche Richtung weisen, so ist das Spektrum durch die Summe zweier Lorentz-Kurven

$$\frac{\tau_1}{1 + 4\pi^2\tau_1^2(\nu - \nu_1)^2} + \frac{\tau_2}{1 + 4\pi^2\tau_2^2(\nu - \nu_2)^2}$$

gegeben. Wie sieht in diesem Fall die durch (10.45) gegebene Funktion $M(t)$ aus?

Aufgabe 10.20 Bestimme die Fourier-Transformierte der Funktion

$$g(x) = \frac{1}{2\sqrt{c}} e^{-\sqrt{c}|x|} \, , \quad x \in \mathbb{R} \, ,$$

wobei $c > 0$.

10.3 Orthonormalsysteme

Wir haben gesehen, dass man eine gegebene Funktion $f(x)$ unter bestimmten Voraussetzungen in eine Reihe von Potenzen von x, von trigonometrischen Funktionen oder von Exponentialfunktionen entwickeln kann. Es gibt außerdem noch verschiedene andere Funktionenfolgen, durch die sich eine vorgegebene Funktion darstellen lässt. Ein Beispiel hierfür sind die in Abschnitt 11.4.2 eingeführten Legendre-Polynome $P_0(x)$, $P_1(x)$, $P_2(x)$, … Im Folgenden soll daher die Entwicklung einer Funktion $f(x)$ in eine Reihe von irgendwelchen anderen Funktionen von einem allgemeinen Standpunkt aus untersucht werden. Als Erstes führen wir hierzu einige wichtige Begriffe zur Charakterisierung von Funktionenfolgen ein.

Gegeben sei eine Funktionenfolge $(\varphi_n(x))$, die wir auch ein Funktionensystem nennen. Die Variable x sei reell, die Funktionswerte sollen aber auch komplex sein können. Alle Funktionen seien im Intervall $[a, b]$ definiert. Die zu $\varphi_n(x)$ konjugiert komplexe Funktion sei mit $\overline{\varphi_n(x)}$ bezeichnet. Wir definieren dann: *Die gege-*

bene Funktionenfolge heißt orthogonal im Intervall $[a, b]$, wenn für je zwei Funktionen gilt

$$\int_a^b \overline{\varphi_n(x)}\varphi_m(x)\,\mathrm{d}x = 0 \quad \text{für alle} \quad n \neq m$$

und

$$\int_a^b \overline{\varphi_n(x)}\varphi_n(x)\,\mathrm{d}x = \gamma_n ,$$

wobei γ_n irgendwelche von null verschiedene reelle Zahlen sind. Wenn insbesondere $\gamma_n = 1$ für alle n gilt, so nennt man die Funktionenfolge *normiert*. Ein Funktionensystem, das orthogonal und normiert ist, bezeichnet man als *orthonormiert*.

Die beiden obigen Gleichungen lassen sich mithilfe des in (2.4) eingeführten Kronecker-Symbols zu einer Gleichung

$$\int_a^b \overline{\varphi_n(x)}\varphi_m(x)\,\mathrm{d}x = \gamma_n \delta_{nm} \tag{10.46}$$

zusammenfassen. Im Falle eines orthonormierten Systems geht diese in die Beziehung

$$\int_a^b \overline{\varphi_n(x)}\varphi_m(x)\,\mathrm{d}x = \delta_{nm} \tag{10.47}$$

über.

Von Wichtigkeit ist folgender Satz, den man unmittelbar einsehen kann: *Aus einem orthogonalen Funktionensystem kann man immer ein orthonormiertes gewinnen, indem man jede Funktion $\varphi_n(x)$ durch $\sqrt{\gamma_n}$ dividiert.*

Beispiel 10.8

Als Beispiel betrachten wir das Funktionensystem $\varphi_n(x) = \mathrm{e}^{\mathrm{i}n\pi x/L}$ für $n \in \mathbb{N}_0$ und $x \in (-L, L)$. Die dazu konjugiert komplexen Funktionen lauten $\overline{\varphi_n(x)} = \mathrm{e}^{-\mathrm{i}n\pi x/L}$. Für je zwei verschiedene Funktionen ergibt sich

$$\begin{aligned}
\int_a^b \overline{\varphi_n(x)}\varphi_m(x)\,\mathrm{d}x &= \int_{-L}^{L} \mathrm{e}^{-\mathrm{i}n\pi x/L}\mathrm{e}^{\mathrm{i}m\pi x/L}\,\mathrm{d}x = \int_{-L}^{L} \mathrm{e}^{\mathrm{i}(m-n)\pi x/L}\,\mathrm{d}x \\
&= \frac{L}{\mathrm{i}(m-n)\pi}\, \mathrm{e}^{\mathrm{i}(m-n)\pi x/L}\Big|_{-L}^{L} \\
&= \frac{L}{\mathrm{i}(m-n)\pi}\left(\mathrm{e}^{\mathrm{i}(m-n)\pi} - \mathrm{e}^{-\mathrm{i}(m-n)\pi}\right) \\
&= \frac{2L}{\pi(m-n)}\sin((m-n)\pi) = 0 ,
\end{aligned}$$

denn $\sin((m-n)\pi) = 0$. Für Funktionen mit gleichem Index erhält man dagegen:

$$\int_a^b \overline{\varphi_n(x)}\varphi_n(x)\,\mathrm{d}x = \int_{-L}^{L} \mathrm{e}^{-\mathrm{i}n\pi x/L}\mathrm{e}^{\mathrm{i}n\pi x/L}\,\mathrm{d}x = \int_{-L}^{L} \mathrm{d}x = 2L\ .$$

Das betrachtete Funktionensystem ist also orthogonal, aber nicht normiert. Wenn man jede der Funktionen durch $\sqrt{2L}$ dividiert, so erhält man das orthonormierte System $\mathrm{e}^{\mathrm{i}n\pi x/L}/\sqrt{2L}$.

Gegeben sei eine im Intervall $[a,b]$ definierte Funktion $f(x)$ sowie ein in diesem Intervall orthonormiertes Funktionensystem $(\varphi_n(x))$. Wir fragen, ob sich $f(x)$ durch eine Reihe der Form

$$f(x) = \sum_{n=1}^{\infty} c_n\varphi_n(x) \tag{10.48}$$

darstellen lässt.

Als Erstes leiten wir eine Gleichung zur Berechnung der Koeffizienten c_n her unter der Voraussetzung, dass die Entwicklung möglich ist und dass die obige Reihe gleichmäßig konvergiert. Wir multiplizieren hierzu die obige Gleichung auf beiden Seiten mit $\overline{\varphi_m(x)}$ und integrieren in den Grenzen von a bis b:

$$\int_a^b f(x)\overline{\varphi_m(x)}\,\mathrm{d}x = \int_a^b \sum_{n=1}^{\infty} c_n\varphi_n(x)\overline{\varphi_m(x)}\,\mathrm{d}x\ .$$

Wenn man auf der rechten Seite die Reihenfolge der Summation und Integration miteinander vertauscht (dies ist wegen der Annahme der gleichmäßigen Konvergenz erlaubt) und die Konstanten c_n vor das Integralzeichen zieht, so ergibt sich:

$$\int_a^b f(x)\overline{\varphi_m(x)}\,\mathrm{d}x = \sum_{n=1}^{\infty} c_n \int_a^b \overline{\varphi_m(x)}\varphi_n(x)\,\mathrm{d}x\ .$$

Berücksichtigt man nun noch (10.47), so folgt daraus

$$\int_a^b f(x)\overline{\varphi_m(x)}\,\mathrm{d}x = \sum_{n=1}^{\infty} c_n\delta_{nm} = c_m$$

bzw., wenn man m durch n ersetzt,

$$c_n = \int_a^b f(x)\overline{\varphi_n(x)}\,\mathrm{d}x\ . \tag{10.49}$$

Das ist die gesuchte Gleichung für die Konstante c_n. Sie stellt eine Verallgemeinerung der Gleichung (10.13) für die Fourier-Koeffizienten dar. Wir sehen also:

Ist die Funktion $f(x)$ im Intervall $[a, b]$ definiert und lässt sie sich in diesem Intervall durch eine Reihe aus orthonormierten Funktionen gemäß (10.48) *darstellen, so sind die Koeffizienten dieser Reihe durch* (10.49) *gegeben.*

Ob die Darstellung einer gegebenen Funktion $f(x)$ gemäß (10.48) möglich ist, muss für das jeweils vorliegende orthogonale Funktionensystem gesondert untersucht werden, ähnlich wie das bei Fourier-Reihen gemacht wurde. In Abschnitt 11.4 geben wir einige Beispiele für orthonormierte Funktionensysteme, die aus Eigenfunktionen von bestimmten Differenzialgleichungen bestehen. Solche Eigenfunktionen sind z. B. die dort angegebenen Legendre-Polynome, Bessel-Funktionen, Laguerre-Polynome usw. Die Darstellung einer Funktion durch eine Reihe aus anderen Funktionen wird als *verallgemeinerte Fourier-Entwicklung* bezeichnet. Sie ist ein unentbehrliches Hilfsmittel bei der Lösung von partiellen Differenzialgleichungen und der Interpretation bestimmter quantenchemischer Ergebnisse.

Zu weiteren wichtigen Aussagen über die Entwicklung einer Funktion nach einem orthonormierten Funktionensystem gelangt man auf folgende Art: Man geht von der Aufgabe aus, eine vorgegebene Funktion $f(x)$ durch eine Summe von orthonormierten Funktionen $\sum_{n=1}^{\infty} c_n \varphi_n(x)$ möglichst gut anzunähern. Diese Aufgabe lässt sich immer lösen, unabhängig davon, ob man die Funktion durch die für $n \to \infty$ erhaltene Reihe exakt wiedergeben kann. Eine im Mittel möglichst gute Annäherung ist erreicht, wenn das Integral über die quadratische Abweichung

$$\vartheta_n = \int_a^b \left| f(x) - \sum_{j=1}^{n} c_j \varphi_j(x) \right|^2 \mathrm{d}x$$

minimal ist. Wir müssen nun die Koeffizienten c_j so bestimmen, dass dies erfüllt ist. Schreibt man die komplexen Koeffizienten c_j in der Form $c_j = a_j + \mathrm{i} b_j$, so folgt wegen $|z|^2 = \bar{z}z$ für alle komplexen Zahlen z:

$$\begin{aligned}\vartheta_n &= \int_a^b \left| f(x) - \sum_{j=1}^{n} (a_j + \mathrm{i} b_j) \varphi_j(x) \right|^2 \mathrm{d}x \\ &= \int_a^b \left(\overline{f(x)} - \sum_{j=1}^{n} (a_j - \mathrm{i} b_j) \overline{\varphi_j(x)} \right) \left(f(x) - \sum_{j=1}^{n} (a_j + \mathrm{i} b_j) \varphi_j(x) \right) \mathrm{d}x \,.\end{aligned}$$

Damit ϑ_n minimal ist, muss für alle m gelten:

$$\frac{\partial \vartheta_n}{\partial a_m} = 0 \quad \text{und} \quad \frac{\partial \vartheta_n}{\partial b_m} = 0 \,.$$

Aus diesen Bedingungen folgt, wie sich auf einfache Art zeigen lässt:

$$c_m = \int_a^b f(x) \overline{\varphi_m(x)} \,\mathrm{d}x \,.$$

Das Resultat stimmt mit (10.49) überein. Man sieht also: *Wenn man die Koeffizienten der Reihe* $\sum_{j=1}^{n} c_j \varphi_j(x)$ *gemäß* (10.49) *bestimmt, so wird die Funktion* $f(x)$ *durch diese Reihe auf im Mittel bestmögliche Art approximiert, unabhängig davon, ob die Reihe für* $n \to \infty$ *die Funktion* $f(x)$ *exakt wiedergibt.*

Wir wollen noch den Ausdruck ϑ_n berechnen. Nach der Definition von ϑ_n ergibt sich unter Berücksichtigung von (10.49):

$$
\begin{aligned}
\vartheta_n &= \int_a^b \left| f(x) - \sum_{j=1}^{n} c_j \varphi_j(x) \right|^2 \mathrm{d}x \\
&= \int_a^b \left(\overline{f(x)} - \sum_{j=1}^{n} \overline{c_j} \overline{\varphi_j(x)} \right) \left(f(x) - \sum_{j=1}^{n} c_j \varphi_j(x) \right) \mathrm{d}x \\
&= \int_a^b \overline{f(x)} f(x) \, \mathrm{d}x - \sum_{j=1}^{n} \overline{c_j} \int_a^b f(x) \overline{\varphi_j(x)} \, \mathrm{d}x - \sum_{j=1}^{n} c_j \int_a^b \overline{f(x)} \varphi_j(x) \, \mathrm{d}x \\
&\quad + \int_a^b \sum_{j=1}^{n} \sum_{k=1}^{n} \overline{c_j} \overline{\varphi_j(x)} c_k \varphi_k(x) \, \mathrm{d}x \\
&= \int_a^b \overline{f(x)} f(x) \, \mathrm{d}x - \sum_{j=1}^{n} \overline{c_j} c_j - \sum_{j=1}^{n} c_j \overline{c_j} + \sum_{j=1}^{n} \overline{c_j} c_j \\
&= \int_a^b |f(x)|^2 \, \mathrm{d}x - \sum_{j=1}^{n} |c_j|^2 \, .
\end{aligned}
$$

Da definitionsgemäß $\vartheta_n \geq 0$ gilt, folgt aus der obigen Gleichung:

$$
\int_a^b |f(x)|^2 \, \mathrm{d}x - \sum_{j=1}^{n} |c_j|^2 \geq 0 \, .
$$

Lässt man in dieser Beziehung, die für jedes n gilt, die Größe n über alle Grenzen wachsen, so geht sie in die *Bessel-Ungleichung*

$$
\sum_{j=1}^{\infty} |c_j|^2 \leq \int_a^b |f(x)|^2 \, \mathrm{d}x \tag{10.50}
$$

über. Wenn außerdem das Integral ϑ_n über die quadratische Abweichung mit wachsendem n gegen null geht, so gilt das Gleichheitszeichen, sodass man schreiben kann:

$$
\sum_{j=1}^{\infty} |c_j|^2 = \int_a^b |f(x)|^2 \, \mathrm{d}x \, . \tag{10.51}
$$

Das ist die *Parseval-Gleichung*. Wir sehen also: *Beim Approximieren einer Funktion $f(x)$ durch eine Reihe $\sum_{n=1}^{\infty} c_n \varphi_n(x)$, wobei die Koeffizienten c_n durch* (10.49) *gegeben sind, gilt immer die Bessel-Ungleichung* (10.50). *Geht insbesondere mit wachsendem n die Größe ϑ_n gegen null, so gilt die Parseval-Gleichung* (10.51).

Ein orthonormiertes Funktionensystem, mit dem sich jede hinreichend reguläre Funktion $f(x)$ so darstellen lässt, dass ϑ_n mit wachsendem n gegen null geht, heißt *vollständig*. Die Parseval-Gleichung (10.51), die für ein solches Funktionensystem gelten muss, heißt daher auch *Vollständigkeitsrelation*.

Aus der Tatsache, dass ein orthonormiertes Funktionensystem vollständig ist, folgt noch nicht, dass $f(x)$ durch die Reihe $\sum_{n=1}^{\infty} c_n \varphi_n(x)$ exakt wiedergegeben wird. Vollständigkeit bedeutet gemäß der obigen Definition nur, dass

$$\lim_{n\to\infty} \int_a^b \left| f(x) - \sum_{j=1}^{n} c_j \varphi_j(x) \right|^2 \mathrm{d}x = 0$$

erfüllt ist. Wenn nun aber die Reihe $\sum_{n=1}^{\infty} c_n \varphi_n(x)$ gleichmäßig konvergiert, so darf man unter dem Integralzeichen zur Grenze übergehen und schließen, dass $f(x) - \sum_{n=1}^{\infty} c_n \varphi_n(x) = 0$, also $f(x) = \sum_{n=1}^{\infty} c_n \varphi_n(x)$ ist. Es gilt also: *Die Funktion $f(x)$ wird durch die Reihe $\sum_{n=1}^{\infty} c_n \varphi_n(x)$, in der die Koeffizienten c_n über* (10.49) *bestimmt sind, exakt wiedergegeben, wenn diese Reihe gleichmäßig konvergiert und wenn das orthonormierte Funktionensystem $(\varphi_n(x))$ vollständig ist.*

Fragen und Aufgaben

Aufgabe 10.21 Erläutere die Begriffe „orthogonales Funktionensystem“ und „orthonormiertes Funktionensystem“.

Aufgabe 10.22 Wie bestimmt man die Koeffizienten c_n bei der Darstellung der Funktion $f(x)$ durch die Reihe $\sum_{n=1}^{\infty} c_n \varphi_n(x)$?

Aufgabe 10.23 Wie lautet die Bessel-Ungleichung?

Aufgabe 10.24 Gib die Bessel-Ungleichung sowie die Vollständigkeitsrelation an. Welche Bedeutung haben diese Beziehungen?

Aufgabe 10.25 Wie muss man die Koeffizienten c_j der Summe $\sum_{j=1}^{n} c_j \varphi_j(x)$ bestimmen, damit diese Summe eine vorgegebene Funktion $f(x)$ so approximiert, dass die mittlere quadratische Abweichung ϑ_n minimal ist?

11 Gewöhnliche Differenzialgleichungen

11.1 Beispiele und Definitionen

Die zeitliche Entwicklung von chemischen oder physikalischen Systemen wird häufig über Gleichungen beschrieben, in denen neben der gesuchten Funktion $y(x)$ auch deren Ableitungen $y'(x)$, $y''(x)$ usw. auftreten. Typischerweise haben diese Gleichungen die Form

$$y^{(n)} = f(x, y, y', \dots, y^{(n-1)}) ,$$

wobei $y^{(i)}$ die i-te Ableitung von $y(x)$ bezeichnet. Wir nennen die obige Gleichung eine *gewöhnliche Differenzialgleichung n-ter Ordnung*. Im Folgenden geben wir einige Beispiele für Differenzialgleichungen, die in der Chemie eine große Rolle spielen.

Radioaktiver Zerfall Sei $u(t)$ die Menge einer radioaktiven Substanz, die mit der Zeit zerfällt. Wir möchten die zeitliche Entwicklung von $u(t)$ bestimmen. Zur Zeit t sei die Änderung Δu der Substanzmenge proportional zu $u(t)$ und zur zeitlichen Änderung Δt. Da die Substanz zerfällt, ist die Proportionalitätskonstante negativ. Wir schreiben also für eine Konstante $\alpha > 0$

$$\Delta u = -\alpha \cdot u \cdot \Delta t \quad \text{oder} \quad \frac{\Delta u}{\Delta t} = -\alpha u .$$

Für infinitesimale Änderungen „$\Delta u \to \mathrm{d}u$“ erhalten wir

$$\frac{\mathrm{d}u}{\mathrm{d}t} = -\alpha u$$

und nennen $\mathrm{d}u/\mathrm{d}t$ die Ableitung von $u(t)$ nach der Zeit t, d. h. $u' = \mathrm{d}u/\mathrm{d}t$. Dann ist

$$u' = -\alpha u , \quad t > 0 , \tag{11.1}$$

Mathematik für Chemiker, 7. Auflage. Ansgar Jüngel und Hans G. Zachmann.

eine *gewöhnliche lineare Differenzialgleichung erster Ordnung*, die für alle Zeiten $t > 0$ zu lösen ist. Sie heißt „gewöhnlich“, weil nur normale Ableitungen (und keine partiellen Ableitungen) auftreten; „linear“, weil die rechte Seite $-\alpha u$ eine lineare Funktion in u ist; „erster Ordnung“, weil nur die erste Ableitung vorkommt. Ist zur Zeit $t = 0$ die Menge u_0 der Substanz vorhanden, so schreiben wir

$$u(0) = u_0 \tag{11.2}$$

und nennen dies eine *Anfangsbedingung*. Die Differenzialgleichung (11.1) mit der Anfangsbedingung (11.2) besitzt die Lösung $u(t) = u_0 e^{-\alpha t}$ für $t \geq 0$. Die radioaktive Substanz zerfällt also exponentiell schnell mit der Zerfallsrate $\alpha > 0$.

Synthese von Wasser Betrachte die Reaktion

$$2H_2 + O_2 \xrightarrow{\alpha} 2H_2O$$

mit der Reaktionsrate $\alpha > 0$. Wir definieren die Konzentration $x(t)$ von H_2, die Konzentration $y(t)$ von O_2 und die Konzentration $z(t)$ von H_2O. Wie ändern sich diese Konzentrationen zeitlich? Nach dem Massenwirkungsgesetz sind die Reaktionsgeschwindigkeiten $x'(t)$, $y'(t)$ bzw. $z'(t)$ (bei konstantem Druck, konstantem Volumen und konstanter Temperatur) proportional zu der Wahrscheinlichkeit, dass zwei Moleküle der entsprechenden Reaktion aufeinandertreffen, also proportional zu dem Produkt der Konzentrationen. Die Proportionalitätskonstante ist die Reaktionsrate $\alpha > 0$. Folglich ist

$$\begin{aligned} x' &= -2\alpha \cdot x \cdot x \cdot y = -2\alpha x^2 y \,, \\ y' &= -\alpha x^2 y \,, \\ z' &= 2\alpha x^2 y \,. \end{aligned} \tag{11.3}$$

Da zwei Wasserstoffmoleküle und ein Sauerstoffmolekül für die Reaktion benötigt werden, stehen auf der rechten Seite die Faktoren 2α bzw. α in den Reaktionsgleichungen für x bzw. y. Die Gleichungen (11.3) bilden ein System von gewöhnlichen *nichtlinearen* Differenzialgleichungen erster Ordnung. Sie sind nichtlinear, weil die rechten Seiten von (11.3) nichtlinear in den Variablen x und y sind. Nichtlineare Gleichungen können i. a. nicht explizit gelöst werden. Mithilfe numerischer Verfahren kann man jedoch Approximationen der Lösungen berechnen, wenn die Anfangswerte

$$x(0) = x_0 \,, \quad y(0) = y_0 \,, \quad z(0) = z_0$$

vorgegeben sind (siehe Abschn. 16.4).

In Abb. 11.1 ist die Lösung $(x(t), y(t), z(t))$ zu den Anfangswerten $x_0 = 1$, $y_0 = 1$ und $z_0 = 0$ dargestellt. Da für je zwei Wassermoleküle genau zwei Wasserstoffmoleküle H_2, aber nur ein Sauerstoffmolekül O_2 benötigt wird, endet die Reaktion, wenn alle Wasserstoffmoleküle verbraucht sind. Die Hälfte der Sauerstoffmoleküle bleibt übrig. Die numerische Lösung lässt vermuten, dass die Lösung $(x(t), y(t), z(t))$ für $t \to \infty$ gegen den Wert $(0, 1/2, 1)$ konvergiert.

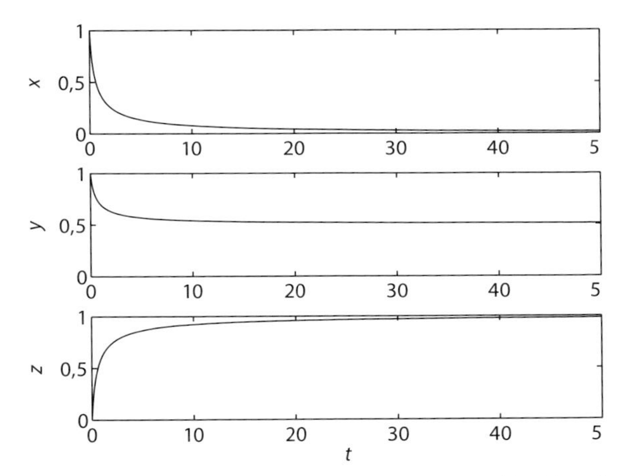

Abb. 11.1 Zeitlicher Verlauf der Konzentrationen $x(t)$, $y(t)$ und $z(t)$.

Belousov-Zhabotinsky-Reaktion Die Belousov-Zhabotinsky-Reaktion beschreibt, vereinfacht formuliert, die Bromierung der Malonsäure $CH_2(COOH)_2$ in Gegenwart eines Ein-Elektron-Redox-Katalysators, zum Beispiel Cer (auch Cerium genannt). Die Reaktion ist sehr komplex und umfasst zahlreiche Elementarreaktionen und Substanzen; sie kann aber vereinfacht auf fünf Einzelreaktionen mit drei variablen chemischen Komponenten reduziert werden. Dies ergibt das sogenannte Field-Noyes-Modell [3], das auf dem Reaktionsmechanismus von Field, Körös und Noyes basiert [2]. Die wichtigsten chemischen Substanzen im Field-Noyes-Modell lauten:

$$\begin{aligned}
a &= \text{Konzentration von } BrO_3^- \text{ (Bromat)} ,\\
p &= \text{Konzentration von HOBr (hypobromige Säure)} ,\\
x &= \text{Konzentration von } HBrO_2 \text{ (bromige Säure)} ,\\
y &= \text{Konzentration von } Br^- \text{ (Bromid)} ,\\
z &= \text{Konzentration von } Ce^{4+} \text{ (Cer)} .
\end{aligned}$$

Die Belousov-Zhabotinsky-Reaktion läuft vereinfachend in fünf Schritten ab, bei denen nur die wichtigsten beteiligten chemischen Substanzen angegeben sind (siehe [12]):

$$\begin{aligned}
a + y &\xrightarrow{k_1} x + p ,\\
x + y &\xrightarrow{k_2} 2p ,\\
a + x &\xrightarrow{k_3} 2x + 2z ,\\
2x &\xrightarrow{k_4} a + p ,\\
z &\xrightarrow{k_5} f y .
\end{aligned}$$

Hierbei bezeichnen die positiven Konstanten $k_1, \ldots, k_5$ die Reaktionsraten der Einzelreaktionen; f ist ein stöchiometrischer Faktor, der häufig gleich 1/2 gewählt wird.

Wir nehmen im Folgenden an, dass die Konzentration a während der Reaktionen zeitlich konstant gehalten wird. Die Konzentration von p ist hier nicht von Interesse. Dann lauten die Reaktionsgeschwindigkeiten x', y' und z' nach einer Überlegung wie im obigen Beispiel:

$$\begin{aligned} x' &= k_1 a y - k_2 x y + k_3 a x - k_4 x^2 , \\ y' &= -k_1 a y - k_2 x y + k_5 f z , \\ z' &= 2k_3 a x - k_5 z . \end{aligned}$$

Wir setzen $a = 1$ und erhalten das folgende System nichtlinearer Differenzialgleichungen erster Ordnung

$$\begin{aligned} x' &= k_1 y - k_2 x y + k_3 x - k_4 x^2 , \\ y' &= -k_1 y - k_2 x y + k_5 f z , \\ z' &= 2k_3 x - k_5 z , \end{aligned} \tag{11.4}$$

das wir für alle Zeiten $t > 0$ mit den Anfangsbedingungen

$$x(0) = x_0 , \quad y(0) = y_0 , \quad z(0) = z_0 \tag{11.5}$$

lösen wollen. Das System (11.4) und (11.5) kann im Allgemeinen nicht explizit gelöst werden. Wir geben numerische Beispiele mit den Parametern

$$k_1 = 1{,}28 , \quad k_2 = 2{,}4 \cdot 10^5 , \quad k_3 = 33{,}6 , \quad k_4 = 3000 , \quad k_5 = 1$$

(ohne Berücksichtigung der physikalischen Einheiten) und wählen die Anfangswerte $x_0 = 0{,}01$, $y_0 = 0{,}02$ und $z_0 = 0{,}2$. In Abb. 11.2a ist die zeitliche Entwicklung der drei Konzentrationen x, y und z für $f = 0{,}2$ dargestellt. Die Konzentrationen konvergieren gegen gewisse Gleichgewichtswerte. Wählen wir dagegen

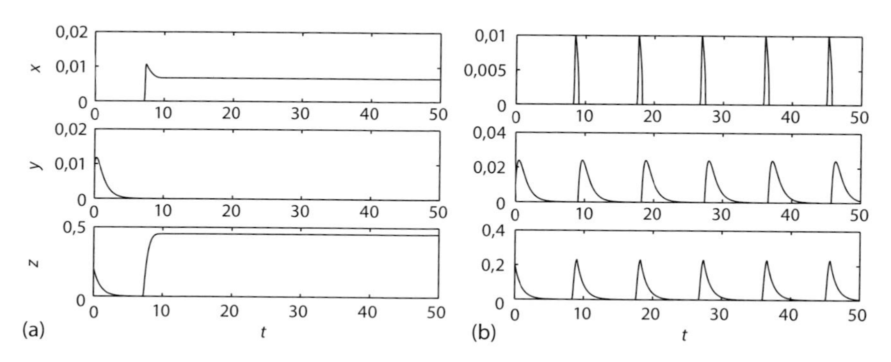

Abb. 11.2 Zeitlicher Verlauf der Konzentrationen $x(t)$, $y(t)$ und $z(t)$ der Belousov-Zhabotinsky-Reaktion für $f = 0{,}2$ (a) und $f = 0{,}5$ (b).

$f = 0{,}5$, so erkennen wir zeitliche Oszillationen (Abb. 11.2b). Aufgrund dieses Verhaltens ist die Belousov-Zhabotinsky-Reaktion bekannt geworden. Mit geeigneten Farbindikatoren wechselt die Substanzmischung periodisch über einen langen Zeitraum die Farbe.

Lorenz-Gleichungen In diesem Beispiel illustrieren wir, dass das zeitliche Verhalten von Lösungen gewöhnlicher Differenzialgleichungen sehr komplex sein kann und sich nicht auf Konvergenz zu einem Gleichgewichtszustand oder in Oszillationen beschränken muss. Wir nehmen an, dass eine chemische Reaktion zwischen drei Substanzen mit Konzentrationen $x(t)$, $y(t)$ und $z(t)$ durch das folgende nichtlineare Anfangswertproblem repräsentiert werden kann (siehe [13]):

$$\begin{aligned} x' &= -\varrho(x-y)\,, \\ y' &= rx - y - xz\,, \\ z' &= xy - bz\,, \quad t > 0\,, \end{aligned} \tag{11.6}$$

und

$$x(0) = x_0\,, \quad y(0) = y_0\,, \quad z(0) = z_0\,. \tag{11.7}$$

Die obigen Gleichungen werden *Lorenz-Gleichungen* genannt. Ursprünglich wurde dieses Modell hergeleitet, um die Strömung einer Flüssigkeit zwischen zwei horizontalen Platten zu beschreiben, wobei die untere Platte beheizt wird. In diesem Kontext werden häufig die Parameter $\varrho = 10$ und $b = 8/3$ gewählt. Als Anfangswerte wählen wir $x_0 = y_0 = z_0 = 10$.

Für $r = 20$ konvergieren die Lösungen $x(t)$, $y(t)$ und $z(t)$ des obigen Problems (11.6)–(11.7) gegen einen Gleichgewichtszustand x_∞, y_∞ und z_∞ (Abb. 11.3a). Für $r = 28$ zeigt Abb. 11.3b ein komplexes Verhalten der Lösungen. Insbesondere ist kein periodisches Verhalten erkennbar. Eine etwas klarere Darstellung erhalten wir, wenn wir die sogenannten *Trajektorien* $(x(t), y(t), z(t))$ im dreidimensionalen Raum (dem sogenannten *Phasenraum*) darstellen. Im Falle $r = 20$ konvergiert $(x(t), y(t), z(t))$ spiralförmig gegen den Punkt $(x_\infty, y_\infty, z_\infty)$

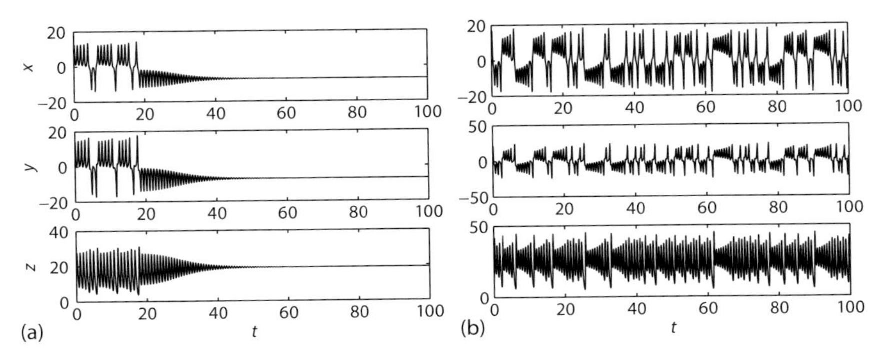

Abb. 11.3 Zeitlicher Verlauf der Konzentrationen $x(t)$, $y(t)$ und $z(t)$ der Lorenz-Gleichungen für $r = 20$ (a) und $r = 28$ (b).

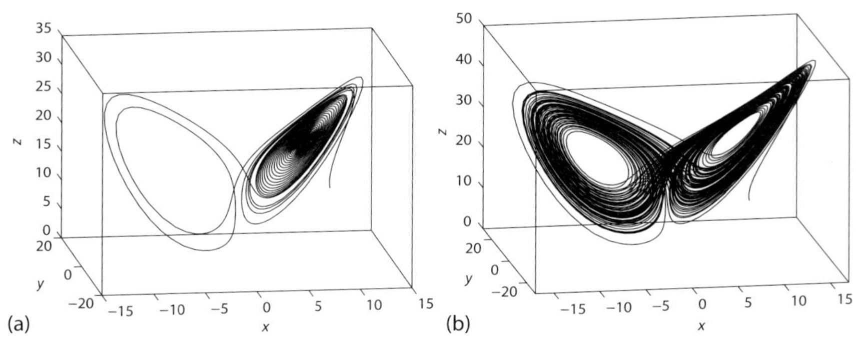

Abb. 11.4 Trajektorien der Lorenz-Gleichungen im Phasenraum für $r = 20$ (a) und $r = 28$ (b).

(Abb. 11.4a), während für $r = 28$ die Lösung $(x(t), y(t), z(t))$ sich scheinbar zufällig auf der in Abb. 11.4b dargestellten ohrenförmigen Struktur bewegt. Auch hier ist Periodizität nicht erkennbar. Wegen des komplexen Lösungsverhaltens nennt man die Struktur in Abb. 11.4b auch einen *seltsamen Attraktor*. Allgemein ist ein Attraktor eine Menge im Phasenraum, gegen die die Lösung in einem gewissen Sinne konvergiert. Für $r = 20$ ist der Attraktor der Punkt $(x_\infty, y_\infty, z_\infty)$.

Das Lösungsverhalten für $r = 28$ wirkt chaotisch, wie man es von Wirbelbewegungen in Gasen und Flüssigkeiten und insbesondere vom Wetter her kennt. Daher spricht man auch vom *deterministischen Chaos*. Das Verhalten ist deterministisch (und nicht zufällig), da die Lösungen eindeutig durch das Anfangswertproblem (11.6) und (11.7) bestimmt sind.

Die obigen Beispiele werfen einige Fragen auf:

- Hat eine gewöhnliche Differenzialgleichung immer eine Lösung für alle Zeiten?
- Wie viele Lösungen kann eine Differenzialgleichung besitzen?
- Wie können gewöhnliche Differenzialgleichungen, falls möglich, explizit gelöst werden?

In diesem Kapitel werden wir diese Fragen beantworten. Dafür benötigen wir zuerst einige Definitionen von Begriffen, die wir oben bereits verwendet haben.

Wir nennen $y(x)$ eine Lösung *der gewöhnlichen Differenzialgleichung n-ter Ordnung*

$$y^{(n)} = f(x, y, y', \dots, y^{(n-1)}), \qquad (11.8)$$

wenn $y(x)$ in einem Intervall definiert und dort n-mal stetig differenzierbar ist und die obige Differenzialgleichung für alle x aus dem Intervall erfüllt.

Beispiel 11.1

1. Die Differenzialgleichung $y' = x$ kann durch Integration gelöst werden. Sie besitzt die unendlich vielen Lösungen $y(x) = x^2/2 + c$, $x \in \mathbb{R}$, wobei $c \in \mathbb{R}$ eine beliebige Integrationskonstante ist. Die Lösung ist insbesondere auf der gesamten reellen Zahlenachse definiert.

2. Betrachte die Differenzialgleichung

$$x'(t) = \begin{cases} 1 & \text{für } -\infty < t < 0 \\ t & \text{für } \ 0 \le t < \infty \ . \end{cases}$$

Für $-\infty < t < 0$ hat diese Gleichung die unendlich vielen Lösungen $x_1(t) = t + c_1$; in $0 \le t < \infty$ erhalten wir die unendlich vielen Lösungen $x_2(t) = t^2/2 + c_2$, wobei $c_1, c_2 \in \mathbb{R}$ beliebige Konstanten seien. Wir könnten also vermuten, dass die Funktion

$$x(t) = \begin{cases} t + c_1 & \text{für } -\infty < t < 0 \\ t^2/2 + c_2 & \text{für } \ 0 \le t < \infty \end{cases}$$

eine Lösung der obigen Differenzialgleichung ist. Dies ist allerdings nicht richtig: Eine Lösung muss gemäß unserer Definition im Lösungsintervall stetig differenzierbar sein. Da die rechte Seite der Differenzialgleichung an der Stelle $t = 0$ unstetig ist, ist auch $x'(t)$ an $t = 0$ unstetig und kann daher keine Lösung sein. Die obige Differenzialgleichung besitzt keine Lösung.

Eine Differenzialgleichung heißt *linear*, wenn sie die folgende Gestalt hat:

$$a_n(x)y^{(n)} + a_{n-1}(x)y^{(n-1)} + \ldots + a_1(x)y' + a_0(x)y = b(x) \ .$$

Die Koeffizienten a_i und die rechte Seite b können Funktionen in x sein. Üblicherweise schreibt man das Argument von a_i und b mit, um die Abhängigkeit von x zu verdeutlichen. Allerdings schreibt man nur $y^{(i)}$ statt $y^{(i)}(x)$, da klar ist, dass $y^{(i)}$ von x abhängt. Manchmal ergänzt man die Differenzialgleichung durch eine Angabe des Intervalls, in dem die Lösung liegen soll.

Beispiel 11.2
Die Differenzialgleichung

$$y''' + \mathrm{e}^x y'' - y = \ln x \ , \quad x > 0 \ , \tag{11.9}$$

ist linear, nicht jedoch die Differenzialgleichungen

$$y'' + y^2 = 0 \quad \text{oder} \quad \mathrm{e}^y y' = x \ .$$

In (11.9) macht es Sinn, $x > 0$ zu fordern, da ansonsten der Logarithmus nicht definiert ist.

Die Differenzialgleichung (11.8) mit den *Anfangsbedingungen*

$$y(x_0) = y_0 \ , \quad y'(x_0) = y_1, \ldots \ , \quad y^{(n-1)}(x_0) = y_{n-1}$$

nennt man ein *Anfangswertproblem*. Soll die Gleichung (11.8) auf einem Intervall (a, b) gelöst werden und sind Bedingungen der Form

$$y(a) = a_0 \ , \quad y(b) = b_0 \ , \quad y'(a) = a_0 \ , \quad y'(b) = b_1 \quad \text{usw.} \tag{11.10}$$

vorgegeben (die Anzahl der Bedingungen richtet sich nach der höchsten Ableitung in (11.8)), so nennen wir die Differenzialgleichung (11.8) mit den Randbedingungen (11.10) ein *Randwertproblem*.

Beispiel 11.3
Die Temperatur $y(x)$ eines eindimensionalen Stabes der Länge $L = 1$ und mit festgehaltener Temperatur an den Stabenden sei durch die Gleichung

$$y'' = 0 , \quad x \in (0, 1) , \quad y(0) = 1 , \quad y(1) = 2 ,$$

beschrieben. Dies ist ein Randwertproblem. Die Differenzialgleichung besitzt die Lösungen $y(x) = c_1 + c_2 x$, $x \in (0, 1)$. Wir erhalten die zwei Integrationskonstanten $c_1, c_2 \in \mathbb{R}$, weil wir zweimal integriert haben. Die Konstanten können wir durch Einsetzen der Randbedingungen bestimmen. Die Gleichungen $1 = y(0) = c_1$, $2 = y(1) = c_1 + c_2$ ergeben $c_1 = 1$ und $c_2 = 1$. Die Lösung des Randwertproblems lautet also $y(x) = 1 + x$. Wir erhalten einen linearen Temperaturanstieg im Stab.

Fragen und Aufgaben

Aufgabe 11.1 Was gibt die Ordnung einer Differenzialgleichung an?

Aufgabe 11.2 Welche der folgenden Gleichungen sind gewöhnliche Differenzialgleichungen?

$$\text{(i) } xy'' + y' - x^2 y = 0 , \quad \text{(ii) } y' + y = \int_0^t y(s)\,\mathrm{d}s , \quad \text{(iii) } y'' = \mathrm{e}^{-y^2/2} .$$

Aufgabe 11.3 Welche der folgenden gewöhnlichen Differenzialgleichungen sind linear?

$$\text{(i) } y'' - 2xy' + x^2 y = 0 , \quad \text{(ii) } y'' - yy' + y^2 = 1 , \quad \text{(iii) } y'' + \sin y = 0 .$$

Aufgabe 11.4 Bestimme alle Lösungen der folgenden Differenzialgleichungen:

$$\text{(i) } y' = \sin x , \quad \text{(ii) } y' + x^2 = 0 , \quad \text{(iii) } y' = 1 .$$

11.2 Differenzialgleichungen erster Ordnung

11.2.1 Richtungsfeld, Existenz und Eindeutigkeit von Lösungen

Wir betrachten eine gewöhnliche Differenzialgleichung erster Ordnung

$$y' = f(x, y) . \tag{11.11}$$

Was sagt eine solche Differenzialgleichung aus und unter welchen Bedingungen besitzt sie eine eindeutige Lösung $y(x)$? Durch die obige Gleichung wird jedem Punkt der (x, y)-Ebene, in dem die Funktion $f(x, y)$ definiert ist, eine Steigung zugeordnet. Einen Punkt mit Steigung kann man grafisch durch eine kurze Gerade darstellen, die man als *Linienelement* bezeichnet. Gleichung (11.11) bestimmt daher ein System von Linienelementen in der (x, y)-Ebene. Die Gesamtheit aller Linienelemente nennt man das *Richtungsfeld* der Differenzialgleichung. *Zu jeder Differenzialgleichung der Form* (11.11) *gehört ein bestimmtes Richtungsfeld.*

Beispiel 11.4
Als Beispiel sind in Abb. 11.5a die Linienelemente angedeutet, die zur Differenzialgleichung $y' = -ky$ gehören, wobei k eine positive Konstante ist. Da auf der rechten Seite der Gleichung nur die Größe y und nicht auch x auftritt, hängt in diesem Fall die Steigung der Linienelemente nur vom y-Wert eines Punktes ab, ist also für alle Punkte, die jeweils auf einer Parallelen zur x-Achse liegen, gleich. Zu Punkten mit $y = 0$ gehört die Steigung $y' = 0$, zu Punkten mit $y = 1$ gehört die Steigung $y' = -k$ usw.

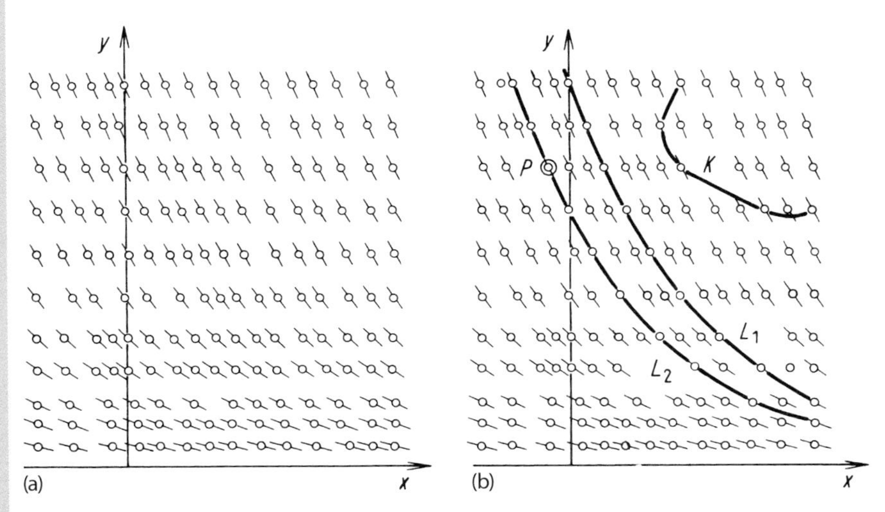

Abb. 11.5 Richtungsfeld der Differenzialgleichung $y' = -ky$ (a) mit zwei eingezeichneten Lösungen L_1 und L_2 (b).

Eine Kurve, die in jedem Punkt mit dem dort eingezeichneten Linienelement zusammenfällt, repräsentiert eine Lösung der Differenzialgleichung, denn sie erfüllt offensichtlich die Bedingung, dass ihre Steigung in jedem Punkt (11.11) gehorcht. Umgekehrt ist eine Funktion nur dann eine Lösung der Differenzialgleichung, wenn die dieser Funktion entsprechende Kurve ausschließlich aus den Linienelementen, die durch die Differenzialgleichung bestimmt sind, aufgebaut ist. Man erkennt anschaulich, dass man im Allgemeinen durch ein Richtungsfeld unendlich viele verschiedene Kurven legen kann, die ausschließlich aus den Linienelementen des Feldes bestehen. Die Differenzialgleichung besitzt daher, wie auch schon anhand der Beispiele im vorigen Abschnitt gezeigt wurde, unendlich viele Lösungen. Fordert man aber, dass die Kurve durch einen bestimmten Punkt gehen soll, so wird die Anzahl der Lösungen auf eine einzige reduziert. Eine solche Forderung haben wir im vorigen Abschnitt eine Anfangsbedingung genannt.

Beispiel 11.5
Als Beispiel für Lösungen im Richtungsfeld sind in Abb. 11.5 zwei Lösungskurven L_1 und L_2 eingezeichnet. Die Kurve K dagegen ist keine Lösung, da sie nicht aus Linienelementen besteht. Wie man leicht erkennt, ist die einzig mögliche Lösung, die durch den Punkt P geht, die Kurve L_2.

Die anschaulich gewonnenen Resultate über Existenz und Eindeutigkeit von Lösungen kann man beweisen, wenn man gewisse Anforderungen an die Funktion $f(x, y)$ stellt.

Satz 11.1 Satz von Picard-Lindelöf (für Differenzialgleichungen)

Die Differenzialgleichung $y' = f(x, y)$, bei der die Funktion f und die partielle Ableitung $\partial f/\partial y$ in einer Menge $\{(x, y) \in \mathbb{R}^2 : |x - x_0| \leq a, |y - y_0| \leq b\}$ stetig sind, besitzt genau eine Lösung $y(x)$, die durch einen vorgegebenen Punkt (x_0, y_0) geht:

$$y' = f(x, y) , \quad y(x_0) = y_0 .$$

Die Lösung ist definiert für alle $|x - x_0| \leq c$, wobei c eine positive Zahl ist, die von der Funktion $f(x, y)$ und von a und b abhängt.

Beispiel 11.6
Die Differenzialgleichung $y' = y^2$, $y(1) = 1$, besitzt die eindeutige Lösung $y(x) = 1/(2 - x)$, die auf dem Intervall $(-\infty, 2)$ definiert ist. An der Stelle $x = 2$ ist die Funktion nicht definiert.
Die Differenzialgleichung $y' = 3y^{2/3}$, $x \geq 0$, $y \geq 0$, mit der Anfangsbedingung $y(0) = 0$ besitzt die unendlich vielen Lösungen

$$y(x) = 0 , \quad y(x) = x^3 , \quad y(x) = \begin{cases} 0 & \text{für } 0 \leq x \leq a \\ (x - a)^3 & \text{für } x \geq a , \end{cases}$$

wobei a eine beliebige positive Zahl ist. Dies ist kein Widerspruch zum Satz von Picard-Lindelöf, da die partielle Ableitung von $f(x, y) = 3y^{2/3}$, $\partial f/\partial y = 2y^{-1/3}$, an der Stelle $y = 0$ unbeschränkt und daher die Funktion $\partial f/\partial y$ auf $\{x \geq 0, \ y \geq 0\}$ nicht stetig ist.

Wir betrachten als Nächstes noch ein *System von Differenzialgleichungen*:

$$\begin{aligned} y_1' &= f_1(x, y_1, y_2, \dots, y_m)\,, \\ y_2' &= f_2(x, y_1, y_2, \dots, y_m)\,, \\ &\vdots \\ y_m' &= f_m(x, y_1, y_2, \dots, y_m)\,. \end{aligned} \tag{11.12}$$

Für ein solches System gilt ein entsprechender Satz über die Existenz und Eindeutigkeit von Lösungen. Dazu schreiben wir $\boldsymbol{y} = (y_1, \dots, y_m)^{\mathrm{T}}$ und $\boldsymbol{f} = (f_1, \dots, f_m)^{\mathrm{T}}$, sodass sich das obige System als

$$\boldsymbol{y}' = \boldsymbol{f}(x, \boldsymbol{y}) \tag{11.13}$$

formulieren lässt. Dann gilt das folgende Resultat:

Satz 11.2 Satz von Picard-Lindelöf (für Differenzialgleichungssysteme)

Die Differenzialgleichung (11.13), bei der die Funktion $\boldsymbol{f}$ und die partielle Ableitung $\partial \boldsymbol{f}/\partial \boldsymbol{y}$ in einer Menge $\{(x, \boldsymbol{y}) \in \mathbb{R} \times \mathbb{R}^m : |x - x_0| \leq a, |\boldsymbol{y} - \boldsymbol{y}_0| \leq b\}$ stetig sind, besitzt genau eine Lösung $\boldsymbol{y}(x)$, die durch einen vorgegebenen Punkt $(x_0, \boldsymbol{y}_0)$ geht. Die Lösung ist definiert für alle $|x - x_0| \leq c$, wobei c eine positive Zahl ist, die von der Funktion $\boldsymbol{f}(x, \boldsymbol{y})$ und von a und b abhängt.

11.2.2 Trennung der Variablen

In bestimmten Fällen kann eine Differenzialgleichung der Form $y' = f(x, y)$ mithilfe einer Integration einfach gelöst werden, nämlich wenn die Funktion $f(x, y)$ als $f(x, y) = g(x) \cdot h(y)$ geschrieben werden kann. In diesem Fall nennen wir die Differenzialgleichung eine Gleichung in *trennbaren Variablen*. Falls $h(y) \neq 0$ für alle y erfüllt ist, können wir für

$$\frac{\mathrm{d}y}{\mathrm{d}x} = f(x, y) = g(x) \cdot h(y) \tag{11.14}$$

formal nach Division durch $h(y) \neq 0$ und „Multiplikation" mit $\mathrm{d}x$ schreiben:

$$\int \frac{\mathrm{d}y}{h(y)} = \int g(x)\,\mathrm{d}x\,.$$

Da der Differenzialquotient $\mathrm{d}y/\mathrm{d}x$ keinen Bruch darstellt, ist die obige Umformulierung nur symbolisch zu verstehen. Das Resultat ist jedoch korrekt, denn mit der Substitution $y = y(x)$ folgt aus (11.14), nach Division durch $h(y)$ und mithilfe der Substitutionsregel (7.32):

$$\int g(x)\,\mathrm{d}x = \int \frac{y'(x)}{h(y(x))}\,\mathrm{d}x = \int \frac{\mathrm{d}y}{h(y)}\,. \tag{11.15}$$

Falls $h(y) = 0$ für ein $y = y_0$, so ist die konstante Funktion $y(x) = y_0$ eine Lösung der Differenzialgleichung (11.14). Nach der Lösung der beiden Integrale in (11.15) muss die resultierende Gleichung nach y aufgelöst werden, sofern dies möglich ist. Das Schema zum Lösen von (11.14) lautet also:

- Trenne die Variablen in die Form „$\mathrm{d}y/h(y) = g(x)\,\mathrm{d}x$";
- integriere $\int \mathrm{d}y/h(y) = \int g(x)\,\mathrm{d}x$;
- löse, falls möglich, die Gleichung nach $y = y(x)$ auf.

Beispiel 11.7

1. Betrachte die Differenzialgleichung $y' = x^2 y$. Sie hat trennbare Variablen mit $g(x) = x^2$ und $h(y) = y$. Mit der Methode der Trennung der Variablen folgt

$$\int \frac{\mathrm{d}y}{y} = \int x^2\,\mathrm{d}x\ .$$

Das Integral auf der linken Seite lautet $\ln|y| + c_1$, das auf der rechten Seite $x^3/3 + c_2$, wobei c_1 und c_2 beliebige Integrationskonstanten sind. Wir fassen beide Konstanten auf einer Seite der Gleichung als $c_0 = c_2 - c_1$ zusammen und erhalten $\ln|y| = x^3/3 + c_0$. Auflösen nach $|y|$ ergibt $|y| = \mathrm{e}^{x^3/3} \cdot \mathrm{e}^{c_0}$. Wir können die Betragsstriche auflösen, indem wir $y = \pm\mathrm{e}^{c_0} \cdot \mathrm{e}^{x^3/3}$ schreiben. Nun ist $\pm\mathrm{e}^{c_0}$ eine beliebige reelle Zahl außer null, die wir c nennen. Es folgt daher $y = c\mathrm{e}^{x^3/3}$, wobei $c \neq 0$. Sind dies alle Lösungen von $y' = x^2 y$? Nein, denn $c = 0$ ergibt $y(x) = 0$, und diese Funktion ist ebenfalls eine Lösung. Sie ist uns bei der Trennung der Variablen „verloren gegangen", denn bei der Division durch $h(y) = y$ müssen wir $y = 0$ ausschließen. Die Nullstellen von $h(y)$ ergeben aber zusätzliche (konstante) Lösungen der Differenzialgleichung.

2. Autokatalytische chemische Prozesse können vereinfacht durch das Anfangswertproblem $y' = a y(b - y)$, $y(0) = y_0$ dargestellt werden. Hierbei ist $y(t)$ die Konzentration einer chemischen Substanz zur Zeit t, und a und b sind gewisse positive Konstanten. Die Differenzialgleichung hat trennbare Variablen, und wir erhalten für $y \neq 0$ und $y \neq b$:

$$\int \frac{\mathrm{d}y}{y(b-y)} = a\int \mathrm{d}t = at + c_0\ . \tag{11.16}$$

Wir lösen das Integral auf der linken Seite durch Partialbruchzerlegung (siehe Abschnitt 7.2.3, Absatz *Partialbruchzerlegung*:

$$\int \frac{\mathrm{d}y}{y(b-y)} = \int \frac{1}{b}\left(\frac{1}{y} + \frac{1}{b-y}\right)\mathrm{d}y = \frac{1}{b}(\ln|y| - \ln|b-y|) = \frac{1}{b}\ln\left|\frac{y}{b-y}\right|\ .$$

Die Integrationskonstante haben wir weggelassen, da sie mit der Integrationskonstanten auf der rechten Seite in (11.16) zusammengefasst werden kann. Damit folgt aus (11.16):

$$\frac{1}{b}\ln\left|\frac{y}{b-y}\right| = at + c_0 \quad \text{oder} \quad \left|\frac{y}{b-y}\right| = \mathrm{e}^{abt}\mathrm{e}^{bc_0}\ .$$

Auflösen des Betragszeichens liefert $y/(b - y) = \pm e^{bc_0} e^{abt}$. Schreiben wir $c = \pm e^{bc_0}$ und lösen die Gleichung nach y auf, so ergibt sich:

$$y(t) = y = \frac{b}{1 + e^{-abt}/c}, \quad t \geq 0 .$$

Die Integrationskonstante c können wir berechnen, indem wir die Anfangsbedingung $y(0) = y_0$ berücksichtigen. Setzen wir diese in die obige Beziehung für $y(t)$ ein, so ist

$$y_0 = y(0) = \frac{b}{1 + 1/c} \quad \text{oder} \quad c = \frac{1}{b/y_0 - 1} .$$

Falls $y_0 = b$ gilt, ist $y(t) = b$ die eindeutig bestimmte Lösung der Differenzialgleichung. Die Lösung lautet also:

$$y(t) = \frac{b}{1 + (b/y_0 - 1)e^{-abt}}, \quad t \geq 0 .$$

Wenn die Zeit t über alle Maßen wächst, konvergiert e^{-abt} gegen null, und die Konzentration $y(t)$ der chemischen Konzentration konvergiert gegen den Wert b. Die autokatalytische Reaktion verläuft also exponentiell schnell mit der Rate ab und führt zu der Endkonzentration b.

11.2.3 Lineare Differenzialgleichungen

Eine lineare Differenzialgleichung erster Ordnung ist allgemein durch die Beziehung

$$a_1(x)y' + a_0(x)y = b(x)$$

gegeben. Falls $a_1(x) \neq 0$ für alle x, kann man diese Gleichung durch $a_1(x)$ dividieren und nach y' auflösen. Man erhält dann

$$y' = -f(x)y + g(x) \tag{11.17}$$

mit $f(x) = a_0(x)/a_1(x)$ und $g(x) = b(x)/a_1(x)$. Eine Gleichung, bei der $g(x) = 0$ für alle x ist, bezeichnet man als *homogen*. Ist dagegen diese Funktion von null verschieden, so spricht man von einer *inhomogenen* Gleichung. Wir nehmen im Folgenden an, dass die Funktionen $f(x)$ und $g(x)$ stetig sind.

Die rechte Seite von (11.17) definiert dann eine Funktion in den Variablen x und y, die stetig und bezüglich y stetig partiell differenzierbar ist. Wir schließen daher nach dem Satz von Picard-Lindelöf: *Die lineare Differenzialgleichung erster Ordnung* (11.17) *besitzt genau eine Lösung, die durch einen vorgegebenen Punkt* (x_0, y_0) *geht und die sogar für alle* $x \in \mathbb{R}$ *existiert.* Die allgemeine Lösung enthält als Integrationskonstante einen freien Parameter c.

Im Folgenden beschreiben wir zunächst Verfahren zum Lösen der homogenen Gleichung $y' = -f(x)y$ und gehen dann im Anschluss auf die inhomogene Gleichung $y' = -f(x)y + g(x)$ ein.

Lösung der homogenen Gleichung Gegeben sei die homogene lineare Differenzialgleichung

$$y' + f(x)y = 0 .$$

Gesucht ist die allgemeine Lösung dieser Gleichung. Schreiben wir die Gleichung als $y' = -f(x)y$, so erkennen wir, dass sie trennbare Variablen hat. Nach der Methode der Trennung der Variablen aus Abschnitt 11.2.2 folgt:

$$\int \frac{\mathrm{d}y}{y} = -\int f(x)\,\mathrm{d}x .$$

Die Durchführung der Integration führt zu:

$$\ln|y| + c_0 = -\int f(x)\,\mathrm{d}x \quad \text{bzw.} \quad |y| = \exp\left(-c_0 - \int f(x)\,\mathrm{d}x\right) .$$

Auflösen der Betragsstriche und Definition von $c = \pm \mathrm{e}^{-c_0}$ ergibt:

$$y(x) = c\exp\left(-\int f(x)\,\mathrm{d}x\right) . \tag{11.18}$$

Die Lösung weist eine frei verfügbare Konstante $c \in \mathbb{R}$ auf, sie stellt also die gesuchte allgemeine Lösung der Differenzialgleichung dar.

Beispiel 11.8
Als erstes Beispiel betrachten wir die bei der Untersuchung des radioaktiven Zerfalls sowie verschiedener chemischer Reaktionen auftretende Differenzialgleichung

$$y' = -ky .$$

Trennung der Variablen ergibt

$$\int \frac{\mathrm{d}y}{y} = -k\int \mathrm{d}x ,$$

woraus durch Integration nach y bzw. x folgt: $\ln|y| = -kx + c_0$. Auflösen nach y ergibt zunächst $|y| = \mathrm{e}^{c_0}\mathrm{e}^{-kx}$ und dann mit $c = \pm\mathrm{e}^{c_0}$ die allgemeine Lösung

$$y(x) = c\mathrm{e}^{-kx} . \tag{11.19}$$

Setzen wir noch voraus, dass für $x = x_0$ die Größe y den Wert y_0 erhalten soll, so ergibt sich $y_0 = c\mathrm{e}^{-kx_0}$ bzw. $c = y_0\mathrm{e}^{kx_0}$. Die eindeutig bestimmte Lösung des Anfangswertproblems $y' = -ky$, $y(x_0) = y_0$ lautet folglich:

$$y(x) = y_0\mathrm{e}^{-k(x-x_0)} .$$

Als Nächstes lösen wir die Differenzialgleichung $y' + y/x = 0$ für $x > 0$. In diesem Fall ist $f(x) = 1/x$. Anwenden der Lösungsformel führt auf

$$y(x) = c\exp\left(-\int \frac{1}{x}\,\mathrm{d}x\right) = c\exp(-\ln|x|) = \frac{c}{\exp(\ln|x|)} = \frac{c}{|x|} = \frac{c}{x}\,, \tag{11.20}$$

da wir $x > 0$ vorausgesetzt haben.

Lösung der inhomogenen Gleichung Für das Berechnen der Lösungen einer inhomogenen Differenzialgleichung ist der folgende Satz von Wichtigkeit: *Die allgemeine Lösung $y(x)$ der inhomogenen linearen Differenzialgleichung*

$$y' + f(x)y = g(x)$$

ist gleich der Summe der allgemeinen Lösung $y_h(x)$ der zugehörigen homogenen Differenzialgleichung $y' + f(x)y = 0$ und einer partikulären Lösung $y_p(x)$ der inhomogenen Differenzialgleichung, d. h. $y(x) = y_h(x) + y_p(x)$.

Diese Aussage ist einfach einzusehen: Zunächst prüfen wir, ob die Summe $y = y_h + y_p$ wirklich eine Lösung der inhomogenen Differenzialgleichung ist. Ableiten ergibt:

$$\begin{aligned} y' + f(x)y &= (y_h + y_p)' + f(x)(y_h + y_p) \\ &= (y_h' + f(x)y_h) + (y_p' + f(x)y_p) = 0 + g(x) = g(x)\,. \end{aligned}$$

Also löst $y(x)$ wirklich die inhomogene Differenzialgleichung. Es bleibt nachzuweisen, dass durch $y = y_h + y_p$ alle Lösungen erfasst werden. Sei dazu $\tilde{y}(x)$ eine beliebige Lösung der inhomogenen Differenzialgleichung und betrachte die Differenz $\tilde{y} - y_p$. Dann folgt:

$$(\tilde{y} - y_p)' + f(x)(\tilde{y} - y_p) = (\tilde{y}' + f(x)\tilde{y}) - (y_p' + f(x)y_p) = g(x) - g(x) = 0\,.$$

Daher ist $\tilde{y} - y_p$ eine Lösung der homogenen Gleichung und kann als $y_h = \tilde{y} - y_p$ geschrieben werden. Dies ergibt aber $\tilde{y} = y_h + y_p$, also die gewünschte Darstellung der Lösung.

Aus dem obigen Satz folgt, dass man eine inhomogene lineare Differenzialgleichung in folgender Weise lösen kann: *Man bestimmt als Erstes die allgemeine Lösung der zugehörigen homogenen Differenzialgleichung mithilfe der Lösungsformel* (11.18). *Im Anschluss daran ermittelt man eine partikuläre Lösung der inhomogenen Gleichung und addiert diese zur allgemeinen Lösung der homogenen Differenzialgleichung.*

Beispiel 11.9
Als Beispiel betrachten wir die Differenzialgleichung

$$y' - y = x^2 - 2x\,.$$

Die allgemeine Lösung der zugehörigen homogenen Differenzialgleichung $y' - y = 0$ lautet (11.19) zufolge $y = ce^x$. Eine partikuläre Lösung der inhomogenen Gleichung ist durch $y = -x^2$ gegeben, wie man sich leicht durch Einsetzen in die inhomogene Gleichung überzeugen kann. Die allgemeine Lösung der inhomogenen Gleichung lautet daher:

$$y(x) = ce^x - x^2 \; .$$

Es stellt sich nun die Frage, wie die partikuläre Lösung der inhomogenen Gleichung bestimmt werden kann. Dazu kann man wie folgt vorgehen: Man bestimmt zunächst die allgemeine Lösung der homogenen Gleichung, die gemäß (11.18) durch $y_h(x) = c\exp(-\int f(x)\,\mathrm{d}x)$ gegeben ist. Anschließend ersetzt man die Konstante c durch eine zunächst unbekannte Funktion $c(x)$ und versucht, $c(x)$ so zu bestimmen, dass die Funktion

$$y(x) = c(x)\exp\left(-\int f(x)\,\mathrm{d}x\right)$$

eine Lösung der inhomogenen Differenzialgleichung ist. Wir leiten diesen Lösungsansatz ab,

$$\begin{aligned} y'(x) &= c'(x)\exp\left(-\int f(x)\,\mathrm{d}x\right) - c(x)f(x)\exp\left(-\int f(x)\,\mathrm{d}x\right) \\ &= (c'(x) - c(x)f(x))\exp\left(-\int f(x)\,\mathrm{d}x\right) \; , \end{aligned}$$

und setzen die Ableitung in die inhomogene Gleichung ein:

$$\begin{aligned} g(x) = y' + f(x)y &= (c'(x) - c(x)f(x))\exp\left(-\int f(x)\,\mathrm{d}x\right) \\ &\quad + f(x)c(x)\exp\left(-\int f(x)\,\mathrm{d}x\right) \\ &= c'(x)\exp\left(-\int f(x)\,\mathrm{d}x\right) \; . \end{aligned}$$

Auflösen nach $c'(x)$ liefert die Differenzialgleichung

$$c'(x) = g(x)\exp\left(\int f(x)\,\mathrm{d}x\right) \; ,$$

die wir einfach durch Integration lösen können:

$$c(x) = \int g(x)\exp\left(\int f(x)\,\mathrm{d}x\right)\mathrm{d}x \; .$$

Die Integrationskonstante haben wir gleich null gesetzt, da wir ja nur an einer speziellen Lösung interessiert sind. Eine partikuläre Lösung der inhomogenen Gleichung lautet also:

$$y_p(x) = \exp\left(-\int f(x)\,\mathrm{d}x\right)\int g(x)\exp\left(\int f(x)\,\mathrm{d}x\right)\mathrm{d}x \; . \qquad (11.21)$$

Man bezeichnet dieses Verfahren zum Bestimmen einer speziellen Lösung als Methode der *Variation der Konstanten.*

Wir sehen also, dass man die allgemeine Lösung einer inhomogenen linearen Differenzialgleichung stets in folgender Weise finden kann: *Man ermittelt zunächst die allgemeine Lösung* $y_h(x)$ *der zugehörigen homogenen Differenzialgleichung mithilfe der Methode der Trennung der Variablen bzw. mithilfe der Lösungsformel* (11.18) *und bestimmt dann daraus durch Variation der Konstanten bzw. durch die Lösungsformel* (11.21) *eine partikuläre Lösung* $y_p(x)$ *der inhomogenen Differenzialgleichung. Die Summe* $y(x) = y_h(x) + y_p(x)$*, gegeben durch*

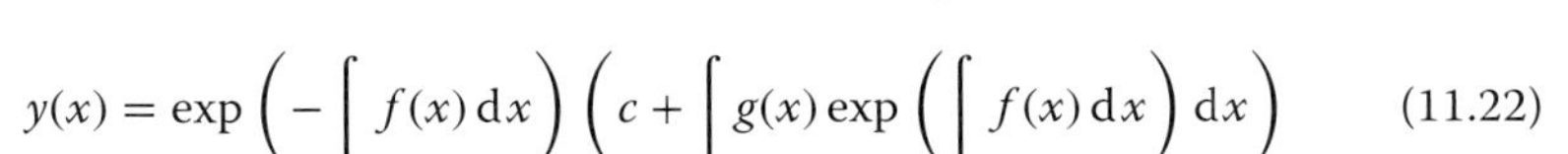

$$y(x) = \exp\left(-\int f(x)\,\mathrm{d}x\right)\left(c + \int g(x)\exp\left(\int f(x)\,\mathrm{d}x\right)\mathrm{d}x\right) \tag{11.22}$$

mit $c \in \mathbb{R}$ *ist dann die allgemeine Lösung der inhomogenen Gleichung.*

Beispiel 11.10
Als Beispiel lösen wir die Differenzialgleichung

$$y' + \frac{y}{x} = -a ,$$

die bei der Herleitung des Gesetzes von Hagen-Pousseuille für die Strömung einer Flüssigkeit durch eine Kapillare auftritt. Die allgemeine Lösung der entsprechenden homogenen Gleichung wurde bereits in (11.20) als $y_h(x) = c/x$ berechnet. Wir setzen daher für die partikuläre Lösung $y_p(x) = c(x)/x$ an. Einsetzen in die Differenzialgleichung ergibt nach der Quotientenregel

$$\frac{c'(x)x - c(x)}{x^2} + \frac{c(x)}{x^2} = -a .$$

Daraus folgt $c'(x) = -ax$ bzw. $c(x) = -ax^2/2$. Die partikuläre Lösung lautet also $y_p(x) = -ax/2$ und die allgemeine Lösung der inhomogenen Gleichung ist gegeben durch $y(x) = y_h(x) + y_p(x) = c/x - ax/2$. Natürlich hätten wir dieses Resultat auch direkt über die Lösungsformel (11.22) erhalten können.

11.2.4
Systeme homogener linearer Differenzialgleichungen

Gegeben sei ein System von linearen Differenzialgleichungen erster Ordnung:

$$\begin{aligned}
y_1' &= a_{11}(x)y_1 + \cdots + a_{1m}(x)y_m + g_1(x) ,\\
y_2' &= a_{21}(x)y_1 + \cdots + a_{2m}(x)y_m + g_2(x) ,\\
&\vdots\\
y_m' &= a_{m1}(x)y_1 + \cdots + a_{mm}(x)y_m + g_m(x) .
\end{aligned}$$

Um das Gleichungssystem übersichtlicher schreiben zu können, führen wir die Matrizen

$$\boldsymbol{y} = \begin{pmatrix} y_1 \\ y_2 \\ \vdots \\ y_m \end{pmatrix}, \quad \boldsymbol{g}(x) = \begin{pmatrix} g_1(x) \\ g_2(x) \\ \vdots \\ g_m(x) \end{pmatrix}, \quad \boldsymbol{A}(x) = \begin{pmatrix} a_{11}(x) & a_{12}(x) & \cdots & a_{1m}(x) \\ a_{21}(x) & a_{22}(x) & \cdots & a_{2m}(x) \\ \vdots & \vdots & & \vdots \\ a_{m1}(x) & a_{m2}(x) & \cdots & a_{mm}(x) \end{pmatrix}$$

ein. Dann können wir die obigen Differenzialgleichungen kompakt formulieren als:

$$\boldsymbol{y}' = \boldsymbol{A}(x)\boldsymbol{y} + \boldsymbol{g}(x) .$$

Wenn alle Komponenten $g_i(x)$ gleich null für alle x sind, so bezeichnet man das Gleichungssystem als *homogen*, anderenfalls als *inhomogen*.

Beispiel 11.11
Als Beispiel betrachten wir das Differenzialgleichungssystem

$$\begin{pmatrix} y_1' \\ y_2' \end{pmatrix} = \begin{pmatrix} 0 & 1 \\ -D & 0 \end{pmatrix} \begin{pmatrix} y_1 \\ y_2 \end{pmatrix}, \tag{11.23}$$

wobei D eine positive Konstante sei. Dieses System beschreibt Schwingungen einer Feder mit Federkonstante D und Auslenkungen y_1. Die erste Komponente dieser Gleichung lautet $y_1' = y_2$, die zweite Komponente ist gegeben durch $y_2' = -D y_1$. Differenzieren wir die erste dieser Gleichungen und setzen die zweite Gleichung ein, so folgt $y_1'' = y_2' = -D y_1$. Diese Differenzialgleichung zweiter Ordnung besitzt beispielsweise die Lösungen $y_1 = \sin(\sqrt{D}x)$ und $y_1 = \cos(\sqrt{D}x)$. Die zweite Komponente y_2 erhalten wir durch Differenzieren der ersten Komponente, $y_2 = y_1' = \sqrt{D}\cos(\sqrt{D}x)$ bzw. $y_2 = y_1' = -\sqrt{D}\sin(\sqrt{D}x)$. Damit sind

$$\boldsymbol{y}_1(x) = \begin{pmatrix} \sin(\sqrt{D}x) \\ \sqrt{D}\cos(\sqrt{D}x) \end{pmatrix} \quad \text{und} \quad \boldsymbol{y}_2(x) = \begin{pmatrix} \cos(\sqrt{D}x) \\ -\sqrt{D}\sin(\sqrt{D}x) \end{pmatrix} \tag{11.24}$$

zwei Lösungen von (11.23).

Beim Bestimmen der allgemeinen Lösung ist es wichtig, zwischen sogenannten linear abhängigen und linear unabhängigen Lösungen zu unterscheiden. Es gilt dabei die folgende Definition: *Die Funktionen $\boldsymbol{y}_1(x)$, $\boldsymbol{y}_2(x)$, …, $\boldsymbol{y}_k(x)$ heißen linear abhängig genau dann, wenn es k Konstante $\lambda_1, \lambda_2, \ldots, \lambda_k$ gibt, die nicht alle gleich null sind und für die gilt:*

$$\lambda_1 \boldsymbol{y}_1(x) + \lambda_2 \boldsymbol{y}_2(x) + \cdots + \lambda_k \boldsymbol{y}_k(x) = \boldsymbol{0} \quad \text{für alle } x . \tag{11.25}$$

Anderenfalls nennen wir die Funktionen linear unabhängig.

Beispiel 11.12
Die Funktionen in (11.24) sind linear unabhängig, denn aus der Gleichung

$$\mathbf{0} = \lambda_1 \mathbf{y}_1 + \lambda_2 \mathbf{y}_2 = \lambda_1 \begin{pmatrix} \sin(\sqrt{D}x) \\ \sqrt{D}\cos(\sqrt{D}x) \end{pmatrix} + \lambda_2 \begin{pmatrix} \cos(\sqrt{D}x) \\ -\sqrt{D}\sin(\sqrt{D}x) \end{pmatrix}$$

folgt für $x = 0$

$$\mathbf{0} = \lambda_1 \begin{pmatrix} 0 \\ \sqrt{D} \end{pmatrix} + \lambda_2 \begin{pmatrix} 1 \\ 0 \end{pmatrix} ,$$

also $\lambda_2 \cdot 1 = 0$ und $\lambda_1 \cdot \sqrt{D} = 0$ und daher $\lambda_1 = \lambda_2 = 0$.
Andererseits sind die Funktionen

$$\mathbf{y}_1 = \begin{pmatrix} 1 \\ \sin x \\ \cos x \\ 0 \end{pmatrix} , \quad \mathbf{y}_2 = \begin{pmatrix} 0 \\ \cos x \\ \sin x \\ 1 \end{pmatrix} , \quad \mathbf{y}_3 = \begin{pmatrix} 1 \\ \sin x + \cos x \\ \sin x + \cos x \\ 1 \end{pmatrix}$$

linear abhängig, denn aus

$$\mathbf{0} = \lambda_1 \begin{pmatrix} 1 \\ \sin x \\ \cos x \\ 0 \end{pmatrix} + \lambda_2 \begin{pmatrix} 0 \\ \cos x \\ \sin x \\ 1 \end{pmatrix} + \lambda_3 \begin{pmatrix} 1 \\ \sin x + \cos x \\ \sin x + \cos x \\ 1 \end{pmatrix}$$
$$= \begin{pmatrix} \lambda_1 + \lambda_3 \\ (\lambda_1 + \lambda_3)\sin x + (\lambda_2 + \lambda_3)\cos x \\ (\lambda_2 + \lambda_3)\sin x + (\lambda_1 + \lambda_3)\cos x \\ \lambda_2 + \lambda_3 \end{pmatrix}$$

folgt nur $\lambda_1 + \lambda_3 = 0$ und $\lambda_2 + \lambda_3 = 0$. Damit ist λ_3 ein freier Parameter, der die Größen λ_1 und λ_2 durch $\lambda_1 = -\lambda_3$ und $\lambda_2 = -\lambda_3$ festlegt. Beispielsweise ist $\lambda_1 = 1, \lambda_2 = 1$ und $\lambda_3 = -1$ eine von null verschiedene Lösung. Folglich sind die obigen Funktionen linear abhängig.

Schreiben wir (11.25) komponentenweise mit $\mathbf{y}_i = (y_{i1}, y_{i2}, \dots, y_{in})$,

$$\begin{aligned} \lambda_1 y_{11}(x) + \lambda_2 y_{21}(x) + \cdots + \lambda_k y_{k1}(x) &= 0 , \\ \lambda_1 y_{12}(x) + \lambda_2 y_{22}(x) + \cdots + \lambda_k y_{k2}(x) &= 0 , \\ &\vdots \\ \lambda_1 y_{1n}(x) + \lambda_2 y_{2n}(x) + \cdots + \lambda_k y_{kn}(x) &= 0 , \end{aligned}$$

so erkennen wir, dass es sich um ein homogenes lineares Gleichungssystem für die Variablen λ_j mit Koeffizientenmatrix $(y_{ji}(x))$ handelt. Dieses Gleichungssystem besitzt immer die Lösung $\lambda_1 = 0, \dots, \lambda_k = 0$. Nach Abschnitt 2.5.1 existieren weitere Lösungen, wenn der Rang der Matrix, gegeben durch $(y_{ji}(x))$, kleiner als k

ist. In diesem Fall sind die Funktionen $\boldsymbol{y}_1, \dots, \boldsymbol{y}_k$ linear abhängig. Falls $k = n$ gilt, ist der Rang der Matrix kleiner als k, wenn die Determinante der Matrix gleich null ist. Wir fassen zusammen: *Die Funktionen $\boldsymbol{y}_1(x), \dots, \boldsymbol{y}_n(x)$ sind linear unabhängig, wenn*

$$\det \begin{pmatrix} y_{11}(x) & y_{21}(x) & \cdots & y_{n1}(x) \\ y_{12}(x) & y_{22}(x) & \cdots & y_{n2}(x) \\ \vdots & \vdots & & \vdots \\ y_{1n}(x) & y_{2n}(x) & \cdots & y_{nn}(x) \end{pmatrix} \neq 0 \tag{11.26}$$

für alle x gilt. Die Umkehrung gilt nicht: Falls die Determinante gleich null ist, so folgt im Allgemeinen *nicht* die lineare Abhängigkeit von $\boldsymbol{y}_1(x), \dots, \boldsymbol{y}_n(x)$ auf dem gesamten Definitionsbereich.

Wir fragen nun nach der Menge aller Lösungen eines Differenzialgleichungssystems und nach einem Verfahren zum Aufsuchen der Lösungen. Als Erstes beschäftigen wir uns mit homogenen Systemen.

Für die Untersuchung der Lösungsmenge eines Systems von Differenzialgleichungen ist der folgende Satz von Bedeutung: *Hat man Lösungen $\boldsymbol{y}_1(x)$, $\boldsymbol{y}_2(x), \dots, \boldsymbol{y}_m(x)$ eines Systems von linearen homogenen Differenzialgleichungen*

$$\boldsymbol{y}' = \boldsymbol{A}(x)\boldsymbol{y} \tag{11.27}$$

gefunden, so ist auch die Linearkombination $\boldsymbol{y}(x) = c_1\boldsymbol{y}_1(x) + c_2\boldsymbol{y}_2(x) + \dots + c_m\boldsymbol{y}_m(x)$ mit beliebigen Konstanten $c_1, c_2, \dots, c_m$ eine Lösung dieses Systems. Man kann also aus vorgegebenen Lösungen mithilfe von Linearkombinationen beliebig viele weitere Lösungen gewinnen. Diese Tatsache ist einfach einzusehen, denn setzen wir die obige Linearkombination in (11.27) ein, so folgt

$$\boldsymbol{y}' = \sum_{i=1}^{m} c_i \boldsymbol{y}_i' = \sum_{i=1}^{m} c_i \boldsymbol{A}(x)\boldsymbol{y}_i = \boldsymbol{A}(x) \sum_{i=1}^{m} c_i \boldsymbol{y}_i = \boldsymbol{A}(x)\boldsymbol{y}(x) ,$$

d. h., $\boldsymbol{y}$ ist eine Lösung von (11.27).

Beispiel 11.13

Als Beispiel betrachten wir wieder das System (11.23). Aus den oben angegebenen Lösungen $y_1(x) = \sin(\sqrt{D}x)$ und $y_2(x) = \cos(\sqrt{D}x)$ kann man weitere Lösungen bilden, die die Form

$$\boldsymbol{y}(x) = \begin{pmatrix} y^{(1)}(x) \\ y^{(2)}(x) \end{pmatrix} = c_1 \begin{pmatrix} \sin(\sqrt{D}x) \\ \sqrt{D}\cos(\sqrt{D}x) \end{pmatrix} + c_2 \begin{pmatrix} \cos(\sqrt{D}x) \\ -\sqrt{D}\sin(\sqrt{D}x) \end{pmatrix}$$

besitzen, wobei c_1 und c_2 beliebige Konstante sind. Ausgeschrieben lauten diese Lösungen:

$$\begin{aligned} y^{(1)} &= c_1 \sin(\sqrt{D}x) + c_2 \cos(\sqrt{D}x) , \\ y^{(2)} &= c_1 \sqrt{D}\cos(\sqrt{D}x) - c_2 \sqrt{D}\sin(\sqrt{D}x) . \end{aligned} \tag{11.28}$$

Wie groß ist nun die Gesamtheit aller Lösungen? Es gilt hierzu der folgende Satz:

Satz 11.3 Lösung linearer homogener Differenzialgleichungssysteme

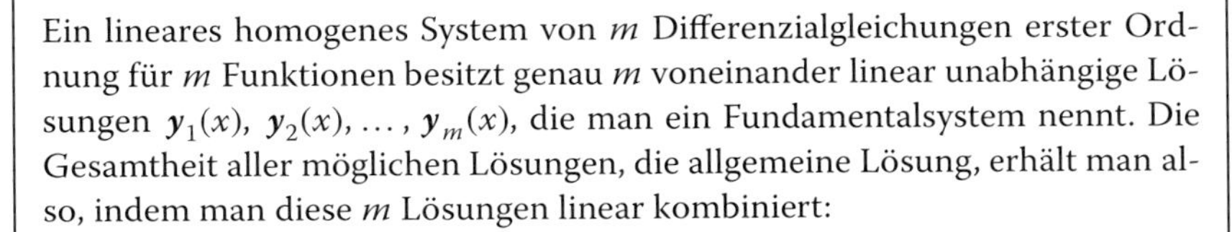

Ein lineares homogenes System von m Differenzialgleichungen erster Ordnung für m Funktionen besitzt genau m voneinander linear unabhängige Lösungen $\boldsymbol{y}_1(x)$, $\boldsymbol{y}_2(x), \ldots, \boldsymbol{y}_m(x)$, die man ein Fundamentalsystem nennt. Die Gesamtheit aller möglichen Lösungen, die allgemeine Lösung, erhält man also, indem man diese m Lösungen linear kombiniert:

$$\boldsymbol{y}(x) = c_1 \boldsymbol{y}_1(x) + c_2 \boldsymbol{y}_2(x) + \cdots + c_m \boldsymbol{y}_m(x) \,. \tag{11.29}$$

Die aus den Spaltenvektoren $\boldsymbol{y}_i(x)$ gebildete Matrix

$$W(x) = (\boldsymbol{y}_1(x), \boldsymbol{y}_2(x), \ldots, \boldsymbol{y}_m(x)) = \begin{pmatrix} y_{11}(x) & y_{21}(x) & \cdots & y_{m1}(x) \\ y_{12}(x) & y_{22}(x) & \cdots & y_{m2}(x) \\ \vdots & \vdots & & \vdots \\ y_{1m}(x) & y_{2m}(x) & \cdots & y_{mm}(x) \end{pmatrix}$$

heißt Wronski-Matrix.

Dass (11.29) die allgemeine Lösung des gegebenen Systems von Differenzialgleichungen ist, erkennt man in folgender Weise: Aufgrund des Satzes von Picard-Lindelöf muss es unter der zusätzlichen Bedingung, dass die Funktion $\boldsymbol{y}(x)$ aus (11.29) für $x = x_0$ den Anfangswert $\boldsymbol{y}_0$ annehmen soll, d. h. $\boldsymbol{y}(x_0) = \boldsymbol{y}_0$, genau eine Lösung geben. Setzt man dies in das Differenzialgleichungssystem ein, so erhält man m Gleichungen zur Bestimmung der m unbekannten Konstanten c_i.

Wir behaupten, dass diese Gleichungen immer lösbar sind. Da die Determinante des Gleichungssystems die in (11.26) angegebene Determinante ist, folgt diese Behauptung, wenn wir $\det W(x_0) \neq 0$ gezeigt haben. Dies können wir folgendermaßen einsehen. Wegen der linearen Unabhängigkeit gibt es eine Zahl x, sodass $\det W(x) \neq 0$ gilt. Sind die Bedingungen des Satzes von Picard-Lindelöf erfüllt, so kann man zeigen, dass diese Bedingung äquivalent ist zu $\det W(x) \neq 0$ für alle x, also insbesondere zu $\det W(x_0) \neq 0$. Damit ist dann das obige Gleichungssystem für die Konstanten c_i eindeutig lösbar.

Beispiel 11.14

Als Beispiel betrachten wir wieder das Gleichungssystem (11.23). Da es sich um zwei Gleichungen handelt, muss das Fundamentalsystem gemäß dem oben angegebenen Satz aus zwei Lösungen bestehen. Wir fragen nun danach, ob die beiden Lösungen aus (11.24) ein Fundamentalsystem bilden. Hierzu müssen wir die in (11.26) angegebene Determinante bilden. Diese lautet:

$$\det\begin{pmatrix} \sin(\sqrt{D}x) & \cos(\sqrt{D}x) \\ \sqrt{D}\cos(\sqrt{D}x) & -\sqrt{D}\sin(\sqrt{D}x) \end{pmatrix}$$
$$= -\sqrt{D}\sin^2(\sqrt{D}x) - \sqrt{D}\cos^2(\sqrt{D}x)$$
$$= -\sqrt{D}\,.$$

Sie ist von null verschieden, und die genannten Lösungen bilden somit ein Fundamentalsystem. Die Wronski-Matrix ist insbesondere gegeben durch:

$$W(x) = \begin{pmatrix} \sin(\sqrt{D}x) & \cos(\sqrt{D}x) \\ \sqrt{D}\cos(\sqrt{D}x) & -\sqrt{D}\sin(\sqrt{D}x) \end{pmatrix}\,.$$

Wir fordern nun, dass für $x = 0$ die allgemeine Lösung

$$\boldsymbol{y}(x) = c_1\begin{pmatrix} \sin(\sqrt{D}x) \\ \sqrt{D}\cos(\sqrt{D}x) \end{pmatrix} + c_2\begin{pmatrix} \cos(\sqrt{D}x) \\ -\sqrt{D}\sin(\sqrt{D}x) \end{pmatrix}$$

den Wert $(0, 1)^{\mathrm{T}}$ annehmen soll. Durch Einsetzen dieser Werte in die allgemeine Lösung erhält man:

$$\begin{pmatrix} 0 \\ 1 \end{pmatrix} = \boldsymbol{y}(0) = c_1\begin{pmatrix} 0 \\ \sqrt{D} \end{pmatrix} + c_2\begin{pmatrix} 1 \\ 0 \end{pmatrix}\,.$$

Dies ergibt sofort $c_1 = 1/\sqrt{D}$ und $c_2 = 0$. Die eindeutig bestimmte Lösung des Anfangswertproblems lautet also:

$$\boldsymbol{y}(x) = \begin{pmatrix} \sin(\sqrt{D}x)/\sqrt{D} \\ \cos(\sqrt{D}x) \end{pmatrix}\,.$$

Nach diesen Ausführungen über die Lösungsmenge wenden wir uns nun dem Problem zu, die allgemeine Lösung eines gegebenen Systems von Differenzialgleichungen (11.27) zu bestimmen. Leider lässt sich hierfür kein allgemein anwendbares Verfahren angeben. In manchen Fällen kann man durch geeignete Substitutionen das System auf eine Anzahl von einzelnen Differenzialgleichungen für jeweils eine unbekannte Funktion zurückführen, die man dann mithilfe der Methode der Trennung der Variablen löst. Bisweilen kann man Lösungen oder geeignete Ansätze erraten. Vielfach muss man Lösungen mithilfe von Reihenansätzen bestimmen (siehe Abschnitt 11.4.1). Im Folgenden wollen wir nur darauf eingehen, wie man Systeme von Differenzialgleichungen mit konstanten Koeffizienten löst. Solche Systeme treten bei der Untersuchung von chemischen Reaktionen auf.

Gegeben sei also ein System von homogenen Differenzialgleichungen

$$y' = A\,y\,, \tag{11.30}$$

wobei $\boldsymbol{y} = (y_1, y_2, \ldots, y_m)^{\mathrm{T}}$ und $\boldsymbol{A} = (a_{ij})$ ist eine Matrix aus dem $\mathbb{R}^{m\times m}$. Ein Fundamentalsystem kann man mithilfe des Lösungsansatzes

$$\boldsymbol{y}(x) = \boldsymbol{d}\mathrm{e}^{\lambda x}$$

berechnen, wobei $\boldsymbol{d} \in \mathbb{C}^m$ und $\lambda \in \mathbb{C}$ zu bestimmen sind. Wir schließen den Vektor $\boldsymbol{d} = \boldsymbol{0}$ aus, da die konstante Funktion $\boldsymbol{y}(x) = \boldsymbol{0}$ immer eine Lösung ist. Setzen wir den obigen Ansatz in (11.30) ein, so erhalten wir

$$\boldsymbol{d}\lambda\mathrm{e}^{\lambda x} = \boldsymbol{A}\boldsymbol{d}\mathrm{e}^{\lambda x}$$

und nach Division durch $\mathrm{e}^{\lambda x}$

$$\boldsymbol{A}\boldsymbol{d} = \lambda\boldsymbol{d}\,.$$

Wir erkennen, dass es sich hierbei um ein *Eigenwertproblem* handelt. Die Aufgabe, einen Vektor $\boldsymbol{d}$ und eine komplexe Zahl λ zu bestimmen, sodass diese Gleichung erfüllt ist, haben wir bereits in Abschnitt 6.2.2 gelöst. Schreiben wir nämlich die obige Gleichung als $(\boldsymbol{A} - \lambda\boldsymbol{E})\boldsymbol{d} = \boldsymbol{0}$, wobei $\boldsymbol{E}$ die Einheitsmatrix bezeichnet, so erhalten wir gemäß den Ausführungen in Abschnitt 2.5 Lösungen $\boldsymbol{d} \neq \boldsymbol{0}$ genau dann, wenn die Determinante der Matrix $\boldsymbol{A} - \lambda\boldsymbol{E}$ gleich null ist. Die Beziehung

$$\det(\boldsymbol{A} - \lambda\boldsymbol{E}) = 0 \tag{11.31}$$

ist eine Gleichung in der Unbekannten λ. Sie wird die *charakteristische Gleichung* von (11.30) genannt. Die Lösung der charakteristischen Gleichung liefert gerade die Eigenwerte der Matrix $\boldsymbol{A}$. Die Vektoren $\boldsymbol{d}$ sind dann die Eigenvektoren zu den entsprechenden Eigenwerten. Wir fassen zusammen: *Ist λ ein Eigenwert der Matrix A und **d** ein entsprechender Eigenvektor, so ist die Funktion $\boldsymbol{y}(x) = \boldsymbol{d}\mathrm{e}^{\lambda x}$ eine Lösung von* (11.30).

Beispiel 11.15

Betrachte das System von Differenzialgleichungen (11.30) mit der Matrix

$$\boldsymbol{A} = \begin{pmatrix} 0 & 1 & 1 \\ 1 & 0 & 1 \\ 1 & 1 & 0 \end{pmatrix}.$$

Der Ansatz $\boldsymbol{y}(x) = \boldsymbol{d}\mathrm{e}^{\lambda x}$ mit $\boldsymbol{d} \in \mathbb{R}^3$ führt auf die charakteristische Gleichung

$$0 = \det\begin{pmatrix} -\lambda & 1 & 1 \\ 1 & -\lambda & 1 \\ 1 & 1 & -\lambda \end{pmatrix} = -\lambda^3 + 3\lambda + 2\,.$$

Wir erraten die Lösung $\lambda_1 = -1$. Führen wir eine Polynomdivision durch, erhalten wir eine Gleichung zweiter Ordnung, die wir mit der Lösungsformel für

quadratische Gleichungen lösen können. Dies führt auf die Lösungen $\lambda_2 = -1$ und $\lambda_3 = 2$. Zwei der drei Lösungen sind also identisch. Für jeden der (beiden) Eigenwerte müssen wir noch die Eigenvektoren bestimmen.
Für den Eigenwert $\lambda = -1$ ist das Gleichungssystem

$$\mathbf{0} = (\boldsymbol{A} - \lambda\boldsymbol{E})\boldsymbol{d} = (\boldsymbol{A} + \boldsymbol{E})\boldsymbol{d} = \begin{pmatrix} 1 & 1 & 1 \\ 1 & 1 & 1 \\ 1 & 1 & 1 \end{pmatrix}\begin{pmatrix} d_1 \\ d_2 \\ d_3 \end{pmatrix}$$

zu lösen. Der Gauß-Algorithmus (siehe Abschnitt 2.2) ergibt die modifizierte Koeffizientenmatrix

$$\left(\begin{array}{ccc|c} 1 & 1 & 1 & 0 \\ 0 & 0 & 0 & 0 \\ 0 & 0 & 0 & 0 \end{array}\right),$$

also eine Gleichung $d_1+d_2+d_3 = 0$ für die drei Unbekannten. Die Lösungsmenge ist zweidimensional. Wählen wir d_2 und d_3 als Parameter, so folgt:

$$\begin{pmatrix} d_1 \\ d_2 \\ d_3 \end{pmatrix} = \begin{pmatrix} -d_2 - d_3 \\ d_2 \\ d_3 \end{pmatrix} = d_2\begin{pmatrix} -1 \\ 1 \\ 0 \end{pmatrix} + d_3\begin{pmatrix} -1 \\ 0 \\ 1 \end{pmatrix}.$$

Die beiden Vektoren $(-1, 1, 0)^{\mathrm{T}}$ und $(-1, 0, 1)^{\mathrm{T}}$ bilden also eine Basis des Lösungsraums. Damit sind die Funktionen

$$\boldsymbol{y}_1(x) = \begin{pmatrix} -1 \\ 1 \\ 0 \end{pmatrix}\mathrm{e}^{-x}, \quad \boldsymbol{y}_2(x) = \begin{pmatrix} -1 \\ 0 \\ 1 \end{pmatrix}\mathrm{e}^{-x} \tag{11.32}$$

Lösungen von (11.30).
Für den zweiten Eigenwert $\lambda = 2$ lösen wir das Gleichungssystem

$$\mathbf{0} = (\boldsymbol{A} - 2\boldsymbol{E})\boldsymbol{d} = \begin{pmatrix} -2 & 1 & 1 \\ 1 & -2 & 1 \\ 1 & 1 & -2 \end{pmatrix}\begin{pmatrix} d_1 \\ d_2 \\ d_3 \end{pmatrix}.$$

Anwendung des Gauß-Algorithmus führt auf

$$\left(\begin{array}{ccc|c} -2 & 1 & 1 & 0 \\ 0 & -3/2 & 3/2 & 0 \\ 0 & 0 & 0 & 0 \end{array}\right),$$

also $d_2 = d_3$ und $2d_1 = d_2 + d_3 = 2d_3$. Wählen wir d_3 als Parameter, so folgt $\boldsymbol{d} = (d_1, d_2, d_3)^{\mathrm{T}} = (d_3, d_3, d_3)^{\mathrm{T}}$. Der Vektor $(1, 1, 1)^{\mathrm{T}}$ ist also eine Basis des Lösungsraums, und die Funktion

$$\boldsymbol{y}_3(x) = \begin{pmatrix} 1 \\ 1 \\ 1 \end{pmatrix}\mathrm{e}^{2x} \tag{11.33}$$

eine weitere Lösung von (11.30). Die drei Funktionen in (11.32) und (11.33) sind nach Konstruktion linear unabhängig und bilden daher ein Fundamentalsystem von (11.30). Die allgemeine Lösung lautet folglich:

$$\begin{aligned}\boldsymbol{y}(x) &= c_1 \boldsymbol{y}_1(x) + c_2 \boldsymbol{y}_2(x) + c_3 \boldsymbol{y}_3(x) \\ &= c_1 \begin{pmatrix} -1 \\ 1 \\ 0 \end{pmatrix} \mathrm{e}^{-x} + c_2 \begin{pmatrix} -1 \\ 0 \\ 1 \end{pmatrix} \mathrm{e}^{-x} + c_3 \begin{pmatrix} 1 \\ 1 \\ 1 \end{pmatrix} \mathrm{e}^{2x} \\ &= \begin{pmatrix} -(c_1 + c_2) \\ c_1 \\ c_2 \end{pmatrix} \mathrm{e}^{-x} + \begin{pmatrix} c_3 \\ c_3 \\ c_3 \end{pmatrix} \mathrm{e}^{2x} \,.\end{aligned}$$

Als zweites Beispiel betrachten wir die Matrix

$$\boldsymbol{A} = \begin{pmatrix} 1 & 1 \\ 0 & 1 \end{pmatrix} \,. \tag{11.34}$$

Die charakteristische Gleichung

$$\det(\boldsymbol{A} - \lambda \boldsymbol{E}) = \begin{pmatrix} 1-\lambda & 1 \\ 0 & 1-\lambda \end{pmatrix} = (1-\lambda)^2$$

besitzt die einzige Lösung $\lambda = 1$. Die Eigenvektoren zu diesem Eigenwert sind die Lösungen von

$$\mathbf{0} = (\boldsymbol{A} - \boldsymbol{E})\boldsymbol{d} = \begin{pmatrix} 0 & 1 \\ 0 & 0 \end{pmatrix} \begin{pmatrix} d_1 \\ d_2 \end{pmatrix} \,.$$

Dies ergibt $d_2 = 0$, und d_1 kann beliebig gewählt werden. Der Vektor $(1, 0)^{\mathrm{T}}$ etwa ist eine Basis des Lösungsraums. Daher ist $\boldsymbol{y}_1(x) = (1, 0)^{\mathrm{T}} \mathrm{e}^x$ eine Lösung von (11.30). Das Fundamentalsystem sollte allerdings aus zwei linear unabhängigen Funktionen bestehen. Es fehlt also eine zweite, von $\boldsymbol{y}_1$ linear unabhängige Lösung. Diesen Fall betrachten wir im Folgenden.

Das obige zweite Beispiel zeigt, dass wir unter Umständen nicht alle linear unabhängigen Lösungen des Systems (11.30) aus dem Ansatz $\boldsymbol{y}(x) = \boldsymbol{d}\mathrm{e}^{\lambda x}$ erhalten können, nämlich dann, wenn es nicht genügend linear unabhängige Vektoren des Lösungsraums von $(\boldsymbol{A} - \lambda \boldsymbol{E})\boldsymbol{d} = \mathbf{0}$ gibt.

Um diesen Fall allgemein zu untersuchen, betrachten wir die charakteristische Gleichung (11.31), die wir wie folgt schreiben:

$$0 = \det(\boldsymbol{A} - \lambda \boldsymbol{E}) = (\lambda - \lambda_1) \cdot (\lambda - \lambda_2) \cdots (\lambda - \lambda_m) \,.$$

Wir fassen gleiche Eigenwerte λ_i zusammen und benennen sie so um, dass wir die paarweise verschiedenen Eigenwerte $\mu_1, \mu_2, \ldots, \mu_r$ von $\boldsymbol{A}$ erhalten. Dann können wir schreiben:

$$0 = \det(\boldsymbol{A} - \lambda \boldsymbol{E}) = (\lambda - \mu_1)^{\ell_1} (\lambda - \mu_2)^{\ell_2} \cdots (\lambda - \mu_r)^{\ell_r} \,.$$

Wir nennen die Exponenten ℓ_i die *Vielfachheit* der Nullstelle μ_i.

Betrachte nun den Eigenwert μ_k mit Vielfachheit ℓ_k. Außerdem sei $\boldsymbol{d}_1$, $\boldsymbol{d}_2$, …, $\boldsymbol{d}_s$ eine Basis des Raumes aller Eigenvektoren zum Eigenwert μ_k. Stimmen die Vielfachheit von μ_k und die Anzahl s der linear unabhängigen Eigenvektoren überein, so erhalten wir die $\ell_k = s$ linear unabhängigen Lösungen

$$\boldsymbol{y}_{k,1}(x) = \boldsymbol{d}_1 \mathrm{e}^{\mu_k x}, \ldots, \boldsymbol{y}_{k,s}(x) = \boldsymbol{d}_s \mathrm{e}^{\mu_k x} .$$

Das zweite der obigen Beispiele hat jedoch gezeigt, dass es möglich ist, dass die Anzahl der linear unabhängigen Eigenvektoren kleiner als die Vielfachheit sein kann. In diesem Fall sind weitere Lösungen zu bestimmen, um ein Fundamentalsystem konstruieren zu können. Gilt $s < \ell_k$, so können wir die fehlenden $\ell_k - s$ Lösungen über den Ansatz

$$\boldsymbol{y}(x) = \left(\boldsymbol{b}_1 + \boldsymbol{b}_2 x + \cdots + \boldsymbol{b}_{\ell_k} x^{\ell_k - 1}\right) \mathrm{e}^{\mu_k x} \tag{11.35}$$

ermitteln. Setzen wir diesen Ansatz in das System von Differenzialgleichungen (11.30) ein, so erhalten wir ein lineares Gleichungssystem, dessen Lösungen gerade die Vektoren $\boldsymbol{b}_i$ sind.

Beispiel 11.16

Wir setzen das obige Beispiel mit der Matrix (11.34) fort. Sie besitzt den einzigen Eigenwert $\lambda = 1$ mit Vielfachheit $\ell = 2$. Wir hatten bereits die Lösung

$$\boldsymbol{y}_1(x) = \begin{pmatrix} 1 \\ 0 \end{pmatrix} \mathrm{e}^x \tag{11.36}$$

bestimmt. Wir berechnen die fehlende linear unabhängige Lösung aus dem Ansatz (11.35) mit $s = 1$ (denn der Raum der Eigenvektoren ist eindimensional):

$$\boldsymbol{y}(x) = \left(\begin{pmatrix} a_1 \\ a_2 \end{pmatrix} + \begin{pmatrix} b_1 \\ b_2 \end{pmatrix} x\right) \mathrm{e}^x .$$

Einsetzen in das System (11.30) führt auf

$$\begin{pmatrix} a_1 + b_1 + b_1 x \\ a_2 + b_2 + b_2 x \end{pmatrix} \mathrm{e}^x = \boldsymbol{y}' = \begin{pmatrix} 1 & 1 \\ 0 & 1 \end{pmatrix} \boldsymbol{y} = \begin{pmatrix} a_1 + b_1 x + a_2 + b_2 x \\ a_2 + b_2 x \end{pmatrix} \mathrm{e}^x$$

und damit nach Koeffizientenvergleich auf die drei Gleichungen

$$a_1 + b_1 = a_1 + a_2 , \quad b_1 = b_1 + b_2 , \quad a_2 + b_2 = a_2 ,$$

woraus $b_1 = a_2$ und $b_2 = 0$ folgt. Dies definiert zwei der vier Unbekannten a_1, a_2, b_1 und b_2. Für die anderen beiden Unbekannten wählen wir $a_1 = a_2 = 1$ (denn wir suchen nur eine linear unabhängige Lösung) und erhalten

$$\boldsymbol{y}_2(x) = \begin{pmatrix} 1 + x \\ 1 \end{pmatrix} \mathrm{e}^x . \tag{11.37}$$

Folglich bilden die Funktionen in (11.36) und (11.37) ein Fundamentalsystem von (11.30). Die allgemeine Lösung lautet daher:

$$\boldsymbol{y}(x) = c_1 \begin{pmatrix} 1 \\ 0 \end{pmatrix} \mathrm{e}^x + c_2 \begin{pmatrix} 1+x \\ 1 \end{pmatrix} \mathrm{e}^x = \begin{pmatrix} c_1 + c_2 + c_2 x \\ c_2 \end{pmatrix} \mathrm{e}^x .$$

11.2.5
Systeme inhomogener linearer Differenzialgleichungen

Wir betrachten im Folgenden *inhomogene* Differenzialgleichungssysteme der Form

$$\boldsymbol{y}' = \boldsymbol{A}\,\boldsymbol{y} + \boldsymbol{b}(x) , \tag{11.38}$$

wobei $\boldsymbol{A}$ eine Matrix aus dem $\mathbb{R}^{m\times m}$ und $\boldsymbol{b}(x)$ ein Spaltenvektor aus dem $\mathbb{R}^m$ sei. Im vorigen Abschnitt haben wir den Fall $\boldsymbol{b}(x) = \boldsymbol{0}$ für alle x untersucht. Wie können wir alle Lösungen von (11.38) bestimmen, wenn $\boldsymbol{b}(x) \neq \boldsymbol{0}$? Dazu bemerken wir zunächst, dass ähnlich wie bei skalaren linearen Differenzialgleichungen (siehe Abschnitt 11.2.3) die Menge aller Lösungen $\boldsymbol{y}(x)$ des inhomogenen Systems (11.38) gebildet wird aus der Summe der Lösungen $\boldsymbol{y}_h(x)$ des homogenen Systems und einer partikulären Lösung $\boldsymbol{y}_p(x)$ des inhomogenen Systems:

$$\boldsymbol{y}(x) = \boldsymbol{y}_h(x) + \boldsymbol{y}_p(x) .$$

Dies kann man genauso wie im skalaren Fall einsehen. Der Vorteil ist, dass wir nur *eine* Lösung von (11.38) bestimmen müssen, um – zusammen mit dem Fundamentalsystem des homogenen Systems – *alle* Lösungen von (11.38) zu erhalten. Es stellt sich allerdings die Frage, wie die partikuläre Lösung berechnet werden kann. Dazu verwenden wir die Methode der *Variation der Konstanten*, die wir bereits in Abschnitt 11.2.3 kennengelernt haben.

Sei $(\boldsymbol{y}_1(x), \boldsymbol{y}_2(x), \ldots, \boldsymbol{y}_m(x))$ ein Fundamentalsystem des homogenen Systems zu (11.38) mit $\boldsymbol{y}_i = (y_{i1}, y_{i2}, \ldots, y_{im})^{\mathrm{T}}$. Die allgemeine Lösung des homogenen Systems lautet

$$\boldsymbol{y}_h(x) = \sum_{i=1}^{m} c_i\, \boldsymbol{y}_i(x) ,$$

wobei c_i beliebige reelle Konstanten sind. Dies motiviert den Lösungsansatz

$$\boldsymbol{y}_p(x) = \sum_{i=1}^{m} c_i(x)\, \boldsymbol{y}_i(x) \tag{11.39}$$

mit zu bestimmenden Funktionen $c_i(x)$. Wir setzen diesen Ansatz in (11.38) ein:

$$\sum_{i=1}^{m} (c_i' \boldsymbol{y}_i + c_i \boldsymbol{y}_i') = \boldsymbol{y}_p' = \boldsymbol{A}\,\boldsymbol{y}_p + \boldsymbol{b}(x) = \sum_{i=1}^{m} c_i \boldsymbol{A}\,\boldsymbol{y}_i + \boldsymbol{b}(x) .$$

Da die Funktionen $\boldsymbol{y}_i(x)$ das homogene System lösen, d. h. $\boldsymbol{y}_i' = \boldsymbol{A}\,\boldsymbol{y}_i$, folgt:

$$\sum_{i=1}^{m} c_i' \boldsymbol{y}_i = \boldsymbol{b}(x) \ .$$

In Matrizenform geschrieben erhalten wir die vektorwertige Gleichung

$$\begin{pmatrix} y_{11} & y_{21} & \cdots & y_{m1} \\ y_{12} & y_{22} & \cdots & y_{m2} \\ \vdots & \vdots & & \vdots \\ y_{1m} & y_{2m} & \cdots & y_{mm} \end{pmatrix} \begin{pmatrix} c_1' \\ c_2' \\ \vdots \\ c_m' \end{pmatrix} = \begin{pmatrix} b_1 \\ b_2 \\ \vdots \\ b_m \end{pmatrix} \ . \tag{11.40}$$

Dies ist ein lineares Gleichungssystem (für jedes x) mit Unbekannten $c_1'(x)$, $c_2'(x), \ldots, c_m'(x)$. Die Koeffizientenmatrix ist gerade die Wronski-Matrix aus Abschnitt 11.2.4. Lösen wir dieses Gleichungssystem und integrieren wir anschließend die Lösungen $c_i'(x)$, so erhalten wir die Koeffizienten $c_i(x)$, die in (11.39) eingesetzt eine partikuläre Lösung des inhomogenen Systems ergeben.

Wir fassen zusammen: *Sei* $(\boldsymbol{y}_1(x), \boldsymbol{y}_2(x), \ldots, \boldsymbol{y}_m(x))$ *ein Fundamentalsystem des homogenen Systems zu* (11.38). *Löse das lineare Gleichungssystem* (11.40) *mit Unbekannten* $c_1'(x), \ldots, c_m'(x)$, *die anschließend zu integrieren sind. Dann ist* (11.39) *eine partikuläre Lösung von* (11.38), *und alle Lösungen dieses Systems sind gegeben durch*

$$\boldsymbol{y}(x) = \sum_{i=1}^{m} \gamma_i \boldsymbol{y}_i(x) + \boldsymbol{y}_p(x) \ ,$$

wobei $\gamma_1, \ldots, \gamma_m$ *beliebige reelle Konstanten sind.*

Beispiel 11.17

Wir illustrieren die Methode der Variation der Konstanten an dem Beispiel

$$\boldsymbol{y}' = \boldsymbol{A}\,\boldsymbol{y} + \boldsymbol{b} \quad \text{mit} \quad \boldsymbol{A} = \begin{pmatrix} 1 & 2 \\ 2 & 1 \end{pmatrix} \ , \quad \boldsymbol{b} = \begin{pmatrix} \cos^2 x \\ \sin^2 x \end{pmatrix} \ .$$

Zunächst bestimmen wir das Fundamentalsystem. Die Lösungen der charakteristischen Gleichung

$$0 = \det(\boldsymbol{A} - \lambda \boldsymbol{E}) = \det \begin{pmatrix} 1-\lambda & 2 \\ 2 & 1-\lambda \end{pmatrix} = \lambda^2 - 2\lambda - 3$$

lauten $\lambda_1 = 3$ und $\lambda_2 = -1$. Die Eigenvektoren zum Eigenwert λ_1 sind die Lösungen des linearen Gleichungssystems

$$\boldsymbol{0} = (\boldsymbol{A} - \lambda_1 \boldsymbol{E})\boldsymbol{d} = \begin{pmatrix} -2 & 2 \\ 2 & -2 \end{pmatrix} \begin{pmatrix} d_1 \\ d_2 \end{pmatrix} \ ,$$

also durch $d_1 = d_2$ gegeben. Dies ergibt $\boldsymbol{d} = d_1(1,1)^{\mathrm{T}}$. Für den Eigenwert λ_2 folgt

$$\boldsymbol{0} = (\boldsymbol{A} - \lambda_2 \boldsymbol{E})\boldsymbol{d} = \begin{pmatrix} 2 & 2 \\ 2 & 2 \end{pmatrix} \begin{pmatrix} d_1 \\ d_2 \end{pmatrix} \ ,$$

also $d_1 = -d_2$ und $\boldsymbol{d} = d_1(1,-1)^{\mathrm{T}}$. Das Fundamentalsystem lautet daher

$$\boldsymbol{y}_1 = \begin{pmatrix} 1 \\ 1 \end{pmatrix} \mathrm{e}^{3x} , \quad \boldsymbol{y}_2 = \begin{pmatrix} 1 \\ -1 \end{pmatrix} \mathrm{e}^{-x} .$$

Um nun eine partikuläre Lösung zu bestimmen, ist gemäß (11.40) das lineare Gleichungssystem

$$\begin{pmatrix} \mathrm{e}^{3x} & \mathrm{e}^{-x} \\ \mathrm{e}^{3x} & -\mathrm{e}^{-x} \end{pmatrix} \begin{pmatrix} c_1' \\ c_2' \end{pmatrix} = \begin{pmatrix} \cos^2 x \\ \sin^2 x \end{pmatrix}$$

zu lösen. Dies kann einfach durch Invertierung der Koeffizientenmatrix geschehen und ergibt

$$\begin{aligned} \begin{pmatrix} c_1' \\ c_2' \end{pmatrix} &= \frac{1}{2} \begin{pmatrix} \mathrm{e}^{-3x} & \mathrm{e}^{-3x} \\ \mathrm{e}^{x} & -\mathrm{e}^{x} \end{pmatrix} \begin{pmatrix} \cos^2 x \\ \sin^2 x \end{pmatrix} \\ &= \frac{1}{2} \begin{pmatrix} \mathrm{e}^{-3x}(\cos^2 x + \sin^2 x) \\ \mathrm{e}^{x}(\cos^2 x - \sin^2 x) \end{pmatrix} = \frac{1}{2} \begin{pmatrix} \mathrm{e}^{-3x} \\ \mathrm{e}^{x} \cos(2x) \end{pmatrix} , \end{aligned}$$

wobei wir das Additionstheorem $\cos^2 x - \sin^2 x = \cos(2x)$ (siehe (4.10) für $x = y$) verwendet haben. Integrieren wir die beiden Funktionen, so erhalten wir:

$$c_1(x) = -\frac{1}{6}\mathrm{e}^{-3x} , \quad c_2(x) = \frac{1}{10}(\cos(2x) + 2\sin(2x))\mathrm{e}^{x} .$$

Damit können wir die partikuläre Lösung bestimmen:

$$\begin{aligned} \boldsymbol{y}_p &= c_1(x)\boldsymbol{y}_1 + c_2(x)\boldsymbol{y}_2 = -\frac{1}{6}\begin{pmatrix} 1 \\ 1 \end{pmatrix} + \frac{1}{10}(\cos(2x) + 2\sin(2x)) \begin{pmatrix} 1 \\ -1 \end{pmatrix} \\ &= \begin{pmatrix} -1/6 + (\cos(2x) + 2\sin(2x))/10 \\ -1/6 - (\cos(2x) + 2\sin(2x))/10 \end{pmatrix} . \end{aligned}$$

Die allgemeine Lösung des inhomogenen Systems lautet folglich:

$$\begin{aligned} \boldsymbol{y}(x) &= c_1 \begin{pmatrix} 1 \\ 1 \end{pmatrix} \mathrm{e}^{3x} + c_2 \begin{pmatrix} 1 \\ -1 \end{pmatrix} \mathrm{e}^{-x} + \boldsymbol{y}_p(x) \\ &= \begin{pmatrix} c_1 \mathrm{e}^{3x} + c_2 \mathrm{e}^{-x} - 1/6 + (\cos(2x) + 2\sin(2x))/10 \\ c_1 \mathrm{e}^{3x} - c_2 \mathrm{e}^{-x} - 1/6 - (\cos(2x) + 2\sin(2x))/10 \end{pmatrix} . \end{aligned}$$

11.2.6 Exakte Differenzialgleichungen

Im thermodynamischen Gleichgewicht wird die Änderung der inneren Energie E eines Systems mit konstanter Teilchenzahl beschrieben durch

$$\mathrm{d}E = T\,\mathrm{d}S - p\,\mathrm{d}V ,$$

wobei T die Temperatur des Systems, p dessen Druck, $\mathrm{d}S$ die Entropieänderung und $\mathrm{d}V$ die Volumenänderung darstellt. Falls die Entropie konstant ist, erhalten wir die Gleichung

$$\mathrm{d}E + p\,\mathrm{d}V = 0\ . \tag{11.41}$$

Wir wollen im Folgenden diskutieren, wie diese Gleichung mathematisch zu verstehen ist und wie sie gelöst werden kann.

Dazu betrachten wir allgemeiner die Gleichung

$$P(x, y)\,\mathrm{d}x + Q(x, y)\,\mathrm{d}y = 0 \tag{11.42}$$

in einem Bereich B des $\mathbb{R}^2$, wobei P und Q zwei beliebige Funktionen seien. Wir interpretieren diese Gleichung entweder als eine Differenzialgleichung für die Funktion $y(x)$,

$$P(x, y) + Q(x, y)\frac{\mathrm{d}y}{\mathrm{d}x} = 0\ , \quad (x, y) \in B\ , \tag{11.43}$$

oder als eine Differenzialgleichung für die Funktion $x(y)$,

$$P(x, y)\frac{\mathrm{d}x}{\mathrm{d}y} + Q(x, y) = 0\ , \quad (x, y) \in B\ . \tag{11.44}$$

Falls die Funktionen $P(x, y)$ und $Q(x, y)$ trennbare Variablen haben, $P(x, y) = P_1(x)P_2(y)$ und $Q(x, y) = Q_1(x)Q_2(y)$, so können wir etwa (11.43) formulieren als

$$\frac{\mathrm{d}y}{\mathrm{d}x} = -\frac{P(x, y)}{Q(x, y)} = -\frac{P_1(x)}{Q_1(x)}\frac{P_2(y)}{Q_2(y)}\ ,$$

und diese Differenzialgleichung erster Ordnung mithilfe der Methode der Trennung der Variablen lösen (siehe Abschnitt 11.2.2). Die Schwierigkeit ist nun, falls dies nicht möglich ist. Wir können auch in diesem Fall die Gleichung (11.42) lösen, falls die Funktionen P und Q bestimmte Bedingungen erfüllen. Dazu definieren wir: *Die Differenzialgleichung* (11.42) *heißt exakt, falls es eine zweimal stetig differenzierbare Funktion $U(x, y)$ gibt mit den Eigenschaften*

$$\frac{\partial U}{\partial x} = P\ , \quad \frac{\partial U}{\partial y} = Q\ .$$

Wie können wir erkennen, ob eine Differenzialgleichung exakt ist? Angenommen, (11.42) ist exakt. Dann existiert gemäß der obigen Definition eine Funktion $U(x, y)$ mit $U_x = P$ und $U_y = Q$. Wir leiten die erste Gleichung nach y und die zweite Gleichung nach x ab. Dann folgt $U_{xy} = P_y$ und $U_{yx} = Q_x$. Nach dem Satz von Schwarz (siehe Abschnitt 8.1.2) gilt $U_{xy} = U_{yx}$, also muss $P_y = Q_x$ gelten. Dies ist eine notwendige Bedingung für die Exaktheit von (11.42). Die Bedingung ist sogar hinreichend, sofern der Bereich B einfach zusammenhängend ist. Dies kann man mittels des Satzes von Stokes einsehen (siehe Abschnitt 9.1.5). Wir fassen zusammen: *Falls die Funktionen P und Q stetig differenzierbar sind und der Bereich B einfach zusammenhängend ist, so ist die Gleichung* (11.42) *genau dann exakt, wenn $P_y(x, y) = Q_x(x, y)$ für alle $(x, y) \in B$ gilt.*

Beispiel 11.18
Die Gleichung

$$e^{-y}\,dx + (1 - xe^{-y})\,dy = 0\,, \quad (x, y) \in \mathbb{R}^2\,,$$

ist exakt, denn $\mathbb{R}^2$ ist einfach zusammenhängend und $P_y = (e^{-y})_y = -e^{-y}$ und $Q_x = (1 - xe^{-y})_x = -e^{-y}$. Dagegen ist die Gleichung

$$g(x)h(y)\,dx - dy = 0\,, \quad (x, y) \in (a_1, b_1) \times (a_2, b_2)\,,$$

im Allgemeinen nicht exakt, denn $P_y = g(x)h'(y)$ und $Q_x = 1_x = 0$ sind voneinander verschieden, falls nicht gerade $g(x) = 0$ oder $h'(y) = 0$ gilt. Ist allerdings $h(y)$ überall von null verschieden, so ist die Gleichung

$$g(x)\,dx - \frac{1}{h(y)}\,dy = 0\,,$$

die wir aus der obigen durch Division durch $h(y)$ erhalten haben, exakt, denn $P_y = g_y(x) = 0$ und $Q_x = (1/h(y))_x = 0$. Durch Multiplikation mit dem Faktor $1/h(y)$ haben wir die Gleichung exakt gemacht.

Ist die Gleichung (11.42) exakt, dann können wir sie im Falle (11.43) nach der Kettenregel schreiben als:

$$0 = P(x, y) + Q(x, y)\frac{dy}{dx} = U_x(x, y) + U_y(x, y)\frac{dy}{dx} = \frac{dU}{dx}(x, y(x))\,.$$

Dies bedeutet, dass die Funktion $U(x, y(x))$ für alle x konstant ist. Gilt dagegen (11.44), so folgt

$$0 = P(x, y)\frac{dx}{dy} + Q(x, y) = U_x(x, y)\frac{dx}{dy} + U_y(x, y) = \frac{dU}{dy}(x(y), y)\,,$$

und $U(x(y), y)$ ist als Funktion von y konstant. Die Lösungen von (11.42) werden also implizit als Funktionen $x(y)$ oder $y(x)$ über die Gleichung $U(x, y) = \text{const.}$ definiert.

Beispiel 11.19
Wir betrachten wie oben die exakte Gleichung

$$e^{-y}\,dx + (1 - xe^{-y})\,dy = 0\,, \quad (x, y) \in \mathbb{R}^2\,.$$

Dann existiert eine Funktion $U(x, y)$ mit den Eigenschaften $U_x = P = e^{-y}$ und $U_y = Q = 1 - xe^{-y}$. Wir integrieren die erste Gleichung bezüglich x, wobei wir y als Parameter festhalten; dann ist $U(x, y) = xe^{-y} + c(y)$. Die Integrationskonstante c kann von y abhängen, da y ja festgehalten wurde. Leiten wir diese Beziehung nach y ab und vergleichen wir sie mit der Ableitung $U_y = 1 - xe^{-y}$, so erhalten wir

$$1 - xe^{-y} = U_y(x, y) = (xe^{-y} + c(y))_y = -xe^{-y} + c'(y)\,,$$

woraus sofort $c'(y) = 1$ und $c(y) = y$ folgt. Daher sind die Lösungen der obigen Gleichung implizit durch

$$U(x, y) = x\mathrm{e}^{-y} + y = \alpha = \text{const.}$$

dargestellt. Während ein Auflösen nach y nicht ohne Weiteres möglich ist, können wir diese Beziehung nach x auflösen und erhalten $x(y) = \mathrm{e}^{y}(\alpha - y)$.

Wir hatten bereits in einem Beispiel weiter oben festgestellt, dass die Gleichung (11.42) durch Multiplikation mit einem Faktor exakt gemacht werden kann. Wir nennen ihn dann einen *integrierenden Faktor*. Genauer heißt $\mu(x, y)$ ein integrierender Faktor, wenn $\mu(x, y) \neq 0$ für alle (x, y) gilt und wenn die Gleichung (11.42) nicht exakt, aber

$$\mu(x, y)P(x, y)\,\mathrm{d}x + \mu(x, y)Q(x, y)\,\mathrm{d}y = 0\ , \qquad (x, y) \in B$$

exakt ist. Dies bedeutet, dass $(\mu P)_y = (\mu Q)_x$ gelten muss. Differenzieren wir diesen Ausdruck nach der Produktregel, so ergibt sich:

$$P\frac{\partial \mu}{\partial y} - Q\frac{\partial \mu}{\partial x} + \mu\left(\frac{\partial P}{\partial y} - \frac{\partial Q}{\partial x}\right) = 0\ .$$

Dies ist eine partielle Differenzialgleichung (siehe Abschnitt 12.1), da sie neben der Funktion $\mu(x, y)$ auch deren partielle Ableitungen enthält. Es ist meist zu schwierig, diese Differenzialgleichung zu lösen, aber in manchen Fällen helfen spezielle Ansätze für μ, beispielsweise $\mu = \mu(x)$, $\mu = \mu(y)$ oder $\mu = \mu(x \cdot y)$, weiter.

Beispiel 11.20
Die Gleichung

$$xy^3\,\mathrm{d}x + (1 + 2x^2y^2)\,\mathrm{d}y = 0\ , \qquad (x, y) \in \mathbb{R}^2 \tag{11.45}$$

ist nicht exakt, denn $P_y = (xy^3)_y = 3xy^2$ und $Q_x = (1 + 2x^2y^2)_x = 4xy^2$ sind für alle $x \neq 0$ und $y \neq 0$ voneinander verschieden. Wir ermitteln einen integrierenden Faktor durch Probieren verschiedener Ansätze. Der Ansatz $\mu = \mu(x)$ führt auf

$$\mu(x)xy^3\,\mathrm{d}x + \mu(x)(1 + 2x^2y^2)\,\mathrm{d}y = 0\ .$$

Diese Gleichung ist exakt, falls $(\mu(x)xy^3)_y = (\mu(x)(1 + 2x^2y^2))_x$ gilt. Ausdifferenzieren mit der Produktregel ergibt

$$3xy^2\mu(x) = (\mu(x)xy^3)_y = (\mu(x)(1+2x^2y^2))_x = 4xy^2\mu(x)+(1+2x^2y^2)\mu'(x)$$

oder

$$(1 + 2x^2y^2)\mu'(x) = -xy^2\mu(x)\ .$$

Da diese Differenzialgleichung keine trennbaren Variablen hat, ist deren Lösung nicht ohne Weiteres möglich, und der obige Ansatz führt nicht zum Ziel.
Daher probieren wir den Ansatz $\mu = \mu(y)$. Damit die Gleichung mit diesem Faktor exakt wird, muss gelten $(\mu(y)xy^3)_y = (\mu(y)(1 + 2x^2y^2))_x$, also nach Ausdifferenzieren:

$$\mu'(y)xy^3 + 3\mu(y)xy^2 = 4\mu(y)xy^2 \quad \text{oder} \quad \mu'(y)xy^3 = \mu(y)xy^2 \ .$$

Division durch xy^3 führt auf die Differenzialgleichung $\mu'(y) = \mu(y)/y$, die wir durch Trennung der Variablen lösen können. Die allgemeine Lösung lautet $\mu(y) = cy$, wobei wir speziell $c = 1$ wählen (denn wir suchen nur *einen* integrierenden Faktor). Folglich ist die Differenzialgleichung

$$xy^4\,\mathrm{d}x + (y + 2x^2y^3)\,\mathrm{d}y = 0$$

exakt, und es existiert eine Funktion $U(x, y)$ mit $U_x = P = xy^4$ und $U_y = Q = y + 2x^2y^3$. Integration der ersten der beiden Gleichungen ergibt $U = x^2y^4/2 + c(y)$, und die zweite Gleichung liefert

$$2x^2y^3 + c'(y) = U_y(x, y) = Q(x, y) = y + 2x^2y^3 \ ,$$

also $c'(y) = y$ mit Lösung $c(y) = y^2/2$. Die Lösungen von (11.45) sind daher implizit gegeben durch die Gleichung

$$U(x, y) = \frac{1}{2}x^2y^4 + \frac{1}{2}y^2 = \frac{y^2}{2}(x^2y^2 + 1) = \text{const.}$$

Zum Abschluss dieses Abschnittes wenden wir uns der Lösung der thermodynamischen Gleichung (11.41) zu. Dazu machen wir die Annahme, dass der Druck nach dem Boyle'schen Gesetz (bzw. der idealen Gasgleichung) durch $pV = cT$ gegeben ist, wobei c das Produkt aus der Teilchenzahl und der Boltzmann-Konstante ist. Da wir angenommen haben, dass sich die Teilchenzahl nicht ändert, ist c eine Konstante. Ferner nehmen wir an, dass das System aus Atomen besteht, die weder rotieren können noch sonstige innere Freiheitsgrade besitzen, sodass wir die innere Energie als $E = \frac{3}{2}cT$ mit derselben Konstante c wie oben formulieren können. Mit diesen Voraussetzungen folgt zum einen $p = cT/V$, und zum anderen $\mathrm{d}E = \frac{3}{2}c\,\mathrm{d}T$. Damit wird die Gleichung (11.41) zu:

$$\frac{3}{2}c\,\mathrm{d}T + \frac{cT}{V}\,\mathrm{d}V = 0 \ .$$

Dies ist eine Differenzialgleichung in den Variablen T und V. Die Temperatur T steht für die Variable x, das Gasvolumen V für die Variable y. Die obige Gleichung ist nicht exakt, weil $P_V = (3c/2)_V = 0$ und $Q_T = (cT/V)_T = c/V$. Dividieren wir sie allerdings durch cT, so ist die resultierende Gleichung

$$\frac{3}{2}\frac{1}{T}\,\mathrm{d}T + \frac{1}{V}\,\mathrm{d}V = 0$$

exakt, denn $P_V = (3/2T)_V = 0$ und $Q_T = (1/V)_T = 0$. Folglich existiert eine Funktion $U(T, V)$ mit $U_T = P = 3/2T$ und $U_V = 1/V$. Integration der ersten Gleichung ergibt $U = (3/2)\ln T + c(V)$, woraus mithilfe der zweiten Gleichung $1/V = U_V = c'(V)$ und damit $c(V) = \ln V$ folgt. Die Lösung von (11.41) ist unter den getroffenen Annahmen also gegeben durch:

$$U(T, V) = \frac{3}{2} \ln T + \ln V = \text{const.}$$

Dies ist bis auf eine multiplikative Konstante gerade die *Entropie* des thermodynamischen Systems, die wir zu Beginn des Abschnittes mit S bezeichnet haben. Das Ergebnis ist plausibel, da wir angenommen haben, dass die Entropieänderungen $\mathrm{d}S$ gleich null sind, dass also die Entropie konstant ist. Als weiteres Resultat der obigen Rechnungen haben wir die Entropie als Funktion von T und V bestimmt.

Fragen und Aufgaben

Aufgabe 11.5 Welche Größen muss man bei einer Differenzialgleichung erster Ordnung vorgeben, um eine eindeutig bestimmte Lösung zu erhalten?

Aufgabe 11.6 Was versteht man unter dem Richtungsfeld einer Differenzialgleichung erster Ordnung?

Aufgabe 11.7 Erläutere das Verfahren der Trennung der Variablen sowie das der Variation der Konstanten.

Aufgabe 11.8 Wie bestimmt man alle Lösungen einer inhomogenen linearen Differenzialgleichung?

Aufgabe 11.9 Was versteht man unter einem Fundamentalsystem eines Systems von m linearen Differenzialgleichungen? Wie erkennt man, ob m vorliegende Lösungen ein Fundamentalsystem bilden?

Aufgabe 11.10 Gibt es ein allgemein anwendbares Verfahren zur Lösung einer nichtlinearen Differenzialgleichung erster Ordnung?

Aufgabe 11.11 Was ist eine exakte Differenzialgleichung?

Aufgabe 11.12 Bestimme ein Fundamentalsystem der Differenzialgleichung $\boldsymbol{y}' = \boldsymbol{A}\boldsymbol{y}$ mit

$$\text{(i) } \boldsymbol{A} = \begin{pmatrix} 1 & 1 \\ 0 & 2 \end{pmatrix} ; \quad \text{(ii) } \boldsymbol{A} = \begin{pmatrix} -1 & 1 & 0 \\ 0 & -1 & 0 \\ 0 & 0 & -1 \end{pmatrix} .$$

Aufgabe 11.13 Bei der chemischen Reaktion A $\rightleftarrows$ B seien zum Zeitpunkt $t = 0$ a Moleküle vom Typ A und b Moleküle vom Typ B vorhanden. Die Anzahl der Moleküle A zu einem beliebigen späteren Zeitpunkt t werde mit $y(t)$ bezeichnet.

Es gelte für die zeitliche Änderung von y:

$$\frac{\mathrm{d}y}{\mathrm{d}t} = -k_1 y + k_2(b - y + a) ,$$

wobei k_1 und k_2 zwei Konstanten sind. Bestimme y als Funktion von t.

Aufgabe 11.14 Bei der chemischen Reaktion A $\rightleftarrows$ B + C seien zum Zeitpunkt $t = 0$ a Moleküle vom Typ A und jeweils keine Moleküle vom Typ B oder C vorhanden. Die Anzahl der Moleküle vom Typ A zu einem beliebigen späteren Zeitpunkt t sei mit $y(t)$ bezeichnet. Es gelte

$$\frac{\mathrm{d}y}{\mathrm{d}t} = -k_1 y + k_2(a - y) ,$$

wobei k_1 und k_2 zwei Konstanten sind. Bestimme y als Funktion von t.

Aufgabe 11.15 Bestimme alle Lösungen des inhomogenen Systems

$$\boldsymbol{y}' = \begin{pmatrix} 1 & 1 \\ 0 & 2 \end{pmatrix} \boldsymbol{y} + \begin{pmatrix} 1 \\ 0 \end{pmatrix} \mathrm{e}^x , \quad x \in \mathbb{R} .$$

Aufgabe 11.16 Entscheide, ob die folgenden Differenzialgleichungen exakt sind: (i) $y\,\mathrm{d}x + x\,\mathrm{d}y = 0$, (ii) $\sin x\,\mathrm{d}x + \sin y\,\mathrm{d}y = 0$, (iii) $\mathrm{e}^{xy}\,\mathrm{d}x + \mathrm{e}^{-xy}\,\mathrm{d}y = 0$, jeweils mit $(x, y) \in \mathbb{R}^2$.

Aufgabe 11.17 Zeige, dass die folgende Differenzialgleichung exakt ist und bestimme ihre allgemeine Lösung:

$$(2x + y\mathrm{e}^{xy})\,\mathrm{d}x + x\mathrm{e}^{xy}\,\mathrm{d}y = 0 .$$

11.3 Lineare Differenzialgleichungen höherer Ordnung

11.3.1 Allgemeines über die Existenz von Lösungen

Wir betrachten nun eine lineare Differenzialgleichung beliebiger Ordnung n. Eine solche Gleichung kann man allgemein in der Form

$$y^{(n)} + a_{n-1}(x)y^{(n-1)} + \cdots + a_1(x)y' + a_0(x)y = b(x) \tag{11.46}$$

schreiben. Für die Frage nach der Existenz und Eindeutigkeit ihrer Lösungen ist der folgende Satz von Bedeutung: *Eine gewöhnliche lineare Differenzialgleichung n-ter Ordnung lässt sich immer in ein System von n gewöhnlichen linearen Differenzialgleichungen erster Ordnung umformulieren.* Um dies einzusehen, führen wir die Funktionen $y_1(x)$, $y_2(x)$, … , $y_n(x)$ über die Beziehungen

$$y_1(x) = y(x) , \quad y_2(x) = y'(x), \ldots , \quad y_n(x) = y^{(n-1)}(x) \tag{11.47}$$

ein. Dann ist (11.46) äquivalent zu

$$\begin{aligned} y_1' &= y_2\,, \quad y_2' = y_3, \dots, y_{n-1}' = y_n\,, \\ y_n' &= -a_{n-1}(x)y_n - \cdots - a_1(x)y_2 - a_0(x)y_1 + b(x) \end{aligned}$$

oder, mit der Abkürzung $\boldsymbol{y} = (y_1, y_2, \dots, y_n)^{\mathrm{T}}$,

$$\boldsymbol{y}' = \boldsymbol{A}\,\boldsymbol{y} + \boldsymbol{b}(x)$$

wobei

$$\boldsymbol{A} = \begin{pmatrix} 0 & 1 & 0 & \cdots & 0 \\ 0 & 0 & 1 & & 0 \\ \vdots & \vdots & & \ddots & \\ 0 & 0 & 0 & & 1 \\ -a_0 & -a_1 & -a_2 & \cdots & -a_{n-1} \end{pmatrix} \quad \text{und} \quad \boldsymbol{b}(x) = \begin{pmatrix} 0 \\ 0 \\ \vdots \\ 0 \\ b(x) \end{pmatrix}.$$

Wegen der Äquivalenz der Differenzialgleichung n-ter Ordnung mit dem oben angegebenen System von n Gleichungen erster Ordnung lassen sich nun alle im Abschnitt 11.2 angeführten Sätze auf die linearen Gleichungen n-ter Ordnung übertragen. Sie lauten dann:

Satz 11.4

Eine lineare homogene Differenzialgleichung n-ter Ordnung besitzt genau n Lösungen $y_1(x), y_2(x), \dots, y_n(x)$, die der Bedingung

$$\det \begin{pmatrix} y_1 & y_2 & \cdots & y_n \\ y_1' & y_2' & \cdots & y_n' \\ \vdots & \vdots & & \vdots \\ y_1^{(n-1)} & y_2^{(n-1)} & \cdots & y_n^{(n-1)} \end{pmatrix} \neq 0 \quad \text{für alle} \quad x \tag{11.48}$$

genügen.

Diese n Lösungen sind linear unabhängig und werden als *Fundamentalsystem* bezeichnet. Die obige Determinante nennt man die *Wronski-Determinante.* Sie ergibt sich aus der Determinante in (11.26), wenn man berücksichtigt, dass die dort auftretenden Funktionen gemäß (11.47) durch die entsprechenden Ableitungen $y_i', y_i'', \dots, y_i^{(n-1)}$ zu ersetzen sind.

Satz 11.5

Die allgemeine Lösung $y(x)$ einer homogenen linearen Differenzialgleichung n-ter Ordnung erhält man durch Linearkombination der mit beliebigen Konstanten c_i multiplizierten Funktionen des Fundamentalsystems:

$$y(x) = c_1 y_1(x) + c_2 y_2(x) + \cdots + c_n y_n(x) \; . \tag{11.49}$$

Satz 11.6

Die allgemeine Lösung einer inhomogenen linearen Differenzialgleichung n-ter Ordnung ist durch die Summe der allgemeinen Lösung der entsprechenden homogenen Gleichung und einer partikulären Lösung der inhomogenen Gleichung gegeben. Man kann zur Bestimmung der partikulären Lösung die Methode der Variation der Konstanten verwenden.

Satz 11.7

Eine lineare Differenzialgleichung n-ter Ordnung besitzt eine eindeutige Lösung für alle $x \in \mathbb{R}$, wenn man $n + 1$ Zahlen $x_0, \eta_0, \eta_1, \eta_2, \ldots, \eta_{n-1}$ vorgibt und von der Lösung verlangt, dass sie für $x = x_0$ die Anfangswerte

$$y(x_0) = \eta_0 \, , \quad y'(x_0) = \eta_1, \ldots \, , \quad y^{(n-1)}(x_0) = \eta_{n-1}$$

annimmt.

Das Zurückführen der linearen Gleichung n-ter Ordnung auf ein System von n Gleichungen erster Ordnung ist vor allem für die Diskussion der Existenz der Lösungen von Bedeutung. Das System von n Gleichungen erster Ordnung kann dann folgendermaßen gelöst werden: *Man versucht, auf irgendeine Art für die zugehörige homogene Differenzialgleichung n Lösungen zu finden, deren Wronski-Determinante ungleich null ist, wie das in* (11.48) *gefordert wird. Anschließend bildet man mithilfe dieser Lösungsfunktionen über* (11.49) *die allgemeine Lösung der homogenen Gleichung. Als Letztes bestimmt man dann durch Variation der Konstanten die allgemeine Lösung der inhomogenen Gleichung.* Die größte Schwierigkeit bereitet dabei im Allgemeinen das Bestimmen der erwähnten n Lösungsfunktionen. Je nach dem Typ der Differenzialgleichung muss man hier sehr verschiedene Verfahren anwenden. Bei Differenzialgleichungen mit konstanten Koeffizienten kann man mithilfe einiger Überlegungen einen Ansatz für die Lösungen erraten (siehe z. B. Abschnitt 11.3.2). Bei anderen Gleichungen muss man als Lösung eine Reihe mit unbekannten Koeffizienten ansetzen, wodurch man dann häufig auf neue, vorher unbekannte Funktionen kommt (siehe Abschnitt 11.4.1).

Beispiel 11.21
Wir betrachten als erstes Beispiel die Differenzialgleichung

$$y''' - 2y'' - y' + 2y = 0 \, .$$

Definieren wir $y_1 = y$, $y_2 = y'$, $y_3 = y''$ und $\boldsymbol{y} = (y_1, y_2, y_3)^{\mathrm{T}}$, so erhalten wir das System erster Ordnung

$$\boldsymbol{y}' = \begin{pmatrix} 0 & 1 & 0 \\ 0 & 0 & 1 \\ -2 & 1 & 2 \end{pmatrix} \boldsymbol{y} \, ,$$

das wir gemäß dem Ansatz $\boldsymbol{y} = \boldsymbol{d}\mathrm{e}^{\lambda x}$ aus Abschnitt 11.2.4 lösen. Einsetzen dieses Ansatzes führt auf die Gleichung $\det(\boldsymbol{A} - \lambda \boldsymbol{E}) = 0$ für die Eigenwerte λ und $(\boldsymbol{A} - \lambda \boldsymbol{E})\boldsymbol{d} = \boldsymbol{0}$ für die Eigenvektoren $\boldsymbol{d} \in \mathbb{R}^3$. Durch Entwickeln der Determinante nach der ersten Spalte ergibt sich die charakteristische Gleichung

$$\begin{aligned} 0 = \det(\boldsymbol{A} - \lambda \boldsymbol{E}) &= \det \begin{pmatrix} -\lambda & 1 & 0 \\ 0 & -\lambda & 1 \\ -2 & 1 & 2-\lambda \end{pmatrix} \\ &= -\lambda \det \begin{pmatrix} -\lambda & 1 \\ 1 & 2-\lambda \end{pmatrix} - 2 \det \begin{pmatrix} 1 & 0 \\ -\lambda & 1 \end{pmatrix} \\ &= -(\lambda^3 - 2\lambda^2 - \lambda + 2) \, , \end{aligned}$$

also die Eigenwerte $\lambda_1 = -1$, $\lambda_2 = 1$ und $\lambda = 2$. Übrigens hätten wir die charakteristische Gleichung auch direkt, ohne Umweg über das System erster Ordnung erhalten können. Setzen wir nämlich den Ansatz $y(x) = \mathrm{e}^{\lambda x}$ in die Differenzialgleichung ein, so erhalten wir

$$0 = \lambda^3 \mathrm{e}^{\lambda x} - 2\lambda^2 \mathrm{e}^{\lambda x} - \lambda \mathrm{e}^{\lambda x} + 2\mathrm{e}^{\lambda x} = (\lambda^3 - 2\lambda^2 - \lambda + 2)\mathrm{e}^{\lambda x} \, ,$$

und nach Division durch $\mathrm{e}^{\lambda x}$ folgt $\lambda^3 - 2\lambda^2 - \lambda + 2 = 0$. Das Fundamentalsystem lautet also $(\mathrm{e}^{-x}, \mathrm{e}^{x}, \mathrm{e}^{2x})$; die allgemeine Lösung ist $y(x) = c_1 \mathrm{e}^{-x} + c_2 \mathrm{e}^{x} + c_3 \mathrm{e}^{2x}$, wobei c_1, c_2 und c_3 beliebige reelle Konstanten sind.
Als zweites Beispiel untersuchen wir die Differenzialgleichung

$$y''' - 3y' - 2y = 0 \, .$$

Der Ansatz $y(x) = \mathrm{e}^{\lambda x}$ führt wie im ersten Beispiel auf die Eigenwertgleichung $\lambda^3 - 3\lambda - 2 = 0$, die die beiden Lösungen $\lambda_1 = -1$ und $\lambda_2 = 2$ besitzt. Also sind e^{-x} und e^{2x} Lösungen der Differenzialgleichung. Nach Satz 1 besitzt die Differenzialgleichung jedoch genau drei linear unabhängige Lösungen, d. h., es fehlt eine Lösung. Um diese zu bestimmen, gehen wir wie in Abschnitt 11.2.4 vor. Ist die Vielfachheit der Nullstelle λ der charakteristischen Gleichung $\lambda^3 - 3\lambda - 2 = 0$ gleich ℓ, so sind die Funktionen $\mathrm{e}^{\lambda x}, x\mathrm{e}^{\lambda x}, \ldots, x^{\ell-1}\mathrm{e}^{\lambda x}$ linear unabhängige Lösungen der Differenzialgleichung (siehe (11.35)). In unserem Fall kann die charakteristische Gleichung als

$$0 = \lambda^3 - 3\lambda - 2 = (\lambda + 1)^2(\lambda - 2)$$

geschrieben werden, sodass die Vielfachheit der Nullstelle $\lambda_1 = -1$ gleich zwei ist. Folglich ist xe^{-x} eine weitere linear unabhängige Lösung. Die allgemeine Lösung lautet daher:

$$y(x) = c_1 e^{-x} + c_2 x e^{-x} + c_3 e^{2x} .$$

11.3.2 Die ungedämpfte freie Schwingung

In diesem Abschnitt untersuchen wir Differenzialgleichungen zweiter Ordnung mit konstanten Koeffizienten. Diese lassen sich allgemein in der Form

$$ay'' + by' + cy = f(x)$$

schreiben, wobei a, b und c konstante Größen sind und $f(x)$ eine beliebige Funktion von x darstellt. Differenzialgleichungen von diesem Typ gehören zu den wichtigsten in der Physik und Chemie. Mit ihnen kann man z. B. die Schwingungen von Atomen und Molekülen, den Fluss eines elektrischen Wechselstroms durch ein System von Ohm'schen Widerständen, Spulen und Kondensatoren sowie den zeitlichen Verlauf der Bewegungen eines Zeigers in einem Messinstrument beim Messen irgendeiner Größe berechnen. Für gewöhnlich tritt in diesen Gleichungen als unabhängige Variable die Zeit auf, die man mit t bezeichnet, und als abhängige Variable irgendeine Ortskoordinate, die man mit x bezeichnet. Für die Ableitungen von x nach t schreibt man $\dot{x}$ bzw. $\ddot{x}$. Wir wollen im Folgenden diese Bezeichnungen übernehmen, also x an Stelle von y und t an Stelle von x schreiben, sodass wir statt der obigen Differenzialgleichung die Beziehung

$$a\ddot{x} + b\dot{x} + cx = f(t) \tag{11.50}$$

erhalten. Im Folgenden sollen einige Sonderfälle dieser Gleichung untersucht werden.

Wir betrachten die Bewegung einer an einer Feder befestigten, reibungslos auf einer Unterlage gleitenden Masse m (siehe Abb. 11.6). Wenn die Feder nicht gedehnt oder zusammengedrückt ist (Gleichgewichtslage; siehe Abb. 11.6a), so

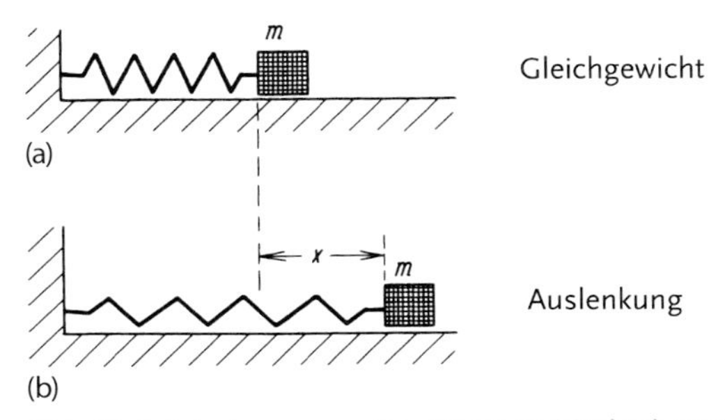

Abb. 11.6 Schwingungen einer Masse m: (a) Gleichgewicht, (b) Auslenkung.

wirkt auf die Masse die Kraft null. Bei Auslenkung aus der Gleichgewichtslage um ein Stück der Größe x (siehe Abb. 11.6b) wirkt eine rücktreibende Kraft, deren Betrag proportional zu x ist. Bezeichnet man die Proportionalitätskonstante mit D, so kann man für diese Kraft $-Dx$ schreiben. Nach dem Newton'schen Grundgesetz der Mechanik muss nun die Kraft gleich dem Produkt aus der Masse und der Beschleunigung sein. Die Beschleunigung ist allgemein durch die zweite Ableitung des Ortes nach der Zeit, also durch $\ddot{x}$ gegeben. Es gilt daher für die Bewegung der von uns betrachteten Masse die Gleichung $-Dx = m\ddot{x}$ bzw.

$$m\ddot{x} + Dx = 0 \,. \tag{11.51}$$

Das ist eine homogene lineare Differenzialgleichung zweiter Ordnung mit konstanten Koeffizienten, ein Sonderfall von (11.50), die aus dieser Gleichung hervorgeht, wenn man dort $f(t)$ und b gleich null setzt.

Gemäß den allgemeinen Ausführungen des vorangegangenen Abschnittes müssen wir zwei linear unabhängige Lösungen von (11.51) finden, die dann mit je einer beliebigen Konstanten multipliziert und anschließend addiert die allgemeine Lösung ergeben. Die gesuchten zwei Lösungen können wir erraten. Als Hilfe hierzu betrachten wir (11.51) genauer und erkennen, dass eine Funktion $x(t)$, die eine Lösung der Gleichung ist, so beschaffen sein muss, dass sie bis auf konstante Faktoren mit ihrer zweiten Ableitung übereinstimmt. Von allen uns bekannten Funktionen wird diese Bedingung nur von den trigonometrischen Funktionen und den Exponentialfunktionen erfüllt. Wir untersuchen daher als Erstes, ob der Ansatz $x = A\sin(\omega t)$ (11.51) erfüllt. Die Größen A und ω sind zunächst noch unbestimmte reelle Konstanten. Aus diesem Ansatz folgt durch zweimaliges Ableiten $\ddot{x} = -A\omega^2\sin(\omega t)$. Durch Einsetzen von x und $\ddot{x}$ in (11.51) ergibt sich:

$$-mA\omega^2\sin(\omega t) + DA\sin(\omega t) = 0 \,.$$

Wir kürzen noch durch $A\sin(\omega t)$ (falls $\omega \neq 0$) und erhalten dann mithilfe einer einfachen Umformung

$$\omega = \pm\sqrt{\frac{D}{m}} \,.$$

Wenn also ω einen dieser Werte annimmt, so stellt die durch den obigen Ansatz gegebene Funktion bei beliebiger Wahl der Konstanten A eine Lösung der Differenzialgleichung dar. Wir haben somit bei Verwendung des positiven Vorzeichens die Lösung $x = A\sin(\sqrt{D/m}t)$ gefunden. Das negative Vorzeichen gibt keine neue Lösung, da $\sin(-\sqrt{D/m}\,t) = -\sin(\sqrt{D/m}t)$ ist, was wegen der willkürlichen Konstanten A in der alten Lösung enthalten ist. Mithilfe des Ansatzes $x = B\cos(\omega t)$ ergibt sich nach einer ähnlichen Rechnung, dass auch $x = B\cos(\sqrt{D/m}t)$ mit beliebiger Konstante B eine Lösung ist. Beide Lösungen sind linear unabhängig, wie man sich leicht durch Berechnung der Wronski'schen Determinante (11.48) überzeugen kann:

$$\det\begin{pmatrix} \sin(\sqrt{D/m}\,t) & \cos(\sqrt{D/m}\,t) \\ \sqrt{D/m}\cos(\sqrt{D/m}\,t) & -\sqrt{D/m}\sin(\sqrt{D/m}\,t) \end{pmatrix}$$

$$= -\sqrt{D/m}\left[\sin^2(\sqrt{D/m}\,t) + \cos^2(\sqrt{D/m}\,t)\right] = -\sqrt{D/m} \neq 0\ .$$

Die allgemeine Lösung der gegebenen Differenzialgleichung lautet somit (11.49) zufolge

$$x(t) = A\sin\sqrt{\frac{D}{m}}t + B\cos\sqrt{\frac{D}{m}}t$$

oder, wenn man die Abkürzung $\omega_0 = \sqrt{D/m}$ einführt,

$$x(t) = A\sin(\omega_0 t) + B\cos(\omega_0 t)\ . \tag{11.52}$$

Wie man dieser Lösung unmittelbar entnehmen kann, handelt es sich bei der Bewegung der Masse um eine periodische Bewegung mit der Kreisfrequenz ω_0. Man spricht von einer *ungedämpften Schwingung*. Die Zahl $\omega_0/2\pi$ nennt man die *Eigenfrequenz*.

Zusammenfassend gilt also: *Die homogene lineare Differenzialgleichung zweiter Ordnung* $m\ddot{x} + Dx = 0$ *besitzt das Fundamentalsystem* $\sin(\omega_0 t)$ *und* $\cos(\omega_0 t)$ *mit* $\omega_0 = \sqrt{D/m}$. *Die allgemeine Lösung lautet dann* $x(t) = A\sin(\omega_0 t) + B\cos(\omega_0 t)$, *wobei A und B frei wählbare reelle Konstanten sind. Die Lösung stellt eine periodische Bewegung dar.*

Die erhaltene allgemeine Lösung enthält zwei unbekannte Konstanten A und B, die man nur dann bestimmen kann, wenn man irgendwelche Annahmen über die Bewegung zu einem Anfangszeitpunkt macht. Man kann z. B. den Fall betrachten, dass man zur Anregung der Bewegung die Masse um ein Stück x_0 auslenkt und dort einfach loslässt. Man hat dann die Anfangsbedingungen $x(0) = x_0$ und $\dot{x}(0) = 0$ jeweils an der Stelle $t = 0$. Setzt man dies in (11.52) sowie in die aus dieser Gleichung durch Ableiten erhaltene Beziehung $\dot{x}(t) = A\omega_0\cos(\omega_0 t) - B\omega_0\sin(\omega_0 t)$ ein, so erhält man die beiden Gleichungen

$$\begin{aligned} x_0 &= x(0) = A\sin(\omega_0\cdot 0) + B\cos(\omega_0\cdot 0) = B\ , \\ 0 &= \dot{x}(0) = A\omega_0\cos(\omega_0\cdot 0) - B\omega_0\sin(\omega_0\cdot 0) = A\omega_0\ , \end{aligned}$$

woraus $A = 0$ und $B = x_0$ folgt. Die Lösung, die unseren Anfangsbedingungen genügt, lautet also:

$$x(t) = x_0\cos(\omega_0 t)\ .$$

Die Masse wird somit gemäß einer Kosinusfunktion periodisch mit der Amplitude x_0 und mit der Kreisfrequenz ω_0 um die Gleichgewichtslage schwingen. Die Auslenkung als Funktion der Zeit ist in Abb. 11.7 durch die durchgezogene Kurve gegeben.

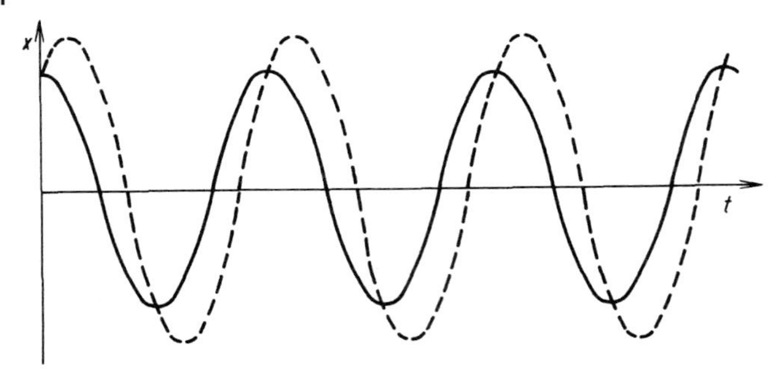

Abb. 11.7 Zeitlicher Verlauf einer ungedämpften Schwingung.

Wir wollen noch eine etwas andere Anfangsbedingung untersuchen. Wir nehmen an, dass wir die Masse nach Auslenkung um x_0 nicht einfach loslassen, sondern ihr die Geschwindigkeit v_0 erteilen. Damit erhält man die Gleichungen

$$\begin{aligned} x_0 &= x(0) = A\sin(\omega_0 \cdot 0) + B\cos(\omega_0 \cdot 0) = B \;, \\ v_0 &= \dot{x}(0) = A\omega_0\cos(\omega_0 \cdot 0) - B\omega_0\sin(\omega_0 \cdot 0) = A\omega_0 \;. \end{aligned}$$

Daraus ergibt sich $A = v_0/\omega_0$ und $B = x_0$. Die Lösung der Bewegungsgleichung lautet also in diesem Fall:

$$x(t) = \frac{v_0}{\omega_0}\sin(\omega_0 t) + x_0\cos(\omega_0 t) \;. \tag{11.53}$$

Um den Verlauf der Lösung leichter überblicken zu können, formen wir die erhaltene Beziehung etwas um. Aufgrund der trigonometrischen Additionstheoreme gilt allgemein:

$$\cos(\omega_0 t - \varphi) = \cos(\omega_0 t)\cos\varphi + \sin(\omega_0 t)\sin\varphi \;. \tag{11.54}$$

Wir klammern nun in (11.53) den Faktor $\sqrt{x_0^2 + v_0^2/\omega_0^2}$ aus und erhalten:

$$x(t) = \sqrt{x_0^2 + \frac{v_0^2}{\omega_0^2}}\left(\frac{v_0}{\omega_0\sqrt{x_0^2 + v_0^2/\omega_0^2}}\sin(\omega_0 t) + \frac{x_0}{\sqrt{x_0^2 + v_0^2/\omega_0^2}}\cos(\omega_0 t)\right) .$$

Die Summe der Quadrate der Koeffizienten vor $\cos(\omega_0 t)$ und $\sin(\omega_0 t)$ ergibt jetzt eins, sodass sich diese Koeffizienten als der Sinus bzw. Kosinus eines Winkels φ auffassen lassen und der Ausdruck in der Klammer identisch ist mit der rechten Seite von (11.54). Damit folgt aus der obigen Gleichung

$$x(t) = c_1\cos(\omega_0 t - \varphi) \tag{11.55}$$

mit

$$c_1 = \sqrt{x_0^2 + \frac{v_0^2}{\omega_0^2}} \quad \text{und} \quad \varphi = \arcsin\frac{v_0}{\omega_0\sqrt{x_0^2 + v_0^2/\omega_0^2}} \;.$$

Diese Bewegung ist durch die gestrichelte Kurve in Abb. 11.7 dargestellt. Man sieht, dass als Folge der zusätzlich erteilten Geschwindigkeit die Masse beim Loslassen nicht unmittelbar in Richtung der Ruhelage strebt, sondern zunächst die Auslenkung noch vergrößert. Im Übrigen ist aber der zeitliche Verlauf der gleiche wie im ersten Fall, nur ist die Amplitude vergrößert und die Kurve zeitlich verschoben.

Wir wollen nun noch einen anderen Weg zur Lösung der Differenzialgleichung (11.51) kennenlernen. Wir erwähnten bereits, dass neben den trigonometrischen Funktionen auch die Exponentialfunktionen die Eigenschaft besitzen, mit ihrer zweiten Ableitung bis auf konstante Faktoren übereinzustimmen. Wir setzen daher wie in Abschnitt 11.3.1 für die Lösung $x(t) = A\mathrm{e}^{\alpha t}$ an. Durch Einsetzen dieser Funktion in (11.51) und Beachtung der Tatsache, dass $\ddot{x} = A\alpha^2\mathrm{e}^{\alpha t}$ ist, ergibt sich

$$m\alpha^2 A\mathrm{e}^{\alpha t} + DA\mathrm{e}^{\alpha t} = 0$$

oder, nach Kürzung von $A\mathrm{e}^{\alpha t}$ und einfacher Umformung,

$$\alpha = \pm\sqrt{-\frac{D}{m}} = \pm\mathrm{i}\sqrt{\frac{D}{m}} = \pm\mathrm{i}\omega_0 \ .$$

Wir erhalten also zwei Lösungen für die Differenzialgleichung, nämlich $x(t) = A_1\mathrm{e}^{\mathrm{i}\omega_0 t}$ und $x(t) = A_2\mathrm{e}^{-\mathrm{i}\omega_0 t}$. Die zwei verschiedenen Vorzeichen führen hier, im Unterschied zum Fall der trigonometrischen Funktionen, zu linear unabhängigen Lösungen, wie sich mithilfe der Wronski-Determinante leicht zeigen lässt. Die allgemeine Lösung lautet daher

$$x(t) = A_1\mathrm{e}^{\mathrm{i}\omega_0 t} + A_2\mathrm{e}^{-\mathrm{i}\omega_0 t} \ , \tag{11.56}$$

wobei A_1 und A_2 beliebig wählbare Konstanten sind.

Wir haben damit eine allgemeine Lösung erhalten, die nicht reell, sondern komplex ist. Wenn man aber die Konstanten A_1 und A_2 durch Vorgabe irgendwelcher reeller Anfangsbedingungen berechnet, so müssen diese Konstanten notwendigerweise solche Werte annehmen, dass die oben angegebene Lösung reell wird. Wir zeigen das am Beispiel der oben als Zweites behandelten Anfangsbedingungen $x(0) = x_0$ und $\dot{x}(0) = v_0$ für $t = 0$. Durch Einsetzen dieser Anfangsbedingungen in die allgemeine Lösung (11.56) bzw. in die daraus durch Ableiten erhaltene Gleichung $\dot{x}(t) = A_1\mathrm{i}\omega_0\mathrm{e}^{\mathrm{i}\omega_0 t} - A_2\mathrm{i}\omega_0\mathrm{e}^{-\mathrm{i}\omega_0 t}$ ergibt sich:

$$\begin{aligned} x_0 &= x(0) = A_1\mathrm{e}^{\mathrm{i}\omega_0\cdot 0} + A_2\mathrm{e}^{-\mathrm{i}\omega_0\cdot 0} = A_1 + A_2 \ , \\ v_0 &= \dot{x}(0) = A_1\mathrm{i}\omega_0\mathrm{e}^{\mathrm{i}\omega_0\cdot 0} - A_2\mathrm{i}\omega_0\mathrm{e}^{-\mathrm{i}\omega_0\cdot 0} = \mathrm{i}\omega_0(A_1 - A_2) \ . \end{aligned}$$

Daraus folgt durch Auflösen nach A_1 und A_2

$$A_1 = \frac{x_0}{2} + \frac{v_0}{2\mathrm{i}\omega_0} \ , \quad A_2 = \frac{x_0}{2} - \frac{v_0}{2\mathrm{i}\omega_0} \ .$$

Setzt man dies in (11.56) ein, ordnet um und beachtet die Euler'sche Formel (1.1), so ergibt sich:

$$\begin{aligned} x(t) &= \frac{x_0}{2}(\mathrm{e}^{\mathrm{i}\omega_0 t} + \mathrm{e}^{-\mathrm{i}\omega_0 t}) + \frac{v_0}{\omega_0}\frac{1}{2\mathrm{i}}(\mathrm{e}^{\mathrm{i}\omega_0 t} - \mathrm{e}^{-\mathrm{i}\omega_0 t}) \\ &= x_0 \cos(\omega_0 t) + \frac{v_0}{\omega_0}\sin(\omega_0 t) \;. \end{aligned}$$

Dies entspricht der bereits erhaltenen Lösung (11.53).

Es gilt also: *Neben dem Funktionenpaar* $(\sin(\omega_0 t), \cos(\omega_0 t))$ *stellt auch* $(\mathrm{e}^{\mathrm{i}\omega_0 t}, \mathrm{e}^{-\mathrm{i}\omega_0 t})$ *ein Fundamentalsystem der Differenzialgleichung* $m\ddot{x} + Dx = 0$ *dar. Die allgemeine Lösung dieser Gleichung kann man daher auch in der Form*

$$x(t) = A_1\mathrm{e}^{\mathrm{i}\omega_0 t} + A_2\mathrm{e}^{-\mathrm{i}\omega_0 t}$$

schreiben. Bei Anpassung an reelle Anfangsbedingungen nehmen die Konstanten A_1 *und* A_2 *solche Werte an, dass die Lösungsfunktion reell wird.*

Schließlich müssen wir noch eine weitere Methode zum Bestimmen der Lösungsfunktionen besprechen. Sie beruht auf folgendem Resultat: *Wenn eine lineare homogene Differenzialgleichung eine komplexwertige Funktion* $f(x) = f_1(x) + \mathrm{i} f_2(x)$ *als Lösung hat, so sind auch der Realteil* $f_1(x)$ *und der Imaginärteil* $f_2(x)$ *dieser Funktion, jeweils für sich genommen, Lösungen.* Dies können wir im Falle einer Differenzialgleichung zweiter Ordnung folgendermaßen einsehen: Aus der Tatsache, dass $f_1(x) + \mathrm{i} f_2(x)$ eine Lösung der Differenzialgleichung $ay'' + by' + cy = 0$ ist, ergibt sich

$$\begin{aligned} 0 &= a(f_1 + \mathrm{i} f_2)'' + b(f_1 + \mathrm{i} f_2)' + c(f_1 + \mathrm{i} f_2) \\ &= af_1'' + bf_1' + cf_1 + \mathrm{i}(af_2'' + bf_2' + cf_2) \end{aligned}$$

bzw., da eine komplexe Zahl genau dann gleich null ist, wenn sowohl der Real- als auch der Imaginärteil gleich null sind,

$$af_1'' + bf_1' + cf_1 = 0 \;, \quad af_2'' + bf_2' + cf_2 = 0 \;.$$

Dies bedeutet aber, dass f_1 und f_2 Lösungen der gegebenen Differenzialgleichung sind.

Zum Bestimmen der Lösungen einer linearen homogenen Differenzialgleichung kann man den obigen Satz in folgender Weise ausnutzen: *Man ermittelt zunächst eine komplexe Lösungsfunktion und verwendet anschließend ihren Real- und Imaginärteil jeweils getrennt als Lösung*. Speziell im Falle der Differenzialgleichung (11.51) setzt man, wie wir bereits gesehen haben, als Lösung die komplexe Funktion $x(t) = A\mathrm{e}^{\mathrm{i}\omega t}$ an. Das Einsetzen dieser Funktion in (11.51) ergibt dann

$$-mA\omega^2\mathrm{e}^{\mathrm{i}\omega t} + DA\mathrm{e}^{\mathrm{i}\omega t} = 0$$

bzw. nach Kürzen von $A\mathrm{e}^{\mathrm{i}\omega t}$ und Umformen

$$\omega = \pm\sqrt{\frac{D}{m}} \;.$$

Man erhält also als Lösungen die linear unabhängigen Funktionen $e^{i\omega_0 t}$ und $e^{-i\omega_0 t}$ mit $\omega_0 = \sqrt{D/m}$. Aus der Euler'schen Formel (1.1) folgt:

$$e^{i\omega_0 t} = \cos(\omega_0 t) + i\sin(\omega_0 t) .$$

Man kann also mithilfe des angeführten Satzes schließen, dass auch $\cos(\omega_0 t)$ und $\sin(\omega_0 t)$ Lösungen sind, und kommt so wieder auf die bereits in (11.52) angegebene allgemeine Lösung.

Das Verfahren des Rechnens im Komplexen bietet in vielen Fällen erhebliche rechnerische Vereinfachungen, da man nicht die umständlichen trigonometrischen Additionstheoreme anwenden muss. Daher führt man die Rechnungen häufig im Komplexen durch.

11.3.3 Die gedämpfte freie Schwingung

Wir nehmen nun als Nächstes an, dass die in Abb. 11.6 betrachtete Masse nicht reibungslos auf der Unterlage gleitet, sondern durch eine Reibungskraft gebremst wird. Diese Kraft soll der Geschwindigkeit der Masse proportional sein, sodass wir für sie $-\varrho\dot{x}$ ansetzen, wobei ϱ eine materialabhängige Reibungskonstante sei. Das negative Vorzeichen berücksichtigt die Tatsache, dass die Kraft die Bewegung bremst, also entgegengesetzt zur Geschwindigkeit $\dot{x}$ gerichtet ist. Die Bewegungsgleichung lautet jetzt $m\ddot{x} = -\varrho\dot{x} - Dx$ bzw.

$$m\ddot{x} + \varrho\dot{x} + Dx = 0 . \tag{11.57}$$

Damit eine Funktion eine Lösung dieser Differenzialgleichung ist, muss sie die Eigenschaft besitzen, mit ihrer ersten und zweiten Ableitung bis auf konstante Faktoren übereinzustimmen. Diese Eigenschaft erfüllt die Exponentialfunktion. Wir setzen daher für die Lösung $x(t) = Ae^{\alpha t}$ an. Einsetzen in (11.57) ergibt:

$$0 = mA\alpha^2 e^{\alpha t} + \varrho A\alpha e^{\alpha t} + DAe^{\alpha t} = Ae^{\alpha t}(m\alpha^2 + \varrho\alpha + D) .$$

Nach Kürzung von $Ae^{\alpha t}$ folgt die quadratische Gleichung $m\alpha^2 + \varrho\alpha + D = 0$, die die beiden Lösungen

$$\alpha_{1/2} = -\frac{\varrho}{2m} \pm \sqrt{\frac{\varrho^2}{4m^2} - \frac{D}{m}}$$

besitzt. Indem wir die Vorzeichen in der Wurzel umkehren und zum Ausgleich den Faktor vor die Wurzel setzen und außerdem die Größe ω_0' über

$$\omega_0' = \sqrt{\frac{D}{m} - \frac{\varrho^2}{4m^2}}$$

einführen, können wir auch schreiben:

$$\alpha_{1/2} = -\frac{\varrho}{2m} \pm i\omega_0' .$$

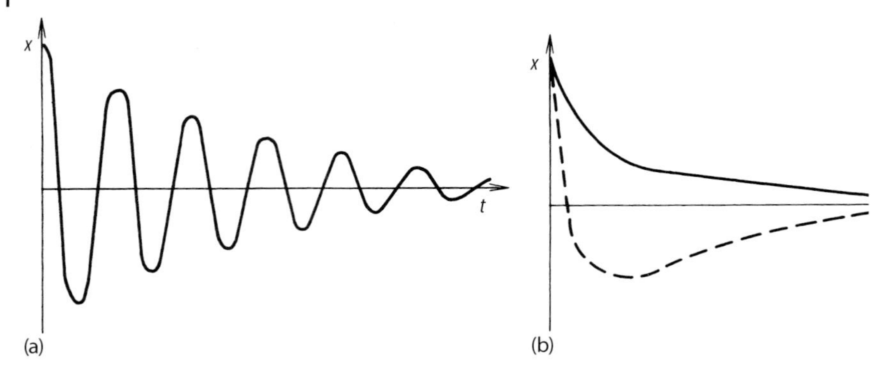

Abb. 11.8 Zeitlicher Verlauf einer gedämpften Schwingung (a) und einer aperiodischen Schwingung (b).

Wenn ω_0' von null verschieden ist, erhalten wir somit die zwei linear unabhängigen Lösungen $\mathrm{e}^{(-\varrho/(2m)+\mathrm{i}\omega_0')t}$ und $\mathrm{e}^{(-\varrho/(2m)-\mathrm{i}\omega_0')t}$, die wir zur allgemeinen Lösung $x(t) = A_1\mathrm{e}^{(-\varrho/(2m)+\mathrm{i}\omega_0')t} + A_2\mathrm{e}^{(-\varrho/(2m)-\mathrm{i}\omega_0')t}$ bzw.

$$x(t) = \mathrm{e}^{-(\varrho/(2m))t}\left(A_1\mathrm{e}^{\mathrm{i}\omega_0' t} + A_2\mathrm{e}^{-\mathrm{i}\omega_0' t}\right) \tag{11.58}$$

zusammensetzen können.

Der Bewegungsablauf hängt nun wesentlich von ω_0' ab: Ist $\varrho^2/(4m^2) < D/m$, was einer relativ kleinen Reibung entspricht, so ist ω_0' reell. Der Ausdruck in der Klammer in (11.58) stimmt dann mit der durch (11.56) gegebenen allgemeinen Lösung der ungedämpften Schwingung überein, d. h., er stellt eine periodische Schwingung mit konstanter Amplitude dar. Der Faktor vor der Klammer fällt exponentiell schnell auf null ab. Das Produkt der beiden Größen stellt also die in Abb. 11.8a dargestellte abklingende Schwingung dar. Die Phase der Schwingung hängt wie bei der ungedämpften Schwingung von den Anfangsbedingungen ab, über die sich in gleicher Weise wie dort die Konstanten A_1 und A_2 berechnen lassen. Wir gehen darauf hier nicht ein. Das erhaltene Resultat lässt sich anschaulich gut interpretieren: Während man bei fehlender Reibung eine unendlich lang andauernde Schwingung erhält, bewirkt im vorliegenden Fall die Reibung ein Abklingen der Schwingung. Man spricht hier von einer *gedämpften Schwingung*.

Ist dagegen $\varrho^2/(4m^2) > D/m$, was bei relativ starker Reibung der Fall ist, so wird ω_0' imaginär, und die Exponenten in (11.58) werden reell. Wir ziehen dann die Exponenten wieder zusammen und erhalten unter Verwendung der ursprünglichen Bezeichnungen

$$\begin{aligned} x(t) = {} & A_1 \exp\left(\left(-\frac{\varrho}{2m} + \sqrt{\frac{\varrho^2}{4m^2} - \frac{D}{m}}\right)t\right) \\ & + A_2 \exp\left(\left(-\frac{\varrho}{2m} - \sqrt{\frac{\varrho^2}{4m^2} - \frac{D}{m}}\right)t\right) . \end{aligned} \tag{11.59}$$

Beide Exponenten sind, wie man sich leicht überzeugen kann, negativ. Die obige Gleichung stellt die Überlagerung zweier monoton fallender Exponentialfunktionen dar, die je nach den Anfangsbedingungen einen der in Abb. 11.8b dargestellten Kurventypen ergeben. Man spricht hier von einer *aperiodischen Bewegung* oder auch vom *Kriechfall,* weil sich die Masse der Gleichgewichtslage allmählich annähert, ohne diese in endlicher Zeit zu erreichen.

Als Letztes muss schließlich noch der Fall $(\omega_0')^2 = D/m - \varrho^2/(4m^2) = 0$ besprochen werden. In diesem Fall hat man erst eine einzige Lösung erhalten, nämlich $e^{-(\varrho/(2m))t}$. Das Fundamentalsystem umfasst jedoch zwei linear unabhängige Lösungen. Es lässt sich nun zeigen (siehe Beispiel 11.21), dass hier die Funktion $te^{-(\varrho/(2m))t}$ eine weitere Lösung darstellt, sodass die allgemeine Lösung die Form $x(t) = A_1 e^{-(\varrho/(2m))t} + A_2 te^{-(\varrho/(2m))t}$ besitzt. Der Funktionsverlauf ähnelt dem der Funktionen in Abb. 11.8b. Man nennt diesen Fall den *aperiodischen Grenzfall,* da er zwischen der periodischen und aperiodischen Bewegung liegt.

Zu den gleichen Ergebnissen kommt man übrigens auch mithilfe eines komplexen Ansatzes.

Wir sehen also: *Die allgemeine homogene lineare Differenzialgleichung zweiter Ordnung* $m\ddot{x} + \varrho\dot{x} + Dx = 0$ *besitzt je nach den Werten ihrer Koeffizienten die durch* (11.58) *oder* (11.59) *angegebene allgemeine Lösung. Die Lösung stellt im Falle* $\varrho^2/(4m^2) < D/m$ *eine periodische Bewegung mit zeitlich abnehmender Amplitude, im Falle* $\varrho^2/(4m^2) \geq D/m$ *eine aperiodische Bewegung dar.*

Beispiel 11.22

Die Unterscheidung der verschiedenen Fälle von Bewegungen ist unter anderem beim Messen irgendeiner Größe mit einem Zeigerinstrument von Bedeutung. Der Zeiger hängt an einer Feder und wird gleichzeitig auf irgendeine Weise durch eine Reibungskraft in seiner Bewegung gedämpft. Ist nun die Dämpfung zu gering, so wird der Zeiger, wenn er ausschlägt, eine längere Zeit um die neue Gleichgewichtslage gemäß Abb. 11.8a schwingen. Ist die Dämpfung zu groß, so wird er den neuen Wert allmählich anstreben, und man weiß nicht, ob man zu einem bestimmten Zeitpunkt bereits den angezeigten Wert ablesen darf oder ob man noch weit vom Gleichgewichtswert entfernt ist. Am günstigsten für die Messung ist es, von der Schwingungsseite her dem aperiodischen Grenzfall möglichst nahe zu kommen, sodass der Zeiger gerade einmal über den neuen Gleichgewichtswert geringfügig hinwegschwingt.

11.3.4 Die erzwungene Schwingung

Als Letztes untersuchen wir noch den Fall, dass auf die oben betrachtete Masse zusätzlich eine von außen angelegte Kraft $F(t) = F_0 \cos(\omega t)$ wirkt, die sich periodisch mit der Kreisfrequenz ω ändert. Auf ein solches Problem stößt man beispielsweise bei der Untersuchung der Schwingungen eines Elektrons unter dem Einfluss des elektrischen Wechselfeldes einer Lichtwelle. Die Bewegungsgleichung nimmt dann die Form

$$m\ddot{x} + \varrho\dot{x} + Dx = F_0 \cos(\omega t) \tag{11.60}$$

an. Dies stellt eine inhomogene Differenzialgleichung dar. Gemäß den Ausführungen in Abschnitt 11.2.5 erhält man die allgemeine Lösung einer solchen Gleichung, indem man zur allgemeinen Lösung der entsprechenden homogenen Differenzialgleichung $m\ddot{x} + \varrho\dot{x} + Dx = 0$ eine partikuläre Lösung der inhomogenen Gleichung addiert.

Die allgemeine Lösung der homogenen Gleichung ist durch (11.58) gegeben. Es muss also nur noch eine partikuläre Lösung der inhomogenen Gleichung bestimmt werden. Wir wollen nun zeigen, dass die inhomogene Gleichung durch eine Schwingung der Kreisfrequenz ω, die gegenüber der Kraftschwingung um einen bestimmten Winkel ψ phasenverschoben ist, also durch $x(t) = x_0 \cos(\omega t - \psi)$, erfüllt wird. Man kann dies nachweisen, indem man diesen Ansatz unmittelbar in (11.60) einsetzt, wodurch sich eine Bestimmungsgleichung für ψ ergibt. Die Rechnung wird aber wegen der auftretenden trigonometrischen Formeln sehr mühselig. Es ist einfacher, sie unter Zuhilfenahme komplexer Größen durchzuführen, was in folgender Weise möglich ist:

Man geht davon aus, dass $F_0 \cos(\omega t)$ der Realteil von $F_0 \mathrm{e}^{\mathrm{i}\omega t}$ ist. Aus diesem Grunde schreibt man auf der rechten Seite von (11.60) den Ausdruck $F_0 \mathrm{e}^{\mathrm{i}\omega t}$,

$$m\ddot{x} + \varrho\dot{x} + Dx = F_0 \mathrm{e}^{\mathrm{i}\omega t} \,, \tag{11.61}$$

und bestimmt dann eine komplexe Lösungsfunktion der so erhaltenen Gleichung. Wegen der Linearität der linken Seite muss der Realteil dieser Lösungsfunktion eine Lösung von (11.60) sein.

Zur Lösung von (11.61) nehmen wir versuchsweise die Funktion $x(t) = \alpha \mathrm{e}^{\mathrm{i}\omega t}$. Einsetzen in (11.61) ergibt

$$-m\alpha\omega^2 \mathrm{e}^{\mathrm{i}\omega t} + \varrho\alpha\mathrm{i}\omega \mathrm{e}^{\mathrm{i}\omega t} + D\alpha \mathrm{e}^{\mathrm{i}\omega t} = F_0 \mathrm{e}^{\mathrm{i}\omega t}$$

bzw. nach Kürzung von $\mathrm{e}^{\mathrm{i}\omega t}$ und Auflösen nach α

$$\alpha = \frac{F_0}{D - m\omega^2 + \mathrm{i}\varrho\omega} \,.$$

Mit diesem Wert für α stellt also der Lösungsansatz $x(t) = \alpha \mathrm{e}^{\mathrm{i}\omega t}$ eine Lösung von (11.61) dar. Da der Nenner im Ausdruck für α komplex ist, bringen wir ihn noch auf die Form $r\mathrm{e}^{\mathrm{i}\psi}$. Gemäß den Regeln für das Rechnen mit komplexen Zahlen (siehe Abschnitt 1.3) gilt

$$r = |D - m\omega^2 + \mathrm{i}\varrho\omega| = \sqrt{(D - m\omega^2)^2 + \varrho^2\omega^2}$$

und

$$\tan\psi = \frac{\varrho\omega}{D - m\omega^2} \,.$$

Wir erhalten somit

$$\alpha = \frac{F_0}{\sqrt{(D - m\omega^2)^2 + \varrho^2\omega^2} e^{i\psi}}$$

und für die partikuläre Lösung von (11.61)

$$x(t) = \frac{F_0 e^{i(\omega t - \psi)}}{\sqrt{(D - m\omega^2)^2 + \varrho^2\omega^2}} .$$

Die partikuläre Lösung der ursprünglichen Gleichung (11.60) ist durch den Realteil der obigen Funktion gegeben, also durch

$$x(t) = \frac{F_0 \cos(\omega t - \psi)}{\sqrt{(D - m\omega^2)^2 + \varrho^2\omega^2}} .$$

Die allgemeine Lösung von (11.60) erhält man durch Hinzufügen der in (11.58) gegebenen allgemeinen Lösung der homogenen Gleichung,

$$x(t) = e^{-(\varrho/(2m))t}(A_1 e^{i\omega_0' t} + A_2 e^{-i\omega_0' t}) + \frac{F_0 \cos(\omega t - \psi)}{\sqrt{(D - m\omega^2)^2 + \varrho^2\omega^2}} , \qquad (11.62)$$

wobei $\omega_0' = \sqrt{D/m - \varrho^2/(4m^2)}$.

Man erkennt bei näherer Betrachtung von (11.62) bzw. Abb. 11.8b, dass der erste Summand nach einiger Zeit auf null abgesunken ist, sodass nur der zweite Summand übrig bleibt. Dieser hängt nicht von den Anfangsbedingungen ab. Nach langen Zeiten ist also der Bewegungsablauf unabhängig von den Anfangsbedingungen. Er stellt eine Schwingung dar, die mit der gleichen Frequenz wie die der anregenden Kraft stattfindet, aber dieser gegenüber phasenverschoben ist. Die Amplitude und Phasenverschiebung dieser Schwingung hängen von der Frequenz ab. Um die Frequenzabhängigkeit zu erkennen, ersetzen wir D gemäß (11.55) durch $\omega_0^2 m$, wobei $\omega_0/(2\pi)$ die Eigenfrequenz des frei schwingenden Systems ist. Die partikuläre Lösung geht dann über in

$$x(t) = x_0 \cos(\omega t - \psi)$$

mit

$$x_0 = \frac{F_0}{\sqrt{m^2(\omega_0^2 - \omega^2)^2 + \varrho^2\omega^2}} , \qquad \tan\psi = \frac{\varrho\omega}{m(\omega_0^2 - \omega^2)} . \qquad (11.63)$$

Man sieht, dass die Amplitude x_0 der Schwingung gemäß der obigen Formel für $\omega = \omega_0$ maximal ist, da für diesen Wert der Nenner am kleinsten wird. Wenn wir also das System mit einer Frequenz anregen, die seiner Eigenfrequenz entspricht, so wird die Amplitude am größten. Die Phasenverschiebung ψ, also der Winkel, um den die Schwingung hinter der erregenden Kraft zurückbleibt, ist in diesem Fall 90°. Das Maximum in der Amplitude ist umso schärfer, je kleiner die Reibung

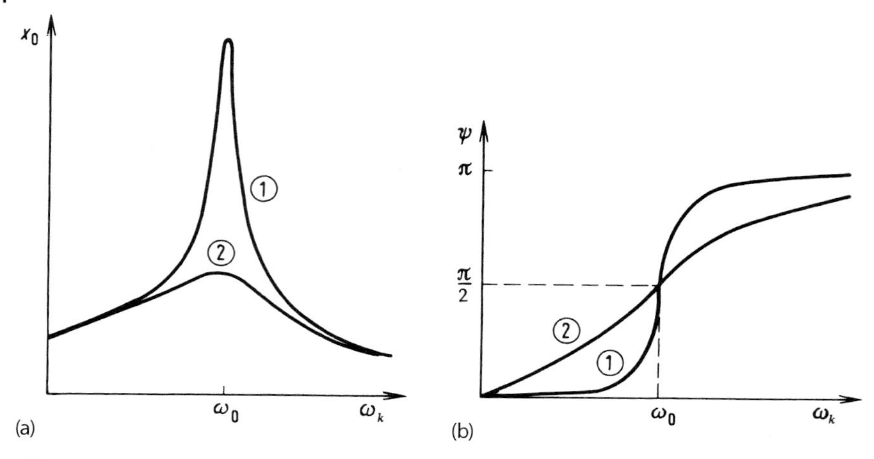

Abb. 11.9 Amplitude x_0 (a) und Phasenverschiebung ψ (b) bei einer erzwungenen Schwingung als Funktion der Schwingungsfrequenz ω mit schwacher Dämpfung (1) bzw. starker Dämpfung (2).

ist. Die Abhängigkeit der Amplitude sowie der Phasenverschiebung von der Frequenz ist in Abb. 11.9 für eine relativ schwache Reibung (Kurve 1) sowie für den Fall starker Reibung (Kurve 2) wiedergegeben.

Zusammenfassend ergibt sich also: *Die inhomogene Differenzialgleichung* $m\ddot{x} + \varrho\dot{x} + Dx = F_0 \cos(\omega t)$ *führt nach dem Abklingen des Anregungsvorganges zu einer Schwingung der gleichen Frequenz wie die der äußeren Kraft. Die Amplitude* x_0 *der Schwingung und die Phasenverschiebung* ψ *sind durch* (11.63) *gegeben* (siehe Abb. 11.9). *Die Amplitude besitzt ein Maximum, wenn* ω *mit der Kreisfrequenz des frei schwingenden Systems* ω_0 *übereinstimmt.*

Beispiel 11.23

Die hier erhaltenen Ergebnisse sind für ganz verschiedene Bereiche der Wissenschaft und des täglichen Lebens von größter Bedeutung. Sie haben z. B. zur Folge, dass bei Bestrahlung von Materie durch Licht die Lichtabsorption für diejenigen Frequenzen am größten ist, die den Eigenfrequenzen der Elektronen in der Materie entsprechen; dass beim Verfolgen einer Schwingung mit einem Messinstrument die Eigenschwingung des Messinstruments so liegen muss, dass sie klein gegenüber der Frequenz der zu untersuchenden Schwingung ist, da nur dann die Phase der Schwingung richtig angezeigt wird; dass eine größere Gruppe von Personen nicht im Gleichschritt über eine Brücke marschieren soll, da sonst, wenn zufällig die Schrittfolge ein ganzzahliger Teiler der Eigenfrequenz der Brücke ist, die Brücke zu Schwingungen mit immer größerer Amplitude angeregt wird und schließlich einstürzen kann.

11.3.5
Systeme von Differenzialgleichungen zweiter Ordnung

Eine wichtige Anwendung in der Chemie finden auch Systeme von Differenzialgleichungen zweiter Ordnung mit konstanten Koeffizienten. Auf solche Systeme stößt man unter anderem bei der Untersuchung von Molekülschwingungen.

Wir betrachten ein Molekül aus N Atomen mit den Massen $m_1, m_2, \ldots, m_N$ und bezeichnen die Auslenkungen aus der Gleichgewichtslage in die drei Raumrichtungen beim ersten Atom mit x_1, x_2, x_3, beim zweiten Atom mit x_4, x_5, x_6 usw. bis zum N-ten Atom mit x_{n-2}, x_{n-1}, x_n. Die Größe n ist dabei offensichtlich gleich $3N$. Bei den Auslenkungen treten allgemein rücktreibende Kräfte auf, die in erster Näherung den Auslenkungen proportional sind. Da gemäß dem Newton'schen Gesetz diese Kräfte jeweils gleich dem Produkt aus Masse und Beschleunigung eines jeden Atoms sein müssen, lauten die Bewegungsgleichungen in allgemeiner Form:

$$\begin{aligned} m_1\ddot{x}_1 &= \tilde{a}_{11}x_1 + \tilde{a}_{12}x_2 + \cdots + \tilde{a}_{1n}x_n \ , \\ m_1\ddot{x}_2 &= \tilde{a}_{21}x_1 + \tilde{a}_{22}x_2 + \cdots + \tilde{a}_{2n}x_n \ , \\ &\vdots \\ m_N\ddot{x}_n &= \tilde{a}_{n1}x_1 + \tilde{a}_{n2}x_2 + \cdots + \tilde{a}_{nn}x_n \ . \end{aligned}$$

Indem wir durch die Massen dividieren und den Quotienten aus $\tilde{a}_{ik}$ und der entsprechenden Masse jeweils mit a_{ik} bezeichnen, ergibt sich:

$$\begin{aligned} \ddot{x}_1 &= a_{11}x_1 + a_{12}x_2 + \cdots + a_{1n}x_n \ , \\ \ddot{x}_2 &= a_{21}x_1 + a_{22}x_2 + \cdots + a_{2n}x_n \ , \\ &\vdots \\ \ddot{x}_n &= a_{n1}x_1 + a_{n2}x_2 + \cdots + a_{nn}x_n \ . \end{aligned}$$

Wenn man aus den Koeffizienten a_{ik} die Matrix $\boldsymbol{A}$ und aus den Funktionen x_i die einspaltige Matrix $\boldsymbol{x}$ bildet, so kann man dafür auch kompakter schreiben:

$$\ddot{\boldsymbol{x}} = \boldsymbol{A}\boldsymbol{x} \ . \tag{11.64}$$

Dieses System von Differenzialgleichungen können wir wie in Abschnitt 11.2.4 mit einem Ansatz der Form $\boldsymbol{x}(t) = \boldsymbol{d}\mathrm{e}^{\alpha t}$ lösen. Setzen wir nämlich den Ansatz in (11.64) ein, so folgt

$$\alpha^2\boldsymbol{d}\mathrm{e}^{\alpha t} = \ddot{\boldsymbol{x}} = \boldsymbol{A}\boldsymbol{x} = \boldsymbol{A}\boldsymbol{d}\mathrm{e}^{\alpha t}$$

und, nach Kürzung von $\mathrm{e}^{\alpha t}$,

$$\boldsymbol{A}\boldsymbol{d} = \alpha^2\boldsymbol{d} \ .$$

Dies bedeutet, dass α^2 ein Eigenwert der Matrix $\boldsymbol{A}$ und $\boldsymbol{d}$ der dazugehörige Eigenvektor ist.

Im Folgenden nehmen wir an, dass die Matrix $\boldsymbol{A}$ n linear unabhängige Eigenvektoren besitzt. In diesem Fall können wir mithilfe der Matrix, deren Spalten aus den Eigenvektoren bestehen, die Differenzialgleichung (11.64) sehr vereinfachen. Seien dazu $\boldsymbol{d}_1, \boldsymbol{d}_2, \ldots, \boldsymbol{d}_n$ die Eigenvektoren zu den Eigenwerten $\lambda_1, \lambda_2, \ldots, \lambda_n$ (die nicht paarweise verschieden sein müssen). Dann ist $\alpha_k^2 = \lambda_k$. Falls $\lambda_k < 0$, so ist α_k komplex. Wir bezeichnen die quadratische Matrix aus den Spaltenvektoren mit $\boldsymbol{D}$. Da wir angenommen haben, dass die Eigenvektoren linear unabhängig sind, ist die Matrix $\boldsymbol{D}$ invertierbar.

Nun führen wir die Koordinatentransformation $\boldsymbol{x} = \boldsymbol{D}\boldsymbol{q}$ in (11.64) durch. Dann folgt $\boldsymbol{D}\ddot{\boldsymbol{q}} = \ddot{\boldsymbol{x}} = \boldsymbol{A}\boldsymbol{x} = \boldsymbol{A}\boldsymbol{D}\boldsymbol{q}$ und, da $\boldsymbol{D}$ invertierbar ist,

$$\ddot{\boldsymbol{q}} = \boldsymbol{D}^{-1}\boldsymbol{A}\boldsymbol{D}\boldsymbol{q} \,. \tag{11.65}$$

Wir behaupten, dass die Matrix $\boldsymbol{D}^{-1}\boldsymbol{A}\boldsymbol{D}$ eine Diagonalmatrix ist und daher das neue System in der Variablen $\boldsymbol{q}$ besonders leicht zu lösen ist. Um die Behauptung einzusehen, bilden wir zunächst das Produkt von $\boldsymbol{A}$ und $\boldsymbol{D}$. Da die Spalten von $\boldsymbol{D}$ die Eigenvektoren von $\boldsymbol{A}$ sind, erhalten wir:

$$\begin{aligned}\boldsymbol{A}\boldsymbol{D} &= \boldsymbol{A}(\boldsymbol{d}_1, \boldsymbol{d}_2, \ldots, \boldsymbol{d}_n) = (\boldsymbol{A}\boldsymbol{d}_1, \boldsymbol{A}\boldsymbol{d}_2, \ldots, \boldsymbol{A}\boldsymbol{d}_n) \\ &= (\lambda_1\boldsymbol{d}_1, \lambda_2\boldsymbol{d}_2, \ldots, \lambda_n\boldsymbol{d}_n) = \boldsymbol{D}\begin{pmatrix}\lambda_1 & 0 & \cdots & 0 \\ 0 & \lambda_2 & \cdots & 0 \\ \vdots & & \ddots & \\ 0 & 0 & \cdots & \lambda_n\end{pmatrix} .\end{aligned}$$

Multiplizieren wir auf beiden Seiten von links mit $\boldsymbol{D}^{-1}$, so ergibt sich

$$\boldsymbol{D}^{-1}\boldsymbol{A}\boldsymbol{D} = \begin{pmatrix}\lambda_1 & 0 & \cdots & 0 \\ 0 & \lambda_2 & \cdots & 0 \\ \vdots & & \ddots & \\ 0 & 0 & \cdots & \lambda_n\end{pmatrix} ,$$

d. h., die Matrix $\boldsymbol{D}^{-1}\boldsymbol{A}\boldsymbol{D}$ ist tatsächlich eine Diagonalmatrix. Die Hauptdiagonalelemente sind gerade die Eigenwerte von $\boldsymbol{A}$. Das System (11.65) von Differenzialgleichungen kann also komponentenweise als

$$\ddot{q}_k = \lambda_k q_k \tag{11.66}$$

geschrieben werden. Diese Gleichungen sind einfach lösbar; sie besitzen wegen $\lambda_k = \alpha_k^2$ im Falle $\alpha_k \neq 0$ die allgemeinen Lösungen

$$q_k(t) = c_k \mathrm{e}^{\alpha_k t} + d_k \mathrm{e}^{-\alpha_k t} \,. \tag{11.67}$$

Falls $\alpha_k = 0$, so lautet die allgemeine Lösung:

$$q_k(t) = c_k t + d_k \,. \tag{11.68}$$

Wir haben das System (11.64) also *entkoppelt*; die Bewegung q_k hängt nicht von den anderen Bewegungen q_j ab. Man nennt die Variablen q_k auch die *Normalkoordinaten* des Systems.

Wir sehen also: *Um ein Differenzialgleichungssystem mit konstanten Koeffizienten der Form* $\ddot{\boldsymbol{x}} = \boldsymbol{A}\boldsymbol{x}$ *zu lösen, führt man als Erstes eine Koordinatentransformation* $\boldsymbol{x} = \boldsymbol{D}\boldsymbol{q}$ *durch, wobei die Spalten von* $\boldsymbol{D}$ *aus den Eigenvektoren von* $\boldsymbol{A}$ *bestehen. Die Bewegungsgleichungen nehmen dann die Form* $\ddot{\boldsymbol{q}} = \Lambda\boldsymbol{q}$ *an, wobei* Λ *eine Diagonalmatrix ist, die die Eigenwerte* $\lambda_1, \lambda_2, \ldots, \lambda_n$ *von* $\boldsymbol{A}$ *als Elemente enthält. Die Lösungen der erhaltenen Differenzialgleichungen haben die Form* (11.67) *bzw.* (11.68). *Indem man diese Lösungen in die Beziehung* $\boldsymbol{x} = \boldsymbol{D}\boldsymbol{q}$ *einsetzt, ergibt sich die gesuchte allgemeine Lösung.*

Beispiel 11.24

Als einfaches Beispiel betrachten wir drei Kugeln gleicher Masse m, die durch zwei Federn verbunden sind (siehe Abb. 11.10). Es sei vorausgesetzt, dass nur Bewegungen längs der Achse des Systems möglich sind. Wir bezeichnen die Auslenkungen der Kugeln aus den Gleichgewichtslagen mit x_1, x_2 bzw. x_3 und die Federkonstanten mit k'_{12} und k'_{23}. Wir vereinbaren, dass eine Auslenkung nach rechts als positiv, eine solche nach links negativ gezählt wird. Die Ausdehnung einer jeden Feder ist dann durch die Differenz der Verschiebungen der Massen an ihren Enden gegeben. Auf die Massen 1 und 3 wirkt nur die Kraft von jeweils einer Feder, auf die Masse 2 dagegen wirken die Kräfte von zwei Federn. Aufgrund des Newton'schen Grundgesetzes der Mechanik, wonach das Produkt von Masse und Beschleunigung gleich der auf die Masse wirkenden Kraft sein muss, ergibt sich:

$$\begin{aligned} m\ddot{x}_1 &= -k'_{12}(x_1 - x_2)\,, \\ m\ddot{x}_2 &= -k'_{12}(x_2 - x_1) - k'_{23}(x_2 - x_3)\,, \\ m\ddot{x}_3 &= -k'_{23}(x_3 - x_2)\,. \end{aligned} \tag{11.69}$$

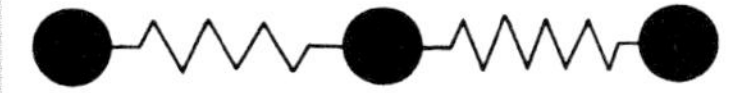

Abb. 11.10 Drei linear schwingende Kugeln als einfaches Modell eines Moleküls.

Wir wollen dieses System unter Einführung von Normalkoordinaten lösen. Wir dividieren die Gleichungen durch m und setzen $k_{ij} = k'_{ij}/m$. Die durch (11.64) definierte Matrix $\boldsymbol{A}$ lautet in diesem Fall:

$$\boldsymbol{A} = \begin{pmatrix} -k_{12} & k_{12} & 0 \\ k_{12} & -k_{12} - k_{23} & k_{23} \\ 0 & k_{23} & -k_{23} \end{pmatrix}.$$

Die Eigenwerte λ_1, λ_2 und λ_3 der Matrix ergeben sich aus der Bedingung $\det(\boldsymbol{A} - \lambda\boldsymbol{E}) = 0$. Wir erhalten daher:

$$\begin{aligned} 0 &= \det\begin{pmatrix} -k_{12} - \lambda & k_{12} & 0 \\ k_{12} & -k_{12} - k_{23} - \lambda & k_{23} \\ 0 & k_{23} & -k_{23} - \lambda \end{pmatrix} \\ &= \lambda\left(\lambda^2 + (2k_{12} + 2k_{23})\lambda + 3k_{12}k_{23}\right)\,. \end{aligned}$$

Eine Lösung ist $\lambda_1 = 0$. Die anderen beiden Lösungen erhalten wir durch Lösen der quadratischen Gleichung in den Klammern. Dies ergibt:

$$\lambda_2 = -(k_{12} + k_{23}) + \sqrt{k_{12}^2 + k_{23}^2 - k_{12}k_{23}}\ ,$$
$$\lambda_3 = -(k_{12} + k_{23}) - \sqrt{k_{12}^2 + k_{23}^2 - k_{12}k_{23}}\ .$$

Nachdem wir die Eigenwerte von $\boldsymbol{A}$ bestimmt haben, können wir die Bewegungsgleichungen (11.69) unmittelbar in Normalkoordinaten schreiben. Es gilt (11.66) zufolge:

$$\ddot{q}_1 = 0\ , \quad \ddot{q}_2 = \lambda_2 q_2\ , \quad \ddot{q}_3 = \lambda_3 q_3\ .$$

Die Lösung der ersten Gleichung findet man durch zweifache Integration nach t. Für die Lösung der zweiten und dritten Gleichung beachten wir, dass λ_2 und λ_3 negativ sind; wir können daher schreiben

$$\mathrm{i}\omega_2 = \sqrt{\lambda_2} \quad \text{und} \quad \mathrm{i}\omega_3 = \sqrt{\lambda_3}\ ,$$

wobei ω_2 und ω_3 positive Zahlen sind. Daher lauten die Lösungen der entkoppelten Gleichungen:

$$q_1 = c_1 t + d_1\ , \quad q_2 = c_2 \mathrm{e}^{\mathrm{i}\omega_2 t} + d_2 \mathrm{e}^{-\mathrm{i}\omega_2 t}\ , \quad q_3 = c_3 \mathrm{e}^{\mathrm{i}\omega_3 t} + d_3 \mathrm{e}^{-\mathrm{i}\omega_3 t}\ . \quad (11.70)$$

Dabei sind die Größen c_i und d_i beliebige Konstanten.
Um die zeitliche Abhängigkeit der kartesischen Koordinaten x_1, x_2, x_3 zu finden, muss man die Transformationsmatrix $\boldsymbol{D}$ bestimmen. Diese wird aus den Eigenvektoren der Matrix $\boldsymbol{A}$ gebildet. Indem wir das Gleichungssystem $(\boldsymbol{A} - \lambda \boldsymbol{E})\boldsymbol{d} = 0$ für die drei Werte von λ lösen und die erhaltenen Eigenvektoren zu der Matrix $\boldsymbol{D}$ zusammensetzen, finden wir nach einer Rechnung:

$$\boldsymbol{D} = \begin{pmatrix} \frac{1}{\sqrt{3}} & \frac{k_{12}a_2}{\alpha - k_{23}} & -\frac{k_{12}a_3}{\alpha + k_{23}} \\ \frac{1}{\sqrt{3}} & a_2 & a_3 \\ \frac{1}{\sqrt{3}} & \frac{k_{23}a_2}{\alpha - k_{12}} & -\frac{k_{23}a_3}{\alpha + k_{12}} \end{pmatrix} .$$

Hierbei sind a_2 und a_3 Normierungskonstanten, die wir nicht zu bestimmen brauchen, und $\alpha = \sqrt{k_{12}^2 + k_{23}^2 - k_{12}k_{23}}$. Die ursprünglichen Koordinaten sind durch die Matrixgleichung $\boldsymbol{x} = \boldsymbol{D}\boldsymbol{q}$ gegeben. Indem wir die Elemente von $\boldsymbol{q}$ entsprechend (11.70) schreiben, erhalten wir

$$\begin{pmatrix} x_1 \\ x_2 \\ x_3 \end{pmatrix} = \begin{pmatrix} \frac{1}{\sqrt{3}} & \frac{k_{12}a_2}{\alpha - k_{23}} & -\frac{k_{12}a_3}{\alpha + k_{23}} \\ \frac{1}{\sqrt{3}} & a_2 & a_3 \\ \frac{1}{\sqrt{3}} & \frac{k_{23}a_2}{\alpha - k_{12}} & -\frac{k_{23}a_3}{\alpha + k_{12}} \end{pmatrix} \begin{pmatrix} c_1 t + d_1 \\ c_2 \mathrm{e}^{\mathrm{i}\omega_2 t} + d_2 \mathrm{e}^{-\mathrm{i}\omega_2 t} \\ c_3 \mathrm{e}^{\mathrm{i}\omega_3 t} + d_3 \mathrm{e}^{-\mathrm{i}\omega_3 t} \end{pmatrix}$$

bzw. nach Multiplikation der Matrizen und Zerlegung in einzelne Gleichungen

$$\begin{aligned}
x_1(t) &= \frac{c_1}{\sqrt{3}}\,t + \frac{d_1}{\sqrt{3}} + \frac{k_{12}a_2}{\alpha - k_{23}}\left(c_2 e^{i\omega_2 t} + d_2 e^{-i\omega_2 t}\right) \\
&\quad - \frac{k_{12}a_3}{\alpha + k_{23}}\left(c_3 e^{i\omega_3 t} + d_3 e^{-i\omega_3 t}\right) , \\
x_2(t) &= \frac{c_1}{\sqrt{3}}\,t + \frac{d_1}{\sqrt{3}} + a_2\left(c_2 e^{i\omega_2 t} + d_2 e^{-i\omega_2 t}\right) + a_3\left(c_3 e^{i\omega_3 t} + d_3 e^{-i\omega_3 t}\right) , \\
x_3(t) &= \frac{c_1}{\sqrt{3}}\,t + \frac{d_1}{\sqrt{3}} + \frac{k_{23}a_2}{\alpha - k_{12}}\left(c_2 e^{i\omega_2 t} + d_2 e^{-i\omega_2 t}\right) \\
&\quad - \frac{k_{23}a_3}{\alpha + k_{12}}\left(c_3 e^{i\omega_3 t} + d_3 e^{-i\omega_3 t}\right) .
\end{aligned} \tag{11.71}$$

Dies ist die gesuchte allgemeine Lösung.
Wir wollen nun noch einige für die Charakterisierung der Molekülbewegungen wichtige partikuläre Lösungen besprechen. Nehmen wir an, die Konstanten c_i und d_i haben solche Werte, dass sich nur die Normalkoordinate q_1 zeitlich ändert. Es sind dann nur c_1 und d_1 von null verschieden und die Gleichungen (11.71) gehen über in

$$x_1(t) = x_2(t) = x_3(t) = \frac{c_1}{\sqrt{3}}t + \frac{d_1}{\sqrt{3}} .$$

Das bedeutet, dass das Molekül eine Translationsbewegung ausführt. Wenn sich nur die Normalkoordinate q_2 zeitlich ändert, so sind nur c_2 und d_2 von null verschieden, und die Lösung lautet:

$$\begin{aligned}
x_1(t) &= \frac{k_{12}a_2}{\alpha - k_{23}}\left(c_2 e^{i\omega_2 t} + d_2 e^{-i\omega_2 t}\right) , \\
x_2(t) &= a_2\left(c_2 e^{i\omega_2 t} + d_2 e^{-i\omega_2 t}\right) , \\
x_3(t) &= \frac{k_{23}a_2}{\alpha - k_{12}}\left(c_2 e^{i\omega_2 t} + d_2 e^{-i\omega_2 t}\right) .
\end{aligned}$$

Bei reellen Anfangsbedingungen lässt sich die Summe zweier Exponentialfunktionen mit imaginären Exponenten immer als der Kosinus des mit einer additiven Konstanten ergänzten Imaginärteils des Exponenten schreiben, sodass wir

$$\begin{aligned}
x_1(t) &= \beta_1 \cos(\omega_2 t + \delta) , \\
x_2(t) &= \beta_2 \cos(\omega_2 t + \delta) , \\
x_3(t) &= \beta_3 \cos(\omega_2 t + \delta)
\end{aligned}$$

erhalten, wobei β_i und δ gewisse Konstanten sind. Der Bewegung der Normalkoordinate q_2 entspricht also einer gleichphasigen Schwingung aller Atome mit der gegebenen Frequenz ω_2. Eine solche Bewegung bezeichnet man als *Eigenschwingung* oder *Normalschwingung*. In gleicher Weise ergibt sich, dass der Bewegung der Normalkoordinate q_3 eine Eigenschwingung mit der Frequenz ω_3 entspricht. Wir sehen also: *Die möglichen Bewegungsformen des betrachteten Moleküls bestehen aus zwei Normalschwingungen und einer Translationsbewegung.*

Fragen und Aufgaben

Aufgabe 11.18 Wandle die Differenzialgleichung $y'' + ky = 0$ in ein System von Differenzialgleichungen erster Ordnung um.

Aufgabe 11.19 Was versteht man unter einem Fundamentalsystem einer linearen homogenen Differenzialgleichung n-ter Ordnung?

Aufgabe 11.20 Woran erkennt man, dass drei Lösungen einer homogenen linearen Differenzialgleichung dritter Ordnung ein Fundamentalsystem bilden?

Aufgabe 11.21 Was ist die Wronski-Determinante?

Aufgabe 11.22 Welche Form hat die allgemeine Lösung einer linearen inhomogenen Differenzialgleichung dritter Ordnung?

Aufgabe 11.23 Unter welchen Bedingungen hat eine lineare Differenzialgleichung dritter Ordnung eine eindeutig bestimmte Lösung?

Aufgabe 11.24 Mit welchem Ansatz kann man eine lineare homogene Differenzialgleichung mit konstanten Koeffizienten lösen?

Aufgabe 11.25 Welche Vorteile hat es, als Lösung einer linearen homogenen Differenzialgleichung eine Funktion in einer komplexen Variablen anzusetzen?

Aufgabe 11.26 Zeige, dass sowohl die Funktionen $\sin(kx)$ und $\cos(kx)$ als auch die Funktionen e^{ikx} und e^{-ikx} ein Fundamentalsystem der Differenzialgleichung $y'' + k^2 y = 0$ mit $k > 0$ sind.

Aufgabe 11.27 Bestimme die allgemeine Lösung sowie die Lösung des entsprechenden Anfangswertproblems mit $y(0) = y'(0) = 0$ für folgende Differenzialgleichungen: (i) $y'' + 9y = 0$, (ii) $y''' - 2y'' + y' - 2y = 0$.

Aufgabe 11.28 Eine an einer Feder befestigte reibungslos auf der Unterlage gleitende Masse m (siehe Abb. 11.6) steht unter dem Einfluss einer periodisch schwankenden Kraft, gegeben durch $F(t) = F_0 \sin(\omega t)$ mit der Federkonstanten D. Bestimme die Lösung und betrachte den Fall, dass ω^2 gegen D/m strebt.

11.4 Spezielle lineare Differenzialgleichungen zweiter Ordnung

11.4.1 Potenzreihenansatz

Lineare Differenzialgleichungen der Form

$$a_m(x)y^{(m)} + a_{m-1}(x)y^{(m-1)} + \cdots + a_1(x)y' + a_0(x)y = f(x) ,$$

bei denen die Koeffizienten a_k Funktionen in $x \in \mathbb{R}$ sind, lassen sich im Allgemeinen nicht mit den bisher beschriebenen Methoden lösen. Andererseits treten derartige Gleichungen häufig bei der Lösung partieller Differenzialgleichungen aus der Physik und der Chemie auf (siehe Kapitel 12). In diesem Abschnitt verwenden wir eine neue Lösungsmethode, nämlich den *Potenzreihenansatz*

$$y(x) = \sum_{n=0}^{\infty} c_n(x-a)^n \tag{11.72}$$

mit zu bestimmenden Koeffizienten c_n. Das Verfahren zum Bestimmen der Lösung ist wie folgt: Zuerst werden die Koeffizienten $a_k(x)$ und die rechte Seite $f(x)$ in Potenzreihen um $x = a$ entwickelt; dann wird der obige Potenzreihenansatz in die Differenzialgleichung eingesetzt, und die Koeffizienten c_n werden durch Koeffizientenvergleich ermittelt.

Im Folgenden untersuchen wir nur Differenzialgleichungen maximal zweiter Ordnung ($m = 2$):

$$a_2(x)y'' + a_1(x)y' + a_0(x)y = f(x) , \quad x \in I , \tag{11.73}$$

wobei I ein Intervall ist.

Beispiel 11.25

1. Als erstes Beispiel betrachten wir die Differenzialgleichung

$$x^2y'' - 2xy' + 2y = 2x^3 , \quad x > 0 .$$

Die Koeffizienten $a_2(x) = x^2$, $a_1(x) = -2x$, $a_0(x) = 2$ und die rechte Seite $f(x) = 2x^3$ sind bereits in Potenzen von x gegeben, sodass wir sie nicht um den Punkt $x = 0$ entwickeln müssen. Wir wollen den Ansatz (11.72) mit $a = 0$ einsetzen und berechnen dafür die ersten beiden Ableitungen von y durch formales gliedweises Differenzieren:

$$y'(x) = \sum_{n=1}^{\infty} nc_nx^{n-1} , \quad y''(x) = \sum_{n=2}^{\infty} n(n-1)c_nx^{n-2} .$$

Damit erhalten wir:

$$2x^3 = x^2 \sum_{n=2}^{\infty} n(n-1)c_n x^{n-2} - 2x \sum_{n=1}^{\infty} nc_n x^{n-1} + 2 \sum_{n=0}^{\infty} c_n x^n$$
$$= \sum_{n=2}^{\infty} (n-1)(n-2)c_n x^n + 2c_0 \, .$$

Bringen wir den Term $2x^3$ auf die rechte Seite, ergibt sich:

$$0 = \sum_{n=2,\, n\neq 3}^{\infty} (n-1)(n-2)c_n x^n + 2(c_3 - 1)x^3 + 2c_0 \, .$$

Diese Gleichung soll für alle $x > 0$ erfüllt sein. Damit dies möglich ist, müssen alle Koeffizienten vor den Potenzen von x verschwinden:

$$c_0 = 0 \, , \quad c_3 - 1 = 0 \, , \quad (n-1)(n-2)c_n = 0 \quad \text{für alle} \quad n > 3 \, .$$

Aus der letzten Gleichung folgt $c_n = 0$ für alle $n > 3$. Die Werte für c_1 und c_2 bleiben unspezifiziert und bilden die beiden Integrationskonstanten für die Differenzialgleichung zweiter Ordnung. Die allgemeine Lösung der Differenzialgleichung lautet also:

$$y(x) = c_1 x + c_2 x^2 + x^3 \, , \quad x > 0 \, .$$

2. Als zweites Beispiel wollen wir die Differenzialgleichung

$$x^2 y' - y = -x \, , \quad x > 0 \, , \tag{11.74}$$

mit dem Potenzreihenansatz lösen. Wir erhalten nach Einsetzen von (11.72) mit $a = 0$:

$$-x = x^2 \sum_{n=1}^{\infty} nc_n x^{n-1} - \sum_{n=0}^{\infty} c_n x^n = \sum_{n=1}^{\infty} nc_n x^{n+1} - \sum_{k=-1}^{\infty} c_{k+1} x^{k+1}$$
$$= \sum_{n=1}^{\infty} (nc_n - c_{n+1}) x^{n+1} - c_0 - c_1 x \, .$$

Ein Koeffizientenvergleich liefert die Bedingungen

$$c_0 = 0 \, , \quad c_1 = 1 \, , \quad c_{n+1} = nc_n \quad \text{für alle} \quad n \geq 1 \, .$$

Die rekursive Gleichung kann aufgelöst werden: $c_n = (n-1)c_{n-1} = \cdots = (n-1)!c_1$. Damit haben wir gefunden:

$$y(x) = \sum_{n=1}^{\infty} (n-1)! x^n \, , \quad x > 0 \, .$$

Aus dem Quotientenkriterium

$$1 > q \geq \left| \frac{n! x^{n+1}}{(n-1)! x^n} \right| = n|x|$$

folgt, dass $|x| \leq q/n$ für alle $n \in \mathbb{N}$ gelten muss. Dies impliziert, dass die Reihe nur für $x = 0$ konvergiert und für alle $x > 0$ divergent ist. Die obige Potenzreihe ist insbesondere keine Lösung der Differenzialgleichung. Was ist schiefgegangen? Wir haben implizit angenommen, dass die Lösungen von (11.72) in eine Potenzreihe um $x = a$ entwickelbar sind, damit der Potenzreihenansatz sinnvoll ist. Diese Annahme ist in diesem Beispiel falsch, da sie auf den obigen Widerspruch führt. Dies können wir auch einsehen, wenn wir die obige Differenzialgleichung mit der Methode der Trennung der Variablen und der Variation der Konstanten lösen (siehe Abschnitt 11.2.2). Die allgemeine Lösung lautet

$$y(x) = \mathrm{e}^{-1/x}\left(c - \int \frac{\mathrm{e}^{1/x}}{x}\,\mathrm{d}x\right), \quad x > 0,$$

mit einer Integrationskonstanten $c \in \mathbb{R}$. Die Funktion $\mathrm{e}^{-1/x}$ ist jedoch *nicht* in eine Potenzreihe um $x = 0$ entwickelbar (siehe Abschnitt 8.6).

Das obige Beispiel hat gezeigt, dass der Potenzreihenansatz schiefgehen kann. Das folgende Resultat für die Differenzialgleichung (11.73) gibt ein Kriterium an, mit dem entschieden werden kann, ob ein Potenzreihenansatz sinnvoll ist: *Seien a_0, a_1, a_2 und f stetige Funktionen auf einem Intervall I und seien die Quotienten a_0/a_2, a_1/a_2 und f/a_2 an der Stelle $x = a \in I$ in eine Potenzreihe entwickelbar. Dann ist die Lösung von* (11.73) *ebenfalls in eine Potenzreihe entwickelbar, deren Konvergenzradius mindestens so groß wie der kleinste Konvergenzradius der Reihen von a_0/a_2, a_1/a_2 und f/a_2 ist.*

Dieses Resultat kann zwar streng genommen nicht auf die Gleichung erster Ordnung (11.74) angewendet werden, aber es gilt ein vergleichbares Resultat. Da $-1/x^2$ nicht in eine Potenzreihe um $x = 0$ entwickelbar ist, gilt dies auch für die Lösung der Differenzialgleichung.

Falls keine Entwicklung in eine Potenzreihe möglich ist, hilft manchmal der *verallgemeinerte Potenzreihenansatz*

$$y(x) = (x-a)^{-\alpha} \sum_{n=0}^{\infty} c_n (x-a)^n \tag{11.75}$$

für ein geeignet gewähltes $\alpha \in \mathbb{N}$.

Beispiel 11.26

Der normale Potenzreihenansatz (11.72) mit $x = 0$ für die Differenzialgleichung

$$xy' + y = 0, \quad x > 0,$$

liefert nach Einsetzen in die Gleichung

$$0 = x\sum_{n=1}^{\infty} nc_n x^{n-1} + \sum_{n=0}^{\infty} c_n x^n = \sum_{n=0}^{\infty}(n+1)c_n x^n,$$

also nach Koeffizientenvergleich $c_n = 0$ für alle $n \in \mathbb{N}_0$. Dies ergibt nur die triviale Lösung $y(x) = 0$. Mit dem verallgemeinerten Ansatz (11.75) mit $a = 0$ erhalten wir dagegen

$$0 = \sum_{n=0}^{\infty}(n-\alpha)c_n x^{n-\alpha} + \sum_{n=0}^{\infty} c_n x^{n-\alpha} = \sum_{n=0}^{\infty}(n-\alpha+1)c_n x^{n-\alpha}$$

und nach Koeffizientenvergleich $(n - \alpha + 1)c_n = 0$ für alle $n \in \mathbb{N}_0$. Im Falle $n - \alpha + 1 = 0$ für alle $n \in \mathbb{N}_0$ erhielten wir $c_n = 0$ für alle n und damit wieder die triviale Lösung. Es gibt also ein $m \in \mathbb{N}_0$ (nämlich $m = \alpha - 1$), sodass $m - \alpha + 1 = 0$ und $c_n = 0$ für alle $n \neq m$. Die allgemeine Lösung lautet daher:

$$y(x) = x^{-m-1} \sum_{n=0}^{\infty} c_n x^n = c_m x^{-1} , \qquad x > 0 .$$

Natürlich hätten wir diese Lösung direkt mit der Methode der Trennung der Variablen erhalten können.

11.4.2 Die Legendre-Differenzialgleichung

In diesem Abschnitt bestimmen wir alle Lösungen der *allgemeinen Legendre-Differenzialgleichung*

$$(1-x^2)y'' - 2xy' + \left(\lambda - \frac{m^2}{1-x^2}\right) y = 0 , \quad -1 < x < 1 , \tag{11.76}$$

mit $\lambda \in \mathbb{R}$ und $m \in \mathbb{N}_0$. Diese Gleichung entsteht bei der Separation der Laplace-Gleichung in Kugelkoordinaten (r, ϑ, ϕ); insbesondere ist $x = \cos\vartheta$ (siehe Abschnitt 12.5.3). Der Winkel ϑ kann Werte in $[0, \pi]$ annehmen, sodass $x \in [-1, 1]$ gilt. Insbesondere sollten die Lösungen von (11.76) im Intervall $[-1, 1]$ definiert, also insbesondere in $[-1, 1]$ *beschränkt* sein. Genau genommen ist dies ein Eigenwertproblem: Wir suchen diejenigen Eigenwerte $\lambda \in \mathbb{R}$, für die die Differenzialgleichung (11.76) in $[-1, 1]$ beschränkte Lösungen besitzt.

Wir betrachten zunächst die Gleichung (11.76) mit $m = 0$:

$$(1-x^2)y'' - 2xy' + \lambda y = 0 , \quad -1 < x < 1 , \tag{11.77}$$

die man die *Legendre-Differenzialgleichung* nennt. Mit der Notation von (11.73) lauten die Koeffizienten $a_2(x) = 1 - x^2$, $a_1(x) = -2x$ und $a_0(x) = \lambda$. Also ist nach Abschnitt 11.4.1 zu überprüfen, ob die Koeffizienten $a_1(x)/a_2(x) = -2x/(1-x^2)$ und $a_0(x)/a_2(x) = \lambda/(1-x^2)$ in eine Potenzreihe entwickelbar sind. Da die Quotienten singulär bei $x = \pm 1$ sind, können wir die Lösung in Form einer Potenzreihe um $x = 0$ ansetzen:

$$y(x) = \sum_{n=0}^{\infty} c_n x^n ,$$

und diese Reihe konvergiert mindestens für $|x| < 1$. Wir setzen den Potenzreihenansatz in die Differenzialgleichung ein, verschieben den Summationsindex und sortieren nach Potenzen von x^n:

$$\begin{aligned} 0 &= (1-x^2)\sum_{n=2}^{\infty} c_n n(n-1)x^{n-2} - 2x\sum_{n=1}^{\infty} c_n n x^{n-1} + \lambda \sum_{n=0}^{\infty} c_n x^n \\ &= \sum_{k=0}^{\infty} c_{k+2}(k+2)(k+1)x^k - \sum_{n=2}^{\infty} c_n n(n-1)x^n - 2\sum_{n=1}^{\infty} c_n n x^n + \lambda \sum_{n=0}^{\infty} c_n x^n \\ &= \sum_{n=0}^{\infty} \left[c_{n+2}(n+2)(n+1) - c_n\,(n(n+1)-\lambda)\right] x^n \ . \end{aligned}$$

Da die rechte Seite für alle Werte von x verschwinden soll, ist jeder Koeffizient vor x^n gleich null, und wir erhalten die Rekursionsformel

$$c_{n+2} = \frac{n(n+1)-\lambda}{(n+1)(n+2)} c_n \ , \quad \text{für alle} \quad n \geq 0 \ . \tag{11.78}$$

Die Konstanten $c_0, c_1 \in \mathbb{R}$ sind nicht spezifiziert.

Wir behaupten, dass die Rekursion abbricht, falls $\lambda = \ell(\ell+1)$ für ein $\ell \in \mathbb{N}_0$ und falls $c_1 = 0$, wenn ℓ gerade, und $c_0 = 0$, wenn ℓ ungerade. Gilt nämlich $\lambda = \ell(\ell+1)$ und ist ℓ eine gerade Zahl, so sind alle Koeffizienten c_n mit ungeradem Index gleich null (wegen $c_1 = 0$) und $c_{n+2} = 0$ für alle $n \geq \ell$ mit $\ell(\ell+1) = \lambda$, d. h., die Koeffizienten mit geradem Index n sind gleich null für $n > \ell$. Ist dagegen ℓ eine ungerade Zahl, so sind alle Koeffizienten mit geradem Index gleich null und die Koeffizienten c_n mit ungeradem Index sind gleich null für alle $n > \ell$.

Was geschieht, wenn $\lambda \neq n(n+1)$ für alle $n \in \mathbb{N}$? Dann bricht die Rekursion nicht ab. Wir wollen den Konvergenzradius der entsprechenden Reihe bestimmen. Dazu genügt es, sich auf „große" $n \in \mathbb{N}$ zu beschränken. In dieser Situation können wir λ im Zähler von (11.78) vernachlässigen und erhalten:

$$c_{n+2} \approx \frac{n(n+1)}{(n+1)(n+2)} c_n = \frac{n}{n+2} c_n \ , \quad \text{für „große" } n \in \mathbb{N} \ .$$

Auflösen der Rekursion ergibt für ungerades n

$$c_{n+2} \approx \frac{n-2}{n+2} c_{n-2} \approx \frac{n-4}{n+2} c_{n-4} \approx \cdots \approx \frac{1}{n+2} c_1$$

und für gerades n

$$c_{n+2} \approx \frac{n-2}{n+2} c_{n-2} \approx \frac{n-4}{n+2} c_{n-4} \approx \cdots \approx 0 \cdot c_0 = 0 \ .$$

Damit lautet die Potenzreihe näherungsweise:

$$\sum_{n\ \text{„groß"}} c_n x^n \approx \sum_{k\ \text{„groß"}} c_{2k-1} x^{2k-1} \approx \sum_{k\ \text{„groß"}} \frac{x^{2k-1}}{2k+1} \ .$$

Die Potenzreihe auf der rechten Seite konvergiert für $|x| < 1$, ist aber divergent für $x = 1$ (harmonische Reihe!). Wir erwarten daher, dass auch die Potenzreihe $\sum_{n=0}^{\infty} c_n x^n$ unbeschränkt für $x = 1$ ist. Wir haben jedoch gefordert, dass die Lösung von (11.77) für alle $x \in [-1, 1]$ definiert und insbesondere beschränkt sein soll. Die oben konstruierte Lösung erfüllt diese Voraussetzung nicht.

Es bleibt also der Fall zu betrachten, dass die Rekursion (11.78) abbricht, d. h., es existiert ein $\ell \in \mathbb{N}$ mit $\lambda = \ell(\ell+1)$. Die allgemeine Lösung ist dann ein Polynom:

$$y(x) = \sum_{n=0}^{\ell} c_n x^n \quad \text{mit} \quad c_{n+2} = \frac{n(n+1) - \ell(\ell+1)}{(n+1)(n+2)} c_n \,, \qquad n \geq 0 \,, \tag{11.79}$$

oder, anders formuliert,

$$\begin{aligned} y(x) &= c_0 + c_2 x^2 + \cdots + c_{2k} x^{2k} \,, \quad \text{falls} \quad \ell = 2k \,, \\ y(x) &= c_1 x + c_3 x^3 + \cdots + c_{2k+1} x^{2k+1} \,, \quad \text{falls} \quad \ell = 2k+1 \,. \end{aligned}$$

Für gerades ℓ haben wir, wie oben erwähnt, $c_1 = 0$ gesetzt; für ungerades ℓ dagegen $c_0 = 0$. In beiden Fällen erhalten wir je eine unbestimmte Konstante, nämlich c_0 für gerades ℓ und c_1 für ungerades ℓ. Es ist üblich, die Konstante durch die willkürliche Forderung $y(1) = 1$ festzulegen. Derartige Lösungen werden *Legendre-Polynome* oder *Legendre-Funktionen erster Art* genannt und mit P_ℓ bezeichnet.

Wir fassen die obigen Ergebnisse zusammen: *Das Eigenwertproblem* (11.77) *besitzt genau dann in* $[-1, 1]$ *beschränkte Lösungen, wenn* $\lambda = \ell(\ell+1)$ *für ein* $\ell \in \mathbb{N}_0$. *Die entsprechende Lösung ist ein Vielfaches des Legendre-Polynoms* P_ℓ. *Wir nennen* $\lambda = \ell(\ell+1)$ *die Eigenwerte von* (11.77) *und* P_ℓ *die zugehörigen Eigenfunktionen.*

Die Bestimmung der Legendre-Polynome aus der Rekursion in (11.79) ist etwas mühsam. Einfacher ist die Berechnung gemäß der *Rodriguez-Formel*

$$P_\ell(x) = \frac{1}{2^\ell \ell!} \frac{\mathrm{d}^\ell}{\mathrm{d}x^\ell} [(x^2 - 1)^\ell] \,, \qquad \ell \in \mathbb{N}_0 \,,$$

oder gemäß der Rekursion

$$(\ell+1) P_{\ell+1}(x) = (2\ell+1) x P_\ell(x) - \ell P_{\ell-1}(x) \,, \qquad \ell \geq 1 \,. \tag{11.80}$$

Die ersten neun Legendre-Polynome sind in Tab. 11.1 zusammengestellt (siehe auch Abb. 11.11).

Die Legendre-Polynome haben die bemerkenswerte Eigenschaft, dass sie bezüglich des Skalarprodukts $(f, g) = \int_{-1}^{1} f(x) g(x) \, \mathrm{d}x$ orthogonal zueinander sind:

$$\int_{-1}^{1} P_k(x) P_\ell(x) \, \mathrm{d}x = \frac{2}{2\ell+1} \delta_{k\ell} \tag{11.81}$$

mit dem Kronecker-Symbol $\delta_{k\ell}$ (siehe (2.4)). Diese Eigenschaft spielt eine Rolle bei der Lösung der Schrödinger-Gleichung (siehe Abschnitt 12.5.3).

Tab. 11.1 Legendre-Polynome $P_0, \dots, P_8$.

ℓ	$P_\ell(x)$
0	1
1	x
2	$\frac{1}{2}(3x^2 - 1)$
3	$\frac{1}{2}x(5x^2 - 3)$
4	$\frac{1}{8}(35x^4 - 30x^2 + 3)$
5	$\frac{1}{8}x(63x^4 - 70x^2 + 15)$
6	$\frac{1}{16}(231x^6 - 315x^4 + 105x^2 - 5)$
7	$\frac{1}{16}x(429x^6 - 693x^4 + 315x^2 - 35)$
8	$\frac{1}{128}(6435x^8 - 12\,012x^6 + 6930x^4 - 1260x^2 + 35)$

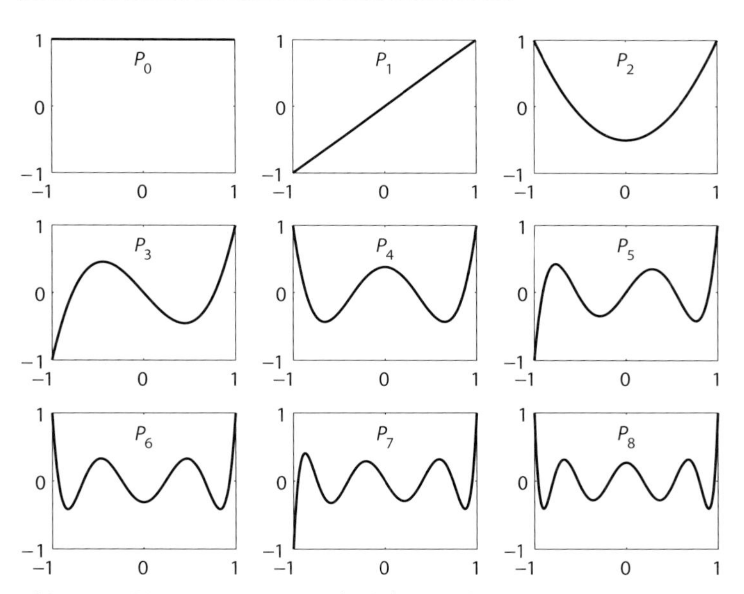

Abb. 11.11 Die ersten neun Legendre-Polynome $P_0, \dots, P_8$.

Da die Legendre-Gleichung eine Differenzialgleichung zweiter Ordnung ist, besteht das Fundamentalsystem aus zwei linear unabhängigen Lösungen (für gegebenes $\lambda = \ell(\ell + 1)$). Mit den Legendre-Polynomen haben wir *eine* Lösung gefunden. Eine *zweite* davon unabhängige Lösung erhalten wir, wenn wir die Koeffizienten c_0 und c_1 geeignet wählen.

Beispiel 11.27

Wir bestimmen eine von P_1 unabhängige Lösung der Legendre-Gleichung (11.77) für $\ell = 1$. Aus der Rekursionsformel (11.78) folgt für gerades n

$$\begin{aligned} c_{n+2} &= \frac{n(n+1)-2}{(n+1)(n+2)} c_n = \frac{n-1}{n+1} c_n \\ &= \frac{n-3}{n+1} c_{n-2} = \cdots = \frac{n-(n+1)}{n+1} c_0 = -\frac{1}{n+1} c_0 \end{aligned}$$

und $c_n = 0$ für ungerades $n \geq 3$. Daher ist

$$y(x) = \sum_{n=0}^{\infty} c_n x^n = \sum_{k=0}^{\infty} c_{2k} x^{2k} + c_1 x = -c_0 \sum_{k=1}^{\infty} \frac{x^{2k}}{2k-1} + c_0 + c_1 x \,.$$

Eine Taylor-Entwicklung zeigt, dass die Reihe gleich der Funktion $(x/2)\ln((1+x)/(1-x))$ ist. Damit lautet die allgemeine Lösung der Legendre-Gleichung:

$$y(x) = -c_0 \left(\frac{x}{2} \ln \frac{1+x}{1-x} - 1 \right) + c_1 x \,.$$

Für $c_0 = 0$ und $c_1 = 1$ ergibt sich das Legendre-Polynom $P_1(x) = x$; für $c_0 = 1$ und $c_1 = 0$ erhalten wir die zweite, von P_1 unabhängige Lösung von (11.77):

$$Q_1(x) = \frac{x}{2} \ln \frac{1+x}{1-x} - 1 \,.$$

Diese Lösung ist allerdings an der Stelle $x = 1$ nicht definiert, da sie für $x \to 1$ gegen unendlich strebt.

Die zweiten, von P_ℓ unabhängigen Lösungen Q_ℓ von (11.77) werden *Legendre-Funktionen zweiter Art* genannt. In Tab. 11.2 sind die ersten vier Funktionen Q_ℓ zusammengestellt (siehe Abb. 11.12).

Wir betrachten nun die *allgemeine* Legendre-Gleichung (11.76). Die Singularität des Terms $1/(1-x^2)$ legt es nahe, einen Ansatz der Form

$$y(x) = (1-x^2)^\alpha u(x)$$

Tab. 11.2 Legendre-Funktionen zweiter Art $Q_0, \ldots, Q_3$.

ℓ	$Q_\ell(x)$
0	$\frac{1}{2} \ln \frac{1+x}{1-x}$
1	$\frac{x}{2} \ln \frac{1+x}{1-x} - 1$
2	$\frac{1}{4}(3x^2-1) \ln \frac{1+x}{1-x} - \frac{3}{2}x$
3	$\frac{x}{4}(5x^2-3) \ln \frac{1+x}{1-x} - \frac{5}{2}x^2 + \frac{3}{2}$

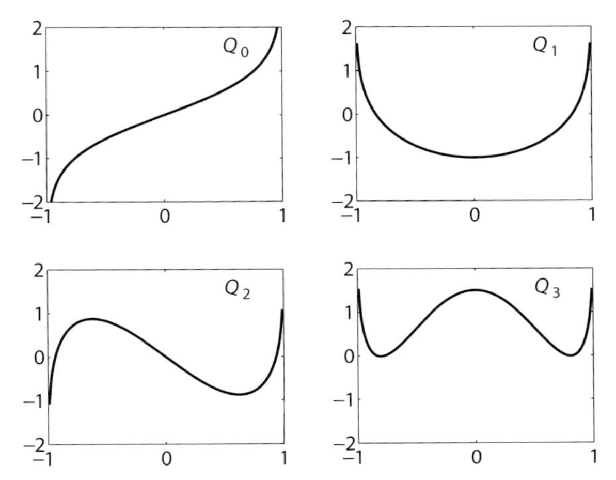

Abb. 11.12 Die ersten vier Legendre-Polynome zweiter Art $Q_0, \ldots, Q_3$.

für ein zu bestimmendes $\alpha \in \mathbb{R}$ zu wählen. Wir setzen diesen Ansatz in (11.76) ein. Nach einer kleinen Rechnung erhalten wir:

$$0 = (1 - x^2)u'' - 2(2\alpha + 1)xu' + (\lambda - 2\alpha)u + (4\alpha^2 x^2 - m^2)(1 - x^2)^{-1} u \; .$$

Damit der $(1 - x^2)^{-1}$-Term verschwindet, wählen wir $\alpha = m/2$, denn dies ergibt:

$$(1 - x^2)u'' - 2(m + 1)xu' + (\lambda - m(m + 1))u = 0 \; , \quad -1 < x < 1 \; . \quad (11.82)$$

Interessanterweise erhalten wir für $m = 0$ die Legendre-Gleichung. Für $m > 0$ können wir die Lösung rekursiv berechnen. Dazu bezeichnen wir die obige Gleichung mit $G(\lambda, m)$, leiten sie ab und setzen $v = u'$:

$$\begin{aligned} 0 &= (1 - x^2)u''' - 2xu'' - 2(m + 1)xu'' - 2(m + 1)u' + (\lambda - m(m + 1))u' \\ &= (1 - x^2)v'' - 2(m + 2)xv' + (\lambda - (m + 2)(m + 1))v \; . \end{aligned}$$

Dies bedeutet, dass v die Gleichung $G(\lambda, m + 1)$ löst. Sei also u eine Lösung von $G(\lambda, 0)$; dann löst die m-te Ableitung $u^{(m)}$ von u gerade $G(\lambda, m)$. Eine Lösung von $G(\lambda, 0)$ ist das Legendre-Polynom P_ℓ mit $\lambda = \ell(\ell + 1)$. Also ist

$$u(x) = \frac{\mathrm{d}^m}{\mathrm{d}x^m} P_\ell(x)$$

eine Lösung von (11.82). Die Lösungen der allgemeinen Legendre-Gleichung (11.76) lauten folglich:

$$y(x) = (1 - x^2)^{m/2} u(x) = (1 - x^2)^{m/2} \frac{\mathrm{d}^m}{\mathrm{d}x^m} P_\ell(x) \; .$$

Es sollte $\ell \geq m$ gelten, denn ansonsten ist die m-te Ableitung des Polynoms P_ℓ ℓ-ten Grades gleich null. Die Funktionen

$$P_\ell^m(x) = (1 - x^2)^{m/2} \frac{\mathrm{d}^m}{\mathrm{d}x^m} P_\ell(x) \; , \quad \ell \in \mathbb{N}_0 \; , \quad 0 \leq m \leq \ell \; , \quad -1 \leq x \leq 1 \; ,$$

heißen die *zugeordneten Legendre-Funktionen.*

 Wir fassen die obigen Resultate zusammen: *Sei* $m \in \mathbb{N}_0$. *Das Eigenwertproblem* (11.76) *besitzt genau dann in* $[-1, 1]$ *beschränkte Lösungen, wenn* $\lambda = \ell(\ell + 1)$ *für ein* $\ell \in \mathbb{N}$, $\ell \geq m$. *Die entsprechende Lösung ist ein Vielfaches der zugeordneten Legendre-Funktion* P_ℓ^m. *Wir nennen* $\lambda = \ell(\ell + 1)$ *die Eigenwerte und* P_ℓ^m *die Eigenfunktionen von* (11.76).

Beispiel 11.28
Wir berechnen die zugeordneten Legendre-Funktionen für $\ell \leq 2$. Für $\ell = 0$ gibt es nur eine Legendre-Funktion: $P_0^0(x) = P_0(x) = 1$. Für $\ell = 1$ erhalten wir zwei Funktionen

$$\begin{aligned} m = 0: &\quad P_1^0(x) = P_1(x) = x\,, \\ m = 1: &\quad P_1^1(x) = \sqrt{1 - x^2}P_1'(x) = \sqrt{1 - x^2}\,, \end{aligned}$$

und für $\ell = 2$ folgt

$$\begin{aligned} m = 0: &\quad P_2^0(x) = P_2(x) = \tfrac{1}{2}(3x^2 - 1)\,, \\ m = 1: &\quad P_2^1(x) = \sqrt{1 - x^2}P_2'(x) = 3x\sqrt{1 - x^2}\,, \\ m = 2: &\quad P_2^2(x) = (1 - x^2)P_2''(x) = 3(1 - x^2)\,. \end{aligned}$$

Insbesondere müssen die zugeordneten Legendre-Funktionen keine Polynome mehr sein.

11.4.3
Die Laguerre-Differenzialgleichung

Die *allgemeine Laguerre-Differenzialgleichung*

$$xy'' + (m + 1 - x)y' + \mu y = 0\,, \quad x > 0\,, \tag{11.83}$$

wobei $m \in \mathbb{N}_0$ und $\mu \in \mathbb{R}$, tritt bei der Lösung der Schrödinger-Gleichung mit Coulomb-Potenzial auf (siehe Abschnitt 12.5.3). Die Lösung $y(x)$ entspricht bis auf einen Faktor vom Typ $x^{(m+1)/2}\mathrm{e}^{-x/2}$ dem Radialanteil der (komplexwertigen) Lösung der Schrödinger-Gleichung. Da das Betragsquadrat dieser Lösung in $\mathbb{R}^3$ integrierbar sein soll, fordern wir, dass die Lösungen von (11.83) die Integrabilitätsbedingung

$$\int_0^\infty x^{m+1}\mathrm{e}^{-x}|y(x)|^2\,\mathrm{d}x < \infty \tag{11.84}$$

erfüllen. Wir betrachten zunächst die allgemeine Laguerre-Gleichung für $m = 0$:

$$xy'' + (1 - x)y' + \mu y = 0\,, \quad x > 0\,, \tag{11.85}$$

die man die *Laguerre-Differenzialgleichung* nennt. Wir lösen (11.85) mit dem Potenzreihenansatz

$$y(x) = \sum_{n=0}^{\infty} c_n x^n ,$$

den wir in (11.85) einsetzen:

$$\begin{aligned} 0 &= \sum_{n=2}^{\infty} c_n n(n-1)x^{n-1} + \sum_{n=1}^{\infty} c_n n x^{n-1} - \sum_{n=1}^{\infty} c_n n x^n + \mu \sum_{n=0}^{\infty} c_n x^n \\ &= \sum_{k=1}^{\infty} c_{k+1}(k+1)k x^k + \sum_{k=0}^{\infty} c_{k+1}(k+1)x^k - \sum_{n=1}^{\infty} c_n n x^n + \mu \sum_{n=0}^{\infty} c_n x^n \\ &= \sum_{n=0}^{\infty} \left(c_{n+1}(n+1)^2 + (\mu - n)c_n \right) x^n . \end{aligned}$$

Ein Koeffizientenvergleich ergibt:

$$c_{n+1} = -\frac{\mu - n}{(n+1)^2} c_n \quad \text{für } n \geq 0 . \tag{11.86}$$

Die Konstante $c_0 \in \mathbb{R}$ bleibt unspezifiziert.

Falls $\mu \notin \mathbb{N}_0$, bricht die Rekursion nicht ab. Wir untersuchen die Folge (c_n) für „große" $n \in \mathbb{N}$. In diesem Fall können wir approximieren

$$c_{n+1} \approx \frac{1}{n+1} c_n \approx \cdots \approx \frac{1}{(n+1)!} c_1 ,$$

und die Potenzreihe ist näherungsweise gleich

$$\sum_{n \text{ „groß"}} c_n x^n \approx \sum_{n \text{ „groß"}} \frac{x^n}{n!} c_1 .$$

Die rechte Seite ist eine Approximation der Exponentialfunktion e^x, sodass wir die Näherung $y(x) \approx e^x$ erhalten (zumindest von der Größenordnung). Allerdings erfüllt e^x die Integrabilitätsbedingung (11.84) nicht, denn

$$\int_0^{\infty} x^{m+1} e^{-x} |e^x|^2 \, dx = \int_0^{\infty} x^{m+1} e^x \, dx = \infty ,$$

und kann daher keine Lösung sein. Wir nehmen folglich $\mu \in \mathbb{N}_0$ an; die obige Rekursion bricht dann ab.

Es existiert also ein $k \in \mathbb{N}_0$ mit $\mu = k$, und die Koeffizienten c_n sind definiert für $n = 0, \ldots, k$. Wir lösen die Rekursion (11.86) auf:

$$\begin{aligned} c_n &= -\frac{k-n+1}{n^2} c_{n-1} = \cdots = (-1)^n \frac{(k-n+1)(k-n+2)\cdots k}{n^2(n-1)^2 \cdots 1^2} c_0 \\ &= (-1)^n \frac{k!}{(n!)^2(k-n)!} c_0 = (-1)^n \binom{k}{n} \frac{c_0}{n!} . \end{aligned}$$

Wir wählen $c_0 = 1$ und erhalten als spezielle Lösung von (11.85) die Funktion

$$y(x) = \sum_{n=0}^{k} (-1)^n \binom{k}{n} \frac{x^n}{n!}, \quad x > 0,$$

die als Polynom natürlich die Bedingung (11.84) erfüllt. Die Funktion $y(x)$ wird *Laguerre-Polynom* genannt und mit $L_k(x)$ bezeichnet.

✎ Wir haben das folgende Resultat gezeigt: *Das Eigenwertproblem* (11.85) *besitzt genau dann eine Lösung mit der Eigenschaft* (11.84), *wenn $\mu = k \in \mathbb{N}_0$ gilt. Die entsprechende Lösung ist ein Vielfaches des Laguerre-Polynoms L_k.*

Die Laguerre-Polynome können berechnet werden mit der *Rodriguez-Formel*

$$L_n(x) = \frac{e^x}{n!} \frac{d^n}{dx^n}(x^n e^{-x}), \quad n \in \mathbb{N}_0,$$

oder der Rekursionsformel

$$(n+1)L_{n+1}(x) = (2n + 1 - x)L_n(x) - nL_{n-1}(x), \quad n \geq 1.$$

Sie sind außerdem orthogonal zueinander:

$$\int_0^\infty L_k(x)L_n(x)e^{-x}\, dx = \delta_{kn}.$$

Die ersten neun Laguerre-Polynome sind in Tab. 11.3 zusammengestellt und in Abb. 11.13 illustriert.

Die Lösung der allgemeinen Laguerre-Gleichung (11.83) kann ähnlich wie bei der Legendre-Gleichung in Abschnitt 11.4.2 auf die Lösung der Gleichung für

Tab. 11.3 Laguerre-Polynome $L_0, \ldots, L_8$.

n	$L_n(x)$
0	1
1	$1 - x$
2	$1 - 2x + \frac{1}{2}x^2$
3	$1 - 3x + \frac{3}{2}x^2 - \frac{1}{6}x^3$
4	$1 - 4x + 3x^2 - \frac{2}{3}x^3 + \frac{1}{24}x^4$
5	$1 - 5x + 5x^2 - \frac{5}{3}x^3 + \frac{5}{24}x^4 - \frac{1}{120}x^5$
6	$1 - 6x + \frac{15}{2}x^2 - \frac{10}{3}x^3 + \frac{5}{8}x^4 - \frac{1}{20}x^5 + \frac{1}{720}x^6$
7	$1 - 7x + \frac{21}{2}x^2 - \frac{35}{6}x^3 + \frac{35}{24}x^4 - \frac{7}{40}x^5 + \frac{7}{720}x^6 - \frac{1}{5040}x^7$
8	$1 - 8x + 14x^2 - \frac{28}{3}x^3 + \frac{35}{12}x^4 - \frac{7}{15}x^5 + \frac{7}{180}x^6 - \frac{1}{630}x^7 + \frac{1}{40320}x^8$

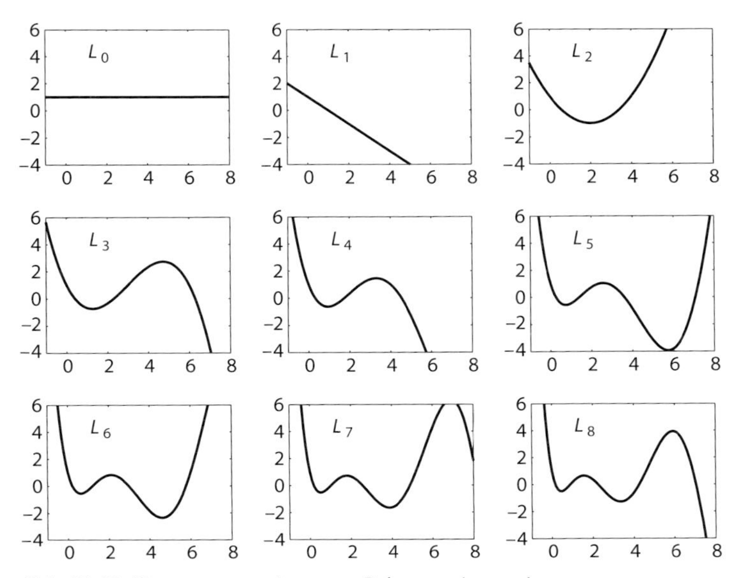

Abb. 11.13 Die ersten neun Laguerre-Polynome $L_0, \ldots, L_8$.

$m = 0$ zurückgeführt werden. Dazu bezeichnen wir die Gleichung (11.83) mit $L(m, n)$, wobei $\mu = n$, leiten sie ab und setzen $v = y'$:

$$\begin{aligned} 0 &= xy''' + y'' + (m+1-x)y'' - y' + ny' \\ &= xv'' + (m+2-x)v' + (n-1)v \ . \end{aligned}$$

Folglich ist v eine Lösung von $L(m+1, n-1)$. Für jede Lösung y von $L(0, n+m)$ löst also die m-te Ableitung $y^{(m)}$ die Gleichung $L(m, n)$. Man normiert diese Ableitungen mit $(-1)^m$ und nennt diese Funktionen die *zugeordneten Laguerre-Polynome*:

$$L_n^m(x) = (-1)^m \frac{\mathrm{d}^m}{\mathrm{d}x^m} L_{m+n}(x) \ .$$

Wir fassen zusammen: *Das Eigenwertproblem* (11.83) *besitzt genau dann eine Lösung mit der Eigenschaft* (11.84), *wenn $\mu = n \in \mathbb{N}_0$ gilt.Die entsprechende Lösung ist ein Vielfaches des zugeordneten Laguerre-Polynoms L_n^m. Wir nennen $\mu = n$ die Eigenwerte und L_n^m die Eigenfunktionen von* (11.83).

Auch für die zugeordneten Laguerre-Polynome existieren einfachere Rechenformeln, nämlich die *Rodriguez-Formel*

$$L_n^m(x) = \frac{1}{n!} \frac{\mathrm{e}^x}{x^m} \frac{\mathrm{d}^n}{\mathrm{d}x^n}(x^{n+m}\mathrm{e}^{-x}) \ , \quad m, n \in \mathbb{N}_0 \ ,$$

und die Rekursion

$$(n+1)L_{n+1}^m(x) = (2n+m+1-x)L_n^m(x) - (n+m)L_{n-1}^m(x) \ , \quad n \geq 1 \ .$$

Beispiel 11.29
Die ersten zugeordneten Laguerre-Polynome lauten:

$$L_0^m(x) = 1\,,$$
$$L_1^m(x) = -x + m + 1\,,$$
$$L_2^m(x) = \frac{1}{2}(x^2 - 2(m+2)x + (m+1)(m+2))\,,$$
$$L_3^m(x) = \frac{1}{6}(-x^3 + 3(m+3)x^2 - 3(m+2)(m+3)x + (m+1)(m+2)(m+3))\,.$$

11.4.4
Die Bessel-Differenzialgleichung

Die *allgemeine Bessel-Differenzialgleichung*

$$x^2u'' + xu' + (\lambda x^2 - \nu^2)u = 0\,, \quad x > 0\,,$$

wobei $\lambda, \nu > 0$, entsteht bei der Lösung der Wellengleichung für eine kreisförmige Membran (siehe Abschnitt 12.4.3). Die Variable x entspricht dem Kreisradius. In dieser Anwendung ist die Konstante ν zwar ganzzahlig, aber wir betrachten auch allgemeine $\nu > 0$. Der Ausdruck $\lambda x^2 u$ kann mittels der Transformation $y(x) = u(x/\sqrt{\lambda})$ eliminiert werden; eine kleine Rechnung ergibt:

$$x^2y'' + xy' + (x^2 - \nu^2)y = 0\,, \quad x > 0\,. \tag{11.87}$$

Dies ist die *Bessel-Differenzialgleichung*.

Wegen der Singularität in $x = 0$ machen wir den folgenden Lösungsansatz:

$$y(x) = x^\alpha \sum_{n=0}^{\infty} c_n x^n\,,$$

den wir in (11.87) einsetzen:

$$\begin{aligned}
0 &= \sum_{n=0}^{\infty}(n+\alpha)(n+\alpha-1)c_n x^{n+\alpha} + \sum_{n=0}^{\infty}(n+\alpha)c_n x^{n+\alpha} \\
&\quad + \sum_{n=0}^{\infty} c_n x^{n+\alpha+2} - \nu^2 \sum_{n=0}^{\infty} c_n x^{n+\alpha} \\
&= \sum_{n=2}^{\infty}[(n+\alpha)^2 - \nu^2]c_n x^{n+\alpha} + (\alpha^2 - \nu^2)c_0 x^\alpha \\
&\qquad + [(\alpha+1)^2 - \nu^2]c_1 x^{\alpha+1} + \sum_{k=2}^{\infty} c_{k-2} x^{k+\alpha} \\
&= \sum_{n=2}^{\infty}\left\{\left[(n+\alpha)^2 - \nu^2\right]c_n + c_{n-2}\right\} x^{n+\alpha} + (\alpha^2 - \nu^2)c_0 x^\alpha \\
&\quad + [(\alpha+1)^2 - \nu^2]c_1 x^{\alpha+1}\,.
\end{aligned} \tag{11.88}$$

Der Koeffizient vor x^α muss verschwinden: $c_0 = 0$ oder $\alpha^2 - \nu^2 = 0$, also $\alpha = \pm\nu$. Wir fordern im Folgenden $c_0 \neq 0$, sodass $\alpha = \pm\nu$.

Wir untersuchen zunächst den Fall $\alpha = \nu$. Der Koeffizient vor $x^{\alpha+1}$ verschwindet ebenfalls:

$$0 = ((\nu+1)^2 - \nu^2)c_1 = (2\nu+1)c_1 \ ,$$

also muss wegen $\nu > 0$ die Gleichung $c_1 = 0$ gelten. Das Verschwinden der Koeffizienten vor $x^{n+\alpha}$ führt auf die Rekursion:

$$c_n = -\frac{c_{n-2}}{(n+\nu)^2 - \nu^2} = -\frac{c_{n-2}}{n(n+2\nu)} \ , \qquad n \geq 2 \ .$$

Wegen $c_1 = 0$ verschwinden alle c_n mit ungeradzahligem Index. Für geradzahlige Indizes (mit $c_n = c_{2k}$) folgt:

$$c_{2k} = -\frac{c_{2(k-1)}}{4k(k+\nu)} = \cdots = \frac{(-1)^k c_0}{4^k k!\,(k+\nu)\cdots(\nu+1)} \ , \qquad k \geq 1 \ .$$

Es ist bequem, die obige Formel mittels der sogenannten *Gamma-Funktion*

$$\Gamma(x) = \int_0^\infty \mathrm{e}^{-t} t^{x-1}\,\mathrm{d}t \ , \qquad x > 0 \ ,$$

auszudrücken. Wegen der Eigenschaften

$$\Gamma(x+1) = x\Gamma(x) \quad \text{und} \quad \Gamma(n+1) = n! \quad \text{für} \quad n \in \mathbb{N}_0$$

kann man Γ als eine Verallgemeinerung der Fakultät betrachten. Definieren wir speziell $c_0 = 1/2^\nu\Gamma(\nu+1)$, so erhalten wir:

$$c_{2k} = \frac{(-1)^k}{2^\nu 4^k k!\Gamma(k+\nu+1)} \ .$$

Damit haben wir eine spezielle Lösung der Bessel-Gleichung gefunden:

$$y_1(x) = \sum_{k=0}^\infty \frac{(-1)^k}{k!\Gamma(k+\nu+1)} \left(\frac{x}{2}\right)^{2k+\nu} \ , \qquad x > 0 \ .$$

Man nennt diese Funktion die *Bessel-Funktion erster Art* und bezeichnet sie mit $J_\nu(x)$.

Im zweiten Fall $\alpha = -\nu$ erhalten wir die Rekursion

$$c_n = -\frac{c_{n-2}}{n(n-2\nu)} \ , \qquad n \geq 2 \ , \qquad c_1 = 0 \ ,$$

die im Fall $2\nu \in \mathbb{N}$ zu einem Problem führt, da für $n = 2\nu$ der Nenner null wird. Diese Schwierigkeit lässt sich zumindest für die Werte $\nu = \frac{1}{2}, \frac{3}{2}, \ldots$ vermeiden, wenn wir $c_n = 0$ für alle ungeraden n wählen, denn für gerade n und $\nu = \frac{1}{2}, \frac{3}{2}, \ldots$

ist $n - 2\nu \neq 0$. Den Fall $\nu \in \mathbb{N}$ müssen wir zunächst ausschließen. Wählen wir $c_0 = 1/2^{-\nu}\Gamma(\nu+1)$, so erhalten wir für gerade Indizes eine Rekursionsformel ähnlich wie oben, wobei ν gegen $-\nu$ ausgetauscht werden muss. Die entsprechende Lösung lautet folglich $y_2(x) = J_{-\nu}(x)$, und das Paar $(J_\nu, J_{-\nu})$ bildet ein Fundamentalsystem der Bessel-Gleichung, sofern $\nu \notin \mathbb{N}$. Allerdings wählt man statt $(J_\nu, J_{-\nu})$ meist das Fundamentalsystem (J_ν, N_ν), wobei

$$N_\nu(x) = \frac{1}{\sin(\nu\pi)}(\cos(\nu\pi)J_\nu(x) - J_{-\nu}(x))$$

die *Bessel-Funktion zweiter Art* oder *Neumann-Funktion* genannt wird.

Falls $\nu = n \in \mathbb{N}$, bildet das Paar (J_n, J_{-n}) kein Fundamentalsystem mehr, da dann wegen $J_{-n}(x) = (-1)^n J_n(x)$ die beiden Funktionen linear abhängig sind. Allerdings wird durch

$$N_n(x) = \lim_{\nu\to n,\ \nu\notin\mathbb{N}} N_\nu(x) \tag{11.89}$$

eine zu J_n linear unabhängige Funktion definiert, die die Bessel-Gleichung löst. Damit ist auch (J_n, N_n) für $n \in \mathbb{N}$ ein Fundamentalsystem.

✎ Wir fassen zusammen: *Das Paar (J_ν, N_ν) bildet für alle $\nu > 0$ ein Fundamentalsystem der Bessel-Gleichung* (11.87). *Im Falle $\nu \in \mathbb{N}$ ist N_ν als Grenzwert* (11.89) *definiert.*

Die Bessel-Funktionen erfüllen die Orthogonalitätsbeziehung

$$\int_0^\infty J_\nu(\alpha x)J_\nu(\beta x)x\,\mathrm{d}x = 0 \quad \text{für} \quad |\alpha| \neq |\beta|\ ,$$

und für $\nu \in \mathbb{N}$ die Rekursionsformel

$$\nu J_\nu(x) = \frac{x}{2}(J_{\nu-1}(x) + J_{\nu+1}(x))\ .$$

Einige Bessel-Funktionen erster und zweiter Art sind in Abb. 11.14 dargestellt.

Fragen und Aufgaben

Aufgabe 11.29 Berechne mithilfe des Potenzreihenansatzes $y(x) = \sum_{n=0}^{\infty} c_n x^n$ ein Fundamentalsystem von $xy'' - 2y' + (2/x - x)y = 0$, $x > 0$.

Aufgabe 11.30 Wie lauten die Eigenwerte zu den in $[-1, 1]$ beschränkten Eigenlösungen der Legendre-Differenzialgleichung?

Aufgabe 11.31 Für welche $m \in \mathbb{N}_0$ sind die zugeordneten Legendre-Funktionen P_ℓ^m Polynome?

Aufgabe 11.32 Seien $P_n(x)$ die Legendre-Polynome. (i) Zeige mithilfe der Rekursionsformel die folgende Beziehung: $P_{\ell+1}(0) = -\ell/(\ell+1) \cdot P_{\ell-1}(0)$. (ii) Löse die Rekursion in (i) auf und zeige: $P_{2k}(0) = (-1)^k(2k)!/(2^k k!)^2$, $P_{2k+1}(0) = 0$ für $k \geq 0$.

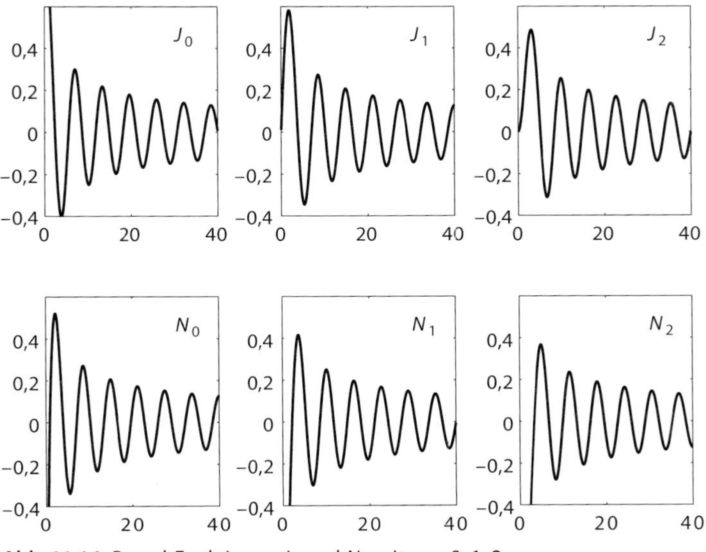

Abb. 11.14 Bessel-Funktionen J_n und N_n mit $n = 0, 1, 2$.

Aufgabe 11.33 Zeige, dass zwei verschiedene Legendre-Polynome zueinander orthogonal sind:

$$\int_{-1}^{1} P_n(x)P_m(x)\,\mathrm{d}x = 0 \quad \text{für alle} \quad n, m \in \mathbb{N}_0\,, \quad n \neq m\,.$$

(Hinweis: Verwende die Rodriguez-Formel und integriere partiell.)

Aufgabe 11.34 Zeige für die Laguerre-Polynome L_n mithilfe der Rodriguez-Formel die Beziehung $L_n(0) = 1$, $n \in \mathbb{N}_0$.

Aufgabe 11.35 Wie sind die zugeordneten Laguerre-Polynome L_n^m definiert?

Aufgabe 11.36 Welchen Polynomgrad haben die zugeordneten Laguerre-Polynome L_n^m?

Aufgabe 11.37 Für welche $\nu > 0$ sind die Neumann-Funktionen N_ν definiert?

Aufgabe 11.38 In welchem Sinne sind die Bessel-Funktionen orthogonal zueinander?

12
Partielle Differenzialgleichungen

12.1
Definition und Beispiele

Eine *partielle Differenzialgleichung* ist eine Gleichung, die partielle Ableitungen einer Funktion in mehreren Variablen enthält. Eine partielle Differenzialgleichung für eine Funktion $u(x, y)$ in zwei unabhängigen Variablen ist allgemein von der Form

$$F\left(x, y, u, \frac{\partial u}{\partial x}, \frac{\partial u}{\partial y}, \frac{\partial^2 u}{\partial x^2}, \frac{\partial^2 u}{\partial x \partial y}, \frac{\partial^2 u}{\partial y^2}, \ldots\right) = 0 ,$$

wobei F eine beliebige Funktion ist. Im Folgenden kennzeichnen wir partielle Ableitungen durch Indizes, sodass wir $\partial^2 u/\partial x^2 = u_{xx}$, $\partial^2 u/\partial x \partial y = u_{xy}$ usw. schreiben.

Partielle Differenzialgleichungen können nach verschiedenen Kriterien eingeteilt werden. Die *Ordnung* einer Differenzialgleichung ist durch den Grad der höchsten partiellen Ableitung definiert, die in der Gleichung auftritt. Weiterhin können Differenzialgleichungen danach unterschieden werden, ob die Funktion und ihre Ableitungen *linear* oder *nichtlinear* vorkommen. In den chemischen und physikalischen Anwendungen treten häufig lineare partielle Differenzialgleichungen zweiter Ordnung auf, die wir im Folgenden untersuchen werden. Da es keine allgemeine Theorie derartiger partieller Differenzialgleichungen gibt, betrachten wir nur diejenigen Typen, die in den Anwendungen von Bedeutung sind.

Hierzu betrachten wir zunächst lineare partielle Differenzialgleichungen zweiter Ordnung für Funktionen $u(x, y)$ in zwei Variablen:

$$a(x, y)u_{xx} + b(x, y)u_{xy} + c(x, y)u_{yy} + d(x, y)u_x + e(x, y)u_y + g(x, y)u = f(x, y) . \quad (12.1)$$

Bei der Klassifizierung wird nur der *Hauptteil* der Differenzialgleichung, d. h. die Terme mit den Ableitungen höchster Ordnung, betrachtet:

$$a(x, y)u_{xx} + b(x, y)u_{xy} + c(x, y)u_{yy} ,$$

Mathematik für Chemiker, 7. Auflage. Ansgar Jüngel und Hans G. Zachmann.

und ähnlich wie bei Kegelschnitten der Gleichung $ax^2 + bxy + cy^2 = 0$ werden diese Differenzialgleichungen in *elliptisch*, *parabolisch* oder *hyperbolisch* unterschieden:

- Wenn $b(x, y)^2 - 4a(x, y)c(x, y) < 0$, so heißt (12.1) *elliptisch* im Punkt (x, y).
- Wenn $b(x, y)^2 - 4a(x, y)c(x, y) = 0$, so heißt (12.1) *parabolisch* im Punkt (x, y).
- Wenn $b(x, y)^2 - 4a(x, y)c(x, y) > 0$, so heißt (12.1) *hyperbolisch* im Punkt (x, y).

Beispiel 12.1
Die Differenzialgleichung

$$2u_{xx} + 4u_{xy} + 3u_{yy} + \sin x \cos y = 0 \,, \quad x, y \in \mathbb{R} \,,$$

ist elliptisch für alle x, y, denn $4^2 - 4 \cdot 2 \cdot 3 = -8 < 0$. Die Differenzialgleichung

$$xu_{xx} + yu_{yy} = 0$$

ist elliptisch für alle (x, y) mit $x > 0$ und $y > 0$ oder $x < 0$ und $y < 0$ und hyperbolisch für alle $x > 0$ und $y < 0$ oder $x < 0$ und $y > 0$, denn $b^2 - 4ac = -4xy$.

Die Klassifizierung einer linearen partiellen Differenzialgleichung in n Variablen ist etwas komplizierter, und wir stellen nur einige wichtige Beispiele vor. Die Differenzialgleichung

$$\Delta u = f \,, \quad \boldsymbol{x} \in \mathbb{R}^n \,,$$

mit dem Laplace-Operator Δ (siehe (9.14)) wird die *Poisson-Gleichung* oder *Potenzialgleichung* genannt. Sie ist vom elliptischen Typ. Im zweidimensionalen Fall lauten die Koeffizienten $a = c = 1$ und $b = 0$, also $b^2 - 4ac = -4 < 0$. Die Lösung $u(\boldsymbol{x})$ beschreibt z. B. die räumliche Verteilung eines elektrischen Potenzials in einem Medium bei gegebener Ladungsverteilung f. Stellt die obige Differenzialgleichung die stationäre Schrödinger-Gleichung dar (siehe Abschnitt 12.5), so beschreibt $u(\boldsymbol{x})$ den Zustand eines quantenmechanischen Systems. Falls $f = 0$, so wird die Gleichung die *Laplace-Gleichung* genannt.

Die Gleichung

$$u_t - \Delta u = f \,, \quad (\boldsymbol{x}, t) \in \mathbb{R}^{n+1} \,,$$

heißt die *Wärmeleitungsgleichung* oder *Diffusionsgleichung*. Die Lösung $u(\boldsymbol{x}, t)$ beschreibt z. B. die zeitliche Entwicklung der Temperatur oder einer Teilchendichte. Sie ist vom parabolischen Typ. Im zweidimensionalen Fall (eine Zeitdimension und eine Raumdimension) lautet die Gleichung $u_t - u_{xx} = f$, sodass für die Koeffizienten $a = -1$ und $b = c = 0$ und damit $b^2 - 4ac = 0$ folgt.

Ferner ist die Gleichung

$$u_{tt} - \Delta u = f \,, \quad (\boldsymbol{x}, t) \in \mathbb{R}^{n+1} \,,$$

von Bedeutung. Ihre Lösung beschreibt z. B. die vertikale Auslenkung einer schwingenden Saite und wird daher die *Wellengleichung* genannt. Sie ist vom hyperbolischen Typ. Im zweidimensionalen Fall $u_{tt} - u_{xx} = f$ beispielsweise ist $a = -1$, $b = 0$ und $c = 1$, also $b^2 - 4ac = 4 > 0$.

Es gibt zahlreiche Differenzialgleichungen in mehreren Variablen, die nicht einem der obigen Typen angehören. Ein für die Chemie wichtiges Beispiel ist die Schrödinger-Gleichung, die in Abschnitt 12.5 behandelt wird.

Um eindeutige Lösbarkeit einer partiellen Differenzialgleichung zu gewährleisten, müssen wie bei gewöhnlichen Differenzialgleichungen zusätzliche Bedingungen gestellt werden. Beispielsweise müssen wir bei der eindimensionalen Wärmeleitungsgleichung

$$u_t - u_{xx} = f\ , \quad x \in (a, b)\ , \quad t > 0\ ,$$

eine *Anfangsbedingung* der Form $u(x, 0) = u_0(x)$ fordern. Da die Gleichung noch zweite partielle Ableitungen nach x enthält, erwarten wir, dass nach der Integration der Gleichung zwei Integrationskonstanten bezüglich x auftreten. Es sind also zwei zusätzliche Nebenbedingungen notwendig, z. B. $u(a, t) = u_1(t)$ und $u(b, t) = u_2(t)$. Diese Bedingungen nennen wir *Randbedingungen*, da wir fordern, dass die Lösung auf dem Rand des Intervalls (a, b), also an den Punkten $x = a$ und $x = b$, bekannt ist. Stellt die Funktion $u(x, t)$ die Temperatur in einem eindimensionalen Stab dar, so bedeutet diese Randbedingung, dass die Temperatur an den Stabenden bekannt ist.

In mehreren Dimensionen ist die Angelegenheit komplizierter. Man kann allerdings zeigen, dass es auch hier genügt, die Lösung auf dem Rand des Lösungsgebiets vorzuschreiben. Betrachte als Beispiel wieder die Wärmeleitungsgleichung

$$u_t - \Delta u = f\ , \quad \boldsymbol{x} \in \Omega\ , \quad t > 0\ ,$$

wobei $\Omega \subset \mathbb{R}^n$ eine beschränkte Menge mit Rand $\partial\Omega$ bezeichnet; beispielsweise kann Ω ein Rechteck oder eine Kugel sein. Wir fordern nun, dass die Funktion u auf dem Rand bekannt sei:

$$u(\boldsymbol{x}, t) = g(\boldsymbol{x}, t)\ , \quad \boldsymbol{x} \in \partial\Omega\ , \quad t > 0\ ,$$

und nennen diese Randbedingung eine *Dirichlet-Bedingung*. Falls $g(\boldsymbol{x}, t) = 0$ für alle $\boldsymbol{x} \in \partial\Omega$ und $t > 0$, so heißt die Randbedingung *homogen*, ansonsten *inhomogen*. Mit der Anfangsbedingung $u(\boldsymbol{x}, 0) = u_0(\boldsymbol{x})$ für $\boldsymbol{x} \in \Omega$ und der obigen Randbedingung ist (unter geeigneten Bedingungen an die Funktionen f, g und u_0) die eindeutige Lösbarkeit der Wärmeleitungsgleichung sichergestellt.

Wir fassen im Folgenden zusammen, unter welchen Nebenbedingungen die drei oben vorgestellten Gleichungstypen eindeutig lösbar sind.

- *Poisson-Gleichung:* $\Delta u = f$, $\boldsymbol{x} \in \Omega$, Randbedingung: $u(\boldsymbol{x}) = g(\boldsymbol{x})$, $\boldsymbol{x} \in \partial\Omega$.
- *Wärmeleitungsgleichung:* $u_t - \Delta u = f$, $\boldsymbol{x} \in \Omega$, $t > 0$,
  Randbedingung: $u(\boldsymbol{x}, t) = g(\boldsymbol{x}, t)$, $\boldsymbol{x} \in \partial\Omega$, $t > 0$, Anfangsbedingung: $u(\boldsymbol{x}, 0) = u_0(\boldsymbol{x})$, $\boldsymbol{x} \in \Omega$.

- *Wellengleichung:* $u_{tt} - \Delta u = f, \boldsymbol{x} \in \Omega, t > 0$,
  Randbedingung: $u(\boldsymbol{x}, t) = g(\boldsymbol{x}, t)$, $\boldsymbol{x} \in \partial\Omega$, $t > 0$, Anfangsbedingungen: $u(\boldsymbol{x}, 0) = u_0(\boldsymbol{x})$, $u_t(\boldsymbol{x}, 0) = u_1(\boldsymbol{x})$, $\boldsymbol{x} \in \Omega$.

Ist $\Omega = \mathbb{R}^n$ der Ganzraum, so besitzt Ω keinen Rand, und wir brauchen keine Randbedingungen zu formulieren. Allerdings ist es notwendig, das Verhalten der Lösungen „im Unendlichen" vorzuschreiben, um eindeutige Lösbarkeit zu erhalten.

Beispiel 12.2
Die Differenzialgleichung $u_{xx} = 0$ für $x \in \mathbb{R}$ besitzt die unendlich vielen Lösungen $u(x) = ax + b$ mit $a, b \in \mathbb{R}$. Soll die Lösung im Unendlichen verschwinden, d. h. $u(x) \to 0$ für $|x| \to \infty$, so erhalten wir die eindeutige Lösung $u(x) = 0$.
Vergleichbare Resultate gelten auch in mehreren Dimensionen. Betrachte z. B. die Laplace-Gleichung $\Delta u = 0$ im $\mathbb{R}^3$. In Kugelkoordinaten lautet die Gleichung für radialsymmetrische Lösungen $u_{rr} + (2/r)u_r = 0$ (siehe Abschnitt 9.1.7) und mit dem Ansatz $u(r) = r^\alpha$ erhalten wir für alle $r = |\boldsymbol{x}|$

$$0 = u_{rr} + \frac{2}{r}u_r = [\alpha(\alpha - 1) + 2\alpha]r^{\alpha-2} = \alpha(\alpha + 1)r^{\alpha-2} .$$

Daher ist $\alpha = 0$ oder $\alpha = -1$. Im Fall $\alpha = 0$ folgt $u(\boldsymbol{x}) = 1$ für $\boldsymbol{x} \in \mathbb{R}^3$ und im Fall $\alpha = -1$ ist $u(\boldsymbol{x}) = 1/|\boldsymbol{x}|$ für $\boldsymbol{x} \in \mathbb{R}^3$, $\boldsymbol{x} \neq 0$. Stellt u beispielsweise ein elektrisches Potenzial im Ganzraum dar, das im Unendlichen verschwinden soll, so macht nur die Lösung für $\alpha = -1$ Sinn. Sie ist allerdings streng genommen nur für alle $\boldsymbol{x} \neq \boldsymbol{0}$ eine Lösung der Laplace-Gleichung.

In den folgenden Abschnitten lösen wir diese drei Typen von Differenzialgleichungen in speziellen Situationen, die in physikalischen und chemischen Anwendungen häufig vorkommen.

Fragen und Aufgaben

Aufgabe 12.1 Was unterscheidet eine partielle von einer gewöhnlichen Differenzialgleichung?

Aufgabe 12.2 Können alle linearen partiellen Differenzialgleichungen zweiter Ordnung punktweise in die drei Typen „elliptisch", „parabolisch" und „hyperbolisch" eingeteilt werden?

Aufgabe 12.3 Bestimme den Typ der folgenden Differenzialgleichungen in zwei Variablen: (i) $x^2u_{xx} + y^2u_{yy} = 1$, (ii) $u_{xx} - u_{yy} = u_x - u_y$, (iii) $u_{xy} = 0$; $(x, y) \in \mathbb{R}^2$.

Aufgabe 12.4 Was ist eine Dirichlet-Randbedingung?

Aufgabe 12.5 Warum werden bei der Poisson-Gleichung Randbedingungen vorgeschrieben?

12.2 Die Potenzialgleichung

12.2.1 Lösung durch Fourier-Transformation

Wir betrachten die Potenzialgleichung

$$-\Delta u + cu = f\,, \quad \boldsymbol{x} \in \mathbb{R}^n\,, \tag{12.2}$$

wobei $c > 0$ eine Konstante ist. Der zusätzliche Term cu entsteht, wenn die Wellengleichung mit dem Separationsansatz gelöst wird. Wir lösen die obige Differenzialgleichung mit der Fourier-Transformation, die wir in Abschnitt 10.2 vorgestellt haben. Mit der Fourier-Transformation $\hat{u} = \mathcal{F}[u]$ einer Funktion $u(\boldsymbol{x})$ können partielle Ableitungen in Produkte umgeschrieben werden (siehe Abschnitt 10.2.3):

$$\mathcal{F}\left[\frac{\partial u}{\partial x_j}\right](\boldsymbol{k}) = -\mathrm{i}k_j\mathcal{F}[u](\boldsymbol{k})$$

oder kürzer, wenn wir das Argument $\boldsymbol{k}$ weglassen,

$$\mathcal{F}\left[\frac{\partial u}{\partial x_j}\right] = -\mathrm{i}k_j\mathcal{F}[u]\,.$$

Dann ist $\mathcal{F}[u_{x_jx_j}] = -\mathrm{i}k_j\mathcal{F}[u_{x_j}] = -k_j^2\mathcal{F}[u]$ und

$$\mathcal{F}[\Delta u] = \sum_{j=1}^{n}\mathcal{F}[u_{x_jx_j}] = -\sum_{j=1}^{n}k_j^2\mathcal{F}[u] = -|\boldsymbol{k}|^2\mathcal{F}[u]\,.$$

Transformieren wir daher die Potenzialgleichung (12.2), so erhalten wir

$$\mathcal{F}[f] = \mathcal{F}[-\Delta u + cu] = -\mathcal{F}[\Delta u] + c\mathcal{F}[u] = (|\boldsymbol{k}|^2 + c)\mathcal{F}[u]$$

und nach Division durch $|\boldsymbol{k}|^2 + c$ und inverser Fourier-Transformation

$$u = \mathcal{F}^{-1}\left[\frac{\mathcal{F}[f]}{|\boldsymbol{k}|^2 + c}\right]\,.$$

Dies ist eine Lösungsformel für (12.2), die wir z. B. in einer und drei Dimensionen vereinfachen können. Ist nämlich $g(\boldsymbol{x})$ die inverse Fourier-Transformation von $1/(\sqrt{2\pi}(|\boldsymbol{k}|^2 + c))$, d. h. $\mathcal{F}[g] = 1/(\sqrt{2\pi}(|\boldsymbol{k}|^2 + c))$, so können wir wegen der Eigenschaft $\mathcal{F}[f * g] = \sqrt{2\pi}\mathcal{F}[f]\mathcal{F}[g]$ (siehe (10.38)) schreiben:

$$\begin{aligned} u(\boldsymbol{x}) &= \sqrt{2\pi}\mathcal{F}^{-1}[\mathcal{F}[f]\mathcal{F}[g]](\boldsymbol{x}) = \mathcal{F}^{-1}[\mathcal{F}[f * g]](\boldsymbol{x}) \\ &= (f * g)(\boldsymbol{x}) = \int_{\mathbb{R}^n} f(\boldsymbol{x} - \boldsymbol{y})g(\boldsymbol{y})\,\mathrm{d}\boldsymbol{y}\,. \end{aligned} \tag{12.3}$$

Es bleibt die inverse Fourier-Transformation g zu berechnen. In einer Dimension $n = 1$ erhalten wir (siehe die Aufgaben am Ende von Abschnitt 10.2)

$$g(x) = \frac{1}{2\sqrt{c}} \mathrm{e}^{-\sqrt{c}|x|} ,$$

während man mithilfe von Kugelkoordinaten zeigen kann, dass in drei Dimensionen $n = 3$ die Beziehung

$$g(\boldsymbol{x}) = \frac{1}{4\pi|\boldsymbol{x}|} \mathrm{e}^{-\sqrt{c}|\boldsymbol{x}|}$$

gilt. Die letzte Formel zeigt, dass wir hier auch $c = 0$ setzen können. Dies bedeutet, dass die Funktion $u = f * g$ mit

$$g(\boldsymbol{x}) = \frac{1}{4\pi} \frac{1}{|\boldsymbol{x}|}$$

eine Lösung der Potenzialgleichung $-\Delta u = f$ in $\mathbb{R}^3 \backslash \{\mathbf{0}\}$ ist. Physikalisch entspricht die Funktion g dem elektrischen Potenzial einer Punktladung in $\boldsymbol{x} = \mathbf{0}$.

Mit der in Abschnitt 10.2.3 eingeführten Delta-Distribution δ_0 können wir die Funktion g als eine ausgezeichnete Lösung einer bestimmten Gleichung interpretieren. Dazu erinnern wir, dass δ_0 formal die Gleichung

$$(\delta_0 * f)(\boldsymbol{x}) = \int_{\mathbb{R}^n} \delta_0(\boldsymbol{y}) f(\boldsymbol{x} - \boldsymbol{y}) \, \mathrm{d}\,\boldsymbol{y} = f(\boldsymbol{x})$$

erfüllt. Daraus folgt $g = \delta_0 * g$, d. h., die Funktion g ist eine Lösung der Gleichung

$$-\Delta g + cg = \delta_0 , \quad \boldsymbol{x} \in \mathbb{R}^n . \tag{12.4}$$

Die Kenntnis von g genügt, um *alle* Lösungen von (12.2) zu berechnen, da diese ja gerade die Faltung von f und g sind. Wegen dieser besonderen Rolle nennt man g eine *Fundamentallösung* von (12.2). Wir fassen zusammen: *Die Funktion $u = f * g$ ist eine Lösung von* (12.2), *wobei die Fundamentallösung g die* (12.4) *erfüllt, und jede Lösung hat diese Gestalt.*

12.2.2
Lösung durch Fourier-Reihenansatz

In diesem Abschnitt wollen wir die Laplace-Gleichung

$$\Delta u = 0 \tag{12.5}$$

im Rechteck $(0, a) \times (0, b)$ mit den Dirichlet-Randbedingungen

$$u(0, y) = 0 , \quad u(a, y) = f(y) , \quad u(x, 0) = 0 , \quad u(x, b) = 0 \tag{12.6}$$

lösen. Im Laplace-Operator $\Delta u = u_{xx} + u_{yy}$ treten die beiden Variablen x und y getrennt auf. Wir versuchen daher einen Lösungsansatz, bei dem x und y „separiert" werden, d. h., wir probieren den Ansatz

$$u(x, y) = X(x) \cdot Y(y) .$$

Man nennt dies einen *Separationsansatz*. Setzen wir ihn in die Laplace-Gleichung (12.5) ein und dividieren wir durch $X \cdot Y \neq 0$, so erhalten wir:

$$\frac{X''}{X} = -\frac{Y''}{Y} . \tag{12.7}$$

Die linke Seite dieser Gleichung hängt nur von x ab, während die rechte Seite nur von y abhängt. Die Gleichung soll aber für alle x und y gelten. Dies ist nur möglich, wenn beide Seiten von x und y unabhängig, also konstant sind:

$$\frac{X''}{X} = \lambda , \quad -\frac{Y''}{Y} = \lambda ,$$

mit einer beliebigen Konstante $\lambda \in \mathbb{R}$.

Die Randbedingungen (12.6) lauten nun

$$\begin{aligned} X(0)Y(y) &= 0 , \quad X(a)Y(y) = f(y) , \\ X(x)Y(0) &= 0 , \quad X(x)Y(b) = 0 \end{aligned} \tag{12.8}$$

für alle $x, y \in (a, b)$. Daraus folgen die Randbedingungen $Y(0) = Y(b) = 0$ für Y, und wir müssen das Problem

$$Y'' + \lambda Y = 0 , \quad y \in (0, b) , \quad Y(0) = Y(b) = 0 ,$$

lösen (siehe (12.7)). Die Funktionen $\mathrm{e}^{\pm c y}$ scheiden als Lösungsansatz aus, da sie an den Intervallenden nicht verschwinden. Es kommen also nur trigonometrische Funktionen in Frage. Wegen der Randbedingung $Y(0) = 0$ probieren wir $Y(y) = \sin(c y)$:

$$0 = Y'' + \lambda Y = (-c^2 + \lambda)Y ,$$

also $c = \pm\sqrt{\lambda}$. Da $c \in \mathbb{R}$, muss $\lambda \geq 0$ gelten. Aus der zweiten Randbedingung $Y(b) = 0$ folgt, dass $0 = Y(b) = \sin(\pm\sqrt{\lambda} b)$ und damit $\pm\sqrt{\lambda} b = n\pi$ für $n \in \mathbb{N}$. Die Konstante λ kann also nicht beliebig gewählt werden, sondern muss einen der Werte $\lambda = (n\pi/b)^2$ mit $n \in \mathbb{N}$ annehmen. Damit erhalten wir die unendlich vielen Lösungen

$$Y(y) = \sin\left(\frac{n\pi}{b} y\right) , \quad y \in (0, b) , \quad n \in \mathbb{N} , \quad \lambda_n = \left(\frac{n\pi}{b}\right)^2 .$$

Die erste Gleichung in (12.7) lautet nun:

$$X'' - \lambda_n X = 0 , \quad x \in (0, a) , \quad X(0) = 0 .$$

Die Randbedingung für X ergibt sich aus der ersten Gleichung in (12.8). Ein Fundamentalsystem ist gegeben durch $e^{n\pi x/b}$ und $e^{-n\pi x/b}$ und die allgemeine Lösung durch $X(x) = a_n e^{n\pi x/b} + b_n e^{-n\pi x/b}$. Die Randbedingung $X(0) = 0$ impliziert, dass $0 = X(0) = a_n + b_n$, also

$$X(x) = a_n(e^{n\pi x/b} - e^{-n\pi x/b}) = 2a_n \sinh\left(\frac{n\pi}{b}x\right) .$$

Für gegebenes $n \in \mathbb{N}$ erhalten wir folglich die Lösung

$$u_n(x, y) = c_n \sinh\left(\frac{n\pi}{b}x\right) \sin\left(\frac{n\pi}{b}y\right) ,$$

wobei $c_n \in \mathbb{R}$. Die Summe über mehrere Funktionen $u_n(x, t)$ mit verschiedenen Werten von n ist ebenfalls eine Lösung der Differenzialgleichung, da diese linear ist. Die allgemeine Lösung ist also eine Superposition der Lösungen $u_n(x, t)$:

$$u(x, y) = \sum_{n=0}^{\infty} c_n \sinh\left(\frac{n\pi}{b}x\right) \sin\left(\frac{n\pi}{b}y\right) , \quad x \in (0, a) , \quad y \in (0, b) .$$

Die Koeffizienten c_n können wir mithilfe der noch nicht verwendeten Randbedingung $u(a, y) = f(y)$ bestimmen. Dazu nehmen wir an, dass die Funktion f in eine Fourier-Reihe der Periode $2b$ nur mit Sinustermen

$$f(y) = \sum_{n=0}^{\infty} f_n \sin\left(\frac{n\pi}{b}y\right) , \quad 0 \leq y \leq b ,$$

entwickelt werden kann (siehe Abschnitt 10.1). Dies kann man etwa dadurch erreichen, dass die Funktion $f(y)$ für alle $-b \leq y < 0$ durch $f(y) = -f(-y)$ und außerhalb des Intervalls $-b \leq y \leq b$ durch periodische Fortsetzung definiert wird. Dann lautet die Randbedingung:

$$0 = u(a, y) - f(y) = \sum_{n=0}^{\infty} \left(c_n \sinh\left(\frac{n\pi}{b}a\right) - f_n\right) \sin\left(\frac{n\pi}{b}y\right) .$$

Damit diese Gleichung für alle y gelten kann, müssen die Koeffizienten vor dem Ausdruck $\sin(n\pi y/b)$ verschwinden:

$$c_n \sinh\left(\frac{n\pi}{b}a\right) - f_n = 0 \quad \text{für alle} \quad n \geq 0 .$$

Dies liefert eine Bestimmungsgleichung für die Koeffizienten c_n.

Wir fassen zusammen: *Die Lösung der Laplace-Gleichung* (12.5) *auf einem Rechteck mit Dirichlet-Randbedingungen* (12.6) *lautet*

$$u(x, y) = \sum_{n=0}^{\infty} f_n \frac{\sinh(n\pi x/b)}{\sinh(n\pi a/b)} \sin\left(\frac{n\pi}{b}y\right) , \tag{12.9}$$

wobei f_n die Koeffizienten der Sinus-Fourier-Reihe von f sind.

Falls die Randbedingungen durch

$$u(0,y)=0\ ,\quad u(a,y)=0\ ,\quad u(x,0)=g(x)\ ,\quad u(x,b)=0$$

gegeben sind, können wir in analoger Weise vorgehen und erhalten eine Lösung u_2. Bezeichnen wir die Lösung in (12.9) mit u_1, so erfüllt die Summe u_1+u_2 die Laplace-Gleichung sowie die Randbedingungen

$$u(0,y)=0\ ,\quad u(a,y)=f(y)\ ,\quad u(x,0)=g(x)\ ,\quad u(x,b)=0\ .$$

Mit dieser Überlegung können wir das Problem für beliebige inhomogene Dirichlet-Randbedingungen lösen. Dazu denken wir uns die vier Randstücke des Rechtecks $(0,a)\times(0,b)$ durchnummeriert. Ist u_i die Lösung der Laplace-Gleichung mit Dirichlet-Randbedingungen, die nur am Rechteckrand Nummer i inhomogen ist, so löst die Summe $u_1+u_2+u_3+u_4$ die Laplace-Gleichung und die Randbedingungen

$$u(0,y)=f_1(y)\ ,\quad u(a,y)=f_2(y)\ ,\quad u(x,0)=g_1(x)\ ,\quad u(x,b)=g_2(x)\ .$$

12.2.3
Lösung in Polarkoordinaten

Wir suchen Lösungen der Laplace-Gleichung in einer Kreisscheibe,

$$\Delta u=0\ ,\quad (x,y)\in\Omega\ ,$$

mit Dirichlet-Randbedingungen

$$u(x,y)=g(x,y)\ ,\quad (x,y)\in\partial\Omega\ , \tag{12.10}$$

wobei Ω die Menge alle $(x,y)\in\mathbb{R}^2$ sei, für die $x^2+y^2\le 1$ gilt. Es bietet sich an, Polarkoordinaten zu verwenden. Die Laplace-Gleichung lautet in Polarkoordinaten (siehe Abschnitt 9.1.7):

$$\frac{\partial^2 u}{\partial r^2}+\frac{1}{r}\frac{\partial u}{\partial r}+\frac{1}{r^2}\frac{\partial^2 u}{\partial\phi^2}=0\ .$$

Sie muss für alle $r\in(0,1)$ und $\phi\in[0,2\pi)$ gelöst werden. (Den Ursprung schließen wir hier aus.)

Wie in Abschnitt 12.2.2 versuchen wir den Separationsansatz $u(r,\phi)=R(r)\cdot P(\phi)$. Dann lauten die Randbedingungen

$$R(1)P(\phi)=g(\phi)\ ,$$

denn die Funktion g ist nur auf dem Rand $r=1$ der Kreisscheibe definiert. Setzen wir den Ansatz in die Laplace-Gleichung ein, so folgt nach Multiplikation mit r^2/RP (mit $RP\neq 0$):

$$r^2\frac{R''}{R}+r\frac{R'}{R}=-\frac{P''}{P}\ .$$

Die linke Seite der Gleichung hängt nur von r ab, während die rechte Seite nur von der Variablen ϕ abhängt. Damit die Gleichung für alle r und ϕ gültig ist, müssen beide Seiten gleich einer Konstanten $\lambda \in \mathbb{R}$ sein, was auf die beiden folgenden Differenzialgleichungen führt:

$$r^2 R'' + rR' - \lambda R = 0 \, , \quad P'' + \lambda P = 0 \, . \tag{12.11}$$

Das Fundamentalsystem der zweiten Gleichung in (12.11) lautet $\mathrm{e}^{\sqrt{-\lambda}\phi}$ und $\mathrm{e}^{-\sqrt{-\lambda}\phi}$. Die Funktion $P(\phi)$ ist als Winkelfunktion periodisch mit Periode 2π. Aus der Forderung

$$\mathrm{e}^{\pm\sqrt{-\lambda}\cdot 2\pi} = \mathrm{e}^{\pm\sqrt{-\lambda}\cdot 0} = 1$$

ergibt sich $\pm 2\pi\sqrt{-\lambda} = 2n\pi\mathrm{i}$ für $n \in \mathbb{N}$ und damit $\lambda = n^2$. Wir erhalten wegen $\sqrt{-\lambda} = \pm \mathrm{i}n$ die unendlich vielen reellen Lösungen

$$P_n(\phi) = a_n \sin(n\phi) + b_n \cos(n\phi) \, .$$

Die erste Gleichung in (12.11) kann also geschrieben werden als:

$$r^2 R'' + rR' - n^2 R = 0 \, .$$

Wir probieren den Ansatz $R(r) = r^\alpha$:

$$0 = r^2 \cdot \alpha(\alpha - 1) r^{\alpha-2} + r \cdot \alpha r^{\alpha-1} - n^2 r^\alpha = (\alpha^2 - n^2) r^\alpha \, .$$

Hieraus schließen wir $\alpha = \pm n$. Die allgemeine Lösung lautet also

$$u(r, \phi) = \sum_{n=0}^{\infty} r^\alpha (a_n \sin(n\phi) + b_n \cos(n\phi)) \, ,$$

wobei $\alpha = \pm n$. Falls $\alpha = -n$, ist die Reihe jedoch nicht konvergent, da die Folge (r^{-n}) wegen $r < 1$ für $n \to \infty$ nicht gegen null konvergiert, sodass wir diesen Fall ausschließen können. Daher ist $\alpha = n$.

Die Koeffizienten a_n und b_n bestimmen wir aus den Randbedingungen. Wir nehmen an, dass die Funktion $g(\phi)$ in die Fourier-Reihe

$$g(\phi) = \sum_{n=0}^{\infty} (c_n \sin(n\phi) + d_n \cos(n\phi)) \, , \quad \phi \in [0, 2\pi) \, , \tag{12.12}$$

entwickelt werden kann. Dann folgt aus der Randbedingung

$$\begin{aligned} \sum_{n=0}^{\infty} (a_n \sin(n\phi) + b_n \cos(n\phi)) = u(1, \phi) = g(\phi) \\ = \sum_{n=0}^{\infty} (c_n \sin(n\phi) + d_n \cos(n\phi)) \end{aligned}$$

und durch Koeffizientenvergleich $a_n = c_n$ und $b_n = d_n$.

Wir fassen zusammen: *Die Lösung der Laplace-Gleichung auf einer Kreisscheibe vom Radius eins mit den Randbedingungen* (12.10) *lautet*

$$u(r,\phi) = \sum_{n=0}^{\infty} r^n (c_n \sin(n\phi) + d_n \cos(n\phi)) , \quad r \in (0,1) , \quad \phi \in [0, 2\pi) ,$$

wobei die Koeffizienten c_n und d_n die in (12.12) *definierten Fourier-Koeffizienten von g sind.*

Fragen und Aufgaben

Aufgabe 12.6 Welchen Vorteil hat die Anwendung der Fourier-Transformation auf Probleme im Ganzraum?

Aufgabe 12.7 Was ist eine Fundamentallösung der Gleichung $-\Delta u + cu = f$?

Aufgabe 12.8 Wie viele Lösungen besitzt die Laplace-Gleichung $\Delta u = 0$ im $\mathbb{R}^n$?

Aufgabe 12.9 Wie viele Lösungen besitzt die Laplace-Gleichung $\Delta u = 0$ in einer Kreisscheibe Ω mit den Dirichlet-Randbedingungen $u = 0$ auf $\partial\Omega$?

Aufgabe 12.10 Wie lautet der Separationsansatz für die Laplace-Gleichung in einem Quader?

Aufgabe 12.11 Bestimme alle radialsymmetrischen Lösungen $u(r)$ der Gleichung $-\Delta u + cu/r^2 = 0$ auf einer Kreisscheibe (ohne Ursprung) mit Radius eins, wobei $c > 0$.

Aufgabe 12.12 Bestimme alle radialsymmetrischen Lösungen der Laplace-Gleichung im $\mathbb{R}^3 \setminus \{\mathbf{0}\}$.

Aufgabe 12.13 Zeige, dass die Funktion $u(\boldsymbol{x}) = \ln |\boldsymbol{x}|$ die Laplace-Gleichung für alle $\boldsymbol{x} \in \mathbb{R}^2$ mit $\boldsymbol{x} \neq \mathbf{0}$ löst.

12.3 Die Wärmeleitungsgleichung

12.3.1 Lösung durch Fourier-Transformation

Die Wärmeleitungsgleichung

$$\frac{\partial u}{\partial t} - D\frac{\partial^2 u}{\partial x^2} = 0 , \quad u(x,0) = u_0(x) , \quad x \in \mathbb{R}, \ t > 0 ,$$

beschreibt die Diffusion einer Konzentration oder der Temperatur in einem unendlich langen Stab mit der Diffusionskonstanten $D > 0$. Die Variable t stellt die Zeit dar und x die räumliche Variable. Wir lösen diese Gleichung, indem wir sie ähnlich wie in Abschnitt 12.2.1 mit einer Fourier-Transformation in die Gleichung

$$\frac{\mathrm{d}}{\mathrm{d}t}\mathcal{F}[u] = -Dk^2\mathcal{F}[u] , \quad t > 0 , \quad \mathcal{F}[u(\cdot, 0)] = \mathcal{F}[u_0]$$

überführen. Die Gleichung lautet ausführlicher

$$\frac{\mathrm{d}}{\mathrm{d}t}\mathcal{F}[u(\cdot, t)](k) = -Dk^2\mathcal{F}[u(\cdot, t)](k) ,$$

wobei die Fourier-Transformation $\hat{u}(k, t) = \mathcal{F}[u(\cdot, t)](k)$ eine Funktion in k und t ist. Daher können wir die obige Gleichung als eine gewöhnliche Differenzialgleichung für die Funktion $\hat{u}(k, \cdot)$ interpretieren. Sie besitzt die Lösung:

$$\hat{u}(k, t) = \mathrm{e}^{-Dk^2 t}\hat{u}_0(k) .$$

Die Rücktransformation ergibt daher:

$$u(x, t) = \mathcal{F}^{-1}\left[\mathrm{e}^{-Dk^2 t}\hat{u}_0\right](x) .$$

Ist $g(k, t)$ die inverse Fourier-Transformation von $\mathrm{e}^{-Dk^2 t}/\sqrt{2\pi}$ bezüglich k, d. h. $\mathcal{F}[g] = \mathrm{e}^{-Dk^2 t}/\sqrt{2\pi}$, so erhalten wir wegen der Beziehung $\mathcal{F}[f * g] = \sqrt{2\pi}\mathcal{F}[f]\mathcal{F}[g]$ (siehe (10.38)) die Lösungsformel:

$$u(x, t) = \sqrt{2\pi}\mathcal{F}^{-1}[\mathcal{F}[g]\mathcal{F}[u_0]] = (g * u_0)(x, t) = \int_{\mathbb{R}} g(x - y, t)u_0(y)\,\mathrm{d}y .$$

Die inverse Fourier-Transformation von $\mathrm{e}^{-Dk^2 t}/\sqrt{2\pi}$ lautet gemäß (10.31):

$$g(x) = \frac{1}{\sqrt{4\pi Dt}}\mathrm{e}^{-x^2/(4Dt)} . \tag{12.13}$$

Die Lösung der Wärmeleitungsgleichung auf $\mathbb{R}$ ist also gegeben durch:

$$u(x, t) = \frac{1}{\sqrt{4\pi Dt}}\int_{\mathbb{R}} \mathrm{e}^{-(x-y)^2/(4Dt)}u_0(y)\,\mathrm{d}y , \quad x \in \mathbb{R} , \quad t > 0 .$$

Für $t \to \infty$ konvergiert der Integrand gegen $u_0(y)$, während der Faktor $1/\sqrt{4\pi Dt}$ gegen null strebt. Die Lösung konvergiert also für $t \to \infty$ gegen null. Physikalisch bedeutet dies, dass die Konzentration bzw. Temperatur $u(x, t)$ diffundiert und im Laufe der Zeit gegen den Gleichgewichtswert Null strebt.

Beispiel 12.3
Wählen wir als Anfangsbedingung die Delta-Distribution δ_0, so lautet die Lösung:

$$u(x, t) = \frac{1}{\sqrt{4\pi Dt}}\int_{\mathbb{R}} \mathrm{e}^{-(x-y)^2/(4Dt)}\delta_0(y)\,\mathrm{d}y = \frac{1}{\sqrt{4\pi Dt}}\mathrm{e}^{-x^2/(4Dt)} .$$

Die Funktion ist maximal bei $x = 0$ und konvergiert für $t \to \infty$ wie $1/\sqrt{t}$ gegen null (siehe Abb. 12.1).

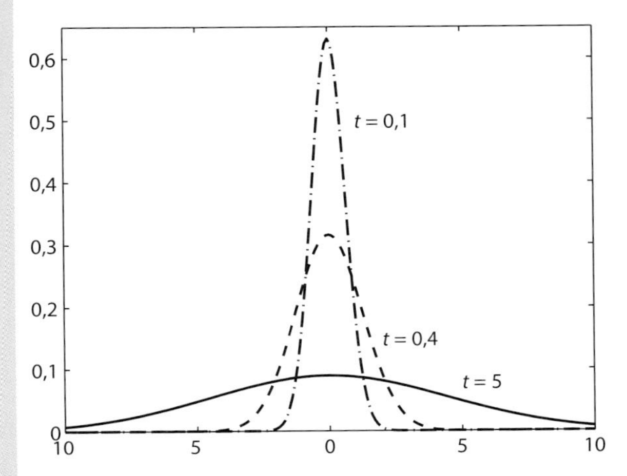

Abb. 12.1 Zeitliche Entwicklung der Lösung der Wärmeleitungsgleichung, wobei die Anfangsbedingung durch δ_0 gegeben ist.

12.3.2
Lösung durch Separationsansatz

Wir betrachten die Wärmeleitungsgleichung

$$\frac{\partial u}{\partial t} - D\frac{\partial^2 u}{\partial x^2} = 0\,, \quad u(x,0) = u_0(x)\,, \quad x \in (0,a)\,, \quad t > 0\,, \tag{12.14}$$

in einem beschränkten Intervall mit den Randbedingungen

$$u(0,t) = 0\,, \quad u(a,t) = 0\,, \quad t > 0\,. \tag{12.15}$$

Dies entspricht dem Fall, dass die Konzentration im Stab im Laufe der Zeit durch die Enden des Stabs herausdiffundiert. Die Konzentration an den Stabenden wird hierbei konstant gehalten.

Wir lösen dieses Problem, indem wir zunächst den in Abschnitt 12.2.2 eingeführten Separationsansatz machen:

$$u(x,t) = X(x) \cdot T(t)\,.$$

Einsetzen in die Differenzialgleichung und Division durch $D \cdot u$ ergibt (falls $u \neq 0$):

$$\frac{1}{D}\frac{T'}{T} = \frac{X''}{X}\,.$$

Die linke Seite der Gleichung hängt nur von der Zeit ab; die rechte Seite dagegen hängt nur vom Ort ab. Also sind beide Seiten gleich einer Konstanten $\lambda \in \mathbb{R}$, und wir erhalten die beiden Differenzialgleichungen:

$$X'' - \lambda X = 0\,, \qquad T' - \lambda D T = 0\,.$$

Die erste Gleichung muss für alle $x \in (0, a)$ gelöst werden, die zweite Gleichung für alle $t > 0$. Die zweite Gleichung lässt sich einfach integrieren, und wir erhalten die allgemeine Lösung $T(t) = c\mathrm{e}^{\lambda D t}$ mit $c \in \mathbb{R}$. Die erste Gleichung besitzt die allgemeine Lösung $X(x) = b_1 \mathrm{e}^{\sqrt{\lambda}x} + b_2 \mathrm{e}^{-\sqrt{\lambda}x}$ mit $b_1, b_2 \in \mathbb{R}$.

Die Randbedingungen für X lauten wegen (12.15) $X(0) = X(a) = 0$. Damit die Funktion X an beiden Stellen $x = 0$ und $x = a$ verschwindet, kann X nicht durch Exponentialfunktionen, sondern muss durch trigonometrische Funktionen dargestellt werden. Wir können daher $\lambda < 0$ annehmen und definieren $k = \sqrt{-\lambda} > 0$. Die allgemeine Lösung lautet also $X(x) = b_1 \mathrm{e}^{\mathrm{i}kx} + b_2 \mathrm{e}^{-\mathrm{i}kx}$. Nach Einsetzen der Randbedingungen ergibt sich $0 = X(0) = b_1 + b_2$ und

$$0 = X(a) = b_1 \mathrm{e}^{\mathrm{i}ka} + b_2 \mathrm{e}^{-\mathrm{i}ka} = b_1(\mathrm{e}^{\mathrm{i}ka} - \mathrm{e}^{-\mathrm{i}ka}) = 2\mathrm{i}b_1 \sin(ka)\,.$$

Die Wahl $b_1 = 0$ würde auf die triviale Lösung $X(x) = 0$ für alle $x \in (0, a)$ führen. Also muss $\sin(ka) = 0$ gelten. Dies ist genau dann der Fall, wenn $k = n\pi/a$ für $n \in \mathbb{N}_0$. Damit ist $X(x) = b_1(\mathrm{e}^{\mathrm{i}kx} - \mathrm{e}^{-\mathrm{i}kx}) = c\sin(kx)$ für $c = 2\mathrm{i}b_1$.

Für festes n erhalten wir also:

$$u_n(x, t) = X(x)T(t) = c_n \mathrm{e}^{-n^2\pi^2 D t/a^2} \sin\left(\frac{n\pi}{a}x\right)\,.$$

Die allgemeine Lösung ist die Superposition aller Lösungen u_n:

$$u(x, t) = \sum_{n=0}^{\infty} c_n \mathrm{e}^{-n^2\pi^2 D t/a^2} \sin\left(\frac{n\pi}{a}x\right)\,.$$

Die Koeffizienten c_n können durch Berücksichtigung der Anfangsbedingung berechnet werden. Hierzu nehmen wir an, dass diese in eine Sinus-Fourier-Reihe entwickelt werden kann:

$$u_0(x) = \sum_{n=0}^{\infty} a_n \sin\left(\frac{n\pi}{a}x\right)\,. \tag{12.16}$$

Dann ergibt sich aus

$$0 = u(x, 0) - u_0(x) = \sum_{n=0}^{\infty} (c_n - a_n) \sin\left(\frac{n\pi}{a}x\right)$$

die Beziehung $c_n = a_n$.

Wir fassen zusammen: *Die Lösung der Wärmeleitungsgleichung* (12.14) *mit den Randbedingungen* (12.15) *und der Anfangsbedingung* (12.16) *ist gegeben durch:*

$$u(x, t) = \sum_{n=0}^{\infty} a_n \mathrm{e}^{-n^2\pi^2 D t/a^2} \sin\left(\frac{n\pi}{a}x\right)\,.$$

Beispiel 12.4
Falls die Anfangskonzentration $u_0(x) = c$ für eine Konstante $c > 0$ ist, müssen wir zunächst u_0 in eine Fourier-Reihe entwickeln. Eine kleine Rechnung ergibt

$$a_n = \frac{4c}{\pi n} \quad \text{für ungeradzahliges } n\,, \qquad a_n = 0 \quad \text{für geradzahliges } n\,.$$

Folglich lautet die Lösung der Wärmeleitungsgleichung mit Randbedingungen (12.15) und dieser Anfangskonzentration:

$$u(x,t) = \sum_{k=0}^{\infty} \frac{4c}{\pi(2k+1)} \mathrm{e}^{-(2k+1)^2\pi^2 Dt/a^2} \sin\left(\frac{(2k+1)\pi}{a} x\right)\,.$$

Der Lösungsverlauf ist für verschiedene Zeiten schematisch in Abb.12.2 angegeben. Wir erkennen, dass die Lösung für $t \to \infty$ gegen null konvergiert. Dies bedeutet, dass die Konzentration im Laufe der Zeit vollständig aus dem Stab herausdiffundiert.

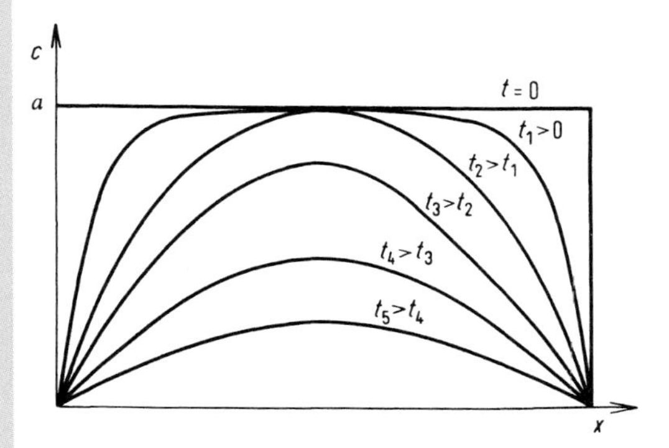

Abb. 12.2 Schematischer Verlauf der Lösung der Wärmeleitungsgleichung in einem Stab zu verschiedenen Zeiten t.

Fragen und Aufgaben

Aufgabe 12.14 Wie lautet die Lösung der Wärmeleitungsgleichung auf der reellen Zahlenachse?

Aufgabe 12.15 Wie verhält sich die Lösung der Wärmeleitungsgleichung auf $\mathbb{R}$ für große Zeiten? Wie ist dieses Verhalten physikalisch zu interpretieren?

Aufgabe 12.16 Wie unterscheidet sich die Lösung der Wärmeleitungsgleichung in einem beschränkten Intervall von der auf $\mathbb{R}$?

12.4 Die Wellengleichung

12.4.1 Lösung durch Separationsansatz

Die Wellengleichung

$$\frac{\partial^2 u}{\partial t^2} - c^2 \frac{\partial^2 u}{\partial x^2} = 0 \,, \quad x \in (0,a) \,, \quad t > 0 \,, \tag{12.17}$$

beschreibt z. B. die zeitliche Entwicklung der Auslenkung einer Saite oder allgemeiner die Evolution eines Wellenphänomens. Die Konstante c hat die physikalische Dimension einer Geschwindigkeit und wird daher auch die *Wellengeschwindigkeit* genannt. Wir wollen die Wellengleichung mit den Anfangsbedingungen

$$u(x,0) = u_0(x) \,, \quad \frac{\partial u}{\partial t}(x,0) = u_1(x) \,, \quad x \in (0,a) \,, \tag{12.18}$$

und den Randbedingungen

$$u(0,t) = 0 \,, \quad u(a,t) = 0 \,, \quad t > 0 \,, \tag{12.19}$$

lösen. Wir schreiben also die Anfangsauslenkung und die Anfangsgeschwindigkeit der Saite vor. Die Randbedingungen bedeuten, dass die Saite an den Enden fest eingespannt ist.

Wir lösen das Problem (12.17) bis (12.19) mittels des Produktansatzes $u(x,t) = X(x)T(t)$, den wir in (12.17) einsetzen. Nach Division durch $c^2XT \neq 0$ folgt

$$\frac{1}{c^2}\frac{T''}{T} = \frac{X''}{X} \,.$$

Da die linke Seite nur von t abhängt und die rechte Seite nur von x, müssen beide Seiten gleich einer Konstanten $\lambda \in \mathbb{R}$ sein. Daher erhalten wir die beiden Gleichungen

$$X'' - \lambda X = 0 \,, \quad T'' - \lambda c^2 T = 0 \,, \tag{12.20}$$

die für alle $x \in (0,a)$ bzw. $t > 0$ gelöst werden müssen. Die allgemeinen Lösungen dafür lauten

$$X(x) = a_1 \mathrm{e}^{\sqrt{\lambda}x} + a_2 \mathrm{e}^{-\sqrt{\lambda}x} \,, \quad T(t) = b_1 \mathrm{e}^{c\sqrt{\lambda}t} + b_2 \mathrm{e}^{-c\sqrt{\lambda}t}$$

mit Konstanten a_1, a_2, b_1 und b_2, die wir aus den Anfangs- und Randbedingungen bestimmen.

Die Randbedingungen für X lauten $X(0) = X(a) = 0$. Sie können nicht erfüllt werden, wenn λ positiv ist, da die Summe zweier Exponentialfunktionen nicht zwei Nullstellen besitzt. Folglich muss λ negativ sein. Wir setzen $k = \sqrt{-\lambda}$. Dann folgt $X(x) = a_1 \mathrm{e}^{\mathrm{i}kx} + a_2 \mathrm{e}^{-\mathrm{i}kx}$, und aus $X(0) = X(a) = 0$ ergeben sich die Gleichungen $a_1 + a_2 = 0$ und $2a_1 \mathrm{i} \sin(ka) = 0$, was $k = n\pi/a$ für $n \in \mathbb{N}_0$ impliziert.

Damit lautet die Lösung der ersten Gleichung in (12.20) $X(x) = 2a_1 \mathrm{i} \sin(n\pi x/a)$. Die zweite Gleichung in (12.20) besitzt also die allgemeine Lösung

$$T(t) = b_1 \mathrm{e}^{\mathrm{i}n\pi ct/a} + b_2 \mathrm{e}^{-\mathrm{i}n\pi ct/a}$$

oder, in reeller Schreibweise,

$$T(t) = b_1 \sin\left(\frac{n\pi c}{a} t\right) + b_2 \cos\left(\frac{n\pi c}{a} t\right) .$$

Für festes $n \in \mathbb{N}_0$ ist daher

$$u_n(x,t) = \left(b_1 \sin\left(\frac{n\pi c}{a} t\right) + b_2 \cos\left(\frac{n\pi c}{a} t\right)\right) \sin\left(\frac{n\pi}{a} x\right)$$

eine Lösung der Wellengleichung. Die allgemeine Lösung ist die Superposition aller Lösungen $u_n(x,t)$:

$$u(x,t) = \sum_{n=1}^{\infty} \left(c_n \sin\left(\frac{n\pi c}{a} t\right) + d_n \cos\left(\frac{n\pi c}{a} t\right)\right) \sin\left(\frac{n\pi}{a} x\right)$$

mit reellen Konstanten c_n und d_n. Diese können aus den beiden Anfangsbedingungen bestimmt werden, d. h., es müssen die beiden Beziehungen

$$u_0(x) = u(x,0) = \sum_{n=1}^{\infty} d_n \sin\left(\frac{n\pi}{a} x\right) ,$$

$$u_1(x) = u_t(x,0) = \sum_{n=1}^{\infty} \frac{n\pi c}{a} c_n \sin\left(\frac{n\pi}{a} x\right)$$

erfüllt sein. Die rechten Seiten können als Fourier-Entwicklungen der Anfangswerte u_0 bzw. u_1 interpretiert werden, die außerhalb des Intervalls $0 \leq x \leq a$ so fortgesetzt werden, dass sie durch Sinus-Fourier-Reihen dargestellt werden können. Dann gilt (siehe (10.4)):

$$d_n = \frac{1}{a} \int_{-a}^{a} u_0(x) \sin\left(\frac{n\pi}{a} x\right) \mathrm{d}x , \tag{12.21}$$

$$\frac{n\pi c}{a} c_n = \frac{1}{a} \int_{-a}^{a} u_1(x) \sin\left(\frac{n\pi}{a} x\right) \mathrm{d}x . \tag{12.22}$$

Wir fassen zusammen: *Die Lösung der Wellengleichung* (12.17) *mit Anfangs- und Randbedingungen* (12.18) *und* (12.19) *lautet:*

$$u(x,t) = \sum_{n=1}^{\infty} \left(c_n \sin\left(\frac{n\pi c}{a} t\right) + d_n \cos\left(\frac{n\pi c}{a} t\right)\right) \sin\left(\frac{n\pi}{a} x\right) , \tag{12.23}$$

wobei die Koeffizienten c_n und d_n durch (12.21) *und* (12.22) *gegeben sind.*

Beispiel 12.5
Als Beispiel betrachten wir eine Saite der Länge $a = 1$, die an den Enden festgehalten wird. Zur Zeit $t = 0$ werde die Saite wie in Abb. 12.3a ausgelenkt. Die Anfangsbedingungen lauten also $u_0(x) = -|x - 1/2| + 1/2$ und $u_1(x) = 0$ für $x \in (0, 1)$. Gemäß (12.22) sind die Koeffizienten c_n also alle gleich null. Um die Koeffizienten d_n zu bestimmen, setzen wir u_0 außerhalb von $0 \leq x \leq 1$ wie in Abb. 12.3b ungerade fort, d. h. $u_0(x) = -|x - 1/2| + 1/2$ für $0 \leq x \leq 1$ und $u_0(x) = |x + 1/2| - 1/2$ für $-1 \leq x < 0$. Gemäß (12.21) erhalten wir:

$$
\begin{aligned}
d_n &= \int_{-1}^{1} u_0(x) \sin(n\pi x)\,\mathrm{d}x = 2\int_{0}^{1} u_0(x) \sin(n\pi x)\,\mathrm{d}x \\
&= 2\int_{0}^{1} \left(-\left|x - \frac{1}{2}\right| + \frac{1}{2}\right) \sin(n\pi x)\,\mathrm{d}x \\
&= 2\int_{0}^{1/2} \left(x - \frac{1}{2} + \frac{1}{2}\right) \sin(n\pi x)\,\mathrm{d}x + 2\int_{1/2}^{1} \left(-x + \frac{1}{2} + \frac{1}{2}\right) \sin(n\pi x)\,\mathrm{d}x \\
&= 2\int_{0}^{1/2} x \sin(n\pi x)\,\mathrm{d}x + 2\int_{1/2}^{1} (1 - x) \sin(n\pi x)\,\mathrm{d}x \\
&= \frac{4}{(n\pi)^2} \sin\left(\frac{n\pi}{2}\right) .
\end{aligned}
$$

Für gerade Werte von n ist $\sin(n\pi/2) = 0$ und folglich $d_n = 0$. Für ungerade Werte $n = 2k + 1$ mit $k \in \mathbb{N}_0$ gilt $\sin(n\pi/2) = (-1)^k$. Damit ist $d_{2k+1} = 4(-1)^k/((2k + 1)\pi)^2$, und die Lösung der Wellengleichung lautet:

$$
u(x, t) = \frac{4}{\pi^2} \sum_{k=0}^{\infty} \frac{(-1)^k}{(2k + 1)^2} \cos[(2k + 1)\pi ct] \sin[(2k + 1)\pi x] .
$$

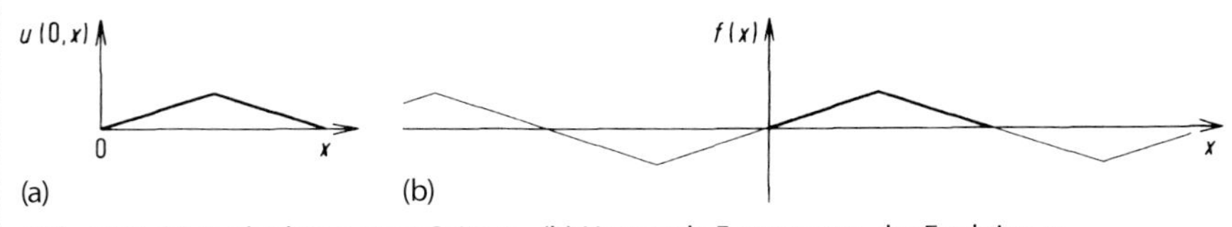

Abb. 12.3 (a) Auslenkung einer Saite u_0. (b) Ungerade Fortsetzung der Funktion u_0.

12.4.2
Allgemeine Lösungsformel

Die Wellengleichung auf der reellen Zahlenachse

$$\frac{\partial^2 u}{\partial t^2} - c^2 \frac{\partial^2 u}{\partial x^2} = 0 , \quad x \in \mathbb{R} , \quad t > 0 , \tag{12.24}$$

mit $c > 0$ besitzt eine einfache Lösungsformel

$$u(x,t) = f(x - ct) + g(x + ct) , \tag{12.25}$$

wobei f und g beliebige, zweimal differenzierbare Funktionen sind. Dies können wir durch zweimaliges Ableiten verifizieren

$$u_{xx} = f''(x - ct) + g''(x + ct) , \quad u_{tt} = c^2 f''(x - ct) + c^2 g''(x + ct)$$

und $u_{tt} - c^2 u_{xx} = 0$. Die Anfangswerte sind dann gegeben durch $u(x,0) = f(x) + g(x)$ und $u_t(x,0) = c(-f'(x) + g'(x))$. Die Lösungsformel (12.25) erlaubt es, das Verhalten der Lösungen physikalisch zu interpretieren. Dazu nehmen wir zunächst an, dass die Funktion g gleich null ist, sodass die Lösung der Wellengleichung durch $u(x,t) = f(x - ct)$ gegeben ist. Die durch f gegebene Kurve wird um das Stück ct in positiver x-Richtung verschoben (siehe Abb. 12.4, gestrichelte Kurve). Die Funktion $f(x - ct)$ beschreibt also das Fortschreiten der durch $f(x)$ definierten Kurve mit der Geschwindigkeit c. In gleicher Weise lässt sich einsehen, dass $g(x + ct)$ das Fortschreiten der Kurve $g(x)$ in Richtung der negativen x-Achse beschreibt. Die Konstante c hat daher die Bedeutung der Fortpflanzungsgeschwindigkeit der Welle.

Die Lösung der Wellengleichung mit $f(x) = A\sin(kx)$ und $g(x) = 0$ ist nach (12.25) gegeben durch:

$$u(x,t) = A\sin(kx - kct) . \tag{12.26}$$

Abbildung 12.5 zeigt die Auslenkung $u(x,t)$ der Saite als Funktion in x zu zwei verschiedenen Zeiten. Die Auslenkung hat die Form einer Sinuskurve, die sich in Richtung der positiven x-Achse bewegt. Den Abstand der beiden am nächsten liegenden Punkte mit gleicher maximaler Auslenkung nennt man die *Wellenlänge* und bezeichnet sie mit λ. Sie erfüllt die Gleichung $\sin(kx - kct) = \sin(k(x + \lambda) - kct)$ bei festgehaltener Zeit, woraus wegen der 2π-Periodizität der Sinusfunktion $kx + 2\pi = k(x + \lambda)$ und damit

$$\lambda = \frac{2\pi}{k}$$

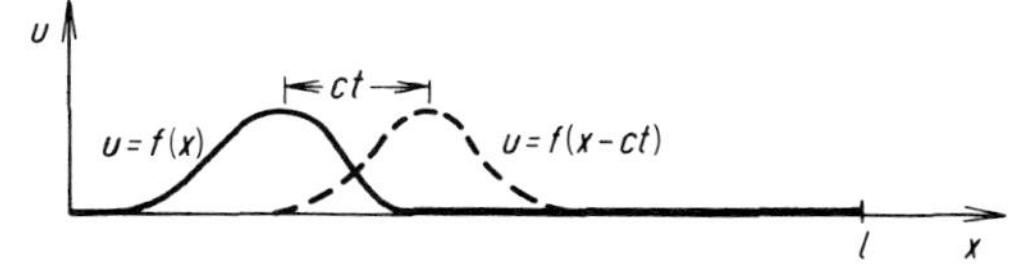

Abb. 12.4 Anschauliche Interpretation einer Funktion der Form $f(x - ct)$.

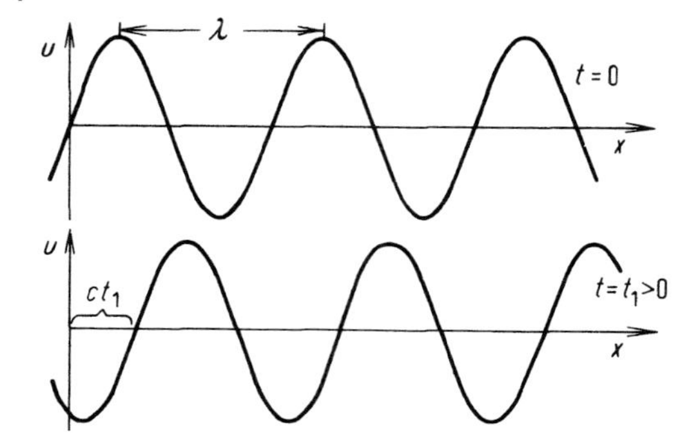

Abb. 12.5 Fortschreitende Welle der Form $u(x, t) = A \sin(kx - kct)$ zu zwei verschiedenen Zeitpunkten $t = 0$ und $t = t_1 > 0$.

folgt. Die Auslenkung ist bei festgehaltenem Ort x als Funktion der Zeit ebenfalls eine Sinuskurve. Jeder Punkt der Saite vollführt also eine Sinusschwingung. Die *Kreisfrequenz* ω dieser Schwingung ist gerade durch $\omega = kc$ gegeben.

Eine weitere mögliche Lösung erhält man durch Überlagerung einer in positiver x-Richtung fortschreitenden Sinuswelle mit einer sich in negativer x-Richtung fortpflanzenden Welle:

$$u(x, t) = A \sin(kx - \omega t) + A \sin(kx + \omega t) = 2A \sin(kx) \cos(\omega t) , \quad (12.27)$$

wobei wir ein Additionstheorem benutzt haben. Jeder Punkt der Saite führt eine Kosinusschwingung aus. Die Amplitude der Schwingung, gegeben durch $2A \sin(kx)$, ist im Unterschied zur vorherigen Situation von Ort zu Ort verschieden. Für bestimmte Werte von x, in Abb. 12.6 mit K bezeichnet, ist die Amplitude immer gleich null. An diesen Stellen, die man *Wellenknoten* nennt, befindet sich die Saite in Ruhe. Man spricht in diesem Fall von einer *stehenden Welle.*

Zusammenfassend können wir formulieren: *Mögliche Lösungen der Wellengleichung* (12.24) *sind fortschreitende Wellen oder stehende Wellen.* Spezielle fort-

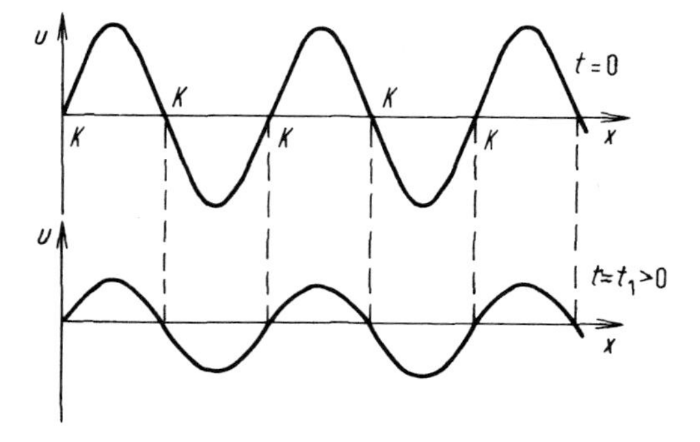

Abb. 12.6 Stehende Welle der Form $u(x, t) = 2A \sin(kx) \cos(\omega t)$ zu zwei verschiedenen Zeitpunkten $t = 0$ und $t = t_1 > 0$.

schreitende bzw. stehende Wellen sind durch die Gleichungen (12.26) bzw. (12.27) gegeben.

Diese Lösungen wurden ohne Berücksichtigung der Anfangs- oder Randbedingungen gewonnen. Bei Vorgabe solcher Bedingungen werden die Lösungsformeln bedeutend komplizierter, wie z. B. (12.23) zeigt.

Abschließend zeigen wir, dass die Lösung (12.23) für die Saite mit festgehaltenen Enden ein Spezialfall der allgemeinen Lösung $f(x - ct) + g(x + ct)$ ist. Um dies zu zeigen, müssen wir (12.23) in eine Form bringen, in der als Argumente nur die Ausdrücke $x - ct$ und $x + ct$ auftreten. Dies erreichen wir durch Verwendung der trigonometrischen Additionstheoreme

$$\begin{aligned}
2 \sin \alpha \sin \beta &= \cos(\alpha - \beta) - \cos(\alpha + \beta) \,, \\
2 \sin \alpha \cos \beta &= \sin(\alpha - \beta) + \sin(\alpha + \beta) \,.
\end{aligned}$$

Setzen wir $\alpha = n\pi x/a$ und $\beta = n\pi ct/a$, so erhalten wir:

$$\begin{aligned}
u(x,t) = \frac{1}{2} \sum_{n=1}^{\infty} \Big\{ c_n & \left[\cos\left(\frac{n\pi}{a}(x - ct) \right) - \cos\left(\frac{n\pi}{a}(x + ct) \right) \right] \\
& + d_n \left[\sin\left(\frac{n\pi}{a}(x - ct) \right) + \sin\left(\frac{n\pi}{a}(x + ct) \right) \right] \Big\} \,.
\end{aligned}$$

Definieren wir

$$\begin{aligned}
f(x - ct) &= \frac{1}{2} \sum_{n=1}^{\infty} \left[c_n \cos\left(\frac{n\pi}{a}(x - ct) \right) + d_n \sin\left(\frac{n\pi}{a}(x - ct) \right) \right] \,, \\
g(x + ct) &= \frac{1}{2} \sum_{n=1}^{\infty} \left[d_n \sin\left(\frac{n\pi}{a}(x + ct) \right) - c_n \cos\left(\frac{n\pi}{a}(x + ct) \right) \right] \,,
\end{aligned}$$

so kann (12.23) geschrieben werden als:

$$u(x,t) = f(x - ct) + g(x + ct) \,.$$

12.4.3 Die schwingende Membran

Ziel dieses Abschnittes ist die Bestimmung der Schwingungen einer rechteckigen bzw. kreisförmigen Membran (siehe Abb. 12.7). Die Membran befinde sich in der

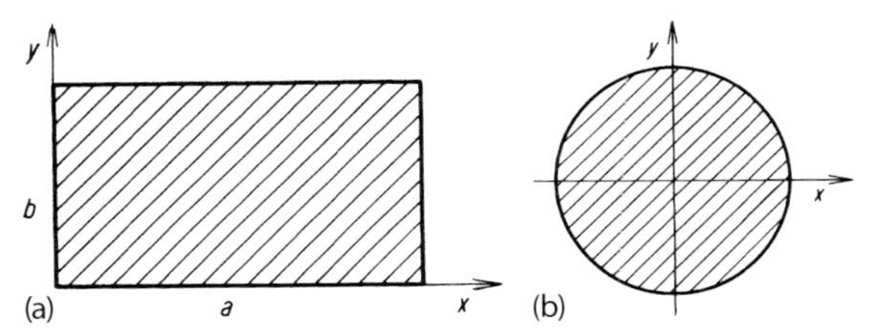

Abb. 12.7 (a) Rechteckige Membran; (b) kreisförmige Membran.

(x, y)-Ebene. Die Auslenkungen $u(x, y, t)$ erfolgen dann in z-Richtung. Zunächst lösen wir die zweidimensionale Wellengleichung

$$\frac{\partial^2 u}{\partial t^2} - c^2 \frac{\partial^2 u}{\partial x^2} - c^2 \frac{\partial^2 u}{\partial y^2} = 0 , \quad t > 0 , \tag{12.28}$$

im rechteckigen Gebiet $(0, a) \times (0, b)$. Wir nehmen an, dass die Membran am Rechteckrand fest eingespannt ist,

$$u(0, y, t) = u(a, y, t) = 0 , \quad u(x, 0, t) = u(x, b, t) = 0 , \tag{12.29}$$

und dass die Anfangsauslenkung und Anfangsgeschwindigkeit der Membran bekannt seien,

$$u(x, y, 0) = u_0(x, y) , \quad \frac{\partial u}{\partial t}(x, y, 0) = u_1(x, y) \tag{12.30}$$

für alle $x \in (0, a)$, $y \in (0, b)$, $t > 0$.

Um das obige Problem zu lösen, probieren wir einen Separationsansatz in den Variablen x, y und t,

$$u(x, y, t) = X(x) \cdot Y(y) \cdot T(t) ,$$

den wir in (12.28) einsetzen. Nach Division durch $c^2 XYT \neq 0$ folgt:

$$\frac{1}{c^2} \frac{T''}{T} = \frac{X''}{X} + \frac{Y''}{Y} .$$

Während die linke Seite nur von t abhängt, ist die rechte Seite nur eine Funktion in (x, y); also sind beide Seiten konstant gleich $\lambda \in \mathbb{R}$:

$$T'' - \lambda c^2 T = 0 , \quad \frac{X''}{X} = -\frac{Y''}{Y} + \lambda .$$

Die linke Seite der zweiten Gleichung hängt nur von x ab, die rechte Seite nur von y; folglich sind beide Seiten konstant gleich $\mu \in \mathbb{R}$:

$$X'' - \mu X = 0 , \quad Y'' - (\lambda - \mu) Y = 0 .$$

Die erste Gleichung ist für alle $x \in (0, a)$ zu lösen, die zweite Gleichung für alle $y \in (0, b)$. Damit haben wir die Lösung der zweidimensionalen Wellengleichung zurückgeführt auf die Lösung von drei gewöhnlichen Differenzialgleichungen für X, Y und T.

Die Randbedingungen für X lauten wegen (12.29) $X(0) = X(a) = 0$, die für Y sind analog $Y(0) = Y(b) = 0$. Wie in Abschnitt 12.4.1 folgt aus den Randbedingungen, dass X und Y Sinusfunktionen sind sowie $\mu = -(n\pi/a)^2$ und $\lambda - \mu = -(m\pi/b)^2$ für $n, m \in \mathbb{N}$ gilt. Damit erhalten wir:

$$X(x) = \sin\left(\frac{n\pi}{a} x\right) , \quad Y(y) = \sin\left(\frac{m\pi}{b} y\right) .$$

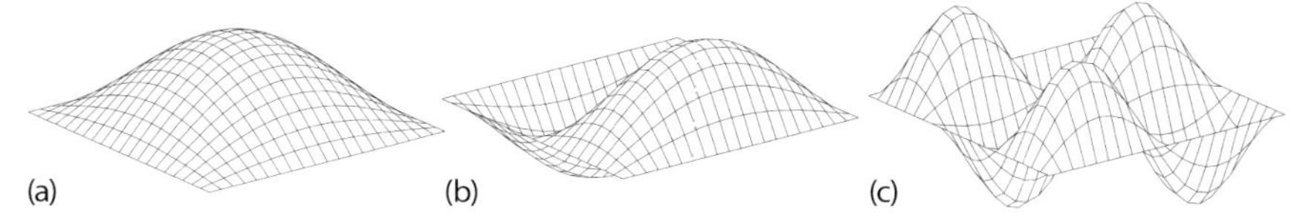

Abb. 12.8 (a) Grundschwingung $n = m = 1$ einer quadratischen Membran. (b) Oberschwingung $n = 1, m = 2$. (c) Oberschwingung $n = 2, m = 3$.

Die Differenzialgleichung für T kann nun geschrieben werden als

$$T'' + c^2 \left[\left(\frac{n\pi}{a} \right)^2 + \left(\frac{m\pi}{b} \right)^2 \right] T = 0 \, ,$$

und ihre allgemeine Lösung ist

$$T(t) = a_{nm} \sin(\omega_{nm} t) + b_{nm} \cos(\omega_{nm} t) \quad \text{mit} \quad \omega_{nm} = c\pi \sqrt{\frac{n^2}{a^2} + \frac{m^2}{b^2}} \, .$$

Wir erhalten das folgende Resultat: *Die Lösung der Wellengleichung* (12.28) *für ein Rechteck mit Anfangs- und Randbedingungen* (12.29) *und* (12.30) *lautet*

$$u(x, y, t) = \sum_{n=0}^{\infty} \sum_{m=0}^{\infty} [a_{nm} \sin(\omega_{nm} t) + b_{nm} \cos(\omega_{nm} t)] \times \sin\left(\frac{n\pi}{a} x \right) \sin\left(\frac{m\pi}{b} y \right) \, ,$$

wobei $\omega_{nm}^2 = c^2\pi^2(n^2/a^2 + m^2/b^2)$, *und die Koeffizienten* a_{nm} *und* b_{nm} *können durch Fourier-Entwicklung aus den Anfangsbedingungen* (12.30) *bestimmt werden.*

Die Membran verformt sich gemäß den Sinusfunktionen $\sin(n\pi x/a)$ und $\sin(m\pi y/b)$. Die Frequenz der zeitlichen Schwingungen ist durch ω_{nm} gegeben. Die Schwingung für $n = m = 1$ wird *Grundschwingung* genannt, während die Schwingungen für $n > 1$ bzw. $m > 1$ *Oberschwingungen* heißen (Abb. 12.8).

Als Nächstes betrachten wir den Fall einer kreisförmigen Membran mit Radius d (Abb. 12.7b). Die Membran sei wieder am Rand fest eingespannt,

$$u(x, y, t) = 0 \quad \text{für alle} \quad x^2 + y^2 = d^2 \, , \tag{12.31}$$

und wir setzen die Anfangsbedingungen (12.30) voraus. Der Separationsansatz in den Variablen x, y und t führt hier nicht zum Ziel, da das Lösungsgebiet nicht rechteckig ist. Allerdings bieten sich Polarkoordinaten an. Wir suchen also eine Funktion $u(r, \phi, t)$, die die Wellengleichung (12.28) und die Randbedingungen $u(d, \phi, t) = 0$ erfüllt. Der Laplace-Operator $\partial^2 u/\partial x^2 + \partial^2 u/\partial y^2$ muss in Polarkoordinaten formuliert werden, um das Problem in den Variablen r, ϕ und t lösen zu können. Nach (9.18) gilt

$$\frac{\partial^2 u}{\partial x^2} + \frac{\partial^2 u}{\partial y^2} = \frac{\partial^2 u}{\partial r^2} + \frac{1}{r}\frac{\partial u}{\partial r} + \frac{1}{r^2}\frac{\partial^2 u}{\partial \phi^2} \, ,$$

sodass die Wellengleichung in Polarkoordinaten geschrieben werden kann als

$$\frac{\partial^2 u}{\partial t^2} - c^2\frac{\partial^2 u}{\partial r^2} - \frac{c^2}{r}\frac{\partial u}{\partial r} - \frac{c^2}{r^2}\frac{\partial^2 u}{\partial \phi^2} = 0 , \quad r > 0 , \quad \phi \in [0, 2\pi) , \quad t > 0 .$$

Den Ursprung schließen wir wieder aus. Hier können wir den Lösungsansatz $u(r, \phi, t) = R(r)P(\phi)T(t)$ probieren. Einsetzen dieses Ansatzes und Division durch $c^2RPT \neq 0$ ergibt:

$$\frac{1}{c^2}\frac{T''}{T} = \frac{R''}{R} + \frac{1}{r}\frac{R'}{R} + \frac{1}{r^2}\frac{P''}{P} .$$

Da die linke Seite nur von t abhängt, die rechte Seite dagegen nur von (r, ϕ), sind beide Seiten gleich einer Konstanten $-\lambda \in \mathbb{R}$:

$$T'' + \lambda c^2 T = 0 , \quad r^2\frac{R''}{R} + r\frac{R'}{R} + \lambda r^2 = -\frac{P''}{P} . \tag{12.32}$$

Wir nehmen an, dass λ eine positive Zahl ist, da wir nur periodische Lösungen $T(t)$ suchen. Die beiden Seiten der zweiten Gleichung hängen von verschiedenen Variablen ab und sind deshalb gleich einer Konstanten $\mu \in \mathbb{R}$:

$$r^2R'' + rR' + (\lambda r^2 - \mu)R = 0 , \quad P'' + \mu P = 0 .$$

Wir haben wiederum die Lösung der zweidimensionalen Wellengleichung auf die Lösung von drei gewöhnlichen Differenzialgleichungen zurückgeführt.

Zuerst betrachten wir die Gleichung für P. Die allgemeine Lösung ist gegeben durch:

$$P(\phi) = a_1 e^{\sqrt{-\mu}\phi} + a_2 e^{-\sqrt{-\mu}\phi} .$$

Die Funktion $P(\phi)$ ist periodisch mit Periode 2π, da ϕ einen Winkel beschreibt. Dann folgt aber:

$$e^{\pm\sqrt{-\mu}(\phi+2\pi)} = e^{\pm\sqrt{-\mu}\phi} , \quad \text{also} \quad e^{\pm 2\pi\sqrt{-\mu}} = 1 .$$

Dies impliziert $\pm 2\pi\sqrt{-\mu} = 2\pi m i$ für $m \in \mathbb{N}_0$ und daher $\mu = m^2$. Wegen $\sqrt{-\mu} = im$ lässt sich P durch trigonometrische Funktionen beschreiben:

$$P(\phi) = b_1 \sin(m\phi) + b_2 \cos(m\phi) .$$

Als Nächstes lösen wir die Gleichung für R. Sie lautet:

$$r^2R'' + rR' + (\lambda r^2 - m^2)R = 0 . \tag{12.33}$$

Führen wir die Variablentransformation $x = \sqrt{\lambda}r$ durch, so erhalten wir für die Funktion $y(x) = y(\sqrt{\lambda}r) = R(r)$ wegen $d/dr = \sqrt{\lambda}\, d/dx$ die Differenzialgleichung

$$x^2y'' + xy' + (x^2 - m^2)y = 0 , \quad x > 0 .$$

Dies ist die Bessel-Gleichung, die wir in Abschnitt 11.4.4 gelöst haben. Lösungen sind etwa die Bessel-Funktionen erster Art $y(x) = J_m(x)$. Damit sind die Funktionen $R(r) = J_m(\sqrt{\lambda}r)$ Lösungen von (12.33). Die Randbedingung $u(d, \phi, t) = 0$ führt auf die Bedingung $0 = R(d) = J_m(\sqrt{\lambda}d)$. Die Bessel-Funktion J_m besitzt unendlich viele positive Nullstellen $x_1, x_2, \ldots$ (siehe Abb. 11.14), sodass die Randbedingung nur für bestimmte (aber unendlich viele) Werte $\kappa_{jm} = \lambda_{jm}^{1/2}$ mit $j \in \mathbb{N}_0$ erfüllt ist.

Die Gleichung für T (siehe (12.32)) ergibt zu jedem Wert von κ_{jm} die Lösung

$$T(t) = c_{jm} \sin(\kappa_{jm} ct) + d_{jm} \cos(\kappa_{jm} ct) .$$

Die Lösung der schwingenden kreisförmigen Membran erhalten wir nun durch Summation und Multiplikation der Lösungen $T(t)$, $R(r)$ und $P(\phi)$. Wir fassen zusammen: *Die Wellengleichung* (12.28) *für eine kreisförmigen Membran mit der Randbedingung* (12.31) *besitzt die Lösung*

$$u(r, \phi, t) = \sum_{j=0}^{\infty} \sum_{m=0}^{\infty} J_m(\kappa_{jm} r)(a_{jm} \sin(m\phi) + b_{jm} \cos(m\phi))$$
$$\times (c_{jm} \sin(\kappa_{jm} ct) + d_{jm} \cos(\kappa_{jm} ct)) ,$$

wobei $\kappa_{jm} d$ die Nullstellen von J_m sind und die Konstanten aus den Anfangsbedingungen (12.30) *bestimmt werden können (durch Entwicklung nach trigonometrischen bzw. Bessel-Funktionen).*

Ähnlich wie bei der Wellengleichung für ein Rechteck schwingt die Membran im Ort und in der Zeit gemäß Sinus- bzw. Kosinusfunktionen. Die Membran schwingt in der Zeit mit den Frequenzen $\kappa_{jm} c$.

Fragen und Aufgaben

Aufgabe 12.17 Welche Anfangsbedingungen müssen für die Wellengleichung vorgeschrieben werden?

Aufgabe 12.18 Was ist eine stehende Welle?

Aufgabe 12.19 Wie lautet die Gleichung einer sinusförmigen Welle, die (i) in negativer x-Richtung fortschreitet bzw. (ii) steht?

Aufgabe 12.20 Zeige, dass die Funktion $u(x, t) = (f(x - ct) + f(x + ct))/2$ für eine zweimal stetig differenzierbare Funktion f die Wellengleichung in $\mathbb{R}$ mit Anfangsbedingungen $u_0 = f$ und $u_1 = 0$ löst.

Aufgabe 12.21 Zeige, dass die Funktion

$$u(x, t) = \frac{1}{2c} \int_{x-ct}^{x+ct} g(y)\, \mathrm{d}y$$

mit stetig differenzierbarer Funktion $g(y)$ die Wellengleichung in $\mathbb{R}$ mit Anfangsbedingungen $u_0 = 0$ und $u_1 = g$ löst.

Aufgabe 12.22 Wie lautet die Grundschwingung einer quadratischen Membran?

12.5
Die Schrödinger-Gleichung

12.5.1
Die stationäre Gleichung

Quantenmechanische Zustände eines Teilchensystems im Ganzraum $\mathbb{R}^3$ werden beschrieben durch die komplexwertige Lösung $\psi(\boldsymbol{x}, t)$ der zeitabhängigen Schrödinger-Gleichung

$$\mathrm{i}\hbar\frac{\partial\psi}{\partial t} = -\frac{\hbar^2}{2m_0}\Delta\psi + V(\boldsymbol{x})\psi\ , \quad \boldsymbol{x} \in \mathbb{R}^3,\ t \in \mathbb{R}\ , \tag{12.34}$$

wobei die komplexe Einheit, $\hbar = h/(2\pi)$ die reduzierte Planck-Konstante, m_0 die Masse des Teilchensystems und $V(\boldsymbol{x})$ das ortsabhängige elektrische Potenzial seien. Mit dem Symbol Δ bezeichnen wir den Laplace-Operator (siehe z. B. Abschnitt 8.4.4). Um die Schrödinger-Gleichung zu lösen, probieren wir den in Abschnitt 12.2.2 eingeführten Separationsansatz

$$\psi(\boldsymbol{x}, t) = u(\boldsymbol{x})\chi(t)\ ,$$

d. h., wir separieren Ort und Zeit. Wir setzen diesen Ansatz in (12.34) ein und dividieren durch $u\chi \neq 0$:

$$\mathrm{i}\hbar\frac{\chi'}{\chi} = -\frac{\hbar^2}{2m_0}\frac{\Delta u}{u} + V(\boldsymbol{x})\ .$$

Die linke Seite der Gleichung hängt nur von t ab, während die rechte Seite nur von $\boldsymbol{x}$ abhängt. Damit Gleichheit für alle $\boldsymbol{x}$ und t gilt, müssen beide Seiten unabhängig von $\boldsymbol{x}$ und t, also konstant sein:

$$\mathrm{i}\hbar\frac{\chi'}{\chi} = -\frac{\hbar^2}{2m_0}\frac{\Delta u}{u} + V(\boldsymbol{x}) = E\ .$$

Physikalisch hat die Konstante E die Dimension einer Energie und sollte daher reell sein. Wir erhalten zwei Differenzialgleichungen,

$$\mathrm{i}\hbar\chi' = E\chi\ , \quad t \in \mathbb{R}\ ,$$

und

$$-\frac{\hbar^2}{2m_0}\Delta u + V(\boldsymbol{x})u = Eu\ , \quad \boldsymbol{x} \in \mathbb{R}^3\ . \tag{12.35}$$

Die erste Gleichung ist einfach zu lösen:

$$\chi(t) = c\mathrm{e}^{-\mathrm{i}Et/\hbar} \,, \quad t \in \mathbb{R} \,,$$

wobei $c \in \mathbb{R}$ eine Integrationskonstante ist. Die zweite Gleichung ist die *stationäre Schrödinger-Gleichung*, die wir in den folgenden Abschnitten für spezielle Potenziale lösen. Genauer gesagt handelt es sich bei (12.35) um ein Eigenwertproblem, denn wir suchen diejenigen Konstanten $E \in \mathbb{R}$, für die (12.35) eine nicht triviale (d. h. nicht identisch verschwindende) Lösung besitzt. Die Lösung der zeitabhängigen Schrödinger-Gleichung (12.34) lautet dann

$$\psi(\boldsymbol{x}, t) = c\mathrm{e}^{-\mathrm{i}Et/\hbar} u(\boldsymbol{x}) \,, \quad \boldsymbol{x} \in \mathbb{R}^3, \ t \in \mathbb{R} \,,$$

wobei $c \in \mathbb{R}$ so gewählt ist, dass ψ *normiert* ist:

$$\int\limits_{\mathbb{R}^3} |\psi(\boldsymbol{x}, t)|^2 \,\mathrm{d}\boldsymbol{x} = c^2 \int\limits_{\mathbb{R}^3} |u(\boldsymbol{x})|^2 \,\mathrm{d}\boldsymbol{x} = 1 \,. \tag{12.36}$$

Die Größe $|\psi(\cdot, t)|^2$ beschreibt physikalisch eine Wahrscheinlichkeitsdichte. Die Forderung, dass ψ normiert ist, bedeutet dann einfach, dass die Wahrscheinlichkeit, dass sich das durch ψ beschriebene Teilchensystem irgendwo im $\mathbb{R}^3$ befindet, gleich eins ist.

12.5.2
Der harmonische Oszillator

Wir lösen die stationäre Schrödinger-Gleichung (12.35) für das Potenzial eines harmonischen Oszillators. Wir betrachten zunächst den eindimensionalen Fall:

$$V(x) = \frac{1}{2} m_0 \omega_0^2 x^2 \,, \quad x \in \mathbb{R} \,, \tag{12.37}$$

mit der Teilchenmasse m_0 und der Kreisfrequenz ω_0. Dieses Potenzial ist eine Näherung eines beliebigen Potenzials in der Nähe des globalen Minimums x_0, denn nach Taylor-Approximation gilt

$$V(x) = V(x_0) + V'(x_0)(x - x_0) + \frac{1}{2} V''(\xi)(x - x_0)^2$$

für ein ξ zwischen x und x_0. Wählen wir den Referenzpunkt des Potenzials $V(x_0) = 0$ und definieren wir $V''(\xi) = m_0\omega_0^2$, so folgt wegen $V'(x_0) = 0$ die Näherung (12.37).

Setzen wir $\alpha = 2m_0 E/\hbar^2$ und $\beta = m_0\omega_0/\hbar$, so ist gemäß (12.35) das Eigenwertproblem

$$u'' - \beta^2 x^2 u + \alpha u = 0 \,, \quad x \in \mathbb{R} \,, \tag{12.38}$$

zu lösen. Der Parameter β ist fest vorgegeben, während α (oder die Energie E) bei der Lösung des Eigenwertproblems zu bestimmen ist. Um den x^2-Term zu eliminieren, machen wir den Ansatz:

$$u(x) = \mathrm{e}^{-\gamma x^2/2} y(x) \,.$$

Wir setzen diesen Ansatz in (12.38) ein, dividieren durch $e^{-\gamma x^2/2}$ und sortieren die Terme:

$$y'' - 2\gamma x y' + (\alpha - \gamma) y = (\beta^2 - \gamma^2) x^2 y \ .$$

Der x^2-Term verschwindet, wenn wir $\gamma = \beta$ wählen. Folglich bleibt die Gleichung

$$y'' - 2\beta x y' + (\alpha - \beta) y = 0 \tag{12.39}$$

zu lösen. Dazu machen wir den Potenzreihenansatz

$$y(x) = \sum_{n=0}^{\infty} c_n x^n \ ,$$

der nach Einsetzen in (12.39) auf die folgende Gleichung führt:

$$\begin{aligned} 0 &= \sum_{n=2}^{\infty} n(n-1) c_n x^{n-2} - 2\beta \sum_{n=1}^{\infty} n c_n x^n + (\alpha - \beta) \sum_{n=0}^{\infty} c_n x^n \\ &= \sum_{n=0}^{\infty} [(n+2)(n+1) c_{n+2} - 2\beta n c_n + (\alpha - \beta) c_n] x^n \ . \end{aligned}$$

Damit diese Gleichung für alle $x \in \mathbb{R}$ erfüllt, müssen die Koeffizienten verschwinden:

$$c_{n+2} = \frac{(2n+1)\beta - \alpha}{(n+1)(n+2)} c_n \ , \qquad n \geq 0 \ . \tag{12.40}$$

Die Koeffizienten c_0 und c_1 seien vorgegeben.

Wir behaupten nun, dass die unendliche Reihe für $y(x)$ abbrechen muss, damit die Lösung normierbar ist. Bricht nämlich die Reihe nicht ab, so approximieren wir die Koeffizienten für „große" n durch:

$$\begin{aligned} c_{2k} &\approx \frac{2\beta}{2k} c_{2k-2} \approx \cdots \approx \frac{\beta^k}{k!} c_0 \quad \text{für gerade } n = 2k-2 \ , \\ c_{2k+1} &\approx \frac{2\beta}{2k} c_{2k-1} \approx \cdots \approx \frac{\beta^k}{k!} c_1 \quad \text{für ungerade } n = 2k-1 \ . \end{aligned}$$

Dann folgt:

$$\begin{aligned} y(x) &\approx \sum_{k \text{ „groß"}} \frac{\beta^k}{k!} c_0 x^{2k} + \sum_{k \text{ „groß"}} \frac{\beta^k}{k!} c_1 x^{2k+1} \\ &= c_0 \sum_{k \text{ „groß"}} \frac{1}{k!} (\beta x^2)^k + c_1 x \sum_{k \text{ „groß"}} \frac{1}{k!} (\beta x^2)^k \ . \end{aligned}$$

Die Reihen entsprechen bis auf den Reihenanfang der Exponentialfunktion. Daher ist $y(x)$ von der Größenordnung $c_0 e^{\beta x^2} + c_1 x e^{\beta x^2}$. Wegen

$$\int_{\mathbb{R}} |u(x)|^2 \, dx = \int_{\mathbb{R}} e^{-\beta x^2} |y(x)|^2 \, dx \approx \int_{\mathbb{R}} |c_0 + c_1 x|^2 e^{\beta x^2} \, dx = \infty$$

ist diese Funktion jedoch nicht normierbar. Also muss die obige Reihe abbrechen, d. h., es gibt ein $n = N \in \mathbb{N}_0$, sodass $(2N + 1)\beta - \alpha = 0$ (siehe (12.40)). Dies ist eine Bestimmungsgleichung für den Eigenwert α oder die Energieeigenwerte E. Einsetzen der Definition von α und β und Auflösen nach $E = E_N$ liefert die Energieeigenwerte:

$$E_N = \hbar\omega_0 \left(N + \frac{1}{2}\right) , \quad N \in \mathbb{N}_0 . \tag{12.41}$$

Insbesondere ist die Grundzustandsenergie $E_0 = \hbar\omega_0/2$ größer als null. Wegen $\alpha - \beta = 2\beta N$ kann (12.39) formuliert werden als

$$y'' - 2\beta x y' + 2\beta N y = 0 ,$$

und die Lösungen lauten

$$u_N(x) = \mathrm{e}^{-\beta x^2/2} y(x) = \mathrm{e}^{-\beta x^2/2} \sum_{n=0}^{N} c_n x^n ,$$

wobei die Koeffizienten c_n durch (12.40) definiert sind.

Eine bequemere Lösungsdarstellung erhalten wir über die Polynomlösungen der *Hermite-Differenzialgleichung*:

$$H_N'' - 2xH_N' + 2NH_N = 0 , \quad x \in \mathbb{R} .$$

Diese Lösungen sind gerade die *Hermite-Polynome*:

$$H_N(x) = (-1)^N \mathrm{e}^{x^2} \frac{\mathrm{d}^N}{\mathrm{d}x^N} \mathrm{e}^{-x^2} , \quad N \in \mathbb{N}_0 . \tag{12.42}$$

Die ersten Hermite-Polynome lauten:

$$\begin{aligned} H_0(x) &= 1, & H_3(x) &= 8x^3 - 12x , \\ H_1(x) &= 2x, & H_4(x) &= 16x^4 - 48x^2 + 12 , \\ H_2(x) &= 4x^2 - 2, & H_5(x) &= 32x^5 - 160x^3 + 120x . \end{aligned}$$

Definieren wir $y(x) = H_N(z)$ für $z = \sqrt{\beta}x$, so folgt

$$y''(x) - 2\beta x y'(x) + 2\beta N y(x) = \beta \left(H_N''(z) - 2zH_N'(z) + 2NH_N(z)\right) = 0 ,$$

d. h., $y(x) = H_N(\sqrt{\beta}x)$ löst (12.39) für $E = E_N$. Wir können also die Lösungen von (12.38) schreiben als

$$u_N(x) = \left(\frac{\beta}{\pi}\right)^{1/4} \frac{1}{\sqrt{2^N N!}} \mathrm{e}^{-\beta x^2/2} H_N(\sqrt{\beta}x) , \quad \beta = \frac{m_0\omega_0}{\hbar} , \tag{12.43}$$

wobei der konstante Faktor so gewählt wurde, dass die Funktionen u_N normiert sind.

Wir fassen zusammen: *Die Eigenwertgleichung* (12.38) *besitzt normierbare Lösungen, wenn* $\alpha = (2N+1)\beta$ *für ein* $N \in \mathbb{N}_0$ *gilt. Die normierten Eigenlösungen sind gegeben durch* (12.43) *und die Eigenwerte durch* (12.41).

✎ Abschließend betrachten wir den dreidimensionalen harmonischen Oszillator mit Potenzial $V(\boldsymbol{x}) = \frac{1}{2}m_0\omega_0|\boldsymbol{x}|^2$. Die stationäre Schrödinger-Gleichung lautet dann (vgl. (12.35)):

$$-\frac{\hbar^2}{2m_0}\Delta u + \frac{1}{2}m_0\omega_0|\boldsymbol{x}|^2 u = Eu \ . \tag{12.44}$$

Wir machen wieder einen Separationsansatz:

$$u(\boldsymbol{x}) = u^{(1)}(x_1)u^{(2)}(x_2)u^{(3)}(x_3) \ , \qquad \boldsymbol{x} = (x_1, x_2, x_3)^{\mathrm{T}} \ .$$

Wir setzen diesen Ansatz in die obige Gleichung ein und dividieren durch $u^{(1)}u^{(2)}u^{(3)} \neq 0$:

$$\sum_{n=1}^{3}\left(-\frac{\hbar^2}{2m_0}\frac{(u^{(n)})''}{u^{(n)}} + \frac{1}{2}m_0\omega_0 x_n^2\right) = E \ .$$

Jeder der Summanden hängt nur von x_n ab. Damit die Gleichung für alle x_1, x_2 und x_3 gilt, muss jeder der drei Summanden konstant sein:

$$-\frac{\hbar^2}{2m_0}\frac{(u^{(n)})''}{u^{(n)}} + \frac{1}{2}m_0\omega_0 x_n^2 = E^{(n)} \ , \qquad n = 1, 2, 3 \ .$$

Dies ist jedoch die Gleichung für den eindimensionalen harmonischen Oszillator, die wir oben gelöst haben. Daher lauten die Eigenwerte der dreidimensionalen Gleichung (12.44)

$$E_{\ell mn} = E_\ell^{(1)} + E_m^{(2)} + E_n^{(3)} = \hbar\omega_0\left(\ell + m + n + \frac{3}{2}\right) \ , \qquad \ell,\ m,\ n \in \mathbb{N}_0 \ ,$$

und die Eigenlösungen sind:

$$\begin{aligned} u_{\ell mn}(\boldsymbol{x}) &= u_\ell^{(1)}(x_1)u_m^{(2)}(x_2)u_n^{(3)}(x_3) \\ &= \left(\frac{\beta}{\pi}\right)^{3/4} \mathrm{e}^{-\beta|\boldsymbol{x}|^2/2}\frac{H_\ell(\sqrt{\beta}x_1)}{\sqrt{2^\ell \ell!}}\frac{H_m(\sqrt{\beta}x_2)}{\sqrt{2^m m!}}\frac{H_n(\sqrt{\beta}x_3)}{\sqrt{2^n n!}} \ . \end{aligned}$$

Die Grundzustandsenergie ist wieder positiv und gegeben durch $E_{000} = 3\hbar\omega_0/2$. Zu jedem der anderen Energiewerte gibt es mehr als eine Eigenlösung $u_{\ell mn}$ mit dieser Energie. Beispielsweise besitzen die Eigenfunktionen u_{100}, u_{010} und u_{001} denselben Eigenwert $5\hbar\omega_0/2$. Der Eigenraum zu diesem Eigenwert ist dreidimensional. Ist der Eigenraum mehrdimensional, so nennen wir das Energieniveau *entartet*. Die Entartung ist eine Konsequenz der räumlichen Symmetrie des Problems, denn wir haben in jeder Raumrichtung dieselbe Kreisfrequenz verwendet.

12.5.3 Das Wasserstoffatom

Wir lösen die stationäre Schrödinger-Gleichung (12.35) für ein Wasserstoffatom. Dazu nehmen wir an, dass sich das Elektron im *Coulomb-Potenzial*

$$V(|\boldsymbol{x}|) = -\frac{q^2}{4\pi\varepsilon_0}\frac{1}{|\boldsymbol{x}|}\,, \quad \boldsymbol{x} \in \mathbb{R}^3\,, \quad \boldsymbol{x} \neq 0\,,$$

des ortsfesten Atomkerns bei $\boldsymbol{x} = \boldsymbol{0}$ bewegt. Hierbei bezeichnet q die Elementarladung und ε_0 die Dielektrizitätskonstante des Mediums. Da das Potenzial nur vom Betrag $|\boldsymbol{x}|$ des Vektors abhängt, bietet es sich an, die Gleichung in Kugelkoordinaten zu betrachten (siehe Abschnitt 9.1.7). Mit der Abkürzung $\alpha = \sqrt{-2m_0E}/\hbar$ erhalten wir aus der stationären Schrödinger-Gleichung (12.35) für $u = u(r, \vartheta, \phi)$:

$$\frac{\partial^2 u}{\partial r^2} + \frac{2}{r}\frac{\partial u}{\partial r} + \frac{1}{r^2 \sin\vartheta}\frac{\partial}{\partial\vartheta}\left(\sin\vartheta\frac{\partial u}{\partial\vartheta}\right) + \frac{1}{r^2\sin^2\vartheta}\frac{\partial^2 u}{\partial\phi^2} + \frac{\alpha^2}{E}V(r)u = \alpha^2 u\,.$$

Wir setzen den Separationsansatz

$$u(r, \vartheta, \phi) = R(r)Y(\vartheta, \phi)$$

in diese Gleichung ein und multiplizieren mit r^2/RY (wobei $RY \neq 0$):

$$r^2\frac{R''}{R} + 2r\frac{R'}{R} + \frac{\alpha^2 r^2}{E}(V(r) - E) = -\frac{1}{Y\sin\vartheta}\frac{\partial}{\partial\vartheta}\left(\sin\vartheta\frac{\partial Y}{\partial\vartheta}\right) - \frac{1}{Y\sin^2\vartheta}\frac{\partial^2 Y}{\partial\phi^2}\,.$$

Die linke Seite hängt nur vom Radius r ab; die rechte Seite hängt nur vom Winkelanteil (ϑ, ϕ) ab. Also sind beide Seiten konstant, etwa gleich λ für ein $\lambda \in \mathbb{R}$, und wir erhalten die folgenden beiden Differenzialgleichungen:

$$r^2R'' + 2rR' + \left(\frac{\alpha^2 r^2}{E}(V(r) - E) - \lambda\right)R = 0\,, \tag{12.45}$$

$$\frac{1}{\sin\vartheta}\frac{\partial}{\partial\vartheta}\left(\sin\vartheta\frac{\partial Y}{\partial\vartheta}\right) + \frac{1}{\sin^2\vartheta}\frac{\partial^2 Y}{\partial\phi^2} + \lambda Y = 0\,. \tag{12.46}$$

Die erste Gleichung ist für alle $r > 0$ zu lösen, die zweite für alle $\vartheta \in (0, \pi)$ und $\phi \in (0, 2\pi)$. Die Lösungen beider Gleichungen müssen der Normierungsbedingung (12.36) genügen. Diese lautet in Kugelkoordinaten:

$$\begin{aligned} 1 &= \int_0^{2\pi}\int_0^{\pi}\int_0^{\infty} |u(r, \vartheta, \phi)|^2 r^2 \sin\vartheta\,\mathrm{d}r\,\mathrm{d}\vartheta\,\mathrm{d}\phi \\ &= \int_0^{\infty} |R(r)|^2 r^2\,\mathrm{d}r \cdot \int_0^{2\pi}\int_0^{\pi} |Y(\vartheta, \phi)|^2 \sin\vartheta\,\mathrm{d}\vartheta\,\mathrm{d}\phi\,. \end{aligned}$$

Wir fordern daher für die Lösungen von (12.45) und (12.46):

$$\int_0^\infty |R(r)|^2 r^2 \, dr = 1 \quad \text{und} \tag{12.47}$$

$$\int_0^{2\pi}\int_0^{\pi} |Y(\vartheta,\phi)|^2 \sin\vartheta \, d\vartheta \, d\phi = 1 \, . \tag{12.48}$$

Im Folgenden lösen wir zuerst (12.46) für den Winkelanteil und dann (12.45) für den Radialanteil.

Lösung des Winkelanteils Wir setzen den Separationsansatz

$$Y(\vartheta,\phi) = T(\vartheta)F(\phi)$$

in (12.46) ein und multiplizieren mit $\sin^2\vartheta/TF$ (wobei $TF \neq 0$):

$$\frac{\sin\vartheta}{T}\frac{d}{d\vartheta}\left(\sin\vartheta\frac{dT}{d\vartheta}\right) + \lambda\sin^2\vartheta = -\frac{F''}{F} \, .$$

Die linke Seite der Gleichung hängt nur von ϑ ab, während die rechte Seite nur von ϕ abhängt. Also sind beide Seiten unabhängig von ϑ und ϕ und daher konstant:

$$\frac{\sin\vartheta}{T}\frac{d}{d\vartheta}\left(\sin\vartheta\frac{dT}{d\vartheta}\right) + \lambda\sin^2\vartheta = -\frac{F''}{F} = \mu \in \mathbb{R} \, .$$

Wir erhalten die zwei gewöhnlichen Differenzialgleichungen:

$$\sin\vartheta\frac{d}{d\vartheta}\left(\sin\vartheta\frac{dT}{d\vartheta}\right) + \lambda(\sin^2\vartheta)T - \mu T = 0 \, , \quad \vartheta \in (0,\pi), \tag{12.49}$$

$$F'' + \mu F = 0 \, , \quad \phi \in (0, 2\pi) \, . \tag{12.50}$$

Da auch die Konstante μ in den beiden obigen Gleichungen zu bestimmen ist, handelt es sich wieder um Eigenwertprobleme.

Die Gleichung (12.50) kann mit dem Ansatz $F(\phi) = e^{c\phi}$ gelöst werden. Wir erhalten

$$0 = F'' + \mu F = (c^2 + \mu)F \, ,$$

also $c = \pm\sqrt{-\mu}$. Folglich ist $e^{\sqrt{-\mu}\phi}$, $e^{-\sqrt{-\mu}\phi}$ ein Fundamentalsystem. Die Funktion F ist 2π-periodisch, d. h.

$$e^{\pm\sqrt{-\mu}(\phi+2\pi)} = e^{\pm\sqrt{-\mu}\phi} \, , \quad \text{also} \quad e^{\pm 2\pi\sqrt{-\mu}} = 1 \, .$$

Dies impliziert $\pm 2\pi\sqrt{-\mu} = 2\pi m i$ für ein $m \in \mathbb{Z}$ und daher $m^2 = \mu$. Die allgemeine komplexe Lösung von (12.50) lautet:

$$F(\phi) = a_1 e^{im\phi} + a_2 e^{-im\phi} \, .$$

Weil $m \in \mathbb{Z}$ ist, genügt es, einen der beiden Summanden zu betrachten, sodass wir

$$F(\phi) = b\mathrm{e}^{\mathrm{i}m\phi} \quad \text{mit} \quad b \in \mathbb{C}$$

erhalten.

Die Gleichung (12.49) kann nun geschrieben werden als:

$$\frac{1}{\sin\vartheta}\frac{\mathrm{d}}{\mathrm{d}\vartheta}\left(\sin\vartheta\frac{\mathrm{d}T}{\mathrm{d}\vartheta}\right) + \left(\lambda - \frac{m^2}{\sin^2\vartheta}\right)T = 0\,. \tag{12.51}$$

Wir können die Sinusterme mit der Substitution $x = \cos\vartheta$ eliminieren. Dazu setzen wir $y(x) = y(\cos\vartheta) = T(\vartheta)$ für $-1 \leq x \leq 1$. Aus den Beziehungen

$$\sin\vartheta = \sqrt{1-\cos^2\vartheta} = \sqrt{1-x^2} \quad \text{und} \quad \frac{\mathrm{d}}{\mathrm{d}\vartheta} = \frac{\mathrm{d}x}{\mathrm{d}\vartheta}\frac{\mathrm{d}}{\mathrm{d}x} = -\sin\vartheta\frac{\mathrm{d}}{\mathrm{d}x}$$

folgt

$$\begin{aligned}\frac{1}{\sin\vartheta}\,\frac{\mathrm{d}}{\mathrm{d}\vartheta}\left(\sin\vartheta\frac{\mathrm{d}T}{\mathrm{d}\vartheta}\right) &= -\frac{\mathrm{d}}{\mathrm{d}x}\left(-\sin^2\vartheta\frac{\mathrm{d}y}{\mathrm{d}x}\right) = \frac{\mathrm{d}}{\mathrm{d}x}\left[(1-x^2)\frac{\mathrm{d}y}{\mathrm{d}x}\right]\\ &= (1-x^2)y'' - 2xy'\end{aligned}$$

und damit aus (12.51)

$$(1-x^2)y'' - 2xy' + \left(\lambda - \frac{m^2}{1-x^2}\right)y = 0\,, \quad -1 < x < 1\,.$$

Dies ist die allgemeine Legendre-Differenzialgleichung, die wir in Abschnitt 11.4.2 behandelt haben. Das Eigenwertproblem besitzt genau dann eine in $[-1,1]$ beschränkte Lösung (d. h., $y(1) = T(0)$ und $y(-1) = T(\pi)$ sind definiert), wenn $\lambda = \ell(\ell+1)$ für ein $\ell \in \mathbb{N}_0$, $\ell \geq |m|$, und die Eigenlösungen sind die zugeordneten Legendre-Funktionen:

$$P_\ell^{|m|}(x) = (1-x^2)^{|m|/2}\frac{\mathrm{d}^{|m|}}{\mathrm{d}x^{|m|}}P_\ell(x) \quad \text{mit} \quad P_\ell(x) = \frac{1}{2^\ell\ell!}\frac{\mathrm{d}^\ell}{\mathrm{d}x^\ell}[(x^2-1)^\ell]\,.$$

Die Lösungen von (12.46) lauten also:

$$Y(\vartheta,\phi) = P_\ell^{|m|}(\cos\vartheta)b\mathrm{e}^{\mathrm{i}m\phi}\,, \quad |m| \leq \ell\,, \quad \ell \in \mathbb{N}_0\,, \quad b \in \mathbb{C}\,.$$

Man nennt diese Lösungen *Kugelflächenfunktionen* ℓ-ten Grades. Sie sind paarweise orthogonal (siehe (11.81)), und man bestimmt die freie Konstante $b \in \mathbb{C}$ so, dass die Funktionen normiert sind. Definiert man nämlich

$$Y_{\ell,m}(\vartheta,\phi) = (-1)^m\left(\frac{\ell+1/2}{2\pi}\frac{(\ell-m)!}{(\ell+m)!}\right)^{1/2}P_\ell^m(\cos\vartheta)\mathrm{e}^{\mathrm{i}m\phi}\,, \tag{12.52}$$

$$Y_{\ell,-m}(\vartheta,\phi) = (-1)^m\overline{Y_{\ell,m}(\vartheta,\phi)} \quad \text{für} \quad 0 \leq m \leq \ell\,, \tag{12.53}$$

so gilt:

$$\int_0^{2\pi}\int_0^{\pi} Y_{\ell,m}(\vartheta,\phi)Y_{n,k}(\vartheta,\phi)\sin\vartheta\,\mathrm{d}\vartheta\,\mathrm{d}\phi = \delta_{\ell n}\delta_{mk} \; .$$

Insbesondere sind die Funktionen $Y_{\ell,m}$ normiert.

Beispiel 12.6
Als Beispiel berechnen wir die Kugelflächenfunktionen für $\ell = 0$:

$$Y_{0,0}(\vartheta,\phi) = \frac{1}{\sqrt{4\pi}}P_0^0(\cos\vartheta) = \frac{1}{\sqrt{4\pi}}$$

und für $\ell = 1$:

$$m = 0: \quad Y_{1,0}(\vartheta,\phi) = \sqrt{\frac{3}{4\pi}}P_1^0(\cos\vartheta) = \sqrt{\frac{3}{4\pi}}\cos\vartheta \; ,$$

$$m = \pm 1: \quad Y_{1,\pm 1}(\vartheta,\phi) = \mp\sqrt{\frac{3}{8\pi}}P_1^1(\cos\vartheta)\mathrm{e}^{\pm\mathrm{i}\phi} = \mp\sqrt{\frac{3}{8\pi}}\sin\vartheta\mathrm{e}^{\pm\mathrm{i}\phi} \; .$$

✎ Wir fassen die obigen Ergebnisse zusammen: *Die Eigenwertgleichung* (12.46) *für den Winkelanteil der stationären Schrödinger-Gleichung besitzt normierbare Lösungen genau dann, wenn* $\lambda = \ell(\ell+1)$ *für ein* $\ell \in \mathbb{N}_0$, *und die normierten Eigenlösungen sind gegeben durch* (12.52) *bzw.* (12.53) *für* $m \in \mathbb{Z}$ *mit* $|m| \leq \ell$.

Lösung des Radialanteils Wir schreiben die Gleichung (12.45) als

$$R'' + \frac{2}{r}R' - \left(\alpha^2 - \frac{2\beta}{r} + \frac{\ell(\ell+1)}{r^2}\right)R = 0 \; , \tag{12.54}$$

wobei

$$\alpha = \frac{\sqrt{-2m_0E}}{\hbar} \quad \text{und} \quad \beta = \frac{q^2 m_0}{4\pi\varepsilon_0\hbar^2} \; .$$

Wir behaupten, dass

$$R(r) = r^\ell\,\mathrm{e}^{-\alpha r}u(r) \tag{12.55}$$

ein Lösungsansatz für die obige Gleichung ist. Um diesen Ansatz zu motivieren, betrachten wir die Gleichung für $r \to 0$ und $r \to \infty$ separat.

Für $r \to 0$ dominieren die Terme $R'' + 2R'/r$ und $\ell(\ell+1)R/r^2$, denn beide haben die Dimension $1/r^2$, während die Terme $\alpha^2 R$ bzw. $2\beta R/r$ nur von der Größenordnung 1 bzw. $1/r$ sind. Für die resultierende Approximation

$$R'' + \frac{2}{r}R' - \frac{\ell(\ell+1)}{r^2}R = 0$$

versuchen wir den Lösungsansatz $R(r) = r^\gamma$, der auf die Gleichung

$$0 = (\gamma(\gamma - 1) + 2\gamma - \ell(\ell + 1))r^{\gamma-2} = (\gamma(\gamma + 1) - \ell(\ell + 1))r^{\gamma-2}$$

führt. Daraus ergibt sich die Gleichung $\gamma(\gamma + 1) - \ell(\ell + 1) = 0$ mit den beiden Lösungen $\gamma = \ell$ und $\gamma = -(\ell + 1)$. Die Funktion $R(r) = r^{-(\ell+1)}$ ist jedoch nicht (für alle $\ell \geq 0$) in der Nähe von null integrierbar, sodass nur der Lösungsanteil $R(r) \sim r^\ell$ für $r \to 0$ übrig bleibt.

Für $r \to \infty$ verschwinden die Terme mit $1/r$ und es bleibt die Approximation

$$R'' - \alpha^2 R = 0 \tag{12.56}$$

zu lösen. Falls α imaginär ist, erhalten wir periodische Lösungen, die nicht normierbar sind. Also muss α reell und positiv (und damit die Energie E negativ) sein. Von den beiden Lösungen von (12.56) $R(r) = \mathrm{e}^{\alpha r}$ und $R(r) = \mathrm{e}^{-\alpha r}$ verwerfen wir die erste, da sie wieder nicht integrierbar ist. Wir erhalten also den Lösungsanteil $R(r) \sim \mathrm{e}^{-\alpha r}$ für $r \to \infty$.

Für allgemeines $r \in (0, \infty)$ erwarten wir, dass die Radiallösung eine Modulation der Lösungsanteile für $r \to 0$ und $r \to \infty$ ist. Daher machen wir den Ansatz (12.55) mit einer zu bestimmenden Funktion $u(r)$. Wegen

$$\begin{aligned} R'' + \frac{2}{r}R' = r^{\ell-1}\mathrm{e}^{-\alpha r} \Bigg[& ru'' + 2(\ell + 1 - \alpha r)u' \\ & + \left(\alpha^2 r - 2\alpha(\ell + 1) + \frac{\ell(\ell + 1)}{r}\right) u \Bigg] \end{aligned}$$

folgt aus (12.54) nach Multiplikation mit $r^{1-\ell}\mathrm{e}^{\alpha r}$:

$$\begin{aligned} 0 = \; & ru'' + 2(\ell + 1 - \alpha r)u' \\ & + \left(\alpha^2 r - 2\alpha(\ell + 1) + \frac{\ell(\ell + 1)}{r}\right) u \\ & - \left(\alpha^2 r - 2\beta + \frac{\ell(\ell + 1)}{r}\right) u \\ = \; & ru'' + 2(\ell + 1 - \alpha r)u' + 2(\beta - \alpha(\ell + 1))u \; . \end{aligned}$$

Diese Gleichung vereinfacht sich, wenn wir $y(x) = y(2\alpha r) = u(r)$ mit der neuen Variablen $x = 2\alpha r$ betrachten. Mit $u' = 2\alpha y'$ und $u'' = 4\alpha^2 y''$ folgt nämlich:

$$2\alpha x y'' + (2(\ell + 1) - x)2\alpha y' + 2(\beta - \alpha(\ell + 1))y = 0 \; .$$

Dividieren wir durch 2α, so erhalten wir die allgemeine Laguerre-Differenzialgleichung

$$xy'' + (2(\ell + 1) - x)y' + \left(\frac{\beta}{\alpha} - (\ell + 1)\right) y = 0 \, , \quad x > 0 \, ,$$

die wir in Abschnitt 11.4.3 behandelt haben. In der Notation von Abschnitt 11.4.3 ist $m = 2\ell + 1$ und $\mu = \beta/\alpha - (\ell + 1)$. Die Zahl μ muss natürlich (oder gleich null) sein, und die Lösungen sind gegeben durch ein Vielfaches der zugeordneten Laguerre-Polynome:

$$y(x) = L^{2\ell+1}_{n-\ell-1}(x)\,, \quad \text{wobei} \quad n = \beta/\alpha \in \mathbb{N}\,.$$

Die Lösungen von (12.54) sind also:

$$R(r) = cr^{\ell}\,\mathrm{e}^{-\alpha r} L^{2\ell+1}_{n-\ell-1}(2\alpha r) \quad \text{mit} \quad \alpha = \frac{\sqrt{-2m_0 E}}{\hbar} > 0\,, \quad c > 0\,. \tag{12.57}$$

Die Integrabilitätsbedingung (11.84) übersetzt sich zu:

$$\begin{aligned}\infty > \int_0^\infty x^{m+1}\mathrm{e}^{-x}|y(x)|^2\,\mathrm{d}x &= (2\alpha)^{m+2}\int_0^\infty r^{2\ell+2}\mathrm{e}^{-2\alpha r}|u(r)|^2\,\mathrm{d}r \\ &= (2\alpha)^{m+2}\int_0^\infty |r^{\ell}\,\mathrm{e}^{-\alpha r}u(r)|^2 r^2\,\mathrm{d}r = (2\alpha)^{m+2}c^{-2}\int_0^\infty |R(r)|^2 r^2\,\mathrm{d}r\,.\end{aligned}$$

Durch geeignete Wahl von $c > 0$ können wir also die Normierungsforderung (12.47) erfüllen.

Die Bedingung $\mu = \beta/\alpha - (\ell + 1) \in \mathbb{N}_0$ können wir wie folgt interpretieren. Nach Definition von α und β ist dies äquivalent zu

$$\mu + \ell + 1 = \frac{\beta}{\alpha} = \frac{q^2 m_0}{4\pi\varepsilon_0\hbar}\frac{1}{\sqrt{-2m_0 E}}$$

oder, nach E aufgelöst,

$$E = -\frac{q^4 m_0}{2(4\pi\varepsilon_0\hbar)^2}\,\frac{1}{(\mu+\ell+1)^2}\,, \qquad \mu, \ell \in \mathbb{N}_0\,.$$

Die Energie des Quantensystems kann also nur diskrete negative Werte annehmen. Der Grundzustand ist gegeben durch $\mu = \ell = 0$ mit Energiewert:

$$E = -\frac{q^4 m_0}{2(4\pi\varepsilon_0\hbar)^2} < 0\,.$$

✎ Wir fassen die obigen Ergebnisse zusammen: *Die Eigenwertgleichung* (12.54) *für den Radialanteil der stationären Schrödinger-Gleichung besitzt normierbare Lösungen genau dann, wenn* $\beta/\alpha - (\ell + 1) \in \mathbb{N}_0$, *und die Eigenlösungen sind gegeben durch* (12.57).

Das Wasserstoffatom Die Lösungen der stationären Schrödinger-Gleichung sind charakterisiert durch die ganzen Zahlen n, ℓ, m:

$$u_{n,\ell,m}(r,\vartheta,\phi) = R(r)Y(\vartheta,\phi) = cr^{\ell}\,\mathrm{e}^{-\alpha r}L^{2\ell+1}_{n-\ell-1}(2\alpha r)P^{|m|}_{\ell}(\cos\vartheta)\mathrm{e}^{\mathrm{i}m\phi}\,,$$

wobei

$$\alpha = \frac{\sqrt{-2m_0 E}}{\hbar} > 0 \quad \text{und} \quad E = -\frac{q^4 m_0}{2(4\pi\varepsilon_0 \hbar)^2} \frac{1}{n^2} \quad \text{mit} \quad n \in \mathbb{N} \,. \tag{12.58}$$

Die Konstante $c > 0$ wird so gewählt, dass $u_{n,\ell,m}$ auf eins normiert ist. Anstelle des Parameters α verwendet man üblicherweise den *Bohr'schen Radius*

$$a = \frac{4\pi\varepsilon_0 \hbar^2}{q^2 m_0} \approx 0{,}529 \cdot 10^{-10}\,\text{m} \quad ,$$

sodass aus (12.58) folgt: $\alpha = 1/(an)$ und

$$u_{n,\ell,m}(r, \vartheta, \phi) = c r^\ell \,\mathrm{e}^{-r/an} L_{n-\ell-1}^{2\ell+1}\left(\frac{2r}{an}\right) P_\ell^{|m|}(\cos\vartheta)\mathrm{e}^{\mathrm{i}m\phi} \,. \tag{12.59}$$

Die Zahlen n, ℓ und m werden folgendermaßen bezeichnet:

- Hauptquantenzahl: $n \in \mathbb{N}$,
- Drehimpulsquantenzahl: $\ell \in \{0, \ldots, n-1\}$,
- magnetische Quantenzahl: $m \in \{-\ell, \ldots, \ell\}$.

Die Bezeichnungen für die Parameter ℓ und m rühren daher, dass sie mit den Eigenwerten des Operators für den Drehimpuls zusammenhängen.

Zu gegebener Hauptquantenzahl n gibt es mehrere Quantenzustände, gegeben durch die Quantenzahlen ℓ und m. Dieses Phänomen bezeichnet man als *Energieentartung*. Genauer gesagt hat man n Werte der Drehimpulsquantenzahl ($\ell = 0, \ldots, n-1$) und zu jedem ℓ zusätzlich $2\ell + 1$ magnetische Quantenzahlen ($m = -\ell, \ldots, \ell$), also zu jedem $n \in \mathbb{N}$

$$\sum_{\ell=0}^{n-1}(2\ell + 1) = 2\sum_{\ell=0}^{n-1} \ell + n = 2\frac{n(n-1)}{2} + n = n^2$$

verschiedene Eigenwerte bzw. Eigenzustände mit derselben Energie. Tatsächlich gibt es $2n^2$ verschiedene Eigenzustände, da wir den *Spin* der Teilchen nicht berücksichtigt haben. Dieser wird durch eine vierte Quantenzahl s mit $s = 1/2$ oder $s = -1/2$ ausgedrückt.

Mit den Quantenzahlen lässt sich das *Orbitalmodell* beschreiben. Man bezeichnet die Energieniveaus mit den Hauptquantenzahlen $n = 1, 2, 3, \ldots$ als K-, L-, M-, … Schale, wobei die Folge alphabetisch fortgesetzt wird. Die Zustände mit den Drehimpulsquantenzahlen $\ell = 0, 1, 2, 3, \ldots$ werden s-, p-, d-, f-, … Orbitale (und dann entsprechend alphabetisch weiter) genannt. Die Abkürzungen s, p, d bzw. f stehen hierbei für die englischen Begriffe *sharp, principal, diffuse* bzw. *fundamental.*

Beispiel 12.7
Wir bestimmen die Zustände für die K- und L-Schale des Wasserstoffatoms.

1. K-Schale des Wasserstoffatoms: Für $n = 1$ sind nur die Zustände mit $\ell = 0$ und $m = 0$ möglich. Wir erhalten das s-Orbital (siehe (12.59))

$$u_{1,0,0}(r, \vartheta, \phi) = c\mathrm{e}^{-r/a} L_0^1 \left(\frac{2r}{a}\right) P_0^0(\cos\vartheta) = \frac{1}{\sqrt{\pi a^3}} \mathrm{e}^{-r/a} ,$$

wobei die Konstante $c = 1/\sqrt{\pi a^3}$ so gewählt wurde, dass $u_{1,0,0}$ normiert ist. Die Wahrscheinlichkeitsdichte $|u_{1,0,0}|^2$ des Elektrons im Wasserstoffatom ist in Abb. 12.9a illustriert, wobei die Dichte der Punktwolke in der Abbildung proportional zu den Werten der Wahrscheinlichkeitsdichte ist.

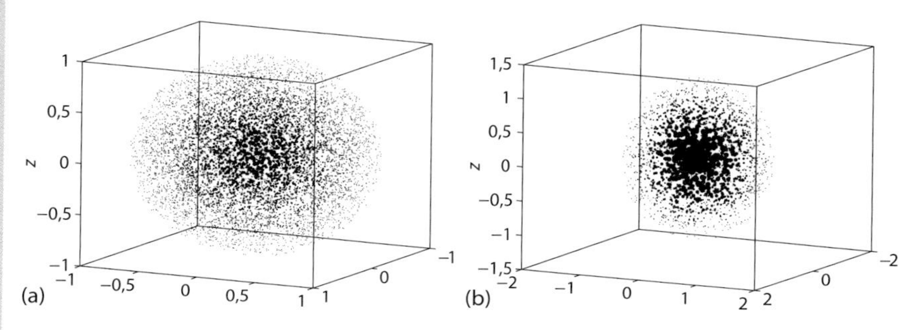

Abb. 12.9 Illustration des s-Orbitals in der K-Schale (a) und L-Schale (b) des Wasserstoffatoms (in Einheiten des Bohr'schen Radius).

2. L-Schale des Wasserstoffatoms: Für $n = 2$ sind die Quantenzahlen $\ell = 0$ und $\ell = 1$ erlaubt. Im Fall $\ell = 0$ (s-Orbital) ist $m = 0$ und

$$u_{2,0,0}(r, \vartheta, \phi) = c\mathrm{e}^{-r/2a} L_1^1 \left(\frac{r}{a}\right) P_0^0(\cos\vartheta) = \frac{1}{4\sqrt{2\pi a^3}} \mathrm{e}^{-r/2a} \left(2 - \frac{r}{a}\right)$$

(siehe Abb. 12.9b). Im Fall $\ell = 1$ (p-Orbital) gibt es drei Zustände $m = -1, 0, 1$. Für $m = 0$ erhalten wir

$$u_{2,1,0}(r, \vartheta, \phi) = cr\mathrm{e}^{-r/2a} L_0^3 \left(\frac{r}{a}\right) P_1^0(\cos\vartheta) = \frac{1}{2\sqrt{2\pi a^3}} \mathrm{e}^{-r/2a} \frac{r}{2a} \cos\vartheta$$
$$= \frac{1}{4\sqrt{2\pi a^3}} \mathrm{e}^{-r/2a} \frac{z}{a} ,$$

denn $z = r\cos\vartheta$ in Kugelkoordinaten. Daher nennt man $u_{2,1,0}$ auch das p_z-Orbital. Die Wahrscheinlichkeitsdichte kann durch eine Hantel, die in Richtung der z-Achse orientiert ist, illustriert werden (Abb. 12.10a). Die Zustände für $m = \pm 1$

$$u_{2,1,\pm 1}(r, \vartheta, \phi) = cr\mathrm{e}^{-r/2a} L_0^3 \left(\frac{r}{a}\right) P_1^1(\cos\vartheta)\mathrm{e}^{\pm\mathrm{i}\phi} = \frac{1}{4\sqrt{\pi a^3}} \mathrm{e}^{-r/2a} \frac{r}{2a} \sin\vartheta \mathrm{e}^{\pm\mathrm{i}\phi}$$

beschreiben dagegen einen Ring um die z-Achse (siehe Abb. 12.10b). Die Linearkombination

$$
\begin{aligned}
u_{2,\mathrm{p}_x}(r,\vartheta,\phi) &= \frac{1}{\sqrt{2}}(u_{2,1,1}(r,\vartheta,\phi) + u_{2,1,-1}(r,\vartheta,\phi)) \\
&= \frac{1}{4\sqrt{\pi a^3}} \mathrm{e}^{-r/2a} \frac{r}{2a} \sin\vartheta \frac{1}{\sqrt{2}}(\mathrm{e}^{\mathrm{i}\phi} + \mathrm{e}^{-\mathrm{i}\phi}) \\
&= \frac{\sqrt{2}}{4\sqrt{\pi a^3}} \mathrm{e}^{-r/2a} \frac{r}{2a} \sin\vartheta\cos\phi = \frac{\sqrt{2}}{8\sqrt{\pi a^3}} \mathrm{e}^{-r/2a} \frac{x}{a}
\end{aligned}
$$

und

$$
\begin{aligned}
u_{2,\mathrm{p}_y}(r,\vartheta,\phi) &= \frac{1}{\sqrt{2}\mathrm{i}}(u_{2,1,1}(r,\vartheta,\phi) - u_{2,1,-1}(r,\vartheta,\phi)) \\
&= \frac{\sqrt{2}}{4\sqrt{\pi a^3}} \mathrm{e}^{-r/2a} \frac{r}{2a} \sin\vartheta\sin\phi \\
&= \frac{\sqrt{2}}{8\sqrt{\pi a^3}} \mathrm{e}^{-r/2a} \frac{y}{a}
\end{aligned}
$$

entsprechen dagegen Hanteln in x- und y-Richtung und werden daher auch p_x- bzw. p_y-Orbitale genannt.

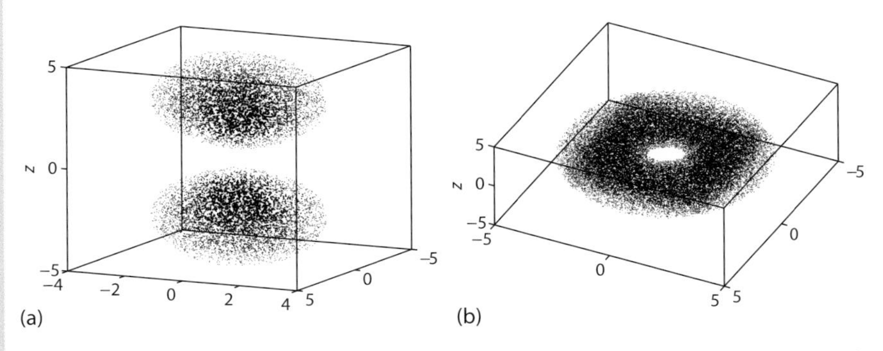

Abb. 12.10 Illustration der p-Orbitale in der L-Schale des Wasserstoffatoms mit $m = 0$ (a) und $m = \pm 1$ (b) in Einheiten des Bohr'schen Radius.

Mithilfe der Schalen und Orbitale kann das Periodensystem der Elemente aufgebaut werden. Berücksichtigen wir den Spin, kann die K-Schale 2 Elektronen (im s-Orbital) enthalten, die L-Schale 8 Elektronen (2 im s-Orbital und $2 \cdot 3$ im p-Orbital, entsprechend $m = -1, 0, 1$) und in der M-Schale 18 Elektronen (2 im s-Orbital, $2 \cdot 3$ im p-Orbital und $2 \cdot 5$ im d-Orbital); siehe Abb. 12.11. Sortieren wir

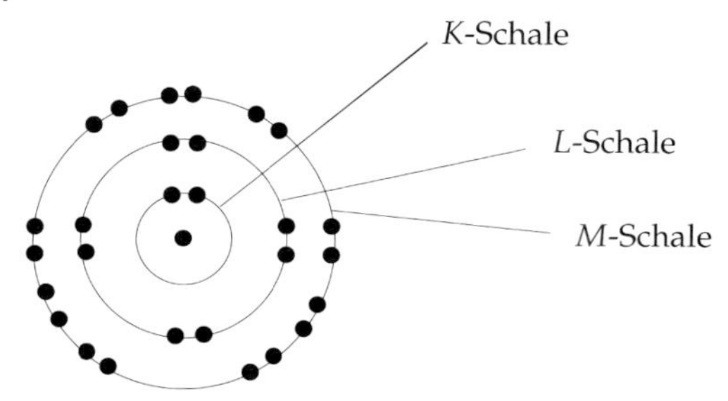

Abb. 12.11 Schalenmodell eines Atoms.

die Elemente nach der Anzahl der Elektronen, so erhalten wir das Periodensystem der Elemente, das wie folgt beginnt:

		I	II	III	IV	V	VI	VII	VIII
K-Schale	$n = 1$	H							He
L-Schale	$n = 2$	Li	Be	B	C	N	O	F	Ne
M-Schale	$n = 3$	...							

In der Gruppe I sind diejenigen Elemente notiert, die ein Elektron im s-Orbital haben. Die Orbitale der Elemente aus der Gruppe VIII sind voll besetzt (2 Elektronen im s-Orbital von Helium und 2 + 6 Elektronen im s- und p-Orbital von Neon); daher reagieren diese Elemente nur schwer mit anderen Substanzen.

Fragen und Aufgaben

Aufgabe 12.23 Zeige für die Hermite-Polynome die Rekursionsformel $H_{n+1}(x) = 2xH_n(x) - 2nH_{n-1}(x)$, $n \in \mathbb{N}$.

Aufgabe 12.24 Wie groß ist die Dimension des Eigenraums des dreidimensionalen harmonischen Oszillators zum Eigenwert $E_{nm\ell}$?

Aufgabe 12.25 Berechne die normierten Kugelflächenfunktionen $Y_{\ell,m}$ für $\ell = 2$.

Aufgabe 12.26 Welche Energiewerte kann die stationäre Schrödinger-Gleichung mit Coulomb-Potenzial (bis auf den konstanten Faktor) annehmen?

Aufgabe 12.27 Wie viele Quantenzahlen werden zur Beschreibung der quantenmechanischen Zustände eines Wasserstoffatoms (inklusive Spin) benötigt?

Aufgabe 12.28 Welcher Wert welcher Quantenzahl entspricht einem p-Orbital?

Aufgabe 12.29 Berechne das s-Orbital der M-Schale im Wasserstoffatom.

13
Mathematische Grundlagen der Quantenmechanik

In diesem Kapitel führen wir in die mathematischen Grundlagen der Quantenmechanik ein und erklären vier ihrer grundlegenden Axiome. Hierfür werden anspruchsvolle mathematische Hilfsmittel benötigt, die jeweils mit Beispielen motiviert werden.

13.1
Einführung

13.1.1
Quantenmechanische Begriffe

Experimentelle Ergebnisse der Atomphysik legen nahe, dass atomare Teilchen in manchen Situationen als Massepunkte, in anderen Situationen als Wellen interpretiert werden müssen. Schießt man z. B. Elektronen senkrecht auf eine mit einem kleinen Loch versehene Platte ab, so hinterlässt jedes Elektron auf der dahinter liegenden Fotoplatte einen kleinen schwarzen Fleck. Nach längerer Dauer des Experiments bilden die schwarzen Flecken Ringe mit wechselnder Stärke der Schwärzung (siehe Abb. 13.1). Die Ringe sehen wie Interferenzmuster aus, die durch senkrecht auf die Lochplatte auftreffende ebene Wellen entstehen. Um diesem Wellencharakter gerecht zu werden, wird die Bewegung des Elektrons – oder allgemeiner eines atomaren Teilchens – durch eine komplexwertige Wellenfunktion $\psi(\boldsymbol{x}, t)$ beschrieben, die sich als eine Superposition ebener Wellen $\mathrm{e}^{\mathrm{i}(\boldsymbol{k}\cdot\boldsymbol{x}-\omega t)}$ zusammensetzt:

$$\psi(\boldsymbol{x}, t) = \int_{\mathbb{R}^3} a(\boldsymbol{k})\mathrm{e}^{\mathrm{i}(\boldsymbol{k}\cdot\boldsymbol{x}-\omega t)}\,\mathrm{d}\boldsymbol{k}\,. \tag{13.1}$$

Hierbei bezeichnet $\boldsymbol{x}$ den Ortsvektor im $\mathbb{R}^3$, $t \in \mathbb{R}$ die Zeit, $\boldsymbol{k} \in \mathbb{R}^3$ den Wellenvektor, $\omega > 0$ die Kreisfrequenz und die komplexe Einheit mit $\mathrm{i}^2 = -1$. Die Funktion $a(\boldsymbol{k})$ beschreibt die Amplitude der ebenen Welle mit Wellenvektor $\boldsymbol{k}$. Wie die Funktion $\psi(\boldsymbol{x}, t)$ physikalisch interpretiert werden kann, motivieren wir später.

Mathematik für Chemiker, 7. Auflage. Ansgar Jüngel und Hans G. Zachmann.

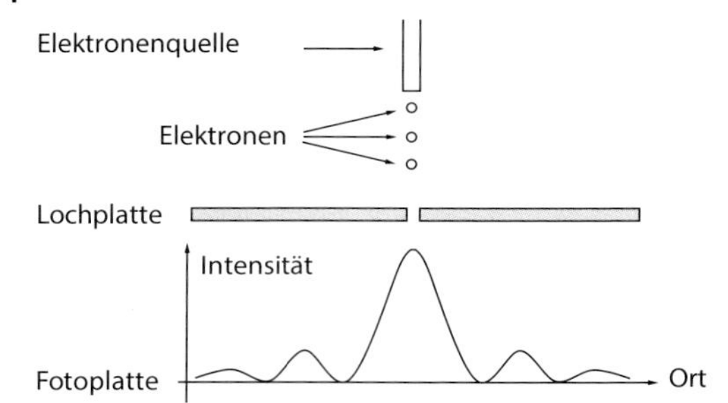

Abb. 13.1 Wellencharakter von Elektronen beim Lochplatten-Experiment.

Wir zeigen im Folgenden, dass (13.1) eine spezielle Lösung einer partiellen Differenzialgleichung, der sogenannten *Schrödinger-Gleichung*, ist. Dazu definieren wir den *Wellenimpuls* $\boldsymbol{p}$ und die *Wellenenergie* E durch

$$\boldsymbol{p} = \hbar \boldsymbol{k} \quad \text{und} \quad E = \hbar\omega \,,$$

wobei $\hbar = h/(2\pi)$ die durch 2π dividierte Planck-Konstante sei. Wir machen die folgenden Annahmen:

- Der Wellenimpuls entspricht dem klassischen Impuls.
- Die Wellenenergie ist gleich der kinetischen Energie $|\boldsymbol{p}|^2/(2m)$, wobei m die Masse des Teilchens sei.

Dann folgt

$$\hbar\omega = E = \frac{|\boldsymbol{p}|^2}{2m} = \frac{\hbar^2|\boldsymbol{k}|^2}{2m} \,; \tag{13.2}$$

insbesondere ist die Kreisfrequenz eine Funktion des Wellenvektors, $\omega = \omega(\boldsymbol{k})$. Wir leiten $\psi(\boldsymbol{x}, t)$ formal nach $\boldsymbol{x}$ und t ab. Hierfür verwenden wir

$$\Delta \mathrm{e}^{\mathrm{i}\boldsymbol{k}\cdot\boldsymbol{x}} = \operatorname{div}(\nabla \mathrm{e}^{\mathrm{i}\boldsymbol{k}\cdot\boldsymbol{x}}) = \operatorname{div}(\mathrm{i}\boldsymbol{k}\mathrm{e}^{\mathrm{i}\boldsymbol{k}\cdot\boldsymbol{x}}) = -|\boldsymbol{k}|^2\mathrm{e}^{\mathrm{i}\boldsymbol{k}\cdot\boldsymbol{x}}$$

und erhalten mit (13.2), wobei wir Differenziation und Integration vertauschen:

$$\Delta\psi(\boldsymbol{x}, t) = -\int_{\mathbb{R}^3} a(\boldsymbol{k})|\boldsymbol{k}|^2 \mathrm{e}^{\mathrm{i}(\boldsymbol{k}\cdot\boldsymbol{x}-\omega(\boldsymbol{k})t)}\,\mathrm{d}\boldsymbol{k}\,, \tag{13.3}$$

$$\begin{aligned}\partial_t\psi(\boldsymbol{x}, t) &= -\mathrm{i}\int_{\mathbb{R}^3} a(\boldsymbol{k})\omega(\boldsymbol{k})\mathrm{e}^{\mathrm{i}(\boldsymbol{k}\cdot\boldsymbol{x}-\omega(\boldsymbol{k})t)}\,\mathrm{d}\boldsymbol{k} \\ &= -\frac{\mathrm{i}\hbar}{2m}\int_{\mathbb{R}^3} a(\boldsymbol{k})|\boldsymbol{k}|^2\mathrm{e}^{\mathrm{i}(\boldsymbol{k}\cdot\boldsymbol{x}-\omega(\boldsymbol{k})t)}\,\mathrm{d}\boldsymbol{k}.\end{aligned} \tag{13.4}$$

Setzen wir (13.3) und (13.4) gleich, ergibt sich die partielle Differenzialgleichung:

$$\mathrm{i}\hbar\partial_t\psi = -\frac{\hbar^2}{2m}\Delta\psi\,, \quad \boldsymbol{x} \in \mathbb{R}^3\,, \quad t \in \mathbb{R}\,. \tag{13.5}$$

Dies ist die *Schrödinger-Gleichung* für ein freies Teilchen. Wir haben gezeigt, dass die Superposition ebener Wellen (13.1) eine Lösung dieser Gleichung ist. Zur Zeit $t = 0$ lautet die Wellenfunktion:

$$\psi(\boldsymbol{x}, 0) = \psi_0(\boldsymbol{x}) \,, \quad \text{wobei} \quad \psi_0(\boldsymbol{x}) = \int_{\mathbb{R}^3} a(\boldsymbol{k}) \mathrm{e}^{\mathrm{i}\boldsymbol{k}\cdot\boldsymbol{x}} \, \mathrm{d}\boldsymbol{k} \,. \tag{13.6}$$

Allgemein schreibt man die Schrödinger-Gleichung mithilfe des Hamilton-Operators H als

$$\mathrm{i}\hbar\partial_t \psi = H\psi \,, \quad \boldsymbol{x} \in \mathbb{R}^3 \,, \quad t \in \mathbb{R} \,,$$

wobei $H = -(\hbar^2/(2m))\Delta$. Die genaue Gestalt des Hamilton-Operators hängt vom dem zu betrachtenden Quantensystem ab. Der hier dargestellte Operator beschreibt ein freies Teilchen.

Man interpretiert nun $\psi(\boldsymbol{x}, t)$ als *Zustand* des Teilchens, dessen zeitliche Evolution durch die Schrödinger-Gleichung (13.5) beschrieben wird. Der Zustand $\psi(\boldsymbol{x}, t)$ ist eine komplexwertige Funktion. Schreiben wir ψ mit der Euler'schen Formel (1.1) als $\psi = \varrho \mathrm{e}^{\mathrm{i}\phi}$, so interpretieren wir $\varrho = |\psi|$ als die Amplitude und ϕ als die Phase der „Welle" ψ.

Wir erwähnen, dass die zeitabhängige Schrödinger-Gleichung im Rahmen unserer Untersuchungen nicht hergeleitet werden kann; wir betrachten sie als gegeben.

Wir wollen die Lösung der Schrödinger-Gleichung (13.5) physikalisch interpretieren. Dazu bilden wir die folgende Ableitung:

$$\begin{aligned} \partial_t |\psi|^2 &= \partial_t(\bar{\psi}\psi) = \partial_t \bar{\psi} \cdot \psi + \bar{\psi} \cdot \partial_t \psi = -\frac{\mathrm{i}\hbar}{2m} \Delta \bar{\psi} \psi + \frac{\mathrm{i}\hbar}{2m} \bar{\psi} \Delta \psi \\ &= -\frac{\mathrm{i}\hbar}{2m} \operatorname{div} (\nabla \bar{\psi} \psi - \bar{\psi} \nabla \psi) = \frac{\hbar}{m} \operatorname{div} \operatorname{Im}(\bar{\psi} \nabla \psi) \,, \end{aligned} \tag{13.7}$$

denn $\bar{z} - z = -2\mathrm{i} \operatorname{Im} z$ für $z \in \mathbb{C}$, wobei $\bar{z}$ die zu z konjugiert komplexe Zahl darstellt. Definieren wir $J = -(\hbar/m)\operatorname{Im}(\bar{\psi}\nabla\psi)$, so erhalten wir:

$$\partial_t |\psi|^2 + \operatorname{div} J = 0 \,, \quad \boldsymbol{x} \in \mathbb{R}^3 \,, \quad t \in \mathbb{R} \,.$$

Dies ist eine Erhaltungsgleichung, denn aus einer Erweiterung des Satzes von Gauß (siehe Satz 9.1) folgt

$$\partial_t \int_{\mathbb{R}^3} |\psi|^2 \, \mathrm{d}\boldsymbol{x} = -\int_{\mathbb{R}^3} \operatorname{div} J \, \mathrm{d}\boldsymbol{x} = 0 \,,$$

d. h., das Integral

$$\int_{\mathbb{R}^3} |\psi(\boldsymbol{x}, t)|^2 \, \mathrm{d}\boldsymbol{x}$$

ist zeitlich konstant. Wir können dies als die Erhaltung der Teilchenzahl interpretieren. Die Funktion $|\psi(\boldsymbol{x}, t)|^2$ beschreibt dann eine Dichte und $J(\boldsymbol{x}, t)$ eine

Stromdichte. Genauer ist $|\psi(\boldsymbol{x},t)|^2$ eine Wahrscheinlichkeitsdichte, d. h.,

$$\int_\Omega |\psi(\boldsymbol{x},t)|^2 \,\mathrm{d}\boldsymbol{x}$$

ist die Wahrscheinlichkeit, das Teilchen zur Zeit t im Gebiet Ω zu finden, und $J(\boldsymbol{x},t)$ ist eine Wahrscheinlichkeitsstromdichte. Für diese Interpretation müssen wir

$$\int_{\mathbb{R}^3} |\psi(\boldsymbol{x},t)|^2 \,\mathrm{d}\boldsymbol{x} = 1$$

fordern, d. h., die Wahrscheinlichkeit, das Teilchen irgendwo im Raum zu finden, ist gleich eins. Wellenfunktionen mit dieser Eigenschaft nennen wir (auf eins) *normiert*.

Der Mittelwert oder *Erwartungswert* einer Mess- oder Beobachtungsgröße A wird mittels der Wahrscheinlichkeitsdichte durch

$$\langle A\rangle = \int_{\mathbb{R}^3} \overline{\psi(\boldsymbol{x},t)} A\,\psi(\boldsymbol{x},t)\,\mathrm{d}\boldsymbol{x}$$

definiert, wobei ψ die (normierte) Lösung der Schrödinger-Gleichung ist. Man schreibt auch $\langle A\rangle = (\psi, A\psi)$ und nennt

$$(\phi,\psi) = \int_{\mathbb{R}^3} \overline{\phi(\boldsymbol{x})}\psi(\boldsymbol{x})\,\mathrm{d}\boldsymbol{x}$$

ein *Skalarprodukt* (Definition in Abschnitt 13.2.1). Wie ändert sich der Erwartungswert der Messgröße $\boldsymbol{x}$ des Ortes zeitlich? Mit (13.7) und partieller Integration folgt für die j-te Komponente x_j von $\boldsymbol{x}$:

$$\begin{aligned}\frac{\mathrm{d}}{\mathrm{d}t}\langle x_j\rangle &= \frac{\mathrm{d}}{\mathrm{d}t}\int_{\mathbb{R}^3} x_j|\psi|^2\,\mathrm{d}\boldsymbol{x} = -\frac{\mathrm{i}\hbar}{2m}\int_{\mathbb{R}^3} x_j \operatorname{div}(\nabla\bar{\psi}\psi - \bar{\psi}\nabla\psi)\,\mathrm{d}\boldsymbol{x}\\ &= \frac{\mathrm{i}\hbar}{2m}\int_{\mathbb{R}^3} \nabla x_j\cdot(\nabla\bar{\psi}\psi - \bar{\psi}\nabla\psi)\,\mathrm{d}\boldsymbol{x}\,.\end{aligned}$$

Der Gradient von x_j ist gleich dem j-ten Einheitsvektor. Integrieren wir daher im ersten Summanden partiell, erhalten wir:

$$\begin{aligned}\frac{\mathrm{d}}{\mathrm{d}t}\langle x_j\rangle &= \frac{\mathrm{i}\hbar}{2m}\int_{\mathbb{R}^3}\left(\frac{\partial\bar{\psi}}{\partial x_j}\psi - \bar{\psi}\frac{\partial\psi}{\partial x_j}\right)\mathrm{d}\boldsymbol{x}\\ &= \frac{1}{m}\int_{\mathbb{R}^3}\bar{\psi}\left(\frac{\hbar}{\mathrm{i}}\frac{\partial}{\partial x_j}\right)\psi\,\mathrm{d}\boldsymbol{x} = \frac{1}{m}\left\langle\frac{\hbar}{\mathrm{i}}\frac{\partial}{\partial x_j}\right\rangle\,.\end{aligned}$$

Vektoriell lautet diese Gleichung:

$$\frac{\mathrm{d}}{\mathrm{d}t}\langle \boldsymbol{x}\rangle = \frac{1}{m}\left\langle \frac{\hbar}{\mathrm{i}}\nabla\right\rangle .$$

In Analogie zum Newton'schen Gesetz $\mathrm{d}\boldsymbol{x}/\mathrm{d}t = \boldsymbol{p}/m$ kann man die Ableitung $(\hbar/\mathrm{i})\nabla$ als einen Impulsoperator interpretieren:

$$P = \frac{\hbar}{\mathrm{i}}\nabla .$$

Unter einem Operator verstehen wir hier eine Abbildung, deren Definitions- und Wertebereich eine Menge von Funktionen ist. Wirkt der Operator $P_j = (\hbar/\mathrm{i})\partial/\partial x_j$ auf eine ebene Welle $\psi_p(\boldsymbol{x}) = \mathrm{e}^{\mathrm{i}\boldsymbol{k}\cdot\boldsymbol{x}} = \mathrm{e}^{\mathrm{i}\boldsymbol{p}\cdot\boldsymbol{x}/\hbar}$ (mit dem Wellenimpuls $\boldsymbol{p} = \hbar\boldsymbol{k}$), so ergibt sich

$$(P_j\psi_p)(x) = \frac{\hbar}{\mathrm{i}}\frac{\partial}{\partial x_j}\mathrm{e}^{\mathrm{i}\boldsymbol{p}\cdot\boldsymbol{x}/\hbar} = p_j\mathrm{e}^{\mathrm{i}\boldsymbol{p}\cdot\boldsymbol{x}/\hbar} = p_j\psi_p(\boldsymbol{x}) \tag{13.8}$$

oder kürzer $P_j\psi_p = p_j\psi_p$. Man ist versucht, dies als eine Eigenwertgleichung mit Eigenfunktion ψ_p und Eigenwert p_j zu interpretieren. In diesem Sinne sind die „Eigenwerte" p_j gerade gleich den möglichen *Messwerten*. (In Abschnitt 13.1.2 erklären wir, warum (13.8) im strengen Sinne eigentlich *keine* Eigenwertgleichung ist.)

Wir haben insgesamt die folgenden quantenmechanischen Begriffe motiviert:

- Zustand eines Teilchens,
- Beobachtungsgröße als Operator,
- Erwartungswert einer Beobachtungsgröße und
- Messwert als „Eigenwert" eines Operators.

Im nächsten Abschnitt machen wir einen ersten Versuch, die quantenmechanischen Begriffe mathematisch zu präzisieren.

13.1.2
Axiomatik der Quantenmechanik

Die Überlegungen des vorigen Abschnitts motivieren die Einführung folgender, mathematisch noch nicht präziser „Axiome":

(A1) Alle möglichen Zustände eines quantenmechanischen Systems sind Elemente eines komplexwertigen Raumes $\mathcal{H}$. Die Summe und Vielfache von Zuständen sind wieder quantenmechanische Zustände (Superpositionsprinzip).

(A2) Beobachtbare Größen (Observable) werden durch Operatoren A beschrieben.

(A3) Der Erwartungswert $\langle A\rangle$ einer Messung einer Observablen A ist definiert durch das Skalarprodukt

$$\langle A\rangle_\psi = (\psi, A\psi) ,$$

wenn sich das quantenmechanische System im Zustand ψ befindet. Die Eigenwerte von A sind mögliche Messwerte der Messung von A.

(A4) Jedem quantenmechanischen System ist ein Operator H zugeordnet, den man Hamilton-Operator nennt. Die zeitliche Entwicklung der Zustandsfunktion $\psi = \psi(t)$ wird durch die Schrödinger-Gleichung beschrieben:

$$i\hbar\partial_t\psi = H\psi\ , \quad t \in \mathbb{R}\ , \quad \psi(0) = \psi_0$$

Wir haben die Axiome für allgemeine quantenmechanische Systeme und nicht nur für ein einzelnes Teilchen formuliert. Eine präzisere Formulierung der Axiome geben wir in den folgenden Abschnitten an.

Die obigen vier Axiome implizieren folgende Fragen:

1. Wie lautet die Wahl des Zustandsraumes $\mathcal{H}$?
2. Wie sind die Observablen definiert und wie lauten die entsprechenden Definitions- und Wertebereiche?
3. Wie kann das Eigenwertproblem mathematisch formuliert und gelöst werden?
4. Für welche Hamilton-Operatoren ist die Schrödinger-Gleichung lösbar?

Bei der Beantwortung dieser Fragen treten allerdings einige Probleme auf, die wir im Folgenden diskutieren.

Wahl des Raumes $\mathcal{H}$ Eine erste Idee könnte sein, den Raum aller stetigen Funktionen von $\mathbb{R}^3$ nach $\mathbb{C}$, $\mathcal{H} = C^0(\mathbb{R}^3)$, oder den Raum aller k-mal stetig differenzierbaren Funktionen, $\mathcal{H} = C^k(\mathbb{R}^3)$, zu wählen. Der Raum $\mathcal{H}$ muss mit einem Skalarprodukt versehen werden, damit Axiom (A3) Sinn macht. Eine Möglichkeit ist:

$$(\phi, \psi)_{L^2} = \int_{\mathbb{R}^3} \overline{\phi(\boldsymbol{x})}\psi(\boldsymbol{x})\,\mathrm{d}\boldsymbol{x}\ , \quad \phi, \psi \in \mathcal{H}\ .$$

Dann müssen die Elemente von $\mathcal{H}$ *quadratintegrierbar* sein, d. h., das Integral $\int |\psi(\boldsymbol{x})|^2\,\mathrm{d}\boldsymbol{x}$ muss existieren. Wir setzen daher:

$$\mathcal{H} = \left\{ u \in C^0(\mathbb{R}^3) : \int_{\mathbb{R}^3} |\psi(\boldsymbol{x})|^2\,\mathrm{d}\boldsymbol{x} < \infty \right\}\ .$$

Es ist wünschenswert, dass die betrachteten Operatoren $A : \mathcal{H} \to \mathcal{H}$ stetig sind. Dann sollte der Grenzwert ψ einer konvergierenden Folge (ψ_n) wieder ein Element von $\mathcal{H}$ sein, damit der Ausdruck $A\psi_n \to A\psi$ für $n \to \infty$ Sinn macht.[1] Allerdings gibt es konvergierende Folgen (ψ_n) aus $\mathcal{H}$, deren Grenzwert *nicht* in $\mathcal{H}$ liegt. Ein Beispiel ist in Abb. 13.2 gegeben. Die dargestellte Funktion ψ_n ist stetig, aber die durch den punktweisen Grenzwert definierte Grenzfunktion

$$\psi(x) = \lim_{n\to\infty} \psi_n(x) = \begin{cases} 1 & \text{für } -1 \le x \le 1 \\ 0 & \text{für } x < -1 \quad \text{oder} \quad x > 1 \end{cases}$$

1) Unter „Konvergenz“ verstehen wir hier einen zunächst heuristischen Begriff. Er wird später präzisiert.

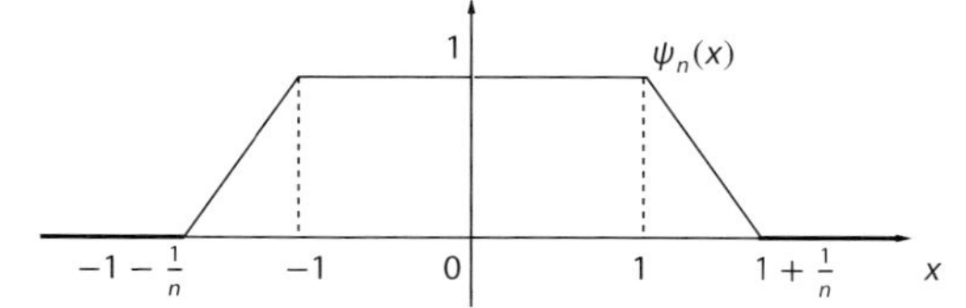

Abb. 13.2 Funktionenfolge (ψ_n).

ist unstetig, also kein Element aus $\mathcal{H}$. Wir benötigen einen Raum und einen geeigneten Konvergenzbegriff, sodass alle Grenzwerte konvergierender Folgen Elemente des Raumes sind. Dies führt auf *Hilbert-Räume*, die wir in Abschnitt 13.2.1 definieren. Ein möglicher Raum ist der Raum der *quadratintegrierbaren* Funktionen:[2)]

$$L^2(\mathbb{R}^3) = \left\{ \psi : \mathbb{R}^3 \to \mathbb{C} \quad \text{integrierbar} : \int\limits_{\mathbb{R}^3} |\psi(\boldsymbol{x})|^2 \, \mathrm{d}\boldsymbol{x} < \infty \right\} .$$

Definitionsbereich von A In Abschnitt 13.1.1 haben wir den Impulsoperator P durch $P\psi = (\hbar/\mathrm{i})\nabla\psi$ definiert. Die Definition

$$P : L^2(\mathbb{R}^3) \to L^2(\mathbb{R}^3)$$

ist ungeeignet, da Funktionen aus $L^2(\mathbb{R}^3)$ nicht differenzierbar sein müssen. Wir benötigen eine Definition der Art

$$P : \{\psi \in L^2(\mathbb{R}^3) : \nabla\psi \text{ definiert und in } L^2(\mathbb{R}^3)\} \to L^2(\mathbb{R}^3) .$$

Dies bedeutet, dass sich der Definitionsbereich $D(P)$ von P vom zugrunde liegenden Zustandsraum $\mathcal{H}$ unterscheidet. Der Definitionsbereich sollte jedoch in einem zu präzisierenden Sinn „groß“ genug sein. Wir erklären dies in Abschnitt 13.4.1.

Eigenwertprobleme Sei eine Observable gegeben, dargestellt durch einen Operator $A : D(A) \to \mathcal{H}$. Die Eigenwerte λ von A sind nach Axiom (A3) mögliche Messwerte. Im Allgemeinen sind die Eigenwerte komplex; Messwerte sind jedoch stets reell. Welche Eigenschaften sollte der Operator A besitzen, damit seine Eigenwerte reell sind? Dies führt auf den Begriff *symmetrischer Operatoren*, den wir in Abschnitt 13.3 einführen.

Es ergibt sich eine weitere Schwierigkeit. Wir haben in (13.8) argumentiert, dass die „Eigenwerte“ von $P_j = (\hbar/\mathrm{i})\partial/\partial x_j$ gerade die reellwertigen Impulse p_j sind. Jedoch sind die „Eigenfunktionen“ $\psi_p(\boldsymbol{x}) = \mathrm{e}^{\mathrm{i}\boldsymbol{p}\cdot\boldsymbol{x}/\hbar}$ nicht quadratintegrierbar,

2) Genau genommen müssen wir Funktionen, die fast überall übereinstimmen, miteinander identifizieren. Für eine mathematisch präzise Definition siehe z. B. [4].

denn

$$\int_{\mathbb{R}^3} |e^{i\boldsymbol{p}\cdot\boldsymbol{x}/\hbar}|^2 \,d\boldsymbol{x} = \int_{\mathbb{R}^3} d\boldsymbol{x} = \infty \;.$$

Damit sind die Zahlen $p_j \in \mathbb{R}$ auch keine Eigenwerte. Noch delikater ist die Situation beim Ortsoperator Q, definiert durch:

$$Q : D(Q) \to L^2(\mathbb{R}) \,, \quad (Q\psi)(x) = x\psi(x) \;.$$

Sei $\delta_y(x)$ das Delta-Funktional, konzentriert an $y \in \mathbb{R}$, „definiert" durch:

$$\int_{\mathbb{R}} \delta_y(x)\psi(x)\,dx = \psi(y) \quad \text{für alle} \quad \psi \;.$$

(in Abschnitt 13.2.4 geben wir eine präzisere Definition.) Dann gilt:

$$(Q\delta_y)(x) = x\delta_y(x) = y\delta_y(x) \,, \quad \text{also} \quad Q\delta_y = y\delta_y \;.$$

Man ist versucht, δ_y als die Eigenfunktion von Q zum Eigenwert $y \in \mathbb{R}$ zu betrachten. Jedoch ist δ_y keine Funktion, sondern ein spezielles Funktional und damit auch nicht quadratintegrierbar: $\delta_y \notin L^2(\mathbb{R})$. Wir untersuchen Eigenwertprobleme im Rahmen der Spektraltheorie genauer in Abschnitt 13.4.

Diese Schwierigkeiten zeigen, dass allerlei mathematische Hilfsmittel benötigt werden, um den quantenmechanischen Größen einen Sinn zu geben.

13.2 Hilbert-Räume

13.2.1 Sobolev-Räume

Nach dem Superpositionsprinzip von Axiom (A1) sind die Summe und Vielfache quantenmechanischer Zustände wieder Zustände des Systems. Der Zustandsraum $\mathcal{H}$ sollte also die Eigenschaft besitzen, dass für alle $u, v \in \mathcal{H}$ und $\lambda \in \mathbb{C}$ gilt:

$$u + v \in \mathcal{H} \quad \text{und} \quad \lambda u \in \mathcal{H} \;.$$

Einen Raum mit dieser Eigenschaft nennen wir einen *linearen Raum*. Erwartungswerte werden gemäß Axiom (A3) mittels eines Skalarprodukts definiert. Wir definieren ein *Skalarprodukt* auf einem Zustandsraum $\mathcal{H}$ als eine Abbildung $(\cdot,\cdot) : \mathcal{H}\times\mathcal{H} \to \mathbb{C}$ mit den folgenden vier Eigenschaften. Für alle $u, v, w \in \mathcal{H}$ und $\lambda \in \mathbb{C}$ gilt:

1. $(u, v + w) = (u, v) + (u, w)$;
2. $(u, \lambda v) = \lambda(u, v)$;

3. $(u, v) = \overline{(v, u)}$;
4. $(u, u) > 0 \Leftrightarrow u \neq 0$.

Wir erinnern, dass $\bar{z} = \alpha - i\beta$ die zu $z = \alpha + i\beta$ konjugiert komplexe Zahl bezeichnet. Aus den Eigenschaften 2. und 3. folgt:

$$(\lambda u, v) = \overline{(v, \lambda u)} = \bar{\lambda}\overline{(v, u)} = \bar{\lambda}(u, v) .$$

Man sagt, dass das Skalarprodukt im zweiten Argument *linear* und im ersten Argument *konjugiert linear* oder *antilinear* ist. Ein Skalarprodukt über $\mathbb{R}$ (d. h. $(\cdot, \cdot) : \mathcal{H} \times \mathcal{H} \to \mathbb{R}$) ist symmetrisch:

$$(u, v) = (v, u) \quad \text{für alle} \quad u, v \in \mathcal{H} .$$

Beispiel 13.1
Ein einfaches Beispiel für ein Skalarprodukt auf $\mathbb{R}^n$ haben wir bereits in Abschnitt 5.1.3 kennengelernt:

$$(\boldsymbol{x}, \boldsymbol{y}) = \sum_{j=1}^{n} x_i y_i \quad \text{für} \quad \boldsymbol{x} = (x_1, \dots, x_n)^{\mathrm{T}} , \quad \boldsymbol{y} = (y_1, \dots, y_n)^{\mathrm{T}} \in \mathbb{R}^n .$$

Hierbei bezeichnet $\boldsymbol{x}^{\mathrm{T}}$ die Transponierte des Vektors $\boldsymbol{x}$. Auf dem Raum der quadratintegrierbaren Funktionen $L^2(\mathbb{R}^3)$ definiert

$$(f, g)_{L^2} = \int_{\mathbb{R}^3} \overline{f(\boldsymbol{x})} g(\boldsymbol{x})\, \mathrm{d}\boldsymbol{x} \quad \text{für} \quad f, g \in L^2(\mathbb{R}^3) \tag{13.9}$$

ein Skalarprodukt. Die Eigenschaften 1. und 2. sind leicht nachzurechnen. Wegen

$$\overline{(g, f)_{L^2}} = \int_{\mathbb{R}^n} \overline{\overline{g(\boldsymbol{x})} f(\boldsymbol{x})}\, \mathrm{d}\boldsymbol{x} = \int_{\mathbb{R}^n} g(\boldsymbol{x}) \overline{f(\boldsymbol{x})}\, \mathrm{d}\boldsymbol{x} = (f, g)_{L^2}$$

und

$$(f, f)_{L^2} = \int_{\mathbb{R}^n} |f(x)|^2\, \mathrm{d}\boldsymbol{x} > 0 \quad \text{für } f \neq 0 \quad \text{fast überall}$$

gelten auch die Bedingungen 3. und 4.

Das Skalarprodukt erlaubt es, die Länge eines Vektors zu definieren. Man nennt

$$\|u\| = \sqrt{(u, u)} \quad \text{für} \quad u \in \mathcal{H}$$

die *Norm* von $\mathcal{H}$. Ein Element $u \in \mathcal{H}$ mit $\|u\| = 1$ nennen wir *normiert*.

Beispiel 13.2

1. Die Norm von $\mathbb{R}^n$, entsprechend dem obigen Skalarprodukt, lautet:

$$\|\boldsymbol{x}\| = \left(\sum_{j=1}^{n} |x_i|^2 \right)^{1/2} \quad \text{für} \quad \boldsymbol{x} = (x_1, \ldots, x_n)^{\mathrm{T}} \in \mathbb{R}^n \,. \tag{13.10}$$

   Im Fall $n = 3$ ist dies gerade die Länge des Vektors $\boldsymbol{x}$. Man nennt (13.10) auch die *euklidische Norm.*

2. Sei $L^2(\mathbb{R}^n)$ mit dem Skalarprodukt (13.9) versehen. Dann ist

$$\|f\|_{L^2} = \sqrt{(f, f)_{L^2}} = \left(\int_{\mathbb{R}^n} |f(x)|^2 \, \mathrm{d}\boldsymbol{x} \right)^{1/2} , \quad f \in L^2(\mathbb{R}^3) \,,$$

   eine Norm auf $L^2(\mathbb{R}^3)$. Die Norm von Funktionen ist nicht mehr direkt als „Länge" interpretierbar; sie verallgemeinert vielmehr diesen Begriff. Mit der Norm kann man die Definition von $L^2(\mathbb{R}^n)$ auch kürzer schreiben als:

$$L^2(\mathbb{R}^n) = \{ f : \mathbb{R}^n \to \mathbb{C} : \|f\|_{L^2} < \infty \} \,.$$

Ein anderer Zusammenhang zwischen Skalarprodukt und Norm wird durch die *Cauchy-Schwarz-Ungleichung* gegeben:

$$|(u, v)| \leq \|u\| \cdot \|v\| \quad \text{für alle} \quad u, v \in \mathcal{H} \,. \tag{13.11}$$

Der Nachweis dieser Ungleichung ist übrigens recht einfach. Klarerweise gilt sie im Fall $v = 0$. Anderenfalls definieren wir $\lambda = -\overline{(u, v)}/\|v\|^2$. Dann folgt wegen: $|(u, v)|^2 = (u, v)\overline{(u, v)}$

$$\begin{aligned} 0 &\leq (u + \lambda v, u + \lambda v) = \|u\|^2 + |\lambda|^2 \|v\|^2 + \bar{\lambda}(v, u) + \lambda(u, v) \\ &= \|u\|^2 + \frac{|(u, v)|^2}{\|v\|^4} \|v\|^2 - \frac{(u, v)}{\|v\|^2} \overline{(u, v)} - \frac{\overline{(u, v)}}{\|v\|^2} (u, v) = \|u\|^2 - \frac{|(u, v)|^2}{\|v\|^2} \,. \end{aligned}$$

Die letzte Ungleichung ergibt nach Multiplikation von $\|v\|^2$ die gesuchte Ungleichung (13.11).

In Abschnitt 13.1.2 haben wir geschrieben, dass der quantenmechanische Zustandsraum $\mathcal{H}$ so beschaffen sein soll, dass Grenzwerte von Zustandsfolgen (ψ_n) auch Elemente des Raumes sind. Sei $\mathcal{H}$ ein Zustandsraum mit Norm $\|\cdot\|$. Wir nennen eine Folge (u_n) aus $\mathcal{H}$ *konvergent* gegen ein Element u aus $\mathcal{H}$, wenn

$$\lim_{n \to \infty} \|u_n - u\| = 0 \,,$$

oder ausführlicher, wenn es für alle $\varepsilon > 0$ ein $n_0 \in \mathbb{N}$ gibt, sodass für alle $n \geq n_0$ die Ungleichung $\|u_n - u\| < \varepsilon$ folgt (siehe auch Abschnitt 3.1.2).

Beispiel 13.3
Die Funktionenfolge (ψ_n) aus Abb. 13.2, definiert durch

$$\psi_n(x) = \begin{cases} 1 & \text{für } -1 \leq x \leq 1 \\ n(1-x)+1 & \text{für } 1 < x \leq 1 + 1/n \\ n(x+1)+1 & \text{für } -1-1/n \leq x < -1 \\ 0 & \text{sonst} \quad , \end{cases} \tag{13.12}$$

konvergiert in der L^2-Norm gegen die Funktion ψ, definiert durch

$$\psi(x) = \begin{cases} 1 & \text{für } -1 \leq x \leq 1 \\ 0 & \text{für } x < -1 \quad \text{oder} \quad x > 1 \, , \end{cases}$$

denn mit der Substitution $y = n(1-x)+1$, also $\mathrm{d}y = -n\,\mathrm{d}x$, folgt

$$\begin{aligned} \|\psi_n - \psi\|_{L^2}^2 &= \int_{\mathbb{R}} (\psi_n(x) - \psi(x))^2 \,\mathrm{d}x = 2 \int_1^{1+1/n} (\psi_n(x) - \psi(x))^2 \,\mathrm{d}x \\ &= 2 \int_1^{1+1/n} (n(1-x)+1)^2 \,\mathrm{d}x \\ &= 2 \int_0^1 y^2 \frac{\mathrm{d}y}{n} = \frac{2}{3n} \to 0 \quad \text{für } n \to \infty \, . \end{aligned}$$

Um die Eigenschaft, dass Grenzwerte von Folgen auch Elemente des Zustandsraums sind, zu erfüllen, könnte man versuchen zu fordern: Der Zustandsraum $\mathcal{H}$ mit einer Norm $\|\cdot\|$ habe die Eigenschaft, dass für jede Folge (ψ_n) mit $\|\psi_n - \psi\| \to 0$ für $n \to \infty$ folgt $\psi \in \mathcal{H}$. Das Problem hierbei ist, dass der Ausdruck $\|\psi_n - \psi\|$ nicht definiert ist, wenn $\psi \in \mathcal{H}$ (und damit $\psi_n - \psi \in \mathcal{H}$) nicht sichergestellt ist. Wir benötigen einen Begriff ähnlich zum Konvergenzbegriff, der nicht Bezug nimmt auf einen Grenzwert. Dies führt auf den Begriff der Cauchy-Folge. Eine Folge (u_n) heißt *Cauchy-Folge*, wenn es zu jedem $\varepsilon > 0$ ein $n_0 \in \mathbb{N}$ gibt, sodass für alle $n, m \geq n_0$ gilt:

$$\|u_n - u_m\| < \varepsilon \, .$$

Beispiel 13.4
Als Beispiel für eine Cauchy-Folge betrachten wir die Folge (ψ_n) aus Abb. 13.2, definiert in (13.12). Sei $\varepsilon > 0$. Wir wählen $n_0 \in \mathbb{N}$ mit $n_0 > 4/3\varepsilon$. Seien ferner n

und m natürliche Zahlen mit $n \geq m \geq n_0$. Wir rechnen (siehe Abb. 13.3):

$$\begin{aligned}
\|\psi_n - \psi_m\|_{L^2}^2 &= 2 \int_1^{1+1/n} (\psi_n(x) - \psi_m(x))^2 \, \mathrm{d}x + 2 \int_{1+1/n}^{1+1/m} |\psi_m(x)|^2 \, \mathrm{d}x \\
&= 2(n-m)^2 \int_1^{1+1/n} (1-x)^2 \, \mathrm{d}x + 2 \int_{1+1/n}^{1+1/m} (m(1-x)+1)^2 \, \mathrm{d}x \\
&= \frac{2}{3}(n-m)^2 \left[-(1-x)^3\right]_1^{1+1/n} + 2 \int_0^{1-m/n} y^2 \frac{\mathrm{d}y}{m} \\
&= \frac{2}{3}(n-m)^2 \frac{1}{n^3} + \frac{2}{3}\left(1 - \frac{m}{n}\right)^3 \frac{1}{m} \leq \frac{2}{3} n^2 \frac{1}{n^3} + \frac{2}{3}\frac{1}{m} \\
&= \frac{2}{3}\left(\frac{1}{n} + \frac{1}{m}\right) \frac{4}{3}\frac{1}{n_0} < \varepsilon \, .
\end{aligned}$$

Also ist (ψ_n) eine Cauchy-Folge im Raum $L^2(\mathbb{R}^n)$.

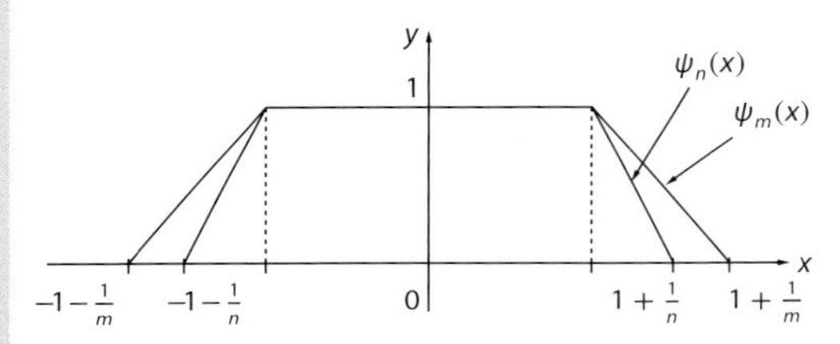

Abb. 13.3 Graphen der Funktionen ψ_n und ψ_m für $n > m$.

In Beispiel 13.4 ist die Cauchy-Folge (ψ_n) konvergent in $L^2(\mathbb{R}^3)$. Sind alle Cauchy-Folgen konvergent? Nein, denn (ψ_n) ist zwar auch eine Cauchy-Folge in dem Raum $\mathcal{H} = \{u \in C^0(\mathbb{R}^3) : \|u\|_{L^2} < \infty\}$, versehen mit der L^2-Norm, aber der Grenzwert ψ ist *kein* Element von $\mathcal{H}$, da ψ unstetig ist. Wir suchen nur solche Räume, in denen alle Cauchy-Folgen gegen einen Grenzwert konvergieren, der Element des Raums $\mathcal{H}$ ist. Einen derartigen Raum nennen wir einen *Hilbert-Raum*. Genauer ist $\mathcal{H}$ ein Hilbert-Raum, wenn gilt:

1. $\mathcal{H}$ ist ein Raum mit Skalarprodukt.
2. Jede Cauchy-Folge in $\mathcal{H}$ ist konvergent mit Grenzwert in $\mathcal{H}$.

Eine Beispielklasse von Hilbert-Räumen sind die *Sobolev-Räume*

$$H^k(\mathbb{R}^n) = \left\{ f : \mathbb{R}^n \to \mathbb{C} : \frac{\partial^\alpha f}{\partial x^\alpha} \in L^2(\mathbb{R}^n) \text{ für alle } |\alpha| \leq k \right\} , \tag{13.13}$$

wobei $k \in \mathbb{N}_0$ und $\alpha = (\alpha_1, \dots, \alpha_n)$ mit $\alpha_i \in \mathbb{N}_0$ ein *Multiindex* ist. Wir haben $|\alpha| = \alpha_1 + \dots + \alpha_n$ gesetzt, und der Ausdruck $\partial^\alpha f / \partial x^\alpha$ ist eine Abkürzung für die partielle Ableitung

$$\frac{\partial^{\alpha_1}}{\partial x_1^{\alpha_1}} \frac{\partial^{\alpha_2}}{\partial x_2^{\alpha_2}} \cdots \frac{\partial^{\alpha_n}}{\partial x_n^{\alpha_n}} f \ .$$

Die Abbildung

$$(f, g)_{H^k} = \sum_{|\alpha| \le k} \left(\frac{\partial^\alpha f}{\partial x^\alpha}, \frac{\partial^\alpha g}{\partial x^\alpha} \right)_{L^2}$$

ist ein Skalarprodukt auf $H^k(\mathbb{R}^n)$ mit der zugehörigen Norm

$$\|f\|_{H^k} = \left(\sum_{|\alpha| \le k} \left\| \frac{\partial^\alpha f}{\partial x^\alpha} \right\|_{L^2}^2 \right)^{1/2} .$$

Die Norm einer Funktion f aus $H^k(\mathbb{R}^n)$ ist endlich: $\|f\|_{H^k} < \infty$.

Beispiel 13.5

1. Die Funktion $f(x) = |x|$ ist ein Element aus $H^1(-1, 1)$, denn die Ableitung $f'(x) = -1$ für $x < 0$ und $f'(x) = 1$ für $x > 0$ ist quadratintegrierbar auf dem Intervall $(-1, 1)$. Die Ableitung von f an der Stelle $x = 0$ ist nicht definiert. Dennoch kann man $f'(x)$ als eine quadratintegrierbare Funktion betrachten, die nur „fast überall" (nämlich für alle $x \neq 0$) definiert ist.
2. Das folgende Beispiel zeigt, dass eine Funktion aus einem Sobolev-Raum zwar fast überall differenzierbar ist, aber nicht stetig sein muss. Sei $B_1(0)$ ein Kreis im $\mathbb{R}^2$ um den Nullpunkt mit Radius eins und betrachte

$$f(\boldsymbol{x}) = \ln|\ln(r/2)| \ , \quad r = |\boldsymbol{x}| \ , \quad \boldsymbol{x} \in B_1(0) \ , \quad \boldsymbol{x} \neq \boldsymbol{0} \ .$$

Die Funktion f ist unbeschränkt, denn „$f(\boldsymbol{0}) = \infty$". Wir behaupten, dass $f \in H^1(B_1(0))$. Dazu berechnen wir unter Verwendung von Polarkoordinaten das folgende Integral:

$$\|f\|_{L^2}^2 = \int_0^{2\pi} \int_0^1 \left(\ln \left| \ln \frac{r}{2} \right| \right)^2 r \, \mathrm{d}r \, \mathrm{d}\phi = 2\pi \int_0^1 r \ln^2 \left| \ln \frac{r}{2} \right| \mathrm{d}r \ .$$

Die Funktion

$$g(r) = r \ln^2 \left| \ln \frac{r}{2} \right| \ , \quad 0 < r < 1 \ ,$$

ist auf $(0, 1)$ beschränkt, denn $g(r) \to 0$ für $r \to 0$ (dies kann man z. B. mit der Regel von de l'Hospital nachrechnen; siehe Abschnitt 7.5). Ein Integral über eine beschränkte Funktion mit beschränktem Integrationsgebiet ist endlich, sodass $f \in L^2(B_1(0))$. Es bleibt zu zeigen, dass auch $|\nabla f| \in L^2(B_1(0))$. Es gilt

$$\nabla f(x) = \nabla \ln(-\ln(r/2)) = \frac{1}{-\ln(r/2)} \frac{1}{-r/2} \frac{\nabla r}{2} = \frac{\nabla r}{r \ln(r/2)}$$

und wegen

$$\frac{\partial r}{\partial x_1} = \frac{\partial}{\partial x_1} \sqrt{x_1^2 + x_2^2} = \frac{x_1}{\sqrt{x_1^2 + x_2^2}} = \frac{x_1}{r} \quad \text{und} \quad \frac{\partial r}{\partial x_2} = \frac{x_2}{r}$$

dann $\nabla r = \boldsymbol{x}/r$ und damit

$$|\nabla f(\boldsymbol{x})|^2 = \left| \frac{\boldsymbol{x}}{r^2 \ln(r/2)} \right|^2 = \frac{1}{r^2 \ln^2(r/2)} .$$

Daraus folgt schließlich

$$\begin{aligned} \|\nabla f\|_{L^2}^2 &= \int_0^{2\pi} \int_0^1 \frac{1}{r^2 \ln^2(r/2)} r \, \mathrm{d}r \, \mathrm{d}\phi \\ &= 2\pi \int_0^1 \frac{\mathrm{d}r}{r \ln^2(r/2)} = 2\pi \left[\frac{-1}{\ln(r/2)} \right]_0^1 = \frac{2\pi}{\ln 2} , \end{aligned}$$

wobei unter $\|\nabla f\|_{L^2}$ die Norm von $|\nabla f|$ in $L^2(B_1(0))$ zu verstehen sein soll. Damit ist $\|f\|_{H^1}^2 = \|f\|_{L^2}^2 + \|\nabla f\|_{L^2}^2$ endlich und folglich $f \in H^1(B_1(0))$.

13.2.2
Vollständige Orthonormalsysteme

In Axiom (A3) aus Abschnitt 13.1.2 haben wir gefordert, dass das Skalarprodukt $(\psi, A\psi)$ den Erwartungswert einer Observablen A ausdrückt, wenn sich das quantenmechanische System im Zustand ψ befindet. Der Erwartungswert ist üblicherweise definiert als die Summe aller möglichen Messwerte λ_n, gewichtet mit der Wahrscheinlichkeit w_n, dass der Wert λ_n gemessen wird (siehe (14.21)):

$$(\psi, A\psi) = \sum_n w_n \lambda_n . \tag{13.14}$$

Wir nehmen zur Vereinfachung an, dass es nur die diskreten Messwerte λ_n gibt. Nach Axiom (A3) sind die λ_n Eigenwerte des Operators A mit Eigenfunktionen ϕ_n, d. h.

$$A\phi_n = \lambda_n \phi_n . \tag{13.15}$$

Wir zeigen nun, dass wir einfache Beziehungen zwischen (13.14) und (13.15) erhalten, wenn wir weiter annehmen, dass die Funktionen paarweise *orthonormal* sind, d. h.,

$$(\phi_n, \phi_m) = \delta_{nm} \quad \text{für alle } n, m \ ,$$

wobei δ_{nm} das in (2.4) definierte Kronecker-Symbol ist, und dass der Zustand ψ eine Linearkombination der ϕ_n ist:

$$\psi = \sum_n c_n \phi_n \ . \tag{13.16}$$

Zum einen folgt:

$$(\phi_k, \psi) = \sum_n c_n (\phi_k, \phi_n) = \sum_n c_n \delta_{kn} = c_k \ .$$

Zum anderen erhalten wir nach Einsetzen von (13.16) in $(\psi, A\psi)$:

$$\begin{aligned}(\psi, A\psi) &= \sum_{k,n} \bar{c}_k c_n (\phi_k, A\phi_n) = \sum_{k,n} \bar{c}_k c_n \lambda_n (\phi_k, \phi_n) = \sum_{k,n} \bar{c}_k c_n \lambda_n \delta_{kn} \\ &= \sum_n |c_n|^2 \lambda_n = \sum_n |(\phi_n, \psi)|^2 \lambda_n \ .\end{aligned}$$

Vergleichen wir das Ergebnis mit (13.14), so schließen wir, dass

$$w_n = |(\phi_n, \psi)|^2 \ , \tag{13.17}$$

d. h., $|(\phi_n, \psi)|^2$ ist die Wahrscheinlichkeit, den Wert λ_n zu erhalten, wenn die Observable A im Zustand ψ gemessen wird. Messen wir im Zustand ϕ_n, so sollte diese Wahrscheinlichkeit gleich eins sein:

$$w_n = |(\phi_n, \phi_n)|^2 = 1 \ .$$

Die Eigenfunktionen ϕ_n sollten also auf eins normiert sein.

Um diese Interpretation zu erzielen, benötigen wir folglich orthonormale Funktionen, sodass sich alle Zustände gemäß (13.16) als Linearkombinationen dieser Funktionen formulieren lassen. Dies führt auf den Begriff der Orthonormalsysteme, die in einem speziellen Fall bereits in Abschnitt 10.3 diskutiert wurden. Eine Folge (u_n) aus einem Hilbert-Raum $\mathcal{H}$ ist ein *Orthonormalsystem*, wenn die Elemente u_n paarweise orthonormal sind:

$$(u_n, u_m) = \delta_{nm} \quad \text{für alle} \quad n, m \in \mathbb{N} \ .$$

Beispiel 13.6

1. Seien $\mathcal{H} = \mathbb{R}^n$ und $\boldsymbol{e}_1, \ldots, \boldsymbol{e}_n$ die Einheitsvektoren des $\mathbb{R}^n$, d. h., die j-te Komponente von $\boldsymbol{e}_j$ ist gleich eins und alle anderen Komponenten sind null. Dann ist $\boldsymbol{e}_1, \ldots, \boldsymbol{e}_n$ ein (endliches) Orthonormalsystem.

2. Die Funktionen $u_n(x) = e^{inx}/\sqrt{2\pi}$, $n \in \mathbb{Z}$, bilden ein Orthonormalsystem in $\mathcal{H} = L^2(-\pi, \pi)$, denn für $k \neq n$ folgt

$$(u_n, u_k)_{L^2} = \frac{1}{2\pi} \int_{-\pi}^{\pi} e^{i(k-n)x}\, dx = \frac{1}{2\pi i(k-n)} \left[e^{i(k-n)x}\right]_{-\pi}^{\pi} = 0$$

und

$$\|u_n\|_{L^2}^2 = \frac{1}{2\pi} \int_{-\pi}^{\pi} e^{-inx} e^{inx}\, dx = \frac{1}{2\pi} \int_{-\pi}^{\pi} 1\, dx = 1\ .$$

3. Bei der Bestimmung der Eigenfunktionen für das Wasserstoffatom erhält man die sogenannten *Laguerre-Polynome* (siehe Abschnitt 12.5.3)

$$L_n(x) = \frac{e^x}{n!} \frac{d^n}{dx^n}(x^n e^{-x}) = \sum_{k=0}^{n} (-1)^k \binom{n}{k} \frac{x^k}{k!}$$

als Lösung der gewöhnlichen Differenzialgleichung $xL_n'' + (1-x)L_n' + nL_n = 0$. Die *Laguerre-Funktionen*

$$\ell_n(x) = L_n(x) e^{-x/2}\ , \qquad x > 0\ ,$$

bilden ein Orthonormalsystem in $\mathcal{H} = L^2(0, \infty)$.

Im Allgemeinen müssen wir mit unendlichen Reihen der Form

$$u = \sum_{n=1}^{\infty} c_n u_n \tag{13.18}$$

arbeiten. Wir definieren die Reihe wie im Reellen; vgl. Abschnitt 3.2. Ist (u_n) eine Folge in $\mathcal{H}$ und (c_n) eine komplexe Folge, so nennen wir die Folge der Partialsummen $(\sum_{k=0}^{n} c_k u_k)_n$ *konvergent* gegen $u \in \mathcal{H}$, wenn

$$\lim_{n\to\infty} \left\| u - \sum_{k=1}^{n} c_k u_k \right\| = 0\ .$$

Ist (u_n) ein Orthonormalsystem, so müssen die Koeffizienten c_k die Gestalt $c_k = (u_k, u)$ haben, denn

$$(u_k, u) = \left(u_k, \sum_{n=1}^{\infty} c_n u_n \right) = \sum_{n=1}^{\infty} c_n (u_k, u_n) = \sum_{n=1}^{\infty} c_n \delta_{kn} = c_k\ . \tag{13.19}$$

Wir können also (13.18) darstellen durch:

$$u = \sum_{n=1}^{\infty} (u_n, u) u_n\ . \tag{13.20}$$

Wir nennen dies auch eine *Entwicklung* von u in (u_n). Leider ist eine solche Darstellung nicht für jeden Hilbert-Raum möglich; wir müssen diese Eigenschaft explizit fordern. Wir nennen ein Orthonormalsystem *vollständig*, wenn für jedes $u \in \mathcal{H}$ die Reihe in (13.20) existiert und gegen u konvergiert. Im Folgenden betrachten wir nur Hilbert-Räume mit vollständigen Orthonormalsystemen.

Beispiel 13.7

1. Jede Funktion $u \in L^2(-\pi, \pi)$ kann durch (13.20) mit dem Orthonormalsystem

   $$u_n(x) = \frac{1}{\sqrt{2\pi}} \mathrm{e}^{\mathrm{i}nx} , \quad -\pi < x < \pi , \quad n \in \mathbb{Z} ,$$

   dargestellt werden. Ausgeschrieben bedeutet dies

   $$u(x) = \sum_{n\in\mathbb{Z}} (u_n, u)_{L^2} u_n(x) = \sum_{n\in\mathbb{Z}} c_n \mathrm{e}^{\mathrm{i}nx} , \tag{13.21}$$

   wobei

   $$c_n = \frac{1}{\sqrt{2\pi}} (u_n, u)_{L^2} = \frac{1}{2\pi} \int_{-\pi}^{\pi} u(x) \mathrm{e}^{-\mathrm{i}nx} \, \mathrm{d}x .$$

   Die Beziehung (13.21) ist gerade die *Fourier-Reihe* von u mit *Fourier-Koeffizienten* c_n (siehe Abschnitt 10.1). Dies bedeutet, dass (u_n) ein vollständiges Orthonormalsystem ist.
2. Jede Funktion aus $L^2(0, \infty)$ kann durch die Laguerre-Funktionen

   $$\ell_n(x) = \frac{\mathrm{e}^{x/2}}{n!} \frac{\mathrm{d}^n}{\mathrm{d}x^n} (x^n \mathrm{e}^{-x}) , \quad x > 0 , \quad n \in \mathbb{N}_0 ,$$

   in der Form (13.20) entwickelt werden. Die Folge (ℓ_n) ist ein vollständiges Orthonormalsystem.

Wir können nun Axiom (A1) mathematisch präzise formulieren:

Axiom (A1) Alle möglichen Zustände eines quantenmechanischen Systems entsprechen den normierten Elementen eines (unendlich dimensionalen) Hilbert-Raums $\mathcal{H}$, der ein vollständiges Orthonormalsystem besitzt.

Genau genommen haben wir das Axiom (A1) etwas erweitert. Nach (13.17) ist $w_n = |(\phi_n, \psi)|^2$ die Wahrscheinlichkeit, den Wert λ_n nach Messung der Observablen A im Zustand ψ zu erhalten. Dann führt der Zustand $\mathrm{e}^{\mathrm{i}\alpha}\psi$ mit $\alpha \in \mathbb{R}$ auf dieselbe Wahrscheinlichkeit, denn

$$|(\phi_n, \mathrm{e}^{\mathrm{i}\alpha}\psi)|^2 = |\mathrm{e}^{\mathrm{i}\alpha}(\phi_n, \psi)|^2 = |(\phi_n, \psi)|^2 = w_n .$$

Daher identifizieren wir Zustände bis auf den Phasenfaktor $\mathrm{e}^{\mathrm{i}\alpha}$ miteinander. Die Menge $\{\lambda\psi : \lambda \in \mathbb{C}, \lambda \neq 0\}$ beschreibt ein und denselben Zustand ψ. Üblicherweise wählen wir aus diesem Teilraum einen Repräsentanten ψ_0 mit $\|\psi_0\| = 1$. Zwei Elemente $\psi, \tilde{\psi} \in \mathcal{H}$ mit $\|\psi\| = \|\tilde{\psi}\| = 1$ beschreiben genau dann den gleichen quantenmechanischen Zustand, wenn $\psi = \mathrm{e}^{\mathrm{i}\alpha}\tilde{\psi}$ für ein $\alpha \in \mathbb{R}$ geschrieben werden kann. Die Zustände eines quantenmechanischen Systems repräsentieren wir also durch auf eins normierte Elemente eines Hilbert-Raums mit einem vollständigen Orthonormalsystem.

Beispiele geeigneter Zustandsräume, die durch Hilbert-Räume mit einem vollständigen Orthonormalsystem dargestellt werden können, sind etwa der euklidische Raum $\mathbb{R}^n$, der Raum $L^2(\mathbb{R}^n)$ oder der Sobolev-Raum $H^k(\mathbb{R}^n)$.

13.2.3 Lineare Operatoren

Im Folgenden definieren wir lineare Abbildungen zwischen Hilbert-Räumen. Seien daher $\mathcal{H}_1$ und $\mathcal{H}_2$ Hilbert-Räume. Eine Abbildung $L : \mathcal{H}_1 \to \mathcal{H}_2$ heißt *linear*, wenn für alle $u, v \in \mathcal{H}_1$ und $\lambda \in \mathbb{C}$ gilt:

$$L(u + v) = Lu + Lv \quad \text{und} \quad L(\lambda u) = \lambda Lu \ .$$

Ist $\mathcal{H}_2 = \mathbb{C}$, so nennen wir die lineare Abbildung $L : \mathcal{H}_1 \to \mathbb{C}$ ein *lineares Funktional*. Ein lineares Funktional ist *beschränkt*, wenn es eine Konstante $C > 0$ gibt, sodass für alle $u \in \mathcal{H}$

$$|Lu| \leq C\|u\|$$

erfüllt ist. Wir definieren $\|L\|$ als die kleinste Zahl, für die die Ungleichung $\|L\| \geq |Lu|$ für alle $\|u\| \leq 1$ gilt, und nennen $\|L\|$ die *Norm* des Funktionals L. Mit der Norm $\|L\|$ kann man suggestiv schreiben:

$$|Lu| \leq \|L\| \cdot \|u\| \quad \text{für alle } u \in \mathcal{H} \ .$$

Beispiel 13.8
Als Beispiel betrachten wir die Abbildung $P : \mathbb{R}^n \to \mathbb{R}$, definiert durch $P\boldsymbol{x} = x_1$, wobei $\boldsymbol{x} = (x_1, \ldots, x_n)^{\mathrm{T}} \in \mathbb{R}^n$. Die Abbildung P beschreibt die Projektion des Vektors $\boldsymbol{x}$ auf die erste Koordinate x_1. Wir behaupten, dass P ein beschränktes, lineares Funktional ist mit Norm $\|P\| = 1$. Die Abbildung ist linear, denn für alle $\boldsymbol{x} = (x_1, \ldots, x_n)^{\mathrm{T}}$, $\boldsymbol{y} = (y_1, \ldots, y_n)^{\mathrm{T}} \in \mathbb{R}^n$ und $\lambda \in \mathbb{R}$ folgt:

$$P(\boldsymbol{x} + \boldsymbol{y}) = (\boldsymbol{x} + \boldsymbol{y})_1 = x_1 + y_1 = P\boldsymbol{x} + P\boldsymbol{y} \ , \quad P(\lambda\boldsymbol{x}) = \lambda x_1 = \lambda P\boldsymbol{x} \ .$$

Sie ist außerdem beschränkt, weil

$$|P\boldsymbol{x}| = |x_1| = (x_1^2)^{1/2} \leq \left(\sum_{k=1}^{n} x_k^2\right)^{1/2} = \|\boldsymbol{x}\| \ .$$

Insbesondere folgt $\|P\| \leq 1$. Ist $\boldsymbol{e}_1$ der erste Einheitsvektor im $\mathbb{R}^n$, so folgt $|P\boldsymbol{e}_1| = 1$, also gilt $\|P\| \geq |P\boldsymbol{e}_1| = 1$. Dies impliziert $\|P\| = 1$.

Interessanterweise sind beschränkte lineare Funktionale stetig und umgekehrt. Wir erinnern uns, dass $L : \mathcal{H} \to \mathbb{C}$ *stetig* ist, wenn für alle $u \in \mathcal{H}$ und (u_n) aus $\mathcal{H}$ mit $\|u - u_n\| \to 0$ für $n \to \infty$ folgt $|Lu - Lu_n| \to 0$ für $n \to \infty$ (siehe Abschnitt 4.2.5). Wir verwenden einfache Striche $|\cdot|$, wenn es sich um den Betrag in $\mathbb{C}$ handelt, und zweifache Striche $\|\cdot\|$, wenn wir es mit einer Norm in einem Hilbert-Raum zu tun haben. Ist nämlich L beschränkt, so folgt aus der Linearität von L und aus $\|u - u_n\| \to 0$ sofort

$$|Lu - Lu_n| = |L(u - u_n)| \le \|L\| \cdot \|u - u_n\| \to 0 \quad \text{für} \quad n \to \infty ,$$

d. h., L ist stetig. Die Umkehrung ist etwas schwieriger. Ist L stetig, gilt nach der Definition der Stetigkeit: Für alle $\varepsilon > 0$ existiert ein $\delta > 0$, sodass aus $\|u - v\| \le \delta$ folgt $|Lu - Lv| \le \varepsilon$. Wählen wir speziell $\varepsilon = 1$, so folgt die Existenz von $\delta > 0$, sodass aus $\|u - v\| \le \delta$ folgt $|Lu - Lv| \le 1$. Sei nun $w \in \mathcal{H}$ mit $\|w\| \le 1$ und wähle $u = \delta w$ und $v = 0$. Dann ist $\|u - v\| = \|\delta w\| \le \delta$ und daher

$$|Lw| = \frac{1}{\delta}|Lu| = \frac{1}{\delta}|Lu - Lv| \le \frac{1}{\delta} \cdot 1 = \frac{1}{\delta} .$$

Da $w \in \mathcal{H}$ mit $\|w\| \le 1$ beliebig gewählt wurde, erhalten wir $\|L\| \le 1/\delta$, d. h., L ist beschränkt.

13.2.4 Dualräume und Dirac-Notation

In der quantenmechanischen Literatur wird zuweilen die Dirac'sche „bracket"-Schreibweise $\langle \phi | \psi \rangle$ für den „bra-Vektor" $\langle \phi |$ und den „ket"-Vektor $| \psi \rangle$ sowie die Darstellung

$$1 = \sum_{n \in \mathbb{Z}} |n\rangle\langle n| \quad \text{oder} \quad |\psi\rangle = \sum_{n \in \mathbb{Z}} |n\rangle\langle n|\psi\rangle \tag{13.22}$$

verwendet. In diesem Abschnitt erklären wir den mathematischen Hintergrund dieser Notation.

Die Dirac-Notation beruht auf dem Begriff des *Dualraums* von $\mathcal{H}$. Dies ist die Menge $\mathcal{H}^*$ aller beschränkten linearen Funktionale auf $\mathcal{H}$:

$$\mathcal{H}^* = \{L : \mathcal{H} \to \mathbb{C} : L \text{ ist beschränkt, linear}\} .$$

Der folgende Satz stellt sicher, dass zu jedem Element des Dualraums ein Element aus $\mathcal{H}$ assoziiert werden kann.

Satz 13.1 Darstellungssatz von Riesz

Sei $\mathcal{H}$ ein Hilbert-Raum. Für alle $L \in \mathcal{H}^*$ existiert genau ein $\ell \in \mathcal{H}$, sodass

$$Lu = (\ell, u) \quad \text{für alle } u \in \mathcal{H} \quad \text{und} \quad \|L\| = \|\ell\| .$$

Beispiel 13.9
Als Beispiel betrachten wir die Projektion $P : \mathbb{R}^n \to \mathbb{R}$, $P\boldsymbol{x} = x_1$ (siehe oben). Wir haben bereits gezeigt, dass $P \in (\mathbb{R}^n)^*$. Wir behaupten, dass das duale Element ℓ zu P gerade der erste Einheitsvektor des $\mathbb{R}^n$ ist. Dazu schreiben wir

$$P\boldsymbol{x} = x_1 = \boldsymbol{e}_1 \cdot \boldsymbol{x} = (\boldsymbol{e}_1, \boldsymbol{x}) \quad \text{für alle} \quad \boldsymbol{x} \in \mathbb{R}^n$$

und $\|\boldsymbol{e}_1\| = 1 = \|P\|$. Also ist tatsächlich $\ell = \boldsymbol{e}_1$.

Wir wollen als Anwendung des Darstellungssatzes von Riesz das *Dirac'sche Delta-Funktional*

$$\delta_0(u) = u(\boldsymbol{0}) \quad \text{für geeignete Funktionen} \quad u : \mathbb{R}^n \to \mathbb{C}$$

definieren. Um die mathematischen Schwierigkeiten besser verstehen zu können, gehen wir zunächst naiv vor und erklären anschließend, wie das Delta-Funktional korrekt definiert werden kann.

Wählen wir $u \in L^2(\mathbb{R}^n)$, so ist nicht sichergestellt, dass $u(\boldsymbol{0})$ überhaupt existiert, da Funktionen aus $L^2(\mathbb{R}^n)$ nur fast überall und nicht notwendigerweise auch für $\boldsymbol{x} = \boldsymbol{0}$ definiert sind. Als Ausweg könnten wir $u \in \mathcal{H} = C^0(\mathbb{R}^n) \cap L^2(\mathbb{R}^n)$ wählen. Die Norm von $\mathcal{H}$ sei der „größte" Wert aller $|u(\boldsymbol{x})|$ oder genauer:

$$\|u\|_{\mathcal{H}} = \text{die kleinste Zahl } M, \text{ für die } M \geq |u(\boldsymbol{x})| \text{ für alle } \boldsymbol{x} \in \mathbb{R}^n \text{ gilt.}$$

Dies bedeutet, dass $|u(\boldsymbol{x})| \leq \|u\|_{\mathcal{H}}$ für alle $\boldsymbol{x} \in \mathbb{R}^n$. Dann ist δ_0 linear und

$$|\delta_0(u)| = |u(\boldsymbol{0})| \leq \|u\|_{\mathcal{H}} ,$$

d. h., δ_0 ist beschränkt und damit $\delta_0 \in \mathcal{H}^*$. Nach dem Darstellungssatz von Riesz existiert ein $\overline{\ell_0} \in \mathcal{H}$, sodass

$$u(\boldsymbol{0}) = \delta_0(u) = (\overline{\ell_0}, u)_{L^2} = \int\limits_{\mathbb{R}^n} \ell_0(\boldsymbol{x})u(\boldsymbol{x})\,\mathrm{d}\boldsymbol{x} \tag{13.23}$$

für alle $u \in \mathcal{H}$, falls das Skalarprodukt in $\mathcal{H}$ gerade durch $(\cdot,\cdot)_{L^2}$ gegeben ist. In der Literatur wird die Dirac-„Funktion" ℓ_0 manchmal durch (13.23) definiert.

Wählen wir $u(\boldsymbol{x}) = 1$ für alle $\boldsymbol{x} \in \mathbb{R}^n$ in (13.23), so folgt:

$$\int\limits_{\mathbb{R}^n} \ell_0(\boldsymbol{x})\,\mathrm{d}\boldsymbol{x} = 1 . \tag{13.24}$$

Man kann aus (13.23) außerdem folgern, dass

$$\ell_0(\boldsymbol{x}) = 0 \quad \text{für alle} \quad \boldsymbol{x} \in \mathbb{R}^n , \quad \boldsymbol{x} \neq \boldsymbol{0} , \tag{13.25}$$

gelten muss. (Hierfür braucht man etwas tiefer liegende mathematische Argumente.) Die letzte Eigenschaft impliziert jedoch

$$\int\limits_{\mathbb{R}^n} \ell_0(\boldsymbol{x})\,\mathrm{d}\boldsymbol{x} = 0 ,$$

was in Widerspruch zu (13.24) steht.

Daher findet man manchmal in der Literatur die „Definition“:

$$\ell_0(\boldsymbol{x}) = \mathbf{0} \text{ für } \boldsymbol{x} \neq \mathbf{0} \quad \text{und} \quad „\ell_0(\mathbf{0}) = \infty“ , \quad \text{sodass} \quad \int_{\mathbb{R}^n} \ell_0(\boldsymbol{x})\,\mathrm{d}\boldsymbol{x} = 1 . \tag{13.26}$$

Dies macht aber mathematisch keinen Sinn, denn $\ell_0(\boldsymbol{x})$ kann nur *endliche* Werte annehmen. Tatsächlich gibt es keine Funktion, die (13.26) oder (13.24) und (13.25) erfüllt. Da (13.24) und (13.25) Folgerungen aus dem Darstellungssatz von Riesz sind, müssen wir einen Fehler gemacht haben. Aber wo?

Wir haben sogar zwei Fehler gemacht. Zum einen ergibt sich aus dem Skalarprodukt $(u, v) = \int \overline{u(\boldsymbol{x})} v(\boldsymbol{x})\,\mathrm{d}\boldsymbol{x}$ die Norm

$$\|u\|_{L^2} = \left(\int_{\mathbb{R}^n} |u(\boldsymbol{x})|^2 \,\mathrm{d}\boldsymbol{x} \right)^{1/2}$$

und *nicht* die Norm $\|u\|_{\mathcal{H}}$. Das Funktional δ_0 ist aber nur beschränkt bezüglich der zweiten Norm, nicht bezüglich der ersten. Zum anderen ist der Raum $\mathcal{H}$ mit der ersten Norm gar kein Hilbert-Raum. Der Darstellungssatz von Riesz kann also nicht angewendet werden.

Wie kann man δ_0 dennoch mathematisch präzise definieren? Dazu benötigen wir eine Eigenschaft von Sobolev-Räumen:

Definition 13.1. *Seien $k \in \mathbb{N}$, $k > n/2$, und $u \in H^k(\mathbb{R}^n)$. Dann gilt $u \in C^0(\mathbb{R}^n)$, und es existiert eine von u unabhängige Konstante $C > 0$, sodass*

$$\|u\|_{C^0} \leq C\|u\|_{H^k} \quad \text{für alle} \quad u \in H^k(\mathbb{R}^n) . \tag{13.27}$$

Wir arbeiten mit dem Raum $\mathcal{H} = H^k(\mathbb{R}^n)$ $(k > n/2)$, da dieser sowohl ein Hilbert-Raum ist als auch wegen (13.27) stetige Funktionen enthält. Das Dirac-Funktional δ_0 ist also definiert durch:

$$\delta_0 : \mathcal{H} \to \mathbb{C} , \quad \delta_0(u) = u(\mathbf{0}) .$$

Dann ist wegen

$$|\delta_0(u)| = |u(\mathbf{0})| \leq \|u\|_{C^0} \leq C\|u\|_{H^k}$$

δ_0 beschränkt in $\mathcal{H}$ und folglich $\delta_0 \in \mathcal{H}^*$. Zwar könnte der Darstellungssatz von Riesz angewendet werden, doch dies ergäbe für ein $\ell_0 \in H^k$ nur die Aussage

$$u(\mathbf{0}) = \delta_0(u) = (\ell_0, u)_{H^k} = \sum_{|\alpha| \leq k} \left(\frac{\partial^\alpha \ell_0}{\partial x^\alpha} , \frac{\partial^\alpha u}{\partial x^\alpha} \right)_{L^2} ,$$

sodass man bequemer mit δ_0 statt mit ℓ_0 arbeitet. Allerdings ist δ_0 *keine* Funktion, sondern ein *Funktional*.

Nun wenden wir uns der Dirac-Notation (13.22) zu. Sei dazu $\mathcal{H}$ ein Hilbert-Raum mit vollständigem Orthonormalsystem und sei $L \in \mathcal{H}^*$. Nach dem Darstellungssatz von Riesz existiert ein $\phi \in \mathcal{H}$, sodass

$$L\psi = (\phi, \psi) \quad \text{für alle} \quad \psi \in \mathcal{H}$$

gilt. Wir schreiben $L = \langle\phi|$ für Funktionale aus $\mathcal{H}^*$ und $|\psi\rangle$ für Elemente aus $\mathcal{H}$. Dann ist natürlich

$$\langle\phi|\psi\rangle = (\phi, \psi) .$$

Auf der linken Seite dieser Gleichung steht das Funktional $\langle\phi|$ mit dem Argument $|\psi\rangle$, während auf der rechten Seite ein Skalarprodukt zwischen den Vektoren ϕ und ψ steht. Man nennt $\langle\phi|$ den „bra-Vektor", $|\psi\rangle$ den „ket-Vektor" und $\langle\phi|\psi\rangle$ das „bra-ket-Produkt". Insbesondere können wir die Fourier-Entwicklung (13.20) in der Dirac-Notation schreiben als

$$|\psi\rangle = \sum_n \phi_n(\phi_n, \psi) = \sum_n |n\rangle\langle n|\psi\rangle \quad \text{mit} \quad \phi_n = |n\rangle$$

oder „nach Division durch $|\psi\rangle$" als

$$1 = \sum_n |n\rangle\langle n| .$$

Die linke Seite bedeutet hierbei das Einheitsfunktional 1, definiert durch:

$$1|\psi\rangle = \sum_n |n\rangle\langle n|\psi\rangle = |\psi\rangle .$$

Der Grund für die Einführung der Dirac-Notation ist die Ähnlichkeit der „bra-ket"-Schreibweise mit dem Skalarprodukt. Die Klammer erfüllt nämlich alle Eigenschaften eines Skalarprodukts. Da wir $\langle\phi|\psi\rangle$ direkt mit (ϕ, ψ) identifizieren können, folgt:

1. $\langle\phi_1 + \phi_2|\psi\rangle = (\phi_1 + \phi_2, \psi) = (\phi_1, \psi) + (\phi_2, \psi) = \langle\phi_1|\psi\rangle + \langle\phi_2|\psi\rangle$,
2. $\langle\phi|\lambda\psi\rangle = (\phi, \lambda\psi) = \lambda(\phi, \psi) = \lambda\langle\phi|\psi\rangle$,
3. $\langle\phi|\psi\rangle = (\phi|\psi) = \overline{(\psi|\phi)} = \overline{\langle\psi|\phi\rangle}$,
4. $\langle\psi|\psi\rangle = (\psi|\psi) = \|\psi\|^2 > 0$, falls $\psi \neq 0$.

Allerdings ist die Klammer $\langle\cdot|\cdot\rangle$ streng genommen *kein* Skalarprodukt, denn dieses ist eine Abbildung von $\mathcal{H}\times\mathcal{H}$ nach $\mathbb{C}$, während $\langle\cdot|\cdot\rangle$ als Abbildung von $\mathcal{H}^*\times\mathcal{H}$ nach $\mathbb{C}$ definiert ist.

Fragen und Aufgaben

Aufgabe 13.1 Ein Teilchen mit Spin $\pm 1/2$ wird beschrieben durch zwei Wellenfunktionen ψ_+ (für Spin $+1/2$) und ψ_- (für Spin $-1/2$). Der Zustandsraum lautet dann $\mathcal{H} = \{(\psi_+, \psi_-)^{\mathrm{T}} : \psi_+, \psi_- \in L^2(\mathbb{R}^3)\}$. Zeige, dass durch

$$(\psi, \phi) = \int_{\mathbb{R}^3} \overline{\psi_+(x)}\phi_+(x)\,\mathrm{d}x + \int_{\mathbb{R}^3} \overline{\psi_-(x)}\phi_-(x)\,\mathrm{d}x$$

ein Skalarprodukt auf $\mathcal{H}$ definiert ist.

Aufgabe 13.2 Was ist der Unterschied zwischen einer Cauchy-Folge und einer konvergenten Folge?

Aufgabe 13.3 Wie sind die Sobolev-Räume $H^k(\mathbb{R}^n)$ definiert?

Aufgabe 13.4 Sei $f(x) = |x|$ für $x \in \mathbb{R}$. Für welche $x \in \mathbb{R}$ existiert die Ableitung $f'(x)$ und wie lautet sie? Zeige, dass $f \in H^1(-1, 1)$. Gilt auch $f \in H^1(\mathbb{R})$?

Aufgabe 13.5 Zeige, dass die Funktionen $u_n(x) = \sin(nx)/\sqrt{\pi}$ für $x \in [-\pi, \pi]$, $n \in \mathbb{N}$, ein Orthonormalsystem in $L^2(-\pi, \pi)$ bilden.

Aufgabe 13.6 Seien $\mathcal{H}$ ein Hilbert-Raum und (u_n) aus $\mathcal{H}$ ein vollständiges Orthonormalsystem. Zeige, dass $\|u\|^2 = \sum_{n=1}^{\infty} |(u_n, u)|^2$ für alle $u \in \mathcal{H}$. Diese Beziehung wird *Parseval-Gleichung* genannt.

Aufgabe 13.7 Welche der folgenden Abbildungen $A_j : \mathbb{R}^n \to \mathbb{R}$ sind lineare Funktionale?

$$A_1\boldsymbol{x} = \sum_{k=1}^{n} x_k\,, \quad A_2\boldsymbol{x} = \sum_{k=1}^{n} |x_k|\,, \quad A_3\boldsymbol{x} = \sum_{k=2}^{n}(x_k + x_{k-1})\,,$$
$$\boldsymbol{x} = (x_1, \dots, x_n)^{\mathrm{T}} \in \mathbb{R}^n\,.$$

Aufgabe 13.8 Zeige, dass für gegebenes $g \in L^2(\mathbb{R})$ das Funktional $L : L^2(\mathbb{R}) \to \mathbb{C}$, definiert durch $Lu = \int_{\mathbb{R}} g(x)u(x)\,\mathrm{d}x$ für $u \in L^2(\mathbb{R})$, linear ist.

Aufgabe 13.9 Was besagt der Darstellungssatz von Riesz?

Aufgabe 13.10 Was ist der Unterschied zwischen der Dirac-Klammer $\langle\cdot|\cdot\rangle$ und dem Skalarprodukt $(\cdot, \cdot)$?

13.3 Beschränkte lineare Operatoren

13.3.1 Definition und Beispiele

Axiom (A2) in Abschnitt 13.1.2 assoziiert zu einer quantenmechanischen Observablen einen Operator. In diesem Abschnitt definieren wir eine spezielle Klasse von Operatoren, nämlich lineare und beschränkte. In Abschnitt 13.2.3 haben wir bereits beschränkte lineare *Funktionale* definiert. Die Definition kann direkt auf *Operatoren* übertragen werden. Seien dazu $\mathcal{H}_1$, $\mathcal{H}_2$ zwei Hilbert-Räume, U eine

Teilmenge von $\mathcal{H}_1$ und $A : U \to \mathcal{H}_2$ eine lineare Abbildung bzw. ein linearer Operator. Wir nennen A *beschränkt*, wenn es eine Konstante $C > 0$ gibt, sodass für alle $u \in U$

$$\|Au\|_{\mathcal{H}_2} \leq C\|u\|_{\mathcal{H}_1}$$

erfüllt ist. Wir nennen wieder die kleinste Zahl $\|A\|$, für die $\|A\| \geq \|Au\|_{\mathcal{H}_2}$ für alle $\|u\|_{\mathcal{H}_1} \leq 1$ gilt, die *Norm* des Operators A. Es gilt die Ungleichung $\|Au\|_{\mathcal{H}_2} \leq \|A\| \cdot \|u\|_{\mathcal{H}_1}$ für alle $u \in U$.

Beispiel 13.10

1. Beschränkte lineare Funktionale $L : \mathcal{H}_1 \to \mathbb{C}$ sind spezielle beschränkte lineare Operatoren mit $U = \mathcal{H}_1$ und $\mathbb{C} = \mathcal{H}_2$.
2. Wir definieren den Folgenraum

$$\ell^2 = \left\{ x = (x_n) : x_n \in \mathbb{C}, \ \sum_{k=1}^{\infty} |x_k|^2 < \infty \right\} \tag{13.28}$$

mit dem Skalarprodukt $(\cdot,\cdot)_2$ und der Norm $\|\cdot\|_2$

$$(x, y)_2 = \sum_{k=1}^{\infty} \overline{x_k} y_k \,, \quad \|x\|_2 = \left(\sum_{k=1}^{\infty} |x_k|^2 \right)^{1/2} \quad \text{für } x = (x_n),\ y = (y_n) \in \ell^2 .$$

Wir behaupten, dass der *Rechtsshift*

$$R : \ell^2 \to \ell^2 \,, \quad x = (x_n) \mapsto (0, x_1, x_2, \ldots)$$

linear und beschränkt ist. Wir zeigen nur die Beschränktheit:

$$\|Rx\|_2^2 = \|(0, x_1, x_2, \ldots)\|_2^2 = 0^2 + |x_1|^2 + |x_2|^2 + \cdots = \|x\|_2^2 \,,$$

also $\|R\| = 1$, und R ist beschränkt.
3. Seien $U = H^1(\mathbb{R}^n)$, versehen mit der Norm $\|\cdot\|_{L^2}$, und $\mathcal{H} = (L^2(\mathbb{R}^n))^n$ und definiere den *Impulsoperator* P durch

$$P : U \to \mathcal{H} \,, \quad Pu = \frac{\hbar}{\mathrm{i}} \nabla u \,.$$

Wir behaupten, dass P *nicht* beschränkt ist. Dazu betrachten wir die Folge

$$u_k(\boldsymbol{x}) = \left(\frac{k}{2\pi} \right)^{n/4} \mathrm{e}^{-k|\boldsymbol{x}|^2/4} \,, \quad \boldsymbol{x} \in \mathbb{R}^n \,, \quad k \in \mathbb{N} \,.$$

Aus den Formeln

$$\int_{\mathbb{R}^n} \mathrm{e}^{-|\boldsymbol{y}|^2/2}\, \mathrm{d}\boldsymbol{y} = (2\pi)^{n/2} \,, \quad \int_{\mathbb{R}^n} |\boldsymbol{y}|^2 \mathrm{e}^{-|\boldsymbol{y}|^2/2}\, \mathrm{d}\boldsymbol{y} = n(2\pi)^{n/2}$$

und der Variablensubstitution $\boldsymbol{y} = \sqrt{k}\boldsymbol{x}$, $\mathrm{d}\boldsymbol{y} = k^{n/2}\,\mathrm{d}\boldsymbol{x}$ folgt

$$\|u_k\|_{L^2}^2 = \left(\frac{k}{2\pi}\right)^{n/2} \int\limits_{\mathbb{R}^n} \mathrm{e}^{-k|\boldsymbol{x}|^2/2}\,\mathrm{d}\boldsymbol{x} = \frac{1}{(2\pi)^{n/2}} \int\limits_{\mathbb{R}^n} \mathrm{e}^{-|\boldsymbol{y}|^2/2}\,\mathrm{d}\boldsymbol{y} = 1 \; .$$

Wäre der Operator P beschränkt, so würde

$$\|Pu_k\|_{L^2} \leq C\|u_k\|_{L^2} = C \quad \text{für alle} \quad k \in \mathbb{N} \tag{13.29}$$

gelten. Allerdings ist

$$\begin{aligned} \|Pu_k\|_{L^2}^2 &= \hbar^2 \left(\frac{k}{2\pi}\right)^{n/2} \int\limits_{\mathbb{R}^n} \left|\frac{k}{2}\boldsymbol{x}\right|^2 \mathrm{e}^{-k|\boldsymbol{x}|^2/2}\,\mathrm{d}\boldsymbol{x} \\ &= \frac{\hbar^2 k}{4(2\pi)^{n/2}} \int\limits_{\mathbb{R}^n} |\boldsymbol{y}|^2 \mathrm{e}^{-|\boldsymbol{y}|^2/2}\,\mathrm{d}\boldsymbol{y} = \frac{n\hbar^2 k}{4} \end{aligned}$$

und damit

$$\|Pu_k\|_{L^2} = \hbar\sqrt{nk}/2 \to \infty \quad \text{für} \quad k \to \infty$$

im Widerspruch zu (13.29). Also ist P *nicht* beschränkt.

Ein wichtiger beschränkter linearer Operator wird durch die Fourier-Transformation gegeben. Dazu benötigen wir zunächst den Begriff des inversen Operators. Sei $A : \mathcal{H} \to \mathcal{H}$ ein Operator auf einem Hilbert-Raum $\mathcal{H}$. Dann heißt $A^{-1} : \mathcal{H} \to \mathcal{H}$ der inverse Operator oder die *Inverse* von A, wenn für alle $u \in \mathcal{H}$ gilt:

$$A^{-1}(Au) = A(A^{-1}u) = u \; .$$

Ein (linearer) Operator $A : \mathcal{H} \to \mathcal{H}$ ist invertierbar, wenn jedem Element des Bildbereichs genau ein Element aus dem Definitionsbereich zugeordnet werden kann. Dies sind zwei Forderungen: Erstens existiert zu jedem v aus dem Bildbereich ein $u \in \mathcal{H}$, sodass $Au = v$, und zweitens gibt es *nicht* zwei $u_1, u_2 \in \mathcal{H}$, sodass $Au_1 = v$ und $Au_2 = v$. Die erste Bedingung bedeutet

$$R(A) = \mathcal{H} \; ,$$

wobei die Menge $R(A) = \{v \in \mathcal{H} : \text{es gibt ein } u \in \mathcal{H} \text{ mit } Au = v\}$ *Bild* oder Bildbereich (englisch: „range") von A heißt. Die zweite Forderung ist äquivalent zu: $Au_1 = Au_2 = v$ impliziert $u_1 = u_2$ oder äquivalent zu: $A(u_1 - u_2) = 0$ impliziert $u_1 = u_2$. Schreiben wir $u = u_1 - u_2$, so fordern wir, dass aus $Au = 0$ folgt $u = 0$ oder

$$N(A) = \{0\} \; ,$$

wobei die Menge $N(A) = \{u \in \mathcal{H} : Au = 0\}$ der *Nullraum* oder *Kern* (englisch: „kernel") von A heißt.

Mit diesen Definitionen können wir formulieren: Ein linearer Operator A: $\mathcal{H} \to \mathcal{H}$ ist genau dann invertierbar, wenn gilt:

$$R(A) = \mathcal{H} \quad \text{und} \quad N(A) = \{0\} \ .$$

Beispiel 13.11
Betrachte den Rechtsshift $R : \ell^2 \to \ell^2$ aus dem obigen Beispiel. Zwar folgt aus $0 = Rx = (0, x_1, x_2, \ldots)$ sofort $x = 0$ und damit $N(A) = \{0\}$, aber es gibt zu $e_1 = (1, 0, 0, \ldots)$ kein $x \in \ell^2$ mit

$$(1, 0, 0, \ldots) = e_1 = Rx = (0, x_1, x_2, \ldots) \ .$$

Also ist der Rechtsshift nicht invertierbar.

Wir erinnern uns an die in Abschnitt 10.2 eingeführte *Fourier-Transformation* $\mathcal{F}[u]$ einer Funktion $u \in L^2(\mathbb{R}^n)$:

$$\mathcal{F}[u](\boldsymbol{y}) = \frac{1}{(2\pi)^{n/2}} \int\limits_{\mathbb{R}^n} u(\boldsymbol{x}) \mathrm{e}^{-\mathrm{i}\boldsymbol{x}\cdot\boldsymbol{y}}\, \mathrm{d}\boldsymbol{x} \ , \qquad \boldsymbol{y} \in \mathbb{R}^n \ .$$

Mittels dieser Transformation kann ein Zusammenhang zwischen dem Ortsoperator $(Q\psi)(\boldsymbol{x}) = \boldsymbol{x}\psi(\boldsymbol{x})$ und dem Impulsoperator $(P\psi)(\boldsymbol{x}) = (\hbar/\mathrm{i})\, \nabla_x \psi(\boldsymbol{x})$ hergestellt werden. Dazu definieren wir die Fourier-Transformation $\psi \mapsto \hat{\psi}$ und deren (formale) Inverse $\phi \mapsto \check{\phi}$ durch

$$\hat{\psi}(\boldsymbol{p}) = \frac{1}{(2\pi)^{n/2}} \int\limits_{\mathbb{R}^n} \psi(\boldsymbol{x}) \mathrm{e}^{-\mathrm{i}\boldsymbol{p}\cdot\boldsymbol{x}/\hbar}\, \mathrm{d}\boldsymbol{x} \ ,$$

$$\check{\phi}(\boldsymbol{x}) = \frac{1}{(2\pi)^{n/2}} \int\limits_{\mathbb{R}^n} \phi(\boldsymbol{p}) \mathrm{e}^{\mathrm{i}\boldsymbol{p}\cdot\boldsymbol{x}/\hbar}\, \mathrm{d}\boldsymbol{p}$$

und berechnen

$$\begin{aligned}(P\psi)(\boldsymbol{x}) &= \frac{1}{(2\pi)^{n/2}} \frac{\hbar}{\mathrm{i}} \nabla_x \int\limits_{\mathbb{R}^n} \hat{\psi}(\boldsymbol{p}) \mathrm{e}^{\mathrm{i}\boldsymbol{p}\cdot\boldsymbol{x}/\hbar}\, \mathrm{d}\boldsymbol{p} = \frac{1}{(2\pi)^{n/2}} \int\limits_{\mathbb{R}^n} \hat{\psi}(\boldsymbol{p}) \boldsymbol{p} \mathrm{e}^{\mathrm{i}\boldsymbol{p}\cdot\boldsymbol{x}/\hbar}\, \mathrm{d}\boldsymbol{p} \\ &= \frac{1}{(2\pi)^{n/2}} \int\limits_{\mathbb{R}^n} (Q\hat{\psi})(\boldsymbol{p}) \mathrm{e}^{\mathrm{i}\boldsymbol{p}\cdot\boldsymbol{x}/\hbar}\, \mathrm{d}\boldsymbol{p} = (Q\hat{\psi})^{\vee}(\boldsymbol{x}) \ .\end{aligned}$$

Daraus folgt (komponentenweise gelesen)

$$\widehat{P\psi} = Q\hat{\psi} \ ,$$

d. h., die Fourier-Transformierte des Impulsoperators $P\psi$ ist der Ortsoperator, angewendet auf die Fourier-Transformierte $\hat{\psi}$. Insbesondere liefert die Fourier-Transformation den Übergang von der Darstellung von $\psi(\boldsymbol{x})$ im Ortsraum zur Darstellung von $\hat{\psi}(\boldsymbol{p})$ im Impulsraum und umgekehrt.

13.3.2
Projektoren

In diesem Abschnitt betrachten wir spezielle beschränkte lineare Operatoren, nämlich *Projektoren*. Sei dazu $\mathcal{H}$ ein Hilbert-Raum mit vollständigem Orthonormalsystem (u_n) aus $\mathcal{H}$. Definiere die Menge

$$U = \{\alpha_1 u_1 + \cdots + \alpha_n u_n : \alpha_k \in \mathbb{C} \quad \text{für alle} \quad k\} .$$

Dann ist U ein n-dimensionaler Raum mit Basis $u_1, \ldots, u_n$ (siehe Abschnitt 5.2.2). Ferner führen wir den Operator

$$P : \mathcal{H} \to U , \quad Pu = \sum_{k=1}^{n} u_k(u_k, u) , \tag{13.30}$$

ein. Wie wirkt P auf die Elemente von $\mathcal{H}$? Ist $u \in U$, so können wir u schreiben als

$$u = \sum_{j=1}^{n} \alpha_j u_j \tag{13.31}$$

mit $\alpha_j = (u_j, u)$ (siehe (13.19)). Es folgt:

$$Pu = \sum_{k=1}^{n} u_k(u_k, u) = u .$$

Ist andererseits $u \in U^\perp$ mit

$$U^\perp = \left\{ u \in \mathcal{H} : u = \sum_{j=n+1}^{\infty} c_j u_j \right\} ,$$

wobei $c_j = (u_j, u)$ (siehe (13.19)), so erhalten wir

$$Pu = \sum_{k=1}^{n} u_k \left(u_k, \sum_{j=n+1}^{\infty} (u_j, u) u_j \right) = \sum_{k=1}^{n} \sum_{j=n+1}^{\infty} u_k(u_j, u)(u_k, u_j) = 0 ,$$

denn $(u_k, u_j) = \delta_{kj} = 0$ für $k \neq j$. Der Operator P bildet Elemente aus $\mathcal{H}$ auf U ab, lässt Elemente aus U unverändert und bildet Elemente aus $U^\perp$ auf das Nullelement ab (siehe Abb. 13.4). Man nennt P daher einen *orthogonalen Projektor* und $U^\perp$ das *orthogonale Komplement* von U.

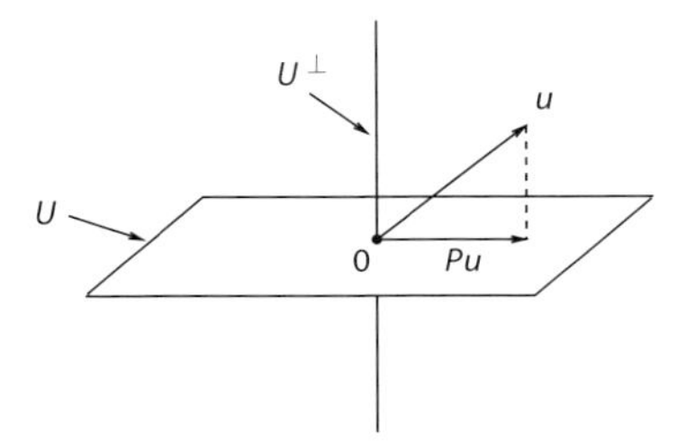

Abb. 13.4 Illustration des orthogonalen Projektors $P : \mathcal{H} \to U$.

Wir behaupten nun, dass der Operator P aus (13.30) die folgenden Eigenschaften besitzt:

1. P ist *idempotent*: $P^2 = P$, d. h. $P(Pu) = Pu$ für alle $u \in \mathcal{H}$.
2. P ist *symmetrisch*: $(u, Pv) = (Pu, v)$ für alle $u, v \in \mathcal{H}$.
3. P ist linear und beschränkt mit $\|P\| = 1$.

Wir rechnen dies nach:

Zu 1. Es gilt für alle $u \in \mathcal{H}$:

$$P^2 u = P(Pu) = \sum_{k=1}^{n} u_k(u_k, Pu) = \sum_{j,k=1}^{n} u_k(u_k, u_j(u_j, u))$$
$$= \sum_{j,k=1}^{n} u_k(u_j, u)(u_k, u_j) = \sum_{j,k=1}^{n} u_k(u_j, u)\delta_{jk} = \sum_{k=1}^{n} u_k(u_k, u) = Pu \; .$$

Zu 2. Wegen der Antilinearität des Skalarprodukts im ersten Argument ergibt sich

$$(u, Pv) = \left(u, \sum_{k=1}^{n} u_k(u_k, v) \right) = \sum_{k=1}^{n}(u_k, v)(u, u_k) = \sum_{k=1}^{n} \left(\overline{(u, u_k)} u_k, v \right)$$
$$= \left(\sum_{k=1}^{n}(u_k, u)u_k, v \right) = (Pu, v) \; .$$

Zu 3. Es folgt aus 2. und 1. und der Cauchy-Schwarz-Ungleichung (13.11)

$$\|Pu\|^2 = (Pu, Pu) = (u, P(Pu)) = (u, Pu) \leq \|u\| \cdot \|Pu\| \; ,$$

und nach Division durch $\|Pu\| \neq 0$ erhalten wir $\|Pu\| \leq \|u\|$. Dies zeigt $\|P\| \leq 1$. Andererseits gilt für $u = u_1$ (beachte $\|u_1\| = 1$) $\|P\| \geq \|Pu_1\| = \|u_1\| = 1$. Wir schließen $\|P\| = 1$.

Der Projektor P erlaubt eine Zerlegung des Hilbert-Raums $\mathcal{H}$ in U und $U^\perp$, denn jedes $u \in \mathcal{H}$ lässt sich schreiben als $u = Pu + (u - Pu)$, wobei $Pu \in U$ und $u - Pu \in U^\perp$ (denn $P(u - Pu) = Pu - P^2u = Pu - Pu = 0$). In diesem Sinne schreiben wir:

$$\mathcal{H} = U \oplus U^\perp \; , \quad \text{d. h.} \quad u = v + v^\perp \quad \text{mit} \quad v \in U \; , \quad v^\perp \in U^\perp \; . \tag{13.32}$$

Diese Zerlegung wird *direkte Summe* genannt. Das Zeichen „$\oplus$" bedeutet, dass jedes $u \in \mathcal{H}$ als Summe eines Elements aus U und eines Elements aus $U^\perp$ geschrieben werden kann *und* dass $U \cap U^\perp = \{0\}$ gilt.

Eine derartige Zerlegung gilt auch für allgemeinere, unendlich dimensionale Räume. Genauer gilt: Ist U ein Hilbert-Raum und eine Teilmenge von $\mathcal{H}$, dann existiert ein Operator $P : \mathcal{H} \to U$ mit den obigen Eigenschaften 1. bis 3., und wir können (13.32) schreiben.

Wir betrachten nun die Verwendung des Projektors in der Quantenmechanik. Sei (ϕ_k) ein vollständiges Orthonormalsystem. In der Dirac-Notation (siehe Abschnitt 13.2.4) können wir den Projektor mit $|k\rangle = \phi_k$ schreiben als

$$P = \sum_{k=1}^{n} |k\rangle\langle k| \quad \text{bzw.} \quad P|\psi\rangle = \sum_{k=1}^{n} |k\rangle\langle k|\psi\rangle \; ,$$

im Vergleich zur Formel (13.22)

$$1 = \sum_{k=1}^{\infty} |k\rangle\langle k| \ .$$

In Axiom (A2) aus Abschnitt 13.1.2 haben wir $\langle P\rangle_\psi = (\psi, P\psi)$ als den Erwartungswert von P bezeichnet, wenn sich das System im Zustand ψ mit $\|\psi\| = 1$ befindet. Ist P gegeben durch (13.30), so folgt:

$$\langle P\rangle_\psi = \left(\psi, \sum_{k=1}^{n} u_k(u_k, \psi)\right) = \sum_{k=1}^{n} (u_k, \psi)(\psi, u_k) = \sum_{k=1}^{n} |(u_k, \psi)|^2 \leq 1 \ .$$

Für $\psi \in U$ erhalten wir $\langle P\rangle_\psi = 1$, während $\psi \in U^\perp$ den Wert $\langle P\rangle_\psi = 0$ ergibt. Für allgemeine Elemente $\psi \in \mathcal{H}$ ist $\langle P\rangle_\psi$ eine Zahl zwischen null und eins. Dies bedeutet, dass der Projektor eine Eigenschaft „misst", die dem Raum U zugeordnet ist, und den Erwartungswert eins genau dann liefert, wenn der Zustand ψ des quantenmechanischen Systems Element von U ist.

13.3.3 Symmetrische Operatoren

Wir haben im vorigen Abschnitt gezeigt, dass der Projektor symmetrisch ist. Symmetrische Operatoren spielen in der Quantenmechanik eine sehr wichtige Rolle. Für eine präzise Definition benötigen wir zuerst den Begriff des adjungierten Operators.

Sei $A : \mathcal{H} \to \mathcal{H}$ ein beschränkter linearer Operator. Dann heißt der Operator $A^* : \mathcal{H} \to \mathcal{H}$, definiert durch

$$(A^*u, v) = (u, Av) \quad \text{für alle} \quad u, v \in \mathcal{H} \ ,$$

der adjungierte Operator oder die *Adjungierte* von A.

Wie ist A^* genau definiert? Wir definieren zuerst für gegebenes $u \in \mathcal{H}$ das Funktional $Lv = (u, Av)$, wobei $v \in \mathcal{H}$. Dann ist $L : \mathcal{H} \to \mathbb{C}$ ein beschränktes lineares Funktional, denn

$$|Lv| = |(u, Av)| \leq \|u\| \cdot \|Av\| \leq \|u\| \cdot \|A\| \cdot \|v\| \ , \tag{13.33}$$

also $\|L\| \leq \|u\| \cdot \|A\|$. Nach dem Darstellungssatz von Riesz (siehe Satz 13.1) existiert genau ein $\ell \in \mathcal{H}$ mit $\|\ell\| = \|L\|$, sodass

$$(u, Av) = Lv = (\ell, v) \quad \text{für alle } v \in \mathcal{H} \ .$$

Wir definieren dann $A^*u = \ell$ und erhalten damit einen Operator $A^* : \mathcal{H} \to \mathcal{H}$. Der Operator ist linear, denn seien $u_1, u_2 \in \mathcal{H}$ und $L_1 v = (u_1, Av)$, $L_2 v = (u_2, Av)$. Nach dem Darstellungssatz von Riesz existieren $\ell_1 = A^*u_1$, $\ell_2 = A^*u_2 \in \mathcal{H}$ mit $L_1 v = (u_1, Av) = (\ell_1, v)$ und $L_2 v = (u_2, Av) = (\ell_2, v)$. Dann ist

$$(u_1 + u_2, Av) = (\ell_1 + \ell_2, v) \quad \text{für alle } v \in \mathcal{H}$$

und

$$A^*(u_1 + u_2) = \ell_1 + \ell_2 = A^* u_1 + A^* u_2 \; .$$

Analog zeigt man $A^*(\lambda u) = \lambda A^* u$. Die Adjungierte A^* ist auch beschränkt, denn nach (13.33) ist

$$\|A^* u\| = \|\ell\| = \|L\| \leq \|u\| \cdot \|A\| \; .$$

Da $\|A^*\|$ die kleinste Zahl ist, für die $\|A^*\| \geq \|A^* u\|$ für alle $\|u\| \leq 1$ gilt, folgt $\|A^*\| \leq \|u\| \cdot \|A\| \leq \|A\|$.

Beispiel 13.12

1. Sei $\boldsymbol{A} = (a_{jk}) \in \mathbb{C}^{n \times n}$ eine quadratische Matrix. Dann ist $A : \mathbb{C}^n \to \mathbb{C}^n$ mit $A\boldsymbol{x} = \boldsymbol{A}\boldsymbol{x}$ ein beschränkter linearer Operator. Beachte, dass der fett gedruckte Großbuchstabe auf eine Matrix hinweist, während der normal gedruckte Großbuchstabe einen Operator bezeichnet. Man kann auch sagen, dass die Matrix $\boldsymbol{A}$ den Operator A in gewisser Weise darstellt oder veranschaulicht. Wir rechnen

$$\begin{aligned}(\boldsymbol{x}, A\,\boldsymbol{y}) &= \sum_{j,k=1}^{n} \overline{x_j} a_{jk} y_k = \sum_{j,k=1}^{n} \overline{\overline{a_{jk}} x_j}\, y_k \\ &= \sum_{j,k=1}^{n} \overline{a^*_{kj} x_j}\, y_k = \sum_{k=1}^{n} \overline{(A^* x)_k}\, y_k = (\boldsymbol{A}^* \boldsymbol{x}, \boldsymbol{y}) \; ,\end{aligned}$$

   wobei $\boldsymbol{A}^* = (a^*_{jk}) \in \mathbb{C}^{n \times n}$ mit $a^*_{jk} = \overline{a_{kj}}$ die transponiert-konjugierte Matrix von $\boldsymbol{A}$ ist. Folglich ist $A^* \boldsymbol{x} = \boldsymbol{A}^* \boldsymbol{x}$. Hierbei bedeutet $\boldsymbol{A}^*$ die transponiert-konjugierte Matrix von $\boldsymbol{A}$ und A^* die Adjungierte des Operators A.
2. Wir definieren den

   Rechtsshift: $R : \ell^2 \to \ell^2, \quad Rx = R(x_n) = (0, x_1, x_2, \ldots)$ und den
   Linksshift: $L : \ell^2 \to \ell^2, \quad Lx = L(x_n) = (x_2, x_3, x_4, \ldots)$

   auf dem in (13.28) definierten Raum ℓ^2. Dann gilt für alle $x = (x_n)$, $y = (y_n) \in \ell^2$

$$(x, Ry)_2 = \sum_{k=1}^{\infty} \overline{x_k} (Ry)_k = \overline{x_1} \cdot 0 + \overline{x_2} \cdot y_1 + \overline{x_3} \cdot y_2 + \cdots = \sum_{j=1}^{\infty} \overline{(Lx)}_j y_j = (Lx, y) \; .$$

   Daher ist $R^* = L$.

Wir nennen einen beschränkten linearen Operator A *symmetrisch*, wenn er gleich seiner Adjungierten ist: $A = A^*$. In der Literatur werden symmetrische Operatoren zuweilen auch *hermitesch* genannt.

Beispiel 13.13

1. Orthogonale Projektoren sind symmetrisch, denn $P^* = P$ (siehe Eigenschaft 2 in Abschnitt 13.3.2).
2. Sei $\boldsymbol{A} = (a_{jk})$ eine reelle symmetrische $(n \times n)$-Matrix und sei $A : \mathbb{C}^n \to \mathbb{C}^n$ definiert durch $A\boldsymbol{x} = \boldsymbol{A}\boldsymbol{x}$. Dann ist die Adjungierte gegeben durch $A^*\boldsymbol{x} = \boldsymbol{A}^*\boldsymbol{x}$ mit $a^*_{jk} = \overline{a_{kj}} = a_{kj} = a_{jk}$, denn die Matrix $\boldsymbol{A}$ ist reell und symmetrisch. Daher gilt $\boldsymbol{A}^* = \boldsymbol{A}$ und $A^* = A$, d. h., der Operator A ist symmetrisch.

Wofür benötigt man symmetrische Operatoren in der Quantenmechanik? Dazu erinnern wir uns an die Definition eines Eigenwerts und eines Eigenvektors (siehe Abschnitt 6.2.2). Sei $A : U \to V$ ein Operator mit linearen Räumen U und V. Wir nennen $\lambda \in \mathbb{C}$ einen *Eigenwert* von A und $u \in U$, $u \neq 0$, einen zugehörigen *Eigenvektor* von A, wenn $Au = \lambda u$ gilt.

Beispiel 13.14
Sei $P : \mathcal{H} \to U$ ein Projektionsoperator, d. h. insbesondere $P^2 = P$. Dann folgt aus der Eigenwertgleichung $Pu = \lambda u$ die Relation

$$\lambda u = Pu = P^2 u = P(Pu) = P(\lambda u) = \lambda P u = \lambda^2 u \ ,$$

woraus wegen $u \neq 0$ entweder $\lambda = 0$ oder $\lambda = 1$ folgt. Ein Projektor kann also nur die beiden Eigenwerte null oder eins besitzen. Nach Axiom (A3) aus Abschnitt 13.1.2 entsprechen die Eigenwerte den *Messwerten* bei Messung der Observablen P. Die Messung eines Projektors entspricht also einer Entscheidungsfrage, ob eine Eigenschaft, die mit dem Raum U verknüpft ist, vorliegt oder nicht.

Wie bereits erwähnt, entsprechen Eigenwerte den möglichen Messwerten bei einer Messung. Messwerte sind jedoch stets reell, sodass auch die Eigenwerte der Observablen reell sein sollten, damit Axiom (A3) Sinn macht. Symmetrische Operatoren haben gerade diese Eigenschaft, denn ist $A : \mathcal{H} \to \mathcal{H}$ ein symmetrischer Operator mit Eigenwert $\lambda \in \mathbb{C}$, so folgt aus

$$\bar{\lambda}\|u\|^2 = (\lambda u, u) = (Au, u) = (u, Au) = (u, \lambda u) = \lambda\|u\|^2$$

wegen $\|u\| \neq 0$ sofort $\bar{\lambda} = \lambda$, d. h., λ ist reell.

Allerdings besitzen symmetrische Operatoren nicht notwendigerweise Eigenwerte. Als Gegenbeispiel definieren wir den Ortsoperator auf $L^2(0,1)$:

$$Q : L^2(0,1) \to L^2(0,1) \ , \quad (Q\psi)(x) = x\psi(x) \ .$$

Dann ist Q linear und beschränkt und wegen

$$(\psi, Q\phi)_{L^2} = \int_0^1 \overline{\psi(x)} \cdot x\phi(x)\,\mathrm{d}x = \int_0^1 \overline{x\psi(x)} \cdot \phi(x)\,\mathrm{d}x = (Q\psi, \phi)_{L^2}$$

auch symmetrisch. Angenommen, λ ist ein Eigenwert von Q mit Eigenvektor $\phi \neq 0$. Dann folgt

$$x\phi(x) = (Q\phi)(x) = \lambda\phi(x)$$

und damit

$$\phi(x)(x - \lambda) = 0 \quad \text{für alle} \quad x \in [0, 1] \; .$$

Folglich ist $\phi(x) = 0$ für alle $x \neq \lambda$, also $\phi = 0$ fast überall. Wir erhalten einen Widerspruch zu $\phi \neq 0$ fast überall, d. h., Q besitzt keine Eigenwerte.

Allerdings erwarten wir, dass die Messwerte des obigen Ortsoperators gerade die reellen Zahlen $x \in [0, 1]$ sind (da Q auf $L^2(0, 1)$ definiert ist). Dies motiviert, dass das Eigenwertkonzept erweitert werden sollte, und führt auf den Begriff des *Spektrums*, den wir im Folgenden untersuchen.

Sei $\mathcal{H}$ ein Hilbert-Raum und $A : \mathcal{H} \to \mathcal{H}$ ein beschränkter linearer Operator. Wir erinnern uns:

$$\begin{aligned} &\text{Bild:} && R(A) = \{v \in \mathcal{H} : \text{es gibt ein } u \in \mathcal{H} \quad \text{mit} \quad Au = v\} \; , \\ &\text{Kern:} && N(A) = \{u \in \mathcal{H} : Au = 0\} \; , \end{aligned}$$

und der Operator A ist invertierbar genau dann, wenn $N(A) = \{0\}$ und $R(A) = \mathcal{H}$.

Im Folgenden schreiben wir $A - \lambda$ für die Differenz $A - \lambda I$, wobei I der Einheitsoperator $I : \mathcal{H} \to \mathcal{H}$, $Iu = u$, sei. Wir nennen die Menge

$$\sigma(A) = \{\lambda \in \mathbb{C} : A - \lambda \text{ nicht invertierbar}\}$$

das *Spektrum* von A und das Komplement

$$\varrho(A) = \mathbb{C} \backslash \sigma(A) = \{\lambda \in \mathbb{C} : A - \lambda \text{ invertierbar}\}$$

die *Resolventenmenge* von A. Die Menge aller Eigenwerte von A,

$$\sigma_p(A) = \{\lambda \in \mathbb{C} : N(A - \lambda) \neq \{0\}\} \; ,$$

heißt das *Punktspektrum* von A.

Gilt $N(A - \lambda) \neq \{0\}$, so existiert ein $u \in N(A - \lambda)$ mit $u \neq 0$, d. h. $(A - \lambda)u = 0$ oder auch $Au = \lambda u$. Dies bedeutet, dass λ ein Eigenwert und u ein dazugehöriger Eigenvektor von A ist, und $\sigma_p(A)$ besteht tatsächlich aus den Eigenwerten von A. Das Spektrum von A enthält auch alle Eigenwerte von A, denn $A - \lambda$ ist nicht invertierbar, wenn $N(A - \lambda) \neq \{0\}$ oder $R(A - \lambda) \neq \mathcal{H}$ gilt. Allerdings kann es noch mehr Werte enthalten, nämlich jene, für die $R(A - \lambda) \neq \mathcal{H}$ gilt. Dies steht in Kontrast zum Fall endlich dimensionaler Hilbert-Räume: In dieser Situation ist $A - \lambda$ invertierbar genau dann, wenn $N(A - \lambda) = \{0\}$, und es gilt hier $\sigma(A) = \sigma_p(A)$. Im Fall unendlich dimensionaler Hilbert-Räume kann jedoch $\sigma_p(A)$ eine *echte* Teilmenge von $\sigma(A)$ sein, sogar $\sigma_p(A) = \emptyset$ bzw. $\sigma(A) = \mathbb{C}$ sind möglich.

Beispiel 13.15

1. Sei $\mathcal{H}$ ein unendlich dimensionaler Hilbert-Raum und $I : \mathcal{H} \to \mathcal{H}$ der Einheitsoperator, d. h. $Iu = u$. Die Eigenwertgleichung $0 = (I - \lambda)u = u - \lambda u = (1 - \lambda)u$ führt wegen $u \neq 0$ auf $\lambda = 1$, d. h., λ ist der einzige Eigenwert von I und $\sigma_p(I) = \{1\}$. Um zu überprüfen, ob das Spektrum noch mehr Elemente enthält, untersuchen wir, ob $R(I - \lambda) \neq \mathcal{H}$ für $\lambda \neq 1$. Wir behaupten, dass $R(I - \lambda) = \mathcal{H}$ für alle $\lambda \neq 1$. Wir müssen zeigen, dass es zu jedem $v \in \mathcal{H}$ ein $u \in \mathcal{H}$ gibt, sodass $(I - \lambda)u = v$. Sei dafür $v \in \mathcal{H}$ und definiere $u = v/(1 - \lambda) \in \mathcal{H}$. Dann folgt $(I - \lambda)u = u - \lambda u = (1 - \lambda)u = v$, d. h. $u \in R(I - \lambda)$ und folglich $R(I - \lambda) = \mathcal{H}$. Wir haben also gezeigt, dass

$$N(I - \lambda) = \{0\} \quad \text{und} \quad R(I - \lambda) = \mathcal{H} \quad \text{für alle } \lambda \neq 1 \, .$$

Also gilt $\sigma(I) = \sigma_p(I) = \{1\}$.

2. Betrachte den Linksshift $L : \ell^2 \to \ell^2$, $L\boldsymbol{x} = (x_2, x_3, \ldots)$ für $\boldsymbol{x} = (x_n)$. Aus der Eigenwertgleichung

$$(x_2, x_3, \ldots) = L\boldsymbol{x} = \lambda\boldsymbol{x} = (\lambda x_1, \lambda x_2, \ldots)$$

folgt $x_2 = \lambda x_1$, $x_3 = \lambda x_2 = \lambda^2 x_1$ usw. und allgemein $x_{n+1} = \lambda^n x_1$, $n \in \mathbb{N}$. Damit diese Folge in ℓ^2 liegt, muss $|\lambda| < 1$ gelten, denn

$$\sum_{n=0}^{\infty} |x_{n+1}|^2 = |x_1|^2 \sum_{n=0}^{\infty} |\lambda|^{2n}$$

konvergiert genau dann, wenn $|\lambda| < 1$. Dies zeigt $\sigma_p(L) = \{\lambda \in \mathbb{C} : |\lambda| < 1\}$. Das Punktspektrum eines Operators muss also *nicht* aus isolierten Punkten bestehen.

Betrachte den Ortsoperator $Q : L^2(0,1) \to L^2(0,1)$, $(Q\psi)(x) = x\psi(x)$, auf $L^2(0,1)$. Wir haben bereits weiter oben begründet, dass Q keine Eigenwerte besitzt: $\sigma_p(Q) = \emptyset$. Um das Spektrum zu charakterisieren, untersuchen wir das Bild $R(Q - \lambda)$ für $\lambda \in \mathbb{C}$. Sei $\phi \in L^2(0,1)$ und definiere

$$\psi(x) = \frac{\phi(x)}{x - \lambda} \, , \qquad x \in [0,1] \, .$$

Diese Definition macht hier nur Sinn, wenn $x - \lambda \neq 0$ für alle $x \in [0,1]$. Dies ist nur möglich, wenn $\lambda \notin [0,1]$. In diesem Fall ist $\psi \in L^2(0,1)$ und

$$(Q - \lambda)\psi(x) = x\psi(x) - \lambda\psi(x) = (x - \lambda)\psi(x) = \phi(x) \, ,$$

also $\phi \in R(Q - \lambda)$ und $R(Q - \lambda) = L^2(0,1)$. Für alle $\lambda \notin [0,1]$ ist also $Q - \lambda$ invertierbar ($N(Q - \lambda) = \{0\}$ gilt ja für alle $\lambda \in \mathbb{C}$), sodass

$$\sigma(Q) = [0,1] \quad \text{und} \quad \sigma_p(Q) = \emptyset \, .$$

Die Messwerte der Observablen Q sollten gerade alle reellen Zahlen $x \in [0, 1]$ sein. Wir haben gezeigt, dass die Elemente des Spektrums mögliche Messwerte sind. Damit können wir den zweiten Satz des Axioms (A3) präziser formulieren:

Axiom (A3') f Die Elemente des Spektrums einer symmetrischen Observablen A sind mögliche Messwerte der Messung von A.

Symmetrische Operatoren haben eine weitere interessante Eigenschaft. Sind u und v zwei Eigenvektoren zu *verschiedenen* Eigenwerten, d. h. $Au = \lambda u$ und $Av = \mu v$ mit $\lambda \neq \mu$, so sind u und v orthogonal, d. h. $(u, v) = 0$, denn aus

$$0 = (u, Av) - (Au, v) = (u, \mu v) - (\lambda u, v) = (\mu - \lambda)(u, v)$$

folgt wegen $\lambda \neq \mu$, dass $(u, v) = 0$ gelten muss.

Wir betrachten nun symmetrische Operatoren A, deren Punktspektrum aus höchstens abzählbar vielen Werten besteht:

$$\sigma_p(A) = \{\lambda_n \in \mathbb{C} : n \in N\} \quad \text{mit} \quad N = \mathbb{N} \quad \text{oder} \quad N = \{1, \dots, n_0\} .$$

Sei u_n der zum Eigenwert λ_n gehörende, auf eins normierte Eigenvektor. Dann sind die Eigenvektoren zu je zwei verschiedenen Eigenwerten orthogonal zueinander, bilden also ein Orthonormalsystem (siehe Abschnitt 13.2.2). Wir nehmen zusätzlich an, dass das Orthonormalsystem (u_n) *vollständig* ist. Dann können wir für jedes $u \in \mathcal{H}$ die Entwicklung $u = \sum_n (u_n, u)u_n$ schreiben. Diese Beziehung liefert eine Darstellung des Operators A, denn wir erhalten für $u \in \mathcal{H}$

$$Au = A\left(\sum_{n\in\mathbb{N}} (u_n, u)u_n\right) = \sum_{n\in\mathbb{N}} (u_n, u)Au_n = \sum_{n\in\mathbb{N}} \lambda_n(u_n, u)u_n .$$

✎ *Diese Entwicklung nennt man die Spektralzerlegung symmetrischer Operatoren.*

Die Zerlegung hat die folgenden Konsequenzen. Sei $A : \mathcal{H} \to \mathcal{H}$ eine symmetrische Observable und (ϕ_n) ein vollständiges Orthonormalsystem aus Eigenvektoren von A, sodass $A\psi = \sum_n \lambda_n(\phi_n, \psi)\phi_n$. Der Erwartungswert der Messung von A in einem System im (normierten) Zustand ψ lautet dann:

$$\begin{aligned} \langle A\rangle_\psi = (\psi, A\psi) &= \left(\sum_j (\phi_j, \psi)\phi_j, \sum_k (\phi_k, \psi)A\phi_k\right) \\ &= \sum_{j,k} \overline{(\phi_j, \psi)}(\phi_k, \psi)(\phi_j, A\phi_k) = \sum_{j,k} \overline{(\phi_j, \psi)}(\phi_k, \psi)\lambda_k(\phi_j, \phi_k) \\ &= \sum_{j,k} \overline{(\phi_j, \psi)}(\phi_k, \psi)\lambda_k\delta_{jk} = \sum_k \lambda_k|(\phi_k, \psi)|^2 . \end{aligned} \tag{13.34}$$

Dies erlaubt, wie wir bereits bemerkt haben, eine wahrscheinlichkeitstheoretische Interpretation: Der Erwartungswert ist die gewichtete Summe aller möglichen Messwerte λ_k. Um den Ausdruck $|(\phi_k, \psi)|^2$ geeignet interpretieren zu können, schreiben wir die Formel (13.34) etwas um. Die Eigenwerte λ_k müssen nämlich nicht verschieden sein, und mehrere Eigenvektoren können zu demselben Eigenwert gehören. Wir führen daher die *paarweise verschiedenen* Eigenwerte μ_n ein. Zu jedem μ_n gehören die Eigenvektoren $\chi_{n,1}, \chi_{n,2}, \ldots$, die alle zusammen den Eigenraum

$$U_n = \{\alpha_1\chi_{n,1} + \alpha_2\chi_{n,2} + \cdots : \alpha_k \in \mathbb{C}\}$$

bilden. Ist dann

$$P_n\psi = \sum_k \chi_{n,k}(\chi_{n,k}, \psi)$$

der orthogonale Projektor auf U_n (siehe Abschnitt 13.3.2), so folgt

$$\psi = \sum_{n,k} \chi_{n,k}(\chi_{n,k}, \psi) = \sum_n P_n\psi \ .$$

Wegen

$$A\psi = \sum_{n,k} A\chi_{n,k}(\chi_{n,k}, \psi) = \sum_{n,k} \mu_n\chi_{n,k}(\chi_{n,k}, \psi) = \sum_n \mu_n P_n \psi \tag{13.35}$$

erhalten wir unter Verwendung der Eigenschaften $P_n^2 = P_n$ und $P_n^* = P_n$:

$$\begin{aligned}\langle A\rangle_\psi &= (\psi, \sum_n \mu_n P_n\psi) = \sum_n \mu_n(\psi, P_n\psi) = \sum_n \mu_n(\psi, P_n^2\psi)\\ &= \sum_n \mu_n(P_n\psi, P_n\psi) = \sum_n \mu_n\|P_n\psi\|^2 \ .\end{aligned}$$

Der Ausdruck $\|P_n\psi\|^2$ ist die Wahrscheinlichkeit, im Zustand ψ den Eigenwert μ_n von A zu messen. Dies präzisiert die Aussage von Axiom (A3).

Die Formel (13.35) liefert eine elegante Darstellung der Spektralzerlegung von A:

$$A = \sum_n \mu_n P_n \ .$$

Eine andere in der Literatur verwendete Darstellung mithilfe der Dirac-Notation lautet:

$$A|\psi\rangle = \sum_k \lambda_k|\phi_k\rangle\langle\phi_k|\psi\rangle \quad \text{oder einfach} \quad A = \sum_k \lambda_k|\phi_k\rangle\langle\phi_k| \ .$$

Wir betrachten im Folgenden den Orts- bzw. Impulsoperator

$$(Q_j\psi)(\boldsymbol{x}) = x_j\psi(\boldsymbol{x}) \ , \quad (P_j\psi)(\boldsymbol{x}) = \frac{\hbar}{\mathrm{i}}\frac{\partial\psi}{\partial x_j}(\boldsymbol{x}) \tag{13.36}$$

für geeignete Funktionen ψ. Diese Operatoren sind symmetrisch auf $L^2(\mathbb{R}^n)$, denn

$$\begin{aligned}
(\psi, Q_j\phi)_{L^2} &= \int_{\mathbb{R}^n} \overline{\psi(x)} \cdot x_j\phi(\boldsymbol{x})\,\mathrm{d}\boldsymbol{x} = \int_{\mathbb{R}^n} \overline{x_j\psi(\boldsymbol{x})} \cdot \phi(\boldsymbol{x})\,\mathrm{d}\boldsymbol{x} = (Q_j\psi, \phi)_{L^2}\,, \\
(\psi, P_j\phi)_{L^2} &= \int_{\mathbb{R}^n} \overline{\psi(\boldsymbol{x})}\,\frac{\hbar}{\mathrm{i}}\,\frac{\partial\phi}{\partial x_j}(\boldsymbol{x})\,\mathrm{d}\boldsymbol{x} = -\int_{\mathbb{R}^n} \overline{\frac{\partial\psi}{\partial x_j}(\boldsymbol{x})}\frac{\hbar}{\mathrm{i}}\phi(\boldsymbol{x})\,\mathrm{d}\boldsymbol{x} \\
&= \int_{\mathbb{R}^n} \overline{\frac{\hbar}{\mathrm{i}}\frac{\partial\psi}{\partial x_j}(\boldsymbol{x})}\phi(\boldsymbol{x})\,\mathrm{d}\boldsymbol{x} = (P_j\psi, \phi)_{L^2}\,.
\end{aligned} \tag{13.37}$$

Sie erfüllen die sogenannte *Heisenberg'sche Vertauschungsrelation*

$$[P_j, Q_k] = P_jQ_k - Q_kP_j = \frac{\hbar}{\mathrm{i}}\delta_{jk}\,, \tag{13.38}$$

denn

$$(P_jQ_k\psi)(\boldsymbol{x}) - (Q_kP_j\psi)(\boldsymbol{x}) = \frac{\hbar}{\mathrm{i}}\frac{\partial}{\partial x_j}(x_k\psi(\boldsymbol{x})) - \frac{\hbar}{\mathrm{i}}x_k\frac{\partial\psi}{\partial x_j}(\boldsymbol{x}) = \frac{\hbar}{\mathrm{i}}\delta_{jk}\psi(\boldsymbol{x})\,.$$

Damit die Theorie dieses Abschnittes auf P_j und Q_j anwendbar ist, müssen die Operatoren beschränkt sein. Gilt diese Eigenschaft? Die Antwort ist leider negativ, wie der folgende Satz zeigt (siehe auch das Beispiel 13.10).

Satz 13.2 Satz von Wintner

Seien $A : \mathcal{H} \to \mathcal{H}$ und $B : \mathcal{H} \to \mathcal{H}$ beschränkte lineare Operatoren. Gilt $[A, B] = AB - BA = \alpha I$ für eine Zahl $\alpha \in \mathbb{C}$, so folgt $\alpha = 0$.

Die Existenz der Vertauschungsrelation (13.38) impliziert nach dem Satz von Wintner, dass P_j und Q_j unbeschränkte Observable sein müssen, denn anderenfalls müsste $[P_j, Q_j] = 0$ gelten. Wir benötigen eine Spektraltheorie für *unbeschränkte* Operatoren, die wir im folgenden Abschnitt untersuchen.

Fragen und Aufgaben

Aufgabe 13.11 Sei $A : \ell^2 \to \ell^2$, $x = (x_n) \mapsto (x_1/1, x_2/2, x_3/3, \ldots)$, wobei ℓ^2 in (13.28) definiert ist. Zeige: (i) $Ax \in \ell^2$ für alle $x \in \ell^2$ und (ii) A ist linear und beschränkt mit $\|A\| = 1$. (Hinweis: Benutze $x = (1, 0, 0, \ldots)$, um $\|A\| \geq 1$ zu zeigen.)

Aufgabe 13.12 Der Linksshift $L : \ell^2 \to \ell^2$ ist definiert durch $Lx = (x_2, x_3, \ldots)$, wobei $x = (x_n) \in \ell^2$. Zeige, dass L linear und beschränkt, aber nicht invertierbar ist. (Hinweis: Bestimme den Nullraum $N(L)$.)

Aufgabe 13.13 Welche Eigenschaften besitzt ein orthogonaler Projektor?

Aufgabe 13.14 Sei $U = \{u \in L^2(0,1) : u = \text{const.}\}$ und definiere den linearen Operator $P : L^2(0,1) \to U$ durch $(Pu)(x) = \int_0^1 u(y)\,\mathrm{d}y$. Hierbei wird die rechte Seite als eine konstante Funktion interpretiert. Zeige, dass P idempotent und symmetrisch bezüglich des Skalarprodukts in $L^2(0,1)$ ist und dass $\|P\| = 1$ gilt. Dies bedeutet, dass P ein Projektor auf den Raum U der konstanten Funktionen ist.

Aufgabe 13.15 Wie ist der adjungierte Operator definiert?

Aufgabe 13.16 Welche Eigenschaften besitzen Eigenwerte und Eigenvektoren symmetrischer Operatoren?

Aufgabe 13.17 Seien L und R der Links- und Rechtsshift auf ℓ^2. Zeige: $L^* = R$ und $(L^*)^* = L$.

Aufgabe 13.18 Bestimme das Spektrum $\sigma(A)$ und das Punktspektrum $\sigma_p(A)$ des Operators $A : \ell^2 \to \ell^2, (x_n) \mapsto (x_1, 2x_2, x_3, x_4, \ldots)$.

Aufgabe 13.19 Wie lautet die Heisenberg'sche Vertauschungsrelation?

Aufgabe 13.20 Definiere die Drehimpulsoperatoren durch:

$$L_1 = \frac{1}{\mathrm{i}}\left(x_2\frac{\partial}{\partial x_3} - x_3\frac{\partial}{\partial x_2}\right), \quad L_2 = \frac{1}{\mathrm{i}}\left(x_3\frac{\partial}{\partial x_1} - x_1\frac{\partial}{\partial x_3}\right),$$

$$L_3 = \frac{1}{\mathrm{i}}\left(x_1\frac{\partial}{\partial x_2} - x_2\frac{\partial}{\partial x_1}\right), \quad L^2 = L_1^2 + L_2^2 + L_3^2 .$$

Zeige: $[L^2, L_k] = L^2 L_k - L_k L^2 = 0$ für alle $k = 1, 2, 3$.

13.4 Unbeschränkte lineare Operatoren

13.4.1 Selbstadjungierte Operatoren

Am Ende von Abschnitt 13.3.3 haben wir gesehen, dass die (symmetrischen, linearen) Orts-und Impulsoperatoren (13.36) unbeschränkt sein müssen. Für welche Funktionen sind sie definiert? Bezeichnet $D(A)$ den Definitionsbereich eines Operators A, so können wir im Falle des Ortsoperators

$$D(Q) = \{\psi \in L^2(\mathbb{R}^n) : |\boldsymbol{x}\psi(\boldsymbol{x})| \in L^2(\mathbb{R}^n)\}$$

wählen. Argumente des Impulsoperators müssen differenzierbar sein, sodass wir

$$D(P) = H^1(\mathbb{R}^n) = \{\psi \in L^2(\mathbb{R}^n) : |\nabla\psi| \in L^2(\mathbb{R}^n)\}$$

setzen. Damit sind der Orts- und Impulsoperator definiert als:

$$Q : D(Q) \to (L^2(\mathbb{R}^n))^n , \quad P : D(P) \to (L^2(\mathbb{R}^n))^n .$$

Gilt $D(Q) = L^2(\mathbb{R}^n)$ oder $D(P) = L^2(\mathbb{R}^n)$? Im letzteren Fall sicherlich nicht, da es quadratintegrierbare, aber nicht differenzierbare Funktionen gibt. Auch den ersten Fall müssen wir verneinen, denn z. B. im Eindimensionalen gilt für

$$\psi(x) = \begin{cases} 1 : & |x| \leq 1 \\ \frac{1}{|x|} : & |x| \geq 1 \end{cases}$$

zwar

$$\|\psi\|_{L^2}^2 = 2\int_0^1 1^2 \, \mathrm{d}x + 2\int_1^\infty \frac{\mathrm{d}x}{x^2} = 2 + 2\left[-\frac{1}{x}\right]_1^\infty = 4 \,,$$

aber

$$\|x\psi(x)\|_{L^2}^2 = 2\int_0^1 x^2 \, \mathrm{d}x + 2\int_1^\infty x^2 \frac{1}{x^2} \, \mathrm{d}x = \infty \,,$$

also $x\psi(x) \notin L^2(\mathbb{R})$ und damit $D(Q) \neq L^2(\mathbb{R})$.

Es gilt sogar allgemein, dass der Definitionsbereich eines symmetrischen, unbeschränkten Operators *nie* der ganze Hilbert-Raum sein kann.

Satz 13.3 Satz von Hellinger-Toeplitz

Seien $\mathcal{H}$ ein Hilbert-Raum und $A : D(A) \to \mathcal{H}$ ein symmetrischer, linearer Operator. Gilt $D(A) = \mathcal{H}$, so ist A beschränkt.

Umgekehrt folgt für unbeschränkte Operatoren, dass $D(A) \neq \mathcal{H}$ gelten muss. Die Definitionsbereiche unbeschränkter Operatoren A sollen so groß sein, dass „fast alle“ Zustände enthalten sind. Mathematisch fordern wir, dass es für jedes Element u aus dem Zustandsraum $\mathcal{H}$ eine Folge (u_n) aus $D(A)$ geben soll, sodass u_n für $n \to \infty$ gegen u konvergiert. Diese Eigenschaft nennen wir *dicht definiert.* Ein Operator mit dicht definiertem Definitionsbereich heißt ebenfalls *dicht definiert.*

Im Folgenden betrachten wir stets dicht definierte, unbeschränkte lineare Operatoren auf einem Hilbert-Raum $\mathcal{H}$. Ein Operator A ist definiert durch die Abbildungsvorschrift $A : D(A) \to \mathcal{H}$ *und* durch die Angabe des Definitionsbereichs. Dementsprechend nennen wir zwei Operatoren $A : D(A) \to \mathcal{H}$ und $B : D(B) \to \mathcal{H}$ *gleich*, in Zeichen: $A = B$, wenn

$$D(A) = D(B) \quad \text{und} \quad Au = Bu \quad \text{für alle } u \in D(A) \,.$$

Beispiel 13.16

Betrachte beispielsweise die beiden Impulsoperatoren

$$P_1 : D(P_1) \to L^2(0,1), \quad P_1\psi = \frac{\hbar}{\mathrm{i}}\frac{\mathrm{d}\psi}{\mathrm{d}x} \,,$$

$$P_2 : D(P_2) \to L^2(0,1), \quad P_2\psi = \frac{\hbar}{\mathrm{i}}\frac{\mathrm{d}\psi}{\mathrm{d}x} \,,$$

wobei $D(P_1) = H^1(0,1)$ und $D(P_2) = \{\psi \in H^1(0,1) : \psi(0) = \psi(1) = 0\}$. Ähnlich wie in (13.27) gilt $H^1(0,1) \subset C^0([0,1])$, sodass die Werte $\psi(0)$ und $\psi(1)$ definiert sind. Dann gilt zwar $P_1\psi = P_2\psi$ für alle $\psi \in D(P_2)$, aber $D(P_1) \neq D(P_2)$. Also sind P_1 und P_2 ungleich: $P_1 \neq P_2$.

Die Adjungierte unbeschränkter Operatoren definieren wir ähnlich wie in Abschnitt 13.3.3, allerdings müssen wir die Definitionsbereiche präzisieren. Sei $A : D(A) \to \mathcal{H}$ linear und dicht definiert, dann heißt der Operator $A^* : D(A^*) \to \mathcal{H}$, definiert durch

$$(A^*u, v) = (u, Av) \quad \text{für alle } u \in D(A^*) , \quad v \in D(A) , \tag{13.39}$$

der adjungierte Operator oder die *Adjungierte* von A. Man kann wie in Abschnitt 13.3.3 zeigen, dass A^* ein linearer Operator auf $D(A^*)$ ist. Im Allgemeinen gilt jedoch nicht, dass A^* dicht definiert ist.

Es gilt für zwei geeignete lineare und dicht definierte Operatoren die Eigenschaft

$$(AB)^* = B^*A^* . \tag{13.40}$$

Der Operator A heißt *symmetrisch*, wenn

$$(Au, v) = (u, Av) \quad \text{für alle } u, v \in D(A) . \tag{13.41}$$

Wir nennen außerdem A *selbstadjungiert*, wenn $A = A^*$ gilt, d. h. wenn $D(A) = D(A^*)$ und A symmetrisch ist. Um mathematische Schwierigkeiten zu vermeiden, setzen wir voraus, dass symmetrische und selbstadjungierte Operatoren stets linear und dicht definiert sind. Der Operator A ist genau dann symmetrisch, wenn $D(A) \subset D(A^*)$ und $Au = A^*u$ für alle $u \in D(A)$ gilt, denn hierfür sind (13.39) und (13.41) äquivalent. Man schreibt daher auch $A \subset A^*$. Das folgende Beispiel zeigt, dass es symmetrische Operatoren gibt, die *nicht* selbstadjungiert sind.

Beispiel 13.17
Wir betrachten folgendes Beispiel aus [4]. Seien $D(A) = \{u \in H^1(0,1) : u(0) = u(1) = 0\}$ und $D(B) = H^1(0,1)$ und definiere

$$\begin{aligned} A &: D(A) \to L^2(0,1) , \quad Au = -\mathrm{i}u' , \quad \text{und} \\ B &: D(B) \to L^2(0,1) , \quad Bu = -\mathrm{i}u' . \end{aligned}$$

Wir behaupten, dass A symmetrisch ist und $A^* = B \neq A$ gilt. Seien $u \in D(B)$ und $v \in D(A)$. Dann folgt mit partieller Integration wegen $v(0) = v(1) = 0$

$$(u, Av)_{L^2} = -\mathrm{i}\int_0^1 \overline{u(x)}v'(x)\,\mathrm{d}x = \mathrm{i}\int_0^1 \overline{u'(x)}v(x)\,\mathrm{d}x = (Bu, v)_{L^2} = (A^*u, v)_{L^2} ,$$

also $u \in D(A^*)$ und $A^*u = Bu$ für $u \in D(B)$. Insbesondere haben wir $D(B) \subset D(A^*)$ gezeigt. Dies beweist $B \subset A^*$. Um $A^* \subset B$ zu zeigen, sind die Eigenschaften

$D(A^*) \subset D(B)$ und $A^*u = Bu$ für alle $u \in D(A^*)$ nachzuweisen. Der Nachweis hiervon ist trickreich, und wir verweisen auf [4] für Details. Aus $B \subset A^*$ und $A^* \subset B$ folgt $A^* = B \neq A$. Der Operator A ist also symmetrisch, aber *nicht* selbstadjungiert.

Beispiele selbstadjungierter Operatoren sind *beschränkte*, symmetrische, lineare Operatoren $A : \mathcal{H} \to \mathcal{H}$, denn hier ist $D(A) = \mathcal{H} = D(A^*)$.

Im Folgenden geben wir ein nützliches Kriterium für den Nachweis der Selbstadjungiertheit eines Operators an. Sei $A : D(A) \to \mathcal{H}$ symmetrisch. Dann ist A selbstadjungiert genau dann, wenn

$$R(A + \mathrm{i}) = R(A - \mathrm{i}) = \mathcal{H} . \tag{13.42}$$

Die Eigenschaft (13.42) ist äquivalent zur Lösung der beiden Gleichungen $Au \pm \mathrm{i}u = f$ für gegebenes $f \in \mathcal{H}$. Die Lösung u muss natürlich in dem Definitionsbereich $D(A)$ liegen, damit Au definiert ist.

Beispiel 13.18

1. Betrachte als erstes Beispiel den Ortsoperator

$$Q : D(Q) \to L^2(\mathbb{R}) , \quad (Q\psi)(x) = x\psi(x) ,$$

mit $D(Q) = \{\psi \in L^2(\mathbb{R}) : x\psi(x) \in L^2(\mathbb{R})\}$. In (13.37) haben wir gezeigt, dass Q symmetrisch ist. Man kann außerdem nachweisen, dass Q dicht definiert ist. Wir zeigen nun (13.42), d. h., wir wollen für gegebenes $\phi \in L^2(\mathbb{R})$ die Gleichung

$$x\psi(x) - \mathrm{i}\psi(x) = (Q - \mathrm{i})\psi(x) = \phi(x) , \quad x \in \mathbb{R} ,$$

lösen. Ein Kandidat für die Lösung ist $\psi(x) = \phi(x)/(x - \mathrm{i})$, $x \in \mathbb{R}$. Aus

$$\|x\psi(x)\|_{L^2}^2 = \int_{\mathbb{R}} x^2 \left|\frac{\phi(x)}{x - \mathrm{i}}\right|^2 \mathrm{d}x = \int_{\mathbb{R}} \frac{x^2}{x^2 + 1} |\phi(x)|^2 \,\mathrm{d}x \le \int_{\mathbb{R}} |\phi(x)|^2 \,\mathrm{d}x = \|\phi\|_{L^2}^2$$

folgt $\psi \in D(Q)$. Außerdem ist nach Konstruktion von ψ

$$(Q - \mathrm{i})\psi(x) = x\psi(x) - \mathrm{i}\psi(x) = (x - \mathrm{i})\psi(x) = \phi(x) .$$

Dies beweist $R(Q - \mathrm{i}) = L^2(\mathbb{R})$. Der Nachweis von $R(Q + \mathrm{i}) = L^2(\mathbb{R})$ geht analog. Also ist der Ortsoperator Q selbstadjungiert.

2. Betrachte als zweites Beispiel den Impulsoperator

$$P : D(P) \to L^2(0,1) , \quad (P\psi)(x) = \frac{\hbar}{\mathrm{i}}\psi'(x) ,$$

wobei $D(P) = \{\psi \in H^1(0,1) : \psi(0) = \psi(1)\}$. Wir behaupten, dass P selbstadjungiert ist. Die Symmetrie von P folgt aus

$$(P\phi, \psi)_{L^2} = -\frac{\hbar}{\mathrm{i}} \int_0^1 \overline{\phi'(x)}\psi(x) \,\mathrm{d}x = \frac{\hbar}{\mathrm{i}} \int_0^1 \overline{\phi(x)}\psi'(x) \,\mathrm{d}x - \frac{\hbar}{\mathrm{i}} [\overline{\phi(x)}\psi(x)]_0^1 = (\phi, P\psi)_{L^2}$$

für alle $\phi, \psi \in D(P)$, denn $\phi(0) = \phi(1)$ und $\psi(0) = \psi(1)$, sodass nur noch $R(P \pm \mathrm{i}) = L^2(0,1)$ nachzuweisen ist. Wir müssen also für gegebenes $\phi \in L^2(0,1)$ die Gleichung

$$\frac{\hbar}{\mathrm{i}}\psi'(x) \pm \mathrm{i}\psi(x) = (P \pm \mathrm{i})\psi(x) = \phi(x)\,, \quad x \in \mathbb{R}\,, \tag{13.43}$$

lösen. Wir wählen den Ansatz

$$\psi(x) = \mathrm{e}^{\pm x/\hbar}\left(c + \frac{\mathrm{i}}{\hbar}\int_0^x \phi(y)\mathrm{e}^{\mp y/\hbar}\,\mathrm{d}y\right)\,,$$

wobei $c \in \mathbb{R}$ so gewählt wird, dass $\psi(0) = \psi(1)$. Dies ist eine Lösung von (13.43), denn

$$\frac{\hbar}{\mathrm{i}}\psi'(x) = \pm\frac{1}{\mathrm{i}}\psi(x) + \mathrm{e}^{\pm x/\hbar}\phi(x)\mathrm{e}^{\mp x/\hbar} = \mp\mathrm{i}\psi(x) + \phi(x)\,.$$

Nach (13.42) ist P selbstadjungiert.

Selbstadjungierte Operatoren erlauben nun eine präzise Formulierung von Axiom (A2) aus Abschnitt 13.1.2.

Axiom (A2) Beobachtbare Größen (Observablen) werden durch selbstadjungierte, dicht definierte, lineare Operatoren $A : D(A) \to \mathcal{H}$ beschrieben.

Beispiel 13.19
Wir betrachten den Hamilton-Operator für ein freies Teilchen $H : D(H) \to L^2(\mathbb{R}^n)$, $H = -(\hbar^2/(2m))\Delta$ mit Definitionsbereich $D(H) = H^2(\mathbb{R}^n)$. Mit zweimaliger partieller Integration kann man zeigen, dass H symmetrisch ist, denn es treten keine Randintegrale auf. Um die Selbstadjungiertheit zu zeigen, ist gemäß (13.42) $R(H \pm \mathrm{i}) = L^2(\mathbb{R}^n)$ nachzuweisen. Für beliebiges $\phi \in L^2(\mathbb{R}^n)$ ist also die Gleichung

$$-\frac{\hbar^2}{2m}\Delta\psi \pm \mathrm{i}\psi = (H \pm \mathrm{i})\psi = \phi \quad \text{in} \quad \mathbb{R}^n \tag{13.44}$$

zu lösen, sodass $\psi \in D(H)$. Hierfür verwenden wir die Fourier-Transformation

$$\hat{\psi}(\boldsymbol{y}) = \frac{1}{(2\pi)^{n/2}}\int_{\mathbb{R}^n} \psi(\boldsymbol{x})\mathrm{e}^{-\mathrm{i}\boldsymbol{x}\cdot\boldsymbol{y}}\,\mathrm{d}\boldsymbol{x}\,.$$

Mit zweimaliger partieller Integration folgt

$$\begin{aligned}\widehat{\Delta\psi}(\boldsymbol{y}) &= \frac{1}{(2\pi)^{n/2}}\int_{\mathbb{R}^n} \Delta_x\psi(\boldsymbol{x})\mathrm{e}^{-\mathrm{i}\boldsymbol{x}\cdot\boldsymbol{y}}\,\mathrm{d}\boldsymbol{x} = \frac{1}{(2\pi)^{n/2}}\int_{\mathbb{R}^n} \psi(\boldsymbol{x})\Delta_x\mathrm{e}^{-\mathrm{i}\boldsymbol{x}\cdot\boldsymbol{y}}\,\mathrm{d}\boldsymbol{x}\\ &= \frac{(-\mathrm{i})^2|\boldsymbol{y}|^2}{(2\pi)^{n/2}}\int_{\mathbb{R}^n} \psi(\boldsymbol{x})\mathrm{e}^{-\mathrm{i}\boldsymbol{x}\cdot\boldsymbol{y}}\,\mathrm{d}\boldsymbol{x} = -|\boldsymbol{y}|^2\hat{\psi}(\boldsymbol{y})\end{aligned}$$

und daher aus (13.44)

$$\hat{\phi}(\boldsymbol{y}) = \left(-\frac{\hbar}{2m}\Delta\psi \pm \mathrm{i}\psi\right)^{\wedge}(\boldsymbol{y}) = -\frac{\hbar^2}{2m}\widehat{\Delta\psi}(\boldsymbol{y}) \pm \mathrm{i}\hat{\psi}(\boldsymbol{y})$$

$$= \left(\frac{\hbar^2}{2m}|\boldsymbol{y}|^2 \pm \mathrm{i}\right)\hat{\psi}(\boldsymbol{y})$$

oder auch

$$\hat{\psi}(\boldsymbol{y}) = \frac{\hat{\phi}(\boldsymbol{y})}{\hbar^2|\boldsymbol{y}|^2/(2m) \pm \mathrm{i}}$$

und mit inverser Fourier-Transformation

$$\psi(\boldsymbol{x}) = \frac{1}{(2\pi)^{n/2}} \int_{\mathbb{R}^n} \frac{\hat{\phi}(\boldsymbol{y})}{\hbar^2|\boldsymbol{y}|^2/(2m) \pm \mathrm{i}} \mathrm{e}^{\mathrm{i}\boldsymbol{x}\cdot\boldsymbol{y}}\,\mathrm{d}\boldsymbol{y}\,.$$

Dies ist eine Lösung von (13.44), sofern $\psi \in H^2(\mathbb{R}^n)$ gilt. Dies ist der Fall, wenn ψ und alle ersten und zweiten partiellen Ableitungen von ψ quadratintegrierbar sind. Wir zeigen nur:

$$\frac{\partial^2\psi}{\partial x_j \partial x_k}(\boldsymbol{x}) = \frac{1}{(2\pi)^{n/2}} \int_{\mathbb{R}^n} \frac{-y_j y_k \hat{\phi}(\boldsymbol{y})}{\hbar^2|\boldsymbol{y}|^2/(2m) \pm \mathrm{i}} \mathrm{e}^{\mathrm{i}\boldsymbol{x}\cdot\boldsymbol{y}}\,\mathrm{d}\boldsymbol{y} \in L^2(\mathbb{R}^n)\,.$$

Wegen

$$\left|\frac{y_j y_k}{\hbar^2|\boldsymbol{y}|^2/(2m) \pm \mathrm{i}}\right| \le \frac{2m}{\hbar^2}$$

gilt dies, falls

$$\phi(\boldsymbol{x}) = \frac{1}{(2\pi)^{n/2}} \int_{\mathbb{R}^n} \hat{\phi}(\boldsymbol{y})\mathrm{e}^{\mathrm{i}\boldsymbol{x}\cdot\boldsymbol{y}}\,\mathrm{d}\boldsymbol{y} \in L^2(\mathbb{R}^n)\,,$$

und diese Eigenschaft haben wir vorausgesetzt. Damit ist $\psi \in D(H)$ eine Lösung von (13.44), und wir haben $R(H \pm \mathrm{i}) = L^2(\mathbb{R}^n)$ und folglich die Selbstadjungiertheit von H gezeigt.

13.4.2
Die Heisenberg'sche Unschärferelation

Selbstadjungierte lineare Operatoren erfüllen eine allgemeine Unschärferelation. Hierfür benötigen wir den Begriff des Kommutators. Seien $A : D(A) \to \mathcal{H}$ und $B : D(B) \to \mathcal{H}$ zwei (dicht definierte) Operatoren mit nicht leerem Durchschnitt $D(A) \cap D(B)$. Dann heißt der Operator

$$[A, B] = AB - BA : D([A, B]) \to \mathcal{H}$$

mit Definitionsbereich $D([A, B]) = \{u \in D(A) \cap D(B) : Au \in D(B), Bu \in D(A)\}$ der *Kommutator* von A und B. Des Weiteren nennen wir

$$\langle A \rangle_u = (u, Au) \quad \text{bzw.} \quad (\Delta A)_u = \|Au - \langle A \rangle_u u\|$$

den *Erwartungswert* bzw. die *Unschärfe* (oder *Standardabweichung*) von A im Zustand $u \in D(A)$ mit $\|u\| = 1$. Der Erwartungswert $\langle A \rangle_u$ ist für einen selbstadjungierten Operator stets eine reelle Zahl.

Beispiel 13.20
Betrachte als Beispiel die auf $L^2(\mathbb{R}^n)$ definierten Impulsoperatoren

$$P_j = \frac{\hbar}{\mathrm{i}} \frac{\partial}{\partial x_j}, \quad P_k = \frac{\hbar}{\mathrm{i}} \frac{\partial}{\partial x_k}$$

mit Definitionsbereich $H^1(\mathbb{R}^n)$. Dann gilt für alle $\psi \in H^2(\mathbb{R}^n)$

$$P_j P_k \psi - P_k P_j \psi = \frac{\hbar}{\mathrm{i}} \left(\frac{\partial}{\partial x_j} \frac{\partial}{\partial x_k} \psi - \frac{\partial}{\partial x_k} \frac{\partial}{\partial x_j} \psi \right) = 0 ,$$

also $[P_j, P_k] = 0$. Für den Impulsoperator P_j und den Ortsoperator $(Q_k \psi)(\boldsymbol{x}) = x_k \psi(\boldsymbol{x})$ für $\psi \in D(Q_k) = \{\psi \in L^2(\mathbb{R}^n) : x_k \psi(\boldsymbol{x}) \in L^2(\mathbb{R}^n)\}$ gilt für geeignetes ψ wegen (13.38) $[P_j, Q_k] = (\hbar/\mathrm{i})\delta_{jk}$.

Seien $A : D(A) \to \mathcal{H}$ und $B : D(B) \to \mathcal{H}$ zwei selbstadjungierte Operatoren und sei $u \in D([A, B])$ mit $\|u\| = 1$. Dann gilt die *allgemeine Heisenberg'sche Unschärferelation*:

$$(\Delta A)_u (\Delta B)_u \geq \frac{1}{2} |\langle [A, B] \rangle_u| . \tag{13.45}$$

Um diese Ungleichung nachzurechnen, definieren wir $\tilde{A} = A - \langle A \rangle_u$ und $\tilde{B} = B - \langle B \rangle_u$. Wir erhalten für beliebiges $\alpha \in \mathbb{R}$:

$$\begin{aligned} 0 &\leq \|(\tilde{A} + \mathrm{i}\alpha\tilde{B})u\|^2 = (\tilde{A}u + \mathrm{i}\alpha\tilde{B}u , \quad \tilde{A}u + \mathrm{i}\alpha\tilde{B}u) \\ &= \|\tilde{A}u\|^2 + \alpha^2 \|\tilde{B}u\|^2 + \mathrm{i}\alpha((\tilde{A}u, \tilde{B}u) - (\tilde{B}u, \tilde{A}u)) \end{aligned}$$

Die Selbstadjungiertheit von A und B (und damit auch von $\tilde{A}$ und $\tilde{B}$) impliziert

$$\begin{aligned} 0 &\leq \|\tilde{A}u\|^2 + \alpha^2 \|\tilde{B}u\|^2 + \mathrm{i}\alpha((u, \tilde{A}\tilde{B}u) - (u, \tilde{B}\tilde{A}u)) \\ &= \|\tilde{A}u\|^2 + \alpha^2 \|\tilde{B}u\|^2 + \mathrm{i}\alpha((u, ABu) - (u, BAu)) \\ &= (\Delta A)_u^2 + \alpha^2 (\Delta B)_u^2 + \mathrm{i}\alpha(u, (AB - BA)u) \\ &= (\Delta A)_u^2 + \alpha^2 (\Delta B)_u^2 + \mathrm{i}\alpha \langle [A, B] \rangle_u . \end{aligned} \tag{13.46}$$

Eine weitere Folgerung aus der Selbstadjungiertheit von A und B ist, dass $\mathrm{i}[A, B]$ selbstadjungiert ist, denn mit (13.40) gilt $(\mathrm{i}[A, B])^* = -\mathrm{i}((AB)^* - (BA)^*) = -\mathrm{i}(B^*A^* - A^*B^*) = -\mathrm{i}(BA - AB) = \mathrm{i}[A, B]$. Es folgt

$$\langle \mathrm{i}[A, B] \rangle_u = (u, \mathrm{i}[A, B]u) = (\mathrm{i}[A, B]u, u) = \overline{(u, \mathrm{i}[A, B]u)} = \overline{\langle \mathrm{i}[A, B] \rangle_u} .$$

Eine komplexe Zahl z mit der Eigenschaft $z = \bar{z}$ muss reell sein. Daher ist $\mathrm{i}\langle [A, B]\rangle$ eine reelle Zahl. Die rechte Seite der Ungleichung (13.46) ist also ein quadratisches Polynom in α mit reellen Koeffizienten. Ein Polynom $a\alpha^2 + b\alpha + c$ mit $a > 0$ ist nicht negativ, wenn es nicht zwei reelle Nullstellen besitzt und $c \geq 0$ gilt. Ersteres ist der Fall, wenn die Diskriminante $b^2 - 4ac$ nicht positiv ist. In unserem Fall bedeutet dies

$$(\mathrm{i}\langle [A, B]\rangle_u)^2 - 4(\Delta A)_u^2(\Delta B)_u^2 \leq 0$$

oder

$$(\Delta A)_u(\Delta B)_u \geq \frac{1}{2}|\mathrm{i}\langle [A, B]\rangle_u| = \frac{1}{2}|\langle [A, B]\rangle_u| ,$$

und dies ist die Ungleichung (13.45).

Die im obigen Beispiel betrachteten Impuls- und Ortsoperatoren auf $L^2(\mathbb{R}^n)$ sind selbstadjungiert. Daher folgt für normiertes ψ

$$(\Delta P_j)_\psi(\Delta Q_k)_\psi \geq \frac{1}{2}|\langle [P_j, Q_k]\rangle_\psi| = \frac{\hbar}{2}|(\psi, \delta_{jk}\psi)| = \frac{\hbar}{2}\delta_{jk}\|\psi\|_{L^2}^2 = \frac{\hbar}{2}\delta_{jk} .$$

Eine gleichzeitige Messung von Ort und Impuls derselben Raumkoordinate führt also zu der Unschärferelation

$$(\Delta P_j)_\psi(\Delta Q_j)_\psi \geq \frac{\hbar}{2} .$$

Man nennt diese Ungleichung die *Heisenberg'sche Unschärferelation.*

13.4.3
Spektraldarstellung selbstadjungierter Operatoren

In diesem Abschnitt geben wir einige Eigenschaften des Spektrums selbstadjungierter Operatoren an. Es sei $\mathcal{H}$ wieder ein Hilbert-Raum und $A : D(A) \to \mathcal{H}$ ein dicht definierter, linearer Operator. Wir nennen die Menge

$$\varrho(A) = \{\lambda \in \mathbb{C} : A - \lambda : D(A) \to \mathcal{H} \text{ invertierbar, } (A - \lambda)^{-1} \text{ beschränkt}\}$$

die *Resolventenmenge* von A und

$$\sigma(A) = \mathbb{C}\backslash\varrho(A)$$

das *Spektrum* von A. Die Menge aller Eigenwerte von A

$$\sigma_p(A) = \{\lambda \in \mathbb{C} : N(A - \lambda) \neq \{0\}\}$$

heißt das *Punktspektrum* von A.

Man kann zeigen, dass für sogenannte *abgeschlossene* Operatoren $A : D(A) \to \mathcal{H}$ aus der Invertierbarkeit von $A - \lambda$ automatisch die Beschränktheit von $(A - \lambda)^{-1}$ folgt. Nun betrachten wir im Folgenden hauptsächlich selbstadjungierte Operatoren, die stets abgeschlossen sind, sodass die Resolventenmenge auch als

$$\varrho(A) = \{\lambda \in \mathbb{C} : A - \lambda : D(A) \to \mathcal{H} \text{ invertierbar}\}$$

definiert werden kann. Dies entspricht der Definition der Resolventenmenge für beschränkte Operatoren (siehe Abschnitt 13.3.3). Für mathematische Details verweisen wir z. B. auf [4].

Beispiel 13.21
In diesem Beispiel zeigen wir, dass das Spektrum unbeschränkter Operatoren leer sein kann (siehe [4]). Betrachte nämlich $A : D(A) \to L^2(0,1)$, $Au = -\mathrm{i}u'$, mit $D(A) = \{u \in H^1(0,1) : u(0) = 0\}$. Sei $\lambda \in \mathbb{C}$ beliebig. Für die Invertierbarkeit von $A - \lambda$ müssen wir gemäß Abschnitt 13.3.1 zeigen, dass $N(A-\lambda) = \{0\}$ und $R(A-\lambda) = L^2(0,1)$.
Sei zunächst $u \in D(A)$ mit $0 = (A-\lambda)u = -\mathrm{i}u' - \lambda u$ bzw. $u' = \mathrm{i}\lambda u$. Die allgemeine Lösung dieser Differenzialgleichung lautet $u(x) = c\mathrm{e}^{\mathrm{i}\lambda x}$, $x \in (0,1)$, mit einer Konstanten $c \in \mathbb{C}$. Aus $u(0) = 0$ folgt $c = 0$, also $u(x) = 0$ für alle $x \in [0,1]$ und damit $N(A-\lambda) = \{0\}$ für alle $\lambda \in \mathbb{C}$.
Seien nun $f \in L^2(0,1)$ und $\lambda \in \mathbb{C}$ gegeben. Wir müssen die Gleichung $f = (A-\lambda)u = -\mathrm{i}u' - \lambda u$ lösen. Definiere hierfür

$$u(x) = \mathrm{i}\mathrm{e}^{\mathrm{i}\lambda x} \int_0^x f(y)\mathrm{e}^{-\mathrm{i}\lambda y}\, \mathrm{d}y \, . \tag{13.47}$$

Eine Rechnung zeigt, dass tatsächlich $-\mathrm{i}u' - \lambda u = f$ und $u(0) = 0$ gilt. Dies beweist $R(A-\lambda) = L^2(0,1)$. Folglich ist $A - \lambda$ für alle $\lambda \in \mathbb{C}$ invertierbar, und die Inverse lautet wegen (13.47):

$$(A-\lambda)^{-1} f(x) = \mathrm{i}\mathrm{e}^{\mathrm{i}\lambda x} \int_0^x f(y)\mathrm{e}^{-\mathrm{i}\lambda y}\, \mathrm{d}y \, , \qquad f \in L^2(0,1), \ \lambda \in \mathbb{C} \, .$$

Es bleibt die Beschränktheit von $(A-\lambda)^{-1}$ zu zeigen. Aus der Cauchy-Schwarz-Ungleichung

$$\left| \int_0^1 u(x)\, \mathrm{d}x \right| = \left| \int_0^1 1 \cdot u(x)\, \mathrm{d}x \right| \le \sqrt{\int_0^1 1\, \mathrm{d}x} \sqrt{\int_0^1 |u(x)|^2\, \mathrm{d}x} = \sqrt{\int_0^1 |u(x)|^2\, \mathrm{d}x}$$

folgt

$$\begin{aligned} \|(A-\lambda)^{-1} f\|_{L^2}^2 &= \int_0^1 |\mathrm{i}\mathrm{e}^{\mathrm{i}\lambda x}|^2 \left| \int_0^x f(y)\mathrm{e}^{\mathrm{i}\lambda y}\, \mathrm{d}y \right|^2 \mathrm{d}x \le \int_0^1 \int_0^1 |f(y)|^2 |\mathrm{e}^{\mathrm{i}\lambda y}|^2\, \mathrm{d}y\, \mathrm{d}x \\ &= \int_0^1 \mathrm{d}x \int_0^1 |f(y)|^2\, \mathrm{d}y = \|f\|_{L^2}^2 \, , \end{aligned}$$

also $\|(A-\lambda)^{-1}\|_{L^2} \le 1$. Wir haben gezeigt, dass $\varrho(A) = \mathbb{C}$ und daher $\sigma(A) = \emptyset$. Das Spektrum von A ist also leer.

Wir wissen bereits, dass das Spektrum selbstadjungierter Operatoren reell ist. Außerdem gibt es ein nützliches Kriterium für den Nachweis, ob eine reelle Zahl Element des Spektrums ist oder nicht. Ist nämlich $A : D(A) \to \mathcal{H}$ selbstadjungiert, so gilt:

$$\lambda \in \sigma(A) \Leftrightarrow R(A - \lambda) \neq \mathcal{H} . \tag{13.48}$$

Beispiel 13.22

1. Wir untersuchen als Beispiel den Ortsoperator $Q : D(Q) \to L^2(\mathbb{R}), (Q\psi)(x) = x\psi(x)$, mit $D(Q) = \{\psi \in L^2(\mathbb{R}) : x\psi(x) \in L^2(\mathbb{R})\}$. Wir haben in Abschnitt 13.4.1 gezeigt, dass Q selbstadjungiert ist. Wir wollen das Kriterium (13.48) anwenden und daher die Gleichung

   $$(x - \lambda)\psi(x) = (Q - \lambda)\psi(x) = \phi(x) \in L^2(\mathbb{R}) \tag{13.49}$$

   lösen. Wir erhalten $\psi(x) = \phi(x)/(x - \lambda)$. Allerdings ist für $\lambda \in \mathbb{R}$ die Funktion ψ im Allgemeinen nicht aus $D(A)$, denn $(x\psi(x))^2 = x^2\phi(x)^2/(x - \lambda)^2$ ist in der Nähe von $x = \lambda$ im Allgemeinen nicht integrierbar. Für $\lambda = \alpha + i\beta \in \mathbb{C}$ mit $\beta \neq 0$ gilt jedoch:

   $$\int_{\mathbb{R}} \left| \frac{x\phi(x)}{x - \lambda} \right|^2 \mathrm{d}x = \int_{\mathbb{R}} \frac{x^2|\phi(x)|^2}{(x - \alpha)^2 + \beta^2} \mathrm{d}x \leq C \int_{\mathbb{R}} |\phi(x)|^2 \mathrm{d}x < \infty$$

   für ein geeignetes $C > 0$. Die Gleichung (13.49) führt also für alle $\lambda \in \mathbb{C}\backslash\mathbb{R}$ auf eine Lösung aus $L^2(\mathbb{R})$. Nach (13.48) bedeutet dies $\sigma(Q) = \mathbb{R}$.
2. Mittels partieller Integration kann man nachprüfen, dass der Hamilton-Operator für ein freies Teilchen $H : D(H) \to L^2(0,1), (H\psi)(x) = -(\hbar^2/(2m))\psi''(x)$, mit $D(H) = \{\psi \in H^2(0,1) : \psi(0) = \psi(1) = 0\}$ symmetrisch ist. Der Operator ist sogar selbstadjungiert, aber der Nachweis ist schwieriger, denn man benötigt die Lösungstheorie von Randwertproblemen der Form

   $$-\frac{\hbar^2}{2m}\psi'' + \lambda\psi = f \quad \text{in} \quad (0,1) , \quad \psi(0) = \psi(1) = 0 .$$

   Der Einfachheit halber wählen wir die Konstanten so, dass $\hbar^2/(2m) = 1$ gilt. Wir zeigen, dass $\sigma_p(H) = \{n^2\pi^2 : n \in \mathbb{N}\}$. Die Gleichung

   $$-\psi'' = \lambda\psi \quad \text{in} \quad (0,1) \tag{13.50}$$

   besitzt die allgemeine Lösung $\psi(x) = c_1 \mathrm{e}^{(\alpha+\mathrm{i}\beta)x} + c_2 \mathrm{e}^{-(\alpha+\mathrm{i}\beta)x}$ mit Konstanten c_1, c_2 und Zahlen $\alpha, \beta \in \mathbb{R}$, sodass $-(\alpha + \mathrm{i}\beta)^2 = \lambda$. Aus den Randbedingungen folgt

   $$0 = \psi(0) = c_1 + c_2 , \quad 0 = \psi(1) = c_1 \mathrm{e}^{\alpha+\mathrm{i}\beta} + c_2 \mathrm{e}^{-(\alpha+\mathrm{i}\beta)} ,$$

   also zum einen $c_1 = -c_2$, und zum anderen

   $$\begin{aligned} 0 &= c_1(\mathrm{e}^{\alpha+\mathrm{i}\beta} - \mathrm{e}^{-(\alpha+\mathrm{i}\beta)}) = c_1((\mathrm{e}^{\alpha} - \mathrm{e}^{-\alpha})\cos\beta + \mathrm{i}(\mathrm{e}^{\alpha} + \mathrm{e}^{-\alpha})\sin\beta) \\ &= 2c_1(\sinh\alpha\cos\beta + \mathrm{i}\cosh\alpha\sin\beta) . \end{aligned}$$

Die Wahl $c_1 = 0$ würde auf $c_2 = -c_1 = 0$ und damit auf die uninteressante Lösung $\psi(x) = 0$ führen. Sei also $c_1 \neq 0$. Dann sind der Real- und Imaginärteil der in den Klammern stehenden komplexen Zahl gleich null:

$$\sinh\alpha\cos\beta = 0 \quad \text{und} \quad \cosh\alpha\sin\beta = 0\,.$$

Aus der zweiten Gleichung folgt, da $\cosh\alpha > 0$ für alle α, die Beziehung $\sin\beta = 0$ bzw. $\beta = n\pi$ für $n \in \mathbb{Z}$. Dann ergibt sich aus der ersten Gleichung, da $\cos\beta = \cos(n\pi) \neq 0$, $\sinh\alpha = 0$ und daher $\alpha = 0$. Wir erhalten $\lambda = -(\alpha + \mathrm{i}\beta)^2 = n^2\pi^2$ für $n \in \mathbb{Z}$. Dies zeigt $\sigma_p(H) = \{n^2\pi^2 : n \in \mathbb{Z}\}$. Man kann sogar $\sigma(H) = \sigma_p(H)$ beweisen. Die Werte $n^2\pi^2$ beschreiben die möglichen Energieniveaus eines im Intervall $(0, 1)$ eingesperrten Teilchens.

3. Ein etwas komplizierteres Beispiel ist der Hamilton-Operator für das Wasserstoffatom $H : H^2(\mathbb{R}^3) \to L^2(\mathbb{R}^3)$, $(H\psi)(\boldsymbol{x}) = -(\hbar^2/(2m))\Delta\psi(\boldsymbol{x}) - qV(\boldsymbol{x})\psi(\boldsymbol{x})$, wobei $V(\boldsymbol{x}) = q/(4\pi\varepsilon_0|\boldsymbol{x}|)$ das Potenzial, q die Elementarladung und ε_0 die Dielektrizitätskonstante seien. Zweimalige partielle Integration zeigt, dass H symmetrisch ist. Man kann zeigen, dass H sogar selbstadjungiert ist und

$$\sigma(H) = \sigma_p(H) \cup \sigma_c(H) \quad \text{mit}$$
$$\sigma_p(H) = \left\{-\frac{mq^4}{2(4\pi\varepsilon_0\hbar)^2n^2} : n \in \mathbb{N}\right\}, \quad \sigma_c(H) = [0, \infty)$$

gilt (siehe Abb. 13.5). Die Menge $\sigma_c(H)$ wird auch das *kontinuierliche Spektrum* genannt. Die Werte des Spektrums beschreiben mögliche Energiewerte, denn der Hamilton-Operator stellt die Messgröße „Energie" dar. Im Falle negativer Energie ist das Elektron an den Atomkern mit möglichen Energiewerten aus $\sigma_p(H)$ gebunden; für positive Energien $\sigma_c(H)$ ist das Elektron ungebunden. Der Energiewert $E_1 = -mq^4/(2(4\pi\varepsilon_0\hbar)^2)$ beschreibt den Grundzustand des Wasserstoffatoms, die Werte $E_n = -mq^4/(2(4\pi\varepsilon_0\hbar)^2n^2)$ für $n > 1$ angeregte Zustände.

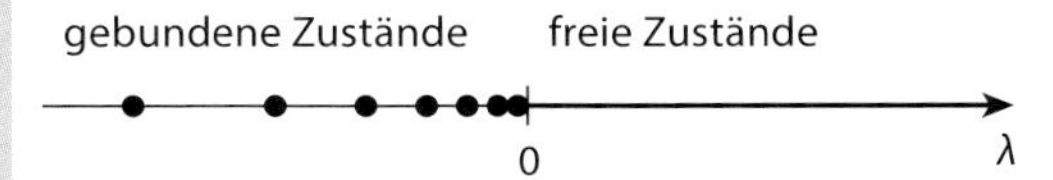

Abb. 13.5 Darstellung des Spektrums eines Wasserstoffatoms.

In Abschnitt 13.3.3 haben wir erwähnt, dass bestimmte symmetrische Operatoren $A : \mathcal{H} \to \mathcal{H}$ die Spektralzerlegung

$$A = \sum_n \mu_n P_n \tag{13.51}$$

besitzen, wobei μ_n die (paarweise verschiedenen) Eigenwerte von A sind und P_n der Projektor auf den Eigenraum (= Menge aller Eigenvektoren sowie der Nullvektor) von μ_n. Eine ähnliche Darstellung ist für alle selbstadjungierten (unbeschränkten) Operatoren möglich. Dazu definieren wir den folgenden Operator:

$$E(t) = \begin{cases} \sum_{\mu_n \le t} P_n & \text{für } t < 0 \\ P_0 + \sum_{\mu_n \le t} P_n & \text{für } t \ge 0 \,, \end{cases}$$

wobei P_0 den Projektor auf den Nullraum von A bezeichnet. Wir behaupten nun, dass wir damit den Operator A gemäß

$$A = \sum_t t(E(t) - E(t-0)) \tag{13.52}$$

zerlegen können, wobei

$$E(t-0) = \lim_{\varepsilon \to 0\,,\quad \varepsilon > 0} E(t - \varepsilon) \,.$$

Wir illustrieren diese Beziehung anhand eines Beispiels.

Beispiel 13.23

Betrachte den (beschränkten, linearen) Operator

$$A : \mathbb{R}^2 \to \mathbb{R}^2 \,, \quad A\boldsymbol{x} = \begin{pmatrix} 1 & 2 \\ 2 & 1 \end{pmatrix} \begin{pmatrix} x_1 \\ x_2 \end{pmatrix} \quad \text{für } \boldsymbol{x} = \begin{pmatrix} x_1 \\ x_2 \end{pmatrix} \in \mathbb{R}^2 \,.$$

Die Eigenwerte lauten $\lambda = -1$ und $\lambda = 3$ mit dazugehörigen Eigenräumen

$$U_{-1} = \left\{ c \begin{pmatrix} 1 \\ -1 \end{pmatrix} : c \in \mathbb{C} \right\} \,, \quad U_3 = \left\{ c \begin{pmatrix} 1 \\ 1 \end{pmatrix} : c \in \mathbb{C} \right\} \,.$$

Die Projektoren auf diese Eigenräume ergeben sich daher zu:

$$P_{-1} \begin{pmatrix} x_1 \\ x_2 \end{pmatrix} = \frac{1}{\sqrt{2}} \begin{pmatrix} 1 \\ -1 \end{pmatrix} \left[\begin{pmatrix} x_1 \\ x_2 \end{pmatrix} \cdot \frac{1}{\sqrt{2}} \begin{pmatrix} 1 \\ -1 \end{pmatrix} \right] = \frac{1}{2} \begin{pmatrix} x_1 - x_2 \\ x_2 - x_1 \end{pmatrix} \,,$$

$$P_3 \begin{pmatrix} x_1 \\ x_2 \end{pmatrix} = \frac{1}{\sqrt{2}} \begin{pmatrix} 1 \\ 1 \end{pmatrix} \left[\begin{pmatrix} x_1 \\ x_2 \end{pmatrix} \cdot \frac{1}{\sqrt{2}} \begin{pmatrix} 1 \\ 1 \end{pmatrix} \right] = \frac{1}{2} \begin{pmatrix} x_1 + x_2 \\ x_1 + x_2 \end{pmatrix} \,.$$

Wegen

$$\begin{aligned} \sum_n \mu_n P_n \begin{pmatrix} x_1 \\ x_2 \end{pmatrix} &= -1 \cdot P_{-1} \begin{pmatrix} x_1 \\ x_2 \end{pmatrix} + 3P_3 \begin{pmatrix} x_1 \\ x_2 \end{pmatrix} \\ &= -\frac{1}{2} \begin{pmatrix} x_1 - x_2 \\ x_2 - x_1 \end{pmatrix} + \frac{3}{2} \begin{pmatrix} x_1 + x_2 \\ x_1 + x_2 \end{pmatrix} \\ &= \begin{pmatrix} x_1 + 2x_2 \\ 2x_1 + x_2 \end{pmatrix} = A \begin{pmatrix} x_1 \\ x_2 \end{pmatrix} \end{aligned}$$

verifiziert dies (13.51). Die Operatoren $E(t)$ lauten

$$\begin{aligned} E(t) &= 0 && \text{für } t < -1 \,, \\ E(t) &= P_{-1} && \text{für } -1 \le t < 3 \,, \\ E(t) &= P_{-1} + P_3 = I && \text{für } t \ge 3 \,, \end{aligned}$$

wobei I die Identität bedeutet. Schematisch ist dies in Abb. 13.6 veranschaulicht.

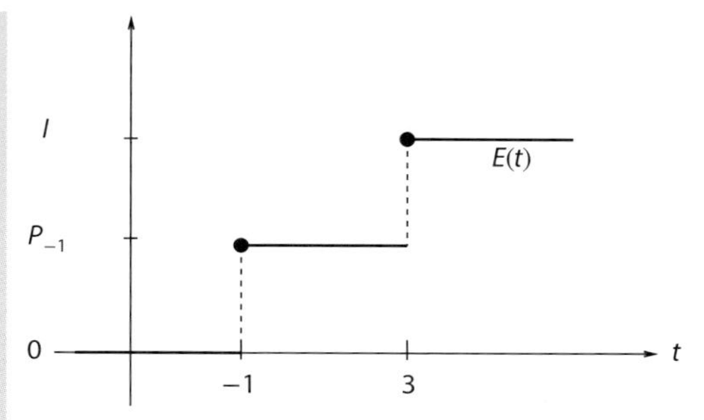

Abb. 13.6 Schematische Darstellung der Operatoren $E(t)$.

Die Abbildung $t \mapsto E(t)$ ist stetig außer an den Stellen $t = -1$ und $t = 3$. Daher ist $E(t) - E(t-0) = 0$ für $t \notin \{-1, 3\}$ und

$$E(-1) - E(-1-0) = P_{-1} \,, \quad E(3) - E(3-0) = (P_{-1} + P_3) - P_{-1} = P_3 \,.$$

Wir erhalten

$$\sum_t t(E(t) - E(t-0)) = \sum_{t \in \{-1,3\}} t(E(t) - E(t-0)) = -1 \cdot P_{-1} + 3 \cdot P_3 = A \,,$$

was (13.52) für diesen Spezialfall zeigt.

Die Operatoren $E(t)$ sind orthogonale Projektoren und erfüllen die Relationen

1. $\lim_{t\to-\infty} E(t) = 0 \,, \quad \lim_{t\to\infty} E(t) = I;$
2. $E(t) = \lim_{\varepsilon\to0,\,\varepsilon>0} E(t+\varepsilon) \quad$ für $t \in \mathbb{R}$;
3. $E(t)E(s) = E(s)E(t) = E(\min\{s,t\}) \quad$ für $s, t \in \mathbb{R}$.

Die letzte Eigenschaft gilt, weil die Projektoren P_n und P_m für $\mu_n \neq \mu_m$ vertauschbar sind: $P_n P_m = P_m P_n$. Man nennt orthogonale Projektoren $E(t)$, die 1. bis 3. erfüllen, eine *Spektralschar.* Da t in (13.52) eine reelle Zahl ist, sollten wir anstelle der Summe ein Integral und für $E(\lambda) - E(\lambda - 0)$ den Ausdruck $\mathrm{d}E_\lambda$ schreiben:

$$A = \int_{\mathbb{R}} \lambda \,\mathrm{d}E_\lambda \,.$$

Man kann dieser Formel einen mathematischen Sinn geben. *Sei $\mathcal{H}$ ein (unendlich dimensionaler, komplexer) Hilbert-Raum mit vollständigem Orthonormalsystem und $A : D(A) \to \mathcal{H}$ ein selbstadjungierter Operator. Dann existiert eine Spektralschar E_λ, sodass für alle $u \in D(A)$ gilt:*

$$Au = \int_{\mathbb{R}} \lambda \,\mathrm{d}E_\lambda u \,.$$

Dies ist die *Spektralzerlegung selbstadjungierter Operatoren.*

Das Ergebnis erlaubt eine allgemeine Interpretation des Erwartungswertes von A und eine präzise Formulierung von Axiom (A3). Wir erinnern uns: Für bestimmte symmetrische Operatoren konnten wir

$$\langle A\rangle_\psi = \sum_n \mu_n \|P_n\psi\|^2 \quad \text{mit} \quad \|\psi\| = 1$$

schreiben. Für selbstadjungierte Operatoren erhalten wir aus dem obigen Ergebnis mit $\|\psi\| = 1$

$$(\psi, E_\lambda\psi) = (\psi, E_\lambda^2\psi) = (E_\lambda^*\psi, E_\lambda\psi) = (E_\lambda\psi, E_\lambda\psi) = \|E_\lambda\psi\|^2 ,$$

denn $E_\lambda^2 = E_\lambda$ und $E_\lambda^* = E_\lambda$, da E_λ Projektoren sind. Dann folgt:

$$\langle A\rangle_\psi = (\psi, A\psi) = \left(\psi, \int_{\mathbb{R}} \lambda\,\mathrm{d}E_\lambda\psi\right) = \int_{\mathbb{R}} \lambda\,\mathrm{d}(\psi, E_\lambda\psi) = \int_{\mathbb{R}} \lambda\,\mathrm{d}\|E_\lambda\psi\|^2 .$$

Wir können $\|E_\lambda\psi\|^2$ wieder als die Wahrscheinlichkeit interpretieren, im Zustand ψ den Wert λ zu messen. Dies ist nicht ganz präzise, da solche scharfen Messungen in der Regel nicht möglich sind (außer λ ist ein Eigenwert von A). Wir formulieren daher allgemeiner:

Axiom (A3) Die Wahrscheinlichkeit, dass bei der Messung einer Observablen A eines quantenmechanischen Systems im (normierten) Zustand ψ der Messwert in das Intervall $[\lambda, \mu)$ fällt, beträgt:

$$\|(E_\mu - E_\lambda)\psi\|^2 = (\psi, (E_\mu - E_\lambda)\psi) .$$

Die Elemente des Spektrums von A sind die möglichen Messwerte der Messung.

Da wir in Axiom (A2) gefordert haben, dass Observablen durch selbstadjungierte Operatoren dargestellt werden, ist klar, dass die Messwerte reell sind. Die Wahrscheinlichkeit, dass der Messwert in das Intervall $(-\infty, \infty)$ fällt, lautet gemäß der Eigenschaft 1 der Spektralschar E_λ:

$$\|(E_\infty - E_{-\infty})\psi\|^2 = \|(\lim_{\lambda\to\infty} E_\lambda - \lim_{\lambda\to-\infty} E_\lambda)\psi\|^2 = \|I\psi\|^2 = 1 .$$

Es ist also sicher, dass *irgendein* reeller Wert gemessen wird.

Wir nennen einen Messwert *scharf*, wenn die Unschärfe bezüglich des Zustandes ψ verschwindet:

$$(\Delta A)_\psi = \|A\psi - \langle A\rangle_\psi\psi\| = 0 .$$

Ein Spektralwert von A tritt genau dann als scharfer Messwert auf, wenn er ein Eigenwert von A ist. Sei nämlich λ ein Eigenwert von A mit normiertem Eigenvektor ϕ. Dann ist

$$\langle A\rangle_\phi = (\phi, A\phi) = \lambda(\phi, \phi) = \lambda$$

und

$$(\Delta A)_\phi = \|A\phi - \langle A\rangle_\phi \phi\| = \|A\phi - \lambda\phi\| = 0 \, .$$

Umgekehrt folgt aus $(\Delta A)_\phi = 0$ sofort $A\phi = \langle A\rangle_\phi \phi$, d. h., $\lambda = \langle A\rangle_\phi$ ist ein Eigenwert zum Eigenvektor ϕ. Die Wahrscheinlichkeit, den Wert $\lambda = \langle A\rangle_\phi$ zu messen, beträgt nach Axiom (A3)

$$\|(E_\lambda - E_{\lambda-0})\phi\| = \|P_\lambda \phi\| = \|\phi\| = 1 \, ,$$

wenn ϕ der Eigenvektor zum Eigenwert λ und P_λ der entsprechende Projektor ist. Dies bedeutet: *Die Messung ist genau dann scharf, wenn sie mit Wahrscheinlichkeit eins den Messwert $\langle A\rangle_\phi$ liefert. Das ist der Fall, wenn ϕ ein Eigenvektor oder Eigenzustand von A ist.*

Wir haben weiter oben gezeigt, dass der Ortsoperator

$$Q : D(Q) \to L^2(\mathbb{R}) \, , \quad (Q\psi)(x) = x\psi(x) \, ,$$

das Spektrum $\sigma(Q) = \mathbb{R}$ besitzt. In Abschnitt 13.3.3 haben wir bereits angedeutet, dass Q keine Eigenwerte hat, denn ansonsten ergäbe

$$x\psi(x) = (Q\psi)(x) = \lambda\psi(x) \quad \text{für} \quad x \in \mathbb{R}$$

$\psi(x) = 0$ für alle $x \neq \lambda$ im Widerspruch zur Definition eines Eigenvektors $\psi \neq 0$ fast überall. „Definiert" man $\delta_\lambda(x) = 0$ für alle $x \neq \lambda$ und „$\delta_\lambda(\lambda) = \infty$", so folgt formal:

$$(Q\delta_\lambda)(x) = x\delta_\lambda(x) = \lambda\delta_\lambda(x) \, .$$

Jedoch ist δ_λ keine Funktion aus dem Definitionsbereich $D(Q)$ und damit auch keine Eigenfunktion. In der Literatur wird zuweilen eine sogenannte *verallgemeinerte Eigenfunktion* $\psi_\lambda = \delta_\lambda$ eingeführt, die zwar kein Element des Zustandsraums mehr ist, die aber die Beziehung

$$Q\psi_\lambda = \lambda\psi_\lambda \, , \quad \lambda \in \mathbb{R} \, ,$$

erfüllt. Betrachtet man die Familie ψ_λ, $\lambda \in \mathbb{R}$, als „vollständiges Orthonormalsystem", so kann man formal die Fourier-Darstellung eines Zustands ψ und die Spektralzerlegung eines selbstadjungierten Operators A schreiben als:

$$\psi = \int_{\mathbb{R}} \psi_\lambda(\psi_\lambda, \psi)\, \mathrm{d}\lambda \quad \text{und} \quad A\psi = \int_{\mathbb{R}} \lambda\psi_\lambda(\psi_\lambda, \psi)\, \mathrm{d}\lambda \, .$$

In der Dirac-Schreibweise lautet dies:

$$I = \int_{\mathbb{R}} |\lambda\rangle\langle\lambda|\, \mathrm{d}\lambda \quad \text{und} \quad A = \int_{\mathbb{R}} \lambda|\lambda\rangle\langle\lambda|\, \mathrm{d}\lambda \, , \tag{13.53}$$

wobei $|\lambda\rangle = \psi_\lambda$. Mathematisch macht dies keinen Sinn (im Rahmen der vorgestellten Hilbert-Raumtheorie); identifiziert man jedoch mithilfe der Spektralschar E_λ den Ausdruck $\mathrm{d}xE_\lambda$ mit $|\lambda\rangle\langle\lambda|\,\mathrm{d}\lambda$, so entspricht die obige Spektralzerlegung

$$A = \int_{\mathbb{R}} \lambda\,\mathrm{d}E_\lambda$$

gerade der Darstellung (13.53). Die Zerlegung (13.53) ist in diesem Sinne zu interpretieren.

Fragen und Aufgaben

Aufgabe 13.21 Sei $\mathcal{H}$ ein Hilbert-Raum und $A : \mathcal{H} \to \mathcal{H}$ ein linearer, beschränkter und symmetrischer Operator. Ist A automatisch selbstadjungiert?

Aufgabe 13.22 Definiere den Drehimpulsoperator $L_1 : D(L_1) \to L^2(\mathbb{R}^3)$ durch

$$(L_1\psi)(\boldsymbol{x}) = \frac{1}{\mathrm{i}}\left(x_2\frac{\partial\psi}{\partial x_3}(\boldsymbol{x}) - x_3\frac{\partial\psi}{\partial x_2}(\boldsymbol{x})\right)$$

mit Definitionsbereich

$$D(L_1) = \left\{\psi \in H^1(\mathbb{R}^3) : x_j\frac{\partial\psi}{\partial x_k} \in L^2(\mathbb{R}^3) \text{ für alle } j,k = 2,3\right\} .$$

Zeige, dass L_1 symmetrisch ist.

Aufgabe 13.23 Sei $A : L^2(0,1) \to L^2(0,1)$, $(Au)(x) = \mathrm{e}^x u(x)$. Ist A selbstadjungiert?

Aufgabe 13.24 Wie sind der Erwartungswert und die Unschärfe eines Operators A im Zustand u definiert?

Aufgabe 13.25 Seien $\mathcal{H} = U \oplus U^\perp$ ein Hilbert-Raum und $P : \mathcal{H} \to U$ ein orthogonaler Projektor auf U, d. h., jedes $u \in \mathcal{H}$ lässt sich darstellen durch $u = u_0 + u_1$ mit $u_0 = Pu \in U$ und $u_1 = u - Pu \in U^\perp$. Zeige, dass (i) $\langle P\rangle_{u_0} = 1$, $(\Delta P)_{u_0} = 0$ für alle $u_0 \in U$ mit $\|u_0\| = 1$ und (ii) $\langle P\rangle_{u_1} = 0$, $(\Delta P)_{u_1} = 0$ für alle $u_1 \in U^\perp$ mit $\|u_1\| = 1$.

Aufgabe 13.26 Sei der Operator $A : L^2(0,1) \to L^2(0,1)$ definiert durch $(Au)(x) = \int_0^1 u(y)\,\mathrm{d}y$ für $x \in [0,1]$. Zeige, dass A selbstadjungiert ist und $\sigma_p(A) = \sigma(A) = \{0,1\}$ gilt.

Aufgabe 13.27 Sei $A : D(A) \to \ell^2$ mit $D(A) = \{x = (x_n) \in \ell^2 : (nx_n) \in \ell^2\}$ und $Ax = (x_1, 2x_2, 3x_3, \ldots)$. Zeige, dass A selbstadjungiert ist und $\sigma_p(A) = \sigma(A) = \mathbb{N}$ gilt.

Aufgabe 13.28 Was ist ein scharfer Messwert?

Aufgabe 13.29 Sei λ ein Eigenwert eines selbstadjungierten Operators mit zugehörigem normierten Eigenvektor u. Berechne die Unschärfe von A im Zustand u.

13.5 Zeitentwicklung quantenmechanischer Systeme

Ziel dieses Abschnittes ist die Lösung der Schrödinger-Gleichung

$$\mathrm{i}\hbar\partial_t\psi = H\psi\ , \quad t\in\mathbb{R}\ , \quad \psi(\cdot,0) = \psi_I\ , \tag{13.54}$$

wobei H der Hamilton-Operator des quantenmechanischen Systems ist. Im Beispiel 13.19 haben wir gesehen, dass der Hamilton-Operator eines freien Teilchens selbstadjungiert ist. Wir werden in diesem Abschnitt erkennen, dass diese Eigenschaft wesentlich für die Lösung der Schrödinger-Gleichung ist. Wir betrachten daher auf dem Hilbert-Raum $\mathcal{H}$ einen selbstadjungierten, dicht definierten Operator $A : D(A) \to \mathcal{H}$ und die Differenzialgleichung:

$$\mathrm{i}\partial_t u = Au\ , \quad t\in\mathbb{R}\ , \quad u(0) = u_0\ . \tag{13.55}$$

Wäre A eine Zahl, so wäre dies eine gewöhnliche Differenzialgleichung und $u(t) = \mathrm{e}^{-\mathrm{i}At}u_0$ deren Lösung. Wir könnten versuchen, auch für Operatoren A als Lösung $u(t) = U(t)u_0$ mit $U(t) = \mathrm{e}^{-\mathrm{i}At}$ anzusetzen. Hierbei ist der Ausdruck „$\mathrm{e}^{-\mathrm{i}At}$" ein reines Symbol. Formal gilt dann:

$$U(t)^* = \mathrm{e}^{(-\mathrm{i}At)^*} = \mathrm{e}^{\mathrm{i}A^*t} = \mathrm{e}^{\mathrm{i}At} = U(-t)\ ,$$

denn $A^* = A$. Aus der obigen Eigenschaft folgt $U(t)^* = U(-t) = U(t)^{-1}$. Diese Rechnung kann mathematisch begründet werden:

Satz 13.4 Satz von Stone (Teil 1)

Sei $A : D(A) \to \mathcal{H}$ ein selbstadjungierter Operator und $u_0 \in D(A)$. Dann existiert für alle $t \in \mathbb{R}$ eine eindeutige Lösung von (13.55), gegeben durch $u(t) = U(t)u_0$. Der Operator $U(t)$, formal geschrieben als $U(t) = \mathrm{e}^{-\mathrm{i}At}$, erfüllt $U(t)^* = U(t)^{-1}$ und

1. $U(0) = I =$ Identität,
2. $U(s+t) = \mathrm{e}^{-\mathrm{i}A(t+s)} = \mathrm{e}^{-\mathrm{i}At}\mathrm{e}^{-\mathrm{i}As} = U(t)U(s)$,
3. $U(t)^{-1} = \mathrm{e}^{\mathrm{i}At} = U(-t)$.

Die Eigenschaft eines Operators $U : \mathcal{H} \to \mathcal{H}$, dass die Adjungierte gleich der Inversen ist, d. h. $U^* = U^{-1}$, nennen wir *unitär*. Unitäre Operatoren erfüllen die Eigenschaften $\|Uu\| = \|u\|$ für alle $u \in \mathcal{H}$ und

$$\sigma(U) \subset \{\lambda \in \mathbb{C} : |\lambda| = 1\}\ .$$

Beispiel 13.24
Sei als Beispiel der Operator $U : L^2(\mathbb{R}) \to L^2(\mathbb{R})$ definiert durch $(Uu)(x) = e^{i\lambda x}u(x)$ für $\lambda \in \mathbb{R}$, $\lambda \neq 0$. Dann ist

$$(Uu, v)_{L^2} = \int_{\mathbb{R}} \overline{e^{i\lambda x}u(x)}v(x)\,dx = \int_{\mathbb{R}} \overline{u(x)}e^{-i\lambda x}v(x)\,dx$$

und daher $(U^*v)(x) = e^{-i\lambda x}v(x)$. Aus $(U^*Uu)(x) = e^{-i\lambda x}e^{i\lambda x}u(x) = u(x)$ bzw. $UU^* = I$ folgt dann $U^* = U^{-1}$, und U ist unitär. Außerdem gilt:

$$\|Uu\|_{L^2}^2 = \int_{\mathbb{R}} |e^{i\lambda x}u(x)|^2\,dx = \int_{\mathbb{R}} |u(x)|^2\,dx = \|u\|_{L^2}^2 .$$

Seien ferner $f \in L^2(\mathbb{R})$, $\mu \in \mathbb{C}$, und definiere $u(x) = f(x)/(e^{i\lambda x} - \mu)$, $x \in \mathbb{R}$. Diese Definition ergibt Sinn, wenn $\mu \neq e^{i\alpha}$ für alle $\alpha \in \mathbb{R}$ bzw. wenn $|\mu| \neq 1$. In diesem Fall ist $u \in L^2(\mathbb{R})$ und

$$(U - \mu)u(x) = (e^{i\lambda x} - \mu)u(x) = f(x) ,$$

d. h. $R(U - \mu) = L^2(\mathbb{R})$ für alle $|\mu| \neq 1$. Außerdem folgt aus $(U - \mu)u = 0$ sofort $u = 0$, sofern $|\mu| \neq 1$, denn $e^{i\lambda x} - \mu \neq 0$, d. h. $N(U - \mu) = \{0\}$. Folglich ist $U - \mu$ für alle $\mu \in \mathbb{C}$ mit $|\mu| \neq 1$ invertierbar. Wir erhalten:

$$\{\mu \in \mathbb{C} : |\mu| \neq 1\} \subset \varrho(U) \quad \text{bzw.} \quad \sigma(U) \subset \{\mu \in \mathbb{C} : |\mu| = 1\} .$$

Allerdings besitzt U *keine* Eigenwerte, denn die Gleichung $\mu u(x) = Uu(x) = e^{i\lambda x}u(x)$ würde $\mu = e^{i\lambda x}$ für alle $x \in \mathbb{R}$ implizieren, was nicht erfüllt werden kann.

Die Notation $U(t) = e^{-iAt}$ ist sehr suggestiv, denn wir erhalten durch formale Rechnung:

$$i\partial_t u(t) = i\partial_t(e^{-iAt}u_0) = i(-i)Ae^{-iAt}u_0 = Au(t) .$$

Tatsächlich ist diese Rechnung korrekt und das Symbol e^{-iAt} kann mathematisch präzise mit der Spektraldarstellung (siehe Abschnitt 13.4.3) definiert werden. Da nämlich A selbstadjungiert ist, können wir

$$A = \int_{\mathbb{R}} \lambda\,dE_\lambda$$

schreiben. Wir definieren dann:

$$e^{-iAt} = \int_{\mathbb{R}} e^{-i\lambda t}\,dE_\lambda .$$

Der Satz von Stone sagt aus, dass es zu jedem selbstadjungierten Operator A (also einer quantenmechanischen Observablen) eine Familie $U(t)$, $t \in \mathbb{R}$, unitärer Operatoren gibt, so dass $U(t) = \mathrm{e}^{-\mathrm{i}At}$ (also eine Lösung der Schrödinger-Gleichung). Genau genommen gilt sogar die Umkehrung: Zu jeder Zustandsfunktion, die die Schrödinger-Gleichung löst (also unitäre Operatoren $U(t)$, $t \in \mathbb{R}$), existiert eine quantenmechanische Observable (also ein selbstadjungierter Operator A), sodass $U(t) = \mathrm{e}^{-\mathrm{i}At}$. Diese Observable stellt die Messgröße „Energie“ dar.

Satz 13.5 Satz von Stone (Teil 2)

Sei $U(t)$, $t \in \mathbb{R}$, eine Familie unitärer Operatoren, die die Eigenschaften 1. bis 3. aus dem ersten Teil des Satzes von Stone erfüllen. Dann existiert genau ein selbstadjungierter Operator A mit $U(t) = \mathrm{e}^{-\mathrm{i}At}$, $t \in \mathbb{R}$.

Wir sind nun in der Lage, Axiom (A4) aus Abschnitt 13.1.2 präzise zu formulieren:

Axiom (A4) Jedem quantenmechanischen System ist ein selbstadjungierter Operator H zugeordnet. Dieser Operator wird Hamilton-Operator genannt und stellt die Messgröße „Energie“ dar. Befindet sich das System zur Zeit $t = 0$ im normierten Zustand ψ_0, so lautet der Zustand zur Zeit $t \in \mathbb{R}$: $\psi(t) = \mathrm{e}^{-\mathrm{i}Ht/\hbar}\psi_0$, d. h., $\psi(t)$ löst die Schrödinger-Gleichung (13.54).

In quantenmechanischen Systemen sind stationäre, d. h. zeitunabhängige, Zustände von Bedeutung. Eine Zustandsfunktion ψ des Systems (d. h. eine Lösung der Schrödinger-Gleichung) ist genau dann stationär, wenn ψ eine Eigenfunktion von H ist. Die Aussage kann folgendermaßen motiviert werden: Ist v eine zeitunabhängige Eigenfunktion von H zum Eigenwert λ, so können wir (13.54) mit dem Ansatz $u(t) = \mathrm{e}^{-\mathrm{i}\lambda t}v$ lösen, denn:

$$\mathrm{i}\partial_t u = \mathrm{i}\partial_t(\mathrm{e}^{-\mathrm{i}\lambda t})v = \lambda \mathrm{e}^{-\mathrm{i}\lambda t}v = H(\mathrm{e}^{-\mathrm{i}\lambda t}v) = Hu \ .$$

Nun beschreiben $\mathrm{e}^{-\mathrm{i}\lambda t}v$ und v wegen $|\mathrm{e}^{-\mathrm{i}\lambda t}| = 1$ nach Axiom (A1) denselben Zustand. Also wird das System durch einen zeitunabhängigen Zustand dargestellt.

Fragen und Aufgaben

Aufgabe 13.30 Was ist ein unitärer Operator?

Aufgabe 13.31 Gibt es unitäre Operatoren, die auch selbstadjungiert sind?

Aufgabe 13.32 Definiere für $\alpha \in \mathbb{R}$ die Matrix

$$U = \begin{pmatrix} \cos\alpha & \sin\alpha \\ -\sin\alpha & \cos\alpha \end{pmatrix} .$$

Zeige, dass U unitär ist, d. h. $U^{-1} = U^* = U^{\mathrm{T}}$. Berechne alle Eigenwerte von U.

Aufgabe 13.33 Sei $A : \ell^2 \to \ell^2$ definiert durch $Ax = (x_2, x_1, x_3, x_4, \ldots)$. Zeige, dass A unitär ist und $\sigma(A) = \sigma_p(A) = \{-1, 1\}$ gilt.

Aufgabe 13.34 Der Ausdruck $\mathrm{e}^{-\mathrm{i}At}$ ist für Matrizen $A \in \mathbb{C}^{n\times n}$ definiert durch

$$\mathrm{e}^{-\mathrm{i}At} = \sum_{n=0}^{\infty} \frac{(-\mathrm{i}t)^n}{n!} A^n \, .$$

Berechne $\mathrm{e}^{-\mathrm{i}Ut}$ für die Matrix

$$U = \begin{pmatrix} 0 & 1 \\ 1 & 0 \end{pmatrix} \, .$$

14
Wahrscheinlichkeitsrechnung

14.1
Einleitung

14.1.1
Aufgaben der Wahrscheinlichkeitsrechnung

Um die Aufgaben der Wahrscheinlichkeitsrechnung zu umreißen, müssen wir zunächst einige Betrachtungen über Versuche und deren mögliche Ausgänge anstellen. Ein Versuch wird gewöhnlich in folgender Weise durchgeführt: Man gibt einen Komplex von Bedingungen vor und stellt anschließend fest, welches Ereignis eingetreten ist. In vielen Fällen ist das Ereignis durch die vorgegebenen Bedingungen vollständig bestimmt; es tritt jedes Mal auf, wenn der betreffende Komplex von Bedingungen vorliegt. Man spricht dann von einem *sicheren Ereignis.* In anderen Fällen erkennt man, dass das Ereignis beim Vorliegen eines entsprechenden Komplexes von Bedingungen entweder eintreten kann oder nicht eintreten kann. Es handelt sich dann um ein *zufälliges Ereignis.* Zur näheren Erläuterung seien im Folgenden einige Beispiele gebracht.

Beispiel 14.1
Wir heben einen Stein von einer Unterlage 2 m hoch und lassen ihn dann los. Es zeigt sich, dass der Stein auf die Unterlage herabfällt. Der Komplex von Bedingungen lautet in diesem Versuch: „Hochheben und anschließendes Loslassen des Steines". Als Ereignis beobachtet man: „Herabfallen des Steines". Es handelt sich um ein sicheres Ereignis; jedes Mal, wenn man den Stein hochhebt und anschließend loslässt, kann man nämlich mit Sicherheit damit rechnen, dass er herabfällt. Wir bringen einen Würfel in einen Becher, schütteln diesen und drehen dann den Becher um, sodass der Würfel auf eine Unterlage fällt. Der Würfel kommt dabei so zu liegen, dass die Augenzahl 2 nach oben weist. Der Komplex von Bedingungen lautet also: „Würfel in einen Becher legen, schütteln und den Becher anschließend ausleeren". Das eingetretene Ereignis lautet, kurz ausgedrückt: „Augenzahl 2". Es handelt sich in diesem Fall um ein zufälliges Ereignis, da bei dem vorgegebenen

Mathematik für Chemiker, 7. Auflage. Ansgar Jüngel und Hans G. Zachmann.

Komplex von Bedingungen auch eine andere Augenzahl erscheinen kann, z. B. 5 oder 3.

Wir untersuchen die Größen bzw. die Gewichte der Eier, die ein Huhn im Laufe der Zeit legt. Der Komplex von Bedingungen lautet dann: „Das Huhn legt ein Ei und wir wiegen es". Das Ereignis lautet z. B. „Gewicht 72 g". Es handelt sich um ein zufälliges Ereignis, da das Gewicht im Allgemeinen jedes Mal ein anderes ist. Weitere Beispiele für zufällige Ereignisse sind der radioaktive Zerfall eines Atoms, das Auftreten einer chemischen Reaktion an einem bestimmten Molekül während einer Polymerisation und die ungewollte Beschädigung eines Gepäckstückes auf einer Reise von Frankfurt nach Hamburg.

Die zufälligen Ereignisse widersprechen nicht notwendigerweise dem Kausalgesetz. Die Unsicherheit im Ausgang des Versuchs hat vielmehr häufig folgende Ursache: Die das Ereignis verursachenden Umstände sind so vielfältig, dass sie durch den vorgegebenen Komplex von Bedingungen nicht bis in alle Einzelheiten erfasst sind. Nehmen wir als Beispiel das Würfeln. Wenn wir als Bedingung „Schütteln des Bechers" anführen, so ist das eine äußerst mangelhafte Beschreibung des in Wirklichkeit sehr komplizierten mechanischen Vorganges. Diese Beschreibung reicht nicht aus, um mit ihrer Hilfe die resultierende Augenzahl im voraus zu bestimmen. Würde man dagegen genau angeben, wie man den Würfel in den Becher legt, welche Kräfte als Funktion der Zeit anschließend beim Schütteln auf ihn einwirken und welche Bedingungen beim Ausschütten des Bechers herrschen, so könnte man im Prinzip auch die anschließend auftretende Augenzahl berechnen. Daraus folgt: *Die Bezeichnung „zufälliges Ereignis" bezieht sich auf den vorgegebenen Komplex von Bedingungen. Werden diese vervollständigt, so kann das zufällige Ereignis in ein sicheres übergehen.* Letzteres muss allerdings nicht immer der Fall sein. In der Quantenphysik kann man nämlich über den Ausgang von Ereignissen grundsätzlich nur Wahrscheinlichkeitsaussagen machen.

Auch für zufällige Ereignisse lassen sich gewisse Gesetzmäßigkeiten finden. Wenn man viele Male würfelt, so wird im Allgemeinen ungefähr bei 1/6 der Würfe die Augenzahl 2 erscheinen. Des Weiteren kann beispielsweise eine Versicherungsgesellschaft angeben, wie häufig im Durchschnitt auf einer Reise ein Gepäckstück beschädigt wird und aufgrund dieser Kenntnis Versicherungsprämien berechnen. Der Zweig der Mathematik, der sich mit den Gesetzmäßigkeiten bei zufälligen Ereignissen beschäftigt, heißt *Wahrscheinlichkeitsrechnung.*

Die Wahrscheinlichkeitsrechnung ist ursprünglich aus dem Bedürfnis heraus entstanden, Gewinnchancen bei Glücksspielen besser überblicken zu können. Heute spielt sie in vielen Gebieten der Wissenschaft und des täglichen Lebens eine wesentliche Rolle, so z. B. in der Thermodynamik, in der Quantenchemie, bei der Auswertung von Messergebnissen und im Versicherungswesen.

14.1.2 Der Ereignisraum

Wir gehen nun etwas ausführlicher auf zufällige Ereignisse und ihre gegenseitige Abhängigkeit ein und betrachten als Beispiel hierzu das Werfen eines Würfels. Man hat es in diesem Fall mit den Ereignissen „Augenzahl 1", „Augenzahl 2" usw. bis „Augenzahl 6" zu tun. Außerdem sieht man auch Aussagen wie „gerade Augenzahl" und „ungerade Augenzahl" als mögliche Ereignisse an. Man erkennt unmittelbar, dass sich zwei Ereignisse nicht in allen Fällen gegenseitig ausschließen. Das Ereignis „gerade Augenzahl" z. B. kann gleichzeitig mit dem Ereignis „Augenzahl 2" eintreten; es ist aber mit diesem nicht identisch. Die Gesamtheit der Ereignisse, die zu einem vorgegebenen Komplex von Bedingungen gehören, bildet daher eine Menge, bei der bestimmte Beziehungen zwischen den einzelnen Elementen bestehen.

Um diese Beziehungen exakt zu erfassen, bezeichnen wir die einzelnen Ereignisse mit $A_1, A_2, A_3, \ldots$ und nehmen die folgenden Definitionen vor:

1. Wenn gleichzeitig mit einem Ereignis A_j immer auch das Ereignis A_k eintritt, so sagt man, A_j sei ein *Teilereignis* von A_k, und schreibt $A_j \subset A_k$.
2. Wenn A_j Teilereignis von A_k und gleichzeitig A_k Teilereignis von A_j ist, so treten immer entweder beide Ereignisse zusammen oder keines von beiden auf. Man sagt dann, beide Ereignisse seien *gleichwertig*, und schreibt $A_j = A_k$.
3. Zwei Ereignisse, die sich gegenseitig ausschließen, nennt man *unvereinbar* oder *disjunkt*.
4. Das Ereignis, das darin besteht, dass A_j oder A_k eintritt, heißt die *Summe* von A_j und A_k und wird mit $A_j \cup A_k$ bezeichnet.
5. Das Ereignis, dass sowohl A_j als auch A_k eintreten, nennt man das *Produkt* von A_j und A_k und bezeichnet es mit $A_j \cap A_k$.
6. Das Ereignis, das darin besteht, dass A_j eintritt, während A_k nicht eintritt, heißt die *Differenz* von A_j und A_k und wird mit $A_j \backslash A_k$ bezeichnet.

Beispiel 14.2
Wir betrachten nun einige Beispiele, die sich auf das Werfen eines Würfels beziehen:

1. Das Ereignis „Augenzahl 1" ist ein Teilereignis von „ungerade Augenzahl".
2. Die Ereignisse „Augenzahl 2" und „Augenzahl 1" sind unvereinbar. Ebenso sind auch die Ereignisse „Augenzahl 2" und „ungerade Augenzahl" unvereinbar. Die Ereignisse „Augenzahl 2" und „gerade Augenzahl" sind dagegen miteinander vereinbar.
3. „Gerade Augenzahl" ist die Summe der Ereignisse „Augenzahl 2", „Augenzahl 4" und „Augenzahl 6".
4. Das Ereignis, dass man beim ersten Würfeln 5 und beim zweiten 1 erhält, ist das Produkt der Ereignisse „Augenzahl 5 im ersten Wurf" und „Augenzahl 1 im zweiten Wurf".

5. Das Ereignis „Augenzahl 1 oder 5“ ist die Differenz aus dem Ereignis „ungerade Augenzahl“ und „Augenzahl 3“. Wirft man nämlich eine ungerade Augenzahl, die nicht 3 ist, so muss sie 1 oder 5 sein.

Um die Vielzahl der möglichen Ereignisse, die zu einem vorgegebenen Komplex von Bedingungen gehören, besser überblicken zu können, unterscheidet man zwischen *Elementarereignissen* und *zusammengesetzten Ereignissen. Ein Ereignis heißt elementar, wenn es sich nicht als Summe anderer Ereignisse darstellen lässt. Ist ein Ereignis dagegen als Summe von anderen Ereignissen darstellbar, so heißt es zusammengesetzt.* Sämtliche Elementarereignisse, die zu einem gewissen Komplex von Bedingungen gehören, bilden den sogenannten *Ereignisraum.* Kennt man diese Elementarereignisse, so lassen sich mit ihnen sämtliche anderen Ereignisse mithilfe der oben definierten Operationen darstellen.

Beispiel 14.3
Als erstes Beispiel betrachten wir das Werfen eines Würfels. Der Ereignisraum wird in diesem Fall von den sechs Elementarereignissen „Augenzahl 1“, „Augenzahl 2“ usw. bis „Augenzahl 6“ gebildet. Ein zusammengesetztes Ereignis ist z. B. „gerade Augenzahl“, das sich als Summe der Elementarereignisse „Augenzahl 2“, „Augenzahl 4“ und „Augenzahl 6“ darstellen lässt.
Als zweites Beispiel betrachten wir das Werfen zweier Würfel. Um das eingetretene Ereignis zu charakterisieren, kann man die Augenzahlen der beiden Würfel angeben. Man kommt so zu den Ereignissen „Augenzahl 1 und 1“, „Augenzahlen 1 und 2“ usw. bis „Augenzahlen 6 und 6“. Daneben stellt auch die Summe der Augenzahlen der beiden Würfel ein mögliches Ereignis dar, also die Aussage „Augenzahlsumme 2“, „Augenzahlsumme 3“ usw. bis „Augenzahlsumme 12“. Schließlich gibt es noch Ereignisse der folgenden Art: „gerade Augenzahlsumme“, „ungerade Augenzahlsumme“, „Jeder Würfel weist eine gerade Augenzahl auf“ usw. Der Ereignisraum wird von den 36 Elementarereignissen „Augenzahlen 1 und 1“, „Augenzahlen 1 und 2“ usw. bis „Augenzahlen 6 und 6“ gebildet. Zusammengesetzte Ereignisse sind z. B. „Augenzahlensumme 5“ oder „Jeder Würfel hat eine ungerade Augenzahl“.

14.1.3 Zufallsgrößen

In vielen Fällen ist es zweckmäßig, jedes Ereignis, das bei einem vorgegebenen Komplex von Bedingungen eintreten kann, durch einen Zahlenwert zu charakterisieren. Die Funktion, die solche Zahlenwerte annehmen kann, nennt man dann *Zufallsgröße.*

Beispiel 14.4
Im Falle des Werfens eines Würfels kann man den Ereignissen „Augenzahl 1", „Augenzahl 2" usw. bis „Augenzahl 6" der Reihe nach die natürlichen Zahlen 1, 2, …, 6 zuordnen. Die Zufallsgröße ist in diesem Fall die Augenzahl.
Bei der Untersuchung des Gewichtes von Hühnereiern lässt sich dem Ereignis „Das Hühnerei hat ein Gewicht von 72 g" die Zahl 72 zuordnen. Die Zufallsgröße ist in diesem Fall das Gewicht des Eies.

Eine Zufallsgröße kann entweder endlich viele bzw. abzählbar unendlich viele Werte annehmen, wie im Beispiel des Würfels, oder kontinuierliche Werte, wie beim Gewicht der Hühnereier. Man spricht dementsprechend von *diskreten* oder *kontinuierlichen Zufallsgrößen*. Wenn die Anzahl der Ereignisse endlich oder abzählbar unendlich ist, so tritt immer eine diskrete Zufallsgröße auf. Überabzählbar unendlich viele Ereignisse lassen sich dagegen nur durch eine kontinuierliche Zufallsgröße charakterisieren.

Nach Einführung des Wahrscheinlichkeitsbegriffes werden wir entweder von der Wahrscheinlichkeit eines Ereignisses oder von der Wahrscheinlichkeit des entsprechenden Wertes der Zufallsgröße sprechen. Beide Formulierungen sind gleichbedeutend. Die Einführung der Zufallsgröße wirkt sich vor allem bei der Untersuchung von Verteilungen und den Parametern zu deren Charakterisierung vorteilhaft aus (siehe Abschnitt 14.3.2).

Fragen und Aufgaben

Aufgabe 14.1 Was ist der Unterschied zwischen einem sicheren und einem zufälligen Ereignis?

Aufgabe 14.2 Was versteht man unter unvereinbaren Ereignissen?

Aufgabe 14.3 Wie ist die Summe, die Differenz und das Produkt zweier Ereignisse definiert?

Aufgabe 14.4 Was versteht man unter einem Elementarereignis und was unter einem zusammengesetzten Ereignis?

Aufgabe 14.5 Wie ist der Ereignisraum definiert?

Aufgabe 14.6 Was versteht man unter einer Zufallsgröße?

Aufgabe 14.7 Was ist der Unterschied zwischen diskreten und kontinuierlichen Zufallsgrößen?

Aufgabe 14.8 Betrachte die Menge der Ereignisse beim Werfen zweier Würfel und führe folgendes durch: (i) Stelle das Ereignis „Augenzahlensumme 5" als Summe von Elementarereignissen dar. (ii) Bilde die Differenz der Ereignisse „Augenzahlensumme gerade" und „Jeder Würfel weist eine gerade Augenzahl auf". (iii) Prüfe, ob das Ereignis „Augenzahlen 1 und 3" ein Teilereignis von „Augenzahlensumme 5" ist.

Aufgabe 14.9 Aus einem Kartenspiel, das lediglich die 4 Asse und 4 Könige aufweist, zieht ein Spieler 2 Karten. Die beiden gezogenen Karten, z. B. Herz As und Karo König, sind ein zufälliges Ereignis. (i) Gib die Elementarereignisse an, die den Ereignisraum bilden. (ii) Nenne einige zusammengesetzte Ereignisse. (iii) Welches ist die Differenz der Ereignisse „2 Könige" und „Herz König und Pik König"?

Aufgabe 14.10 Beim Schießen auf ein punktförmiges Ziel auf einer Scheibe hängt es vom Zufall ab, ob man mehr oder weniger weit daneben schießt. Das zufällige Ereignis ist hier der Abstand der Einschussstelle zum Ziel. Welche Zufallsgröße kann man hier einführen? Benötigt man eine diskrete oder eine kontinuierliche Zufallsgröße?

14.2 Diskrete Zufallsgrößen

14.2.1 Statistische Definition der Wahrscheinlichkeit

Bei einem Versuch mögen endlich viele zufällige Ereignisse $A_1, A_2, \ldots, A_s$ eintreten können. Wir führen den Versuch n-mal durch und stellen dabei fest, dass ein bestimmtes Ereignis A_i insgesamt n_i-mal auftritt. Das Verhältnis von n_i zu n nennt man dann die *relative Häufigkeit des Ereignisses* A_i und bezeichnet diese mit $h(A_i)$:

$$h(A_i) = \frac{n_i}{n} \, .$$

Beispiel 14.5
Als Beispiel betrachten wir das Würfeln. Nehmen wir an, dass beim hundertmaligen Werfen eines Würfels die Augenzahl 2 insgesamt 17-mal auftritt. Die relative Häufigkeit des Ereignisses „Augenzahl 2" beträgt dann gemäß obiger Definition $17/100 = 0{,}17$.

Trägt man die relative Häufigkeit $h(A_i)$ eines Ereignisses als Funktion der Versuchsanzahl auf, so zeigt sich, dass $h(A_i)$ in verhältnismäßig engen Grenzen schwankt. Mit wachsender Versuchsanzahl wird die Schwankung immer geringer, bis $h(A_i)$ schließlich einen praktisch konstanten Wert annimmt. Diesen Wert nennt man die Wahrscheinlichkeit des betreffenden Ereignisses und bezeichnet ihn mit $P(A_i)$. Unter der Voraussetzung, dass die relative Schwankung mit wachsendem n exakt gegen null geht, schreibt man daher:

$$P(A_i) = \lim_{n\to\infty} h(A_i) = \lim_{n\to\infty} \frac{n_i}{n} \, . \tag{14.1}$$

Die Wahrscheinlichkeit eines Ereignisses ist also durch den Grenzwert der relativen Häufigkeit dieses Ereignisses bei ins Unendliche wachsender Anzahl der Versuche gegeben. Man nennt dies die *statistische Definition der Wahrscheinlichkeit.*

Beispiel 14.6

Als Beispiel ist in Abb. 14.1 die relative Häufigkeit $h(A_2)$ der Augenzahl 2 beim Werfen eines gewöhnlichen Würfels als Funktion der Anzahl der Würfe n angegeben. Die Kurve schwankt um den Wert $1/6 \approx 0{,}166$, wobei die Schwankung mit wachsendem n immer geringer wird. Die Wahrscheinlichkeit des Ereignisses „Augenzahl 2" ist daher gleich 1/6.

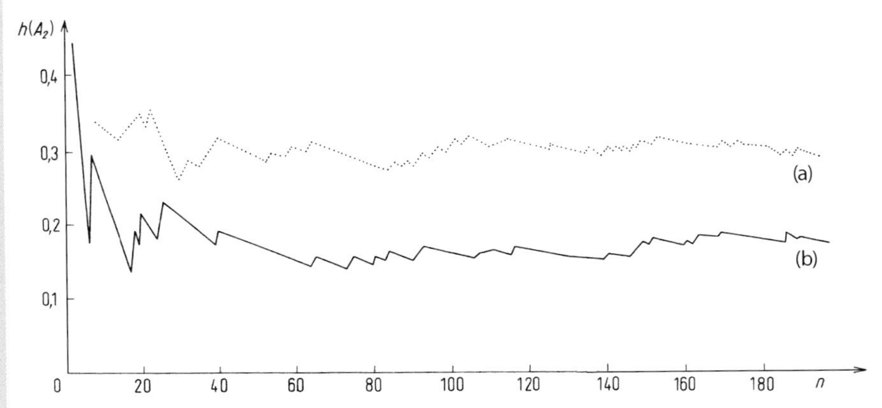

Abb. 14.1 Relative Häufigkeit der Augenzahl 2 beim Werfen eines Würfels als Funktion der Versuchsanzahl n: (a) richtig hergestellter Würfel; (b) gefälschter Würfel.

Des Weiteren ist in Abb. 14.1 durch die gestrichelte Kurve auch die relative Häufigkeit der Augenzahl 2 für einen gefälschten Würfel wiedergegeben, der auf derjenigen Seite, auf der die Augenzahl 2 erscheint, etwas leichter als auf den übrigen Seiten ist. Die Augenzahl 2 tritt hier öfter als beim richtigen Würfel auf. Die Wahrscheinlichkeit, diese Augenzahl zu erhalten, beträgt in diesem Fall 0,3.

Von besonderer Bedeutung sind einige Grenzfälle. Wenn man es mit einem sicheren Ereignis zu tun hat, so tritt dieses bei jedem Versuch auf. Die relative Häufigkeit eines solchen Ereignisses ist daher unabhängig von der Versuchszahl n gleich eins. Ein unmögliches Ereignis tritt dagegen niemals auf und führt daher zur relativen Häufigkeit null. Daraus folgt: *Die Wahrscheinlichkeit eines sicheren Ereignisses ist gleich eins, diejenige eines unmöglichen Ereignisses gleich null.*

Als Symbol für die Wahrscheinlichkeit des Ereignisses A_i wurde oben das Zeichen $P(A_i)$ verwendet. Wenn man nun die Ereignisse durch eine Zufallsgröße ξ charakterisiert, die im Falle des Ereignisses A_i den Wert x_i annimmt, so ist $P(A_i)$ gleichzeitig auch die Wahrscheinlichkeit dafür, dass ξ den Wert x_i annimmt. Man schreibt daher anstelle von $P(A_i)$ auch $P\{\xi = x_i\}$. Beide Bezeichnungen sind gleichbedeutend. Die letzte Bezeichnung ist dabei am vielfältigsten abwandelbar.

Man kann mit ihrer Hilfe beispielsweise für die Wahrscheinlichkeit dafür, dass ξ einen Wert zwischen x_i und x_k einschließlich dieser beiden Werte annimmt, $P\{x_i \leq \xi \leq x_k\}$ schreiben.

Beispiel 14.7
Beim Werfen eines Würfels bedeutet die Größe ξ das Wort „Augenzahl", während $x_1, x_2, \ldots, x_6$ für die Zahlen 1 bis 6 steht. Die Zahl $P\{3 \leq \xi \leq 5\}$ stellt die Wahrscheinlichkeit dafür dar, dass eine der Augenzahlen 3, 4 oder 5 gewürfelt wird.

14.2.2
Summe von Ereignissen

Die Mengen A_i und A_j mögen zwei sich ausschließende Ereignisse sein, deren Wahrscheinlichkeiten bekannt sind und mit $P(A_i)$ bzw. $P(A_j)$ bezeichnet werden. Wir fragen danach, wie groß die Wahrscheinlichkeit dafür ist, dass entweder A_i oder A_j auftritt. Das Ereignis „A_i oder A_j" stellt definitionsgemäß die Summe der beiden Ereignisse A_i und A_j dar, sodass man die gesuchte Wahrscheinlichkeit mit $P(A_i \cup A_j)$ bezeichnen kann. Um diese zu berechnen, gehen wir von den relativen Häufigkeiten aus.

Bei n Versuchen möge n_i-mal das Ereignis A_i und n_j-mal das Ereignis A_j auftreten. Das Ereignis „A_i oder A_j" ist dann $(n_i + n_j)$-mal aufgetreten. Die relative Häufigkeit von „A_i oder A_j" ist dementsprechend durch $(n_i+n_j)/n$ gegeben. Man erhält daher auf Grund der Definitionsgleichung (14.1):

$$P(A_i \cup A_j) = \lim_{n\to\infty} \frac{n_i + n_j}{n} = \lim_{n\to\infty} \frac{n_i}{n} + \lim_{n\to\infty} \frac{n_j}{n} = P(A_i) + P(A_j) \,. \tag{14.2}$$

Entsprechend ergibt sich für mehr als zwei unvereinbare Ereignisse $A_i, A_j, A_k, \ldots$ die Formel:

$$P(A_i \cup A_j \cup A_k \cup \cdots) = P(A_i) + P(A_j) + P(A_k) + \cdots \tag{14.3}$$

Es gilt also: *Bei sich einander ausschließenden Ereignissen A_i, A_j, $A_k, \ldots$ ist die Wahrscheinlichkeit dafür, dass bei einem Versuch entweder das Ereignis A_i oder das Ereignis A_j oder das Ereignis A_k usw. eintritt, gegeben durch die Summe der Wahrscheinlichkeiten der Einzelereignisse.*

Beispiel 14.8
Als Beispiel bestimmen wir die Wahrscheinlichkeit dafür, mit einem Würfel entweder die Augenzahl 2 oder die Augenzahl 5 zu erhalten. Die Wahrscheinlichkeit der Augenzahl 2 bezeichnen wir mit $P(A_2)$ und die der Augenzahl 5 mit $P(A_5)$. Jede dieser Wahrscheinlichkeiten ist gleich 1/6. Es gilt dann aufgrund von (14.2) für die gesuchte Wahrscheinlichkeit:

$$P(A_2 \cup A_5) = P(A_2) + P(A_5) = \frac{1}{6} + \frac{1}{6} = \frac{1}{3} \,.$$

Von besonderer Bedeutung sind Probleme, bei denen man aufgrund der äußeren Umstände annehmen kann, dass alle Elementarereignisse die gleiche Wahrscheinlichkeit besitzen. Man braucht dann diese Wahrscheinlichkeit nicht experimentell über die relative Häufigkeit zu bestimmen, sondern kann sie rein rechnerisch auf folgende Art erhalten.

Unter einem bestimmten Komplex von Bedingungen sollen insgesamt n *Elementarereignisse* $E_1, E_2, \ldots, E_n$ eintreten können, die alle gleichwahrscheinlich sein sollen. Da es sicher ist, dass bei einem Versuch eines dieser Ereignisse eintritt, dass also entweder E_1 oder E_2 oder ... E_n eintritt, gilt:

$$P(E_1 \cup E_2 \cup \cdots \cup E_n) = 1 \ .$$

Mithilfe von (14.3) folgt daraus:

$$P(E_1) + P(E_2) + \cdots + P(E_n) = 1 \ .$$

Wegen der vorausgesetzten Gleichheit der einzelnen Wahrscheinlichkeiten gilt außerdem:

$$P(E_1) = P(E_2) = \cdots = P(E_n) = p \ ,$$

wobei p für die gesuchte Wahrscheinlichkeit steht. Setzt man nun noch die letzte Gleichung in die vorletzte ein, so ergibt sich $np = 1$ bzw.

$$p = \frac{1}{n} \ . \tag{14.4}$$

Damit ist die gesuchte Wahrscheinlichkeit gefunden. Man kann also sagen: *Können unter einem Komplex von Bedingungen insgesamt n Elementarereignisse auftreten, die alle gleich wahrscheinlich sind, so ist die Wahrscheinlichkeit eines Elementarereignisses durch* $1/n$ *gegeben.* Sind dagegen die Elementarereignisse nicht gleichwahrscheinlich, so muss man deren Wahrscheinlichkeit über eine andere Methode, z. B. experimentell über die relativen Häufigkeiten ermitteln.

Beispiel 14.9

Beim Werfen eines Würfels treten 6 Elementarereignisse auf, nämlich die Augenzahlen 1 bis 6. Eines dieser Ereignisse muss immer eintreten. Wenn der Würfel richtig hergestellt wurde, kann man voraussetzen, dass jeder Augenzahl die gleiche Wahrscheinlichkeit zukommt. Wir können daher (14.4) anwenden und erhalten für die Wahrscheinlichkeit irgendeiner Augenzahl $p = 1/6$. Hat man es mit einem gefälschten Würfel zu tun, der auf einer Seite schwerer als auf den anderen ist, so kann man aufgrund der äußeren Umstände nicht mehr annehmen, dass alle Elementarereignisse gleichwahrscheinlich sind, und die Beziehung $p = 1/6$ gilt hier *nicht*.

Beim Werfen einer Münze gibt es zwei Elementarereignisse, nämlich „Kopf" oder „Adler", von denen immer eines eintreten muss. Bei einer normalen Münze darf man voraussetzen, dass beide Ereignisse gleichwahrscheinlich sind. Es ist daher $p = 1/2$.

Kennt man die Wahrscheinlichkeit der Elementarereignisse, so kann man die der zusammengesetzten Ereignisse mithilfe von (14.3) berechnen. Ist das Ereignis B insbesondere die Summe von m Elementarereignissen, so ist dessen Wahrscheinlichkeit $P(B)$ wegen (14.3) gegeben durch:

$$P(B) = p + p + \cdots + p = m \cdot p = \frac{m}{n} \,. \tag{14.5}$$

Die Zahlen m und n sowie die obige Gleichung lassen sich anschaulich interpretieren. Die Zahl m gibt die Anzahl der Elementarereignisse an, bei deren Auftreten das in Frage kommende Ereignis B als eingetreten gilt. Man nennt daher m die Anzahl der für das Ereignis B günstigen Möglichkeiten. Die Zahl n ist dagegen die Gesamtzahl der Möglichkeiten. Gleichung (14.5) besagt dann: *Die Wahrscheinlichkeit eines Ereignisses ist durch das Verhältnis der Anzahl der für dieses Ereignis günstigen Möglichkeiten zur Gesamtzahl der Möglichkeiten gegeben.* Man nennt dies die *klassische Definition der Wahrscheinlichkeit*. Sie gilt selbstverständlich nur für den Fall, dass alle Elementarereignisse gleichwahrscheinlich sind.

Mithilfe von (14.5) lassen sich zahlreiche Probleme der Wahrscheinlichkeitsrechnung lösen. Wir wollen im Folgenden zwei Beispiele hierzu betrachten.

Beispiel 14.10

1. Wie groß ist die Wahrscheinlichkeit dafür, dass man beim Werfen eines Würfels eine gerade Augenzahl erhält? Die Gesamtzahl n der Ereignisse ist 6. Die Zahl der günstigen Ereignisse ist $m = 3$, nämlich die Augenzahlen 2, 4 und 6. Es gilt daher $p = 3/6 = 1/2$.
2. In einer Urne befinden sich 6 rote, 2 schwarze und 3 gelbe Kugeln. Wie groß ist die Wahrscheinlichkeit dafür, beim Ziehen eine gelbe Kugel zu erhalten? Die Gesamtzahl der gleichwahrscheinlichen Ereignisse ist $6+2+3 = 11$. Die Zahl der günstigen Ereignisse ist 3, da jede der 3 gelben Kugeln dem gewünschten Resultat der Ziehung entspricht. Es ist daher $p = 3/11$.

14.2.3 Bedingte Wahrscheinlichkeit

In vielen Fällen hat man es mit einem Problem der folgenden Art zu tun: Man betrachtet zwei Ereignisse A_i und A_j, die sich nicht gegenseitig ausschließen. Man weiß, dass das Ereignis A_i eingetreten ist. Wie groß ist die Wahrscheinlichkeit dafür, dass mit dem Ereignis A_i gleichzeitig auch das Ereignis A_j eingetreten ist? Man nennt diese Wahrscheinlichkeit die *bedingte Wahrscheinlichkeit* von A_j und bezeichnet sie mit $P(A_j|A_i)$.

Zur Berechnung von $P(A_j|A_i)$ gehen wir wieder von den relativen Häufigkeiten aus. Wurde bei n Versuchen insgesamt n_i-mal A_i und n'_j-mal A_j mit A_i zusammen erhalten, so ist die relative Häufigkeit des Ereignisses A_j beim gleichzeitigen Auftreten von A_i durch n'_j/n_i gegeben. Für die Wahrscheinlichkeit $P(A_j|A_i)$ gilt daher $\lim_{n\to\infty} n'_j/n_i$. Wenn wir den Bruch mit $1/n$ erweitern, so erhalten wir:

$$P(A_j|A_i) = \lim_{n\to\infty} \frac{n'_j}{n_i} = \lim_{n\to\infty} \frac{n'_j/n}{n_i/n} \ . \tag{14.6}$$

Der Wert n'_j/n stellt nun die relative Häufigkeit desjenigen Ereignisses dar, dass sowohl A_i als auch A_j auftreten. Dieses Ereignis wird den Ausführungen des Abschnittes 14.1.2 entsprechend als Produkt der Ereignisse A_i und A_j bezeichnet, sodass dessen Wahrscheinlichkeit durch $P(A_j \cap A_i)$ gegeben ist. Wir können daher $\lim_{n\to\infty} n'_j/n$ durch $P(A_j \cap A_i)$ ersetzen. Der Grenzwert $\lim_{n\to\infty} n_i/n$ ergibt $P(A_i)$. Gleichung (14.6) geht damit über in

$$P(A_j|A_i) = \frac{P(A_j \cap A_i)}{P(A_i)} \ , \tag{14.7}$$

falls $P(A_i) \neq 0$. Man kann also sagen: *Die bedingte Wahrscheinlichkeit* $P(A_j|A_i)$*, d. h. die Wahrscheinlichkeit, dass* A_j *eingetreten ist, wenn man weiß, dass* A_i *vorliegt, ist durch* (14.7) *gegeben.*

Beispiel 14.11

Als Beispiel untersuchen wir das folgende Problem: Wie groß ist die Wahrscheinlichkeit dafür, dass beim Werfen zweier Würfel die Summe der Augenzahlen 6 beträgt, wenn man weiß, dass mindestens einer der Würfel eine ungerade Augenzahl aufweist? Das Ereignis „Augenzahlensumme 6" sei mit S_6 bezeichnet, das Ereignis „Mindestens einer der Würfel weist eine ungerade Augenzahl auf" mit U_1. Die gesuchte Wahrscheinlichkeit ist dann die bedingte Wahrscheinlichkeit $P(S_6|U_1)$. Wegen (14.7) können wir schreiben:

$$P(S_6|U_1) = \frac{P(S_6 \cap U_1)}{P(U_1)} \ . \tag{14.8}$$

Die Zahl $P(U_1)$ ist dabei die Wahrscheinlichkeit dafür, dass mindestens einer der Würfel eine ungerade Augenzahl aufweist, und $P(S_6 \cap U_1)$ gibt definitionsgemäß die Wahrscheinlichkeit dafür an, dass sowohl die Augenzahlensumme 6 auftritt als auch einer der Würfel eine ungerade Augenzahl aufweist.

Um die genannten Wahrscheinlichkeiten zu berechnen, geht man davon aus, dass beim Werfen zweier Würfel 36 Elementarereignisse auftreten, nämlich die verschiedenen Augenzahlenpaare (1, 1) bis (6, 6). Alle Elementarereignisse sind gleichwahrscheinlich, sodass man (14.4) sowie (14.5) anwenden kann. Das Ereignis S_6 wird durch die Augenzahlenpaare (1, 5), (2, 4), (3, 3), (4, 2) und (5, 1) realisiert, es gibt also $m = 5$ für das Ereignis günstige Möglichkeiten. Da die Gesamtzahl der Möglichkeiten $n = 36$ ist, folgt aus (14.5) $P(S_6) = 5/36$. Das Ereignis $S_6 \cap U_1$ wird nur noch durch die Augenzahlenpaare (1, 5), (3, 3) und (5, 1) realisiert, da jetzt einerseits die Summe der Augenzahlen gleich 6 sein muss, andererseits aber mindestens einer der Würfel eine ungerade Augenzahl aufweisen muss. Die Größe m ist in diesem Fall gleich 3, sodass aus (14.5) folgt:

$$P(S_6 \cap U_1) = \frac{3}{36} = \frac{1}{12} \ .$$

Das Ereignis U_1 wird schließlich durch 27 Elementarereignisse realisiert. Es gilt daher:

$$P(U_1) = \frac{27}{36} \ .$$

Setzt man diese Resultate in (14.8) ein, so folgt:

$$P(S_6|U_1) = \frac{1/12}{27/36} = \frac{1}{9} \ .$$

Man kann die bedingte Wahrscheinlichkeit $P(S_6|U_1)$ auch ohne Zuhilfenahme von (14.8) unmittelbar durch Abzählung der entsprechenden Elementarereignisse bestimmen. Wenn man weiß, dass das Ereignis U_1 eingetreten ist, so hat man es noch mit 27 verschiedenen möglichen Elementarereignissen zu tun. Günstig für S_6 sind von allen diesen Ereignissen nur noch drei, nämlich die Augenzahlenpaare (1, 5), (3, 3) und (5, 1). Wegen (14.5) ist daher die Wahrscheinlichkeit für das Eintreten von S_6 beim Vorliegen von U_1 durch $3/27 = 1/9$ gegeben, in Übereinstimmung mit dem obigen Resultat.

Besonders erwähnenswert im Zusammenhang mit (14.7) sind zwei Grenzfälle. Wenn A_j immer nur zusammen mit A_i eintritt, so ist $P(A_j \cap A_i) = P(A_j)$ und (14.7) geht über in

$$P(A_j|A_i) = \frac{P(A_j)}{P(A_i)} \ . \qquad (14.9)$$

Ist dagegen A_j völlig unabhängig von A_i, so ist, wie man unmittelbar einsieht:

$$P(A_j|A_i) = P(A_j) \ . \qquad (14.10)$$

Es ist dann für die Wahrscheinlichkeit von A_j völlig unerheblich, ob gleichzeitig auch A_i eintritt.

Beispiel 14.12

Zur Erläuterung des ersten Grenzfalles betrachten wir folgendes Problem: Beim Werfen eines Würfels erscheint eine gerade Augenzahl. Wie groß ist dann die Wahrscheinlichkeit dafür, dass es eine 2 ist? Wenn man die Ereignisse „Augenzahl 2“ mit A und „Augenzahl gerade“ mit G bezeichnet, so stellt unser Problem die Frage nach der bedingten Wahrscheinlichkeit $P(A|G)$ dar. Das Ereignis „Augenzahl 2“ tritt immer zusammen mit dem Ereignis „gerade Augenzahl“ auf. Man darf daher (14.9) anwenden. Da, wie man leicht feststellt, $P(A) = 1/6$ und $P(G) = 1/2$ ist, folgt daher:

$$P(A|G) = \frac{P(A)}{P(G)} = \frac{1/6}{1/2} = \frac{1}{3} \ .$$

Als Beispiel zum zweiten Grenzfall betrachten wir das Werfen zweier Würfel. Wir nehmen an, man weiß, dass der erste Würfel die Augenzahl 2 aufweist, und fragen nach der Wahrscheinlichkeit dafür, dass dann der zweite Würfel die Augenzahl 5 zeigt. Da die Augenzahl des zweiten Würfels unabhängig von der des ersten ist, ist die gesuchte Wahrscheinlichkeit gemäß (14.9) gleich der Wahrscheinlichkeit des Ereignisses „Augenzahl 5 beim zweiten Würfel, beliebige Augenzahl beim ersten Würfel". Diese ist $6/36 = 1/6$, da es 36 Elementarereignisse gibt (nämlich die Augenzahlenpaare (1, 1) bis (6, 6)), von denen sechs für das betrachtete Ereignis günstig sind (nämlich die Augenzahlenpaare (1, 5), (2, 5) usw. bis (6, 5)).
Auf den Wert 1/6 kommt man auch, indem man die bedingte Wahrscheinlichkeit unmittelbar durch Abzählung der entsprechenden Elementarereignisse bestimmt. Wenn der erste Würfel die Augenzahl 2 zeigen soll, gibt es sechs verschiedene Elementarereignisse, nämlich die Augenzahlenpaare (2, 1), (2, 2) usw. bis (2, 6). Von diesen sechs Augenzahlenpaaren ist eines für das gewünschte Ereignis günstig, nämlich das Augenzahlenpaar (2, 5). Die gesuchte Wahrscheinlichkeit ist daher (14.5) zufolge gleich 1/6 in Übereinstimmung mit dem obigen Resultat.

14.2.4
Produkt von Ereignissen

Wir betrachten zwei Ereignisse A_i und A_j, die völlig unabhängig voneinander eintreffen können. Wir fragen nach der Wahrscheinlichkeit dafür, dass sowohl A_i als auch A_j eintritt. Das Ereignis, dass sowohl A_i als auch A_j eintritt, ist das Produkt $A_i \cap A_j$, sodass wir für die gesuchte Wahrscheinlichkeit das Symbol $P(A_i \cap A_j)$ verwendet haben.

Da die Ereignisse unabhängig voneinander sind, kann man (14.10) zufolge $P(A_j|A_i) = P(A_j)$ schreiben. Setzt man dies in (14.7) ein, so ergibt sich $P(A_j) = P(A_j \cap A_i)/P(A_i)$ bzw. durch Umstellung der Glieder:

$$P(A_j \cap A_i) = P(A_j)P(A_i) \,. \tag{14.11}$$

Damit ist eine Formel für die gesuchte Wahrscheinlichkeit gefunden. Diese Formel lässt sich auch auf mehr als zwei Ereignisse übertragen:

$$P(A_i \cap A_j \cap A_k \cap \cdots) = P(A_i)P(A_j)P(A_k) \ldots \,. \tag{14.12}$$

In Worten besagt dies: *Bei voneinander unabhängigen Ereignissen A_i, A_j, A_k, … ist die Wahrscheinlichkeit dafür, dass sowohl das Ereignis A_i als auch die Ereignisse A_j, A_k usw. auftreten, gleich dem Produkt der Wahrscheinlichkeiten der Einzelereignisse.* Es ist wichtig zu betonen, dass dies nur für voneinander *unabhängige* Ereignisse gilt.

Beispiel 14.13
Als erstes Beispiel berechnen wir die Wahrscheinlichkeit dafür, mit einem Würfel beim ersten Wurf 2 und beim zweiten Wurf 5 zu erhalten. Die Wahrscheinlichkeit

jedes einzelnen Ereignisses ist 1/6. Die Ereignisse sind voneinander unabhängig. Man kann daher (14.11) anwenden und erhält für die gesuchte Wahrscheinlichkeit:

$$\frac{1}{6} \cdot \frac{1}{6} = \frac{1}{36} \ .$$

Als zweites Beispiel betrachten wir eine Urne mit 6 roten, 2 schwarzen und 3 gelben Kugeln. Es wird aus der Urne zweimal je eine Kugel gezogen und jeweils wieder zurückgeworfen. Wie groß ist die Wahrscheinlichkeit, beim ersten Ziehen eine gelbe und beim zweiten Ziehen eine rote Kugel zu erhalten? Es gibt insgesamt $n = 11$ Möglichkeiten. Für die Ziehung speziell einer gelben Kugel gibt es drei Möglichkeiten, daher ist die Wahrscheinlichkeit, bei der ersten Ziehung eine gelbe Kugel zu erhalten, gleich 3/11. Entsprechend ist die Wahrscheinlichkeit, bei der zweiten Ziehung eine rote Kugel zu erhalten, gleich 6/11. Die Wahrscheinlichkeit dafür, dass beides eintrifft, beträgt (14.11) zufolge:

$$\frac{3}{11} \cdot \frac{6}{11} = \frac{18}{121} \ .$$

14.2.5 Totale Wahrscheinlichkeit

Gegeben seien n unvereinbare Ereignisse $A_1, A_2, \ldots, A_n$, von denen immer eines eintreten muss, und ein weiteres Ereignis B, das stets mit genau einem jener Ereignisse zusammen auftritt. Das Ereignis $B = (B \cap A_1) \cup (B \cap A_2) \cup \cdots \cup (B \cap A_n)$ stellt dann, wie man mithilfe der in Abschnitt 14.1.2 gegebenen Definition leicht feststellt, das Ereignis B dar. Aus (14.3) folgt dann:

$$P(B) = \sum_{i=1}^{n} P(B \cap A_i) \ .$$

Mithilfe von (14.7) folgt daraus:

$$P(B) = \sum_{i=1}^{n} P(A_i) P(B|A_i) \ . \qquad (14.13)$$

Man nennt die durch diese Gleichung formulierte Aussage den *Satz über die totale Wahrscheinlichkeit*.

Beispiel 14.14
Der eben hergeleitete Satz lässt sich auf Probleme der folgenden Art anwenden: Gegeben sind 3 Urnen, und zwar

- 2 Urnen mit je 4 schwarzen und 1 gelben Kugel,
- 1 Urne mit 3 schwarzen und 5 gelben Kugeln.

Aus einer dieser Urnen, wobei nicht festgestellt werden kann, aus welcher, wird 1 Kugel herausgezogen. Wie groß ist die Wahrscheinlichkeit dafür, dass es eine gelbe ist?
Das Ereignis, dass man eine der beiden oben zuerst angeführten Urnen getroffen hat, bezeichnen wir mit A_1, dasjenige, dass man die oben als dritte angeführte Urne getroffen hat, mit A_2 und das Ereignis, 1 gelbe Kugel zu ziehen, mit B. Die Menge $B \cap A_1$ ist dann das Ereignis, 1 gelbe Kugel aus einer der beiden zuerst genannten Urnen zu ziehen, und $B \cap A_2$ dasjenige, sie aus der dritten Urne zu ziehen. Da die gelbe Kugel aus irgendeiner der 3 Urnen stammen muss, gilt

$$B = (B \cap A_1) \cup (B \cap A_2) ,$$

woraus sich (14.13) zufolge ergibt

$$P(B) = P(A_1)P(B|A_1) + P(A_2)P(B|A_2) .$$

Nun ist $P(A_1) = 2/3$, da es 3 Urnen gibt, von denen 2 zum Ereignis A_1 führen. Entsprechend ist $P(A_2) = 1/3$ und $P(B|A_1) = 1/5$, da in der ersten bzw. zweiten Urne 5 Kugeln liegen, von denen nur eine gelb ist. Analog folgt $P(B|A_2) = 5/8$. Wir erhalten somit:

$$P(B) = \frac{2}{3} \cdot \frac{1}{5} + \frac{1}{3} \cdot \frac{5}{8} = \frac{2}{15} + \frac{5}{24} = \frac{41}{120} .$$

Gegeben seien wieder n unvereinbare Ereignisse $A_1, A_2, \ldots, A_n$ und ein weiteres Ereignis B, das stets mit genau einem dieser Ereignisse zusammen auftreten muss. Wegen (14.7) gilt:

$$P(A_i \cap B) = P(B)P(A_i|B) = P(A_i)P(B|A_i) .$$

Aus der letzten Beziehung folgt

$$P(A_i|B) = \frac{P(A_i)P(B|A_i)}{P(B)}$$

oder mithilfe von (14.13)

$$P(A_i|B) = \frac{P(A_i)P(B|A_i)}{\sum_{k=1}^{n} P(A_k)P(B|A_k)} ,$$

falls die Nenner jeweils ungleich null sind. Man bezeichnet die beiden letzten Gleichungen als die *Formeln von Bayes* oder auch die *Formeln über die Wahrscheinlichkeit von Hypothesen.*

Beispiel 14.15
Die Bayes'schen Gleichungen lassen sich auf Probleme der folgenden Art anwenden: Gegeben sind die 3 Urnen aus dem obigen Beispiel. Aus irgendeiner der Urnen wird 1 Kugel herausgezogen. Es wird festgestellt, dass die Kugel gelb ist. Wie

groß ist die Wahrscheinlichkeit, dass die Kugel aus einer der beiden ersten Urnen stammt? Die Bezeichnungen der einzelnen Ereignisse sind die gleichen wie im vorigen Beispiel. Es ist dann:

$$P(A_1|B) = \frac{P(A_1)P(B|A_1)}{P(A_1)P(B|A_1) + P(A_2)P(B|A_2)} = \frac{\frac{2}{3}\cdot\frac{1}{5}}{\frac{2}{3}\cdot\frac{1}{5}+\frac{1}{3}\cdot\frac{5}{8}} = \frac{16}{41}\,.$$

Fragen und Aufgaben

Aufgabe 14.11 Was versteht man unter der relativen Häufigkeit eines Ereignisses?

Aufgabe 14.12 Wie lautet die statistische Definition der Wahrscheinlichkeit?

Aufgabe 14.13 Wie berechnet man die Wahrscheinlichkeit (i) einer Summe von Ereignissen, (ii) eines Produktes von Ereignissen?

Aufgabe 14.14 Wie berechnet man die bedingte Wahrscheinlichkeit?

Aufgabe 14.15 Wie berechnet man die bedingte Wahrscheinlichkeit im Falle unabhängiger Ereignisse?

Aufgabe 14.16 Welche Nachteile besitzt die statistische Definition der Wahrscheinlichkeit?

Aufgabe 14.17 Es werden 2 Würfel geworfen. Wie groß ist die Wahrscheinlichkeit dafür, dass (i) jeder Würfel eine ungerade Augenzahl aufweist; (ii) die Summe der Augenzahlen 7 ist; (iii) die Summe der Augenzahlen 7 ist, wenn man weiß, dass mindestens 1 Würfel eine ungerade Augenzahl aufweist; (iv) beim zweimaligen Werfen der Würfel zunächst die Augenzahlsumme 5 und anschließend die Augenzahlsumme 2 auftritt?

Aufgabe 14.18 Eine Urne enthält 5 rote, 7 gelbe und 12 schwarze Kugeln. Wie groß ist die Wahrscheinlichkeit dafür, dass (i) beim Ziehen einer Kugel diese entweder gelb oder rot ist; (ii) hintereinander 1 rote, 1 gelbe und 1 schwarze Kugel gezogen wird, wenn man nach jeder Ziehung die Kugel wieder zurücklegt?

14.3 Kontinuierliche Zufallsgrößen

14.3.1 Wahrscheinlichkeitsdichte

Bei diskreten Zufallsgrößen wurde in Abschnitt 14.2 jedem Ereignis eine bestimmte Wahrscheinlichkeit zugeordnet. Bei kontinuierlichen Zufallsgrößen, also bei überabzählbar unendlich vielen Ereignissen, werden die Verhältnisse komplizierter.

Betrachten wir beispielsweise das Gewicht der Eier, die ein Huhn im Laufe der Zeit legt. Die Zufallsgröße ξ ist dann das Gewicht eines Eies. Nehmen wir an, das kleinste mögliche Gewicht wäre a und das größte mögliche Gewicht wäre b. Zwischen a und b liegen unendlich viele Zahlen und damit auch unendlich viele verschiedene Gewichte. Die Wahrscheinlichkeit dafür, dass das Gewicht irgendwo zwischen a und b liegt, ist durch die Summe der Wahrscheinlichkeiten für die einzelnen Gewichte gegeben. Würde man nun jedem Gewicht eine gewisse positive Wahrscheinlichkeit zuordnen, so würde man als Summe unendlich und nicht eins erhalten. Da das nicht sein kann, schließen wir: *Die Wahrscheinlichkeit dafür, dass eine kontinuierliche Zufallsgröße einen genau vorgegebenen Wert annimmt, ist gleich null.*

Um die Größenverteilung der Eier im obigen Beispiel zu charakterisieren, kann man nun die Wahrscheinlichkeit dafür angeben, dass das Gewicht des Eies in einem zwar sehr kleinen, aber dennoch endlichen Bereich liegt, sagen wir zwischen x und $x + \Delta x$, wobei Δx sehr klein ist. Diese Wahrscheinlichkeit wird der Größe Δx proportional sein. Des Weiteren wird sie von der betrachteten Stelle x abhängen. Man setzt daher für diese Wahrscheinlichkeit

$$P(x \leq \xi \leq x + \Delta x) \approx p(x)\Delta x \tag{14.14}$$

an, wobei $p(x)$ eine Funktion ist, die die Abhängigkeit von x berücksichtigt und die man als *Wahrscheinlichkeitsdichte* bezeichnet. Der Zusatz „Dichte" rührt daher, dass man zu der Wahrscheinlichkeit selbst erst durch Multiplikation von $p(x)$ mit Δx kommt, ähnlich wie man die Masse eines Stoffes erhält, indem man die Massendichte mit dem Volumen multipliziert. Die Funktion $p(x)$ muss man aus den realen Gegebenheiten auf irgendeine Weise ermitteln, ähnlich wie man bei einer diskreten Zufallsgröße die Wahrscheinlichkeiten der einzelnen Ereignisse ermitteln muss. Kennt man einmal $p(x)$, so kann man alle interessierenden Wahrscheinlichkeiten ausrechnen. Um z. B. die Wahrscheinlichkeit dafür zu erhalten, dass das Gewicht eines Eies zwischen zwei weiter auseinanderliegenden Werten x_1 und x_2 liegt, muss man gemäß (14.3) die Wahrscheinlichkeiten entsprechend aller Teilintervalle der Länge Δx von $[x_1, x_2]$ summieren und dabei Δx immer kleiner machen. Man kommt so zum Integral $\int_{x_1}^{x_2} p(x)\,\mathrm{d}x$.

Wir sehen also: *Bei einer kontinuierlichen Zufallsvariablen ξ, d. h. im Falle von überabzählbar unendlich vielen Ereignissen, kann man jedem Wert x dieser Zufallsgröße einen Wert $p(x)$ zuweisen. Wir nennen die Funktion $p(x)$ eine Wahrscheinlichkeitsdichte. Das Produkt $p(x)\Delta x$ gibt dann näherungsweise die Wahrscheinlichkeit dafür an, dass ξ zwischen x und $x + \Delta x$ liegt, falls Δx sehr klein ist. Die Wahrscheinlichkeit dafür, dass x zwischen zwei weiter entfernten Werten x_1 und x_2 liegt, ist gegeben durch:*

$$P\{x_1 \leq \xi \leq x_2\} = \int\limits_{x_1}^{x_2} p(x)\,\mathrm{d}x\ . \tag{14.15}$$

Die Wahrscheinlichkeitsdichte $p(x)$ muss eine wichtige Bedingung erfüllen. Da die Größe ξ immer irgendeinen Wert zwischen $-\infty$ und ∞ annehmen muss, ist die Wahrscheinlichkeit dafür, dass ξ zwischen diesen beiden Werten liegt, gleich eins. Man erhält daher mithilfe von (14.15):

$$\int_{-\infty}^{\infty} p(x)\,\mathrm{d}x = 1\ . \tag{14.16}$$

Man sagt, dass $p(x)$ *auf eins normiert* ist.

Beispiel 14.16

Als Beispiel betrachten wir wieder das Gewicht x der Eier, die ein Huhn im Laufe der Zeit legt. Wir nehmen an, dass die Wahrscheinlichkeitsdichte mit wachsendem Gewicht exponentiell abnimmt, wobei ein kleinstes Eigewicht von $a = 50\,\mathrm{g}$ auftritt, während das Gewicht nach oben hin nicht begrenzt ist, also $b = \infty$ ist. Wir können z. B. ansetzen:

$$p(x) = \mathrm{e}^{-x+50} \quad \text{für } x \geq 50\ ,$$
$$p(x) = 0 \quad \text{für } x < 50\ .$$

Man kann sich leicht davon überzeugen, dass die Forderung $\int_{-\infty}^{\infty} p(x) = 1$ erfüllt ist. Die entsprechende Wahrscheinlichkeitsdichte ist in Abb. 14.2a wiedergegeben. Wir fragen nun danach, wie groß die Wahrscheinlichkeit dafür ist, dass das Gewicht eines Eies zwischen 50 und 52 g liegt. Der entsprechende Bereich ist in Abb. 14.2a schraffiert. Mithilfe von (14.15) ergibt sich:

$$P\{50 \leq \xi \leq 52\} = \int_{50}^{52} \mathrm{e}^{-x+50}\,\mathrm{d}x = -\mathrm{e}^{-x+50}\Big|_{50}^{52} = -\mathrm{e}^{-2} + \mathrm{e}^{0} \approx 0{,}8647\ .$$

Es liegen also etwa 86 % der Eier im betrachteten Gewichtsintervall. Wir müssen aber anführen, dass der angenommene Wahrscheinlichkeitsdichteverlauf ziemlich unrealistisch ist und dass wir ihn lediglich deswegen so gewählt haben, weil dann das auftretende Integral leicht berechenbar ist. Den Tatsachen angemessener wäre es gewesen, für $p(x)$ eine Gauß'sche Glockenkurve anzunehmen.

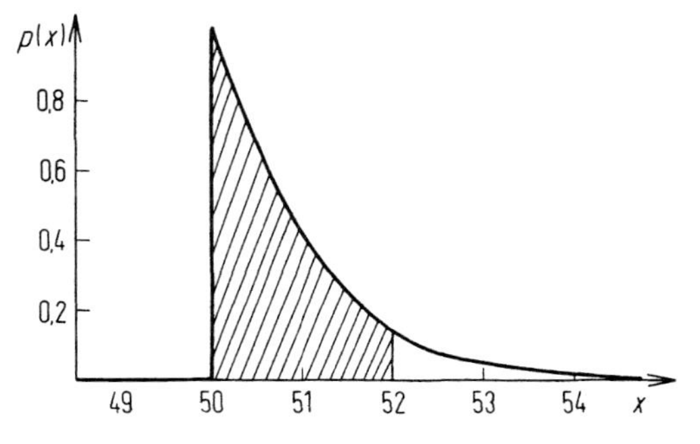

Abb. 14.2 Wahrscheinlichkeitsdichte $p(x)$ als Funktion des Gewichtes x für den Fall des beschriebenen Beispiels.

14.3.2
Verteilungsfunktion

Von großer Bedeutung für die Beschreibung des Verhaltens einer Zufallsgröße ist die sogenannte Verteilungsfunktion. *Unter der Verteilungsfunktion einer Zufallsgröße ξ versteht man die Wahrscheinlichkeit dafür, dass ξ einen Wert zwischen $-\infty$ und z annimmt. Man bezeichnet sie mit $F(z)$.* Im Falle einer kontinuierlichen Zufallsgröße mit Wahrscheinlichkeitsdichte $p(x)$ ist die Verteilungsfunktion definiert durch:

$$F(z) = \int_{-\infty}^{z} p(x)\,\mathrm{d}x \ .$$

Die Verteilungsfunktion ist durch diese Definition eindeutig durch die Wahrscheinlichkeitsdichte definiert. Umgekehrt kann man die Wahrscheinlichkeitsdichte aus der Verteilungsfunktion eindeutig bestimmen, denn nach dem Hauptsatz der Differenzial- und Integralrechnung (siehe Satz 7.4) ist $F'(x) = p(x)$ für alle Stellen x, an denen $p(x)$ stetig ist.

Bei einer diskreten Zufallsgröße, die die Werte $x_1, x_2, x_3, \ldots$ mit den Wahrscheinlichkeiten $P(x_1), P(x_2), P(x_3), \ldots$ annehmen kann, ist $F(z)$ anstelle eines Integrals gegeben durch die Summe:

$$F(z) = \sum_{i \le z} P(x_i) \ .$$

Die Angabe unter dem Summenzeichen bedeutet dabei, dass über alle i, die kleiner als oder gleich z sind, summiert werden soll.

Beispiel 14.17
Als Beispiel betrachten wir den Fall, dass eine Münze n-mal mit $n = 3$ geworfen wird. Die Zahl ξ, die angibt, wie oft dabei „Adler" erscheint, ist eine Zufallsgröße. Um die Wahrscheinlichkeit, dass das Ereignis $\xi = m$ eintritt, zu berechnen, bemerken wir, dass die Anzahl der möglichen Ereignisse 2^3 ist (Variation dritter Ordnung mit Wiederholung; siehe Abschnitt 1.5) und die Anzahl der günstigen Ereignisse $\binom{3}{m}$ (Kombination ohne Wiederholung). Für die Wahrscheinlichkeit, dass das Ereignis Adler m-mal auftritt, ergibt sich dann mit $p = 1/2$:

$$P_n(m) = \frac{n!}{m!(n-m)!} p^m (1-p)^{n-m} = \binom{3}{m} \frac{1}{2^3} \ .$$

Die Verteilungsfunktion lautet:

$$F(z) = \sum_{m=0}^{z} P_3(m) = \frac{1}{2^3} \sum_{m=0}^{z} \binom{3}{m} \ , \qquad z = 0, 1, 2, 3 \ .$$

Als Nächstes betrachten wir die Hühner einer Hühnerfarm. Die Zufallsgröße ξ sei in diesem Fall das Gewicht eines Huhnes. Wir nehmen an, dass die Wahrscheinlichkeitsdichte $p(x)$ für das Auftreten eines bestimmten Gewichtes $\xi = x$ durch eine Gauß'sche Glockenkurve

$$p(x) = \frac{1}{\sigma\sqrt{2\pi}} e^{-(x-x_0)^2/(2\sigma^2)} \tag{14.17}$$

gegeben ist. Dabei ist x_0 das Gewicht, für das die Wahrscheinlichkeitsdichte am größten ist, und σ ein Maß für die Breite der Gauß'schen Glockenkurve. Die Verteilungsfunktion lautet in diesem Fall:

$$F(z) = \frac{1}{\sigma\sqrt{2\pi}} \int_{-\infty}^{z} e^{-(x-x_0)^2/(2\sigma^2)}\, dx\ . \tag{14.18}$$

Der Verlauf dieser Funktion ist in Abb. 14.3 angegeben. Man erkennt deutlich, dass $F(x)$ für Werte x, die sehr viel kleiner als x_0 sind, fast null ist und dann, wenn x in die Nähe von x_0 kommt, sehr rasch auf eins ansteigt. Das entspricht der Tatsache, dass die Werte für x am wahrscheinlichsten in der Nähe von x_0 liegen.

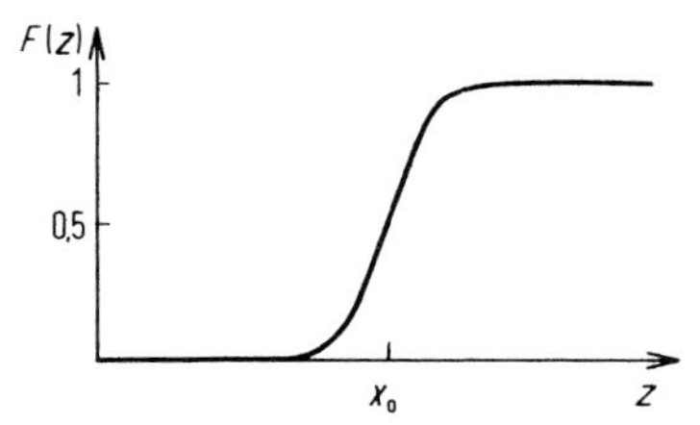

Abb. 14.3 Verteilungsfunktion $F(z)$ im Falle einer Normalverteilung.

Wenn die Verteilungsfunktion die durch (14.18) angegebene Form annimmt, so spricht man von einer *Normalverteilung*. Sie kommt in der Natur sehr häufig vor, etwa wenn die Zufallsgröße einer großen Anzahl von Einflüssen ausgesetzt ist, die statistisch verteilt in positiver oder negativer Richtung wirken. Neben den Normalverteilungen spielen aber auch noch andere Verteilungen eine gewisse Rolle. Wir wollen hier nur die *Gleichverteilung* erwähnen, bei der die Wahrscheinlichkeitsdichte innerhalb eines gewissen Bereichs um x konstant ist, sowie die *Poisson-Verteilung*, bei der die Wahrscheinlichkeiten durch

$$P\{\xi = k\} = \frac{a^k e^{-a}}{k!}\ , \quad k \in \mathbb{N}_0\ , \tag{14.19}$$

gegeben ist, wobei $a > 0$ ein Parameter ist.

Die Verteilungsfunktion charakterisiert eine Zufallsgröße vollständig, da sie sowohl die Werte angibt, die die Zufallsgröße annehmen kann, als auch die Wahrscheinlichkeiten, mit der diese Werte angenommen werden. In vielen Fällen braucht man keine so vollständige Information; es reicht, wenn man nur eine ungefähre Vorstellung von der Verteilungsfunktion besitzt. Man kann diese durch einige charakteristische Zahlenwerte erhalten, die man *Parameter der Verteilungsfunktion* nennt.

Als ersten Parameter führen wir den *Erwartungswert* E der Zufallsgröße ein. Bei einer kontinuierlichen Zufallsgröße ist er durch die Beziehung

$$E = \int_{-\infty}^{\infty} p(x)x \, \mathrm{d}x \tag{14.20}$$

definiert, im Falle einer diskreten Zufallsgröße, die die Werte $x_1, x_2, x_3, \ldots$ annehmen kann, durch

$$E = \sum_{i=1}^{N} p(x_i)x_i \ , \tag{14.21}$$

wobei N eine natürliche Zahl oder gleich unendlich ist. Wenn $N = n$ endlich ist und die Wahrscheinlichkeiten $p(x_i)$ alle gleich sind, so ist $p(x_i) = 1/n$, und man erhält aus der letzten Gleichung:

$$E = \frac{1}{n} \sum_{i=1}^{n} x_i \ . \tag{14.22}$$

Der Erwartungswert ist ein mittlerer Wert der Zufallsgröße. Den durch (14.22) gegebenen Ausdruck bezeichnet man im speziellen Fall als das *arithmetische Mittel der Werte* x_i. Den entsprechenden allgemeineren Ausdruck in (14.20) bzw. (14.21) nennt man das *gewichtete Mittel*, da die Wahrscheinlichkeit bzw. die Wahrscheinlichkeitsdichte wie ein Gewicht bei der Bestimmung des Mittelwertes wirkt.

Ein weiterer wichtiger Parameter, der die Verteilungsfunktion charakterisiert, ist die *Varianz*. Die Varianz einer kontinuierlichen Zufallsgröße ist durch die Gleichung

$$V = \int_{-\infty}^{\infty} (E - x)^2 p(x) \, \mathrm{d}x \tag{14.23}$$

definiert, die einer diskreten Zufallsgröße durch

$$V = \sum_{i=1}^{N} (E - x_i)^2 p(x_i) \ . \tag{14.24}$$

Die Wurzel aus der Varianz bezeichnet man auch als *Standardabweichung* oder *Streuung*. Sie ist ein Maß für die möglichen Abweichungen vom Erwartungswert.

Außer dem Erwartungswert der Größe ξ kann man auch den einer Funktion in ξ, $g(\xi)$, bestimmen. Er ist im Falle kontinuierlicher Zufallsgrößen durch

$$E(g(\xi)) = \int_{-\infty}^{+\infty} p(x)g(x) \, \mathrm{d}x \tag{14.25}$$

gegeben. Ist insbesondere $g(x) = x^k$, so nennt man den entsprechenden Erwartungswert das Moment k-ter Ordnung oder kürzer das *k-te Moment* der Größe ξ.

Die Momente der Zufallsgröße $E - \xi$ nennt man die *zentralen Momente*. Gemäß dieser Definition ist das Moment erster Ordnung der ursprünglich eingeführte Erwartungswert und das zentrale Moment zweiter Ordnung die Varianz. Im Fall von diskreten Zufallsvariablen muss man die zu (14.25) analoge Summenformel verwenden.

Beispiel 14.18

Als Beispiel betrachten wir zwei Körbe A und B mit Eiern. Die Wahrscheinlichkeitsdichte dafür, dass die Eier in den einzelnen Körben ein bestimmtes Gewicht x besitzen, ist durch die beiden in Abb. 14.4 eingezeichneten Kurven gegeben. In beiden Fällen haben wir es mit einer in einem bestimmten Intervall konstanten Wahrscheinlichkeitsdichte zu tun. Für den Korb A erstreckt sich dieses Intervall von 59 bis 61 g, für den Korb B von 55 bis 65 g. Da die Wahrscheinlichkeitsdichte (14.16) zufolge auf eins normiert sein muss, ist sie für Korb A durch $p_A(x) = 1/2$ und für Korb B durch $p_B(x) = 1/10$ gegeben. Der Erwartungswert des Gewichtes x im Korb A ist durch

$$E_A = \int_{-\infty}^{\infty} p_A(x)x\,\mathrm{d}x = \int_{59}^{61} \frac{1}{2}x\,\mathrm{d}x = \left.\frac{x^2}{4}\right|_{59}^{61} = 60$$

gegeben, für den Korb B durch

$$E_B = \int_{-\infty}^{\infty} p_B(x)x\,\mathrm{d}x = \int_{55}^{65} \frac{1}{10}x\,\mathrm{d}x = \left.\frac{x^2}{20}\right|_{55}^{65} = 60\ .$$

Die Erwartungswerte sind also für die beiden Körbe gleich groß.

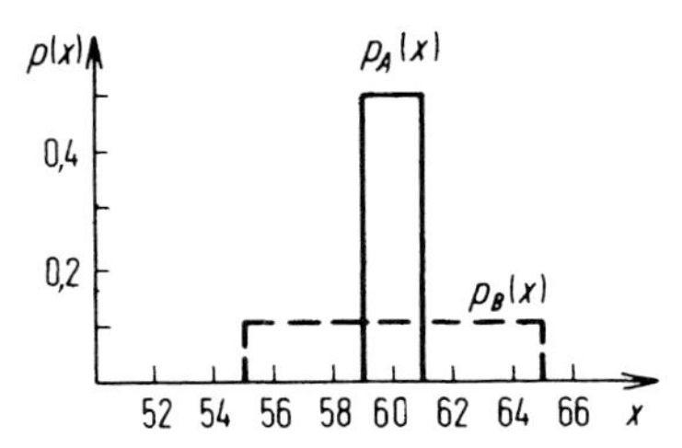

Abb. 14.4 Wahrscheinlichkeitsdichten als Funktion in x im beschriebenen Beispiel.

Für die Varianz erhalten wir im ersten Fall

$$V_A = \int_{-\infty}^{\infty} (E_A - x)^2 p_A(x)\,\mathrm{d}x = \int_{59}^{61} (60 - x)^2 \cdot \frac{1}{2}\,\mathrm{d}x = -\left.\frac{(60 - x)^3}{6}\right|_{59}^{61} = \frac{1}{3} \approx 0{,}3333\ ,$$

im zweiten Fall dagegen

$$V_B = \int_{-\infty}^{\infty} (E_B - x)^2 p_B(x)\,\mathrm{d}x = \int_{55}^{65} (60 - x)^2 \cdot \frac{1}{10}\,\mathrm{d}x = -\left.\frac{(60 - x)^3}{30}\right|_{55}^{65} = \frac{25}{3} \approx 8{,}3333\ .$$

Die Varianz für den Korb B ist also bedeutend größer als für den Korb A. Durch diese Resultate wird zum Ausdruck gebracht, dass für den Korb B mit bedeutend größeren Schwankungen des Gewichtes von Ei zu Ei zu rechnen ist als beim Korb A. Anschaulicher als durch die Varianz werden die Schwankungen durch die Standardabweichung s charakterisiert, also durch die Wurzel aus der Varianz. Es ergibt sich für die Standardabweichungen $s_A = \sqrt{1/3} \approx 0{,}5774$ und $s_B = \sqrt{25/3} \approx 2{,}8868$. Diese Zahlen sagen aus, dass bei Korb A mit Schwankungen des Gewichtes um etwa 0,6 g, bei Korb B dagegen um etwa 2,9 g zu rechnen ist.

Man kann mithilfe der Gleichungen (14.20) und (14.23) bzw. den analogen Gleichungen für diskrete Zufallsgrößen allgemein die Erwartungswerte und die Varianzen für verschiedene Arten von Verteilungen berechnen. Für die durch (14.17) gegebene Normalverteilung erhält man

$$E = x_0 \quad \text{und} \quad V = \sigma^2 \; ; \tag{14.26}$$

für die durch (14.19) gegebene Poisson-Verteilung folgt

$$E = a \quad \text{und} \quad V = a \; .$$

Wir wollen abschließend auf mehrdimensionale Zufallsgrößen eingehen. Gegeben sei eine n-dimensionale Zufallsgröße $(\xi_1, \xi_2, \ldots, \xi_n)$ mit der Wahrscheinlichkeitsdichte $p(x_l, x_2, \ldots, x_n)$. Man kann dann durch die n Gleichungen

$$E_k = \int\limits_{\mathbb{R}} \cdots \int\limits_{\mathbb{R}} x_k p(x_1, \ldots, x_n)\,\mathrm{d}x_1 \cdots \mathrm{d}x_n \quad \text{mit} \quad k = 1, \ldots, n$$

n Erwartungswerte $E_1, \ldots, E_n$ für die einzelnen ξ_i definieren. Ebenso kann man für die Varianz n^2 Größen erhalten, die durch die Gleichungen

$$V_{ij} = \int\limits_{\mathbb{R}} \cdots \int\limits_{\mathbb{R}} (x_i - E_i)(x_j - E_j) p(x_1, \ldots, x_n)\,\mathrm{d}x_1 \cdots \mathrm{d}x_n$$

definiert sind, wobei i und j unabhängig voneinander jeweils von 1 bis n gehen. Für $i = j$ stellen die Zahlen V_{ii} ein Maß für die Schwankung der entsprechenden Zufallsgröße ξ_i dar, genauso wie bei eindimensionalen Zufallsgrößen. Für $i \neq j$ stellt V_{ij}, wie wir hier ohne Beweis anführen, ein Maß dafür dar, inwieweit ξ_i und ξ_j voneinander unabhängig sind. Die Größe $V_{ij}/\sqrt{V_{ii}V_{jj}}$ nennt man den *Korrelationskoeffizienten* r_{ij}. Die Matrix, bestehend aus diesen Koeffizienten, heißt die *Korrelationsmatrix*. Besteht ein linearer Zusammenhang zwischen ξ_i und ξ_j, so ist $r_{ij} = 1$; besteht dagegen überhaupt kein Zusammenhang zwischen ξ_i und ξ_j, so ist $r_{ij} = 0$. Man sagt dann, dass keine Korrelation zwischen ξ_i und ξ_j besteht. Wir wollen uns hier auf diese Andeutungen beschränken und verweisen für weitere Einzelheiten auf die Literatur über Wahrscheinlichkeitstheorie (siehe z. B. [7]).

Fragen und Aufgaben

Aufgabe 14.19 Was versteht man unter einer Wahrscheinlichkeitsdichte?

Aufgabe 14.20 Wie kommt man von der Wahrscheinlichkeitsdichte zu einer Wahrscheinlichkeit?

Aufgabe 14.21 Gib die Gleichungen zur Berechnung der Verteilungsfunktion einer Zufallsgröße aus den Wahrscheinlichkeiten bzw. der Wahrscheinlichkeitsdichte an.

Aufgabe 14.22 Wie sind der Erwartungswert, die Varianz und das k-te Moment einer Zufallsgröße definiert?

Aufgabe 14.23 Was ist eine Normalverteilung?

Aufgabe 14.24 Zeige, dass der Erwartungswert und die Varianz einer Normalverteilung, die durch die Wahrscheinlichkeitsdichte $p(x) = (1/\sigma\sqrt{2\pi})\exp(-(x-a)^2/(2\sigma^2))$ charakterisiert ist, durch a bzw. σ^2 gegeben ist.

Aufgabe 14.25 Berechne den Erwartungswert und die Varianz einer Zufallsgröße mit der Wahrscheinlichkeitsdichte $p(x) = 3x^2/2$ im Intervall $-1 \leq x \leq 1$.

14.4 Kette von unabhängigen Versuchen

14.4.1 Herleitung der exakten Gleichungen

Bei den bisherigen Untersuchungen wurde vor allem nach der Wahrscheinlichkeit irgendeines Ereignisses bei der Durchführung *eines* Versuches gefragt. Im Folgenden betrachten wir ein etwas anderes Problem: Man führt eine Folge von n Versuchen durch. Bei jedem Versuch soll eines von zwei sich einander ausschließenden Ereignissen A_1 oder A_2 eintreten, und zwar A_1 mit der Wahrscheinlichkeit p und A_2 mit der Wahrscheinlichkeit $1-p$. Die einzelnen Versuche sollen voneinander unabhängig sein, d. h., p soll jedes Mal den gleichen Wert haben. Wie groß ist die Wahrscheinlichkeit $P_n(m)$ dafür, dass bei den n Versuchen das Ereignis A_1 insgesamt m-mal und das Ereignis A_2 insgesamt $(n-m)$-mal auftritt, ohne dass dabei eine bestimmte Reihenfolge der Ereignisse vorgeschrieben ist?

Um dieses Problem zu lösen, nehmen wir als Erstes an, dass auch eine bestimmte Reihenfolge der Ereignisse verlangt wird. Man hat dann die Wahrscheinlichkeit für das gleichzeitige Auftreten von n voneinander unabhängigen Ereignissen zu berechnen, die (14.12) zufolge durch das Produkt der Wahrscheinlichkeiten der Einzelereignisse gegeben ist. Insbesondere erhält man die Wahrscheinlichkeit dafür, dass in den ersten m Versuchen A_1 und in den darauffolgenden $n-m$ Versuchen A_2 auftritt, indem man m-mal die Größe p und $(n-m)$-mal die Größe $1-p$ als Faktor schreibt:

$$ppp\cdots p(1-p)(1-p)\cdots(1-p)=p^m(1-p)^{n-m}\,. \tag{14.27}$$

Bei einer anderen Reihenfolge der Ereignisse muss man im obigen Ausdruck die Reihenfolge der Faktoren p und $1-p$ verändern, die Anzahl der einzelnen Faktoren und damit der Zahlenwert der Wahrscheinlichkeit bleibt aber der gleiche. *Die Wahrscheinlichkeit dafür, dass m-mal das Ereignis A_1 und $(n-m)$-mal das Ereignis A_2 in einer vorgegebenen Reihenfolge auftritt, ist also durch $p^m(1-p)^{n-m}$ gegeben.*

Als Nächstes lassen wir nun die Forderung, dass die Ereignisse in einer vorgegebenen Reihenfolge auftreten sollen, fallen. Wir bestimmen also die Wahrscheinlichkeit $P_n(m)$ dafür, dass entweder die ersten m-mal das Ereignis A_1 und die restlichen $(n-m)$-mal das Ereignis A_2 eintritt, oder beim ersten Versuch A_2, dann m-mal A_1 und schließlich $(n-m-1)$-mal A_2 oder irgendeine andere Anordnung der m Ereignisse A_1 und $n-m$ Ereignisse A_2. Gemäß (14.3) müssen wir dann die Wahrscheinlichkeiten für die einzelnen vorgegebenen Reihenfolgen addieren. Da diese Wahrscheinlichkeiten, wie oben festgestellt wurde, alle gleich $p^m(1-p)^{n-m}$ sind, hat man dieses Produkt mit der Anzahl der verschiedenen Anordnungsmöglichkeiten von n Ereignissen, von denen jeweils m und $n-m$ gleich sind, zu multiplizieren. Gleichung (1.3) zufolge ist diese Anzahl durch $n!/m!(n-m)!$ gegeben, sodass man die Formel

$$P_n(m)=\frac{n!}{m!(n-m)!}p^m(1-p)^{n-m} \tag{14.28}$$

erhält. Es gilt also zusammenfassend: *Seien A_1 und A_2 zwei sich einander ausschließende Ereignisse, die mit der Wahrscheinlichkeit p bzw. $1-p$ auftreten. Die Wahrscheinlichkeit dafür, dass bei n Versuchen m-mal das Ereignis A_1 und $(n-m)$-mal das Ereignis A_2 in irgendeiner nicht vorgegebenen Reihenfolge auftritt, ist durch* (14.28) *gegeben.* Die hier betrachtete Folge von Versuchen nennt man ein *Bernoulli'sches Schema.*

Beispiel 14.19

Zur anschaulichen Erläuterung der obigen Herleitungen betrachten wir ein einfaches Beispiel. Eine Münze soll dreimal geworfen werden. Wie groß ist die Wahrscheinlichkeit dafür, bei den ersten beiden Malen Kopf und beim dritten Mal Adler zu erhalten? Wir bezeichnen das Ereignis „Kopf" mit A_1 und das Ereignis „Adler" mit A_2. Es ist $p=1/2$, $1-p=1/2$, $n=3$ und $m=2$. Die Wahrscheinlichkeit, beim ersten Mal Kopf zu erhalten, ist 1/2, beim zweiten Mal Kopf zu erhalten, ist wieder 1/2, und beim dritten Mal Adler zu erhalten, ebenfalls 1/2. Die Wahrscheinlichkeit dafür, dass alle drei Ereignisse eintreten, ist (14.12) zufolge gegeben durch $P(A_1\cap A_1\cap A_2)=1/2\cdot 1/2\cdot 1/2=1/8$. Diese Beziehung entspricht der Gleichung (14.27).

Als Nächstes fragen wir nun nach der Wahrscheinlichkeit $P_3(2)$, zweimal Kopf und einmal Adler zu erhalten in irgendeiner nicht vorgegebenen Reihenfolge. Es gibt insgesamt drei mögliche Reihenfolgen der betrachteten Ereignisse, nämlich $A_1 \cap A_1 \cap A_2$, $A_1 \cap A_2 \cap A_1$ und $A_2 \cap A_1 \cap A_1$. Wir fragen also danach, wie wahrscheinlich es ist, dass entweder $A_1 \cap A_1 \cap A_2$ oder $A_1 \cap A_2 \cap A_1$ oder $A_2 \cap A_1 \cap A_1$ eintritt. Aufgrund von (14.3) ergibt sich dafür:

$$\begin{aligned} P_3(2) &= P(A_1 \cap A_1 \cap A_2) + P(A_1 \cap A_2 \cap A_1) + P(A_2 \cap A_1 \cap A_1) \\ &= \frac{1}{8} + \frac{1}{8} + \frac{1}{8} = \frac{3}{8} \,. \end{aligned}$$

Der neu hinzugekommene Faktor 3 entspricht dem Faktor $n!/m!(n-m)! = 6/2 = 3$ in (14.28).

Die erhaltene Gleichung lässt sich leicht auf den Fall verallgemeinern, dass bei der Folge von unabhängigen Versuchen bei jedem Versuch eines von k unvereinbaren Versuchsergebnissen $A_1, A_2, \ldots, A_k$ auftreten kann. Die Wahrscheinlichkeit dafür, dass bei einer Folge von n unabhängigen Versuchen m_1-mal A_1, m_2-mal A_2 usw. auftritt, ist dann gegeben durch:

$$P_n(m_1, \ldots, m_k) = \frac{n!}{m_1! \cdots m_k!} p_1^{m_1} p_2^{m_2} \cdots p_k^{m_k} \,,$$

wobei $p_j = P(A_j)$, $m_1 + \cdots + m_k = n$ und $p_1 + \cdots + p_k = 1$.

Beispiel 14.20

Als Beispiel fragen wir nach der Wahrscheinlichkeit dafür, bei fünf Würfen mit einem Würfel zweimal die Augenzahl 6 und dreimal die Augenzahl 2 zu erhalten. Es gibt sechs elementare Ereignisse A_1 bis A_6, nämlich die sechs Augenzahlen. Es ist $m_1 = 0$, $m_2 = 3$, $m_3 = 0$, $m_4 = 0$, $m_5 = 0$ und $m_6 = 2$. Ferner ist $n = 5$ und $p_1 = \cdots = p_6 = 1/6$. Wir erhalten daher:

$$\begin{aligned} P_5(0,3,0,0,0,2) &= \frac{5!}{0!3!0!0!0!2!} \left(\frac{1}{6}\right)^0 \left(\frac{1}{6}\right)^3 \left(\frac{1}{6}\right)^0 \left(\frac{1}{6}\right)^0 \left(\frac{1}{6}\right)^0 \left(\frac{1}{6}\right)^2 \\ &= 10 \cdot \left(\frac{1}{6}\right)^5 = \frac{5}{3888} \,. \end{aligned}$$

14.4.2 Diskussion der Funktion $P_n(m)$

Wir wollen nun den hergeleiteten Ausdruck

$$P_n(m) = \frac{n!}{m!(n-m)!} p^m (1-p)^{n-m}$$

eingehender diskutieren und hierzu $P_n(m)$ als Funktion in m bei konstantem n auffassen. Die Größe m gibt an, wie oft das Ereignis A_1 bei n Versuchen auftreten soll; m/n wäre also die relative Häufigkeit des Ereignisses A_1. Nehmen wir als Erstes an, das Produkt np ist eine ganze Zahl. Man kann dann zeigen, dass die Funktion $P_n(m)$ an der Stelle $m = np$, also für $m/n = p$, ein Maximum aufweist. Es ist daher diejenige relative Häufigkeit am wahrscheinlichsten, die gleich p ist. Ferner zeigt sich, dass $P_n(m)$ als Funktion von m in dem Falle, dass $p = 1/2$ ist, symmetrisch um das Maximum verläuft, bei $p \neq 1/2$ dagegen unsymmetrisch. Wenn np keine ganze Zahl ist, so besitzt $P_n(m)$ ein Maximum für denjenigen Wert von m, der pn am nächsten kommt. Wir wollen diese Aussagen nicht allgemein nachweisen, sondern lediglich durch einige Beispiele belegen.

Beispiel 14.21
Als Erstes betrachten wir den bereits oben besprochenen Fall, dass man eine Münze dreimal hochwirft ($n = 3$) und fragt, wie groß die Wahrscheinlichkeit dafür ist, dass man m-mal Kopf erhält. Die Größe m kann die Werte 0, 1, 2 und 3 annehmen. Es gilt allgemein:

$$P_3(m) = \frac{3!}{m!(3-m)!} \left(\frac{1}{2}\right)^m \left(\frac{1}{2}\right)^{3-m} = \frac{3!}{m!(3-m)!} \frac{1}{8} .$$

Für $m = 0$ folgt daraus $P_3(0) = (3!/0!3!)/8 = 1/8$; für $m = 1$ erhält man $P_3(1) = (3!/1!2!)/8 = 3/8$. In ähnlicher Weise ergibt sich $P_3(2) = 3/8$ und $P_3(3) = 1/8$. Die Resultate sind in Abb. 14.5a grafisch wiedergegeben. Man erkennt, dass $P_3(m)$ am größten ist für $m = 1$ und $m = 2$, also die ganzzahligen Werte, die der Zahl np, die im vorliegenden Fall $3/2$ ist, am nächsten kommen. Die Kurve ist symmetrisch zum Maximum. Selbstverständlich haben nur die Werte für ganzzahliges m eine Bedeutung. Die gestrichelte Kurve, die diese Punkte verbindet, wurde nur deswegen eingezeichnet, damit der Zusammenhang der Punkte besser ersichtlich ist.
Des Weiteren zeigt die Abbildung den Verlauf der Funktion $P_6(m)$. Sie gibt die Wahrscheinlichkeit dafür an, beim sechsmaligen Werfen der Münze m-mal Kopf zu erhalten. Das Maximum liegt jetzt bei $m = 3$.
In Abb. 14.5b ist der Verlauf der Funktion $P_6(m)$ für $p \neq 1/2$ angegeben, und zwar für die Werte $p = 0{,}2$ und $p = 0{,}1$. Man sieht, dass das Maximum sich desto weiter nach links verschiebt, je kleiner p wird, entsprechend der allgemeinen Regel, dass das Maximum in der Nähe von np liegen muss. Diese Kurven beziehen sich z. B. jeweils auf eine Münze, bei der aus irgendwelchen Gründen die Wahrscheinlichkeit, „Kopf“ zu erhalten, kleiner ist als die für „Adler“.

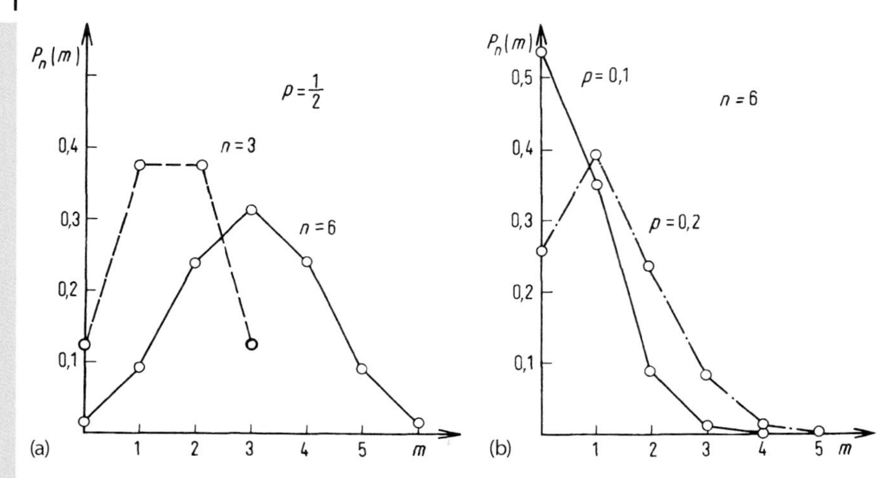

Abb. 14.5 (a) Verlauf der Funktion $P_n(m)$ im Falle $p = 1/2$ für zwei verschiedene Werte für n. (b) Verlauf der Funktion $P_n(m)$ für zwei verschiedene p-Werte mit $n = 6$.

Man kann nun noch nach der Wahrscheinlichkeit dafür fragen, dass m innerhalb eines gewissen Bereiches liegt, etwa zwischen den ganzen Zahlen a und b. Man muss dann entsprechend (14.3) die Wahrscheinlichkeiten für die einzelnen Werte von m innerhalb dieses Bereichs addieren. Wenn man die gesuchte Wahrscheinlichkeit mit $P\{a \leq m \leq b\}$ bezeichnet, kann man daher schreiben:

$$P_n\{a \leq m \leq b\} = \sum_{a \leq m \leq b} P_n(m) \, .$$

Beispiel 14.22
Die Wahrscheinlichkeit dafür, dass beim sechsmaligen Werfen einer Münze das Ereignis „Kopf“ entweder zweimal, dreimal oder viermal auftritt, ist der obigen Gleichung zufolge gegeben durch:

$$P_6\{2 \leq m \leq 4\} = \sum_{2 \leq m \leq 4} P_6(m) = \sum_{m=2}^{4} P_6(m) = \sum_{m=2}^{4} \frac{6!}{m!(6-m)!} \left(\frac{1}{2}\right)^6$$
$$= 50 \cdot \left(\frac{1}{2}\right)^6 = \frac{25}{32} \, . \tag{14.29}$$

14.4.3 Näherungsgesetze für große n

Die Anwendung der Formel (14.28) wird sehr umständlich, wenn n groß ist. Man kann aber aus dieser Gleichung zwei bedeutend einfacher auszuwertende Formeln herleiten, die eine gute Näherung darstellen. Es gilt:

Satz 14.1 Grenzwertsatz von de Moivre-Laplace

Für große n und unter der Bedingung, dass p ungefähr gleich $1/2$ ist, kann man als Näherung für (14.28) die Beziehung

$$P_n(m) \approx \frac{1}{\sqrt{2\pi n p(1-p)}} \mathrm{e}^{-(m-np)^2/(2np(1-p))} \tag{14.30}$$

verwenden. Mit den Abkürzungen $y = m - np$ und $\sigma = \sqrt{np(1-p)}$ kann man dafür auch schreiben:

$$P_n(m) \approx \frac{1}{\sigma\sqrt{2\pi}} \mathrm{e}^{-y^2/(2\sigma^2)} . \tag{14.31}$$

Mathematisch bedeutet das Zeichen „$\approx$“, dass der Quotient der linken und rechten Seite von (14.30) für $n \to \infty$ gegen eins konvergiert, sofern $y/(2\sigma)$ in gewisser Weise endlich bleibt. Der Grenzwertsatz kann auch für allgemeines $p \in (0, 1)$ formuliert werden.

Satz 14.2 Satz von Poisson

Für große n und unter der Bedingung, dass p klein gegenüber $1/2$ ist (z. B. $p = 0,2$), kann man als Näherung für (14.28) die Beziehung

$$P_n(m) \approx \frac{(np)^m}{m!} \mathrm{e}^{-np} \tag{14.32}$$

verwenden (Poisson'sche Formel).

Die mathematisch präzise Formulierung des Satzes von Poisson lautet:

$$\lim_{n\to\infty} P_n(m) = \frac{\lambda^m}{m!} \mathrm{e}^{-\lambda} , \quad \text{wobei} \quad \lambda = \lim_{n\to\infty} np .$$

Der zweite Grenzwert bedeutet, dass für große Werte von n der Parameter p kleiner werden muss, so dass (im Grenzwert) $np = \lambda$ gewährleistet ist.

Gleichung (14.30) wird durch eine Gauß'sche Glockenkurve wiedergegeben, deren Maximum bei $m = np$ liegt (denn an dieser Stelle wird der Exponent maximal). Gleichung (14.32) entspricht demgegenüber einer unsymmetrischen Kurve, die ebenfalls ein Maximum bei $m = np$ besitzt. Dass man für $p \approx 1/2$ eine symmetrische, glockenförmige Kurve, für $p \ll 1/2$ dagegen eine unsymmetrische Kurve erhält, erkennt man bereits an den in Abb. 14.5b angegebenen Kurven für $n = 6$, die über die exakte Gleichung bestimmt wurden.

Beispiel 14.23
Als Beispiel zeigt Abb. 14.6a die Funktion $P_n(m)$ für $n = 6$ und $p = 1/2$. Die durchgezogene Kurve wurde mithilfe der Näherung (14.30) bestimmt, die eingezeichneten Punkte über die exakte Beziehung (14.28). Man sieht, dass die Näherungsformel bereits für diesen kleinen Wert von n das exakte Resultat überraschend gut wiedergibt. Zum Vergleich ist noch gestrichelt das über die Poisson'sche Formel (14.32) erhaltene Ergebnis eingezeichnet, das mit den exakt berechneten Punkten nicht übereinstimmt.

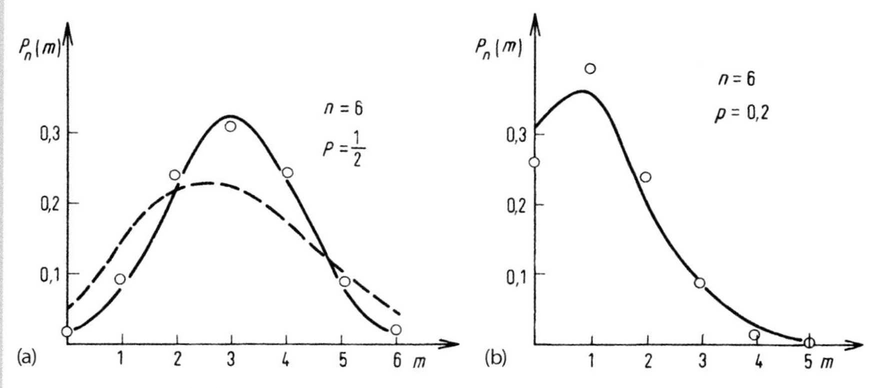

Abb. 14.6 Vergleich der verschiedenen Näherungen für $P_n(m)$ mit den exakten Werten: (a) $p = 1/2$ und $n = 6$ unter Verwendung von (14.30) (durchgezogene Kurve), (14.32) (gestrichelte Kurve) und (14.28) (Kreise); (b) $p = 0{,}2$ und $n = 6$ unter Verwendung von (14.32) (durchgezogene Kurve) und (14.28) (Kreise).

Abbildung 14.6b gibt die Funktion $P_n(m)$ für $n = 6$ und $p = 0{,}2$ wieder. Die durchgezogene Kurve wurde mithilfe der Poisson'schen Näherungsformel gewonnen, die eingezeichneten Kreise geben die mithilfe der exakten Formel gewonnenen Resultate wieder. Man sieht, dass in diesem Fall, in dem p bedeutend kleiner als $1/2$ ist, die Poisson'sche Formel eine gute Näherung darstellt.

Wir betrachten nun den Fall $p \approx 1/2$ und fragen nach der Wahrscheinlichkeit dafür, dass m zwischen zwei Werten a und b liegt, d. h., dass $y = m - np$ irgendeinen Wert zwischen $y_a = a - np$ und $y_b = b - np$ annimmt. Man erhält diese Wahrscheinlichkeit, indem man (14.31) in den Grenzen von y_a bis y_b bzgl. y integriert. Die vorgenommene Integration entspricht der Summation in (14.29). Es ergibt sich, wenn man die Variablensubstitution $t = y/\sigma$ vornimmt:

$$P_n\{a \leq m \leq b\} \approx \frac{1}{\sqrt{2\pi}} \int_{y_a/\sigma}^{y_b/\sigma} e^{-t^2/2} x \, dt \,. \tag{14.33}$$

Der Integrand besitzt keine bereits bekannte Stammfunktion. Man kann die Integration daher lediglich numerisch durchführen und die Resultate in Tabellen angeben. Tabelliert wird gewöhnlich die sogenannte *Gauß'sche Wahrscheinlich-*

Tab. 14.1 Gauß'sche Wahrscheinlichkeitsfunktion bis auf vier Nachkommastellen.

z	0	0,2	0,4	0,6	0,8	1,0	1,2	1,4	1,6
$\Phi(z)$	0	0,1585	0,3108	0,4515	0,5763	0,6827	0,7699	0,8385	0,8904

keitsfunktion

$$\Phi(z) = \frac{2}{\sqrt{2\pi}} \int_0^z \mathrm{e}^{-t^2/2}\,\mathrm{d}t\ . \tag{14.34}$$

Mithilfe dieser Funktion lässt sich (14.33) in der Form

$$P_n\{a \leq m \leq b\} \approx \frac{1}{2}\left[\Phi\left(\frac{y_b}{\sigma}\right) - \Phi\left(\frac{y_a}{\sigma}\right)\right] \tag{14.35}$$

schreiben. Einige Werte der Funktion $\Phi(z)$ sind in Tab. 14.1 angegeben. Für negative Werte von z gilt wegen der Symmetrieeigenschaft $\Phi(x) = -\Phi(-x)$.

Übrigens tabelliert man vielfach anstelle der oben eingeführten Funktion $\Phi(z)$ die *Fehlerfunktion* (englisch: **er**ror **f**unction):

$$\mathrm{erf}(z) = \frac{2}{\sqrt{\pi}} \int_0^z \mathrm{e}^{-u^2}\,\mathrm{d}u\ .$$

Es gilt der folgende Zusammenhang zwischen den beiden Funktionen: $\Phi(z) = \mathrm{erf}\,(z/\sqrt{2})$.

Häufig interessiert man sich für den Fall, dass a und b symmetrisch zum Mittelwert liegen, also z. B. durch

$$a = np - r \quad \text{und} \quad b = np + r$$

gegeben sind, wobei r irgendeine positive Zahl ist. Es ist dann $y_a = -r$ und $y_b = r$. Gleichung (14.35) geht in diesem Fall unter Berücksichtigung der Eigenschaft $\Phi(-z) = -\Phi(z)$ über in:

$$P_n\{np - r \leq m \leq np + r\} \approx \Phi\left(\frac{r}{\sigma}\right)\ . \tag{14.36}$$

Wir sehen also: *Im Falle $p \approx 1/2$ ist die Wahrscheinlichkeit dafür, dass m um höchstens r vom wahrscheinlichsten Wert np abweicht, durch $\Phi(r/\sigma)$ gegeben, wobei $\Phi(z)$ die durch* (14.34) *definierte Gauß'sche Wahrscheinlichkeitsfunktion ist.*

Wir wollen die Grenzen der Abweichung in Bruchteilen z des Mittelwertes np angeben. Es gilt dann für die Grenzen a und b von m

$$a = np - npz \quad \text{und} \quad b = np + npz\ ,$$

und (14.36) geht über in

$$W(z) \approx \Phi\left(\frac{npz}{\sigma}\right)\ ,$$

wobei wir als Abkürzung für $P_n\{np - npz \leq m \leq np + npz\}$ die Bezeichnung $W(z)$ eingeführt haben. Die Zahl $W(z)$ ist also die Wahrscheinlichkeit dafür, dass m um höchstens den Bruchteil z von np abweicht.

Im Folgenden geben wir einige Beispiele und Anwendungen.

Beispiel 14.24

1. Wie groß ist die Wahrscheinlichkeit dafür, bei 100 Würfen mit einer Münze genau 40-mal Adler zu erhalten? Es ist $n = 100$, $p = 1/2$ und $m = 40$. Da $p = 1/2$, kann man den Grenzwertsatz von de Moivre-Laplace (14.30) anwenden. Es ergibt sich:

$$P_{100}(40) \approx \frac{1}{\sqrt{2\pi \cdot 100/4}} \mathrm{e}^{-(40-100/2)^2/(2\cdot 100/4)} = \frac{1}{\sqrt{50\pi}} \cdot \mathrm{e}^{-2} \approx 0{,}0108 \; .$$

2. Wie groß ist die Wahrscheinlichkeit dafür, dass man im obigen Beispiel zwischen 45- und 55-mal Adler erhält? Die wahrscheinlichste Anzahl des Eintreffens des Ereignisses Adler ist $m = np = 50$. Die Grenzen 45 und 55 liegen im Abstand $r = 5$ symmetrisch um diesen wahrscheinlichsten Wert. Man kann daher (14.36) anwenden und erhält unter Zuhilfenahme von Tab. 14.1:

$$\begin{aligned} P_n\{np - r \leq m \leq np + r\} &\approx \Phi\left(\frac{r}{\sqrt{np(1-p)}}\right) \\ &= \Phi\left(\frac{5}{\sqrt{100/4}}\right) = \Phi(1) \approx 0{,}6827 \; . \end{aligned}$$

3. Die Wahrscheinlichkeit, bei der Produktion von Automobilen ein fehlerhaftes Erzeugnis zu erhalten, sei $p = 0{,}01$. Wie groß ist die Wahrscheinlichkeit dafür, dass bei 100 Automobilen (i) keines, (ii) genau eines, (iii) genau zwei einen Fehler aufweisen? Da hier $p \ll 1/2$ ist, müssen wir den Satz von Poisson anwenden. Es ist $n = 100$, $np = 1$ und m im Falle (i) gleich 0, im Falle (ii) gleich 1 und im Falle (iii) gleich 2. Für die Wahrscheinlichkeit, dass kein einziges Automobil einen Fehler aufweist, ergibt sich daher über (14.32):

$$P_{100}(0) \approx \frac{1^0}{0!}\mathrm{e}^{-1} \approx 0{,}368 \; .$$

Für die Wahrscheinlichkeit, dass genau eines einen Fehler zeigt, gilt:

$$P_{100}(1) \approx \frac{1^1}{1!}\mathrm{e}^{-1} \approx 0{,}368 \; .$$

Für die Wahrscheinlichkeit, genau zwei fehlerhafte Automobile zu erhalten, erhält man schließlich:

$$P_{100}(2) \approx \frac{1^2}{2!}\mathrm{e}^{-1} \approx 0{,}189 \; .$$

Bei diesem Beispiel mag vielleicht ein Punkt verwirrend erscheinen. Zu Beginn wurde ausgesagt: „Die Wahrscheinlichkeit, ein fehlerhaftes Erzeugnis zu erhalten, ist $p = 0{,}01$." Kurz danach wurde in der Gleichung für $P_{100}(0)$ festgestellt: „Die Wahrscheinlichkeit, dass genau eines einen Fehler aufweist, ist näherungsweise gleich 0,378." Dass man hier 0,368 statt 0,01 als Ergebnis erhält, hat seine Ursache darin, dass wir hier 100 Versuche durchführen und verlangen, dass dabei genau einmal ein Fehler auftritt. Man kann diesen Sachverhalt auch am Beispiel einer Münze veranschaulichen. Wenn wir diese fünfmal hochwerfen und nach der Wahrscheinlichkeit fragen, dass dabei genau einmal Kopf auftritt, so ist das erfüllt, wenn der Kopf entweder beim ersten oder beim zweiten oder usw. beim fünften Wurf eintritt. Die Wahrscheinlichkeit dafür lautet $5(1/2)^5 = 5/32$ und nicht $1/2$, was die Wahrscheinlichkeit des Ereignisses „Kopf" ist.

4. Bei einer Polymerisation entsteht durch Zusammenlagerung bestimmter Atomgruppen, die man als monomere Einheiten bezeichnet, jeweils ein Kettenmolekül der Form $AAAAAAAAA\ldots$ Die Anzahl der A-Einheiten bezeichnet man als den Polymerisationsgrad k des Moleküls. Im einfachsten Fall findet das Wachstum der Kette in folgender Weise statt: Auf das aktive Ende der sich bildenden Kette stößt je Sekunde etwa 10^{12}-mal eine A-Einheit. Es gibt eine gewisse Wahrscheinlichkeit p dafür, dass es beim Zusammenstoß zu einer chemischen Reaktion kommt, bei der die auftreffende Einheit an die Kette angelagert wird. Die Wahrscheinlichkeit dafür, dass keine Anlagerung stattfindet, beträgt dementsprechend $1 - p$. Wir fragen nun: Wie groß ist die Wahrscheinlichkeit dafür, dass sich innerhalb der Zeit t von einer einzigen A-Einheit ausgehend der Polymerisationsgrad x ausbildet, wenn p sehr klein gegenüber $1/2$ ist?
   In der Zeit t stößt die betrachtete Einheit insgesamt $n = t \cdot 10^{12}$-mal mit einer anderen Einheit zusammen. Damit sich dabei der Polymerisationsgrad k bildet, müssen davon $m = k - 1$ Stöße erfolgreich sein, d. h. zu einer chemischen Reaktion führen. Die Wahrscheinlichkeit, dass dies der Fall ist, ist gleich der Wahrscheinlichkeit dafür, dass bei n Versuchen m-mal das Ereignis mit der Wahrscheinlichkeit p eintritt. Diese ist durch (14.32) gegeben. Wir erhalten daher:

$$W(k) = \frac{(np)^m}{m!}\mathrm{e}^{-np} = \frac{(np)^{k-1}}{(k-1)!}\mathrm{e}^{-np} \,,$$

   wobei np den mittleren Polymerisationsgrad angibt.

14.4.4 Markow'sche Ketten

Bei den bisher betrachteten Folgen von Versuchen wurde vorausgesetzt, dass die Versuche unabhängig voneinander sind. Daher konnten wir annehmen, dass die Wahrscheinlichkeit für das Eintreten eines Ereignisses in jedem Versuch immer die gleiche ist und dass sie insbesondere nicht davon abhängt, welche Ereignisse jeweils bei den vorangegangenen Versuchen eingetreten sind. Diese Voraussetzungen wollen wir nun fallen lassen.

Wir betrachten eine Folge von n Versuchen. Bei jedem Versuch soll genau eines von s unvereinbaren Ereignissen $A_1, A_2, \dots, A_s$ eintreten. Die Wahrscheinlichkeit für das Eintreten eines Ereignisses im $(k+1)$-ten Versuch soll erstens von der Nummer $k+1$ des Versuchs abhängen und zweitens davon, welches Ereignis im vorangegangenen Versuch eingetreten ist; sie soll aber nicht vom Ergebnis der weiter zurückliegenden Versuche beeinflusst werden. Eine Versuchsfolge, die diese Voraussetzungen erfüllt, bezeichnet man als *Markow'sche Kette*. Im Spezialfall, dass die jeweilige Wahrscheinlichkeit nur vom Ereignis, das im vorangegangenen Versuch eingetreten ist, abhängt, aber nicht von der Nummer des Versuchs, nennt man die Versuchsfolge eine *homogene Markow'sche Kette*.

Bei Markow'schen Ketten muss man die Wahrscheinlichkeit dafür, dass bei einem bestimmten Versuch das Ereignis A_j eintritt, durch s Zahlen $p_{1j}, p_{2j}, \dots, p_{sj}$ charakterisieren. Dabei bedeutet allgemein p_{ij} die Wahrscheinlichkeit für das Eintreten des Ereignisses A_j, wenn im vorangegangenen Versuch das Ereignis A_i eingetreten ist. Für s mögliche Ereignisse im betrachteten Versuch benötigt man somit s solcher Reihen von je s Zahlen, die man für gewöhnlich in der Form einer Matrix schreibt:

$$\boldsymbol{\Pi}_1 = \begin{pmatrix} p_{11} & p_{12} & \cdots & p_{1s} \\ p_{21} & p_{22} & \cdots & p_{2s} \\ \vdots & \vdots & & \vdots \\ p_{s1} & p_{s2} & \cdots & p_{ss} \end{pmatrix} . \tag{14.37}$$

Man bezeichnet $\boldsymbol{\Pi}_1$ als *Übergangsmatrix*. Bei homogenen Markow'schen Ketten ist durch eine solche Matrix die ganze Versuchsfolge ausreichend charakterisiert. Bei inhomogenen Ketten hängen die einzelnen Wahrscheinlichkeiten auch von der Nummer des Versuchs ab; man muss dann für jeden Versuch eine neue Matrix angeben.

Wir sehen also: *Wenn bei einer Folge von n Versuchen die Wahrscheinlichkeit für das Eintreten eines Ereignisses im $(k+1)$-ten Versuch davon abhängt, welches Ereignis im k-ten Versuch und nicht im $(k-1)$-ten Versuch usw. eingetreten ist, so spricht man von einer Markow'schen Kette. Die Wahrscheinlichkeiten für die einzelnen Ereignisse in jedem Versuch kann man dann jeweils durch eine Matrix der Form* (14.37) *wiedergeben. Wenn die Elemente der Matrix unabhängig von der Nummer k des Versuches sind, so heißt die Markow-Kette homogen.*

Wir beschäftigen uns im Folgenden ausschließlich mit homogenen Markow'schen Ketten.

Beispiel 14.25

Als Beispiel betrachten wir den Fall eines langen kettenförmigen Moleküls (Makromolekül), das aus n gleichen Einheiten besteht. Dieses Molekül soll in ein zweidimensionales quadratisches Gitter eingeführt werden, und zwar in der Weise, dass jede Moleküleinheit auf einer Gitterlinie liegt. Nehmen wir an, dass sich bereits k Einheiten im Gitter befinden (siehe Abb. 14.7) und dass wir dabei sind, die

$(k+1)$-te Einheit einzuführen. Wir können dann von dem Gitterpunkt P, bei dem wir gerade angelangt sind, im Prinzip in vier verschiedene Richtungen fortschreiten, die wir, wie in Abb. 14.7 angedeutet, mit den Zahlen 1, 2, 3 und 4 bezeichnen. Das Fortschreiten in diese Richtungen fassen wir als die Ereignisse A_1, A_2, A_3 und A_4 auf. Das Matrixelement p_{13} gibt dann beispielsweise die Wahrscheinlichkeit dafür an, dass auf einen Schritt in „1-Richtung" ein solcher in „3-Richtung" folgt.

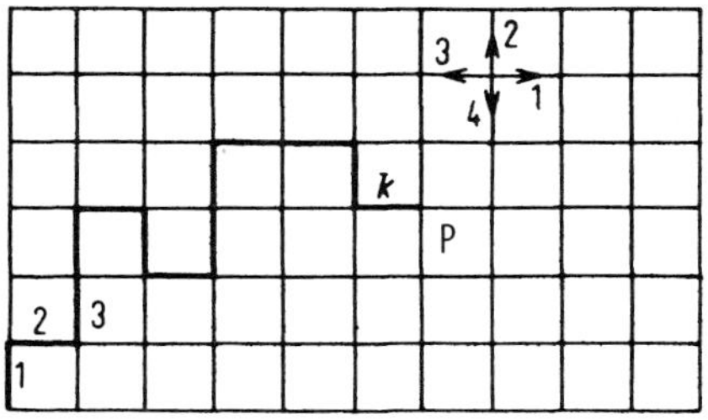

Abb. 14.7 Zur Einführung eines Makromoleküls in ein Gitter.

Um die Zahlenwerte für die p_{ik} zu bestimmen, nehmen wir an, dass jeweils die Wahrscheinlichkeit für ein Fortschreiten längs derjenigen Gitterlinie, die durch die unmittelbar vorher eingeführte Einheit belegt worden ist, gleich null ist. In die drei anderen Richtungen soll ein Fortschreiten mit jeweils gleicher Wahrscheinlichkeit stattfinden. Diese muss dann 1/3 sein, weil die Summe der Wahrscheinlichkeiten über alle vier Richtungen eins ergeben muss. Betrachten wir nun als Erstes den Fall, dass der k-te Schritt in die 1-Richtung gegangen ist, wie in Abb. 14.7 angegeben. Die Wahrscheinlichkeit, in 1-Richtung zu schreiten, ist dann 1/3, diejenige für die 2-Richtung ebenfalls 1/3, diejenige für die 3-Richtung null und diejenige für die 4-Richtung wieder 1/3. Es ist also $p_{11} = 1/3$, $p_{12} = 1/3$, $p_{13} = 0$ und $p_{14} = 1/3$. Wenn der k-te Schritt in die 2-Richtung weist, erhält man in gleicher Weise $p_{21} = 1/3$, $p_{22} = 1/3$, $p_{23} = 1/3$ und $p_{24} = 0$. Weist er in die 3-Richtung, so ist $p_{31} = 0$, $p_{32} = 1/3$, $p_{33} = 1/3$ und $p_{34} = 1/3$. Und wenn der k-te Schritt schließlich in die 4-Richtung erfolgt ist, erhält man $p_{41} = 1/3$, $p_{42} = 0$, $p_{43} = 1/3$ und $p_{44} = 1/3$. Damit ergibt sich die Matrix:

$$\boldsymbol{\Pi}_1 = \begin{pmatrix} 1/3 & 1/3 & 0 & 1/3 \\ 1/3 & 1/3 & 1/3 & 0 \\ 0 & 1/3 & 1/3 & 1/3 \\ 1/3 & 0 & 1/3 & 1/3 \end{pmatrix} . \tag{14.38}$$

Ein weiteres Beispiel stellt die Bildung eines Kettenmoleküls aus zwei verschiedenen Arten von monomeren Einheiten A und B dar (Copolymerisation). Die Wahrscheinlichkeit für die Anlagerung einer A-Einheit hängt für gewöhnlich davon ab, ob die zuvor angelagerte Einheit A oder B war. Im ersten Fall wird sie mit p_{11}, im zweiten mit p_{21} bezeichnet. Ebenso hängt die Wahrscheinlichkeit für die Anlagerung einer B-Einheit davon ab, ob zuvor A oder B angelagert worden ist, was zu den Wahrscheinlichkeiten p_{12} und p_{22} führt:

$$A + A : p_{11} ,$$
$$B + A : p_{21} ,$$
$$A + B : p_{12} ,$$
$$B + B : p_{22} .$$

Der Vorgang der Copolymerisation wird also durch eine Matrix der Form

$$\boldsymbol{\Pi}_1 = \begin{pmatrix} p_{11} & p_{12} \\ p_{21} & p_{22} \end{pmatrix} \tag{14.39}$$

beschrieben. Je nach den Zahlenwerten der Matrixelemente können ganz verschieden aufgebaute Moleküle entstehen. Wenn die Matrixelemente alle in der Umgebung von 1/2 liegen, die betrachtete Matrix also z. B. lautet

$$\boldsymbol{\Pi}_1 = \begin{pmatrix} 0{,}45 & 0{,}55 \\ 0{,}60 & 0{,}40 \end{pmatrix} , \tag{14.40}$$

so erhält man ein sogenanntes statistisches Copolymer, in dem in statistischer Weise A- und B-Einheiten einander abwechseln, beispielsweise $ABBBAABA$ $AABB$ ... Wenn dagegen die Matrix z. B. die Form

$$\boldsymbol{\Pi}_1 = \begin{pmatrix} 0{,}95 & 0{,}05 \\ 0{,}05 & 0{,}95 \end{pmatrix} \tag{14.41}$$

besitzt, so erhält man ein sogenanntes Blockcopolymer; es treten dann bevorzugt längere Blöcke aus A- und B-Einheiten auf, etwa $AAAAAAAAAAAAAABBBBBB$ $BBAAAAAAAAA$ ... Dies folgt daraus, dass p_{11}, die Wahrscheinlichkeit, dass auf A wieder A folgt, und ebenso p_{22}, die Wahrscheinlichkeit, dass auf B wieder B folgt, nahezu eins sind, wohingegen die Wahrscheinlichkeiten p_{12} und p_{21}, die für den Wechsel von A nach B bzw. von B nach A gelten, sehr klein sind.

Wir betrachten nun das folgende Problem: Bei einem bestimmten Versuch sei das Ereignis A_i eingetreten. Wie groß ist die Wahrscheinlichkeit dafür, dass m Versuche später das Ereignis A_j eintrifft? Wir bezeichnen diese Wahrscheinlichkeit mit $p_{ij}(m)$. Die Zahlen $p_{ij}(m)$ bilden wieder eine Matrix:

$$\boldsymbol{\Pi}_m = \begin{pmatrix} p_{11}(m) & p_{12}(m) & \dots & p_{1s}(m) \\ p_{21}(m) & p_{22}(m) & \dots & p_{2s}(m) \\ \vdots & \vdots & & \vdots \\ p_{s1}(m) & p_{s2}(m) & \dots & p_{ss}(m) \end{pmatrix} .$$

Im Falle $m = 1$ gilt $p_{ij}(1) = p_{ij}$, und $\boldsymbol{\Pi}_m$ geht in die durch (14.37) gegebene Matrix $\boldsymbol{\Pi}_1$ über.

Um die Wahrscheinlichkeit $p_{ij}(m)$ allgemein aus den Werten p_{ij} auszurechnen, betrachten wir als Zwischenschritt den ℓ-ten Versuch, wobei ℓ kleiner als m ist. In diesem ℓ-ten Versuch kann irgendeines der s Ereignisse eintreten. Die Wahrscheinlichkeit dafür, dass das r-te Ereignis eingetroffen ist, lautet in unserer Bezeichnungsweise $p_{ir}(\ell)$. Die Wahrscheinlichkeit dafür, dass gleichzeitig A_r im ℓ-ten Versuch und A_j im m-ten Versuch eintrifft, beträgt (14.11) zufolge:

$$p_{ir}(\ell)p_{rj}(m-\ell)\ .$$

Die Wahrscheinlichkeit dafür, dass das Ereignis A_j im m-ten Versuch eintritt, während irgendein *beliebiges* Ereignis im ℓ-ten Versuch eingetreten ist, ist schließlich durch

$$p_{ij}(m) = \sum_{r=1}^{s} p_{ir}(\ell)p_{rj}(m-\ell) \tag{14.42}$$

gegeben. Die Werte $p_{ij}(m)$ sind die Elemente der Matrix $\boldsymbol{\Pi}_m$, die Zahlen $p_{ir}(\ell)$ sind die Elemente der Matrix $\boldsymbol{\Pi}_\ell$, und schließlich bilden die Werte $p_{rj}(m-\ell)$ die Elemente der Matrix $\boldsymbol{\Pi}_{m-\ell}$. Gleichung (14.42) ist daher identisch mit der Matrizengleichung

$$\boldsymbol{\Pi}_m = \boldsymbol{\Pi}_\ell \boldsymbol{\Pi}_{m-\ell}\ .$$

Die erhaltene Beziehung stellt eine Rekursionsformel zur Berechnung von $\boldsymbol{\Pi}_m$ dar. Wenn man $m = 2$ und $\ell = 1$ setzt, erhält man $\boldsymbol{\Pi}_2 = \boldsymbol{\Pi}_1\boldsymbol{\Pi}_1 = \boldsymbol{\Pi}_1^2$; mit $m = 3$ und $\ell = 2$ ergibt sich $\boldsymbol{\Pi}_3 = \boldsymbol{\Pi}_1\boldsymbol{\Pi}_2 = \boldsymbol{\Pi}_1^3$. Daraus folgt allgemein:

$$\boldsymbol{\Pi}_m = \boldsymbol{\Pi}_1^m\ . \tag{14.43}$$

Man erhält also die gesuchte Matrix $\boldsymbol{\Pi}_m$, indem man die durch (14.37) *gegebene Matrix $\boldsymbol{\Pi}_1$ m-mal als Faktor nimmt.*

Beispiel 14.26
Als Beispiel berechnen wir die Wahrscheinlichkeit dafür, dass bei der durch die Matrix aus (14.41) beschriebenen Copolymerisation auf eine A-Einheit als übernächste Einheit B angelagert wird. Die übernächste Anlagerung entspricht dem zweiten Versuch, wir müssen also $\boldsymbol{\Pi}_2$ berechnen. Gemäß (14.43) gilt:

$$\boldsymbol{\Pi}_1 = \boldsymbol{\Pi}_1^2 = \begin{pmatrix} 0{,}95 & 0{,}05 \\ 0{,}05 & 0{,}95 \end{pmatrix} \begin{pmatrix} 0{,}95 & 0{,}05 \\ 0{,}05 & 0{,}95 \end{pmatrix} = \begin{pmatrix} 0{,}905 & 0{,}095 \\ 0{,}095 & 0{,}905 \end{pmatrix}\ .$$

Die gesuchte Wahrscheinlichkeit ist durch das Element $p_{12}(2)$ der erhaltenen Matrix gegeben und beträgt 0,095 oder 9,5 %.

Von besonderem Interesse ist die Frage nach dem Wert, dem $p_{ij}(m)$ zustrebt, wenn m über alle Grenzen wächst. Es lässt sich folgendes zeigen: *Wenn für irgendein $m \in \mathbb{N}$ alle Elemente der Matrix $\boldsymbol{\Pi}_m$ größer als null sind, so strebt $p_{ij}(m)$*

für $m \to \infty$ gegen einen Grenzwert $\bar{p}_j$, der unabhängig von i ist. Die Werte $\bar{p}_j$ erhält man als Lösungen des folgenden linearen Gleichungssystems:

$$(\bar{p}_1, \bar{p}_2, \dots, \bar{p}_s) \begin{pmatrix} p_{11} - 1 & p_{12} & \cdots & p_{1s} \\ p_{21} & p_{22} - 1 & & p_{2s} \\ \vdots & & \ddots & \\ p_{s1} & p_{s2} & & p_{ss} - 1 \end{pmatrix} = (0, 0, \dots, 0) \,. \quad (14.44)$$

Die Wahrscheinlichkeit, dass das Ereignis A_j eintritt, ist also nach einer genügend großen Anzahl von Versuchen auch bei einer Markow'schen Kette unabhängig davon, welches Ereignis beim ersten Versuch eingetreten ist.

Das Matrizenproblem (14.44) ist ein Eigenwertproblem. Um dies einzusehen, definieren wir $\bar{\boldsymbol{p}} = (\bar{p}_1, \bar{p}_2, \dots, \bar{p}_s)$ und $\mathbf{0} = (0, 0, \dots, 0) \in \mathbb{R}^s$ und bezeichnen mit $\boldsymbol{\Pi}$ die Matrix mit Elementen p_{ij}. Ferner sei $\boldsymbol{E}$ die Einheitsmatrix in $\mathbb{R}^{s \times s}$. Dann kann (14.44) geschrieben werden als

$$\bar{\boldsymbol{p}}(\boldsymbol{\Pi} - \boldsymbol{E}) = \mathbf{0} \quad \text{bzw.} \quad \bar{\boldsymbol{p}}\,\boldsymbol{\Pi} = \bar{\boldsymbol{p}}$$

oder, wenn wir die obige Matrizengleichung transponieren,

$$\boldsymbol{\Pi}^{\mathrm{T}} \bar{\boldsymbol{p}}^{\mathrm{T}} = \bar{\boldsymbol{p}}^{\mathrm{T}} \,.$$

Der Vektor $\bar{\boldsymbol{p}}^{\mathrm{T}}$ ist also ein Eigenvektor der Matrix $\boldsymbol{\Pi}^{\mathrm{T}}$ zum Eigenwert eins.

Beispiel 14.27

Als Beispiel betrachten wir wieder die im Zusammenhang mit der Matrix (14.39) angeführte Copolymerisation. Zu Beginn möge eine „Kette“ aus einer einzigen Einheit vorliegen. Die Wahrscheinlichkeit dafür, dass sich als Nächstes daran eine A-Einheit anlagert, hängt davon ab, ob die bereits vorliegende Einheit eine A- oder eine B-Einheit ist. Ebenso hängt auch die Wahrscheinlichkeit beim übernächsten Schritt davon ab, wie die erste Einheit beschaffen ist, usw. Die Wahrscheinlichkeit für das Anlagern einer A-Einheit nach einer großen Anzahl von Schritten wird dagegen aufgrund des obigen Resultates schließlich davon unabhängig. Wir wollen nun diese Wahrscheinlichkeit berechnen. Gleichung (14.44) lautet:

$$(\bar{p}_1, \bar{p}_2) \begin{pmatrix} p_{11} - 1 & p_{12} \\ p_{21} & p_{22} - 1 \end{pmatrix} = (0, 0) \,.$$

Die Unbekannte $\bar{p}_1$ ist die Wahrscheinlichkeit, dass nach einer großen Anzahl von Schritten eine A-Einheit angelagert wird, und $\bar{p}_2$ diejenige für die Anlagerung einer B-Einheit. Die obige Matrizengleichung kann als ein lineares Gleichungssystem für die Unbekannten $\bar{p}_1$ und $\bar{p}_2$ geschrieben werden:

$$(p_{11} - 1)\bar{p}_1 + p_{21}\bar{p}_2 = 0 \,, \quad p_{12}\bar{p}_1 + (p_{22} - 1)\bar{p}_2 = 0 \,.$$

Unter Berücksichtigung der Beziehungen $\bar{p}_2 = 1 - \bar{p}_1$ und $p_{11} = 1 - p_{12}$ folgt aus der ersten der beiden obigen Gleichungen $p_{12}\bar{p}_1 - p_{21}(1 - \bar{p}_1) = 0$ bzw.

$$\bar{p}_1 = \frac{p_{21}}{p_{12} + p_{21}} \quad \text{und} \quad \bar{p}_2 = \frac{p_{12}}{p_{12} + p_{21}} \,.$$

Für $\bar{p}_1/\bar{p}_2$, das Verhältnis der A-Einheiten zu den B-Einheiten in einer genügend langen Kette, erhält man daraus $\bar{p}_1/\bar{p}_2 = p_{21}/p_{12}$.
Im Falle des Copolymers (14.40) lautet dieses Verhältnis $\bar{p}_1/\bar{p}_2 = 0{,}6/0{,}55 \approx 1{,}0909$, im Falle des Blockpolymers (14.41) $\bar{p}_1/\bar{p}_2 = 0{,}05/0{,}05 = 1$.

Fragen und Aufgaben

Aufgabe 14.26 Was ist der Unterschied zwischen einer Folge von unabhängigen Versuchen und einer homogenen Markow'schen Kette?

Aufgabe 14.27 Wie berechnet man die Wahrscheinlichkeit dafür, dass bei einer Folge von n voneinander unabhängigen Versuchen, bei denen jeweils eines von zwei Ereignissen A_1 oder A_2 eintreten muss, A_1 genau m-mal vorkommt, wenn (i) genau vorgegeben ist, bei welchen Versuchen A_1 auftreten soll, (ii) es gleichgültig ist, bei welchen m Versuchen A_1 eintritt?

Aufgabe 14.28 In welche Ausdrücke geht die Formel

$$\frac{n!}{m!(n-m)!} p^n (1-p)^{n-m}$$

über, wenn n sehr groß wird? Warum verwendet man zwei verschiedene Ausdrücke?

Aufgabe 14.29 Welche Bedeutung haben die Elemente der Übergangsmatrix $\boldsymbol{\Pi}_1$ einer Markow'schen Kette?

Aufgabe 14.30 Was kann man über die Übergangsmatrix $\boldsymbol{\Pi}_1$ aussagen, falls sie sich auf n voneinander unabhängige Versuche bezieht?

Aufgabe 14.31 Was ist der Unterschied zwischen einer homogenen und einer inhomogenen Markow-Kette?

Aufgabe 14.32 Welche Bedeutung haben die Elemente der durch (14.42) gegebenen Matrix $\boldsymbol{\Pi}_m$ mit Elementen $p_{ij}(m)$? Was kann man über diese Matrix aussagen, wenn $m \to \infty$?

Aufgabe 14.33 Wie groß ist die Wahrscheinlichkeit dafür, beim viermaligen Werfen einer Münze (i) die ersten dreimal Kopf und anschließend Adler zu erhalten, (ii) dreimal Kopf und einmal Adler in beliebiger Reihenfolge zu erhalten?

Aufgabe 14.34 Wie groß ist die Wahrscheinlichkeit dafür, beim 200-maligen Hochwerfen einer Münze (i) genau 100-mal Adler zu erhalten, (ii) zwischen 80- und 120-mal Adler zu erhalten? (Hinweis: Verwende $\text{erf}(2) \approx 0{,}9953$.)

Aufgabe 14.35 Wie groß ist die Wahrscheinlichkeit dafür, dass beim Roulette (i) dreimal hintereinander „rot“, (ii) sechsmal hintereinander „rot“, (iii) 20-mal hintereinander „rot“ auftritt?

Aufgabe 14.36 Wie groß ist die Wahrscheinlichkeit dafür, dass beim Roulette „rot" auftritt, (i) wenn gerade vorher einmal „rot" aufgetreten ist, (ii) wenn gerade vorher sechsmal „rot" aufgetreten ist?

Aufgabe 14.37 Die Wahrscheinlichkeit dafür, dass während einer Polymerisation im Verlauf einer vorgegebenen Zeit eine Kette mit einem bestimmten Hintergrundstoff reagiert und damit ausscheidet, möge $p = 0{,}1$ betragen. Wie groß ist die Wahrscheinlichkeit, dass nicht mehr als drei Ketten ausscheiden, wenn $np = 1$ und wir annehmen, dass die Wahrscheinlichkeit p fest ist?

Aufgabe 14.38 Eine Copolymerisation sei durch die Matrix

$$\boldsymbol{\Pi}_1 = \begin{pmatrix} 0{,}01 & 0{,}99 \\ 0{,}99 & 0{,}01 \end{pmatrix}$$

beschrieben. Berechne die Matrizen $\boldsymbol{\Pi}_2$ und $\boldsymbol{\Pi}_3$. Wie groß ist die Wahrscheinlichkeit dafür, dass auf eine A-Einheit (i) als Erstes eine A-Einheit folgt, (ii) als Zweites eine A-Einheit folgt, (iii) als Drittes eine A-Einheit folgt? Was kann man über die Zusammensetzung des Moleküls aussagen?

14.5 Stochastische Prozesse

14.5.1 Definitionen

Ein Ereignis E möge statistisch zu willkürlichen Zeitpunkten immer wieder eintreten. Als Folge dieses Ereignisses soll sich jedes Mal der Zustand eines Systems in einer genau bestimmten Weise ändern. Man sagt in einem solchen Fall, dass ein *stochastischer Prozess* abläuft.

Beispiel 14.28

Als erstes Beispiel für einen stochastischen Prozess führen wir den radioaktiven Zerfall an. Das zu willkürlichen Zeitpunkten eintretende Ereignis ist jeweils der Zerfall eines Atoms. Der Zustand des Systems, der sich bei jedem Ereignis ändert, wird durch die Anzahl der noch vorhandenen, nicht zerfallenen Atome beschrieben.

Ein weiteres Beispiel ist das Wachsen eines Kettenmoleküls während einer Polymerisation. Das zufällige Ereignis ist hier die Anpolymerisation einer monomeren Einheit, die zu statistisch willkürlichen Zeitpunkten erfolgt. Als Zustand des Systems ist die Länge des Moleküls, gemessen in monomeren Einheiten, anzusehen.

Als drittes Beispiel für einen stochastischen Prozess führen wir schließlich noch das Anwachsen der Bevölkerung einer Stadt als Folge von Geburten an. Das zu verschiedenen Zeiten auftretende Ereignis ist hier die Geburt eines Kindes. Der Zustand des Systems ist durch die Anzahl der Menschen in der Stadt beschrieben.

Wenn die Wahrscheinlichkeit für das Auftreten des Ereignisses E unabhängig davon ist, wie oft das Ereignis bereits früher aufgetreten und auch unabhängig vom jeweiligen Zeitpunkt t ist, so spricht man von einem *Poisson-Prozess*. Hängt sie dagegen davon ab, wie oft das Ereignis früher eingetreten ist, aber bleibt sie dabei immer noch unabhängig von t, so spricht man von einem *homogenen Markow-Prozess*. Hängt sie überdies auch noch von t ab, so hat man es mit einem *inhomogenen Markow-Prozess* zu tun. Des Weiteren bezeichnet man einen Markow-Prozess als *diskret*, wenn die Zustandsvariable endlich viele oder abzählbar unendlich viele Werte annehmen kann. Liegt diese Einschränkung nicht vor, so heißt er *kontinuierlich*.

Beispiel 14.29
Der radioaktive Zerfall stellt einen Poisson-Prozess dar. Zu einem homogenen diskreten Markow-Prozess kommt man, wenn man die Bevölkerungszunahme einer Stadt betrachtet und dabei annimmt, dass die Wahrscheinlichkeit einer Geburt mit wachsender Bevölkerungszahl abnimmt, z. B., weil die Überbelegung von Wohnungen die Bereitschaft, Kinder zu bekommen, mindert. Der betrachtete Prozess wird schließlich inhomogen, wenn man noch zusätzlich annimmt, dass die Geburtenzahl von der Jahreszeit abhängt.

14.5.2 Der Poisson-Prozess

Wir gehen nun ausführlicher auf den Poisson-Prozess ein, also auf einen Prozess, bei dem die Wahrscheinlichkeit für das Eintreten des Ereignisses E nicht davon abhängt, wie oft E bereits eingetreten ist, sowie auch nicht vom jeweiligen Zeitpunkt t. Wir fragen: Wie groß ist die Wahrscheinlichkeit dafür, dass innerhalb der Zeitspanne von 0 bis t das Ereignis E genau k-mal eintritt, wenn das Ereignis in der Zeiteinheit im Mittel λ-mal auftritt?

Als Erstes stellen wir die folgende Überlegung an: Wir unterteilen das Intervall von 0 bis t an einer beliebigen Stelle s (siehe Abb. 14.8). Die Wahrscheinlichkeit dafür, dass das Ereignis E innerhalb der Zeit von 0 bis s genau j-mal eintritt, lautet $P_j(s)$. Die Wahrscheinlichkeit dafür, dass E in der anschließenden Zeitspanne $t-s$ genau $(k-j)$-mal eintritt, ist durch $P_{k-j}(t-s)$ gegeben. Für die Wahrscheinlichkeit, dass beides gleichzeitig eintritt, muss man gemäß (14.11) das Produkt beider Größen ansetzen, also $P_j(s)P_{k-j}(t-s)$. Wenn beides gleichzeitig eintritt, ist gewährleistet, dass das betrachtete Ereignis innerhalb der Zeitspanne t genau k-mal eintritt, wobei es innerhalb der Zeitspanne s genau j-mal eintritt. Wenn man nun die Wahrscheinlichkeit dafür berechnen möchte, dass E innerhalb t genau k-mal eintritt, unabhängig davon, wie oft E bis zum Zeitpunkt s eingetreten ist, muss man gemäß (14.3) das obige Produkt über alle j von 0 bis k summieren

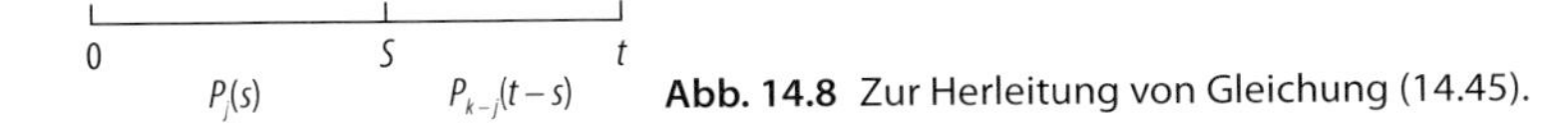

Abb. 14.8 Zur Herleitung von Gleichung (14.45).

und erhält:

$$P_k(t) = \sum_{j=0}^{k} P_j(s) P_{k-j}(t-s) \,. \tag{14.45}$$

Man nennt dies die *Gleichungen von Chapman-Kolmogoroff.*

Für die weitere Herleitung nimmt man die Größe λ zu Hilfe, die die Wahrscheinlichkeit für das Eintreten eines Ereignisses im Zeitintervall $[0, 1]$ angibt. Die Wahrscheinlichkeit für das Eintreten eines Ereignisses im Zeitintervall $[0, h]$ ist dann durch $h\lambda$ gegeben. Andererseits ist diese Wahrscheinlichkeit, wenn man h so klein wählt, dass höchstens ein Ereignis eintritt, auch durch $1 - P_0(h)$ gegeben; $P_0(h)$ gibt nämlich die Wahrscheinlichkeit dafür an, dass innerhalb der Zeit h kein Ereignis eintritt. Man kann daher für genügend kleine h näherungsweise ansetzen $1 - P_0(h) \approx \lambda h$ oder auch, nach Übergang zum Grenzwert $h \to 0$

$$\lim_{h \to 0} (1 - P_0(h) - \lambda h) = 0 \,. \tag{14.46}$$

Zur gesuchten Formel für $P_k(t)$ kommt man nun auf folgende Weise: Durch Anwendung von (14.45) ergibt sich für eine Zeitspanne h, die so klein ist, dass höchstens ein Ereignis stattfinden kann und j nur die Werte 0 und 1 annehmen kann:

$$P_k(t+h) = \sum_{j=0}^{1} P_{k-j}(t) P_j(h) = P_k(t) P_0(h) + P_{k-1}(t) P_1(h) \,.$$

Für genügend kleine Werte von $h > 0$ kann man $P_0(h)$ gemäß (14.46) durch $1-\lambda h$ ersetzen. Außerdem ist dann $P_1(h) = 1 - P_0(h) \approx \lambda h$, und man erhält aus der obigen Gleichung:

$$P_k(t+h) \approx P_k(t)(1 - \lambda h) + P_{k-1}(t) \lambda h \,.$$

Daraus folgt durch eine einfache Umformung und den Grenzübergang $h \to 0$:

$$\frac{\mathrm{d}P_k}{\mathrm{d}t} = -\lambda P_k(t) + \lambda P_{k-1}(t) \quad \text{für} \quad k > 0 \,, \qquad \frac{\mathrm{d}P_0}{\mathrm{d}t} = -\lambda P_0(t) \,.$$

Man nennt dies die *Gleichungen von Kolmogoroff*. Es handelt sich um ein System von linearen Differenzialgleichungen erster Ordnung. Sie besitzen, wie man sich durch Einsetzen leicht überzeugen kann, die Lösungen

$$P_k(t) = \mathrm{e}^{-\lambda t} \frac{(\lambda t)^k}{k!} \quad \text{für alle} \quad k \geq 0 \,. \tag{14.47}$$

Wir können also sagen: *Bei einem Poisson-Prozess, bei dem die mittlere Zahl der Ereignisse je Zeiteinheit durch λ gegeben ist, ist die Wahrscheinlichkeit dafür, dass innerhalb der Zeit t genau k Ereignisse eintreten, durch* (14.47) *gegeben.*

Beispiel 14.30
Als Beispiel betrachten wir noch einmal die Bildung eines Kettenmoleküls durch aufeinanderfolgendes Anlagern von einzelnen Moleküleinheiten A. Die Anlagerung der einzelnen A-Einheiten soll zu statistisch verteilten Zeitpunkten erfolgen. Im Mittel sollen sich je Zeiteinheit λ Einheiten anlagern. Die Wahrscheinlichkeit dafür, dass sich in der Zeit t insgesamt $k-1$ Einheiten angelagert haben, ist dann (14.47) zufolge gegeben durch:

$$P_{k-1}(t) = \mathrm{e}^{-\lambda t}\frac{(\lambda t)^{k-1}}{(k-1)!} \ . \tag{14.48}$$

Dies ist gleichzeitig die Wahrscheinlichkeit $P(k)$ dafür, dass das Molekül den Polymerisationsgrad k aufweist. Das Produkt λt ist wegen der Definition von λ der mittlere Polymerisationsgrad.

Fragen und Aufgaben

Aufgabe 14.39 Was ist ein stochastischer Prozess?

Aufgabe 14.40 Wie unterteilt man die stochastischen Prozesse?

Aufgabe 14.41 Was ist ein Poisson-Prozess?

Aufgabe 14.42 Welche Größen kann man mithilfe der Gleichungen von Chapman-Kolmogoroff bestimmen?

Aufgabe 14.43 Man weiß, dass eine Polymerisation unter bestimmten Bedingungen durch einen Poisson-Prozess zustande kommt. Man stellt fest, dass am häufigsten Moleküle mit einem Polymerisationsgrad $x = 20$ auftreten. Wie groß ist die Wahrscheinlichkeit dafür, dass (i) ein Molekül aus genau 20 Einheiten besteht, (ii) die Anzahl der Einheiten eines Moleküls zwischen 18 und 22 liegt?

15
Fehler- und Ausgleichsrechnung

15.1
Zufällige und systematische Fehler

Messungen sind für gewöhnlich mit Fehlern behaftet. Diese können durch falsches Ablesen der Messwerte, Unvollkommenheiten der Messgeräte, Schwankungen der Messbedingungen und vieles andere mehr verursacht werden. Je nach ihrer Auswirkung kann man Messfehler allgemein in zwei Gruppen unterteilen:

1. Systematische Fehler, die dadurch charakterisiert sind, dass sie auch bei mehrmaligem Messen in erster Näherung immer gleich bleiben.
2. Zufällige Fehler, die von Messung zu Messung verschieden groß sind und zu einer Streuung der Messwerte führen.

Während zufällige Fehler an der erwähnten Streuung der Messergebnisse beim mehrmaligen Messen derselben Größe erkannt werden, treten systematische Fehler nicht so offensichtlich zutage, sondern werden für gewöhnlich erst durch eine gründliche und kritische Untersuchung des Messvorganges bemerkt.

Beispiel 15.1
Betrachten wir als Beispiel das Messen der Stärke eines elektrischen Stromes mithilfe eines Galvanometers. Der Strom wird fünfmal eingeschaltet, und dabei werden die Werte 2,55; 2,58; 2,51; 2,49 und 2,56 A gemessen. Diese Schwankungen sollen durch gewisse mechanische Unzulänglichkeiten des Galvanometers und Ungenauigkeiten in der Ablesung verursacht werden. Es handelt sich dann bei ihnen um zufällige Fehler.
Zu einem systematischen Fehler kommt man dagegen, wenn man z. B. bei der Ablesung nicht wie vorgeschrieben in einem senkrechten Winkel auf die Messskala blickt, sondern diese von der Seite her betrachtet. Das hat zur Folge, dass alle Messwerte in einer bestimmten Weise verfälscht sind, z. B. etwas zu groß ausfallen. Diesen Fehler würde man auch durch beliebig häufiges Ablesen nicht erkennen, da er immer gleich bleibt.

Mathematik für Chemiker, 7. Auflage. Ansgar Jüngel und Hans G. Zachmann.

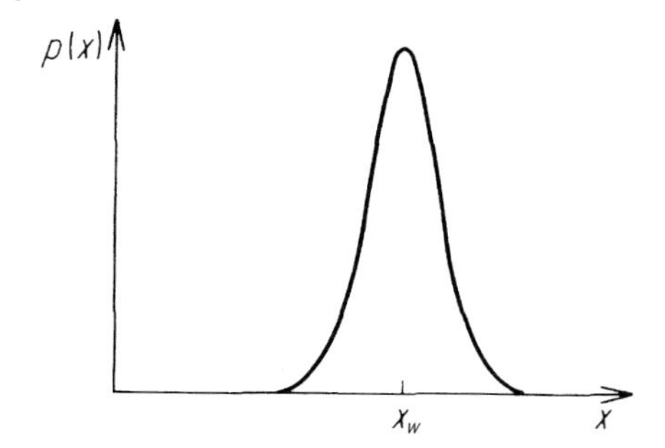

Abb. 15.1 Wahrscheinlichkeitsdichte $p(x)$ für einen Messwert x im Falle einer Normalverteilung der Messergebnisse, wenn der wahre Wert x_w beträgt.

Vom mathematischen Standpunkt aus sind besonders die zufälligen Fehler von Interesse. Da es sich bei ihnen um zufällige Ereignisse handelt, gehorchen sie den im vorigen Kapitel hergeleiteten Gesetzen der Wahrscheinlichkeitsrechnung. Man kann daher ihren Einfluss wesentlich vermindern, indem man die zu bestimmende Größe nicht nur einmal, sondern viele Male misst und die einzelnen Messresultate nach statistischen Methoden auswertet. Des Weiteren lassen sich auch Beziehungen für die Fortpflanzung von Fehlern ableiten und Methoden angeben, wie man eine Kurve auf bestmögliche Art an Messpunkte anpasst, die mit zufälligen Fehlern behaftet sind. Das Gebiet der Mathematik, das sich mit diesen Problemen beschäftigt, bezeichnet man als *Ausgleichs- und Fehlerrechnung*.

15.2 Mittelwert und Fehler der Einzelmessungen

15.2.1 Verteilung der Messwerte und Mittelwert

Betrachten wir den Fall, dass wir irgendeine physikalische Größe ξ insgesamt n-mal messen. Den wahren Wert, den diese Größe besitzt, bezeichnen wir mit x_w, die n Messwerte mit $x_1, x_2, \ldots, x_n$. Bei der einzelnen Messung möge jeweils eine große Zahl von zufälligen Einflüssen wirksam sein, die zur Folge haben, dass die x_i von x_w abweichen. Eine gewisse Anzahl von Faktoren wirkt auf eine Vergrößerung des Messwertes hin, eine Reihe von anderen Faktoren auf eine Verkleinerung. Wir nehmen daher an, dass für die Messergebnisse eine Normalverteilung gilt. Die Wahrscheinlichkeitsdichte hat also die Form einer Gauß'schen Glockenkurve, deren Maximum den wahren Wert x_w angibt (siehe Abb. 15.1). Die einzelnen Messwerte stellen eine Stichprobe dar. Je größer die Anzahl der Messungen n ist, desto besser werden sie mit der Wahrscheinlichkeitsdichte übereinstimmen. Bei endlichen Werten von n können aber immer Abweichungen von der zu erwartenden Verteilung auftreten, sodass man den wahren Wert x_w und die wahre Verteilungskurve nicht unmittelbar über die Werte x_i bestimmen kann. Es stellt sich nun die Frage, wie man aus den einzelnen Messungen x_i denjenigen Wert bestimmt, der *mit größter Wahrscheinlichkeit* dem wahren Wert x_w entspricht. Wir bezeichnen diesen Wert mit $\bar{x}$. Eine Gleichung zur Berechnung dieses Wertes erhalten wir mithilfe der folgenden Überlegung.

Wegen der Normalverteilung der Messwerte ist die Wahrscheinlichkeitsdichte bei einer Messung von x_i durch

$$\frac{1}{\sigma\sqrt{2\pi}}\mathrm{e}^{-(x_w-x_i)^2/(2\sigma^2)}$$

gegeben. Die Wahrscheinlichkeitsdichte bei n Messungen, bei denen beim ersten Mal x_1, beim zweiten Mal x_2 usw. beim n-ten Mal x_n erhalten wird, ist durch das Produkt dieser Wahrscheinlichkeitsdichten gegeben, was zu einer Summe in den Exponenten führt, also zu:

$$\frac{1}{\sigma^n(\sqrt{2\pi})^n}\exp\left(-\sum_{i=1}^{n}\frac{(x_w-x_i)^2}{2\sigma^2}\right) .$$

Da in unserem Fall die Zahlen x_i vorgegeben sind, stellt der erhaltene Ausdruck eine Funktion in x_w dar. Der bestmögliche Wert für x_w ist derjenige, der diesen Term maximiert, also den Ausdruck $\sum_{i=1}^{n}(x_w - x_i)^2$ im Exponenten minimiert. Wenn wir diesen Ausdruck mit $r(x_w)$ bezeichnen, lautet also die Bedingung zur Bestimmung des gesuchten wahrscheinlichsten Wertes von x_w:

$$r(x_w) = \sum_{i=1}^{n}(x_w - x_i)^2 = \text{minimal} .$$

Diese Funktion stellt die Summe der quadratischen Abweichungen von x_w dar. Dass x_w so bestimmt wird, dass diese Summe minimal ist, ist auch anschaulich eine einleuchtende Bedingung. Das Extremum der Funktion $r(x_w)$ liegt gemäß den Ausführungen in Abschnitt 7.6 an der Stelle, an der die Ableitung der Funktion $r(x_w)$ nach x_w gleich null ist. Wir erhalten:

$$0 = \frac{\mathrm{d}r}{\mathrm{d}x_w}(x_w) = 2\sum_{i=1}^{n}(x_w - x_i) = 2nx_w - 2\sum_{i=1}^{n}x_i .$$

Wenn wir nun $\bar{x}$ statt x_w schreiben, ergibt sich daraus:

$$\bar{x} = \frac{1}{n}\sum_{i=1}^{n}x_i .$$

Man kann sich leicht überzeugen, dass die zweite Ableitung der Funktion größer als null ist, sodass es sich an der betrachteten Stelle tatsächlich um ein Minimum handelt. Wir sehen also: *Derjenige Wert, der mit größter Wahrscheinlichkeit dem wahren Wert x_w entspricht, ist durch das arithmetische Mittel der einzelnen Messwerte gegeben.*

15.2.2
Mittlerer Fehler der Einzelmessungen

Die Abweichungen der einzelnen Messwerte x_i vom Mittelwert $\bar{x}$ nennt man die *Fehler* der einzelnen Messungen und bezeichnet sie mit u_i:

$$u_i = x_i - \bar{x} \; . \tag{15.1}$$

Ein geeignetes Maß für die Größe dieser Fehler stellt die *Standardabweichung* dar, die man erhält, indem man die Summe der Abweichungsquadrate durch n teilt und anschließend aus dem Resultat die Wurzel zieht. Man nennt diese Größe auch den *mittleren Fehler* m':

$$m' = \sqrt{\frac{1}{n}\sum_{i=1}^{n} u_i^2} = \sqrt{\frac{1}{n}\sum_{i=1}^{n}(x_i - \bar{x})^2} \; . \tag{15.2}$$

Man kann sich des Weiteren auch für die Abweichungen der einzelnen Messwerte x_i vom unbekannten wahren Wert x_w interessieren. Man nennt diese Abweichungen die *tatsächlichen Fehler* und bezeichnet sie mit u_i°:

$$u_i^\circ = x_i - x_w \; . \tag{15.3}$$

Die Streuung dieser Messwerte um x_w nennt man ebenfalls den mittleren Fehler und bezeichnet ihn mit m:

$$m = \sqrt{\frac{1}{n}\sum_{i=1}^{n}(u_i^\circ)^2} = \sqrt{\frac{1}{n}\sum_{i=1}^{n}(x_i - x_w)^2} \; . \tag{15.4}$$

Obwohl x_w und damit die Fehler u_i° nicht bekannt sind, kann man dennoch eine Beziehung herleiten, mit der die Zahl, die mit größter Wahrscheinlichkeit dem mittleren Fehler m entspricht, aus m' bzw. aus den Fehlern u_i berechnet werden kann.

Um diese Beziehung herzuleiten, kombinieren wir zunächst (15.1) und (15.3), wodurch wir erhalten:

$$u_i^\circ = u_i + (\bar{x} - x_w) \; .$$

Es ist nun $\sum_{i=1}^{n} u_i^\circ = \sum_{i=1}^{n} u_i + n(\bar{x} - x_w) = n(\bar{x} - x_w)$, da sich die u_i in der Summe gegenseitig wegheben:

$$\sum_{i=1}^{n} u_i = \sum_{i=1}^{n}(x_i - \bar{x}) = \sum_{i=1}^{n} x_i - n\bar{x} = n\bar{x} - n\bar{x} = 0 \; .$$

Damit erhalten wir $\bar{x} - x_w = \sum_{j=1}^{n} u_j^\circ / n$, was in die obige Gleichung eingesetzt

$$u_i^\circ = u_i + \frac{1}{n}\sum_{j=1}^{n} u_j^\circ$$

ergibt. Wegen $(\sum_{i=1}^{n} u_i^\circ)^2 = \sum_{i=1}^{n}(u_i^\circ)^2$ (die gemischten Terme heben sich weg) schließen wir aus dieser Gleichung:

$$\sum_{i=1}^{n}(u_i^\circ)^2 = \sum_{i=1}^{n}\left(u_i + \frac{1}{n}\sum_{j=1}^{n} u_j^\circ\right)^2$$

$$= \sum_{i=1}^{n} u_i^2 + \frac{2}{n}\sum_{i=1}^{n} u_i \sum_{j=1}^{n} u_j^\circ + \frac{1}{n}\left(\sum_{i=1}^{n} u_i^\circ\right)^2 .$$

Verwenden wir $\sum_{i=1}^{n} u_i = 0$, so folgt weiter:

$$\sum_{i=1}^{n}(u_i^\circ)^2 = \sum_{i=1}^{n} u_i^2 + \frac{1}{n}\sum_{i=1}^{n}(u_i^\circ)^2 .$$

Durch eine einfache Umformung ergibt sich daraus:

$$\sum_{i=1}^{n}(u_i^\circ)^2 = \frac{n}{n-1}\sum_{i=1}^{n} u_i^2 .$$

Setzt man dieses Resultat in (15.4) ein, so erhält man für den gesuchten mittleren Fehler:

$$m = \sqrt{\frac{1}{n-1}\sum_{i=1}^{n} u_i^2} = \sqrt{\frac{1}{n-1}\sum_{i=1}^{n}(x_i - \bar{x})^2} . \tag{15.5}$$

Wir fassen zusammen: *Der mittlere Fehler der Einzelmessungen bezüglich des Mittelwertes $\bar{x}$ ist durch* (15.2) *gegeben, derjenige bezüglich des wahren Wertes x_w durch* (15.5).

15.2.3 Wahrscheinlicher Fehler der Einzelmessung

Die Streuung der Messwerte um den wahren Wert x_w ist bei Zugrundelegung einer Normalverteilung gemäß (14.26) mit der Konstanten σ dieser Normalverteilung identisch. Wir können daher für die Wahrscheinlichkeitsdichte der Messung eines Wertes x schreiben:

$$p(x) = \frac{1}{m\sqrt{2\pi}} e^{-(x-x_w)^2/(2m^2)} .$$

Wir wollen nun die Grenzen um x_w bestimmen, innerhalb derer mit einer Wahrscheinlichkeit von 1/2 ein Messwert liegt. Wir bezeichnen die Grenzen mit $x_w - m_{1/2}$ und $x_w + m_{1/2}$ und nennen $m_{1/2}$ den *wahrscheinlichen Fehler*. Unter Zugrundelegung der obigen Gleichung ergibt sich zur Bestimmung von $m_{1/2}$ die Gleichung:

$$\int_{x_w-m_{1/2}}^{x_w+m_{1/2}} \frac{1}{m\sqrt{2\pi}} e^{-(x-x_w)^2/(2m^2)}\, dx = \frac{1}{2} .$$

Rechnet man das auf der linken Seite dieser Gleichung stehende Integral aus, so ergibt sich nach der Substitution $t = (x - x_w)/m$

$$\frac{1}{m\sqrt{2\pi}} \int\limits_{x_w - m_{1/2}}^{x_w + m_{1/2}} \mathrm{e}^{-(x-x_w)^2/(2m^2)}\, \mathrm{d}x = \frac{1}{\sqrt{2\pi}} \int\limits_{-m_{1/2}/m}^{m_{1/2}/m} \mathrm{e}^{-t^2/2}\, \mathrm{d}t$$

$$= \frac{2}{\sqrt{2\pi}} \int\limits_{0}^{m_{1/2}/m} \mathrm{e}^{-t^2/2}\, \mathrm{d}t = \Phi\left(\frac{m_{1/2}}{m}\right) ,$$

wobei $\Phi(m_{1/2}/m)$ die Gauß'sche Wahrscheinlichkeitsfunktion (14.34) ist. Damit erhalten wir für den wahrscheinlichen Fehler die Bedingung

$$\Phi\left(\frac{m_{1/2}}{m}\right) = \frac{1}{2} ,$$

woraus sich mithilfe einer Tabelle für das Gauß'sche Fehlerintegral bis auf vier Nachkommastellen $m_{1/2}/m = 0{,}6745$ bzw.

$$m_{1/2} = 0{,}6745m \tag{15.6}$$

ergibt.

15.2.4
Praktische Durchführung der Rechnungen

Zur Vereinfachung der Notation führen wir die folgende Schreibweise ein:

$$[x] = \sum_{i=1}^{n} x_i \quad \text{und} \quad [uu] = \sum_{i=1}^{n} u_i^2 = \sum_{i=1}^{n} (x_i - \bar{x})^2 .$$

Damit erhalten wir für den Mittelwert und den mittleren Fehler die abkürzenden Formeln:

$$\bar{x} = \frac{[x]}{n} , \quad m' = \sqrt{\frac{[uu]}{n}} \quad \text{und} \quad m = \sqrt{\frac{[uu]}{n-1}} .$$

Für die praktische Berechnung des Mittelwertes und des mittleren Fehlers ist noch Folgendes von Bedeutung: Subtrahiert man von den Messwerten x_i eine feste Größe A, so ergibt das arithmetische Mittel der Werte $x_i - A$:

$$\overline{x_i - A} = \frac{1}{n} \sum_{i=1}^{n} (x_i - A) = \bar{x} - A .$$

Daraus folgt für das arithmetische Mittel:

$$\bar{x} = \overline{x_i - A} + A . \tag{15.7}$$

Tab. 15.1 Messung der Dicke einer Folie.

x_i [μm]	$x_i - A$ [μm]	$u_i = x_i - \bar{x}$	u_i^2
226	6	1,1	1,21
223	3	−1,9	3,61
225	5	0,1	0,01
222	2	−2,9	8,41
228	8	3,1	9,61
225	5	0,1	0,01
227	7	2,1	4,41
224	4	−0,9	0,81
226	6	1,1	1,21
223	3	1,9	3,61

Man kann also zur Bestimmung von $\bar{x}$ das arithmetische Mittel der Differenz $x_i - A$ bilden und A anschließend dazu addieren. Das ist in den meisten Fällen bequemer als die unmittelbare Berechnung von $\bar{x}$.

Um den mittleren Fehler zu berechnen, kann man den Ausdruck aus (15.5) umformen. Es gilt:

$$m^2 = \frac{1}{n-1}\sum_{i=1}^{n}(x_i - \bar{x})^2 = \frac{1}{n-1}\left(\sum_{i=1}^{n} x_i^2 - 2\bar{x}\sum_{i=1}^{n} x_i + n\bar{x}^2\right)$$
$$= \frac{1}{n-1}\left(\sum_{i=1}^{n} x_i^2 - n\bar{x}^2\right) .$$

Statt der Zahlen x_i und $\bar{x}$ kann man auch die um eine additive Konstante veränderten Werte einsetzen.

Beispiel 15.2

Als Beispiel berechnen wir den Mittelwert, den mittleren Fehler und den wahrscheinlichen Fehler bei der Messung der Dicke einer Folie mithilfe einer Mikrometerschraube. Es sind $n = 10$ Messungen durchgeführt worden, die die in der ersten Spalte in Tab. 15.1 eingetragenen Resultate ergeben haben. Zur Bestimmung des Mittelwertes über (15.7) ziehen wir zunächst von allen Messungen den Wert $A = 220\,\mu\text{m}$ ab (zweite Spalte der Tabelle), um möglichst einfache Werte zu erhalten. Die Addition der so veränderten Messwerte ergibt $\sum_{i=1}^{10}(x_i - A) = 49\,\mu\text{m}$, woraus

$$\bar{x} = \frac{1}{10}\sum_{i=1}^{10}(x_i - A) + A = (4{,}9 + 220)\,\mu\text{m} = 224{,}9\,\mu\text{m}$$

folgt. Um den mittleren Fehler zu bestimmen, berechnen wir zunächst die einzelnen Abweichungen vom Mittelwert $u_i = x_i - \bar{x}$, die in der dritten Spalte der

Tabelle angegeben sind, sowie deren Quadrate (vierte Spalte). Damit ergibt sich:

$$m = \sqrt{\frac{1}{9}\sum_{i=1}^{10} u_i^2} = \sqrt{\frac{32{,}9}{9}}\ \mu\text{m} \approx 1{,}9120\ \mu\text{m}\ .$$

Der mittlere Fehler beträgt also angenähert 2 μm. Mithilfe von (15.6) erhalten wir daraus für den wahrscheinlichen Fehler $m_{1/2} \approx 0{,}68 \cdot 1{,}9120\ \mu\text{m} \approx 1{,}30\ \mu\text{m}$. Aufgrund der Definition des wahrscheinlichen Fehlers sollte man erwarten, dass bei genügend vielen Messwerten etwa die Hälfte der Messergebnisse zwischen $\bar{x} + m_{1/2}$ und $\bar{x} - m_{1/2}$ liegen. In unserem Beispiel ist das sogar genau erfüllt.

Fragen und Aufgaben

Aufgabe 15.1 Welches ist der wesentliche Unterschied zwischen zufälligen und systematischen Fehlern?

Aufgabe 15.2 Welches Verteilungsgesetz nimmt man für gewöhnlich für die einzelnen Messwerte an, die man bei mehrmaliger Messung einer bestimmten Größe erhält?

Aufgabe 15.3 Unter welcher Voraussetzung ist das arithmetische Mittel der Messwerte die bestmögliche Annäherung an den wahren Wert?

Aufgabe 15.4 Wie kann man die Berechnung des Mittelwertes von mehrstelligen Zahlen, die sich nur in den letzten Ziffern unterscheiden, möglichst einfach durchführen?

Aufgabe 15.5 Wie definiert man den mittleren Fehler und den wahrscheinlichen Fehler der Einzelmessungen?

Aufgabe 15.6 Beim mehrmaligen Abwiegen einer Analyseprobe erhält man die folgenden Gewichte (jeweils in mg): 208,3; 208,8; 208,5; 208,4; 208,7; 208,5; 208,6. Berechne den Mittelwert, den mittleren Fehler und den wahrscheinlichen Fehler der Einzelmessungen.

15.3 Fehlerfortpflanzung

15.3.1 Maximaler Fehler

Wir betrachten den Fall, dass wir zwei verschiedene Größen x und y messen. Aus den gemessenen Werten berechnen wir eine neue Größe $z = f(x, y)$, die eine Funktion in x und y ist. Wir fragen: Wie wirkt sich bei einer einmaligen Messung von x und y ein Fehler in x und y auf z aus?

Wir bezeichnen die Mittelwerte der betrachteten Größen mit $\bar{x}$, $\bar{y}$ und $\bar{z}$, die einzelnen gemessenen Werte mit x_i und y_k und die daraus berechneten Werte von z mit z_{ik}. Der Mittelwert $\bar{z}$ sei aus den Werten z_{ik} berechnet. Dann ist $\bar{z} \approx f(\bar{x}, \bar{y})$. Für die entsprechenden Fehler führen wir die Bezeichnungen $u_i = x_i - \bar{x}$, $v_k = y_k - \bar{y}$ und $w_{ik} = z_{ik} - \bar{z}$ ein. Es sei nun vorausgesetzt, dass die Werte von u_i, v_k bzw. w_{ik} klein gegenüber $\bar{x}$, $\bar{y}$ bzw. $\bar{z}$ sind. Indem wir die Funktion $f(x, y)$ in eine Taylor-Reihe um $\bar{x}$, $\bar{y}$ entwickeln und nach der ersten Ableitung abbrechen, erhalten wir:

$$z_{ik} = f(x_i, y_k) = f(\bar{x} + u_i, \bar{y} + v_k) \approx f(\bar{x}, \bar{y}) + f_x(\bar{x}, \bar{y})u_i + f_y(\bar{x}, \bar{y})v_k \ .$$

Wegen $f(\bar{x}, \bar{y}) \approx \bar{z}$ und $z_{ik} - \bar{z} = w_{ik}$ ergibt sich daraus:

$$w_{ik} \approx f_x(\bar{x}, \bar{y})u_i + f_y(\bar{x}, \bar{y})v_k \ . \tag{15.8}$$

Diese Gleichung besagt folgendes: *Um zu sehen, wie sich bei einer Einzelmessung von x und y ein Fehler u_i in x und v_k in y auf die Größe $z = f(x, y)$ auswirkt, muss man u_i mit $f_x(\bar{x}, \bar{y})$ und v_k mit $f_y(\bar{x}, \bar{y})$ multiplizieren und die erhaltenen Produkte addieren.* Wenn z allgemein eine Funktion in ℓ verschiedenen Messgrößen ist, so gilt eine analoge Gleichung, in der ℓ Summanden auftreten. Im Sonderfall einer einzigen Messgröße x und einer daraus berechneten Größe $z = f(x)$ ergibt sich $w_i \approx u_i f'(\bar{x})$.

Da in (15.8) die Vorzeichen der beiden Summanden verschieden sein können, ist es möglich, dass sich die Fehler zum Teil kompensieren. Man kann sich nun die Frage stellen, wie groß der *maximale Fehler* in z ist, wenn die maximalen Fehler in x und y vorgegeben sind. Auch diesen Fehler kann man mithilfe von (15.8) bestimmen. Wir bezeichnen die maximalen Fehler mit u_M, v_M und w_M. Da u_M und v_M mit positivem oder negativem Vorzeichen auftreten können, muss man die Fehler unabhängig von den Vorzeichen von f_x und f_y addieren. Das erreicht man, wenn man alle Faktoren zwischen Betragsstriche setzt. Aus (15.8) folgt dann:

$$|w_M| \approx |f_x(\bar{x}, \bar{y})||u_M| + |f_y(\bar{x}, \bar{y})||v_M| \ . \tag{15.9}$$

Für gewöhnlich versucht man, diese Gleichungen so umzuformen, dass links und rechts die sogenannten *relativen Fehler* $|u_M/\bar{x}|$, $|v_M/\bar{y}|$ und $|w_M/\bar{z}|$ stehen.

Die Gleichungen (15.8) und (15.9) sagen aus, dass sich die einzelnen Fehler im Endresultat verschieden stark bemerkbar machen, je nachdem, welchen Wert die Ableitung der entsprechenden Funktion besitzt. Nehmen wir z. B. an, es sei $z = x^k$. Es gilt dann $w_i \approx u_i \cdot k \cdot \bar{x}^{k-1}$ und damit

$$\frac{w_i}{\bar{z}} \approx k\frac{u_i}{\bar{x}} \ .$$

Dies bedeutet, dass der relative Fehler in z k-mal so groß ist wie der in x.

Beispiel 15.3
Als Beispiel betrachten wir die Aufgabe, die Kantenlänge x und das Gewicht y eines Würfels zu bestimmen und daraus das spezifische Gewicht über die Formel $z = y/x^3$ zu berechnen. Wir nehmen an, dass der maximale relative Fehler in x 2 % und der in y 1 % beträgt. Wie groß ist dann der maximale relative Fehler in z? Es ist $|u_M/\bar{x}| = 0{,}02$, $|v_M/\bar{y}| = 0{,}01$, $f_x(\bar{x}, \bar{y}) = -3\bar{y}/\bar{x}^4$ und $f_y(\bar{x}, \bar{y}) = 1/\bar{x}^3$. Gleichung (15.9) ergibt dann:

$$|w_M| \approx |u_M| \left|\frac{3\bar{y}}{\bar{x}^4}\right| + |v_M| \left|\frac{1}{\bar{x}^3}\right| .$$

Indem wir die ganze Gleichung durch $\bar{z} \approx \bar{y}/\bar{x}^3$ dividieren, erhalten wir daraus:

$$\left|\frac{w_M}{\bar{z}}\right| \approx 3\left|\frac{u_M}{\bar{x}}\right| + \left|\frac{v_M}{\bar{y}}\right| = 3 \cdot 0{,}02 + 0{,}01 = 0{,}07 .$$

Der maximale relative Fehler im spezifischen Gewicht beträgt daher 7 %.

15.3.2 Fortpflanzung des mittleren Fehlers

Im vorangegangenen Beispiel wurde die Fortpflanzung eines bestimmten Fehlers berechnet. Für gewöhnlich führt man aber nun eine Vielzahl von Messungen der Größen x und y durch und fragt danach, wie sich die *mittleren* Fehler in x und y auf den *mittleren* Fehler in z auswirken. Diesem Problem wollen wir uns jetzt zuwenden.

Nehmen wir an, dass wir r Messungen der Größe x und s Messungen der Größe y vorgenommen haben. Die erhaltenen Messwerte bezeichnen wir mit x_1, $x_2, \dots, x_r$ bzw. $y_1, y_2, \dots, y_s$, deren Mittelwerte mit $\bar{x}$ bzw. $\bar{y}$ und die mittleren Fehler mit m_x bzw. m_y. Zu jedem möglichen Wertepaar (x, y) erhalten wir einen Wert von $z = f(x, y)$. Den Wert, den wir aus x_1 und y_1 erhalten, bezeichnen wir mit z_{11}, denjenigen aus x_1 und y_2 mit z_{12} und allgemein denjenigen aus x_i und y_k mit z_{ik}. Es ergeben sich so $r \cdot s$ Werte für z. Aus diesen $r \cdot s$ Werten können wir einen Mittelwert und einen mittleren Fehler von z berechnen:

$$\bar{z} = \frac{1}{r \cdot s} \sum_{i=1}^{r} \sum_{k=1}^{s} z_{ik}$$

und

$$m_z = \sqrt{\frac{1}{r \cdot s - 1} \sum_{i=1}^{r} \sum_{k=1}^{s} (z_{ik} - \bar{z})^2} \approx \sqrt{\frac{1}{r \cdot s} \sum_{i=1}^{r} \sum_{k=1}^{s} (z_{ik} - \bar{z})^2} . \qquad (15.10)$$

Dabei wurde angenommen, dass r und s sehr viel größer als eins sind.

Um als Erstes $\bar{z}$ aus $\bar{x}$ und $\bar{y}$ zu berechnen, verwenden wir die Definition $z_{ik} = f(x_i, y_k)$. Mithilfe der Beziehungen $u_i = x_i - \bar{x}$ und $v_k = y_k - \bar{y}$ können wir nun in $f(x_i, y_k)$ die Größe x_i durch $\bar{x} + u_i$ und y_k durch $\bar{y} + v_k$ ersetzen. Wenn wir dann die Funktion in eine Taylor-Reihe entwickeln und diese nach der ersten Ableitung abbrechen, erhalten wir:

$$\begin{aligned}\bar{z} &= \frac{1}{r \cdot s} \sum_{i=1}^{r} \sum_{k=1}^{s} z_{ik} = \frac{1}{r \cdot s} \sum_{i=1}^{r} \sum_{k=1}^{s} f(x_i, y_k) \\ &= \frac{1}{r \cdot s} \sum_{i=1}^{r} \sum_{k=1}^{s} f(\bar{x} + u_i, \bar{y} + v_k) \\ &\approx \frac{1}{r \cdot s} \sum_{i=1}^{r} \sum_{k=1}^{s} \left(f(\bar{x}, \bar{y}) + f_x(\bar{x}, \bar{y}) u_i + f_y(\bar{x}, \bar{y}) v_k \right) \ . \end{aligned} \tag{15.11}$$

Wir vereinfachen nun die drei Summen auf der rechten Seite. Zunächst gilt

$$\sum_{i=1}^{r} \sum_{k=1}^{s} f(\bar{x}, \bar{y}) = r \cdot s \cdot f(\bar{x}, \bar{y})$$

und wegen $\sum_{i=1}^{r} u_i = \sum_{i=1}^{r} (x_i - \bar{x}) = r\bar{x} - r\bar{x} = 0$

$$\sum_{i=1}^{r} \sum_{k=1}^{s} f_x(\bar{x}, \bar{y}) u_i = f_x(\bar{x}, \bar{y}) \sum_{i=1}^{r} \sum_{k=1}^{s} u_i = f_x(\bar{x}, \bar{y}) s \sum_{i=1}^{r} u_i = 0 \ .$$

Aus dem gleichen Grunde ist auch

$$\sum_{i=1}^{r} \sum_{k=1}^{s} f_y(\bar{x}, \bar{y}) v_k = 0 \ .$$

Wir erhalten somit aus (15.11):

$$\bar{z} \approx \frac{1}{r \cdot s} r \cdot s \cdot f(\bar{x}, \bar{y}) = f(\bar{x}, \bar{y}) \ .$$

Der Mittelwert von $z = f(x, y)$ ist also (näherungsweise) derjenige Wert, den man erhält, wenn man in $f(x, y)$ die Mittelwerte von x und y einsetzt. Dieses Resultat gilt nur näherungsweise für relativ kleine Fehler, da wir in (15.11) die Taylor-Reihe nach dem ersten Glied abgebrochen haben.

Um als Nächstes den mittleren Fehler m_z zu berechnen, gehen wir von (15.10) aus, ersetzen z_{ik} wieder durch $f(x_i, y_k)$ und entwickeln diese Funktion wie in (15.11) in eine Reihe um $(\bar{x}, \bar{y})$:

$$
\begin{aligned}
m_z^2 &\approx \frac{1}{r \cdot s} \sum_{i=1}^{r} \sum_{k=1}^{s} (z_{ik} - \bar{z})^2 \approx \frac{1}{r \cdot s} \sum_{i=1}^{r} \sum_{k=1}^{s} \left(f(x_i, y_k) - f(\bar{x}, \bar{y}) \right)^2 \\
&= \frac{1}{r \cdot s} \sum_{i=1}^{r} \sum_{k=1}^{s} \left(f(\bar{x} + u_i, \bar{y} + v_k) - f(\bar{x}, \bar{y}) \right)^2 \\
&\approx \frac{1}{r \cdot s} \sum_{i=1}^{r} \sum_{k=1}^{s} \left(f_x(\bar{x}, \bar{y}) u_i + f_y(\bar{x}, \bar{y}) v_k \right)^2 \\
&= \frac{1}{r \cdot s} \sum_{i=1}^{r} \sum_{k=1}^{s} \left(f_x^2(\bar{x}, \bar{y}) u_i^2 + 2 f_x(\bar{x}, \bar{y}) f_y(\bar{x}, \bar{y}) u_i v_k + f_y^2(\bar{x}, \bar{y}) v_k^2 \right) \\
&= f_x^2(\bar{x}, \bar{y}) \frac{1}{r \cdot s} \sum_{i=1}^{r} \sum_{k=1}^{s} u_i^2 + f_y^2(\bar{x}, \bar{y}) \frac{1}{r \cdot s} \sum_{i=1}^{r} \sum_{k=1}^{s} v_k^2 \\
&\quad + f_x(\bar{x}, \bar{y}) f_y(\bar{x}, \bar{y}) \frac{2}{r \cdot s} \sum_{i=1}^{r} \sum_{k=1}^{s} u_i v_k . \qquad (15.12)
\end{aligned}
$$

Es ist nun

$$
\frac{1}{r \cdot s} \sum_{i=1}^{r} \sum_{k=1}^{s} u_i^2 = \frac{s}{r \cdot s} \sum_{i=1}^{r} u_i^2 \approx m_x^2 \quad \text{und} \quad \frac{1}{r \cdot s} \sum_{i=1}^{r} \sum_{k=1}^{s} v_k^2 \approx m_y^2 .
$$

Der Ausdruck $\sum_{i=1}^{r} \sum_{k=1}^{s} u_i v_k$ dagegen ist gleich null, da es sich um voneinander unabhängige Fehler handelt und $\sum_{i=1}^{r} u_i = \sum_{k=1}^{s} v_k = 0$ gilt. Wir erhalten somit aus (15.12) nach Wurzelziehen:

$$
m_z \approx \sqrt{f_x^2(\bar{x}, \bar{y}) m_x^2 + f_y^2(\bar{x}, \bar{y}) m_y^2} . \qquad (15.13)
$$

Wir sehen also: *Der mittlere Fehler pflanzt sich gemäß* (15.13) *fort*. Die obige Gleichung stellt das in der Fehlerrechnung sehr oft verwendete *Fehlerfortpflanzungsgesetz* dar. Die Gleichung lässt sich auf eine beliebige Anzahl von Messgrößen verallgemeinern. Hat man es insbesondere mit einer einzigen Variablen zu tun, so ergibt sich:

$$
m_z \approx \sqrt{f_x^2(\bar{x}, \bar{y}) m_x^2} = |f_x(\bar{x}, \bar{y})| m_x .
$$

Man kann sich leicht überlegen, dass das Fehlerfortpflanzungsgesetz (15.13) für den mittleren Fehler zu kleineren Fehlern in z führt als dasjenige für den maximalen Fehler (15.9). Das rührt daher, dass sich bei der Berechnung des mittleren Fehlers von z die Fehler in x und y zum Teil kompensieren, was bei den maximalen Fehlern nicht der Fall ist.

15.3.3 Mittlerer Fehler des Mittelwertes

Wir haben in Abschnitt 15.2.4 den mittleren Fehler der Einzelmessungen bestimmt. Nun benötigen wir noch ein Maß für die mögliche Abweichung des berechneten Mittelwertes $\bar{x}$ vom wahren Wert x_w. Ein solches Maß ist der *mittlere Fehler in* $\bar{x}$, den wir mit $\bar{m}$ bezeichnen. Der Fehler $\bar{m}$ ist keineswegs mit dem mittleren Fehler m der Einzelmessungen identisch, da mit wachsendem n die Wahrscheinlichkeit dafür, dass sich die Fehler in den x_i kompensieren, immer größer wird und somit der Fehler von $\bar{x}$ immer kleiner.

Um $\bar{m}$ zu berechnen, gehen wir von der Definition $\bar{x} = \sum_{i=1}^{n} x_i/n$ des Mittelwerts aus. Dieser Formel gemäß ist $\bar{x}$ eine Funktion $f(x_1, \dots, x_n)$ in den n Variablen $x_1, \dots, x_n$. Jede dieser Größen ist mit einem mittleren Fehler m behaftet. Der mittlere Fehler in $\bar{x}$ lässt sich daher mithilfe des Fehlerfortpflanzungsgesetzes (15.13) aus den Fehlern der x_i berechnen. Es ist $f_{x_i}(x_1, \dots, x_n) = 1/n$ für alle $i = 1, \dots, n$. Unter Anwendung des Fehlerfortpflanzungsgesetzes, das wir jetzt für n Variable schreiben müssen, ergibt sich:

$$\bar{m} = \sqrt{f_{x_1}^2 m^2 + \cdots + f_{x_n}^2 m^2} = \sqrt{m^2 n \frac{1}{n^2}} = \frac{m}{\sqrt{n}} . \tag{15.14}$$

Man erhält also den mittleren Fehler des Mittelwertes, indem man den mittleren Fehler der n Einzelmessungen durch $\sqrt{n}$ *dividiert.*

Beispiel 15.4
Als Beispiel berechnen wir den mittleren Fehler des Mittelwertes der Foliendicke, der anhand der Werte aus Tab. 15.1 in Abschnitt 15.2.4 ermittelt wurde. Für die Foliendicke erhielten wir den Wert $\bar{x} = 224{,}9\,\mu\text{m}$. Der mittlere Fehler der Einzelmessungen m betrug $1{,}9120\,\mu\text{m}$. Es wurden $n = 10$ Messungen durchgeführt. Mithilfe von (15.14) erhalten wir:

$$\bar{m} = \frac{1{,}9120}{\sqrt{10}} \approx 0{,}605\,\mu\text{m} .$$

Die Unsicherheit im Mittelwert beträgt also ungefähr $0{,}6\,\mu\text{m}$. Man pflegt dies auch in der Form $\bar{x} = (224{,}9 \pm 0{,}6)\,\mu\text{m}$ zu schreiben.

Fragen und Aufgaben

Aufgabe 15.7 Es werden zwei Größen x und y gemessen und daraus eine weitere Größe $z = f(x, y)$ berechnet. Nach welchen Gesetzen übertragen sich dabei die mittleren Fehler bzw. die maximalen Fehler in x und y auf die Größe z?

Aufgabe 15.8 Erläutere den Unterschied zwischen dem mittleren Fehler der Einzelmessung und dem mittleren Fehler des Mittelwertes.

Aufgabe 15.9 Berechne den mittleren Fehler des Mittelwertes in Aufgabe 15.6 des vorigen Abschnittes.

Aufgabe 15.10 Um einen elektrischen Widerstand nach der Formel $R = U/I$ zu bestimmen, werden je zehn Messungen von U und I vorgenommen. Für I erhält man den Mittelwert 4,31 A und einen mittleren Fehler m_I der Messwerte von 0,02 A, für U den Mittelwert 220 V mit $m_U = 1$ V. Wie groß ist der mittlere Fehler der Mittelwerte von I und U, definiert durch $\bar{m}_I/\bar{I}$ und $\bar{m}_U/\bar{U}$? Wie groß sind die relativen Fehler bei der Messung von I und U? Wie groß ist der Mittelwert und der mittlere Fehler in R?

16
Numerische Methoden

In diesem Kapitel erläutern wir einige grundlegende numerische Methoden, die in der Computerchemie von Bedeutung sind. Aus Platzgründen beschränken wir uns auf Verfahren zur numerischen Lösung von linearen und nichtlinearen Gleichungssystemen, Eigenwertproblemen und Anfangswertproblemen mit gewöhnlichen Differenzialgleichungen. Für weitere wichtige Themen wie Interpolation, numerische Differenziation und Integration, Optimierung, Fourier-Analysis usw. verweisen wir auf die Fachliteratur. Die numerischen Techniken werden mithilfe der Skriptsprache MATLAB implementiert und illustriert. Wir setzen voraus, dass die Leserin und der Leser Grundkenntnisse in der Programmierung mit MATLAB besitzt.

16.1
Lineare Gleichungssysteme

16.1.1
Gauß-Algorithmus

In Abschnitt 2.2 haben wir den Gauß-Algorithmus kennengelernt, mit dessen Hilfe die Lösungen linearer Gleichungssysteme bestimmt werden können. Es bietet sich an, diesen Algorithmus vom Computer durchführen zu lassen. Wir werden ihn in die Skriptsprache MATLAB übersetzen.

Dazu betrachten wir ein lineares Gleichungssystem in der Form

$$\boldsymbol{A}\boldsymbol{x} = \boldsymbol{b} \, ,$$

wobei $\boldsymbol{A}$ eine quadratische Matrix mit Koeffizienten a_{ij} $(i, j = 1, \dots, n)$ und $\boldsymbol{x}$ bzw. $\boldsymbol{b}$ Vektoren mit Elementen x_j bzw. b_j $(j = 1, \dots, n)$ sind. Wir setzen voraus, dass dieses System eindeutig lösbar ist. Die erweiterte Koeffizientenmatrix lautet

Mathematik für Chemiker, 7. Auflage. Ansgar Jüngel und Hans G. Zachmann.

dann gemäß Abschnitt 2.2:

$$\left(\begin{array}{cccc|c} a_{11} & a_{12} & \cdots & a_{1n} & b_1 \\ a_{21} & a_{22} & \cdots & a_{2n} & b_2 \\ a_{31} & a_{32} & \cdots & a_{3n} & b_3 \\ \vdots & \vdots & & \vdots & \vdots \\ a_{nn} & a_{n2} & \cdots & a_{nn} & b_n \end{array}\right) .$$

Die Idee des Gauß-Algorithmus lautet, diese Matrix durch elementare Zeilenumformungen auf Dreiecksgestalt zu bringen, bei der alle Koeffizienten unterhalb der Hauptdiagonalen gleich null sind. Im ersten Schritt ziehen wir von der j-ten Gleichung mit $j \geq 2$ das (a_{j1}/a_{11})-fache der ersten Gleichung ab. Dies führt auf eine Matrix, in der in der ersten Spalte unterhalb des Diagonalelements nur Nullen stehen (siehe Abschnitt 2.2 für detaillierte Rechnungen). Im zweiten Schritt ziehen wir von der j-ten Gleichung mit $j \geq 3$ das $(a_{j2}^{(1)}/a_{22})$-fache der ersten Gleichung ab. Hierbei bezeichnet das Element $a_{j2}^{(1)}$ denjenigen Koeffizienten, der sich aus dem ersten Schritt ergibt. Dies wird so lange wiederholt, bis unterhalb der Hauptdiagonalen nur noch Nullen stehen. In MATLAB können wir diese Umformungen wie folgt formulieren:

```
A(i,:) = A(i,:)/A(i,i);
for j = i+1:d
  A(j,:) = A(j,:) - A(j,i)*A(i,:);
end
```

Wir haben zusätzlich die Hauptdiagonalelemente auf eins normiert. Die Notation `A(j,:)` bezeichnet die j-te Zeile der Matrix `A`.

Diese Vorgehensweise ist nicht möglich, wenn das Diagonalelement a_{ii} null ist. In diesem Fall muss die i-te Zeile mit einer anderen Zeile vertauscht werden, sodass nach der Vertauschung das Diagonalelement von null verschieden ist:

```
if A(i,i) == 0
  m = find(A(i+1:end,i),1);
  a = A(i,:);
  A(i,:) = A(i+m,:);
  A(i+m,:) = a;
end
```

Der Befehl `find(x,1)` sucht das erste Element des Vektors `x` ungleich null und gibt dessen Index aus. Beispielsweise liefert `find([0 0 1 0 1 1],1)` die Zahl 3. Man nennt das neue Diagonalelement a das *Pivotelement*.

Nach Ausführen dieser Operationen erhalten wir die Koeffizientenmatrix

$$\left(\begin{array}{cccccc|c} 1 & a_{12}^* & a_{13}^* & \cdots & a_{1n}^* & b_1^* \\ 0 & 1 & a_{23}^* & \cdots & a_{2n}^* & b_2^* \\ 0 & 0 & 1 & \cdots & a_{3n}^* & b_3^* \\ \vdots & \vdots & \ddots & \ddots & \vdots & \vdots \\ 0 & 0 & \ldots & 0 & 1 & b_n^* \end{array}\right)$$

mit veränderten Koeffizienten a^*_{ij} und b^*_j. Schließlich müssen wir, von der letzten Gleichung beginnend, das Gleichungssystem nach den $x_n, x_{n-1}, \dots, x_1$ schrittweise auflösen: Es folgt $x_n = b^*_n$ und

$$x_i = -(a^*_{i,i+1}x_{i+1} + \dots + a^*_{in}x_n) + b^*_i\,, \qquad i = n-1, \dots, 1\,.$$

In MATLAB lautet dies

```
x = zeros(n,1);
for i = n:-1:1
  x(i) = -A(i,1:end-1)*x + A(i,end);
end
```

denn `A(i,end)` ist gleich b^*_i. Wir fassen diese Überlegungen im Algorithmus 16.1 zusammen.

Beispiel 16.1
Wir betrachten das Gleichungssystem $\boldsymbol{Ax} = \boldsymbol{b}$ mit

$$\boldsymbol{A} = \begin{pmatrix} 3 & -2 & 4 & 2 \\ 3 & -2 & 2 & 3 \\ 6 & -2 & 5 & 1 \\ -3 & 0 & 1 & 2 \end{pmatrix}, \quad \boldsymbol{b} = \begin{pmatrix} 0 \\ 1 \\ 2 \\ -1 \end{pmatrix},$$

das wir bereits in Kapitel 2.2 untersucht haben. Definieren wir in MATLAB

```
A = [3 -2 4 2; 3 -2 2 3; 6 -2 5 1; -3 0 1 2];
b = [0; 1; 2; -1];
```

so ergibt der Befehl `gauss(A,b)` die Lösung `x = [1.0; 2.5; 0; 1.0]`.

Der Gauß-Algorithmus wird in MATLAB durch den Befehl `mldivide` oder mit dem umgekehrten Schrägstrich \ realisiert. Die Lösung von $\boldsymbol{Ax} = \boldsymbol{b}$ ist durch

`x = A\b` oder `mldivide(A,b)`

gegeben. Genauer gesagt untersucht MATLAB die Matrix $\boldsymbol{A}$ und wählt eine Variante des Gauß-Algorithmus aus, die sich am besten für die gegebene Matrix eignet.

Da MATLAB nur mit endlich vielen Nachkommastellen arbeitet, kann der Befehl `mldivide` infolge von Rundungsfehlern zu nicht korrekten Lösungen führen. Beispielsweise liefert MATLAB für

```
A = [1e-9 1; 0 1]; b = [1; 2];
x = mldivide(A,b)
```

Algorithmus 16.1 Das MATLAB-Skript `gauss.m` löst das lineare Gleichungssystem $\boldsymbol{Ax} = \boldsymbol{b}$ unter der Annahme, dass eine eindeutige Lösung existiert.

```
function x = gauss(A,b)
A(:,end+1) = b;                 % erweiterte Koeffizientenmatrix
n = size(A,1);                  % Anzahl der Zeilen von A

for i = 1:n                     % Schleife über alle Zeilen
  if A(i,i) == 0                % Hauptdiagonalelement gleich null?
    m = find(A(i+1:end,i),1);   % suche Element ungleich null
    a = A(i,:);                 % vertausche A(i,:) und A(i+m,:)
    A(i,:) = A(i+m,:);
    A(i+n,:) = a;
  end
  A(i,:) = A(i,:)/A(i,i);       % normiere mit Hauptdiagonalelement
  for j = i+1:n                 % Schleife über alle Zeilen > i
    A(j,:) = A(j,:) - A(j,i)*A(i,:); % Gaußelimination
  end
end

x = zeros(n,1);                 % Nullvektor
for i = n:-1:1                  % Rückwärtsauflösung
  x(i) = -A(i,1:end-1)*x + A(i,end);
end
```

das Ergebnis `x = [-1e9; 0]`. Dies ist jedoch falsch! Die Lösung des linearen Gleichungssystems

$$10^{-9} \cdot x_1 + 1 \cdot x_2 = 1$$
$$0 \cdot x_1 + 1 \cdot x_2 = 2$$

lautet $x_1 = -10^9$ und $x_2 = 2$. Der Grund für dieses Problem liegt darin, dass die Werte der Matrix $\boldsymbol{A}$ stark unterschiedlich sind. Mathematisch wird dies durch die *Kondition* cond($\boldsymbol{A}$) einer (invertierbaren) Matrix $\boldsymbol{A} = (a_{ij})$ ausgedrückt:

$$\text{cond}(\boldsymbol{A}) = \|\boldsymbol{A}\|_2 \|\boldsymbol{A}^{-1}\|_2 \,,$$

wobei $\|\boldsymbol{A}\|_2 = (\sum_{i,j=1}^n a_{ij}^2)^{1/2}$ die euklidische Matrixnorm ist. Für das obige Beispiel berechnen wir $\|\boldsymbol{A}\|_2 = \sqrt{2 + 10^{-18}} \approx \sqrt{2}$ und

$$\boldsymbol{A}^{-1} = \begin{pmatrix} 10^9 & -10^9 \\ 0 & 1 \end{pmatrix} \,, \quad \|\boldsymbol{A}^{-1}\|_2 = \sqrt{1 + 2 \times 10^{18}} \approx \sqrt{2} \times 10^9 \,,$$

also $\text{cond}(\boldsymbol{A}) \approx 2 \times 10^9$, d. h., $\boldsymbol{A}$ hat eine sehr große Konditionszahl. Für derartige Matrizen ist also besondere Vorsicht bei der numerischen Berechnung ratsam!

Wie aufwendig ist der Gauß-Algorithmus? Die Zeile

```
A(j,:) = A(j,:) - A(j,i)*A(i,:)
```

im Algorithmus 16.1 für eine Matrix mit n Zeilen und Spalten beinhaltet n Multiplikationen. Sie ist in zwei Schleifen über i und j eingebettet, sodass insgesamt (bis auf einen konstanten Faktor) n^3 Multiplikationen bzw. Divisionen notwendig sind. Wir sagen, dass der Aufwand $\mathcal{O}(n^3)$ beträgt. Das *Landau-Symbol* $\mathcal{O}(f(n))$ (gesprochen: „groß O von $f(x)$") drückt aus, dass sich $\mathcal{O}(f(n))$ für große n wie $f(n)$ verhält, also $\lim_{n\to\infty} \mathcal{O}(f(n))/f(n)$ beschränkt bleibt. Eine Verdopplung der Zeilenzahl von $\boldsymbol{A}$ bedeutet eine Verachtfachung des Rechenaufwands. Für allgemeine, sehr große Matrizen ist der Gauß-Algorithmus also extrem rechenaufwendig. In vielen chemischen Anwendungen treten jedoch lineare Gleichungssysteme mit speziellen Matrizen auf, die mit angepassten Algorithmen wesentlich schneller als mit dem einfachen Gauß-Algorithmus gelöst werden können. Eine Klasse solcher Matrizen untersuchen wir im Folgenden Abschnitt.

16.1.2
Thomas-Algorithmus

Der Thomas-Algorithmus ist eine Eliminationsmethode für Tridiagonalmatrizen. Wir nennen eine Matrix $\boldsymbol{A}$, in der nur die Einträge in der Hauptdiagonalen und den beiden ersten Nebendiagonalen ungleich null sind, *Tridiagonalmatrix*:

$$\boldsymbol{A} = \begin{pmatrix} b_1 & c_1 & 0 & \dots & 0 \\ a_2 & b_2 & c_2 & \ddots & \vdots \\ 0 & a_3 & \ddots & \ddots & 0 \\ \vdots & \ddots & \ddots & \ddots & c_{n-1} \\ 0 & \cdots & 0 & a_n & b_n \end{pmatrix} . \tag{16.1}$$

Beispiel 16.2
Tridiagonalmatrizen treten bei der Approximation von Differenzialgleichungen auf: Das elektrische Potenzial $u(x)$ erfülle die Potenzialgleichung (siehe Abschnitt 12.2):

$$u''(x) = f(x) \,, \quad x \in (0,1) \,, \quad u(0) = u(1) = 0 \,.$$

Die Funktion f modelliert eine gegebene Ladungsverteilung auf dem Intervall $(0,1)$, und wir haben vorausgesetzt, dass das Potenzial am Intervallrand verschwindet. Die Ableitung $u'(x)$ können wir durch den Differenzenquotienten

$$u'(x) \approx \frac{u(x) - u(x-h)}{h} \,, \quad h > 0 \,,$$

approximieren. In ähnlicher Weise können wir die zweite Ableitung annähern:

$$\begin{aligned} u''(x) &\approx \frac{u'(x+h) - u'(x)}{h} \approx \frac{(u(x+h) - u(x)) - (u(x) - u(x-h))}{h^2} \\ &= \frac{u(x+h) - 2u(x) + u(x-h)}{h^2} \,. \end{aligned}$$

Wir zerlegen nun das Intervall $[0,1]$ in die Teilintervalle $[x_i, x_{i+1}]$ mit $x_i = ih$, $i = 0, \dots, N$, $Nh = 1$ und approximieren $u(x_i)$ durch u_i. Dann können wir die

Potenzialgleichung durch die Gleichung

$$\frac{u_{i+1} - 2u_i + u_{i-1}}{h^2} = f(x_i) , \quad i = 1, \dots , N - 1 ,$$

mit $u_0 = 0$ und $u_N = 0$ annähern. Diese Gleichungen bilden das lineare Gleichungssystem $\boldsymbol{Ax} = \boldsymbol{d}$ mit

$$\boldsymbol{A} = \begin{pmatrix} -2 & 1 & & 0 \\ 1 & -2 & \ddots & \\ & \ddots & \ddots & 1 \\ 0 & & 1 & -2 \end{pmatrix} , \quad \boldsymbol{x} = \begin{pmatrix} u_1 \\ u_2 \\ \vdots \\ u_{N-1} \end{pmatrix} , \quad \boldsymbol{d} = \begin{pmatrix} h^2 f(x_1) \\ h^2 f(x_2) \\ \vdots \\ h^2 f(x_{N-1}) \end{pmatrix} . \tag{16.2}$$

Die Matrix $\boldsymbol{A}$ enthält nur in der Diagonalen und in den beiden ersten Nebendiagonalen Einträge ungleich null.

Betrachte das lineare Gleichungssystem $\boldsymbol{Ax} = \boldsymbol{d}$ mit der Tridiagonalmatrix (16.1). Wir wenden den Gauß-Algorithmus auf die erweiterte Koeffizientenmatrix an, indem wir schrittweise für $j = 2, \dots , n$ von der j-ten Zeile das (a_j / b_{j-1})-fache der $(j-1)$-ten Zeile abziehen. Nach dieser sogenannten Vorwärtsauflösung stehen in der unteren Nebendiagonalen nur Nullen:

$$\left(\begin{array}{ccccc|c} b_1 & c_1 & 0 & 0 & 0 & d_1^* \\ 0 & b_2^* & c_2 & 0 & \vdots & d_2^* \\ 0 & 0 & b_3^* & \ddots & 0 & d_3^* \\ \vdots & \vdots & \ddots & \ddots & c_{n-1} & \vdots \\ 0 & 0 & 0 & 0 & b_n^* & d_n^* \end{array}\right) ,$$

wobei die Diagonalelemente b_j^* und die Elemente d_j^* gegeben sind durch:

$$b_j^* = b_j - \frac{a_j}{b_{j-1}} c_{j-1} , \quad d_j^* = d_j - \frac{a_j}{b_{j-1}} d_{j-1} , \quad j = 2, \dots , n .$$

Dieses Gleichungssystem können wir, beginnend mit der letzten Zeile, schrittweise auflösen:

$$x_n = \frac{d_n^*}{b_n^*} , \quad x_j = \frac{1}{b_j^*} (d_j^* - c_j x_{j+1}) , \quad j = n - 1, \dots , 1 .$$

Diese Vorgehensweise ist im Algorithmus 16.2 zusammengefasst.

Im Vergleich zum Gauß-Algorithmus aus Abschnitt 16.1.1 ist der Rechenaufwand des Thomas-Algorithmus nicht groß. Das MATLAB-Skript zeigt, dass lediglich $6n$ (anstatt $\mathcal{O}(n^3)$) Multiplikationen bzw. Divisionen notwendig sind.

Algorithmus 16.2 Das MATLAB-Skript `tridiag.m` löst das lineare Gleichungssystem $\boldsymbol{Ax} = \boldsymbol{d}$, wobei $\boldsymbol{A}$ eine Tridiagonalmatrix mit der Hauptdiagonalen $b_1, \ldots, b_n$ und den Nebendiagonalelementen $a_2, \ldots, a_n$ und $c_1, \ldots, c_{n-1}$ ist.

```
function x = tridiag(a,b,c,d)
n = length(b);                          % Größe der Matrix A
for i = 2:n                             % Vorwärtsauflösung
  m(i) = a(i-1)/b(i-1);
  b(i) = b(i) - m(i)*c(i-1);
  d(i) = d(i) - m(i)*d(i-1);
end

x(n) = d(n)/b(n);                       % Rückwärtsauflösung
for i = n-1:-1:1
  x(i) = (d(i) - c(i)*x(i+1))/b(i);
end
```

Beispiel 16.3

Wir testen die Funktion `tridiag.m`, indem wir das lineare Gleichungssystem $\boldsymbol{Ax} = \boldsymbol{d}$ mit $\boldsymbol{A}$ und $\boldsymbol{d}$ wie in (16.2) lösen. Wir wählen $f(x) = 1$, also $d_i = h^2 = 1/N^2$:

```
N = 8;
a = ones(N-1,1);  b = -2*ones(N-1,1);
c = ones(N-1,1);  d = 1/N^2*ones(N-1,1);
tridiag(a,b,c,d)
```

Dies ergibt die Werte

```
-0.0625  -0.1094  -0.1406  -0.1563  -0.1563  -0.1406  -0.1094  -0.0625
```

für $u_1, \ldots, u_{N-1}$, die die exakte Lösung $u(x) = x(x-1)$ in den Punkten $x_1, \ldots, x_{N-1}$ annähern. Diese Funktion ist die Lösung der Gleichung $u'' = 1$ in $(0, 1)$ mit den Randbedingungen $u(0) = u(1) = 0$.

16.1.3 Iterative Lösungsmethoden

Wir haben in Abschnitt 16.1.1 gesehen, dass der Rechenaufwand des Gauß-Algorithmus kubisch in der Anzahl der Zeilen bzw. Spalten wächst. Eine Verdopplung der Anzahl der Zeilen bzw. Spalten führt also zu einer Verachtfachung des Rechenaufwands. Der Speicherbedarf wächst quadratisch, d. h., eine Verdopplung der Problemdimension ergibt eine Vervierfachung des Speicherbedarfs. Wollen wir also sehr große lineare Gleichungssysteme lösen, benötigen wir alternative Lösungsmethoden. Eine Möglichkeit ist die Verwendung iterativer

Algorithmus 16.3 Das MATLAB-Skript `jacobi.m` löst das lineare Gleichungssystem $\boldsymbol{Ax} = \boldsymbol{b}$ mithilfe des Jacobi-Verfahrens.

```
function x = jacobi(A,b)
n = length(b);                  % Länge des Vektors b
x = ones(n,1);                  % Startwert
y = ones(n,1);                  % Hilfsvektor
tol = 1e-6;                     % Fehlertoleranz

while max(abs(A*x-b)) > tol     % solange der Fehler zu groß ist
  for i = 1:n
    s = 0;
    for j = 1:n                 % summiere A(i,j)*x(j) für j <> i
      if not(isequal(i,j))
 s = s + A(i,j)*x(j);
      end
    end
    y(i) = (b(i) - s)/A(i,i);   % neue Iteration
  end
  x = y;
end
```

Verfahren. Wir stellen in diesem Abschnitt zwei einfache iterative Methoden vor, die Jacobi- und Gauß-Seidel-Iterationen.

Um diese Iterationsverfahren herzuleiten, lösen wir die i-te Gleichung des Systems $\boldsymbol{Ax} = \boldsymbol{b}$ mit der quadratischen Matrix $\boldsymbol{A} = (a_{ij})$,

$$a_{i1}x_1 + \cdots + a_{ii}x_i + \cdots + a_{in}x_n = b_i \,, \quad i = 1, \ldots, n \,,$$

nach der Variablen x_i auf:

$$x_i = \frac{1}{a_{ii}} \left(b_i - \sum_{j \neq i} a_{ij} x_j \right) .$$

Hier müssen wir natürlich voraussetzen, dass $a_{ii} \neq 0$ gilt. Die Idee des *Jacobi-Verfahrens* (oder *Gesamtschrittverfahrens*) lautet, diese Gleichung iterativ wie folgt zu lösen: Wähle den Startvektor $\boldsymbol{x}^{(0)} = (x_1^{(0)}, \ldots, x_n^{(0)})$ und berechne

$$x_i^{(k+1)} = \frac{1}{a_{ii}} \left(b_i - \sum_{j \neq i} a_{ij} x_j^{(k)} \right) , \quad i = 1, \ldots, n, \; k \geq 0 \,. \tag{16.3}$$

Dies ergibt eine Folge von Vektoren $\boldsymbol{x}^{(k)}$, die unter bestimmten Bedingungen an die Matrix $\boldsymbol{A}$ gegen einen Vektor $\boldsymbol{x}$ konvergiert, der das Gleichungssystem $\boldsymbol{Ax} = \boldsymbol{b}$ löst. Dieses Verfahren ist im MATLAB-Skript `jacobi.m` realisiert (siehe Algorithmus 16.3). Die Iterationen werden so lange berechnet, bis das Maximum aller Beträge $|(\boldsymbol{Ax} - \boldsymbol{b})_i|$ kleiner als eine vorgegebene Fehlertoleranz ist.

Algorithmus 16.4 Das MATLAB-Skript `gaussseidel.m` löst das lineare Gleichungssystem $\boldsymbol{Ax} = \boldsymbol{b}$ mithilfe des Gauß-Seidel-Verfahrens.

```
function x = gaussseidel(A,b)
n = length(b);                  % Länge des Vektors b
x = ones(n,1);                  % Startwert
tol = 1e-6;                     % Fehlertoleranz

while max(abs(A*x-b)) > tol     % solange der Fehler zu groß ist
  for i = 1:n
    s = 0;
    for j = 1:n                 % summiere A(i,j)*x(j) für j <> i
      if not(isequal(i,j))
 s = s + A(i,j)*x(j);
      end
    end
    x(i) = (b(i) - s)/A(i,i);   % neue Iteration
  end
end
```

In jeder Iteration müssen n Werte $x_1^{(k+1)}, \ldots, x_n^{(k+1)}$ gemäß (16.3) berechnet werden. Da die Berechnung von $x_i^{(k+1)}$ unabhängig von den anderen Komponenten ist, kann dieses Verfahren parallelisiert werden, was die Berechnungen deutlich beschleunigt. Andererseits könnten wir den bereits bestimmten Wert $x_{i-1}^{(k+1)}$ bei der Berechnung von $x_i^{(k+1)}$ in der Formel (16.3) verwenden, da dieser Wert voraussichtlich eine bessere Näherung als $x_{i-1}^{(k)}$ sein wird. Dies führt auf das *Gauß-Seidel-Verfahren* (oder *Einzelschrittverfahren*)

$$x_i^{(k+1)} = \frac{1}{a_{ii}} \left(b_i - \sum_{j=1}^{i-1} a_{ij} x_j^{(k+1)} - \sum_{j=i+1}^{n} a_{ij} x_j^{(k)} \right), \quad i = 1, \ldots, n, \quad k \geq 0,$$

realisiert im Algorithmus 16.4. Sowohl das Jacobi- als auch das Gauß-Seidel-Verfahren konvergieren für sogenannte strikt diagonaldominante Matrizen, also für Matrizen $\boldsymbol{A} = (a_{ij})$, für die die Bedingung

$$|a_{ii}| > \sum_{j \neq i} |a_{ij}| \quad \text{für alle} \quad i = 1, \ldots, n$$

erfüllt ist. Diese Bedingung ist hinreichend, aber nicht notwendig, d. h., es gibt nicht strikt diagonaldominante Matrizen, für die diese Verfahren dennoch konvergieren (siehe folgendes Beispiel).

Beispiel 16.4
Wir betrachten die Matrix aus (16.2) und den Vektor $\boldsymbol{b} = (1, \ldots, 1)$ und wählen $n = 9$. Sowohl das Jacobi- als auch das Gauß-Seidel-Verfahren liefern dieselbe Lösung, wobei das Jacobi-Verfahren 250 Iterationen und das Gauß-Seidel-Ver-

fahren nur 120 Iterationen benötigen. Im Allgemeinen (aber nicht immer) konvergiert das Gauß-Seidel-Verfahren schneller als das Jacobi-Verfahren. Allerdings ist das Gauß-Seidel-Verfahren nicht parallelisierbar. Wir bemerken, dass die Matrix aus (16.2) nicht strikt diagonaldominant ist, die Iterationsverfahren aber dennoch konvergieren.

Das Gesamt- oder Einzelschrittverfahren erfordert in jedem Iterationsschritt im wesentlichen n^2 Multiplikationen. Sind k Iterationsschritte erforderlich, so beträgt der Gesamtaufwand $\mathcal{O}(kn^2)$. Falls die Anzahl der Iterationen deutlich kleiner als die Matrixdimension ist, sind die iterativen Verfahren gegenüber dem Gauß-Algorithmus vorzuziehen, um Rechenzeit zu sparen.

Iterative Lösungsverfahren spielen eine wichtige Rolle, wenn große Matrizen, bei denen viele Einträge aus Nullen bestehen, auftreten. Anstelle des Gesamtschritt- oder Einzelschrittverfahrens sind ausgefeilte Techniken entworfen worden. Eines dieser Verfahren ist GMRES (Generalized Minimal REsidual Method). Die Grundidee lautet, die euklidische Norm $\|\boldsymbol{Ax} - \boldsymbol{b}\|_2$ auf einem Teilraum des $\mathbb{R}^n$ zu minimieren. Das Verfahren ist in MATLAB im Befehl `gmres(A,b)` implementiert. Ein anderes Verfahren, das für (große) symmetrische Matrizen, deren Eigenwerte positiv sind, entwickelt wurde, ist die Methode der konjugierten Gradienten oder *CG-Verfahren* (Conjugated Gradients). Unter MATLAB ist eine Variante, das CGS-Verfahren (Conjugate Gradient Squared), im Befehl `cgs(A,b)` realisiert.

16.1.4 Ausgleichsrechnung

Der Druck p eines in einem Behälter mit Volumen V befindlichen Gases werde für verschiedene Temperaturen gemessen. Nach dem idealen Gasgesetz $pV = nRT$ (mit der Stoffmenge n in Mol) erwarten wir einen linearen Zusammenhang zwischen Druck und Temperatur. Die Berechnung der Steigung der Geraden $p = p(T)$ erlaubt die Bestimmung der Gaskonstanten R. Allerdings werden die Messwerte nicht alle auf einer Geraden liegen. Das Problem lautet, die mit Fehlern behafteten Messdaten durch eine Gerade zu approximieren. Eine Idee ist durch die *Methode der kleinsten Quadrate* gegeben. Sie wird auch *Methode der linearen Regression* oder *Ausgleichsrechnung* genannt.

Es seien Messwertpaare $(x_1, y_1), \ldots, (x_k, y_k)$ gegeben (z. B. die Temperatur x_i und der Druck y_i). Wir suchen die Koeffizienten a und b der Geraden $g(x) = ax + b$, sodass der quadratische Abstand zwischen den Messwerten y_i und den Punkten $g(x_i)$ auf der Geraden minimiert wird (siehe Abb. 16.1): Minimiere also die Funktion

$$F(a, b) = \sum_{i=1}^{k} (g(x_i) - y_i)^2 = \sum_{i=1}^{k} (ax_i + b - y_i)^2 .$$

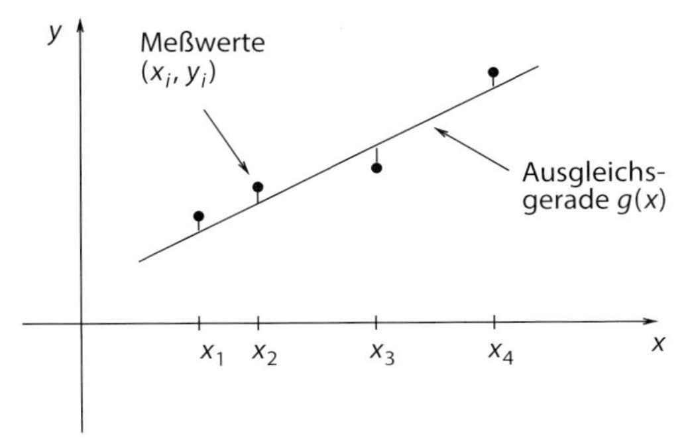

Abb. 16.1 Messwertpaare und Ausgleichsgerade.

Zur Minimierung der Funktion $F : \mathbb{R}^2 \to \mathbb{R}$ bestimmen wir zunächst die Nullstellen der ersten Ableitung von F (siehe Abschnitt 7.6.1). Die erste Ableitung besteht aus den beiden partiellen Ableitungen $\partial F/\partial a$ und $\partial F/\partial b$, die beide gleichzeitig verschwinden müssen:

$$0 = \frac{\partial F}{\partial a}(a,b) = 2\sum_{i=1}^{k}(ax_i+b-y_i)x_i\,, \quad 0 = \frac{\partial F}{\partial b}(a,b) = 2\sum_{i=1}^{k}(ax_i+b-y_i)\,.$$

Diese beiden Gleichungen können geschrieben werden als:

$$\left(\sum_{i=1}^{k} x_i\right) a + k \cdot b = \sum_{i=1}^{k} y_i\,,$$
$$\left(\sum_{i=1}^{k} x_i^2\right) a + \left(\sum_{i=1}^{k} x_i\right) b = \sum_{i=1}^{k} x_i y_i\,.$$

Dies ist ein lineares Gleichungssystem für die beiden Variablen a und b mit Lösung

$$a = \frac{k\sum x_i y_i - \sum x_i \sum y_i}{k\sum x_i^2 - (\sum x_i)^2}\,, \quad b = \frac{\sum y_i \sum x_i^2 - \sum x_i \sum x_i y_i}{k\sum x_i^2 - (\sum x_i)^2}\,, \tag{16.4}$$

wobei in den Summen von $i = 1$ bis k summiert wird. Es existiert genau dann eine eindeutige Lösung, wenn

$$k\sum_{i=1}^{k} x_i^2 \neq \left(\sum_{i=1}^{k} x_i\right)^2\,.$$

Dies ist der Fall, wenn $k \geq 2$ (mindestens zwei Messwerte) und es mindestens zwei Werte $x_i \neq x_j$ gibt. Diese Bedingung ist in der Praxis stets erfüllt.

Tab. 16.1 Gemessene Werte des Drucks eines idealen Gases in Abhängigkeit von der Gastemperatur.

Temperatur x_i in K	300	350	400	450	500
Druck y_i in N/m^2	235	290	335	360	415

Beispiel 16.5

Der Druck eines idealen Gases in einem Behälter mit festem Volumen werde für verschiedene Temperaturen gemessen. Die Messwerte sind in Tab. 16.1 gegeben. Wir nehmen weiter an, dass der Behälter $n = 10^{-4}$ mol des Gases enthalte und dass das Volumen $V = 10^{-3}\,\mathrm{m}^3$ betrage. Dann ist nach dem idealen Gasgesetz:

$$p(T) = \frac{nR}{V} T = \left(0{,}1R\frac{\mathrm{mol}}{\mathrm{m}^3}\right) T\,.$$

Die Steigung der Ausgleichsgeraden a und der Achsenabschnitt b lauten gemäß (16.4):

$$a = 0{,}86\,\mathrm{N/(m^2\,K)} \quad \text{und} \quad b = -17\,\mathrm{N/m^2}$$

(siehe Abb 16.2). Diese Werte wurden mit dem MATLAB-Skript `regression.m` (siehe Algorithmus 16.5) berechnet. Der Befehl `dot(x,y)` berechnet das Skalarprodukt von `x` und `y` und ist mit `x'*y` gleichbedeutend. Damit erhalten wir aus

$$p(300\,\mathrm{K}) = 30R\frac{\mathrm{mol\,K}}{\mathrm{m}^3} \approx 0{,}86 \cdot 300\,\frac{\mathrm{N}}{\mathrm{m}^2} - 17\,\frac{\mathrm{N}}{\mathrm{m}^2} = 241\,\frac{\mathrm{N}}{\mathrm{m}^2}$$

eine Approximation der Gaskonstanten:

$$R \approx \frac{241}{30}\,\frac{\mathrm{N\,m}}{\mathrm{mol\,K}} \approx 8{,}03\,\frac{\mathrm{N\,m}}{\mathrm{mol\,K}}\,.$$

Der Literaturwert lautet $R = 8{,}314\,\mathrm{N\,m/(mol\,K)}$. Die Abweichung liegt mit einem Fehler von $(8{,}314 - 8{,}03)/8{,}314 \approx 3{,}4\,\%$ innerhalb der zu erwartenden Messgenauigkeit.

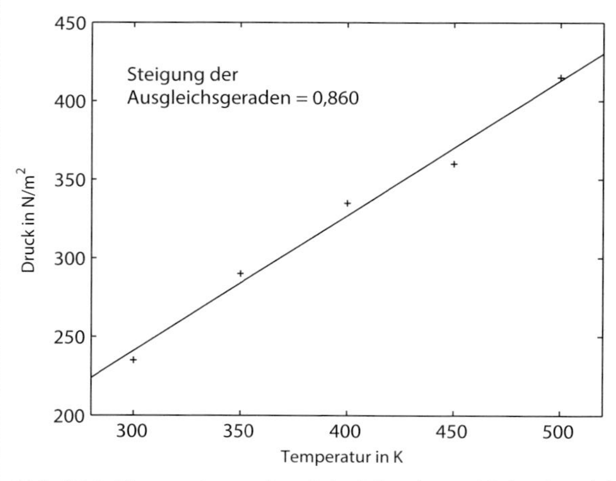

Abb. 16.2 Messwerte aus dem Beispiel und zugehörige Ausgleichsgerade.

Algorithmus 16.5 Das MATLAB-Skript `regression.m` löst ein lineares Ausgleichsproblem.

```
x = [300; 350; 400; 450; 500];                  % Messwerte x_i
y = [235; 290; 335; 360; 415];                  % Messwerte y_i
k = length(x);                                  % Anzahl Messwerte
nenner = k*dot(x,x) - sum(x)^2;
a = (k*dot(x,y) - sum(x)*sum(y))/nenner;        % Geradensteigung
b = (sum(y)*dot(x,x) - sum(x)*dot(x,y))/nenner; % Achsenabschnitt
xx = [280:520];
hold on, plot(x,y,'+'), plot(xx,a*xx + b)
```

In MATLAB wird die lineare Regression mittels des Operators \ ausgeführt. Falls alle Messwerte (x_i, y_i) auf der Geraden $y = ax + b$ lägen, so sollte das lineare Gleichungssystem

$$y = Gz \quad \text{mit} \quad y = \begin{pmatrix} y_1 \\ \vdots \\ y_k \end{pmatrix}, \quad G = \begin{pmatrix} 1 & x_1 \\ \vdots & \vdots \\ 1 & x_k \end{pmatrix}, \quad z = \begin{pmatrix} b \\ a \end{pmatrix}$$

erfüllt sein. Dieses Gleichungssystem besitzt in der Regel mehr Zeilen als Spalten und ist daher im Allgemeinen nicht eindeutig lösbar. Daher wird in MATLAB wie oben beschrieben die Funktion $F(a, b) = \sum_{i=1}^{k}((Gx)_i - y_i)^2$ minimiert. Mit den Werten des obigen Beispiels folgt aus

```
G = [ones(5,1), x];
z = G\y
```

die Lösung $z = (b, a) = (-17{,}00, 0{,}86)$, die mit den oben bestimmten Werten übereinstimmt.

Fragen und Aufgaben

Aufgabe 16.1 Bei der Spaltenpivotsuche im Gauß-Algorithmus wird dasjenige Pivotelement gesucht, das in der jeweiligen Spalte betragsmäßig am größten ist. Ändere Algorithmus 16.1 so ab, dass bei der Pivotelementsuche das betragsmäßig größte Element in der jeweiligen Spalte verwendet wird.

Aufgabe 16.2 Wie kann mit dem Gauß-Verfahren die Inverse einer Matrix bestimmt werden? Wie lautet der MATLAB-Befehl zum Invertieren einer Matrix?

Aufgabe 16.3 Das SOR-Iterationsverfahren (Successive Over-Relaxation) ist definiert durch

$$x_i^{(k+1)} = (1-\omega)x_i^{(k)} + \frac{\omega}{a_{ii}}\left(b_i - \sum_{j=1}^{i-1} a_{ij}x_j^{(k+1)} - \sum_{j=i+1}^{n} a_{ij}x_j^{(k)}\right),$$

wobei $0 < \omega < 2$ ein Parameter ist. Man erwartet, dass dieses Verfahren für $\omega > 1$ schneller als das Einzelschrittverfahren konvergiert. Bestimme empirisch denjenigen Parameter $\omega > 1$ mit der minimalen Anzahl von Iterationen für das Problem `Ax = b` mit `A = [-2 1 0; 1 -2 1; 0 1 -2]`, `b = [1; 1; 1]` und `tol = 1e-6`.

16.2 Nichtlineare Gleichungen

16.2.1 Newton-Verfahren im Eindimensionalen

Wir können jede nichtlineare Gleichung als Nullstellenproblem $f(x) = 0$ formulieren. In Abschnitt 7.6.2 haben wir bereits gesehen, dass Nullstellen mittels des *Newton-Verfahrens* berechnet werden können. Hierfür definieren wir die Folge x_k vermittels der Rekursionsvorschrift

$$x_{k+1} = x_k - \frac{f(x_k)}{f'(x_k)}\,, \quad k \geq 0\,, \quad x_0 \quad \text{gegeben}\,.$$

Beispiel 16.6
Wir wollen alle Nullstellen der Gleichung dritter Ordnung

$$f(x) = x^3 + 2x^2 - x - 1 = 0$$

bestimmen. Dazu formulieren wir die obige Iterationsformel in MATLAB:

```
x = 1;                        % Startwert
tol = 1e-6;                   % Fehlertoleranz
y = x^3 + 2*x^2 - x - 1;      % f(x)
while abs(y) > tol
  dy = 3*x^2 + 4*x - 1;       % f'(x)
  x = x - y/dy;               % neue Iterierte
  y = x^3 + 2*x^2 - x - 1;    % f(x)
end
disp(x)
```

Wir erhalten die Nullstelle $x_1^* \approx 0{,}801\,938$. Die anderen Nullstellen können berechnet werden, indem wir andere Startwerte wählen. Mit dem Startwert `x = 0` ergibt sich $x_2^* \approx -0{,}549\,58$ und mit `x = -2` ist $x_3^* \approx -2{,}246\,980$.

Nichtlineare Gleichungen können mit dem MATLAB-Befehl `fzero(f,x0)` gelöst werden, wobei `f` eine Funktion und `x0` ein Startwert ist. Für das obige Beispiel würden wir schreiben:

```
f = @(x) x^3 + 2*x^2 - x - 1;
fzero(f,1)
```

wobei die erste Zeile die Funktion $f : x \mapsto x^3 + 2x^2 - x - 1$ definiert. Der Befehl `fzero` basiert allerdings nicht auf der Newton-Methode, weil hierfür symbolisches Differenzieren notwendig ist, sondern auf ableitungsfreie Verfahren. Übrigens können Nullstellen von Polynomen mittels des Befehls `roots(p)` bestimmt werden. Der Vektor `p` enthält die Koeffizienten des Polynoms $a_n x^n + a_{n-1}x^{n-1} + \cdots + a_1 x + a_0$, also $\texttt{p} = [a_n, a_{n-1}, \ldots, a_1, a_0]$. Im obigen Beispiel liefert `roots([1,2,-1,-1])` alle drei Nullstellen des Polynoms $f(x) = x^3 + 2x^2 - x - 1$.

16.2.2 Newton-Verfahren im Mehrdimensionalen

Das Newton-Verfahren für (vektorwertige) Funktionen in mehreren Variablen wird ähnlich wie im eindimensionalen Fall hergeleitet. Sei $f = (f_1, \ldots, f_m)^\top$ eine vektorwertige Funktionen in n Variablen. Wir suchen eine Nullstelle $x^* \in \mathbb{R}^n$ von $f(x) = 0$. Es gilt die mehrdimensionale Version der Taylor-Formel (siehe Abschnitt 7.4 für den eindimensionalen Fall), die wir in der Form

$$f(x) \approx f(x^{(k)}) + f'(x^{(k)})(x - x^{(k)})$$

aufschreiben. Diese Beziehung gilt näherungsweise, falls $\|x - x^{(k)}\|^2$ hinreichend klein ist. Hierbei bezeichnet $f'(x^{(k)})(x - x^{(k)})$ das Produkt aus der Jacobi-Matrix $f'(x^{(k)})$ und dem Vektor $x - x^{(k)}$. Für $x = x^*$ ergibt sich

$$0 = f(x^*) \approx f(x^{(k)}) + f'(x^{(k)})(x^* - x^{(k)})$$

oder, wenn wir nach x^* auflösen,

$$x^* \approx x^{(k)} - f'(x^{(k)})^{-1} f(x^{(k)}) ,$$

falls die Jacobi-Matrix $f'(x^{(k)})$ invertierbar ist. Wie im eindimensionalen Fall erwarten wir, dass die rechte Seite dieser Gleichung eine bessere Näherung an x^* liefert als $x^{(k)}$, und definieren daher den neuen Wert:

$$x^{(k+1)} = x^{(k)} - f'(x^{(k)})^{-1} f(x^{(k)}) , \quad k \geq 0 , \quad x^{(0)} \quad \text{gegeben} .$$

Diese Rekursionsvorschrift ist das Newton-Verfahren im Mehrdimensionalen. Man kann zeigen, dass die Folge $(x^{(k)})$ gegen die Nullstelle x^* von f konvergiert, wenn f zweimal stetig differenzierbar, $f'(x^*)$ invertierbar ist und der Startwert $x^{(0)}$ in der Nähe von x^* gewählt wird.

In der Praxis wird das Newton-Verfahren in leicht abgewandelter Form implementiert, da die Invertierung von $f'(x^{(k)})$ sehr rechenaufwendig ist. Man löst zuerst das lineare Gleichungssystem $f'(x^{(k)})z = -f(x^{(k)})$, gefolgt von der Definition $x^{(k+1)} = z + x^{(k)}$.

Eine Variante ist das *gedämpfte Newton-Verfahren*:

$$x^{(k+1)} = x^{(k)} - \alpha_k f'(x^{(k)})^{-1} f(x^{(k)}) , \quad k \geq 0 ,$$

bei dem die variable Schrittweite $0 < \alpha_k \leq 1$ so gewählt wird, dass der Konvergenzbereich vergrößert wird (damit wird die Wahl des Startwerts erleichtert). Beim *Quasi-Newton-Verfahren* wird die aufwendige Berechnung der Jacobi-Matrix $f'(x^{(k)})$ durch einfacher zu bestimmende Matrizen $B_k \approx f'(x^{(k)})$ ersetzt:

$$x^{(k+1)} = x^{(k)} - B_k^{-1} f(x^{(k)}) , \quad k \geq 0 .$$

Oft wird einfach $B_k = f'(x^{(0)})$ gewählt oder die Matrix B_k nach einigen Iterationen aktualisiert.

Beispiel 16.7

Wir wollen das Gleichgewicht eines chemischen Gemischs in einem kontinuierlichen idealen Rührkessel berechnen. Die Befüllung des Kessels mit neuen Stoffen erfolge kontinuierlich, und die gebildeten Produkte werden kontinuierlich entnommen. Wir nehmen an, dass im Kessel die beiden chemischen Reaktionen

$$\mathrm{A + B \to C} , \quad \mathrm{A + C \to D}$$

mit Reaktionsraten k_1 bzw. k_2 ablaufen. Falls der Rührkessel perfekt mischt, sind die Konzentrationen x_1, x_2, x_3, x_4 der Stoffe A, B, C, D in jedem Punkt des Kessels konstant. Die Massenbilanzgleichungen im Gleichgewicht lauten:

$$\begin{aligned}
0 &= \alpha(z_1 - x_1) - k_1 x_1 x_2 - k_2 x_1 x_3 , \\
0 &= \alpha(z_2 - x_2) - k_1 x_1 x_2 , \\
0 &= \alpha(z_3 - x_3) + k_1 x_1 x_2 - k_2 x_1 x_3 , \\
0 &= \alpha(z_4 - x_4) + k_2 x_1 x_3 ,
\end{aligned}$$

wobei $\alpha > 0$ die konstante Rate ist, mit der die Stoffe zugefügt oder entnommen werden, und $z_1, \dots, z_4$ sind die Konzentrationen der zufließenden Stoffe. Definieren wir die vektorwertige Funktion

$$f(x_1, x_2, x_3, x_4) = \begin{pmatrix} \alpha(z_1 - x_1) - k_1 x_1 x_2 - k_2 x_1 x_3 \\ \alpha(z_2 - x_2) - k_1 x_1 x_2 \\ \alpha(z_3 - x_3) + k_1 x_1 x_2 - k_2 x_1 x_3 \\ \alpha(z_4 - x_4) + k_2 x_1 x_3 \end{pmatrix} ,$$

so sehen wir, dass die Gleichgewichtskonzentrationen gerade eine Nullstelle von f bilden. Die Jacobi-Matrix von f lautet:

$$f'(x_1, x_2, x_3, x_4) = \begin{pmatrix} -\alpha - k_1 x_2 - k_2 x_3 & -k_1 x_1 & -k_2 x_1 & 0 \\ -k_1 x_2 & -\alpha - k_1 x_1 & 0 & 0 \\ k_1 x_2 - k_2 x_3 & k_1 x_1 & -\alpha - k_2 x_1 & 0 \\ k_2 x_3 & 0 & k_2 x_1 & -\alpha \end{pmatrix} .$$

Algorithmus 16.6 Das MATLAB-Skript `newton.m` berechnet die Gleichgewichtskonzentrationen in einem Rührkessel.

```
global z1 z2 z3 z4 a k1 k2            % Definition der Parameter
z1 = 1; z2 = 0.5; z3 = 0; z4 = 0;     % Zufließende Stoffe
a = 1; k1 = 100; k2 = 100;            % Zuflussrate und Reaktionsraten
x = ones(4,1);                        % Anfangswert
tol = 1e-6;                           % Fehlertoleranz
y = F(x);                             % Berechne F(x)

while max(abs(y)) > tol               % Definition der Jacobi-Matrix
  dF = [-a-k1*x(2)-k2*x(3)  -k1*x(1)    -k2*x(1)    0;...
 -k1*x(2)                   -a-k1*x(1)  0           0;...
 k1*x(2)-k2*x(3)            k1*x(1)     -a-k2*x(1)  0;...
 k2*x(3)                    0           k2*x(1)     -a];
  x = x - dF\vectmp{y};               % Newton-Schritt
  y = F(x);                           % berechne F(x)
end
```

Das Newton-Verfahren ist im Algorithmus 16.6 implementiert. Die Funktion `F.m` ist separat abgespeichert:

```
function y = F(x)
  global z1 z2 z3 z4 a k1 k2
  y = [a*(z1-x(1)) - k1*x(1)*x(2) - k2*x(1)*x(3);
     a*(z2-x(2)) - k1*x(1)*x(2);
     a*(z3-x(3)) + k1*x(1)*x(2) - k2*x(1)*x(3);
     a*(z4-x(4)) + k2*x(1)*x(3)];
end
```

Der Befehl `global` ist notwendig, damit die Funktion `F.m` auf die global definierten Parameter zurückgreifen kann. Das Ergebnis lautet:

```
0.1159  0.0397  0.0365  0.4238 .
```

Dies bedeutet, dass etwa 0,4238 Anteile des Produkts D erzeugt wurden, aber nur 0,0365 Anteile des Produkts C.

Nullstellen von Systemen nichtlinearer Gleichungen können in MATLAB mit dem Befehl `fsolve(f,x0)` bestimmt werden. Hierbei ist `f` eine Funktion und `x0` ein Startwert. Der Befehl basiert auf Optimierungstechniken, nicht direkt auf der Newton-Methode.

Beispiel 16.8
Wir betrachten das System nichtlinearer Gleichungen

$$x_1 - \sin x_1 - \cos x_2 = 0\ , \quad x_2 - \sin x_1 + \cos x_2 = 0\ .$$

Der Befehl

```
f = @(x)[x(1)-sin(x(1))-cos(x(2)),x(2)-sin(x(1))+cos(x(2))];
fsolve(f,[1 1])
```

liefert die (einzige) Nullstelle $x_1 \approx 1{,}9331$, $x_2 \approx -0{,}0629$. Die Definition `f = @(x)(...)` einer Funktion $f : x \mapsto (\ldots)$ haben wir schon im vorigen Abschnitt kennengelernt. Der Startwert ist durch `[1 1]` gegeben.

Fragen und Aufgaben

Aufgabe 16.4 Implementiere das Newton-Verfahren als MATLAB-Funktion `newton(f,df,x)`, wobei `f` die Funktion, `df` deren Ableitung und `x` der Startwert seien. Bestimme damit die Nullstelle von $e^x - e^{-x} - 1 = 0$.

Aufgabe 16.5 Bestimme mit MATLAB alle Nullstellen von $x^5 + x^3 + x = 0$.

Aufgabe 16.6 Bestimme mithilfe der MATLAB-Funktion `fsolve` die Gleichgewichtskonzentrationen in einem idealen Rührkessel, in dem die chemischen Reaktionen A + B → C mit Reaktionsrate $k_1 = 1$ und C + B → D mit Reaktionsrate $k_2 = 10$ ablaufen. Die Zuflussrate $\alpha = 1$ sei konstant und für alle vier Stoffe dieselbe. Die Konzentrationen der zufließenden Stoffe betrage $z_1 = z_2 = 1$ (für A und B) und $z_3 = z_4 = 0$ (für C und D).

16.3 Eigenwertprobleme

16.3.1 Potenzmethode

Eigenwerte einer quadratischen Matrix $\boldsymbol{A}$ sind solche (komplexe) Zahlen λ, für die ein Vektor $\boldsymbol{x} \neq \boldsymbol{0}$ mit $\boldsymbol{A}\boldsymbol{x} = \lambda\boldsymbol{x}$ existiert. Eigenwerte spielen eine wichtige Rolle in der Chemie bei der Berechnung der Schwingungsfrequenzen eines Moleküls oder der Zustände eines quantenmechanischen Systems.

Beispiel 16.9
Die Energie E eines stationären Zustands eines quantenmechanischen Systems im Intervall $[0, 1]$ ist gegeben durch die stationäre Schrödinger-Gleichung (siehe Kapitel 12.5.1)

$$-\frac{\hbar^2}{2m_0}u'' + V(x)u = Eu\ , \qquad x \in (0,1)\ ,$$

wobei $\hbar$ die reduzierte Planck-Konstante, m_0 die Masse des Teilchensystems, und $V(x)$ das ortsabhängige Potenzial seien. Wir setzen voraus, dass $V(x)$ dem Potenzial eines harmonischen Oszillators entspricht, $V(x) = \frac{1}{2}m_0\omega_0^2x^2$ mit der Kreisfrequenz ω_0. Wir nehmen weiter an, dass die Wahrscheinlichkeit, das Teilchensystem am Intervallrand zu finden, null ist, d. h. $u(0) = u(1) = 0$. Setzen wir $\lambda = 2m_0E/\hbar^2$ und $\beta = m_0\omega_0/\hbar$, so folgt aus der Schrödinger-Gleichung:

$$-u'' + \beta^2x^2u = \lambda u\ , \quad x \in (0,1)\ , \quad u(0) = u(1) = 0\ .$$

Zerlegen wir das Intervall $[0, 1]$ in die Teilintervalle $[x_i, x_{i+1}]$ mit den Gitterpunkten $x_i = ih$ $(i = 0, \dots, N)$ und $Nh = 1$, so können wir die zweite Ableitung wie in Abschnitt 16.1.2 durch eine quadratische Matrix approximieren, und das obige Differenzialgleichungsproblem wird in das lineare Gleichungssystem

$$(h^{-2}\boldsymbol{A} + \boldsymbol{B})\boldsymbol{x} = \lambda\boldsymbol{x}$$

mit

$$\boldsymbol{A} = \begin{pmatrix} 2 & -1 & & 0 \\ -1 & 2 & \ddots & \\ & \ddots & \ddots & -1 \\ 0 & & -1 & 2 \end{pmatrix}, \quad \boldsymbol{B} = \beta^2 \begin{pmatrix} x_1^2 & 0 & \cdots & 0 \\ 0 & x_2^2 & \ddots & \vdots \\ \vdots & \ddots & \ddots & 0 \\ 0 & \cdots & 0 & x_n^2 \end{pmatrix}, \tag{16.5}$$

und $\boldsymbol{x} = (u(x_1), u(x_2), \dots, u(x_n))^\top$ überführt. Die Eigenwerte dieses Problems sind näherungsweise proportional zur Energie des Quantensystems.

Wir wollen zunächst ein Verfahren zur Bestimmung des betragsmäßig größten Eigenwerts vorstellen, die *Potenzmethode*. Um die Idee zu erläutern, betrachten wir eine quadratische, symmetrische Matrix $\boldsymbol{A} \in \mathbb{R}^{n\times n}$. Man kann zeigen, dass dann eine orthogonale Basis $(\boldsymbol{x}_1, \dots, \boldsymbol{x}_n)$ aus (bezüglich der euklidischen Norm) normierten Eigenvektoren $\boldsymbol{x}_i \in \mathbb{R}^n$ von $\boldsymbol{A}$ zu den Eigenwerten $\lambda_1, \dots, \lambda_n \in \mathbb{R}$ existiert. Es gilt also $\boldsymbol{A}\boldsymbol{x}_i = \lambda_i\boldsymbol{x}_i$ für $i = 1, \dots, n$. Wir nehmen an, dass die Eigenwerte sortiert sind:

$$|\lambda_1| > |\lambda_2| \geq |\lambda_3| \geq \cdots \geq |\lambda_n|\ .$$

Sei $\boldsymbol{v}_0$ ein Startvektor. Da die Eigenvektoren eine Basis des $\mathbb{R}^n$ bilden, können wir $\boldsymbol{v}_0$ als Linearkombination der Eigenvektoren schreiben:

$$\boldsymbol{v}_0 = \sum_{i=1}^{n} \alpha_i\boldsymbol{x}_i\ .$$

Wenden wir die Matrix k-mal auf den Startvektor an, erhalten wir:

$$\boldsymbol{A}^k\boldsymbol{v}_0 = \boldsymbol{A}^k\left(\sum_{i=1}^{n}\alpha_i\boldsymbol{x}_i\right) = \sum_{i=1}^{n}\alpha_i\boldsymbol{A}^k\boldsymbol{x}_i = \sum_{i=1}^{n}\alpha_i\lambda_i^k\boldsymbol{x}_i = \lambda_1^k\sum_{i=1}^{n}\alpha_i\left(\frac{\lambda_i}{\lambda_1}\right)^k\boldsymbol{x}_i\ .$$

Falls $\boldsymbol{v}_0$ nicht senkrecht auf $\boldsymbol{x}_1$ steht, also $\alpha_1 \neq 0$ gilt, wird sich die Summe dem Wert $\alpha_1\boldsymbol{x}_1$ annähern, da wegen $|\lambda_i| < |\lambda_1|$ für $i \geq 2$ der Quotient $(\lambda_i/\lambda_1)^k$ für wachsende Werte von k immer kleiner wird und im Grenzwert $k \to \infty$ gegen null strebt. Es gilt also für große Werte von k:

$$\boldsymbol{A}^k \boldsymbol{v}_0 \approx \lambda_1^k \alpha_1 \boldsymbol{x}_1. \tag{16.6}$$

Definieren wir rekursiv die sogenannten *Rayleigh-Quotienten*

$$\rho_k = \frac{\boldsymbol{v}_k \cdot \boldsymbol{v}_{k+1}}{\|\boldsymbol{v}_k\|_2^2}, \quad \boldsymbol{v}_{k+1} = \boldsymbol{A}\boldsymbol{v}_k,$$

wobei $\|\cdot\|_2$ die euklidische Norm bezeichnet, so gilt wegen $\boldsymbol{v}_k = \boldsymbol{A}^k \boldsymbol{v}_0 \approx \lambda_1^k \alpha_1 \boldsymbol{x}_1$

$$\rho_k \approx \frac{(\lambda_1^k \alpha_1 \boldsymbol{x}_1) \cdot (\lambda_1^{k+1} \alpha_1 \boldsymbol{x}_1)}{\lambda_1^{2k} \alpha_1^2 \|\boldsymbol{x}_1\|_2^2} = \lambda_1,$$

denn die Basisvektoren $\boldsymbol{x}_i$ sind als normiert vorausgesetzt, $\|\boldsymbol{x}_i\|_2 = 1$. Wir erwarten also, dass die Folge (ρ_k) gegen den betragsmäßig größten Eigenwert λ_1 konvergiert. Dies kann in der Tat bewiesen werden, sofern der Startwert $\boldsymbol{v}_0$ und $\boldsymbol{x}_1$ nicht orthogonal zueinander sind und $\|\boldsymbol{v}_0\|_2 = 1$ gilt.

Beispiel 16.10
Die Matrix $\boldsymbol{A}$ aus (16.5) ist symmetrisch. Wir definieren in MATLAB:

```
n = 10; A = zeros(n); A(n,n) = 2;
for i = 1:n-1
  A(i,i) = 2; A(i,i+1) = -1; A(i+1,i) = -1;
end
```

und wählen den normierten Startwert `x`, definiert durch `x = zeros(n,1); x(n) = 1`. Die Potenzmethode ist im Algorithmus 16.7 implementiert. Wir erhalten den Wert 3,9190. Ist dies wirklich der betragsmäßig größte Eigenwert? Für die vorliegende Matrix können die Eigenwerte explizit berechnet werden. Sie lauten:

$$\lambda_k = 4\sin^2\left(\frac{k\pi}{2(n+1)}\right), \quad k = 1, \dots, n.$$

Der größte Eigenwert ist also im vorliegenden Fall durch $\lambda_{10} = 4\sin^2(10\pi/22) \approx 3{,}9190$ gegeben. Dies stimmt mit dem numerisch berechneten Wert überein.

Mit der Potenzmethode kann auch der zum betragsmäßig größten Eigenwert gehörende (normierte) Eigenvektor berechnet werden. Die Iteration lautet

$$\boldsymbol{v}_{k+1} = \frac{\boldsymbol{w}_k}{\|\boldsymbol{w}_k\|_2}, \quad \boldsymbol{w}_k = \boldsymbol{A}\boldsymbol{v}_k,$$

denn mit (16.6) folgt

$$\boldsymbol{v}_{k+1} = \frac{\boldsymbol{A}^k \boldsymbol{v}_0}{\|\boldsymbol{A}^k \boldsymbol{v}_0\|_2} \approx \frac{\lambda_1^k \alpha_1 \boldsymbol{x}_1}{\lambda_1^k \alpha_1 \|\boldsymbol{x}_1\|_2} = \boldsymbol{x}_1.$$

Algorithmus 16.7 Das MATLAB-Skript `rayleigh.m` berechnet den betragsmäßig größten Eigenwert der Matrix `A` mit Startvektor `x`.

```
function r = rayleigh(A,x)
tol = 1e-6;                  % Fehlertoleranz
r0 = 0; r = 1;               % Eigenwertvariablen
while abs(r0-r) > tol
  r0 = r;
  v = A*x;                   % Vektoriteration
  r = dot(x,v)/norm(x)^2;    % neue Eigenwertiteration
  x = v;
end
```

Um den betragsmäßig kleinsten Eigenwert von $\boldsymbol{A}$ zu finden, kann man die Tatsache ausnutzen, dass dieser Eigenwert gleich dem betragsmäßig größten Eigenwert von $\boldsymbol{A}^{-1}$ ist, denn aus $\boldsymbol{A}\boldsymbol{x} = \lambda\boldsymbol{x}$ folgt $\boldsymbol{A}^{-1}\boldsymbol{x} = \lambda^{-1}\boldsymbol{x}$. Wenden wir also das Iterationsverfahren auf $\boldsymbol{A}^{-1}$ an, so erhalten wir den betragsmäßig kleinsten Eigenwert von $\boldsymbol{A}$. In jeder Iteration ist der Vektor $\boldsymbol{w}_k = \boldsymbol{A}^{-1}\boldsymbol{v}_k$ zu berechnen, was der Lösung des linearen Gleichungssystems $\boldsymbol{A}\boldsymbol{w}_k = \boldsymbol{v}_k$ entspricht. Dieses Verfahren heißt *inverse Iteration nach Wielandt*.

16.3.2 QR-Verfahren

Die Potenzmethode aus dem vorigen Abschnitt hat den Nachteil, dass nur bestimmte Eigenwerte berechnet werden können. Wir wollen ein Verfahren vorstellen, mit dem wir gleichzeitig alle Eigenwerte einer Matrix bestimmen können, nämlich das *QR-Verfahren*.

Grundlegend für das QR-Verfahren ist die folgende Aussage für beliebige quadratische Matrizen $\boldsymbol{A} \in \mathbb{R}^{n\times n}$: *Es existiert eine Matrix $\boldsymbol{Q}$ mit $\boldsymbol{Q}^\top = \boldsymbol{Q}^{-1}$ und eine obere Dreiecksmatrix $\boldsymbol{R}$, sodass*

$$\boldsymbol{A} = \boldsymbol{Q}\boldsymbol{R} \,.$$

Unter einer *oberen Dreiecksmatrix* $\boldsymbol{R}$ verstehen wir eine Matrix der Form

$$\boldsymbol{R} = \begin{pmatrix} r_{11} & r_{12} & \cdots & r_{1n} \\ 0 & r_{22} & \cdots & r_{2n} \\ \vdots & \ddots & \ddots & \vdots \\ 0 & \cdots & 0 & r_{nn} \end{pmatrix} .$$

Multiplizieren wir diese Matrizen in umgekehrter Reihenfolge, $\boldsymbol{A}_1 = \boldsymbol{R}\boldsymbol{Q}$, so erhalten wir:

$$\boldsymbol{A} = \boldsymbol{Q}\boldsymbol{R} = \boldsymbol{Q}\boldsymbol{A}_1\boldsymbol{Q}^{-1} = \boldsymbol{Q}\boldsymbol{A}_1\boldsymbol{Q}^\top \,.$$

Die Matrizen $\boldsymbol{A}$ und $\boldsymbol{A}_1$ besitzen dieselben Eigenwerte, denn ist $\boldsymbol{A}\boldsymbol{x} = \lambda\boldsymbol{x}$, so folgt aus

$$\lambda\boldsymbol{x} = \boldsymbol{A}\boldsymbol{x} = \boldsymbol{Q}\boldsymbol{A}_1\boldsymbol{Q}^\top\boldsymbol{x}$$

nach Multiplikation von $\boldsymbol{Q}^{-1} = \boldsymbol{Q}^\top$ von links, dass $\lambda\boldsymbol{Q}^\top\boldsymbol{x} = \boldsymbol{A}_1\boldsymbol{Q}^\top\boldsymbol{x}$, d. h., $\boldsymbol{Q}^\top\boldsymbol{x}$ ist ein Eigenvektor von $\boldsymbol{A}_1$ zum Eigenwert λ. Dies motiviert die folgende Iterationsvorschrift für $\boldsymbol{A}_0 = \boldsymbol{A}$:

$$\text{Faktorisiere} \quad \boldsymbol{A}_{k-1} = \boldsymbol{Q}_k\boldsymbol{R}_k\,, \quad \boldsymbol{A}_k = \boldsymbol{R}_k\boldsymbol{Q}_k\,, \quad k \geq 1\,.$$

Für die Matrizen $\boldsymbol{A}_k$ folgt aus

$$\boldsymbol{A}_k = \boldsymbol{R}_k\boldsymbol{Q}_k = \boldsymbol{Q}_k^\top\boldsymbol{A}_{k-1}\boldsymbol{Q}_k = \boldsymbol{Q}_k^\top\boldsymbol{Q}_{k-1}^\top\boldsymbol{A}_{k-2}\boldsymbol{Q}_{k-1}\boldsymbol{Q}_k \quad \text{usw.}$$

induktiv, dass

$$\boldsymbol{A}_k = (\boldsymbol{Q}_1\boldsymbol{Q}_2\cdots\boldsymbol{Q}_k)^\top\boldsymbol{A}(\boldsymbol{Q}_1\boldsymbol{Q}_2\cdots\boldsymbol{Q}_k)\,.$$

Wie oben können wir zeigen, dass die Matrizen $\boldsymbol{A}$ und $\boldsymbol{A}_k$ dieselben Eigenwerte besitzen. Es gilt sogar mehr: Die Folge $(\boldsymbol{A}_k)$ konvergiert gegen eine obere Dreiecksmatrix. Sind alle Eigenwerte von $\boldsymbol{A}$ reell, so sind die Diagonalelemente dieser Dreiecksmatrix gerade die Eigenwerte von $\boldsymbol{A}$.

Die Faktorisierung von $\boldsymbol{A}_{k-1}$ in die Faktoren $\boldsymbol{Q}_k$ und $\boldsymbol{R}_k$ wird in MATLAB mit dem Befehl `qr(A)` durchgeführt. Das QR-Verfahren ist im Algorithmus 16.8 implementiert. Der Befehl `diag(A)` liefert die Hauptdiagonalelemente von `A`.

Beispiel 16.11
Im vorigen Abschnitt haben wir den größten Eigenwert der Matrix aus (16.5) berechnet. Mithilfe des MATLAB-Skripts `qrverfahren.m` erhalten wir für $n = 10$:

```
0.0810   0.3175   0.6903   1.1692   1.7154
2.2846   2.8308   3.3097   3.6825   3.9190
```

Der größte Eigenwert lautet, wie erwartet, 3,9190 (siehe Abschnitt 16.3.1).

Das QR-Verfahren ist sehr rechenaufwendig. Pro Iterationsschritt werden $\mathcal{O}(n^3)$ Operationen (Multiplikationen oder Divisionen) benötigt, um die QR-Zerlegung durchzuführen, sowie $\mathcal{O}(n^2)$ Multiplikationen. Bezeichnet k die Anzahl der Iterationen, sind also insgesamt $\mathcal{O}(kn^3)$ Operationen erforderlich. Eine Möglichkeit, den Aufwand des Verfahrens zu reduzieren, besteht darin, die Matrix $\boldsymbol{A}$ zunächst auf eine einfachere Form zu transformieren (ohne dass die Transformation die Eigenwerte ändert) und das QR-Verfahren auf die transformierte Matrix anzuwenden.

MATLAB verwendet im Befehl `eig(A)` das QR-Verfahren zur Berechnung der Eigenwerte reeller symmetrischer Matrizen. Für nicht symmetrische Matrizen wird die Matrix erst auf eine spezielle Form gebracht und dann das QR-Verfahren durchgeführt.

Algorithmus 16.8 Das MATLAB-Skript `qrverfahren.m` berechnet alle Eigenwerte `r` der Matrix `A`.

```
function r = qrverfahren(A)
n = length(A);                  % Anzahl der Zeilen von A
tol = 1e-6;                     % Fehlertoleranz
r0 = zeros(n,1); r = ones(n,1); % Start-Eigenwertvektoren
while max(abs(r-r0)) > tol
  r0 = r;
  [Q,R] = qr(A);                % QR-Faktorisierung
  A = R*Q;                      % neue Iterierte
  r = diag(A);                  % neuer Eigenwertvektor
end
```

Beispiel 16.12
In der Quantenmechanik sind die Pauli-Matrizen

$$\sigma_1 = \begin{pmatrix} 0 & 1 \\ -1 & 0 \end{pmatrix}, \quad \sigma_2 = \begin{pmatrix} 0 & -\mathrm{i} \\ \mathrm{i} & 0 \end{pmatrix}, \quad \sigma_3 = \begin{pmatrix} 1 & 0 \\ 0 & -1 \end{pmatrix}$$

von großer Bedeutung bei der Beschreibung des Spindrehimpulses. Wir berechnen die Eigenwerte λ mittels `eig`. Die Befehle

```
sigma1 = [0 1; -1 0];
sigma2 = [0 -i; i 0];
sigma3 = [1 0; 0 -1];
r1 = eig(sigma1); r2 = eig(sigma2); r3 = eig(sigma3);
```

ergeben, dass die Eigenwerte $\lambda = \pm\mathrm{i}$ für σ_1, $\lambda = \pm 1$ für σ_2 und $\lambda = \pm 1$ für σ_3 lauten.

Fragen und Aufgaben

Aufgabe 16.7 Bestimme mit MATLAB alle Eigenwerte der Matrix

$$A = \begin{pmatrix} 0 & 0{,}5 & 0{,}5 & 0{,}5 \\ 0{,}5 & 0 & 0{,}5 & 0{,}5 \\ 0{,}5 & 0{,}5 & 0 & 0{,}5 \\ 0{,}5 & 0{,}5 & 0{,}5 & 0 \end{pmatrix}.$$

Ist $\boldsymbol{x} = (1, 1, 1, 1)^\top$ ein Eigenvektor von $\boldsymbol{A}$ und wenn ja, zu welchem Eigenwert?

Aufgabe 16.8 Mithilfe der Verschiebungsmethode kann der (möglicherweise nicht betragsmäßig größte oder kleinste) Eigenwert λ_j einer Matrix $\boldsymbol{A}$ bestimmt werden, sofern man eine gute Näherung μ für λ_j hat. Die Idee lautet, die inverse Iteration nach Wielandt auf die Matrix $\boldsymbol{A} - \mu \boldsymbol{E}$ mit der Einheitsmatrix $\boldsymbol{E}$ anzuwenden. Warum funktioniert dies?

Aufgabe 16.9 Wie können mit MATLAB die Eigenvektoren bestimmt werden?

16.4 Gewöhnliche Differenzialgleichungen

Ziel dieses Abschnitts ist die numerische Approximation von Anfangswertproblemen der Form

$$\boldsymbol{y}' = \boldsymbol{f}(t, \boldsymbol{y}) , \quad t > 0 , \quad \boldsymbol{y}(0) = \boldsymbol{y}_0 , \tag{16.7}$$

wobei $\boldsymbol{y} = (y_1, \ldots, y_n)^\top$ und $\boldsymbol{f} = (f_1, \ldots, f_n)^\top$.

16.4.1 Euler-Verfahren

Eine nahe liegende Idee, die Differenzialgleichung (16.7) zu approximieren, lautet, den Differenzialquotienten durch den Differenzenquotienten zu ersetzen:

$$\frac{\boldsymbol{y}(t+h) - \boldsymbol{y}(t)}{h_i} \approx \boldsymbol{y}'(t) = \boldsymbol{f}(t, \boldsymbol{y}(t)) ,$$

wobei $h_i > 0$. Führen wir die diskreten Zeitpunkte $t_{i+1} = t_i + h_i$ $(i \in \mathbb{N})$, $t_0 = 0$, und die Näherungen $\boldsymbol{y}_i$ von $\boldsymbol{y}(t_i)$ ein, so folgt:

$$\boldsymbol{y}_{i+1} = \boldsymbol{y}_i + h_i \boldsymbol{f}(t_i, \boldsymbol{y}_i) , \quad i \geq 0.$$

Dies ist eine explizite Rekursionsvorschrift: Für gegebenes $\boldsymbol{y}_i$ wird $\boldsymbol{y}_{i+1}$ einfach durch Auswerten von $\boldsymbol{f}(t_i, \boldsymbol{y}_i)$ bestimmt. Man nennt diese Methode das *explizite Euler-Verfahren*. Man kann zeigen, dass die diskreten Lösungen $\boldsymbol{y}_i$ gegen die exakte Lösung $\boldsymbol{y}(t_i)$ konvergieren, wenn die Zeitschrittweite immer kleiner wird, also wenn $\max_i h_i \to 0$ gilt.

Beispiel 16.13

1. In Abschnitt 11.1 haben wir gesehen, dass die Dynamik der Synthese von Wasser

   $$2H_2 + O_2 \xrightarrow{\alpha} 2H_2O$$

   mit der Reaktionsrate $\alpha > 0$ auf das folgende System von gewöhnlichen Differenzialgleichungen führt:

   $$\boldsymbol{y}' = \boldsymbol{f}(\boldsymbol{y}, t) = \begin{pmatrix} -2\alpha x^2 y \\ -\alpha x^2 y \\ 2\alpha x^2 y \end{pmatrix} ,$$

   wobei $\boldsymbol{y} = (x, y, z)^\top$. Das explizite Euler-Verfahren lautet

   $$\begin{aligned} x_{i+1} &= x_i - 2h\alpha x_i^2 y_i , \\ y_{i+1} &= y_i - h\alpha x_i^2 y_i , \\ z_{i+1} &= z_i + 2h\alpha x_i^2 y_i , \end{aligned}$$

wobei wir eine konstante Schrittweite $h > 0$ angenommen haben. Wir implementieren diese Vorschrift in MATLAB:

```
a = 1; h = 0.2; T = 50; n = T/h;
x = zeros(n,1); x(1) = 1;
y = zeros(n,1); y(1) = 1;
z = zeros(n,1);
for i=1:n
  x(i+1) = x(i) - 2*h*a*x(i)^2*y(i);
  y(i+1) = y(i) - h*a*x(i)^2*y(i);
  z(i+1) = z(i) + 2*h*a*x(i)^2*y(i);
end
```

Die Ergebnisse sind in Abb. 11.1 dargestellt.

2. Als zweites Beispiel betrachten wir die einfache Differenzialgleichung

$$y' = -3y\,, \quad t > 0\,, \quad y(0) = 1\,.$$

Sie besitzt die Lösung $y(t) = y_0 e^{-3t}$, $t \geq 0$. Die Rekursion

$$y_{i+1} = y_i - 3hy_i = (1-3h)y_i\,, \quad i \geq 0\,,$$

kann explizit gelöst werden:

$$y_i = (1-3h)^i y_0\,, \quad i \geq 0\,.$$

Falls $|1-3h| < 1$, so konvergiert die Folge (y_i) wie die exakte Lösung gegen null, wenn $i \to \infty$. Wählen wir jedoch eine größere Schrittweite $h > 0$, sodass $|1-3h| > 1$, so wachsen die Beträge der Folgenglieder $|y_i|$ über alle Maßen, d. h., die Folge (y_i) ist divergent. Das explizite Euler-Verfahren liefert keine brauchbare Lösung.

Das obige Beispiel zeigt, dass das explizite Euler-Verfahren zu qualitativ falschen numerischen Ergebnissen führen kann. Was ist geschehen? Wir haben die Schrittweite zu groß gewählt. Das Verfahren ist in diesem Fall instabil. Wir können das Verfahren verbessern, indem wir die rechte Seite $\boldsymbol{f}(\boldsymbol{y},t)$ nicht durch $\boldsymbol{f}(t_i,\boldsymbol{y}_i)$, sondern durch $\boldsymbol{f}(t_{i+1},\boldsymbol{y}_{i+1})$ ersetzen. Das resultierende *implizite Euler-Verfahren*

$$\boldsymbol{y}_{i+1} = \boldsymbol{y}_i + h_i \boldsymbol{f}(t_{i+1},\boldsymbol{y}_{i+1})\,, \quad i \geq 0\,,$$

stellt allerdings eine nichtlineare Gleichung dar, das in jedem Zeitschritt gelöst werden muss. Das implizite Verfahren ist also wesentlich aufwendiger als das explizite, dafür aber für alle $h_i > 0$ stabil.

Beispiel 16.14
Wir wenden das implizite Euler-Verfahren auf unsere Testgleichung

$$y' = -3y\,, \quad t > 0\,, \quad y(0) = y_0\,,$$

an. Die Rekursionsvorschrift lautet:

$$y_{i+1} = y_i - 3h y_{i+1} , \quad i \geq 0 .$$

In diesem speziellen Fall muss keine nichtlineare Gleichung gelöst werden, und wir können die Rekursion auflösen:

$$y_{i+1} = \frac{y_i}{1+3h} = \cdots = \frac{y_0}{(1+3h)^{i+1}} , \quad i \geq 0 .$$

Unabhängig vom Wert von $h > 0$ konvergiert die Folge (y_i) gegen null.

Wie genau ist das (implizite) Euler-Verfahren? Wir schätzen die Differenz der diskreten Lösung y_i und der exakten Lösung aus dem obigen Beispiel nach einem Zeitschritt ab:

$$\begin{aligned} |y_1 - y(t_1)| &= |y_0| \, |(1+3h)^{-1} - \mathrm{e}^{-3h}| = |y_0| \frac{|\mathrm{e}^{3h} - (1+3h)|}{(1+3h)\mathrm{e}^{3h}} \\ &< |y_0| \, |\mathrm{e}^{3h} - (1+3h)| . \end{aligned}$$

Im vorletzten Schritt haben wir beide Brüche auf den Hauptnenner gebracht, und im letzten Schritt haben wir benutzt, dass $1 + 3h > 1$ und $\mathrm{e}^{3h} > 1$. Die Taylor-Entwicklung $\mathrm{e}^{3h} = 1 + 3h + \mathcal{O}(h^2)$ für kleine $h > 0$ ergibt:

$$|y_1 - y(t_1)| < |y_0| \, |1 + 3h + \mathcal{O}(h^2) - (1+3h)| = \mathcal{O}(h^2) .$$

Um die Differenz $|y_i - y(t_i)|$ zu berechnen, beachten wir, dass in jedem Zeitschritt ein Fehler der Größenordnung $\mathcal{O}(h^2)$ anfällt, und wir diesen Fehler $(i = t_i/h)$-mal berücksichtigen müssen. Wegen des Faktors $1/h$ erhalten wir den Gesamtfehler

$$|y_i - y(t_i)| = \mathcal{O}(h) .$$

Wir sagen, dass das Euler-Verfahren von der Ordnung eins ist. Allgemein nennen wir ein Verfahren von der Ordnung p, wenn $|y_i - y(t_i)| = \mathcal{O}(h^p)$ für alle i gilt.

In vielen Anwendungen ist es wichtig, möglichst genaue Approximationen der Lösung $y(t)$ zu berechnen. Dies wird erreicht, wenn wir eine sehr kleine Schrittweite h wählen, weil dann der Fehler $|y_i - y(t_i)|$ auch klein wird. Allerdings sind in diesem Fall sehr viele Zeitschritte notwendig, um die Lösung bis zum Endzeitpunkt zu berechnen. Eine andere Idee lautet, die Fehlerordnung zu erhöhen. Dies kann durch verbesserte Approximationen erreicht werden. Hierfür integrieren wir eine Komponente der Differenzialgleichung (16.7) über (t_i, t_{i+1}) und verwenden den Hauptsatz der Differenzial- und Integralrechnung (siehe Abschnitt 7.2.2):

$$y(t_{i+1}) - y(t_i) = \int_{t_i}^{t_{i+1}} f(t, y(t)) \, \mathrm{d}t .$$

Wir können verschiedene numerische Schemata herleiten, indem wir das Integral auf der rechten Seite unterschiedlich approximieren. Beispielsweise folgt mit der

Näherung

$$\int_{t_i}^{t_{i+1}} f(t, y(t))\,\mathrm{d}t \approx f(t_i, y_i)$$

das explizite Euler-Verfahren, und aus

$$\int_{t_i}^{t_{i+1}} f(t, y(t))\,\mathrm{d}t \approx f(t_{i+1}, y_{i+1})$$

ergibt sich das implizite Euler-Verfahren. Mitteln wir beide Näherungen,

$$\int_{t_i}^{t_{i+1}} f(t, y(t))\,\mathrm{d}t \approx \frac{1}{2}(f(t_i, y_i) + f(t_{i+1}, y_{i+1}))\,,$$

so erhalten wir die sogenannte *Trapezregel*:

$$y_{i+1} = y_i + \frac{h_i}{2}(f(t_i, y_i) + f(t_{i+1}, y_{i+1}))\,, \tag{16.8}$$

die für alle $h_i > 0$ stabil ist.

16.4.2 Runge-Kutta-Verfahren

Die Trapezregel (16.8) aus dem vorigen Abschnitt ist ein implizites Verfahren: In jedem Zeitschritt muss eine nichtlineare Gleichung gelöst werden. Um Rechenzeit zu sparen, bietet es sich an, den impliziten Term y_{i+1} auf der rechten Seite von (16.8) durch einen expliziten Ausdruck zu ersetzen. Eine Möglichkeit ist das explizite Euler-Verfahren $y_{i+1} = y_i + f(t_i, y_i)$. Diese Idee ergibt das *Verfahren von Heun*:

$$y_{i+1} = y_i + \frac{h}{2}(f(t_i, y_i) + f(t_{i+1}, y_i + f(t_i, y_i)))\,, \quad i \geq 0\,.$$

Beachte, dass wir hier zur Vereinfachung uniforme Zeitschrittweiten $h > 0$ vorausgesetzt haben. Es handelt sich um ein explizites Verfahren, das von der Ordnung zwei ist, dessen Fehler also von der Größenordnung $\mathcal{O}(h^2)$ ist.

Die obige Idee lässt sich verallgemeinern und führt auf die sogenannten (explizite) *Runge-Kutta-Verfahren*. Die allgemeine Form lautet:

$$y_{i+1} = y_i + h\sum_{j=1}^{s} b_j k_j\,, \quad i \geq 0\,,$$

$$k_j = f\left(t_i + c_j h, y_i + h\sum_{\ell=1}^{j-1} a_{j\ell} k_\ell\right)\,, \quad j = 1, \ldots, s\,.$$

Hierbei heißt $s \geq 1$ die *Stufenzahl*, die Parameter b_j heißen Gewichte und c_i Knoten. Zusammen mit den Koeffizienten $a_{j\ell}$ legen sie das Verfahren fest. Die Summe aller Gewichte sollte eins ergeben, $\sum_{j=1}^{s} b_j = 1$, damit wenigstens die konstante Funktion $y(t) = 1$ exakt approximiert wird.

Beispiel 16.15
Für $s = 1$, $b_1 = 1$ und $c_1 = 0$ erhalten wir das explizite Euler-Verfahren. Wählen wir dagegen $s = 2$, $b_1 = b_2 = 1/2$, $c_1 = 0$, $c_2 = 1$ und $a_{11} = 1$, so ergibt sich das Heun-Verfahren.

Das bekannteste Runge-Kutta-Verfahren (häufig „klassisches Runge-Kutta-Verfahren" genannt) ist das vierstufige Verfahren:

$$
\begin{aligned}
y_{i+1} &= y_i + \frac{h}{6}(k_1 + 2k_2 + 2k_3 + k_4) , \\
k_1 &= f(t_i, y_i) , \\
k_2 &= f\left(t_i + \frac{1}{2}h, y_i + \frac{1}{2}hk_1\right) , \\
k_3 &= f\left(t_i + \frac{1}{2}h, y_i + \frac{1}{2}hk_2\right) , \\
k_4 &= f(t_i + h, y_i + hk_3) .
\end{aligned}
$$

Wie kommt man auf diese Parameter? Sie werden so bestimmt, dass das Verfahren von möglichst hoher Ordnung ist. Im vorliegenden Fall ist das Verfahren von der Ordnung vier. Dies ist bei einem vierstufigen Verfahren die maximal mögliche Ordnung.

Beispiel 16.16
Wir vergleichen das explizite Euler-Verfahren und das klassische Runge-Kutta-Verfahren numerisch anhand des Anfangswertproblems

$$
y' = y - t^2 , \quad t > 0 , \quad y(0) = 2 .
$$

Die exakte Lösung lautet $y(t) = t^2 + 2t + 2$. Die numerischen Verfahren sind in den Algorithmen 16.9 und 16.10 implementiert. Der MATLAB-Befehl `feval(f,x)` wertet die Funktion `f` an der Stelle `x` aus. Das Skript

```
f = @(t,y)y-t.^2;                          % Definition f(t,y)
T = 4; y0 = 2;                             % Endzeit/Anfangswert
[tx,x] = euler(f,0.1,T,y0);                % Euler-Approximation
[ty,y] = rungekutta(f,0.5,T,y0);           % Runge-Kutta-Approx.
tz = 0:0.01:T;
z = tt.^2 + 2*tt + 2;                      % exakte Lösung
hold on, plot(ty,y,'o'), plot(tx,x,'+'), plot(tz,z)
```

erzeugt die Abb. 16.3. Wir erkennen, dass die Näherung mit dem Runge-Kutta-Verfahren trotz deutlich größerer Zeitschrittweite wesentlich besser die exakte Lösung approximiert als die Lösung aus dem expliziten Euler-Verfahren.

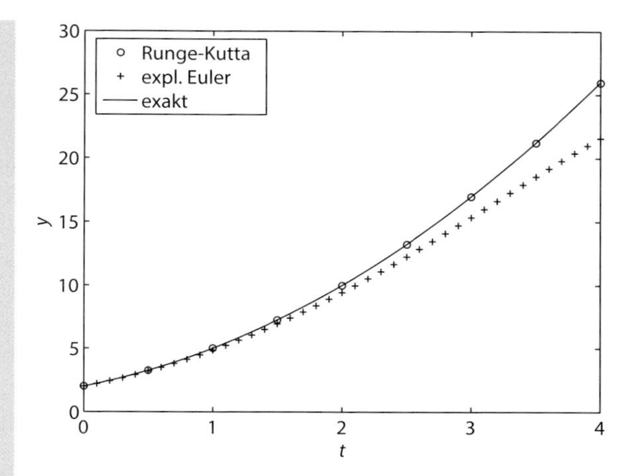

Abb. 16.3 Vergleich der Näherungslösungen aus dem expliziten Euler-Verfahren und dem klassischen Runge-Kutta-Verfahren mit der exakten Lösung.

In den obigen Betrachtungen haben wir eine konstante Schrittweite $h > 0$ angenommen. In der Praxis wird man versuchen, die Schrittweite an das Verhalten der Lösung anzupassen: Ändert sich die Lösung in einem Bereich schnell, so wählen wir eine hinreichend kleine Schrittweite; anderenfalls verwenden wir eine große Schrittweite, um Rechenzeit zu sparen. Diese Vorgehensweise wird Schrittweitensteuerung genannt. Die Schrittweite wird durch die Differenz zweier Lösungen, die sich aus zwei Approximationsmethoden mit verschiedenen Ordnungen ergeben, ermittelt. Bei Runge-Kutta-Verfahren verwendet man zwei Methoden, bei denen sich nur die Gewichte $b_1, \ldots, b_s$ unterscheiden, damit die Größen k_j nur einmal berechnet werden müssen. Man spricht in diesem Fall von *eingebetteten Runge-Kutta-Verfahren*.

In MATLAB stehen mit `ode23` und `ode45` zwei derartiger Verfahren zur Verfügung. Die Funktion `ode23` ist von zweiter Ordnung und für geringere Genauigkeitsanforderungen zweckmäßig, während `ode45` von vierter Ordnung ist und mittleren Qualitätsansprüchen genügt. Die Argumente dieser Befehle sind die

Algorithmus 16.9 Das MATLAB-Skript `euler.m` berechnet die Näherungslösung von $y' = f(t, y)$, $y(0) = y_0$ mit dem expliziten Euler-Verfahren.

```
function [t,y] = euler(f,h,T,y0)
t = 0:h:T;                              % Teilintervalle
n = length(t);                          % Anzahl der Gitterpunkte
y(1) = y0;                              % Anfangswert
for i = 1:n-1                           % expliziter Euler-Schritt
  y(i+1) = y(i) + h*feval(f,t(i),y(i));
end
```

Algorithmus 16.10 Das MATLAB-Skript `rungekutta.m` berechnet die Näherungslösung von $y' = f(t, y)$, $y(0) = y_0$ mit dem klassischen Runge-Kutta-Verfahren.

```
function [t,y] = rungekutta(f,h,T,y0)
t = 0:h:T;                              % Teilintervalle
n = length(t);                          % Anzahl der Gitterpunkte
y(1) = y0;                              % Anfangswert
for i = 1:n-1                           % Runge-Kutta-Schritt
  k1 = feval(f,t(i),y(i));
  k2 = feval(f,t(i)+h/2,y(i)+h*k1/2);
  k3 = feval(f,t(i)+h/2,y(i)+h*k2/2);
  k4 = feval(f,t(i+1),y(i)+h*k3);
  y(i+1) = y(i) + h*(k1 + 2*k2 + 2*k3 + k4)/6;
end
```

Funktion f, das Zeitintervall $[0, T]$ und der Anfangswert y_0. Im obigen Beispiel erzeugt

```
[t y] = ode45(f,[0 4],2);
plot(t,y)
```

denselben Plot wie in Abb. 16.3.

16.4.3 Steife Differenzialgleichungen

Bei bestimmten Differenzialgleichungen müssen extrem kleine Schrittweiten gewählt werden, um eine Näherung ausreichender Qualität mittels den im vorigen Abschnitt beschriebenen Runge-Kutta-Verfahren zu berechnen. Dazu betrachten wir das folgende Beispiel.

Beispiel 16.17
Das zeitliche Verhalten eines *Van-der-Pol-Oszillators* wird beschrieben durch die Differenzialgleichung zweiter Ordnung

$$\ddot{x} - \rho(1 - x^2)\dot{x} + x = 0 \,, \quad t > 0 \,, \quad x(0) = x_0 \,, \quad x'(0) = x_1 \,,$$

wobei $\rho > 0$ ein Parameter ist. Dies ist eine Schwingungsgleichung mit Dämpfung $-\rho(1 - x^2)$ (siehe Abschnitt 11.3.3). Für Auslenkungen $|x| > 1$ wird die Schwingung gedämpft, während sie für Elongationen $|x| < 1$ angeregt wird. Der Parameter ρ ist mit der Periodendauer verknüpft, die mit wachsendem ρ zunimmt. Wir formulieren die obige Differenzialgleichung als ein System von Differenzialgleichungen erster Ordnung, indem wir $y_1 = x$ und $y_2 = \dot{x}$ setzen:

$$\begin{aligned} y_1' &= y_2, & y_1(0) &= x_0 \,, \\ y_2' &= \rho(1 - y_1^2)y_2 - y_1, & y_2(0) &= x_1 \,. \end{aligned}$$

Im Folgenden wählen wir $\rho = 1000$. In MATLAB formuliert erhalten wir die Funktion `vanderpol.m`:

```
function dy = vanderpol(t,y)
dy = zeros(2,1);
dy(1) = y(2);
dy(2) = 1000*(1-y(1)^2)*y(2) - y(1);
```

Abbildung 16.4 stellt die numerische Lösung dieses Problems dar, erzeugt mit den Befehlen:

```
options = odeset('AbsTol',1e-3);
[t y] = ode23(@vanderpol,[0 1000],[2 0],options);
plot(t,y(:,1),'-o')
```

Die absolute Fehlertoleranz `AbsTol` haben wir auf 10^{-3} gesetzt, da das Verfahren `ode23` sehr lange für die numerische Berechnung benötigt. Bei genauem Hinsehen in Abb. 16.4a erkennen wir, dass MATLAB extrem kleine Schrittweiten wählt, obwohl sich die Lösung kaum ändert. Zudem beobachten wir kleine Oszillationen im Ausschnitt (Abb. 16.4b), was auf ein Stabilitätsproblem hindeutet.

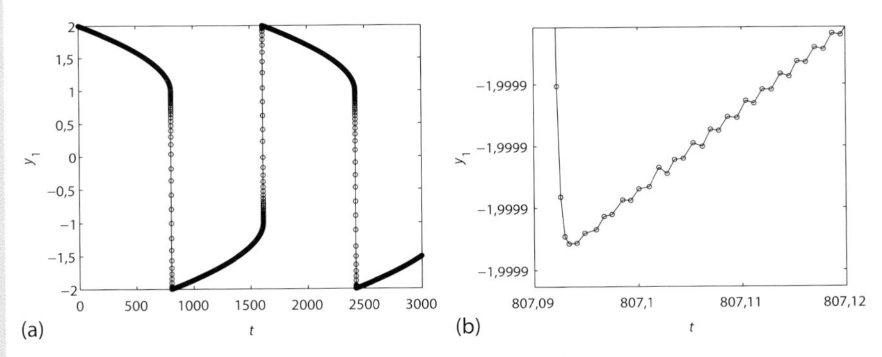

Abb. 16.4 Näherungslösung y_1 des Van-der-Pol-Oszillators im Zeitintervall $[0, 3000]$ (a) und $[807{,}09, 807{,}12]$ (b), berechnet mit dem Löser `ode23`.

Was ist der Grund für das obige unbefriedigende Verhalten? Bei der Van-der-Pol-Gleichung handelt es sich um eine *steife Differenzialgleichung*. Der Begriff der Steifheit ist in der Literatur nicht einheitlich definiert. Häufig sind Differenzialgleichungen steif, bei denen sich die Lösungen über einen gewissen Bereich kaum, über andere Bereiche sehr schnell ändern. Mathematisch kann man Steifheit definieren, indem man die Eigenwerte der Jacobi-Matrix $\boldsymbol{f}'(t, \boldsymbol{y})$ berechnet. Besitzen einige Eigenwerte stark negative Realteile, andere nur schwach negative Realteile, so wird die Differenzialgleichung $\boldsymbol{y}' = \boldsymbol{f}(t, \boldsymbol{y})$ steif genannt.

Für steife Differenzialgleichungen versagen explizite Verfahren. Für solche Probleme können *implizite Runge-Kutta-Verfahren* verwendet werden, da implizite Verfahren bessere Stabilitätseigenschaften haben. Implizite Runge-Kutta-Verfah-

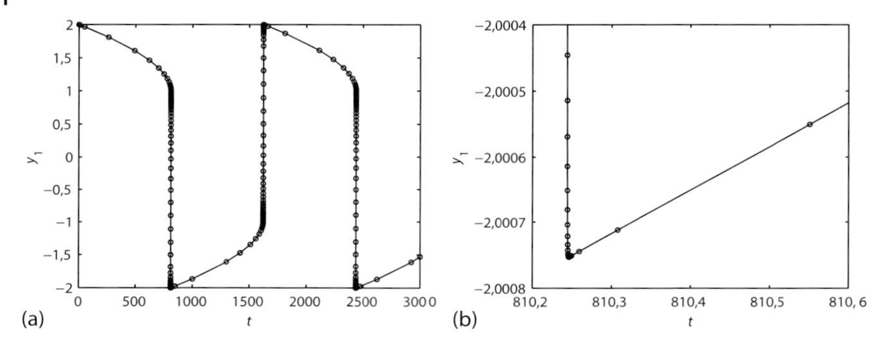

Abb. 16.5 Näherungslösung y_1 des Van-der-Pol-Oszillators im Zeitintervall $[0, 3000]$ (a) und $[810{,}2, 810{,}6]$ (b), berechnet mit dem Löser ode23s.

ren sind durch

$$y_{i+1} = y_i + h \sum_{j=1}^{s} b_j k_j \,, \quad i \geq 0 \,,$$

$$k_j = f\left(t_i + c_i h, y_i + h \sum_{\ell=1}^{s} a_{j\ell} k_\ell \right) \,, \quad j = 1, \ldots, s \,,$$

definiert. Im Gegensatz zu den expliziten Verfahren läuft die Summe über ℓ nicht nur bis $j-1$, sondern bis s. Im Allgemeinen müssen wir die Knoten k_j aus einem System nichtlinearer Gleichungen berechnen. Einfacher sind die linear impliziten Methoden, bei denen die Summe über ℓ nur bis j geht. Dann ist zwar jede Gleichung für k_j nichtlinear, aber die Gleichungen sind entkoppelt.

In MATLAB ist eine Variante eines linear impliziten Runge-Kutta-Verfahrens zweiter Ordnung in ode23s implementiert. Die numerische Lösung des Van-der-Pol-Oszillators mit ode23s und denselben Parametern wie im obigen Beispiel benötigt nur wenige Sekunden bei besserer Genauigkeit, während ode23 viele Minuten zur Berechnung erfordert. Insbesondere zeigt Abb. 16.5, dass der Löser ode23s mit wesentlich weniger Gitterpunkten auskommt.

Das Programm ode23s erfüllt nur geringe Qualitätsansprüche, da es ein Verfahren zweiter Ordnung ist. Qualitativ bessere Ergebnisse können mit dem Programm ode15s erzielt werden, das auf numerischen Differenziationsformeln beruht und dessen Ordnung variabel ist.

Fragen und Aufgaben

Aufgabe 16.10 Implementiere in MATLAB das Verfahren von Heun.

Aufgabe 16.11 Wie lauten die Parameter b_j, c_j und $a_{j\ell}$ beim klassischen Runge-Kutta-Verfahren?

Aufgabe 16.12 Löse das Anfangswertproblem $y' = t - y^2, t > 0, y(0) = 1$ mit der MATLAB-Funktion `ode45` und stelle die Lösung grafisch dar.

Aufgabe 16.13 Löse mit MATLAB die nichtlineare Schwingungsgleichung $\ddot{x} + 10\dot{x} + x^2 = \sin t, t > 0$, mit den Anfangswerten $x(0) = 1, \dot{x}(0) = 0$ und stelle die Lösung grafisch dar. Interpretiere die Lösung.

16.5 Softwarepakete

Es existieren viele Softwarepakete, die zur Lösung chemischer Probleme eingesetzt werden können. MATLAB (für MATrix LABoratory) wurde Ende der 1970er Jahre speziell für numerische Berechnungen mithilfe von Matrizen entwickelt. Seinen Ursprung hat es in den Programmbibliotheken LINPACK und EISPACK (später LAPACK und BLAS), mit denen Probleme der numerischen linearen Algebra gelöst werden können. MATLAB findet starke Verwendung in Universitäten und auch Unternehmen. Da MATLAB auf den Open-Source-Bibliotheken LAPACK und BLAS basiert, gibt es einige kostenlose Alternativen zu MATLAB, die allerdings nicht immer alle Funktionalitäten nachbilden:

- Das Paket OCTAVE wurde Ende der 1980er Jahre ursprünglich als begleitende Software für ein Textbuch über chemische Reaktoren entwickelt. Es wurde versucht, die Syntax von MATLAB nachzubilden, sodass eine gute Kompatibilität zu MATLAB besteht. Grafische Ausgaben werden mittels `gnuplot` bewerkstelligt.
- Die Alternative SCILAB wurde ab 1990 vom französischen INRIA (Institut National de Recherche en Informatique et en Automatique) entwickelt. SCILAB ist zu weiten Teilen mit der Syntax von MATLAB kompatibel, und es gibt Konverter von MATLAB nach SCILAB. SCILAB ist in der Programmiersprache C implementiert.
- Die Software FREEMAT wurde ab 2004 entwickelt. Es unterstützt die Syntax von MATLAB. Allerdings stehen nicht alle Funktionen, die man in MATLAB gewohnt ist, zur Verfügung.

In der Computerchemie (Computational Chemistry) werden Eigenschaften von Vielteilchensystemen, etwa große Moleküle oder Atome, numerisch bestimmt. Einige Techniken werden im Folgenden kurz beschrieben:

- Ab-initio-Methoden: Bei diesen Techniken wird von der Vielteilchen-Schrödinger-Gleichung ausgegangen. Es sind keine empirischen Parameter notwendig. Wegen des hohen Rechenaufwands für Mehrteilchenprobleme können nur kleine Moleküle analysiert werden.
- Molekülmechanik: Das Molekül wird aufgebaut aus Atomen, die als Punktmassen aufgefasst werden. Die Dynamik der Punktmassen wird mit den Bewegungsgleichungen der klassischen Mechanik beschrieben. Das dort verwendete Potenzial beinhaltet u. a. Valenz- und Van-der-Waals-Wechselwirkungen.

- Hartree-Fock-Näherungen: Basis der Hartree-Fock-Methode ist die Approximation der Vielteilchen-Wellenfunktion (als Lösung der Vielteilchen-Schrödinger-Gleichung) durch Einteilchenfunktionen. Damit kann der Grundzustand des Quantensystems und dessen Energie näherungsweise berechnet werden.
- Dichte-Funktional-Theorie (DFT): Diese Technik wird verwendet, um den quantenmechanischen Grundzustand eines Vielelektronensystems zu bestimmen. Die Eigenschaften des Quantensystems werden nicht als abhängig von der Wellenfunktion oder Dichtematrix, sondern als Funktionale der Dichteverteilung der Elektronen aufgefasst.
- Multi-Configurational Self-Consistent Field (MCSCF): Darunter wird eine Methode verstanden, die Linearkombinationen von speziellen Wellenfunktionen (genauer: Slater-Determinanten) verwendet, um die exakte Vielteilchen-Wellenfunktion über die Hartree-Fock-Näherung hinaus zu approximieren.
- Semi-empirische Methoden: Diese Methoden basieren auf Hartree-Fock-Näherungen, verwenden aber zusätzliche Vereinfachungen und experimentelle bzw. empirische Daten.

Die oben genannten Techniken sind in diversen Programmpaketen implementiert, z. B. in GAMESS (General Atomic and Molecular Electronic Structure System), GAUSSIAN, HYPERCHEM und SPARTAN. Des Weiteren existieren eine Reihe von spezialisierten Programmen wie DMOL^3 (basierend auf der Dichte-Funktional-Theorie), MOLPRO (für präzise Berechnungen hoch-korrelierter Systeme mittels Ab-initio-Methoden) und MOPAC(verwendet semi-empirische Algorithmen). Eine Auflistung vieler Programme der Computerchemie bietet Wikipedia unter dem Stichwort „List of quantum chemistry and solid-state physics software“.

Antworten und Lösungen

Abschnitt 1.2

1.1 $\{16, 18, 20, 22, 24\}$, $\{20, 22, 24\}$, $\{20, 24\}$.
1.2 $M_1 \cap M_2 = \emptyset$, $M_1 \cap M_3 = \{2\}$, $M_1 \cup M_3 = \{1, 2, 3, 4, 6\}$.
1.3 Zu M_1 gehören z. B. die Reaktionen $Mg + H_2SO_4 \rightarrow MgSO_4 + H_2$ und $2CH_4 + Cl_2 \rightarrow 2CH_3Cl + H_2$. Zu M_2 gehören z. B. die Reaktionen $2CH_4 + Cl_2 \rightarrow 2CH_3Cl + H_2$ und $2CH_3CH_3 + Cl_2 \rightarrow 2CH_3CH_2Cl + H_2$. M_1 ist mächtiger als M_2.

Abschnitt 1.3

1.4 Dezimalsystem: 24, Dualsystem: 11000.
1.5 Zur unbeschränkten Durchführbarkeit der Subtraktion, der Division, des Wurzelziehens aus positiven Zahlen bzw. des Wurzelziehens aus negativen Zahlen.
1.6 Siehe Abschnitt 1.3 Absatz *Reelle Zahlen.*
1.7 (i) $5 + 3\mathrm{i}$; $-1 + 5\mathrm{i}$; $10 + 10\mathrm{i}$; $0{,}2 + 1{,}4\mathrm{i}$. (ii) $-5 - 2\mathrm{i}$; $5 - 2\mathrm{i}$; $10\mathrm{i}$; $0{,}4\mathrm{i}$.
1.8 (i) $\sqrt{20}$; 2; 4; $-12 + 16\mathrm{i}$; $1312 - 1216\mathrm{i}$. (ii) 5; -5; 0; 25; -3125. (iii) 5; 5; 0; 25; 3125. (iv) 1; 0; -1; -1; $-\mathrm{i}$.
1.9 (i) $1 - 2\mathrm{i}$; (ii) i.
1.10 $w_0 = 2\mathrm{e}^{\pi\mathrm{i}/4}$, $w_1 = 2\mathrm{e}^{3\pi\mathrm{i}/4}$, $w_2 = 2\mathrm{e}^{5\pi\mathrm{i}/4}$, $w_3 = 2\mathrm{e}^{7\pi\mathrm{i}/4}$.

Abschnitt 1.4

1.11 (i) 32; (ii) 3; (iii) 27; (iv) $a^3 + 6a^2 + 11a + 6$; (v) 36; (vi) 3.
1.12 (i) $2\sum_{k=1}^{5} a_k$; (ii) $\sum_{k=1}^{3}\sum_{j=1}^{3}(a_k + 1)(a_j + 1)$.
1.13 (i) $x > \sqrt{2}$ und $x < -\sqrt{2}$; (ii) $x > 2$ und $x < 0$; (iii) $x < 0$ und $x \neq -1$.

Abschnitt 1.5

1.14 Kleiner.
1.15 Bei Variationen kommt es auf die Reihenfolge der Elemente an, bei Kombinationen dagegen nicht. Bei Kombinationen mit Wiederholung darf jedes Ele-

ment mehrere Male verwendet werden, bei Kombinationen ohne Wiederholung nur einmal.

1.16 Unter einem Binomialkoeffizienten versteht man den Ausdruck (1.4).

1.17 (i) 6; (ii) 9.

1.18 24 bzw. 12.

1.19 $(r+1+s+1)!/(r+1)!(s+1)!$.

1.20 (i) $C_{9,2} = 36$; (ii) $V_{9,2} = 72$.

1.21 (i) Wir gehen von einer bestimmten Verteilung der Atome auf die Energieniveaus aus. Wenn man zwei Atome, die verschiedene Energieniveaus einnehmen, miteinander vertauscht, so ergibt sich jeweils eine neue Anordnung. Beim Vertauschen von zwei Atomen des gleichen Energieniveaus ergibt sich dagegen keine neue Anordnung. Die Anzahl der Anordnungen ist daher gegeben durch die Anzahl der Permutationen von N Elementen, von denen jeweils $n_1, n_2, \ldots, n_s$ gleich sind, also durch $N!/(n_1!\, n_2! \cdots n_s!)$.

(ii) Durch Vertauschungen werden wegen der Ununterscheidbarkeit der Atome keine neuen Anordnungen erhalten. Es gibt daher genau eine Anordnung.

1.22 (i) 10; (ii) 35.

Abschnitt 2.1

2.1 Eine Matrix $\boldsymbol{A} = (a_{ij})$, für die alle Elemente a_{ij} mit $i \neq j$ gleich null sind.

2.2 Die Hauptdiagonalelemente der Einheitsmatrix sind gleich eins, alle anderen Elemente sind gleich null.

2.3 Eine quadratische Matrix $\boldsymbol{A} = (a_{ij})$, für die $a_{ij} = a_{ji}$ für alle i und j gilt.

2.4 (i) Richtig; (ii) richtig; (iii) falsch; (iv) richtig.

2.5 Die Spur lautet n.

2.6 (i) Beide Matrizen müssen die gleiche Anzahl von Zeilen und die gleiche Anzahl von Spalten haben. (ii) Die Anzahl der Spalten der ersten Matrix muss gleich sein der Anzahl der Zeilen der zweiten Matrix.

2.7 Die Summe (ii) ist nicht erklärt; die Summe (i) lautet:

$$\begin{pmatrix} 4 & 4 & 4 \\ 10 & 10 & 10 \end{pmatrix} .$$

2.8 Wir erhalten

$$\boldsymbol{AB} = \begin{pmatrix} 10 & -1 \\ -2 & 14 \\ 8 & 3 \end{pmatrix} , \quad \boldsymbol{AC} \text{ ist nicht definiert} , \quad \boldsymbol{BC} = \begin{pmatrix} -6 & 7 & 6 \\ -12 & 6 & 12 \\ 0 & 1 & 0 \end{pmatrix} .$$

2.9 Es gilt

$$\boldsymbol{A}^2 = \begin{pmatrix} \alpha^2 & 0 \\ 0 & \beta^2 \end{pmatrix} , \quad \boldsymbol{A}^3 = \begin{pmatrix} \alpha^3 & 0 \\ 0 & \beta^3 \end{pmatrix} \quad \text{und allgemein} \quad \boldsymbol{A}^n = \begin{pmatrix} \alpha^n & 0 \\ 0 & \beta^n \end{pmatrix} .$$

2.10 Die Inversen lauten:

$$\boldsymbol{A}^{-1} = \begin{pmatrix} 0 & 1 \\ 1 & 0 \end{pmatrix} = \boldsymbol{A} , \quad \boldsymbol{B} = \begin{pmatrix} -1/4 & 1/4 \\ 1/2 & 1/2 \end{pmatrix} .$$

2.11 (i) Ja; (ii) nein; (iii) nein; (iv) nein.

Abschnitt 2.2

2.12 Die Matrix $(\boldsymbol{A}|\boldsymbol{b})$, wobei $\boldsymbol{Ax} = \boldsymbol{b}$.
2.13 Ein lineares Gleichungssystem, bei dem die rechten Seiten b_i alle gleich null sind.
2.14 (i) Nein; (ii) nein.
2.15 Unendlich viele.
2.16 Mindestens eine, nämlich $\boldsymbol{x} = \boldsymbol{0}$.
2.17 $x_1 = 3/11$, $x_2 = 4/11$, $x_3 = -1/11$. Die Matrix ist also invertierbar; falls $\boldsymbol{b} = \boldsymbol{0}$ lautet die eindeutige Lösung $x_1 = 0$, $x_2 = 0$, $x_3 = 0$.
2.18 (i) Die Lösungen lauten: $\boldsymbol{x} = (-2, 1, 0)^{\mathrm{T}} + \lambda(0, 1/4, -1/2)^{\mathrm{T}}$ mit $\lambda \in \mathbb{R}$; (ii) keine Lösung.
2.19 Die Lösungen lauten: $\boldsymbol{x} = \lambda_1(0, -1, 1, 0)^{\mathrm{T}} + \lambda_2(-4, 1, 0, 3)^{\mathrm{T}}$ mit $\lambda_1, \lambda_2 \in \mathbb{R}$.
2.20 Es gibt genau eine Lösung $\boldsymbol{x} = (8, -1/2)^{\mathrm{T}}$.
2.21 Es existiert genau eine Lösung $\boldsymbol{x} = (0, -2, 3, 1, 0)^{\mathrm{T}}$.

Abschnitt 2.3

2.22 Mit dem Entwicklungssatz von Laplace (2.10); mit der Definition (2.15); mit dem Gauß-Algorithmus.
2.23 Eine Matrix ist genau dann invertierbar, wenn ihre Determinante ungleich null ist.
2.24 Nein.
2.25 (i) Falsch; (ii) falsch; (iii) richtig; (iv) falsch.
2.26 Die Determinante ist das Produkt der Hauptdiagonalelemente.
2.27 $\det \boldsymbol{A} = -1$.
2.28 $\det \boldsymbol{A} = 0$, $\det \boldsymbol{B} = 6$, $\det \boldsymbol{C} = -2$.
2.29 $\det \boldsymbol{A} = -2\alpha^3$.
2.30 $\det \boldsymbol{A} = 0$ für alle $\alpha \in \mathbb{R}$, denn zwei Zeilen von $\boldsymbol{A}$ sind gleich.
2.31 $\det(\boldsymbol{A}^{99}) = (\det \boldsymbol{A})^{99} = -1$.

Abschnitt 2.4

2.32 Siehe den Beginn von Abschnitt 2.4.1.
2.33 Die Spalten sind linear unabhängig genau dann, wenn die Determinante ungleich null ist.
2.34 Die maximale Anzahl der linear unabhängigen Spalten der Matrix.
2.35 Die Matrix ist invertierbar genau dann, wenn $\operatorname{rg} \boldsymbol{A} = n$.
2.36 (i) Linear abhängig; (ii) linear unabhängig; (iii) linear abhängig.
2.37 $\operatorname{rg} \boldsymbol{A} = 2$; $\operatorname{rg} \boldsymbol{B} = 3$; $\operatorname{rg} \boldsymbol{C} = 2$.
2.38 Vier.
2.39 Zwei.

Abschnitt 2.5

2.40 Siehe Satz 2.2.

2.41 Maximal n (nämlich wenn $\boldsymbol{A}$ und $\boldsymbol{b}$ Nullmatrizen sind).

2.42 Die Menge linear unabhängiger Lösungen eines homogenen linearen Gleichungssystems mit maximaler Anzahl.

2.43 (i) Eine; (ii) null (da das Gleichungssystem eindeutig lösbar ist).

2.44 Die allgemeine Lösung lautet:

$$\text{(i)} \quad \boldsymbol{x} = \begin{pmatrix} 2 \\ 0 \\ 0 \\ 0 \end{pmatrix} + \lambda_1 \begin{pmatrix} 0 \\ 1 \\ 0 \\ 0 \end{pmatrix} + \lambda_2 \begin{pmatrix} 0 \\ 0 \\ 1 \\ 0 \end{pmatrix} + \lambda_3 \begin{pmatrix} 0 \\ 0 \\ 0 \\ 1 \end{pmatrix}; \quad \text{(ii)} \quad \boldsymbol{x} = \begin{pmatrix} -7/5 \\ -5/2 \\ 3 \end{pmatrix}.$$

2.45 Die allgemeine Lösung lautet:

$$\lambda \begin{pmatrix} -5 \\ 3 \\ -1 \\ -5 \\ 2 \end{pmatrix}, \quad \lambda \in \mathbb{R}.$$

Der Rang der Matrix ist vier.

2.46 Die Matrix $\boldsymbol{C}$ ist nicht invertierbar. Die Inversen von $\boldsymbol{A}$ und $\boldsymbol{B}$ lauten:

$$\boldsymbol{A}^{-1} = \begin{pmatrix} 1 & 2 & 0 \\ -2/3 & -4/3 & 1/3 \\ -2/3 & -1/3 & 1/3 \end{pmatrix}, \quad \boldsymbol{B}^{-1} = \begin{pmatrix} 0 & 1/2 \\ 1/2 & 0 \end{pmatrix}.$$

2.47 Die Inverse lautet:

$$\frac{1}{\alpha^2 - \beta^2} \begin{pmatrix} \alpha & -\beta \\ -\beta & \alpha \end{pmatrix}.$$

Falls $\alpha = \pm\beta$, ist die Matrix nicht invertierbar.

Abschnitt 3.1

3.1 (i) $a_n = n$; (ii) $a_n = 5 - 1/n$ ($n \in \mathbb{N}$).

3.2 Alle Zahlen gleich oder kleiner als zwei.

3.3 Nein.

3.4 Ja.

3.5 Ja.

3.6 Die Grenzwerte lauten: (i) $1/2$; (ii) 0; (iii) $1/\mathrm{e}$.

3.7 Der Grenzwert lautet: $(1 + \sqrt{5})/2$.

Abschnitt 3.2

3.8 Die Teilsummen einer Reihe bilden eine Folge.

3.9 Wenn ein hinreichendes Konvergenzkriterium erfüllt ist, so liegt Konvergenz vor; falls es nicht erfüllt ist, ist keine Aussage möglich. Wenn ein notwendiges

Konvergenzkriterium erfüllt ist, kann die Reihe konvergieren; falls es nicht erfüllt ist, liegt Divergenz vor.
3.10 (i) Hieraus kann nicht auf die Konvergenz oder Divergenz der Reihe geschlossen werden. (ii) Die Reihe ist divergent.
3.11 Die Reihe aus den entsprechenden absoluten Gliedern, die also lauter positive Vorzeichen aufweist, konvergiert.
3.12 Wenn die Reihe absolut konvergent ist.
3.13 Die positive Zahl r, die der Bedingung gehorcht, dass die Reihe für $|x| < r$ konvergiert und für $|x| > r$ divergiert.
3.14 (i) Die Folgenglieder der Reihe alternieren und konvergieren absolut gegen null. Nach dem Kriterium von Leibniz ist die Reihe konvergent. (ii) Es gilt $|\sin(2^n)/2^n| \leq 1/2^n$, und die Reihe $\sum_n 1/2^n$ ist (z. B. nach dem Quotientenkriterium) konvergent. (iii) Mit $u_n = n/4^n$ folgt $\lim_{n\to\infty} |u_{n+1}/u_n| = \lim_{n\to\infty}(n+1)/4n = 1/4 < 1$. Nach dem Quotientenkriterium ist die Reihe konvergent.
3.15 (i) Divergent (da die Folgenglieder keine Nullfolge bilden). (ii) Konvergent (nach Quotientenkriterium). (iii) Divergent (nach Minorantenkriterium und Vergleich mit den Folgengliedern der harmonischen Reihe).
3.16 (i) Mit $a_n = 1/2^n$ folgt $1/r = \lim_{n\to\infty} |a_{n+1}/a_n| = 1/2$, also $r = 2$. (ii) Mit $a_n = ((n-2)/(n^2-1))^n$ erhalten wir $1/r = \lim_{n\to\infty} \sqrt[n]{|a_n|} = \lim_{n\to\infty} |1/n - 2/n^2|/|1 - 1/n^2| = 0$ und damit $r = \infty$. (iii) Mit $a_n = 1/n!$ ergibt sich $1/r = \lim_{n\to\infty} |a_{n+1}/a_n| = \lim_{n\to\infty} 1/(n+1) = 0$ und daher $r = \infty$.

Abschnitt 4.2

4.1 Analytische Darstellung, Tabelle, grafische Darstellung.
4.2 (i) $D = \mathbb{R}$, $W = [-1, 1]$; (ii) $D = (0, \infty)$, $W = \mathbb{R}$; (iii) $D = \mathbb{R}\backslash\{-1, 1\}$, $W = \mathbb{R}\backslash(-1, 0]$.
4.3 (i) $y = \mathrm{e}^{2x}$; (ii) $y = \sin x$.
4.4 Sie ist streng monoton wachsend in $(-\infty, -1)$ und in $(-1, 0)$ sowie streng monoton fallend in $(0, 1)$ und in $(1, \infty)$.
4.5 Eine Funktion f ist gerade, wenn $f(-x) = f(x)$, und ungerade, wenn $f(-x) = -f(x)$ für alle x aus dem Definitionsbereich.
4.6 Eine Funktion vom Typ $p(x)/q(x)$ und $p(x)$ und $q(x)$ sind jeweils ganzrationale Funktionen.
4.7 (i) $\pi/2$; (ii) $\pi/4$; (iii) $3/4$; (iv) 1.
4.8 Nach $5 \ln 2 = 3{,}4657\ldots$ Tagen.
4.9 Mit $z = \mathrm{e}^x$ folgt $y = \sinh x = (z - z^{-1})/2$, also $z^2 - 2yz - 1 = 0$. Auflösen der quadratischen Gleichung nach z liefert $z = y + \sqrt{y^2 + 1}$ und mit $x = \ln z$ die Behauptung. Der Areasinus hyperbolicus ist für alle reellen Zahlen definiert.
4.10 (i) Stetig; (ii) stetig; (iii) unstetig.
4.11 Für alle $x \in [-1, 1)$.

Abschnitt 4.3

4.12 Analytische Darstellung (Formel), Tabellen, grafische Darstellung in einem dreidimensionalen Koordinatensystem, Netztafeln.
4.13 Eine grafische Darstellung einer Funktion von mehreren Variablen durch eine Kurvenschar in einer Ebene.
4.14 Ja.
4.15 Ja.
4.16 (i) Nein (unstetig an allen Punkten $x = y$); (ii) ja (stetig in allen Punkten $x > 0$, $y > 0$); (iii) ja.
4.17 Aus $f(1/m^2, 1/m) = 1/2$ folgt $\lim_{m\to\infty} f(1/m^2, 1/m) = 1/2 \neq 0 = f(0,0)$. Also ist die Funktion im Ursprung unstetig.

Abschnitt 5.1

5.1 Siehe Abschnitt 5.1.2 für die Definition der Summe und Differenz zweier Vektoren sowie der Multiplikation eines Vektors mit einem Skalar. Das Skalarprodukt ist in (5.2) bzw. (5.3) definiert, das Vektorprodukt in (5.5) bzw. (5.6).
5.2 Im $\mathbb{R}^n$ ist nur das Skalarprodukt definiert, im $\mathbb{R}^3$ sowohl das Skalarprodukt als auch das Vektorprodukt.
5.3 Ein Vektor mit Länge eins.
5.4 $\boldsymbol{a} + \boldsymbol{b} = (5, 4, 2)^{\mathrm{T}}$, $\boldsymbol{a} - \boldsymbol{b} = (1, -6, 2)^{\mathrm{T}}$, $\boldsymbol{a} \cdot \boldsymbol{b} = 1$, $\boldsymbol{a} \times \boldsymbol{b} = (-10, 4, 17)^{\mathrm{T}}$, $-\boldsymbol{a} = (-3, 1, -2)^{\mathrm{T}}$, $6\boldsymbol{b} = (12, 30, 0)^{\mathrm{T}}$.
5.5 $\boldsymbol{a} \cdot \boldsymbol{b}/|\boldsymbol{b}| = 1/\sqrt{29}$.
5.6 $\cos\varphi = \boldsymbol{a} \cdot \boldsymbol{b}/|\boldsymbol{a}|\,|\boldsymbol{b}| = 4/5$, also $\varphi = \arccos(4/5) \approx 36{,}87°$.
5.7 Da sich das Elektron voraussetzungsgemäß nur in der (x_1, x_2)-Ebene bewegt, gilt $x_3 = 0$ und $u_3 = 0$. Daher ist $\boldsymbol{\ell} = m(0, 0, x_1 u_2 - x_2 u_1)^{\mathrm{T}}$, d. h., der Drehimpulsvektor weist in Richtung der x_3-Achse.
5.8 Das Volumen beträgt 4.
5.9 (i) Richtig; (ii) falsch; (iii) richtig.

Abschnitt 5.2

5.10 Der Rang der m-spaltigen Matrix, die aus den Koordinaten der m Vektoren gebildet wird, ist im Falle linearer Abhängigkeit kleiner als m.
5.11 Mindestens ein Vektor lässt sich als Linearkombination der übrigen Vektoren darstellen. Linear abhängige Vektoren im dreidimensionalen Raum liegen in einer Ebene, linear abhängige Vektoren im zweidimensionalen Raum auf einer Geraden.
5.12 Die drei vorgegebenen Vektoren müssen linear unabhängig sein bzw. eine Basis des $\mathbb{R}^3$ bilden.
5.13 Basis: drei linear unabhängige Vektoren. Normierte Basis: drei linear unabhängige, normierte Vektoren. Orthonormalbasis: drei linear unabhängige, normierte Vektoren, die zueinander orthogonal sind.
5.14 Nein, denn der Rang der aus den drei Vektoren gebildeten Matrix ist gleich 3.

5.15 Nein, denn die Vektoren sind weder normiert noch zueinander orthogonal.
5.16 Linear abhängig, da $\boldsymbol{a} + 2\boldsymbol{b} - \boldsymbol{c} = \boldsymbol{0}$.
5.17 $\boldsymbol{a}_1^* = (1, -1, -1)^{\mathrm{T}}$, $\boldsymbol{a}_2^* = (1, 0, -1)^{\mathrm{T}}$, $\boldsymbol{a}_3^* = (-1, 2, 2)^{\mathrm{T}}$.
5.18 Zeige, dass $\boldsymbol{e}_i \cdot \boldsymbol{e}_j = \delta_{ij}$.
5.19 $\boldsymbol{b} = 0 \cdot \boldsymbol{e}_1 - \sqrt{3} \cdot \boldsymbol{e}_2 + \sqrt{6} \cdot \boldsymbol{e}_3$.

Abschnitt 6.1

6.1 Ellipse: $x^2/a^2 + y^2/b^2 = 1$; Ellipsoid: $x^2/a^2 + y^2/b^2 + z^2/c^2 = 1$.
6.2 Eine Ellipse.
6.3 Durch zwei Gleichungen in x, y und z, als Schnittkurve zweier Ebenen oder durch drei Gleichungen der Form (6.7).
6.4 (i) Ebene mit den Achsenabschnitten 1, 2/3 und −2; (ii) Ebene mit den Achsenabschnitten 1, 2/3 und ∞ (parallel zur z-Achse); (iii) Ebene durch den Koordinatenursprung; (iv) Ellipsoid mit den Halbachsen $\sqrt{3}$, 3, 3 (Rotationsellipsoid); (v) Kegel mit kreisförmiger Grundfläche und Spitze im Ursprung.
6.5 (i) Kugel $x^2 + y^2 + z^2 = r^2$; (ii) Gerade in der (x, y)-Ebene oder Ebene parallel zur z-Achse.
6.6 Kreis: $x = r\cos t$ und $y = r\sin t$; Ellipse: $x = a\cos t$ und $y = b\sin t$.
6.7 $x^2/a^2 + z^2/b^2 = 1$ und $y = d$ (oder $y = -d$).
6.8 Mit $a = 4{,}5/2\,\text{Å} = 2{,}25\,\text{Å}$ und $d = 6{,}5/2\pi\,\text{Å} = 1{,}0345\ldots\,\text{Å}$ folgt $x = 2{,}25\,\text{Å} \cdot \cos t$; $y = 2{,}25\,\text{Å} \cdot \sin t$; $z = 6{,}5/2\pi\,\text{Å} \cdot t$.

Abschnitt 6.2

6.9 Eine Abbildung der Form $\boldsymbol{y} = \boldsymbol{A}\boldsymbol{x}$, wobei $\boldsymbol{A}$ eine $(m \times n)$-Matrix ist.
6.10 Durch eine Multiplikation der beiden die linearen Abbildungen darstellenden Matrizen.
6.11 Translationen, Drehungen und Spiegelungen.
6.12 Eine Zahl λ heißt Eigenwert der Matrix $\boldsymbol{A}$, wenn es einen Vektor $\boldsymbol{x} \neq \boldsymbol{0}$ gibt, sodass $\boldsymbol{A}\boldsymbol{x} = \lambda\boldsymbol{x}$. Der Vektor $\boldsymbol{x}$ heißt dann Eigenvektor.
6.13 Höchstens n Stück.
6.14 Die Eigenwerte lauten: $\lambda_1 = -1$ und $\lambda_2 = 2$.
6.15 Eigenwerte: $\lambda_1 = 0$, $\lambda_2 = 4$; Eigenvektoren: $\boldsymbol{x}_1 = c(1, -1)^{\mathrm{T}}$, $\boldsymbol{x}_2 = c(1, 1)^{\mathrm{T}}$ mit $c \in \mathbb{R}$, $c \neq 0$.
6.16 Die Eigenwerte sind reell und Eigenvektoren zu verschiedenen Eigenwerten stehen senkrecht aufeinander.
6.17 Das Skalarprodukt von je zwei verschiedenen Spaltenvektoren ist null. Das Skalarprodukt von je zwei verschiedenen Zeilenvektoren ist null. Der Betrag eines jeden Spaltenvektors und eines jeden Zeilenvektors ist eins. Solche Matrizen vermitteln Drehungen und Spiegelungen.
6.18 Durch Vertauschen der Zeilen und Spalten der Matrix.
6.19 (i) Bild des Punktes: $P' = (4, 8)$. Bild der Geraden: $y_2 = 6y_1$. Bild des Kreises: $y_1^2/4 + y_2^2/16 = 1$ (Ellipse). Bild des Rechtecks: $(0, 0)$, $(6, 0)$, $(6, 8)$, $(0, 8)$; (ii) Bild

des Punktes: $P' = (4, 2)$. Bild der Geraden: $y_2 = 3y_1/4$. Bild des Kreises: $y_1^2 - 2y_1y_2 + 2y_2^2 = 1$. Bild des Rechtecks: $(0, 0)$, $(3, 0)$, $(5, 2)$, $(2, 2)$.
6.20 Sie lautet:

$$A_D = \begin{pmatrix} \sqrt{3}/2 & -1/2 \\ 1/2 & \sqrt{3}/2 \end{pmatrix} .$$

Abschnitt 6.3

6.21 Bei einer Abbildung verändert sich die Lage der Raumpunkte; bei einer Koordinatentransformation verändern sich die Koordinaten, während die Raumpunkte fest bleiben.
6.22 (i) Lineares Gleichungssystem der Form $\boldsymbol{y} = \boldsymbol{x} + \boldsymbol{b}$; (ii) lineares Gleichungssystem der Form $\boldsymbol{y} = \boldsymbol{S}\boldsymbol{x}$, wobei $\boldsymbol{S}$ eine orthogonale Matrix ist; (iii) lineares Gleichungssystem der Form $\boldsymbol{y} = \boldsymbol{S}\boldsymbol{x}$; (iv) nichtlineares Gleichungssystem.
6.23 Die Drehmatrix lautet:

$$\boldsymbol{S} = \begin{pmatrix} 0 & -1 \\ 1 & 0 \end{pmatrix} .$$

6.24 Die Drehmatrix lautet wegen $\sin(\pi/4) = \cos(\pi/4) = 1/\sqrt{2}$:

$$\boldsymbol{S} = \begin{pmatrix} 1/\sqrt{2} & -1/\sqrt{2} & 0 \\ 1/\sqrt{2} & 1/\sqrt{2} & 0 \\ 0 & 0 & 1 \end{pmatrix} .$$

Damit ist $\boldsymbol{S}\boldsymbol{x} = (1/\sqrt{2}, 1/\sqrt{2}, 1)^{\mathrm{T}}$.
6.25 $x = r\cos\varphi$, $y = r\sin\varphi$ mit $r \geq 0$, $0 \leq \varphi < 2\pi$.
6.26 (i) $r = \sqrt{6}$, $\varphi = \arctan 1 = \pi/4$, $\vartheta = \arctan(1/\sqrt{2}) = 0{,}6154\ldots$; (ii) $\varrho = \sqrt{2}$, $\varphi = \pi/4$, $z = 2$.
6.27 Doppelkegel: $r = |z|$; hyperbolisches Paraboloid: $\cos(2\varphi) = 2z$ (unter Verwendung von $\cos^2\varphi - \sin^2\varphi = \cos(2\varphi)$).

Abschnitt 7.1

7.1 Der Differenzialquotient $(f(x+\Delta x) - f(x))/\Delta x$ gibt die Steigung der Sekante der Kurve $y = f(x)$ durch die Punkte (x, y) und $(x + \Delta x, y + \Delta y)$ an. Der Differenzialquotient $\lim_{\Delta x \to 0}(f(x+\Delta x) - f(x))/\Delta x$ gibt die Steigung der Tangente im Punkt (x, y) an. Die erste Ableitung f' ist der Differenzialquotient als Funktion von x.
7.2 Wir erhalten:

$$\begin{aligned} y' &= \lim_{\Delta x \to 0} \frac{(x + \Delta x)^3 - x^3}{\Delta x} = \lim_{\Delta x \to 0} \frac{3x^2\Delta x + 3x(\Delta x)^2 + (\Delta x)^3}{\Delta x} \\ &= \lim_{\Delta x \to 0} (3x^2 + 3x\Delta x + (\Delta x)^2) = 3x^2 . \end{aligned}$$

7.3 Siehe (7.7), (7.8), (7.10), (7.11).

7.4 (i) $y' = (n + x)x^{n-1}e^x$; (ii) $y' = \sin x \cos x + x(\cos^2 x - \sin^2 x)$; (iii) $y' = -x \exp(-x^2/2)$.
7.5 Die ersten Ableitungen von $y = \arcsin x$ lauten:

$$y' = \frac{1}{\sqrt{1-x^2}} \,, \quad y'' = \frac{x}{(1-x^2)^{3/2}} \,, \quad y''' = \frac{2x^2+1}{(1-x^2)^{5/2}} \,.$$

7.6 Wir erhalten:

$$\begin{aligned}
(\cosh x)' &= \frac{1}{2}(e^x + e^{-x})' = \frac{1}{2}(e^x - e^{-x}) = \sinh x \,, \\
(\tanh x)' &= \left(\frac{\sinh x}{\cosh x}\right)' = \frac{(\sinh x)' \cosh x - \sinh x(\cosh x)'}{\cosh^2 x} \\
&= \frac{\cosh^2 x - \sinh^2 x}{\cosh^2 x} = \frac{1}{\cosh^2 x} \,.
\end{aligned}$$

7.7 $y^{(n)} = n!$.
7.8 Siehe (7.14).
7.9 (i) Ja; (ii) nein; (iii) ja.
7.10 Siehe (7.15).
7.11 Der Differenzialquotient ist $\cos(\pi/2) = 0$, der Differenzenquotient ist ungefähr gleich $-0{,}4597$; $-0{,}0500$; $-0{,}0050$.
7.12 (i) $\dot{N} = -(N_0/\tau)e^{-t/\tau}$; (ii) $\dot{N} = -N/\tau$.

Abschnitt 7.2

7.13 (i) Als Fläche zwischen der betrachteten Kurve und der x-Achse, wobei Flächenteile oberhalb der x-Achse positiv, solche unterhalb der x-Achse negativ zählen; (ii) durch (7.22).
7.14 Eine Funktion, deren erste Ableitung die betrachtete Funktion ergibt.
7.15 Durch die Differenz der Werte der Stammfunktion an der oberen und unteren Grenze der Integration.
7.16 Die Gesamtheit aller Stammfunktionen der betrachteten Funktion.
7.17 Die Differenziation des unbestimmten Integrals einer Funktion ergibt wieder diese Funktion.
7.18 Bestimmte Integrale, bei denen entweder die Grenzen oder die Funktion unendlich werden und die als ein Grenzwert gemäß (7.40) bzw. (7.41) definiert sind.
7.19 Eine Formel, mit deren Hilfe z. B. das Integral der n-ten Potenz einer Funktion durch das Integral einer niedrigeren Potenz (gewöhnlich $n - 1$ oder $n - 2$) berechnet werden kann.
7.20 (i) Das Integral der Summe zweier Funktionen ist gleich der Summe der Integrale über die einzelnen Funktionen. (ii) Das Integral über ein Produkt von Funktionen ist im Allgemeinen nicht gleich dem Produkt der Integrale über die einzelnen Funktionen. Daher gibt es keine allgemeine Regel zur Berechnung von Integralen von Produkten. In manchen Fällen führt eine partielle Integration zum Erfolg.

7.21 Ja (siehe Abschnitt 7.2.3).

7.22 Wenn die Funktion stückweise stetig und beschränkt ist. Das Integral ist nicht immer eine bereits bekannte elementare Funktion.

7.23 Für Flächenanteile oberhalb der x-Achse das positive, für Flächenanteile unterhalb der x-Achse das negative Vorzeichen.

7.24 Wir erhalten:

$$\begin{aligned}\int_a^b x^2\,\mathrm{d}x &= \lim_{n\to\infty}\sum_{i=1}^{n} x_i^2\Delta x = \lim_{n\to\infty}\sum_{i=1}^{n}\left(a+\frac{i(b-a)}{n}\right)^2\frac{b-a}{n}\\ &= \lim_{n\to\infty}\left(a^2(b-a)+a(b-a)^2\left(1+\frac{1}{n}\right)\right.\\ &\qquad\left.+\frac{1}{6}(b-a)^3\left(2+\frac{3}{n}+\frac{1}{n^2}\right)\right)\\ &= \frac{1}{3}(b^3-a^3)\,.\end{aligned}$$

7.25 (i) $3(2^{1/3}-1)=0{,}7798\ldots$; (ii) 0; (iii) $4+8a+6a^2+2a^3$; (iv) $-\pi^2/2$ (nach zweimaliger partieller Integration).

7.26 (i) $(x^2-2)\sin x+2x\cos x+C$ (nach zweimaliger partieller Integration); (ii) $x^{\alpha+1}/(\alpha+1)+C$ für $\alpha\neq 1$ und $\ln|x|+C$ für $\alpha=-1$; (iii) $-\mathrm{e}^{-x^2/2}+C$ (nach Substitution $z=x^2/2$); (iv) $x\cosh x-\sinh x+C$ (nach partieller Integration).

7.27 (i) $(x^3+10x^2+8)/2x+C$; (ii) $x^2/2+\ln|x+1|+C$; (iii) $\ln|x+1|-\ln|x+2|+C$; (iv) $\arctan((x+5)/\sqrt{5})/\sqrt{5}$ (substituiere $z=x+5$).

7.28 $x^{n+1}/(n+1)$, e^x, $\ln|x|$, $-\cos x$, $\sin x$.

7.29 (i) 6; (ii) $2(2\pi)^{3/2}/3$.

7.30 Wir erhalten:

$$s=\sum_{i=1}^{N}\frac{1}{i}=1+\sum_{i=1}^{N-1}\frac{1}{1+i}\approx 1+\int_1^N\frac{\mathrm{d}x}{x}=1+\ln N\,.$$

Der Fehler beträgt (i) $s-\ln 5\approx 0{,}3261$ bzw. (ii) $s-\ln 10\approx 0{,}3736$.

Abschnitt 7.3

7.31 Wenn die Reihe gleichmäßig konvergiert bzw. wenn die Reihe aus den abgeleiteten Funktionen gleichmäßig konvergiert.

7.32 Nein. Die Grenzfunktion lautet $f(x)=0$ für $x\neq 0$ und $f(x)=1$ für $x=0$ und ist daher unstetig. Würde nun (f_n) gleichmäßig konvergieren, so müsste $f(x)$ als Grenzfunktion stetiger Funktionen wieder stetig sein, was aber nicht der Fall ist. Also konvergiert (f_n) nicht gleichmäßig.

7.33 Es folgt:

$$\text{(i)}\ \sum_{n=0}^{\infty} nx^{n-1}=\frac{\mathrm{d}}{\mathrm{d}x}\sum_{n=0}^{\infty}x^n=\frac{\mathrm{d}}{\mathrm{d}x}\frac{1}{1-x}=\frac{1}{(1-x)^2}\,,$$

$$\text{(ii)}\ \sum_{n=0}^{\infty}\frac{x^{n+1}}{n+1}=\int\sum_{n=0}^{\infty}x^n\,\mathrm{d}x=\int\frac{\mathrm{d}x}{1-x}=-\ln(1-x)\,.$$

Abschnitt 7.4

7.34 Die McLaurin-Reihe ist ein Spezialfall der Taylor-Reihe, den man erhält, indem man den Entwicklungspunkt $x_0 = 0$ wählt.
7.35 $a_k = f^{(k)}(x_0)(x - x_0)^k/k!$.
7.36 Das Restglied $R_{n+1}(x)$ muss für $n \to \infty$ gegen null gehen.
7.37 Es folgt:

$$\text{(i)}\ \sinh x = x + \frac{x^3}{3!} + \frac{x^5}{5!} + \frac{x^7}{7!} + \cdots\ ;$$
$$\text{(ii)}\ \sqrt[3]{1+x} = 1 + \frac{1}{3}x - \frac{1 \cdot 2}{3 \cdot 6}x^2 + \frac{1 \cdot 2 \cdot 5}{3 \cdot 6 \cdot 9}x^3 - \frac{1 \cdot 2 \cdot 5 \cdot 8}{3 \cdot 6 \cdot 9 \cdot 12}x^4 \pm \cdots\ ;$$
$$\text{(iii)}\ \frac{1}{(1+x)^2} = 1 - 2x + 3x^2 - 4x^3 + 5x^4 \mp \cdots\ .$$

7.38 Setze in (7.58) $x = 1$.
7.39 $\sqrt{1+x} = 1 + x/2 - x^2/8 + x^3/16 \mp \cdots$
7.40 Da $\coth x$ für $x = 0$ unendlich wird, muss man Zähler und Nenner der Definitionsgleichung getrennt entwickeln und anschließend den Nenner mittels der Taylor-Formel für $1/(1+x)$ mit $x_0 = 0$ umformen:

$$\begin{aligned}
\coth x &= \frac{e^x + e^{-x}}{e^x - e^{-x}} = \frac{1 + x + x^2/2! + \cdots + 1 - x + x^2/2! - x^3/3! \pm \cdots}{1 + x + x^2/2! + \cdots - 1 + x - x^2/2! \pm \cdots} \\
&= \frac{1 + x^2/2! + \cdots}{x + x^3/3! + \cdots} = \frac{1}{x}\,\frac{1 + x^2/2! + \cdots}{1 + x^2/3! + \cdots} \\
&= \frac{1}{x}\left(1 + \frac{x^2}{2!} + \cdots\right)\left(1 - \frac{x^2}{3!} \pm \cdots\right) = \frac{1}{x} + \frac{x}{3} \mp \cdots
\end{aligned}$$

Daraus folgt $\coth x - 1/x \approx x/3$, bzw. mit $x = m^2NH/(3kT)$ die zu beweisende Relation $mN(\coth x - 1/x) \approx m^2NH/(3kT)$.

Abschnitt 7.5

7.41 Siehe (7.60) bzw. (7.61).
7.42 (i) 1/2; (ii) 1 (schreibe $x/(x + \sin x) = 1/(1 + \sin(x)/x)$); (iii) 0.
7.43 (i) 0; (ii) 3; (iii) 1.
7.44 Der Grenzwert a existiert nicht. Die Regel von de l'Hospital kann nicht angewendet werden, da der Grenzwert auf den Ausdruck „1/0“ führt.
7.45 Wir erhalten:

$$c_v = -9R + 9R\left(e + \frac{1}{2}\right)\frac{\vartheta}{T} \pm \cdots$$

Abschnitt 7.6

7.46 Hinreichende Bedingungen für (i) ein lokales Maximum an der Stelle x: $f'(x) = 0$ und $f''(x) < 0$; (ii) ein lokales Minimum: $f'(x) = 0$ und $f''(x) > 0$; (iii) ein Wendepunkt: $f''(x) = 0$ und $f'''(x) \neq 0$; (iv) ein Sattelpunkt: $f'(x) = 0$,

$f''(x) = 0$ und $f'''(x) \neq 0$. Falls an einem Punkt $f'(x) = f''(x) = f'''(x) = 0$ ist, kommt es bei der Klassifizierung auf die Ordnung der niedrigsten nicht verschwindenden Ableitung an (siehe Text).
7.47 Vier Nullstellen bei

$$x = \pm\sqrt{\frac{3}{7} + \frac{2\sqrt{30}}{35}} \quad \text{und} \quad x = \pm\sqrt{\frac{3}{7} - \frac{2\sqrt{30}}{35}} \; ;$$

ein lokales Maximum bei $x = 0$; zwei Minima bei $x = \pm\sqrt{3/7}$; zwei Wendepunkte bei $x = \pm\sqrt{1/7}$.
7.48 (i) Eine Nullstelle bei $x = 0$, die zugleich Sattel- und Wendepunkt ist. (ii) Zwei Wendepunkte bei $x = \pm\sqrt{2/3}$; eine Nullstelle bei $x = 0$, die zugleich Minimum ist. Dass bei $x = 0$ ein Minimum auftritt, kann nicht mithilfe der oben besprochenen Kriterien erkannt werden, da für $x = 0$ alle Ableitungen beliebig hoher Ordnung verschwinden. Man erkennt das Minimum anschaulich, indem man einige Funktionswerte rechts und links von dieser Stelle ausrechnet.
7.49 Nullstellen bei $x = 0$ und $x = -1$; kritische Punkte bei $x = 0$ und $x = -4/5$; lokales Minimum bei $x = 0$; lokales Maximum bei $x = -4/5$; Wendepunkt bei $x = -3/5$.
7.50 Zur Bestimmung der Extrema von z reicht es, wenn man die Extrema von $(v^2 - v_0^2)^2 + av^2$ bestimmt. Man erhält als einziges Extremum für z ein lokales Maximum an der Stelle $v = \sqrt{v_0^2 - a/2}$.

Abschnitt 8.1

8.1 Zwei. Sie geben die Steigung der Fläche in x- bzw. y-Richtung an.
8.2 Die Funktion besitzt $3 \cdot 4 = 12$ erste partielle Ableitungen und $4 \cdot 3^2 = 36$ zweite partielle Ableitungen.
8.3 Wenn die durch die Funktion gebildete Fläche an dieser Stelle eine Tangentialebene besitzt.
8.4 Dass es bei der Bildung der höheren Ableitungen nicht auf die Reihenfolge der Differenziationen ankommt, wenn die Funktionen stetige Ableitungen bis zur entsprechenden Ordnung besitzen.
8.5 Siehe (8.5) oder (8.6).
8.6 Siehe (8.9).
8.7 (i) $z_x = 2x\sin y$, $z_y = x^2\cos y$, $z_{xx} = 2\sin y$, $z_{yy} = -x^2\sin y$, $z_{xy} = z_{yx} = 2x\cos y$; (ii) $z_x = \cos y - y\sin x + 3x^2y$, $z_y = -x\sin y + \cos x + x^3$, $z_{xx} = -y\cos x + 6xy$, $z_{yy} = -x\cos y$, $z_{xy} = z_{yx} = -\sin y - \sin x + 3x^2$.
8.8 Wir erhalten:

$$\nabla f = (2xz\mathrm{e}^{-y}, -x^2z\mathrm{e}^{-y}, x^2\mathrm{e}^{-y})^\mathrm{T} \,, \quad f'' = \mathrm{e}^{-y}\begin{pmatrix} 2z & -2xz & 2x \\ -2xz & x^2z & -x^2 \\ 2x & -x^2 & 0 \end{pmatrix} .$$

8.9 (i) Man setzt $x + y = u$, $x^2 y = v$, $\sqrt{1+y^2} = w$ und erhält:

$$\begin{aligned} z_x &= \frac{\partial z}{\partial u}\frac{\partial u}{\partial x} + \frac{\partial z}{\partial v}\frac{\partial v}{\partial x} + \frac{\partial z}{\partial w}\frac{\partial w}{\partial x} \\ &= \left(\frac{1}{x+y}\sin x^2 y + 2xy\ln(x+y)\cos x^2 y\right)\cos\sqrt{1+y^2}\,, \\ z_y &= \frac{1}{x+y}\sin(x^2 y)\cos\sqrt{1+y^2} + x^2\ln(x+y)\cos(x^2 y)\cos\sqrt{1+y^2} \\ &\quad - \frac{y\ln(x+y)}{\sqrt{1+y^2}}\sin(x^2 y)\sin\sqrt{1+y^2}\,. \end{aligned}$$

(ii) In ähnlicher Weise wie in (i) ergibt sich:

$$z_x = \frac{2xy^2\cos xy - x^2y^3\sin xy}{x^2y^2\cos xy + 1}\,, \quad z_y = \frac{2x^2y\cos xy - x^3y^2\sin xy}{x^2y^2\cos xy + 1}\,.$$

8.10 (i) $y' = -x^2/y^2$; (ii) $y' = -y^2/(xy + 2y^2 + 1)$.
8.11 $r^2\sin\vartheta$.
8.12 Wir erhalten wegen $V = nRT/p = E/p$:

$$\begin{aligned} S &= nc_v\ln E - n(c_v + R)\ln n - nc_v\ln R + nR\ln V + a_1\,; \\ (\partial S/\partial n)_{E,V} &= c_v\ln E - (c_v + R)\ln n - (c_v + R) - c_v\ln R + R\ln V\,; \\ (\partial S/\partial n)_{E,p} &= (\partial S/\partial n)_{E,V} + (\partial S/\partial V)_{n,E}(\partial V/\partial n)_{E,p} = (\partial S/\partial n)_{E,V}\,. \end{aligned}$$

8.13 Durch implizite Differenziation folgt:

$$\frac{\partial V}{\partial T} = -\frac{F_T}{F_V} = -\frac{-R}{-2a(V-b)/V^3 + p + a/V^2} = \frac{RV^3}{pV^3 - aV + 2ab}\,.$$

Abschnitt 8.2

8.14 Wenn $f(x, y)$ und $f_x(x, y)$ im entsprechenden abgeschlossenen Rechteck existieren und stetig sind.
8.15 Wir können schreiben:

$$\int_c^d\left(\int_a^b f(x,y)\,\mathrm{d}y\right)\mathrm{d}x \quad \text{oder} \quad \int_c^d\int_a^b f(x,y)\,\mathrm{d}y\,\mathrm{d}x \quad \text{oder} \quad \int_a^b\int_c^d f(x,y)\,\mathrm{d}x\,\mathrm{d}y\,.$$

Wenn $f(x, y)$ im abgeschlossenen Rechteck $[c, d] \times [a, b]$ stetig ist, ist das Doppelintegral unabhängig von der Reihenfolge der Integrationen.
8.16 Es ergibt sich bei beiden Berechnungsarten $4 + 4\pi^2/3$.
8.17 Es ergibt sich bei beiden Berechnungsarten

$$\text{(i)}\ \frac{\pi^2}{2}\cos y - \pi\sin y\,; \quad \text{(ii)}\ \mathrm{e}^{\pi y}\left(\frac{\pi^2}{y} - \frac{2\pi}{y^2} + \frac{2}{y^3}\right) - \frac{2}{y^3} + \frac{\pi^2}{2y}.$$

8.18 Es ergibt sich

$$M = mN\coth\frac{k_\mathrm{B}T}{mE} - \frac{Nk_\mathrm{B}T}{E}\,.$$

Abschnitt 8.3

8.19 Indem man zunächst über eine Variable integriert bei konstant gehaltener zweiten Variablen und anschließend über die zweite Variable (siehe (8.21)). Dies entspricht anschaulich einer Zerlegung des entsprechenden Körpers in Scheiben. Bei der ersten Integration sind die Grenzen im Allgemeinen keine Zahlen, sondern Funktionen.

8.20 Man kann dadurch Symmetrieeigenschaften des Integrationsbereichs oder der zu integrierenden Funktion besser berücksichtigen, was bisweilen zu erheblichen Vereinfachungen der Rechnung führt.

8.21 Durch ein dreidimensionales Bereichsintegral. Die Gleichungen der Begrenzungsflächen sowie der Randkurven von deren Projektionen auf eine Koordinatenebene treten als Grenzen der Integration auf.

8.22 Wir erhalten:

$$\iint_B x\,y\,\mathrm{d}x\,\mathrm{d}y = \int_0^1 \int_0^{1-y} x\,y\,\mathrm{d}x\,\mathrm{d}y = \frac{1}{24} \,.$$

8.23 Es ist

$$\iint_B (x^2 + y^2)^2\,\mathrm{d}x\,\mathrm{d}y = \int_0^1 \int_0^{2\pi} r^4 r\,\mathrm{d}\varphi\,\mathrm{d}r = \frac{\pi}{3} \,.$$

8.24 Das Volumen berechnet sich zu

$$V = \iiint_B \mathrm{d}x\,\mathrm{d}y\,\mathrm{d}z = \int_0^R \int_0^{\pi} \int_0^{2\pi} r^2 \sin\vartheta\,\mathrm{d}\varphi\,\mathrm{d}\vartheta\,\mathrm{d}r = \frac{4\pi R^3}{3} \,.$$

8.25 Das Volumen der Kappe V_{Kappe} ergibt sich aus dem Volumen V_{Aus} des zugehörigen Ausschnitts abzüglich des Volumens V_{Kegel} des im Ausschnitt enthaltenen Kreiskegels. Das Volumen V_{Aus} berechnen wir über ein Bereichsintegral in Polarkoordinaten und nennen dabei den sonst mit φ bezeichneten Winkel ψ. Es ergibt sich dann:

$$V_{\text{Aus}} = \int_0^R \int_0^{\varphi/2} \int_0^{2\pi} r^2 \sin\vartheta\,\mathrm{d}\psi\,\mathrm{d}\vartheta\,\mathrm{d}r = \frac{2\pi R^3}{3}\left(1 - \cos\frac{\varphi}{2}\right) \,.$$

Das Volumen V_{Kegel} berechnen wir nach der bekannten Formel „Grundfläche mal Höhe geteilt durch 3“ und erhalten:

$$V_{\text{Kegel}} = \frac{1}{3}\left(R \sin\frac{\varphi}{2}\right)^2 \pi R \cos\frac{\varphi}{2} = \frac{\pi}{3} R^3 \sin^2\frac{\varphi}{2} \cos\frac{\varphi}{2} \,.$$

Damit ergibt sich:

$$V_{\text{Kappe}} = V_{\text{Aus}} - V_{\text{Kegel}} = \frac{2\pi R^3}{3}\left(1 - \cos\frac{\varphi}{2}\right) - \frac{\pi R^3}{3} \sin^2\frac{\varphi}{2} \cos\frac{\varphi}{2} \,.$$

8.26 Wir erhalten:

$$\iiint\limits_{B_3} (x^2 + y^2 + z^2)\,\mathrm{d}x\,\mathrm{d}y\,\mathrm{d}z = \int\limits_0^R \int\limits_0^\pi \int\limits_0^{2\pi} r^2 r^2 \sin\vartheta\,\mathrm{d}\varphi\,\mathrm{d}\vartheta\,\mathrm{d}r$$

$$= 4\pi \int\limits_0^R r^4\,\mathrm{d}r = \frac{4\pi R^5}{5}\ .$$

Dasselbe Ergebnis erhält man auch über (8.32).

Abschnitt 8.4

8.27 Siehe (8.42) bzw. (8.46).
8.28 Beim gewöhnlichen Integral, definiert über $\lim_{n\to\infty} \sum_{i=1}^{n} f(x_i, y)\Delta x$, ist y ein konstanter Parameter; das Integral ist eine Funktion von y. Beim Kurvenintegral, definiert über

$$\lim_{n\to\infty} \sum_{i=1}^{n} f(x_i, y_i)\Delta x\ ,$$

wird zu jedem Wert x_i ein anderer Wert y_i verwendet, der durch die Kurve C definiert ist; das Kurvenintegral hängt nicht von y ab.
8.29 Wenn $\partial P/\partial y = \partial Q/\partial x$ ist und C in einem einfach zusammenhängenden Gebiet liegt.
8.30 Der Integrand ist ein vollständiges Differenzial, d. h., es gibt eine Funktion $F(x, y)$, für die $P = \partial F/\partial x$ und $Q = \partial F/\partial y$ gilt.
8.31 Ein Differenzialausdruck der Form $\bar{P}(x, y)\,\mathrm{d}x + \bar{Q}(x, y)\,\mathrm{d}y$, der nicht ein totales Differenzial irgendeiner Funktion ist.
8.32 (i) Ja (wähle $F(x, y) = -\cos x + \sin y$); (ii) nein; (iii) nein.
8.33 (i) Null, da der Integrand ein totales Differenzial ist und über eine geschlossene Kurve integriert wird; (ii) 1/3; (iii) null, aus den gleichen Gründen wie unter (i).
8.34 Mithilfe von (8.51) ergibt sich:

$$\text{(i)}\quad \int\limits_C (x\,\mathrm{d}x + y\,\mathrm{d}y) = \frac{x_B^2}{2} + \frac{y_B^2}{2} - \frac{x_A^2}{2} - \frac{y_A^2}{2} = \frac{9}{2} + \frac{81}{2} - \frac{4}{2} - \frac{16}{2} = 35\ ;$$

$$\text{(ii)}\quad \int\limits_C (xy\,\mathrm{d}x + x\,\mathrm{d}y) = \int\limits_2^3 (x^3\,\mathrm{d}x + 2x^2\,\mathrm{d}x) = \frac{347}{12}\ ;$$

$$\text{(iii)}\quad \int\limits_C (\mathrm{d}x + \mathrm{d}y) = \int\limits_2^3 (\mathrm{d}x + 2x\,\mathrm{d}x) = 6\ .$$

8.35 Der Integrand ist ein vollständiges Differenzial in der ganzen (x, y)-Ebene mit Ausnahme des Punktes $(x, y) = (0, 0)$. Der Bereich, in dem der Einheitskreis liegt, ist somit nicht einfach zusammenhängend und das Kurvenintegral längs des Einheitskreises nicht notwendig null. Tatsächlich ergibt eine Rechnung:

$$\int_C \left(-\frac{y}{x^2+y^2}\,\mathrm{d}x + \frac{x}{x^2+y^2}\,\mathrm{d}y \right) = \int_0^{2\pi} \left(\frac{\sin t}{1} \sin t\,\mathrm{d}t + \frac{\cos t}{1} \cos t\,\mathrm{d}t \right) = 2\pi\ .$$

8.36 (i) $nc_v(T_B - T_A) + nRT_B \ln(V_B/V_A)$; (ii) $nc_v(T_B - T_A) + nRT_A \ln(V_B/V_A)$.
8.37 Gleichung (8.58) lautet, wenn man $f = x$ und $g = 0$ setzt, $\iint_G \mathrm{d}x\,\mathrm{d}y = \int_R x\,\mathrm{d}y$. Links steht gemäß (8.36) der Flächeninhalt von G.

Abschnitt 8.5

8.38 Siehe (8.60).
8.39 $\boldsymbol{n} = (1, 2, 1)^{\mathrm{T}}$.
8.40 Die Kugeloberfläche sei so orientiert, dass der Normalenvektor nach außen weise. In Kugelkoordinaten erhalten wir $\boldsymbol{n} = (\sin\vartheta\cos\varphi, \sin\vartheta\sin\varphi, \cos\vartheta)^{\mathrm{T}}$. Das Flächenelement lautet $dF = \sin\vartheta\,\mathrm{d}\vartheta\,\mathrm{d}\varphi$. Damit folgt:

$$\begin{aligned}
\iint_F \boldsymbol{v}\cdot\boldsymbol{n}\,\mathrm{d}F &= \int_0^{2\pi}\int_0^{\pi} \begin{pmatrix} \sin\vartheta\sin\varphi \\ \sin\vartheta\cos\varphi \\ \cos^2\vartheta \end{pmatrix} \cdot \begin{pmatrix} \sin\vartheta\cos\varphi \\ \sin\vartheta\sin\varphi \\ \cos\vartheta \end{pmatrix} \sin\vartheta\,\mathrm{d}\vartheta\,\mathrm{d}\varphi \\
&= \int_0^{2\pi}\int_0^{\pi} (2\sin^3\vartheta\cos\varphi\sin\varphi + \sin\vartheta\cos^3\vartheta)\,\mathrm{d}\vartheta\,\mathrm{d}\varphi \\
&= 2\int_0^{2\pi} \cos\varphi\sin\varphi\,\mathrm{d}\varphi \int_0^{\pi} \sin^3\vartheta\,\mathrm{d}\vartheta + \int_0^{2\pi} d\varphi \int_0^{\pi} \sin\vartheta\cos^3\vartheta\,\mathrm{d}\vartheta \\
&= 0 + 0 = 0\ .
\end{aligned}$$

8.41 Das Integral lautet:

$$\begin{aligned}
&\int_0^{2\pi}\int_0^{\pi} \frac{Q}{4\pi\varepsilon_0(4\sin^2\vartheta + (2\cos\vartheta - 1)^2)^{3/2}} \begin{pmatrix} 2\sin\vartheta\cos\varphi \\ 2\sin\vartheta\sin\varphi \\ 2\cos\vartheta - 1 \end{pmatrix} \\
&\quad\times \begin{pmatrix} \sin\vartheta\cos\varphi \\ \sin\vartheta\sin\varphi \\ \cos\vartheta \end{pmatrix} 4\sin\vartheta\,\mathrm{d}\vartheta\,\mathrm{d}\varphi \\
&= \frac{Q}{4\pi\varepsilon_0} \int_0^{2\pi} \mathrm{d}\varphi \int_0^{\pi} \frac{8\sin\vartheta - 4\sin\vartheta\cos\vartheta}{(5 - 4\cos\vartheta)^{3/2}}\,\mathrm{d}\vartheta \\
&= \frac{Q}{2\varepsilon_0} \int_{-1}^{1} \frac{2-u}{(5-4u)^{3/2}}\,\mathrm{d}u = \frac{Q}{2\varepsilon_0} \int_1^9 \frac{w+3}{4w^{3/2}}\,\mathrm{d}w = \frac{Q}{\varepsilon_0}\ .
\end{aligned}$$

Abschnitt 8.6

8.42 Wir erhalten:

$$T_2(h_1, h_2, h_3) = f(x_1, x_2, x_3) + \frac{\partial f}{\partial x_1} h_1 + \frac{\partial f}{\partial x_2} h_2 + \frac{\partial f}{\partial x_3} h_3$$
$$+ \frac{1}{2!} \left(\frac{\partial^2 f}{\partial x_1^2} h_1^2 + \frac{\partial^2 f}{\partial x_2^2} h_2^2 + \frac{\partial^2 f}{\partial x_3^2} h_3^2 + 2 \frac{\partial^2 f}{\partial x_1 \partial x_2} h_1 h_2 \right.$$
$$\left. + 2 \frac{\partial^2 f}{\partial x_1 \partial x_3} h_1 h_3 + 2 \frac{\partial^2 f}{\partial x_2 \partial x_3} h_2 h_3 \right) .$$

8.43 $T_2(h, k) = 1 - hk.$

Abschnitt 8.7

8.44 Die Tangentialebene liegt parallel zur (x, y)-Ebene. Es kann ein Extremum oder ein Sattelpunkt vorliegen.
8.45 (i) $f_x = f_y = 0$, $f_{xx} f_{yy} - f_{xy}^2 > 0$, $f_{xx} < 0$; (ii) $f_x = f_y = 0$, $f_{xx} f_{yy} - f_{xy}^2 > 0$, $f_{xx} > 0$; (iii) $f_x = f_y = 0$, $f_{xx} f_{yy} - f_{xy}^2 < 0$.
8.46 Elimination einer Variablen oder Methode der Lagrange'schen Multiplikatoren.
8.47 Siehe Abschnitt 8.7.3.
8.48 (i) Sattelpunkt bei $x = y = 0$; (ii) lokales Minimum bei $x = 1$, $y = 0$.
8.49 Lokales Minimum bei $x = -3/2$, $y = 3/2$. (i) Lösungsweg durch Elimination: $z = 2xy = 2x(x + 3)$, $z' = 4x + 6 = 0$ bzw. $x = -3/2$. Durch Einsetzen dieses Wertes in die Nebenbedingung erhält man $y = 3/2$. Wegen $z'' = 4 > 0$ liegt ein Minimum vor. (ii) Lösungsweg mittels der Methode der Lagrange'schen Multiplikatoren: $F(x, y) = 2xy + \lambda(y - x - 3)$. Nullsetzen der Ableitungen ergibt:

$$F_x = 2y - \lambda = 0 , \quad F_y = 2x + \lambda = 0 , \quad F_\lambda = y - x - 3 = 0 .$$

Durch Auflösung dieser Gleichungen nach x, y und λ erhält man $x = -3/2$, $y = 3/2$ und $\lambda = 3$. Genau genommen ist $(-3/2, 3/2)^T$ nur ein kritischer Punkt. Es lässt sich jedoch zeigen, dass es sich tatsächlich um ein lokales Minimum handelt.
8.50 Es folgt $n_1 = n_2 = \cdots = n_s = N/s$. Man erhält dieses Resultat in gleicher Weise wie im entsprechenden Beispiel.

Abschnitt 9.1

9.1 Siehe (9.11), (9.12), (9.13) und (9.14).
9.2 Es folgt im eindimensionalen Fall $\nabla u = \mathrm{d}u/\mathrm{d}x$, $\operatorname{div} u = \mathrm{d}u/\mathrm{d}x$, $\Delta u = \mathrm{d}^2 u/\mathrm{d}x^2$.
9.3 Nicht definiert sind die Operationen in (iii) und (v).
9.4 Die durch die Oberfläche eines Volumenelementes ausströmende Stoffmenge ist gleich der Abnahme der Menge dieses Stoffes innerhalb des Volumenelementes.
9.5 Das Gradientenfeld steht senkrecht auf den Niveauflächen.

9.6 Wir erhalten:

$$\text{(i) } \operatorname{div}(u\boldsymbol{a}) = \sum_{i=1}^{3} \frac{\partial}{\partial x_i}(u a_i) = \sum_{i=1}^{3} \left(u \frac{\partial a_i}{\partial x_i} + \frac{\partial u}{\partial x_i} a_i \right) = u \operatorname{div} \boldsymbol{a} + \nabla u \cdot \boldsymbol{a} \, ;$$

$$\text{(ii) } \operatorname{div} \operatorname{rot} \boldsymbol{a} = \sum_{i=1}^{3} \frac{\partial}{\partial x_i} (\operatorname{rot} \boldsymbol{a})_i = \frac{\partial}{\partial x_1} \left(\frac{\partial a_3}{\partial x_2} - \frac{\partial a_2}{\partial x_3} \right)$$

$$+ \frac{\partial}{\partial x_2} \left(\frac{\partial a_1}{\partial x_3} - \frac{\partial a_3}{\partial x_1} \right) + \frac{\partial}{\partial x_3} \left(\frac{\partial a_2}{\partial x_1} - \frac{\partial a_1}{\partial x_2} \right) = 0 \, .$$

9.7 Es folgt:

$$\text{(i) } \boldsymbol{J} = (4x, 1, 0)^{\mathrm{T}} \, , \quad \operatorname{div} \boldsymbol{J} = -4 \, ;$$

$$\text{(ii) } \boldsymbol{J} = \frac{60}{(2 + x^2 + y^2 + z^2)^2} (x, y, z)^{\mathrm{T}} \, , \quad \operatorname{div} \boldsymbol{J} = \frac{60(6 - x^2 - y^2 - z^2)}{(2 + x^2 + y^2 + z^2)^2} \, .$$

9.8 Wir erhalten mit $u = z/\varrho$:

$$\text{(i) } \Delta u = \frac{z}{(x^2 + y^2)^{3/2}} \, , \quad \text{(ii) } \Delta u = \frac{\partial^2 u}{\partial \varrho^2} + \frac{1}{\varrho} \frac{\partial u}{\partial \varrho} + \frac{\partial^2 u}{\partial z^2} = \frac{z}{\varrho^3} \, .$$

Abschnitt 9.2

9.9 Ein Tensor zweiter Stufe ordnet einem Vektor $\boldsymbol{a} \in \mathbb{R}^n$ vermittels einer linearen Abbildung einen Vektor $\boldsymbol{b} \in \mathbb{R}^n$ zu. Er kann durch eine quadratische Matrix dargestellt werden.
9.10 n^4 Komponenten.
9.11 Wir führen ein kartesisches Koordinatensystem in der Weise ein, dass die Molekülachse mit der z-Achse zusammenfällt und die Feldlinien parallel zur (x, z)-Ebene liegen. Der Vektor des elektrischen Feldes ist dann gegeben durch

$$\boldsymbol{E} = \begin{pmatrix} 50 \\ 0 \\ 50\sqrt{3} \end{pmatrix} .$$

Der Polarisierbarkeitstensor lautet:

$$\boldsymbol{P} = \begin{pmatrix} 19 & 0 & 0 \\ 0 & 19 & 0 \\ 0 & 0 & 40 \end{pmatrix} .$$

Für die Polarisation ergibt sich mithilfe von (9.20):

$$\boldsymbol{p} = \boldsymbol{P}\boldsymbol{E} = \begin{pmatrix} 950 \\ 0 \\ 2000\sqrt{3} \end{pmatrix} .$$

Die Polarisation besitzt den Betrag $|\boldsymbol{p}| \approx 3592 \, \mathrm{V\,cm^2}$ und schließt mit der Molekülachse einen Winkel von etwa 15,3° ein.

9.12 Die Eigenwerte lauten $\lambda_1 = 1, \lambda_2 = 2$ und $\lambda_3 = 3$. Die Transformationsmatrix, die den Tensor $\boldsymbol{T}$ diagonalisiert, lautet:

$$\boldsymbol{D} = \frac{1}{3}\begin{pmatrix} 1 & 2 & 2 \\ 2 & 1 & -2 \\ -2 & 2 & -1 \end{pmatrix} .$$

Wegen det $\boldsymbol{D} = 1$ handelt es sich um eine Drehmatrix. Die Drehachse $\boldsymbol{x}$ ist eine Lösung der Gleichung $(\boldsymbol{D} - \boldsymbol{E})\boldsymbol{x} = \boldsymbol{0}$, etwa $\boldsymbol{x} = (1, 1, 0)^{\mathrm{T}}$. Der Winkel α zwischen dem zur Drehachse senkrechten Vektor $\boldsymbol{v} = (0, 0, 1)^{\mathrm{T}}$ und seinem Bild $\boldsymbol{Tv} = (2/3, -2/3, 1/3)^{\mathrm{T}}$ berechnet sich zu $\alpha = \arccos(\boldsymbol{v}^{\mathrm{T}}\boldsymbol{Tv}) = \arccos(1/3) \approx 70{,}53°$. Dies ist der gesuchte Drehwinkel.

Abschnitt 10.1

10.1 Sie muss stückweise monoton und stückweise stetig sein.
10.2 (i) Siehe (10.1), (10.4) und (10.5); (ii) siehe (10.12) und (10.13).
10.3 Den Mittelwert von rechts- und linksseitigem Grenzwert an den jeweiligen Stellen.
10.4 (i) Die Koeffizienten vor allen Sinusgliedern sind null; (ii) die Koeffizienten vor allen Kosinusgliedern sind null.
10.5 Unter bestimmten Voraussetzungen ja; wenn z. B. die Integration über eine volle Periode geht, darf man zur oberen und unteren Grenze jeweils die gleiche Konstante addieren.
10.6 Ja, siehe Abschnitt 10.1.3.
10.7 (i) Es folgt mit (10.4) und (10.5): $b_0 = \pi$, $b_n = 0$, $a_n = -2/n$, also lautet die Fourier-Reihe $f(x) = \pi - \sum_{n=1}^{\infty}(2/n)\sin(nx)$. (ii) An der Stelle $x = 0$ ist die Funktion unstetig, sodass die Fourier-Reihe an dieser Stelle den Wert π annimmt.
10.8 (i) Da $f(x)$ ungerade ist, treten nur Sinusterme auf. Es folgt aus (10.4) $a_n = -2/n$ für gerade Werte von n und $a_n = 2/n$ für ungerade Werte von n. Daher lautet die Fourier-Reihe

$$2\sum_{n=1}^{\infty}\left(\frac{\sin((2n-1)x)}{2n-1} - \frac{\sin(2nx)}{2n}\right) .$$

(ii) Da $f(x) = f(-x)$, treten keine Sinusterme auf. Wir erhalten $b_0 = \pi^2/3$ sowie $b_n = 4/n^2$ für gerade Werte von n und $b_n = -4/n^2$ für gerade Werte von n. Die Fourier-Reihe ist also gegeben durch:

$$f(x) = \frac{\pi^2}{3} + 4\sum_{n=1}^{\infty}\left(-\frac{\cos((2n-1)x)}{(2n-1)^2} + \frac{\cos(2nx)}{(2n)^2}\right) .$$

10.9 (i) Die Fourier-Reihe berechnet sich zu:

$$f(x) = \frac{2\pi^2}{3} - 4\left(\cos x + \frac{1}{2^2}\cos(2x) + \frac{1}{3^2}\cos(3x) + \cdots\right) .$$

Setzen wir $x = 0$ ein, so folgt

$$0 = f(0) = \frac{2\pi^2}{3} - 4\left(\cos 0 + \frac{1}{2^2}\cos 0 + \frac{1}{3^2}\cos 0 + \cdots\right)$$
$$= \frac{2\pi^2}{3} - 4\left(1 + \frac{1}{2^2} + \frac{1}{3^2} + \cdots\right) ,$$

also nach Umstellen

$$\sum_{n=1}^{\infty} \frac{1}{n^2} = 1 + \frac{1}{2^2} + \frac{1}{3^2} + \cdots = \frac{1}{4}\frac{2\pi^2}{3} = \frac{\pi^2}{6} .$$

10.10 Die Fourier-Reihe lautet:

$$f(x) = \frac{\pi}{2} - \frac{4}{\pi}\left(\cos x + \frac{1}{3^2}\cos(3x) + \frac{1}{5^2}\cos(5x) + \cdots\right) .$$

Abschnitt 10.2

10.11 Das Analogon der Fourier-Reihe im Falle einer nicht periodischen Funktion, siehe die Definition (10.18).
10.12 Siehe (10.24) und (10.25).
10.13 Es folgt mit (10.18)

$$c(k) = \frac{1}{\sqrt{2\pi}} \int_0^{\infty} \mathrm{e}^{-\xi} \sin(\omega\xi) \mathrm{e}^{-\mathrm{i}k\xi}\, \mathrm{d}\xi = \frac{1}{\sqrt{2\pi}} \frac{\omega}{\omega^2 + (1+\mathrm{i}k)^2}$$
$$= \frac{1}{\sqrt{2\pi}} \frac{\omega(\omega^2 - k^2 + 1 - 2\mathrm{i}k)}{(\omega^2 - k^2 + 1)^2 - 4k^2}$$

und damit

$$f(t) = \frac{1}{2\pi} \int_{-\infty}^{\infty} \frac{\omega(\omega^2 - k^2 + 1 - 2\mathrm{i}k)}{(\omega^2 - k^2 + 1)^2 - 4k^2} \mathrm{e}^{-\mathrm{i}kt}\, \mathrm{d}k$$
$$= \frac{\omega}{\pi} \int_0^{\infty} \left(\frac{\omega^2 - k^2 + 1}{(\omega^2 - k^2 + 1)^2 + 4k^2} \cos(kx) \right.$$
$$\left. + \frac{2k}{(\omega^2 - k^2 + 1)^2 + 4k^2} \sin(kx) \right) \mathrm{d}k .$$

10.14 (i) $\sin x_0$; (ii) 0.
10.15 Die Funktion $f(x)$ ist (i) gerade, (ii) ungerade, (ii) keines von beiden.
10.16 (i) Beide Transformierten sind identisch; (ii) die Kosinustransformierte ist null; (iii) die Kosinustransformierte ist die Fourier-Transformierte des geraden Anteils von $f(x)$.
10.17 Die Anteile $f_g(x)$ und $f_u(x)$ lauten: (i) e^{-x^2} bzw. 0, (ii) $(\mathrm{e}^{(x-5)^2} + \mathrm{e}^{(x+5)^2})/2$ bzw. $(\mathrm{e}^{(x-5)^2} - \mathrm{e}^{(x+5)^2})/2$, (iii) x^2 bzw. $3x$.

10.18 (i) Sie sind gleich; (ii) sie unterscheiden sich im Vorzeichen; (iii) sie sind ein konjugiert komplexes Paar von Funktionen.
10.19 Es ergibt sich $M(t) = \cos(2\pi\nu_1)\mathrm{e}^{-\tau/\tau_1} + \cos(2\pi\nu_2)\mathrm{e}^{-\tau/\tau_2}$ für $t \geq 0$.
10.20 Wir rechnen

$$\begin{aligned}\mathcal{F}[g](k) &= \frac{1}{2\sqrt{2\pi c}}\left(\int_0^\infty \mathrm{e}^{-\sqrt{c}x}\mathrm{e}^{-\mathrm{i}kx}\,\mathrm{d}x + \int_{-\infty}^0 \mathrm{e}^{\sqrt{c}x}\mathrm{e}^{-\mathrm{i}kx}\,\mathrm{d}x\right)\\ &= \frac{1}{2\sqrt{2\pi c}}\left(\frac{-1}{\mathrm{i}k+\sqrt{c}}\mathrm{e}^{-x(\mathrm{i}k+\sqrt{c})}\Big|_0^\infty + \frac{1}{-\mathrm{i}k+\sqrt{c}}\mathrm{e}^{x(-\mathrm{i}k+\sqrt{c})}\Big|_{-\infty}^0\right)\\ &= \frac{1}{2\sqrt{2\pi c}}\left(\frac{1}{\mathrm{i}k+\sqrt{c}} + \frac{1}{-\mathrm{i}k+\sqrt{c}}\right) = \frac{1}{\sqrt{2\pi}(k^2+c)}\,.\end{aligned}$$

Abschnitt 10.3

10.21 Siehe (10.46) bzw. (10.47).
10.22 Siehe (10.49).
10.23 Siehe (10.50).
10.24 Siehe (10.50) bzw. (10.51). Wenn die Vollständigkeitsrelation erfüllt ist, ist die mittlere quadratische Abweichung der Reihe von der Funktion gleich null.
10.25 Über (10.49).

Abschnitt 11.1

11.1 Die höchste Ableitung, die in der Differenzialgleichung vorkommt.
11.2 (i) Ja, (ii) nein, (iii) ja.
11.3 (i) Ja, (ii) nein, (iii) nein.
11.4 (i) $y(x) = -\cos x + c$, (ii) $y(x) = -x^3/3 + c$, (iii) $y(x) = x + c$, wobei c jeweils eine reelle Konstante ist.

Abschnitt 11.2

11.5 Einen Punkt (x_0, y_0), durch den die Lösung $y(x)$ gehen soll, d. h., $y(x_0) = y_0$ muss erfüllt werden.
11.6 Die Gesamtheit der durch sie festgelegten Linienelemente.
11.7 Siehe Abschnitt 11.2.2 zur Trennung der Variablen und die Erläuterungen vor (11.21) zur Variation der Konstanten.
11.8 Siehe die Lösungsformel (11.22).
11.9 Ein Fundamentalsystem besteht aus m linear unabhängigen Lösungen. Die m Lösungen bilden ein Fundamentalsystem, wenn die Determinante der Matrix, die man aus den Lösungen bildet, indem man jede Lösung als Spaltenvektor schreibt, nicht gleich null wird.
11.10 Nein.

11.11 Eine Differenzialgleichung der Form $P(x, y)\,dx + Q(x, y)\,dy = 0$, für die es eine zweimal stetig differenzierbare Funktion $U(x, y)$ gibt mit den Eigenschaften $U_x = P$ und $U_y = Q$.

11.12 Es folgt:

$$\text{(i)} \quad \boldsymbol{y}_1(x) = \begin{pmatrix} 1 \\ 0 \end{pmatrix} e^{x} , \quad \boldsymbol{y}_2(x) = \begin{pmatrix} 1 \\ 1 \end{pmatrix} e^{2x} ;$$

$$\text{(ii)} \quad \boldsymbol{y}_1(x) = \begin{pmatrix} 1 \\ 0 \\ 0 \end{pmatrix} e^{-x} , \quad \boldsymbol{y}_2(x) = \begin{pmatrix} x \\ 1 \\ 0 \end{pmatrix} e^{-x} , \quad \boldsymbol{y}_3(x) = \begin{pmatrix} 0 \\ 0 \\ 1 \end{pmatrix} e^{-x} .$$

11.13 Es folgt:

$$y(t) = \frac{ak_1 - bk_2}{k_1 + k_2} e^{-(k_1+k_2)t} + \frac{k_2(a+b)}{k_1 + k_2} .$$

11.14 Es gilt:

$$y(t) = \frac{k_1 a}{k_1 + k_2} e^{-(k_1+k_2)t} + \frac{k_2 a}{k_1 + k_2} .$$

11.15 Die allgemeine Lösung lautet:

$$\boldsymbol{y}(x) = c_1 \begin{pmatrix} 1 \\ 0 \end{pmatrix} e^{x} + c_2 \begin{pmatrix} 1 \\ 1 \end{pmatrix} e^{2x} + \begin{pmatrix} x \\ 0 \end{pmatrix} e^{x} , \quad c_1, c_2 \in \mathbb{R} .$$

11.16 (i) Ja; (ii) ja; (iii) nein.

11.17 Die Lösungen erfüllen die implizite Gleichung $U(x, y) = e^{xy} + x^2 = \text{const.}$

Abschnitt 11.3

11.18 Mit $y_1(x) = y(x)$ und $y_2(x) = y'(x)$ ergibt sich das System $y_1' = y_2$ und $y_2' = -ky_1$.

11.19 Man versteht darunter n Funktionen, die die Differenzialgleichung erfüllen und deren Wronski-Determinante nicht identisch verschwindet.

11.20 Die Wronski-Determinante dieser Lösungen darf höchstens an endlich vielen Punkten gleich null werden.

11.21 Die Determinante in (11.48).

11.22 Sie lautet $y(x) = c_1 y_1(x) + c_2 y_2(x) + c_3 y_3(x) + y_0(x)$. Die Funktionen $y_1(x)$, $y_2(x)$ und $y_3(x)$ sind ein Fundamentalsystem der zugehörigen homogenen Gleichung, $y_0(x)$ ist eine partikuläre Lösung der inhomogenen Gleichung und c_1, c_2 und c_3 sind beliebige Konstanten.

11.23 Wenn ein Punkt vorgegeben ist, durch den die Lösungskurve gehen soll, und außerdem die Werte der ersten und zweiten Ableitung der Lösung in diesem Punkt.

11.24 Mit dem Ansatz $y(x) = e^{\lambda x}$.

11.25 Sowohl der Realteil als auch der Imaginärteil der erhaltenen Funktion sind Lösungen. Zuweilen werden damit die Rechnungen erleichtert.

11.26 Man erhält für die gemäß (11.48) gebildete Wronski-Determinante:

$$\det\begin{pmatrix} \sin(kx) & \cos(kx) \\ k\cos(kx) & -k\sin(kx) \end{pmatrix} = -k \neq 0 \quad \text{bzw.}$$

$$\det\begin{pmatrix} \mathrm{e}^{\mathrm{i}kx} & \mathrm{e}^{-\mathrm{i}kx} \\ \mathrm{i}k\mathrm{e}^{\mathrm{i}kx} & -\mathrm{i}k\mathrm{e}^{-\mathrm{i}kx} \end{pmatrix} = -2\mathrm{i}k \neq 0 \ .$$

11.27 (i) Mithilfe des Ansatzes $\mathrm{e}^{\lambda x}$ erhält man für die allgemeine Lösung $y(x) = c_1 \sin x + c_2 \cos x = A \sin(3x - \varphi)$, wobei c_1 und c_2 bzw. A und φ beliebige Konstanten sind. Die Lösung des Anfangswertproblems lautet $y(x) = 0$.

(ii) Mithilfe des Ansatzes $y(x) = \mathrm{e}^{\lambda x}$ erhält man für λ die charakteristische Gleichung $\lambda^3 - 2\lambda^2 + \lambda - 2 = 0$, die die Lösungen $\lambda_1 = 2$, $\lambda_2 = \mathrm{i}$ und $\lambda_3 = -\mathrm{i}$ besitzt (eine der Lösungen muss man durch Erraten bestimmen und anschließend den Grad der Gleichung um eins erniedrigen). Die allgemeine Lösung lautet $y(x) = c_1\mathrm{e}^{2x} + c_2 \cos x + c_3 \cos x$. Die Lösung des Anfangswertproblems kann mithilfe der angegebenen Zusatzbedingungen $y'(0) = y(0) = 0$ nicht bestimmt werden, da bei einer Differenzialgleichung dritter Ordnung auch noch eine Aussage über $y''(0)$ gemacht werden müsste. Die angegebenen Bedingungen werden von der Funktion $y(x) = a(\mathrm{e}^{2x} - \cos x - 2\sin x)$ erfüllt, wobei a eine frei verfügbare Konstante ist.

11.28 Die Lösung ergibt sich als Summe einer partikulären Lösung und der allgemeinen Lösung der zugehörigen homogenen Gleichung. Die partikuläre Lösung findet man entweder mithilfe des Ansatzes $x(t) = A\sin(\omega t)$ oder durch Übergang zu einem komplexen Ausdruck wie in (11.61), wobei es aber jetzt auf den Imaginärteil dieses Ausdruckes ankommt.

Das Resultat lautet:

$$y(t) = c_1 \cos\sqrt{\frac{D}{m}}t + c_2 \sin\sqrt{\frac{D}{m}}t + \frac{F_0}{D - m\omega^2}\sin\omega t \ .$$

Es setzt sich aus einer ungedämpften freien Schwingung und einer erzwungenen Schwingung zusammen. Die Amplitude der erzwungenen Schwingung wird unendlich, wenn ω gegen $\sqrt{D/m}$ strebt.

Abschnitt 11.4

11.29 $y_1(x) = x\mathrm{e}^x$, $y_2(x) = x\mathrm{e}^{-x}$.
11.30 $\lambda = \ell(\ell + 1)$ für $\ell \in \mathbb{N}$, $\ell \geq m$.
11.31 Für alle geraden $m \geq 0$.
11.32 (i) Setze $x = 0$ in (11.80). (ii) Verwende beim Auflösen der Rekursion $P_0(0) = 1$ und $P_1(0) = 0$.
11.33 Sei $m < n$. Mit n-facher partieller Integration folgt

$$\int_{-1}^{1} P_m(x)P_n(x)\,\mathrm{d}x = \frac{(-1)^n}{2^n n!}\int_{-1}^{1} \frac{\mathrm{d}^n}{\mathrm{d}x^n}P_m(x)\cdot(1 - x^2)^n\,\mathrm{d}x = 0 \ ,$$

weil $\mathrm{d}^n P_m/\mathrm{d}x^n = 0$.

11.34 Die n-te Ableitung von $x^n e^{-x}$ ist von der Form $(n! - (n-1)!\,x + \cdots)e^{-x}$ und damit an der Stelle $x = 0$ gleich $n!$. Es folgt $L_n(0) = n!/n! = 1$.
11.35 Siehe Abschnitt 11.4.3.
11.36 Der Polynomgrad lautet n.
11.37 Für alle $\nu > 0$.
11.38 Siehe Abschnitt 11.4.4.

Abschnitt 12.1

12.1 Eine partielle Differenzialgleichung enthält partielle Ableitungen, eine gewöhnliche Differenzialgleichung enthält nur gewöhnliche Ableitungen.
12.2 Ja.
12.3 (i) Elliptisch für alle $xy \neq 0$, parabolisch sonst; (ii) hyperbolisch für alle x, $y \in \mathbb{R}$; (iii) hyperbolisch für alle x, $y \in \mathbb{R}$.
12.4 Eine Bedingung der Form $u = g$ auf $\partial\Omega$.
12.5 Um eindeutige Lösbarkeit zu gewährleisten.

Abschnitt 12.2

12.6 Die partiellen Ableitungen werden in Multiplikationen mit einem Faktor transformiert und die Differenzialgleichung kann bis auf die Fourier-Transformation explizit gelöst werden.
12.7 Eine Lösung u der Gleichung $-\Delta u + cu = \delta_0$.
12.8 Unendlich viele.
12.9 Genau eine.
12.10 $u(x, y, z) = X(x) \cdot Y(y) \cdot Z(z)$ für $(x, y, z) \in \Omega$.
12.11 Einsetzen des Ansatzes $u(r) = r^\alpha$ liefert $\alpha = \pm\sqrt{c}$. Alle Lösungen lauten also $u(r) = c_1 r^{\sqrt{c}} + c_2 r^{-\sqrt{c}}$, $c_1, c_2 \in \mathbb{R}$.
12.12 Einsetzen des Ansatzes $u(r) = r^\alpha$ in die in Kugelkoordinaten formulierte Gleichung $u_{rr} + 2u_r/r = 0$ ergibt $\alpha = 0$ und $\alpha = -1$. Die Lösungen lauten folglich $u(r) = c_1/r + c_2$, $c_1, c_2 \in \mathbb{R}$.
12.13 Setze $u(r) = \ln r$ in die in Polarkoordinaten formulierte Laplace-Gleichung $u_{rr} + u_r/r = 0$ ein.

Abschnitt 12.3

12.14 Siehe die Formel (12.13).
12.15 Die Lösung konvergiert für $t \to \infty$ gegen null, d. h., die Konzentration diffundiert.
12.16 Die Lösung auf einem beschränkten Intervall ist durch eine unendliche Reihe gegeben, die auf $\mathbb{R}$ durch ein Integral.

Abschnitt 12.4

12.17 $u(x, 0) = u_0(x)$ und $u_t(x, 0) = u_1(x)$ für alle x.

12.18 Eine stehende Welle ist eine Schwingung, bei der bestimmte (zeitlich unveränderliche) Stellen in Ruhe bleiben. Ein Beispiel ist die Funktion $u(x,t) = A\sin(kx)\cos(\omega t)$. An den Stellen $x = \pi/k$ mit $k \in \mathbb{N}$ ist $u(x,t) = 0$.
12.19 (i) $u(x,t) = A\sin(kx+ct)$; (ii) $u(x,t) = A(\sin(kx-ct)+\sin(kx+ct))$.
12.20 Es gilt $u_0(x) = u(x,0) = f(x)$ und $u_1(x) = u_t(x,0) = -cf(x)+cf(x) = 0$.
12.21 Wir leiten ab:

$$\begin{aligned} u_x(x,t) &= \frac{1}{2c}\left(g(x+ct)\frac{\mathrm{d}}{\mathrm{d}x}(x+ct) - g(x-ct)\frac{\mathrm{d}}{\mathrm{d}x}(x-ct)\right) \\ &= \frac{1}{2c}(g(x+ct)-g(x-ct))\,, \\ u_{xx}(x,t) &= \frac{1}{2c}(g'(x+ct)-g'(x-ct)) \end{aligned}$$

und analog

$$\begin{aligned} u_t(x,t) &= \frac{1}{2c}(cg(x+ct)+cg(x-ct))\,, \\ u_{tt}(x,t) &= \frac{1}{2c}(c^2g'(x+ct)-c^2g'(x-ct))\,. \end{aligned}$$

Daraus folgt $u_{tt} - c^2u_{xx} = 0$. Außerdem ist $u_0(x) = u(x,0) = \int_x^x f(y)\,\mathrm{d}y/2c = 0$ und $u_t(x,t) = (g(x)+g(x))/2 = g(x)$.
12.22 Für festes t ist $\sin(n\pi x/a)\sin(m\pi y/a)$ mit $n = m = 1$ eine Grundschwingung.

Abschnitt 12.5

12.23 Wegen

$$\frac{\mathrm{d}^{n+1}}{\mathrm{d}x^{n+1}}(\mathrm{e}^{-x^2}) = \frac{\mathrm{d}^n}{\mathrm{d}x^n}(-2x\mathrm{e}^{-x^2}) = -2x\frac{\mathrm{d}^n}{\mathrm{d}x^n}(-\mathrm{e}^{x^2}) + 2n\frac{\mathrm{d}^n}{\mathrm{d}x^n}(\mathrm{e}^{-x^2})$$

folgt nach Definition (12.42):

$$\begin{aligned} H_{n+1}(x) &= -(-1)^n\mathrm{e}^{x^2}\frac{\mathrm{d}^{n+1}}{\mathrm{d}x^{n+1}}(\mathrm{e}^{-x^2}) \\ &= -(-1)^n\mathrm{e}^{x^2}(-2x)\frac{\mathrm{d}^n}{\mathrm{d}x^n}(-2x\mathrm{e}^{-x^2}) + (-1)^n\mathrm{e}^{x^2}2n\frac{\mathrm{d}^n}{\mathrm{d}x^n}(\mathrm{e}^{-x^2}) \\ &= 2xH_n(x) - 2nH_{n-1}(x)\,. \end{aligned}$$

12.24 Die Dimension beträgt $(n+m+\ell+1)(n+m+\ell+2)/2$.
12.25 Die Kugelflächenfunktionen für $\ell = 2$ lauten:

$$Y_{2,0} = \frac{1}{4}\sqrt{\frac{5}{\pi}}(2\cos^2\vartheta - \sin^2\vartheta)\,, \quad Y_{2,\pm1} = \mp\frac{1}{2}\sqrt{\frac{15}{2\pi}}\cos\vartheta\sin\vartheta\mathrm{e}^{\pm\mathrm{i}\phi}\,,$$
$$Y_{2,\pm2} = \frac{1}{4}\sqrt{\frac{15}{2\pi}}\sin^2\vartheta\mathrm{e}^{\pm2\mathrm{i}\phi}\,.$$

12.26 $-1/n^2$ mit $n \in \mathbb{N}$.
12.27 Vier Quantenzahlen.
12.28 Die Quantenzahl $\ell = 1$ entspricht dem p-Orbital.
12.29 Das s-Orbital der M-Schale ist die Eigenfunktion

$$u_{3,0,0}(r,\vartheta,\phi) = \frac{1}{81}\sqrt{\frac{1}{3\pi a^3}}\left(27 - 18\frac{r}{a} + 2\frac{r^2}{a^2}\right)\mathrm{e}^{-r/(3a)}\ .$$

Abschnitt 13.2

13.1 Prüfe die Eigenschaften 1. bis 4. des Skalarproduktes im Abschnitt 13.2.1 nach.
13.2 Eine Cauchy-Folge muss nicht notwendigerweise konvergieren. Eine konvergente Folge ist jedoch stets eine Cauchy-Folge.
13.3 Siehe Definition (13.13).
13.4 Die Ableitung $f'(x)$ existiert für alle $x \neq 0$ und lautet $f'(x) = -1$ für $x < 0$ und $f'(x) = 1$ für $x > 0$. Da sowohl $|f|^2$ als auch $|f'|^2$ integrierbar sind in $(-1, 1)$, also $f, f' \in L^2(-1, 1)$, folgt $f \in H^1(-1, 1)$. Allerdings gilt *nicht* $f \in H^1(\mathbb{R})$, da $|f|^2$ nicht auf $\mathbb{R}$ integrierbar ist.
13.5 Eine Integration ergibt:

$$(u_n, u_m)_{L^2} = \frac{1}{\pi}\int_{-\pi}^{\pi}\sin(nx)\sin(mx)\,\mathrm{d}x = \delta_{nm}\ .$$

13.6 Aus $u = \sum_n (u_n, u)u_n$ folgt:

$$\begin{aligned}\|u\|^2 = (u,u) &= \sum_{n,m}((u_n,u)u_n,(u_m,u)u_m) = \sum_{n,m}\overline{(u_n,u)}(u_m,u)(u_n,u_m)\\ &= \sum_{n,m}\overline{(u_n,u)}(u_m,u)\delta_{nm} = \sum_n |(u_n,u)|^2\ .\end{aligned}$$

13.7 A_1: ja, A_2: nein, A_3: ja.
13.8 Es folgt mit $u, v \in L^2(\mathbb{R})$

$$L(u+v) = \int_{\mathbb{R}} g(x)(u(x)+v(x))\,\mathrm{d}x = \int_{\mathbb{R}} g(x)u(x)\,\mathrm{d}x + \int_{\mathbb{R}} g(x)v(x)\,\mathrm{d}x = Lu + Lv$$

und in ähnlicher Weise $L(\lambda u) = \lambda Lu$ für $\lambda \in \mathbb{C}$.
13.9 Siehe Satz 13.1 in Abschnitt 13.2.4.
13.10 Die Definitionsbereiche sind verschieden.

Abschnitt 13.3

13.11 Wegen $\sum_n |(Ax)_n|^2 = \sum_n |x_n/n|^2 \leq \sum_n |x_n|^2 < \infty$ folgt aus $x \in \ell^2$ sofort $Ax \in \ell^2$. Die Linearität von A ist leicht. Die Beschränktheit ergibt sich aus $\|Ax\|_2^2 = \sum_n |x_n/n|^2 \leq \sum_n |x_n|^2 = \|x\|_2$, also $\|A\| \leq 1$. Da $\|Ax\|_2 = \|x\|_2 = 1$ für $x = (1, 0, 0, \ldots)$, erhalten wir $\|A\| \geq 1$ und folglich $\|A\| = 1$.

13.12 Die Beschränktheit folgt aus $\|Lx\|_2^2 = \sum_{n=2}^{\infty} |x_n|^2 \leq \sum_{n=1}^{\infty} |x_n|^2 = \|x\|_2^2$, also $\|L\| \leq 1$. Der Kern $N(L)$ von L besteht aus allen Folgen (x_n) mit $x_1 \in \mathbb{C}$ und $x_n = 0$ für alle $n \geq 2$. Wegen $N(L) \neq \{0\}$ ist L nicht invertierbar.

13.13 Siehe die Eigenschaften 1. bis 3. eines Projektors in Abschnitt 13.3.2.

13.14 Sei $u \in U$ und $c_0 = \int_0^1 u(y)\,\mathrm{d}y = (Pu)(x)$. Dann ist $P^2u = P(Pu) = P(c_0) = c_0 = Pu$, d. h., P ist idempotent. Außerdem ist für alle $u, v \in U$ mit $c_1 = \int_0^1 v(y)\,\mathrm{d}y$

$$(u, Pv)_{L^2} = \int\limits_0^1 u(y)c_1\,\mathrm{d}y = c_1 \int\limits_0^1 u(y)\,\mathrm{d}y = c_1 c_0 = \int\limits_0^1 c_0 v(y)\,\mathrm{d}y = (Pu, v)_{L^2}\ .$$

Dies zeigt, dass P symmetrisch ist. Weiterhin folgt aus der Cauchy-Schwarz-Ungleichung (13.11):

$$\|Pu\|_{L^2}^2 = \int\limits_0^1 c_0^2\,\mathrm{d}y = c_0^2 = (u, 1)_{L^2}^2 \leq \|u\|_{L^2}\|1\|_{L^2} = \|u\|_{L^2},$$

also $\|P\| \leq 1$. Die umgekehrte Ungleichung $\|P\| \geq 1$ erhalten wir wegen $\|Pu_0\|_{L^2} = \|1\|_{L^2} = 1$ für $u_0(x) = 1$ für alle $x \in (0, 1)$.

13.15 Mithilfe des Darstellungssatzes von Riesz; siehe Abschnitt 13.2.4.

13.16 Die Eigenwerte sind reell, und Eigenvektoren zu verschiedenen Eigenwerten sind orthogonal zueinander.

13.17 Seien $x, y \in \ell^2$. Wegen

$$(x, Ly)_2 = \sum_{k=1}^{\infty} \overline{x_k}(Ly)_k = \sum_{k=1}^{\infty} \overline{x_k}\, y_{k+1} = \sum_{n=2}^{\infty} \overline{x_{n-1}}\, y_n = \sum_{n=1}^{\infty} \overline{(Rx)_n}\, y_n = (Rx, y)_2$$

folgt $L^* = R$. In ähnlicher Weise zeigt man $R^* = L$, also $(L^*)^* = R^* = L$.

13.18 Aus $(A - \lambda)x = 0$ folgt $(1 - \lambda)x_n = 0$ für alle $n \neq 2$ und $(2 - \lambda)x_2 = 0$. Also sind $\lambda^{(1)} = 1$ bzw. $\lambda^{(2)} = 2$ Eigenwerte mit Eigenvektoren $x^{(1)} = (x_1, 0, x_2, x_3, \ldots)$ bzw. $x^{(2)} = (0, x_2, 0, 0, \ldots)$. Dies impliziert $\sigma_p(A) = \{1, 2\}$. Wir behaupten, dass $R(A - \lambda) = \ell^2$ für alle $\lambda \notin \{1, 2\}$, d. h. $\sigma(A) = \sigma_p(A)$. Sei also $y = (y_n) \in \ell^2$ und definiere $x = (x_n)$ durch $x_2 = y_2/(2-\lambda)$ und $x_n = y_n/(1-\lambda)$ für alle $n \neq 2$. Dann ist $(A - \lambda)x = ((1 - \lambda)x_1, (2 - \lambda)x_2, (1 - \lambda)x_3, \ldots) = (y_1, y_2, y_3, \ldots) = y$ und daher $R(A - \lambda) = \ell^2$.

13.19 $[P_j, Q_k] = (\hbar/\mathrm{i})\delta_{jk}$.

13.20 Diese Aussage ergibt sich nach einer einfachen Rechnung.

Abschnitt 13.4

13.21 Ja, denn $D(A) = \mathcal{H} = D(A^*)$.

13.22 Mit partieller Integration folgt:

$$\begin{aligned}(L_1\psi, \phi)_{L^2} &= \frac{1}{\mathrm{i}} \int\limits_{\mathbb{R}^3} \left(x_2 \frac{\partial \psi}{\partial x_3} \phi(x) - x_3 \frac{\partial \psi}{\partial x_2} \phi(x) \right) \mathrm{d}x \\ &= -\frac{1}{\mathrm{i}} \int\limits_{\mathbb{R}^3} \left(x_2 \psi(x) \frac{\partial \phi}{\partial x_3} - x_3 \psi(x) \frac{\partial \phi}{\partial x_2} \right) \mathrm{d}x = (\psi, L_1\phi)_{L^2}\ .\end{aligned}$$

13.23 Ja, denn A ist symmetrisch und beschränkt.

13.24 Erwartungswert: $\langle A\rangle_u = (u, Au)$, Unschärfe: $(\Delta A)_u = \|Au - \langle A\rangle_u u\|$, wobei $u \in D(A)$ mit $\|u\| = 1$.

13.25 Es gilt (i) $\langle P\rangle_{u_0} = (u_0, Pu_0) = (u_0, u_0) = \|u_0\|^2 = 1$, $(\Delta P)_{u_0} = \|Pu_0 - \langle P\rangle_{u_0} u_0\| = \|Pu_0 - u_0\| = 0$ und (ii) $\langle P\rangle_{u_1} = (u_1, Pu_1) = (u_1, 0) = 0$, $(\Delta P)_{u_1} = \|Pu_1 - \langle P\rangle_{u_1} u_1\| = 0$.

13.26 Eine Rechnung zeigt, dass A symmetrisch ist. Da A ein beschränkter linearer Operator ist, ist A auch selbstadjungiert. Die Eigenwerte von A lauten $\lambda = 0$ und $\lambda = 1$. Andererseits gilt $R(A - \lambda) = L^2(0,1)$ für alle $\lambda \in \mathbb{C}\backslash\{0,1\}$. Daraus folgt $\sigma_p(A) = \sigma(A) = \{0,1\}$.

13.27 Die Symmetrie von A folgt aus $(Ax, y)_2 = \sum_n \overline{nx_n} y_n = \sum_n \overline{x_n} n y_n = (x, Ay)_2$ für $\boldsymbol{x}, y \in \ell^2$. Um die Selbstadjungiertheit zu zeigen, weisen wir (13.42) nach. Sei $y = (y_n) \in \ell^2$ und definiere $x_n = y_n/(n \pm \mathrm{i})$. Dann ist $x = (x_n) \in D(A)$ und $(A \pm \mathrm{i})x = y$. Dies zeigt $R(A \pm \mathrm{i}) = \ell^2$, also (13.42). Aus der Eigenwertgleichung $Ax = \lambda x$ folgt, dass $x^{(k)} = (x_n^{(k)})$ mit $x_n^{(k)} = \delta_{kn}$ ein Eigenvektor von A zum Eigenwert $n \in \mathbb{N}$ ist. Also ist $\sigma_p(A) = \mathbb{N}$. Angenommen, es gäbe ein $\lambda \in \mathbb{C}\backslash\mathbb{N}$ mit $\lambda \in \sigma(A)$. Dann folgt aus (13.48) $R(A - \lambda) \neq \ell^2$. Sei $y = (y_n) \in \ell^2$ und definiere $x_n = y_n/(n - \lambda)$. Es gilt $x = (x_n) \in D(A)$ und $(A - \lambda)x = y$. Dies widerspricht $R(A - \lambda) \neq \ell^2$. Also ist $\sigma(A) = \mathbb{N}$.

13.28 Ein Messwert (bezüglich eines Operators A für ein System im Zustand ψ) heißt scharf, wenn die Unschärfe $(\Delta A)_\psi$ verschwindet.

13.29 Es folgt $(\Delta A)_u = \|Au - (u, Au)u\| = \|\lambda u - \lambda(u,u)u\| = \|\lambda u - \lambda u\| = 0$, denn $(u,u) = \|u\|^2 = 1$.

Abschnitt 13.5

13.30 Ein Operator $U : \mathcal{H} \to \mathcal{H}$ auf einem Hilbertraum $\mathcal{H}$ heißt unitär, wenn $U^* = U^{-1}$.

13.31 Ja, z. B. die Identität $I = I^{-1} = I^*$.

13.32 Die Eigenwerte von U lauten $\lambda = \cos\alpha \pm \mathrm{i}\sin\alpha$.

13.33 Der Operator A ist symmetrisch, denn $(Ax, y)_2 = x_2 y_1 + x_1 y_2 + \sum_{n=3}^\infty = (x, Ay)_2$. Da A beschränkt ist, ist A auch selbstadjungiert, d. h. $A = A^*$. Andererseits gilt $A = A^2$, also $A = A^{-1}$. Wir schließen $A^* = A = A^{-1}$. Aus der Gleichung $x = Ix = A^2 x = \lambda^2 x$ erhalten wir sofort $\lambda = \pm 1$, also $\sigma_p(A) = \{-1, 1\}$. Gäbe es $\lambda \in \sigma(A)$ mit $\lambda \neq \pm 1$, so gilt $R(A - \lambda) \neq \ell^2$. Sei also $y = (y_n) \in \ell^2$ und definiere $x = (x_n) \in \ell^2$ durch $x_1 = (\lambda y_1 + y_2)/(1 - \lambda^2)$, $x_2 = (y_1 + \lambda y_2)/(1 - \lambda)^2$ und $x_n = y_n/(1 - \lambda)$ für $n \geq 3$. Dann ist $(A - \lambda)x = (x_2 - \lambda x_1, x_1 - \lambda x_2, (1 - \lambda)x_3, \ldots) = (y_1, y_2, y_3, \ldots) = y$, was $R(A - \lambda) \neq \ell^2$ widerspricht.

13.34 Aus $U^{2k} = I =$ Einheitsmatrix und $U^{2k-1} = U$ für $k \in \mathbb{N}$ folgt:

$$\mathrm{e}^{-\mathrm{i}Ut} = \sum_{k=0}^\infty \left(\frac{(-1)^k t^{2k}}{(2k)!} I - \mathrm{i} \frac{(-1)^k t^{2k+1}}{(2k+1)!} U \right) = \begin{pmatrix} \cos t & -\mathrm{i}\sin t \\ -\mathrm{i}\sin t & \cos t \end{pmatrix} .$$

Abschnitt 14.1

14.1 Ein sicheres Ereignis ist durch den vorgegebenen Komplex von Bedingungen vollständig bestimmt, ein zufälliges dagegen nicht.
14.2 Ereignisse, die nicht gleichzeitig eintreten können.
14.3 Siehe Abschnitt 14.1.2.
14.4 Ein Ereignis heißt elementar, wenn es sich nicht als Summe von Ereignissen zusammensetzen lässt. Anderenfalls spricht man von einem zusammengesetzten Ereignis.
14.5 Er wird von sämtlichen Elementarereignissen gebildet, die zu einem vorgegebenen Komplex von Bedingungen gehören.
14.6 Eine Größe, durch die zufälligen Ereignissen Zahlenwerte zugeordnet werden.
14.7 Eine diskrete Zufallsgröße kann nur diskrete Zahlenwerte annehmen, eine kontinuierliche Zufallsgröße kontinuierliche Zahlenwerte.
14.8 (i) „Augenzahlen 1 und 4“ ∪ „Augenzahlen 2 und 3“ ∪ „Augenzahlen 3 und 2“ ∪ „Augenzahlen 4 und 1“; (ii) „Jeder der Würfel weist eine ungerade Augenzahl auf“; (iii) nein.
14.9 (i) Die 28 verschiedenen Möglichkeiten, 2 Karten von 8 verschiedenen Karten herauszugreifen (Kombinationen zweiter Ordnung von 8 Elementen); (ii) z. B. das Ziehen zweier Könige oder das Ziehen zweier Karten mit roter Farbe (Herz oder Karo); (iii) „Kreuz König und Karo König“, „Kreuz König und Pik König“, „Kreuz König und Herz König“, „Pik König und Karo König“, „Herz König und Karo König“.
14.10 Den Abstand zwischen Ziel und Einschussstelle; kontinuierliche Zufallsgröße.

Abschnitt 14.2

14.11 Das Verhältnis aus der Anzahl der Versuche, bei denen das Ereignis eintritt, zur gesamten Anzahl der Versuche.
14.12 Grenzwert der relativen Häufigkeit, wenn die Anzahl der Versuche gegen unendlich geht.
14.13 (i) Als Summe der Wahrscheinlichkeiten der einzelnen Ereignisse; (ii) als Produkt der Wahrscheinlichkeiten der einzelnen Ereignisse.
14.14 Siehe (14.7).
14.15 Siehe (14.10).
14.16 Die statistische Definition führt zu logischen Schwierigkeiten.
14.17 (i) 1/4; (ii) 1/6; (iii) 2/9; (iv) 1/324.
14.18 (i) 1/2; (ii) 35/1152.

Abschnitt 14.3

14.19 $\lim_{\Delta x \to 0} P\{x \le \xi \le x + \Delta x\}/\Delta x$.
14.20 Man erhält die Wahrscheinlichkeit dafür, dass die Zufallsgröße zwischen a und b liegt, indem man das bestimmte Integral über die Wahrscheinlichkeitsdichte in den Grenzen a bis b berechnet.

14.21 $F(z) = \int_{-\infty}^{z} p(x)\,\mathrm{d}x$ (kontinuierliche Zufallsvariable) bzw.
$F(z) = \sum_{x_i<z} p(x_i)$ (diskrete Zufallsvariable).
14.22 Siehe die Gleichungen (14.20) und (14.21) für die Definition des Erwartungswertes, (14.23) und (14.24) für die Definition der Varianz und (14.25) mit $g(x) = x^k$ für die Definition des k-ten Moments.
14.23 Eine Verteilung, die durch die Verteilungsfunktion (14.18) gegeben ist.
14.24 Der Erwartungswert ist:

$$\begin{aligned} E &= \frac{1}{\sigma\sqrt{2\pi}} \int_{-\infty}^{\infty} x\mathrm{e}^{-(x-a)^2/(2\sigma^2)}\,\mathrm{d}x \\ &= \frac{1}{\sigma\sqrt{2\pi}} \left(\int_{-\infty}^{\infty} (x-a)\mathrm{e}^{-(x-a)^2/(2\sigma^2)}\,\mathrm{d}x + a \int_{-\infty}^{\infty} \mathrm{e}^{-(x-a)^2/(2\sigma^2)}\,\mathrm{d}x \right) = a\;. \end{aligned}$$

Hierbei verschwindet das erste Integral aus Symmetriegründen und das zweite wurde nach einer Substitution des Exponenten berechnet. Die Varianz berechnet sich zu:

$$V = \frac{1}{\sigma\sqrt{2\pi}} \int_{-\infty}^{\infty} (x-a)^2\mathrm{e}^{-(x-a)^2/(2\sigma^2)}\,\mathrm{d}x = \frac{1}{\sigma\sqrt{2\pi}} \int_{-\infty}^{\infty} u^2\mathrm{e}^{-u^2/(2\sigma^2)}\,\mathrm{d}u = \sigma^2\;.$$

Hier haben wir partiell integriert.
14.25 Es folgt:

$$E = \int_{-1}^{1} \frac{3x^3}{2}\,\mathrm{d}x = 0\;, \quad D = \int_{-1}^{1} \frac{3x^4}{2}\,\mathrm{d}x = \frac{3}{5} = 0{,}6\;.$$

Abschnitt 14.4

14.26 Bei einer Folge von unabhängigen Versuchen ist die Wahrscheinlichkeit für das Eintreffen eines bestimmten Ereignisses bei jedem Versuch gleich. Bei einer homogenen Markow'schen Kette dagegen hängt sie vom Ausgang des vorangegangenen Versuches ab.
14.27 (i) $p^m(1-p)^{n-m}$; (ii) $\binom{n}{m}p^m(1-p)^{n-m}$.
14.28 Wenn n groß wird, gilt näherungsweise:

$$\binom{n}{m}p^m(1-p)^{n-m} \approx \begin{cases} \frac{1}{\sqrt{2\pi np(1-p)}}\mathrm{e}^{-(m-np)^2/(2np(1-p))} & \text{für} \quad p \approx 1/2 \\ \frac{(np)^m}{m!}\mathrm{e}^{-np} & \text{für} \quad p \ll 1/2\;. \end{cases}$$

Man verwendet zwei Ausdrücke, weil für endliche Werte von n jeder Ausdruck jeweils nur für einen bestimmten Bereich von p eine gute Näherung darstellt.
14.29 Das Element der i-ten Zeile und k-ten Spalte gibt die Wahrscheinlichkeit dafür an, dass das Ereignis A_k eintritt, wenn im vorangegangenen Versuch das Ereignis A_i eingetreten ist.

14.30 Alle Zeilen sind gleich.
14.31 Bei einer inhomogenen Markow-Kette hängt die Übergangsmatrix von der Nummer des Versuchs ab.
14.32 Das Element $p_{ik}(m)$ gibt die Wahrscheinlichkeit dafür an, dass das Ereignis A_k eintritt, wenn m Versuche vorher das Ereignis A_i eingetreten ist. Für $m \to \infty$ werden die Zeilen der Matrix $\boldsymbol{\Pi}_m$ gleich, d. h., die Wahrscheinlichkeit für das Ereignis A_k wird unabhängig davon, welches Ereignis m Versuche vorher eingetreten ist.
14.33 (i) 1/16; (ii) 1/4.
14.34 (i) 0,056 (verwende (14.30)); (ii) $(2/\sqrt{2\pi})\int_0^{2\sqrt{2}} \mathrm{e}^{-u^2/2}\,\mathrm{d}u \approx 0{,}995$ (verwende (14.34)).
14.35 (i) $(18/37)^3 \approx 0{,}115$; (ii) $(18/37)^6 \approx 0{,}013$; (iii) $(18/37)^{20} \approx 5{,}5 \cdot 10^{-7}$.
14.36 In beiden Fällen 18/37.
14.37 Wir erhalten:

$$P\{m \le 3\} = \sum_{m=0}^{3} P_n(m) \approx \sum_{m=0}^{3} \frac{(np)^m}{m!}\mathrm{e}^{-np} = \sum_{m=0}^{3} \frac{1^m}{m!}\mathrm{e}^{-1} \approx 0{,}981\ .$$

14.38 Es folgt auf vier Nachkommastellen genau:

$$\boldsymbol{\Pi}_2 = \begin{pmatrix} 0{,}9802 & 0{,}0198 \\ 0{,}0198 & 0{,}9802 \end{pmatrix}, \quad \boldsymbol{\Pi}_3 = \begin{pmatrix} 0{,}0294 & 0{,}9706 \\ 0{,}9706 & 0{,}0294 \end{pmatrix}.$$

Die gesuchten Wahrscheinlichkeiten lauten (i) 0,01; (ii) 0,9802; (iii) 0,0294. Das Molekül wird nahezu den Aufbau $ABABABAB\ldots$ zeigen (alternierendes Copolymer).

Abschnitt 14.5

14.39 Die zeitliche Veränderung des Zustandes eines Systems durch ein Ereignis, das zu statistisch willkürlichen Zeitpunkten immer wieder auftritt.
14.40 Poisson-Prozesse, diskrete Markow-Prozesse, kontinuierliche Markow-Prozesse. Bei den Markow-Prozessen unterscheidet man noch jeweils zwischen homogenen und inhomogenen Prozessen.
14.41 Ein stochastischer Prozess bei dem die Wahrscheinlichkeit für das Auftreten des Ereignisses E unabhängig von der Zeit t sowie davon ist, wie oft E bereits eingetreten ist.
14.42 Beim Poisson-Prozess: Die Wahrscheinlichkeit $P_k(t)$ dafür, dass das Ereignis E innerhalb der Zeit t genau k-mal auftritt. Bei einem allgemeinen diskreten Markow-Prozess: Die Wahrscheinlichkeit $P_{jk}(\tau, t)$ dafür, dass das Ereignis E in der Zeit zwischen τ und t genau $(k-j)$-mal auftritt, wenn es bis zur Zeit τ bereits j-mal aufgetreten ist. Bei einem allgemeinen kontinuierlichen Markow-Prozess: Die Wahrscheinlichkeit $f(x, \tau; y, t)\,\mathrm{d}y$ dafür, dass die Zustandsvariable zur Zeit t einen Wert zwischen y und $y+\mathrm{d}y$ annimmt, wenn sie zur Zeit τ den Wert x hatte.
14.43 (i) $20^{19}\mathrm{e}^{-20}/19! \approx 0{,}089$; (ii) 0,423.

Abschnitt 15.2

15.1 Zufällige Fehler führen zu einer Streuung der Messwerte, systematische Fehler sind entweder immer gleich groß oder zeigen einen „Gang".
15.2 Eine Normalverteilung.
15.3 Wenn die Messwerte gemäß einer Normalverteilung um den wahren Wert streuen.
15.4 Man braucht nur den Mittelwert der variierenden letzten Ziffern zu bilden und diesen Mittelwert den sich nicht ändernden Ziffern anzuhängen (siehe (15.7)).
15.5 Der mittlere Fehler m ist durch (15.5) gegeben. Der wahrscheinliche Fehler $m_{1/2}$ gibt diejenigen Abweichungen um den Mittelwert an, innerhalb derer ein Messwert mit der Wahrscheinlichkeit 1/2 zu liegen kommt. Es gilt $m_{1/2} \approx 0{,}68m$.
15.6 $\bar{x} = 208{,}54$, $m = 0{,}172$, $m_{1/2} = 0{,}116$.

Abschnitt 15.3

15.7 Der maximale Fehler gemäß $|w_M| \approx |u_M|\,|f_x(\bar{x}, \bar{y})| + |v_M|\,|f_y(\bar{x}, \bar{y})|$, der mittlere Fehler gemäß $m_z \approx \sqrt{m_x^2 f_x^2(\bar{x}, \bar{y}) + m_y^2 f_x^2(\bar{x}, \bar{y})}$.
15.8 Der mittlere Fehler der Einzelmessungen ist ein Maß für die Streuung der einzelnen Messungen. Der mittlere Fehler des Mittelwertes ist ein Maß für die Genauigkeit, mit der man den Mittelwert kennt.
15.9 $\bar{m} = m/\sqrt{7} \approx 0{,}065$.
15.10 $\bar{m}_U \approx 0{,}316\,\mathrm{V}$, $\bar{m}_I \approx 0{,}0063\,\mathrm{A}$, $\bar{m}_U/|\bar{U}| \approx 0{,}0014$, $m_I/|\bar{I}| \approx 0{,}0015$, $\bar{R} \approx 51{,}04\,\Omega$, $m_R \approx 0{,}332\,\Omega$.

Abschnitt 16.1

16.1 Ersetze die Schleife im Algorithmus 16.1 durch

```
for i = 1:d
  [m,n] = max(abs(A(i:end,i)));
  a = A(i,:);
  A(i,:) = A(i+n-1,:);
  A(i+n-1,:) = a;
  A(i,:) = A(i,:)/A(i,i);
  for j = i+1:d
    A(j,:) = A(j,:) - A(j,i)*A(i,:); % Gaußelimination
  end
end
```

16.2 Löse `A\ei` für alle `i` $= 1, \ldots, n$, wobei `ei` der i-te Einheitsvektor ist. Die n Lösungen ergeben als Spalten einer Matrix gerade die Inverse von `A`. In MATLAB gibt `inv(A)` die Inverse von `A` aus.
16.3 Mit $\omega = 1{,}2$ benötigt das SOR-Verfahren nur 11 Iterationen im Vergleich zu 23 Iterationen mit dem Gauß-Seidel-Verfahren.

Abschnitt 16.2

16.4 Das MATLAB-Skript lautet

```
function x = newton(f,df,x)
tol = 1e-6;
fx = f(x); dfx = df(x);
while abs(f(x)) > tol
  x = x - f(x)/df(x);
end
```

Mit

```
f = @(x)exp(x)-exp(-x)-1;
df = @(x)exp(x)+exp(-x);
newton(f,df,0)
```

ergibt sich das Ergebnis 0,4812.
16.5 Verwende `roots([1,0,1,0,1,0])`.
16.6 Das zu lösende nichtlineare System für die Konzentrationen x_1, x_2, x_3, x_4 für die Stoffe A, B, C, D lautet:

$$\begin{aligned}
0 &= \alpha(z_1 - x_1) - k_1x_1x_2 \ , \\
0 &= \alpha(z_2 - x_2) - k_1x_1x_2 - k_2x_2x_3 \ , \\
0 &= \alpha(z_3 - x_3) + k_1x_1x_2 - k_2x_2x_3 \ , \\
0 &= \alpha(z_4 - x_4) + k_2x_2x_3 \ .
\end{aligned}$$

Die MATLAB-Befehle

```
  f = @(x)[a*(z1-x(1)) - k1*x(1)*x(2); ...
      a*(z2-x(2)) - k1*x(1)*x(2) - k2*x(2)*x(3); ...
      a*(z3-x(3)) + k1*x(1)*x(2) - k2*x(2)*x(3); ...
      a*(z4-x(4)) + k2*x(2)*x(3)];
  fsolve(f,[1,1,0,0])
```

ergeben die Lösung $x_1 = 0{,}6931$, $x_2 = 0{,}4428$, $x_3 = 0{,}0565$, $x_4 = 0{,}2503$.

Abschnitt 16.3

16.7 Mit

```
A = [0 0.5 0.5 0.5; 0.5 0 0.5 0.5; ...
0.5 0.5 0 0.5; 0.5 0.5 0.5 0];
```

und `eig(A)` ergeben sich die Eigenwerte $\lambda_1 = -0{,}5$ und $\lambda_2 = 1{,}5$. Der Vektor $\boldsymbol{x} = (1, 1, 1, 1)^\top$ ist Eigenvektor zum Eigenwert λ_2.

16.8 Die Matrix $(\boldsymbol{A} - \mu \boldsymbol{E})^{-1}$ hat den betragsmäßig größten Eigenwert $(\lambda_j - \mu)^{-1}$ mit denselben Eigenvektoren wie $\boldsymbol{A}$. Die inverse Iteration, angewendet auf $\boldsymbol{A} - \mu \boldsymbol{E}$, liefert also eine Approximation von $1/(\lambda_j - \mu)$, woraus sich eine Approximation von λ_j ergibt.
16.9 Mit `[V D] = eig(A)` werden in MATLAB alle Eigenvektoren, deren Spalten die Matrix `V` ergeben, berechnet. Die Diagonalmatrix `D` enthält die Eigenwerte.

Abschnitt 16.4

16.10 Das Heun-Verfahren kann folgendermaßen in MATLAB implementiert werden:

```
function [t,y] = heun(f,h,T,y0)
t = 0:h:T;              % Teilintervalle
y(1) = y0;              % Anfangswert
n = length(t);
for i = 1:n-1           % expliziter Heun\babshb{}Schritt
  fi = feval(f,t(i),y(i));
  y(i+1) = y(i) + h/2*(fi + feval(f,t(i+1),y(i)+fi));
end
```

16.11 $b_1 = b_4 = 1/6$, $b_2 = b_3 = 1/3$; $c_1 = 0$, $c_2 = c_3 = 1/2$, $c_4 = 1$; $a_{11} = a_{22} = 1/2$, $a_{21} = a_{31} = a_{32} = 0$, $a_{33} = 1$.
16.12 `f = @(t,y)t-y^2; [t y] = ode45(f,[0 10],1); plot(t,y)`
16.13 Definiere in MATLAB die Funktion

```
function dy = odefunction(t,y)
dy = zeros(2,1);
dy(1) = y(2);
dy(2) = -10*y(2) - y(1)^2 + sin(t);
```

und verwende

```
  [t y] = ode45(@odefunction,[0 100],[1 0]);
  plot(t,y(:,1))
```

Die Lösung stellt eine Schwingung mit nichtlinearer Rückstellkraft und linearer Dämpfung dar, die mit einer Sinusschwingung angeregt wird.

Literaturverzeichnis

1 Ferus, D. (2006) *Analysis II für Ingenieure*. Vorlesungsskript, Technische Universität Berlin.

2 Field, R., Körös, E. und Noyes, R. (1972) Oscillations in chemical systems II. Thorough analysis of temporal oscillation in the bromate-cerium-malonic acid system. *J. Am. Chem. Soc.*, **94**, 8649–8664.

3 Field, R. und Noyes, R. (1974) Oscillations in chemical systems IV. Limit cycle behavior in a model of a real chemical reaction. *J. Chem. Phys.*, **60**, 1877–1884.

4 Fischer, H. und Kaul, H. (1998) *Mathematik für Physiker 2*, Teubner, Stuttgart.

5 Fischer, W. und Lieb, I. (2003) *Funktionentheorie*, Vieweg, Wiesbaden.

6 Forster, O. (2004) *Analysis 1. Differential- und Integralrechnung einer Veränderlichen*, Vieweg, Wiesbaden.

7 Gnedenko, B. (1991) *Einführung in die Wahrscheinlichkeitstheorie*, Akademie Verlag, Berlin.

8 Klenke, A. (2001) *Mathematik für Chemiker*, Vorlesungsskript, Universität Mainz.

9 Meyberg, K. und Vachenauer, P. (2001) *Höhere Mathematik 2*, Springer, Berlin.

10 Günzler, H. und Bück, H. (1983) *IR-Spektroskopie*, 2. Aufl., VCH, Weinheim.

11 Breitmaier, E. und Voelter, W. (1987) *Carbon-13 NMR Spectroscopy*, VCH, Weinheim.

12 Murray, J. (1993) *Mathematical Biology*, Springer, Berlin.

13 Sparrow, C. (1982) *The Lorenz Equations: Bifurcations, Chaos, and Strange Attractors*, Springer, New York.

14 Bronstein, I., Semendjajew, K., Musiol, G. und Mühlig, H. (2000) *Taschenbuch der Mathematik*, Harri Deutsch, Frankfurt.

15 Zeidler, E. (Hrsg) (2013) *Springer-Handbuch der Mathematik IV*, Springer Spektrum, Wiesbaden.

Mathematik für Chemiker, 7. Auflage. Ansgar Jüngel und Hans G. Zachmann.

Weiterführende Literatur

Allgemeine Lehrbücher

Ansorge, R., Oberle, H.J., Rothe, K., und Sonar, T. (2010/2011) *Mathematik für Ingenieure*, Bde 1 und 2, Wiley-VCH Verlag GmbH, Weinheim.

Bärwolff, G. (2008) *Höhere Mathematik für Naturwissenschaftler und Ingenieure*, Springer Spektrum, Wiesbaden.

Burg, K., Haf, H. und Wille, F. (2007/2008) *Höhere Mathematik für Ingenieure*, Bde I und II. Vieweg+Teubner, Wiesbaden.

von Finckenstein, F., Lehn, J., Schellhaas, H. und Wegmann, H. (2006) *Arbeitsbuch Mathematik für Ingenieure*. Bde I und II, Vieweg+Teubner, Wiesbaden.

Fries, J.M. (2010) *Mathematik für Ingenieure I für Dummies*, Wiley-VCH Verlag GmbH, Weinheim.

Fries, J.M. (2013) *Mathematik für Ingenieure II für Dummies*, Wiley-VCH Verlag GmbH, Weinheim.

Jänich, K. (2005) *Mathematik 1. Geschrieben für Physiker*, Springer, Berlin.

Joos, G. und Richter, E. (2013) *Höhere Mathematik: Ein kompaktes Lehrbuch für Studium und Beruf*, Nikol, Hamburg.

Koch, J. und Stämpfle, M. (2012) *Mathematik für das Ingenieurstudium*, Carl Hanser, München.

Merziger, G. und Wirth, T. (2006) *Repetitorium der höheren Mathematik*, Binomi, Barsinghausen.

Papula, L. (2011) *Mathematik für Ingenieure und Naturwissenschaftler*, Bde 1–3, Vieweg+Teubner, Wiesbaden.

Rießinger, T. (2011) *Mathematik für Ingenieure: Eine anschauliche Einführung für das praxisorientierte Studium*, Springer, Berlin.

Wüst, R. (2009) *Mathematik für Physiker und Mathematiker*, Bd 1. Wiley-VCH Verlag GmbH, Weinheim.

Grundlagen

Arens, T., Hettlich, F., Karpfinger, C., Kockelkorn, U., Lichternegger, K. und Stachel, H. (2011) *Mathematik*, Springer Spektrum, Wiesbaden.

Courant, R. und Robbins, H. (2000) *Was ist Mathematik?* Springer, Heidelberg.

Cramer, E. und Neslehova, J. (2012) *Vorkurs Mathematik: Arbeitsbuch zum Studienbeginn in Bachelor-Studiengängen*, Springer, Berlin.

Ebbinghaus, H.D., Hermes, H., Hirzebruch, F., Koecher, M., Mainzer, K., Neukirch, J., Prestel, A. und Remmert, R. (2008) *Zahlen*, Springer, Berlin.

Kemnitz, A. (2011) *Mathematik zum Studienbeginn*, Vieweg+Teubner, Wiesbaden.

Paech, F. (2012) *Mathematik – anschaulich und unterhaltsam*, Carl Hanser, Hamburg.

Lineare Algebra

Beutelspacher, A. (2003) *Lineare Algebra: Eine Einführung in die Wissenschaft der Vektoren, Abbildungen und Matrizen*, Vieweg+Teubner, Wiesbaden.

Fische, G. (2009) *Lineare Algebra: Eine Einführung für Studienanfänger*, Vieweg+Teubner, Wiesbaden.

Gramlich, G. (2011) *Lineare Algebra: Eine Einführung*, Carl Hanser, Hamburg.

Mathematik für Chemiker, 7. Auflage. Ansgar Jüngel und Hans G. Zachmann.

Haffner, E.-G. (2012) *Lineare Algebra für Dummies*, Wiley-VCH Verlag GmbH, Weinheim.

Jänich, K. (2010) *Lineare Algebra*, Springer, Berlin.

Analytische Geometrie

Arnone, W. und Steffen, M. (2006) *Geometrie für Dummies*, Wiley-VCH Verlag GmbH, Weinheim.

Fischer, G. und Quiring, F. (2012) *Lehrbuch Lineare Algebra und Analytische Geometrie*, Springer, Berlin.

Koecher, M. (2002) *Lineare Algebra und analytische Geometrie*, Springer, Berlin.

Vektoranalysis

Burg, K. (2013) *Vektoranalysis*. Vieweg+Teubner, Wiesbaden.

Jänich, K. (2002) *Mathematik 2. Geschrieben für Physiker*, Springer, Berlin.

Kirchgessner, K. und Schreck, M. (2012) *Vektoranalysis für Dummies*. Wiley-VCH Verlag GmbH, Weinheim.

Schade, H. und Neemann, K. (2009) *Tensoranalysis*, DeGruyter, Berlin.

Differential- und Integralrechnung

Forster, O. (2011/2012) *Analysis*, Bde 1–3, Vieweg+Teubner, Wiesbaden.

Heuser, H. (2009/2012) *Lehrbuch der Analysis*, Bde 1 und 2, Vieweg+Teubner, Wiesbaden.

de Jong, T. (2012) *Analysis*, Pearson Studium, München.

Ryan, M. (2010) *Analysis für Dummies*, Wiley-VCH Verlag GmbH, Weinheim.

Gewöhnliche Differentialgleichungen

Aulbach, B. (2010) *Gewöhnliche Differenzialgleichungen*, Springer Spektrum, Wiesbaden.

Forster, O. (2011) *Analysis 2*, Vieweg+Teubner, Wiesbaden.

Grune, L. (2008) *Gewöhnliche Differentialgleichungen*, Vieweg+Teubner, Wiesbaden.

Günzel, H. (2008) *Gewöhnliche Differentialgleichungen*, Oldenbourg Wissenschaftsverlag, München.

Heuser, H. (2009) *Gewöhnliche Differentialgleichungen. Einführung in Lehre und Gebrauch*, Vieweg+Teubner, Wiesbaden.

Holzner, S. und Muhr, J. (2012) *Differentialgleichungen für Dummies*, Wiley-VCH Verlag GmbH, Weinheim.

Walter, W. (2000) *Gewöhnliche Differentialgleichungen. Eine Einführung*, Springer, Berlin.

Wirsching, G. (2006) *Gewöhnliche Differentialgleichungen*, Vieweg+Teubner, Wiesbaden.

Partielle Differentialgleichungen

Arendt, W. und Urban, K. (2010) *Partielle Differenzialgleichungen*, Springer Spektrum, Wiesbaden.

Burg, K. (2010) *Partielle Differentialgleichungen und funktionalanalytische Grundlagen*, Vieweg+Teubner, Wiesbaden.

Fischer, H. und Kaul, H. (2008) *Mathematik für Physiker 2*, Vieweg+Teubner, Wiesbaden.

Hungerbühler, N. (2011) *Einführung in partielle Differentialgleichungen*, vdf Hochschulverlag, Zürich.

Treves, F. (2006) *Basic Linear Partial Differential Equations*, Dover Publications, Mineola.

Mathematische Methoden der Quantenmechanik

Alt, H.W. (2012) *Lineare Funktionalanalysis*, Springer, Berlin.

Fischer, H. und Kaul, H. (2008) *Mathematik für Physiker 2*, Vieweg+Teubner, Wiesbaden.

Griffiths, D. (2012) *Quantenmechanik*, Pearson Studium, München.

Heuser, H. (2006) *Funktionalanalysis*, Vieweg+Teubner, Wiesbaden.

Holzner, S. und Freudenstein, R. (2012) *Quantenphysik für Dummies*, Wiley-VCH Verlag GmbH, Weinheim.

Thirring, W. (2008) *Lehrbuch der Mathematischen Physik*, Bd 4, Springer, Berlin.

Weidmann, J. (2003) *Lineare Operatoren in Hilberträumen*, Teil 1 und 2, Vieweg+Teubner, Wiesbaden.

Wahrscheinlichkeitsrechnung, Statistik und Fehlerrechnung

Bauer, H. (2001) *Wahrscheinlichkeitstheorie*, DeGruyter, Heidelberg.

Bourier, G. (2013) *Wahrscheinlichkeitsrechnung und schließende Statistik*, Springer Gabler, Wiesbaden.

Bosch, K. (2011) *Elementare Einführung in die Wahrscheinlichkeitsrechnung*, Vieweg+Teubner, Wiesbaden.

Eckstein, P. (2012) *Repetitorium Statistik*, Springer, Berlin.

Georgii, H.-O. (2009) *Stochastik: Einführung in die Wahrscheinlichkeitstheorie und Statistik*, DeGruyter, Berlin.

Hartung, J. und Elpelt, B. (2004) *Grundkurs Statistik*, Oldenbourg Wissenschaftsverlag, München.

Hesse, C. (2009) *Wahrscheinlichkeitstheorie*, Vieweg+Teubner, Wiesbaden.

Klenke, A. (2008) *Wahrscheinlichkeitstheorie* Springer, Berlin.

Krengel, U. (2005) *Einführung in die Wahrscheinlichkeitstheorie und Statistik*, Vieweg+Teubner, Wiesbaden.

Lehn, J. und Wegmann, H. (2006) *Einführung in die Statistik*. Vieweg+Teubner, Wiesbaden.

Numerische Mathematik

Beers, K. (2007) *Numerical Methods for Chemical Engineering. Applications in MATLAB*, Cambridge University Press, Cambridge.

Dahmen, W. und Reusken, A. (2008) *Numerik für Ingenieure und Naturwissenschaftler*, Springer, Berlin.

Deuflhard, P. und Hohmann, A. (2008) *Numerische Mathematik I*, DeGruyter, Berlin.

Deuflhard, P. und Bornemann, F. (2008) *Numerische Mathematik II*, DeGruyter, Berlin.

Hanke-Bourgeois, M. (2009) *Grundlagen der numerischen Mathematik und des wissenschaftlichen Rechnens*, Vieweg+Teubner, Wiesbaden.

Jensen, F. (2007) *Introduction to Computational Chemistry*, John Wiley & Sons, Chichester.

Knorrenschild, M. (2013) *Numerische Mathematik*, Carl Hanser, Hamburg.

Opfer, G. (2002) *Numerische Mathematik für Anfänger*, Vieweg+Teubner, Wiesbaden.

Plato, R. (2010) *Numerische Mathematik kompakt*, Vieweg+Teubner, Wiesbaden.

Quarteroni, A. und Saleri, F. (2006) *Wissenschaftliches Rechnen mit MATLAB*, Springer, Berlin.

Schwarz, H.-R. und Köckler, N. (2011) *Numerische Mathematik*, Vieweg+Teubner, Wiesbaden.

Stichwortverzeichnis

Mathematik für Chemiker, 7. Auflage. Ansgar Jüngel und Hans G. Zachmann.

G